水电站深埋长隧洞设计与施工关键技术研究及实践

（第一册）

席燕林　等著

第一册　席燕林　陆彦强　范瑞鹏　刘颖琳　赵　明　王　翦
第二册　王立成　李　刚　张　誉　任　堂　高　诚　刘淑娜
第三册　刘伟丽　赵秋霜　张运昌　于　森　张健梁　章　慧　孙　强
第四册　张鹏飞　任智锋　张鹏文　彭兴楠　冯晓成　韩鹏程　李瑞鸿

黄河水利出版社
·郑州·

内容提要

作为一项重要的水利工程设施,水电站对于国家经济发展和民生福祉具有重要意义。为了实现水电资源利用最大化,保障能源安全,传统的水电站设计中常常需要采用深埋长隧洞的方式,将水流引导至发电机组。然而,深埋长隧洞的设计与施工却是一项极具挑战性的任务,它涉及众多的关键技术和复杂工序。本书结合前沿的理论研究成果和实践案例,探讨这些关键技术的原理、方法和最佳解决方案,致力于为相关从业人员提供权威且实用的参考。

本书共分为6篇,主要包括水电站深埋长隧洞设计与施工的基本原理和理论,岩爆、高地温等特殊工况下压力管道、调压室、隧洞等的设计方案和关键技术措施等内容。本书作者利用丰富的实践经验和专业知识,详细介绍每个技术领域的背景和原理,深入剖析其中的难点和挑战,并结合实践案例,提供一些切实可行的解决方案和优化建议。

图书在版编目(CIP)数据

水电站深埋长隧洞设计与施工关键技术研究及实践:全四册/席燕林等著. —郑州:黄河水利出版社,2023.10

ISBN 978-7-5509-3767-3

Ⅰ.①水… Ⅱ.①席… Ⅲ.①水力发电站-大断面地下建筑物-建筑设计②水力发电站-大断面地下建筑物-隧道施工-施工技术 Ⅳ.①TV757.76

中国国家版本馆CIP数据核字(2023)第201611号

责任编辑 韩莹莹　　责任校对 郭 琼
封面设计 李思璇　　责任监制 常红昕
出版发行 黄河水利出版社
地址:河南省郑州市顺河路49号 邮政编码:450003
网址:www.yrcp.com E-mail:hhslcbs@126.com
发行部电话:0371-66020550
承印单位 广东虎彩云印刷有限公司
开 本 889 mm×1 194 mm 1/16
印 张 50.75
字 数 1 500千字
版次印次 2023年10月第1版　　2023年10月第1次印刷
定 价 258.00元(全四册)

前　言

水电站深埋长隧洞作为一项重要的水利工程设施,对于保障能源安全和国家经济发展具有至关重要的意义。然而,深埋长隧洞的设计与施工面临着各种挑战和风险,特别是在岩爆、高地温等特殊环境下,需要采取有效的预测与防治措施。同时,压力管道、调压井设计等技术也是隧洞设计与施工中不可忽视的关键要素。

本书旨在为水电站深埋长隧洞设计与施工领域的专业技术人员提供全面且实用的参考。通过对岩爆、高地温段压力管道、调压井以及隧洞设计与施工等关键技术的深入研究和探讨,致力于为读者提供理论指导和实践经验,以增强他们在工程实践中的应对能力和解决问题的能力。

本书共分为6篇,具体内容如下:

第1篇以某水电站引水隧洞为工程背景,通过分析岩爆现象、特征和影响因素进行机制研究,并提出岩爆预测与防治及工程应用。

第2篇通过对高地温洞段形成原因进行分析,并对高地温条件下岩石物理力学性质进行研究及三维建模,提出了高地温问题的解决措施。

第3篇通过对深厚覆盖层高压钢管的计算分析,为场区枢纽布置、引水调压建筑物结构优化、机组参数选择等提供了设计依据,提出一套引水发电系统的优化设计方案。

第4篇通过调压室的结构计算分析、边坡稳定及地质参数敏感性分析、围岩渗透稳定分析等,对调压室支护及衬砌、灌浆、围岩处理、塌方处理、防冻设计等方面提出了设计优化方案及创新建议。

第5篇从隧洞洞线选择、支护及断面型式选择、混凝土衬砌结构计算分析、高地温段永久支护设计及反演分析、围岩变形监测等方面,阐述了一套完整的隧洞设计方案。

第6篇对高地应力洞段、高地温段、压力钢管斜管段、调压井按不同的施工方法提出了不同的施工技术措施。

本书在撰写过程中,广泛汲取了一批水电领域的专家学者与工程实践者的智慧和经验,这些智慧和经验不仅是理论研究方面的成果,更是在工程实践中积累的宝贵财富,当然也不乏经验和教训。为了保证本书内容的权威性和实用性,我们广泛征求了各方意见,并进行了多次精心的修改和完善。期待本书能够为水电站深埋长隧洞设计与施工领域的发展起到积极的推动作用,也希望更多的专业人士能够从中受益,愿本书能够为广大读者提供有价值的知识和信息,帮助他们在水电站深埋长隧洞设计与施工中迈出坚实而稳定的步伐。

全书撰写分工如下:全书章节安排及统稿由席燕林、王立成负责,第一册由席燕林、陆彦强、范瑞鹏、刘颖琳、赵明、王翦撰写;第二册由王立成、李刚、张誉、任堂、高诚、刘淑娜撰写;第三册由刘伟丽、赵秋霜、张运昌、于森、张健梁、章慧、孙强撰写;第四册由张鹏飞、任智锋、张鹏文、彭兴楠、冯晓成、韩鹏程、李瑞鸿撰写,总计150万字。

另外,王一帆、史陶然、王瑞强和庞旭东等几位同志对本书进行了排版工作,在此一并表示感谢!

最后,祝愿每一位读者都能够从中获得所需的启示与帮助!

作　者

2023年7月

目　录

第1篇　岩爆预测及防治

第2篇　引水隧洞高地温及防治

第3篇　压力钢管设计

第 4 篇　调压室设计

第5篇　隧洞设计

第6篇 施工技术

第1篇　岩爆预测及防治

1　水电站引水隧洞岩爆问题

1.1　工程概况

水电站深埋长隧洞作为一项重要的水利工程设施,对于保障能源安全和国家经济发展具有至关重要的意义。然而,深埋长隧洞的设计与施工面临着各种挑战和风险,特别是在岩爆、高地温等特殊环境下,需要采取有效的预测与防治措施。本书以某水电站为例,介绍水电站引水隧洞的岩爆问题。

该水电站引水隧洞通过地区在地貌上属于喀喇-昆仑高山区,沿线地势陡峻,沟谷发育,切割深度一般在800~2 000 m,山坡坡度一般为50°~60°,地面高程在2 400~4 600 m,大部分地区基岩裸露,植被稀疏。

引水隧洞全长15.639 86 km,开挖洞径4.8~5.5 m。埋深最大1 720 m,大于1 000 m的洞段长3 320 m,占隧洞全长的21.2%。引水隧洞埋深统计见表1-1。

表1-1　引水隧洞埋深统计

项目		长度/m	所占比例/%
埋深	<500 m	5 097.86	32.6
	500~1 000 m	7 222	46.2
	1 000~1 500 m	2 210	14.1
	1 500~2 000 m	1 110	7.1
隧洞总长		15 639.86	100

引水隧洞工程布置如图1-1所示。

引水隧洞穿过的地层依次为元古界变质岩(Ptkgn)、加里东中晚期侵入岩(γ_3^{2-3})及奥陶-志留系第一段($O-S^1$)。各地层特征及分布如下:

(1)元古界变质岩(Ptkgn)。岩性以变质闪长岩、片麻状花岗岩为主,灰-深灰色,中细粒结构,块状、次块状构造或片麻状构造,致密坚硬,主要分布在隧洞进口和1#支洞范围内,洞段长度约1.57 km,占比例约10%。

(2)加里东中晚期侵入岩(γ_3^{2-3})。以似斑状片麻状花岗岩或花岗片麻岩为主,夹少量黑色斜长角闪岩条带,中-粗粒结构,块状或片麻状构造,为隧洞主要岩性,洞段长度约13.3 km,占比例约85%。

(3)奥陶-志留系第一段($O-S^1$)。斜长角闪板岩、片岩,浅灰色、灰色,板状或片状构造,夹有灰白色大理岩薄层,分布于隧洞出口附近。洞段长度约0.77 km,占比例约5%。

1.2　本工程岩爆问题概述

引水隧洞的主要地质条件决定了岩爆是该工程的关键地质问题,主要原因如下:

(1)隧洞穿越洞段岩性以片麻状花岗岩为主,岩石属硬脆性岩体,围压σ_3=20 MPa时饱和岩样峰值压缩强度σ_c=393.115 MPa,可见岩石非常坚硬;岩石单轴抗压强度与抗拉强度比值即

图 1-1　引水隧洞工程布置图

$\sigma_c/\sigma_t=10\sim20$，表明其脆性特征非常明显。

（2）隧洞处于新构造活跃、构造条件复杂的西昆仑山区，具有强大的构造应力场，区域内主要构造均为水平构造，且工程 300 km 范围内有发震断裂，地应力实测结果表明，区域内以水平构造应力为主。

（3）隧洞最大埋深 1 720 m，超过 1 000 m 埋深洞段 3 320 km，根据实测地应力与工程经验及数值模拟成果分析，隧洞穿越地段最大水平主应力达 43.31 MPa，局部可能会超过 50 MPa，属中等-高地应力区；另外，勘察期洞线钻孔岩芯出现的饼裂现象（见图 1-2）也表明洞线部位存在高地应力。

（4）隧洞围岩类别以Ⅱ、Ⅲ类为主，且大部分洞段地下水贫乏，洞段基本呈干燥状态。

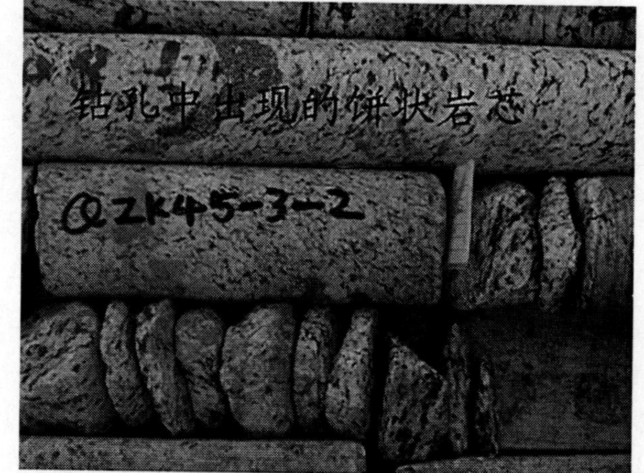

图 1-2　钻孔中的饼状岩芯

上述几条足以证明该水电站引水隧洞开挖过程中会发生岩爆，从初期勘察的预测结论来看，基本以轻微-中等烈度等级为主，仅在局部洞段存在少量强岩爆或极强岩爆。

截至 2012 年 9 月，完成近 10 km 洞段的开挖，施工开挖过程中的岩爆主要表现为：

（1）实际开挖揭露围岩类别以Ⅱ、Ⅲ类为主，统计到发生轻微、轻微-中等、中等烈度等级岩爆的洞段占 30%。

（2）从地形上看，主要发生在山体外侧，即临河谷一侧或地形上靠坡脚一侧的断面拱肩部位，当地表形态为沟谷或坡脚时，在拱顶或两壁发生岩爆。

（3）岩爆的破坏形式多以片状、板状、鳞片状剥落和块状弹射为主，局部发生不规则形状的破坏。破坏岩体多以松弛型脱落为主，偶见有掌子面发生弹射。岩爆发生时岩体内会发出噼里啪啦声、闷雷声和似玻璃破碎的声音。

(4)破坏后洞壁形态多呈直角或钝角形、锐角形或深“V”形爆坑以及弧形和不规则形状。岩爆破坏发生持续时间较短,但岩爆区的持续破坏时间很长,最长时间超过 270 d。

两处岩爆洞段持续剥落结束,洞壁稳定后的实测断面如图 1-3 所示。

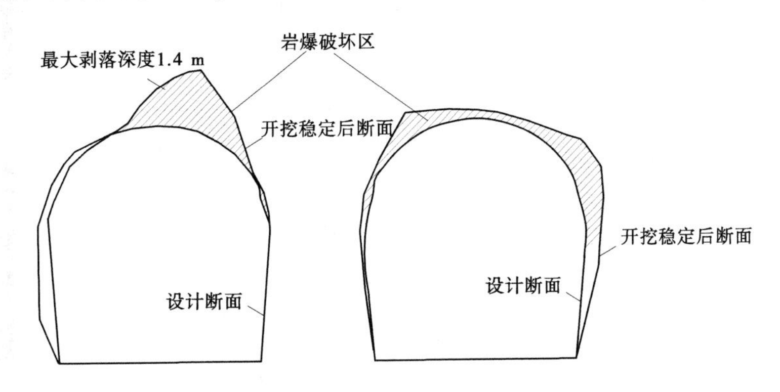

图 1-3　岩爆区断面示意图

引水隧洞实际施工过程中揭露的岩爆情况表明:该工程中岩爆问题较为突出,是制约该工程的关键工程地质问题。岩爆的持续时间长、破坏形式多样、破坏位置不规律等特点足以说明该工程岩爆的特殊性。因此,对该工程的岩爆问题进行分析研究,了解其形成机理和破坏模式对隧洞的施工安全、衬砌设计以及后期的运行安全都具有非常重要的意义。另外,该工程岩爆问题的研究也为其他地下工程设计、施工提供宝贵的素材和参考资料,为岩爆这一技术难题的研究提供工程实例。

2 岩爆问题研究进展

岩爆发生时往往伴随声响、岩体破裂、岩块弹射等声能、动能特征,具有很强的破坏性,有时可能诱发地震,统计资料显示岩爆最强的可将整个矿坑、矿井摧毁,同时造成的矿震最大可达4.6级,烈度达7~8度,使地面遭受破坏。

不同的领域对岩爆(rock burst)有不同的称谓,采矿部门称之为冲击地压、冲击矿压、矿震等。由于岩爆或冲击地压往往造成地下空间中支护设备破坏或围岩岩体变形,严重时造成人员伤亡和巷道或隧洞的破坏,甚至诱发地面变形,其成灾机理与预测预报问题已成为岩石力学界必须致力解决的关键科学问题和技术难题。由于岩体本身的复杂性及受地质力学条件与诱发因素、施工因素的影响,岩爆的机理极其复杂。

E. T. Brown 曾指出"甚至在岩爆定义上达到一致意见都是困难的。岩爆这个问题的成功答案,目前正在全世界很多研究中心进行着,它代表着岩石力学这门学科的发展和重大突破"。

2.1 岩爆定义

我国学者谭以安在研究了众多岩爆实例和天生桥二级水电站引水隧洞的岩爆后提出了如下定义:岩爆是具有大量弹性应变能储备的硬脆性岩体,由于开挖过程引起地应力分异、围岩应力跃升及能量进一步集中,在围岩应力作用下产生张-剪脆性破坏,同时伴随声响和震动,而消耗部分弹性应变能后,剩余能量转化为动能,使围岩由静态平衡向动态失稳发展,造成岩片(块)脱离母体,获得有效弹射能量,猛烈向临空方向抛(弹、散)射,是经历"劈裂成板—剪切成块—块片弹射"渐进过程的动力破坏现象。

这一定义从理论上准确地描述了岩爆发生所应具备的条件、诱发因素、发生过程等内容。

2.2 岩爆实例统计与分析

自1738年首次报道英国锡矿中所发生的矿山冲击事件,即岩爆事件以来,国内外学者就对其进行了大量的研究。对岩爆的研究一般是从4个方面入手,即岩爆的现场编录(岩爆现象记载)、岩爆的发生机制研究、岩爆的预测与预报、岩爆的防治与控制。

当前岩爆的研究已经发展到了相当成熟的程度,自中华人民共和国成立初期的成昆铁路建设过程中记录到强岩爆以来,地下工程岩爆问题已经受到高度重视,研究者分别从岩爆现场发生情况、岩爆岩体结构特征、岩体力学特征、岩体破坏过程等各种物理力学现象方面对岩爆的发生机制或形成机理进行了大量的研究工作。研究工作也开始从施工现场研究到室内模型试验,实现了从初期的现场编录研究岩爆发生的时空特征,定性地研究和预测岩爆的发生概率及烈度特征,到利用先进的微震监测、声波测试等手段监测原位岩体岩爆过程中的物理特征,利用声发射特征和CT测试技术研究压缩和卸荷过程中的岩样破坏特征等微观研究。可以说,岩爆问题的研究工作已取得了很大的进展。

通过对已发生岩爆的隧洞进行统计分析,从隧洞特征、岩爆类型及等级划分和岩爆影响因素3个方面对工程实例进行了总结。

2.2.1 岩爆隧洞特征统计

表1-2和表1-3为部分已发生岩爆隧洞的规模、埋深与岩爆特征的统计成果。

表 1-2　有岩爆发生的部分隧洞规模、埋深和岩性统计

序号	工程名称	隧洞规模	最大埋深/m	洞室岩性
1	太平驿水电站引水隧洞	长 10.5 km,洞径 9 m	600	花岗岩和花岗闪长岩
2	锦屏二级水电站引水隧洞	长 16~18 km,洞径 13 m	2 520	大理岩
3	锦屏辅助洞	单洞全长 17.5 km	2 375	大理岩
4	小孤山水电站引水隧洞	长 9.02 km,洞径 5.8 m	720	硅质板岩、石英二长岩
5	大台井深部岩巷	巷道宽度 7~10 m	410	火成岩、辉绿岩、砂岩和粉砂岩
6	天生桥二级(坝索)水电站引水隧洞	长 9.5 km,洞径 10.8 m	800	灰岩、白云质灰岩、白云岩
7	天生桥二级水电站引水隧洞	长 14.5 km,洞径 10 m	600	厚层块状灰岩、白云岩
8	二郎山公路隧道	长 4.176 km	760	砂质泥岩、泥灰岩,石英岩
9	秦岭终南山特长公路隧洞	长 18.02 km	1 600	混合片麻岩、眼球状混合片麻岩,花岗岩伟晶岩脉
10	江边水电站引水隧洞	长 8.568 km	1 622	黑云母石英片岩和黑云母花岗岩
11	瀑布沟水电站地下洞室	294.1 m×30.7 m×70.175 m(长×宽×高)	120	中粗粒花岗岩
12	下坂地水利枢纽引水隧洞	长 4.637 km,洞径 6.3 m	1 400	角闪二长片麻岩及华力西片麻状黑云斜长花岗岩
13	萝卜岗隧道	长 1.542 km	650	灰白色白云岩、灰岩、灰色长石石英砂岩及泥岩
14	苍岭隧道	左洞长 7.536 km,右洞长 7.605 km	768	花岗斑岩、熔结凝灰岩
15	福堂坝隧道	长 2.385 km	360	花岗岩
16	二滩水电站试验洞	长 1.2 km	—	正长岩及玄武岩
17	挪威 Sima 水电站地下厂房	200 m×40 m×20 m(长×宽×高)	—	花岗岩及花岗片麻岩
18	日本关越隧道	长 10.9 km	1 050	石英闪长岩
19	瑞典 Forsmark 核电站 2 条水工隧洞	长 0.8~1.2 km	5~15	花岗片麻岩
20	瑞典 Ritsem 交通洞	长 1.2 km	130	糜棱岩
21	渔子溪一级水电站引水隧洞	长 8.429 km	600	花岗闪长岩及闪长岩
22	冬瓜山铜矿	20 世纪 90 年代国内开采深度最大的硬岩矿山	>1 000	矽卡岩

表 1-3　隧洞岩爆特征统计

序号	隧洞(隧道)名称	发生部位	声学特征	破坏特征	发生频率	围岩及其他特征
1	太平驿水电站引水隧洞	距掌子面 2 m 以内和距掌子面 1.2~1.4 倍洞径范围内，也有在距掌子面数百米处发生	爆裂声清脆，声响极大时，岩爆主要表现为劈裂破坏；爆裂声沉闷，声响较小时，岩爆主要表现为剪切破坏	破坏规模大小不一，一次岩爆破坏的面积为 0.5 m^2 到几百平方米不等，其破坏厚度也从数厘米到 2~4 m 不等，爆落的岩块体从零点几立方米到数百立方米不等	发生频率随岩体开挖暴露后的时间增长而降低，大部分岩爆发生在开挖后 16 d 内，占记录到的岩爆的 90%，其中尤以 1 d 内最高，占 22%，8 d 内占 62%；同时，即使暴露一个月甚至数月后，仍会发生岩爆，但为数不多，高峰期发生在放炮后的 4 h 之内	岩爆仅发生在干燥无水的花岗岩岩带中，而在洞线的闪长岩、石英富集的岩带中均不发生岩爆，在岩性变化的交界处的花岗岩中，岩爆发生更为频繁，岩爆发生次数和其剧烈程度不仅受埋深影响，可能还与其他诸因素的综合影响有关
2	锦屏二级水电站勘探洞	首次岩爆发生在洞深 523.5 m（埋深 430 m），说明该区发生岩爆的临界埋深约为 430 m，岩爆大多发生在探洞的顶板、左拱及左壁，但右拱、右壁亦有一定的发生；两壁对称出现的岩爆不多	岩爆发生时，通常伴随类似沉闷的放炮声、噼噼啪啪的鞭炮声	Ⅰ~Ⅱ级岩爆破坏方式主要为片板状剥落或弹射，少量呈穹状爆裂，单块厚 5~15 cm，个别达 0.2~0.3 m，破裂面较平直、粗糙、具平行条纹，有的具锅底状，似扁平状块体；Ⅲ~Ⅳ级岩爆破坏方式除初期发生表层有箔板状弹射外，往深部发展时主要为板块状爆裂、劈裂崩落，呈板块状、弯曲鼓折，楔形爆裂，边缘参差不齐或呈梯状断裂爆坑，一般 1~3 m，最深达 5 m	爆裂活跃期：在掌子面掘进数小时内，距离掌子面 1~5 m 的范围内，岩爆发生较多，其声学特征、动力特征等表现得较为突出，以后的 2 h 内还有少量岩片；剥落爆裂持续期：岩爆发生后的数个月内，有些部位仍有爆裂或洞壁岩块外鼓现象	岩爆的发生受围岩条件的制约极为明显，通常岩爆主要发生在岩体完整性好、岩石性脆坚硬、无不良地质结构面存在，且岩溶地下水不发育的洞段

续表 1-3

序号	隧洞(隧道)名称	发生部位	声学特征	破坏特征	发生频率	围岩及其他特征
3	小孤山水电站引水隧洞	岩爆均发生在圆形洞室上半拱范围内，且具有一定的对称性，岩爆高发区一般距掌子面2~50 m，强度随着时间的推移而减弱，但也有距掌子面上百米发生岩爆的例子，当掌子面开挖至桩号3+930、3+820时还有发生岩爆，其距离达110 m	声响细微清脆，偶尔可以听见噼噼啪啪响声；有时声音较沉闷，有如破竹般的噼啪声	—	岩爆具有滞后特征，多在爆破后的2~3 h，24 h内最为明显，但也有时间更长的	岩爆均发生在干燥无水、新鲜、较完整、坚硬的岩体中，褶皱的核部及附近；陡峻地形，河谷下切，岸坡陡峻的地形亦可能形成较高的地应力
4	大台井深部岩巷	掘进工作面及其后方20 m范围内	伴有清脆的声响	飞出的片状岩块体积小、速度快，出现多次伤人现象，最严重的一次发生在-310 m水仓，抛出碎石近2 t，并伴有巨响	—	—
5	天生桥二级(坝索)水电站引水隧洞	岩爆多在开挖时，于洞壁或掌子面发生；在掌子面后方0.6~1倍洞径范围内为岩爆主要发生区域	在爆前和爆时岩体常有声响，弱岩爆常发生噼噼啪啪声，似劈柴声；中等岩爆清脆爆裂声，似子弹射击声；强烈岩爆巨响似炮声；严重岩爆强烈声响，似闷雷声；多发生噼啪声，少数情况下，有似子弹射击声	岩片多为中部厚、两边薄的透镜状、棱块状、棱块透镜状以及片状、鳞片状，少数为板状及块状、扁豆状，岩片（块）块度大小悬殊，厚度不一，厚者0.3~1 cm，薄者如纸片；岩爆破坏的宏、微观特征表明，岩爆破坏的力学性质为张-剪脆性破坏	一般情况下是在24 h内，但是某些地段在开挖1~2个月之后，仍有岩爆发生，有的地段甚至持续1 a之久，但强烈程度大大减弱	—

续表 1-3

序号	隧洞(隧道)名称	发生部位	声学特征	破坏特征	发生频率	围岩及其他特征
6	二郎山公路隧道	岩爆活动在隧道拱顶和两侧边墙部位较为强烈,一般距掌子面3倍洞径范围内的岩爆活动最为频繁,随后逐渐减少,但偶尔也有距掌子面200多米处仍会滞后发生岩爆的情况	清脆的爆裂撕裂声响-压裂拉裂型破坏;沉闷爆裂声且声响浑浊-压致剪切拉裂型破坏	岩爆岩块以薄片状、透镜状、板状等形状爆裂剥离下来;具有新鲜的楔形、弧形断口	岩爆可以分为严重期、延续期、基本稳定期3个活动阶段	岩爆段岩性主要为硬脆性的砂岩、砂质泥岩、石英砂岩,以及泥岩软质岩层内的泥灰岩、砂岩、粉砂岩夹层,值得指出的是,砂质泥岩中发生岩爆活动,这在国内外还是第一次;岩爆具有明显岩体结构效应;岩爆段岩体表面十分干燥
7	江边水电站引水隧洞	主要集中在右拱肩部位,岩爆有沿洞轴线及横断面的分布规律,岩爆围岩的破坏通常离隧洞掌子面一定距离(一般约1倍)产生	围岩会突然发生爆裂声响	在未发生岩爆前,一般无明显征兆,在中等-强烈岩爆区域,石块有时应声而下,有时暂不下落	岩爆在开挖后陆续出现,多在爆破后2~3 h,24 h内最为明显,个别强烈岩爆36 h内响声依然巨大,延续时间一般1个月	引水隧洞沿线穿越黑云母石英片岩和黑云母花岗岩2种岩石
8	瀑布沟水电站地下洞室	岩爆大多发生在左侧起拱至1/8圆弧段,边墙、拱脚附近区域;岩爆有两个高发区,第一个高发区是在距掌子面3~9 m以内,往后逐渐减少,至1~1.5倍洞径处形成第二个高发区,随后逐渐减弱	崩落时伴有如坚硬物质被挤压破裂的声音	岩爆崩落的岩块以片状为主,大小不等,厚度8~15 cm,崩落水平距离0.5~1.0 m,30次岩爆有10次形成直径超过200 cm、深度超过150 cm的锅底状爆坑	岩爆发生在开挖后6~10 h,持续时间3 h至一周时间,岩爆频率与距掌子面距离存在一定的联系	岩爆发生在新鲜、完整、坚硬的岩体中,尤其在缓倾角、小断层岩体的下缘更为突出;岩爆区段的洞室垂直埋深在250~320 m,埋深较大

续表 1-3

编号	隧洞(隧道)名称	发生部位	声学特征	破坏特征	发生频率	围岩及其他特征
9	锦屏辅助洞	岩爆一般多发生在洞线拱肩及拱顶,部分在拱肩以下边墙,在各地层硬岩洞段,又以洞线左侧拱部较为强烈	强岩爆首先发出爆裂声;在强-极强岩爆洞段爆裂声更大,似爆破响声或雷鸣声	同“锦屏二级水电站勘探洞”	岩爆活跃期一般在爆破后2~5 h最频繁,极强岩爆达5~20 h,间歇持续数天甚至达月余,若有外载(附近爆破或冲击钻进)扰动仍可诱发岩爆	有随埋深逐渐增加,岩爆强度逐渐增大,频率也随之上升的趋势,Ⅲ~Ⅳ级岩爆均发生在高埋深洞段,岩石结构越致密坚硬、性脆、完整性好、干燥无水或少水洞段,岩爆发生的概率越高
10	萝卜岗隧道	多在顶部,而有时则出现在洞身以下的岩体内	围岩内部发出沉闷响声,声响连续伴有震动声源	偶有岩体沿层面整片塌落,大部分时间听见声响,不见岩体掉落	常规岩爆一般多发生在爆破后的2~3 h内,前期响声非常频繁,随着时间的推移,响声频率逐渐减小	—
11	下坂地水利枢纽引水隧洞	岩爆具体部位以右侧壁、拱脚上下为主	岩爆前,岩体中一般发出如同雷管爆炸的响声	厚度大的约1 m,其余为0.1~0.5 m;岩爆时弹射距离一般在5 m以内,主要以近距离片状崩落为主,较大的岩块1 m^3左右,片块状剥落、严重片帮,少部分为小块弹射	岩爆大部分发生在所在部位爆破后24 h内,局部较为严重的岩爆段间歇性超过72 h,一个月内局部出现过岩石自然脱落现象的,后期基本上未曾发生过岩爆现象	岩层片理产状为走向290°~300°,倾向SW,倾角45°~70°,埋深700~850 m

续表 1-3

序号	隧洞(隧道)名称	发生部位	声学特征	破坏特征	发生频率	围岩及其他特征
12	苍岭隧道	—	岩爆发生时,不同程度的噼啪声、撕裂声频繁	围岩表层呈薄片状及薄透镜状松脱、剥离,局部地段出现少量弹射及已喷射混凝土再次脱落现象,属于轻微-中等岩爆	—	—
13	福堂坝隧道	除 K46+814—K46+944 段强烈岩爆分布在隧道断面的左边墙外,其余岩爆均分布在隧道的右侧边墙、拱顶至右边墙、拱部	岩爆发生多数情况伴有人耳可闻的声响	—	—	岩爆均发生在花岗岩中,岩体多呈具块状整体结构或大块状砌体结构,节理不发育,呈干燥无水的状态
14	渔子溪一级水电站引水隧洞	岩爆主要集中发生在隧洞的拱肩处或边墙处(山体外缘一侧)	新开挖的洞体,在 24 h 内顶板岩石的爆裂声最为明显,之后逐渐减弱	裂隙走向与洞轴线成锐角相交,出现片状弹射、崩落或呈笋皮状的薄片剥落	—	岩石新鲜完整,极少或看不出明显的裂隙,岩石表面干燥,具有似烘干样光泽
15	二滩水电站试验洞	以 2#探洞的 3#支洞的外侧帮近岸坡部位及其内侧近底板的边墙部位最为严重	—	岩爆碎片呈葱片状剥落	—	—
16	瑞典 Forsmark 电站	深度在地表下 5~10 m 处	弹射出来时伴随着很大的响声	约 10 cm 大小的岩块从隧洞西边墙上有力弹射,使得引水隧洞底部毁损	—	—
17	拉西瓦水电站地下洞室	—	岩爆发生伴随爆裂声响	板裂状、碎块状,局部片状剥落	隧洞完成一段时间后,洞顶完整新鲜岩石局部发生明显板状剥皮;这种现象有些地段可延续至开挖后 2~3 a 内	—

2.2.2 岩爆类型及等级划分

对分类和等级划分方法统计分析后,将其列于表 1-4 和表 1-5 中。

表 1-4　岩爆类型统计

提出者	分类依据	分类
张倬元等	岩爆发生部位及所释放的能量大小	1. 洞室围岩表部岩石突然破裂引起的岩爆; 2. 矿柱或大范围围岩突然破坏引起的岩爆; 3. 断层错动引起的岩爆
左文智、张齐桂(1995 年)	岩爆形成的内在触发因素	水平构造应力型、垂直构造应力型和综合型
武警水电指挥部天生桥二级水电站岩爆课题组	破裂程度	破裂松弛型和爆脱型
	规模	1. 零星岩爆(长 0.5~10 m); 2. 成片(集中)岩爆(长 10~20 m); 3. 连续岩爆(长>20 m)
郭志	岩体破坏方式	爆裂弹射型、片状剥落型和洞壁垮塌型
谭以安	岩爆岩体高地应力成因、最大主应力 σ_1 的方向、具体应力条件和岩爆特点	水平应力型、垂直应力型和混合应力型 3 大类,5 个亚类
华东勘测设计研究院有限公司	岩爆的破坏程度	松脱型和爆脱型
	岩爆坑平行于洞轴向的长度	1. 零星型岩爆:长度小于 10 m; 2. 成片型岩爆:长度在 10~20 m; 3. 连续型岩爆:长度大于 20 m

2.2.3 岩爆影响因素及相关性

2.2.3.1 围岩岩性的影响

发生岩爆的岩石大多新鲜完整、质地坚硬,结构致密,没有或很少有裂隙存在,具有良好的脆性和弹性特征。岩石的抗压强度越大,质地越坚硬,可能蓄积的弹性应变能就越大。岩体在变形过程中所储存的弹性变形能不仅满足岩体变形和破裂所消耗的能量,还有足够的剩余能量转换为动能,使逐渐被剥离的岩块弹射出去,从而形成岩爆。表 1-6 是国内外部分有岩爆发生的地下工程岩性对照表。

从围岩的岩石微观特征分析:具有颗粒定向排列的岩石比颗粒具有随机排列的岩石中的岩爆烈度弱,如岩性为片麻岩、花岗片麻岩、糜棱岩等的围岩发生岩爆时的烈度就比岩性为花岗岩、闪长岩等的岩爆烈度弱;具有胶结连接的岩石比具有结晶连接的岩石中的岩爆烈度弱,如沉积岩中的岩爆烈度就比深成岩浆岩中的岩爆烈度弱;具有钙质胶结的岩石比具有硅质胶结的岩石中的岩爆烈度弱。

岩层组合关系:不仅岩石本身,而且由岩层所组成的岩体也具备积蓄弹性能的能力。这往往与地层结构、岩层组合有关。强度低而软的岩石因其塑性变形大,不产生岩爆是众所周知的;在具有软硬相间的地层中,岩爆也不产生或较少产生。如日本关越隧洞岩爆主要发生在石英闪长岩中,在石英闪长岩与角页岩交互带很少发生,这是由于能量被软弱岩层的永久变形所消耗,而不易储存下来。下坂地水利枢纽引水隧洞中花岗岩与片麻岩接触紧密,蚀变不明显,岩层交互带也没有发生岩爆的记录。

表 1-5　部分岩爆烈度分级对照

提出者	岩爆烈度分级及主要特征				
G,布霍依诺（德国,1981 年）	—	—	轻微损害,不造成生产中断	中等损害,支架部分损坏,一般要中断生产	严重损害,工程被摧毁
B. F. 拉森斯	0 级:无岩爆	1 级:轻微岩爆,岩石有松脱、碎裂现象,声响微弱	2 级:中等岩爆,岩石有不容忽视的片落、松脱,有随时间发展趋势,有发自岩石内部的强烈炸裂声	3 级:严重岩爆,爆破之后,顶板、两帮岩石即严重剥落,底板隆起,周边大量超挖和变形,可以听到发射子弹、炮弹的强烈声响	
谭以安（1988 年）	—	弱岩爆（Ⅰ）,劈裂成板,剪断脱离母体,产生射落,洞壁表面局部轻微破坏,不损坏机械设备,可听到噼啪声响	中等岩爆（Ⅱ）,“劈裂—剪断—弹射”,重复交替发生,向洞壁内部发展,形成“V”形三角坑,洞壁有较大范围破坏;对生产威胁不大,个别情况不损坏设备;有似子弹射击声	强烈岩爆（Ⅲ）,“劈裂—剪断—弹射”,急速发生,并急剧向洞壁深处扩展;几乎全断面破坏,生产中断,有似炮弹巨响	极强岩爆（Ⅳ）,方式同Ⅲ,持续时间长,震动强烈,有似闷雷强烈声响;人财损失严重,生产停顿
铁道部第二勘测设计院（1981 年）	—	弱岩爆	中等岩爆	强烈岩爆	
交通部第一公路设计院（1981）	—	微弱岩爆（一级）,岩石个别松脱和破裂,有微弱声响	中等岩爆（二级）,有相当数量的岩片弹射和松脱,洞内周边岩体变形,有随时间发展趋势,有的岩体有较强烈的爆裂活动	剧烈岩爆（三级）,顶板、侧壁围岩发生严重岩片弹射,甚至有巨石抛射,有声响如炮弹爆炸;底板隆起,洞壁周边变形严重,可引起洞室坍塌	
二郎山公路隧道高地应力与围岩稳定性课题组（RMS 方案,1998 年）	—	轻微岩爆（Ⅰ）围岩表层零星间断爆裂松动、剥落,有噼啪、撕裂声响,对施工影响甚微	中等岩爆（Ⅱ）,爆裂脱落、剥离现象较严重,少量弹射;有清脆的爆裂声;持续时间较长,有随时间累进性向深部发展的特征,爆裂深度可达 1 m 左右;对工程施工有一定影响	强烈岩爆（Ⅲ）,强烈的爆裂弹射,有似机枪子弹射击声;岩爆具延续性,并迅速向围岩深部发展,影响深度可达 2 m 左右,对施工影响较大	剧烈岩爆（Ⅳ）,剧烈的爆裂弹射甚至抛掷,有似炮弹巨响声;岩爆具突发性,并迅速向围岩深部扩展,影响深度可达 3 m 左右;严重影响甚至摧毁工程

表 1-6　国内外部分有岩爆发生的地下工程岩性及岩爆特征对照

序号	隧洞(隧道)名称	围岩岩性	岩爆特征简述
1	天生桥二级水电站引水隧洞	角砾状灰岩、白云岩	劈裂,有轻微弹射和开缝声响
2	渔子溪一级水电站引水隧洞	花岗闪长岩、闪长岩	岩片弹射
3	锦屏二级水电站勘探洞	大理岩	岩石呈鳞片状剥落
4	挪威 sima 电站地下厂房	花岗岩、花岗片麻岩	2.2 m×0.5 m 岩块抛射 20 m
5	太平驿水电站引水隧洞	花岗岩和花岗闪长岩	围岩内部发生爆裂声清脆,声响极大时,岩爆主要表现为劈裂破坏
6	小孤山水电站引水隧洞	硅质板岩、石英二长岩	松动脱落型、爆裂弹射型
7	大台井深部岩巷	辉绿岩、砂岩和粉砂岩	片状岩块飞出,并伴有清脆的声响,飞出的片状岩块体积小、速度快
8	二郎山公路隧道	碳酸盐岩-碎屑岩	大多属轻微、中等级别,伴有不同程度的声响,弹射较微弱
9	江边水电站引水隧洞	黑云母石英片岩和黑云母花岗岩	轻微岩爆占 2%,中等岩爆占 40%,强烈-极强岩爆占 5%
10	瀑布沟水电站地下洞室	中粗粒花岗岩	岩爆崩落岩块以片状为主,大小不等
11	锦屏辅助洞	大理岩、变质中-细粒砂岩	两洞均以弱-中等岩爆(Ⅰ-Ⅱ)为主
12	萝卜岗隧道	白云岩、灰岩、长石石英砂岩以及泥岩	岩体内部常有连续不断的轰隆声,似闷雷由远而近
13	下坂地水利枢纽引水隧洞	角闪二长片麻岩及华力西片麻状黑云斜长花岗岩	以近距离片状崩落为主
14	苍岭隧道	花岗斑岩、熔结凝灰岩	围岩表层呈薄片状及薄透镜状松脱
15	福堂坝隧道	花岗岩	以破裂剥落型为主
16	二滩水电站试验洞	正长石及玄武岩	爆裂岩块呈薄片状,厚度 1~8 mm 不等
17	拉西瓦水电站地下洞室	花岗岩	岩爆发生伴随爆裂声响、片状剥落及板状劈裂
18	成昆铁路关村坝隧道	硅质灰岩	弹射岩片,射距 2~3 m
19	西康铁路秦岭隧道	混合花岗岩,花岗片麻岩	劈裂、剥落
20	挪威 Hyanger 隧道	片麻岩	剥落及弹射
21	挪威 Sewage 隧道	花岗岩	劈裂,有尖锐的爆裂声响
22	瑞典 Vietea 水电站隧洞	粉砂岩、基底石英岩	产生劈裂,层面张开,无弹射
23	瑞典 Jukta 水电站隧洞	花岗岩	岩爆及块裂
24	瑞典 Ritsem 电站隧洞	糜棱岩	劈裂,锚固前每月劈裂加深 0.5 m
25	瑞典 Forsmark 电站隧洞	片麻岩	弹射岩片,大小约 10 cm,巨大声响
26	挪威 Heggure 隧道	片麻岩	剥落及弹射
27	日本关越隧道	闪长岩	最大一次是从掌子面突出 45 m^3 岩块
28	日本新清水隧道	闪绿岩及其他硬岩	弹射岩片尺寸为 0.2 m×0.2 m~1.2 m×2.5 m,厚 0.05~1 m
29	瑞士弗卡公路隧道	花岗岩、片麻岩	花岗岩中出现岩爆,以剥落为主
30	法意勃朗峰公路隧道	花岗岩、结晶片岩	隧洞周壁岩石自行剥落,甚至爆落,弹出岩片
31	印度 Kolar 金矿田	角闪片岩、石英岩	巷壁页状化,岩爆引起地震
32	格兰萨索公路隧道	泥灰岩、石英岩	喷射大量岩块

岩体结构:在地应力条件和岩性条件大体相同的情况下,软弱结构面发育程度、产状及组合关系不同时,岩体储存能量的能力则有很大差异。岩爆一般发生于岩体条件完整、地下水不发育的Ⅲ类以上围岩中,本工程岩爆特征也表明岩爆发生部位完整性非常好,且非常干燥,一般为Ⅱ、Ⅲ类岩体内。

2.2.3.2 地应力对岩爆的影响

地应力是地下工程赋存环境中最主要的指标之一,岩体中的初始地应力受地形条件、地质条件、构造环境等因素的影响。岩爆的发生与地应力积聚特性有密切关系。在同样的地质背景条件下,高地应力区,易于积聚弹性应变能的岩体,最易发生岩爆,以水平应力为最大主应力的区域更为明显。表1-7列出了发生岩爆的部分隧洞的地应力特征。应力重分布特征对岩爆的发生也有明显的影响。岩体爆破后,由于岩石内的应力平衡受到破坏,为达到应力平衡要进行应力重分布。应力重分布的不断调整,使得强岩爆区即使进行了锚、喷、网联合支护依然有岩爆发生。

如表1-7所示,地应力状态(包括方向、量级和洞线的夹角等)对岩爆的发生起控制作用。瑞典福斯马克(Forsmark)电站岩爆发生深度在地表下5~10 m处,约10 cm大小的岩块从隧洞西边墙上有力地弹射出来,并伴随着很大的响声。岩爆使得引水隧洞底部毁损,并且从开挖之日起即发生岩爆,持续到开挖之后4个月。另外,地应力场影响岩体中的微观结构面的产状,卡尔松(Carlsson)认为:水平节理组及其宽大的间隙可能是由于岩体中应力状态的结果,所观察的岩爆现象是由于表面岩体中极高的水平地应力这一情况造成的;岩爆不是岩石基质破损的属性,而仅仅是早已存在的小型断裂的扩展。

2.2.3.3 构造对岩爆的影响

小孤山水电站的岩爆在褶皱的核部及附近发生,北京大台井深部岩巷岩爆一般发生于褶曲、岩脉、断层以及岩层突变等复杂的地质构造带中。天生桥二级水电站引水隧洞过尼拉背斜翼部地段有岩爆发生,过坝盘复式向斜段却无岩爆发生。锦屏辅助洞在断层破碎带及节理裂隙带发育区段无岩爆发生,在背斜轴部因褶皱影响发生了岩爆。萝卜岗隧洞位于汉源-昭觉断裂与金坪断裂两大断裂之间的基岩山脊隆起区,地应力相对较高,发生了强岩爆。苍岭隧道K97+650掌子面上的中等岩爆证明断层及节理裂隙区附近若存在较为完整岩体,或熔结凝灰岩中有花岗斑岩的侵入时易在周围完整岩体中形成应力增高带,隧道开挖经过该地段,能量的突然释放而产生岩爆的烈度将可能大于其他正常地段。拉西瓦水电站地下洞室洞壁坚硬新鲜岩石出现片状剥落,断层带附近岩体存在板状劈裂现象。

综上所述,对于整体块状岩体,在断层的下盘、褶皱的核部与翼部、穿过节理密集带之后的完整岩体中,发生的岩爆要比没有构造影响的地方更为严重。

2.2.3.4 埋深对岩爆的影响

北京大台井岩巷岩爆现象,随采深增加而越来越严重;秦岭终南山公路隧道中发生的岩爆与隧道埋深有着密切的关系;江边水电站引水隧洞中的岩爆受埋深影响,隧洞岩爆发生的烈度、级别主要以中等为主,强烈岩爆和极强烈岩爆发生在埋深大于600 m处,一般埋深越大岩爆越强烈。锦屏辅助洞随工程开挖逐步深入、埋深逐渐增大的同时,岩爆发生的频率也随之增多,岩爆强度越加增大。萝卜岗隧道岩爆多发生在埋深很深、厚层状整体干燥和质地坚硬的岩体中。挪威Sima水电站的岩爆在台阶开挖时,随着开挖深度的增加,岩爆变得十分突出。

表1-7　部分隧洞地应力特征

序号	隧洞(隧道)名称	地应力特征
1	太平驿水电站引水隧洞	最大主应力31.3 MPa,其方向基本上垂直于河流流向,倾角7°,中间主应力17.8 MPa,约平行于河流流向,倾角64°;最小主应力10.4 MPa
2	锦屏二级水电站勘探洞	地应力量级属高地应力范畴,最大主应力值多大于40 MPa,随埋深的增加而升高的趋势不明显;中间主应力为18~32 MPa,均有随埋深增加而呈升高的趋势,但上升的速率是不相同的
3	秦岭终南山特长公路隧道	最大主应力近于垂直,属高地应力水平,方向N34°W左右,与隧道轴线基本一致,表明隧道应力以自重应力为主
4	江边水电站引水隧洞	采用空心包体应力计进行地应力测量,该区域的最大主应力实测值为32.14 MPa
5	瀑布沟水电站地下洞室	山体内地应力高,最大主应力21.1~26.21 MPa,方向N54°E~N84°E,倾角一般小于20°,方向、量级、倾角均较稳定,是以构造应力为主的地应力场
6	锦屏辅助洞	三维初始地应力场反演回归分析成果,洞线高程的最大和最小主应力分别为70.1 MPa和30.1 MPa,以自重应力为主
7	苍岭隧道	埋深从进出口段随着开挖的深入逐渐增大,直至约K98+840位置处达到最大;随着里程的增加,区内应力场逐渐加大,直至分界段,其后随里程增加而逐渐减小,并呈对称分布;以上述段为界,进口段随着里程增加,构造应力场由以水平应力为主而逐渐过渡为以竖向应力为主,侧压力系数λ约为1,出口段正好相反
8	渔子溪一级水电站引水隧洞	垂直地应力8.6~12.3 MPa;水平地应力4.8~11.4 MPa
9	挪威Sima水电站隧洞	实测地应力σ_1=19.5 MPa
10	瑞典福斯马克(Forsmark)电站隧洞	水平应力很大,其值超过20 MPa是常见的,最大达到30 MPa;且水平地应力一般大于垂直地应力,后者与上覆岩层重量非常一致
11	拉西瓦水电站地下洞室	工程区实测最大主应力29.7 MPa,二维实测平均最大主应力19.88 MPa,三维实测平均最大主压应力21.6 MPa;有限元模拟分析结果表明:受自重和构造力的作用,工程区地应力场明显受地形、岩性和断层形态的影响;河谷底部应力集中现象显著,最大主压应力最高超过60 MPa;岸坡附近最大主压应力平行岸坡;风化层应力明显降低;在断层部位主应力均有所降低,且有主压应力方向趋于向垂直断层面偏转的特征,工程区属中高地应力区

瑞典福斯马克(Forsmark)电站的岩爆深度在地表下5~10 m处,约10 cm大小的岩块从隧洞西边墙上有力地弹射出来,并伴随着很大的响声。

通过分析可以认为,埋深对岩爆的发生会产生影响,但不是决定性因素。正如周德培等认为岩爆发生次数和其剧烈程度不仅受埋深影响,可能还与其他诸因素的综合影响有关。因此,岩爆发生的"临界深度"仅可能适用于工程区最大主应力为垂直应力的部位,而在以水平应力或者残余构造应力为最大主应力的地区,不存在岩爆发生的"临界深度"。岩爆发生的临界埋深在以水平应力或应力集中区受侧压系数的影响很明显,如本书所述的某水电站引水隧洞 3[#]支洞在埋深仅 70 m 时,围岩岩体内就有岩爆声响,4[#]支洞埋深 100 m 时在断层下盘距断层 10 m 的位置发生了轻微岩爆,并造成岩壁坍塌,这也证明了埋深不是该工程岩爆发生的决定性因素。

2.2.3.5 地下水对岩爆的影响

隧洞岩爆多发生在干燥无水的岩体中,地下水的存在说明岩体中裂隙较发育或者有较大规模的断层,同时地下水对岩体有软化作用,不利于岩体中储备足够的弹性应变能。

2.2.3.6 岩爆的时间效应

岩爆的发生一般都滞后于掌子面爆破一段时间。统计资料表明:

太平驿水电站引水隧洞岩爆发生的频率随岩体开挖暴露后的时间增长而降低,大部分岩爆发生在开挖后 16 d 内,占记录到的岩爆的 90%,其中尤以 1 d 内最高,占 22%,8 d 内占 62%。同时,也发现围岩即使暴露 1 个月甚至数月后,仍会发生岩爆,但为数不多。

锦屏二级长探洞的岩爆发生有两个时期:①爆裂活跃期。在掌子面掘进数小时内,距离掌子面 1~5 m 的范围内,岩爆发生较多,其声学特征、动力特征等表现得较为突出,以后的 2 h 内还有少量岩片剥落。②爆裂持续期。岩爆发生后的数个月内,有些部位仍有爆裂或洞壁岩块外鼓现象。

小孤山引水隧洞中岩爆多发生在爆破后的 2~3 h,24 h 内最为明显,但也有时间更长的。天生桥二级水电站引水隧洞岩爆多在开挖的同时,于掌子面洞壁或掌子面发生;当岩爆在掌子面后方 0.6~1 倍洞径范围内发生时,一般情况是在 24 h 内。但是某些地段在开挖 1~2 月之后,仍有岩爆发生,有的地段甚至持续一年之久,但强烈程度大大减弱。

二郎山公路隧道的岩爆可以分为严重期、延续期、基本稳定期 3 个活动阶段,严重期一般为爆破后 4 h 内和爆破后 4 h 后至开挖 1 周内;延续期为开挖 1 周后至 4 个月内;基本稳定期在开挖 4 个月后。

瀑布沟水电站岩爆发生在开挖后 6~10 h,持续 3 h 至 1 周岩爆频率与距掌子面距离存在一定的联系。

锦屏辅助洞岩爆一般沿洞轴线断续发生。就发生时间而言,一般多在爆破后 2~5 h 最强烈,局部洞段延续 7~10 d,甚至 1 个月左右。

萝卜岗隧道常规岩爆一般多发生在爆破后的 2~3 h 内。萝卜岗隧道的异响,前期响声非常频繁,随着时间的推移,响声频率逐渐减少,甚至初期支护很长时间后还有响声从拱顶发出。

下坂地水利枢纽引水隧洞岩爆大部分发生在所在部位爆破后 24 h 内,局部较为严重的岩爆段间歇性超过 72 h,1 个月内局部出现过岩石自然脱落现象,后期基本上未曾发现过岩爆现象。

苍岭隧道的岩爆活动在隧道开挖后最初的 4~6 h 内发生频繁,与掌子面的距离一般在 2 倍洞径范围内,随后则逐渐减小,在隧洞最大埋深位置附近,岩爆持续时间较长,最长时间可持续 1 周左右。

渔子溪水电站引水隧洞新开挖的洞体,在 24 h 内顶板岩石的爆裂声最为明显,之后逐渐减弱。拉西瓦水电站地下洞室完成一段时间后,洞顶完整新鲜岩石局部发生明显板状剥皮,这种现象有些地段可延续至开挖后 2~3 a 内。

2.3 岩爆岩体破坏机理

一般认为,强度较高的脆性岩体会在高埋深、高地应力条件下,开挖过程中结构特征发生根本性的转变,从而发生结构性的破坏。地层的岩性特征和初始地应力值的大小是决定这一根本性转变的主要因素,而这一根本性转变的表现形式就是在地下洞室开挖过程中的软岩大变形或硬岩岩爆。很多学者对岩爆的发展过程和形成机理进行了研究。

谭以安对天生桥水电站引水隧洞的白云岩和灰岩中的岩爆特征进行分析研究,利用 SEM 手段分析了断裂面的破坏模式,提出了岩爆形成过程中“劈裂成板—剪断成块—块、片弹射”。冯涛研究了冬瓜山矽卡岩中的岩爆特征,利用SEM扫描结果提出“形成板状结构—岩板屈曲断裂—岩爆岩块的弹性、喷出”。苗金丽通过室内试验再现了三亚花岗岩的岩爆过程,通过SEM电镜扫描结果,认为岩爆破坏是张-剪联合作用的结果,首先是大量张裂纹的形成,以沿晶裂纹或穿、沿晶耦合形式为主;其次是剪切破坏,以穿晶及穿、沿晶耦合为主。刘小明、李焯芬认为拉西瓦水电站地下厂房花岗岩岩爆发生的微观破坏机制是脆性拉破坏,而且是以穿晶断裂为主。徐林生、王兰生对二郎山公路隧洞砂岩、砂质泥岩、泥岩等中的岩爆岩块的破坏断口分析后认为轻微岩爆岩石断口SEM形貌特征为沿晶断裂、穿晶断裂,属拉张脆性破坏断口;中等岩爆岩石断口SEM形貌特征为张、剪性破坏并存的平行台阶状花样;强烈岩爆岩石断口SEM形貌特征为平行条纹状、台阶状花样,虽然仍属张、剪性破坏性质,但是剪切破坏成分则明显增强。张梅英等对香港地区白岗岩、碎裂黑云母正长花岗岩和湖北大冶大理岩利用细观力学试验手段,提出了压力作用下岩石主要表现为脆性断裂破坏,认为岩爆岩体变形破坏经历的压密阶段和微裂纹萌生和扩展阶段是渐变性的,而断裂破坏阶段是突变性的。

上述观点均认为:岩爆发生过程是围岩岩体在洞壁切向应力作用下经历“压密—裂纹形成—断裂破坏”的破坏过程;岩体中的能量变化经历了“能量积聚—能量耗散—能量释放”;SEM的观察结果表明岩爆岩块以剪切破坏为主。岩爆形成力学机制大体上可以归纳为压致拉裂、压致剪切拉裂、弯曲鼓折(溃屈)3种基本类型。

在岩石压缩破坏过程中声发射特征研究方面,众多学者做了大量研究工作。研究结果表明,不同岩石破坏时的声发射应力水平特征是有差异的,岩爆过程中同时产生大量的高频低幅特征的波和低频高幅特征的波,分别对应形成穿晶和解理微裂纹(以张裂纹为主)及沿晶或穿晶宏观裂纹(以剪切裂纹为主),显示高能量释放及低RA值特征。在岩体破裂过程中,AE在时间序列上分为初始区(Ⅰ)、剧烈区(Ⅱ)、下降区(Ⅲ)和沉静区(Ⅳ)4个阶段。M. Cai等分析了岩石室内试验的声发射特征,根据声发射试件分析岩石的初始裂纹开裂时间及岩石的破坏过程与应力的关系。

由于工程开挖是岩体卸荷的过程,很多研究者通过室内岩样卸荷试验分析岩爆的发生过程,对岩石的卸荷力学特性进行了研究后认为卸荷条件下,岩石的力学性质发生了明显的变化。

2.4　岩爆发生的能量机理

围岩岩体在压密初期完成了能量的积聚,随后裂纹开始萌生和扩展,该过程中能量以声能和热能的形式得以耗散,最后裂纹贯通导致岩体被剪断形成岩块,岩块间黏聚力在破坏后突然降为零,导致能量突然释放,释放能量的大小决定了岩爆烈度和破坏规模。

岩爆的发生与岩石的性质及应力状态有着密切关系。从储存能量分析,变形以弹性为主的岩体在受力变形时能储聚较多的弹性应变能,大部分高强度脆性岩体属于这一类;而变形以塑性为主的岩体储存弹性应变能的能力相对较差。岩爆的发生大多集中于硬脆性岩体中,硬脆性岩体具备储备较高弹性能的能力,因此岩爆发生的能量理论有其物质基础。岩爆发生过程中的能量交换符合能量守恒定律和热力学第一定律。

因此,基于能量原理的岩爆机制认为:岩爆发生在储存有较高弹性应变能的硬脆性岩体中,重力和构造应力对岩体做功的总输入能量主要转换为岩体的耗散能和岩爆发生时的释放能。从岩体的损伤导致岩体的宏观破坏阐明了岩爆发生的能量机理,与谭以安的岩爆过程划分“劈裂成板—剪切成块—块、片弹射”的观点正好吻合。

2.5　岩爆预测

2.5.1　岩爆预测分类

由于岩爆的突发性、滞后性、破坏严重性等特点，致使岩爆的预测与预报在地下工程施工过程中显得尤为重要。岩爆的预测一般要基于某些理论进行，例如：目前经常采用的强度理论、刚度理论、能量理论、冲击倾向性理论、失稳理论、灾变理论和分维数理论等。

岩爆的预测与预报根据时间可分为趋势预测和短期预报。岩爆趋势预测和短期预报是既相互独立又密切相关的不同工作阶段。

岩爆预测理论可以归纳为力学理论和能量理论。

力学理论法：根据对地下洞室勘察过程中获得的力学指标对岩爆的发生倾向性进行预测，又可分为静力学指标法与动力学指标法。静力学指标法根据勘察阶段揭露的岩芯的室内试验指标，包括岩石饱和单轴抗压强度、抗拉强度、弹性模量等力学指标，以及通过水压致裂法测得的深部岩体的地应力指标，依据相关规范的规定或者前人的经验公式对岩爆发生的可能性及岩爆的烈度等级进行预测。动力学指标法则根据岩芯的声波特性以及在开挖过程中对岩体内部的声发射特征监测得到的微震情况，对前方和已开挖岩体发生岩爆的可能性进行预测。

能量理论法：根据岩体的断裂力学特征，通过对岩体内部细观裂纹所赋存的能量和裂纹发生扩展破坏所消耗的能量和释放的能量之间的关系进行研究，采用最小能量原理、热力学第一定理、Griffith 理论，利用能量释放率、岩体的储能率以及断裂韧性和应力强度因子等岩体的断裂力学指标对岩爆发生的可能性进行预测。

2.5.2　岩爆预测方法

2.5.2.1　按项目进展阶段分类

岩爆预测包括勘察设计阶段预测和施工期预测，勘察设计阶段一般采用一些经验判据，而施工预测包括地质超前预报和岩体地质参数反演。现场预测可以采用的方法包括钻屑法、地球物理法、位移测试法、水分法、温度变化法和统计方法。

2.5.2.2　预测依据分类

目前岩爆预测的方法大致可归结为两类：一类为理论法，另一类为实测法。理论法是利用已建立的岩爆各种判据和指标，对岩芯取样力学指标或根据工程区地形地质条件、工点实测的地应力值通过反演拟合分析取得工程场区的地应力值，进行岩爆预测的方法，如能量判据法、应力判据法等；实测法是借助一些必要的仪器，对地下工程的现场或岩体直接进行监测或测试，来判别是否有发生岩爆的可能，如流变法、微震法（或声发射法）等。

2.5.3　岩爆预测判据

国内外学者以强度理论、刚度理论以及能量理论等为基础建立了 10 余种岩爆判据，包括规范法判据、挪威 Russense 判据及其改进判据、陶振宇判据、苏联杜尔恰尼诺夫（Turchaninov）判据、I · A · 特钱英奥判据、陆家佑判据、伊 · 阿 · 多尔恰尼诺夫判据、E · HoeK 判据、姚宝魁判据、Barton 判据、脆性度判据、弹性应变指数（W_{ET}）判据、能量冲击性指标（A_{CF}）判据、谭以安岩爆岩石弹射性能综合指数 K_{rb} 判据、基于 Griffith 理论的判据、扰动响应判据等。

3　岩爆现象、特征与影响因素

3.1　岩爆现场记录

3.1.1　岩爆等级划分

根据 2.2 节的统计资料，在对现场岩爆发生情况进行统计分析的基础上提出适合本工程的岩爆烈度等级与对应的各项特征，列于表 1-8 中。本烈度等级划分中考虑了岩爆发生时的声响特征、岩爆区破坏特征以及对工程的影响三方面特征，其中岩爆区的破坏特征包括塌落规模、弹射特征、岩爆坑深度和岩爆区的持续剥落时间 4 个方面。

表 1-8　适用于本工程的岩爆烈度分级及特征

等级	描述	声响特征	破坏特征				对工程的影响
			塌落规模	是否弹射	爆坑深度/m	持续时间	
Ⅰ	轻微	无声音或者响声不明显	片帮，局部块状剥落	无	<0.5	持续时间短	不明显，需要定期排险
Ⅱ	中等	清晰听到声响	片帮为主，较大范围的剥落，并有一定连续性	局部弹射	0.5~1m	片帮和剥落连续发生	人员感到恐慌，造成小规模的破坏
Ⅲ	强烈	较大声响，清晰听到	岩块应声而落，岩爆位置在空间上连续	明显的弹射	1~2	持续破坏和连续的片状剥落	人员受伤，机械被毁
Ⅳ	极强	强烈声响	大范围的崩塌	较大规模岩块弹射出来	>2	很短时间内发生大量的塌方，随时发生剥落，剥落持续时间较长	人员受伤，机械被毁，施工受到影响，甚至被迫施工暂停

3.1.2　岩爆发育情况

引水隧洞及施工支洞均采用钻爆法施工，引水隧洞断面形式为马蹄形，施工支洞断面形式为城门洞形。施工支洞和引水隧洞中均有岩爆发生，其发生情况统计见表 1-9。引水隧洞与施工支洞的工程位置布置如图 1-1 所示。

3.1.3　岩爆现象描述

3.1.3.1　施工支洞岩爆

1. 1#施工支洞

1#施工支洞洞向为 SW234°~NE54°，桩号 Z1+100 之前岩性为变质闪长岩，之后岩性为片麻状花岗岩。隧洞最大埋深 843 m，岩体完整，以Ⅱ、Ⅲ类为主。图 1-4 为 1#施工支洞工程地质剖面及岩爆发生位置示意图，图 1-5 为典型岩爆洞段的施工地质编录图。

表 1-9 **岩爆发生情况统计**

工作面	桩号		段长/m	围岩类别	发生位置	主要影响因素	埋深/m	烈度等级
	起	止						
1#施工支洞	Z1+050	Z1+060	10	Ⅲ	右侧边墙	岩体完整、埋深	745	轻微
	Z1+140	Z1+147	7	Ⅲ	左侧拱顶	断层下盘	615	轻微-中等
	Z1+220	Z1+225	5	Ⅱ	拱顶	岩体完整、埋深	590	轻微-中等
	Z1+236	Z1+242	6	Ⅱ	左侧拱顶	岩体完整、埋深	585	中等
	Z1+246	Z1+251	5	Ⅱ	左侧拱顶	岩体完整、埋深	583	中等
	Z1+257	Z1+275	18	Ⅱ	左侧拱顶	岩体完整、埋深	565	中等
	Z1+318	Z1+445	127	Ⅱ	左侧起拱线	岩体完整、埋深	580.5~665.65	轻微-中等
	Z1+452	Z1+517	65	Ⅱ	右侧拱顶	岩体完整、埋深		轻微
	Z1+523	Z1+534	11	Ⅱ	右侧拱顶	岩体完整、埋深	665.25~678.25	轻微-中等
	Z1+538	Z1+551	13	Ⅱ	右侧拱顶	岩体完整、埋深		轻微-中等
2#施工支洞	Z0+210	Z0+266	56	Ⅲ	右侧拱顶及部分掌子面	边坡地形	243.4~257	轻微
	Z0+322	Z0+332	10	Ⅲ	左侧墙	岩体完整	285~297.25	轻微
	Z0+925	Z0+958	33	Ⅲ	拱顶中心线偏右侧	岩体完整、埋深	439~475.6	轻微
3#施工支洞	Z0+047	Z0+236	189	Ⅲ	岩体内部	挤压带、边坡地形	26.5~252.5	轻微
	Z0+297	Z0+307	10	Ⅲ	右侧墙和掌子面	岩体完整	309.65~326.95	轻微-中等
4#施工支洞	Z0+045	Z0+070	25	Ⅲ	岩体内部	边坡坡脚	50~95	轻微
	Z0+110	Z0+150	40	Ⅲ	右侧墙	断层下盘	160~192.5	轻微
	Z0+150	Z0+363	213	Ⅲ	左、右边墙	岩体完整、沟谷地形	192.5~507.5	轻微

续表 1-9

工作面	桩号		段长/m	围岩类别	发生位置	主要影响因素	埋深/m	烈度等级
	起	止						
Ⅰ标(桩号 Y0+000—Y4+500)	Y0+735	Y0+750	15	Ⅲ	右侧边墙	挤压带	461.37~468.99	轻微
	Y0+770	Y0+780	10	Ⅲ	两侧边墙	挤压带	484.13~495.86	轻微
	Y1+320	Y1+445	125	Ⅲ	左侧侧墙	岩体完整、沟谷地形	204.44~346.69	轻微
	Y1+457	Y1+518	61	Ⅲ	掌子面弹射			轻微
	Y1+523	Y1+560	37	Ⅲ				轻微
	Y1+585	Y1+690	105	Ⅱ	右侧拱顶及侧墙			轻微-中等
	Y2+500	Y2+632	132	Ⅱ	两侧边墙及拱顶	岩体完整、主洞与支洞交口	665~750	轻微
	Y2+632	Y2+640	8	Ⅱ	右侧拱顶	岩体完整、主洞与支洞交口	382.3	中等
	Y2+673	Y2+905	232	Ⅱ		岩体完整、埋深	781.9~851.62	轻微-中等
Ⅱ标(桩号 Y4+500—Y8+900)	Y5+290	Y5+390	100	Ⅲ	左侧墙	岩体完整、埋深、断层下盘	829~1 049	中等
	Y5+395	Y5+505	110	Ⅱ	右侧拱顶	岩体完整、埋深	729.87~789.49	轻微-中等
	Y5+780	Y5+800	20	Ⅱ	右侧拱肩	主洞与支洞交口、岩体完整	500~517	轻微-中等
	Y5+800	Y5+836	36	Ⅱ	拱顶、两侧墙		490.1~500	中等
	Y5+920	Y5+995	75	Ⅲ	左侧拱顶	岩体完整、埋深	341.5~425.3	轻微
	Y6+120	Y6+130	10	Ⅲ	右侧拱顶	沟谷地形	177.2~192.26	轻微
	Y6+200	Y6+260	60	Ⅲ	右侧拱顶	沟谷地形	114.8~120	轻微-中等
	Y6+300	Y6+330	30	Ⅲ	右侧拱顶	沟谷地形	196.32~239.69	轻微
	Y6+500	Y6+535	35	Ⅲ	右侧拱顶	岩体完整、埋深	510.00~518.11	轻微
	Y6+650	Y6+690	40	Ⅲ	右侧拱顶	岩体完整、埋深	627.66~635.37	轻微
	Y7+095	Y7+251	156	Ⅱ	右侧拱顶—右侧墙	岩体完整、埋深	862.27~986.67	轻微-中等
	Y7+270	Y7+332	62	Ⅱ	右侧拱顶—拱顶中心线	岩体完整、埋深	1 020.48~1 050.7	中等
	Y7+342	Y7+578	236	Ⅱ	拱顶范围内	岩体完整、埋深	1 050.7~1 062.54	中等

续表 1-9

工作面	桩号		段长/m	围岩类别	发生位置	主要影响因素	埋深/m	烈度等级
	起	止						
Ⅱ标(桩号Y8+900—Y15+639)	Y10+148	Y10+153	5	Ⅱ	掌子面和右侧拱顶	岩体完整、埋深	1 060	中等
	Y10+400	Y10+521	121	Ⅱ	右侧拱顶—起拱线	岩体完整、埋深	780.5~814	中等
	Y10+521	Y10+650	129	Ⅱ	掌子面和右侧拱顶	岩体完整、埋深	750.71~864.66	中等
	Y10+830	Y11+023	193	Ⅱ	右侧拱顶—右侧起拱线	岩体完整、埋深、主洞与支洞交口	500~764.26	轻微-中等
	Y11+023	Y11+200	177	Ⅲ	右侧拱顶—右侧起拱线	沟谷地形、主洞与支洞交口	286.35~327.01	轻微

1#施工支洞在桩号 Z1+200 之前仅有局部发出轻微的劈裂声,无岩块剥落与弹射现象。桩号 Z1+200 之后进入岩爆高发区,该段岩体完整,干燥,埋深 580.5~745 m,多处发生轻微-中等岩爆,局部发生中等强度的岩爆,其主要特征表现为大量板状岩体剥落和块状弹射现象。岩爆发生部位的照片如图 1-6、图 1-7 所示。岩爆情况简述如下:

桩号 Z1+225 处,埋深 590 m,发生轻微-中等岩爆;开挖结束 3 h;岩体内部发出明显的撕裂声音,呈现出噼里啪啦的声响,造成工人恐慌;左侧拱顶的小块岩体剥落和掌子面的轻微弹射;持续剥落后拱顶形成一深约 30 cm 的"V"形坑。

桩号 Z1+242 处,埋深 585 m,发生中等岩爆;于开挖结束 4 h 后连续发生;岩体内有噼里啪啦的声响,并且有小岩块掉落,多成片状,开挖结束 6 h 后,岩体内突然爆响,似雷管爆炸声,随即一块 6 m×2 m×20 cm 的板状块石从拱顶脱落,同时爆坑岩壁上出现了明显的鳞片状岩块,处于"摇摇欲坠"的状态;岩爆后洞壁起拱线部位到拱顶形成直角形爆坑,深度约 1.0 m。

桩号 Z1+246—Z1+251 范围内包括 1+251 掌子面,埋深 583 m,发生中等岩爆;距掌子面爆破结束 4 h,岩体内发出似雷管爆炸声,随后左侧拱顶岩块剥落,块度为 3 m×1.5 m×0.25 m,掌子面有轻微弹射,弹射岩块厚 5 cm、宽约 20 cm,同时后方岩体内发出爆裂声后岩块随之剥落;爆坑岩体表面出现了许多裂纹,形成了大量鳞片状岩体;形成直角形爆坑,剥落深度 0.8 m。

桩号 Z1+257—Z1+275,埋深 565 m,发生中等岩爆,距掌子面爆破结束 4 h;左侧拱顶发生较强的岩体撕裂的声音,似玻璃破碎声,随后拱顶出现了片状剥落,最大厚度仅 10 cm,块度也小于 1 m,掌子面出现岩块弹射,最大块度 20 cm,弹射距离在 2 m 以内。左侧拱腰部位出现了持续的岩片剥落现象,持续时间 30 d,导致拱腰剥落深度达 0.8 m,形成"V"形爆坑。

桩号 Z1+452—Z1+517,埋深 650~665 m,开挖结束 2 d 后发生轻微岩爆,岩爆发生位置主要集中于左侧拱顶和起拱线部位。岩爆发生时伴随有轻微的劈裂声和小规模的片状岩体剥落,影响深度不明显。

桩号 Z1+523—Z1+535,Z1+541—Z1+558,埋深 669~680 m,发生轻微-中等岩爆,开挖结束 4 d 后开始剥落,主要发生在拱顶中心线范围内,岩爆部位连续剥落后造成深度在 10~45 cm 的爆坑。

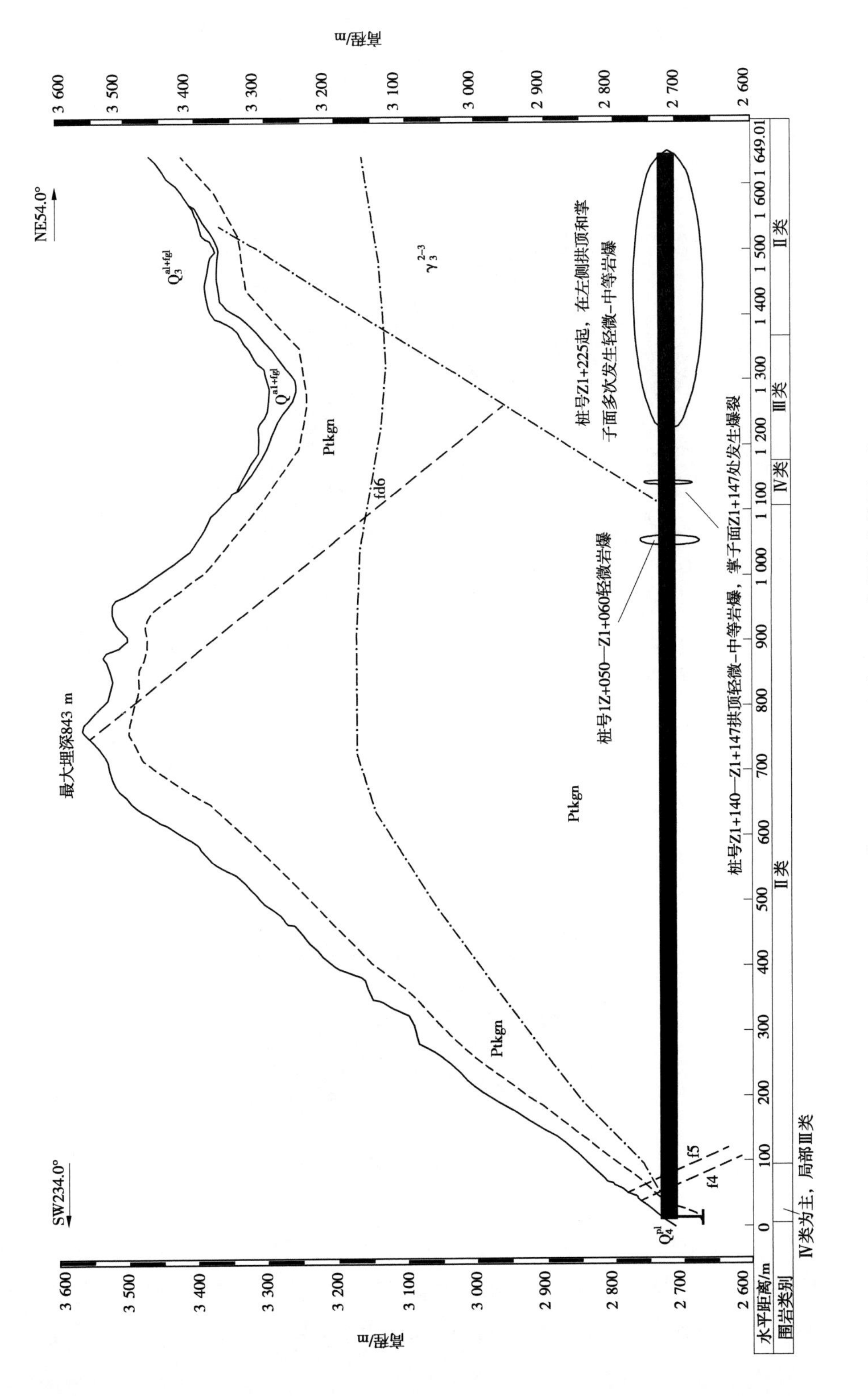

图 1-4　1#施工支洞工程地质剖面及岩爆发生位置示意

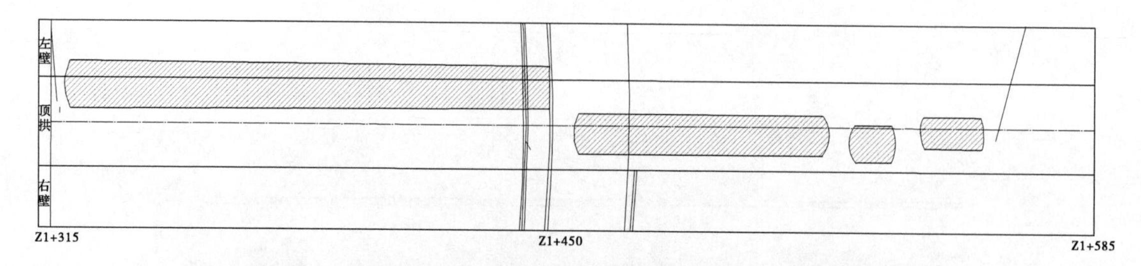

图 1-5 1#施工支洞局部岩爆洞段编录图(阴影部分为岩爆部位)

图 1-6 1#施工支洞岩爆发生实例(一)

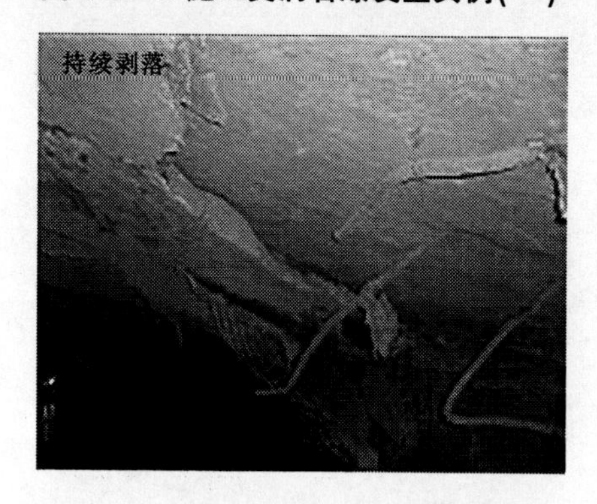

图 1-7 1#施工支洞岩爆发生实例(二)

2. 2#施工支洞

2#施工支洞以轻微岩爆为主。桩号 Z0+210—Z0+266,埋深 243. 4～257 m,岩爆以轻微岩爆为主,围岩岩体内零星有噼里啪啦的响声,仅局部发生了轻微的脱落和弹射,未形成明显的爆坑,但开挖结束若干天后仍有剥落现象发生。发生岩爆部位现场素描如图 1-8 所示。

3. 3#施工支洞

3#施工支洞以轻微岩爆为主。

桩号 Z0+047 处埋深仅 70 m,发生轻微岩爆,主要表现为岩体内部有噼啪声,未见弹射现象,开挖结束 1. 5 h 发生。

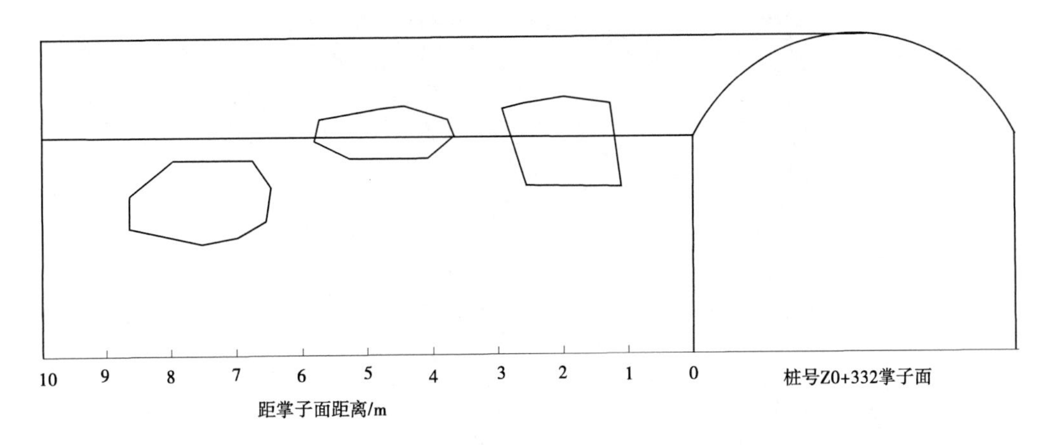

图 1-8　桩号 Z0+332 掌子面后方 10 m 范围内左侧洞壁岩块脱落示意

桩号 Z0+236 处发生轻微岩爆，主要表现为掌子面发生弹射，弹射岩块块径 1～2 cm，弹射距离 10～20 cm。

桩号 Z0+307 处发生轻微-中等岩爆，埋深 325 m，表现为岩体内发生了较大的响声，似闷雷声和噼里啪啦的响声，掌子面和洞壁发生了大面积的剥落，新鲜岩面可见，剥落岩体块度长向最大超过 2 m，最大厚度 14 cm，如图 1-9 所示。

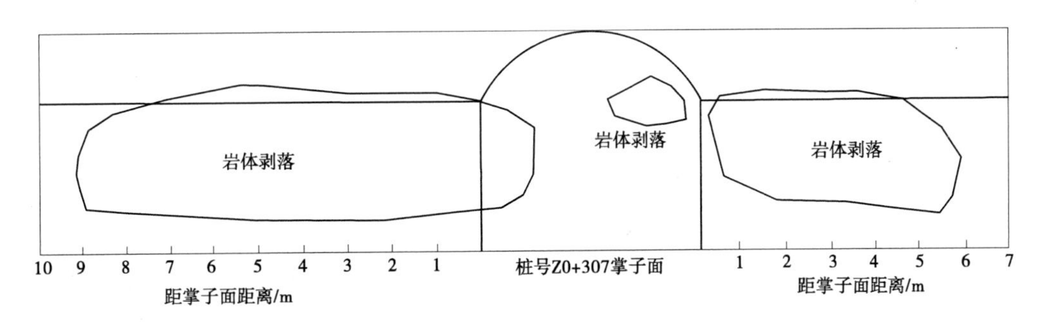

图 1-9　3#施工支洞桩号 Z0+307 掌子面处发生的岩爆示意

4. 4#施工支洞

4#施工支洞岩爆的明显特征是洞壁岩体的持续剥落。

桩号 Z0+070 处，埋深 70 m，发生轻微岩爆，表现为岩体内不时发出噼里啪啦的声响。

桩号 Z0+110—Z0+150，埋深 160～192.5 m，发生轻微岩爆，表现为右侧洞壁内发出噼啪的声响后，发生了大面积片状剥落，岩体碎片呈不规则的薄片状，剥落岩块最大 1.5 m，厚度 10 cm 左右。

另外在桩号 Z0+100 之后，支洞贯通后洞壁两侧岩体就出现持续的板状、片状剥落，持续时间超过 2 a，如图 1-10 所示。

3.1.3.2　引水隧洞岩爆

引水隧洞岩爆发生于洞段桩号 Y0+700—Y12+000，走向以桩号 Y6+500 为界，之前为 NW292.5°～SE112.5°，之后为 SW236.1°～NE56.1°。岩性均为片麻状花岗岩，围岩类别以Ⅱ、Ⅲ类为主。图 1-11～图 1-13 为已开挖引水隧洞分桩号表示的工程地质剖面和岩爆发生洞段示意图。

以桩号 Y6+500 为界，对岩爆情况进行描述。

1. 桩号 Y0+700—Y6+500，洞向为 NW292.5°～SE112.5°段岩爆发生情况

(1) 桩号 Y0+735—Y0+750，埋深 461.37～468.99 m，发生轻微岩爆；发生于开挖结束 45 d 后，

图 1-10 4#施工支洞桩号 Z0+100—Z0+150 两侧洞壁持续剥落

发生位置在右侧墙，岩爆发生时有轻微的劈裂声，声响后岩体呈片状剥落，片状岩体厚度 1~5 cm，对施工没有造成影响，造成的侧向剥落深度小于 0.3 m。

(2)桩号 Y0+770—Y0+780，埋深 484.13~495.86 m，发生轻微岩爆；岩爆发生于开挖结束 30 d 后，表现为右侧洞壁有劈裂声，随后片状剥落，剥落后洞壁锤击闷响。剥落后洞壁呈阶梯状，如图 1-14 所示。

(3)桩号 Y1+320—Y1+560，埋深在 204.44~346.69 m，发生轻微岩爆，岩爆发生于开挖结束 30 d 后，岩爆时伴随有轻微的劈裂声，随之表面岩体剥落，对施工未造成影响。影响深度小于 0.3 m。

(4)桩号 Y1+585—Y1+690，发生轻微-中等岩爆，埋深 201.87~219.70 m，开挖结束之后 4 h 内掌子面发生了轻微的弹射，伴随有噼里啪啦的声音，影响深度小于 0.3 m。

(5)桩号 Y2+500—Y2+632，埋深在 665~750 m，发生轻微岩爆，局部达到中等岩爆量级，开挖结束之后 4 h 内发生，岩爆发生时掌子面见有弹射现象，片状剥落为主，洞壁岩体有轻微撕裂的声响，发生于隧洞的右侧洞壁，自拱腰至右侧拱顶均有发育。洞形成钝角形，影响深度 0.4 m。

(6)桩号 Y2+632—Y2+640，埋深 382.3 m，发生中等岩爆，表现为岩体内发出噼里啪啦的声响，似玻璃破碎的声音，持续发生 3 d，声响发生时岩体表层出现明显的裂纹。片状剥落后洞顶呈“L”形，影响深度大于 1 m。

(7)桩号 Y2+673-Y2+905，埋深 781.9~851.62 m，发生轻微-中等岩爆，表现为岩爆发生时有岩体劈裂的声音，偶尔有弹射现象，局部剥落深度 5~20 cm，主要发生在拱顶及拱顶偏右侧。洞顶呈钝角形，影响深度 0.5 m。

(8)桩号 Y5+290—Y5+390，埋深 829~1 049 m，发生中等岩爆，掌子面 Z5+290 开挖结束后，岩爆开始发生。主要位置在左侧和右侧边墙中间部位，剥落时没有明显的声响，但持续剥落时间长达 1 个月之久，以连续片状剥落为主，对施工未造成明显影响。未采取任何支护措施，连续剥落后局部最大剥落深度达 80 cm，剥落后洞形成“V”字形或圆弧形。该处左侧洞壁岩爆区出现了明显的鼓折破坏现象，如图 1-15 所示。

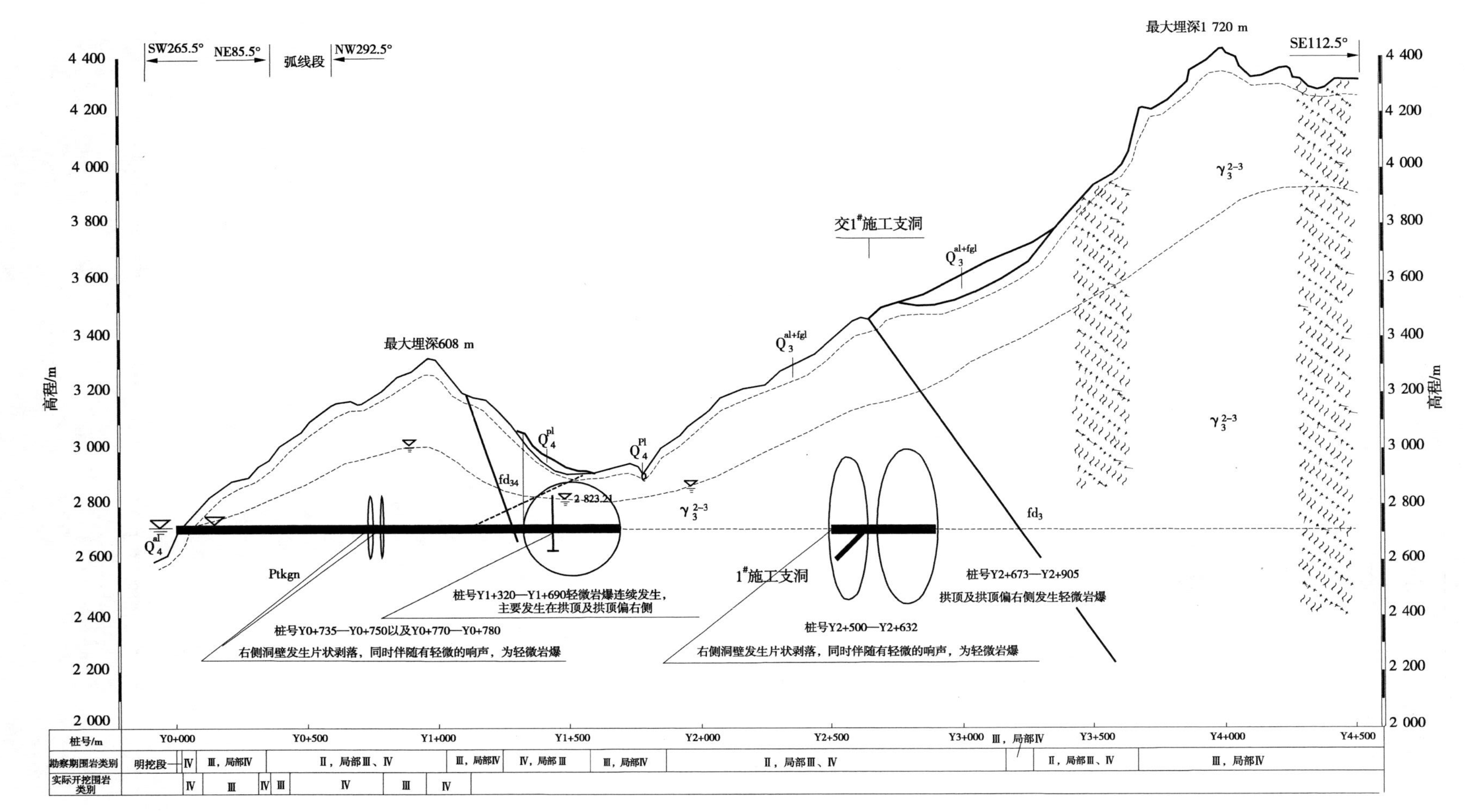

桩号/m	Y0+000	Y0+500	Y1+000	Y1+500	Y2+000	Y2+500	Y3+000	Y3+500	Y4+000	Y4+500
勘察期围岩类别	明挖段—Ⅳ；Ⅲ，局部Ⅳ	Ⅱ，局部Ⅲ、Ⅳ	Ⅲ，局部Ⅳ；Ⅳ，局部Ⅲ	Ⅲ，局部Ⅳ	Ⅱ，局部Ⅲ、Ⅳ		Ⅲ，局部Ⅳ	Ⅱ，局部Ⅲ、Ⅳ	Ⅲ，局部Ⅳ	
实际开挖围岩类别	Ⅳ；Ⅲ；Ⅳ；Ⅲ	Ⅳ；Ⅲ	Ⅳ							

图 1-11　桩号 Y0+000—Y4+500 段工程地质剖面及岩爆位置标注图

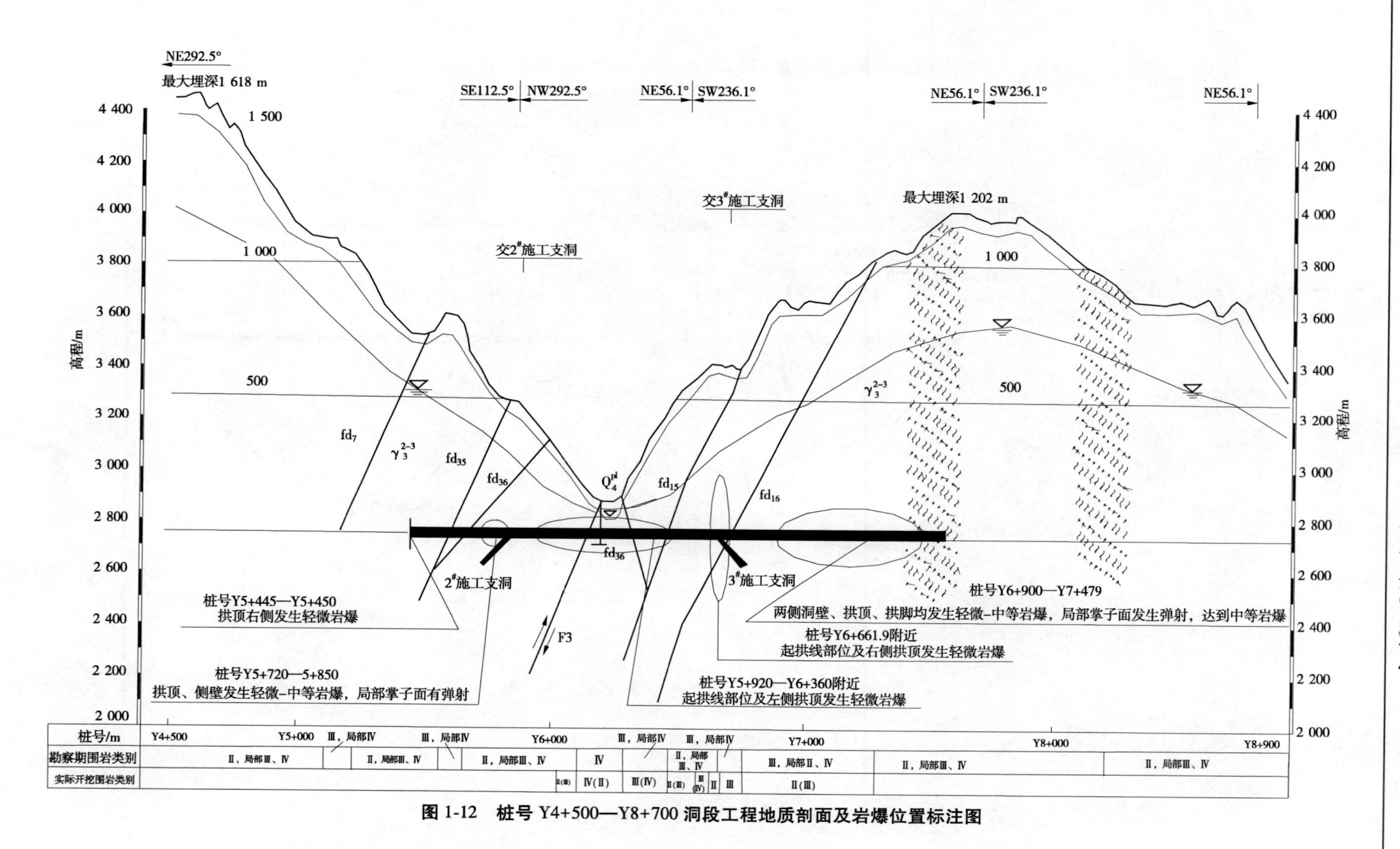

图 1-12 桩号 Y4+500—Y8+700 洞段工程地质剖面及岩爆位置标注图

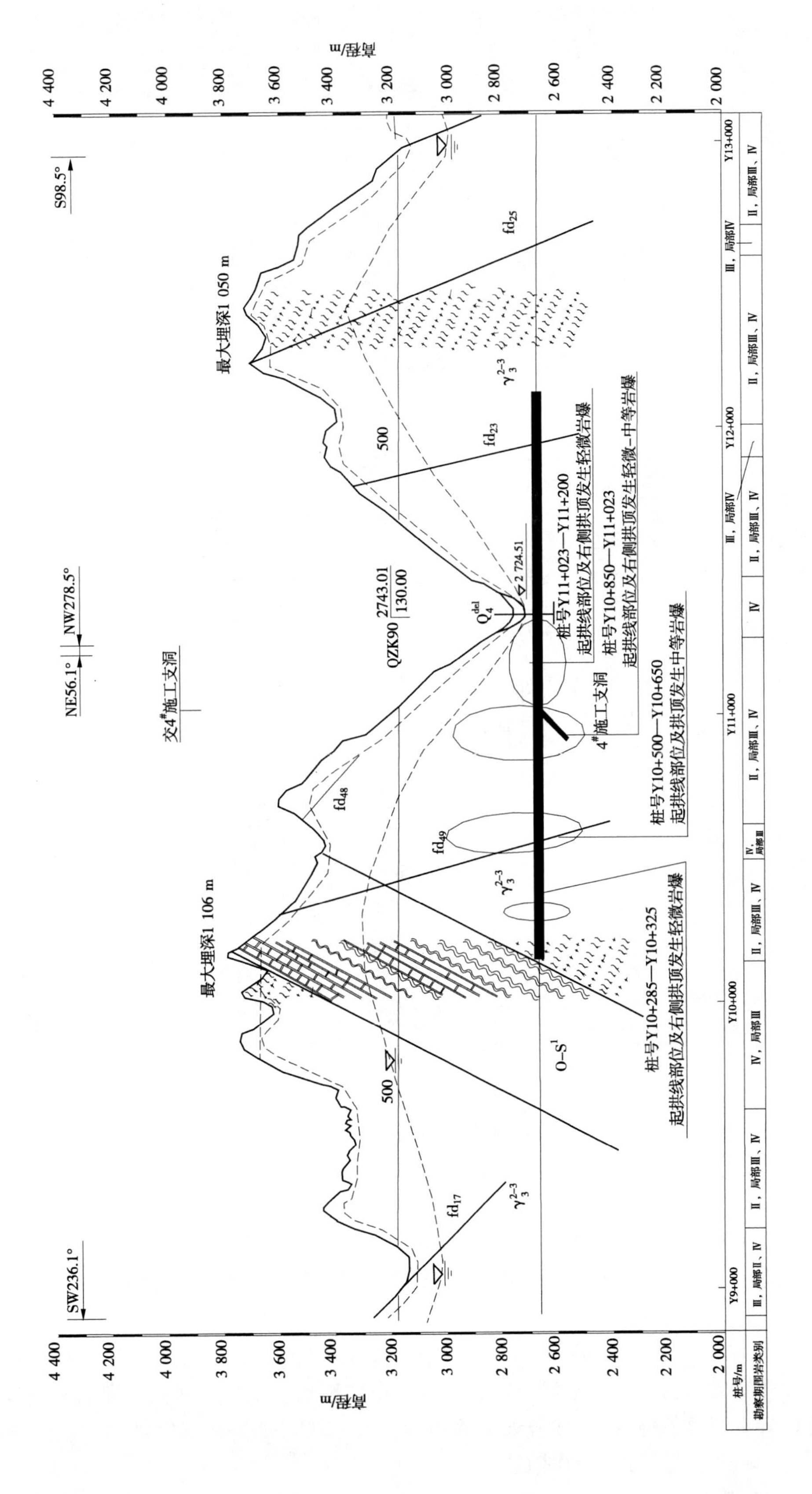

图 1-13　桩号 Y8+700—Y13+000 段工程地质剖面及岩爆位置标注图

图 1-14　桩号 Y0+770—Y0+780 段岩爆造成右侧洞壁剥落

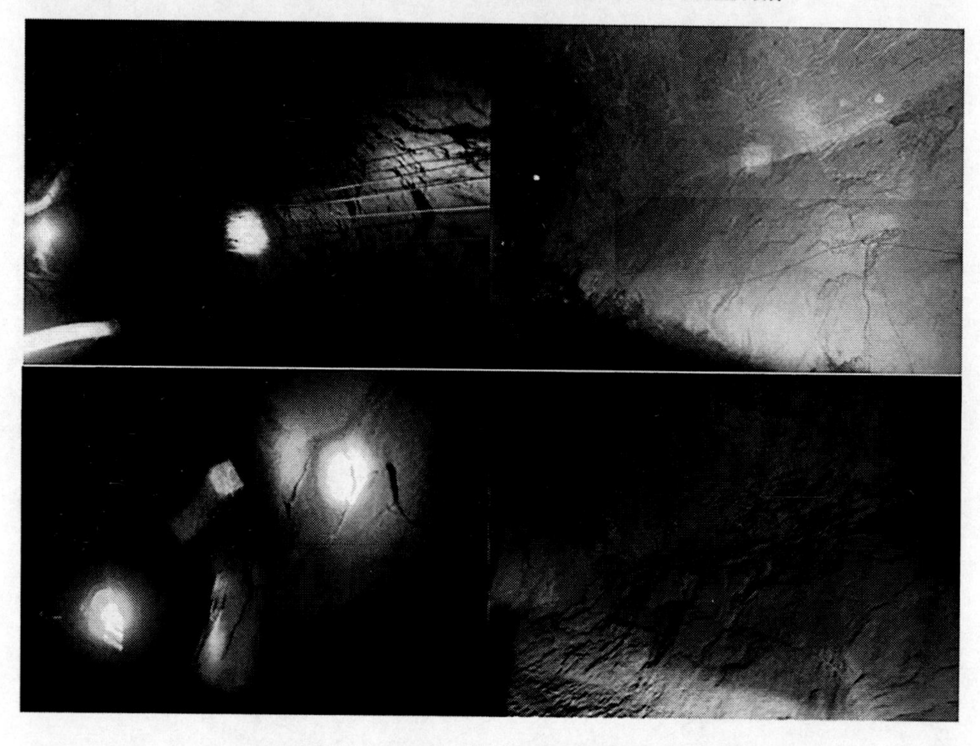

图 1-15　桩号 Y5+290—Y5+390 段侧墙岩爆及连续剥落

(9)桩号 Y5+395—Y5+505,埋深 729.87~789.49 m,发生轻微-中等岩爆,零星岩爆发生在右侧拱顶,表现为表层岩体片状剥落,局部伴随有轻微的声响,对施工没有造成影响,影响深度小于 0.3 m。

(10)桩号 Y5+780—Y5+800,埋深 500~517 m,发生轻微-中等岩爆,表现为岩体内发出闷雷声,随后岩块剥落。岩爆发生于右侧拱肩部位,该部位连续剥落,后洞壁形成 10~45 cm 的坑,呈钝角形。

(11)桩号 Y5+800—Y5+836,埋深 490.1~500 m,中等岩爆为主,并且在拱顶、左壁和右壁均有发生,岩爆发生主要受三岔口洞形不规则造成应力集中的影响。发生时间大约滞后于隧洞开挖 2 d。岩爆发生时伴有明显的劈裂声,如玻璃破碎声响,局部发生弹射,连续发生多次。持续剥落后洞顶成“L”形,影响深度大于 1 m,如图 1-16 所示。

(12)桩号 Y5+920—Y5+995,埋深 341.5~425.3 m,发生轻微岩爆,开挖结束 2 d 后开始剥落,

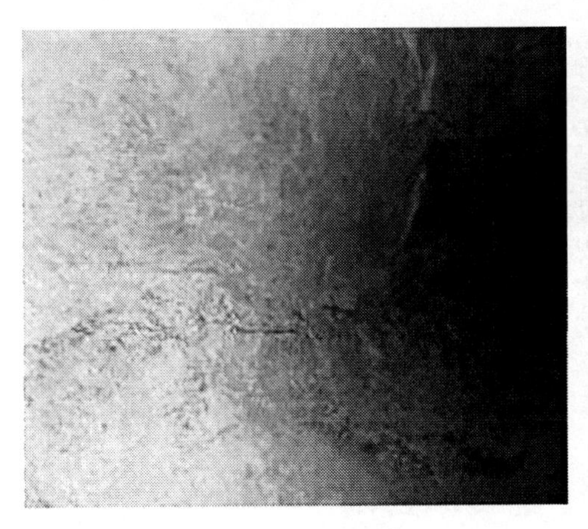

图1-16 桩号Y5+800—Y5+836岩爆区及其稳定后的洞壁

剥落位置位于拱顶偏左侧,最初有轻微声响,后无声响,但片状剥落连续发生,造成拱顶剥落深度达10~40 cm,持续时间5~7 d。

(13)桩号Y6+120处,埋深189 m,发生轻微岩爆,但出现持续剥落,发生时间滞后2 d,在掌子面桩号Y6+130处,拱顶右侧突然发生巨响,似雷管爆炸声,随后Y6+120—Y6+125范围内右侧拱顶发生岩块剥落,持续剥落时间长达7 d左右。直到稳定,拱顶形成10~45 cm的钝角形坑,此处位于沟谷部位。

(14)桩号Y6+200—Y6+260,埋深114.8~120 m,发生轻微-中等岩爆,开挖结束后2 d发生,位于拱顶中心线偏右侧部位,局部发生弹射,有似雷管爆炸的声响,片状剥落连续发生,岩块厚度在10~15 cm,造成洞壁岩体剥落深度小于0.3 m。

(15)桩号Y6+300—Y6+330,埋深在196.32~239.69m,发生轻微岩爆,发生于开挖结束6 d后,发生位置在拱顶中心线偏右侧,发生时无声响,片状剥落为主,岩块厚度2~5 cm,洞顶呈钝角形,影响深度小于0.3 m。

2. 桩号Y6+500—Y13+100,洞向为SW236.1°~ NE56.1°段岩爆发生情况

(1)桩号Y6+500-Y6+535,埋深在510.00~518.11 m,发生轻微岩爆,发生于开挖结束后4 h,岩爆区位于拱顶中心线偏右侧。岩爆发生时岩体内发出似雷管爆破的劈裂声,声响后随即发生岩片剥落,弹射现象不明显,剥落厚度小于15 cm,剥落岩体最大块径80 cm,影响深度小于0.3 m。

(2)桩号Y6+650—Y6+690,埋深在627.66 m~635.37,发生轻微岩爆,发生于开挖结束后48 h,发生位置在拱顶中心线偏右侧,岩爆发生时无声响,呈片状剥落,持续发生后洞顶形成钝角形坑,剥落后洞顶深度大于0.5 m。

(3)桩号Y7+095—Y7+251,埋深在862.27~986.67 m,发生轻微-中等岩爆,发生于开挖结束后4 h,位于拱顶右侧到右侧墙中线部位,岩爆发生时有明显的劈裂声,剥落深度在0.3~1 m,持续时间超过7 d。部分洞段在左侧洞壁中间部位发生了中等岩爆,有轻微弹射,主要破坏形式为片状剥落,持续剥落后导致侧向局部坑深超过1 m,如图1-17所示。

(4)桩号Y7+270—Y7+332,埋深在1 020.48~1 050.7 m,发生中等岩爆,发生于开挖结束后4 h,位于拱顶中心线附近。岩爆发生时伴有明显的闷雷声;掌子面处的岩爆造成片状岩石弹出,弹射距离2 m左右,主要发生在拱顶,弹射不明显,连续剥落造成拱顶形成10~30 cm的坑。

(5)桩号Y7+342—Y7+578,埋深在1 050.7~1 062.54 m,发生中等岩爆,发生于开挖结束后4 h内,左侧起拱线—右侧起拱线范围内,以片状岩石脱落和掌子面弹射为主。岩爆发生时伴有明显

图 1-17　桩号 Y7+095—Y7+105 洞段左侧洞壁中部片状剥落导致的深坑

的闷雷声和劈裂声，剥落岩块以片状和板状为主，最大厚度超过 10 cm。岩爆发生后，洞壁和掌子面形成明显的阶梯状，影响深度不明显，如图 1-18 所示。

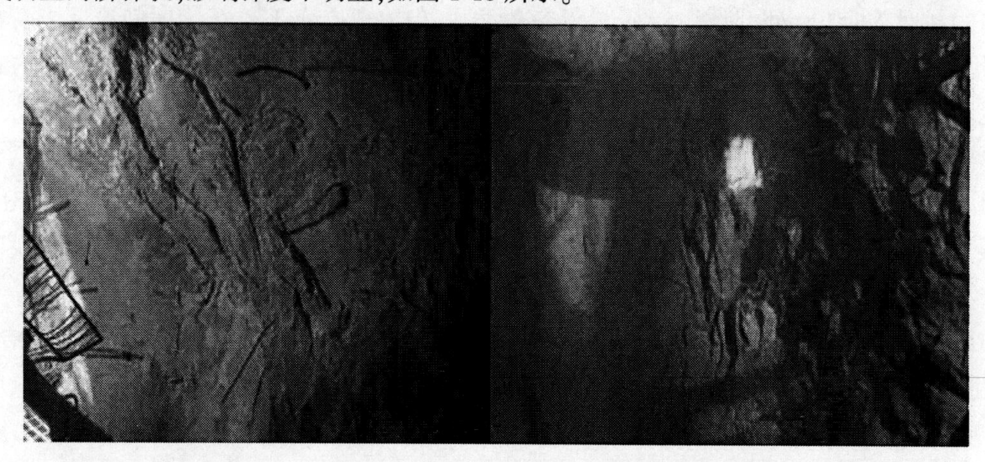

图 1-18　桩号 Y7+342—Y7+578 范围内拱顶和掌子面岩爆造成洞壁形成阶梯状

(6)桩号 Y10+148—Y10+153，埋深 1 060 m，发生中等岩爆，岩爆发生于开挖结束后 4 h 内，位于掌子面和后方 5 m 拱顶范围内，具体表现为岩爆发生时伴随有爆裂声，且掌子面出现弹射现象，拱顶范围形成钝角形坑，影响深度小于 0.5 m。

(7)桩号 Y10+400—Y10+521，埋深在 780.5~814 m，发生中等岩爆，岩爆发生于开挖结束后 4 h 内，主要发生在右侧拱顶—起拱线范围内，出现明显的闷雷声和爆裂声，以片状和板状剥落为主，局部出现弹射，持续时间超过 3 个月。持续剥落后洞壁呈“V”形，影响深度超过 1 m。

(8)桩号 Y10+521—Y10+650，埋深在 750.71~864.66 m，发生中等岩爆，岩爆发生于开挖结束后 4 h 内，主要发生位置在拱顶—拱顶中心线附近，岩爆发生时具有明显的劈裂声和爆裂声，似雷管爆裂声响，岩爆剥落深度 0.3~1.0 m，剥落持续 60 d 左右。破坏形式以片状和板状剥落为主，局部发生块状塌落，并在局部掌子面发生少量弹射现象，弹射岩块最大 20 cm。洞顶形成钝角形坑，影响深度超过 1 m。

(9)桩号 Y10+830—Y11+023，埋深在 500~764.26 m，发生轻微-中等岩爆，主要发生于拱顶中心线偏右侧到起拱线部位，持续剥落时间长达 120 d，连续剥落长度达 193 m，片状剥落，连续掉块，片状厚度小于 10 cm，局部呈鳞片状，岩爆连续发生时均伴随有轻微劈裂声，并偶尔有爆裂声。洞顶呈钝角形，影响深度小于 0.5 m，如图 1-19 所示。

图1-19　桩号Y10+830—Y11+023段岩爆造成拱顶右侧岩体剥落及拱顶形状

(10)桩号Y11+023—Y11+200,埋深在286.35~327.01 m发生轻微岩爆,主要发生在拱顶中心线右侧,岩片剥落时偶尔有劈裂声,持续时间较短,洞壁影响深度小于0.3 m。剥落岩块以片状为主,一般呈中间厚两边薄的“飞碟”状。

(11)桩号Y12+800—Y13+100,埋深在472.23~692.12 m,发生轻微岩爆,侧墙部位发生连续剥落,并伴随有轻微的响声,剥落发生于开挖结束后10 d。

3.2　岩爆特征总结

3.2.1　烈度特征

轻微岩爆:有轻微声响或者无声响,声响多呈劈裂声,似玻璃破碎声音,声响后多数无剥落或局部片状剥落,持续时间短,对施工不造成影响。不进行支护或随机锚杆局部支护即可。

轻微-中等岩爆:为轻微岩爆和中等岩爆的过渡段,不同部位表现出轻微和中等岩爆的部分特征。岩爆发生时有轻微声响,有时似闷雷声。岩块随声而落,局部有弹射,存在掌子面弹射现象。岩爆发生后岩爆区的剥落持续发生,局部最大剥落深度达到1.4 m。采用锚杆或联合支护的方式,包括随机锚杆或系统锚杆+钢筋网片+喷射混凝土的联合支护形式,支护后洞壁稳定,发生弹射时掌子面需要采用5 cm厚的喷射混凝土防护。

中等岩爆:有响声,似闷雷声或雷管爆炸的声响,岩块随声而落,并同时伴随着弹射和掌子面弹射的现象。岩爆区持续剥落,需采取柔性防护网+喷射混凝土或随机锚杆+钢筋网片+喷射混凝土等支护。发生弹射时掌子面需要采用5~10 cm厚的喷射混凝土防护。

3.2.2　空间特征

轻微岩爆一般发生于右侧边墙、右侧起拱线或右侧拱顶部位,在这些部位一般连续破坏,沿洞线走向最长延伸达193 m,形成三角形剥落坑,多呈钝角形。

轻微-中等岩爆一般集中于右侧拱顶或起拱线部位,空间上具有明显的连续性,导致右侧起拱线部位连续形成三角形破坏面,多呈钝角形或“V”形。

中等岩爆一般发生于拱顶范围内,从左侧起拱线—右侧起拱线和掌子面及侧墙均有发生,伴随有弹射和爆落,一般的岩爆特征都较为明显。持续剥落后洞壁以“L”形、“V”形为主,部分洞段岩爆区拱顶和掌子面出现大量的阶梯状爆坑,如桩号Y7+342—Y7+578范围掌子面上出现的阶梯状爆坑。

3.2.3　时间特征

3.2.3.1　不同等级岩爆的发生时间

轻微岩爆：一般在开挖结束几小时至几天时间内甚至更长时间内发生，多数具有劈裂声，岩片不随声剥落，或者有剥落而无声响，一般开挖结束后随时需要对洞壁进行巡查，避免岩块剥落影响施工。如桩号 Y0+735—Y0+750 段右侧边墙的剥落是在开挖结束后 45 d 发生，持续时间较短；而桩号 Y0+770—Y0+780 段右侧边墙剥落持续时间达 7 d，每天都有剥落，7 d 后基本处于稳定状态。

轻微-中等岩爆：一般发生于开挖结束后 4 h 之内，多数具有劈裂声或闷雷声，岩块随声而落，多呈片状剥落，无明显的爆坑或者弹射。如桩号 Y10+830—Y11+023 段岩爆主要发生在右侧拱顶和右侧起拱线范围内，岩爆发生后该部位的连续剥落破坏持续时间长达 1 a 之久，连续的片状剥落，随时掉块影响施工安全，对风带的安全也构成影响。

中等岩爆：一般发生于开挖结束后 4 h 内，具有雷管爆炸的声响或闷雷声，出现弹射或崩落现象，需采取防护措施方能通过。发生最短时间是 0.5 h（此时间为开挖结束出烟后，出渣人员观察到岩爆发生的时间），如桩号 Y7+270—Y7+332 段内，在桩号 Y7+332 掌子面爆破结束后 0.5 h 内，出渣人员进洞开始工作时，掌子面出现了明显的弹射和崩落现象，并有巨大的声响，如雷管爆炸声，出渣结束后观察掌子面时发现，掌子面范围内和后方 1～5 m 范围内出现了明显的裂纹，且有大量棱角明显甚至是长方体状的块石剥落，如图 1-20 所示。

图 1-20　掌子面岩爆和爆后裂纹

3.2.3.2　岩爆时间分类

从岩爆发生的时间来看，可将本工程的岩爆分为瞬时性岩爆、重发性岩爆和滞后性岩爆三类，分述如下。

瞬时性岩爆：隧洞开挖后岩爆一般发生于 0.3～4 h 内，岩爆时岩体内发出强烈的声响，似玻璃破碎声或闷雷声，随即岩块剥落，此类岩爆一般伴随着弹射现象，尤以掌子面最为明显。

重发性岩爆：隧洞开挖后洞壁应力集中部位多次发生轻微-中等岩爆，但其破坏规模具有减弱趋势。

滞后性岩爆：指岩爆的发生是在开挖结束几天至几十天后才发生，发生时有劈裂声或闷雷声，之后岩块应声而落，弹射不明显。

3.2.4　破坏特征

3.2.4.1　破坏持续性

从爆坑的形成来看,其稳定后的形态一般由瞬时破坏和持续破坏造成:

瞬时破坏,是指岩体内发出劈裂声或闷雷声的同时,岩爆部位(并非特定的声响部位)发生的直接破坏,包括岩爆时的劈裂、鼓折和弹射破坏。

持续破坏,是指岩爆位置发生初次破坏后岩爆区的连续破坏,其破坏形式多以劈裂和鼓折为主,无弹射。

3.2.4.2　破坏岩块特征

从岩爆区剥落或弹射的岩块来看,一般呈板状、片状、鳞片状和不规则状,如图 1-21 所示。

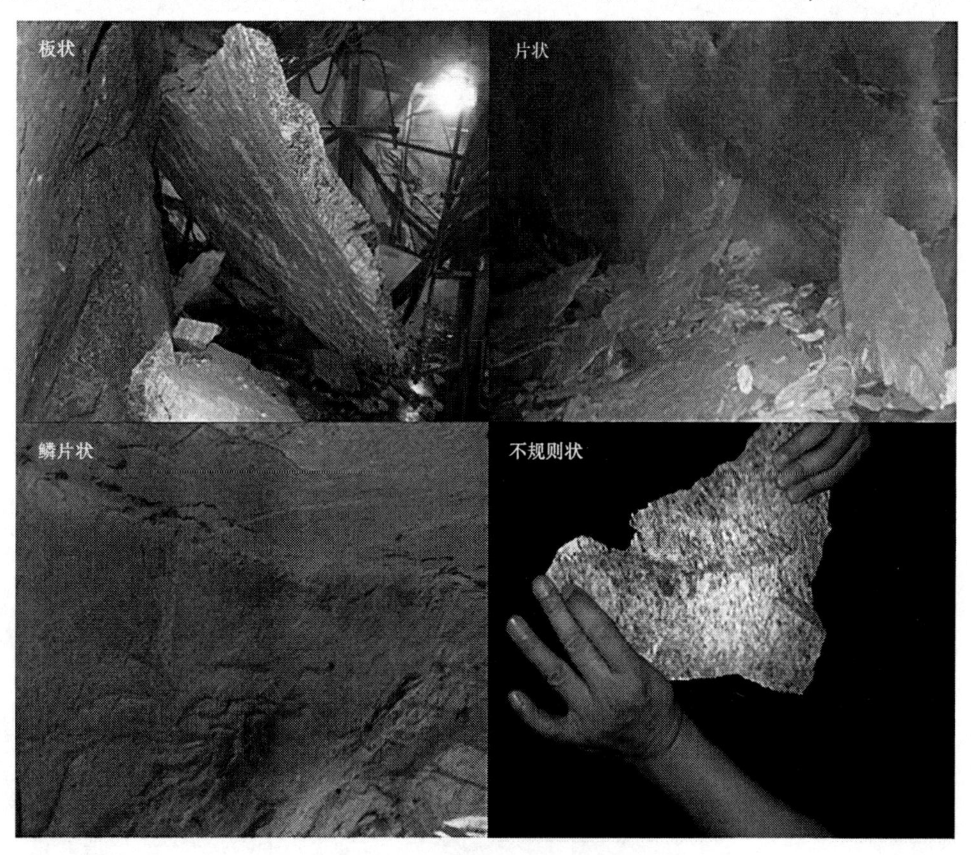

图 1-21　岩爆形成的不同岩块特征

板状:厚度超过 10 cm,块度一般大于 1 m。

片状:厚度 1~10 cm,块度小于 1 m。

鳞片状:厚度小于 1 cm,块度一般 10~20 cm。

不规则状:岩块不规则,包括棱角状、“飞碟”状等形状。

3.2.4.3　破坏后洞壁形状

按岩爆烈度等级与岩爆区的持续破坏时间不同,岩爆破坏区的洞壁表现出以下几种形式,如图 1-22 所示。

图 1-22 岩爆后不同形状的洞壁

"︿"形:即钝角形,拱顶起拱线—拱顶中心线范围内发生持续的片状或块状剥落,导致洞壁为钝角形,其特征为影响范围大、影响深度浅。

"L" 形:即直角形,一般发生在洞壁起拱线到拱顶范围(0~90°)内,沟谷应力集中和支洞与主洞交叉口部位多形成这种洞形,影响范围更大,交叉口部位从洞顶到洞底均有剥落,影响深度较大。

"V" 形:即锐角形,持续剥落时间长短导致"V"形坑的深度不同,一般发生在拱肩到拱顶中心线连线的 30°~70°范围内,坑底的"层裂"过程不断发生,持续剥落时间长导致"V"形坑深度很大,最大深度达到 1.8 m。有时出现在洞壁,其影响范围小、深度大,且持续时间长。

“(”形:即圆弧形,一般发生在侧壁围岩中,洞壁岩体的葱皮状剥落形成弧形洞壁,影响范围大,持续时间长。

阶梯状:岩爆发生后的持续破坏,在洞壁形成明显的阶梯形壁面。

不规则形:弹射和剥落的随机性导致形成不规则的岩爆坑。

3.3　岩爆影响因素

3.3.1　埋深与岩爆

根据引水隧洞开挖过程中的岩爆统计资料,已完成开挖洞段埋深最大 1 180 m,岩爆发生的最大埋深在 1 062.54 m,最浅埋深在 26.5 m 处。

表 1-10 为开挖洞段岩爆发生的比例,图 1-23 为占比分布图。

表 1-10　不同埋深有岩爆发生洞段占开挖洞段的比例

埋深/m	<500	500~1 000	>1 000
岩爆发生洞长/m	1 140.85	1 497.5	303
开挖洞段长度/m	4 765.69	4 547.70	424.73
岩爆发生洞段占比/%	23.94	32.93	71.34

已开挖洞段岩爆与埋深关系统计见表 1-11。图 1-24 为岩爆等级与埋深的对应关系。

表 1-11　已开挖洞段发生岩爆与埋深关系统计

埋深/m		<500	500~1 000	>1 000
岩爆等级	轻微(Ⅰ)	96.93%	16.34 %	0
	轻微-中等(Ⅰ-Ⅱ)	3.07%	83.66%	34.20%
	中等(Ⅱ)	0	0	65.80%

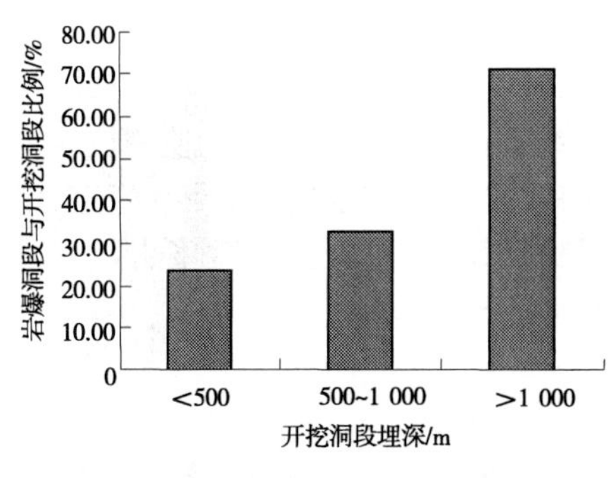

图 1-23　开挖洞段岩爆发生比例

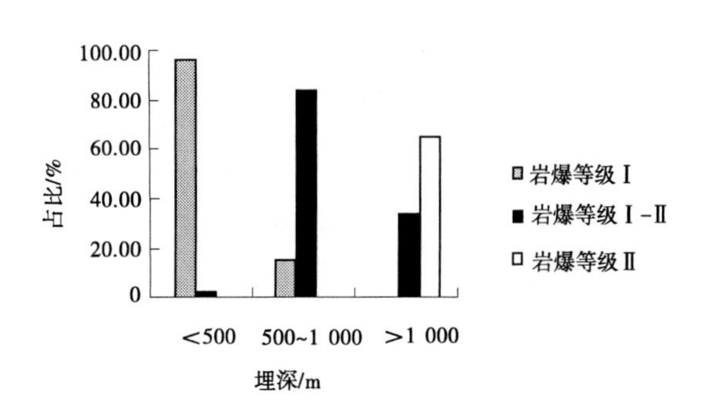

图 1-24　岩爆等级与埋深的对应关系

从上述图表可以看出,96.93%的轻微岩爆发生于埋深小于 500 m 的洞段,而有 65.80%的中等岩爆发生于埋深大于 1 000 m 的洞段,83.66%的轻微-中等岩爆发生于埋深在 500~1 000 m 的洞段。其中,有 3.07%的轻微-中等岩爆发生于埋深小于 500 m 的洞段,有 34.20%的轻微-中等岩爆发生于埋深大于 1 000 m 的洞段。

3.3.2　地形和构造与岩爆

从统计资料来看,岩爆一般发生于顺水流方向的右侧,即临河床一侧。从地形上来看,岩爆区一般位于临坡脚一侧;从工程位置布置图(见图 1-1)来看,2#、3#、4#支洞进口均位于沟谷底部,坡脚应力集中造成的高地应力是这些部位发生岩爆的主要原因。图 1-25、图 1-26 为本工程岩爆发生部位横断面图,可以看出,岩爆发生位置位于临坡脚一侧。

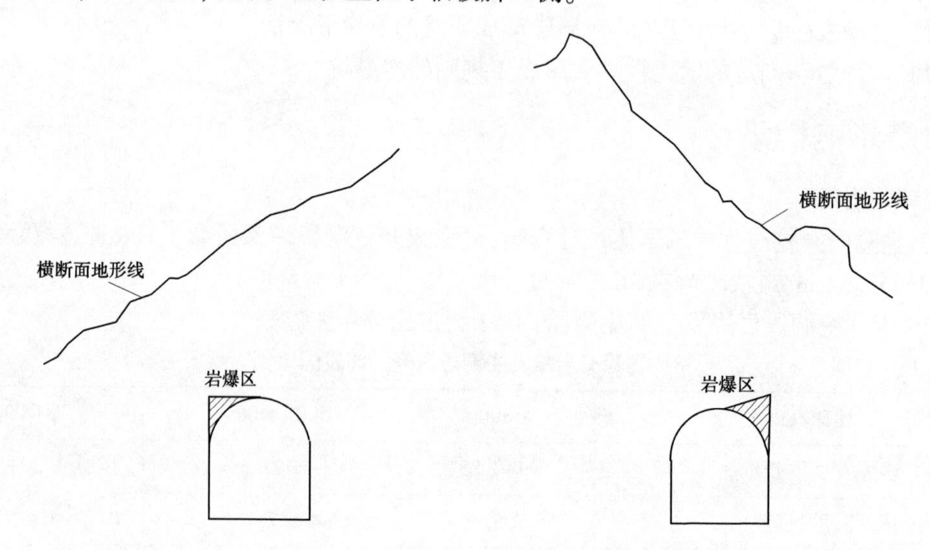

图 1-25　桩号 Z1+243 岩爆发生位置与横断面地形线示意图

图 1-26　桩号 Y10+400 岩爆发生位置与横断面地形线示意图

洞线穿越 3 个沟谷地段,这些地段均发生了轻微-中等岩爆,如桩号 Y1+585—Y1+690、Y6+120—Y6+260、Y11+023—Y11+200 段,这些洞段的岩爆并不直接发生在沟谷底部,而是在两侧比较明显。

断层附近应力集中也对岩爆的发生起到促进作用。受断层影响尤为明显,如 Y5+290—Y5+390 段的中等岩爆,由于桩号 Y5+250 处揭露区域断裂 F3,岩爆区域位于断层的下盘,受其影响,此处发生中等岩爆,持续剥落时间长达 4 个月之久。4#施工支洞 Z0+100—Z0+150 段的岩爆受断层影响而持续剥落。

3.3.3　应力重分布与岩爆

本工程开挖过程中的岩爆特征有明显的滞后性和追溯性,这些性质与隧洞围岩开挖后应力的不断调整是密切相关的。地下洞室开挖之前,岩体处于一定的应力平衡状态,开挖使周围岩体发生卸荷回弹和应力重新分布。若围岩强度能满足卸荷回弹和应力状态变化的要求保持稳定,则不需要采取任何加固措施;若因洞室周围岩体应力状态变化大,或因围岩强度低,以致围岩适应不了回弹应力和重分布应力的作用,则丧失稳定性,出现软岩大变形和硬岩岩爆。

3.3.4　岩体条件与岩爆

岩体条件对岩爆的影响主要体现在岩体完整性和岩体的脆性特征方面。

从岩爆发生情况来看,发生部位围岩类别均为Ⅱ、Ⅲ类,裂隙不发育、无地下水。

从岩性上来看,岩爆发生部位为片麻状花岗岩,岩石的抗压强度与抗拉强度之比确定的脆性度 $\sigma_c/\sigma_t>10$,表明该岩体脆性度高,易于发生岩爆,另外岩体内富含角闪石和黑云母条带的洞段,其岩爆特征更为明显,表明矿物成分和微观结构特征对岩体的脆性度有显著的影响,如图 1-27 所示。

3.3.5　地下水与岩爆

地下水的存在对岩爆的发生起到决定性的影响,在本工程中所有的岩爆洞段,均为干燥洞段;有地下水出露的地方,几乎无岩爆发生。

3.3.6　断面形状与岩爆

岩爆的发生不仅与初始地应力有关,还与洞室开挖后的二次分布应力有关,不同的断面往往在

图 1-27　角闪石和黑云母条带定向排列的岩体

不同的位置形成应力集中区。马蹄形、圆形和其他形状断面不同部位有不同的应力集中系数。断面形状对岩爆的影响主要体现在断面不同部位存在不同的应力集中系数和断面的不规则增加了洞壁的应力集中程度。图 1-28 为同一位置、相同地应力场条件下的断面集中应力等值线图。

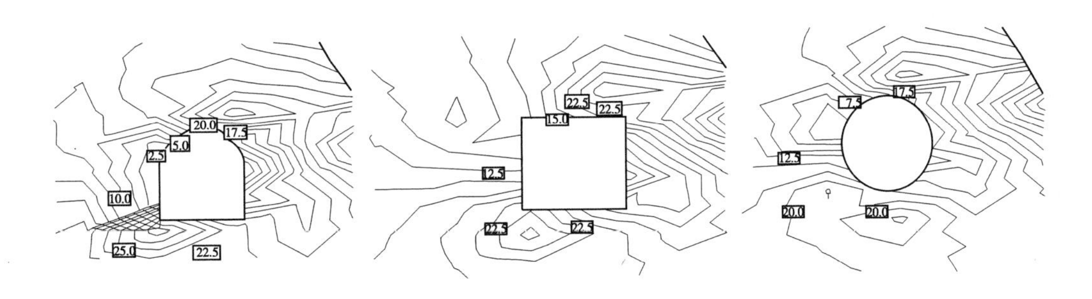

图 1-28　不同断面应力等值线图　（单位：MPa）

另外，洞形不规则对岩体稳定的影响也很明显，图 1-29 为两段隧洞开挖的洞形对比图，可见，差的开挖质量加剧了拱肩部位的应力集中程度，增加了岩爆发生的可能性。

图 1-29　开挖洞段质量对比与岩爆程度

从岩爆的发生位置来看，一般发生于拱肩部位，而在三岔口和避车道部位洞形不规则加剧了岩爆的发生概率。4 个支洞与主洞相交部位岩爆现象都很明显，最大剥落深度超过 1 m。

4　岩爆形成机理研究

4.1　围岩应力状态分析

20 世纪 60 年代中期，Cook 提出的能量理论认为岩爆发生时，岩体抛出、围岩震动等需要大量能量，而被破坏矿体自身没有这样大的能量，因此必定与围岩有关。这一论断已明确指出，要研究岩爆必然离不开对围岩的相关特征进行研究，这些特征主要包括应力应变状态、承载能力、储能特性等。

隧洞开挖导致围岩的应力状态在很短的时间内得到调整，切向应力 σ_θ 迅速增加，径向应力 σ_r 随之减小，一般认为，洞壁上岩体所承受的径向应力为 0，因此洞壁处岩体处于切向受压的单向应力状态。

以圆形洞室为例，隧洞的长度远大于洞壁，可以将其简化为平面应变状态，如图 1-30 所示，洞壁围岩应力分布如下：

在洞壁处，$r=a$，则洞壁的应力状态为：

$$\left.\begin{aligned}&\sigma_r(a,\theta)=0\\&\sigma_\theta(a,\theta)=\sigma_v(1+\lambda)+2\sigma_v(1-\lambda)\cos2\theta\\&\sigma_l(a,\sigma)=\nu\sigma_\theta\\&\tau_{r\theta}=0\end{aligned}\right\}\tag{1-1}$$

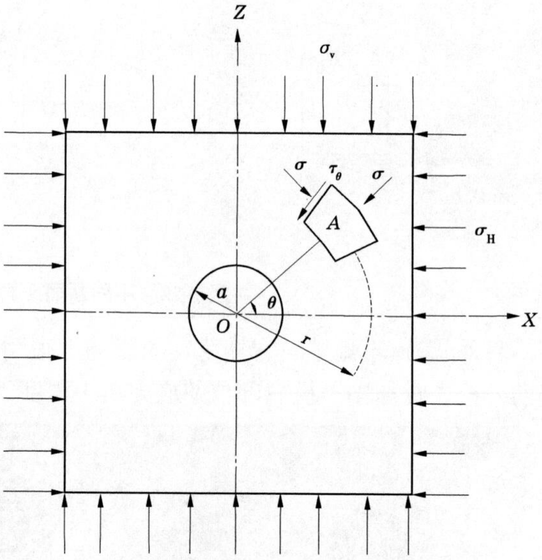

式中　σ_r——径向应力，MPa；

σ_θ——切向应力，MPa；

σ_v——垂直应力，MPa；

a——洞室半径，m；

θ——OA 与水平向夹角，(°)；

σ_l——轴向应力，MPa；

$\tau_{r\theta}$——洞壁处剪切应力，MPa；

r——A 点到洞室中心的径向距离，m；

ν——泊松比；

λ——侧压力系数，$\lambda=\sigma_H/\sigma_v$，$\sigma_H$ 为水平向应力，MPa。

图 1-30　围岩应力状态示意

由式(1-1)看出，洞壁处岩体径向应力 $\sigma_r=0$，剪切应力 $\tau_{r\theta}=0$，仅存在切向应力 σ_θ 和由岩石的横向变形产生的轴向应力 σ_l，因此通过单轴压缩试验模拟开挖后洞壁的应力状态是合理的。

4.2　岩样破坏模式分析

4.2.1　破坏类型

4.2.1.1　单轴压缩试验

对取自三处埋深的 30 组岩样进行了不同加载方向与片麻理组合的单轴压缩试验，如图 1-31 所示，试验结果表明，岩样的破坏形式依加载方向与片麻理的倾角不同而不同，而岩样主破裂面多数与加载方向近似平行,可以分为 3 种破坏类型:滑移破坏、鼓折破坏和劈裂破坏。

(1)加载方向与片麻理倾向夹角在 0°~30°时,即加载方向与片麻理近似平行加载时,发生顺片麻理发生破坏,称为滑移破坏。

(2)加载方向与片麻理倾向夹角在 30°~60°时,即加载方向与片麻理等角度夹角加载时,岩样破坏时有侧向鼓折现象,称为鼓折破坏。

(3)加载方向与片麻理倾向夹角在 60°~90°时,即加载方向与片麻理近似垂直加载,此时岩样沿中部或某一部位发生楔形破坏,切断片麻理发生贯入性破坏,称为劈裂破坏。

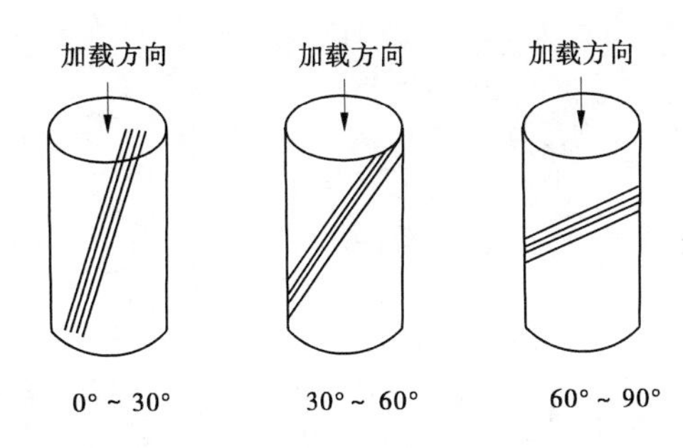

图 1-31　加载方向与结构面组合示意

不同破坏类型典型照片及素描图如图 1-32 所示。

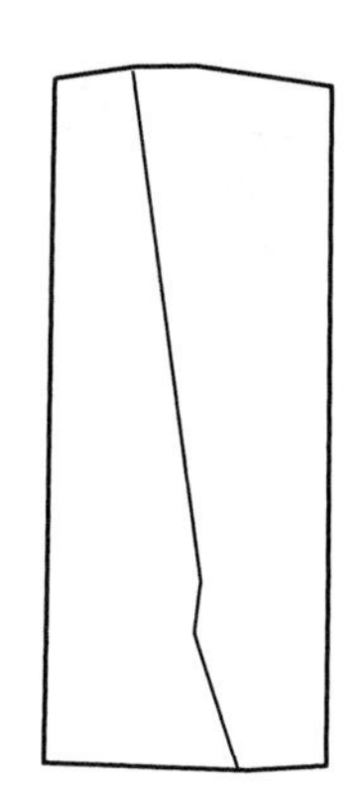
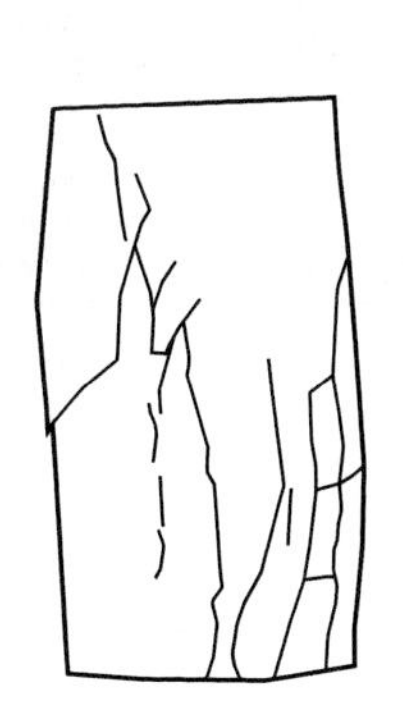
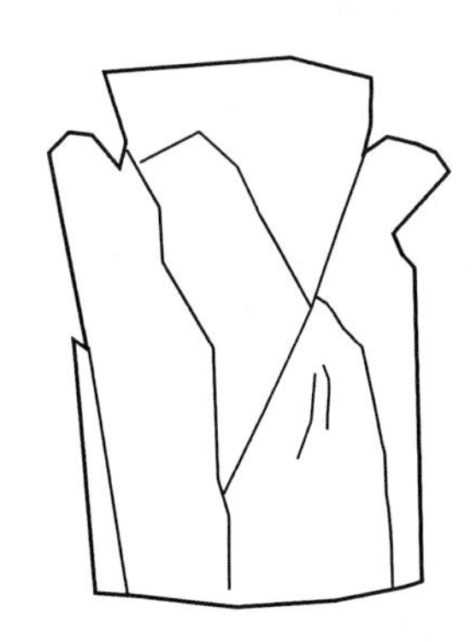

图 1-32　不同破坏类型照片及素描图

4.2.1.2　巴西劈裂试验

通过对 13 块岩样进行劈裂试验,其破坏模式以劈裂拉断破坏为主,如图 1-33 所示。

4.2.1.3　常规三轴压缩试验

通过对 3 处不同埋深的岩样进行最大围压 20 MPa 的常规三轴压缩试验后,对比岩样破坏前后的特征,发现所有岩样在围压条件下均表现出沿某一破裂面的剪切破坏,并且多沿片麻理滑移破坏,充分表明片麻理是岩体内最易破坏的结构面,并且从强度特征上来看,814 m 埋深岩样常规三轴条件下发生剪切破坏时的黏聚力仅为 6.782 MPa,并且其破坏完全沿片麻理发生滑移(见图 1-34)。

图 1-33　巴西劈裂试验破坏后破裂裂纹图

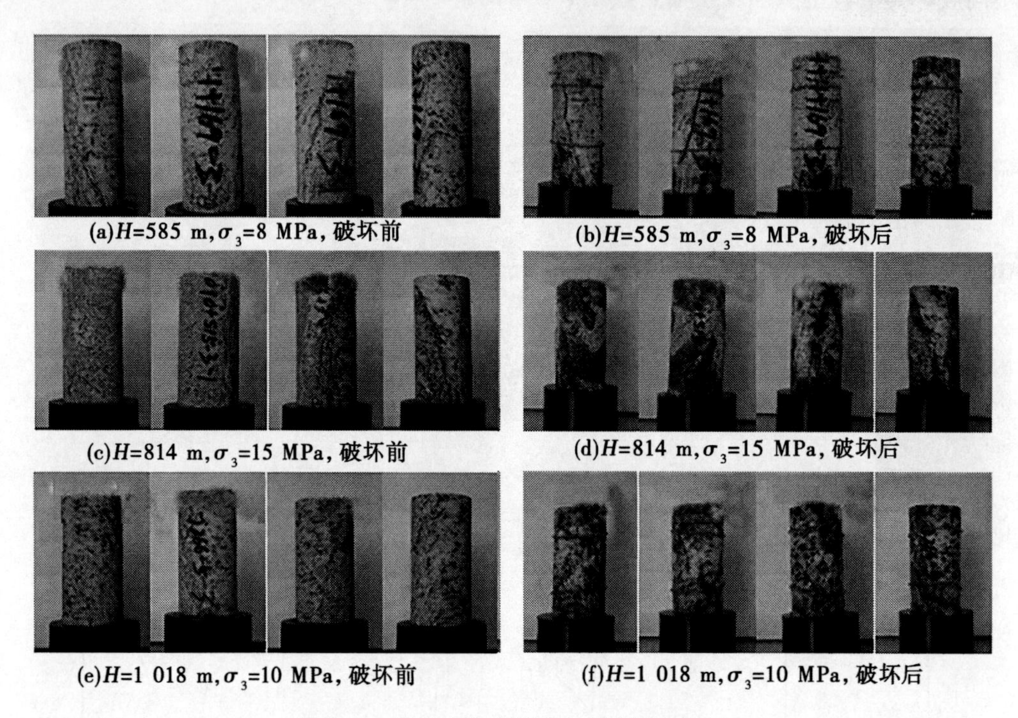

(a) H=585 m, σ_3=8 MPa, 破坏前　(b) H=585 m, σ_3=8 MPa, 破坏后

(c) H=814 m, σ_3=15 MPa, 破坏前　(d) H=814 m, σ_3=15 MPa, 破坏后

(e) H=1 018 m, σ_3=10 MPa, 破坏前　(f) H=1 018 m, σ_3=10 MPa, 破坏后

图 1-34　常规三轴压缩试验破坏典型照片

4.2.2　破坏断口电镜扫描(SEM)

对岩石破坏的断口薄片进行电镜扫描,了解岩石破坏时的断口特征,分析岩石破坏时的微观机理,1988 年谭以安首先将这种方法应用到天生桥水电站引水隧洞的岩爆分析中,随后冯涛、苗金丽、刘小明、李焯芬、徐林生、王兰生等对室内破坏岩样和现场岩石破坏特征进行了大量的研究工作。

本研究对岩样的单轴压缩试验、劈裂拉伸试验、常规三轴压缩试验得到的断口薄片进行电镜扫描,得出不同受力状态条件下和不同破坏类型时的断口微观形貌特征和微观破坏形式。

如图 1-35 所示,单轴压缩试验条件下,3 种破坏模式的断口均表现为沿片麻理的台阶状花纹、河流状花样,出现岩屑堆积,微观破坏形式以沿晶断裂为主,破坏机理以剪断为主,局部存在拉断破坏。

如图 1-36 所示,巴西劈裂试验条件下,断口特征表现为根状花纹、河流状花样以及沿片理面的滑移,其微观破坏机制为穿晶和沿晶断裂,以穿晶断裂为主,破坏机理以拉断破坏为主。

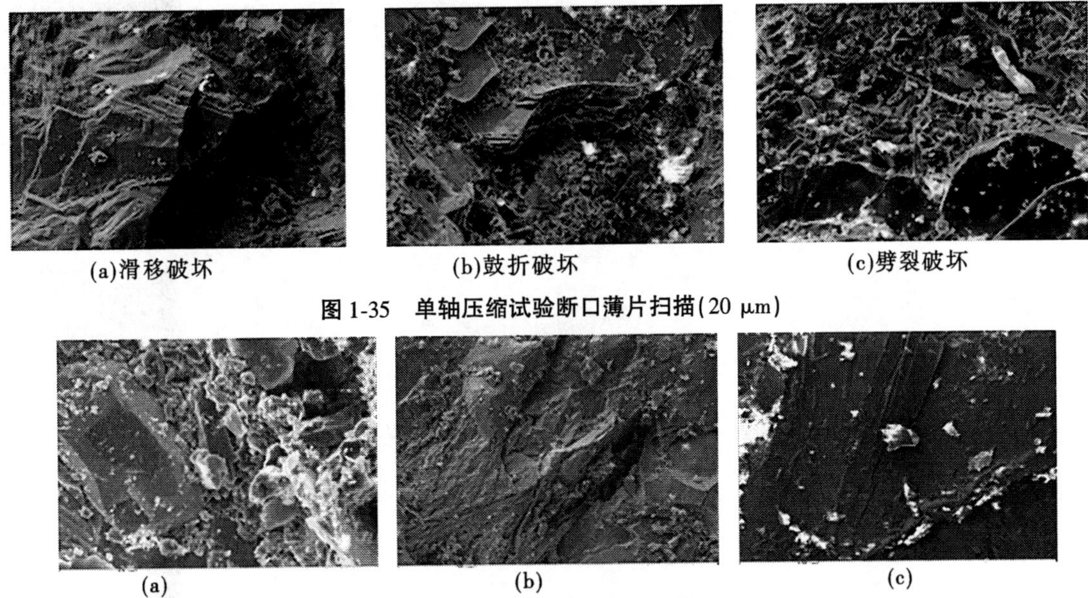

(a)滑移破坏　(b)鼓折破坏　(c)劈裂破坏

图1-35　单轴压缩试验断口薄片扫描(20 μm)

(a)　(b)　(c)

图1-36　巴西劈裂试验断口薄片扫描(20 μm)

如图1-37所示,三轴压缩试验条件下,断口特征表现为沿片麻理的阶梯状断裂和根状花纹,微观破坏形式为沿晶和穿晶断裂,以沿晶断裂为主,破坏机理以剪断为主。

(a) σ_3=2 MPa　(b) σ_3=8 MPa　(c) σ_3=16 MPa

图1-37　三轴压缩试验断口薄片扫描(20 μm)

室内试验的破坏断口薄片呈现出河流状、根状花样以及切片理面的阶梯状花纹,说明岩石的微观破坏机制是由以剪切滑动引起的脆性断裂为主。

4.3　岩样单轴压缩应力-应变曲线

单轴压缩过程中岩样经历了初始裂纹闭合、岩样压缩、新生裂纹形成与稳态扩展、不稳态扩展、宏观破坏的过程。以峰值应力为界,将应力-应变曲线分为峰前阶段和峰后阶段,如图1-38所示。下面对两个阶段的应力-应变曲线进行描述。

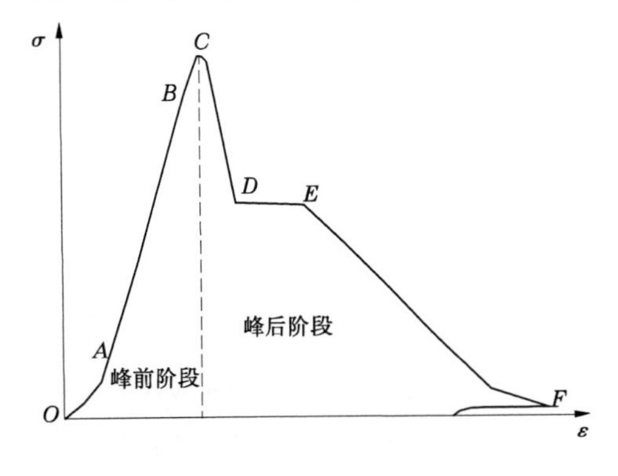

图1-38　单轴压缩应力-应变曲线

4.3.1　峰前阶段

M. Cai等利用声发射(Acoustic Emission, AE)技术和微震(Microseismic, MS)技术,任建喜等利用CT技术对岩石单轴压缩应力-应变曲线进行了研究,通过压缩过程中的AE数、MS数和CT数,以及岩样中裂纹闭合、形成、扩展到岩样的宏观破坏特征进行了分析比对,

将岩样峰值前的应力-应变曲线分为4个阶段(如图1-39所示),并给出了不同阶段的应力门槛值。分述如下:

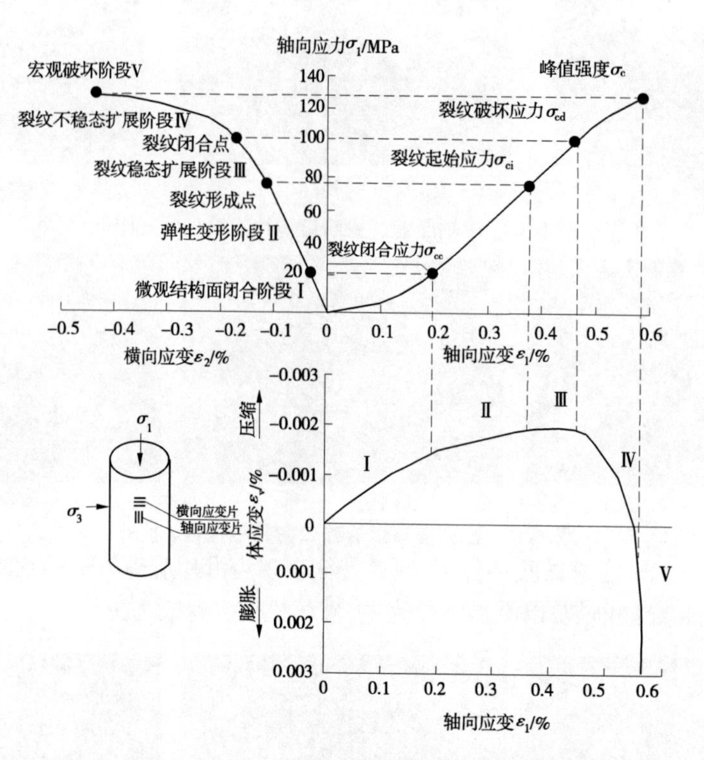

图1-39　单轴压缩压缩应力-应变曲线阶段划分示意

第Ⅰ阶段,微观结构闭合阶段(crack closure region),这一过程中岩样内的孔隙、裂隙及片理等大量的微裂纹在外力压缩下趋于闭合。随应力增加,应变增长速度减慢,仿佛岩石随应力增加(做功)而变硬,被称作“做功硬化”阶段,轴向应变曲线呈上凹形,其值远大于横向应变与体积应变,直到达到裂纹闭合压力σ_{cc},对应的轴向应变为ε_{1cc}。从体积应变曲线来看,该阶段的体积压缩应变量占最大体积压缩应变的73.47%。根据应力-应变曲线围成的面积确定岩样内积聚的能量,则该阶段岩体内积聚的能量如下:

$$W_{\mathrm{I}} = \int_0^{\varepsilon_{cc}} \sigma \mathrm{d}\varepsilon \tag{1-2}$$

第Ⅱ阶段,弹性变形阶段(elastic region),这一过程是应力应变曲线中的准线性阶段,应力增加,应变随之增加,两者表现出很好的线性相关,其斜率为有效杨氏模量,即工程中广泛应用的弹性模量E。当应力水平达到某一值时,岩样内开始产生新生裂纹,这一应力水平称为裂纹起始应力σ_{ci}或比例极限强度,一般为峰值强度的30%~50%,此时体积应变曲线发生明显转折,斜率开始变小,逐渐趋于水平。从能量角度来看,这一阶段积聚弹性应变能,岩石的结构和性质基本上是可逆的。

第Ⅱ阶段积聚的能量由下式推导得出:

$$W_{\mathrm{II}} = \frac{1}{2}(\sigma_{cc} + \sigma_{ci})(\varepsilon_{ci} - \varepsilon_{cc}) \tag{1-3}$$

第Ⅲ阶段,裂纹稳态扩展阶段,也称裂纹起始阶段(crack lnitiation region)。当应力水平达到裂纹起始应力σ_{ci}时,岩体内形成新的裂纹,裂纹在压力作用下不断扩展,但是不发生破坏,应力-应变曲线上仍表现为线性,即应力增加,应变增加,其比值仍接近弹性模量E,直到应力水平达到裂纹破坏应力σ_{cd},岩样开始膨胀,这一应力水平也称为岩样的屈服强度σ_{cd},一般为峰值强度的70%~80%。体积应变曲线上这一阶段斜率逐渐减小并趋于水平,表现为岩样从压缩向膨胀转变。通常意义上

讲的屈服点,即岩样从弹性到延性变化的过渡点。从能量角度看,应力-应变曲线仍表现为线性,其积聚的能量由下式推导得出:

$$W_{\mathrm{III}} = \frac{1}{2}(\sigma_{ci} + \sigma_{cd})(\varepsilon_{cd} - \varepsilon_{ci}) \tag{1-4}$$

第Ⅳ阶段,裂纹不稳态扩展阶段,也称裂纹破坏阶段(crack damage region)。应力水平超过屈服强度 σ_{cd} 之后,岩样开始出现非弹性变形,应力-轴向应变曲线表现为斜率逐渐减小,直到达到峰值强度 σ_c 时斜率为 0。自屈服强度开始,岩石开始表现为非弹性变形,延性特征显现。这一阶段非弹性体积应变增加,即出现体积膨胀(dilatancy)。从微观机制来看,岩石的体积膨胀是由差应力导致微裂纹加速萌生和张性扩展所引起,这个阶段也称为损伤的发育阶段。应力水平达到岩样的峰值强度 σ_c 时,岩样发生宏观破坏,进入峰后阶段。从能量角度出发,裂纹不稳态扩展阶段能量积聚与耗散并存,裂纹进一步被压缩,端部应力场发生变化,从而发生连续位移,直到发生剪切破坏、贯通,直至宏观破坏。裂纹的压缩过程继续积聚能量,而裂纹端部的连续位移耗散能量。这一过程的曲线包围面积为积聚的能量。

$$W_{\mathrm{IV}} = \int_0^{\varepsilon_{cc}} \sigma \mathrm{d}\varepsilon \tag{1-5}$$

4.3.2　峰后阶段

岩样的峰后曲线决定了岩石的弹脆性特征,如图 1-40 所示,应力-应变曲线在峰后有 3 种表现形式,分别为应变硬化曲线、理想弹塑性曲线和应变软化曲线。而对于岩爆岩体而言,一般具备应变软化曲线的特征,其对应于理想的“弹-脆-塑”性模型。

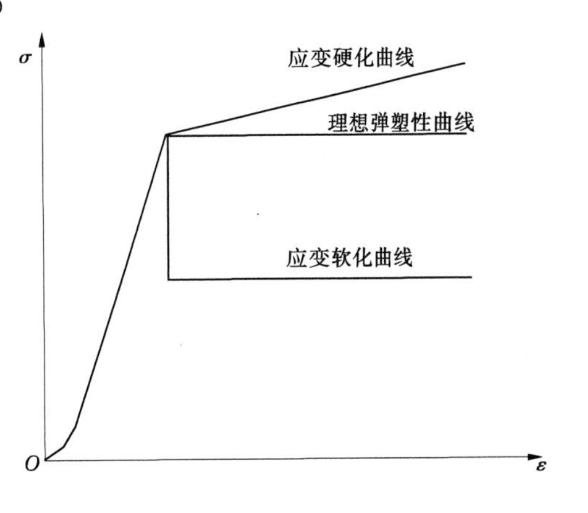

图 1-40　峰后曲线形态

应变软化曲线峰后出现明显的应力跌落现象,即岩样达到峰值强度 σ_c 时,对应的应变为 ε_c,应力突然下降,而应变变化量 $\Delta\varepsilon$ 很小,表现出明显的脆性特征;当应力水平达到残余强度 σ_{rd} 时,若无外力的作用,岩样内裂纹之间的摩擦力可以维持岩样的承载能力;若继续施加荷载,则岩样发生破坏,直到完全失去承载能力。

岩爆的发生是由于围岩岩体处于超应力状态下其变形能力不足以承担岩体内积聚的能量而发生的破坏,该观点明确指出岩爆发生于围岩岩体破坏后阶段,因此岩石的峰后曲线特征决定了岩爆岩体的破坏特征和烈度等级。从应力-应变曲线的峰后特征可以得出能量的释放方式和释放量,从而确定岩爆发生的强度和破坏特征。从应力-应变曲线上来看,峰值点之前曲线围成面积远大于峰值强度后充分破坏阶段的面积,用峰值前后的曲线与坐标轴围成的面积来表示能量的积聚、释放与耗散特征,从而预测岩爆的发生可能性,很多学者对此进行了研究。峰值强度前贮存于试件内部的弹性变形能远大于峰值强度后所消耗的能量,这是岩爆发生的必要条件。图 1-41 中的①和②为典型岩爆岩体的应变软化曲线。峰后岩样裂纹贯通、扩展导致岩样开始破坏,其中 *DE* 段为破坏积累阶段,新裂隙不断产生和贯通,通过克服裂隙间黏聚力使得岩体发生宏观破坏,这一阶段岩石逐渐破坏,试验机对岩石做负功,应力-应变曲线开始下降,直到达到残余强度 σ_{rd} 应力水平,图 1-41 中所示 *EF* 段。

上述分析表明:峰后岩石特性是岩爆发生的根本原因,岩石变形局部化可能引发围岩的失稳。岩爆发生在塑性软化阶段,软化模量的大小决定了岩爆的发生规模,试验和数值模拟结果均表明:残余强度 σ_{rd} 是影响岩石“弹-脆-塑”性的强度指标,残余强度较低时,容易发生脆性断裂,随残余强度的增加,岩石的塑性特征逐渐显现。因此,只有残余强度下降到一定范围时,围岩再次破裂呈现脆性破坏的可能性才比较大,才具备发生岩爆的趋势。从应力-应变曲线上来看,峰值强度与残余强度之间连线的斜率决定了能量释放的速率,这一斜率就称为软化模量。软化模量越大,能量释放的速率越大,岩样脆性特征越明显,越易于发生岩爆,图1-41中曲线②为软化模量无穷大时的岩石应力-应变曲线。因此,可以以残余强度为界,将峰后应力-应变曲线分为以下2个阶段:

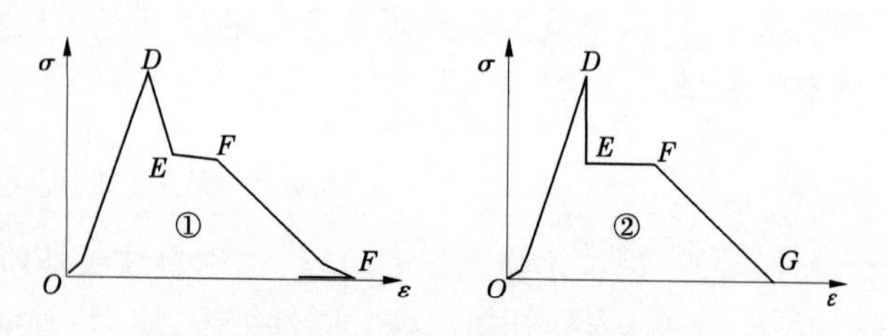

图1-41　应变软化岩体峰后曲线对比

第Ⅴ阶段,宏观破坏阶段(macroscopic destroy region),也称应力脆性跌落阶段;这一阶段在应力水平达到峰值强度后,裂纹贯通造成岩样宏观破坏。此阶段开始,应力水平降低,轴向应变减小甚至不变,应力出现跌落,而横向应变继续增加,体应变表现为逐渐膨胀,为岩样的完全破坏阶段,宏观断裂面之间的黏聚力基本丧失,承载力完全由破裂面之间的摩擦力提供,并维持在一个较为稳定的应力水平(即残余强度σ_{rd})。这一阶段的曲线斜率为软化模量,而当软化模量无限大时,岩样表现为单纯的脆性特征。

第Ⅵ阶段,该阶段岩样彻底失稳(destroy completely region),称为残余强度后阶段,岩样完全失去承载力,破裂面之间的摩擦力在持续荷载作用下丧失殆尽,这一阶段应力-应变曲线表现为应力迅速下降,应变明显增加,此时的应变量为全部轴线应变的50%以上。

本工程岩爆区岩样的试验结果表明,单轴压缩应力-轴向应变曲线的主要区别在峰后阶段,表现为3种情况,如图1-42所示:①在残余强度面表现出明显的塑性,之后才开始下降;②残余强度点处没有明显的塑性变形,直接进入破坏阶段;③残余强度点后应力应变曲线斜率为正,出现应力下降、应变降低的状态(*F″G″*),即岩样在残余强度后出现了明显的回弹。

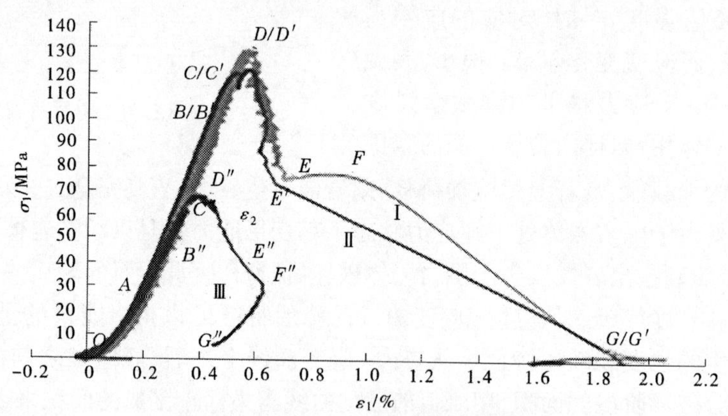

图1-42　应变软化岩体峰后曲线对比

4.3.3　应力门槛值分析

应力门槛值(stress threshold value)是指岩石破坏过程中其内部损伤发生、发展和破坏阶段对应的应力水平,包括初始裂纹闭合应力(σ_{cc})、新生裂纹起始应力(σ_{ci})、新生裂纹破坏应力(σ_{cd})、峰值强度应力(σ_c)、残余强度应力(σ_r)5个应力水平,分别对应原始裂纹闭合结束、新生裂纹生成、新生裂纹发展、新生裂纹破坏和裂纹黏聚力完全丧失5个岩样内细观损伤的不同阶段。

从单轴压缩的应力-应变曲线来看,片麻状花岗岩的压缩曲线峰后特征一般表现为脆性跌落,这一过程是在峰前出现的裂纹破坏积累的基础上突然发生的,因此不同的损伤阶段对应的应力门槛值对于研究岩石的破坏机理有重要的意义。

表1-12、表1-13列出了不同状态不同加载模式条件下单个岩样的破坏模式及应力门槛值。

表1-12　**单个岩样不同加载方向对应的破坏模式及应力门槛值**

状态	加载方向/(°)	破坏形式	岩样编号	应力门槛值				
				裂纹闭合应力 σ_{cc}/MPa	裂纹起始应力 σ_{ci}/MPa	裂纹破坏应力 σ_{cd}/MPa	峰值强度应力 σ_c/MPa	残余强度应力 σ_r/MPa
天然	0~30	滑移	7213-2-1	20.59	49.80	73.10	106.41	90.67
			7266-1-1	19.80	28.27	59.92	68.61	28.03
			Z1169-1-1	33.13	64.04	137.87	148.12	132.65
			Z1169-1-2	37.02	81.04	165.05	165.05	132.48
			Z1169-2-5	24.78	60.73	132.70	143.83	107.10
			Z1225-2-3	28.40	38.42	91.04	93.02	59.00
	30~60	鼓折	7213-2-3	25.81	46.18	101.41	109.19	81.14
			7213-3-2	22.94	38.81	82.79	90.62	60.97
			7259-7-2	23.56	62.49	109.83	129.79	78.24
			10517-3-1	12.23	28.03	59.37	66.70	50.41
			Z1225-1	31.87	45.88	91.88	101.30	68.11
			Z1225-2-2	26.38	41.86	74.10	97.71	32.83
	60~90	劈裂	7259-1-1	21.51	56.63	113.03	121.69	71.81
饱和	0~30	滑移	Z1225-3-1	15.52	26.2.14	57.52	60.10	95.25
			Z1225-3-2	20.17	35.03	68.47	75.44	44.57
			7213-3-3	17.43	36.35	69.43	75.39	52.39
			7213-4-3	23.16	50.05	100.80	100.80	65.30
			7266-1-2	13.97	21.24	48.04	51.93	61.18
			7266-6-3	25.24	42.43	84.18	88.72	61.24
			Z1169-3-1	33.94	53.86	98.11	118.62	53.53
	30~60	鼓折	Z1169-4-5	21.57	35.95	75.36	80.70	115.14
			7213-4-2	24.54	32.76	76.03	80.01	45.10
			7266-6-1	19.44	39.39	81.22	93.95	22.12
			10515-1-1	15.66	36.83	74.97	83.93	51.75
			10515-2-2	26.81	41.02	81.36	87.44	58.35
			10517-3-2	255	62.03	137.08	138.71	31.64
	60~90	劈裂	Z1169-3-5	25.45	48.22	101.77	110.71	56.37
			Z1225-3-4	26.91	51.78	97.71	106.48	81.76

表 1-13 **应力门槛值统计**

状态		天然			饱和		
加载方向/(°)		0~30	30~60	60~90	0~30	30~60	60~90
破坏形式		滑移	鼓折	劈裂	滑移	鼓折	劈裂
应力门槛值	裂纹闭合应力 σ_{cc}/ MPa	27.29	23.80	21.51	21.35	21.88	26.18
	裂纹起始应力 σ_{ci}/ MPa	59.28	44.79	55.78	48.32	41.26	36.50
	裂纹破坏应力 σ_{cd}/ MPa	109.95	86.56	113.03	75.22	87.67	99.74
	残余强度应力 σ_r/MPa	91.66	61.95	71.81	49.58	68.13	69.91
	峰值强度应力 σ_c/MPa	120.84	99.22	121.69	81.57	94.12	108.59
界限比例	σ_{cc}/σ_c	0.23	0.24	0.18	0.26	0.23	0.24
	σ_{ci}/σ_c	0.49	0.45	0.46	0.59	0.44	0.34
	σ_{cd}/σ_c	0.91	0.87	0.93	0.92	0.93	0.92
	σ_r/σ_c	0.76	0.62	0.59	0.61	0.72	0.64

从表 1-13 的统计情况来看,就峰值强度应力 σ_c 而言,天然状态下,劈裂破坏时最高,鼓折破坏时最小,滑移破坏时居中;而在饱和状态下,滑移破坏时最小,劈裂破坏时最大,而鼓折破坏时居中,说明饱和状态下峰值强度随加载方向和片麻理倾向夹角的增加而增加。

天然状态下,发生劈裂破坏时,裂纹闭合应力 σ_{cc} 最小,表明在加载方向与片麻理大角度相交情况下,裂纹在较小的应力状态下就容易闭合;在发生鼓折破坏时,裂纹起始应力 σ_{ci} 最小,占峰值强度应力 σ_c 的 45%,也是 3 种破坏模式下最小的,说明鼓折破坏岩样内产生新生裂纹所需应力水平最低;残余强度应力 σ_r 方面,鼓折破坏时的残余强度应力占峰值强度应力的 62%,相比滑移破坏时的 76%,峰值强度后应力跌落幅度较大,此时的脆性特征也更为明显。

饱和状态下,3 种破坏模式的裂纹闭合应力与峰值强度应力的比值分别为 26%、23%和 24%,差异性较小。劈裂破坏时,裂纹起始应力占峰值强度应力的 34%,为 3 种破坏模式的最小值,表明在此破坏模式下裂纹易于形成;残余强度应力与峰值强度应力的比值在发生滑移破坏时最小,劈裂破坏时居中,鼓折破坏最大,表明饱和状态下的岩样在发生滑移破坏时,岩样更易于进入屈服阶段。

4.3.4 岩样的脆性指标

上述分析可以通过不同状态不同破坏模式下岩样的应力脆性跌落系数和能量冲击性指标来表示。

4.3.4.1 应力脆性跌落系数 RI

单轴压缩试验曲线表明,本工程的岩体表现出明显的"弹-脆-塑"性特征,即峰值强度之前表现为明显的弹性,峰后-残余强度时表现出明显的脆性特征,残余强度-破坏后阶段表现出明显的塑性特征。如图 1-43 中的③曲线。*DE* 段即为岩样压缩过程中脆性阶段,*D* 点对应峰值强度应力水平,*E* 点为残余强度应力水平。从图中来看,脆性特征受残余强度的影响明显,残余强度越高,岩石越容易表现为塑性:①$\sigma_r=\sigma_c$,岩样表现为弹-塑性特征;②$\sigma_r=0$,峰值强度后岩样直接破坏,即宏观裂纹之间摩擦力和黏聚力随应变的增加不断下降;③$\sigma_c>\sigma_r>0$,岩样表现出明显的弹-脆性特征,即有明显的残余强度阶段。

可以用应力脆性跌落系数对脆性岩体的峰后特征进行定义,其计算示意图如图 1-44 所示,计算公式如下:

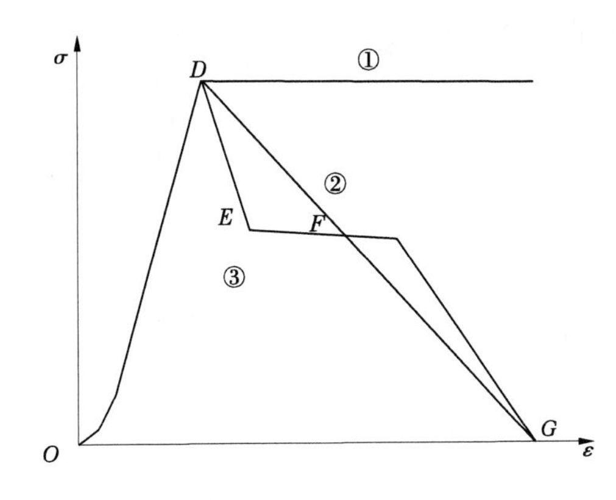

图 1-43　岩样软化特性示意图

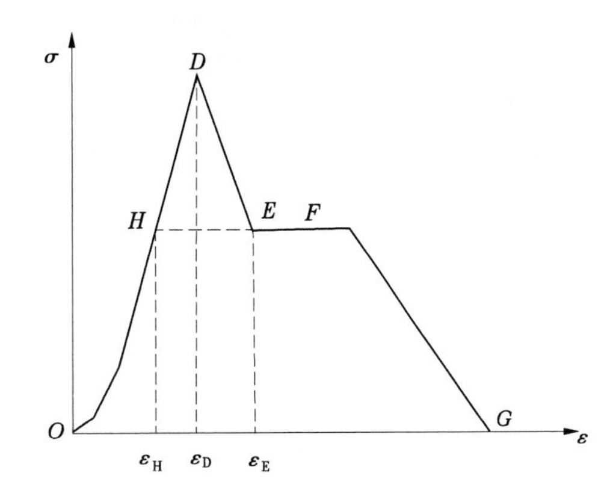

图 1-44　应力脆性跌落系数计算示意图

$$\mathrm{RI}=\frac{\varepsilon_E-\varepsilon_D}{\varepsilon_D-\varepsilon_H} \tag{1-6}$$

式中　ε_E——残余强度 σ_{rd} 应力水平对应的应变；

ε_D——峰值强度 σ_c 应力水平对应的应变；

ε_H——残余强度 σ_{rd} 与弹性模量 E_0 的比值，即 $\varepsilon_H=\sigma_{rd}/E_0$。

由式(1-6)可知，应力脆性跌落系数越小，即 ε_E 越接近 ε_D，即峰值强度-残余强度之间应变越小，DE 段斜率越大，其脆性度越高，并且其随围压的增大而增大，即随围压的增加，岩石由脆性逐渐向延性转换。

4.3.4.2　能量冲击性指标(A_{CF})

谭以安提出的能量冲击性指标是依据岩石的单轴压缩应力-应变曲线，求出峰值强度前后曲线围成的面积，如图 1-45 所示，根据 A_1 与 A_2 面积的比值确定岩爆的危险性：

$A_{CF}<1$，无冲击危险存在；

$A_{CF}=1\sim2$，有冲击危险存在；

$A_{CF}>2$，有严重冲击危险存在。

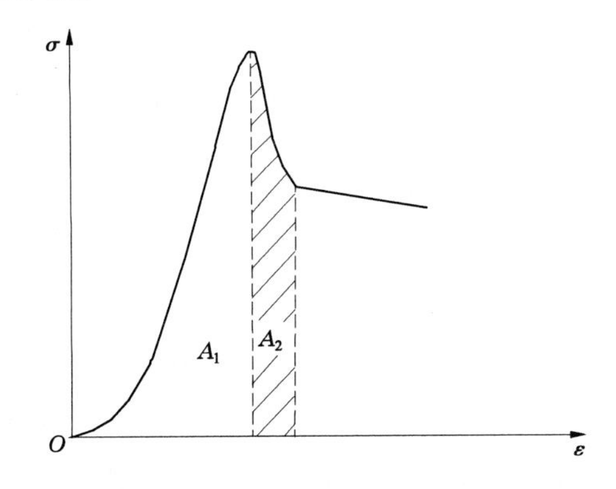

图 1-45　能量冲击性指标计算示意图

岩爆能量冲击性指标，根据岩石在刚性压力机上得到的应力-应变全过程曲线，来求取岩爆能量冲击性指标 $A_{CF}=A_1/A_2$。其中 A_1 为应力-应变峰值前的曲线所包围的面积；A_2 为应力-应变峰值后峰值强度-残余强度之间曲线所包围的面积。计算结果列于表 1-14 中。

统计结果(见表 1-15)显示，饱和状态下岩样发生鼓折破坏时应力脆性跌落系数最小，能量冲击性指标最大，表明此种情况下更易于发生岩爆。

表 1-14 岩样应力脆性跌落系数及能量冲击性指标

状态	加载方向/(°)	破坏形式	岩样编号	峰值前面积 A_1			峰值-残余强度曲线面积 A_2	能量冲击性指标 A_{CF}	应力脆性跌落系数 RI
				裂纹闭合阶段	线性变形阶段	屈服阶段			
天然	0~30	滑移	7213-2-1	1.96	20.10	11.36	59	10.16	0.53
			7266-1-1	1.70	10.30	4.18	11.36	1.42	1.18
			Z1169-1-1	6.08	38.06	7.29	53	15.93	0.33
			Z1169-1-2	7.39	52.03	0.00	24.69	2.41	1.27
			Z1169-2-5	3.57	35.41	6.91	10.29	4.46	0.60
			Z1225-2-3	5.75	26.29	8.74	9.27	4.40	0.46
	30~60	鼓折	7213-2-3	2.45	20.99	4.32	5.61	4.94	0.52
			7213-3-2	2.64	16.92	4.16	5.46	4.35	0.52
			7259-7-2	2.27	30.06	11.98	13.31	3.33	0.62
			10517-3-1	1.31	12.27	3.66	3.75	4.60	0.60
			Z1225-1	5.00	21.77	4.73	8.39	3.76	0.62
			Z1225-2-2	4.01	21.96	11.51	16.45	2.28	0.78
	60~90	劈裂	7259-1-1	1.76	29.79	11.38	12.58	3.41	0.54
饱和	0~30	滑移	Z1225-3-1	1.52	8.39	5.65	9.57	1.63	0.57
			Z1225-3-2	1.98	15.30	5.97	11.41	2.04	0.57
			7213-3-3	3.09	16.20	4.20	7.37	3.19	0.61
			7213-4-3	58	20.14	0.00	13.69	1.71	0.26
			7266-1-2	2.09	9.75	2.05	4.39	3.17	0.68
			7266-6-3	2.69	14.76	1.99	7.11	2.73	0.93
			Z1169-3-1	6.50	31.20	14.74	15.83	3.31	0.30
	30~60	鼓折	Z1169-4-5	2.80	14.22	2.18	5.46	3.52	0.64
			7213-4-2	2.92	10.66	1.17	1.02	14.51	1.37
			7266-6-1	3.69	19.73	8.58	9.46	3.38	0.75
			10515-1-1	1.96	17.83	6.12	9.58	2.70	0.74
			10515-2-2	3.77	15.08	2.53	3.17	6.74	0.97
			10517-3-2	2.12	33.12	2.21	7.49	5.00	0.64
	60~90	劈裂	Z1169-3-5	5.68	30.29	9.67	7.11	6.42	0.73
			Z1225-3-4	4.94	27.68	7.25	14.20	2.81	0.77

表 1-15　应力脆性跌落系数与能量冲击性指标统计

状态	加载方向/(°)	破坏形式	能量冲击性指标 A_{CF}	应力脆性跌落系数 RI
天然	0~30	滑移	6.46	0.40
	30~60	鼓折	3.88	0.38
	60~90	劈裂	3.41	0.35
饱和	0~30	滑移	2.54	0.45
	30~60	鼓折	5.98	0.35
	60~90	劈裂	4.62	0.36

4.3.5　不同状态不同破坏模式的代表性应力-应变曲线

以下列出了不同状态不同破坏模式的典型岩样的应力-应变曲线的不同阶段，以及对应的能量冲击性指标 A_{CF} 和应力脆性跌落系数 RI。

(1)天然状态滑移破坏应力-应变曲线(7213-2-1)如图 1-46 所示。

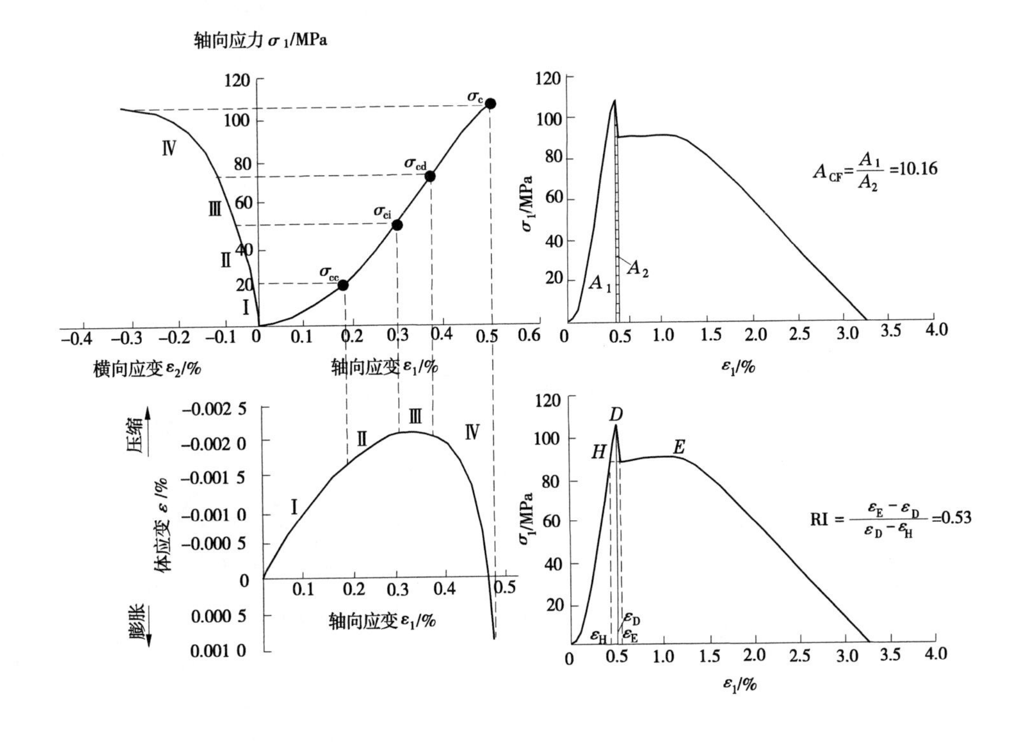

图 1-46　天然状态滑移破坏应力-应变曲线

(2)天然状态鼓折破坏应力应变曲线(7259-7-2)如图 1-47 所示。

(3)天然状态劈裂破坏应力应变曲线(7259-1-1)如图 1-48 所示。

(4)饱和状态滑移破坏应力应变曲线(7266-1-2)如图 1-49 所示。

(5)饱和状态鼓折破坏应力应变曲线(10515-1-1)如图 1-50 所示。

(6)饱和状态劈裂破坏应力应变曲线(Z1125-3-2)如图 1-51 所示。

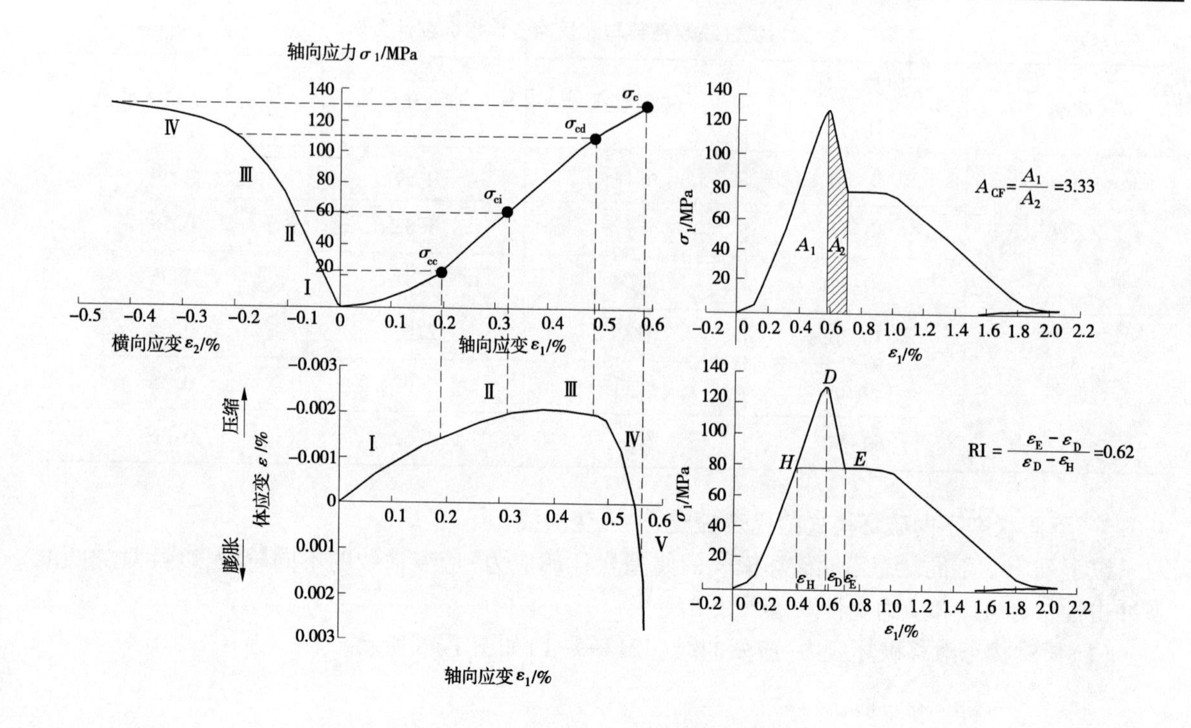

图 1-47　天然状态鼓折破坏应力应变曲线

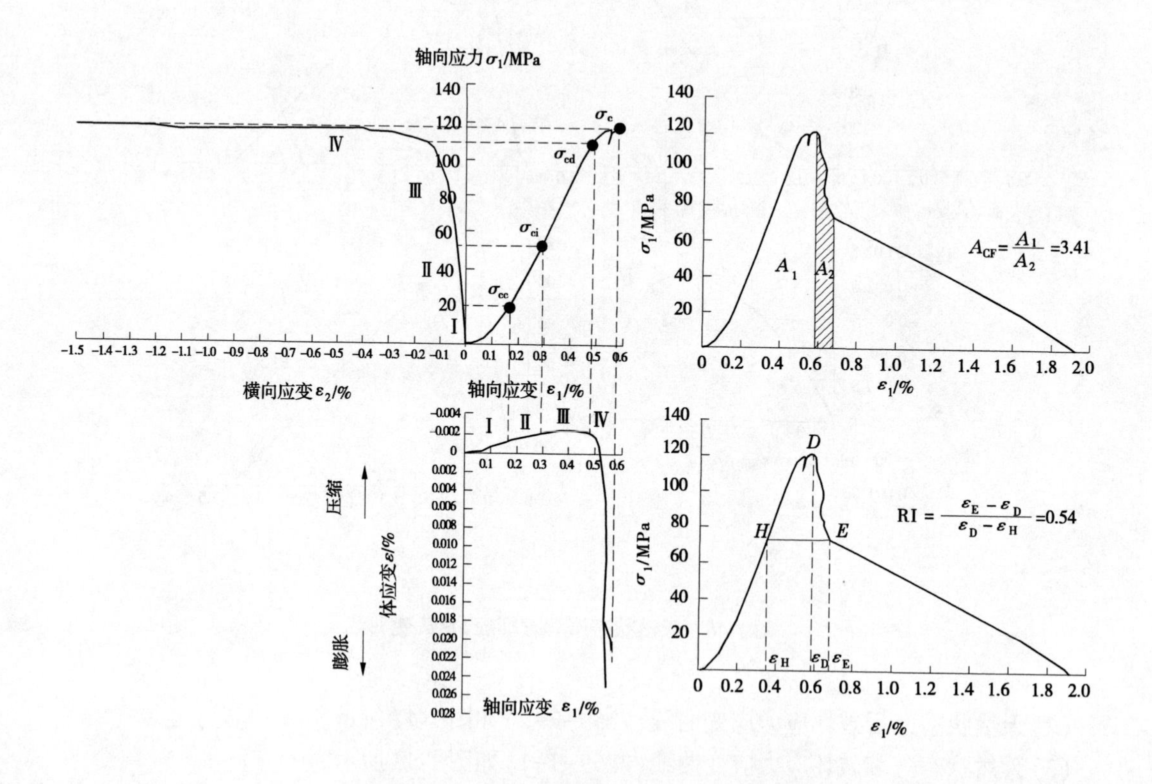

图 1-48　天然状态劈裂破坏应力-应变曲线

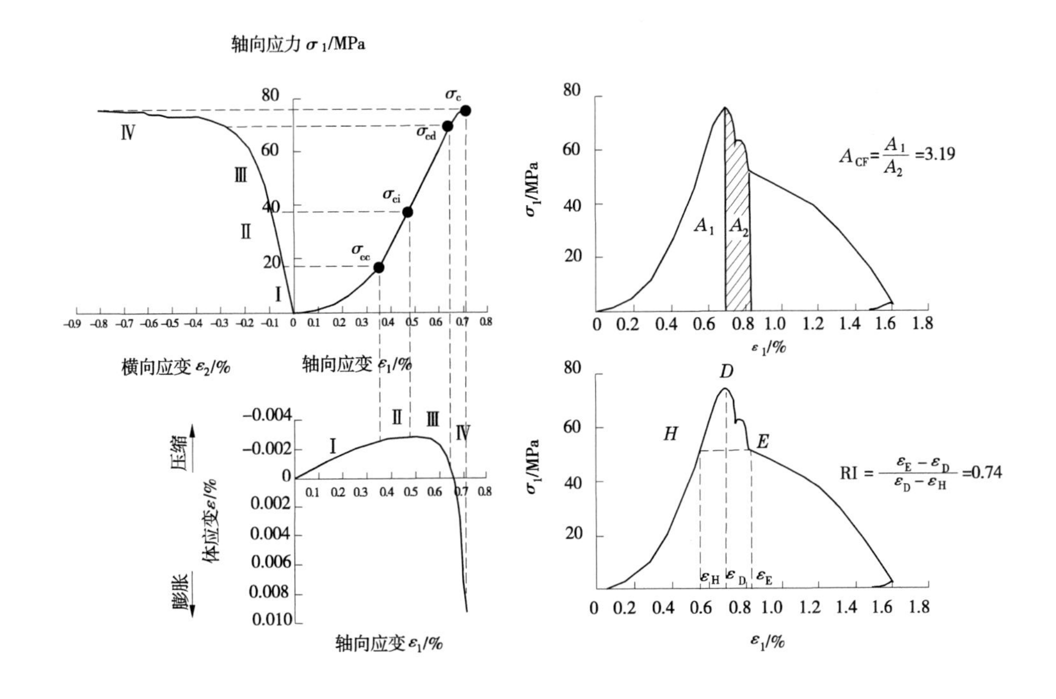

图 1-49　饱和状态滑移破坏应力-应变曲线

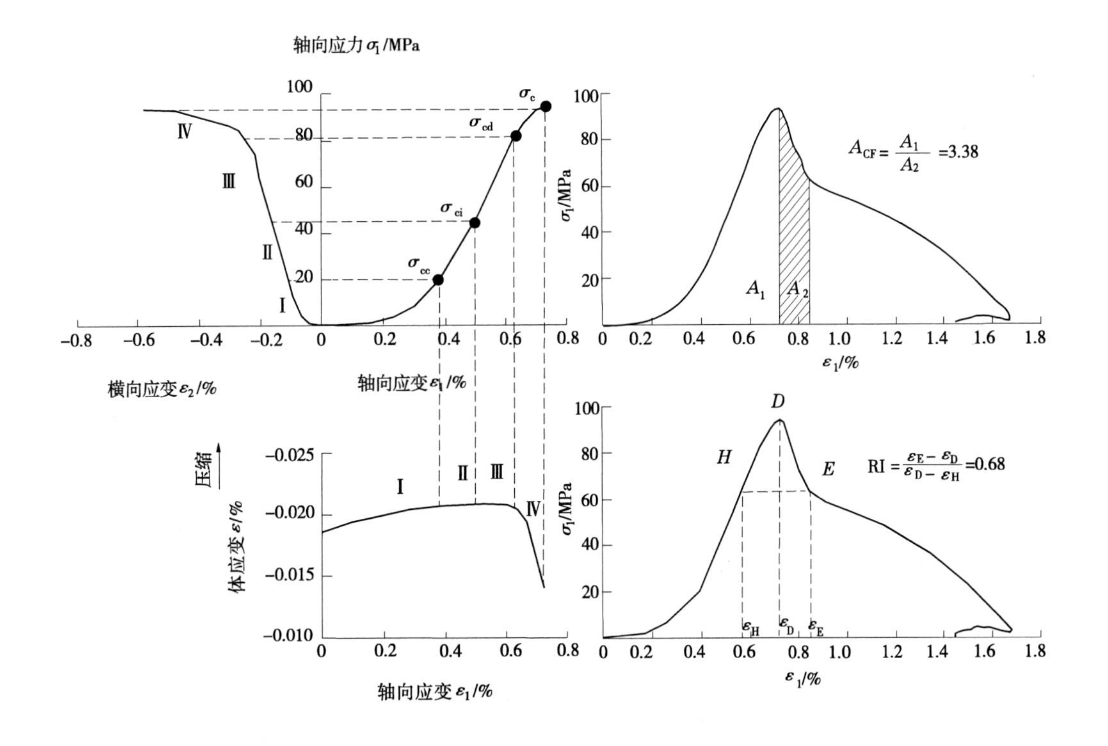

图 1-50　饱和状态鼓折破坏应力-应变曲线

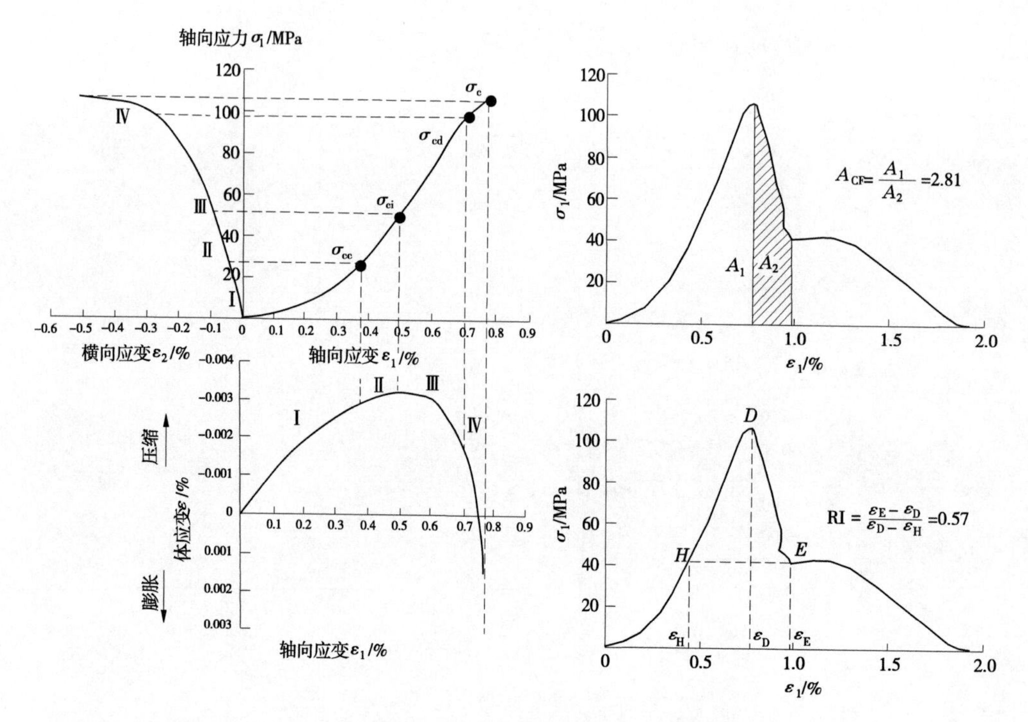

图 1-51　饱和状态劈裂破坏应力-应变曲线

4.4　典型岩爆洞段地质条件

4.4.1　引水隧洞桩号 Y10+400—Y10+521

4.4.1.1　围岩类别及岩体强度

该段埋深 780.5～814 m，岩体非常完整，岩性为片麻状花岗岩，岩体内除片麻理外无其他结构面发育，片麻理产状为 NW320°～340°/SW∠60°，岩体干燥，无地下水，该段属Ⅱ类围岩。该部位典型工程地质横剖面（垂直水流方向）如图 1-52 所示。

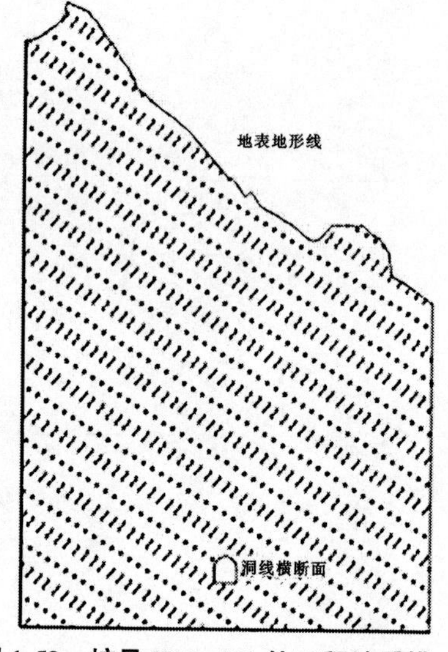

图 1-52　桩号 Y10+400 处工程地质横剖面示意图

室内试验得到的岩样力学指标：饱和单轴压缩强度 σ_c = 76.04 MPa，E_0 = 17.15 GPa。

利用 Hoek-Brown 破坏准则确定岩体强度，其所需参数确定如下：地质力学指标 GSI = 95，材料常数 m_i = 20，扰动因子 D = 0.1。试验得到的岩样强度指标和计算得到的岩体强度指标见表 1-16。

表 1-16　桩号 Y10+400—Y10+521 岩样与岩体强度指标

类别	抗压强度/MPa	抗拉强度/ MPa	弹性模量/GPa	抗剪强度	
				黏聚力 c/MPa	内摩擦角 φ/(°)
岩样	76.04	8.19	17.15	6.78	60.7
岩体	51.70	3.02	15.76	8.87	49.4

4.4.1.2　施工过程中岩爆情况

该段范围内发生中等岩爆，发生于开挖结束 4 h 内，主要发生在右侧拱顶—起拱线（右侧拱顶圆心连线与平面夹角 35°~75°）范围内，出现明显的闷雷声和爆裂声，以片状和板状剥落为主，局部出现弹射，持续时间超过 3 个月。持续剥落后洞壁呈"V"形，影响深度超过 1 m。剥落部位的断面如图 1-53 所示。

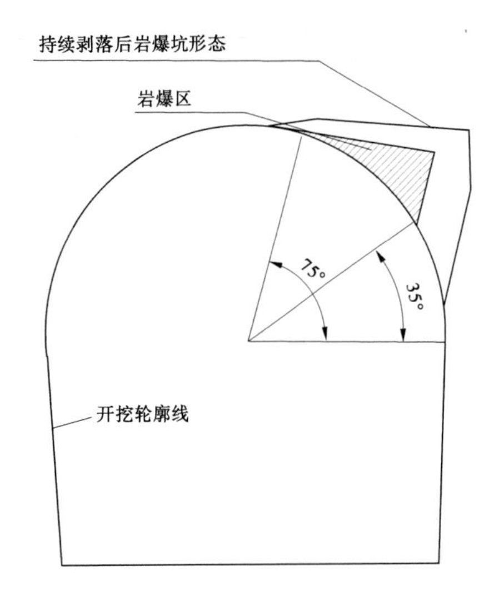

图 1-53　桩号 Y10+400 处岩爆位置示意图

4.4.1.3　地应力测量与成果

在 Y10+400 部位进行了原始地应力测量，测点埋深 814 m，采用空心包体应力解除法测量，测量点距隧洞洞壁 10 m，完成了两点的应力解除，测量结果列于表 1-17 中。测点布置与断面的关系示意如图 1-54 所示。

表 1-17　Y10+400 空心包体法地应力测试成果

测量编号	最大主应力 σ_1			中间主应力 σ_2			最小主应力 σ_3		
	数值 /MPa	倾向/(°)	倾角/(°)	数值/MPa	倾向/(°)	倾角/(°)	数值//MPa	倾向/(°)	倾角/(°)
4#-1	28.4	337.9	-11.1	20.0	37.9	-68.6	15.7	251.6	-18.1
4#-2	28.5	334.9	-19.2	18.1	330.9	70.8	12.3	244.5	1.3

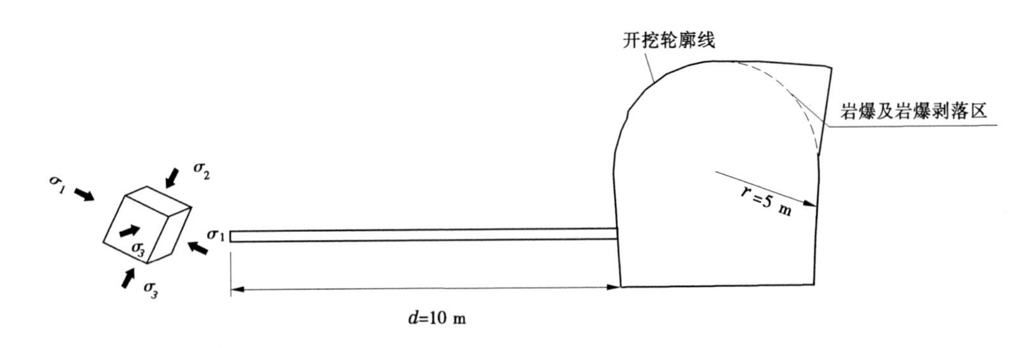

图 1-54　测点布置与断面关系示意图

实测结果表明，最大主应力为水平主应力，最大主应力方向为 NW336.4°，与洞线夹角 80.6°，为大角度相交。

4.4.1.4　洞壁应力计算

以断面 Y10+400 为例，确定断面岩爆区的切向应力，所需参数：埋深 H=814 m，岩体重度 γ=26.7 kN/m^3，垂直应力 σ_v=22.90 MPa，最大主应力 σ_H=28.5 MPa，侧压系数 $\lambda=\sigma_H/\sigma_v$=1.24。计算求得破坏点连线与水平面夹角 35°~90°范围内的切向应力为 47.57~72.60 MPa，与岩体强度比值即 $\sigma_\theta/\sigma_{cm}$=0.92~1.40。

利用 Examine 2D 软件计算洞壁开挖后和岩爆发生后岩爆区域的地应力特征，所需计算参数：最大主应力 σ_1=28.5 MPa，最小主应力 σ_3=12.9 MPa，垂直主应力 σ_v=22.90 MPa，最大主应力倾角为-15.7°。

利用 Examine 2D 计算的该部位的应力分布图如图 1-55 所示。

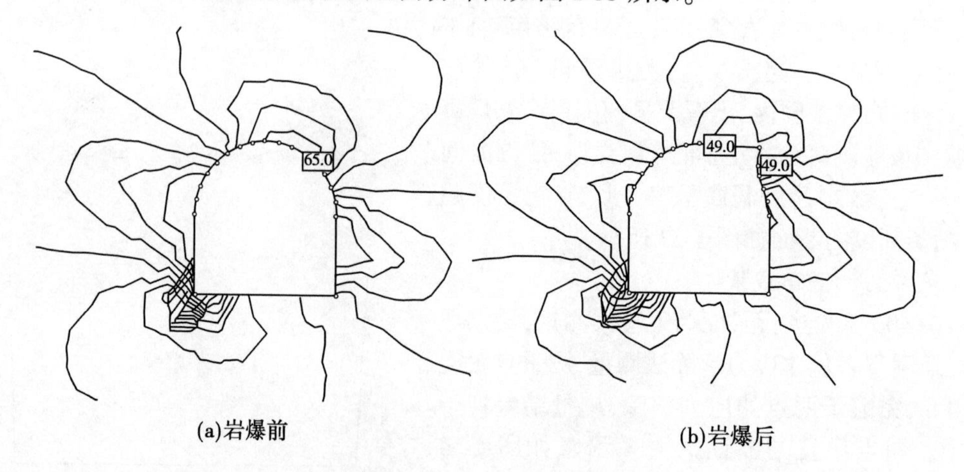

图 1-55　岩爆发生前、后洞壁岩体应力等值线图　(单位:MPa)

由图 1-55(a)可以看出,开挖后断面右上角应力集中明显,最大达到 65.0 MPa,与计算结果接近。应力集中导致该区域岩体失稳,积聚弹性应变能突然释放,从而形成岩爆。图 1-55(b)为岩爆后岩爆坑底的应力集中程度,图中所示坑底应力集中,最大 49.0 MPa,表明应力集中程度在岩爆后有所减弱,岩体内部的弹性应变能得以释放,不过在此应力状态下,岩体已经充分破坏,在外界扰动下发生持续剥落。

4.4.1.5　洞壁岩体受力状态与破坏模式

该处隧洞走向为 SW236°~NE56°,最大主应力方向 NW336°,片麻理走向为 NW330°近似平行,即加载方向与主结构面方向夹角在 0°~30°,单轴压缩试验结果表明,此种状态下破坏形式为剪切滑移破坏。

对取自该处的岩样单轴压缩试验结果分析后得出:饱和状态下岩样发生滑移破坏应力脆性跌落系数 RI=0.64~1.37,平均值为 0.85;能量冲击性指标 A_{CF}= 1.63~5.21,平均值为 2.54,两个指标均表明该处有发生岩爆的倾向性。

从岩爆发生特征来看,首先表现出来的声响表示岩体内微裂纹的不稳态扩展、贯通成宏观裂纹;突然剥落或弹射表明峰值强度后岩体中能量释放,破裂面之间黏聚力突然降低,导致破碎岩体剥落,而剩余的能量导致小的岩块弹射出来;破坏过程中顺片麻理或宏观裂纹持续加载使得破坏面之间摩擦力丧失殆尽,导致岩体应变超越破坏面所能承受的摩擦力即残余强度,之后岩体出现持续破坏。如图 1-56 所示岩样的单轴压缩应力-轴向应变代表性曲线,单轴压缩曲线达到峰值强度后出现突降,后达到残余强度,应力脆性跌落系数为 RI=0.64,能量冲击性指标 A_{CF}=3.17,具备发生岩爆的倾向。从曲线中还可以看出,残余强度点之后的应变占岩样破坏总应变的 50%以上。

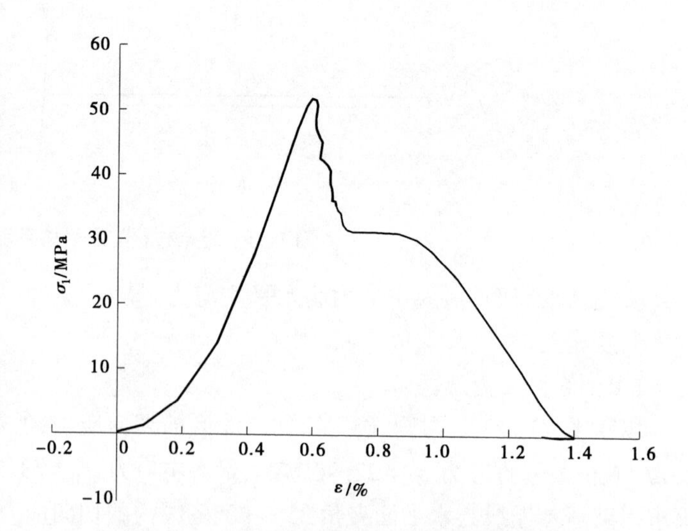

图 1-56　岩样单轴压缩应力-轴向应变曲线

达到残余强度后应力保持不变，应变不断增加，在轴向应变 $\varepsilon_{1r}=0.96\%$，岩体强度（残余后强度）$\sigma_r'=28.25$ MPa 时，岩样开始完全破坏。

4.4.1.6　岩体地球物理特征

1. 围岩声波测试

根据围岩声波测试孔位断面布置图。对该洞段进行了围岩岩体声波测试，距 Y10+521 桩号最近处的两段围岩岩体声波测试成果表明：测试深度 5 m 范围内，原位岩体波速值一般在 5 000 m/s 以上，而厚度在 0.2~0.8 m 的松动岩体的波速值一般大于 4 500 m/s。测试成果列于表 1-18。

表 1-18　岩爆洞段围岩声波测试成果

桩号	岩爆等级	围岩类别	钻孔位置	松动岩体		原状岩体
				厚度/m	波速/(m/s)	波速/(m/s)
Y10+730	轻微-中等	Ⅱ	C 左	0.4	4 440~4 550	4 880~5 260
					4 500	5 120
			B 左	0.2	4 760	5 000~5 710
						5 290
			A	—	—	5 000~5 260
						5 070
			B 右	0.4	4 170	4 880~5 410
						5 850
			C 右	0.5	2 060~4 650	4 760~5 560
					3 040	5 130
Y10+890			C 左	0.4	4 440~4 550	4 880~5 410
					4 500	5 170
			B 左	—	—	4 880~5 410
						5 180
			A	0.8	4 440~4 650	4 880~5 410
					4 550	5 180
			B 右	0.4	4 550~4 650	5 000~5 560
					4 600	5 220
			C 右	0.4	4 650~4 760	4 880~5 410
					4 700	5 130

注：每一个钻孔位置波速列第二行为平均值。

2. 地震波测试

地震波测试结果见表 1-19，松动圈厚度分布如图 1-57 所示。测试结果表明，松动岩体的地震波速在 1 000~2 670 m/s，平均波速为 1 710 m/s。松动岩体厚度在 0.1~1.1 m，平均厚度为 0.3 m。

表 1-19　　轻微-中等岩爆洞段洞壁地震波测试

桩号	洞壁	岩爆等级	围岩类别	松动岩体		原状岩体
				厚度/m	波速/(m/s)	波速/(m/s)
Y10+888—Y11+011	右壁	轻微-中等	Ⅱ	0~1.1	1 000~2 670	4070~4770
				0.3	1 710	4 440

注:第二行数值为平均值。

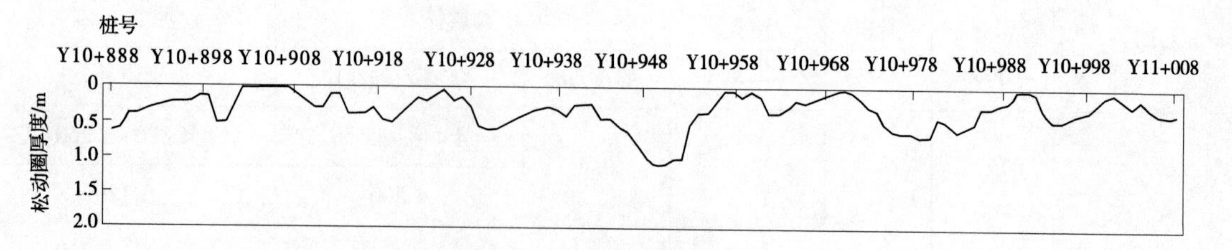

图 1-57　松动圈厚度分布

该洞段的地球物理特征测试表明,围岩松动圈厚度在 0.2~0.8 m,最大达到 1.1 m,而该范围内的岩爆影响深度最大为 1.0 m,这一深度与松动圈厚度有一定的相关性。从波速来看,松动圈岩体的声波速度降低很小,一般在 4 000 m/s 以上,而地震波波速值降低较多,最大为 2 670 m/s。

4.4.2　1#施工支洞桩号 Z1+200—Z1+251

4.4.2.1　围岩类别及岩体强度

1#施工支洞桩号 Z1+200—Z1+251 埋深 585m 左右,隧洞断面为城门洞形。岩体非常完整,岩性为片麻状花岗岩,岩体内除片麻理外无其他结构面发育,片麻理产状为 NW320°~340°/SW∠60°,岩体干燥,无地下水,该处属Ⅱ类围岩。该部位工程地质横剖面图如图 1-58 所示。

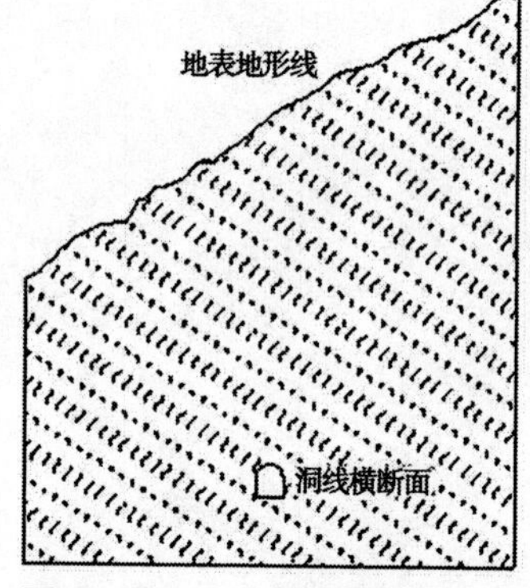

图 1-58　Z1+200 处横断面工程地质剖面图

室内试验得到的岩样力学指标:饱和单轴压缩强度 σ_c = 108.45 MPa,弹性模量 E_0 = 22.76 GPa。

利用 Hoek-Brown 准则确定岩体强度,所需参数如下:地质力学指标 GSI=90,材料常数 m_i=20,扰动因子 D=0.2。试验得到的岩样强度指标和计算得到的岩体强度指标列于表 1-20。

表 1-20　　桩号 Z1+200—Z1+251 岩样与岩体强度指标

类别	抗压强度/MPa	抗拉强度/MPa	弹性模量/GPa	抗剪强度	
				黏聚力 c/MPa	内摩擦角 φ/(°)
岩样	108.45	6.36	22.76	22.46	58.21
岩体	81.60	2.09	19.57	8.99	58.66

4.4.2.2　施工过程中岩爆情况

施工过程中,桩号 Z1+200—Z1+251 不同部位发生多次岩爆,岩爆区破坏情况如图 1-59 所示。

桩号 Z1+242 处岩爆最为严重,该处发生了中等岩爆。开挖结束 2.5 h 后,岩体内发出闷雷声和岩体撕裂的噼里啪啦的响声,声响位置不能确定,随后掌子面后方 6 m 范围内左侧起拱线—拱顶

图 1-59　桩号 Z1+200—Z1+251 岩爆发生情况

部位岩体出现大量剥落和少量弹射，剥落岩块宽 6 m、长 2 m、厚 20 cm，呈板状，随之弹射的岩块也多呈板状，厚度多在 2 cm 左右，块度较小，剥落后洞形呈近似直角形，且岩体坑壁上出现大量的鳞片状岩块，厚度多小于 1 cm。岩爆坑深度在 0.5～1 m。

岩爆后断面拱肩部位呈直角形，未发生持续破坏。破坏后断面如图 1-60 所示，破坏区域位于起拱线以上与平面夹角 10°～88°范围内。

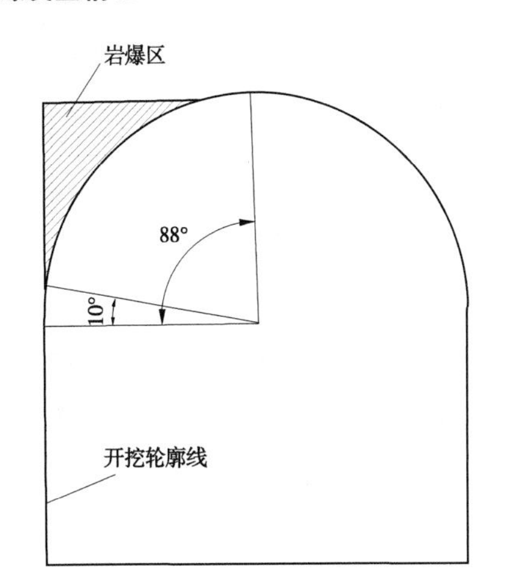

图 1-60　岩爆区断面示意图

4.4.2.3　地应力测量与成果

施工过程中在 Z1+200 处进行了原始地应力测量，采用空心包体应力解除法测量，测量点距隧洞洞壁 10 m，完成了两点的应力解除。测量结果见表 1-21，图 1-61 为该处地应力状态与断面的关系图。

表 1-21　桩号 Z1+200 处地应力测量成果

测量编号	最大主应力 σ_1			中间主应力 σ_2			最小主应力 σ_3		
	数值 /MPa	倾向/(°)	倾角/(°)	数值/MPa	倾向/(°)	倾角/(°)	数值/MPa	倾向/(°)	倾角/(°)
1#-1	25.3	347.7	-18.2	13.6	357.5	71.5	8.2	258.7	2.9
1#-2	24.2	338.5	0.7	14.4	72.1	78.9	11.3	248.3	11.1

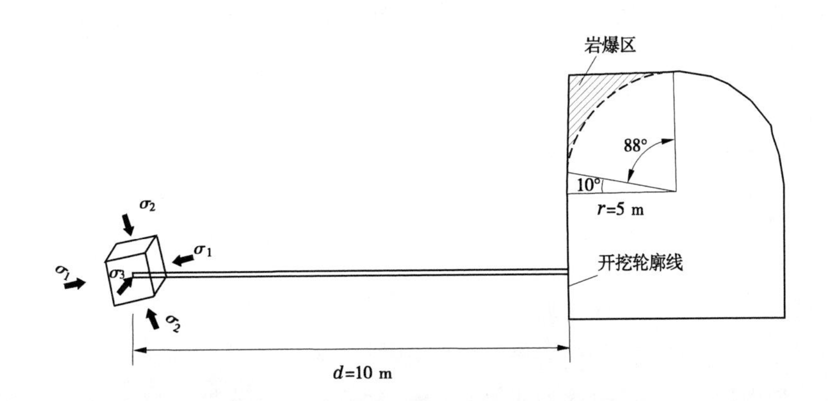

图 1-61　地应力状态与断面关系示意图

实测结果表明，最大主应力为水平主应力，方向为 NW343.1°，倾角为-8.8°。此处隧洞走向 SW234°～NE54°，两者夹角为 70.9°，为大角度相交。

4.4.2.4 洞壁应力计算

利用 Examine 2D 计算的该部位的应力分布如图 1-62 所示。

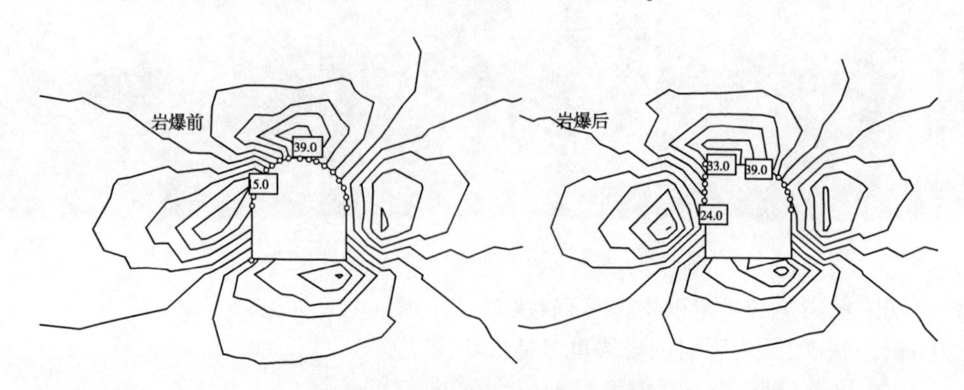

图 1-62 岩爆发生前、后洞壁岩体应力等值线图 （单位：MPa）

以断面 Z1+200 为例，通过式（1-1）确定断面岩爆区洞壁的切向应力，所需参数：埋深 H=585 m，岩体重度 γ=26.7 kN/m^3，垂直应力 σ_v=13.70 MPa；最大主应力 σ_H=25.30 MPa，侧压系数 $\lambda=\sigma_H/\sigma_v$=1.85。由式（1-1）计算求得破坏点连线与水平面夹角 10°～88°范围内的切向应力为 17.20～62.14 MPa，与岩体强度比值即 $\sigma_\theta/\sigma_{cm}$=0.28～1.04。

利用 Examine 2D 软件计算洞壁开挖后和岩爆发生后岩爆区域的地应力特征，所需计算参数：最大主应力 σ_1=24.8 MPa，最小主应力 σ_3=9.8 MPa，垂直主应力 σ_v=13.70 MPa，主应力倾角为-8.8°。

洞壁应力等值线显示开挖后断面应力在左上角和顶拱出现明显集中区域，岩爆也在此位置发生，而岩爆后，应力集中范围出现了往深部转移的迹象。从计算的应力量值来看，最大仅为 39.0 MPa。由岩石力学试验得到该处的 σ_c/σ_t=17.06，脆性特征非常明显；而从单轴压缩破坏的断口薄片扫描来看，单轴压缩条件下的破坏断口表现为沿晶断裂，且存在切断解理面形成台阶状花纹；岩爆剥落的板状岩块和应力组合关系分析也说明该处发生了明显的滑移破坏，而此种破坏形式是低应力状态下脆性断裂所致。

4.4.2.5 洞壁岩体受力状态与破坏模式

该处洞线走向为 SW234°～NE54°，此处最大主应力方向 NW343.1°，与洞轴线方向近似垂直，但与片麻理方向近似平行，即加载方向与片麻理方向夹角在 0°～30°，近似平行节理面加载，单轴压缩试验结果表明，此种状态下破坏形式为滑移破坏。

对取自该处的岩样单轴压缩试验结果分析后得出：饱和状态下岩样发生滑移破坏应力脆性跌落系数 RI=0.33～1.27，平均值为 0.69；能量冲击性指标 A_{CF}=2.41～15.93，平均值为 5.54。

图 1-63 为该部位岩样的单轴压缩试验代表性应力-轴向应变曲线，表现为单轴压缩曲线峰值强度后出现突降，达到残余强度，应力脆性跌落系数 RI=0.73，能量冲击性指标 A_{CF}=2.73，具备发生岩爆的条件。

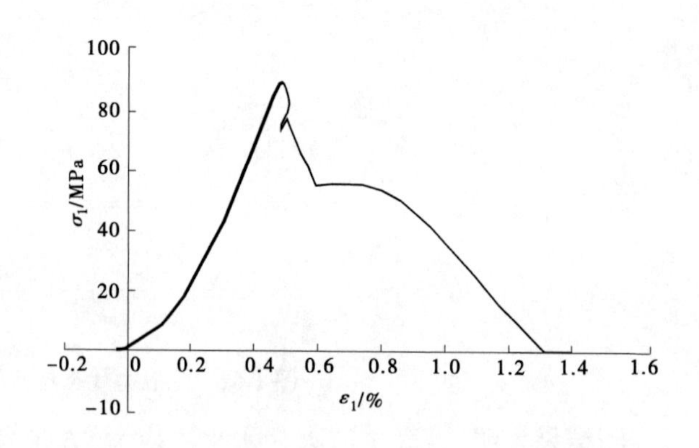

图 1-63 Z1+169 桩号岩样应力-轴向应变曲线

4.4.2.6　岩体地球物理特征

1. 围岩声波测试

测试成果表明,这些洞段岩体松动现象不明显,原状岩体波速值一般在 5 000 m/s 以上。测试成果见表 1-22。

表 1-22　断面声波测试成果

桩号	岩爆等级	围岩类别	钻孔位置	松动岩体		原状岩体
				厚度/m	波速/(m/s)	波速/(m/s)
Z1+445	轻微-中等	Ⅱ	C 左	—	—	4 760~5 260
						5 040
			B 左	—	—	4 760~5 260
						5 040
			A	—	—	4 880~5 260
						4 990
			B 右	—	—	4 760~5 260
						4 970
			C 右	—	—	4 760~5 260
						5 050
Z2+575			C 左	—	—	4 810~5 620
						5 330
			B 左	—	—	4 880~5 260
						5 120
			A	—	—	5 130~5 710
						5 430
			B 右	—	—	4 880~5 410
						5 110
			C 右	—	—	5 100~5 680
						5 380

注:每个钻孔位置波速列第二行为平均值。

2. 围岩地震波测试

Z1+200 附近的地震波测试成果表明,松动岩体地震波速一般在 1 270~1 820 m/s,平均值为 1 550 m/s,原状岩体的地震波速为 3 560~4 120 m/s,平均值为 3 860 m/s,由此得出松动岩体厚度为 0.1~0.6 m,平均值为 0.3 m,其波形分布如图 1-64 所示。

对围岩松动圈进行的声波测试和地震波测试成果表明,该范围内松动圈不明显,且 5 m 测试深度范围内的波速值均在 4 760 m/s 以上。地震波测试的围岩松动圈厚度在 0.1~0.6 m,波速值在 1 270~1 820 m/s,远低于原状岩体的地震波波速值,见表 1-23。

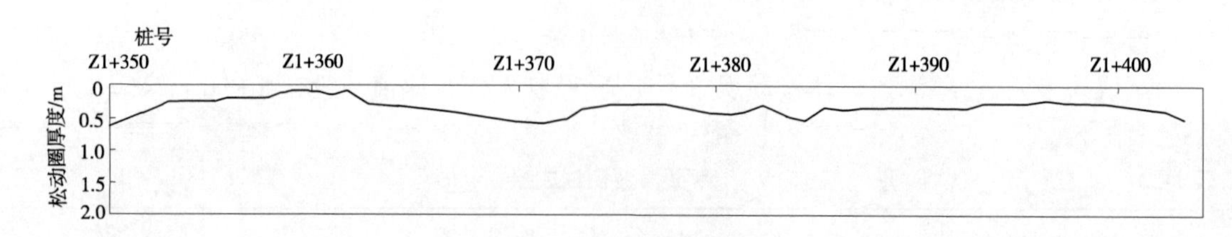

图 1-64　地震波测试成果

表 1-23　　洞壁地震波测试

桩号	岩爆等级	围岩类别	松动岩体		原状岩体
			厚度/m	波速/(m/s)	波速/(m/s)
Z1+350—Z1+405	轻微	Ⅱ	0.1~0.6	1 270~1 820	3 560~4 120
			0.3	1 550	3 860

注:第二行数值为平均值。

4.5　洞壁围岩应力路径变化特征分析

以引水隧洞典型开挖洞形为基础建立三维数值分析计算模型,研究弹性材料情况下(Ⅱ类围岩)洞室围岩应力变化特征。模型中洞室轴线方向取为 z 轴,竖直方向为 y 轴,水平垂直洞室轴线方向为 x 轴。其中,x 方向外沿 25 m,y 方向外沿 25 m,z 方向共 22 m,模型共划分 97 504 个单元 105 825 个节点,如图 1-65 所示。

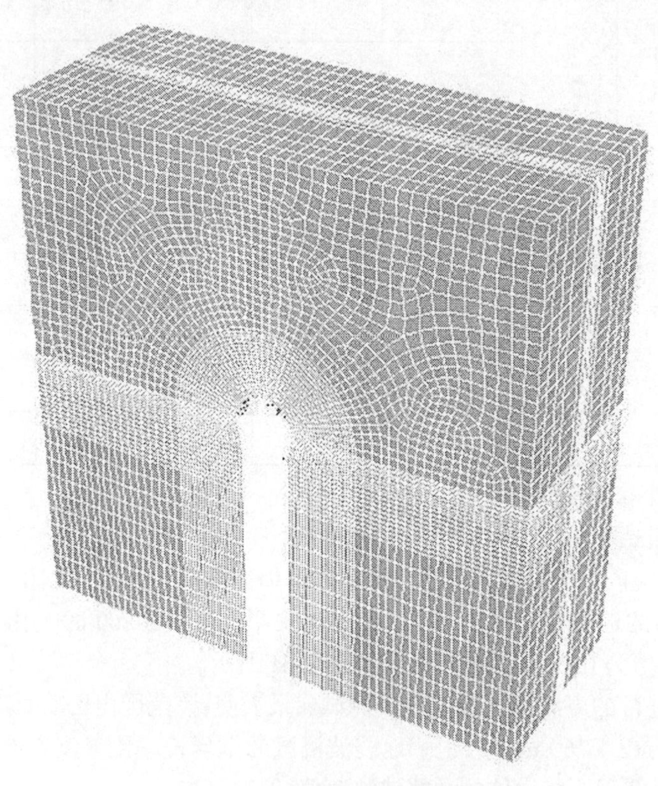

图 1-65　数值模型建立情况

为了监测围岩应力变化特征,设置一监测平面(见图 1-66),其中掌子面逐渐靠近监测面时 L 为负值,掌子面穿过监测面后 L 为正值。并沿洞壁方向设置 15 个监测点,监测点具体布置情况如图 1-67 所示。

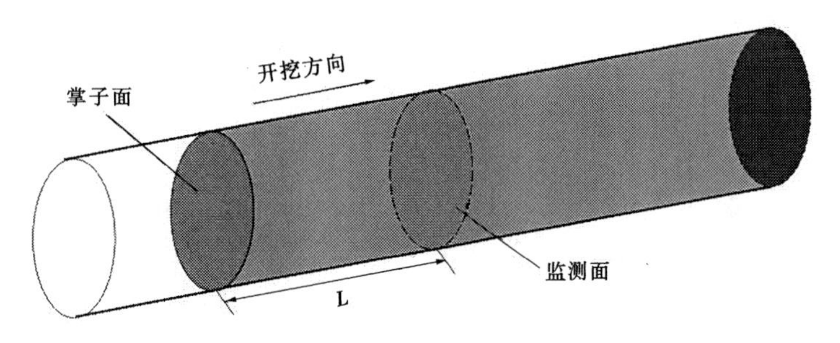

图 1-66　应力监测面位置

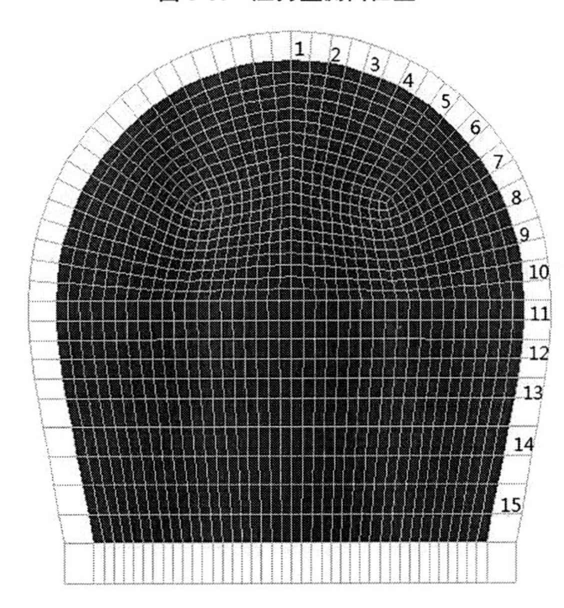

图 1-67　应力监测点布置图

围岩力学参数及初始地应力场量值见表 1-24。

表 1-24　岩体力学参数及初始地应力场量值

弹性模量 E/GPa	泊松比 υ	初始应力场/MPa		
		$\sigma_{1\text{-insitu}}$	$\sigma_{2\text{-insitu}}$	$\sigma_{3\text{-insitu}}$
20	0.2	35.31	20.18	20.18

4.5.1　最大主应力水平

4.5.1.1　主应力量值变化

最大主应力水平是指最大主应力沿 x 方向分布,其他方向(y、z 方向)分别为中主应力及最小主应力分布方向。随着掌子面的逐渐推进,15 个监测点主应力变化如图 1-68 所示。

由图 1-68 掌子面推进过程中各监测点围岩应力变化特征可知,掌子面推进过程中,监测点所处位置不同,即洞壁围岩位置不同,应力量值大小变化规律便不同。具体可分述如下:

(1)掌子面未贯穿监测面之前(L<−1 m)。

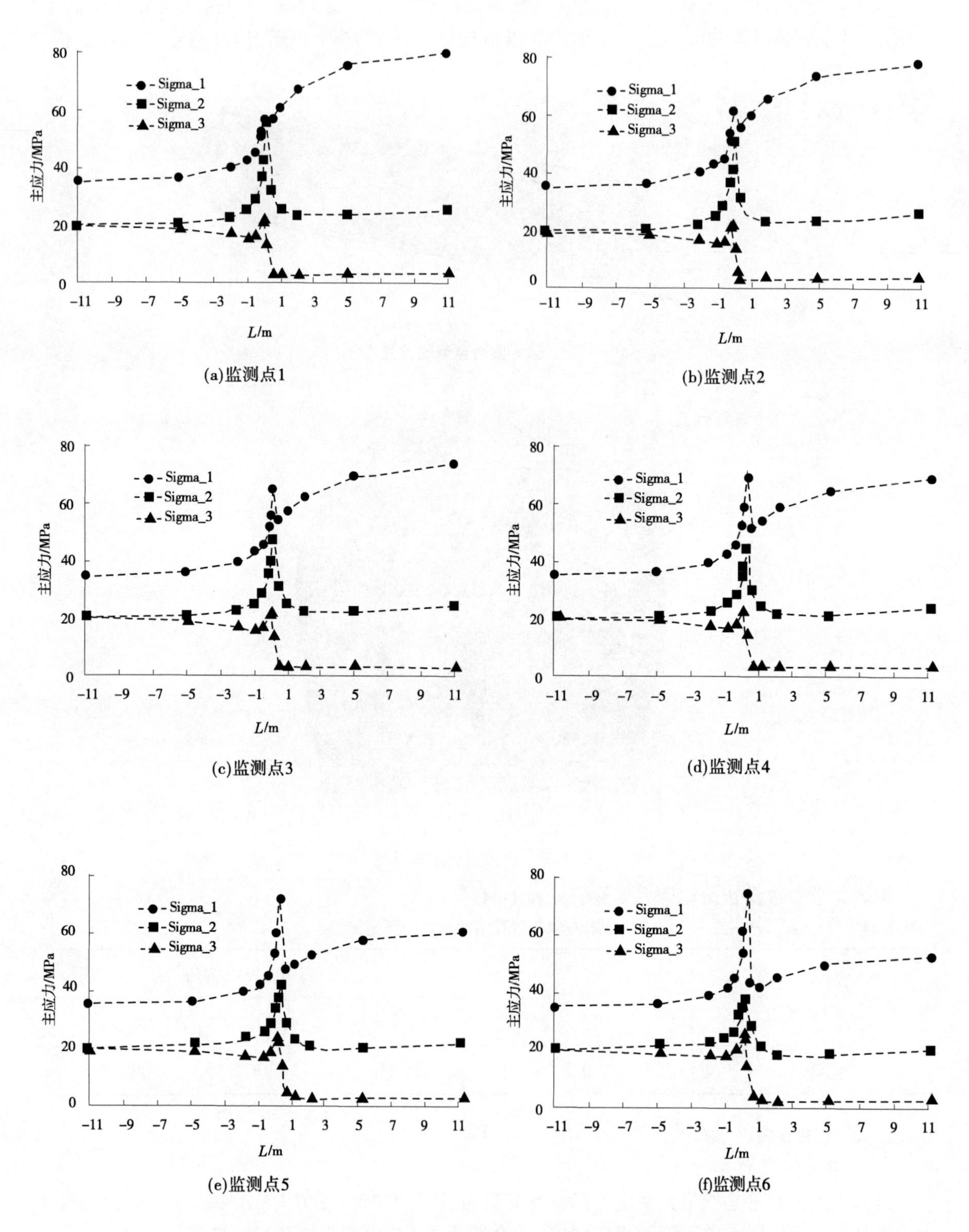

注：图中 Sigma_1 指最大主应力 σ_1，Sigma_2 指中主应力 σ_2，Sigma_3 指最小主应力 σ_3。

图 1-68　掌子面推进过程中监测点主应力变化

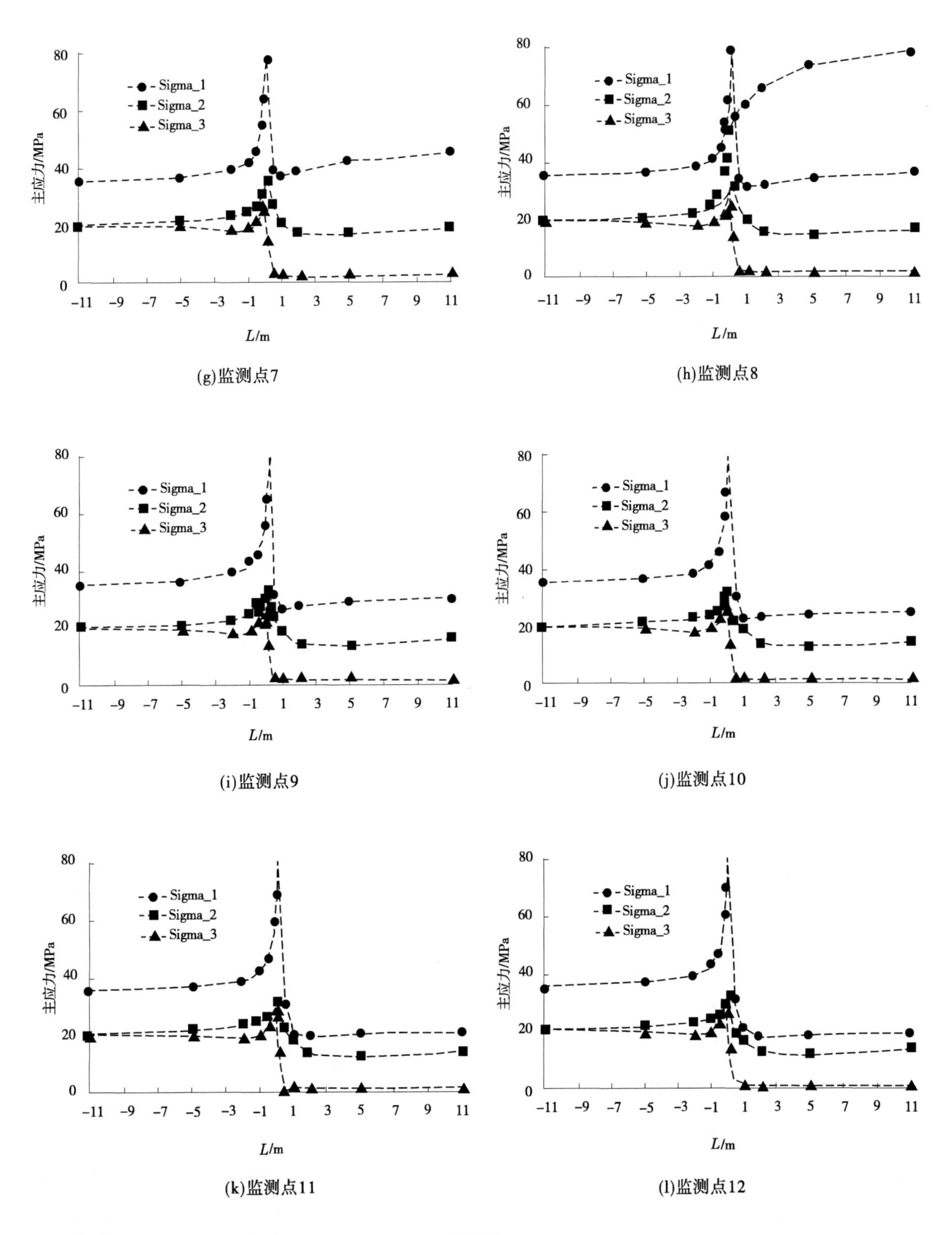

(g)监测点7

(h)监测点8

(i)监测点9

(j)监测点10

(k)监测点11

(l)监测点12

续图 1-68

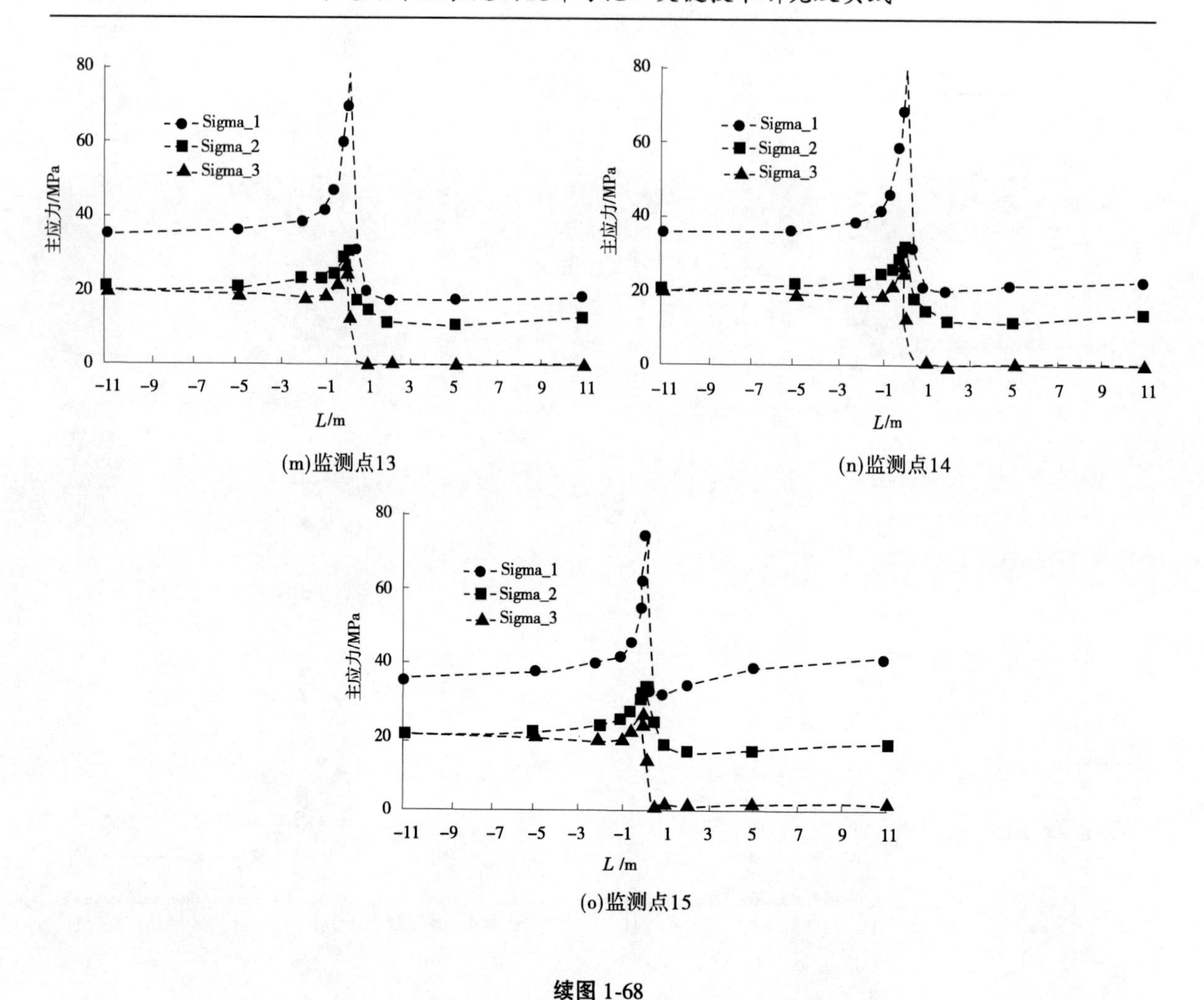

(m)监测点13

(n)监测点14

(o)监测点15

续图 1-68

①掌子面与监测面之间距离 $L<-5$ m(约 1 倍洞径)时，掌子面推进过程中，对监测岩体的最大主应力 σ_1、中主应力 σ_2 及最小主应力 σ_3 量值影响较小，基本保持不变。

②掌子面与监测面之间距离 -5 m $<L<-1$ m 时，掌子面推进过程中，监测岩体的最大主应力 σ_1、中主应力 σ_2 缓慢增加，而最小主应力 σ_3 则相应减小。

(2)掌子面与监测面距离较小时(-1 m $<L<1$ m)。

①掌子面与监测面之间的距离 -1 m $<L<0$ 时，监测岩体的最大主应力 σ_1、中主应力 σ_2 及最小主应力 σ_3 量值明显增加，其中最大主应力 σ_1 量值增加幅值较大，而中主应力 σ_2 及最小主应力 σ_3 量值增加幅度较小。

②掌子面与监测面之间的距离 $0<L<1$ m 时，监测岩体的最大主应力 σ_1、中主应力 σ_2 及最小主应力 σ_3 量值基本明显降低(监测点 3~15)，而部分监测点(1、2)中主应力 σ_2 及最小主应力 σ_3 量值基本明显降低，最大主应力 σ_1 量值则有小幅振荡，即先减小后增加。最小主应力 σ_3 降低，表现出明显的卸荷特征。

(3)掌子面贯穿监测面之后($L>1$ m)。

①掌子面与监测面之间的距离 1 m $<L<5$ m 时，洞壁岩体所处位置不同，主应力变化趋势不同。监测点 1~10、15 最大主应力 σ_1 量值基本在原先的基础上持续增加，但增加幅值不同。监测点 11~14 最大主应力则基本保持不变。监测点 1~15 的中主应力 σ_2 及最小主应力 σ_3 量值基本缓慢

降低,并趋于某一量值。

②掌子面与监测面之间的距离 $L>5$ m 时,此时洞壁岩体中最大主应力 σ_1、中主应力 σ_2 及最小主应力 σ_3 量值基本保持某一量值不变。

(4)从洞壁围岩应力变化规律中可发现,掌子面前后1倍洞径范围为主应力频繁变化范围,此范围外围岩应力基本保持一定量值不变,即引水隧洞洞径效应为掌子面1倍洞径范围。

(5)对于最终趋于稳定的应力场,拱顶部位(监测点1~7)相比初始应力场最大主应力 σ_1 由于掌子面推进而增加,中主应力 σ_2 与初始应力场中主应力相比基本保持不变,最小主应力 σ_3 量值相应减小。监测点8~11最大主应力 σ_1、中主应力 σ_2 及最小主应力 σ_3 量值相应减小。监测点15最大主应力 σ_1、中主应力 σ_2 量值基本保持不变,而最小主应力 σ_3 量值相应减小。

各监测点主应力差值($\sigma_1-\sigma_3$)在掌子面推进过程中的变化规律如图1-69所示。

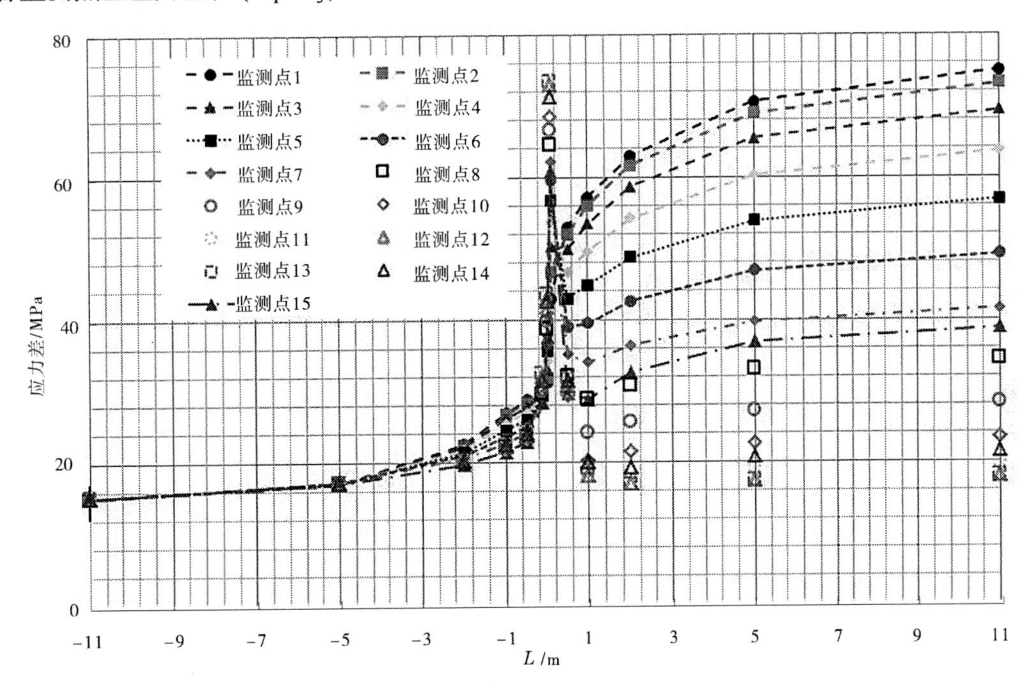

图1-69 监测点主应力差值随掌子面推进变化

由图1-69可知,当初始应力场中最大主应力水平时,即最大主应力为 x 方向时,随着掌子面推进,洞壁围岩所处位置不同,主应力差值($\sigma_1-\sigma_3$)变化规律不同。掌子面临近监测面过程中,主应力差值均增加,在距离洞壁1 m范围内发生剧烈增加。监测点位置不同,增加幅值不同。对于所给定的应力场($\sigma_{1\text{-insitu}}=35.31$ MPa、$\sigma_{2\text{-insitu}}=\sigma_{3\text{-insitu}}=20.18$ MPa)而言,洞室侧壁围岩在掌子面与监测面贴合时,主应力差值($\sigma_1-\sigma_3$)较大,而拱顶岩体中主应力差值($\sigma_1-\sigma_3$)相对较小。掌子面贯穿监测面后,侧壁岩体主应力差值($\sigma_1-\sigma_3$)迅速降低,而拱顶岩体主应力差值($\sigma_1-\sigma_3$)则持续增加至1倍洞顶范围基本保持不变。主应力差值($\sigma_1-\sigma_3$)变化过程中,当其差值达到一定的量值[$(\sigma_1-\sigma_3)>(0.3\sim0.5)\sigma_{ci}$]时,围岩发生破坏,即产生裂隙化,此后发生片帮剥落现象。已有研究结果表明,初始应力场主应力量值、洞室形状等不同,主应力差值变化不同,一般对于初始应力场中最大主应力水平方向而言,拱顶部位岩体所历经主应力差值一般较侧壁岩体量值大,即该类型应力场下,拱顶发生片帮的可能性相对较高,如图1-70所示的初始主应力场为 $\sigma_{1\text{-insitu}}=64$ MPa、$\sigma_{2\text{-insitu}}=35$ MPa、$\sigma_{3\text{-insitu}}=32$ MPa时,洞径7.2 m的圆形洞室掌子面开挖过程中主应力差值($\sigma_1-\sigma_3$)的变化情况亦反映了这一规律。

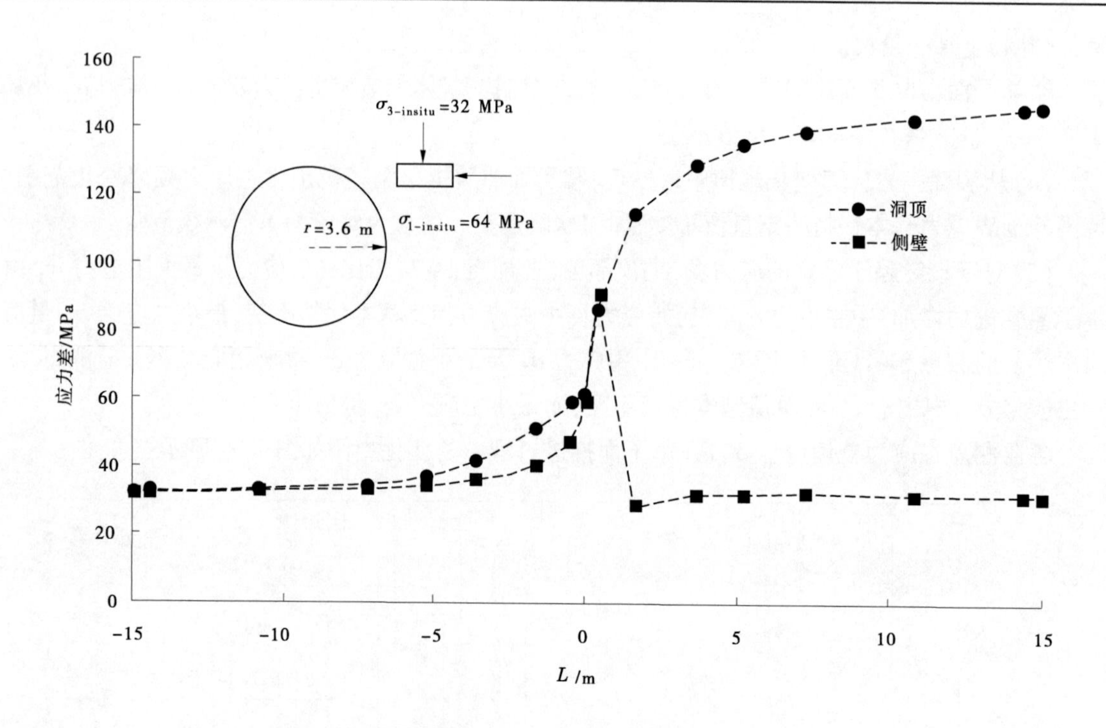

图 1-70　掌子面推进过程中洞顶及洞壁应力差变化

4.5.1.2　最大主应力方向变化

在最大主应力水平情况下，随着掌子面的逐渐推进，15 个监测点最大主应力角度变化如图 1-71 所示，其中规定 z 轴方向为 N 向。

由图 1-71 可知，掌子面推进过程中，洞壁岩体中各监测点最大主应力 σ_1 方向均发生了一定的变化，但由于监测点所处位置不同，监测点最大主应力 σ_1 方向变化频度不同。一般拱顶、拱肩位置最大主应力 σ_1 方向变化较小，而侧壁和拱脚位置最大主应力 σ_1 方向变化较为频繁。这一规律反映出，如果围岩体发生裂隙化，则拱顶、拱肩位置裂隙较为平展，而侧壁及拱脚位置裂隙面发展趋势具有一定的变化。

4.5.2　最大主应力竖直

4.5.2.1　主应力量值变化

最大主应力竖直是指初始应力场中最大主应力沿 y 方向分布，其他方向（x、z 方向）分别为中主应力及最小主应力分布方向。随着掌子面的逐渐推进，15 个监测点主应力变化如图 1-72 所示。

由掌子面推进过程中各监测点围岩应力变化特征可知，掌子面推进过程中，监测点所处位置不同，即洞壁围岩位置不同，主应力量值大小变化规律便不同。具体可分述如下：

（1）掌子面未贯穿监测面之前（$L<-1$ m）。

①掌子面与监测面之间距离 $L<-5$ m（约 1 倍洞径）时，掌子面推进过程中，对监测岩体的最大主应力 σ_1、中主应力 σ_2 及最小主应力 σ_3 量值影响较小，基本保持不变。

②掌子面与监测面之间距离 $-5\ \text{m}<L<-1$ m 时，掌子面推进过程中，监测岩体的最大主应力 σ_1、中主应力 σ_2 缓慢增加，而最小主应力 σ_3 则相应减小。

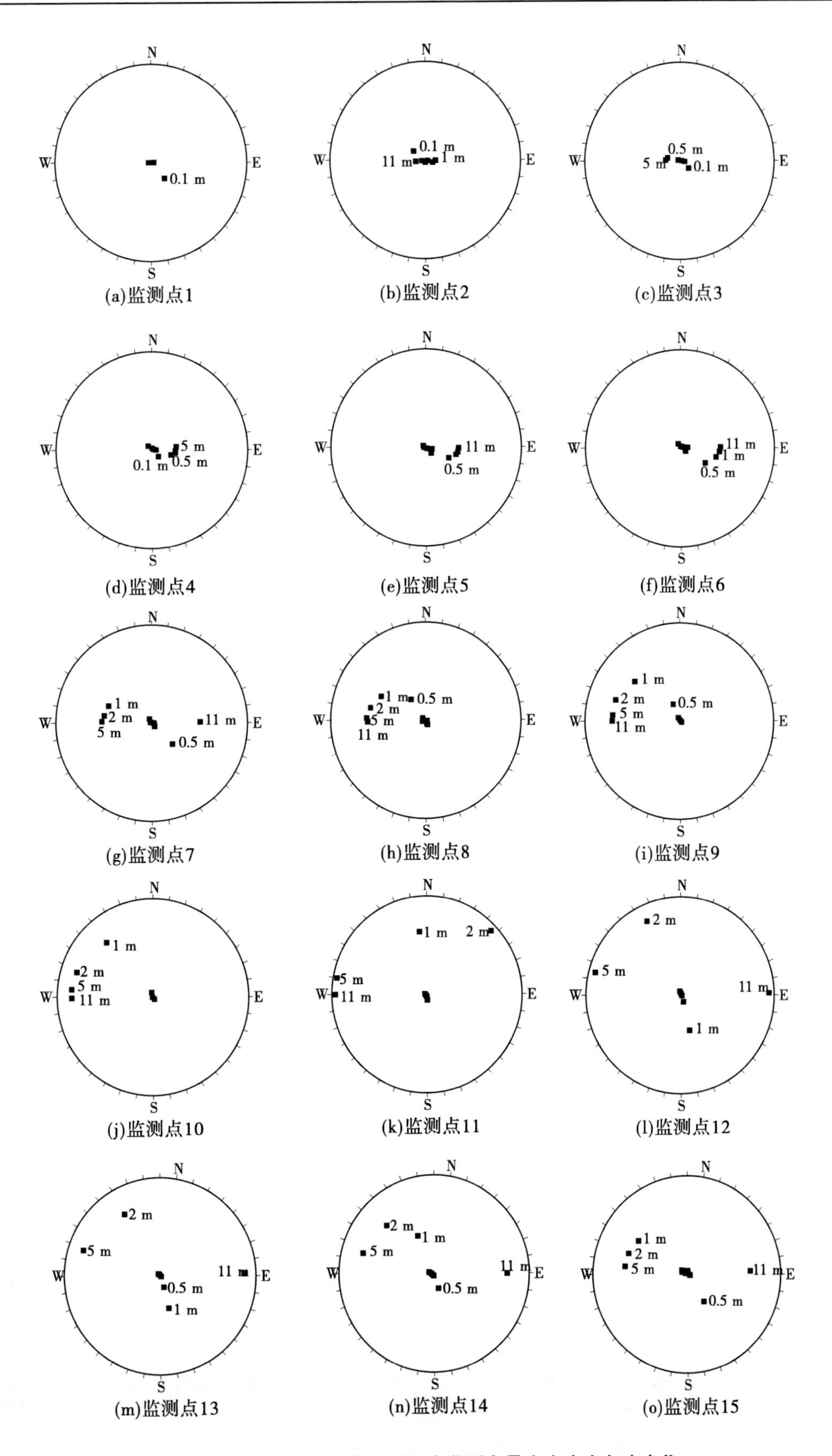

(a)监测点1　(b)监测点2　(c)监测点3

(d)监测点4　(e)监测点5　(f)监测点6

(g)监测点7　(h)监测点8　(i)监测点9

(j)监测点10　(k)监测点11　(l)监测点12

(m)监测点13　(n)监测点14　(o)监测点15

图 1-71　掌子面推进过程中监测点最大主应力角度变化

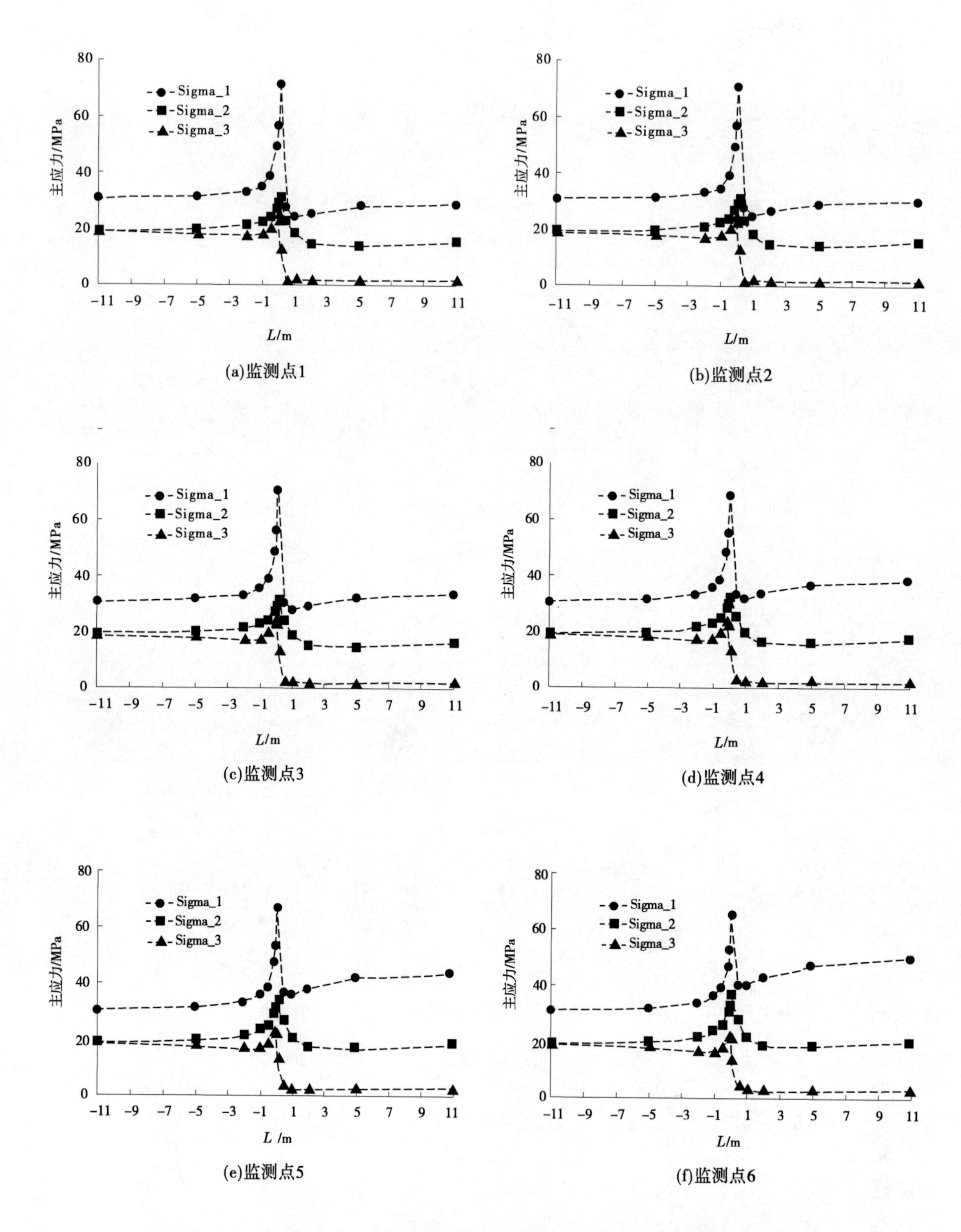

注:图中 Sigma_1 指最大主应力 σ_1,Sigma_2 指中主应力 σ_2,Sigma_3 指最小主应力 σ_3。

图 1-72 掌子面推进过程中监测点主应力变化

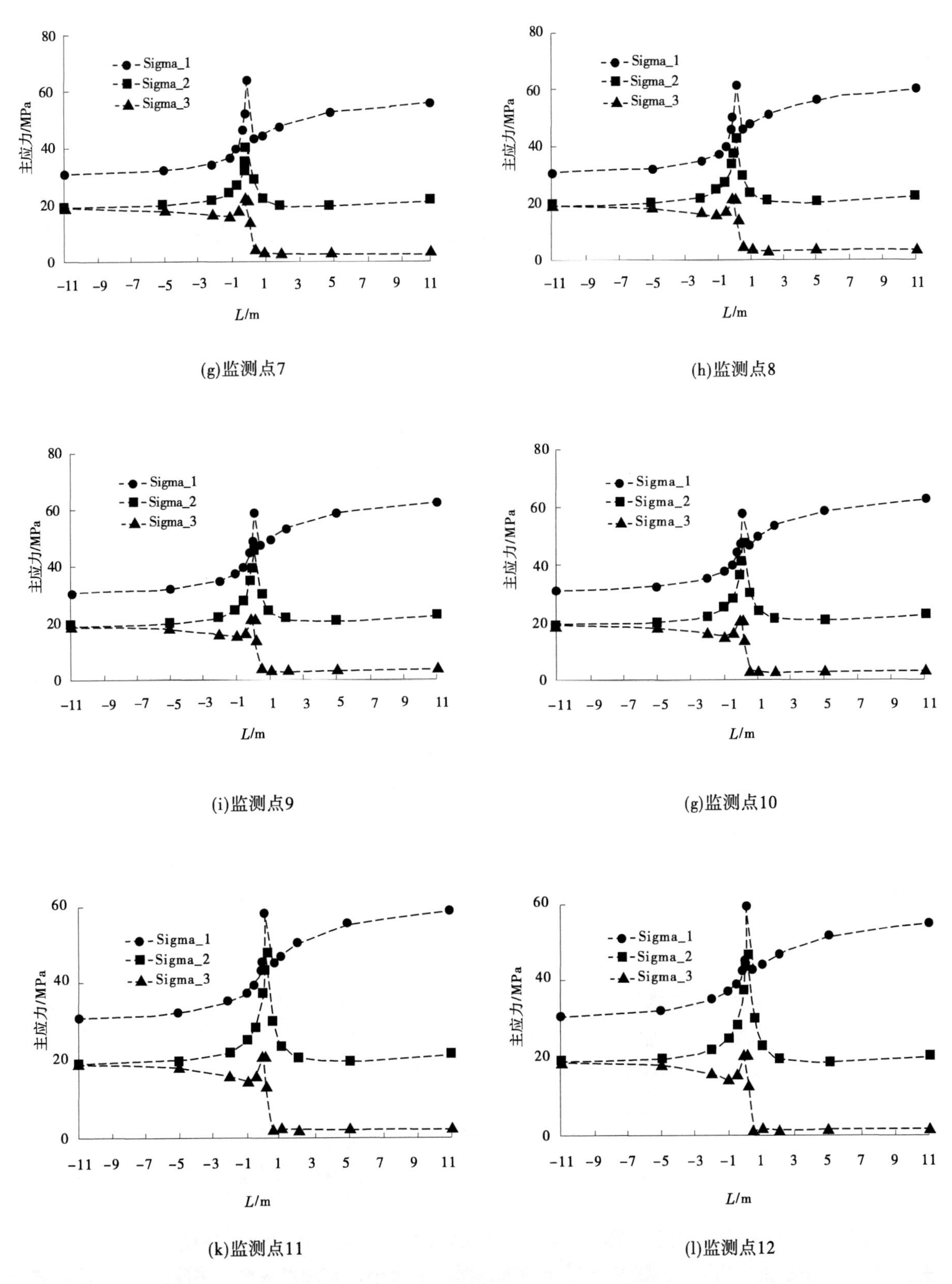

(g)监测点7

(h)监测点8

(i)监测点9

(g)监测点10

(k)监测点11

(l)监测点12

续图 1-72

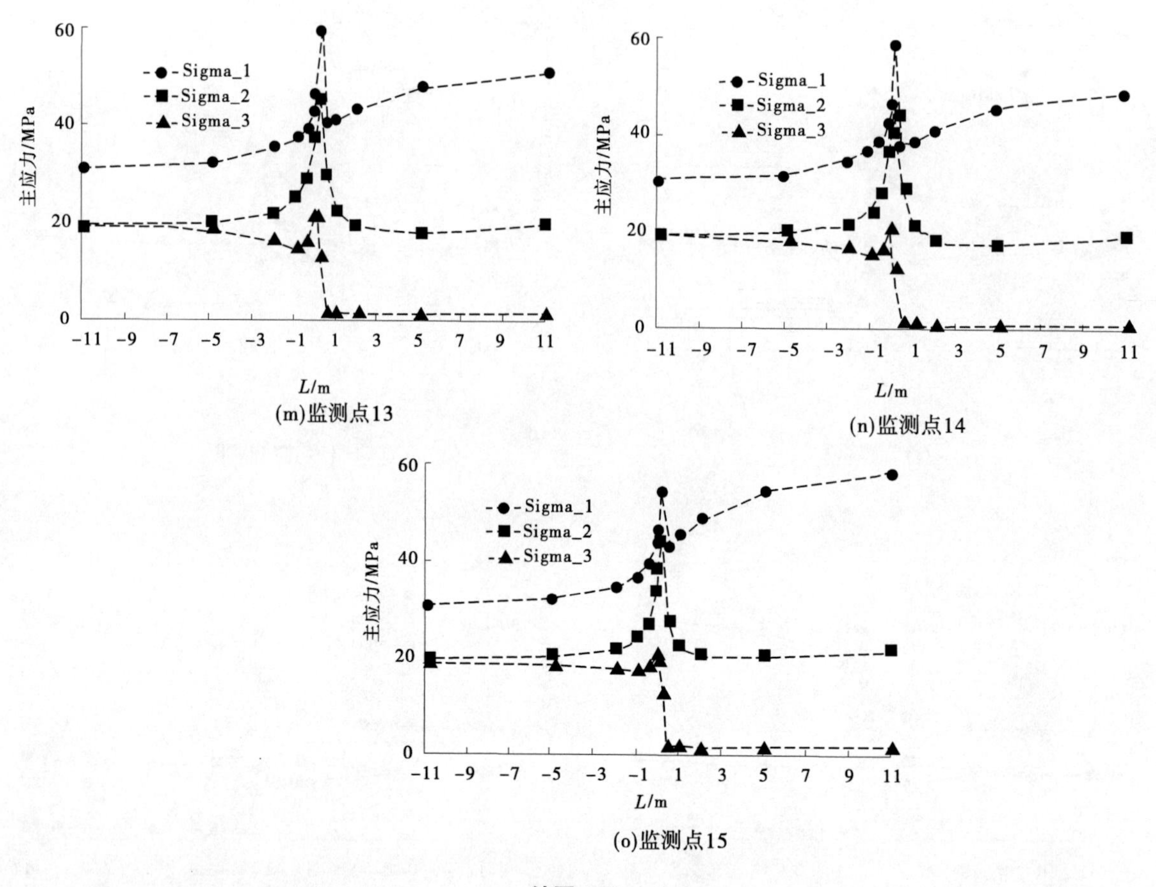

(m)监测点13

(n)监测点14

(o)监测点15

续图 1-72

(2)掌子面与监测面距离较小时(-1 m<L<1 m)。

①掌子面与监测面之间的距离-1 m<L<0 时,监测岩体的最大主应力 σ_1、中主应力 σ_2 及最小主应力 σ_3 量值增加,其中最大主应力 σ_1 量值增加幅度较大,而中主应力 σ_2 及最小主应力 σ_3 量值增加幅度较小。

②掌子面与监测面之间的距离 0 <L<1 m 时,监测岩体中的最大主应力 σ_1、中主应力 σ_2 及最小主应力 σ_3 量值基本明显降低,但位置不同,降低幅值不同,表现出明显的卸荷特征。

(3)掌子面贯穿监测面之后(L>1 m)。

①掌子面与监测面之间的距离 1 m<L<5 m 时,洞壁岩体主应力量值变化趋势较为相近,其中最大主应力 σ_1 量值基本增大,幅值不同。中主应力 σ_2 及最小主应力 σ_3 量值变化较小。

②掌子面与监测面之间的距离 L>5 m 时,洞壁岩体中最大主应力 σ_1、中主应力 σ_2 及最小主应力 σ_3 量值基本保持某一量值不变。

(4)从洞壁围岩应力变化规律中可发现,掌子面前后 1 倍洞径范围为最大主应力剧烈变化范围,此范围外围岩应力基本保持一定量值不变,即水电站引水隧洞洞径效应为掌子面 1 倍洞径范围内。

(5)对于最终趋于稳定的应力场,拱顶部位(监测点 1、2、3)相比初始应力场最大主应力 σ_1、中主应力 σ_2 及最小主应力 σ_3 量值,由于掌子面推进而相应减小。监测点 4 最大主应力 σ_1 量值与初始应力基本相同,中主应力 σ_2 及最小主应力 σ_3 量值相应减小。其他部位(监测点 5~15)最大主应力 σ_1 量值明显增大,中主应力 σ_2 基本相同,而最小主应力 σ_3 量值相应减小。

各监测点主应力差值(σ_1-σ_3)随掌子面推进过程中变化规律如图 1-73 所示。

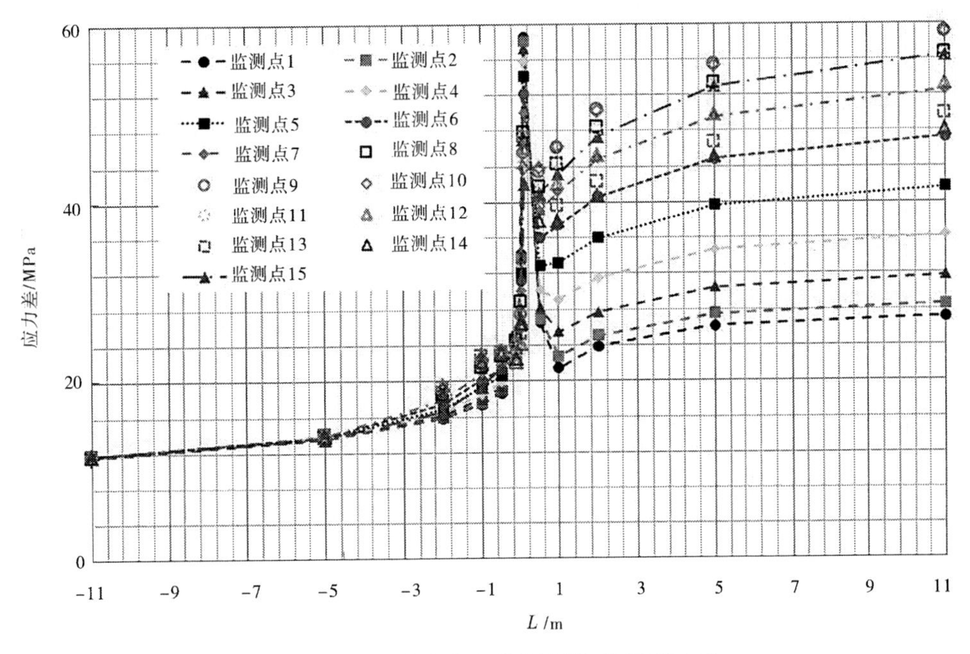

图 1-73　监测点主应力差值随掌子面推进变化

由图 1-73 可知，当初始应力场中最大主应力竖直时，即最大主应力为 y 方向时，随着掌子面的推进，洞壁围岩所处位置虽然不同，主应力量值变化不同，但主应力差值($\sigma_1-\sigma_3$)变化规律基本相同。掌子面未贯穿监测面前，随着掌子面的推进，主应力差值($\sigma_1-\sigma_3$)逐渐增加，掌子面贯穿监测面后，较小距离范围内($0<L<1$ m)，主应力差值产生一定的减小现象。随着掌子面逐渐远离监测面，主应力差值($\sigma_1-\sigma_3$)逐渐增加并逐渐趋于某一稳定值。主应力差值($\sigma_1-\sigma_3$)变化过程中，当其差值达到一定的量值[$(\sigma_1-\sigma_3)>(0.3\sim0.5)\sigma_{ci}$]时，围岩发生破坏，即产生裂隙化，此后发生片帮剥落现象。同时，由图 1-73 可知，初始应力场最大主应力竖直情况下，侧壁岩体相较拱顶岩体而言，其主应力差值比其他部位量值大，即存在屈服破坏的可能性相应较大。已有研究结果表明，初始应力场主应力量值、洞室形状不同，主应力差值变化不同，一般对于初始应力场中最大主应力竖直时而言，侧壁部位岩体主应力差值一般较拱顶岩体量值大，即该类型应力场下，发生片帮的可能性较高。

4.5.2.2　最大主应力方向变化

最大主应力竖直情况下，随着掌子面的逐渐推进，15 个监测点主应力角度变化如图 1-74 所示，其中规定 z 轴方向为 N 向。

由图 1-74 可知，掌子面推进过程中，洞壁岩体中各监测点最大主应力 σ_1 方向均发生了一定的变化，但由于监测点所处位置不同，监测点最大主应力 σ_1 方向、角度变化频度不同。一般侧壁位置最大主应力 σ_1 角度及方向变化较小，而拱顶、拱肩和拱脚位置最大主应力 σ_1 角度及方向变化较为频繁。这一规律反映出，如果围岩体发生裂隙化，则侧壁位置裂隙较为平展，而拱顶、拱肩及拱脚位置裂隙面发展趋势具有一定的变化。

由上述分析可知，在两种不同初始应力场情况下，引水隧洞掌子面连续推进过程中，围岩各处的主应力大小及方向皆同时发生变化，这种复杂的改变直接导致了洞壁围岩的细观裂纹的多次扩展和扩展方向的改变，最终影响洞壁围岩裂隙面的形成方向。这一主应力量值及方向的动态发展过程，势必影响洞壁围岩表层一定范围内原有裂隙及次生裂隙的生成、发展、贯通及融合过程，进而最终为岩爆发育及发生创造有利条件。

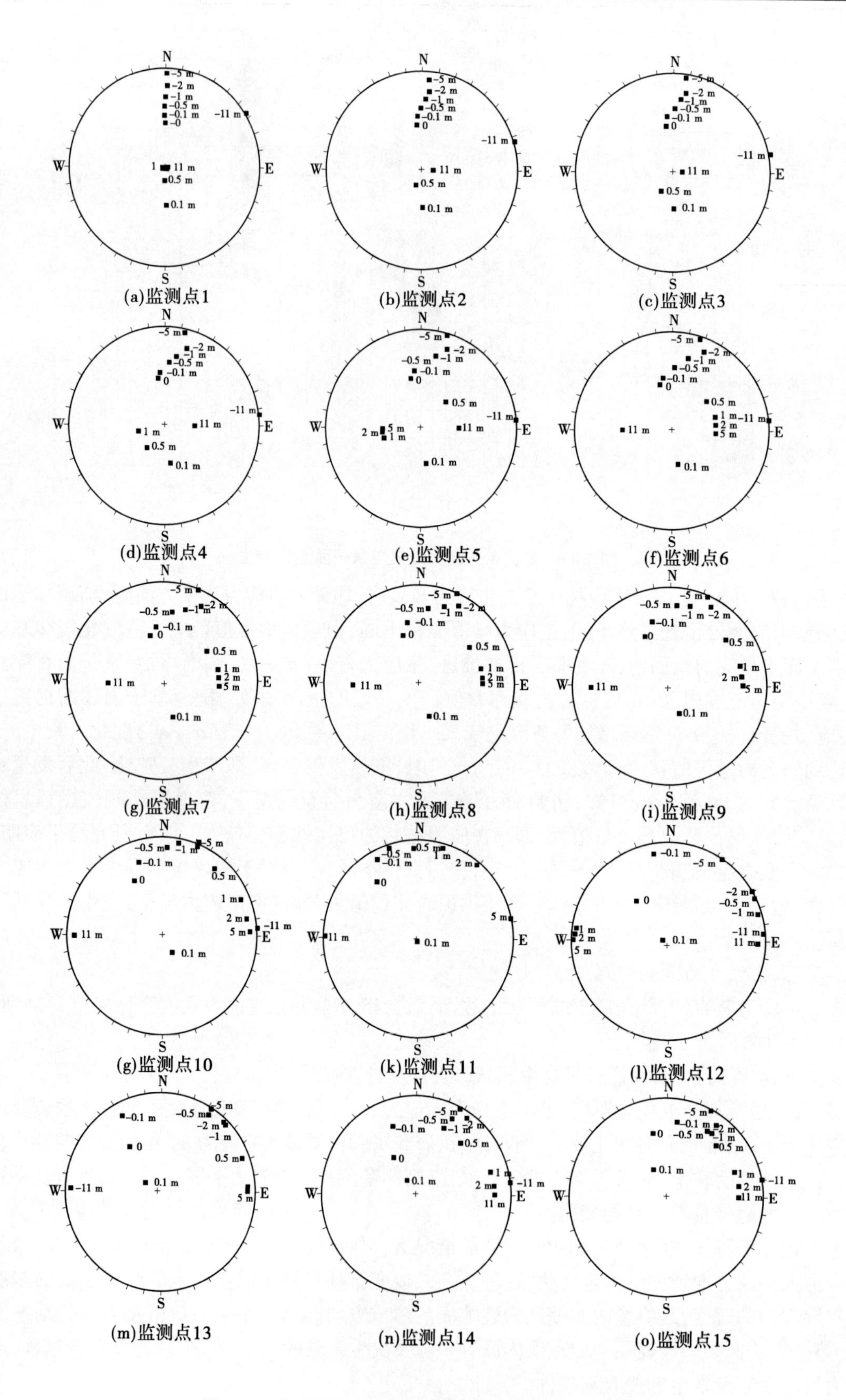

(a)监测点1　(b)监测点2　(c)监测点3

(d)监测点4　(e)监测点5　(f)监测点6

(g)监测点7　(h)监测点8　(i)监测点9

(g)监测点10　(k)监测点11　(l)监测点12

(m)监测点13　(n)监测点14　(o)监测点15

图 1-74　掌子面推进过程中监测点最大主应力角度变化

4.6　岩爆孕育发生机理

关于岩爆的孕育发生机理，目前很多学者根据不同出发点提出多种孕育及发生模式，书中结合水电站引水隧洞围岩应力重分布一般特征，对排水洞岩爆的孕育机理进行初步研究。图 1-75 为两种不同初始应力场情况下(最大主应力水平、最大主应力竖直)围岩二次应力场分布特征。

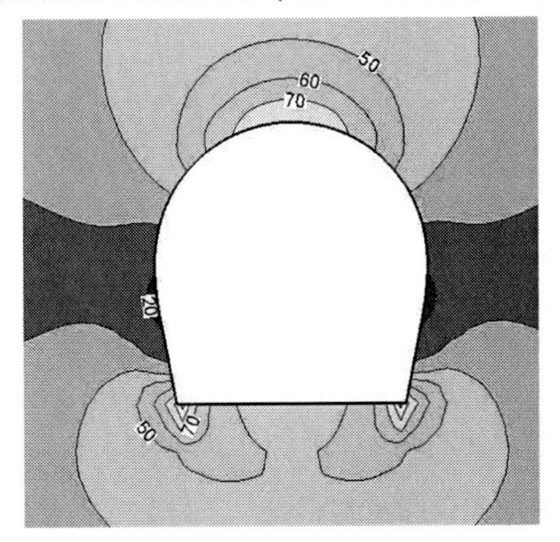

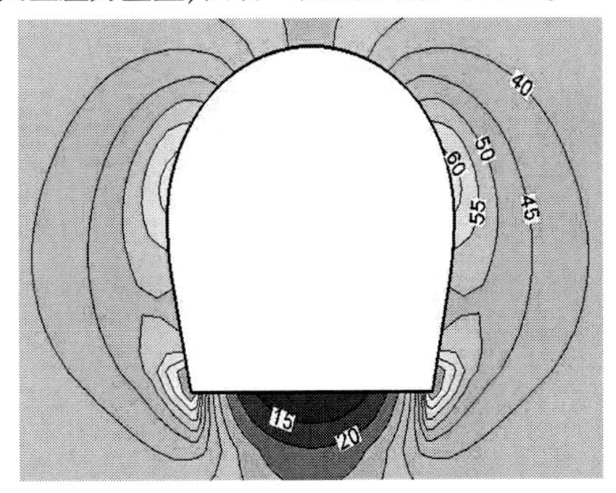

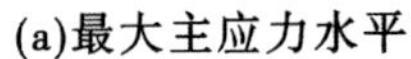
(a)最大主应力水平　　(b)最大主应力竖直

图 1-75　不同初始应力场下围岩最大主应力分布特征　(单位:MPa)

由图 1-75 可知，当初始应力场中最大主应力方向水平时，二次应力中最大主应力较为集中于拱顶位置(拱脚部位亦有一定数量的集中)，量值 70~80 MPa。初始应力场中最大主应力方向为竖直时，在拱肩部位应力量值具有明显集中现象，达 60~70 MPa。Kaiser、Martin 等研究结果表明，对于硬脆性岩体，当洞壁围岩二次应力场中当$(\sigma_1-\sigma_3)>(0.3\sim0.5)\sigma_{ci}$时，围岩即会发生片帮剥落等破坏。

图 1-76 为不同应力路径时洞壁围岩相应的破坏模式。由图 1-76 可知，自初始应力状态，由于洞室开挖，距洞壁不同深度岩体发生不同模式破坏。当二次应力场中最大主应力 σ_1 持续增大，而最小主应力 σ_3 连续减小时，硬脆性围岩一般对应为轴向劈裂破坏，即为片帮等现象。而最大主应力 σ_1 持续增大、最小主应力 σ_3 较大状态时，围岩主要的破坏模式为剪切破坏。

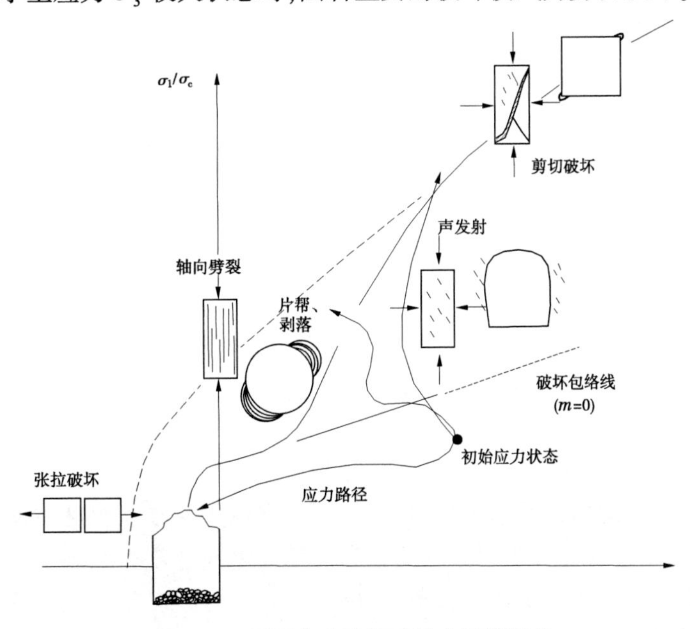

图 1-76　不同应力路径时相应破坏模式

图 1-77 为考虑洞室开挖后围岩发生破坏情形下围岩主应力分布及对应的屈服模式示意图。由图 1-77 可知,洞室二次应力场调整完毕后,洞壁围岩由远及近可划分为裂隙贯通区、微破裂区及完整区,而对应二次应力场特征则可划分为应力松弛区、应力过渡区、应力集中区、应力过渡区及应力平稳区,同时亦说明洞室开挖对围岩应力具有一定的影响半径效应,而此效应视洞室尺寸及形状的不同而存有差异。

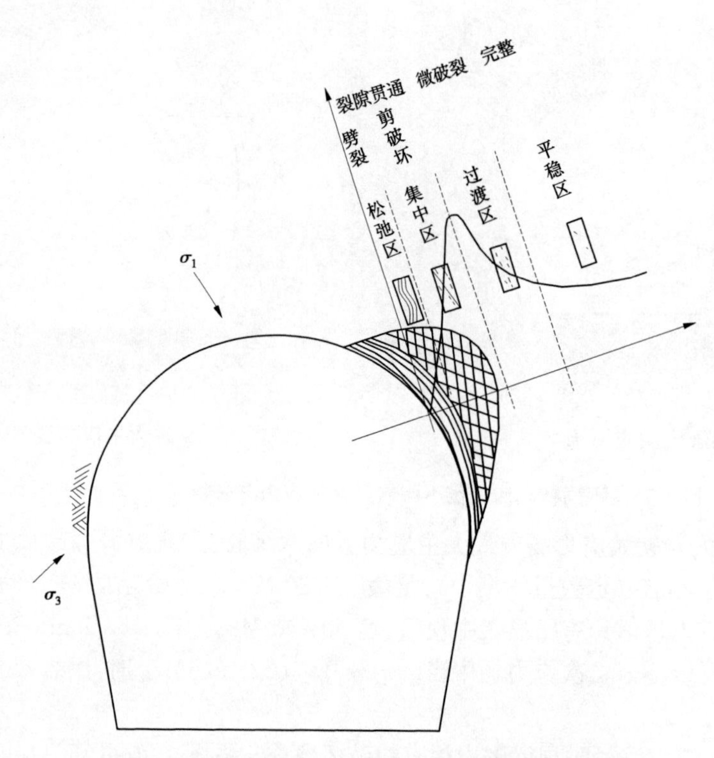

图 1-77　洞室开挖围岩主应力分布及对应岩石屈服模式

引水隧洞岩爆的宏观表现主要为持续型剥落现象。该岩爆与上述分析中硬脆性岩体洞壁围岩由于二次应力场集中所发生的破坏模式较为相近,故而可归纳出该工程岩爆的破坏模式为:

水电站引水隧洞洞壁围岩由于高初始应力场下开挖围岩应力调整过程中,洞壁一定部位岩体产生应力集中现象,进而诱发裂隙产生,所诱发裂隙与二次应力场中最大主应力近似平行(与洞室形状相关),表现出宏观为劈裂成板的主要破坏模式。在重力作用及后续岩体变形下发生自母岩剥落等现象,进而表现出片状破坏等低等级岩爆现象,并最终形成“V”形局部洞形,一般无弹射现象发生。

4.7　岩爆爆裂体形成及破坏机理

4.7.1　岩爆爆裂体和岩爆发生过程

地下洞室开挖之后,在洞壁形成临空面,围岩应力在短时间内进行调整,切向应力增加,使得洞壁岩体处于超应力状态,围岩岩体应变量不足以抵抗持续增加的应力量值,从而在超应力条件和结构面控制条件下形成破碎结构的岩体,本书将处于临界破坏状态的破碎结构岩体定义为岩爆爆裂体。

岩体内的细观裂纹在应力作用下成核、贯通、破坏,之后进一步克服破裂面之间的黏聚力从而失去承载能力完全破坏;原状岩体中积聚的能量和开挖后瞬间超应力状态下岩体中积聚的能量在岩体的细观裂纹形成与破坏过程中得以耗散,以声能和热能的形式得以释放部分能量,剩余的能量转变为动能,使破裂后的岩体脱离母岩,在能量足以将破裂岩块弹出时发生弹射,否则破裂岩块以片帮或剥落的形式脱离母体,从而形成岩爆。前述岩爆的发生过程包括“形成爆裂体—块状、片状剥落或弹射—板状剥落—坑底层裂、鼓折—稳定”几个阶段。

岩爆爆裂体的形成经历岩体的损伤阶段、扩容阶段,损伤阶段岩体内新生裂纹成核、贯通,从稳态扩展转变为不稳态扩展,直到破坏;扩容阶段是岩体的破坏阶段,岩体在压应力作用下沿软弱面产生劈裂、滑移、鼓折,形成“欲碎不碎”的破坏临界状态岩体。因此,岩爆爆裂体是受结构面和应力状态控制的破碎结构岩体。

岩爆发生于岩爆爆裂体形成之后,从形成的过程和时间上来看,爆裂体可以瞬间形成,也可以经常长时间的演化才形成。爆裂体的形成历时、结构特征以及破坏形式决定了岩爆的发生时间和规模。

4.7.2　岩爆爆裂体形成机理

岩爆爆裂体位于隧洞开挖后洞壁围岩一定深度范围(围岩松动圈范围)内,主要受地应力条件、岩体的宏微观结构特征以及隧洞的走向影响,施工因素的影响也对爆裂体的形成起到一定的促进作用。

4.7.2.1　应力状态的影响

以桩号 Y10+521 处断面为例进行分析。

由 Examine 2D 软件分析可知,隧洞开挖后的应力集中范围与最大主应力倾向有关,如图 1-78 所示。

从图 1-78 中可以看出应力集中位置与最大主应力 σ_1 方向近似垂直,而与最小主应力方向近似平行,表明应力较高部位位于压应力区,这与 Read(2004)的研究结果是一致的。与前文中地应力测量结果与岩爆区的位置关系也是一致的。

Read(2004)的现场观测结果(见图 1-79)给出了非静水压力条件下,巷道围岩中的声发射事件及弱化区的分布规律,巷道围岩中出现了 2 个压坑和 2 个拉坑,与第一主应力方向平行的坑为拉坑,比较尖,易于发生拉裂破坏;与第三主应力方向平行的坑为压坑,比较钝,易于形成“V”形坑破坏,并且“V”形坑底的层裂现象也是在受压状态下形成的。

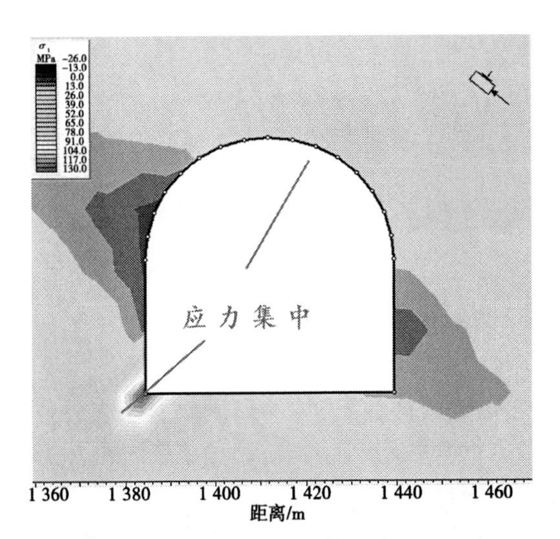

图 1-78　地应力与应力集中范围关系(软件分析)

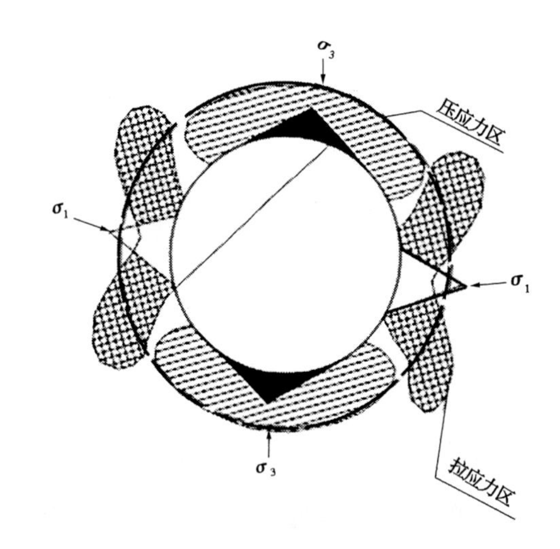

图 1-79　地应力与应力集中范围关系

分析后认为初始地应力状态决定了隧洞开挖后的应力分区,最大主应力方向一般形成拉应力区,最小主应力方向形成压应力区,应力集中是由压应力引起的,最大主应力的状态和量值决定应力集中范围和程度,从而决定岩爆爆裂体的形成位置和破坏特征。

本工程中的应力具体表现为:在水平应力为最大主应力的条件下,且其倾角较小时,一般形成于拱顶范围内,随倾角增大,向左或向右偏移,如图 1-80 所示。在沟谷或边坡等处因地形影响而产生的应力集中区主要形成于坡面或沟谷一侧的拱顶范围内;在构造影响的应力集中区,一般发生于边墙部位,如桩号 Y0+750 和桩号 Y5+290 处的岩爆区受断层和挤压带的影响,应力集中区主要位于边墙部位。

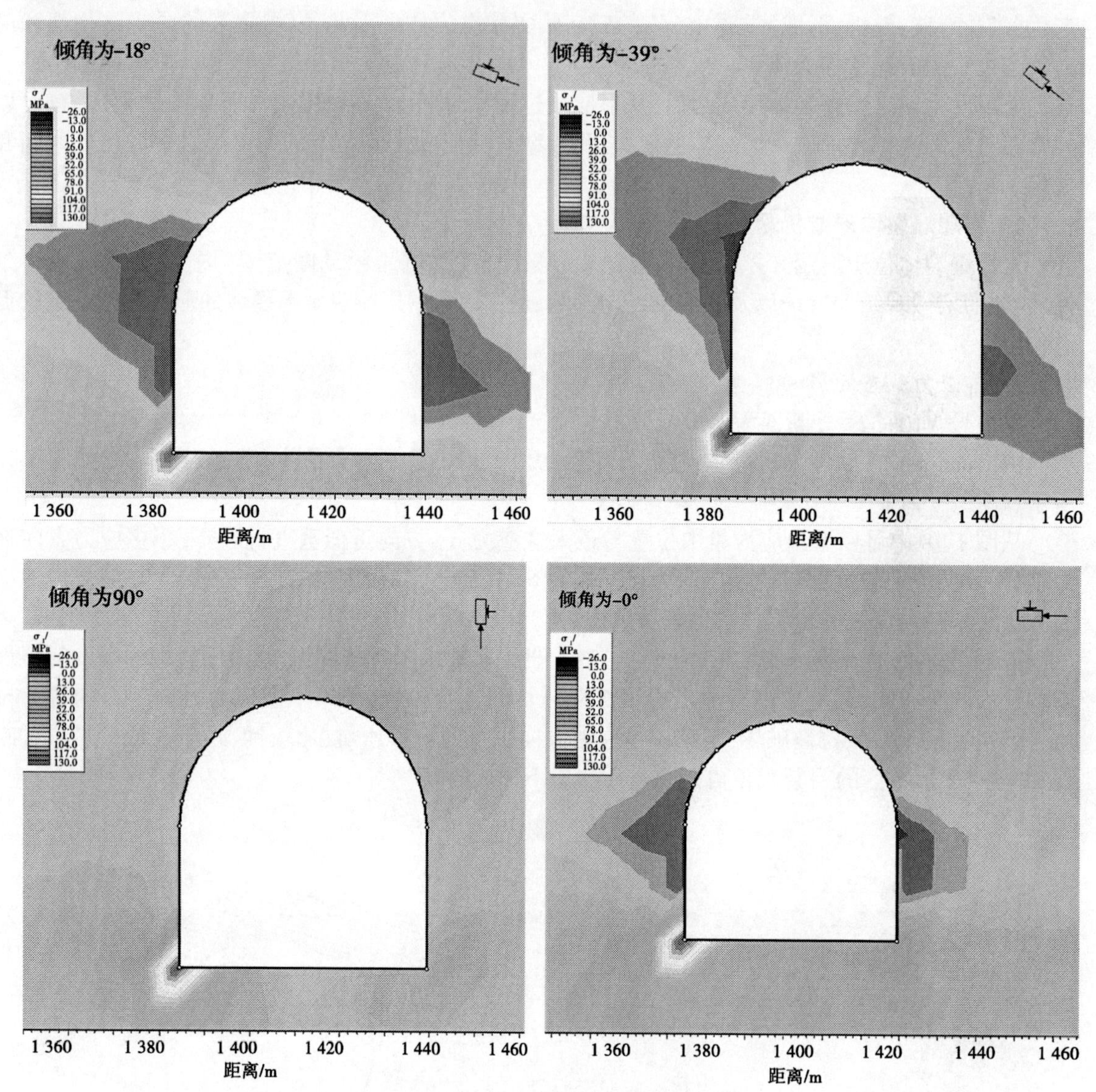

图 1-80　不同主应力倾角与应力集中范围关系图

4.7.2.2　微观结构的影响

隧洞开挖后,在洞壁围岩一定深度范围内形成岩爆爆裂体,爆裂体的形成除受地应力的影响外,另一个最重要的影响因素就是岩体构造的影响,对片麻状花岗岩而言,这里主要讨论片麻理对岩爆爆裂体产生的影响。以两处典型的岩爆区域为例进行讨论。

1. 桩号 Z1+242 处

桩号 Z1+242 处左侧起拱线—拱顶范围发生中等岩爆,表现为剧烈声响后发生板状剥落,距开挖结束 4 h。

该处岩爆发生于左侧起拱线—拱顶范围,因此洞壁形成的临空面产状为 324°/45°;最大主应力方位为 253. 1°/8. 8°,片麻理产状为 240°/60°,结构面组合关系见表 1-25。图 1-81 为该处岩爆板状剥落图片,图 1-82 为 3 组产状的赤平投影。

表 1-25　**桩号 Z1+242 处洞壁临空面、片麻理和最大主应力产状组合关系**

组合元素	产状	组合关系	交线产状
洞壁临空面	324°/45°	洞壁临空面、片麻理	299°/42°
片麻理	240°/60°	洞壁临空面、最大主应力 σ_1	243°/9°
最大主应力 σ_1	253. 1°/8. 8°	片麻理、最大主应力 σ_1	329°/2°

图 1-81　桩号 Z1+242 处岩爆剥落板状岩块

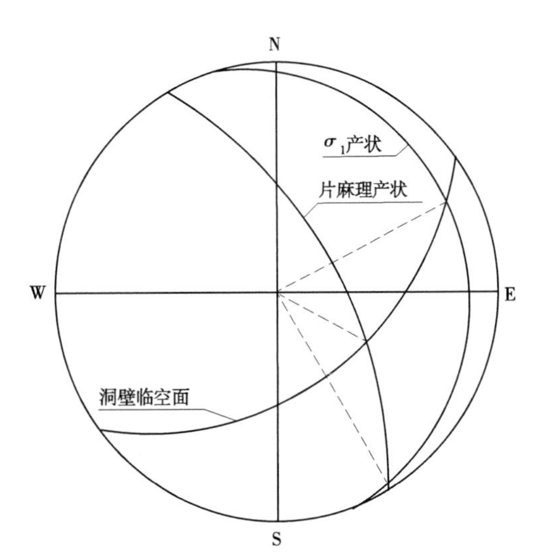

图 1-82　桩号 Z1+242 处临空面、结构面和主应力赤平投影图

由图 1-82 和表 1-25 可以看出：

(1)洞壁临空面与片麻理组合交线倾向 NW，倾角 42°，倾向与临空面倾向一致，有利于沿片麻理形成板裂化结构为主的岩爆爆裂体。

(2)洞壁临空面与最大主应力 σ_1 形成的组合交线倾向 SW，倾角 9°，倾向洞口方向，缓倾角不利于洞壁稳定。

(3)片麻理与最大主应力 σ_1 形成的结构面倾向 NW，倾角 2°，与临空面倾向一致，但倾角很缓，这种情况下相当于平行片麻理施加荷载，容易发生沿片麻理方向的滑移破坏。

三者关系证明了岩爆爆裂体在应力作用和结构面控制下更易于沿片麻理形成板裂破坏，形成板裂面为主要结构的岩爆爆裂体。

2. 桩号 Y5+330 处

桩号 Y5+330 处发生中等强度岩爆，发生位置在左侧侧墙中部，开挖结束 3 h 后出现爆裂和片状岩块剥落现象。随后岩爆部位形成"V"形爆坑，坑底和坑壁出现明显的鼓折破坏，时隔 3~5 d 岩壁就出现明显的层状鼓折和片状剥落，层厚一般为 1~2 cm，块度没有规律，持续时间长达 2~3 个月。

该处岩爆发生于左侧起拱线—拱顶范围，因此洞壁形成的临空面产状为 202°/90°；最大主应力方位为 253. 1°/8. 8°，片麻理产状为 240°/60°，结构面组合关系见表 1-26。图 1-83 为三者组合的赤平投影图。图 1-84 为该处岩爆板状剥落图片。图 1-85 为该处板裂和层裂现象位置示意图。

表 1-26 桩号 Y5+330 处洞壁临空面、片麻理和最大主应力产状组合关系

组合元素	产状	组合关系	交线产状
洞壁临空面	202°/90°	洞壁临空面、片麻理	291°/47°
片麻理	240°/60°	洞壁临空面、最大主应力 σ_1	292°/7°
最大主应力 σ_1	253.1°/8.8°	片麻理、最大主应力 σ_1	329°/2°

由现场破坏情况及赤平投影结果可以看出：

(1)洞壁临空面与片麻理组合交线倾向 291°，倾角 47°，与洞向(NW292～SE112°)近似平行，不利于洞壁岩体稳定。

(2)洞壁临空面与最大主应力 σ_1 的组合交线倾向 292°，倾角 7°，有利于形成与片麻理垂直的结构面。

(3)片麻理与最大主应力 σ_1 的组合交线产状为 329°/2°，与临空面夹角 37°，在此种加载模式下易于在洞壁发生鼓折破坏。

三者的组合关系证明，在最大主应力与洞线走向近似平行的部位易于形成片麻理+破裂面组合的岩爆爆裂体，即岩体发生鼓折或劈裂破坏，从而形成“V”形爆坑。

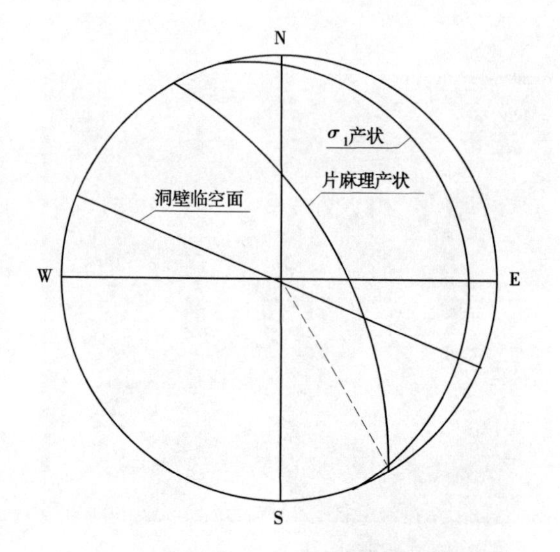

图 1-83 桩号 Y5+330 处临空面、结构面和主应力赤平投影图

4.7.3 岩爆爆裂体破坏机理

从岩爆的发生过程来看，岩爆破坏起始于爆裂体的形成，而爆裂体的形成受地应力场特征、岩体宏观构造与微观结构特征和隧洞开挖形成的临空面的影响。

图 1-84 桩号 Y5+330 处洞壁“V”形坑层裂现象(鼓折破坏)

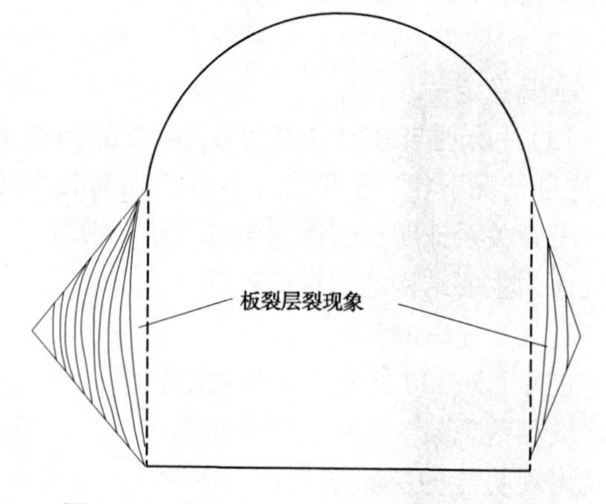

图 1-85 桩号 Y5+330 处洞壁岩爆示意图

本工程初始地应力场中最大主应力为水平应力，从量值上来看，工程区处于中等-高应力区。岩体的构造特征在不同的加载模式下表现出不同的破坏特征，这是由岩体的构造特征和最大主应力方向的组合关系确定的，从单轴压缩的破坏模式分析中得到证实；隧洞开挖形成临空面，使得断面不同部位出现明显的应力分异，应力集中部位形成超高应力状态，使得岩体破碎，形成岩爆爆裂

体。岩爆爆裂体在不同的受力状态下发生剪断破坏,形成不同的岩爆坑。

由4.7.2节中对岩爆爆裂体的形成影响因素的分析可知,1#施工支洞洞向与最大主应力方向近似垂直,洞室断面上存在的切向应力与最大主应力方向一致,而此处片麻理的产状也与最大主应力方向近似平行;单轴压缩试验破坏模式和破坏断口电镜扫描结果说明,剪切滑移破坏是此种组合形式的最主要破坏;沿片麻理的滑移破坏导致形成板裂结构,在爆裂体表层岩块脱落后,发生板状剥落,形成“L”形或钝角形爆坑;而在桩号Y5+330处,洞向与最大主应力方向近似平行,断面上的切向应力与最大主应力方向近似垂直,在此情形下,沿最大主应力方向岩体沿片麻理发生破坏,而且切向应力垂直于片麻理加载,两者同时作用,形成片麻理+破裂面组合形式的岩爆爆裂体,此种爆裂体的规模较小,且滑移破坏与劈裂破坏同时存在,剪断与拉断同时发生,于是在爆裂体破坏后形成“V”形爆坑或“(”形爆坑。另外,从断口电镜扫描的结果来看,在围压条件下压缩破坏和单轴压缩时的劈裂破坏均出现了切断片麻理的台阶状花纹,而此种破坏机理以剪断为主,因此阶梯状的洞壁形成机理为剪断破坏。

图1-86为几处典型岩爆洞段的板裂化岩体。从岩爆坑的形状来看,板裂化结构岩体破坏后多形成“L”形爆坑(包括直角形坑和钝角形坑),坑底岩壁上多出现鳞片状岩块,呈现出葱皮状剥落现象;片麻理+破裂面组合结构破坏后多形成“V”形爆坑(锐角形坑和弧形坑),并且在“V”形坑坑底鼓折现象明显。从坑壁岩体来看,两者的区别在于:“V”形坑坑底层裂持续发生,而“L”形坑坑底岩体上多悬挂有鳞片状岩块或块度很小的板状岩块,如图1-87所示。

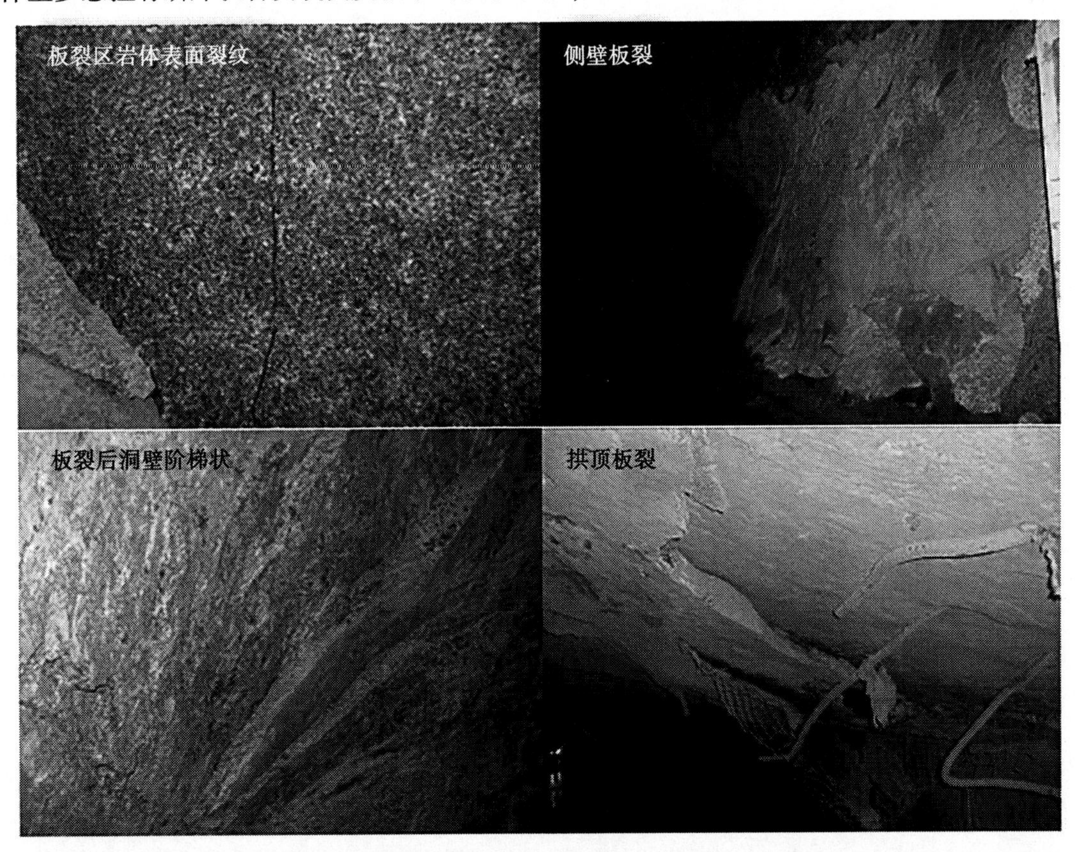

图1-86　几处岩爆区的典型板裂结构

坑壁悬挂的鳞片状岩块本质上由岩体的微观结构控制,在受压或局部受拉状态下,鳞片状结构被剪断,使其处于“摇摇欲坠”的状态。从破坏岩样的断口电镜扫描结果来看,剪断破坏模式下多发生穿晶断裂和沿晶断裂,三轴压缩条件下破坏岩样的表面出现的大量薄片状断口以及单轴压缩

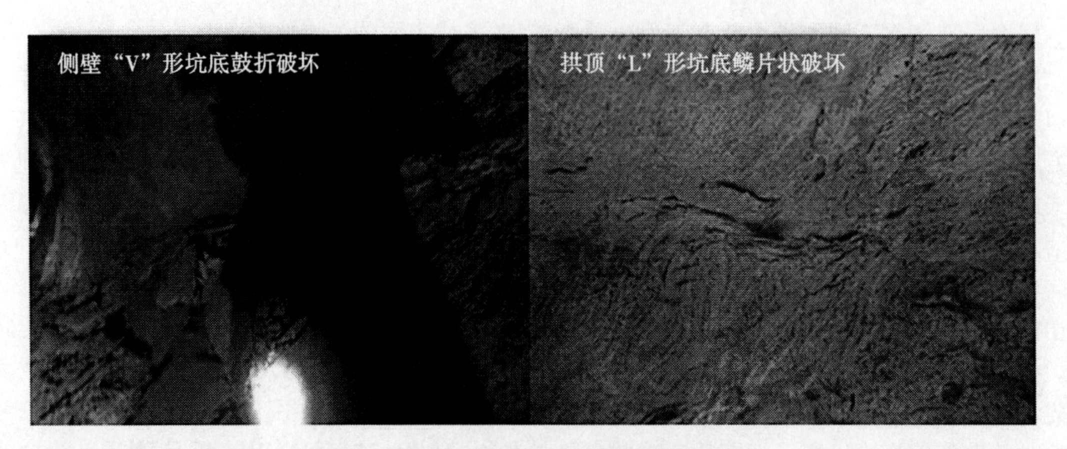

图 1-87　侧壁和拱顶岩爆坑坑底现象

条件下鼓折破坏断口的薄片鼓起都说明鳞片状岩块是由于坑壁出现剪断破坏而形成的。

总结上述分析成果,认为本工程岩爆的形成机理如下:

(1)隧洞开挖导致原始的三向应力状态调整为轴向受压、侧向受拉的双向应力状态。

(2)隧洞开挖围岩岩体受爆破扰动和应力状态调整形成围岩松动圈,在压应力作用下使得围岩松动圈岩体内形成板裂面为主的板裂化岩爆爆裂体或片麻理+破裂面组合形式切割结构的岩爆爆裂体。

(3)岩爆爆裂体在应力作用下沿板裂面或片麻理+破裂面组成的软弱面发生板裂化或劈裂化破坏,形成不同规模的板状、片状和鳞片状以及不规则状的岩块。

(4)岩块在压应力作用下弯曲折断,发生屈曲,克服板裂面或切割断裂面之间的黏聚力和摩擦力发生破坏,使得岩块从母岩脱落、垮塌甚至弹射。

(5)沿板裂面破坏形成“L”形爆坑或阶梯状断裂形成阶梯状表面,岩体微观结构使得“L”形爆坑坑壁出现明显的鳞片状岩块或片状岩块,处于“摇摇欲坠”或“悬而未落”的状态;沿片麻理+破裂面组合形成的切割断裂面的破坏形成“V”形爆坑,坑底或坑壁岩石沿板裂面形成层裂结构,层裂形成的薄板在压应力作用下发生折断—屈曲,呈现出“拱起”的状态。

(6)在应力调整结束或岩体内能量达到平衡状态时,岩爆区的破坏结束,呈现出稳定的状态。

5　岩爆预测与防治及工程应用

5.1　岩爆烈度等级预测

5.1.1　修正的强度应力比预测方法

5.1.1.1　强度理论预测方法

Russense 判据的原始表达式为 $\sigma_{\theta,\max}/I_s$，为方便使用，根据$\sigma_c=22.82I_{s(50)}^{0.75}$，将其修改为$\sigma_\theta/\sigma_c$，并结合工程实例对 Russense 判据、Barton 判据和 Hoek 判据进行修正。

(1) Russense 判据。

$\sigma_\theta/\sigma_c<0.20$，无岩爆。

$0.20\leqslant\sigma_\theta/\sigma_c<0.30$，弱岩爆。

$0.30\leqslant\sigma_\theta/\sigma_c<0.55$，中岩爆。

$0.55\leqslant\sigma_\theta/\sigma_c$，强岩爆。

(2) Barton 判据。

Barton 判据为 Q 系统岩石分类中应力折减系数(Stress Reduced Factor, SRF)。以岩石强度与地应力(σ_1)的比值作为一个衡量指标，即表 1-27 中的 α 和 β。

表 1-27　Q 分类系统中应力折减系数 SRF

应力分级	$\alpha(\sigma_c/\sigma_1)$	$\beta(\sigma_t/\sigma_1)$	折减系数
(h)低应力、接近地表	>200	>13	2.5
(j)中等应力	200~10	13~0.66	1
(k)很紧密的结构(通常可能对墙体稳定不利)	10~5	0.66~0.33	0.5~2.0
(l)中等岩爆(块状岩石)	5~2.5	0.33~0.16	5~10
(m)严重岩爆	<2.5	<0.16	10~20

当 $\alpha=5\sim2.5$ 或 $\beta=0.33\sim0.16$ 时，有中等岩爆发生，当 $\alpha<2.5$ 或 $\beta<0.16$ 时，有严重岩爆发生。

(3) Hoek 判据。

$\sigma_v/\sigma_c=0.1$，巷道稳定。

$\sigma_v/\sigma_c=0.2$，轻微片帮。

$\sigma_v/\sigma_c=0.3$，严重片帮。

$\sigma_v/\sigma_c=0.4$，需要强支撑。

$\sigma_v/\sigma_c=0.5$，发生岩爆。

选取 3 段不同等级的岩爆(见表 1-28)与上述 3 个岩爆判据的判别结论进行对照，对照结果见表 1-29。

表 1-28　　岩爆特征描述

岩爆桩号	描述
Y6+650—Y6+670	轻微-中等岩爆，在隧洞断面左侧起拱线至与水平面夹角 60°的位置，发生轻微弹射，崩落岩块最大 0.5~1.0 m，拱顶形成钝角
Y10+800—Y11+023	轻微-中等岩爆，在隧洞断面左侧起拱线至与水平面夹角 60°的位置，持续剥落，时间超过 70 d；最大块径 1 m×2 m，厚度 3~6 cm；片状剥落是最主要的破坏形式，弹射不明显；拱顶形成钝角
Y11+170—Y11+200	中等岩爆，在隧洞断面左侧起拱线至与水平面夹角 60°的位置，拱顶形成钝角

表 1-29　　应用上述判据对几个断面的岩爆判断

断面桩号	垂直应力 σ_v/MPa	水平应力 σ_1/MPa	Russense 判据		Barton 判据		Hoek 判据		发生岩爆情况
			σ_θ/σ_c	结果	σ_c/σ_1	结果	σ_v/σ_c	结果	
Y6+670	16.84	14.42	0.32	中等	3.78	轻微	0.26	严重片帮	中等岩爆(Ⅱ)
Y10+800	19.86	21.62	0.68	强烈	2.94	轻微	0.31	需强支撑	轻微岩爆(Ⅰ)
Y10+820	21.37	21.78	0.68	强烈	2.92	轻微	0.34	需强支撑	轻微岩爆(Ⅰ)
Y10+850	18.29	21.45	0.67	强烈	2.97	轻微	0.29	严重片帮	轻微岩爆(Ⅰ)
Y11+012	13.27	20.87	0.66	强烈	3.05	轻微	0.21	严重片帮	轻微岩爆(Ⅰ)
Y11+200	6.01	20.04	0.63	强烈	3.17	轻微	0.09	稳定	中等岩爆(Ⅱ)

5.1.1.2　预测方法修正

1. Russense 判据修正

Russense 判据应用于利用开挖后的洞壁切向应力 σ_θ 和岩样的饱和单轴压缩强度 σ_c 的比值进行岩爆烈度等级的判断。实际情况中，洞壁岩体在开挖后尤其受本身岩体缺陷和爆破扰动的影响，岩体的强度必然小于由点荷载试验换算或者室内压缩试验得到的岩样的饱和单轴压缩强度。

因此，本工程中结合岩爆实际发生情况，将 Russense 判据的界限值加以修正，并且增加了无岩爆发生的应力强度比界限，修正结果见表 1-30。

表 1-30　　Russense 判据修正

岩爆等级	无	轻微	中等	强烈	极强
Russense 判据	—	$\sigma_\theta/\sigma_c<0.2$	$0.2\le\sigma_\theta/\sigma_c<0.3$	$0.3\le\sigma_\theta/\sigma_c<0.55$	$\sigma_\theta/\sigma_c\ge0.55$
修正后的 Russense 判据	$\sigma_\theta/\sigma_c<0.3$	$0.3\le\sigma_\theta/\sigma_c<0.6$	$0.6\le\sigma_\theta/\sigma_c<0.8$	$0.8\le\sigma_\theta/\sigma_c<1.0$	$\sigma_\theta/\sigma_c\ge1.0$

2. Barton 判据修正

Barton 判据中将岩爆等级分为无、轻微和严重三级，实际应用中一般将岩爆等级分为无、轻微、中等、强烈和极强 5 个等级。

根据本工程岩爆的发生情况，对 Barton 判据做出以下修正：①轻微等级分为轻微和中等两级，给出轻微和中等岩爆的 σ_c/σ_1 界限值，并将轻微和严重岩爆的界限值作为中等与强烈岩爆的 σ_c/σ_1 界限值；②严重等级分为强烈和极强两级，给出强烈与极强岩爆的 σ_c/σ_1 界限值。修正结果见表 1-31。

表 1-31　**Barton 判据修正**

岩爆等级	无	轻微		严重	
Barton 判据	$\sigma_c/\sigma_1>5$	$2.5<\sigma_c/\sigma_1\leqslant5$		$\sigma_c/\sigma_1\leqslant2.5$	
修正后岩爆等级	无	轻微	中等	强烈	极强
修正后 Barton 判据	$\sigma_c/\sigma_1>5$	$4<\sigma_c/\sigma_1\leqslant5$	$2.5<\sigma_c/\sigma_1\leqslant4$	$1.5<\sigma_c/\sigma_1\leqslant2.5$	$\sigma_c/\sigma_1\leqslant1.5$

3. Hoek 判据修正

Hoek 判据中高地应力区的巷道稳定性分为巷道稳定、轻微片帮、严重片帮、需要强支撑和发生岩爆 5 个等级，在本工程中岩爆表现形式也以板状剥落和片状剥落为主，与 Hoek 判据洞壁失稳形式近似，区别在于岩爆时岩体内发出声响，因此 Hoek 判据对本工程岩爆而言具有参考性。

根据岩爆现场发生情况对 Hoek 判据修正如下：①将 Hoek 判据的洞壁失稳形式近似等同于本工程的岩爆烈度等级，分别为无、轻微、中等、强烈和极强岩爆 5 个等级；②以原判据中 σ_v/σ_c 的界限值作为轻微、中等、强烈和极强岩爆的上限值，以界限范围的形式表示岩爆的烈度等级范围。修正结果见表 1-32。

表 1-32　**Hoek 判据修正**

巷道稳定性	巷道稳定	轻微片帮	严重片帮	需要强支撑	发生岩爆
Hoek 判据	$\sigma_v/\sigma_c=0.1$	$\sigma_v/\sigma_c=0.2$	$\sigma_v/\sigma_c=0.3$	$\sigma_v/\sigma_c=0.4$	$\sigma_v/\sigma_c=0.5$
岩爆等级	无	轻微	中等	强烈	极强
修正后 Hoek 判据	$\sigma_c/\sigma_v>10$	$5<\sigma_c/\sigma_v\leqslant10$	$3.3<\sigma_c/\sigma_v\leqslant5$	$2.5<\sigma_c/\sigma_v\leqslant3.3$	$\sigma_c/\sigma_v\leqslant2.5$

5.1.1.3　修正后的判据应用

利用 Russense 判据、Barton 判据、Hoek 判据修正后的结果对未开挖洞段进行预测。

5.1.2　m-0 准则

5.1.2.1　m-0 准则原理

Martin 等对围岩脆性破坏进行了研究，其中，基于弹性模型的 m-0 准则应用较广泛。此准则考虑了地应力作用及岩体强度特性与岩石强度特性之间的不同，认为岩体发生脆性破坏，主要是黏聚力丢失所致，摩擦角在脆性破坏时并未被激发，其作用可被忽略。该准则是在 Hoek-Brown 强度准则的基础上，将岩体质量参数 m 视为 0，$s=0.11$，即

$$\sigma_1-\sigma_3=\frac{1}{3}\sigma_c \tag{1-7}$$

式中　σ_1、σ_3——最大、最小主应力；

σ_c——岩石单轴抗压强度。利用 m-0 脆性破坏准则结合 Examine 2D 计算软件，对不同地应力特征及洞室形状下的围岩脆性破坏深度进行对比分析。

同时，刘立鹏等对其适用性进行了对比研究，发现结合 Examine 2D 软件，利用 m-0 准则在预测深埋地下洞室硬脆性围岩破坏范围及深度方面具有较高的可信性。此处利用该方法结合上述地应力回归分析结果，验算已有岩爆破坏范围及爆坑深度，验证其适用性，其中洞段选取情况见表 1-33。

表 1-33 岩爆洞段资料

序号	桩号	破坏位置	σ_1/MPa	σ_3/MPa	爆坑深度/cm	爆坑深度模拟结果/cm		
						最大	最小	平均
1	Y1+024—Y1+120	顶拱	14.93	2.32	25	0	45.2	16.8
2	Y1+702—Y1+711	左顶拱	17.20	2.97	28	0	64.7	28.4
3	Y1+684—Y1+755	右顶拱	17.61	2.99	34	4.2	66.2	33.6
4	Y1+844—Y1+935	右顶拱	21.79	3.07	14	21	108	63.2
5	Y2+020—Y2+098	右顶拱	22.52	3.09	19	23.3	116	69.9
6	Y2+220—Y2+232	顶拱	23.14	3.06	15	26.4	122	73.6
7	Y2+240—Y2+245	顶拱	26.82	3.01	18	42.9	170	101
8	Y2+511—Y2+529	右顶拱	28.02	2.91	40	47.6	186	109
9	Y2+620—Y2+632	右顶拱	29.73	2.88	20	54.8	224	124
10	Y3+223—Y3+318	顶拱	30.92	2.82	15	59.7	252	134
11	Y3+399—Y3+451	右顶拱	31.84	2.81	22	65.4	283	143
12	Y3+450—Y3+478	右顶拱	32.02	2.85	35	67.1	—	147
13	Y3+770—Y3+787	右顶拱	32.11	2.98	30	67.9	—	147.4
14	Y3+801—Y3+865	右顶拱	32.19	2.96	34	68.1	—	147.7

注:模拟计算结果中最大、最小、平均为采用最大、最小、平均单轴抗压强度值的预测分析值。

基于 m-0 准则,利用 Examine 2D 软件对上述岩爆洞段进行数值计算分析,分析结果见表 1-33,其中由于成岩作用及地质构造作用等,导致岩体力学各向异性及参数指标空间不确定性,故而采用刚性单轴压缩试验中单轴抗压强度的最大值、最小值及平均值 3 个参数进行模拟分析,其中部分岩爆段模拟结果如图 1-88~图 1-91 所示。

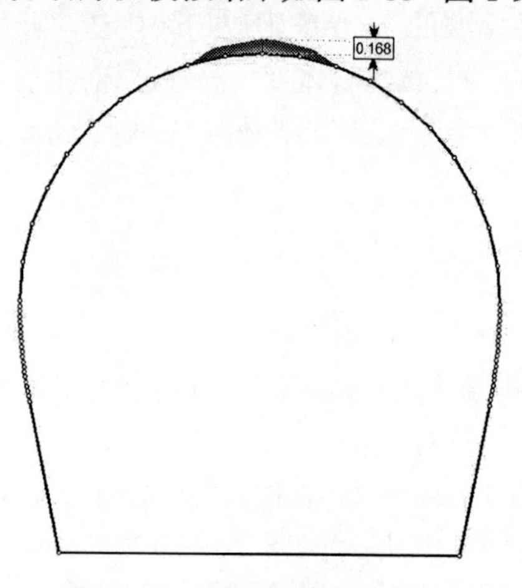

图 1-88 岩爆处模拟结果(一)

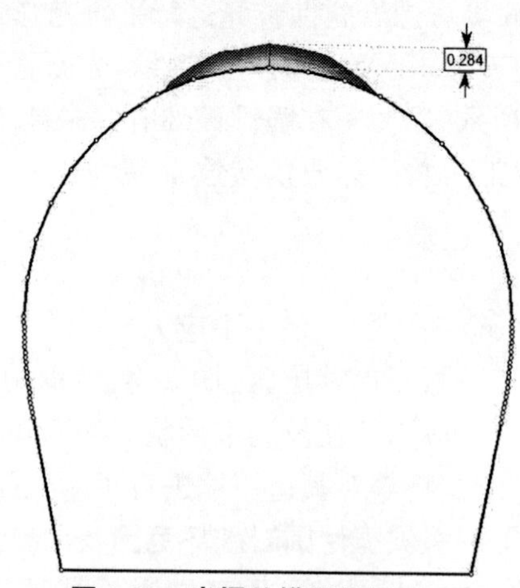

图 1-89 岩爆处模拟结果(二)

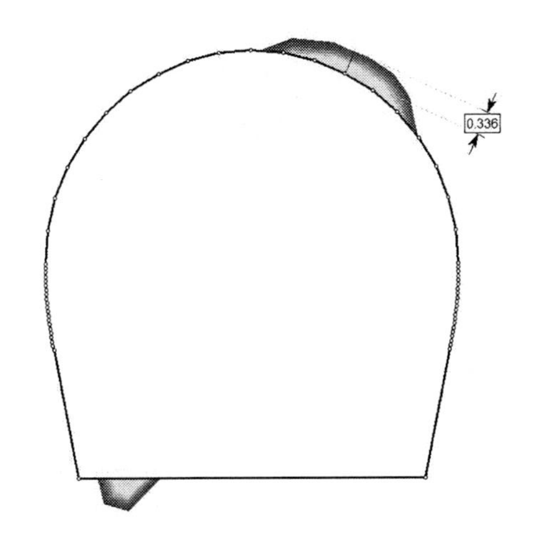

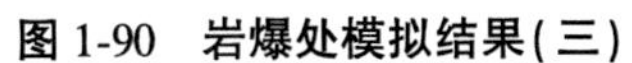
图 1-90　岩爆处模拟结果(三)

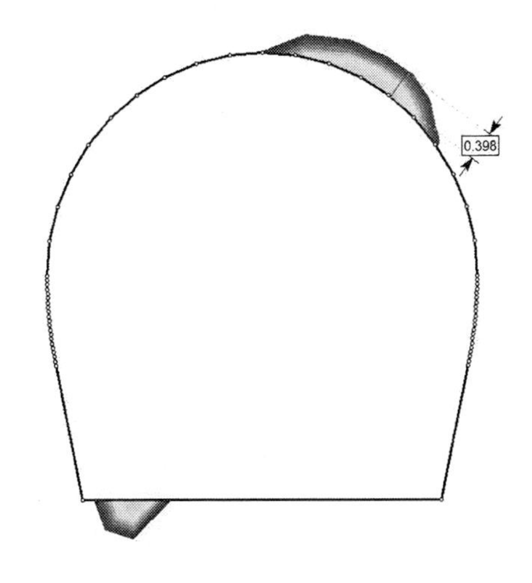

图 1-91　岩爆处模拟结果(四)

由表 1-33 及图 1-88~1-91 可知,利用 m-0 准则,在得知局部初始地应力场及岩石单轴抗压强度的基础上,结合洞室形状,可预测分析岩爆段岩爆位置及爆坑深度,但由于实际岩爆洞段地应力具体量值、与洞轴线方向之间的关系及岩体力学强度参数等变化,采用该种方法进行具体判断具有一定的局限性,岩爆爆坑深度空间变异性较大。

在现场资料及测试较为方便的情况下,可以以 m-0 准则为基础,利用 Examine 2D 软件,具体判别岩爆发生与否、爆坑深度及位置分布规律,但该种方法需要初始应力场具体量值以及与地下洞室洞轴线具体空间关系、地下洞室形状、沿洞轴线方向岩体力学强度参数等。

5.1.2.2　m-0 准则应用

利用 m-0 准则,对水电站引水隧洞剩余洞段岩爆进行预测,预测结果如表 1-34 所示。

表 1-34　水电站引水隧洞 m-0 准则岩爆预测结果

桩号	最大主应力 σ_1/MPa			最小主应力 σ_3/MPa			破坏深度/cm	岩爆等级
	最大值	最小值	平均值	最大值	最小值	平均值		
Y0+000—Y+500	11.91	0	5.96	2.48	0	1.24	0	无岩爆
Y0+500—Y1+000	11.64	7.83	9.74	2.61	1.37	1.99	29.8	轻微岩爆
Y3+500—Y4+000	32.27	32.02	32.15	3.02	2.85	2.94	141.6	强烈岩爆
Y4+000—Y4+500	31.05	27.56	29.31	3.08	3.05	3.07	116.9	中等岩爆
Y6+500—Y7+000	18.40	13.04	15.72	2.49	2.27	2.38	25.7	轻微岩爆
Y7+000—Y7+500	20.16	18.40	19.28	2.49	2.48	2.49	48.3	中等岩爆
Y8+000—Y8+500	19.03	17.06	18.05	2.76	2.56	2.66	39.8	中等岩爆
Y8+500—Y9+000	17.06	14.76	15.91	3.07	2.76	2.92	26.7	轻微岩爆
Y9+000—Y9+500	16.95	13.42	15.19	2.96	2.44	2.70	22.1	轻微岩爆
Y9+500—Y10+000	16.95	16.03	16.49	2.96	2.82	2.89	61.1	中等岩爆

续表 1-34

桩号	最大主应力 σ_1/MPa			最小主应力 σ_3/MPa			破坏深度/cm	岩爆等级
	最大值	最小值	平均值	最大值	最小值	平均值		
Y10+000—Y10+500	16.84	14.55	15.70	3.06	3.01	3.04	24.8	轻微岩爆
Y10+500—Y11+000	14.55	10.43	12.49	3.01	2.49	2.75	4.7	轻微岩爆
Y11+000—Y11+500	15.41	11.87	13.64	3.09	2.96	3.03	11.4	轻微岩爆
Y11+500—Y12+000	15.82	15.41	15.62	3.59	3.09	3.34	23.7	轻微岩爆
Y12+000—Y12+500	15.82	14.27	15.05	3.79	3.59	3.69	19.7	轻微岩爆
Y12+500—Y13+000	14.27	12.72	13.50	3.59	3.39	3.49	10.2	轻微岩爆
Y13+000—Y13+500	13.44	11.34	12.39	3.75	3.60	3.68	2.7	轻微岩爆
Y13+500—Y14+000	11.34	7.49	9.42	3.60	3.02	3.31	0	无岩爆
Y14+000—Y14+500	8.72	7.14	7.93	3.68	2.43	3.06	0	无岩爆
Y15+000—Y15+639.86	7.86	7.82	7.84	3.61	1.75	2.68	24.6	轻微岩爆

由表 1-34 利用 m-0 方法预测水电站引水隧洞岩爆爆坑可能深度，结合《水力发电工程地质勘察规范》(GB 50287—2016)及《水利水电工程地质勘察规范》(GB 50487—2008)中推荐的对应岩爆等级中爆坑深度划分类别，可知水电站引水隧洞大部分具有较大可能发生轻微岩爆，即发生片帮或剥落现象，只有局部洞段具有发生中等岩爆，甚至强烈岩爆的可能性。

5.1.3 切向应力与岩体强度表示的应力强度比预测方法

5.1.3.1 应力强度比确定

根据前文确定开挖后的切向应力 σ_θ 和岩体强度 σ_{cm}，对照已发生岩爆情况，岩爆与 $\sigma_\theta/\sigma_{cm}$ 关系对照见表 1-35~表 1-37。埋深 585 m 处发生轻微-中等岩爆，位置在左侧拱肩 60°~90°范围内，对应的应力强度比大于 0.61~0.73；埋深 814 m 处发生中等岩爆，位置在右侧拱肩 30°~60°范围内，对应的应力强度比在 0.84~1.19；埋深 1 018 m 处发生中等岩爆，位置在右侧起拱线与拱顶范围内，对应的强度应力比在 0.85~1.50。

5.1.3.2 应力强度比应用

利用上述以切向应力和岩体强度确定的应力强度比对未开挖洞段进行预测，判断结果见表 1-38。

5.1.4 岩爆综合预测法及应用

5.1.4.1 综合预测法思想的提出

综合分析岩爆特征及影响因素后得出，岩爆一般发生于硬质岩岩体中，岩体的强度特征和完整程度决定了岩爆的发生程度与烈度，而地应力是岩爆发生的外在因素，地应力的大小和与地下洞室轴线方向的夹角影响岩爆的发生及烈度等级。本书提出的综合预测法在分析各影响因素对岩爆发生的贡献指标基础上，以最大初始地应力和岩体强度之比为基础，考虑其他因素对岩爆发生的影响作用，给出不同因素的修正系数，以乘积的方式对岩爆的烈度等级进行预测，通过相关工程实例和本工程已发生岩爆洞段的验证，证明该判据具有一定的实用性。

表 1-35　已发生岩爆洞段应用修正后判据

桩号		修正 Russense 判据		修正 Barton 判据		修正 Hoek 判据		综合判断结果
起	止	σ_θ/σ_c	结果	σ_c/σ_1	结果	σ_c/σ_v	结果	
Y3+300	Y3+400	0.87	Ⅲ	2.23	Ⅲ	2.29	Ⅳ	Ⅲ
Y3+400	Y3+500	0.95	Ⅲ	2.06	Ⅲ	2.11	Ⅳ	Ⅲ
Y3+500	Y3+600	1.02	Ⅳ	1.92	Ⅲ	1.96	Ⅳ	Ⅳ
Y3+600	Y3+700	1.13	Ⅳ	1.72	Ⅲ	1.76	Ⅳ	Ⅳ
Y3+700	Y3+800	1.24	Ⅳ	1.58	Ⅲ	1.61	Ⅳ	Ⅳ
Y3+800	Y3+900	1.30	Ⅳ	1.50	Ⅲ	1.54	Ⅳ	Ⅳ
Y3+900	Y4+000	1.37	Ⅳ	1.42	Ⅳ	1.46	Ⅳ	Ⅳ
Y4+000	Y4+100	1.36	Ⅳ	1.44	Ⅳ	1.47	Ⅳ	Ⅳ
Y4+100	Y4+200	1.33	Ⅳ	1.47	Ⅳ	1.51	Ⅳ	Ⅳ
Y4+200	Y4+300	1.32	Ⅳ	1.48	Ⅳ	1.52	Ⅳ	Ⅳ
Y4+300	Y4+400	1.30	Ⅳ	1.51	Ⅲ	1.54	Ⅳ	Ⅳ
Y4+400	Y4+500	1.30	Ⅳ	1.50	Ⅲ	1.54	Ⅳ	Ⅳ
Y4+500	Y4+600	1.32	Ⅳ	1.49	Ⅳ	1.52	Ⅳ	Ⅳ
Y4+600	Y4+700	1.29	Ⅳ	1.52	Ⅲ	1.56	Ⅳ	Ⅳ
Y4+700	Y4+800	1.20	Ⅳ	1.63	Ⅲ	1.66	Ⅳ	Ⅳ
Y4+800	Y4+900	1.10	Ⅳ	1.78	Ⅲ	1.82	Ⅳ	Ⅳ
Y4+900	Y5+000	0.98	Ⅲ	1.99	Ⅲ	2.04	Ⅳ	Ⅲ
Y5+000	Y5+100	0.91	Ⅲ	2.15	Ⅲ	2.21	Ⅳ	Ⅲ
Y5+100	Y5+200	0.87	Ⅲ	2.24	Ⅲ	2.30	Ⅳ	Ⅲ
Y8+200	Y8+300	0.75	Ⅱ	2.60	Ⅱ	2.66	Ⅲ	Ⅱ
Y8+300	Y8+400	0.71	Ⅱ	2.74	Ⅱ	2.80	Ⅲ	Ⅱ
Y8+400	Y8+500	0.71	Ⅱ	2.73	Ⅱ	2.80	Ⅲ	Ⅱ
Y8+500	Y8+600	0.72	Ⅱ	2.70	Ⅱ	2.77	Ⅲ	Ⅱ
Y8+600	Y8+700	0.73	Ⅱ	2.69	Ⅱ	2.76	Ⅲ	Ⅱ
Y8+700	Y8+800	0.67	Ⅱ	2.93	Ⅱ	3.00	Ⅲ	Ⅱ
Y8+800	Y8+900	0.57	Ⅰ	3.37	Ⅱ	3.68	Ⅱ	Ⅱ
Y8+900	Y9+000	0.47	Ⅰ	3.94	Ⅱ	4.57	Ⅱ	Ⅱ
Y9+000	Y9+100	0.43	Ⅰ	4.35	Ⅰ	5.18	Ⅰ	Ⅰ
Y9+100	Y9+200	0.48	Ⅰ	3.91	Ⅱ	4.52	Ⅱ	Ⅱ
Y9+200	Y9+300	0.58	Ⅰ	3.29	Ⅱ	3.56	Ⅱ	Ⅱ

表 1-36　已发生岩爆洞段与 $\sigma_\theta/\sigma_{cm}$ 对比

桩号		岩爆等级	岩爆发生角度范围/(°)	$\sigma_\theta/\sigma_{cm}$
起	止			
Y1+050.00	Y1+060.00	轻微	30~90	0.45~0.47
Y1+140.00	Y1+147.00	轻微	60~90	0.40~0.41
Y1+220.00	Y1+225.00	轻微	60~90	0.39~0.40
Y1+236.00	Y1+242.00	轻微	60~90	0.39~0.40
Y1+246.00	Y1+251.00	轻微	60~90	0.39~0.40
Y1+257.00	Y1+274.50	轻微	60~90	0.38~0.39
Y1+318.00	Y1+445.00	轻微	30~90	0.39~0.41
Y1+452.00	Y1+517.00	轻微	30~90	0.41~0.43
Y1+523.00	Y1+534.00	轻微	30~90	0.41~0.43
Y1+538.00	Y1+551.00	轻微	30~90	0.41~0.43
Y6+500.00	Y6+535.00	轻微	30~90	0.46~0.51
Y6+650.00	Y6+690.00	轻微	30~60	0.54~0.57
Y7+095.00	Y7+251.00	中等	30~60	0.73~0.75
Y7+270.00	Y7+332.00	中等	30~60	0.8~0.82
Y7+342.00	Y7+578.00	中等	30~60	0.82~0.83
Y10+148.00	Y10+153.00	中等	30~60	0.85~0.86
Y10+521.00	Y10+650.00	中等	30~60	0.68~0.70
Y10+830.00	Y11+023.00	轻微	30~90	0.56~0.60

表 1-37　岩爆烈度等级与 $\sigma_\theta/\sigma_{cm}$ 对比

岩爆等级	无	轻微(Ⅰ)	中等(Ⅱ)	强烈(Ⅲ)
$\sigma_\theta/\sigma_{cm}$	<0.2	0.2~0.6	0.6~1.5	>1.5

表1-38 岩爆预测成果

桩号		岩体抗压强度 σ_{cm}/MPa	切向应力 σ_θ/MPa		应力强度比 $\sigma_\theta/\sigma_{cm}$		岩爆等级	
起	止		最小	最大	最小	最大	最小	最大
Y3+300	Y3+400	53.04	50.30	87.23	0.95	1.64	Ⅱ	Ⅲ
Y3+400	Y3+500	33.84	55.59	91.65	1.64	2.71	Ⅲ	Ⅲ
Y3+500	Y3+600	58.79	60.51	95.77	1.03	1.63	Ⅱ	Ⅲ
Y3+600	Y3+700	34.79	68.66	102.59	1.97	2.95	Ⅲ	Ⅲ
Y3+700	Y3+800	30.87	76.18	108.89	2.47	3.53	Ⅲ	Ⅲ
Y3+800	Y3+900	25.41	80.60	112.59	3.17	4.43	Ⅲ	Ⅲ
Y3+900	Y4+000	35.09	85.70	116.86	2.44	3.33	Ⅲ	Ⅲ
Y4+000	Y4+100	37.57	84.78	116.09	2.26	3.09	Ⅲ	Ⅲ
Y4+100	Y4+200	32.67	82.27	113.99	2.52	3.49	Ⅲ	Ⅲ
Y4+200	Y4+300	23.53	81.62	113.44	3.47	4.82	Ⅲ	Ⅲ
Y4+300	Y4+400	31.53	80.26	112.30	2.55	3.56	Ⅲ	Ⅲ
Y4+400	Y4+500	39.98	80.50	112.51	2.01	2.81	Ⅲ	Ⅲ
Y4+500	Y4+600	25.66	81.54	113.37	3.18	4.42	Ⅲ	Ⅲ
Y4+600	Y4+700	39.60	79.40	111.59	2.00	2.82	Ⅲ	Ⅲ
Y4+700	Y4+800	47.61	73.50	106.64	1.54	2.24	Ⅲ	Ⅲ
Y4+800	Y4+900	34.08	65.98	100.35	1.94	2.94	Ⅲ	Ⅲ
Y4+900	Y5+000	53.41	57.81	93.52	1.08	1.75	Ⅱ	Ⅲ
Y5+000	Y5+100	49.67	52.57	89.13	1.06	1.79	Ⅱ	Ⅲ
Y5+100	Y5+200	53.13	50.04	87.01	0.94	1.64	Ⅱ	Ⅲ
Y8+200	Y8+300	38.58	41.52	79.88	1.08	2.07	Ⅱ	Ⅲ
Y8+300	Y8+400	32.53	38.86	77.65	1.19	2.39	Ⅱ	Ⅲ
Y8+400	Y8+500	28.67	38.92	77.70	1.36	2.71	Ⅱ	Ⅲ
Y8+500	Y8+600	19.78	39.55	78.23	2.00	3.95	Ⅲ	Ⅲ
Y8+600	Y8+700	37.95	39.73	78.38	1.05	2.07	Ⅱ	Ⅲ
Y8+700	Y8+800	25.71	35.50	74.84	1.38	2.91	Ⅱ	Ⅲ
Y8+800	Y8+900	27.03	26.82	67.58	0.99	2.50	Ⅱ	Ⅲ
Y8+900	Y9+000	40.60	19.30	61.28	0.48	1.51	Ⅰ	Ⅲ
Y9+000	Y9+100	40.14	15.62	58.20	0.39	1.45	Ⅰ	Ⅱ
Y9+100	Y9+200	31.63	19.66	61.58	0.62	1.95	Ⅱ	Ⅲ
Y9+200	Y9+300	25.47	28.12	68.67	1.10	2.70	Ⅱ	Ⅲ

5.1.4.2 综合预测法

综合预测法的步骤如下：

(1)根据 Hoek-Brown 破坏准则以及前文中的描述确定岩体强度 σ_{cm}。

(2)确定工程不同部位的最大初始地应力量值 σ_1，由前文确定的地应力特征确定工程某一部位的最大初始地应力。

(3)求初始应力强度比。

$$T = \sigma_1 / \sigma_{cm} \tag{1-8}$$

(4)确定修正系数。

根据表 1-39 确定各影响因素及修正系数。

表 1-39　影响因素和修正系数的关系

<table>
<tr><td>影响因素</td><td colspan="6">状态及系数</td></tr>
<tr><td rowspan="2">地应力方向与洞向夹角</td><td>最大地应力方向与洞向的水平夹角/(°)</td><td>60~90</td><td colspan="2">30~60</td><td colspan="2"><30</td></tr>
<tr><td>K_1</td><td>0.8~1</td><td colspan="2">0.6~0.8</td><td colspan="2">0.4~0.6</td></tr>
<tr><td rowspan="2">地下水状态</td><td>地下水状态(判断位置前、后 10 m 范围内)</td><td>无水</td><td>渗水</td><td>滴水</td><td>线状流水</td><td>涌水</td></tr>
<tr><td>K_2</td><td>1</td><td>0.8</td><td>0.6</td><td>0.4</td><td>0</td></tr>
<tr><td rowspan="2">洞形</td><td>洞形</td><td>矩形</td><td>椭圆形</td><td>圆拱直墙形</td><td colspan="2">圆形</td></tr>
<tr><td>K_3</td><td>1</td><td>0.9</td><td>0.8</td><td colspan="2">0.7</td></tr>
<tr><td rowspan="2">施工方法</td><td>施工方法</td><td colspan="2">钻爆法施工</td><td colspan="3">TBM 施工</td></tr>
<tr><td>K_4</td><td colspan="2">0.8</td><td colspan="3">0.5</td></tr>
<tr><td rowspan="2">埋深条件</td><td>埋深 H</td><td colspan="2">$H \geqslant H_{cr}$</td><td colspan="3">$H < H_{cr}$</td></tr>
<tr><td>K_5</td><td colspan="2">0.6</td><td colspan="3">0.3</td></tr>
<tr><td rowspan="2">应力集中</td><td>工程位置与构造的关系</td><td colspan="2">断层下盘，褶皱核部，沟谷底部容易引起地应力集中的地方</td><td colspan="3">其他地方</td></tr>
<tr><td>K_6</td><td colspan="2">2</td><td colspan="3">1</td></tr>
</table>

根据不同的地应力条件、地下水条件、断面形状、施工方法、埋深和构造影响条件等，确定修正系数 K_1、K_2、K_3、K_4、K_5、K_6。

(5)修正应力强度比。

$$T' = T \times K_1 \times K_2 \times K_3 \times K_4 \times K_5 \times K_6 \tag{1-9}$$

式中　T'——修正后的应力强度比。

(6)确定岩爆等级。

根据第(5)步确定的 T' 值和围岩类别，对照表 1-40 进行岩爆分类。

表 1-40　岩爆等级划分及现象描述

岩爆等级	修正的应力强度比 T'	现象描述
无岩爆	<0.15	无声响、无剥落
Ⅰ(轻微)	0.15~0.25	轻微声响,有少量剥落,无弹射
Ⅱ(中等)	0.25~0.55	较大的响声,片帮,随响声而剥落,有少量弹射
Ⅲ(强烈)	0.55~1	大的响声,片帮,剥落,弹射,有较大规模的塌方
Ⅳ(极强)	>1	很大响声,同时岩块弹出,造成大规模塌方

5.1.4.3　综合预测法验证

(1)确定岩体强度。

确定 Hoek-Brown 破坏准则所需的各项指标:

①岩石饱和单轴抗压强度 σ_c。

已发生岩爆洞段揭露岩体主要为片麻状花岗岩,不同部位饱和单轴抗压强度 σ_c 分别为 79.02 MPa 和 108.45 MPa。

②确定地质力学指标 GSI、材料常数 m_i 和扰动因子 D。

已开挖洞段发生岩爆洞段围岩类别一般为Ⅱ和Ⅲ类。围岩岩体呈整体块状构造,几乎无裂隙发育,岩体表面条件非常好,据此确定地质力学指标 GSI。片麻状花岗岩材料常数 m_i 为 3~32。扰动因子 D 由爆破质量确定,将 D 确定在 0.5~0.8。

由此确定材料常数 m_b、s 和 a,从而确定岩体的强度 σ_{cm},见表 1-41。

(2)确定各种影响因素的修正系数,利用乘积法求得修正后的应力强度比。

(3)根据表 1-41 确定影响因素 K_1~K_6,计算后将结果列于表 1-42。表 1-42 中同时列出了根据表 1-41 确定的岩爆等级与实际发生的岩爆特征对比,结果表明该综合预测法在本工程中具有比较好的适用性。

表 1-41　已开挖岩爆洞段岩体强度计算

工程部位	桩号		地质力学指标 GSI	材料常数 m_i	扰动因子 D	材料常数			岩体抗压强度 σ_{cm}/MPa
	起	止				m_b	s	a	
1#施工支洞	Z1+050	Z1+060	83	15.57	0.54	6.65	0.09	0.500 47	44.49
	Z1+140	Z1+147	86	20.53	0.12	12.22	0.21	0.500 31	62.08
	Z1+220	Z1+225	78	9.99	0.54	3.39	0.05	0.500 71	31.94
	Z1+236	Z1+242	93	9.74	0.19	7.40	0.44	0.500 12	68.89
	Z1+246	Z1+251	87	19.22	0.73	9.08	0.14	0.500 30	52.78
	Z1+257	Z1+274	84	12.90	0.14	7.04	0.16	0.500 39	50.03
	Z1+318	Z1+445	90	17.61	0.13	12.15	0.32	0.500 19	68.30
	Z1+452	Z1+517	91	16.06	0.42	10.48	0.30	0.500 19	64.36
	Z1+523	Z1+534	88	13.28	0.39	7.64	0.20	0.500 27	54.19
	Z1+538	Z1+551	86	5.27	0.26	3.53	0.19	0.500 31	46.03

续表 1-41

工程部位	桩号		地质力学指标 GSI	材料常数 m_i	扰动因子 D	材料常数			岩体抗压强度 σ_{cm}/MPa
	起	止				m_b	s	a	
引水隧洞	Y5+300	Y5+850	84	14.00	0.34	7.03	0.13	0.500 40	35.15
	Y6+500	Y6+535	90	22.95	0.72	13.06	0.23	0.500 20	47.10
	Y6+650	Y6+690	86	24.77	0.50	12.65	0.15	0.500 33	43.61
	Y7+095	Y7+251	90	13.08	0.69	7.50	0.23	0.500 21	40.59
	Y7+270	Y7+332	95	30.71	0.09	25.38	0.56	0.500 09	68.78
	Y7+342	Y7+578	78	6.84	0.17	2.95	0.08	0.500 68	24.53
	Y10+148	Y10+153	77	20.03	0.53	6.43	0.04	0.500 80	28.00
	Y10+521	Y10+650	90	20.91	0.66	12.08	0.23	0.500 21	44.33
	Y10+830	Y11+023	94	31.46	0.06	25.68	0.54	0.5000 9	65.83

表 1-42 **利用参数修正后的岩爆强度与实际发生情况对照**

工程部位	桩号		应力强度比	地应力方向与洞向夹角		地下水状态 K_2	洞形 K_3	施工方法 K_4	埋深修正		构造或地形修正 K_6	修正后应力强度比	预测岩爆情况	实际发生岩爆情况
	起	止		夹角/(°)	K_1				临界埋深	K_5				
1#施工支洞	Z1+050	Z1+060	0.66	88.50	0.99	1.00	0.80	0.80	47.33	1.00	1.00	0.42	Ⅱ	Ⅰ~Ⅱ
	Z1+140	Z1+147	0.42	88.50	0.99	1.00	0.80	0.80	59.80	1.00	2.00	0.54	Ⅱ	Ⅰ~Ⅱ
	Z1+220	Z1+225	0.80	88.50	0.99	1.00	0.80	0.80	30.08	1.00	1.00	0.51	Ⅱ	Ⅰ~Ⅱ
	Z1+236	Z1+242	0.37	88.50	0.99	1.00	0.80	0.80	64.56	1.00	1.00	0.23	Ⅰ	Ⅱ
	Z1+246	Z1+251	0.48	88.50	0.99	1.00	0.80	0.80	49.37	1.00	1.00	0.31	Ⅱ	Ⅱ
	Z1+257	Z1+274	0.50	88.50	0.99	1.00	0.80	0.80	45.98	1.00	1.00	0.32	Ⅱ	Ⅱ
	Z1+318	Z1+445	0.39	88.50	0.99	1.00	0.80	0.80	66.25	1.00	1.00	0.25	Ⅰ	Ⅰ~Ⅱ
	Z1+452	Z1+517	0.43	88.50	0.99	1.00	0.80	0.80	64.97	1.00	1.00	0.27	Ⅱ	Ⅰ~Ⅱ
	Z1+523	Z1+534	0.51	88.50	0.99	1.00	0.80	0.80	54.71	1.00	1.00	0.32	Ⅱ	Ⅰ~Ⅱ
	Z1+538	Z1+551	0.60	88.50	0.99	1.00	0.80	0.80	46.46	1.00	1.00	0.38	Ⅱ	Ⅰ~Ⅱ
引水隧洞	Y5+300	Y5+850	1.02	43.00	0.69	1.00	0.70	0.80	43.35	1.00	1.00	0.39	Ⅱ	Ⅱ
	Y6+500	Y6+535	0.50	80.60	0.94	1.00	0.70	0.80	41.23	1.00	1.00	0.26	Ⅱ	Ⅰ
	Y6+650	Y6+690	0.61	80.60	0.94	1.00	0.70	0.80	42.84	1.00	1.00	0.32	Ⅱ	Ⅰ~Ⅱ
	Y7+095	Y7+251	0.83	80.60	0.94	1.00	0.70	0.80	48.04	1.00	1.00	0.44	Ⅱ	Ⅰ~Ⅱ
	Y7+270	Y7+332	0.53	80.60	0.94	1.00	0.70	0.80	85.41	1.00	1.00	0.28	Ⅱ	Ⅱ
	Y7+342	Y7+578	1.51	80.60	0.94	1.00	0.70	0.80	30.72	1.00	1.00	0.79	Ⅲ	Ⅱ
	Y10+148	Y10+153	1.32	80.60	0.94	1.00	0.70	0.80	35.10	1.00	2.00	1.39	Ⅳ	Ⅱ
	Y10+521	Y10+650	0.70	80.60	0.94	1.00	0.70	0.80	49.30	1.00	1.00	0.37	Ⅱ	Ⅱ
	Y10+830	Y11+023	0.40	80.60	0.94	1.00	0.70	0.80	64.71	1.00	2.00	0.42	Ⅱ	Ⅰ~Ⅱ

5.1.4.4　综合预测法应用

从表 1-42 来看,综合预测法适用于本工程的岩爆预测。因此,可以用其对未开挖洞段的岩爆等级进行预测,判断结果见表 1-43。对比每一段的岩爆预测和实际发生情况,可以看出,预测结果与实际情况除个别段外基本相符。

表 1-43　未开挖洞段岩爆发生情况综合预测法预测

桩号		应力强度比	地应力方向与洞向夹角		地下水状态 K_2	洞形 K_3	施工方法 K_4	埋深修正		构造或地形修正 K_6	修正后应力强度比	预测岩爆情况
起	止		夹角/(°)	K_1				临界埋深	K_5			
Y3+300	Y3+400	0.70	43.00	0.69	1.00	0.70	1.00	69.40	1.00	1.00	0.34	Ⅱ
Y3+400	Y3+500	1.17	43.00	0.69	1.00	0.70	1.00	45.74	1.00	1.00	0.56	Ⅲ
Y3+500	Y3+600	0.71	43.00	0.69	1.00	0.70	1.00	81.59	1.00	1.00	0.34	Ⅱ
Y3+600	Y3+700	1.29	43.00	0.69	1.00	0.70	1.00	50.15	1.00	1.00	0.62	Ⅲ
Y3+700	Y3+800	1.56	43.00	0.69	1.00	0.70	1.00	45.84	1.00	1.00	0.75	Ⅲ
Y3+800	Y3+900	1.97	43.00	0.69	1.00	0.70	1.00	38.34	1.00	1.00	0.95	Ⅲ
Y3+900	Y4+000	1.49	43.00	0.69	1.00	0.70	1.00	53.82	1.00	1.00	0.71	Ⅲ
Y4+000	Y4+100	1.38	43.00	0.69	1.00	0.70	1.00	57.45	1.00	1.00	0.66	Ⅲ
Y4+100	Y4+200	1.55	43.00	0.69	1.00	0.70	1.00	49.57	1.00	1.00	0.75	Ⅲ
Y4+200	Y4+300	2.15	43.00	0.69	1.00	0.70	1.00	35.62	1.00	1.00	1.03	Ⅳ
Y4+300	Y4+400	1.58	43.00	0.69	1.00	0.70	1.00	47.51	1.00	1.00	0.76	Ⅲ
Y4+400	Y4+500	1.25	43.00	0.69	1.00	0.70	1.00	60.30	1.00	1.00	0.60	Ⅲ
Y4+500	Y4+600	1.97	43.00	0.69	1.00	0.70	1.00	38.84	1.00	1.00	0.94	Ⅲ
Y4+600	Y4+700	1.25	43.00	0.69	1.00	0.70	1.00	59.51	1.00	1.00	0.60	Ⅲ
Y4+700	Y4+800	0.99	43.00	0.69	1.00	0.70	1.00	70.00	1.00	1.00	0.48	Ⅱ
Y4+800	Y4+900	1.29	43.00	0.69	1.00	0.70	1.00	48.56	1.00	1.00	0.62	Ⅲ
Y4+900	Y5+000	0.76	43.00	0.69	1.00	0.70	1.00	73.08	1.00	1.00	0.36	Ⅱ
Y5+000	Y5+100	0.77	43.00	0.69	1.00	0.70	1.00	65.94	1.00	1.00	0.37	Ⅱ
Y5+100	Y5+200	0.70	43.00	0.69	1.00	0.70	1.00	69.40	1.00	1.00	0.34	Ⅱ
Y8+200	Y8+300	0.84	80.60	0.94	1.00	0.70	1.00	46.26	1.00	1.00	0.55	Ⅲ
Y8+300	Y8+400	1.00	80.60	0.94	1.00	0.70	1.00	39.02	1.00	1.00	0.66	Ⅲ
Y8+400	Y8+500	1.14	80.60	0.94	1.00	0.70	1.00	34.58	1.00	1.00	0.75	Ⅲ
Y8+500	Y8+600	1.66	80.60	0.94	1.00	0.70	1.00	23.90	1.00	1.00	1.09	Ⅳ
Y8+600	Y8+700	0.82	80.60	0.94	1.00	0.70	1.00	44.07	1.00	1.00	0.54	Ⅱ
Y8+700	Y8+800	1.07	80.60	0.94	1.00	0.70	1.00	26.99	1.00	1.00	0.70	Ⅲ
Y8+800	Y8+900	0.90	80.60	0.94	1.00	0.70	1.00	25.20	1.00	1.00	0.59	Ⅲ
Y8+900	Y9+000	0.56	80.60	0.94	1.00	0.70	1.00	35.13	1.00	1.00	0.37	Ⅱ
Y9+000	Y9+100	0.61	80.60	0.94	1.00	0.70	1.00	37.67	1.00	1.00	0.40	Ⅱ
Y9+100	Y9+200	0.89	80.60	0.94	1.00	0.70	1.00	33.79	1.00	1.00	0.58	Ⅲ
Y9+200	Y9+300	1.14	80.60	0.94	1.00	0.70	1.00	28.00	1.00	1.00	0.75	Ⅲ

5.1.5 预测方法结果对比

3种预测方法得到的结果见表1-44，对比后得出，综合预测法在岩爆的预测结果上较修正预测方法和应力强度比预测法的结论较为实际，有较好的参考价值，故可将综合预测法的预测结果作为本工程未开挖洞段的岩爆预测结论。

表1-44 3种预测结果汇总

桩号		修正预测方法	应力强度比预测法	综合预测法
起	止			
Y3+300	Y3+400	Ⅲ	Ⅱ~Ⅲ	Ⅱ
Y3+400	Y3+500	Ⅲ	Ⅲ	Ⅲ
Y3+500	Y3+600	Ⅳ	Ⅱ~Ⅲ	Ⅱ
Y3+600	Y3+700	Ⅳ	Ⅲ	Ⅲ
Y3+700	Y3+800	Ⅳ	Ⅲ	Ⅲ
Y3+800	Y3+900	Ⅳ	Ⅲ	Ⅲ
Y3+900	Y4+000	Ⅳ	Ⅲ	Ⅲ
Y4+000	Y4+100	Ⅳ	Ⅲ	Ⅲ
Y4+100	Y4+200	Ⅳ	Ⅲ	Ⅲ
Y4+200	Y4+300	Ⅳ	Ⅲ	Ⅳ
Y4+300	Y4+400	Ⅳ	Ⅲ	Ⅲ
Y4+400	Y4+500	Ⅳ	Ⅲ	Ⅲ
Y4+500	Y4+600	Ⅳ	Ⅲ	Ⅲ
Y4+600	Y4+700	Ⅳ	Ⅲ	Ⅲ
Y4+700	Y4+800	Ⅳ	Ⅲ	Ⅱ
Y4+800	Y4+900	Ⅳ	Ⅲ	Ⅲ
Y4+900	Y5+000	Ⅲ	Ⅱ~Ⅲ	Ⅱ
Y5+000	Y5+100	Ⅲ	Ⅱ~Ⅲ	Ⅱ
Y5+100	Y5+200	Ⅲ	Ⅱ~Ⅲ	Ⅱ
Y8+200	Y8+300	Ⅱ	Ⅱ~Ⅲ	Ⅲ
Y8+300	Y8+400	Ⅱ	Ⅱ~Ⅲ	Ⅲ
Y8+400	Y8+500	Ⅱ	Ⅱ~Ⅲ	Ⅲ
Y8+500	Y8+600	Ⅱ	Ⅲ	Ⅳ
Y8+600	Y8+700	Ⅱ	Ⅱ~Ⅲ	Ⅱ
Y8+700	Y8+800	Ⅱ	Ⅱ~Ⅲ	Ⅲ
Y8+800	Y8+900	Ⅱ	Ⅱ~Ⅲ	Ⅲ
Y8+900	Y9+000	Ⅱ	Ⅰ~Ⅲ	Ⅱ
Y9+000	Y9+100	Ⅰ	Ⅰ~Ⅱ	Ⅱ
Y9+100	Y9+200	Ⅱ	Ⅱ~Ⅲ	Ⅲ
Y9+200	Y9+300	Ⅱ	Ⅱ~Ⅲ	Ⅲ

5.2　岩爆破坏位置预测

利用 Examine 2D 有限元软件计算出未开挖洞段开挖后断面处的地应力等值线图,如图 1-92 所示。

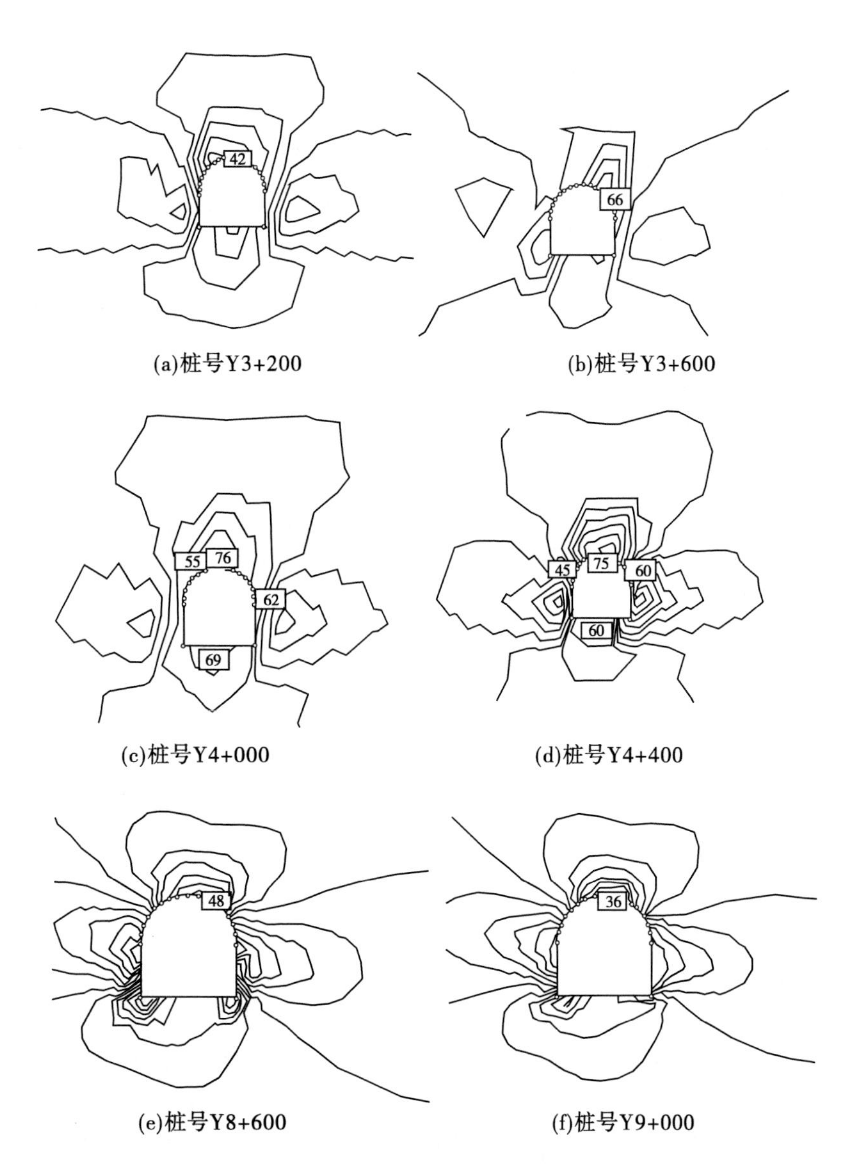

(a)桩号Y3+200　(b)桩号Y3+600

(c)桩号Y4+000　(d)桩号Y4+400

(e)桩号Y8+600　(f)桩号Y9+000

图 1-92　不同桩号开挖后断面应力集中等值线图

由桩号 Y3+200、Y3+600 部位的洞室开挖后的应力集中图可以看出,应力集中位置一般在拱顶和拱顶偏右侧,并且桩号 Y3+600 处的应力集中程度达到 66 MPa,且主要在拱顶右侧。另外,由于侧壁应力集中的影响,局部应力也会达到一定的量值,因此岩爆也会在侧墙发生。

由桩号 Y4+000、Y4+400 部位的洞室开挖后的应力集中图可以看出,该部位的应力集中主要在拱顶范围和侧墙范围内。拱顶部位应力集中量值达到 75 MPa 以上,而侧墙和底部的应力集中量值也大于 40 MPa,因此这些范围内均会发生岩爆。

从桩号 Y8+600、Y9+000 部位的应力集中程度来看,这些部位的岩爆一般发生于拱顶及拱顶偏右侧,达到中等岩爆烈度的部位会在侧墙或掌子面发生明显的剥落或者弹射。

通过上述分析和应力集中范围来看,桩号 Y3+300—Y4+000、Y4+400—Y5+200、Y8+200—Y9+

300 范围内岩爆主要集中在拱顶偏右侧范围内；桩号 Y4+000—Y4+400 范围内岩爆主要集中在拱顶中心线范围内。

5.3　岩爆防治措施

在本工程施工过程中，充分认识到了岩爆的严重性与危害程度，及时对岩爆区采取了预防和加固措施，保证了工程的施工安全和进度。

5.3.1　预防与支护措施建议参数

结合已建工程岩爆防治措施，提出了适合本工程不同烈度等级的岩爆支护措施，表 1-45 列出了不同等级的预防措施、支护措施和爆破方式，表 1-46 列出了不同围岩类别不同岩爆等级洞段一次支护参数建议值，并在工程中进行了应用，取得了较好的效果。

表 1-45　　岩爆等级与预防和治理措施对照

<table>
<tr><th>岩爆等级</th><th>预防措施</th><th>支护措施</th><th>爆破方式</th></tr>
<tr><td>轻微岩爆
（Ⅰ级）</td><td rowspan="2">一般进尺控制在 2~3 m；尽可能全断面开挖，一次成形，以减少围岩应力平衡状态的破坏；及时并经常在掌子面和洞壁喷洒水；
部分Ⅱ级岩爆段必要时可以用超前钻孔应力解除法来释放部分应力，岩爆连续发生段，在施工后可以进行适当的待避，等岩爆高峰期过后再作业</td><td>局部岩爆段可以通过初喷 5 cm 厚的 CF30 钢纤维混凝土来防止洞壁表面岩体的剥离</td><td rowspan="2">光面爆破</td></tr>
<tr><td>中等岩爆
（Ⅱ级）</td><td>采用边顶拱挂网锚喷支护法：喷 5 cm 厚的 CF30 钢纤维混凝土，挂网 $\Phi8$@ 150 mm×150 mm；采用 $\Phi25$，$L=3.5$ m 锚杆，间距 1.5~1.5 m；视岩爆强度随机增设钢筋拱肋；后期边顶拱范围二次喷 C25 混凝土厚 5~8 cm</td></tr>
<tr><td>强烈岩爆
（Ⅲ级）</td><td>一般进尺应控制在 1.5~2.0 m；采用打超前应力孔法来提前释放应力、降低岩体能量；及时并经常在掌子面和洞壁喷洒水，必要时可均匀、反复地向掌子面高压注水，以降低岩体的强度；在一些岩爆连续发生段施工后，可以适当地进行待避，等岩爆高峰期过后再作业</td><td>采用边顶拱挂网锚喷支护法：喷 5 cm 厚的 CF30 钢纤维混凝土，挂网 $\Phi8$@ 150 mm×150 mm；采用 $\Phi32$，$L=4.5$ m 锚杆，间距 1.0~1.0 m；视岩爆强度随机增设钢筋拱肋；后期边顶拱范围二次喷 C25 混凝土厚 5~10 cm</td><td>以光面爆破为主，在岩爆强度大、连续距离长洞段，则可以采用应力解除爆破技术</td></tr>
</table>

表 1-46　　不同围岩类别不同岩爆等级洞段一次支护参数建议值

围岩类别	岩爆等级	一次支护参数
Ⅱ	无	喷混凝土 80 mm
	轻微岩爆	随机锚杆+喷素混凝土：锚杆 $\Phi25$，$L=2$ m，喷混凝土 80 mm
	中等岩爆	锚杆+钢筋网+喷混凝土：锚杆 $\Phi25$@ 1.0 m×1.0 m，$L=2$ m，钢筋网 $\Phi8$@ 200 mm×200 mm，喷混凝土 80 mm
Ⅲ	无/轻微岩爆	随机锚杆+钢筋网+喷混凝土：锚杆 $\Phi25$，$L=2$ m，钢筋网 $\Phi8$@ 200 mm×200 mm，喷混凝土 80 mm
	中等岩爆	锚杆+钢筋网+喷混凝土：锚杆 $\Phi25$@ 1.25 m×1.25 m，$L=2.5$m，钢筋网 $\Phi8$@ 200×200 mm，喷混凝土 100 mm
Ⅳ	无/轻微岩爆	锚杆+钢筋网+喷混凝土：锚杆 $\Phi25$@ 1.25 m×1.25 m，$L=2.5$ m，钢筋网 $\Phi8$@ 200×200 mm，喷混凝土 150、200 mm

5.3.2　预防措施应用

工程实际施工中采用的预防措施包括打设应力释放孔、在顶拱和掌子面范围内喷水、及时封闭开挖岩面。

(1)打设应力释放孔:在掌子面钻孔结束后、爆破之前,距掌子面后方以 3 m 的排距、0.5 m 的间距,沿径向方向钻孔,钻 3 排,孔径 40～50 mm。应力释放孔有如下作用:①破坏岩体完整性,降低应力集中程度;②减弱爆破产生的应力波的传播,降低应力波对岩体造成的拉应力;③作为锚杆孔,在必要时安设锚杆。

(2)顶拱和掌子面范围内喷水:开挖后及时对揭露的岩体表面和可能造成应力集中的部位洒水,保持外露岩面潮湿,岩体略微软化后将不利于岩体中的应力集中,降低岩爆的发生概率。

(3)及时封闭开挖岩面:开挖后 4 h 内为中等烈度等级以上岩爆的高发期,掌子面弹射和拱顶剥落需要及时防护,在钻孔作业之前采用 5～10 cm 的素混凝土对掌子面和拱顶范围内进行喷护,取得了较好的效果。

5.3.3　支护措施应用

5.3.3.1　支护措施应用实例

根据现场地质编录,在已经发生岩爆的部位,岩体仍有脱空现象,并且据岩爆发生情况,在同一位置再次发生片状剥落的现象持续发生。因此,对已发生岩爆部位进行锚杆或锚杆挂网的方式支护,将会阻止岩爆造成岩体剥落的继续发生。

本工程施工过程中采用以下措施对岩爆区进行防护:①随机锚杆支护;②锚杆+钢筋网片;③锚杆+钢筋网片+喷射混凝土;④锚杆+柔性防护网+钢纤维混凝土;⑤锚杆+钢纤维混凝土;⑥钢纤维混凝土;⑦钢拱架支护。所采用的支护措施如图 1-93 和图 1-94 所示。

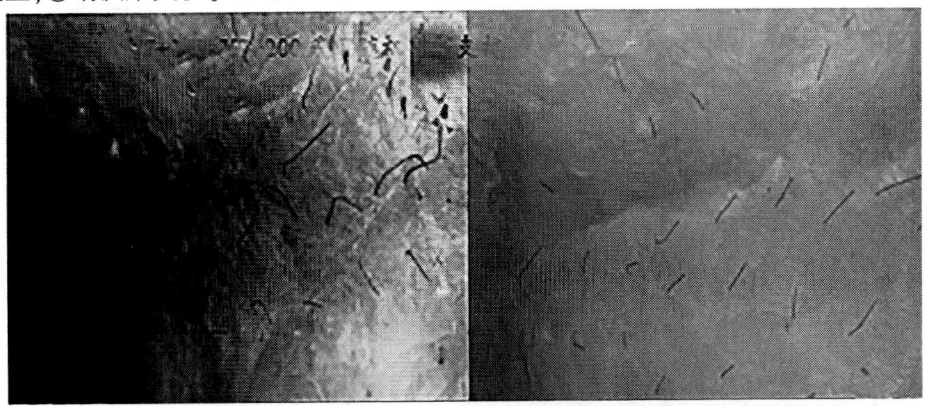

(a)桩号Y7+150—Y7+200洞段采用随机锚杆支护

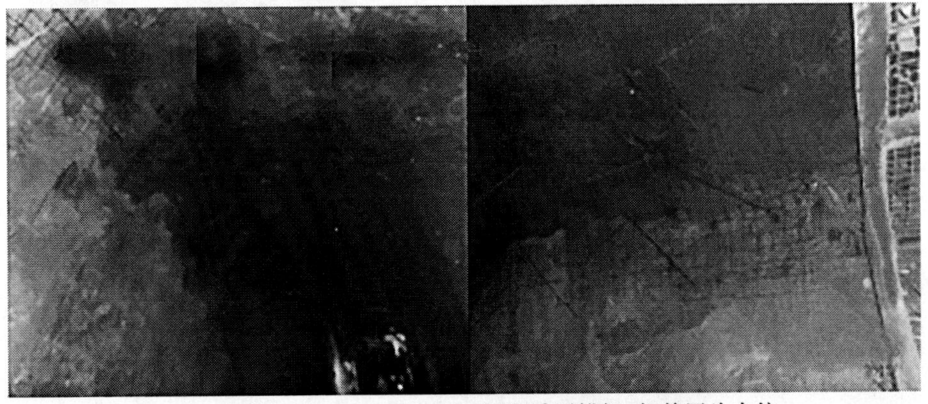

(b)桩号Y10+530—Y10+545洞段采用锚杆+钢筋网片支护

图 1-93　引水隧洞岩爆洞段采用的支护措施

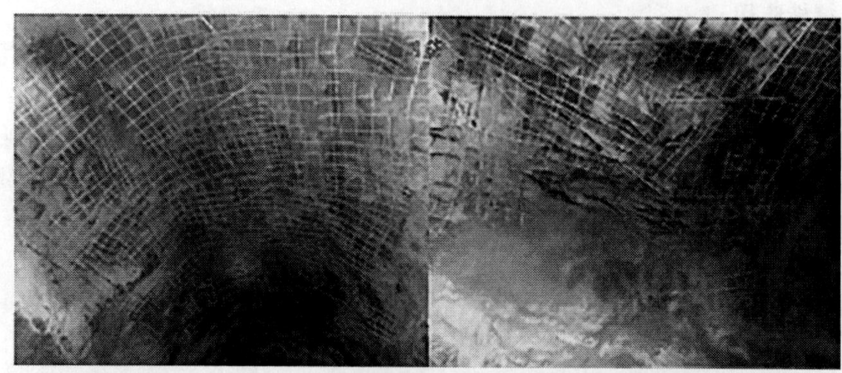

(c)桩号Y10+621—Y10+645洞段采用锚杆+钢筋网片+喷射混凝土支护

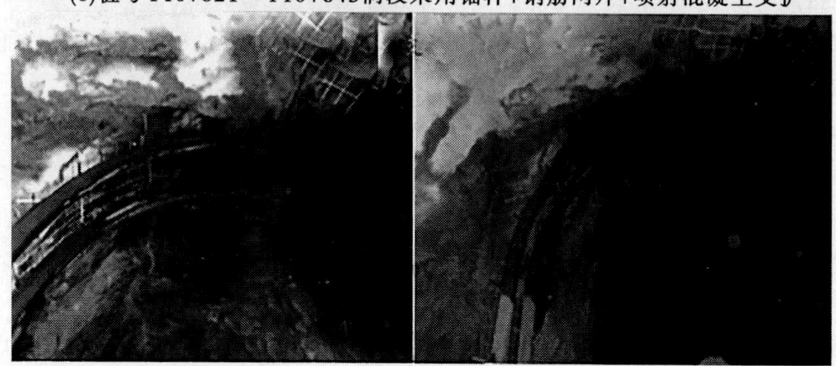

(d)桩号Y10+521—Y10+530洞段采用钢拱架支护

续图 1-93

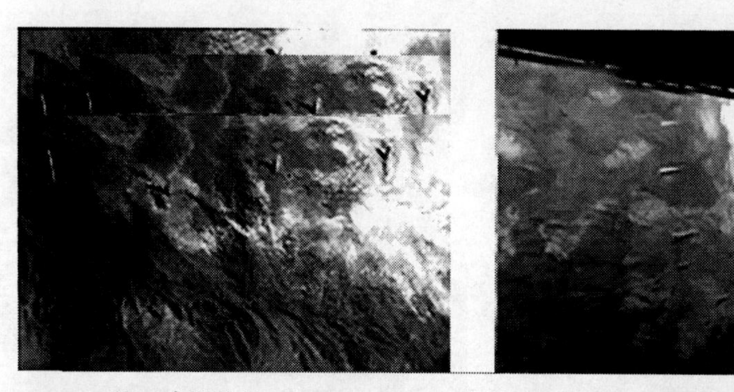

(a)1#施工支洞桩号Z1+510—Z1+515洞段采用锚杆+钢纤维混凝土支护

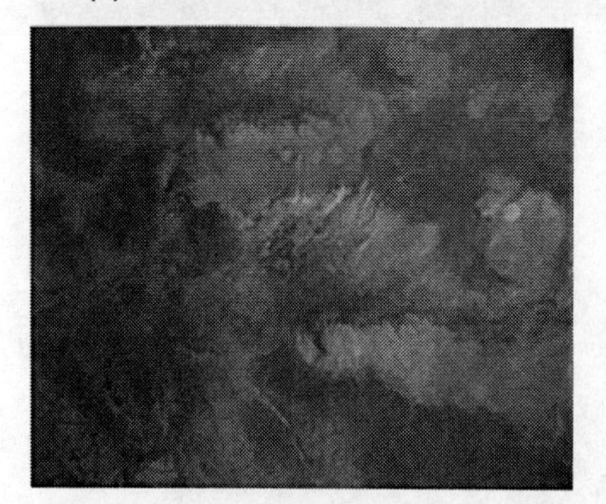

(b)1#施工支洞桩号Z1+535处拱顶采用钢纤维混凝土支护

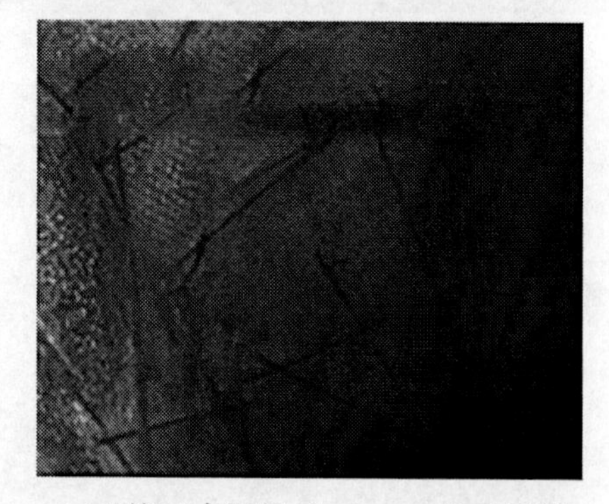

(c)1#施工支洞桩号Z1+245处采用锚杆+柔性防护网+钢纤维混凝土支护

图 1-94　1#施工支洞岩爆区支护措施

5.3.3.2　支护措施数值模拟分析

根据现场调查可知,目前所采用的支护措施可有效防治已有岩爆的破坏,并可以进一步抑制后续岩爆的发生(连续性剥落现象)。如对 4#施工支洞上游工作面在两侧边墙及顶拱部位发生轻微岩爆情况下,采取控制爆破参数措施,对局部岩爆段可以通过初喷 5 cm 厚的 C25 素混凝土来防止洞壁表面岩体的剥离,对岩爆频繁段,采用随机锚杆(L=2.5m)+挂网(Φ8@200 mm×200 mm)+喷混凝土(C25,厚 10 cm)的方式进行处理,支护效果良好。而对于两侧边墙及顶拱部位发生中等岩爆的情况,对应力集中部位要提前采取措施,如应力释放孔和锚杆支护,首先喷射 5 cm 厚 C25 混凝土封闭围岩,围岩封闭后挂 20 cm×20 cm Φ8 单层双向钢筋网,锚杆间距为 1 m×1 m,锚杆直径为 Φ25,在钢筋网面层设置压网钢筋,压网钢筋型号为 Φ22,间距为 1 m×1 m,挂网后喷射 C25 混凝土(厚度 8~10 cm)或喷 C25 素混凝土(厚度 5 cm)封闭掌子面。如施工过程中 5 cm 厚的素混凝土无法封闭掌子面,则采用喷射 5 cm 厚的改性聚酯合成纤维混凝土封闭掌子面,锚杆施工过程中可根据围岩情况局部适当加密。

对于岩爆洞段的支护,随着岩爆等级的不同而选择相应的支护方式及支护系统。本工程引水隧洞所发生岩爆一般为低等级片帮现象,局部存在弹射现象。针对这一等级及宏观表征岩爆,一般采用钢筋网片+喷射混凝土的方式进行支护,局部洞段加以锚杆支护。此处,利用有限元数值分析软件,分析对洞室拱顶喷射混凝土及增设锚杆时,洞室稳定性的变化。具体分析结果如图 1-95 所示。

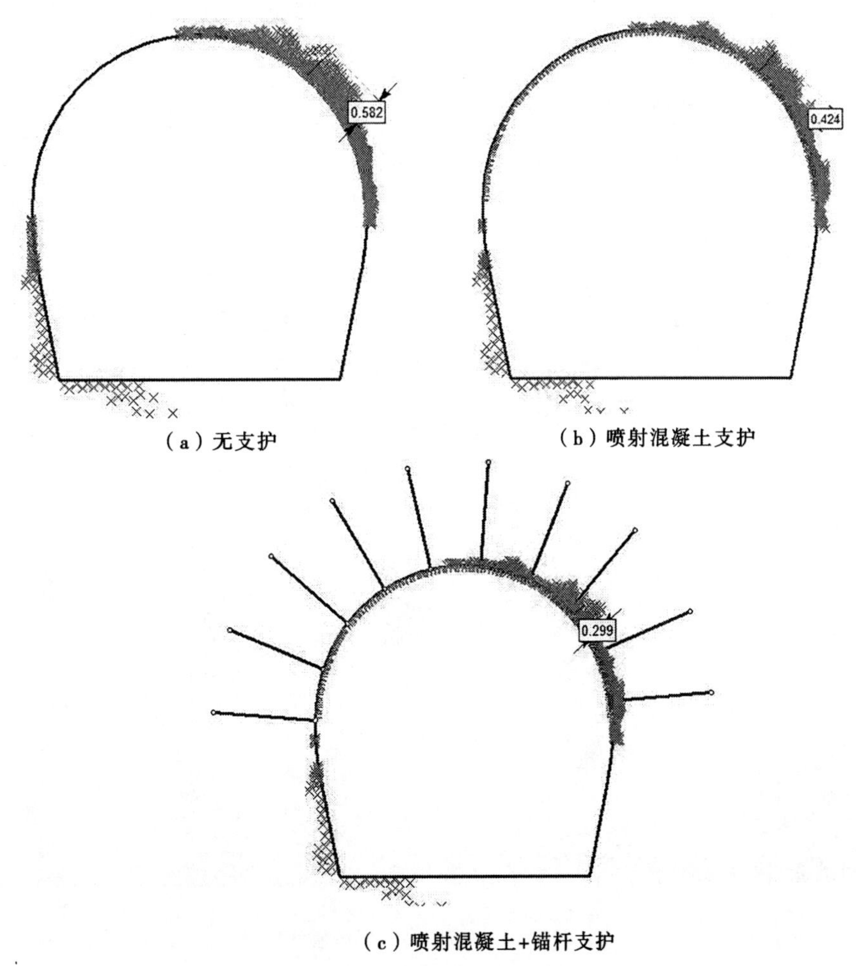

(a) 无支护　(b) 喷射混凝土支护

(c) 喷射混凝土+锚杆支护

图 1-95　不同支护措施下塑性区厚度

由图 1-95 可知,采用喷射混凝土可有效降低塑性区范围,而采用喷射混凝土加锚杆支护时,塑性区范围逐渐减小。从岩体强度考虑,喷射混凝土与增设锚杆可有效的增加岩体强度。此外,对于岩爆洞段,采用该种支护措施还可有效阻止已剥落岩体在重力作用下的塌落,减小对工程设备及施工人员的威胁。

通过上述分析可知,支护措施对于防治岩爆具有一定的促进作用,但这一作用与工程设计支护类型选择及施工质量等密切相关,措施施加是否及时合理、支护质量等对岩爆的控制作用具有明显影响。

5.3.4 支护措施失效现象及原因分析

5.3.4.1 失效现象

岩爆区的支护措施起到了比较好的效果,岩爆破坏和持续剥落得以控制,但在局部存在支护措施失效的情况,如图 1-96 所示,包括以下几种情况:

(1)以板裂破坏与层裂破坏为主的区域,出现因锚杆角度不合适而出现持续破坏,一般发生于中等岩爆区。

(2)在柔性防护网+喷射混凝土防护区域,出现二次岩爆,导致部分混凝土剥落。

(3)局部应力集中严重的区域存在不规则块状弹射和剥落现象,一般发生于随机锚杆或系统锚杆支护区。

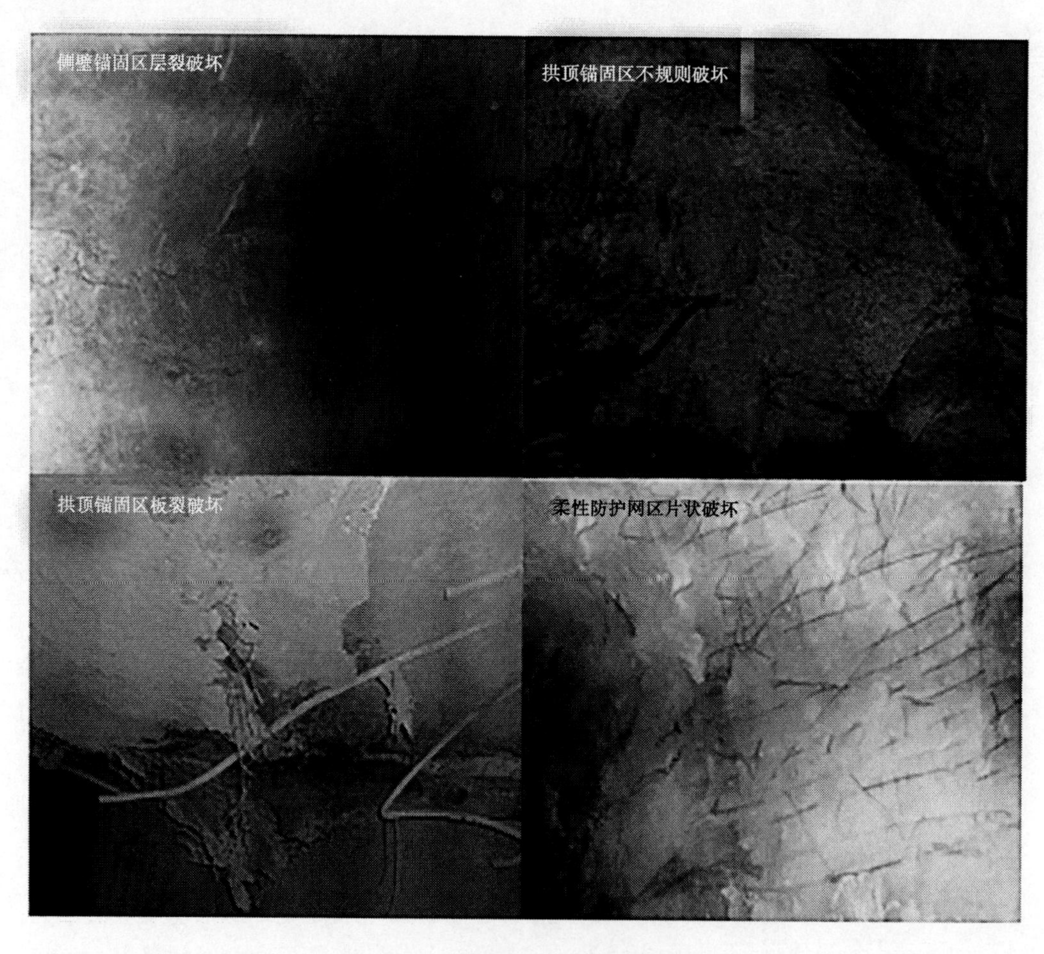

图 1-96 支护措施失效部位破坏照片

5.3.4.2 失效原因分析及对策

对岩爆失效现象观察后认为,支护措施失效的原因及应采取的对策如下:

(1)锚杆是岩爆支护区的必需措施,但要选择适宜的角度。中等岩爆区一般发生板裂破坏,其破坏规模大,范围广,持续时间长,当锚杆平行于或近似平行于板裂面时,对这些区域起不到防护效果;在锚杆近似垂直于洞壁或片麻理倾向的区域,板状剥落一般不会再次发生。

(2)重发型岩爆区支护措施选择不当。对于重发型岩爆,应采用更为保守的支护手段,应以锚杆+钢筋网片+喷射混凝土的联合支护措施为主要支护形式。

(3)局部不规则块状破坏由于其发生位置和时间不确定,因此锚杆支护区出现块状剥落也是正常的。对于这些区域,应采用锚杆+钢筋网片+喷射混凝土的方式进行一次支护。

分析后认为,对本工程中不同形式的岩爆应针对性地采取措施,应及时对岩爆区进行防护和支护,并对支护区域进行连续观察和监测,及时排险,同时及时支护还有利于减少岩爆区的地质超挖量。

第2篇　引水隧洞高地温及防治

1 概　述

1.1 高地温的定义

我国关于高地温的规定:①《中华人民共和国矿山安全法实施条例》第 22 条规定,井下作业地点的空气温度不得超过 28 ℃;超过时,应当采取降温或其他防护措施。②《水利水电工程施工组织设计规范》(SL 303—2017)规定,洞室内温度超过 28 ℃时,风速应进行专门研究。③交通部门规定隧道内气温不宜高于 30 ℃。表 2-1 为国外高地温的规定统计。

表 2-1　国外高地温的规定统计

国家或地区	空气温度最高值/℃
美国	34~37
比利时	31
法国	31
荷兰	30
俄罗斯	26
波兰	28
日本	37
新西兰	26.7
西德	28
东德	28
南非	33

综上所述,本书将地下工程施工过程中空气温度超过 28 ℃的洞段确定为高地温洞段。

1.2 高地温地下工程研究现状

1.2.1 高地温隧洞建设概况

随着国民经济的飞速发展,各行各业对电力能源的需求与日俱增,随着国家对西部地区的支援,一大批水电工程陆续投入建设。水电工程具有重大的经济、技术和社会效益。尤其是在资源相对比较匮乏的偏远地区,电力供应一直是一个关乎民生大计的事情。然而,由于这些地区的一些特殊地理条件,使得在这些地方修建水电工程相当困难,要想获得比较高的水头,常常需要修建线路长、埋深大的隧道来克服地形障碍,以使线路平直,缩短长度,并避免不良地质条件对线路的不利影响。

据统计,在我国既有的5 200余座隧道中,中短隧道占隧道总数的98%以上。特长隧道相对于中短隧道,由于其埋深大、穿越的不同地质单元体多,从而不可避免地遇到涌水、瓦斯、岩爆、坍塌及地热等地质灾害。其中,涌水、岩爆和坍塌是隧道中常见的地质灾害,国内外关于这些方面的研究成果较多,但须针对具体工程具体分析,提出可行的工程措施。

随着地下工程逐渐向超长、超深埋方向发展,高地温病害也逐渐成为地下工程的一大难题。隧洞及地下工程的高地温问题在国内外隧洞工程中也已比较突出,如中国西南地区的娘拥水电站引水隧洞、高黎贡山铁路特长隧道,日本紧邻火山的安房隧道等。

以引起国内外关注的位于新疆喀什地区盖孜河上的布伦口-公格尔水电站引水隧洞为例,据网站资料"该隧洞围岩平均温度高达85 ℃,个别洞段钻孔内极端温度达到105 ℃,该工程所遇地温之高和范围之广在国内外水电建设中实属罕见"。业主已委托相关机构开展了有关高地温对围岩的稳定性态、支护结构与衬砌的安全以及相关施工方法、施工环境、工程造价、工程结构的耐久性等影响规律的研究,目前该隧洞高地温洞段已经贯通。

本书所介绍的主案例工程引水隧洞高地温表现为围岩岩壁温度最高达118 ℃,并且沿裂隙有高温蒸气喷出,蒸气温度瞬间最高达170 ℃;洞内空气温度持续维持在55 ℃以上。表2-2列出了国内外高地温地下工程的部分工程实例。

以日本安房公路隧道为例,该工程由于最近处离火山仅3 km,所以高地温和高温涌水问题非常突出,涌水水温达到73 ℃,在该工程施工中进行了施工专题和衬砌专题研究。

1.2.2 高温热害对地下工程的影响研究

高地温对地下工程的建设最直接的影响是对施工期的影响,而长期的影响是对工程运行安全的影响,如何消除或者减轻高地温对工程的影响程度,是非常值得研究的工作。

对于高温热害,各国在修建深埋长大隧道时,都有不同程度的出现,但相关研究并不多。我国在以往的铁路隧道建设中,由于埋深都较浅,隧道内原始岩石温度不是很高,未遇到过大的热害,对于这方面的研究很少。随着隧道长度的增长、埋深的增加,高温热害问题日趋严重。高地温问题的出现,不仅影响工程的施工进程和建设,甚至还会决定工程的可行性方案,特别是在地热异常的地区更是如此。因此,有必要对隧道高地温有关的问题进行更深入的研究。其中较为直接的就是高地应力和高地温同时存在的情况。

深部岩体所处的三高环境,即高地应力、高渗水压力、高地温。深部岩体由于处于特殊的环境,所以表现出高度的非线性,即使对于深部的优质硬岩也可能伴随着大的蠕变变形,使深部岩体的结构组织、基本行为特征和工程响应均发生根本性变化,这也是导致深部开采中灾变事故出现多发性和突发性的根本原因所在。高地应力作用下,岩体表现出脆性的特征,而高地温产生的温度应力会降低岩体的强度(脆性度),使岩体的破坏形式从脆性破裂转变为塑性流动。因此,研究深部岩体在高地温和高地应力下的变形机制,具有重要的理论意义与工程应用价值。

1.2.3 隧道通过高地热区的研究现状

在地下的某些特殊部位,如断裂带的交会部位或地热异常区等,往往可能有温泉产生或地温异常,温度高者可达几十摄氏度,甚至上百摄氏度。目前,高地温问题已是隧道工程、采矿工程及其他地下工程常见的地质灾害问题,制约以上各项工程的施工和运营。描述隧道高地温现象在文献中可以追溯到19世纪后半叶。1898—1905年,在修建19.731 km长、连接瑞士和意大利的辛普伦(Simplon)铁路隧道时,发生了多次高温涌水事故,46~56 ℃的水以350 L/s的速度涌入洞中,水穿过的岩石最高温度达55 ℃,温度维持在50 ℃的洞段长达3 km。随后,各国在修建深埋长隧道时,都不同程度地出现过高温热害。在勃朗峰隧道中,部分岩石温度达到30 ℃,用喷水的方法,才可将工作面的温度降到25 ℃。在圣哥达和列奇堡铁路隧道,遇到岩石温度40 ℃以上的情形,温度相对较高的岩石,机械产生的热量及其他因素均会导致洞内温度升高。

表 2-2　**国内外高地温隧洞部分工程实例**

国别	隧道名称	长度/km	最大埋深/m	温度/℃	主要岩性
法国、意大利	里昂-都灵隧道	54	2 000	40	砂页岩、灰岩、片麻岩、石英岩
日本	安房公路隧道	4. 35	700	75	黏板岩、砂岩、花岗闪绿斑岩
瑞士	辛普伦隧道	19. 8	2 140	55. 4	流纹岩、片麻岩、花岗岩
瑞士	新列奇堡隧道	33	2 200	42	片麻岩、花岗岩
瑞士	新圣哥达隧道	57	2 300	45	片麻岩、白云岩
瑞士	老列奇堡隧道	14. 64	1 673	34	石灰岩、片麻岩、花岗岩
瑞士	老圣哥达隧道	14. 94	1 706	30. 8	花岗岩、花岗片麻岩、片岩
俄罗斯	阿尔帕-谢万输水隧洞	43	—	30	大部分为中等-坚硬岩层
美国	喀斯喀特(Cascade)隧道	12. 543	—	24	花岗岩、堆积岩
法国、意大利	勃朗峰公路隧道	11. 6	2 480	35	花岗岩、结晶片岩、片麻岩
美国	特科洛特(Tecolote)公路隧道	6. 4	2 287	47	砂岩、粉砂岩
中国	成昆铁路关村坝隧道	6. 107	1 650	28	灰岩
中国	锦屏二级水电站水工隧洞	18	2 700	12	大理岩、砂板岩
中国	西康铁路秦岭隧道	18. 448	1 600	40	混合花岗岩、混合片麻岩
日本	仙尼斯峰(Mt. Cenis)隧道	12. 84	1 700	29	—
日本	伊泽尔-阿尔克(Isere-Arc)隧道	10. 7	2 000	30. 8	—
中国	布伦口-公格尔引水隧洞	17. 468	1 600	67	石墨片岩、绿泥石石英片岩
中国	娘拥水电站引水隧洞	15. 4	800	48	云母石英片岩、长石石英片岩

随着隧道工程的快速发展,高地温作为深埋特长隧道地质灾害问题之一,越来越多地受到人们的关注,并取得了一系列研究成果。如陈尚桥、黄润秋等(1995 年)针对地下工程中遇到的高地热问题,归纳了温度场评价的常用方法:①类比法;②地温梯度预测法;③钻孔实测法;④水文地球化学法。王贤能和黄润秋等(1996 年)在考虑工程中地下水对流可能对温度场影响的基础上,推导了

热传导-对流型方程的有限元法,并以锦屏山深埋长隧道为例,探讨了该区温度场的分布特征,并着重分析了地下水对温度场的影响。陈永平和施明恒基于分形理论研究了多孔介质导热系数的计算方法。陈永萍等针对秦岭隧道可能存在的高地温问题,通过钻孔资料分析,建立了岩温预测经验公式,并利用该公式对隧道岩温进行了预测。舒磊等通过分析羊八井隧道的地质条件及羊八井地热田的特征及分布规律,提出隧道处于"正常增温区",并对羊八井隧道地温做了计算预测,以期为隧道设计和施工提供参考。张建明等(2003年)采用稳态比较法,对铁路碎石道渣层的导热系数进行了测试。乜凤鸣(1988年)提出寒区隧道内的温度分布不是均匀的,是变化的,并且隧道围岩的初始温度一般也是变化的,要清楚隧道围岩沿轴向的冻融范围,就必须对隧道进行三维空间分析。Lee和Howell,Lai和Kulacki等则对多孔介质的热质迁移进行了理论分析和实验研究,提出了确定热质迁移系数的方法。Oda M(1993年)等研究了在温度的作用下岩石的基本力学性质(包括杨氏模量、泊松比、单轴抗压强度、单轴抗拉强度和断裂韧性等)、岩石的微破裂过程,得到了岩石的基本力学特性随温度的变化规律和岩石的破坏机理。Alm等(1985年)考察了花岗岩受到不同温度热处理后的某些力学性质,在温度作用下对花岗岩微破裂过程进行了讨论。赖远明、张学富(2005年)等根据流体力学、冻土学和传热学的基本理论,建立了寒区隧道空气与围岩对流换热和围岩热传导耦合问题的三维计算模型,用Galerkin法进行了有限元分析,进一步编制了有限元计算程序。运用该计算程序对青藏铁路风火山隧道空气与围岩对流换热和围岩热传耦合问题进行了三维非线性分析。刘志强等对带隔热门的通风管路基三维温度场进行了数值模拟,通过带相变的瞬态热平衡微分方程,用伽辽金法导出了有限元计算公式。万志军等(2005年)基于三维稳态热传导理论并忽略对流换热及地质构造等次要因素影响的温度场及温度梯度场的反演方法,提出了高温岩体地热资源模拟与预测方法。

随着世界各国对隧道工程高地温问题的重视、相关学科的发展、科技的进步、环境预报要求的提高以及工程应用精度的需要,单一温度场的研究已不能满足工程应用和理论发展的要求,学科研究逐渐向多相非线性问题以及多场相互作用问题理论模型的建立和求解,研究和应用现代化高效能及高精度的试验技术领域发展。

2　勘察期高地温预测

2.1　工程概况

本工程为低闸坝长隧洞引水式电站,以发电为主。拦河坝为复合土工膜斜墙砂砾石坝,最大坝高16.8 m,闸坝顶总长390 m。工程等级为Ⅲ等,工程规模为中型。设计正常蓄水位2 743.00 m,总库容173万 m^3。引水发电洞长15 639.86 m,洞径4.7 m,引水流量78.6 m^3/s,采用岸边式地面厂房,装机210 MW。

引水发电洞围岩以片麻状花岗岩为主,仅出口段分布有大理岩、板岩、片岩,初步分析围岩以Ⅱ、Ⅲ类为主,成洞条件较好;地应力较高,可能存在轻微-中等岩爆和围岩大变形问题;本隧洞地下水不丰富,一般洞段为无水和仅有少量渗水,地下水主要富集在较大断层及影响带、裂隙密集带附近;隧洞埋深大,部分洞段可能存在38 ℃以上的高地温。未发现产生有害气体的源岩。施工过程中揭露的高地温表现为蒸气温度170 ℃,岩壁温度最高94 ℃,空气温度最高80 ℃,可见本工程高地温问题的特殊性,非常有必要开展高地温对围岩岩石力学性质影响的深入研究。

2.2　勘察期高地温问题的预判

2.2.1　工程区地质条件

高地温是深埋长隧洞工程中的一种地质灾害。影响隧洞天然地温的因素主要有:隧洞埋深、地温梯度、地层岩性、放射性元素含量、地下水温度、地下水循环条件、气温和地形切割深度等。对于本隧洞地温问题的有利条件主要有:洞线海拔高,地面多年平均气温低;沟谷发育,切割深,利于热量散失。主要不利因素有:温泉发育、隧洞埋深大、地温梯度可能较高、降雨少,岩体渗透性差,不利于地表水下渗降温。

根据气象站(地面高程约3 500 m)观测资料,本区多年平均气温为3.4 ℃,极端最高气温为32.5 ℃,极端最低气温为-39.1 ℃。洞线地面高程高于3 500 m。推测洞线地面多年平均气温为0 ℃。

2.2.2　钻孔地温测量

勘察阶段在本洞段范围的QZK45、QZK14、QZK90、QZK47、QZK48及QZK76等6个钻孔中进行了地温测量。

其中,QZK45、QZK14位于洞段中部冲沟内。QZK45孔恒温深度为50 m时对应地温为9.5 ℃,地温梯度为8.1 ℃/100 m。QZK14孔恒温深度为55.9 m时对应地温为9.0 ℃,地温梯度为11 ℃/100 m。两孔地温梯度较大,有随深度增加逐渐变小的趋势。

QZK76、QZK90位于洞段上部及中部冲沟内。QZK76孔恒温深度为44 m时对应地温为15.3 ℃,地温梯度为2.5 ℃/100 m。QZK90孔恒温深度为30 m时对应地温为13.1 ℃,地温梯度为2.2 ℃/100 m。

QZK47、QZK48钻孔位于调压井附近,地温梯度范围值为1.6~2.0 ℃/100 m。

比较分析,处于洞段中部的QZK14孔、QZK45孔地温梯度明显偏高。表2-3为勘察期钻孔内温度测量统计。

表 2-3 引水发电洞钻孔地温测井成果统计

孔号	对应桩号	恒温深度/m	恒温深度对应温度/℃	测井深度/m	孔底温度/℃	地温梯度/(℃/100 m)	说明
QZK14	Y11+500	55.9	9.0	124.5	15.8	11	位于中间段
QZK45	Y6+300	50	9.5	179.99	20.48	8.1	
QZK90	Y11+460	30	13.1	130	15.6	2.2	位于上、下游段
QZK76	Y1+540	44	15.3	196.9	19.78	2.5	

2.2.3 地表温泉

勘察期间在附近河边发现一处温泉(见图 2-1),水温 62 ℃,高程约 2 587 m,低于洞线约 100 m,距洞线垂直距离约 2 km。2011 年 12 月测得的温泉水温达 67 ℃。

图 2-1 河左岸温泉(镜向西)

温泉沿一组裂隙出露,其结构面产状为 NW345°/SW∠71°。根据出露点附近发育 F3 断裂及 f_{17} 等次一级断层等地质条件,判断泉水以走向 NW330~350°结构面为主要通道,以走向 NE20°~40°结构面为次级通道上升涌出。表 2-4 为洞线部位两个钻孔的地温测井资料。根据泉点位置,结合 QZK14 孔、QZK45 孔的地温资料,推测泉水与该两组结构面连通的可能性较大,是造成桩号 Y6+300—Y11+200 洞段可能存在高地温的主要因素。

2.2.4 隧洞洞线温度预测

由于洞段中部的 QZK14 孔、QZK45 孔地温梯度明显偏高,地温梯度异常,结合温泉出露位置、结构面发育情况,推断桩号 Y6+300—Y11+200 存在高地温问题。

QZK76、QZK90 位于洞段上部及中部冲沟内,距温泉较远,且地温梯度为 2.2~2.5 ℃/100 m,判断温泉对此段影响微弱以至于无。上述两孔资料表明,工程区恒温深度约为 35 m,对应温度为 14.2 ℃,按地温梯度 2.35 ℃/100 m 对其他洞段温度进行推测,上覆岩体厚度约为 620 m 时洞室温度为 28 ℃,即桩号 Y1+860—Y5+660、Y11+480—Y13+820 段洞室围岩温度可能超过 28 ℃,累计长度约为 6 140 m。同理推测上覆岩体厚度约为 900 m 时洞室温度为 35 ℃,上覆岩体厚度约为 1 100 m 时洞室温度达 40 ℃。

表 2-4　　洞线部位两个钻孔的地温测井资料

孔号	孔段/m	地温梯度/(℃/10 m)	地温梯度/(℃/100 m)	说明
QZK45	50. 0~60. 0	1. 36	13. 6	表中地温梯度℃/100 m 是根据地温梯度℃/10 m 换算而来
	60. 0~70. 0	1. 05	10. 5	
	70. 0~80. 0	1. 11	11. 1	
	80. 0~90. 0	0. 77	7. 7	
	90. 0~100. 0	0. 98	9. 8	
	100. 0~110. 0	0. 77	7. 7	
	110. 0~120. 0	0. 76	7. 6	
	120. 0~130. 0	0. 77	7. 7	
	130. 0~140. 0	0. 73	7. 3	
	140. 0~150. 0	0. 61	6. 1	
	150. 0~160. 0	0. 7	7	
	160. 0~170. 0	0. 69	6. 9	
	170. 0~180. 0	0. 66	6. 6	
QZK76	44. 0~54. 0	0. 4	4	
	54. 0~64. 0	0. 37	3. 7	
	64. 0~74. 0	0. 25	2. 5	
	74. 0~84. 0	0. 29	2. 9	
	84. 0~94. 0	0. 23	2. 3	
	94. 0~104. 0	0. 28	2. 8	
	104. 0~114. 0	0. 23	2. 3	
	114. 0~124. 0	0. 15	1. 5	
	124. 0~134. 0	0. 2	2	

工程区处于新构造运动活跃区,大部分洞段围岩主要为较完整的 γ_3^{2-3} 片麻状花岗岩,地应力高,地下水贫乏,易于热量积聚而不利于散失。结合温泉、钻孔地温实测结果判断,尤其是桩号 Y3+660—Y4+770 深埋大于 1 500 m 洞段和桩号 Y6+300—Y11+200 洞段地温异常地段,可能存在 60 ℃甚至更高的地温,必须充分考虑高地温的不利影响。

3　高地温洞段围岩特征及高地温特征

3.1　高地温洞段围岩特征

3.1.1　桩号 Y7+000—Y8+430

表 2-5 为桩号 Y7+000—Y8+430 段工程地质围岩类别。

表 2-5　3#施工支洞下游桩号 Y7+000—Y8+430 段围岩类别

桩号		总评分/分	围岩类别	应力强度比	地应力调整后围岩类别
起	止				
Y7+000	Y7+035	67	Ⅱ	2.33	Ⅲ
Y7+035	Y7+220	77	Ⅱ	2.66	Ⅲ
Y7+220	Y7+485	78	Ⅱ	2.29	Ⅲ
Y7+485	Y7+660	80	Ⅱ	2.10	Ⅲ
Y7+660	Y7+780	68	Ⅱ	1.98	Ⅲ
Y7+780	Y8+030	80	Ⅱ	2.17	Ⅲ
Y8+030	Y8+430	71	Ⅱ	2.53	Ⅲ

分段围岩特征描述如下：

桩号 Y7+000—Y7+035，段长 35 m，洞向 NE56°。开挖揭露岩性为加里东中晚期侵入岩体（γ_3^{2-3}），以似斑状片麻状花岗岩或花岗片麻岩为主，夹少量黑色斜长角闪岩条带，中-粗粒结构，块状或片麻状构造。上覆岩体厚度 607.15~876.54 m，平均厚度 741.845 m。围岩岩体完整，裂隙较发育，主要结构面产状走向 NW354°，倾向 NE/SW，倾角 77°，地下水状态为渗水到滴水。勘察期围岩类别以Ⅱ类为主，局部Ⅲ、Ⅳ类，开挖揭露围岩评分 $T=67$ 分，围岩类别为Ⅱ类，应力强度比为 2.33，调整后围岩类别为Ⅲ类，根据开挖揭露地质条件和地下水出露情况，确定外水压力系数为 0.10~0.40，外水压力为 0.74~2.97 MPa，平均值 1.85 MPa。无岩爆发生。高地温现象不突出。

桩号 Y7+035—Y7+220，段长 185 m，洞向 NE56°。开挖揭露岩性为加里东中晚期侵入岩体（γ^{2-3}），以似斑状片麻状花岗岩或花岗片麻岩为主，夹少量黑色斜长角闪岩条带，中-粗粒结构，块状或片麻状构造。上覆岩体厚度 865.63~972.78 m，平均厚度 919.205 m。围岩岩体完整，裂隙不发育，主要结构面产状走向 NE30°，倾向 NW/SE，倾角 80°，地下水状态为干燥。勘察期围岩类别以Ⅱ类为主，局部Ⅲ、Ⅳ类，开挖揭露围岩评分 $T=77$ 分，围岩类别为Ⅱ类，应力强度比为 2.66，调整后围岩类别为Ⅲ类，实际开挖断面为Ⅱ类。根据开挖揭露地质条件和地下水出露情况，确定外水压力系数为 0~0.20，外水压力为 0~1.84 MPa，平均值 0.92 MPa。右侧拱肩发生轻微岩爆，剥落深度 10~25 cm。高地温现象不突出。

桩号 Y7+220—Y7+485，段长 265 m，洞向 NE56°。开挖揭露岩性为加里东中晚期侵入岩体（γ_3^{2-3}），以似斑状片麻状花岗岩或花岗片麻岩为主，夹少量黑色斜长角闪岩条带，中-粗粒结构，块状或片麻状构造。上覆岩体厚度 972.78~1 123.12 m，平均厚度 1 047.95 m。围岩岩体完整，裂隙发育,主要结构面产状走向 NW335°,倾向 NE/SW,倾角 78°,地下水状态为渗水到滴水。勘察期围岩类别桩号 Y7+293 之前以Ⅱ类为主,局部Ⅲ、Ⅳ类;之后以Ⅲ类为主,局部Ⅳ类,开挖揭露围岩评分 T=78 分,围岩类别为Ⅱ类,应力强度比为 2.29,调整后围岩类别为Ⅲ类,实际开挖断面为桩号 Y7+295 之前Ⅱ类开挖,之后Ⅲ类开挖。根据开挖揭露地质条件和地下水出露情况,确定外水压力系数为 0.10~0.40,外水压力为 1.05~4.19 MPa,平均值 2.62 MPa。拱顶及右侧拱肩发生轻微-中等岩爆,剥落深度 10~45 cm,局部达 1 m。桩号 Y7+295 起洞内空气温度超过 28 ℃,岩壁温度 65 ℃。

桩号 Y7+485—Y7+660,段长 175 m,洞向 NE56°。开挖揭露岩性为加里东中晚期侵入岩体(γ_3^{2-3}),以似斑状片麻状花岗岩或花岗片麻岩为主,夹少量黑色斜长角闪岩条带,中-粗粒结构,块状或片麻状构造。上覆岩体厚度 1 123.12~1 201.38 m,平均厚度 1 162.25 m。围岩岩体完整,裂隙不发育,主要结构面产状走向 NW328°,倾向 NE/SW,倾角 72°,地下水状态为干燥。勘察期围岩类别以Ⅲ类为主,局部Ⅱ、Ⅳ类,开挖揭露围岩评分 T=80 分,围岩类别为Ⅱ类,应力强度比为 2.10,调整后围岩类别为Ⅲ类,实际开挖断面为Ⅲ类。根据开挖揭露地质条件和地下水出露情况,确定外水压力系数为 0~0.20,外水压力为 0~2.32 MPa,平均值 1.16 MPa。拱顶及右侧拱肩发生轻微岩爆,剥落深度 10~45 cm。洞内空气温度超过 35 ℃,岩壁温度超过 70 ℃。

桩号 Y7+660—Y7+780,段长 120 m,洞向 NE56°。开挖揭露岩性为加里东中晚期侵入岩体(γ_3^{2-3}),以似斑状片麻状花岗岩或花岗片麻岩为主,夹少量黑色斜长角闪岩条带,中-粗粒结构,块状或片麻状构造。上覆岩体厚度 1 174.39~1 191.59 m,平均厚度 1 182.99 m。围岩岩体完整,裂隙密集,主要结构面产状走向 NW324°,倾向 NE/SW,倾角 72°,地下水状态为渗水到滴水。勘察期围岩类别以Ⅲ类为主,局部Ⅱ、Ⅳ类,开挖揭露围岩评分 T=68 分,围岩类别为Ⅱ类,应力强度比为 1.98,调整后围岩类别为Ⅲ类,实际开挖断面为Ⅲ类。根据开挖揭露地质条件和地下水出露情况,确定外水压力系数为 0.10~0.40,外水压力为 1.18~4.73 MPa,平均值 2.96 MPa。无岩爆发生。洞内空气温度超过 35 ℃,岩壁温度超过 70 ℃。

桩号 Y7+780—Y8+030,段长 250 m,洞向 NE56°。开挖揭露岩性为加里东中晚期侵入岩体(γ_3^{2-3}),以似斑状片麻状花岗岩或花岗片麻岩为主,夹少量黑色斜长角闪岩条带,中-粗粒结构,块状或片麻状构造。上覆岩体厚度 1 058.54~1 192.25 m,平均厚度 1 125.395 m。围岩岩体完整,裂隙不发育,主要结构面产状走向 NW329°,倾向 NE/SW,倾角 71°,地下水状态为干燥。勘察期围岩类别以Ⅲ类为主,局部Ⅱ、Ⅳ类,开挖揭露围岩评分 T=80 分,围岩类别为Ⅱ类,应力强度比为 2.17,调整后围岩类别为Ⅲ类,实际开挖断面为Ⅲ类。根据开挖揭露地质条件和地下水出露情况,确定外水压力系数为 0~0.20,外水压力为 0~2.25 MPa,平均值 1.13 MPa。拱顶及右侧拱肩发生轻微-中等岩爆,剥落深度 10~45 cm,局部达 1 m。洞内空气温度超过 35 ℃,岩壁温度超过 70 ℃。

桩号 Y8+030—Y8+430,段长 400 m,洞向 NE56°。开挖揭露岩性为加里东中晚期侵入岩体(γ_3^{2-3}),以似斑状片麻状花岗岩或花岗片麻岩为主,夹少量黑色斜长角闪岩条带,中-粗粒结构,块状或片麻状构造。上覆岩体厚度 865.48~1 058.2 m,平均厚度 961.84 m。围岩岩体完整,裂隙较发育,主要结构面产状走向 NW340°,倾向 NE/SW,倾角 65°,地下水状态为干燥。勘察期围岩类别以Ⅲ类为主,局部Ⅱ、Ⅳ类,开挖揭露围岩评分 T=71 分,围岩类别为Ⅱ类,应力强度比为 2.53,调整后围岩类别为Ⅲ类,实际开挖断面为Ⅲ类。根据开挖揭露地质条件和地下水出露情况,确定外水压力系数为 0~0.20,外水压力为 0~2.25 MPa,平均值 1.13 MPa。拱顶及右侧拱肩发生轻微-中等岩爆,剥落深度 10~45 cm,局部达 0.5 m。该段为高地温洞段,主要表现为沿钻孔有蒸气喷出,且蒸气自揭露的裂隙持续喷出,经测量为水蒸气,压力表现为沿钻孔喷出达 2~3 m,且有喷气的声响。蒸气喷出的裂隙和断层见表 2-6。

表 2-6　　蒸气喷出裂隙及断层统计

编号	裂隙产状			张开宽度/cm	类型	描述	揭露桩号	地热表现特征
	走向	倾向	倾角/(°)					
jy5	NE10°	SE	84	20~100	压扭	主要由碎裂岩、角砾岩、石英脉组成,泥钙质胶结,沿断层有热蒸气喷出	Y8+070—Y8+080	该洞段空气温度 45 ℃,岩壁温度 60 ℃,裂隙及破碎带岩壁温度达 92 ℃
jy6	NW340°	NE	72	60~100	压扭			
jy7	NW344°	SW	57	30~50	压扭			
F6	NW320°	NE	72	20~30	压扭		Y8+038	沿断层 F6 有蒸气向外喷出,隧洞温度上升,通风条件下,空气温度达到 40 ℃,岩壁下部温度达到 72 ℃,岩壁上部温度达到 88 ℃以上;蒸气沿钻孔喷出达 2 m 以上,随着排放时间增加蒸气压力基本消失

3.1.2　桩号 Y9+100—Y10+520

表 2-7 为桩号 Y9+100—Y10+520 段工程地质围岩类别。

表 2-7　　桩号 Y9+100—Y10+520 段工程地质围岩类别

桩号		总评分/分	围岩类别	应力强度比	地应力调整后围岩类别
起	止				
Y9+100	Y9+820	79	Ⅱ	2.48	Ⅲ
Y9+820	Y9+935	76	Ⅱ	2.29	Ⅲ
Y9+935	Y9+997	80	Ⅱ	2.49	Ⅲ
Y9+997	Y10+355	76	Ⅱ	2.42	Ⅲ
Y10+355	Y10+430	77	Ⅱ	2.88	Ⅲ
Y10+430	Y10+520	61	Ⅲ	3.01	Ⅲ

分段围岩特征描述如下:

桩号 Y9+100—Y9+820,段长 720 m,洞向 NE56°;开挖揭露岩性为加里东中晚期侵入岩体(γ_3^{2-3}),以似斑状片麻状花岗岩或花岗片麻岩为主,夹少量黑色斜长角闪岩条带,中-粗粒结构,块状或片麻状构造;上覆岩体厚度 460.7~1 027.30 m,平均为 744.0 m;围岩岩体完整,裂隙不发育,主要裂隙产状走向 NW305°,倾向 NE/SW∠75°,沿少数裂隙有渗水现象;勘察期围岩类别以Ⅳ类为主,以Ⅲ类设计断面开挖,开挖后揭露围岩总评分 T=79 分,应力强度比为 2.48,应力强度比调整后围岩类别为Ⅲ类;根据开挖揭露地质条件和地下水出露情况,确定外水压力系数为 0.10~0.40,

外水压力为 0.98～3.90 MPa，平均值为 2.44 MPa。存在高地温现象，自桩号 Y9+200 起岩壁温度最高 98 ℃，空气温度超过 50 ℃。该处部分裂隙渗水，使得温度较 3#施工支洞下游低一些。

桩号 Y9+820—Y9+935，段长 115 m，洞向 NE56°；开挖揭露岩性为加里东中晚期侵入岩体（γ_3^{2-3}），以似斑状片麻状花岗岩或花岗片麻岩为主，夹少量黑色斜长角闪岩条带，中-粗粒结构，块状或片麻状构造；上覆岩体厚度 977.40～1074.20 m，平均为 1 025.80 m；围岩岩体完整，裂隙较发育，主要裂隙产状走向 NW290°，倾向 NE/SW∠74°，沿少数裂隙渗水；勘察期围岩类别以Ⅳ类为主，以Ⅲ类设计断面开挖，开挖后揭露围岩总评分 T=76 分，应力强度比为 2.29，应力强度比调整后围岩类别为Ⅲ类；根据开挖揭露地质条件和地下水出露情况，确定外水压力系数为 0.10～0.40，外水压力为 1.03～4.10 MPa，平均值为 2.56 MPa。存在高地温现象，岩壁温度超过 60 ℃，空气温度超过 30 ℃。

桩号 Y9+935—Y9+997，段长 62 m，洞向 NE56°；开挖揭露岩性为加里东中晚期侵入岩体（γ_3^{2-3}），以似斑状片麻状花岗岩或花岗片麻岩为主，夹少量黑色斜长角闪岩条带，中-粗粒结构，块状或片麻状构造；上覆岩体厚度 969.70～977.40 m，平均为 973.55 m；围岩岩体完整，裂隙不发育，主要裂隙产状走向 NW315°，倾向 NE/SW∠78°，沿少数裂隙渗水；勘察期围岩类别以Ⅳ类为主，以Ⅲ类设计断面开挖，开挖后揭露围岩总评分 T=80 分，应力强度比为 2.49，应力强度比调整后围岩类别为Ⅲ类；根据开挖揭露地质条件和地下水出露情况，确定外水压力系数为 0.10～0.40，外水压力为 0.97～3.89 MPa，平均值为 2.43 MPa。存在高地温现象，岩壁温度超过 60 ℃，空气温度超过 30 ℃。

桩号 Y9+997—Y10+355，段长 358 m，洞向 NE56°；开挖揭露岩性为加里东中晚期侵入岩体（γ_3^{2-3}），以似斑状片麻状花岗岩或花岗片麻岩为主，夹少量黑色斜长角闪岩条带，中-粗粒结构，块状或片麻状构造；上覆岩体厚度 875.40～1 106.09 m，平均为 990.75 m；围岩岩体完整，裂隙较发育，主要裂隙产状走向 NW315°，倾向 NE/SW∠67°，沿裂隙渗水、滴水；勘察期围岩类别 Y10+140 前以Ⅳ类为主，Y10+140 之后以Ⅱ类为主，局部Ⅲ、Ⅳ类，以Ⅲ类设计断面开挖，开挖后揭露围岩总评分 T=76 分，应力强度比为 2.42，应力强度比调整后围岩类别为Ⅲ类；根据开挖揭露地质条件和地下水出露情况，确定外水压力系数为 0.25～ 0.60，外水压力为 2.48～5.94 MPa，平均值为 4.21 MPa。存在高地温现象，岩壁温度超过 60 ℃，空气温度超过 30 ℃。

桩号 Y10+355—Y10+430，段长 75 m，洞向 NE56°；开挖揭露岩性为加里东中晚期侵入岩体（γ_3^{2-3}），以似斑状片麻状花岗岩或花岗片麻岩为主，夹少量黑色斜长角闪岩条带，中-粗粒结构，块状或片麻状构造；上覆岩体厚度 818.00～ 875.40 m，平均为 846.70 m；围岩岩体完整，裂隙不发育，主要裂隙产状走向 NW340°，倾向 NE/SW∠67°，洞段干燥；勘察期围岩类别以Ⅱ类为主，局部Ⅲ、Ⅳ类，以Ⅲ类设计断面开挖，开挖后揭露围岩总评分 T=77 分，应力强度比为 2.88，应力强度比调整后围岩类别为Ⅲ类；根据开挖揭露地质条件和地下水出露情况，确定外水压力系数为 0～0.20，外水压力为 0～1.69 MPa，平均值为 0.85 MPa。岩壁温度超过 40 ℃，空气温度超过 28 ℃。

桩号 Y10+430—Y10+520，段长 90 m，洞向 NE56°；开挖揭露岩性为加里东中晚期侵入岩体（γ_3^{2-3}），以似斑状片麻状花岗岩或花岗片麻岩为主，夹少量黑色斜长角闪岩条带，中-粗粒结构，块状或片麻状构造；上覆岩体厚度 770.20～818.00 m，平均为 794.10 m；围岩岩体完整，裂隙较发育，且发育挤压带，主要裂隙产状走向 NW350°，倾向 NE/SW∠68°，沿裂隙或挤压带滴水、线状流水；勘察期围岩类别 Y10+500 之前以Ⅱ类为主，局部Ⅲ、Ⅳ类，Y10+500 之后Ⅳ类，局部Ⅲ类，以Ⅱ类设计断面开挖，开挖后揭露围岩总评分 T=61 分，应力强度比为 3.01，应力强度比调整后围岩类别为Ⅲ类；根据开挖揭露地质条件和地下水出露情况，确定外水压力系数为 0.25～0.60，外水压力为 1.99～4.76 MPa，平均值为 3.37 MPa。岩壁温度超过 40 ℃，空气温度超过 28 ℃。

3.2　隧洞内高地温温度及气体量测

3.2.1　高地温温度实时测量

截至 2013 年 6 月 30 日,3#施工支洞下游掌子面向下游开挖桩号 Y8+400(省略字母“Y”,简称 8+400,余同),4#施工支洞上游掌子面向上游开挖桩号 9+000。实时测量的空气温度和岩壁温度记录见表 2-8。图 2-2 和图 2-3 为空气温度和岩壁温度随桩号的散点图。

表 2-8　　高地温洞段温度测量记录

桩号		空气温度/℃		岩壁温度/℃		测量点数
起	止	最高	最低	最高	最低	
7+010	8+430	61	27	112	27	478
9+105	10+348	47	30	77	37	375

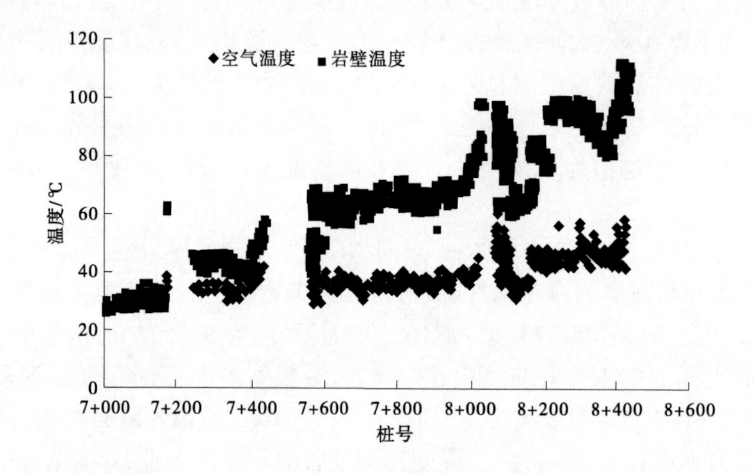

图 2-2　桩号 7+000—8+600 洞段开挖后岩壁与空气温度测量记录散点图

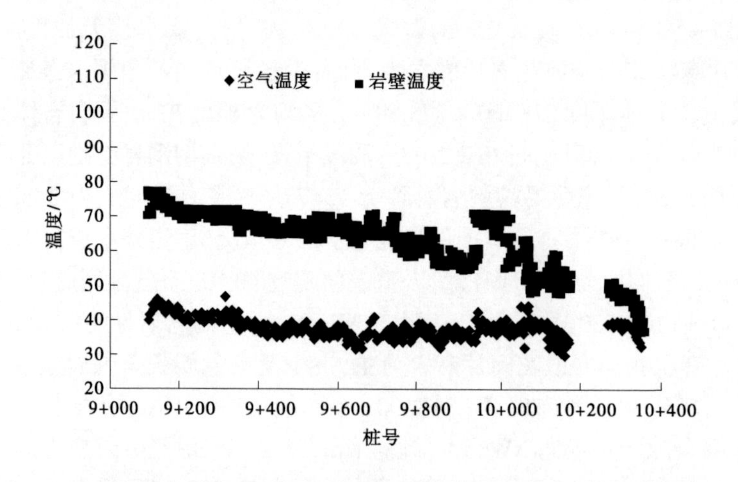

图 2-3　桩号 9+000—10+400 洞段开挖后岩壁与空气温度测量记录散点图

3.2.2　高地温洞段开挖后岩壁温度测量

为了解高地温洞段的岩壁温度在开挖后的变化情况,进行了岩壁温度测量,具体为 3#施工支洞下游自桩号 7+000 起每隔 100 m 测量岩壁温度，4#施工支洞上游自桩号 10+500 起每隔 100 m 测量岩壁温度。测量结果见表 2-9 和表 2-10。图 2-4 和图 2-5 为测量记录散点图。

表 2-9　　桩号 7+000—8+400 不同桩号岩壁温度测量记录

桩号	2013 年 2 月 20 日岩壁温度/℃	2013 年 6 月 19 日岩壁温度/℃	开挖后岩壁温度/℃	开挖日期
7+000	30	32	27	2011 年 9 月 1 日
7+100	31.5	33	30	2011 年 9 月 30 日
7+200	32.5	34.5	64	2011 年 10 月 22 日
7+300	34	35.5	44	2011 年 12 月 16 日
7+400	35	38	39	2012 年 2 月 15 日
7+500	37	40	57	2012 年 5 月 1 日
7+600	39	41.5	49	2012 年 7 月 21 日
7+700	43.5	43	66	2012 年 8 月 22 日
7+800	45	46	64	2012 年 9 月 15 日
7+900	45	47	61	2012 年 10 月 9 日
8+000	46.5	51	75	2012 年 10 月 30 日
8+100	52	54	86	2013 年 2 月 13 日
8+200	52	56	90	2013 年 3 月 31 日
8+300	52	56	97	2013 年 4 月 30 日
8+400	52	56	94	2013 年 5 月 27 日

表 2-10　　桩号 9+100—10+500 不同桩号岩壁温度测量记录

桩号	2013 年 2 月 25 日岩壁温度/℃	2013 年 5 月 19 日岩壁温度/℃	2013 年 6 月 19 日岩壁温度/℃	开挖后岩壁温度/℃	开挖日期
9+100	—	—	44	—	—
9+200	—	46	45	71	2013 年 5 月 17 日
9+300	—	44	44.5	70	2013 年 4 月 22 日
9+400	—	43.5	42	68	2013 年 2 月 6 日
9+500	44	42	43.5	67	2013 年 1 月 15 日
9+600	43.5	40.5	41	69	2012 年 12 月 25 日
9+700	41.5	39	40	65	2012 年 12 月 1 日
9+800	41	39	38	63	2012 年 11 月 10 日
9+900	38.5	37	36.5	55	2012 年 10 月 16 日
10+000	36	36	37	70	2012 年 9 月 5 日
10+100	35	34	35.5	51	2012 年 8 月 3 日
10+200	33	33	34	50	2012 年 5 月 1 日
10+300	32	31	33	46	2012 年 4 月 1 日
10+400	29.5	28.5	33	37	2012 年 3 月 1 日
10+500	28.5	27		26	2012 年 1 月 1 日

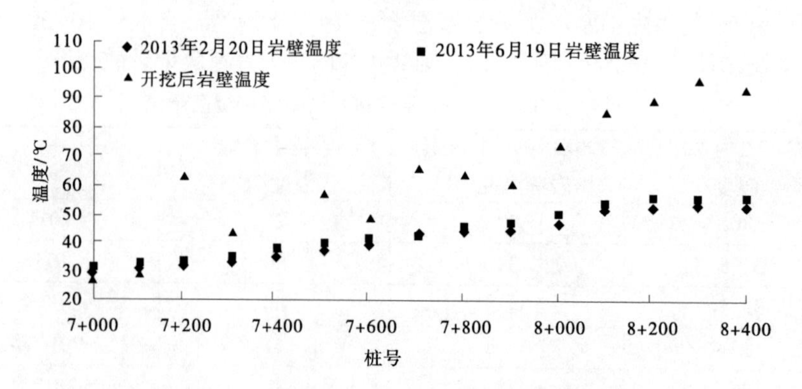

图 2-4　桩号 7+000—8+430 洞段岩壁温度测量记录散点图

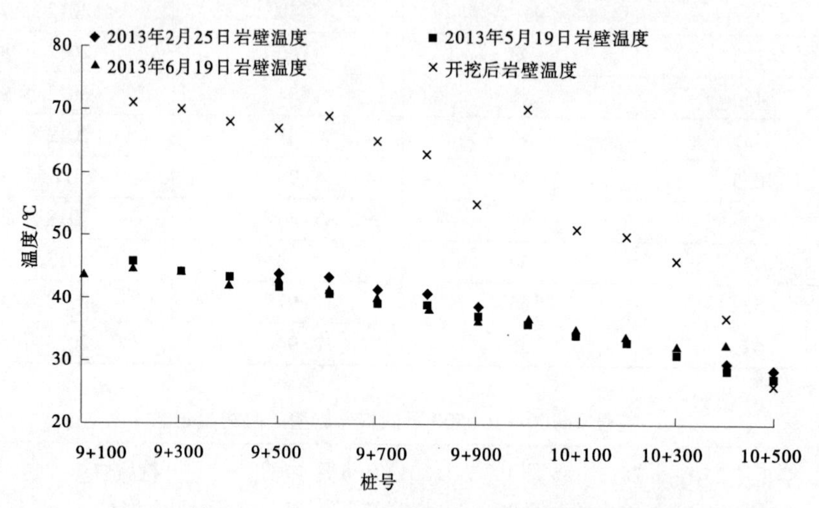

图 2-5　桩号 9+000—10+500 洞段岩壁温度测量记录散点图

3.3　高地温表现特征

水电站引水隧洞最大埋深达 1 720 m,大多数洞段围岩为较完整的片麻状花岗岩,地应力高,地下水贫乏,易于热量积聚,且不利于散失。施工过程中已经发现洞内岩体温度最高达 95 ℃,沿裂隙喷出的蒸气温度最高达到 170 ℃,且有一定压力。在不断通风情况下空气温度仍在 60 ℃以上。由此造成的恶劣工作环境导致工人晕厥、爆破炸药哑炮现象屡次发生,对工人和工程施工造成极大的安全隐患。

具体表现如下:

(1)洞壁岩体温度高。自桩号 Y7+100 起,开挖后洞壁和掌子面温度达到 35 ℃,空气温度达到 30 ℃。桩号 Y7+100—Y8+000(总长 900 m)洞段范围内温度呈现出逐渐增高的趋势,最高达到 72 ℃。

(2)裂隙或断层出水的水温高。桩号 Y10+400 洞段,沿裂隙滴水或线状流水,水温一般在 45 ℃以上。

(3)沿裂隙或断层带喷蒸气。桩号 Y8+038—Y8+110 洞段发育 4 条断层,断层产状 NW320°,倾向 SW,倾角近直立,宽度一般在 0.5~1 m,与洞线走向垂直,对洞壁稳定影响不大,但有蒸气自断层喷出,有一定压力,且温度极高,蒸气温度最高达到 172 ℃,实属罕见。

(4)空气温度高。岩壁温度高的洞段,空气温度高于 28 ℃,按标准或规程规范规定达到高地温的限值。

3.4　高地温的危害

高地温对隧道工程的不利影响主要表现在:①恶化施工作业环境,降低劳动生产率,并严重威胁到施工人员的健康和安全;②影响到施工及建筑材料的选取,如耐高温炸药、止水带、排水盲管及防水板等;③产生的附加温度应力还可能引起衬砌开裂,对衬砌结构的安全及耐久性不利;④洞室内的高温高湿将导致机械设备的工作条件恶化、效率降低、故障增多。

洞内温度超过 30 ℃时,对施工会造成极大的影响,一般包括以下几方面:

(1)洞内温度高,湿度大,工人容易中暑,设备在高温环境下效率降低极大,从而导致施工效率大大降低。

(2)掌子面岩体温度高,最高达到 92 ℃,在此温度下,爆破用乳化炸药极易融化,从而造成补炮现象频繁;另外,在岩体温度超过 55 ℃时,使用普通硝铵炸药会产生膨胀,导爆管将产生不可恢复的变形,将出现哑炮或炸药失效的情况,造成极大的安全隐患,严重影响开挖进度。

(3)高温热水的喷溅危害。断层高温带往往伴随有地下温泉,一旦发生大流量高温热水,对人体和机械都将产生极大的危害。

(4)影响测量精度。温度对测量仪器的影响是比较大的,在高温情况下,湿度较大,测量仪器在放线时易产生误差。

(5)影响一次支护质量。本工程中高地温洞段有时会发生岩爆,洞壁温度高,由于喷混凝土是薄壁结构,岩壁温度过高,会将喷混凝土的水分蒸发掉,在其初凝前硬化。桩号 Y7+700 洞段出现了岩爆区防护采用喷射混凝土失效的现象。

上述分析认为,高地温洞段对隧洞的影响主要集中在施工过程,而对于隧洞贯通后的衬砌混凝土质量以及运行期冷热循环条件下衬砌混凝土的耐久性尚需进一步研究。

3.5　高地温应对措施

对于隧洞开挖遇到的高地温洞段,本工程采用了如下措施:

(1)洒水降温。在岩壁温度低于 50 ℃的洞段,采用向洞壁和掌子面喷洒凉水的方式使温度有效降低,但在岩壁温度超过 50 ℃的洞段,凉水容易雾化,反而增加了洞内的湿度,产生闷热的感觉。

(2)加强通风。通风量的大小和风速对洞内空气温度影响较大。如在桩号 Y7+800 洞段,掌子面开挖后岩壁温度已达到 72 ℃,空气温度保持在 65 ℃,采用盖亚风机对洞内加大通风量,并增加风速,空气温度基本保持在 40 ℃左右;降低温度的同时使洞内空气温度也得到净化,并降低了空气湿度。3#主洞下游洞口按照正常的施工条件采用 2×75 kW 的通风机,主洞桩号 Y6+900 的位置架设 5×55 kW 的通风机,两处风机进行接力通风,但随着隧洞进入地热段,地温不断升高,原有的配置不能很好满足现场正常生产的条件;经各方面对比分析得出:可采用盖亚通风机代替原有的通风设备,一站式通风。

(3)冰块降温。本工程中采用冰块降温的方式起到了一定的效果,通过将冰块放置在通风口,使冰块融化吸热,并将冷空气加速循环,使得洞内温度得到有效降低,缺点是需要建造制冰系统,保证系统正常运行的费用较高。

(4)必要时要采用耐高温炸药和其他火工材料,以避免因哑炮造成安全问题。

(5)对高地温洞段加强超前地质预报,采用超前地质钻探和物探技术验证前方地质条件,避免因岩体不完整而造成高温地下水的涌出,在本工程中要注意高温气体的喷出。

截至 2013 年 7 月,采用的通风和其他降温措施已达到极限,不能起到良好的降温效果,使得掌子面温度仍保持在 50~60 ℃。

4　高地温形成原因分析

4.1　高地温产生的机理

深埋长隧洞由于其埋深大、穿越不同的地质单元多,因而除需要解决一般浅埋隧道的工程地质问题外,还有一系列特殊的或较浅埋隧道更为严重的工程地质和地质灾害问题,在本工程中高地温问题尤为突出。如前所述,地温超过 30 ℃时,称为高地温。地温一般随隧道埋深的增加而升高,当埋深小于 1 000 m 时,地温起伏变化不大;当埋深大于 1 500 m 时,随着深度的增加,地温将急剧升高。从国内外高地温隧道实践情况来看,当原始岩温达 35 ℃、湿度达 80%时,深埋隧道中的高地温问题已非常严重。

隧道工程中若产生高地温问题,一方面会恶化作业环境,降低劳动生产率,并严重威胁到施工人员的生命安全;另一方面将影响到施工材料的选取(如耐高温炸药)和混凝土的耐久性;而且由于产生的附加温度应力还将引起衬砌开裂,严重影响隧道的稳定性。

深埋长隧洞及地下工程施工过程中的地热热源来源于两大方面,一类是工程地质条件引起的地热,另一类是施工过程中机械设备放热产生的施工期地热。相对来讲,后者通过加强通风可以解决,而对于天然状态下可能诱发的高地温问题则需要进行专门的研究和采取相应的施工措施方能保证施工的顺利进行。

工程地质条件引起的地热问题包括以下几方面:

(1)深部热循环产生的地幔对流;

(2)岩浆活动;

(3)邻近火山或隧洞穿越火山灰部位;

(4)干热岩;

(5)放射性元素裂变热热源。

4.2　地球深部热循环产生的地幔对流形成高地温

地球深部热循环产生的地幔对流,包括深部岩浆活动产生的热量通过地幔介质传导至工程部位而产生高地温。我国新疆西部的布伦口-公格尔水电站引水隧洞和齐热哈塔尔水电站引水隧洞高地温属于此类。

4.2.1　布伦口-公格尔水电站引水隧洞

布伦口-公格尔水电站引水隧洞前段高地温埋深很浅,属于浅部地壳地温场,根据中国科学院地质研究所地热组邓孝等专家的研究,浅部地壳地温场的形成,基本上属于地球内热的热流分配,其影响因素甚多,归纳起来主要有 3 组:①以区域热流值所反映的深部地热背景;②由地质结构不均一性所导致的热传导条件的空间变化;③局部附加热源的存在与否及其规模和强度。

区域大地热流量及研究成果确认,大陆区域热流分布与区域地质构造单位的性质和年龄密切相关,即古老的稳定地块热流值低,而年轻的构造活动性强的区域热流值高。这反映出不同性质和构造年龄的地质单位深部热背景有差别,这种差别的出现在很大程度上是由于地幔热流分量的不同引起的。布伦口-公格尔水电站地处帕米尔强烈隆起区、塔里木坳陷区和昆仑山隆起区三大新构造单元汇聚区。由于受印度洋板块不断向欧亚板块强烈挤压作用,昆仑山主体及帕米尔处于不断隆升的状态,区域新近纪以来新构造运动十分强烈,区域热流较高。

当代地球物理及地质勘探成果表明，地壳结构在横向上和垂向上的不均一性是普遍存在的，地壳浅部地质结构的不均一性导致热传导条件的空间变化和不均匀性，其结果使来自地壳深部较为均匀的热流密度在地壳浅部的重新分配和温度场的复杂变化。F2 断层带、沿 F2 断层走向呈窄条带状分布的石墨片岩及 F2 断层带附近岩体中所夹的石墨片岩都可能会使来自地壳深部较为均匀的热流密度在地壳浅部重新分配，形成局部高地温现象。

在地壳浅部可能存在的附加热源是：①岩石高放射元素含量的生热；②地下水活动的热效应。根据对存在高地温问题的 2#施工支洞内所做的放射性元素调查，支洞内围岩放射性元素含量很低，放射性元素衰变产生的热量不会引起高地温现象，故可以排除放射性元素生热。目前虽在存在高地温现象的 2#、3#、4#三条施工支洞内均未见地下水，但不排除沿 F2 断层运移的地下水存在的地下水活动热效应。因而产生高地温的原因主要为高区域热流值背景下地质结构的不均一性导致热传导条件的空间变化和不均匀性，热流密度向热阻小（热传导条件较好）的局部区域相对集中。

根据对存在高地温现象的 2#、3#、4#三条施工支洞周围的地形地貌、地层岩性、地质构造、放射性元素、水文地质条件等的调查并结合可研阶段资料，发现有石墨片岩沿 F2 断层走向呈窄条带状分布，条带宽 5~10 m（见图 2-6）。另据磨片鉴定，2#、3#、4#三条施工支洞围岩岩性为云母石英片岩夹有石墨片岩，含有 5%~35%的石墨，由于石墨的高导热性，使地壳深部热源热量沿 F2 断层不断被传导至地表，形成局部高地温现象。

图 2-6　沿 F2 断层石墨片岩呈条带状出露

4.2.2　齐热哈塔尔水电站引水隧洞

齐热哈塔尔水电站引水隧洞则由于深部热循环加热使地下水处于沸腾状态，由此产生的蒸气沿裂隙传播，在隧洞施工过程中揭露裂隙后表现为有压水蒸气自裂隙喷出。

根据目前揭露的隧洞内的高地温的表现形式及温度测量情况，该工程的高地温为地球深部热循环产生的地幔对流而引起，由于地球深部的热循环导致地下水受热，使得地下水处于沸腾状态，沿切割深度较大的构造在地表出露，于是在地表形成温泉，温泉温度 67 ℃，该工程中出露高程为 2 587 m，低于隧洞洞线 100 m。

由于岩体的整体块状特性，不利于地下温度的消散，而又无地表水补给，使得深部热循环加热后的地下水无法排放，而压力又不足以达到隧洞高程，在开挖过程中揭露了导热构造（包括断层或裂隙），使得蒸气自该构造以水蒸气的形式喷出，称为“高压锅理论”。受岩体导热系数的影响，有一定的范围受高温影响。

4.3　火山热热源

火山供给的热的来源是地下岩浆集中处的热能产生的热水,这种热水(泉水)成为热源,又将热供给周围的岩层。当隧道或地下工程穿过这种岩层,就有发生高温、高热的现象。

以日本安房公路隧道为例,隧道上方的安房岭是由阿寒棚火山口喷出的熔岩和火山砂等火山喷出物和中、古生层组成的安房山的边界形成的。因此,该隧道在开挖过程中出现高地温现象是不可避免的。

4.4　放射性元素裂变热热源

根据文献介绍,由于地壳内岩石中含有放射性物质,其裂变热产生地温,地下增温率以所处的深度不同而异,其平均值为 3 ℃/100 m。假定地表温度为 15 ℃,地下增温率以 3 ℃/100 m 计,覆盖层厚 1 000 m 深处的温度为 45 ℃。这说明在有放射性存在的地区,即使没有火山热源供给也有发生高温、高热问题的可能性。

5　高地温条件下岩石物理力学性质研究

5.1　研究背景

温度变化会对岩石的力学行为包括岩石的变形、破坏和失稳形式等方面产生影响。由于绝大多数岩石在一定程度上存在着裂隙,广泛地存在微细观的缺陷和裂纹,在承受一定荷载或受热时,不可避免地会在其内部产生一定量的微细观裂纹,并随着温度的升高而逐渐扩展、贯通,在一定程度上表现为材料受力性能的恶化直至破坏,说明温度升高对岩石造成了损伤。温度的升高导致岩石和流体介质活化,促使岩石变形破坏机制发生变化,使其易于塑性流动;同时,在高温环境下,岩石变形的时间效应问题更加突出,作用时间的延长为岩石介质的活化提供了条件,促进了岩石由脆性向延性破坏的过渡。然而由于岩石中矿物成分、结构不同,即内部微裂纹的发育程度、分布形式和产状要素的差异,岩石的强度及变形特性受温度的影响极其复杂。不同岩石的强度、变形表现出不同的温度特性,即使同一种岩石在不同的地质及赋存条件下,其温度响应特性也会存在巨大的差异。温度异常造成岩石(体)物理力学特性的变化,进而影响岩体的强度,岩体强度是评定岩体质量和确定地下洞室围岩稳定的重要指标。

在能源、地质、土木等众多工程领域中,地热的开发与利用、高放射性核废料的地层深埋处理、地下矿山煤和瓦斯爆炸,以及大都市圈大深度地下空间的开发利用等工程所处的地质环境-周围岩体均可能经历一定的高温,这就需要考虑岩石在高温下的物理力学性质,其相关力学参数是岩石地下工程开挖、支护设计、围岩稳定性分析不可或缺的基本依据。长期以来,国内外许多学者在高温岩体基本物理力学参数试验测定、变形机理、岩石破坏准则、本构关系、热裂化及岩石损伤破坏机理研究等方面做了大量研究,并取得了有理论意义和实用价值的研究成果。

5.2　温度对岩石力学性能影响研究现状

岩体在超出常温的环境下,所表现出来的变形特征和力学行为有着明显的区别。温度每变化1 ℃可以产生 0.4~0.5 MPa 的地应力变化,温度升高所产生的地应力变化对岩体的力学性质将产生较大影响。在深部条件下,许多坚硬的岩石往往会出现大的位移和变形,并且还具有明显的流变特征,温度在其中有着重要的作用。20 世纪 70 年代以来,国内外学者在温度作用对岩石力学特性的影响方面进行了长期的研究,取得了大量的成果。

寇绍全研究了 20~600 ℃不同温度热处理对 Stripa 花岗岩变形及破坏特性的影响,结果表明:Stripa 花岗岩的力学性质特征量随热处理温度升高有非同寻常的变化,产生这些变化的机理尚不清楚,需要从内部细观结构损伤来解释。Simpson 对花岗岩在高温下的脆韧性转变行为进行了分析。林睦曾等对安山岩、花岗岩、石英粗面岩等岩石的弹性模量随温度的变化进行了研究,结果表明:300 ℃为这些岩石弹性模量受温度影响的临界值,当低于这个温度时下降明显,而超过这个温度时变化不大。Oda M 等测试了岩石在温度作用下的单轴抗压强度、抗拉强度、弹性模量、泊松比以及断裂特性等物理力学性质,得到了岩石的基本力学特性随温度的变化规律和岩石的破坏机理。刘泉声等从花岗岩弹性模量随温度的变化规律入手,提出了热损伤的概念,在此基础上导出了热损伤演化方程和一维 TM 耦合弹脆性损伤本构方程,并讨论了损伤能量释放率随温度的演化规律。

通过高温下的单轴和三轴抗压蠕变试验，研究了三峡花岗岩单轴应变和黏聚力随温度和时间的变化响应，反映了温度和时间对三峡花岗岩变形特性和强度特性的影响规律，提出了拟合三峡花岗岩单轴应力-应变关系和变形特性的力学模型及其黏聚力随温度和时间变化的经验公式。桑祖南等进行了辉长岩脆-塑性转化及其影响因素的高温高压试验研究，指出辉长岩在 600 ℃时以脆性破裂为主，700~850 ℃时为半脆性变形，含微破裂，900 ℃以上表现为塑性变形。在试验温度压力范围内，辉长岩的强度主要取决于温度和应变速率，同时受围压影响，辉长岩的成分、结构对岩石的力学性质和变形机制有显著影响。上海交通大学王颖轶、夏小和等采用液压伺服刚性岩石力学试验系统，研究了大理岩在常温至 800 ℃高温作用下的应力-应变全过程特性，比较系统地分析了高温作用对大理岩的刚度、峰值强度、峰后特性及残余强度等的影响；试验结果表明：随着温度的升高，岩石的总体刚度、单轴抗压强度降低，表现出了明显的软化特性，峰后特性及残余强度宏观上表现出由脆性向塑性的渐次演化，这些结果在一定程度上反映了大理岩在温度作用下其内部结构变化的基本规律。吴忠等对 44 块鹤壁六矿煤层顶板砂岩试件在高温下和高温后的力学性质进行试验研究，揭示砂岩的强度和变形特征随温度的变化规律；试验结果表明：随温度升高，高温下和高温后砂岩的弹性参数均逐渐降低，但总体变化趋势相似，个别试件的弹性参数在 400 ℃前高于常温状态；两者相比，高温后砂岩的峰值强度、弹性模量和变形模量有所提高，两者受温度影响均以脆性破坏为主。朱合华等通过单轴压缩试验，对不同高温后熔结凝灰岩、花岗岩及流纹状凝灰角砾岩的力学性质进行了研究，分析比较 3 种岩石峰值应力、峰值应变及弹性模量随温度的变化规律，并研究了峰值应力与纵波波速、峰值应变与纵波波速的关系。左建平等研究了不同温度作用下平顶山砂岩的热开裂，结果表明：温度低于 150 ℃时，砂岩几乎不发生热开裂；温度从 150 ℃升高到 300 ℃过程中发生热开裂；同时，基于三点弯曲试验研究不同温度影响后平顶山砂岩的特征参量，提出一种新的分析岩石材料性能的参数——数值弹性模量，并由此把热损伤分为 4 个阶段，不稳定热损伤阶段、初始热损伤阶段、稳定热损伤阶段和快速热损伤阶段；并借用混凝土结构工程的概念，采用延性比来判别热处理后砂岩的脆-延转变特性，该值大于 2 时砂岩开始具有延性性质。张志镇等通过实时高温加载和高温后冷却再加载两种情况下的单轴压缩试验，对不同高温下花岗岩的力学性质进行了研究，分析了两种情况下单轴抗压强度、弹性模量、纵波波速、剪切滑移应变等随温度的变化规律。

当前，国内外学者对花岗岩、大理岩、盐岩、砂岩等在常温及高温作用冷却后的力学性能进行了比较多的研究。人们一般关注高温的影响，因为核废料贮存过程中，会产生 200~300 ℃的高温，地震工程考虑的温度则在 500 ℃以上。地下工程围岩的温度一般小于 100 ℃，在工程中很少受到重视，实际上该范围内的温度对岩石性质同样有影响。

5.3 温度对岩石力学特性影响机理

当岩石受到变温的作用时，其对温度的敏感性反映在多个方面：①宏观上，温度变化引起组成岩石的矿物颗粒和胶结物发生膨胀（收缩）；②微观上，由于矿物颗粒的胀缩作用，改变了岩石内部的微结构，岩石内部出现微裂纹；③在一定的温度条件下，矿物颗粒的物理性质甚至矿物结构及成分发生改变。

岩石对温度的敏感性主要依赖于组成岩石的矿物颗粒，矿物颗粒对温度的敏感性反映在胀缩作用上，一般矿物表现为热胀冷缩，然而有些矿物表现相反的性质，如方解石晶体平行 C 轴和垂直 C 轴方向的热膨胀系数差别十分明显，平行 C 轴方向表现为热胀，垂直 C 轴方向表现为热缩。

由于组成岩石的矿物颗粒的复杂性，而且矿物颗粒的排列是随机的，即岩石是非均质、非均匀的矿物集合体，岩石中各种矿物在高温条件下的热膨胀系数各不相同，所以岩石受热后各种矿物颗粒的变形也不同。然而,岩石作为一个连续体,为了保持其变形的连续性,内部各矿物颗粒不可能相应地按各自固有的热膨胀系数随温度变化而自由变形,因此矿物颗粒之间产生约束,变形大的受压缩,变形小的受拉伸。由此在岩石中形成一种应力,称之为热应力。当加热到一定温度使得岩石内部产生的热应力超过岩石颗粒之间的抗张应力屈服强度时,岩石内部结构就会发生破坏,从而产生新的微小裂缝。另外,由于颗粒的胀缩反应,颗粒间的孔隙性状也会发生改变。因此可以看出,胀缩作用及由此引发的热应力是岩石内部微结构发生改变的主要原因。

岩石的微结构性质如粒度大小、孔隙和微裂纹对温度的响应表现不同。由于小粒径颗粒之间的接触面积大,抗张强度大,大粒径颗粒之间的接触面积小,抗张强度小,因此粒度大小对温度的敏感性取决于颗粒的几何尺度。另外,粒度对差异膨胀具有放大作用。孔隙和原生裂纹可以为膨胀提供自由膨胀空间,减少膨胀对岩石的损伤。需要特别指出,热加载时是否存在静水压力具有不同的结果,如围压条件下,热加载导致的裂纹明显低于无围压时的裂纹密度。

岩石微结构的改变程度与岩石的性质有关。陈颙(1980年)用美国 Westerly 花岗岩进行热开裂试验,所用岩石样品直径是1.91 cm,长度是3.81 cm,加热的速率范围是0.4~12.5 ℃/min,当温度加热到60~70 ℃时,岩石产生热开裂。然而有些岩石对温度变化并不敏感,如某些碳酸盐岩,只有当温度超过400 ℃时才会明显产生裂纹并影响渗透率。M. Lion 根据对石灰岩150 ℃和250 ℃热处理细观试验结果,发现孔隙率和处理前完全一样,渗透率几乎没有改变,通过扫描电镜对热处理前后的岩石进行微观结构分析,证明孔隙系统的形态没有发生改变,Homand 等在鲕粒状石灰岩上的试验结果亦如此。然而,当温度超过400 ℃后,无论是显微结构还是宏观渗透系数都发生了较大的变化。

温度对岩石影响的另一个方面表现为矿物颗粒的物理性质及颗粒结构和成分的改变。矿物中一般都存在吸附水、层间水和结构水。吸附水和层间水与矿物的结合比较松弛,在100~200 ℃下即可脱出,而脱出晶格中结构水的温度则高达400~800 ℃。一般来说,矿物中各种水分子的体积与岩石的孔隙体积相比是不可忽略的。当加热温度低于热开裂阈值温度时,岩石的主要变化是吸附水和层间水的变化。这些水赋存于微小孔隙中,因而岩芯渗透率和孔隙度的变化较小。随着温度的升高,岩石介质活化和塑性成分增加,从而促进岩石由脆性向延性转化,使得矿物结构和成分发生变化。当温度高于阈值温度后,组成矿物出现脱水和相变,氢基、羟基或水产生晶内扩散,微裂纹端部水发生聚集和水解作用以及其他物理、化学反应,这些因素使得微裂缝迅速扩展,导致岩石孔隙结构发生变化,从而增加和改善了流体流动通道,使岩石渗透率和孔隙度变化幅度增加。另外,矿物颗粒脱炭的温度在700 ℃左右,高温的脱炭作用完全改变了矿物的结构,因此岩石的力学特性不具有可比性。由于工程温度相对较低,可以不考虑矿物成分的改变,而矿物颗粒中的水分子的流失却不可忽视。

由上面分析可知,温度对岩石物理特性的改变是显而易见的。岩石的力学特性与岩石的物理特性密切相关。岩石在加载过程中,历经原生微裂隙(孔隙)压密、颗粒骨架弹性变形、裂隙滑移张开及扩展到失稳破坏等阶段。温度的变化对岩石物理性质的改变与温度变化大小有关,而物理性质的改变与岩石固有物理性质的共同作用影响岩石的力学特性。因此,研究温度与岩石力学特性之间关系时,必须结合温变大小和岩石的性质。例如,虽然温度升高可以使矿物颗粒膨胀变形,如果岩石内部存在足够的孔隙和裂隙空间,矿物颗粒膨胀不仅不会产生裂纹,甚至使原有裂纹闭合,其作用效果对岩石的强度特性和变形特性甚至有强化作用。再者,温度升高导致岩石内部水分子的流失可以提高裂纹面的抗剪力,从而提高岩石强度。反之,当温度较高时,孔隙率较低的新鲜完整的结晶岩石因膨胀会在晶体周围形成微裂纹,从而弱化岩石的强度特性。

5.4　温度作用下片麻状花岗岩力学特性试验研究

5.4.1　试验设备及试验方法

5.4.1.1　试验设备

试验利用 TOPINDUSTRIE 自适应全自动岩石三轴试验机(见图 2-7)进行。该试验机由控制系统、油源、轴压系统、围压系统、渗流系统、温度系统 6 个部分以及各种传感器组成,传感器部分包括位移、载荷、压力、温度等专业测量元件,是一套多功能的精密仪器设备。该系统可用于岩石和混凝土等材料在应力、温度、渗流、化学耦合条件下的力学(流变)试验,操作简便,自动化程度高,可以采用 3 种不同控制模式的加载方式:位移控制、速率控制、荷载控制,同时可应用于土木工程、水电、石油和地矿等测试领域。

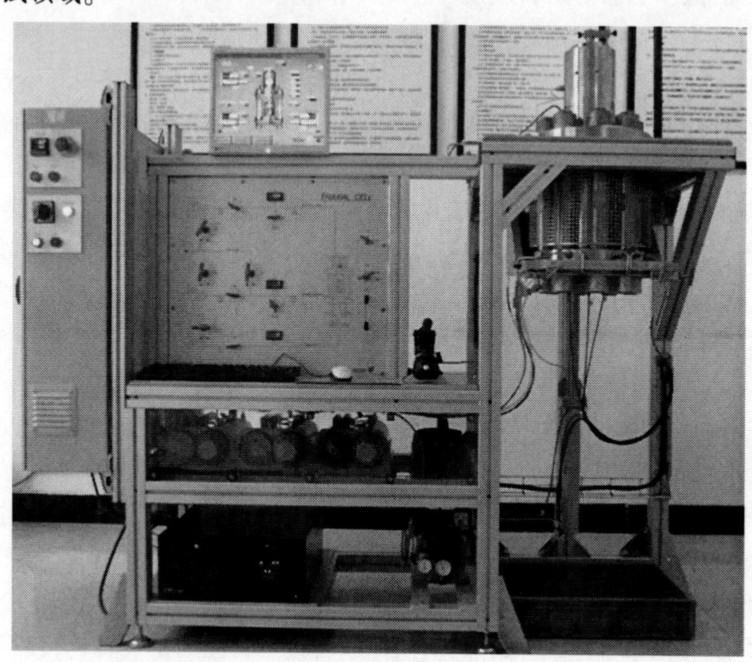

图 2-7　TOPINDUSTRIE 自适应全自动岩石三轴试验机

岩石三轴试验机采用高精度的温度控制装置,控制精度可达±0.1 ℃,采用加热元件直接缠绕在压力室表面给压力室加热的方式。温度可以使用软件进行控制,同时也可以通过温控面板进行控制。

该试验机的主要技术规格如下:

(1)三轴压力室。

①可容纳试样尺寸:最大直径 50 mm,高度 100 mm。

②压力室最大压力:600 bar。

③最高操作温度:90 ℃。

④偏压室承受最大压力:1 000 bar。

⑤压力室内部直径:140 mm。

⑥压力室内部高度:190 mm。

⑦2 个 LVDT 传感器和一个径向位移传感器用于测量试样的实际变形。

(2)高压液压泵。

①轴向高压液压泵:1 000 bar。

②围压和孔压高压液压泵:600 bar。

③体积容量:56 mL。

④最大流速:16.7 mL/min。

⑤轴向高压液压泵最小流速:0.000 84 mL/min。

⑥围压和孔压高压液压泵最小流速:0.000 63 mL/min。

5.4.1.2　试验方法

本次试验为片麻状花岗岩岩样在不同温度条件下的常规三轴压缩试验。岩石为干燥试样,温度划分为30、40、50、60、70 ℃五级。围压设定为10、15、20、30 MPa四级。研究温度分别在30、40、50、60、70 ℃条件下,围压分别在10、15、20、30 MPa作用下岩石的力学性质。试验方案设计见表2-11。

表2-11　**岩石温度试验设计**

温度/℃	围压/MPa				试样个数合计
	10	15	20	30	
30	3	3	3	3	12
40	3	3	3	3	12
50	3	3	3	3	12
60	3	3	3	3	12
70	3	3	3	3	12
试样个数合计	15	15	15	15	60

该试验主要分为两个阶段,第一阶段为试样加热和恒温过程,装样完毕后,将试样放入压力室进行加热,至预定温度后,恒温6 h(确保试样受热均匀);第二阶段为加载过程,加载过程采用速率加载,围压加载速率15 bar/min,当围压加载至预定值后,维持围压不变,进行轴向加载,直至试件屈服破坏,轴向荷载的施加速率10 bar/min(确保采集峰值强度)。操作过程中可采集到偏压($\sigma_1-\sigma_3$)、围压σ_2、轴向应变ε_1、径向应变ε_2、温度T、时间t等数据,数据每5 s记录1次。

5.4.2　温度作用下片麻状花岗岩三轴压缩试验结果

本次试验总共测试了60个试件,试验所用到的片麻状花岗岩岩样均采自该工程引水隧洞洞段范围内,试样进行现场大岩块采取,然后在室内加工成圆柱试件,试件直径50 mm,高100 mm,高径比为2.0,自然风干。试件存在自然微裂隙、尺寸不标准等缺陷,使试验结果存在一定的离散性,给成果分析带来一定的误差和困难。通过试验得到了各试件的应力-应变曲线以及各试件三轴应力状态下的岩石力学性质参数结果,见表2-12~表2-15。需要做出说明的是,试验加载中途,由于橡胶皮套损坏,导致岩样受到孔隙水压力作用,所测相关参数失真,测试结果中用“—”表示。

由于每组岩样的应力-应变关系曲线具有相近的分布形式,本书仅列出围压为10 MPa时,30~70 ℃ 5个温度条件下片麻状花岗岩的轴向以及环向应力-应变关系曲线,如图2-8~图2-12所示。由于1#试件在加载中途橡胶皮套受损,三轴压力室中的液压油浸入试件,降低了试件的强度,改变了岩石试件的力学特性,所测试验数据失去真实性,因此图2-12只给出了1#、59#两个岩样的应力-应变关系曲线。

表 2-12　围压 10 MPa 片麻状花岗岩力学参数测试结果

温度/℃	编号	试件尺寸 Φ×h/(mm×mm)	峰值强度/MPa		弹性模量/GPa		泊松比	
			单块岩样	平均	单块岩样	平均	单块岩样	平均
30	12#	49.37×99.64	187.36	191.06	35.21	34.43	0.259	0.254
	28#	49.49×99.47	191.27		34.62		0.261	
	32#	48.56×100.33	194.55		33.45		0.243	
40	9#	49.29×99.61	165.38	171.13	33.23	33.69	0.259	0.264
	10#	49.36×98.69	175.35		34.15		0.268	
	51#	49.52×99.43	172.66		33.7		0.264	
50	14#	48.63×99.80	154.56	152.63	32.13	33.31	0.268	0.276
	58#	49.65×99.58	150.62		34.29		0.273	
	56#	49.64×99.68	152.71		33.5		0.286	
60	34#	49.52×100.08	137.29	140.03	30.17	32.16	0.278	0.281
	15#	49.37×100.08	142.49		33		0.283	
	54#	48.69×98.75	140.31		33.3		—	
70	59#	48.89×99.13	127.04	122.22	25.93	28.13	0.341	0.286
	4#	49.24×100.23	—		—		—	
	1#	49.27×100.03	117.39		30.32		0.231	

表 2-13　围压 15 MPa 片麻状花岗岩力学参数测试结果

温度/℃	编号	试件尺寸 Φ×h/(mm×mm)	峰值强度/MPa		弹性模量/GPa		泊松比	
			单块岩样	平均	单块岩样	平均	单块岩样	平均
30	6#	—	234.46	229.73	33.03	35.04	0.249	0.238
	33#	—	231.38		36.87		0.253	
	37#	—	223.36		35.23		0.213	
40	5#	49.35×99.87	198.85	199.62	35.11	34.75	0.287	0.253
	29#	—	200.31		34.88		0.176	
	43#	49.53×99.63	199.71		34.25		0.295	
50	20#	49.27×100.05	203.42	197.33	34.49	34.55	0.292	0.257
	40#	—	191.23		34.61		0.223	
	55#	49.58×99.90	—		—		—	
60	8#	48.79×99.53	177.99	180.35	33.78	33.71	0.275	0.275
	24#	—	182.71		33.63		—	
	38	49.62×100.32	—		—		—	
70	49#	49.62×99.31	154.39	158.41	33.12	32.18	0.426	0.285
	3#	49.56×99.62	166.24		32.15		0.206	
	7#	48.88×100.21	154.59		31.26		0.223	

表2-14　围压20 MPa片麻状花岗岩力学参数测试结果

温度/℃	编号	试件尺寸	峰值强度/MPa		弹性模量/GPa		泊松比	
		Φ×h/(mm×mm)	单块岩样	平均	单块岩样	平均	单块岩样	平均
30	53#	49.50×99.81	271.89	267.57	37.18	37.97	0.232	0.231
	11#	49.67×99.38	263.68		38.26		0.226	
	42#	49.55×99.72	267.15		38.47		0.235	
40	13#	49.83×100.71	228.35	234.09	37.05	37.58	0.259	0.247
	16#	48.66×100.09	232.36		37.45		—	
	21#	49.62×101.60	241.56		38.24		0.234	
50	36#	49.63×99.89	226.32	227.67	35.55	36.22	0.236	0.25
	44#	49.20×99.90	237.34		36.87		0.269	
	48#	49.36×100.21	219.36		36.23		0.246	
60	23#	48.71×98.55	209.44	208.95	32.77	33.61	0.259	0.262
	50#	49.55×99.63	206.84		34.45		0.264	
	2#	49.36×99.75	210.56		—		—	
70	39#	48.80×99.56	197.23	198.17	35.74	34.59	0.318	0.275
	17#	49.50×99.52	199.11		33.43		0.232	
	52#	—	—		—		—	

表2-15　围压30 MPa片麻状花岗岩力学参数测试结果

温度/℃	编号	试件尺寸	峰值强度/MPa		弹性模量/GPa		泊松比	
		Φ×h/(mm×mm)	单块岩样	平均	单块岩样	平均	单块岩样	平均
30	19#	48.64×99.55	280.63	282.96	37.25	36.75	0.233	0.212
	30#	49.51×100.39	280.87		34.74		0.182	
	41#	49.67×100.09	287.39		38.26		0.221	
40	45#	49.52×100.83	267.79	263.78	35.87	36.45	0.253	0.222
	27#	49.45×100.80	260.35		37.16		0.191	
	57#	49.36×99.62	263.19		36.31		—	
50	31#	48.63×97.93	258.99	256.04	37.75	37.04	0.181	0.229
	47#	48.63×100.00	252.99		36.14		0.241	
	35#	48.95×99.68	256.14		37.25		0.265	
60	25#	48.55×100.13	237.34	247.71	38.81	37.62	0.255	0.249
	22#	49.26×99.82	256.42		39.6		—	
	26#	49.91×99.86	249.38		34.46		0.243	
70	18#	48.56×99.62	235.12	241.52	35.23	35.7	0.254	0.268
	46#	49.76×99.97	247.92		36.16		0.282	
	—	—	—		—		—	

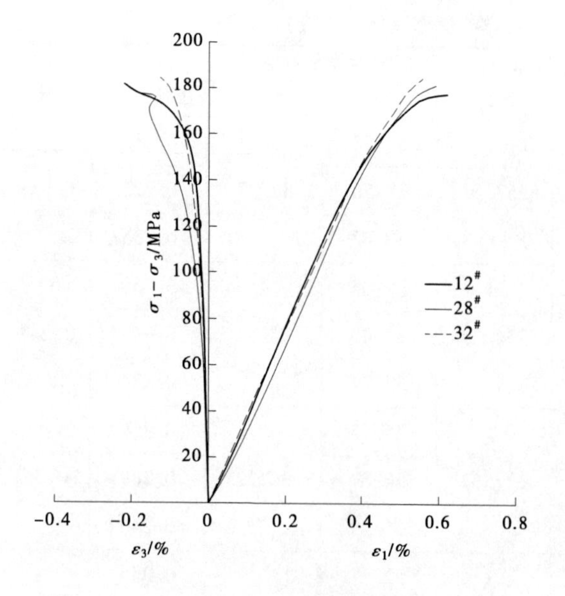

图 2-8　$\sigma_3=10$ MPa,$T=30$ ℃时片麻状花岗岩应力-应变曲线

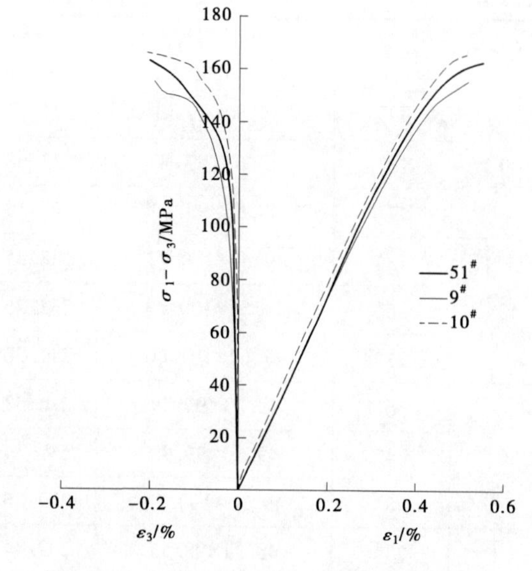

图 2-9　$\sigma_3=10$ MPa,$T=40$ ℃时片麻状花岗岩应力-应变曲线

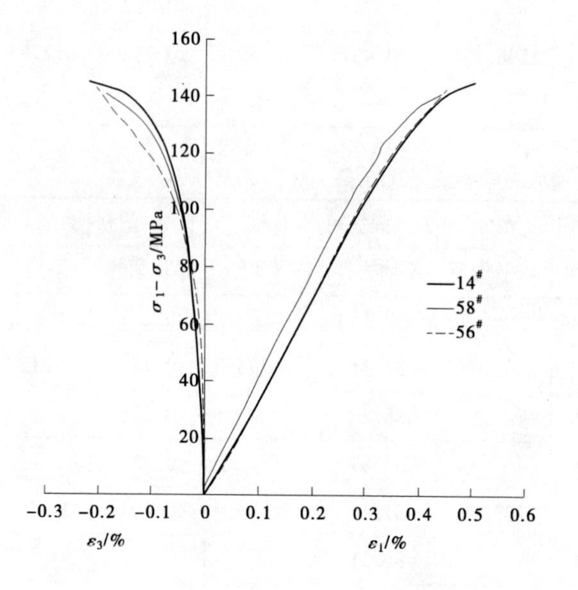

图 2-10　$\sigma_3=10$ MPa,$T=50$ ℃时片麻状花岗岩应力-应变曲线

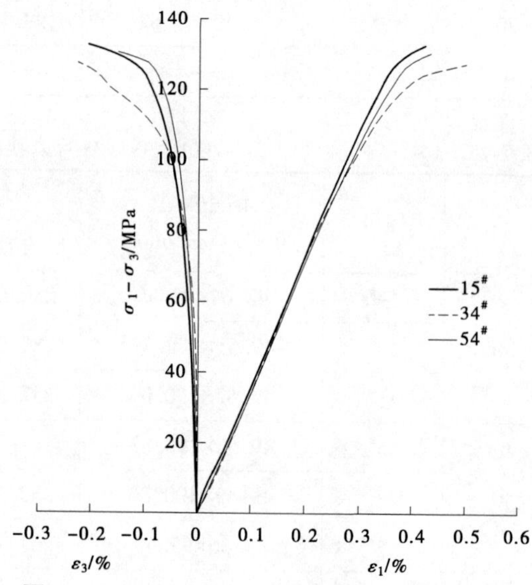

图 2-11　$\sigma_3=10$ MPa,$T=60$ ℃时片麻状花岗岩应力-应变曲线

通过试验得到了水电站工程引水隧洞段片麻状花岗岩考虑温度影响下的三轴抗压强度范围值122.22~282.96 MPa,平均值208.55 MPa。平均弹性模量范围值31.61~37.97 GPa,平均值34.93 GPa。泊松比范围值0.212~0.286,平均值0.256。另外,由温度作用下三轴试验看出,类似试件在相同试验条件下试验结果差异较大,这主要是由于试件内在微缺陷的存在在实验过程中宏观表现出来的。

5.4.3　考虑温度效应的岩石应力-应变关系曲线分析

本书分别列出了围压在10、15、20、30 MPa时不同温度作用下的应力-应变关系曲线,如图2-13~图2-16所示,图中给出了30、50、70 ℃三个温度级别的关系曲线。

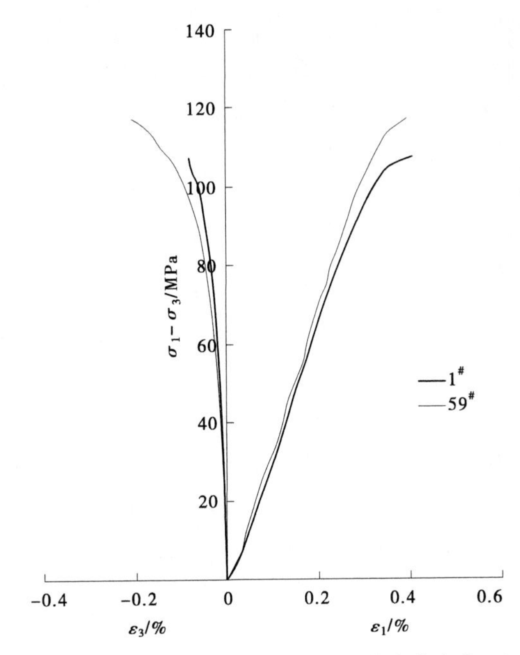

图 2-12　$\sigma_3=10$ MPa，$T=70$ ℃时片麻状花岗岩应力-应变曲线

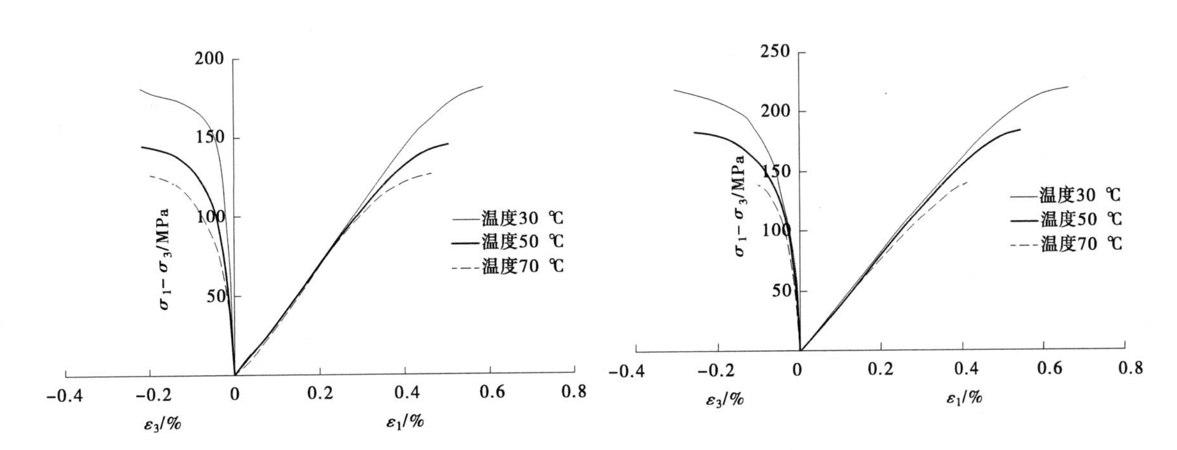

图 2-13　围压 $\sigma_3=10$ MPa 时不同温度下应力-应变曲线

图 2-14　围压 $\sigma_3=15$ MPa 时不同温度下应力-应变曲线

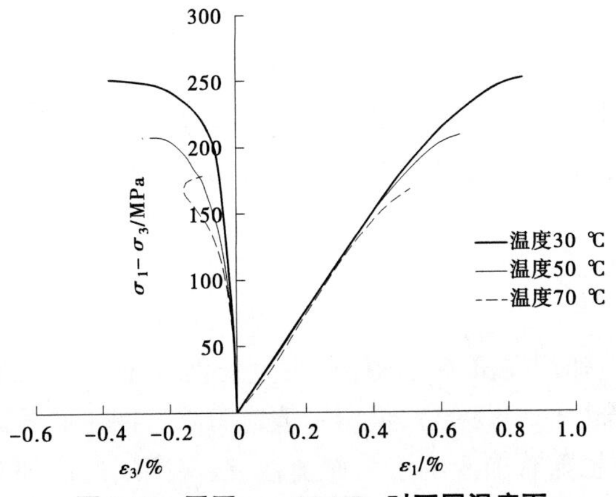

图 2-15　围压 $\sigma_3=20$ MPa 时不同温度下应力-应变曲线

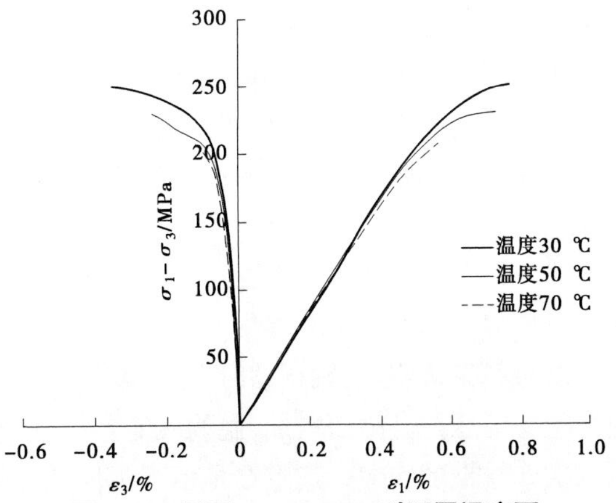

图 2-16　围压 $\sigma_3=30$ MPa 时不同温度下应力-应变曲线

实时温度作用下,片麻状花岗岩三轴压缩应力-应变大致经历以下几个阶段:微变形阶段、线弹性阶段、微裂纹演化阶段和裂纹非稳定扩展阶段。微变形阶段:该阶段应力-应变曲线略呈上凹状,对于自然状态下的岩石,其内部存在着大量分布不均的微观裂隙与微孔隙,在较低轴向应力的作用下,岩石内部微观裂隙在一定程度上逐渐闭合、微孔隙不断收缩,但曲线斜率随应力增加而逐渐增大的现象并不十分明显。加载之初,岩石内部的微缺陷受压闭合,岩石试件整体受力骨架形成。线弹性阶段:该阶段应力-应变曲线近似呈一条斜直线,随着轴向应力的增加,岩石内部微裂纹闭合及微空隙收缩到一定程度后不再进一步发展,同时,应力的作用又不足以产生新的裂纹或者迫使原有裂纹发生扩展演化。可以认为在该阶段岩石内部的微观缺陷基本不变,或者变化幅值很小、速率较为缓慢,弹性变形能不断聚集。由于该阶段应力-应变曲线具有较好的线性关系,弹性模量可以看作常数。微裂纹演化阶段:该阶段岩石的应力-应变曲线开始偏离直线发展,轴压的进一步增加,使得岩石内部裂纹尖端应力不断增加并达到了岩石的裂纹尖端应力强度因子。另外,岩石内部强度较低的微元在应力作用下开始破坏,形成新的裂纹缺陷。整体上表现出岩石的弹性模量略有降低。裂纹非稳定扩展阶段:该阶段应力-应变曲线向下弯曲,微裂纹扩展进入非稳态扩展阶段,岩样的轴向应变率及体积应变率增长迅速。在该阶段末,岩样的承载能力达到最大,即峰值强度。

从以上不同温度作用下片麻状花岗岩的应力-应变曲线图中可以看出:

(1)整体的应力-应变曲线形状几乎一致,都经历了微变形阶段、线弹性阶段、微裂纹演化阶段和裂纹非稳定扩展阶段,即总的变化趋势是相同的;

(2)随着温度的升高,片麻状花岗岩的抗压强度减小的同时,直线段的斜率有所降低,直观地说明了弹性模量也随温度的升高而降低;

(3)不同温度作用下,岩石试件的线弹性段占全应力-应变曲线的比例不同,其中以 30 ℃时的比例最大,随着温度的升高,线弹性段越来越短;

(4)应力-应变曲线在微变形阶段曲线斜率随应力增加而逐渐增大的现象并不十分明显,但在较小围压状态下曲线呈现出轻微的上凸,这主要是由于围压的作用使得岩样内部裂隙闭合;

(5)轴向应变随着温度的升高呈现出减小的趋势。

5.4.4　片麻状花岗岩峰值应力分析

5.4.4.1　围压作用下的峰值应力

围压对岩石峰值应力的影响在于增加了裂纹抗变形的能力,特别是抑制次生拉裂纹的产生和扩展。与其他岩石一样,片麻状花岗岩的强度受围压的影响明显,图 2-17 分别给出了不同温度条件下峰值应力 σ_1 与围压间的关系。

该水电站工程引水隧洞段片麻状花岗岩样的三轴峰值应力随着围压的升高呈非线性的增加。根据峰值应力与围压的关系,采用抛物线对试验数值进行拟合,不同温度条件下峰值应力与围压间关系采用式(2-1)进行拟合,不同温度下的拟合参数见表 2-16,试验测值和拟合结果对比如图 2-17 所示。

$$\sigma_1 = K_1\sigma_3^2 + K_2\sigma_3 + K_3 \tag{2-1}$$

式中　K_1、K_2、K_3——拟合参数。

试验结果表明:三轴压缩时,当温度为一恒定值,作用在试件上的围压发生变化时,试件的峰值应力随着围压的升高而增加,抛物线能够很好地拟合($R^2 \geqslant 0.993$),说明峰值应力随着围压的升高呈二次非线性的增加。这主要是由于试件的力学性能随着围压的增大而加强,侧向围压的增加有助于完整岩样内部裂隙、孔隙的闭合,增大了岩石的刚度,从而抑制损伤的发展,形成负损伤。

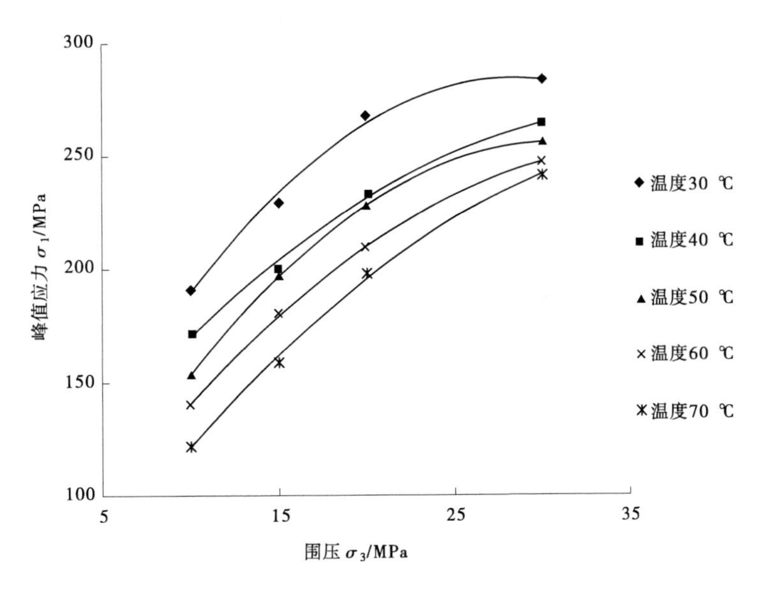

图 2-17　片麻状花岗岩峰值应力-围压关系曲线

表 2-16　　峰值应力随围压的拟合曲线参数

温度/℃	拟合参数			相关性
	K_1	K_2	K_3	R^2
30	-0. 279	15. 87	58. 68	0. 994
40	-0. 14	10. 35	80. 09	0. 993
50	-0. 238	14. 68	29. 94	0. 999
60	-0. 158	11. 69	39. 43	0. 999
70	-0. 141	11. 71	17. 93	0. 997

5.4.4.2　温度作用下的峰值应力

图 2-18 为围压分别为 10、15、20、30 MPa 时片麻状花岗岩的峰值应力与温度间的关系。从图 2-18 中可以看出，峰值应力随着温度的升高而降低。同理采用式(2-2)对试验数值进行拟合，不同围压下的拟合参数见表 2-17，试验测值和拟合结果对比如图 2-19 所示。

$$\sigma_1 = K_1 \ln T + K_2 \tag{2-2}$$

式中　K_1、K_2——拟合参数。

表 2-17　　峰值应力随温度的拟合曲线参数

围压 σ_3/MPa	拟合参数		相关性
	K_1	K_2	R^2
10	-79. 6	463. 6	0. 992
15	-76. 2	488. 1	0. 941
20	-78. 6	531. 6	0. 971
30	-47. 7	443	0. 983

试验结果表明：三轴压缩时，当围压为一恒定值，作用在岩石试件上的温度发生变化时，试件的峰值应力随着温度的升高而降低，规律变化明显，并不是简单的线性关系，说明温度对峰值应力的

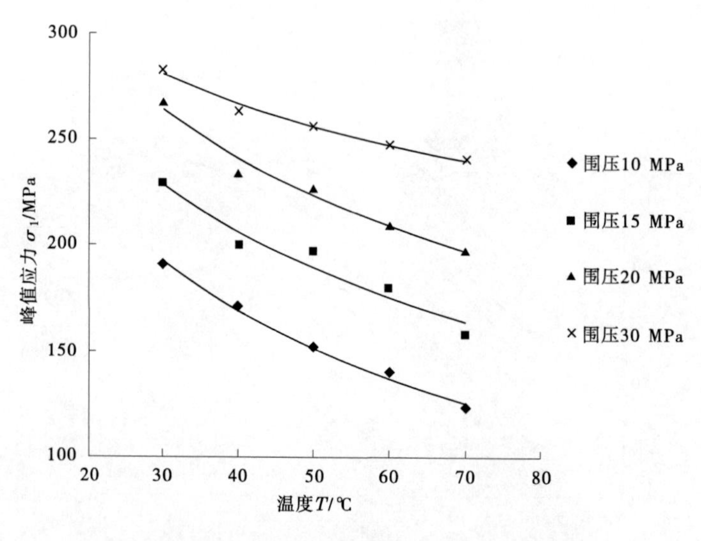

图 2-18　片麻状花岗岩峰值应力-温度关系曲线

影响比较复杂。采用式(2-2)能够较好地拟合出峰值应力同温度间的关系($R^2 \geq 0.941$),以围压 σ_3 = 15 MPa 为例,其峰值应力从 30 ℃的 229.73 MPa 下降到了 50 ℃的 197.33 MPa,降幅达 14.1%;70 ℃时又降到了 158.41 MPa,降幅达 31.05%,说明温度的作用使岩样内部产生损伤。温度致使岩样力学性能发生劣化,可能是片麻状花岗岩含有多种矿物成分,受温度影响,各种矿物颗粒的不同热膨胀系数以及各向异性颗粒的不同结晶方位的热弹性性质不同,引起跨颗粒边界的热膨胀不协调,由此在岩石中形成一种由温度引起的热应力。应力最大值往往发生在矿物颗粒的边界处,产生应力集中现象,如果此处的应力达到或超过岩石的强度极限,则沿此边界面的矿物颗粒之间的联结断裂,产生微裂纹;随着温度升高,这些裂纹形成网络,宏观上就表现在片麻状花岗岩力学性质的劣化。

围压为 10 MPa,温度从 30 ℃分别上升到 40、50、60、70 ℃时,片麻状花岗岩的峰值应力分别下降了 10.43%、20.11%、26.71%、36.03%,而围压为 30 MPa 时,降幅分别为 6.78%、9.51%、12.46%、14.65%。可以认为温度和围压对峰值应力的影响不是简单的叠加,而是呈现出复杂的关系,图 2-22 为片麻状花岗岩与温度和围压间的关系,反映了在温度、围压共同作用下片麻状花岗岩的强度特性。

5.4.5　片麻状花岗岩弹性模量分析

岩石材料的弹性模量是岩土工程设计中重要的性能参数,决定了岩石的刚度特性。从宏观角度上讲,岩石的弹性模量是衡量岩石材料抗变形能力大小的量度;从微观角度上讲,反映了岩石材料微观结构、晶体结构等相互间的结合强度,影响岩石材料弹性模量的因素有晶体结构、化学成分、微观组织、应力、温度等。

岩石弹性模量的求法有很多种,一般有切线模量、割线模量、平均模量之分。切线模量一般选取应力-应变曲线在原点或应力为岩样强度一半处的切线斜率,由于计算时牵涉两个小量的比值,其精度不易控制,目前应用较少。割线模量一般采用应力为岩样强度一半时应力与应变的比值,在单轴压缩试验的应力-应变曲线中,一般存在起始下凹部分,这体现了岩样内部裂隙的闭合过程。因此,割线模量受加载初期微裂隙闭合的影响,离散性较大不能反映受力和变形时材料的响应。另外,围压作用下岩石的强度产生相当大的变化,在研究变形特性方面缺少可比性。平均模量是应力-应变曲线中近似直线部分的斜率,受试验条件影响比较小,力学含义明确,已有试验证明,同一种岩样在不同加压方式如三轴、单轴、循环作用下,应力-应变曲线上直线段的斜率几乎相同,说明平均模量能够比较准确地反映岩石的变形特征。

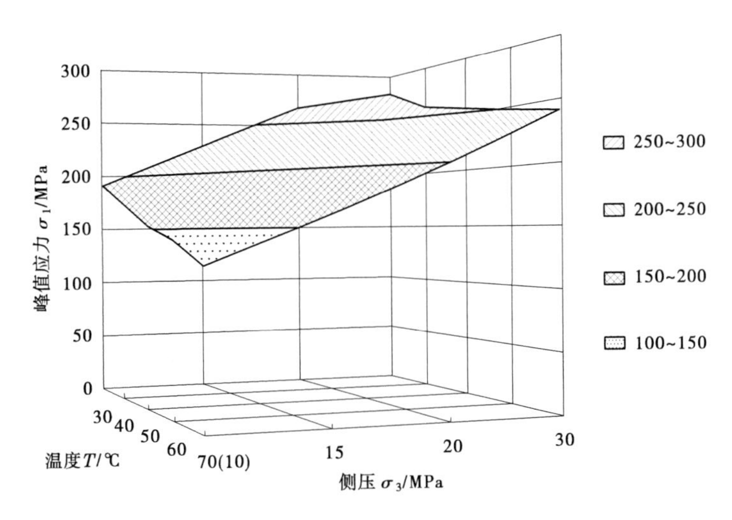

图 2-19　片麻状花岗岩峰值应力与温度、围压的关系

弹性模量的计算采用平均模量法，拟合曲线参数见表 2-18、表 2-19。并分别绘制了弹性模量 E 随围压 σ_3、温度 T 变化的关系曲线，如图 2-20 和图 2-21 所示。

表 2-18　平均弹性模量随围压的拟合曲线参数

温度/℃	拟合参数			相关性
	K_1	K_2	K_3	R^2
30	-0.026	1.275	23.43	0.765
40	-0.024	1.188	23.55	0.857
50	-0.013	0.755	26.71	0.973
60	-0.144	0.635	27.03	0.935
70	-0.006	0.529	26.63	0.914

表 2-19　平均弹性模量随温度的拟合曲线参数

围压 σ_3/MPa	拟合参数		相关性
	K_1	K_2	R^2
10	-2.72	43.54	0.927
15	-3.02	45.74	0.767
20	-5.31	57.78	0.986
30	-1.68	43.39	0.875

图 2-20 为温度分别为 30、40、50、60、70 ℃时引水隧洞段片麻状花岗岩平均模量与围压的关系曲线。当温度 T=30 ℃，围压 10~30 MPa 时，平均模量在 34.19~39.72 GPa（试验结果的平均值，下同）；当温度 T=40 ℃，围压 10~30 MPa 时，平均模量在 33.39~38.31 GPa；当温度 T=50 ℃，围压 10~30 MPa 时，平均模量在 33.04~36.93 GPa；当温度 T=60 ℃，围压 10~30 MPa 时，平均模量在 32.69~36.52 GPa；当温度 T=70 ℃，围压 10~30 MPa 时，平均模量在 31.61~36.47 GPa，变化幅度不大。采用式（2-3）对试验数值进行拟合，试验测值和拟合结果对比如图 2-20 所示。

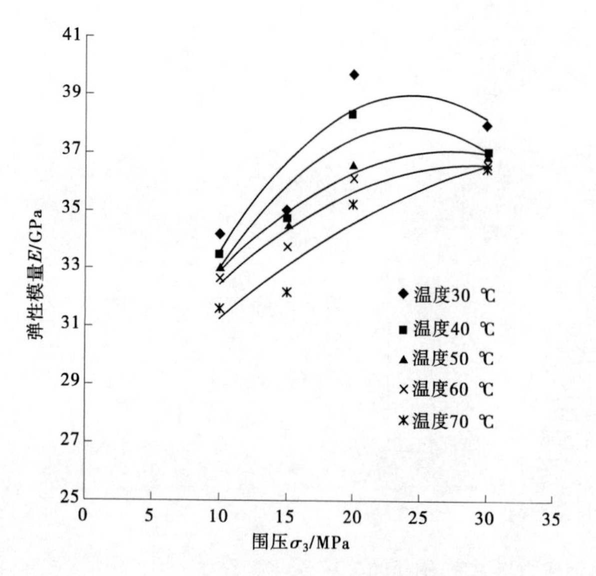

图 2-20　片麻状花岗岩弹性模量–围压关系曲线

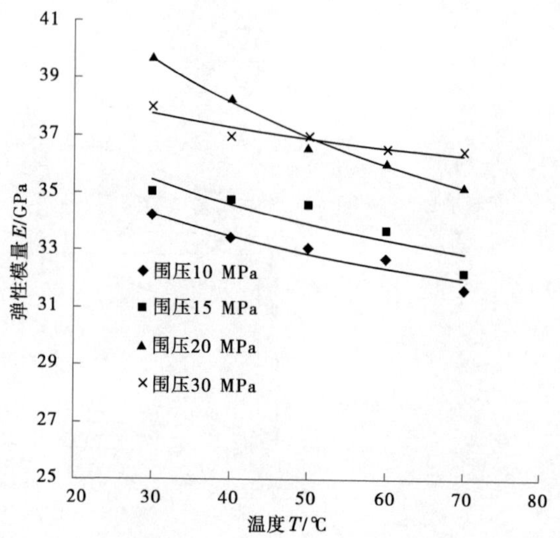

图 2-21　片麻状花岗岩弹性模量–温度关系曲线

$$E = K_1\sigma_3^2 + K_2\sigma_3 + K_3 \tag{2-3}$$

式中　K_1、K_2、K_3——拟合参数。

由表 2-18 中相关性的数值可以看出,除温度为 30 ℃(R^2=0.765)外,其余均能采用式(2-3)较好的拟合,从曲线的变化趋势看,当温度为以恒定值时,片麻状花岗岩平均模量随着围压的升高而加大,然而也存在例外,由温度在 30、40 ℃时的曲线可以看到,围压为 20 MPa 时的平均模量要低于围压为 30 MPa 时的,这主要是由于每个岩石试件内部结构存在较大差异,所做出的试验数据存在着一定的离散性,并不违背平均模量随围压升高而加大的理论。

图 2-21 为围压分别为 10、15、20、30 MPa 时片麻状花岗岩平均模量与温度的关系曲线。同理采用式(2-4)对试验数值进行拟合。不同围压下的拟合参数见表 2-19,试验测值和拟合结果对比如图 2-21 所示。

$$E = K_1\ln T + K_2 \tag{2-4}$$

式中　K_1、K_2——拟合参数。

说明采用式(2-4)能够较好地拟合平均弹性模量随温度的变化规律,如图 2-21 所示,三轴压缩,当围压一定时,试件的平均模量随着温度的升高而降低,围压为 20 MPa 时尤为明显,由 30~70 ℃的 5 个温度梯度中,平均模量从 30 ℃的 39.72 GPa 分别下降了 1.41、3.11、3.61、4.45 GPa,降幅分别为 3.55%、7.83%、9.09%、11.20%。通过比较分析,片麻状花岗岩的平均模量和峰值应力与温度间的关系具有某种程度上的相似性。温度在片麻状花岗岩内部产生热应力,造成一定的损伤,使其峰值应力降低的同时,弹性模量也相应减小。

5.4.6　片麻状花岗岩泊松比分析

根据应力–应变曲线,计算试样在不同温度不同围压状态下的泊松比,并绘制泊松比 v 随温度 T、围压 σ_3 变化的关系曲线,如图 2-22 和图 2-23 所示。泊松比取值采用轴向应力–轴向应变与轴向应力–横向应变关系曲线上两直线段的斜率之比,该取法比较符合泊松比的物理本质:试件弹性变形的横向变形与轴向变形比值的绝对值。

通过计算整理得到的片麻状花岗岩试样的泊松比与围压、温度之间的关系曲线发现,不同温压下片麻状花岗岩的泊松比变化趋势与弹性模量相反,泊松比随围压增大而减小,随温度升高而增大。

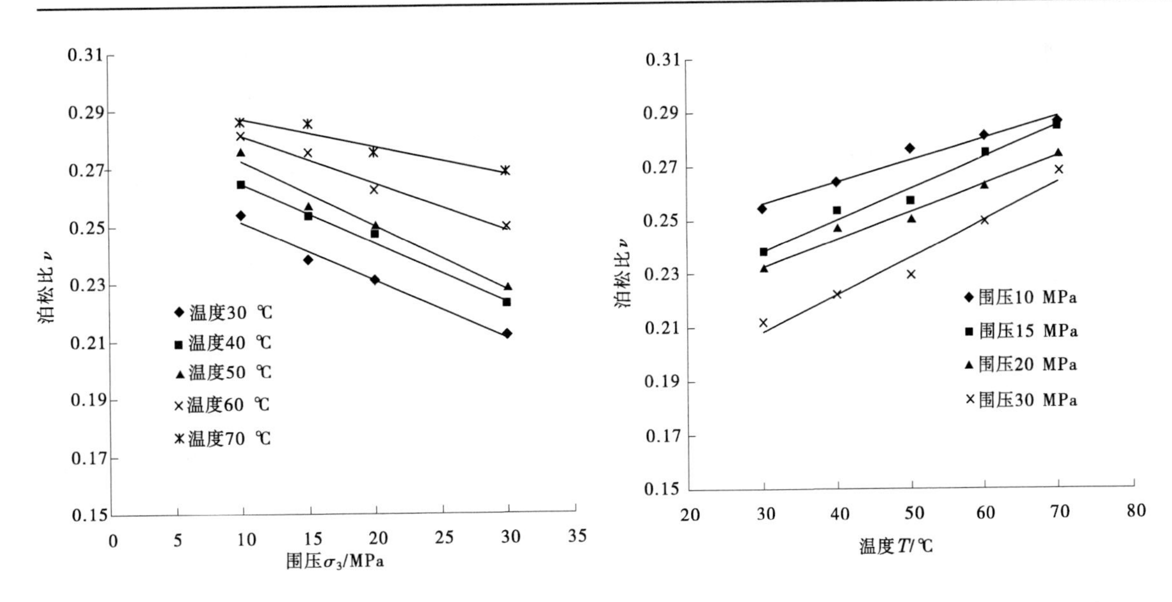

图 2-22　片麻状花岗岩泊松比-围压关系曲线　　图 2-23　片麻状花岗岩泊松比-温度关系曲线

5.4.7　片麻状花岗岩抗剪强度指标分析

根据岩石三轴试验成果，分别绘制不同温度下的 Mohr 圆，如图 2-24～图 2-28 所示。根据莫尔-库伦强度理论确定片麻状花岗岩在温度作用下的抗剪强度指标，不同温度下的抗剪强度参数见表 2-20。

表 2-20　片麻状花岗岩 c、φ 取值

温度/℃	c/MPa	φ/(°)
30	33. 07	41. 96
40	29. 12	40. 87
50	23. 54	43. 13
60	20. 09	43. 38
70	13. 47	45. 8

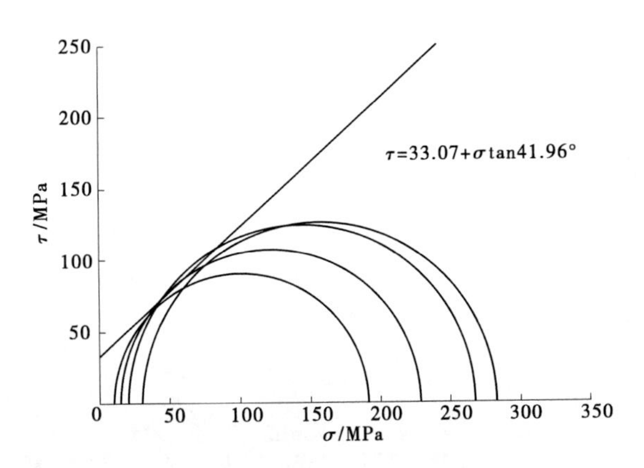

图 2-24　温度为 30 ℃时片麻状花岗岩的应力 Mohr 图

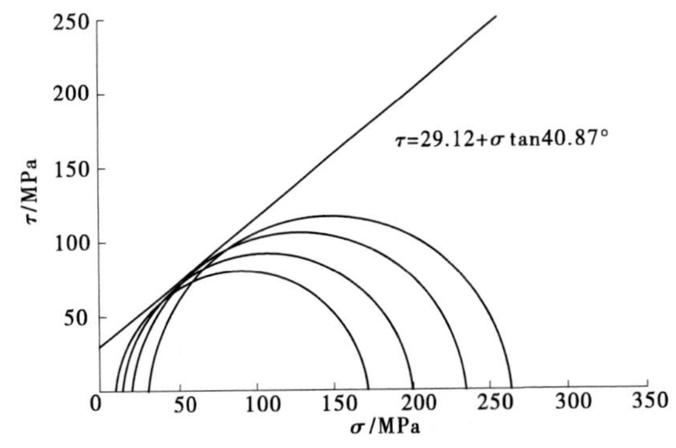

图 2-25　温度为 40 ℃时片麻状花岗岩的应力 Mohr 图

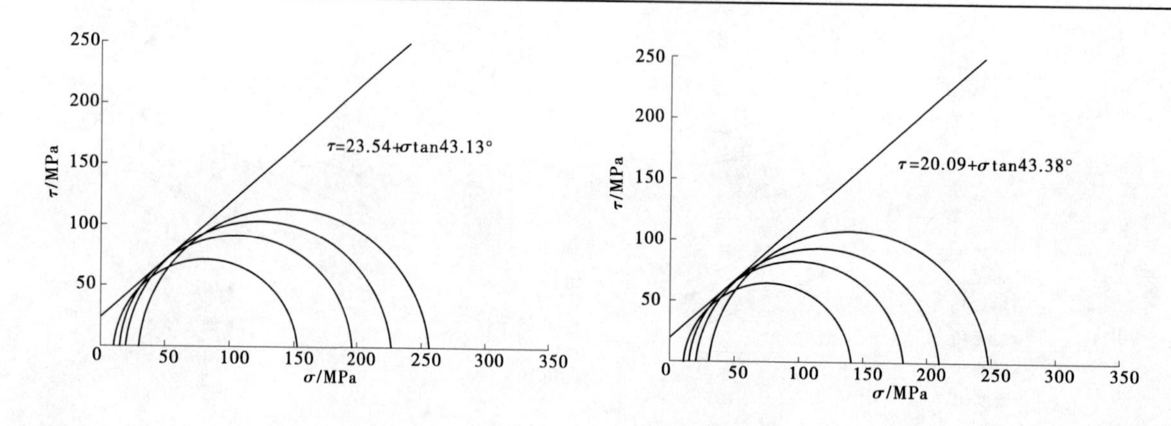

图 2-26　温度为 50 ℃时片麻状花岗岩的应力 Mohr 图　图 2-27　温度为 60 ℃时片麻状花岗岩的应力 Mohr 图

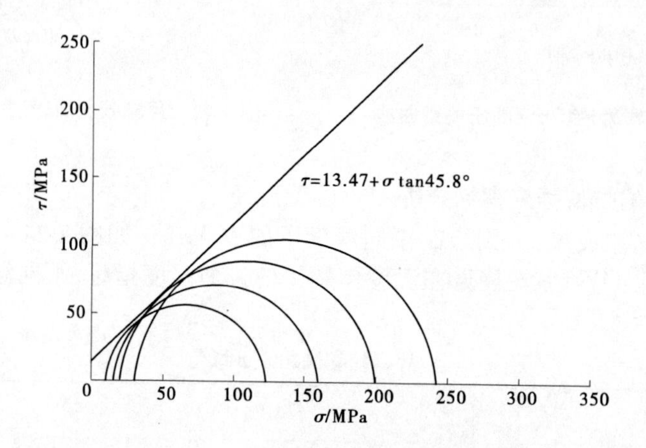

图 2-28　温度为 70 ℃时片麻状花岗岩的应力 Mohr 图

根据表 2-20 计算出的引水隧洞段片麻状花岗岩在不同温度条件下的抗剪强度指标，分别绘制黏聚力 c、内摩擦角 φ 与温度的关系曲线，如图 2-29 和图 2-30 所示。

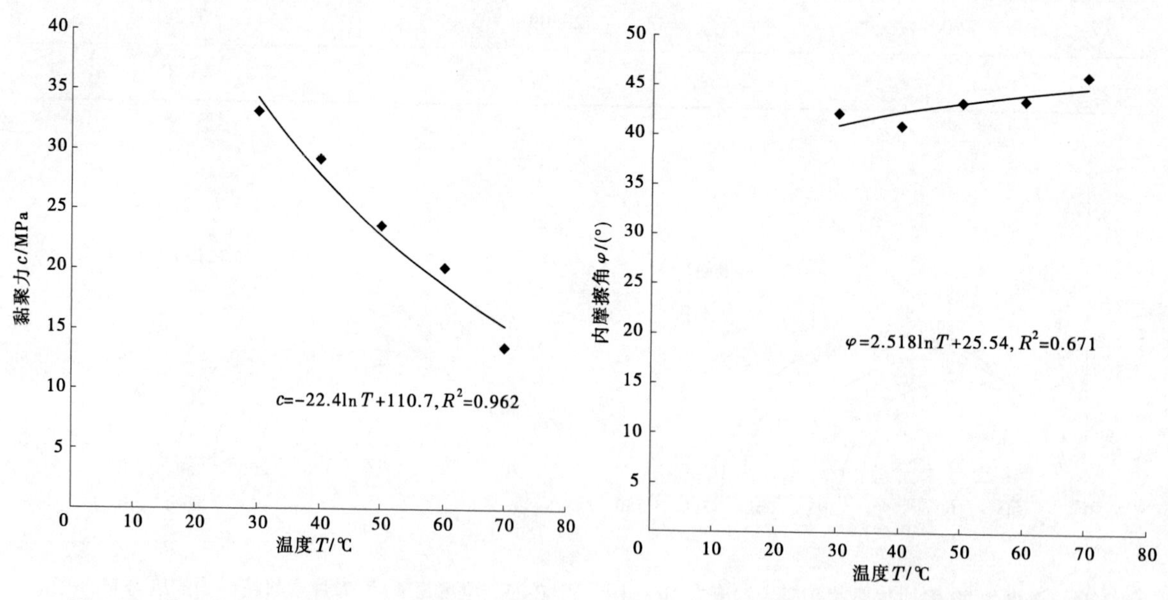

图 2-29　片麻状花岗岩黏聚力-温度关系曲线　图 2-30　片麻状花岗岩内摩擦角-温度关系曲线

由图 2-29 和图 2-30 分析得出:在常规三向压缩条件下,实时温度作用下片麻状花岗岩试件的黏聚力随着温度的升高而呈现出明显的下降趋势,70 ℃时的黏聚力只是 30 ℃时的 40.73%,造成这种现象的原因可能是随着温度的上升,分子的热运动加强,导致分子间的力减弱。而内摩擦角略有上升,变幅不大,最大变幅为 9.15%。

综上所述,在常规三向压缩条件下,实时温度作用下片麻状花岗岩试件的黏聚力随着温度的升高而呈现出明显的下降趋势,而内摩擦角略有上升,变幅不大,曲线拟合得到试件黏聚力、内摩擦角与温度的关系分别为:$c=-22.4\ln T+110.7$,$R^2=0.962$;$\varphi=4.518\ln T+25.54$,$R^2=0.671$。

5.4.8　岩石试件破坏特征分析

一般说来,单轴压缩时,岩石以张性破坏为主,随着围压的增加,岩石的破裂面与垂直方向的夹角逐渐增大,岩石破坏机制在于张拉和剪切共同作用,当围压达到一定程度时,岩石破裂以剪切为主,岩石破坏形态也从脆性到韧性转换。

图 2-31～图 2-34 为片麻状花岗岩在温度 40 ℃时部分岩样的破坏形态。在不同围压下,试样的主要破坏面为一条贯通的剪切面。剪切面与轴向夹角大多在 30°左右,随着围压的增大,略有增大。

图 2-31　围压 10 MPa 岩石破坏形态

图 2-32　围压 15 MPa 岩石破坏形态

图 2-35～图 2-40 分别给出了部分岩样在不同温度条件下的破坏形态,经过对比分析发现,随着温度的变化,片麻状花岗岩的破坏形态差异不大,均为一条贯通的剪切破裂面,除主破裂面外,试样表面出现多条平行于主破裂面方向的裂纹。说明引水隧洞段片麻状花岗岩在温度 30、40、50、60、70 ℃,围压 10、15、20、30 MPa 作用下,仍然以剪切破坏为主。片麻状花岗岩的变形形式、破坏机制尚未出现变化。

图 2-33　围压 20 MPa 岩石破坏形态

图 2-34　围压 30 MPa 岩石破坏形态

图 2-35　2#样破坏形态

图 2-36　14#样破坏形态

图 2-37　17#样破坏形态

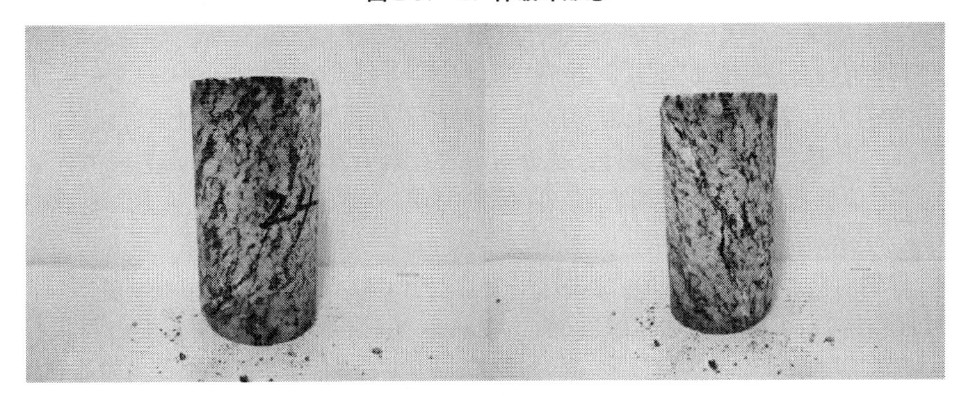

图 2-38　24#样破坏形态

图 2-39　44#样破坏形态

图 2-40　53#样破坏形态

6 高地温环境下隧道温度场和温度-应力三维数值模拟

6.1 温度场模拟

通过 ZSOIL 岩土软件,建立整个研究区段的三维有限元模型,模拟引水隧洞在开挖、喷射混凝土以及二次衬砌后通水运行期所选高地温段温度场的变化,以及温度-应力耦合作用下对围岩、喷射混凝土的影响作用。ZSOIL 是于 1982 年开发出来的,依托瑞典联邦理工学院、克拉科夫工业大学、加州大学伯克利分校和加州理工学院等高等院校的合作及其一流的学术研究水平,不断开发完善的一款用于岩土力学、地下结构工程开挖、土与结构相互作用以及地下渗流仿真模拟的数值分析软件,包括动力学、热力学和水分、湿度迁移分析。它在岩土力学和地基基础工程中有很好的应用,包括隧道工程、地下存储设施、地铁交通枢纽、采矿工程、公路开挖或回填、水利工程等的数值仿真模拟。

ZSOIL 软件前处理 Preprocessing 模块是一个类似于 CAD 的绘图平台,可以建立二维或者三维模型,同时自带的 Excavation Front 功能配合 Existence Function 和 Load Function 可以模拟地下工程,特别是隧道工程的开挖和卸荷过程;同时通过 Existence Function 可以模拟各种条件存在与不存在,从而实现对不同工况的模拟计算,譬如对隧洞的通水运营模拟;另外,通过 Load Function 功能可以设置材料参数的动态变化过程,譬如通过设置开挖后围岩弹性模量折减 20%来考虑开挖扰动破坏的影响。

ZSOIL 软件包括 Deformation 模块、Deformation+Flow 模块、Flow 模块、Heat 模块、Humidity 模块,从而实现对不同工程的数值计算。在温度场与应力场耦合计算中主要采用了 Heat 模块和 Deformation 模块,通过软件的 Analysis & Drivers 实现耦合计算。通过后处理 Postprocessing 模块可以输出温度场变化云图、应力场变化云图、温度与应力耦合的云图,同时可通过 marco 功能将整个或者所选计算周期内的各单元的变化的录像保存为. avi 格式的文件,从而可以很直观清楚地看到各单元的变化规律。

6.1.1 计算模型

岩石力学中所用的数值方法包括有限差分法、有限单元法、边界元法、半解析法、离散元法和无界元法等。以上数值方法都有各自的优缺点和适用条件,在实际运用中应具体问题具体分析,选用最为合理的方法。就岩土工程领域和矿山工程领域而言,目前在工程实践中应用最广、发展最为成熟的是有限单元法。有限单元法是微分方程的一种数值解法,它借助于电子计算机,在工程技术领域的应用十分广泛,几乎所有的弹塑性结构力学和动力学问题都可用它求得满意的结果。应用有限单元法求解任意的连续体时应把连续的求解区域分割成有限个单元,并在每个单元上指定有限个点,一般可以认为相邻单元在结点上连接构成单元的集合体,用于模拟或逼近求解区域进行分析。同时选定场函数的节点值,如节点位移作为基本未知量;并对每个单元根据分块近似的思想,假设一个简单的函数(称为插值函数),近似表示其位移的分布规律;再利用弹塑性理论中的变分原理,建立单元节点的力和位移之间的力学特征关系,得到一组以节点位移为未知量的代数方程组,从而求解节点的位移分量,一经解出就可利用插值函数确定单元集合体上的场函数。有限单元法的最大优点是:对不规则几何区域的适应性好,其网格剖分十分灵活,可以根据实际物体的复杂程度和各部分的重要系数调整网格的疏密和大小,从而使得单元能够逼近物体的实际几何形状。

显然如果单元满足问题的收敛性要求,那么随着缩小单元的尺寸,增加求解区域内的单元数目,解的近似程度将不断改进,近似解最终将收敛于精确解。

当岩体的温度有所改变时,它的每一部分都将由于温度的升高或降低而趋于膨胀或收缩。但是由于岩体受到外在的约束,以及岩体之间的相互约束,这种膨胀或收缩并不能自由发生,于是就产生应力,即温度应力。为求得岩体的温度应力,须进行两个方面的计算:①按照热传导理论,根据岩体的热力学性质、热源、初始条件和边界条件,计算岩体各点在各瞬时的温度,即决定温度场,前后两个温度场之差就是岩体的变温。②按照热弹性力学,根据岩体的变温场耦合求出岩体内各点的温度应力。

隧道衬砌是永久性的重要结构物,应有相当的可靠性和保证率,一旦受到破坏,运营中很难恢复,因此要求衬砌能够长期、安全使用。因此,在高地热条件下,对隧道支护提出了更高的要求。衬砌结构的力学特性比较复杂,因为它不仅仅取决于支护结构本身的构造,而且与周围岩体的接触条件、在施工中出现的各种变异和温度差引起的温度应力有关。在温度场分析中,隧道围岩与风流热交换本身就是一个复杂的过程,再考虑空气与固体对流换热和围岩热传导耦合,就使得问题更加复杂。因此,完全在真实的情况下建立数值模型是非常困难的,而且也几乎是不可能的,由此根据研究的需要,做了一些假设。

6.1.1.1　隧道围岩均质且各向同性

隧道围岩由于地质构造千差万别,在不同的地区、不同的断面、不同的深度,不同种类的岩石有着不同的结构特征,围岩的一些热物理性质也是不一样的,而且即使是同一深度,同一种类的岩石,其性质和特征也不是完全一样的。因此,在进行热交换计算中,如果完全考虑围岩的不同性质和特征,将会使研究的问题复杂化,不利于问题的解决。因此,在建立热传导方程时,岩石假定为均质且各向同性。

6.1.1.2　初始温度等于原始岩温

在隧道未开挖时,某一深度岩体的初始温度通常是不均匀的,有的地方温度可能高一些,有的地方可能低一些;如果完全考虑初始岩体温度的不均匀性,会使初始温度成为一个不稳定的变量,在研究热传导方程时,使问题变得更加复杂。但是,因为初始温度变化的幅度不是很大,因此可以假定初始岩体温度在某一开挖横断面的某一深度上是均匀的,而且在隧道开挖后,在通风前,围岩与风流热交换的初始温度等于岩体的初始温度。

6.1.1.3　隧道围岩壁面换热条件的一致性

假定隧道壁面的换热条件是一样的;在其周长上,热交换的条件也一样。

6.1.1.4　隧道内流动气体恒温

隧道内的空气是流动着的,其风流温度也是不断变化的。但是对于研究时段内,假定隧道开挖段的空气温度是恒定不变的。

6.1.1.5　围岩散出的热量完全传给风流

隧道围岩内部传导到围岩壁面的热量不一定完全传给风流,如果隧道围岩内部有裂隙水或渗水,将会带走一部分热量。有时隧道掌子面为了降温减压(高地应力)而采用喷水的方法,水温升高和水分蒸发也吸收一些热量。完全考虑各种因素的影响,将会使问题复杂化。因此,假定在隧道内,不考虑风流以外的因素吸收的热量,仅认为围岩散出的热量完全传给风流。

为了计算方便,模型取温度影响的范围之内即可,这样就能满足热量在此范围内进行传导,不会影响最终计算的结果。本隧道根据在开挖过程中出现的高地温洞段,特别是K8+038—K8+083开挖过程中遇到170 ℃高温高压水汽的实际情况,选取K7+900—K8+000高地温洞段,建立三维有限元计算模型。

模型的计算区域取5倍隧道开挖半径,保证在通风时间内隧道调热圈在其范围内。选取计算范围为：沿隧道中心点上下各取 25 m，约为洞径的 5 倍作为上下边界，左右各取 25 m 作为左右边界。坐标系统：为配合 ZSOIL 软件坐标系统，以垂直于洞轴线方向，由左边界指向右边界为 x 轴正向；铅直方向向上为 y 轴正向；洞轴线方向为 z 轴，沿里程方向为正向。隧道所处围岩属于Ⅱ级围岩，岩体完整，稳定性较好，采用全断面开挖方式，隧道开挖断面为马蹄形，实际开挖断面及喷射混凝土厚度如图 2-41 所示。划分有限网格时采用 8 节点六面体单元，对影响范围较大且要求计算精度高的径向范围内 10 m 单元以及和喷锚混凝土接触部分单元体细分，其他单元体粗分，共划分 32 570 个单元，由此建立的三维有限元模型如图 2-42 和图 2-43 所示。

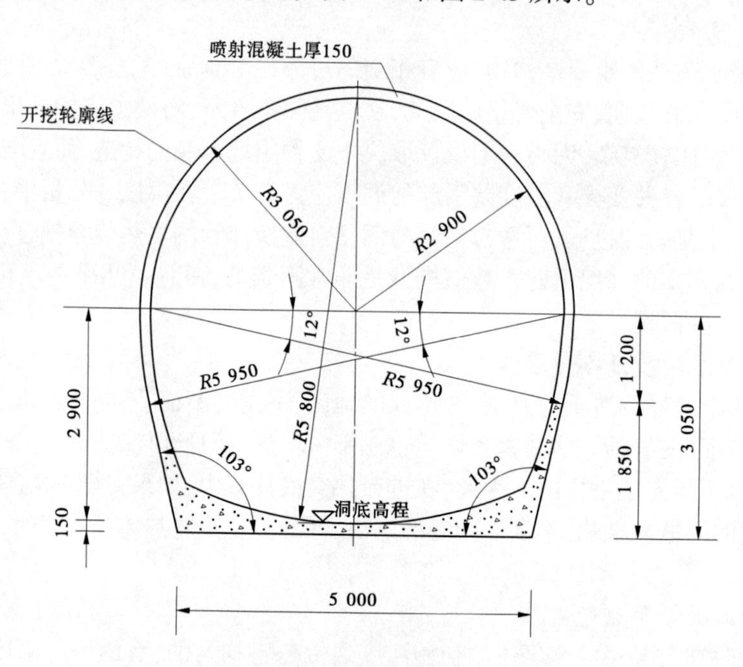

图 2-41　喷锚平整洞段开挖剖面图　（单位：mm）

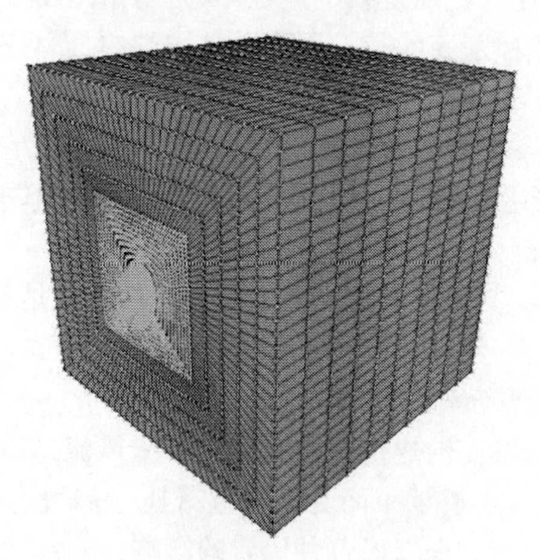

图 2-42　选取洞段三维整体模型图

6.1.2　温度场边界条件

为了求解温度场，需要知道岩体在初始时刻的温度分布，同时需要知道隧道围岩与空气、围岩与水的对流换热系数，从而才可以计算隧道开挖后内部温度场的变化规律。常见的温度边界条件主要有 3 类。

第一类温度边界条件是指物体边界上的温度函数为已知，用公式表示为：

图 2-43　断面整体网格划分(左)及局部网格细分图(右)

$$T|_{\Gamma}=T_{w}\quad 或\quad T|_{\Gamma}=f(x,y,t) \tag{2-5}$$

式中　Γ——物体边界；

T_{w}——已知岩面温度(常数)；

$f(x,y,t)$——已知岩面温度函数。

第二类温度边界条件是物体边界上的热流密度 q(W/m^2) 已知,公式表示为:

$$q=-k\frac{\partial T}{\partial n}|_{\Gamma}\quad 或\quad q(x,y,t)=-k\frac{\partial T}{\partial n}|_{\Gamma} \tag{2-6}$$

式中　q——热流密度,W/m^2。

第三类温度边界条件是指与物体接触的流体介质的温度 T_{f} 和对流换热系数 λ 已知,公式表示为:

$$-k\frac{\partial T}{\partial n}|_{\Gamma}=\lambda(T-T_{f})|_{\Gamma} \tag{2-7}$$

式中,负号表示温度由高温部分传递给低温部分。

一般隧道开挖后散热岩壁面设为第三类温度边界条件;初始温度边界可取第一类温度边界条件,温度或温度函数已知,若精确知道温度梯度也可采用第二类温度边界条件。

由地壳温度场相关研究可知,一般的隧道均处于年恒温带或增温带中,即处于稳定温度场中。在隧道开挖后,由于隧道内流动空气与外界换热,使得隧道外周一定范围内围岩的温度受隧道环境大气温度的影响,由原来的恒温带或增温带(稳定温度场)转化为变温带(非稳定温度场),如图 2-44 所示。

在计算地下工程围岩及结构温度场的数值模拟中,主要基于该地区的气象资料和现场实测资料对温度场边界温度线性回归的同时根据现场钻孔资料,研究可能受温泉等热源影响的区域,地温梯度普遍很高。根据陈尚桥、黄润秋等的研究,在现有勘探平硐实测温度基础上用有限元反演的方法对山体温度场预测。因此,在考虑现场钻孔资料和所选区段实测岩壁温度后,在未知上下边界稳定温度前提下,先假定上下边界温度,温度梯度取 6~10 ℃/100 m,通过反演计算,最后按照第一类温度边界条件确定模型上边界温度为 6~70 ℃,模型下边界温度为 63~73 ℃,反演计算得到的岩壁温度与实测温度对比(见表 2-21)。由于隧道开挖后瞬间会有对流交换,热量会有损失,因此测量的温度值会比真实原岩温度低,所选断面计算中与实测值之间温差基本在 3 ℃范围内,而且相对差较小,满足精度要求,更加符合实际情况。同时由于岩体左右温度可认为是相等的,所以左右边界为绝热边界。由于所选洞段埋深在 984.12~1 163.03 m,埋深很大,外界空气对洞室内温度影响微弱,另外基于本工程隧洞较长,开挖施工工期较长,隧洞开挖初期支护完成后,经过较长时间再进行

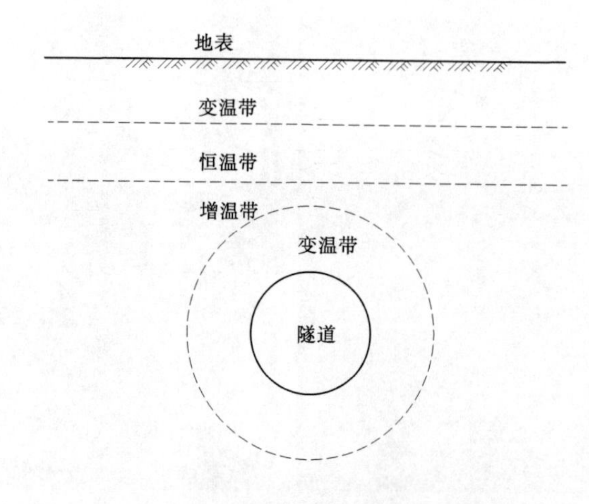

图 2-44　隧道围岩温度场分布示意图

永久钢筋混凝土衬砌,此时认为围岩和隧道内温度场达到一个相对稳定的状态。因此,对隧道内空气温度达到规定高地温的最低临界值即可停止运算,即取隧道内空气温度为 30 ℃。空气与围岩对流换热系数取 15 W/(m² · ℃)。在二次衬砌完成后,通水水温由河流水温资料取 10 ℃,水流与衬砌对流换热系数取 1 000 W/(m² · ℃)。耦合应力计算温度应力时,左右边界约束水平位移,下边界施加固定约束。

表 2-21　　岩壁壁温计算值与实测值对比

里程	计算值 t_1 /℃	实测值 t_2 /℃	绝对差 ($\Delta t = \|t_1 - t_2\|$) /℃	相对差 $\Delta t/t_2 \times 100\%$
K7+900	65.091 0	63	2.091 0	3.319 0
K7+910	65.303 3	64	1.303 3	2.036 4
K7+920	65.873 7	67	1.126 3	1.681 0
K7+950	67.951 0	65	2.951 0	4.540 0
K7+960	65.113 2	64	1.113 2	1.739 3
K7+970	67.991	65	2.991 0	4.601 5
K7+980	67.607 3	69	1.392 7	2.018 4

6.1.3　各材料物理力学参数选择

在 ZSOIL 软件中有关温度的计算是通过 Heat 模块完成的,计算参数包括导热系数,即每单位温度梯度下(温度变化 1 ℃时)单位时间内通过单位面积的热量[W/(m · K)];容积热容量,即单位体积的物体温度改变 1 ℃时所需要的热量[kN/(m² · K)],它等于物体比热与容重的乘积。同时软件内置多种混凝土材料,可以选择早期或者成熟期混凝土,从而设置不同类型混凝土的导热系数与容积热容量,以及考虑混凝土水化热所引起的温度变化,包括单位体积混凝土包含的总的热量值 H(kN/m²),水化热系数 a,混凝土休眠期 t_d 以及参考温度 T_f,计算时取混凝土浇筑初始温度为 20 ℃。围岩均为片麻状花岗岩,根据经验类比以及现有试验资料选取其相应的热物理力学参数值。在本次计算时,材料的参数取值见表 2-22。

表 2-22　各种材料的物理力学参数试验结果

名称	密度/(g/cm^3)	导热系数/[W/(m·K)]	容积热容量/[kN/(m^2·K)]	弹性模量/GPa	泊松比	摩擦角/(°)	黏聚力/MPa	线膨胀系数/($\times10^{-5}$)
片麻花岗岩	2.67	2.53	2 400	24.6	0.25	41	9.6	6.00
混凝土	2.45	2.4	2 498	25.5	0.2	—	—	1.00
Ⅱ类围岩	2.6	2.23	2 337	20	0.23	48	1.5	1.00

6.1.4　隧道温度场分布三维模拟

为保证隧道施工人员进行正常的安全生产,我国对隧道施工作业环境的标准做了规定,交通部门规定隧道内气温不宜高于 30 ℃。在此条件下,数值计算中取围岩壁温度接近此标准就可以停止运算:首先再现原始温度场,再通过 Existence Function 模拟隧道开挖和喷射混凝土浇筑,同时进行对流换热,模拟隧道开挖通风 200 d 内瞬态变化的温度场变化情况。

在上述假设条件下,用 ZSOIL 建立区域三维模型,模拟计算区域围岩的温度场变化规律及变化曲线,各时间段所选区域整体温度场分布如图 2-45～图 2-52 所示。

图 2-45　$t=0$ 时围岩初始温度场

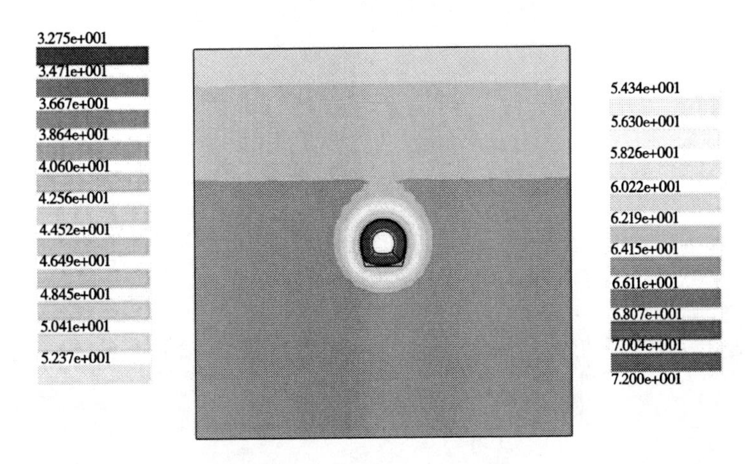

图 2-46　$t=21$ d 时围岩温度场

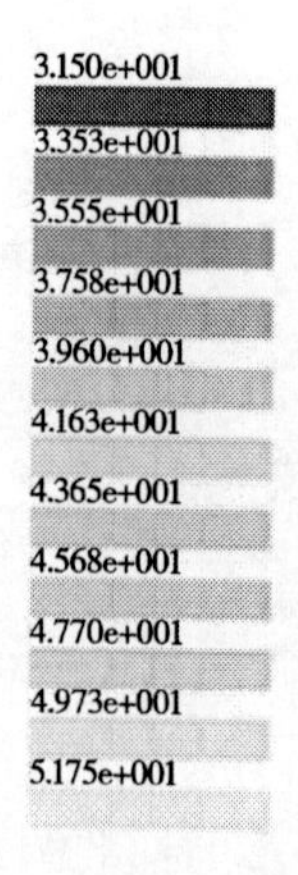

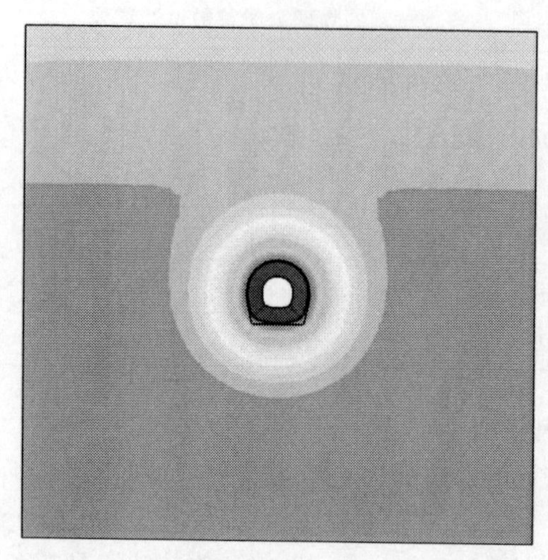

图 2-47　$t = 100$ d 时围岩温度场

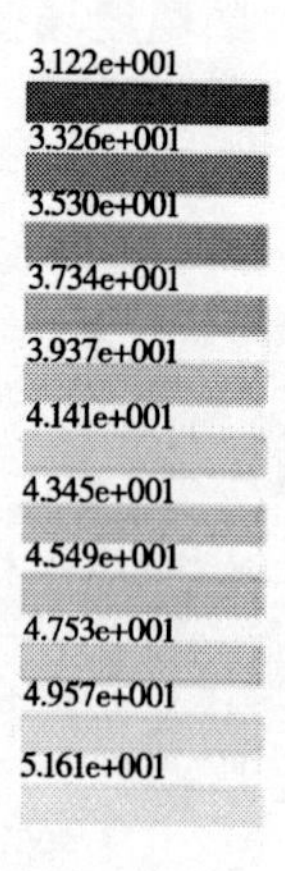

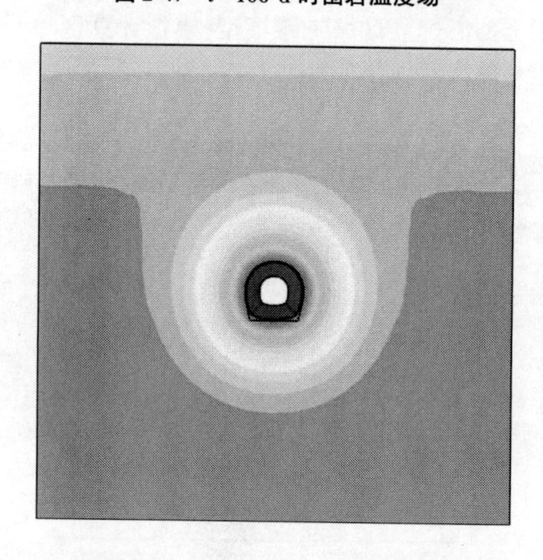

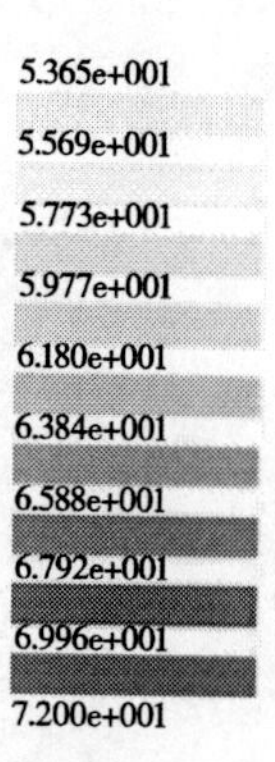

图 2-48　$t = 200$ d 时围岩温度场

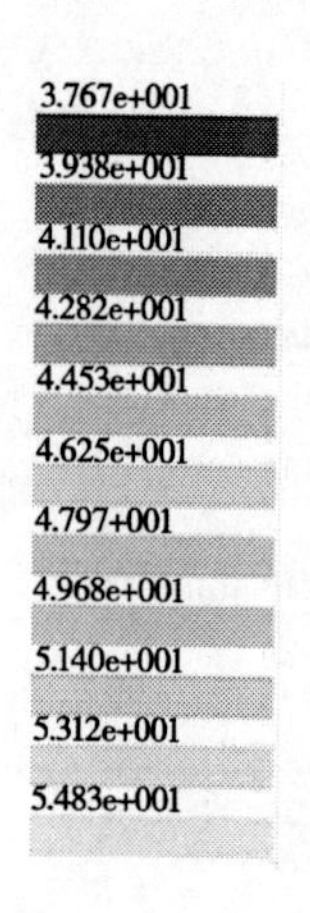

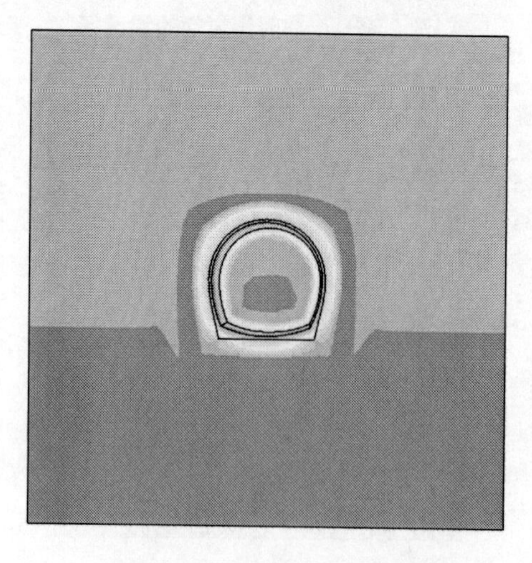

图 2-49　$t = 0$ 时横断面温度场(K7+900 径向 15 m 范围内)

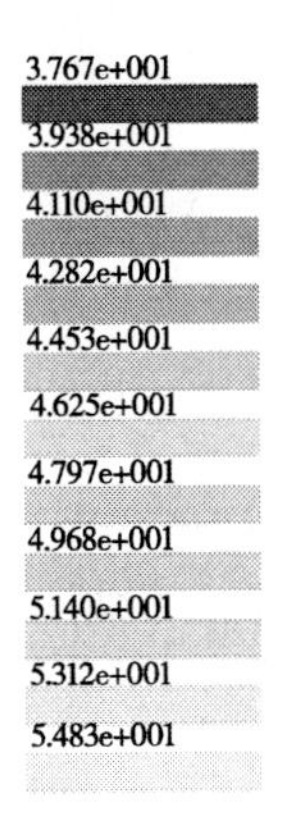

图 2-50　$t=3$ d **时横断面温度场**(K7+900 径向 15 m 范围内)

图 2-51　$t=21$ d **时横断面温度场**(K7+900 径向 15 m 范围内)

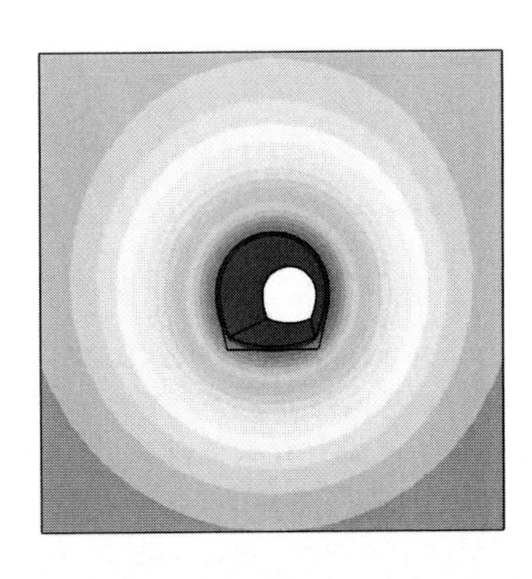

图 2-52　$t=200$ d **时横断面温度场**(K7+900 径向 15 m 范围内)

在刚开挖隧道时，岩体基本上处于一种热平衡状态，即各点的温度为初始岩温。当隧道开挖并通风后，围岩全部暴露在空气中，隧道内围岩温度高于空气温度，所以热量从围岩向空气传递，气流又将热量带走，岩体内部的温度不断降低，并且温度降低的范围不断向内部延伸。从隧道温度场等温线云图可以看出：在隧道开挖之前，岩体温度按一定温度梯度分布，在某一横断面上等温线近似直线，沿隧道轴线方向，受温泉影响，温度呈现不均匀分布，越靠近热源的位置，温度梯度越大，越远离热源，温度梯度越小，这也说明温泉对整个区域温度场影响很大；隧道开挖后，由于通风对流换热，在隧道周围一定的范围内，等温线随着时间的推移，呈与隧道形状接近的曲线；由顶拱、拱腰、拱角和仰拱沿径向一定深度温度-时间变化曲线可知，在离开挖壁面 15 m 内围岩温度受隧道内部空气影响较为明显，超过 15 m 后围岩体温度基本保持不变，即在同一时间，距离岩面越近，围岩温度受施工通风的影响越大，距离岩面越远，受影响越小，接近原始岩层温度。典型横断面 K7+900 典型点温度-时间变化曲线和沿径向一定深度温度-时间变化曲线如图 2-53～图 2-57 所示。

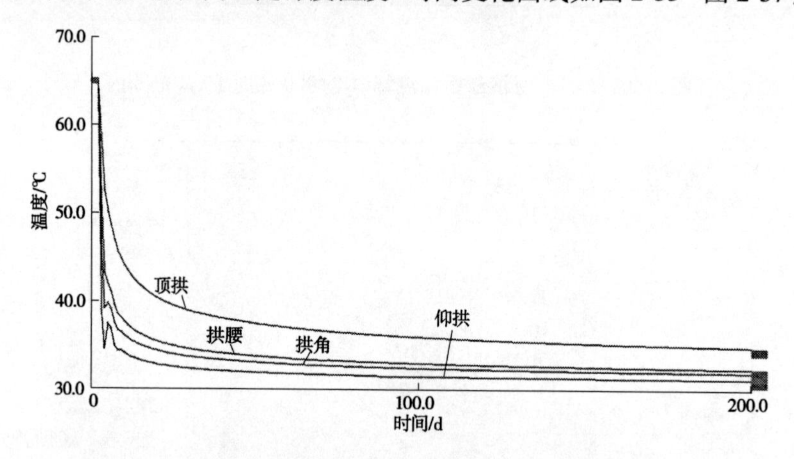

图 2-53　K7+900 横断面典型点温度-时间变化曲线

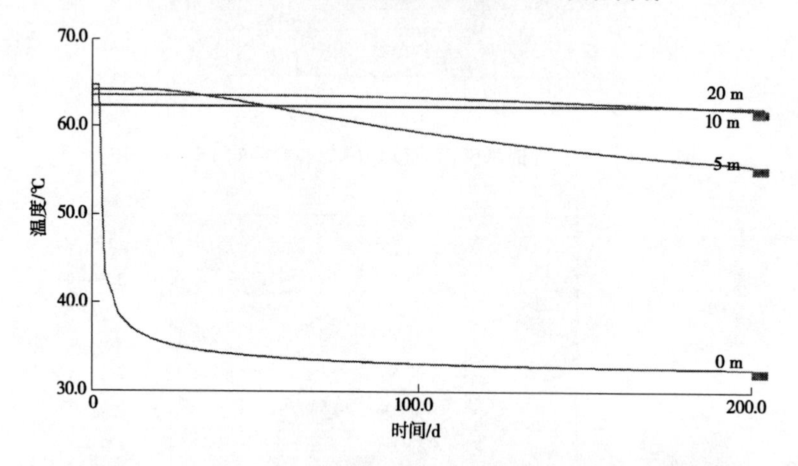

图 2-54　K7+900 横断面顶拱径向一定深度温度-时间变化曲线

同时，在开挖后一段时间内，温度变化幅度很大，之后趋于平缓。譬如对于 K7+900 断面，在开挖后 1 d 内(即第 3 d)，温度由初始 64.307 6 ℃降低到 34.267 7 ℃，降幅约 30 ℃。在第 3～200 d 这段时间内，温度变化幅度很小，趋于稳定，由 34.267 7 ℃降低到 32.128 6 ℃，即在长达 6 个多月的时间里，温度只下降了 2 ℃左右。由此可知，开挖后，温度分布情况只在前期会发生很大变化，而温度的剧烈变化对围岩稳定性将产生很大影响，这也恰恰是施工过程中引起安全事故的主要原因，应该引起高度重视。现场施工中应该时刻监测温度变化情况，并及时反馈，采用信息反馈法指导现场施工。

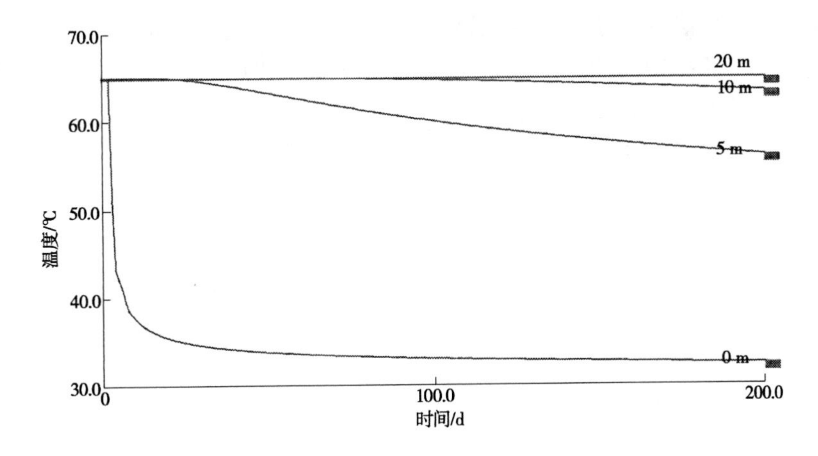

图 2-55　K7+900 横断面拱腰径向一定深度温度-时间变化曲线

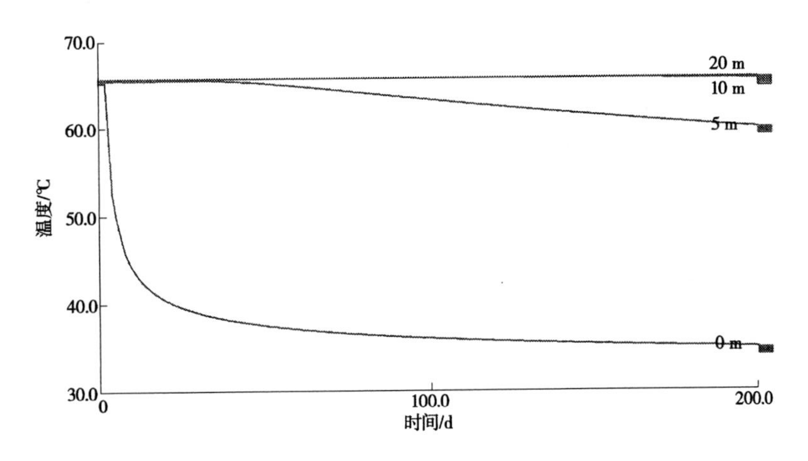

图 2-56　K7+900 横断面拱角径向一定深度温度-时间变化曲线

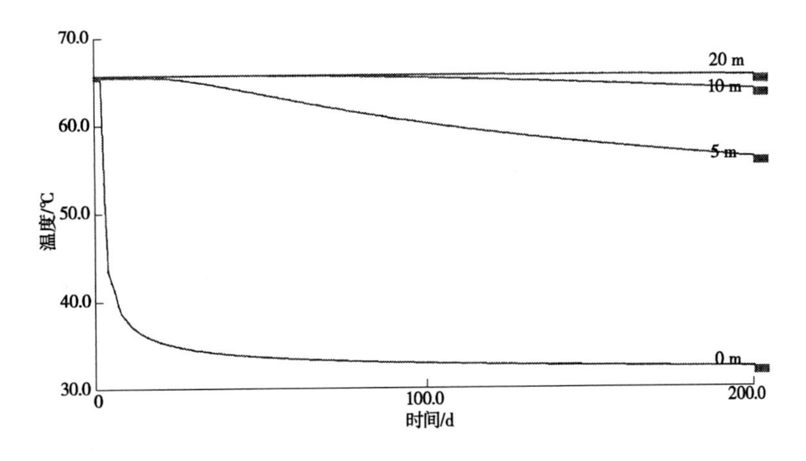

图 2-57　K7+900 横断面仰拱径向一定深度温度-时间变化曲线

6.2　温度-应力耦合研究分析

隧道开挖过程中，由于通风和采取相应的降温措施，隧道内部温度发生改变，伴随着岩体物理力学参数发生相应变化，进而影响围岩应力场和位移场发生改变。在计算出围岩温度场变化后，直接耦合结构计算得到温度应力，由于整体三维模型是实体，无法看到内部岩体的变化，因此选取典型断面 K7+900,其在开挖后,未施作喷锚混凝土前,由温度场模拟可知,在开挖后 1 d 内温度变化幅度大,故温度应力产生的影响也大,因此需对温度变幅大的时期的围岩温度应力进行研究。围岩位移和应力变化如图 2-58～图 2-67 所示。

由于区段围岩较完整,成洞条件较好,开挖后,最大位移出现在仰拱一定范围内,为 0. 277 8 mm,21 d 后温度应力引起的最大位移为 0. 697 3 mm,到 80 d 后发展为 1. 282 mm,位移有增大趋势,应该引起足够的重视。顶拱、拱腰、拱角和仰拱位移-时间变化曲线如图 2-68～图 2-71 所示。从围岩应力云图的 σ_1 和 σ_3 可看出,开挖后由于整体降温导致岩体收缩,但是由于喷锚混凝土层与周围岩体强度不一致,且温度变化幅度不一致,导致外部围岩收缩幅度和喷锚混凝土层不一致,因此引起应力的非匀称分布。喷锚混凝土层整体受到较大拉应力,并且在拱角处出现应力集中现象,最大拉应力随着时间推移,由 1. 177 MPa 变为 2. 513 MPa。虽然相对于开挖卸荷引起的应力场改变,温度应力影响很小,但是由于岩体抗拉强度较低,温度应力的增大对围岩表层的稳定性不利,有可能引起隧道围岩表层剥落或表面碎裂或微裂缝,从而影响到围岩的稳定性。为了尽量减小调热圈的范围,建议隧道开挖后尽快施作初次衬砌(喷射混凝土),在施工过程中及时量测隧道内及围岩的温度,并及时反馈,采用信息反馈法指导现场施工。对于隧道顶拱、边墙、拱脚和仰拱的位移收敛,在隧道现场监控中应引起足够的重视。衬砌的目的是保证施工的安全,加固岩体和阻止围岩的变形、坍塌。初期支护是限制围岩在施工期间的变形,主要指喷锚混凝土,混凝土厚度为 150 mm。隧道衬砌受到围岩温度的热传递,温度升高同样产生温度应力,温度在初衬和二衬之间进行热传递。由于温度变化的不均匀及衬砌变形受到了限制,均产生温度应力。本工程二衬是在围岩和初衬经过相当长时间达到热平衡后才施作的,二衬后通温度为 10 ℃的低温水,因此通水后,整体温度场又会重分布,从而引起应力场的重分布。因此,对于二衬的设计要考虑由变温引起的温度附加应力,以期得到安全合理的结果。

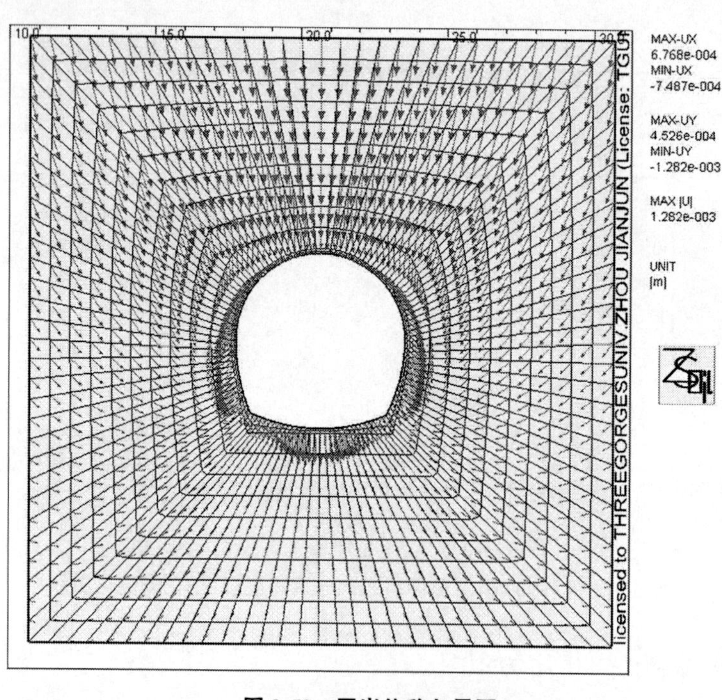

图 2-58　围岩位移矢量图

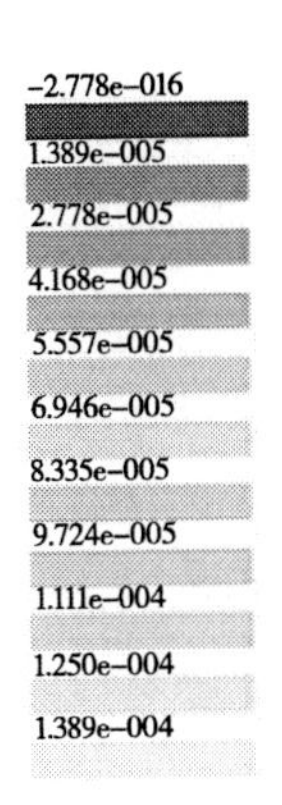

图 2-59　$t=3$ d(开挖后第 1 d)时围岩位移(K7+900)

图 2-60　$t=21$ d 时围岩位移(K7+900)

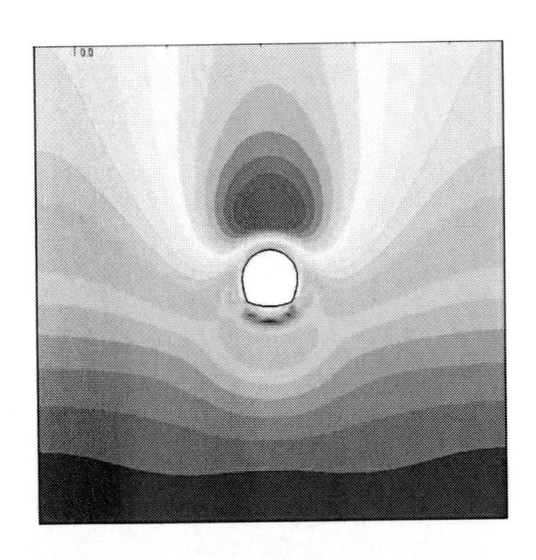

图 2-61　$t=80$ d 时围岩位移(K7+900)

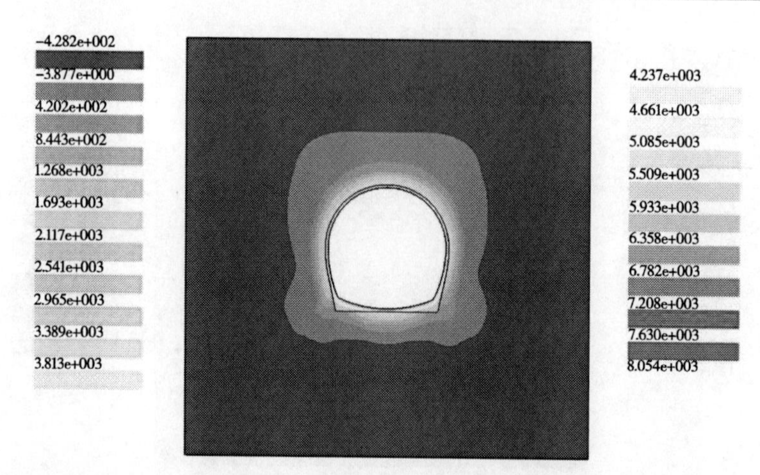

图 2-62　t=3 d(开挖后第 1 d)时围岩 σ_1 (K7+900)

图 2-63　t=21 d 时围岩 σ_1 (K7+900)

图 2-64　t=80 d 时围岩 σ_1 (K7+900)

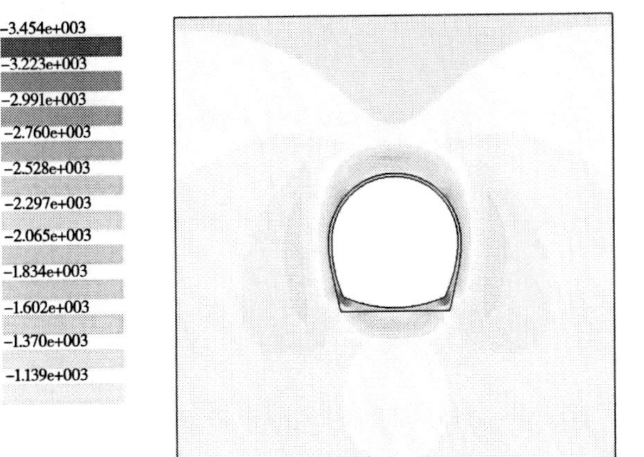

图 2-65　$t=3$ d(开挖后第 1 d)时围岩 σ_3 (K7+900)

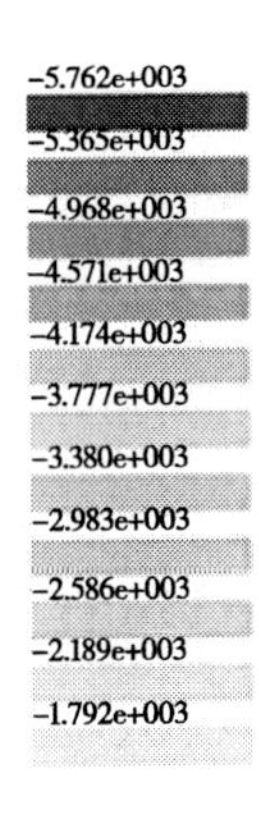

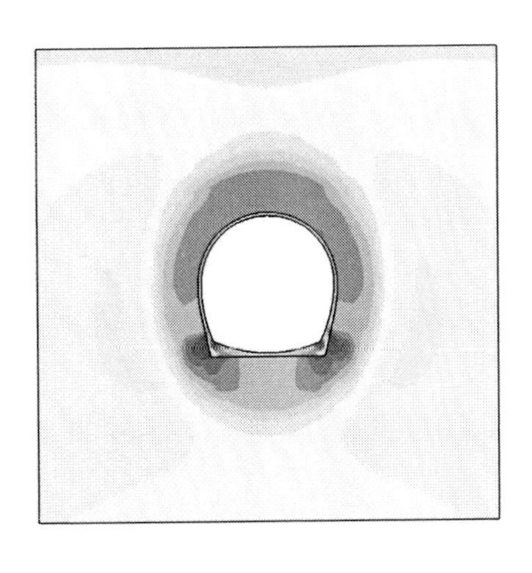

图 2-66　$t=21$ d 时围岩 σ_3 (K7+900)

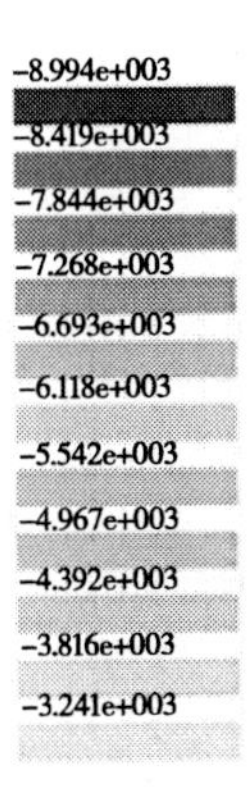

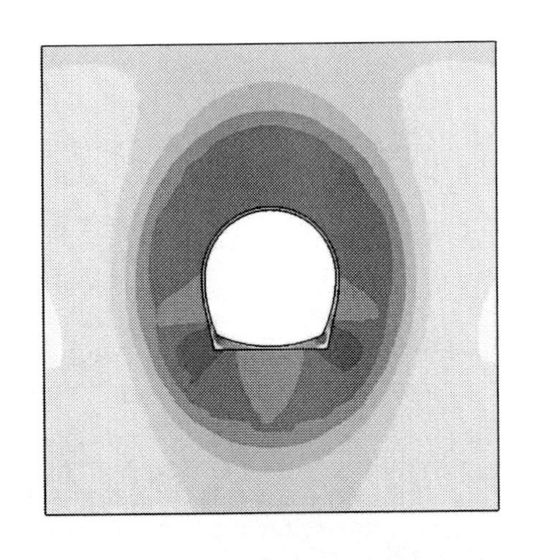

图 2-67　$t=80$ d 时围岩 σ_3 (K7+900)

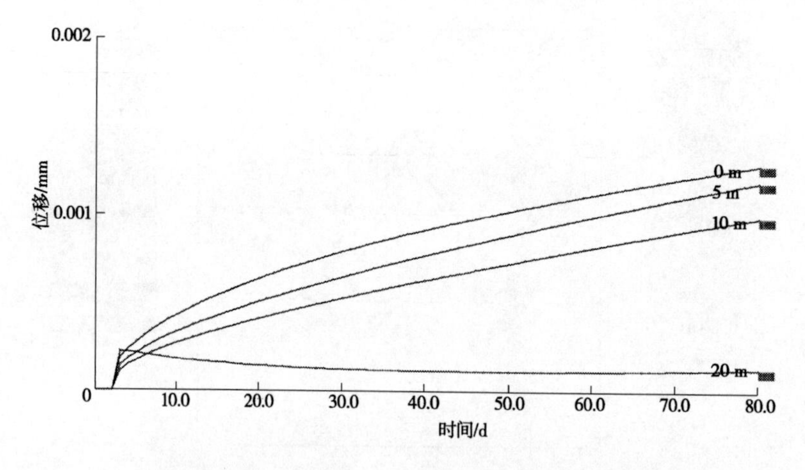

图 2-68　顶拱径向一定深度位移-时间变化曲线

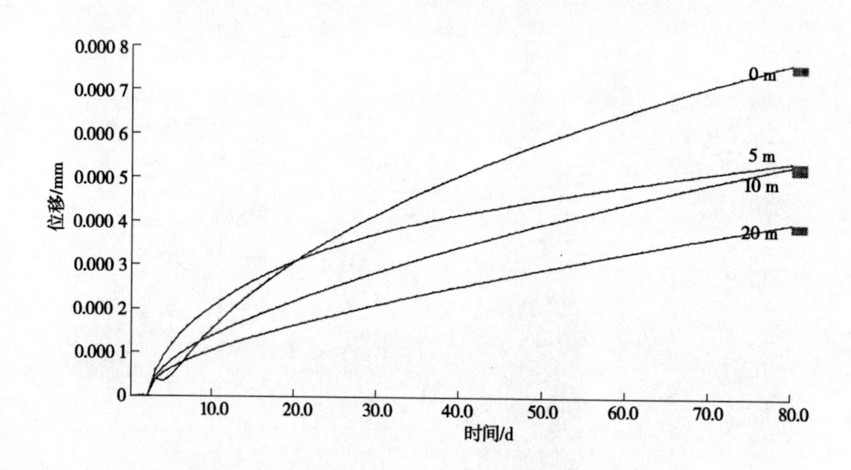

图 2-69　拱腰径向一定深度位移-时间变化曲线

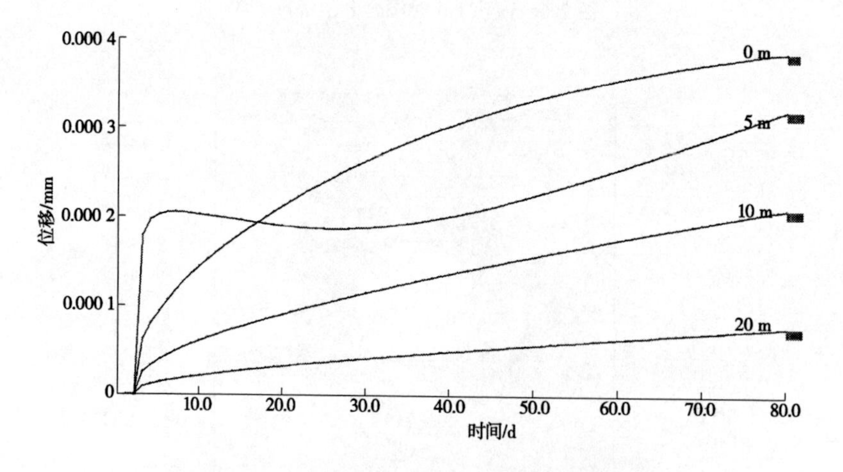

图 2-70　拱角径向一定深度位移-时间变化曲线

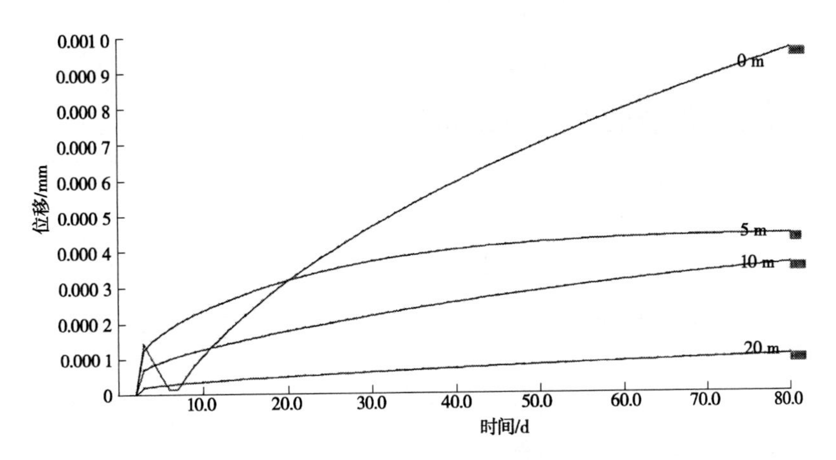

图 2-71　仰拱径向一定深度位移-时间变化曲线

7 高地温问题解决措施

7.1 高地温对施工的影响及一般解决措施

在地下工程隧洞施工过程中，隧洞中出现高地温时，施工环境和隧洞内条件变得恶劣。当在高地温隧洞施工中，掌子面气温达到 43 ℃时，洞内蒸气腾腾，能见度仅为 3~5 m，施工人员进入工作面很短时间内即感觉胸闷，时间稍长就会出现眩晕呕吐，施工人员无法正常作业。由于隧洞内恶劣的工作环境造成施工人员伤病多，工效低。国家有关部门对隧洞施工作业环境的卫生标准均作了相关规定。

(1)《中华人民共和国矿山安全法实施条例》规定：井下作业地点的空气温度不得超过 28 ℃。

(2)交通部门也对隧洞施工中的温度作了明确规定：隧道内气温不宜高于 30 ℃。

(3)水利部在《水工建筑物地下开挖工程施工规范》(SL 378—2007)中也有明确规定：开挖施工时，地下洞室平均温度不应高于 28 ℃。

(4)根据国外一些资料介绍：在隧洞施工过程中，规定隧洞内温度应低于 37 ℃。

高地温条件下与常规气温条件下的施工环境存在很大差异。针对高地温洞段的实际情况，为改善隧洞内恶劣的施工条件、确保施工人员身体健康和劳动安全，隧洞开挖作业面的温度不宜超过 28 ℃，隧洞内最适于施工人员作业的温度是 15~20 ℃。因此，在高地温隧洞施工中，必须采用多种综合技术措施进行降温，可采取加强通风、增加冷水掺入量、加强齐头 20 m 冷水喷雾等综合措施。

(1)加强通风：通风是降低洞内环境温度、抽出洞内有害烟尘、改善洞内作业环境最重要的方法。在隧洞高地温环境下，采用常规的压入式通风难以达到降低洞内环境温度的作用，采用混合通风方式，1 台风机压入、1 台风机抽出，可以有效加强洞内空气对流，抽出风桶的出口应离压入风机入口 30 m，避免风机把排出的热空气再次压入洞内。采用混合通风方式，加快洞内空气循环，减少洞内热气散发和蒸气浓度。如果洞内环境温度较高，输入空气经降温后再压入隧洞中才能达到降温的目的。

(2)减少热源：在围岩壁上涂敷绝热材料，岩温较高时作用较大，经过一定时间后作用消失。因而对高温原岩的放热，可以通过在隧道壁面涂敷一层隔热材料或能降低隧道壁面与空气热传导系数的物质，来减少原岩对空气的放热量；在洞内高温热水出露点开挖集水坑，让高温热水集中在坑内进行抽排，同时，从洞外抽冷水掺入高温热水池中进行降温，以达到洞内热水的部分热量被冷水吸收的目的，减少热水散发在洞内空气中的热量，有利于降低洞内环境温度，水泵抽水容量应根据洞内高温热水的涌出量进行及时调整。

(3)喷雾降温：把洞外冷水管接入洞内后，对高温热水流量较集中的洞段，从冷水管上接支管和喷雾喷头向洞内喷射冷水雾幕，通过水雾冷却洞内岩面，冷水雾和洞内热空气混合，也同样可以较好地降低洞内温度，同时达到降低粉尘浓度、改善施工作业环境的目的。

(4)冷冻设备降温：在高温洞内施工，有条件的业主和施工单位可以采用机械降温的方式降温。冷冻设备能使水结冰，温度降到-10 ℃以下。使用该设备将增大投入，加大工程造价，一般情况下不采用。

(5)合理安排高温作业时间：由于高地温、高温热水的特点而使施工人员体力消耗大、劳动效率低，施工中采取 2 h 换班 1 次的工作制度，每天 6 个班交替循环作业，以降低施工人员的劳动强度。

(6)炸药保护方法:爆破采用定型隔热药卷,把炸药装入特制的聚乙烯管内,药管孔底用潮湿黏土封堵 10 cm,药包装置到聚乙烯管后,再用潮湿黏土封堵 35 cm,然后在聚乙烯管外包裹一层隔热层。药包加工制作应由专职熟练的炮工在安全地点进行。

(7)当隧洞掌子面全部钻孔成孔后继续用水进行循环降温,并测试岩体钻孔内温度是否在 35 ℃以下。当满足雷管安全存放的温度条件且装药准备工作就绪后,由熟练的炮工快速进行炮孔装药,总装药时间原则上不宜太长。

7.2　高地温洞段综合降温方案设计

本工程高地温对施工质量的影响如下:

(1)由于环境温度升高影响作业主体(施工人员),使之无法尽心尽力施工作业,如开挖过程中会出现钻孔数量人为减少、钻孔角度及方向偏差大等。

(2)测量仪器有时无法正常工作,如红外线测量仪器无法正常穿透地热产生的水雾。

(3)由于喷混凝土是薄壁结构,岩壁温度过高,会将喷混凝土的水分蒸发掉,在其初凝前硬化,导致混凝土失效。

为解决本工程的高地温问题,建议采用有些学者提出的冰片降温+管道冷风输送降温的组合方案,以达到降温的目的。具体为:在洞外利用片冰机(带冷源)加工冰片,利用运输车将产生的冰片运至隧道掌子面处,达到自然融化吸热降温的目的。冰片比冰块更易融化,能够达到快速降温的目的,结合管道冷风输送,达到冷空气循环的降温效果。

7.2.1　冰片快速降温的理论计算

在不考虑设备、人员和地温释放的影响下,冰片快速降温的理论计算:以隧道内降温范围为距离施工掌子面 3 000 m 为例,隧洞断面面积 30 m^2,故该段范围内空气体积为:$V=3\ 000\times30=90\ 000$ (m^3)。

空气密度一般按 1.29×10^{-3} g/cm³ 考虑。该段范围内空气质量为:$m=\rho V=1.29\times10^{-3}\times 90\ 000\times10^{6}=116\ 100$(kg)。

按每千克空气降低 1 ℃吸收 0.24 kcal 热量计算,不考虑热源持续供给情况,空气温度由 43 ℃降到 28 ℃时需要吸收的热量为:

$$Q=0.24\cdot m\cdot\Delta t=0.24\times116\ 100\times(43-28)=417\ 960(\text{kcal})。$$

需冰量计算:假设片冰机提供冰片为−7 ℃,1 m^3 冰片变为 0 ℃时水可以吸收 87 kcal 热量,故需冰片体积 $V=Q/q=417\ 960\div87=4\ 804$($m^3$)。

冰块密度按 0.9 kg/m³ 计算,则需冰块质量为:$m=0.9V=4\ 804\div0.9=4\ 323.6$(kg)。

根据上述计算:针对本工程 3 000 m 洞段按空气温度 43 ℃为例考虑的话,需要冰块质量为 4 323.6 kg 就可以满足将温度降到 28 ℃的要求。

7.2.2　管道冷风输送降温方案

由于有设备、人员和地温释放的影响,必须保持隧道内持续引进冷风作为中和新产生热量方案,达到两种方案共同运作,将隧道内温度控制下来。图 2-72 为上述降温方案的示意图。如图 2-72 所示,由 3×3 kW 制冷主机作为风冷系统将室外空气进行加冷加湿,由大功率 2×75 kW 风机将产生的凉风加速往洞内输送,输风通道为 Φ1 000 PVC 保温隔热型风袋。本系统中每套制冷风机制冷风量为 700 m^3/min,3 套共 2 100 m^3/min,大于 2×75 kW 风机 1 500~1 900 m^3/min 的通风量,满足要求。

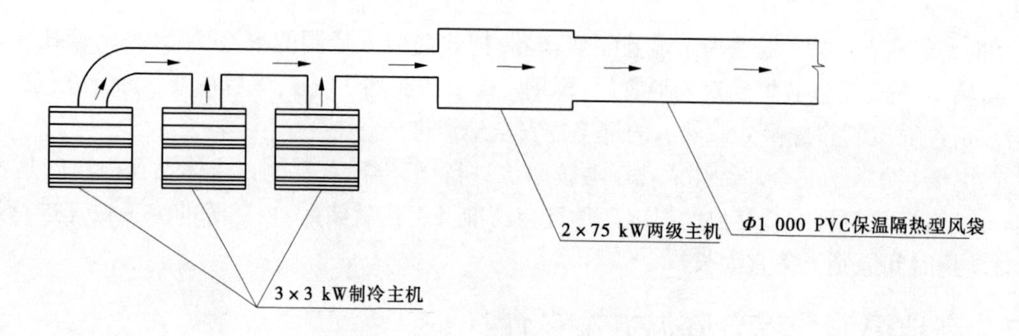

图 2-72　管道冷风输送降温方案示意图

8 结　论

本篇以引水隧洞洞段的高地温、高地应力为研究对象,在深入了解研究该地区的区域地热地质背景及水文地质条件的基础上,对该地区典型工点的高地温分布特征、致灾机理进行了研究。通过试验详细研究了构成洞段的主要岩石——片麻状花岗岩在温度效应下的各物理力学性质;依靠ZSOIL 岩土软件对高地热、高地应力条件下隧道开挖温度场、应力场进行三维数值模拟,研究隧道围岩体和衬砌的力学行为及解决高地温问题的工程措施,通过以上研究,得出以下主要结论:

(1)引水隧洞段片麻状花岗岩考虑温度影响下的三轴抗压强度范围值 122.22~282.96 MPa,平均值 208.55 MPa。平均弹性模量范围值 31.61~37.97 GPa,平均值 34.93 GPa。泊松比范围值 0.212~0.286,平均值 0.256。随着温度的升高,片麻状花岗岩的抗压强度减小,弹性模量也随温度的升高而降低;黏聚力随着温度的升高而呈现出明显的下降趋势,而内摩擦角略有上升,变幅不大;当围压为一恒定值,作用在岩石试件上的温度发生变化时,试件的峰值应力随着温度的升高而降低,规律变化明显,温度致使岩样力学性能发生劣化;不同围压下片麻状花岗岩的泊松比变化趋势与弹性模量相反,泊松比随围压增大而减小,随温度升高而增大;片麻状花岗岩在温度 30~70 ℃、围压 10~30 MPa 环境下,仍然以剪切破坏为主。

(2)隧道围岩的热量主要来源于地热,也就是地温,地温主要受地球内热和地表温度场的影响。本工程区域热流背景很高,有利于地热系统的形成。围岩和衬砌的岩石基本力学参数、导热系数、导温系数、比热、膨胀系数等对隧道围岩传热有很大影响。开挖后温度只在围岩径向 15 m 范围内引起较大变化,15 m 深度以外基本无变化。围岩温度在开挖后较短时间内变化幅度很大,之后趋于平缓。在开挖后 1 d 内(即第 3 d),温度由初始 64.307 6 ℃降低到 34.267 7 ℃,降幅约 30 ℃。在第 3~200 d 这段时间内,温度变化幅度很小,趋于稳定,由 34.267 7 ℃降低到 32.128 6 ℃,即在长达 6 个多月的时间里,温度只下降了 2 ℃左右。喷锚混凝土层整体受到较大拉应力,并且在拱角处出现应力集中现象,最大拉应力随着时间推移,由 1.177 MPa 变化为 2.513 MPa。虽然相对于开挖卸荷引起的应力场改变,温度应力影响很小,但是由于岩体抗拉强度较低,温度应力的增大对围岩表层的稳定性不利,有可能引起隧道围岩表层剥落或表面碎裂或微裂缝,从而影响到围岩的稳定性。

(3)隧道围岩开挖后在顶拱、拱腰、拱角和仰拱处均出现了应力集中的现象,第一主应力最大出现在拱腰,为 7.495 MPa,第三主应力最大出现在拱角,为 15.103 MPa。隧道围岩周边最大主压应力分布在拱腰,最小主应力的拉应力区在隧道周边分布;隧道喷锚混凝土层的第一、第三主应力最大分别为 5.19 MPa 和 8.38 MPa。说明围岩级别越高,抵抗变形的能力就越强,围岩自身承担的荷载能力就越高,支护结构的受力就越小。

(4)对具体降温方法进行降温的理论计算可知:针对本工程 3 000 m 洞段按空气温度 43 ℃为例考虑的话,需要冰块质量为 4 323.6 kg 就可以满足将温度降到 28 ℃的要求;本系统中每套制冷风机制冷风量为 700 m^3/min,3 套共 2 100 m^3/min,大于 2×75 kW 风机 1 500~1 900 m^3/min 的通风量,满足要求。

水电站深埋长隧洞设计与施工关键技术研究及实践

（第二册）

席燕林　等著

第一册　席燕林　陆彦强　范瑞鹏　刘颖琳　赵　明　王　翦
第二册　王立成　李　刚　张　誉　任　堂　高　诚　刘淑娜
第三册　刘伟丽　赵秋霜　张运昌　于　森　张健梁　章　慧　孙　强
第四册　张鹏飞　任智锋　张鹏文　彭兴楠　冯晓成　韩鹏程　李瑞鸿

黄河水利出版社
·郑州·

第3篇　压力钢管设计

1　压力管道

1.1　压力钢管段地质情况

从调压井到厂房的压力钢管段布置图、剖面图分别如图3-1和图3-2所示。

1.1.1　压力管道区段地质条件

压力管道区段主要为斜坡地形，高程为2 400～2 850 m。山坡坡度为40°左右。围岩为奥陶-志留系(O-S)大理岩、角闪斜长板岩、片岩夹大理岩、板岩夹片岩，中厚层状夹薄层状，结构面发育，岩体较破碎，完整性较差。围岩以Ⅲ类和Ⅳ类为主，局部为Ⅴ类。绝大部分斜井段位于地下水位之上，下平段位于地下水位之下，外水水头不高。靠近压力管道出山体段围岩为Ⅴ类，顶部岩体风化、卸荷现象严重，且受F4断裂作用次一级构造发育，岩体稳定性差，围岩易发生挤压变形。

山体坡脚覆盖第四系地层，主要有全新统坡积层(Q_4^{col+dl})、洪积层(Q_4^{pl})。第四系全新统坡积层(Q_4^{col+dl})：主要为碎石土，结构松散，碎石含量约60%，粒径一般在3～10 cm，局部见1 m左右的块石，细粒以粉土为主，普遍分布于坡脚和缓坡地带，厚度一般在0.5～8 m。第四系全新统洪积层(Q_4^{pl})：主要为碎石土，中上部松散-稍密，下部较密实，碎石粒径一般在2～20 cm，含量一般在50%～70%，局部见0.5～1.5 m的块石，细粒以粉土为主。据钻孔揭露，厚度变化大，最大厚度约60 m，最小厚度为4.4 m。其中，下部夹有土夹碎石薄层，最大厚度约26 m，碎石粒径一般在2～20 cm，含量一般在40%～50%。

1.1.2　高压管道段围岩分类

高压管道的围岩分类详见表3-1。

1.2　压力钢管布置

本工程压力管道分为地下埋藏式压力钢管(山体内)和地面压力钢管(开挖后上覆覆盖层回填)两部分，调压室后压力管道进口与厂房地面高差为280 m。

1.2.1　压力管道管径

压力管道主管设计引水流量为78.6 m^3/s，因设计水头较高，在经济流速4～6 m/s范围内，若选用更小的管径(4.4、4.2 m)，结构受力和投资固然更具优越性，但结合调保计算，蜗壳的最大压力升高值和转轮的最大转速升高值均超出允许上限。经采用经验公式计算，并类比其他工程，压力管道主管选用4.5 m管径，相应管内最大流速为4.94 m/s。

1.2.2　压力管道布置

压力管道由斜井段、上下2个水平段、上下2个弯段、2个岔管、3个支管等组成。压力管道斜井与水平面夹角采用60°。

上水平段管道中心线高程为2 652.05 m，长度为33 m(自调压室竖井中心线始)；下平段首段设置6 m长的水平段，管道中心高程2 360.50 m。之后，压力管道以1%缓坡至中心高程2 357.50 m，桩号为管0+689.763。管0+689.763之前为埋藏式压力管道；之后，由于埋藏深度和围岩条件较差，按明钢管设计。压力管道自调压室中心线至1#岔管中心主管长度为835.16 m，其中埋藏式管道长689.763 m，明钢管段长度为145.397 m。斜井段长度为319.332 m；弯段转弯半径R=15 m，弧长15.708 m。出山段压力管道(上覆覆盖层)按明管设计。主管管径为4.5 m。

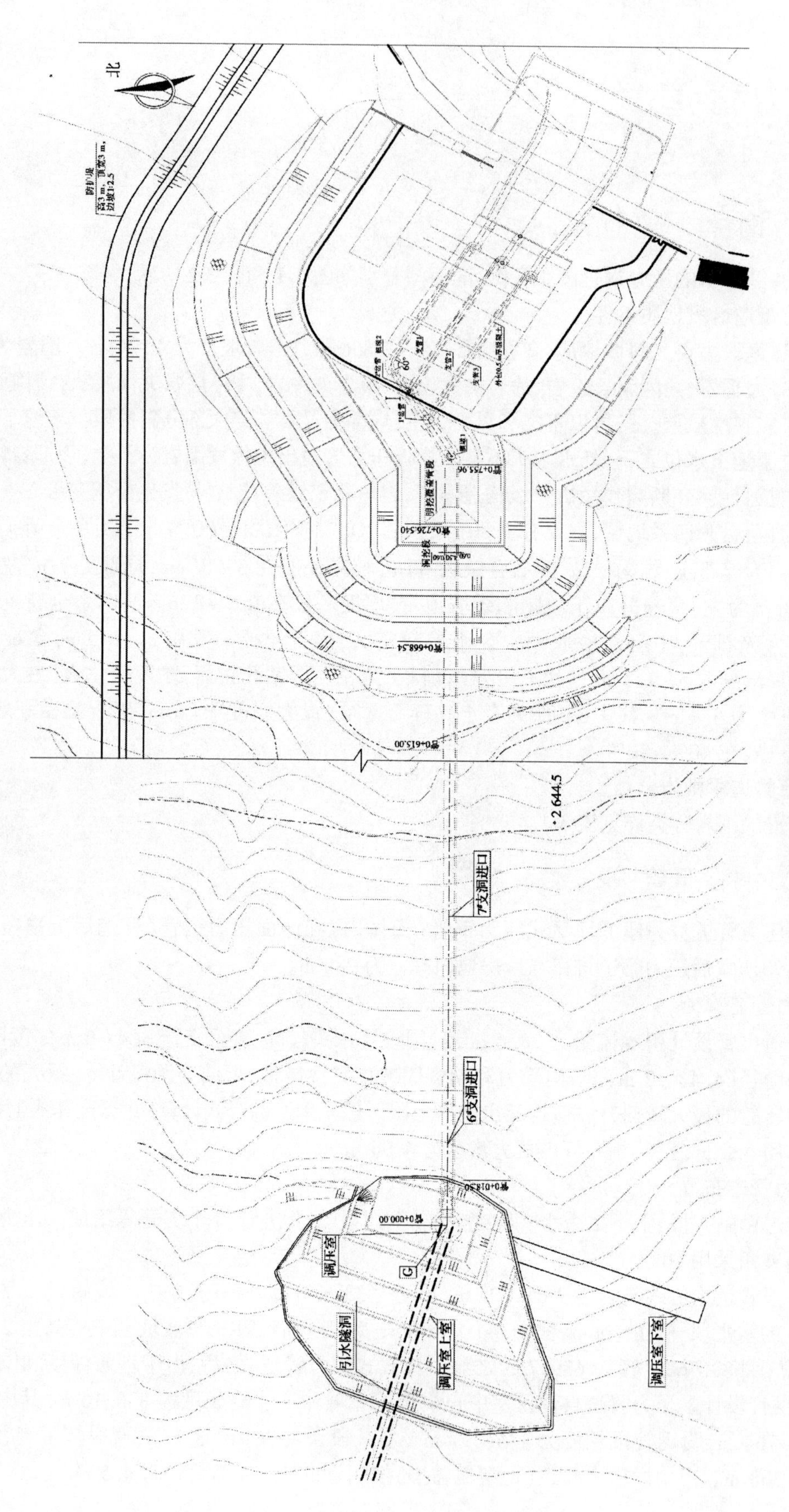

图 3-1 压力钢管段布置图

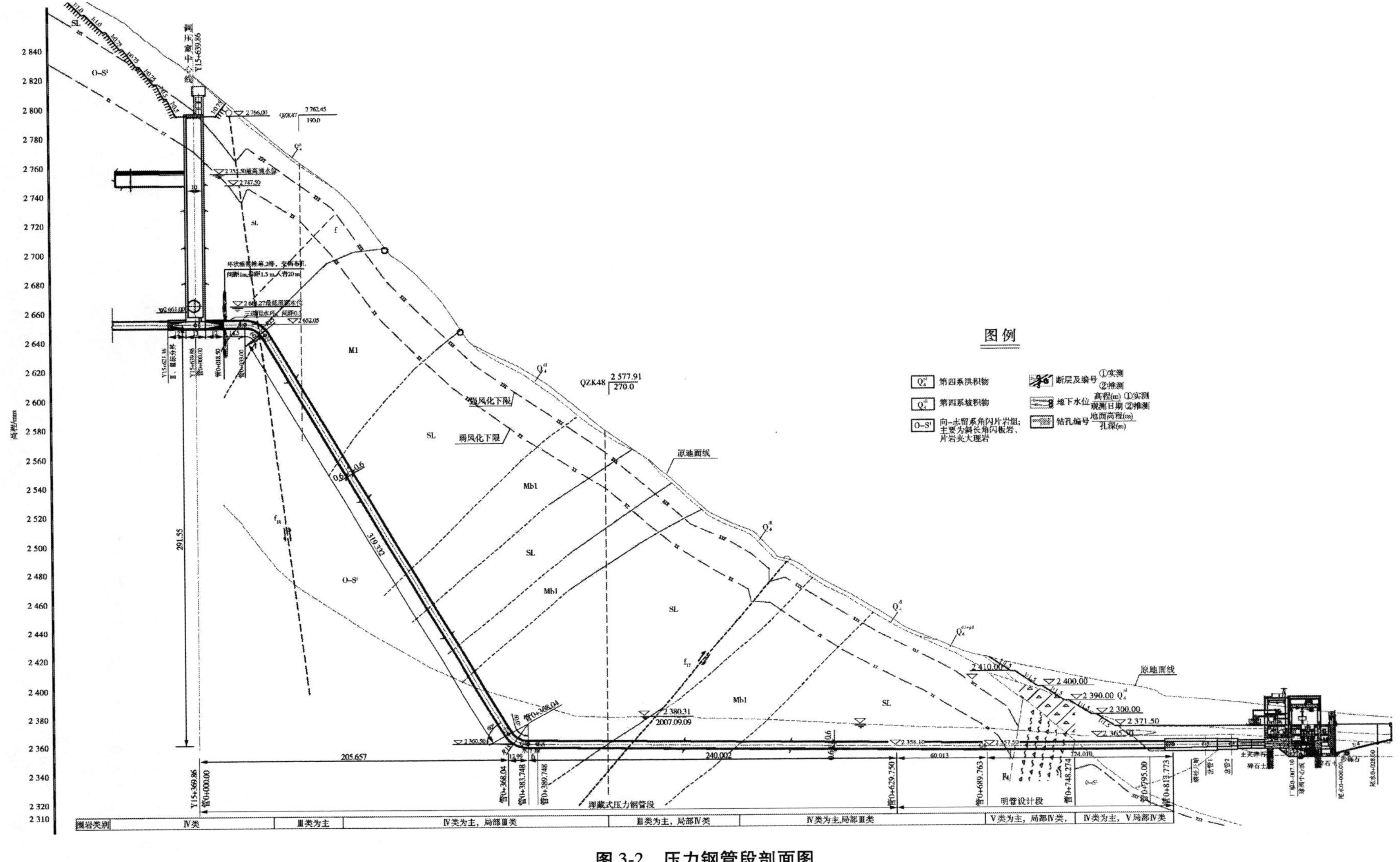

图 3-2　压力钢管段剖面图

表 3-1　高压管道隧洞工程地质围岩分类

段号	1	2	3	4	5	6	7	8	9
桩号	0+60 — 0+93.1	0+93.1 — 0+108.9	0+108.9 — 0+154.8	0+154.8 — 0+278.8	0+278.8 — 0+331.94	0+331.94 — 0+419.24	0+419.24 — 0+573.24	0+573.24 — 0+643.26	0+643.26 — 0+778.64
围岩总评分 T/分	37	38	47	42	46	47	43	24	
围岩分类	Ⅳ类	Ⅳ类	Ⅲ类为主	Ⅳ类为主,局部为Ⅲ类	Ⅳ类为主,局部为Ⅲ类	Ⅲ类为主,局部为Ⅳ类	Ⅳ类为主,局部为Ⅲ类	Ⅴ类为主,局部为Ⅳ类	土洞

电站采用一管三机分流方式,水流经主管通过 2 个岔管及 3 个支管进入厂房。岔管采用非对称“Y”形月牙肋结构,1#岔管分岔角为 60°,主管内径由 4.5 m 变至 3.9 m,支管管径分别为 3.2 m 和 2.2 m。2#岔管分岔角亦为 60°,主管内径 3.2 m,支管管径为 2.2 m。1#、2#、3#支管长度(自岔管中心至机组球阀中心)分别为 52.351、43.518、51.706 m,支管直径渐变至 1.6 m 与球阀相接。

1.2.3　管道内水压力分布

压力管道的内水压力分布情况见表 3-2。

表 3-2　高压管道内水压力分布

高压管道隧洞特征段	上平段	斜管段		下平段	
编号	1	2	3	4	5
桩号	0+60—0+93.1	0+93.1—0+137.98	0+137.98—0+278.8	0+278.8—0+364.80	0+364.80—0+643.26
内水水头/m	101.6~186.30	186.30~417.90	417.90~429.10	429.10~459.0	>459.0
平均内水压力/MPa	1.44	3.02	4.24	4.44	>4.59

1.3　深厚覆盖层的特性与处理

对于管 0+689.763 段之前,岩石条件较好,为埋藏式压力管道,采用洞挖爆破方式开挖,对于出口段管 0+689.763—管 0+795.00 段主要为强风化Ⅴ类围岩和深覆盖层,既可以采用浅埋洞挖方案,也可以采用明挖方案,须进行技术经济比较。自管 0+795.00 段之后,为浅层碎石土及坡积土,结合厂房开挖采用明挖方案。

1.3.1　深覆盖层段工程地质条件

出口段为Ⅴ类围岩,顶部岩体风化、卸荷现象严重,且受 F4 断裂作用次一级构造发育,岩体稳定性差,围岩易发生挤压变形。山体坡脚覆盖四系全新统冲积洪积层(Q_4^{al+pl}),上部为碎石土,松散-稍密,碎石粒径一般在 2~20 cm,含量约 60%,局部见 0.5~1.5 m 的块石,最深处超过 28 m。下部为土夹碎石层,碎石粒径一般在 2~15 cm,碎石含量一般为 30%~50%,局部偏大,厚 5~25 m。

1.3.2　深覆盖层段压力管道的开挖支护

1.3.2.1　开挖

由于钢衬钢筋混凝土管段处于厚达 50 m 的断层破碎带、碎石土等松软地层中,对于钢管槽开挖,可以采用明挖和浅埋暗挖两种方案。明挖就是从钢管槽两侧放坡,坡度 1∶1,每隔 10 m 高设置一马道,宽约 2 m。对于断层破碎带,采取必要的支护措施。钢管施工完毕后,回填土体。浅埋暗挖法则沿用了新奥法的基本原理,采用复合衬砌。施工中采用多种辅助工法,超前支护,通过注浆等方式改善加固围岩或土体,调动其自承能力;采用不同开挖方法及时支护封闭成环,使其与围岩共同作用形成联合支护体系。在施工过程中,注意“管超前、严注浆、短进尺、强支护、早封闭、勤量测”的原则。

浅埋暗挖法施工原理如下:

浅埋暗挖法经过十几年的广泛应用,形成了一套完整的配套技术,被评为国家级工法,并正式提出“管超前、严注浆、短进尺、强支护、早封闭、勤量测”十八字方针。浅埋暗挖法沿用了新奥法的基本原理;采用复合衬砌,初期支护承担全部基本荷载,二次衬砌作为安全储备,初期支护、二次衬砌共同承担特殊荷载;采用多种辅助工法,超前支护,改善加固围岩,调动部分围岩自承能力;采用不同开挖方法及时支护封闭成环,使其与围岩共同作用形成联合支护体系;采用信息化设计与施工。

浅埋暗挖法施工原则如下:

(1)根据地层情况、地面建筑物特点及机械配备情况,选择对地层扰动小、经济、快速的开挖方法。若断面大或地层较差,可采用经济合理的辅助工法和相应的分部正台阶开挖法;若断面小或地层较好,可采用全断面开挖法。

(2)应重视辅助工法的选择,当地层较差、开挖面不能自稳时,采取辅助施工措施后,仍应优先采用大断面开挖法。

(3)应选择能适应不同地层和不同断面的开挖、通风、喷锚、装运、防水、二次衬砌作业的配套机具,为快速施工创造条件,设备投入量一般不少于工程造价的 10%。

(4)施工过程的监控量测与反馈非常重要。

(5)工序安排要突出及时性,地层差时,应严格执行十八字方针。

(6)提高职工素质,组织综合工班进行作业,以提高质量和速度。

(7)应加强通风,洞内外都要处理好施工、人员、环境三者的关系。

(8)应采用网络技术进行工序时间调整,进行进度、安全、机械、监测、质量、材料、环境管理。

浅埋暗挖法是一种在离地表很近的地下进行各种类型地下洞室暗挖施工的方法。在明挖法、盾构法不适应的条件下,如北京长安街下的地铁修建工程,浅埋暗挖法显示了巨大的优越性。

浅埋暗挖法施工步骤是:先将钢管打入地层,然后注入水泥或化学浆液,使地层加固。开挖面土体稳定是采用浅埋暗挖法的基本条件。地层加固后,进行短进尺开挖。一般每循环在 0.5~1.07 m,随后即作初期支护。接着,施作防水层。开挖面的稳定性时刻受到水的威胁,严重时可导致塌方,处理好地下水是非常关键的环节。最后,完成二次支护。一般情况下,可注入混凝土,特殊情况下要进行钢筋设计。当然,浅埋暗挖法的施工需利用监控测量获得的信息进行指导,这对施工的安全与质量都是重要的。

明挖方案和暗挖方案主要土建工程量比较见表 3-3。明挖方案临时边坡最高可达 70 m,为碎石土边坡,结构松散,并有地下水活动,边坡稳定性差,施工过程中超高边坡容易带来安全隐患,暗挖方案先注浆加固土体,围岩弹性模量得到提高,对高压管道结构有利,而且地基不均匀沉降较小。从两种方案的土建工程量来看,暗挖方法较省投资。故本阶段推荐暗挖法施工。

1.3.2.2　施工方法和支护

该段采用浅埋暗挖法开挖。

具体施工采用台阶法,每开挖循环进尺 0.33~0.5 m,上台阶预留核心土,长度控制在 2 m 左右,上下台阶错开 1 倍左右洞径,开挖过程中采用拱部小导管超前注浆、掌子面注浆、超前径向固结灌浆。初期支护由格栅拱架和挂网喷射混凝土联合组成支护体系。断面形式为城门洞形。超前小导管布置如图 3-3 所示。

表 3-3 明挖方案和暗挖方案主要土建工程量比较

方案	单位	明挖方案	暗挖方案
1. 土方明挖	m^3	337 601	12 624
2. 灌浆后土方洞挖	m^3	0	3 935
3. 石方明挖	m^3	25 246	0
4. 石方洞挖	m^3	878	3 757
5. 土方回填	m^3	351 018	7 478
6. 喷混凝土 C25	m^3	44	1 648
7. 挂网钢筋	t	0	17
8. 钻孔 Φ50 mm	m	211	16 368
9. DN42 无缝花管	m	0	10 362
10. 回填灌浆	m^2	155	1 115
11. 固结灌浆	m	211	16 368
12. 锚杆 Φ25 mm，长 3 m	根	239	739
13. 钢支撑	t	33	314
14. C10 素混凝土垫层	m^3	442	192
15. 土建直接投资	万元	1 879	1 345

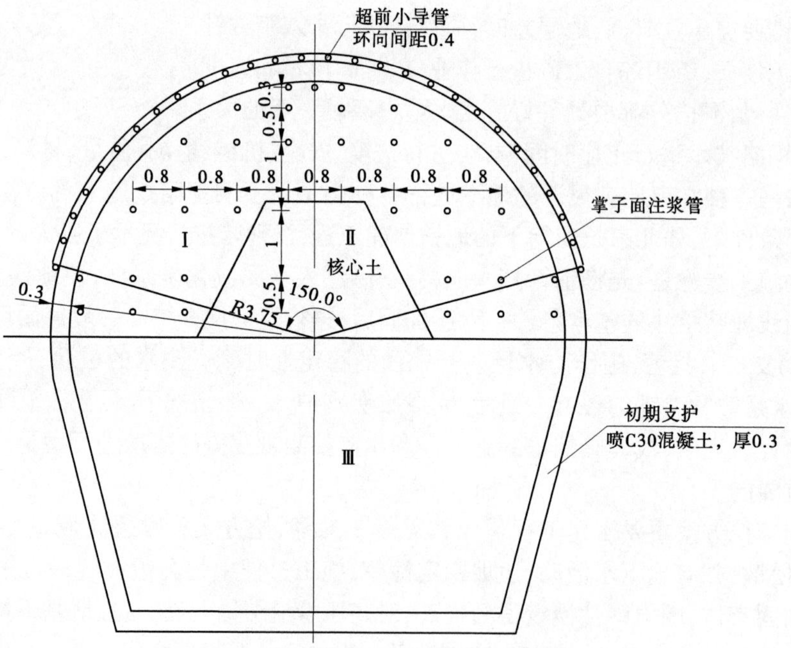

图 3-3 超前小导管布置 （单位：m）

在顶拱 150°范围内布置 28 根超前小导管灌浆，间距约 0.4 m，每 2 m 进尺搭接 1 m，浆液为水泥+水玻璃，同时在掌子面布置 31 根灌浆管，预先加固土体，封闭地下水。隧洞周圈还布设超前径向固结灌浆孔，孔深 6 m，每排 14 个，排距 2 m，梅花形布置，与洞线成 45°角。

初次支护采用喷锚支护和钢格栅相结合的方法：喷混凝土等级为 C30，厚 30 cm，挂网钢筋为直径 12 mm，间距 200 mm×200 mm，锚杆直径 25 mm、长 3.0 m、间排距 1.5 m×1.5 m，在洞顶 180°范围内布置。

钢格栅为型钢 I20b+Φ28 钢筋，土方洞段 I 字钢间距 0.33 m，石方洞段间距 0.5 m，环筋间距 0.25 m。

二次支护按钢筋混凝土和钢板联合受力考虑，外包钢筋混凝土厚度为 1.5~0.5 m。

1.3.3 埋管段压力管道的开挖和支护

根据高压管道所处部位及其不同的地质条件和荷载大小，将高压管道开挖支护分为山体围岩内和覆盖层内两种开挖支护形式，分别称为埋藏式压力管道开挖支护和明压力管道开挖。根据围岩类别并结合工程类比，初步确定埋藏式压力管道支护参数(见表 3-4)，具体支护参数有待洞体开挖后根据实际地质条件进行调整和修正。

表 3-4 埋藏式压力管道一次支护和永久衬砌参数

部位	开挖尺寸/m	围岩类别	一次支护形式	永久衬砌结构
调压室底部渐变段	圆形直径 5.9	Ⅲ	锚杆+钢筋网+喷混凝土：锚杆 Φ25@1.25 m×1.25 m，L=3.0 m，钢筋网 Φ8@200 mm×200 mm，喷混凝土 100 mm	60 cm 厚钢筋混凝土衬砌
水平、斜井段	圆形直径 5.9	Ⅲ	锚杆+钢筋网+喷混凝土：锚杆 Φ25@1.25 m×1.25 m，L=3.0 m，钢筋网 Φ8@200 mm×200 mm，喷混凝土 100 mm	钢板衬砌、回填混凝土厚 60 cm
斜井段	圆形直径 6.0	Ⅳ	锚杆+钢筋网+喷混凝土：锚杆 Φ25@1.25 m×1.25 m，L=3.0 m，钢筋网 Φ8@200 mm×200 mm，喷混凝土 150 mm，必要时进行二次支护	钢板衬砌、回填混凝土厚 60 cm
水平段	圆形直径 6.9	Ⅴ	锚杆+钢筋网+喷混凝土+钢支撑：锚杆 Φ25@1.25 m×1.25 m，L=3.0 m，钢筋网 Φ8@200 mm×200 mm，喷混凝土 200 mm，钢支撑	钢板衬砌、100 cm 厚钢筋混凝土

1.4 压力管道结构设计

山体内位于Ⅲ类和Ⅳ类围岩中的压力管道段钢衬按地下埋管结构设计，内水压力由钢管、衬砌混凝土和围岩共同承担。位于出山口段Ⅴ类围岩和出山后覆盖层中的压力管道段、岔管及支管段按明钢管考虑，由钢管承担全部内水压力。钢管抗外压稳定分析按光面管考虑。

1.4.1 结构计算基本参数

(1)围岩物理力学参数：山体内围岩主要为Ⅲ类和Ⅳ类，其主要物理力学参数值见表 3-5。

表 3-5 围岩主要物理力学参数值

围岩类别	密度/(g/cm³)	饱和抗压强度/MPa	饱和抗拉强度/MPa	弹性模量/GPa	变形模量/GPa	泊松比	单位弹性抗力系数/(MPa/cm)	抗剪断强度指标	
								c'/MPa	φ'/(°)
Ⅲ	2.5~2.6	80~90	3.2~3.8	13~15	6~7	0.23~0.26	40~50	0.8~1.0	38~45
Ⅳ	2.3~2.4	50~70	1.5~2.5	3~5	2~4	0.35~0.38	10~20	0.4~0.6	27~35

(2)内水压力：钢管设计内水压力按水力过渡过程计算确定的蜗壳进口最高动水压力 447 m 水头，再考虑水击压力的 1.1 倍安全系数来确定，设计最大内水压力取值为 459 m，根据压力分布

和管道布置确定计算断面的内水压力值。

(3)外水压力:根据地质资料,调压室和压力管道沿线的地下水位很低,除压力管道下平段外,均位于地下水位之上。即使考虑电站运行后引水建筑物内水外渗,斜井段压力管道也不会产生较高的外水压力,因此压力管道结构计算中仅考虑下平段(下弯段附近)放空工况最不利情况的外水压力,按最高外水压力 100 m 水头计算。

(4)钢管钢材根据压力不同,分别选用压力容器用钢板 Q345R 和压力容器用调质高强度钢板 07MnCrMoVR,其强度标准值与设计值见表 3-6。

表 3-6 钢板强度标准值与设计值

钢种	厚度/mm	屈服强度 σ_s/MPa	抗拉强度 σ_b/MPa	设计抗拉压弯强度 f_s/MPa
Q345R	6~16	345	510	315
	16~36	325	490	300
	36~60	305	470	280
	60~100	285	460	260
07MnCrMoVR(埋管)	16~50	490	620	410
07MnCrMoVR(明管)	16~50	490	620	370

(5)混凝土设计指标:回填或衬砌混凝土采用 C25W8。

1.4.2 结构计算分析及成果

1.4.2.1 埋藏式高压管道结构计算分析

根据《水利水电工程压力钢管设计规范》(SL/T 281—2020)附录 B 地下埋管结构分析方法,地下埋管由钢管、混凝土衬砌和围岩共同承担内水压力。钢管内半径为 2 250 mm,埋藏式压力钢管壁厚及应力计算成果见表 3-7。

表 3-7 埋藏式压力钢管壁厚及应力计算成果

位置	内水压力/MPa	钢材型号	抗力限值/MPa	计算钢衬壁厚/mm	设计钢衬厚度/mm
管 0+33.00	1.067	Q345R	218.62	8.84	12
管 0+47.81	1.155			9.75	14
管 0+69.32	1.344			11.69	14
管 0+111.46	1.73			15.67	18
管 0+153.60	2.115			19.63	22
管 0+195.64	2.5			23.59	26
管 0+232.69	2.839	07MnCrMoVR	298.79	18.48	22
管 0+283.40	3.303			21.97	26
管 0+341.69	3.837			26	30
管 0+385.49	4.168			28.49	32
管 0+498.85	4.289			29.4	34
管 0+593.72	4.393			30.18	34
管 0+629.75	4.43			30.46	36

1.4.2.2 明管段结构计算分析

出山前一段围岩条件较差,岩体覆盖厚度较小,因此自管 0+629.750 之后钢管结构按明钢管计算。根据《水利水电工程压力钢管设计规范》(SL/T 281—2020)附录 A 明管结构分析方法,计算压力钢管壁厚及应力计算成果见表 3-8。

表 3-8 明钢管壁厚及应力计算成果

<table>
<tr><th>位置</th><th>内水压力/MPa</th><th>钢材型号</th><th>抗力限值/MPa</th><th>计算钢衬壁厚/mm</th><th>设计钢衬厚度/mm</th><th>钢管直径/mm</th></tr>
<tr><td>0+689.750</td><td>4.498</td><td rowspan="6">07MnCrMoVR</td><td rowspan="4">231.25</td><td>43.76</td><td>48</td><td rowspan="4">4 500（主管）</td></tr>
<tr><td>0+749.750</td><td rowspan="2">4.557</td><td rowspan="2">44.34</td><td rowspan="2">48</td></tr>
<tr><td>0+835.335</td></tr>
<tr><td>岔管间</td><td>4.59</td><td>44.88</td><td>48</td></tr>
<tr><td rowspan="2">主管</td><td>4.6</td><td>210.23</td><td>35.18</td><td>40</td><td>3 200</td></tr>
<tr><td>4.6</td><td>210.23</td><td>24.19</td><td>30</td><td>2 200</td></tr>
<tr><td>支管</td><td>4.6</td><td>Q345R</td><td>156.25</td><td>23.67</td><td>30</td><td>1 600</td></tr>
</table>

1.4.2.3 钢管抗外压稳定分析

计算施工和放空工况下的钢管外压稳定性。施工工况最大灌浆压力取 0.5 MPa,放空工况考虑最不利情况(下弯段附近)最高外水压力不超过 100 m 水头,再考虑 0.05 MPa 的气压差,放空情况下外压最大。

对外压最大的管段进行外压稳定分析,按光面管考虑,采用经验公式计算临界外压。经计算,最大临界外压达 2.0 MPa,大于最大可能外水压力,抗外压稳定满足要求。为了抗外压稳定安全需要,同时考虑钢管运输、制安等因素,整个钢衬段每隔 2 m 设置 1 道加劲环,宽 20 mm,高 150 mm(明钢管段高 200 mm),采用钢材 Q345R。为了防止钢筋混凝土衬砌段的渗透水渗入钢衬段钢管外壁,在钢衬起点处设置 3 道钢材为 Q345R 的止水环,止水环断面 12 mm×300 mm。

1.4.2.4 岔管结构计算分析

岔管采用非对称“Y”形布置,结构形式采用结构简单、制作简便的月牙肋岔管。1#岔管分岔角为 60°,主管管径 3.9 m,支管管径分别为 3.2 m 和 2.2 m;2#岔管分岔角亦为 60°,主管内径 3.2 m,两支管管径均为 2.2 m。1#岔管结构计算简图如图 3-4 所示。岔管钢材选用 07MnCrMoVR。

根据《水电站压力钢管设计规范》(NB/T 35056—2015)附录 F 月牙肋岔管结构分析方法,岔管工作水头在正常运行水击压力情况为 4.6 MPa,在水压试验情况下,岔管内水压力取正常运行最高内水压力设计值的 1.25 倍,为 5.75 MPa。

选用 620 MPa 级钢板,强度设计值(抗拉、抗压、抗弯)f_s = 370 MPa。正常运行水击压力工况(持久状况)明岔管按整体膜应力估算管壁厚度,成果见表 3-9;明岔管按局部应力估算管壁厚度,计算成果见表 3-10。

水压试验工况(短暂状况)下,明岔管按整体膜应力估算管壁厚度,成果见表 3-11;明岔管按局部应力估算管壁厚度计算成果见表 3-12。

根据“大型岔管管壁宜设计为变厚,相邻管节的壁厚之差值不宜大于 4 mm”的规定,岔管管节 1、4、7 取 58 mm,2、5、8 取 54 mm,3、6、9 取 50 mm。

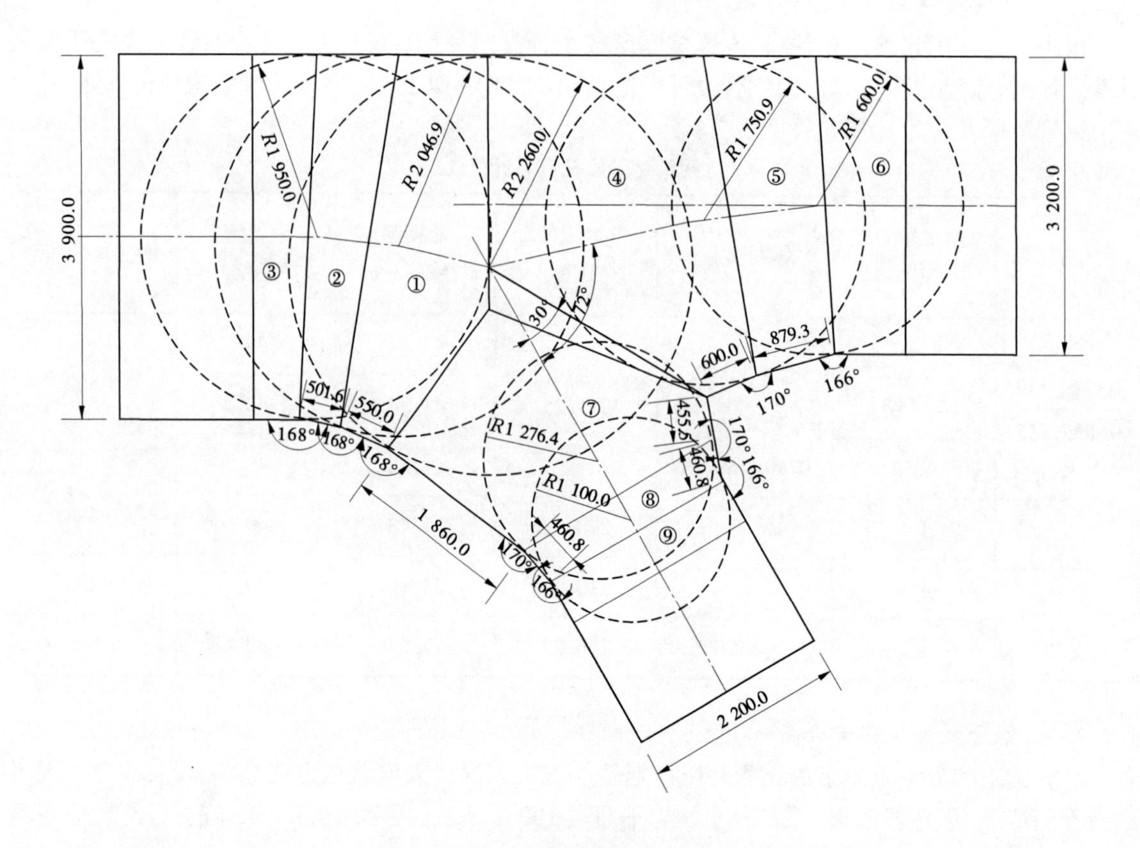

图 3-4　1#岔管结构计算简图　（单位:mm）

表 3-9　　持久状况明岔管按整体膜应力估算管壁厚度成果

分岔编号	f_s/MPa	σ_{R1}/MPa	p/MPa	r/mm	A/(°)	t_{y1}/mm
1	370	210.2	4.6	2 260	12	50.485
2	370	210.2	4.6	2 046.9	6	44.971
3	370	210.2	4.6	1 950	0	42.608
4	370	210.2	4.6	2 260	12	50.485
5	370	210.2	4.6	1 750.9	7	38.545
6	370	210.2	4.6	1 600	0	34.96
7	370	210.2	4.6	2 260	24	54.055
8	370	210.2	4.6	1 276.4	14	28.743
9	370	210.2	4.6	1 100	0	24.035

注:表中符号含义(下同):f_s 为强度设计值;σ_{R1} 为抗力限值;p 为内水压力设计值;r 为旋转半径;A 为半锥顶角;t_{y1} 为估算壁厚。

表 3-10　　持久状况明岔管按局部应力估算管壁厚度成果

分岔编号	r/mm	t/mm	r/t	查 K_2 时对应转角/(°)	K_2	σ_{R2}/MPa	p/MPa	t_{y2}/mm
1	2 260.0	51	44	12	1.6	305.8	4.6	55.533
2	2 046.9	45	45	12	1.6	305.8	4.6	49.469
3	1 950.0	43	45	0	1	305.8	4.6	29.293
4	2 260.0	51	44	10	1.5	305.8	4.6	52.062
5	1 750.9	39	45	14	1.75	305.8	4.6	46.374
6	1 600.0	35	46	0	1	305.8	4.6	24.035
7	2 260.0	55	41	10	1.5	305.8	4.6	55.744
8	1 276.4	29	44	14	1.75	305.8	4.6	34.582
9	1 100.0	25	44	0	1	305.8	4.6	16.524

注：表中符号含义(下同)：σ_{R2} 为抗力限值；t 为管壁厚度；r 为旋转半径；p 为内水压力设计值；K_2 为应力集中系数；t_{y2} 为估算壁厚。

表 3-11　　短暂状况明岔管按整体膜应力估算管壁厚度成果

分岔编号	f_s/MPa	σ_{R1}/MPa	p/MPa	r/mm	A/(°)	t_{y1}/mm
1	370	285.5	5.75	2 260.0	12	46.469
2	370	285.5	5.75	2 046.9	6	41.394
3	370	285.5	5.75	1 950.0	0	39.219
4	370	285.5	5.75	2 260.0	12	46.469
5	370	285.5	5.75	1 750.9	7	35.479
6	370	285.5	5.75	1 600.0	0	32.179
7	370	285.5	5.75	2 260.0	24	49.755
8	370	285.5	5.75	1 276.4	14	26.457
9	370	285.5	5.75	1 100.0	0	22.123

表 3-12　　短暂状况明岔管按局部应力估算管壁厚度成果

分岔编号	r/mm	t/mm	r/t	查 K_2 时对应转角/(°)	K_2	σ_{R2}/MPa	p/MPa	t_{y2}/mm
1	2 260.0	47	48	12	1.6	415.3	5.75	51.116
2	2 046.9	42	49	12	1.6	415.3	5.75	45.534
3	1 950.0	40	49	0	1	415.3	5.75	26.963
4	2 260.0	47	48	10	1.5	415.3	5.75	47.921
5	1 750.9	36	49	14	1.75	415.3	5.75	42.685
6	1 600.0	33	48	0	1	415.3	5.75	22.123
7	2 260.0	50	45	10	1.5	415.3	5.75	51.31
8	1 276.4	27	47	14	1.75	415.3	5.75	31.831
9	1 100.0	23	48	0	1	415.3	5.75	15.21

2 高水头岔管计算分析

2.1 概 述

采用联合供水或分组供水时,即1根管道需要供应2台或更多机组用水时,需要设置岔管,这种岔管位于厂房上游侧。

有时,1根引水道需要分成2根以上的压力管道,也是岔管,通常位于调压井底部或调压井下游。几台机组的尾水管往往在下游合成1条压力尾水洞,汇合处也是岔管,不过水流方向相反。

由于其特殊的功用和所处的位置,一般国内的岔管有以下特点:

(1)水流条件较差,引起的水头损失较大。

(2)岔管由薄壳和刚度较大的加强构件组成,管壁厚,构件尺寸大,有时需锻造,焊接工艺要求高,造价较高。

(3)受力条件差,所承受的静、动水压力最大,又靠近厂房,其安全性十分重要。

(4)我国已经建成的水电站岔管大多数属于地下岔管,但大多按明管设计,即不考虑周围岩体分担荷载。也有依靠围岩承载的地下岔管。

从设计和施工来说,岔管应满足下列要求:

(1) 运行安全可靠。

(2) 水流平顺,水头损失小,避免涡流和振动。试验表明,当水流通过岔管各断面的平均流速接近相等,或水流缓慢加速(岔管断面面积大于岔管后断面面积之和)时,可避免涡流,减少水头损失。分岔管宜采用锥管过渡,半锥管一般适宜采用较小的分岔角。

(3) 结构合理简单,受力条件好,不产生过大的应力集中和变形。

(4) 制作、运输、安装方便。

(5) 经济合理。

岔管的典型布置形式有以下3种:

(1) “卜”形布置,如果要从主管中分出1条较小的岔管,或者2条支管的轴线因故不能作对称布置时,可以用不对称的“卜”形布置。

(2) 对称“Y”形布置,用于主管分成2个相同的支管。

(3) 三岔形布置,用于主管直接分成3个相同的支管

若机组台数较多,可采用“Y”形-“卜”形或“Y”形-三岔形组合布置。

我国已建成钢岔管的布置以“卜”形居多。除因“卜”形布置灵活简便外,还因为以往建造的钢岔管规模较小,用贴边补强的多,较适合于卜形布置。

岔管属于复杂的空间组合结构,因而其受力状态复杂。进行岔管设计时,岔管的水力要求与结构要求有一定冲突,难以同时满足。从水力学的角度来说,要求支管有一定的锥角和较小的分岔角,但是锥角越大,分岔角越小,对结构越不利。而目前的设计还是传统的经验性设计加一定的模型试验。因此,对岔管特别是大 p、D 值(p 表示压力管道承受的水压力,D 表示压力管道内直径)岔管进行优化设计,对工程的经济性与安全性有着非常重要的意义。

钢岔管设计主要根据岔管角度及 p、D 值来确定,是贴边岔管还是月牙肋岔管,贴边岔管设计相对简单,月牙肋岔管设计计算则非常烦琐,公切球大小位置稍有变化,主支管渐变段的长度及拐弯角度都要随之变化,在一定的边界条件下,规范规定的各条件很难同时满足。月牙肋岔管的基本

结构特点是,在一般情况下,主岔和支岔两锥壳对加强肋板作用力合力的作用点位于管内,因此把肋板内插,使其截面形心与该合力作用点相重合,使肋板主要承受拉力作用。

APDL 是一种可以普遍应用和推广的参数化建模语言。APDL 参数化语言能实现钢岔管参数化优化设计,尤其对于月牙肋岔管这类较复杂结构,建模效率高,能很快完成一个设计方案并能在一定的边界条件下实现优化设计。

本成果在输入界面上修改岔管设计的参数,仅需在一定约束条件下修改相应参数的赋值,就能完成岔管体型设计及三维有限元计算,大大提高了月牙肋岔管的优化设计效率,快速得到目标设计方案。

2.2　月牙肋岔管的体型 APDL 设计过程

本节以月牙肋岔管为例来说明月牙肋岔管的设计过程。

2.2.1　确定岔管轴线夹角 α

本例 α 角选用 60°。这里说的 α 角并不是《水利水电工程压力钢管设计规范》(SL/T 281—2020)中的 ω 角。

2.2.2　确定岔管公切球半径 R_i 与公切球位置

为了方便制图与计算,本例采用管壁中线法制图。根据《水利水电工程压力钢管设计规范》(SL/T 281—2020),R_i 取主管半径 1.2 倍左右,公切球半径选 1 815 mm。

此时,可绘制出图 3-5。

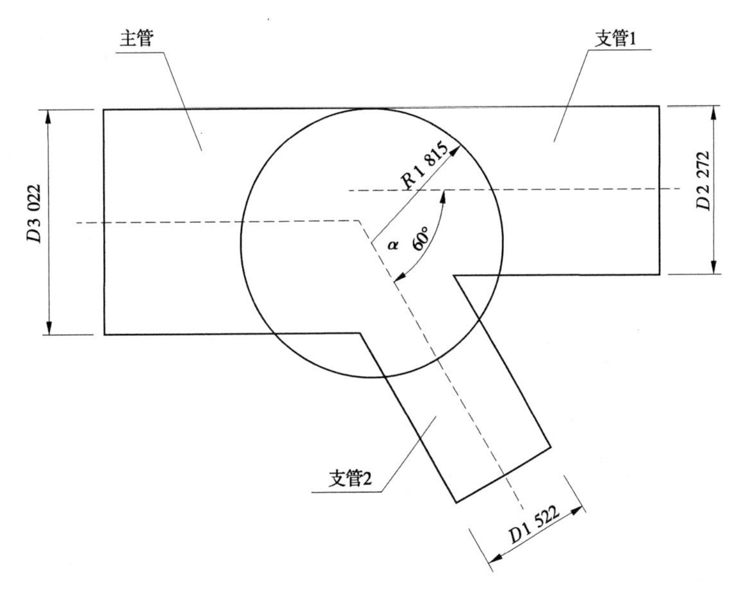

图 3-5　(单位:mm)

因公切球球心在支管 2 上,故公切球位置已经固定,如图 3-6 所示。

2.2.3　确定岔管钝角区与锐角区转角

钝角区腰线转折角 C1、支管腰线转折角 C2 不宜大于 15°,本例取 14°。最大直径处腰线转折角 C0 不宜大于 12°,本例取 12°。C3 等过渡角在现行规范中并没有明确规定,同时参考《水利水电工程压力钢管设计规范》(SL/T 281—2020)中弯管相邻管节转角不宜大于 10°的规定,本例 C3 角取 10°。

2.2.4　调整转角斜边长度控制整体岔管体型

这一步用手工调整是比较复杂和麻烦的,在满足《水利水电工程压力钢管设计规范》(SL/T

281—2020)的前提下使岔管体型变化平顺,尽量接近《水利水电工程压力钢管设计规范》(SL/T 281—2020)中岔管体型,同时注意满足环向焊缝不宜小于 300 mm 的构造要求。本例调整后如图 3-6 所示。

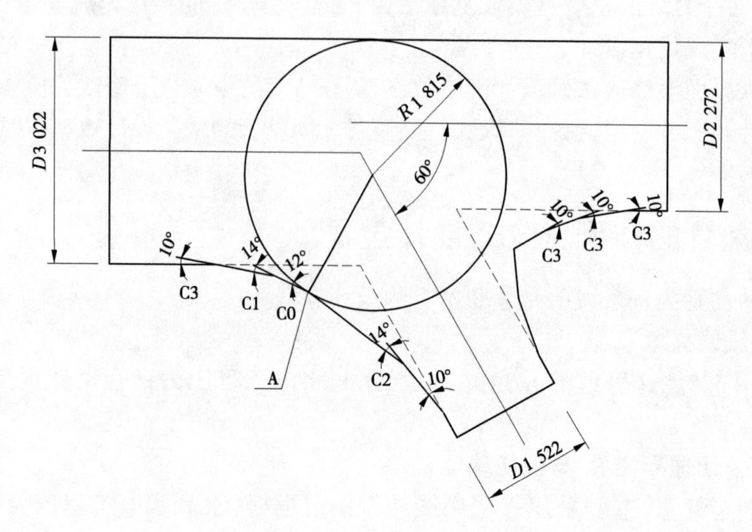

图 3-6 (单位:mm)

需要注意的是,图 3-6 中 A 点并不在公切球上,而是 2 条公切球切线的交点。

2.2.5 绘制岔管相贯线

相贯线的绘制方法请参考有关书籍,在这里不详细论述。相贯线的绘制如图 3-7 所示。

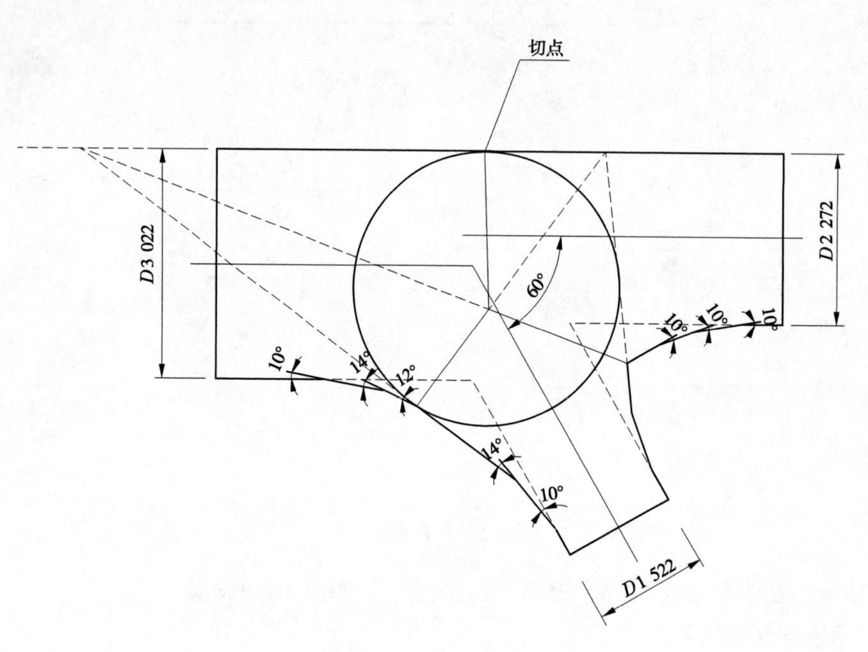

图 3-7 (单位:mm)

2.2.6 岔管轴线的确定

岔管由 3 个主岔管节和若干过渡管节组成,每 2 个相邻管节间存在 1 个公切球,公切球球心间的连线即为管轴线。而只需要选择 3 条切线就可以确定出公切球。如选择图 3-8 中线 1、线 2、线 3 就可以绘出公切球 1。

绘制出所有公切球,并将公切球球心连线,就可绘出岔管轴线。

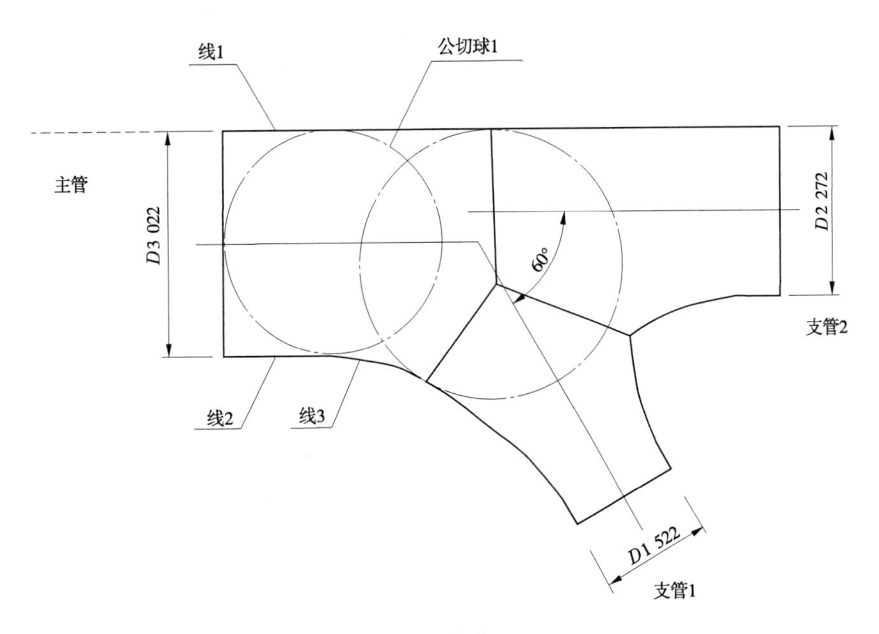

图3-8　（单位:mm）

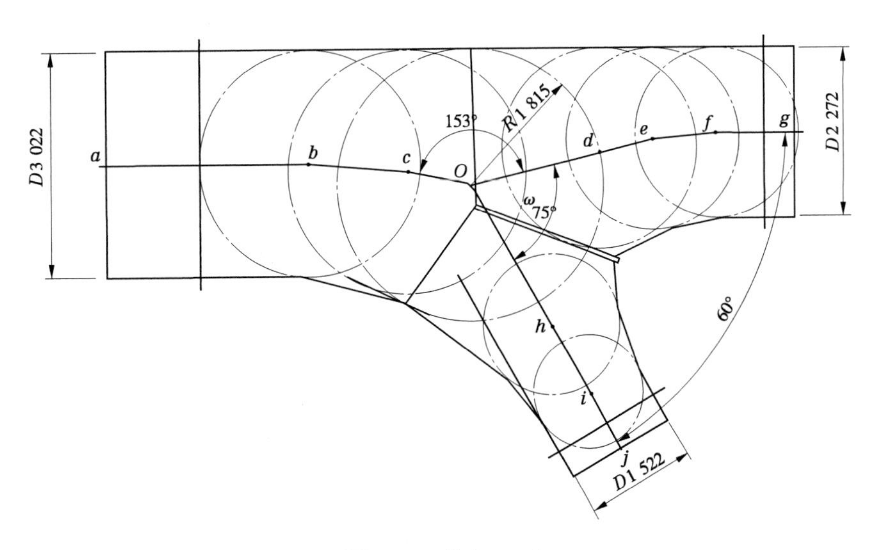

图3-9　（单位:mm）

绘制出了轴线,分岔角 ω 角也就确定了,如图3-9所示,本例 ω 角为75°。

2.2.7　确定过渡管节相贯线

做过渡管节公切球的目的就是绘制过渡管节间相贯线。非对称锥形管节只需将转折点与相应公切球切点连线,对称管节将两个转折点连线即可。这样做的目的也是保证过渡管节间相贯线位于同一个平面内,如图3-10所示。

至此,岔管的重要几何体型已经设计完成。

2.2.8　肋板体型设计

在现行《水利水电工程压力钢管设计规范》(SL/T 281—2020)中,相贯线方程是根据解析法得出的,用CAD制图法(几何法)也可推出相贯线方程。

为了得到肋板外边缘线曲线,必须绘制管壁中线与肋板中线相贯线。将图3-11中阴影部分单独取出,用做相贯线的方法来寻找管壁中线与肋板中线相贯线的椭圆曲线。图3-12中 *AB* 线段长

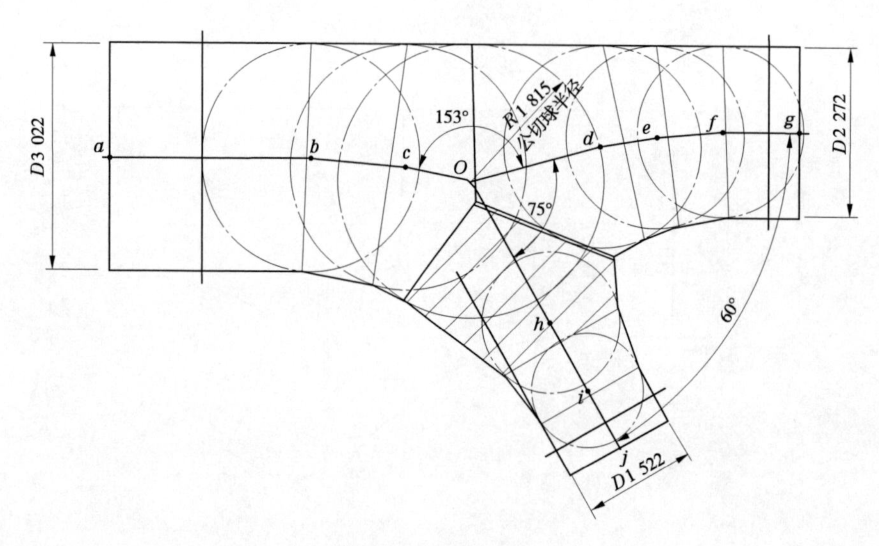

图 3-10　(单位:mm)

度就为椭圆长轴长度,椭圆短轴为$\sqrt{CE^2-DE^2}\times2$,故可绘出管壁中线与肋板中线相贯线的椭圆曲线。根据《水利水电工程压力钢管设计规范》(SL/T 281—2020),管外只留 50~100 mm 宽度能够焊接即可绘出肋板外缘边线,如图 3-12 所示。

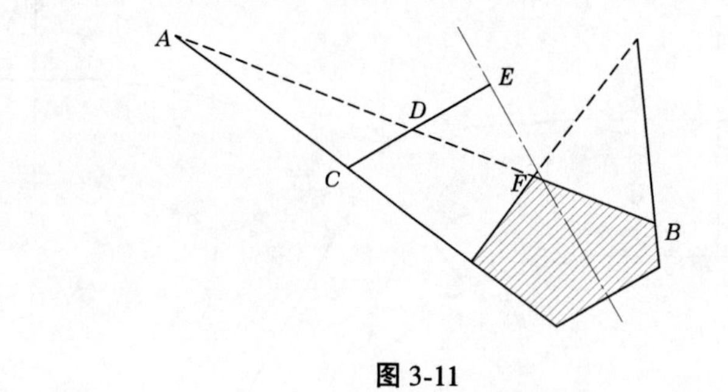

图 3-11

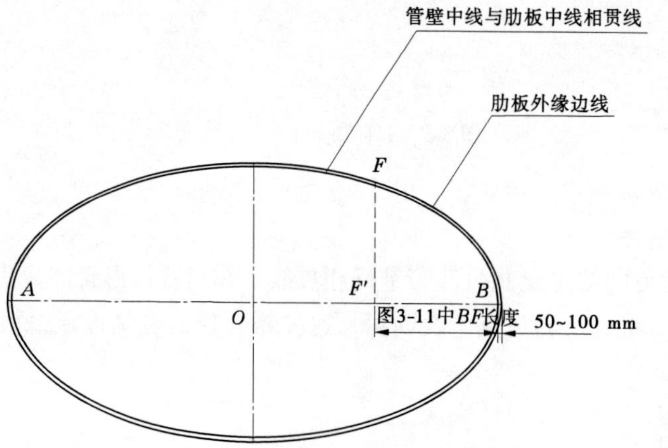

管壁中线与肋板中线相贯线
肋板外缘边线
F
A
F′
B
O
图3-11中BF长度
50~100 mm

图 3-12

施工图中管壁中线与肋板中线相贯线是不需要示出的,但它对 CAD 制图起着非常大的作用。施工图需要的是绘制出管壁外缘线与肋板外缘线相贯线,便于厂家制作安装时的定位。管壁外缘线与肋板外缘线相贯线的制图方法和管壁中线与肋板中线相贯线的制图方法一致。所不同的是需要将管壁中线向外侧放半个管壁厚度，转换成为管壁外缘线，再类似取出图3-11阴影部分，将图3-11中的*AB*线段向肋板中线两侧各偏移半个肋板厚度，即可绘出两支管管壁外缘线与肋板外缘线的2条相贯线。

当把肋板外缘线、管壁外缘线与肋板外缘线相贯线放置在同一个坐标系中时，需要特别注意的是，它们的坐标圆点（即椭圆中心点）在水平方向上不重合，偏移量也可通过作图法求出，如图3-13所示。把岔管中线图与外缘线图一起绘出，并绘出各自的长轴。*X*1、*X*2为管壁外缘线与肋板外缘线相贯线的椭圆中心相对于管壁中线与肋板中线相贯线的椭圆中心沿肋板方向的偏移量。

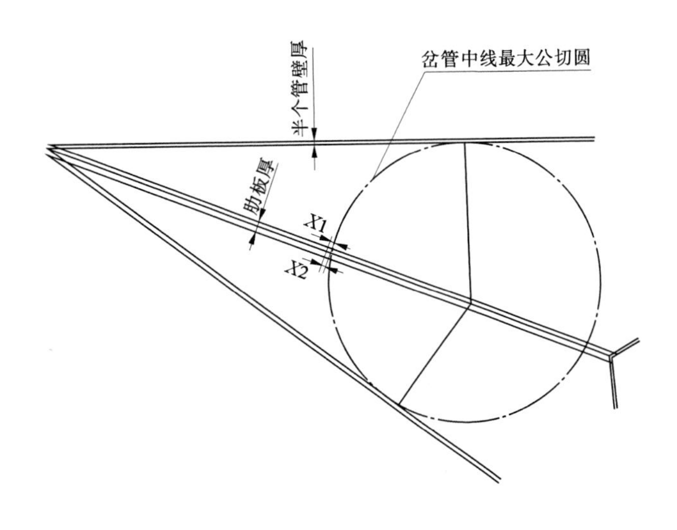

图3-13

最后进行肋板内缘线的确定。根据《水利水电工程压力钢管设计规范》（SL/T 281—2020）中的肋板应力计算公式做多个截面的验算从而确定肋板内缘线。《压力钢管》（潘家铮）与《水电站机电设计手册金属结构（二）》中，对肋板内缘线的确定方法都是依据肋板外缘线和肋板上只受轴心拉力的轴心线之间的距离确定的，但此法较复杂烦琐，且肋板上只受轴心拉力的轴心线方程不易找出。在《水利水电工程压力钢管设计规范》（SL/T 281—2020）中有确定肋板内缘线抛物线方程，方程中参数通过上面肋板CAD制图法很容易得到。在实际工程中，可以依据此方程确定肋板内缘线，再通过肋板应力计算公式进行验算。

按此法对本例岔管肋板其余截面进行验算，均安全，应该说水利规范推荐此肋板内缘曲线是留有安全余度的。

2.3　贴边岔管的体型APDL设计过程

2.3.1　相贯线的确定

贴边岔管由主、支管相贯而成，主、支管为圆柱管或圆锥管，无论哪种类型，相贯线一般为一条封闭的空间曲线。在贴边岔管的几何计算中，相贯线的计算是关键。为了便于计算，将主、支管分别置于不同的坐标系中，并以主、支管轴线相交点为坐标原点，如图3-14所示。

建立在主管坐标系$Ox_1y_1z_1$下，主管为圆柱的参数方程：

$$\begin{cases} x_1 = \nu_1 & (-L_0 \leqslant \nu_1 \leqslant L_1) \\ y_1 = R_1\cos\mu_1 & (0 \leqslant \mu_1 \leqslant 2\pi) \\ z_1 = R_1\sin\mu_1 \end{cases}$$

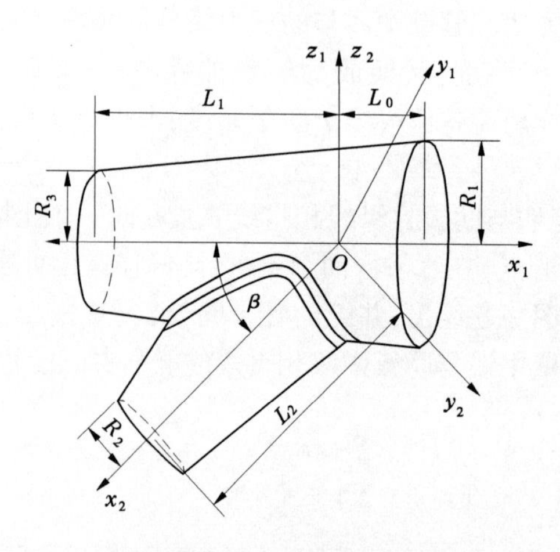

图 3-14 贴边岔管直观图

主管为圆锥的参数方程：

$$\begin{cases} x_1 = H_1 - \nu_1/k_1 & (R_3 \leqslant \nu_1 \leqslant R_1) \\ y_1 = \nu_1\cos\mu_1 & (0 \leqslant \mu_1 \leqslant 2\pi) \\ z_1 = \nu_1\sin\ \mu_1 \end{cases}$$

式中，$k_1=\tan A_1$；$H_1=R_1/k_1-L_0$；R_1 为主管进口半径；R_3 为主管出口半径；A_1 为主管锥半角；L_0 为主管进口段长；L_1 为主管出口段长。

同理，可以建立在支管坐标系 $Ox_2y_2z_2$ 下，支管为圆柱或圆锥的参数方程(略)。

主、支管坐标系之间的变换关系：

$$\begin{cases} x_1 = x_2\cos\beta + y_2\sin\beta \\ y_1 = -x_2\sin\beta + y_2\cos\beta \\ z_1 = z_2 \end{cases}$$

或

$$\begin{cases} x_2 = x_1\cos\beta - y_1\sin\beta \\ y_2 = x_1\sin\beta + y_1\cos\beta \\ z_2 = z_1 \end{cases}$$

式中，β 为两坐标系变换角，也是主、支管分岔角。将主、支管参数方程分别代入坐标变换公式中，消去 μ_1、ν_1，即可求得相贯线上参数 μ_2、ν_2 之间的关系。

2.3.2 参数化建模的过程

按照《水利水电工程压力管道设计规范》(SL/T 281—2020)对贴边岔管设计参数的要求，如图 3-15 设定一系列参数，如分岔角 β=60°，主管腰线折角 a_1=4°，支管腰线折角 a_2=6°，主管半径r=1.2 m，支管半径 r_i=0.6 m，主管补强板宽度 b_1=0.2 m，支管补强板宽度 b_2=0.15 m 等。

在 ANSYS 里面按照上述参数，建立贴边岔管模型，主锥管和支锥管的交线即为贴边岔管的相贯线，将相贯线等距离向主锥管上平移 b_1(相贯线的外法线方向)，即为主锥管补强板的外轮廓线，将相贯线沿着支锥管的管壁向下平移 b_2，即为支锥管补强板的外轮廓线，那么贴边岔管的体型已经基本建立。设置一定的管壁和补强板厚度及材料的参数，施加一定的外水头和约束条件，即可对贴边岔管进行三维有限元分析计算。

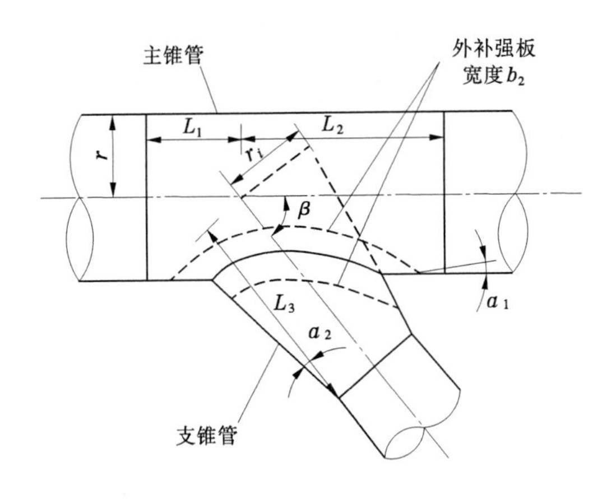

图 3-15　贴边岔管的体型

2.3.3　管壁厚度计算

用岔管膜应力区管壁厚度计算式计算岔管的管壁厚度，计算式如下：

$$\delta = \frac{K_1 pR}{[\sigma]_1 \varphi \cos\alpha}$$

式中　K_1——系数；

p——内水压力(包括水锤压力)；

R——该节管最大内半径；

$[\sigma]_1$——膜应力区允许应力；

φ——焊缝系数；

α——该节钢管半锥顶角。

2.3.4　贴边补强板设计

贴边岔管属组台薄壳结构，是按压力钢管开孔后孔周补强的工作原理。分别在主、支管相贯的附近增设补强板或类似结构，以使岔管孔口周围补强结构的边缘附近膜应力接近主钢管的理论膜应力，从而达到补强的目的。

补强板厚度按无补强板时管壳开孔后的应力集中峰值扣除管壳可承担部分后的余下部分，全部安排给补强板承担的方法确定；补强板宽度按岔管接口处应力集中峰值衰减至膜应力值的距离而定。

压力钢管膜应力计算式如下：

$$\sigma_0 = \frac{pD}{2\delta}$$

式中　σ_0——钢管膜应力；

p——内水压力；

D——钢管直径；

δ——钢管计算壁厚。

岔管采用非对称“Y”形布置，结构形式采用结构简单、制作简便的月牙肋岔管。1#岔管分岔角为60°，主管管径3.9 m，支管管径分别为3.2 m和2.2 m；2#岔管分岔角亦为60°，主管内径3.2 m，两支管管径均为2.2 m。1#岔管结构计算简图如图3-16所示。岔管钢材选用07MnCrMoVR。

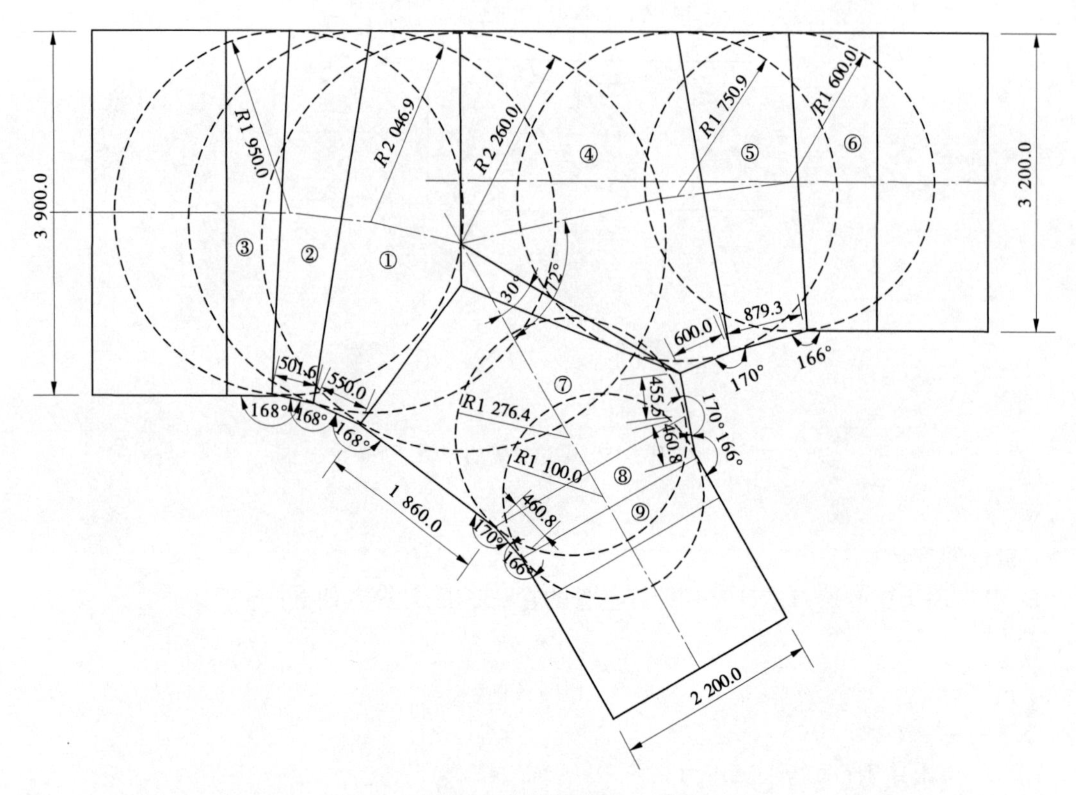

图 3-16　1#岔管结构计算简图　（单位：mm）

根据《水电站压力钢管设计规范》(NB/T 35056—2015)附录 F 月牙肋岔管结构分析方法，岔管工作水头在正常运行时的水击压力情况为 4.6 MPa，在水压试验情况下，岔管内水压力取正常运行最高内水压力设计值的 1.25 倍，为 5.75 MPa。

选用 620 MPa 级钢板，强度设计值(抗拉、抗压、抗弯) $f_s = 370$ MPa。正常运行水击压力工况(持久状况)明岔管按整体膜应力估算管壁厚度，计算成果见表 3-13；明岔管按局部应力估算管壁厚度，计算成果见表 3-14。

表 3-13　持久状况明岔管按整体膜应力估算管壁厚度成果

分岔编号	f_s/MPa	σ_{R1}/MPa	p/MPa	r/mm	A/(°)	t_{y1}/mm
1	370	210.2	4.6	2 260.0	12	50.485
2	370	210.2	4.6	2 046.9	6	44.971
3	370	210.2	4.6	1 950.0	0	42.608
4	370	210.2	4.6	2 260.0	12	50.485
5	370	210.2	4.6	1 750.9	7	38.545
6	370	210.2	4.6	1 600.0	0	34.96
7	370	210.2	4.6	2 260.0	24	54.055
8	370	210.2	4.6	1 276.4	14	28.743
9	370	210.2	4.6	1 100.0	0	24.035

注：表中符号含义(下同)：f_s 为强度设计值；σ_{R1} 为抗力限值；p 为内水压力设计值；r 为旋转半径；A 为半锥顶角；t_{y1} 为估算壁厚。

表 3-14 持久状况明岔管按局部应力估算管壁厚度成果

分岔编号	r/ mm	t/ mm	r/t	查 K_2 时对应转角/(°)	K_2	σ_{R2}/ MPa	p/ MPa	t_{y2}/ mm
1	2 260.0	51	44	12	1.6	305.8	4.6	55.533
2	2 046.9	45	45	12	1.6	305.8	4.6	49.469
3	1 950.0	43	45	0	1	305.8	4.6	29.293
4	2 260.0	51	44	10	1.5	305.8	4.6	52.062
5	1 750.9	39	45	14	1.75	305.8	4.6	46.374
6	1 600.0	35	46	0	1	305.8	4.6	24.035
7	2 260.0	55	41	10	1.5	305.8	4.6	55.744
8	1 276.4	29	44	14	1.75	305.8	4.6	34.582
9	1 100.0	25	44	0	1	305.8	4.6	16.524

注:表中符号含义(下同):σ_{R2} 为抗力限值;t 为管壁厚度;K_2 为应力集中系数;t_{y2} 为估算壁厚。

水压试验工况(短暂状况)下,明岔管按整体膜应力估算管壁厚度,计算成果见表 3-15;明岔管按局部应力估算管壁厚度,计算成果见表 3-16。

表 3-15 短暂状况明岔管按整体膜应力估算管壁厚度成果

分岔编号	f_s/MPa	σ_{R1}/MPa	p/MPa	r/mm	A/(°)	t_{y1}/mm
1	370	285.5	5.75	2 260.0	12	46.469
2	370	285.5	5.75	2 046.9	6	41.394
3	370	285.5	5.75	1 950.0	0	39.219
4	370	285.5	5.75	2 260.0	12	46.469
5	370	285.5	5.75	1 750.9	7	35.479
6	370	285.5	5.75	1 600.0	0	32.179
7	370	285.5	5.75	2 260.0	24	49.755
8	370	285.5	5.75	1 276.4	14	26.457
9	370	285.5	5.75	1 100.0	0	22.123

根据“大型岔管管壁宜设计为变厚,相邻管节的壁厚之差值不宜大于 4 mm”的规定,岔管管节 1、4、7 取 58 mm,2、5、8 取 54 mm,3、6、9 取 50 mm。

压力管道全长钢管内壁涂装厚浆型环氧沥青防腐涂料,漆膜厚度 400 μm,外壁与混凝土接触面采用无机改性水泥浆,干膜厚度 400 μm。

表 3-16 短暂状况明岔管按局部应力估算管壁厚度成果

分岔编号	r/mm	t/mm	r/t	查 K_2 时对应转角/(°)	K_2	σ_{R2}/MPa	p/MPa	t_{y2}/mm
1	2 260.0	47	48	12	1.6	415.3	5.75	51.116
2	2 046.9	42	49	12	1.6	415.3	5.75	45.534
3	1 950.0	40	49	0	1	415.3	5.75	26.963
4	2 260.0	47	48	10	1.5	415.3	5.75	47.921
5	1 750.9	36	49	14	1.75	415.3	5.75	42.685
6	1 600.0	33	48	0	1	415.3	5.75	22.123
7	2 260.0	50	45	10	1.5	415.3	5.75	51.31
8	1 276.4	27	47	14	1.75	415.3	5.75	31.831
9	1 100.0	23	48	0	1	415.3	5.75	15.21

3　压力钢管设计过程

3.1　设计依据及基本资料

3.1.1　设计依据及参考资料

(1)设计依据:《水利水电工程压力钢管设计规范》(SL/T 281—2020)(简称《规范》)。

(2)参考资料:《水电站建筑物》《水电站》。

3.1.2　设计基本资料

设计引用流量 $Q=34.200\ m^3/s$。

钢材的弹性模量 $E=206\ 000$ MPa。

钢材的泊松比 $\mu=0.3$。

钢材的重度 $\gamma_s=0.000\ 078\ 5\ N/mm^3$。

水的重度 $\gamma_w=0.000\ 009\ 8\ N/mm^3$。

钢管内径 $D=3\ 000$ mm。

钢管轴线倾角 $\alpha=0$。

镇墩间距 $L_1=150\ 000$ mm。

支墩间距 $L=10\ 000$ mm。

加径环间距 $l=4\ 000$ mm。

伸缩节与上镇墩的距离 $L_2=2\ 000$ mm。

伸缩节止水盘根沿管轴向长度 $b_1=300$ mm。

伸缩节止水填料与钢管的摩擦系数 $\mu_1=0.3$。

支座对管壁的摩擦系数 $f=0.1$。

焊缝系数 $\varphi=0.95$。

3.1.3　初估管壁厚度 t

(1)根据末跨的主要荷载(内水压力)并考虑将钢材的允许应力降低15%,按锅炉公式初估管壁厚度 t:

$$t=\frac{\gamma_w HD}{2\varphi(1-0.15)[\sigma]}$$

$$[\sigma]=0.55\sigma_s$$

式中,钢管管壁钢材屈服点 $\sigma_s=235.000$ MPa;$H=26\ 250$ mm,见表3-17。

表3-17　钢管管壁厚度 t 初估计算表

$\gamma_w/(N/mm^3)$	H/mm	D/mm	σ_s/MPa	φ	$[\sigma]$/MPa	t/mm
9.8×10^{-6}	26 250	3 000	235	0.95	129.25	3.7

取计算管壁厚度 $t=10$ mm,再考虑2 mm的锈蚀裕量,管壁结构厚度初定 $t=10$ mm。

(2)复核管壁结构厚度是否满足考虑制造工艺、安装、运输等要求,保证必须刚度的最小厚度要求:

$$t \geqslant D/800 + 4$$

则 t 应满足：$t \geqslant 7.8$ mm。

实际选用管壁厚度 $t=10$ mm，满足要求。

3.1.4　钢管应力分析

3.1.4.1　跨中管壁断面应力分析

1. 荷载计算

(1)径向内水压力 p。

$$p = H\gamma_w$$

式中，$H=26\ 250$ mm，则 $p=H\gamma_w = 0.257$ MPa。

(2)垂直管轴方向的力(法向力)。

① 钢管自重分力 Q_s(见表3-18)。

$$Q_s = q_s L\cos\alpha \qquad \text{(每跨钢管自重)}$$

$$q_s = 1.25\pi Dt\gamma_s \qquad \text{(单位管长钢管自重，考虑刚性环等附件的附加重量约为钢管自重的25\%)}$$

表 3-18　　钢管自重分力 Q_s 计算表

D/mm	t/mm	γ_s/(N/mm^3)	α/(°)	L/mm	q_s/(N/mm)	Q_s/N
3 000	10	7.85×10^{-5}	0	10 000	9.248	92 480

②钢管中水重分力 Q_w(见表3-19)。

$$Q_w = q_w L\cos\alpha \qquad \text{(每跨管内水重)}$$

$$q_w = 0.25\pi D^2\gamma_w \qquad \text{(单位管长管内水重)}$$

表 3-19　　钢管中水重分力 Q_w 计算表

D/mm	γ_w/(N/mm^3)	α/(°)	L/mm	q_w/(N/mm)	Q_w/N
3 000	9.8×10^{-6}	0	10 000	69.272	692 720

(3)轴向力 $\sum A$。

①钢管自重轴向分力 A_1(见表3-20)。

$$A_1 = q_s L_3 \sin\alpha$$

式中，伸缩节至计算截面处的钢管长度 $L_3=54\ 000$ mm。

表 3-20　　钢管自重轴向分力 A_1 计算表

α/(°)	q_s/(N/mm)	L_3/mm	A_1/N
0	9.248	54 000	0

②套筒式伸缩节端部的内水压力 A_5(见表3-21)。

$$A_5 = \frac{\pi}{4}(D_1^2 - D_2^2)p'$$

$$p' = H'\gamma_w$$

式中，$H'=20\ 000$ mm；伸缩节内套管外径 $D_1=3\ 020$ mm；伸缩节内套管内径 $D_2=3\ 000$ mm。

表 3-21　　套筒式伸缩节端部的内水压力 A_5 计算表

D_1/mm	D_2/mm	γ_w/(N/mm^3)	H'	p'/MPa	A_5/N
3 020	3 000	9.8×10^{-6}	20 000	0.196	18 534

③温升时套筒式伸缩节止水填料的摩擦力 A_6(见表 3-22)。

$$A_6 = \pi D_1 b_1 \mu_1 p'$$

表 3-22　　温升时套筒式伸缩节止水填料的摩擦力 A_6 计算表

D_1/mm	b_1/mm	μ_1	p'/MPa	A_6/N
3 020	300	0.3	0.196	167 361

④温升时支座对钢管的摩擦力 A_7(见表 3-23)。

$$A_7 = \sum (qL) f\cos\alpha = n(q_s + q_w) Lf\cos\alpha$$

式中,计算截面以上支座的个数 $n=3$ 个。

表 3-23　　温升时支座对钢管的摩擦力 A_7 计算表

n/个	q_s/(N/mm)	q_w/(N/mm)	L/mm	f	α/(°)	A_7/N
3	9.248	69.272	10 000	0.1	0	235 560

⑤轴向力的合力 $\sum A$(见表 3-24)。

$$\sum A = A_1 + A_5 + A_6 + A_7$$

表 3-24　　轴向力合力 $\sum A$ 计算表　　单位:N

A_1	A_5	A_6	A_7	$\sum A$
0	18 534	167 361	235 560	421 455

2. 跨中管壁断面应力计算

(1)径向内水压力 p 在管壁中产生的环向应力 $\sigma_{\theta 1}$(见表 3-25)。

$$\sigma_{\theta 1} = \frac{pr}{t}\left(1 - \frac{r}{H}\cos\alpha\cos\theta\right)$$

$$r = \frac{D}{2}$$

式中,θ 为计算点半径与管中心铅垂线的夹角,$\theta=0°$为管顶点;$\theta=90°$为管水平轴线处;$\theta=180°$为管底处。

表 3-25　　跨中环向应力 $\sigma_{\theta 1}$ 计算表

θ/(°)	D/mm	r/mm	p/MPa	t/mm	H/mm	α/(°)	$\sigma_{\theta 1}$/MPa
0	3 000	1 500	0.257	10	26 250	0	36.383
90	3 000	1 500	0.257	10	26 250	0	38.588
180	3 000	1 500	0.257	10	26 250	0	40.793

(2)轴向力 $\sum A$ 在横断面上产生的轴向应力 σ_{x1}(以拉力为+,见表 3-26)。

$$\sigma_{x1} = \frac{\sum A}{2\pi r t}$$

表 3-26　跨中轴向应力 σ_{x1} 计算表

$\sum A$/N	r/mm	t/mm	σ_{x1}/MPa
421 455	1 500	10	−4. 472

(3)法向力在横断面上产生的轴向应力 σ_{x2}(见表 3-27)。

$$\sigma_{x2} = \frac{M}{\pi r^2 t}\cos\theta$$

$$M = \frac{1}{10}(q_s + q_w)L^2\cos\alpha$$

表 3-27　跨中轴向应力 σ_{x2} 计算表

θ/(°)	q_s/(N/mm)	q_w/(N/mm)	L/mm	α/(°)	M/(N · mm)	r/mm	t/mm	σ_{x2}/MPa
0	9. 248	69. 272	10 000	0	7. 85×10^8	1 500	10	−11. 108
90	9. 248	69. 272	10 000	0	7. 85×10^8	1 500	10	0
180	9. 248	69. 272	10 000	0	7. 85×10^8	1 500	10	11. 108

(4)内水压力 p 在管壁产生的径向应力 σ_r(见表 3-28)。

$$\sigma_r = -p = -\gamma_w(H - r\cos\alpha\cos\theta)$$

表 3-28　跨中径向应力 σ_r 计算表

θ/(°)	γ_w/(N/mm³)	H/mm	r/mm	α/(°)	σ_r/MPa
0°	9. 8×10⁻⁶	26 250	1 500	0	−0. 243
90°	9. 8×10⁻⁶	26 250	1 500	0	−0. 257
180°	9. 8×10⁻⁶	26 250	1 500	0	−0. 272

(5)跨中管壁断面各计算点应力条件复核(见表 3-29)。

复核公式:

$$\sigma = \sqrt{\sigma_\theta^2 + \sigma_x^2 + \sigma_r^2 - \sigma_\theta\sigma_x - \sigma_\theta\sigma_r - \sigma_x\sigma_r} \leqslant \varphi[\sigma]$$

$$\sigma_\theta = \sigma_{\theta 1}$$

$$\sigma_x = \sigma_{x1} + \sigma_{x2}$$

式中,相应计算工况的允许应力$[\sigma] = 0.55\sigma_s = 110.500$ MPa。

表 3-29　跨中管壁断面应力条件复核计算成果表

部位	θ/(°)	$\sigma_\theta = \sigma_{\theta 1}$	σ_{x1}	σ_{x2}	σ_x	σ_r	σ	$\varphi[\sigma]$
管顶点	0	36. 383	−4. 472	−11. 108	−15. 58	−0. 243	46. 243	104. 975
管水平轴线	90	38. 588	−4. 472	0	−4. 472	−0. 257	41. 115	104. 975
管底点	180	40. 793	−4. 472	11. 108	6. 636	−0. 272	38. 084	104. 975

3.1.4.2　加径环及其旁管壁断面应力分析

1. 荷载计算

(1)径向内水压力 p。

$$p = H\gamma_w$$

式中,H=56 250 mm;则 $p = H\gamma_w = 0.551$ MPa。

(2)垂直管轴方向的力(法向力)。

①钢管自重分力 Q_s(见表3-30)。

$$Q_s = q_s L\cos\alpha \qquad \text{(每跨钢管自重)}$$

$$q_s = 1.25\pi Dt\gamma_s \qquad \text{(单位管长钢管自重,考虑刚性环等附件的附加重量约为钢管自重的25\%)}$$

表3-30　**钢管自重分力 Q_s 计算表**

D/mm	t/mm	γ_s/(N/mm³)	α/(°)	L/mm	q_s/(N/mm)	Q_s/N
3 000	10	7.85×10^{-5}	0	10 000	9.248	92 480

②钢管中水重分力 Q_w(见表3-31)。

$$Q_w = q_w L\cos\alpha \qquad \text{(每跨管内水重)}$$

$$q_w = 0.25\pi D^2\gamma_w \qquad \text{(单位管长管内水重)}$$

表3-31　**钢管中水重分力 Q_w 计算表**

D/mm	γ_w/(N/mm³)	α/(°)	L/mm	q_w/(N/mm)	Q_w/N
3 000	9.8×10^{-6}	0	10 000	69.272	692 720

(3)轴向力 $\sum A$。

①钢管自重轴向分力 A_1(见表3-32)。

$$A_1 = q_s L_3\sin\alpha$$

式中,伸缩节至计算截面处的钢管长度 L_3=54 000 mm。

表3-32　**钢管自重轴向分力 A_1 计算表**

α/(°)	q_s/(N/mm)	L_3/mm	A_1/N
0	9.248	54 000	0

②套筒式伸缩节端部的内水压力 A_5(见表3-33)。

$$A_5 = \frac{\pi}{4}(D_1^2 - D_2^2)p'$$

$$p' = H'\gamma_w$$

式中,H'=20 000 mm;伸缩节内套管外径 D_1=3 020 mm;伸缩节内套管内径 D_2=3 000 mm。

表3-33　**套筒式伸缩节端部的内水压力 A_5 计算表**

D_1/mm	D_2/mm	γ_w/(N/mm³)	H'/mm	p'/MPa	A_5/N
3 020	3 000	9.8×10^{-6}	20 000	0.196	18 534

③温升时套筒式伸缩节止水填料的摩擦力 A_6(见表3-34)。

$$A_6 = \pi D_1 b_1\mu_1 p'$$

表 3-34 温升时套筒式伸缩节止水填料的摩擦力 A_6 计算表

D_1/mm	b_1/mm	μ_1	p'/MPa	A_6/N
3 020	300	0. 3	0. 196	167 361

④温升时支座对钢管的摩擦力 A_7(见表 3-35)。

$$A_7 = \sum (qL) f\cos\alpha = n(q_s + q_w) Lf\cos\alpha$$

式中,计算截面以上支座的个数 $n=3$ 个。

表 3-35 温升时支座对钢管的摩擦力 A_7 计算表

n/个	q_s/(N/mm)	q_w/(N/mm)	L/mm	f	α/(°)	A_7/N
3	9. 248	69. 272	10 000	0. 1	0	235 560

⑤轴向力的合力 $\sum A$(见表 3-36)。

$$\sum A = A_1 + A_5 + A_6 + A_7$$

表 3-36 轴向力合力 $\sum A$ 计算表 单位:N

A_1	A_5	A_6	A_7	$\sum A$
0	18 534	167 361	235 560	421 455

2. 加径环的有关参数计算

(1)加径环剖面图(见图 3-17)。

加径环宽度 $a=25$ mm;加径环高度 $h=100$ mm。

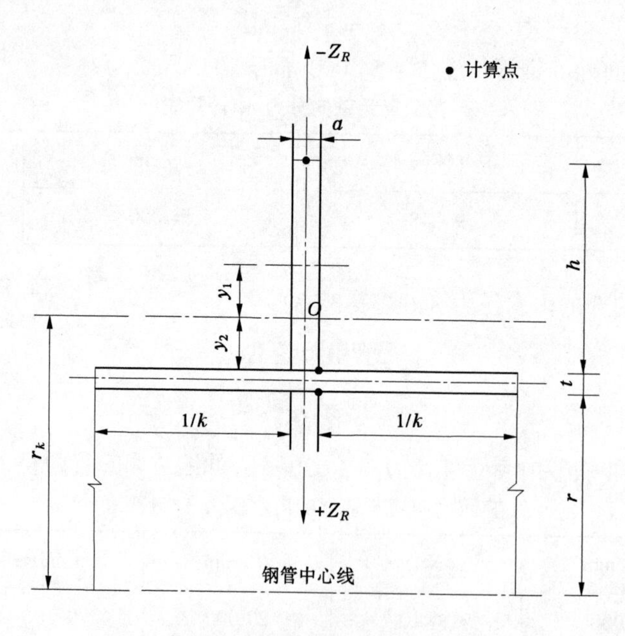

图 3-17 加径环剖面图

(2)加径环参数计算。

①管壁等效翼缘宽(一侧)的倒数 k(见表 3-37)。

$$\frac{1}{k}=0.78\sqrt{rt}$$

表 3-37　等效翼缘宽度计算表

r/mm	t/mm	k/mm^{-1}
1 500	10	0.01

②加径环的净面积 A_{R0}(见表 3-38)。

$$A_{R0}=a(h+t)$$

表 3-38　加径环净面积 A_{R0} 计算表

a/mm	h/mm	t/mm	A_{R0}/mm^2
25	100	10	2 750

③加径环的有效面积 A_R(见表 3-39)。

$$A_R=ah+\left(a+\frac{2}{k}\right)t$$

表 3-39　加径环有效面积 A_R 计算表

a/mm	h/mm	k/mm^{-1}	t/mm	A_R/mm^2
25	100	0.01	10	4 750

④加径环有效断面重心轴至管中心距离 r_k(见表 3-40)。

$$r_k=\frac{ah\left(\frac{h}{2}+t+r\right)+\left(a+\frac{2}{k}\right)t\left(r+\frac{t}{2}\right)}{ah+\left(a+\frac{2}{k}\right)t}$$

表 3-40　加径环有效断面重心轴至管中心距离 r_k 计算表

a/mm	h/mm	t/mm	r/mm	k/mm^{-1}	r_k/mm
25	100	10	1 500	0.01	1 533.947

⑤距离参数 y_1、y_2(见表 3-41)。

$$y_1=\left(\frac{h}{2}+t+r\right)-r_k$$

$$y_2=r_k-(t+r)$$

表 3-41　距离参数 y_1、y_2 计算表

h/mm	t/mm	r/mm	r_k/mm	y_1/mm	y_2/mm
100	10	1 500	1 533.947	26.053	23.947

⑥加径环有效断面惯性矩 J_k(见表 3-42)。

计算公式:

$$J_k=\frac{1}{12}ah^3+ahy_1^2+\frac{1}{12}\left(\frac{2}{k}+a\right)t^3+\left(\frac{2}{k}+a\right)t\left(y_2+\frac{t}{2}\right)^2$$

表 3-42　加径环有效断面惯性矩 J_k

a/mm	h/mm	k/mm^{-1}	t/mm	y_1/mm	y_2/mm	J_k/mm^4
25	100	0.01	10	26.053	23.947	5 684 320

⑦加径环净截面面积与有效截面面积的比值(相对刚度系数)β(见表 3-43)。

$$\beta = \frac{A_{R0} - at}{A_R}$$

表 3-43　加径环净截面面积与有效截面面积的比值 β 计算表

a/mm	t/mm	A_{R0}/mm^2	A_R/mm^2	β
25	10	2 750	4 750	0.526

3. 加径环及其旁管管壁断面应力计算

(1)径向内水压力 p 在管壁中产生的环向应力 $\sigma_{\theta 2}$(见表 3-44)。

$$\sigma_{\theta 2} = \frac{pr}{t}(1 - \beta)$$

表 3-44　加径环及其旁管环向应力 $\sigma_{\theta 2}$ 计算表

r/mm	p/mm	t/mm	β	$\sigma_{\theta 2}$/MPa
1 500	0.551 25	10	0.526	39.194

由于忽略不均匀水压力,管壁横断面上各点的环向应力 $\sigma_{\theta 2}$ 相等。

(2)轴向力 $\sum A$ 在横断面上产生的轴向应力 σ_{x1}(以拉力为+,见表 3-45)。

$$\sigma_{x1} = \frac{\sum A}{2\pi rt}$$

表 3-45　加径环及其旁管轴向应力 σ_{x1} 计算表

$\sum A$/N	r/mm	t/mm	σ_{x1}/MPa
421 455	1 500	10	−4.472

(3)法向力在横断面上产生的轴向应力 σ_{x2}(见表 3-46)。

$$\sigma_{x2} = -\frac{M}{\pi r^2 t}\cos\theta$$

$$M = \frac{1}{10}(q_s + q_w)L^2\cos\alpha$$

表 3-46　加径环及其旁管轴向应力 σ_{x2} 计算表

θ/(°)	q_s/(N/mm)	q_w/(N/mm)	L/mm	α/(°)	M/(N/mm)	r/mm	t/mm	σ_{x2}/MPa
0	9.248	69.272	10 000	0	7.85×10^8	1 500	10	−11.108
90	9.248	69.272	10 000	0	7.85×10^8	1 500	10	0
180	9.248	69.272	10 000	0	7.85×10^8	1 500	10	11.108

(4)由加径环局部约束产生的轴向应力 σ_{x3}(管壁内缘为+,外缘为−,见表 3-47)。

$$\sigma_{x3} = \pm 1.816\beta \frac{pr}{t}$$

表 3-47 加径环及其旁管轴向应力 σ_{x3} 计算表

β	p/MPa	r/mm	t/mm	σ_{x3}/MPa
0.526	0.551 25	1 500	10	78.984

(5)内水压力 p 在管壁内缘产生的径向应力 σ_r(见表 3-48)。

$$\sigma_r = -p = -\gamma_w(H - r\cos\alpha\cos\theta)$$

表 3-48 加径环及其旁管管壁内缘径向应力 σ_r 计算表

θ/(°)	γ_w/(N/mm³)	H/mm	r/mm	α/(°)	σ_r/MPa
0	9.8×10^{-6}	56 250	1 500	0	−0.537
90	9.8×10^{-6}	56 250	1 500	0	−0.551
180	9.8×10^{-6}	56 250	1 500	0	−0.566

注:加径环及其旁管管壁外缘径向应力 σ_r=0。

4. 加径环及其旁管管壁断面各计算点应力条件复核(见表 3-49)

复核公式:

$$\sigma = \sqrt{\sigma_\theta^2 + \sigma_x^2 + \sigma_r^2 - \sigma_\theta\sigma_x - \sigma_\theta\sigma_r - \sigma_x\sigma_r} \leqslant \varphi[\sigma]$$

$$\sigma_\theta = \sigma_{\theta2}$$

$$\sigma_x = \sigma_{x1} + \sigma_{x2} + \sigma_{x3}$$

式中,相应计算工况的允许应力$[\sigma]=0.67\sigma_s=157.450$ MPa。

表 3-49 加径环及其旁管断面应力条件复核计算成果表

序号	应力		θ=0°(管顶)		θ=90°(管水平轴线)		θ=180°(管底)	
			内缘	外缘	内缘	外缘	内缘	外缘
1	σ_x	σ_{x1}	−4.472	−4.472	−4.472	−4.472	−4.472	−4.472
		σ_{x2}	−11.108	−11.108	0	0	11.108	11.108
		σ_{x3}	78.984	−78.984	78.984	−78.984	78.984	−78.984
		合计	63.404	−94.564	74.512	−83.456	85.62	−72.348
2	σ_r		−0.537	0	−0.551	0	−0.566	0
3	σ_θ		39.194	39.194	39.194	39.194	39.194	39.194
4	σ		55.916	119.1	65.044	108.499	74.714	98.01
5	$\varphi[\sigma]$		149.578	149.578	149.578	149.578	149.578	149.578

3.1.4.3 支承环及其旁管壁断面应力分析

1. 荷载计算

(1)径向内水压力 p。

$$p = H\gamma_w$$

式中,计算截面管道中心内水压力 H=49 080 mm,则 $p = H\gamma_w$ =0.481 MPa。

(2)垂直管轴方向的力(法向力)。

①钢管自重分力 Q_s(见表 3-50)。

$$Q_s = q_s L\cos\alpha \qquad \text{(每跨钢管自重)}$$

$$q_s = 1.25\pi Dt\gamma_s \qquad \text{(单位管长钢管自重,考虑刚性环等附件的附加重量约为钢管自重的 25\%)}$$

表 3-50　钢管自重分力 Q_s 计算表

D/mm	t/mm	γ_s/(N/mm³)	α/(°)	L/mm	q_s/(N/mm)	Q_s/N
3 000	10	7.85×10^{-5}	0	10 000	9.248	92 480

②钢管中水重分力 Q_w(见表 3-51)。

$$Q_w = q_w L\cos\alpha \qquad \text{(每跨管内水重)}$$

$$q_w = 0.25\pi D^2\gamma_w \qquad \text{(单位管长管内水重)}$$

表 3-51　钢管中水重分力 Q_w 计算表

D/mm	γ_w/(N/mm³)	α/(°)	L/mm	q_w/(N/mm)	Q_w/N
3 000	9.8×10^{-6}	0	10 000	69.272	692 720

(3)轴向力 $\sum A$。

①钢管自重轴向分力 A_1(见表 3-52)。

$$A_1 = q_s L_3 \sin\alpha$$

式中,伸缩节至计算截面处的钢管长度 L_3 = 46 000 mm。

表 3-52　钢管自重轴向分力 A_1 计算表

α/(°)	q_s/(N/mm)	L_3/mm	A_1/N
0	9.248	46 000	0

②套筒式伸缩节端部的内水压力 A_5(见表 3-53)。

$$A_5 = \frac{\pi}{4}(D_1^2 - D_2^2)p'$$

$$p' = H'\gamma_w$$

式中,H' = 20 000 mm;伸缩节内套管外径 D_1 = 3 020 mm;伸缩节内套管内径 D_2 = 3 000 mm。

表 3-53　套筒式伸缩节端部的内水压力 A_5 计算表

D_1/mm	D_2/mm	γ_w/(N/mm³)	H'/mm	p'/MPa	A_5/N
3 020	3 000	9.8E-06	20 000	0.196	18 534

③温升时套筒式伸缩节止水填料的摩擦力 A_6(见表 3-54)。

$$A_6 = \pi D_1 b_1 \mu_1 p'$$

表 3-54　温升时套筒式伸缩节止水填料的摩擦力 A_6 计算表

D_1/mm	b_1/mm	μ_1	p'/MPa	A_6/N
3 020	300	0.3	0.196	167 361

④温升时支座对钢管的摩擦力 A_7(见表 3-55)。

$$A_7 = \sum(qL)f\cos\alpha = n(q_s + q_w)Lf\cos\alpha$$

式中,计算截面以上支座的个数 $n=3$ 个。

表 3-55　温升时支座对钢管的摩擦力 A_7 计算表

n/个	q_s/(N/mm)	q_w/(N/mm)	L/mm	f	α/(°)	A_7/N
3	9.248	69.272	10 000	0.1	0	235 560

⑤轴向力的合力 $\sum A$(见表 3-56)。

$$\sum A = A_1 + A_5 + A_6 + A_7$$

表 3-56　轴向力合力 $\sum A$ 计算表　单位:N

A_1	A_5	A_6	A_7	$\sum A$
0	18 534	167 361	235 560	421 455

2. 支承环的有关参数计算

(1)支承环剖面图(见图 3-18)。

支承环宽度 $a=30$ mm,支承环高度 $h=150$ mm。

(2)支承环参数计算。

①管壁等效翼缘宽(一侧)的倒数 k(见表 3-57)。

$$\frac{1}{k} = 0.78\sqrt{rt}$$

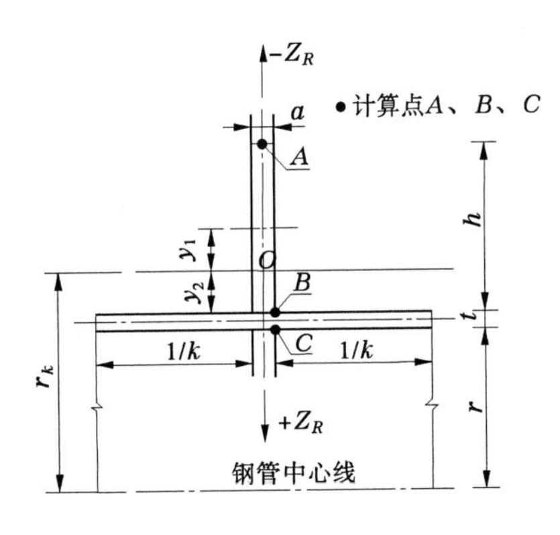

图 3-18　支承环剖面图

表 3-57　等效翼缘宽度计算表

r/mm	t/mm	k/mm^{-1}
1 500	10	0.01

②支承环的净面积 A_{R0}(见表 3-58)。

$$A_{R0} = a(h+t)$$

表 3-58　支承环净面积 A_{R0} 计算表

a/mm	h/mm	t/mm	A_{R0}/mm^2
30	150	10	4 800

③支承环的有效面积 A_R(见表 3-59)。

$$A_R = ah + \left(a + \frac{2}{k}\right)t$$

表 3-59　支承环有效面积 A_R 计算表

a/mm	h/mm	k/mm^{-1}	t/mm	A_R/mm^2
30	150	0.01	10	6 800

④支承环有效断面重心轴至管中心距离 r_k(见表 3-60)。

$$r_k = \frac{ah\left(\frac{h}{2}+t+r\right)+\left(a+\frac{2}{k}\right)t\left(r+\frac{t}{2}\right)}{ah+\left(a+\frac{2}{k}\right)t}$$

表 3-60　　支承环有效断面重心轴至管中心距离 r_k 计算表

a/mm	h/mm	t/mm	r/mm	k/mm^{-1}	r_k/mm
30	150	10	1 500	0.01	1 557.941

⑤距离参数 y_1、y_2(见表 3-61)。

$$y_1 = \left(\frac{h}{2}+t+r\right)-r_k$$

$$y_2 = r_k-(t+r)$$

表 3-61　　距离参数 y_1、y_2 计算表

h/mm	t/mm	r/mm	r_k/mm	y_1/mm	y_2/mm
150	10	1 500	1 557.941	27.059	47.941

⑥支承环有效断面惯性矩 J_k(见表 3-62)。

$$J_k = \frac{1}{12}ah^3+ahy_1^2+\frac{1}{12}\left(\frac{2}{k}+a\right)t^3+\left(\frac{2}{k}+a\right)t\left(y_2+\frac{t}{2}\right)^2$$

表 3-62　　支承环有效断面惯性矩 J_k

a/mm	h/mm	k/mm^{-1}	t/mm	y_1/mm	y_2/mm	J_k/mm^4
30	150	0.01	10	27.059	47.941	18 197 843

⑦支承环净截面面积与有效截面面积的比值(相对刚度系数)β(见表 3-63)。

$$\beta = \frac{A_{R0}-at}{A_R}$$

表 3-63　　支承环净截面面积与有效截面面积的比值 β 计算表

a/mm	t/mm	A_{R0}/mm^2	A_R/mm^2	β
30	10	4 800	6 800	0.662

⑧支承环有效截面上,计算点至重心轴的距离 Z_R(见表 3-64)。

如支承环剖面图所示,取支承环外缘 A、管壁外缘 B、管壁内缘 C 为应力计算点,Z_R 为计算点至重心轴的距离,重心轴以上取“-”,以下取“+”。

$$Z_{RA} = -(r+t+h-r_k)$$

$$Z_{RB} = y_2$$

$$Z_{RC} = y_2+t$$

表 3-64　　支承环有效截面上计算点至重心轴的距离 Z_R 计算表

r/mm	t/mm	h/mm	r_k/mm	y_2/mm	Z_{RA}/mm	Z_{RB}/mm	Z_{RC}/mm
1 500	10	150	1 557.941	47.941	-102.059	47.941	57.941

⑨支承环有效截面上,计算点以外部分面积对重心轴的面积矩 S_R(见表 3-65)。

$$S_{RA}=0\cdot Z_{RA}$$
$$S_{RB}=ah\cdot y_1$$
$$S_{RC}=A_R\cdot 0$$

表 3-65　支承环有效截面上计算点以外部分面积对重心轴的面积矩 S_R 计算表

Z_{RA}/mm	a/mm	h/mm	y_1/mm	A_R/mm²	S_{RA}/mm³	S_{RB}/mm³	S_{RC}/mm³
-102.059	30	150	27.059	6 800	0	121 765.5	0

⑩侧支承反力作用点(支承点)至支承环重心轴的距离 b(见表 3-66)。

对于侧支承,一般使 $b/r_k=0.04$ 时,此时环上正、负弯矩的最大值相等,可以充分利用材料。

表 3-66　侧支承反力作用点至支承环重心轴的距离 b

r_k/mm	b/mm
1 557.941	62.318

3. 支承环的内力计算(按结构力学法公式计算,即 $K=0$)

(1)弯矩 M_R 计算。

$$M_R=Qr_k\cos\alpha\left(K_3+\frac{b}{r_k}K_4\right)$$
$$Q=(q_s+q_w)L$$

当 $0\leqslant\theta<\pi/2$ 时:

$$K_3=\frac{1}{2\pi}\left[-1.5\cos\theta+\left(\frac{\pi}{2}-\theta\sin\theta\right)\right]$$
$$K_4=0.25-\frac{1}{\pi}\cos\theta$$

当 $\pi/2<\theta\leqslant\pi$ 时:

$$K_3=\frac{1}{2\pi}\left[-1.5\cos\theta+(\pi-\theta)\sin\theta-\frac{\pi}{2}\right]$$
$$K_4=\frac{1}{\pi}\cos\theta-0.25$$

①系数 K_3、K_4 计算(见表 3-67)。

表 3-67　系数 K_3、K_4 计算表

部位	θ/(°)	K_3	K_4
管顶	0	0.011 268	-0.068 31
管水平轴(上部)	90	0	0.25
管水平轴(下部)	90	0	-0.25
管底	180	-0.011 268	0.068 31

②Q 值计算(见表 3-68)。

表 3-68 Q 值计算表

q_s/(N/mm)	q_w/(N/mm)	L/mm	Q/N
9. 248	69. 272	10 000	785 200

③弯矩 M_R 计算(见表 3-69)。

表 3-69 支承环弯矩 M_R 计算表

部位	Q/N	r_k/mm	α/(°)	K_3	K_4	b/r_k	M_R/(N · mm)
管顶	785 200	1 557. 941	0	0. 011 268	-0. 068 31	0. 04	10 441 559
管水平轴(上部)	785 200	1 557. 941	0	0	0. 25	0. 04	12 232 953
管水平轴(下部)	785 200	1 557. 941	0	0	-0. 25	0. 04	-1.2×10^7
管底	785 200	1 557. 941	0	-0. 011 27	0. 068 31	0. 04	-1×10^7

(2)轴力 N_R 计算。

$$N_R = Q\cos\alpha(K_1 + B_1K_2)$$

$$B_1 = \frac{r}{r_k} - \frac{b}{r_k}$$

$$K_2 = \frac{\cos\theta}{\pi}$$

当 $0\leqslant\theta<\pi/2$ 时:

$$K_1 = -\frac{1}{2\pi}(1.5\cos\theta + \theta\sin\theta)$$

当 $\pi/2<\theta\leqslant\pi$ 时:

$$K_1 = \frac{1}{2\pi}[-1.5\cos\theta + (\pi - \theta)\sin\theta]$$

①系数 B_1、K_1、K_2 计算(见表 3-70)。

表 3-70 系数 B_1、K_1、K_2 计算表

部位	θ/(°)	r/mm	r_k/mm	b/r_k	B_1	K_1	K_2
管顶	0	1 500	1 557. 941	0. 04	0. 922 809	-0. 238 73	0. 318 31
管水平轴(上部)	90	1 500	1 557. 941	0. 04	0. 922 809	-0. 25	0
管水平轴(下部)	90	1 500	1 557. 941	0. 04	0. 922 809	0. 25	0
管底	180	1 500	1 557. 941	0. 04	0. 922 809	0. 238 732	-0. 318 31

②轴力 N_R 计算(见表 3-71)。

表 3-71 支承环轴力 N_R 计算表

部位	Q/N	α/(°)	K_1	B_1	K_2	N_R/N
管顶	785 200	0	-0. 238 73	0. 922 809	0. 318 31	43 192
管水平轴(上部)	785 200	0	-0. 25	0. 922 809	0	-196 300
管水平轴(下部)	785 200	0	0. 25	0. 922 809	0	196 300
管底	785 200	0	0. 238 732	0. 922 809	-0. 318 31	-43 192

(3)剪力 T_R 计算。

$$T_R = Q\cos\alpha(K_5 + CK_6)$$

$$C = \frac{r}{r_k} - 1 - \frac{b}{r_k}$$

$$K_6 = \frac{\sin\theta}{\pi}$$

当 $0 \leqslant \theta < \pi/2$ 时:

$$K_5 = \frac{1}{2\pi}(\theta\cos\theta - 0.5\sin\theta)$$

当 $\pi/2 < \theta \leqslant \pi$ 时:

$$K_5 = -\frac{1}{2\pi}[0.5\sin\theta + (\pi - \theta)\cos\theta]$$

①系数 C、K_5、K_6 计算(见表3-72)。

表3-72　系数 C、K_5、K_6 计算表

部位	θ/(°)	r/mm	r_k/mm	b/r_k	C	K_5	K_6
管顶	0	1 500	1 557.941	0.04	-0.077 19	0	0
管水平轴(上部)	90	1 500	1 557.941	0.04	-0.077 19	-0.079 58	0.318 31
管水平轴(下部)	90	1 500	1 557.941	0.04	-0.077 19	-0.079 58	0.318 31
管底	180	1 500	1 557.941	0.04	-0.077 19	0	0

②剪力 T_R 计算(见表3-73)。

表3-73　支承环剪力 T_R 计算表

部位	Q/N	α/(°)	K_5	C	K_6	T_R/N
管顶	785 200	0	0	-0.077 19	0	0
管水平轴(上部)	785 200	0	-0.079 58	-0.077 19	0.318 31	-81 777
管水平轴(下部)	785 200	0	-0.079 58	-0.077 19	0.318 31	-81 777
管底	785 200	0	0	-0.077 19	0	0

4. 支承环及其旁管管壁断面应力计算

(1)径向内水压力 p 在管壁中产生的环向应力 $\sigma_{\theta 2}$(见表3-74)。

$$\sigma_{\theta 2} = \frac{pr}{t}(1 - \beta)$$

表3-74　支承环及其旁管环向应力 $\sigma_{\theta 2}$ 计算表

r/mm	p/MPa	t/mm	β	$\sigma_{\theta 2}$/MPa
1 500	0.480 984	10	0.662	24.386

注:由于忽略不均匀水压力,管壁横断面上各点的环向应力 $\sigma_{\theta 2}$ 相等。

(2)轴向力 $\sum A$ 在横断面上产生的轴向应力 σ_{x1}(以拉力为+,见表3-75)

$$\sigma_{x1} = \frac{\sum A}{2\pi rt}$$

表 3-75　　支承环及其旁管轴向应力 σ_{x1} 计算表

$\sum A$/N	r/mm	t/mm	σ_{x1}/MPa
421 455	1 500	10	−4.472

(3)法向力在横断面上产生的轴向应力 σ_{x2}(见表 3-76)。

$$\sigma_{x2} = -\frac{M}{\pi r^2 t}\cos\theta$$

$$M = \frac{1}{10}(q_s + q_w)L^2\cos\alpha$$

表 3-76　　支承环及其旁管轴向应力 σ_{x2} 计算表

θ/(°)	q_s/(N/mm)	q_w/(N/mm)	L/mm	α/(°)	M/(N·mm)	r/mm	t/mm	σ_{x2}/MPa
0	9.248	69.272	10 000	0	-7.85×10^8	1 500	10	11.108
90	9.248	69.272	10 000	0	-7.85×10^8	1 500	10	0
180	9.248	69.272	10 000	0	-7.85×10^8	1 500	10	−11.108

(4)由支承环局部约束产生的轴向应力 σ_{x3}(管壁内缘为+,外缘为−,见表 3-77)。

$$\sigma_{x3} = \pm 1.816\beta\frac{pr}{t}$$

表 3-77　　支承环及其旁管轴向应力 σ_{x3} 计算表

β	p/MPa	r/mm	t/mm	σ_{x3}/MPa
0.662	0.480 984	1 500	10	86.735

(5)内水压力 p 在管壁内缘产生的径向应力 σ_r(见表 3-78)。

$$\sigma_r = -p = -\gamma_w(H - r\cos\alpha\cos\theta)$$

表 3-78　　支承环及其旁管管壁内缘径向应力 σ_r 计算表

θ/(°)	γ_w/(N/mm³)	H/mm	r/mm	α/(°)	σ_r/MPa
0	9.8×10^{-6}	49 080	1 500	0	−0.466
90	9.8×10^{-6}	49 080	1 500	0	−0.481
180	9.8×10^{-6}	49 080	1 500	0	−0.496

注:支承环及其旁管管壁外缘径向应力 $\sigma_r = 0$。

(6)支承环产生的环向应力 $\sigma_{\theta4}$(见表 3-79 和表 3-80)。

$$\sigma_{\theta4} = \frac{M_R Z_R}{J_k}$$

表 3-79　　$\theta=0°$、$\theta=180°$时支承环及其旁管环向应力 $\sigma_{\theta4}$ 计算表

参数	$\theta=0°$			$\theta=180°$		
	A 点	B 点	C 点	A 点	B 点	C 点
M_R/(N·mm)	10 441 559	10 441 559	10 441 559	−10 441 559	-1×10^7	-1×10^7
Z_R/mm	−102.059	47.941	57.941	−102.059	47.941	57.941
J_k/mm⁴	18 197 843	18 197 843	18 197 843	18 197 843	18 197 843	18 197 843
$\sigma_{\theta4}$/MPa	−58.559	27.508	33.245	58.559	−27.508	−33.245

表 3-80　$\theta=90°$时支承环及其旁管环向应力 $\sigma_{\theta4}$ 计算表

参数	$\theta=90°$					
	管轴上部			管轴下部		
	A 点	B 点	C 点	A 点	B 点	C 点
$M_R/(\text{N}\cdot\text{mm})$	12 232 953	12 232 953	12 232 953	−12 232 953	-1.2×10^7	-1.2×10^7
Z_R/mm	−102.059	47.941	57.941	−102.059	47.941	57.941
J_k/mm^4	18 197 843	18 197 843	18 197 843	18 197 843	18 197 843	18 197 843
$\sigma_{\theta4}$/MPa	−68.606	32.227	38.949	68.606	−32.227	−38.949

(7)支承环产生的环向应力 $\sigma_{\theta3}$(见表 3-81 和表 3-82)。

$$\sigma_{\theta3}=\frac{N_R}{A_R}$$

表 3-81　$\theta=0°$、$\theta=180°$时支承环及其旁管环向应力 $\sigma_{\theta3}$ 计算表

参数	$\theta=0°$			$\theta=180°$		
	A 点	B 点	C 点	A 点	B 点	C 点
N_R/N	43 192	43 192	43 192	−43 192	−43 192	−43 192
A_R/mm^3	6 800	6 800	6 800	6 800	6 800	6 800
$\sigma_{\theta3}$/MPa	6.352	6.352	6.352	−6.352	−6.352	−6.352

表 3-82　$\theta=90°$时支承环及其旁管环向应力 $\sigma_{\theta3}$ 计算表

参数	$\theta=90°$					
	管轴上部			管轴下部		
	A 点	B 点	C 点	A 点	B 点	C 点
N_R/N	−196 300	−196 300	−196 300	196 300	196 300	196 300
A_R/mm^2	6 800	6 800	6 800	6 800	6 800	6 800
$\sigma_{\theta3}$/MPa	−28.868	−28.868	−28.868	28.868	28.868	28.868

(8)支承环产生的剪应力 $\tau_{\theta r}$(见表 3-83、表 3-84)。

$$\tau_{\theta r}=\frac{T_R S_R}{J_k a}$$

表 3-83　$\theta=0°$、$\theta=180°$时支承环及其旁管剪应力 $\tau_{\theta r}$ 计算表

参数	$\theta=0°$			$\theta=180°$		
	A 点	B 点	C 点	A 点	B 点	C 点
T_R/N	0	0	0	0	0	0
S_R/mm^3	0	121 765.5	0	0	121 765.5	0
J_k/mm^4	18 197 843	18 197 843	18 197 843	18 197 843	18 197 843	18 197 843
a/mm	30	30	30	30	30	30
$\tau_{\theta r}$/MPa	0	0	0	0	0	0

表 3-84 $\theta=90°$时支承环及其旁管剪应力 $\tau_{\theta r}$ 计算表

参数	$\theta=90°$					
	管轴上部			管轴下部		
	A 点	*B* 点	*C* 点	*A* 点	*B* 点	*C* 点
T_R/N	-81 777	-81 777	-81 777	-81 777	-81 777	-81 777
S_R/mm^3	0	121 765.5	0	0	121 765.5	0
J_k/mm^4	18 197 843	18 197 843	18 197 843	18 197 843	18 197 843	18 197 843
a/mm	30	30	30	30	30	30
$\tau_{\theta r}$/MPa	0	-18.24	0	0	-18.24	0

(9)法向力作用下的剪力 *V* 在支承环管壁横断面上产生的剪应力 $\tau_{x\theta}$。

$$\tau_{x\theta} = \frac{V}{\pi rt}\sin\theta$$

$$V = \frac{(q_s + q_w)L}{2}\cos\alpha$$

①*V* 值计算(见表 3-85)。

表 3-85 剪力 *V* 值计算表

q_s/(N/mm)	q_w/(N/mm)	*L*/mm	α/(°)	*V*/N
9.248	69.272	10 000	0	392 600

②剪应力 $\tau_{x\theta}$ 计算(见表 3-86 和表 3-87)。

表 3-86 $\theta=0°$、$\theta=180°$时支承环及其旁管管壁剪应力 $\tau_{x\theta}$ 计算表

参数	$\theta=0°$			$\theta=180°$		
	A 点	*B* 点	*C* 点	*A* 点	*B* 点	*C* 点
V/N	0	392 600	392 600	0	392 600	392 600
r/mm	1 500	1 500	1 500	1 500	1 500	1 500
t/mm	10	10	10	10	10	10
$\tau_{x\theta}$/MPa	0	0	0	0	0	0

表 3-87 $\theta=90°$时支承环及其旁管管壁剪应力 $\tau_{x\theta}$ 计算表

参数	$\theta=90°$					
	管轴上部			管轴下部		
	A 点	*B* 点	*C* 点	*A* 点	*B* 点	*C* 点
V/N	0	392 600	392 600	0	392 600	392 600
r/mm	1 500	1 500	1 500	1 500	1 500	1 500
t/mm	10	10	10	10	10	10
$\tau_{x\theta}$/MPa	0	8.331	8.331	0	8.331	8.331

5. 支承环及其旁管管壁断面各计算点应力条件复核(见表 3-88)

复核公式:

$$\sqrt{\sigma_\theta^2+\sigma_x^2+\sigma_r^2-\sigma_\theta\sigma_x-\sigma_\theta\sigma_r-\sigma_x\sigma_r+3(\tau_{\theta x}^2+\tau_{\theta r}^2+\tau_{xr}^2)}\leqslant\varphi[\sigma]$$

$$\sigma_\theta=\sigma_{\theta2}+\sigma_{\theta3}+\sigma_{\theta4}$$

$$\sigma_x=\sigma_{x1}+\sigma_{x2}+\sigma_{x3}$$

支承环约束产生的剪应力 τ_{xr} 在管壁内外缘上等于0,在管壁中心处最大,为:

$$\tau_{xr}=1.5\frac{\beta p}{kt}$$

式中,相应计算工况的允许应力$[\sigma]=0.67\sigma_s=157.450$ MPa。

表 3-88　　支承环及其旁管断面应力计算成果表

序号	应力名称		各计算点应力/MPa											
			θ=0°(管顶)			θ=90°(管水平轴)						θ=180°(管底)		
						上部			下部					
			A	B	C	A	B	C	A	B	C	A	B	C
1	环向应力	$\sigma_{\theta2}$	24.386	24.386	24.386	24.386	24.386	24.386	24.386	24.386	24.386	24.386	24.386	24.386
		$\sigma_{\theta3}$	6.352	6.352	6.352	-28.868	-28.868	-28.868	28.868	28.868	28.868	-6.352	-6.352	-6.352
		$\sigma_{\theta4}$	-58.559	27.508	33.245	-68.606	32.227	38.949	68.606	-32.227	-38.949	58.559	-27.508	-33.245
		σ_θ	-27.821	58.246	63.983	-73.088	27.745	34.467	121.86	21.027	14.305	76.593	-9.474	-15.211
2	轴向应力	σ_{x1}	0	-4.472	-4.472	0	-4.472	-4.472	0	-4.472	-4.472	0	-4.472	-4.472
		σ_{x2}	0	11.108	11.108	0	0	0	0	0	0	0	-11.108	-11.108
		σ_{x3}	0	-86.735	86.735	0	-86.735	86.735	0	-86.735	86.735	0	-86.735	86.735
		σ_x	0	-80.099	93.371	0	-91.207	82.263	0	-91.207	82.263	0	-102.315	71.155
3	径向应力 σ_r		0	0	-0.466	0	0	-0.481	0	0	-0.481	0	0	-0.496
4	剪应力	$\tau_{x\theta}$	0	0	0	0	8.331	8.331	0	8.331	8.331	0	0	0
		$\tau_{\theta r}$	0	0	0	0	-18.24	0	0	-18.24	0	0	0	0
5	σ		27.821	120.307	83.135	73.088	113.249	73.379	121.86	109.018	77.781	76.593	97.922	80.03
6	$\varphi[\sigma]$		149.578											

3.1.5　钢管管壁抗外压稳定分析

(1)根据《规范》,对于明管,钢管管壁和加径环的抗外压稳定安全系数不得小于2,即:

$$K=\frac{p_{cr}}{0.1}\geqslant 2$$

(2)根据《规范》第A.3.2条,设有加径环的明管,加径环间管壁的临界外压 p_{cr} 可采用米赛斯公式计算,即:

$$p_{cr}=\frac{Et}{(n^2-1)\left(1+\dfrac{n^2l^2}{\pi^2r^2}\right)^2 r}+\frac{E}{12(1-\mu^2)}\times\left(n^2-1+\frac{2n^2-1-\mu}{1+\dfrac{n^2l^2}{\pi^2r^2}}\right)\frac{t^3}{r^3}$$

$$n=2.74\left(\frac{r}{l}\right)^{\frac{1}{2}}\left(\frac{r}{l}\right)\frac{1}{4}$$

具体见表 3-89、表 3-90。

表 3-89 管壁临界外压 p_{cr} 计算表

t/mm	l/mm	r/mm	n/个	E/MPa	μ	p_{cr}/MPa
16	4 000	1 500	5.22	206 000	0.3	0.857
16	4 000	1 500	5	206 000	0.3	0.861
16	4 000	1 500	6	206 000	0.3	0.948
因为 n 值应取用与计算值相近的整数，所以设计取用 P_{cr} =						0.861

表 3-90 管壁抗外压稳定安全系数 K 计算表

一个标准大气压/MPa	临界外压 p_{cr}/MPa	K
0.1	0.861	8.61

3.1.6 加径环抗外压稳定分析

（1）根据《规范》，对于明管，钢管管壁和加径环的抗外压稳定安全系数不得小于 2，即：

$$K = \frac{p_{cr}}{0.1} \geqslant 2$$

（2）根据《规范》，设有加径环的明管，加径环的临界外压 p_{cr} 可采用下列公式计算，并取小值：

$$p_{cr1} = \frac{3EJ_k}{r_k^3 l}$$

$$p_{cr2} = \frac{\sigma_s A_R}{rl}$$

具体见表 3-91 和表 3-92。

表 3-91 临界外压 p_{cr} 计算表

E/MPa	J_k/mm^4	r_k/mm	r/mm	l/mm	σ_s/MPa	A_R/mm^2	p_{cr1}/MPa	p_{cr1}/MPa
206 000	5 684 320	1 533.947	1 500	4 000	235	4 750	0.243	0.186
							p_{cr} =	0.186

表 3-92 加径环抗外压稳定安全系数 K 计算表

一个标准大气压/MPa	临界外压 p_{cr}/MPa	K
0.1	0.186	1.86

3.1.7 加强月牙肋岔管结构计算书

3.1.7.1 设计依据及参考资料

（1）设计依据：《水利水电工程压力钢管设计规范》（SL/T 281—2020）。

（2）参考资料：《小型水电站机电设计手册-金属结构》（简称《手册》）。

3.1.7.2 设计基本资料

电站上游最高水位 Z_{max} = 692 000 mm（692.0 m）

岔管中心高程 $Z_{岔}$ = 539 000 mm（539.0 m）

岔管截面中心净水头	$H_{静}=153\ 000$ mm(153.0 m)
岔管截面中心计算水头	$H=198\ 900$ mm
岔管截面中心内水压力	$p=1.949$ MPa
钢材的弹性模量	$E=2.06\times10^5$ MPa
钢材的重度	$\gamma_s=7.85\times10^5$ MPa
钢材的线膨胀系数	$\alpha_s=1.20\times10^5$ ℃$^{-1}$
水的重度	$\gamma_w=9.80\times10^6$ N/mm^3
压力钢管主管内直径	D_0 或 $D=3\ 500$ mm(3.50 m)
岔管隧洞开挖半径	$r_3=5\ 000$ mm(5.00 m)
焊缝系数	$\varphi=0.95$

3.1.7.3　岔管结构型式及管壁厚度

1. 岔管壳体体形设计(见图 3-19)

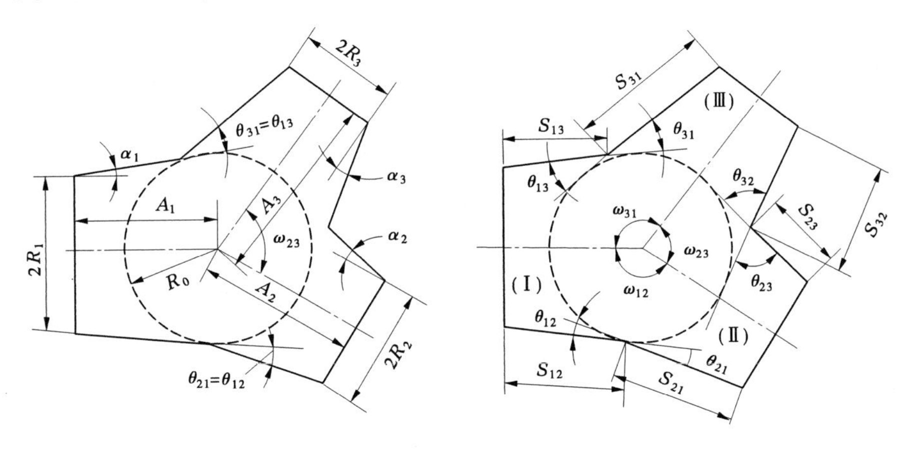

图 3-19

(1)主要参数拟定(基本管节:主锥管Ⅰ、主岔锥Ⅱ和支岔锥Ⅲ)。

分岔角 $\beta=\omega_{23}$	$\beta=55.0°(0.959\ 931\ 09)$
主锥管Ⅰ腰线折角(半锥顶角)	$\alpha_1=12.0°(0.209\ 439\ 51)$
主岔锥Ⅱ腰线折角(半锥顶角)	$\alpha_2=8.0°(0.139\ 626\ 34)$
支岔锥Ⅲ腰线折角(半锥顶角)	$\alpha_3=15.0°(0.261\ 799\ 388)$
主锥管Ⅰ进口内半径	$R_1=1\ 850$ mm(1.850 m)
主岔锥Ⅱ出口内半径	$R_2=1\ 600$ mm(1.600 m)
支岔锥Ⅲ出口内半径	$R_3=1\ 100$ mm(1.100 m)

(2)岔管共切球半径 R_0。

$R_0=2\ 100$ mm(2.10 m)

$R_1/R_0=1.14$

(3)基本管节轴线长 A_i。

$A_i=(R_0-R_i\cos\alpha_i)/\sin\alpha_i$

主锥管Ⅰ轴线长	$A_1=1\ 397$ m
主岔锥Ⅱ轴线长	$A_2=3\ 705$ m
支岔锥Ⅲ轴线长	$A_3=4\ 009$ m

(4)腰线转折角 θ_{12}、θ_{13}、θ_{23}。

锥与锥间腰线转折角　　$\theta_{12}=0°(0)$

$\theta_{13}=\omega_{23}-(2\alpha_1+\alpha_2+\alpha_3)-\theta_{12}$　　$\theta_{13}=8.0°(0.139\ 626\ 34)$

$\theta_{23}=180°-(\omega_{23}+\alpha_2+\alpha_3)$　　$\theta_{23}=102.0°(1.780\ 235\ 837)$

(5)基本管节沿腰线的节距 S_{ij}。

$S_{ij}=A_i/\cos\alpha_i-R_0[\tan(\theta_{ij}/2)+\tan\alpha_i]$,其中 $\theta_{ij}=\theta_{ji}$。

管节最小长度要求不小于下列最大值:

300 mm　　$10t=320$ mm　　$3.5\sqrt{R_t}=907$ mm

$S_{12}=982$ mm　　√

$S_{21}=3\ 446$ mm　　√

$S_{13}=835$ mm　　×

$S_{31}=3\ 441$ mm　　√

$S_{23}=853$ mm　　×

$S_{32}=994$ mm　　√

(6)基本管节轴线夹角 ω_{ij}。

$$\omega_{ij}=\omega_{ji}=180°-(\theta_{ij}+\alpha_i+\alpha_j)$$

$$\omega_{12}=160.0°(2.792\ 526\ 803)$$

$$\omega_{13}=145.0°(2.530\ 727\ 415)$$

$$\omega_{23}=55.0°(0.959\ 931\ 089)$$

2. 肋板几何参数计算

(1)三锥两两交线与三锥轴线的夹角 ρ_{ij}(见图 3-20)。

$$\tan\rho_{ij}=(\cos\alpha_j-\cos\alpha_i\cos\omega_{ij})/\cos\alpha_i/\sin\omega_{ij}$$

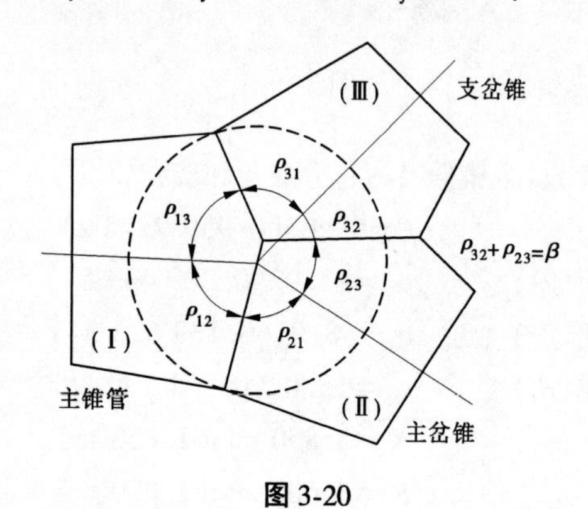

图 3-20

$\rho_{12}=80.1°(1.397\ 349$ 弧度)

$\rho_{21}=79.9°(1.395\ 178$ 弧度)

$\rho_{13}=72.4°(1.263\ 382$ 弧度)

$\rho_{31}=72.6°(1.267\ 346$ 弧度)

$\rho_{23}=26.1°(0.456\ 066$ 弧度)

$\rho_{32}=28.9°(0.503\ 865$ 弧度)

$\Sigma=360.0°$

(2)肋板顶点 c(3 个基本管节相贯线汇交点,亦称节点)的位置(图 3-21)。

肋板顶点 c 在支岔锥Ⅲ参考系(坐标系) x_3,y_3,z_3 中的坐标值为:

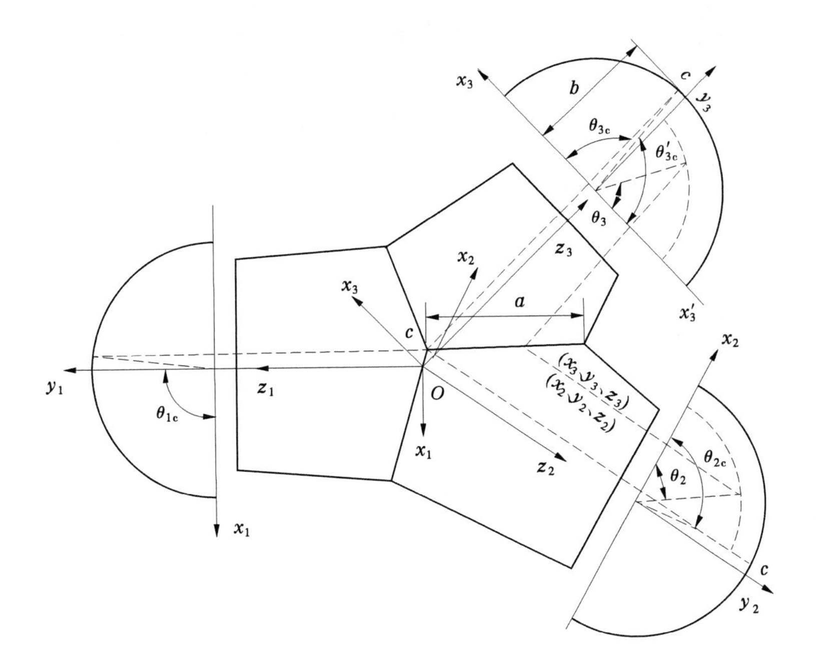

图 3-21

$$x_{3c} = -x'_{3c}$$

$$= R_0\left[\frac{\cos\omega_{23}\sin(\alpha_3-\alpha_1)-\cos\omega_{13}\sin(\alpha_3-\alpha_2)-\sin(\alpha_2-\alpha_1)}{\cos\alpha_1\sin\omega_{23}+\cos\alpha_2\sin\omega_{31}+\cos\alpha_3\sin\omega_{12}}\right]$$

$$z_{3c} = R_0\left[\frac{\sin(\alpha_3-\alpha_2)\sin\omega_{13}+\sin(\alpha_3-\alpha_1)\sin\omega_{23}}{\cos\alpha_1\sin\omega_{23}+\cos\alpha_2\sin\omega_{31}+\cos\alpha_3\sin\omega_{12}}\right]$$

$$\cos\theta_{3c} = \frac{x_{3c}}{R_3+(A_3-z_{3c})\tan\alpha_3}$$

$$\theta'_{3c} = 180° - \theta_{3c}$$

c 点在支岔锥Ⅲ截面圆 R_0 中对应的圆心角 θ_{3c}。

$x_{3c}=246.6$ mm

$z_{3c}=139.3$ mm

$\theta_{3c}=83.4°(1.455\ 122\ 185)$

$\theta'_{3c}=96.6°(1.686\ 470\ 468)$

由坐标变换式：

$$\begin{cases} x_1 = -x_3\sin(\omega_{31}-90°) - z_3\cos(\omega_{31}-90°) \\ z_1 = x_3\cos(\omega_{31}-90°) - z_3\sin(\omega_{31}-90°) \end{cases}$$

$$\begin{cases} x_2 = x_3\sin(90°-\omega_{23}) + z_3\cos(90°-\omega_{23}) \\ z_2 = -x_3\cos(90°-\omega_{23}) - z_3\sin(90°-\omega_{23}) \end{cases}$$

$$\cos\theta_{ic} = \frac{x_{ic}}{[R_1+(A_i-z_{ic})\tan\alpha_i]} \quad (i=1,2)$$

即可求得节点 c 在主锥管Ⅰ坐标系中的坐标值(x_{1c},z_{1c})，$x_{1c}=-282.0$ mm，$z_{1c}=27.3$ mm。

c 点在主锥Ⅰ截面圆 R_0 中对应的圆心角 $\theta_{1c}=97.6°(1.702\ 862\ 424)$。

同样可求得节点 c 在主岔锥Ⅱ坐标系中的坐标值(x_{2c},z_{2c})：$x_{2c}=255.6$ mm，$z_{2c}=-122.1$ mm，$\theta_{2c}=83.1°(1.450\ 951\ 127)$。

(3)肋板中面与主岔中面相贯线的水平投影长 a,顶、底端距离 $2b$:

$$a = \frac{[R_3 + (A_3 - z_{3c})\tan\alpha_3](1 - \cos\theta'_{3c})}{(1 + \cot\rho_{32}\tan\alpha_3)\sin\rho_{32}}$$

$$= \frac{[R_2 + (A_2 - z_{2c})\tan\alpha_2](1 - \cos\theta'_{2c})}{(1 + \cot\rho_{23}\tan\alpha_2)\sin\rho_{23}}$$

$$b = [R_3 + (A_3 - z_{3c})\tan\alpha_3]\sin\theta'_{3c}$$

$$= [R_2 + (A_2 - z_{2c})\tan\alpha_2]\sin\theta_{2c}$$

a=3 322.0 mm,b=2 123.0 mm。

(4)肋板中面与主岔锥Ⅱ、支岔锥Ⅲ中面相贯线上各点的坐标值。

①在主岔锥Ⅱ坐标系中(见表3-93):

$$z_2 = \frac{[R_2 + (A_2 - z_{2c})\tan\alpha_2]\cot\rho_{23}(\cos\theta_2 - \cos\theta_{2c})}{1 + \cot\rho_{23}\tan\alpha_2\cos\theta_2} + z_{2c}$$

$$x_2 = [R_2 + (A_2 - z_2)\tan\alpha_2]\cos\theta_2$$

$$y_2 = [R_2 + (A_2 - z_2)\tan\alpha_2]\sin\theta_2 \quad (\theta_2 = 0 \sim \theta_{2c})$$

表 3-93

项目	θ_2/(°)	z_2/mm	x_2/mm	y_2/mm
0	0	2 860.4	1 718.7	0
0.174 532 93	10	2 818.9	1 698.3	299.5
0.349 065 85	20	2 693.9	1 637.0	595.8
0.523 598 78	30	2 484.3	1 534.2	885.8
0.698 131 7	40	2 188.2	1 389.0	1 165.5
0.872 664 63	50	1 803.5	1 200.2	1 430.4
1.047 197 55	60	1 328.1	967.0	1 674.9
1.221 730 48	70	760.9	688.8	1 892.3
1.396 263 4	80	102.4	365.8	2 074.3
1.450 951 13	83.13	-122.1	255.6	2 122.5

②在支岔锥Ⅲ坐标系中(见表3-94):

$$z_3 = \frac{[R_3 + (A_3 - z_{3c})\tan\alpha_3]\cot\rho_{32}(\cos\theta'_3 - \cos\theta'_{3c})}{1 + \cot\rho_{32}\tan\alpha_3\cos\theta'_3} + z_{3c}$$

$$x_3 = [R_3 + (A_3 - z_3)\tan\alpha_3]\cos\theta'_3$$

$$y_3 = [R_3 + (A_3 - z_3)\tan\alpha_3]\sin\theta'_3 \quad (\theta'_3 = 0 \sim \theta'_{3c})$$

表 3-94

项目	$\theta_3'/(°)$	z_3/mm	x_3/mm	y_3/mm
0	0	3 048.6	1 357.3	0
0.174 532 93	10	3 023.3	1 343.4	236.9
0.349 065 85	20	2 946.7	1 301.1	473.6
0.523 598 78	30	2 816.5	1 229.4	709.8
0.698 131 7	40	2 628.9	1 125.9	944.8
0.872 664 63	50	2 378.5	987.9	1 177.3
1.047 197 55	60	2 058.3	811.3	1 405.3
1.221 730 48	70	1 659.6	591.5	1 625.2
1.396 263 4	80	1 172.5	323.0	1 831.8
1.686 470 47	96.63	139.3	−246.6	2 122.6

③在肋板坐标系中(变量 θ_2 或 θ_3')(见表 3-95 和图 3-22):

$$x_4 = \frac{[R_2 + (A_2 - z_{2c})\tan\alpha_2](\cos\theta_2 - \cos\theta_{2c})}{(1 + \cot\varphi_{23}\tan\alpha_2\cos\theta_2)\sin\varphi_{23}}$$

$$= \frac{[R_3 + (A_3 - z_{3c})\tan\alpha_3](\cos\theta_3' - \cos\theta_{3c}')}{(1 + \cot\varphi_{32}\tan\alpha_3\cos\theta_3')\sin\varphi_{32}}$$

$$y_4 = \frac{[R_2 + (A_2 - z_{2c})\tan\alpha_2](1 + \cot\varphi_{23}\tan\alpha_2\cos\theta_{2c})\sin\theta_2}{1 + \cot\varphi_{23}\tan\alpha_2\cos\theta_2}$$

$$= \frac{[R_3 + (A_3 - z_{3c})\tan\alpha_3](1 + \cot\varphi_{32}\tan\alpha_3\cos\theta_{3c}')\sin\theta_3'}{1 + \cot\varphi_{32}\tan\alpha_3\cos\theta_3'}$$

表 3-95

项目	$\theta_3'/(°)$	x_4/mm	y_4/mm
0	0	3 322.1	0
0.174 532 93	10	3 293.2	236.9
0.349 065 85	20	3 205.7	473.6
0.523 598 78	30	3 057.0	709.8
0.698 131 7	40	2 842.8	944.8
0.872 664 63	50	2 556.9	1 177.3
1.047 197 55	60	2 191.3	1 405.3
1.221 730 48	70	1 736.0	1 625.2
1.396 263 4	80	1 179.8	1 831.8
1.686 470 47	96.63	0.0	2 122.6

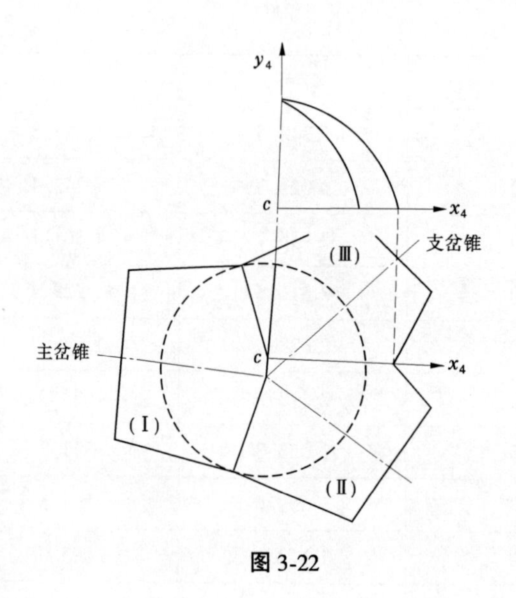

图 3-22

3. 岔管管壁厚度 t_0

(1)岔管管壁厚计算。

①膜应力区的管壁厚度:

$$t_0 = K_1pR/(\varphi[\sigma]_1\cos\alpha)$$

式中,$[\sigma]_1$ 为钢管材料的允许应力,$[\sigma]_1=163$ MPa(为 $0.50\sigma_s$),σ_s 为钢管管壁钢材屈服点,$\sigma_s=325$ MPa;K_1 为岔管膜应力区应力计算系数,$K_1=1.00$;R 为该管节最大内径,$R=2\ 100$ mm;α 为该管节半锥顶角,3 个基本锥节中取最大值,$\alpha=15.0°$。

计算得 $t_0=27.5$ mm。

②局部应力区的管壁厚度:

$$t_0 = K_2pR/(\varphi[\sigma]_2\cos\alpha)$$

式中,$[\sigma]_2$ 为钢管材料的允许应力,$[\sigma]_2=260$ MPa(为 $0.80\sigma_s$),σ_s 为钢管管壁钢材屈服点,$\sigma_s=325$ MPa;K_2 为岔管膜应力区应力计算系数,$K_2=1.7$。

图 3-23 中,$r/t=R/t\approx76$,$\varphi=8.0°$。

计算得 $t_0=29.2$ mm。

③取两者管壁厚度的大值。

取二者大值 $t_0=29.2$ mm

取整管壁厚度 $t_0=30.0$ mm

再考虑 2 mm 的锈蚀裕量,管壁结构厚度 $t=32.0$ mm

(2)复核管壁结构厚度满足制造工艺安装、运输等要求,保证必须刚度的最小厚度要求:

$t\geqslant D/800+4$(同时 t 应不小于 6 mm) $t_0\geqslant8.4$ mm

(3)验算埋藏式岔管覆盖岩层厚度(不包含风化层)H_d:

本岔管最小覆盖岩石厚度 H_d $H_d=60\ 000$ mm

岩石单位抗力系数最大可能值 K_{01} $K_{01}=10.0$ N/mm^3

覆盖岩层厚度条件 1:$H_d\geqslant6r_3$ $6r_3=30\ 000$ mm

覆盖岩层厚度条件 2:$H_d\geqslant(q/\nu_d)/\cos\alpha$(平岔 $\alpha=0°$)

$(q/\nu_d)/\cos\alpha=29\ 821$ mm

其中,q 为岩石分担的最大内水压力,$q=0.685\ 88$ MPa;ν_d 为围岩的重度,取最小值,$\nu_d=2.30\times10^{-5}$ N/mm^3。

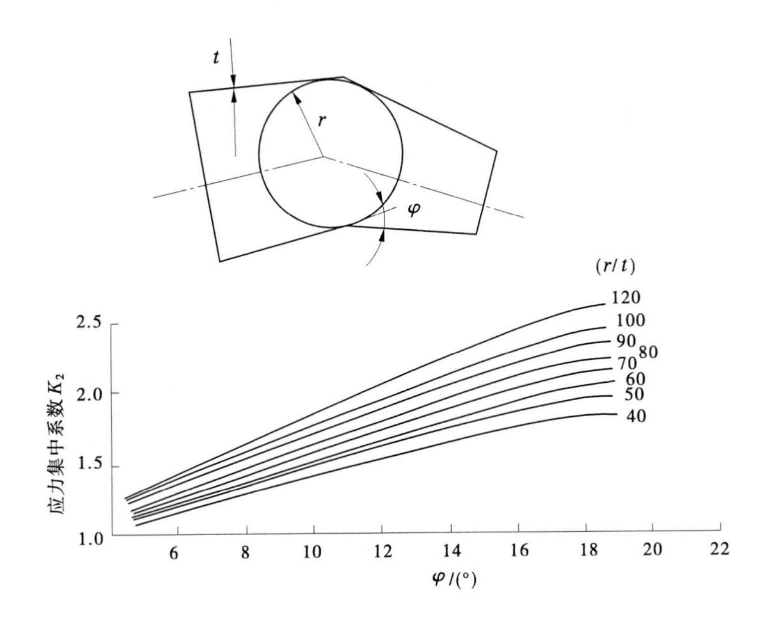

图 3-23

$$q = (pr_1 - \sigma_{\theta 1} t)/r_3$$

式中，$\sigma_{\theta 1}$ 为钢管承受的最小环向压力，$\sigma_{\theta 1}=5.9$ MPa。

$$\sigma_{\theta 1}=(pr_1+1\ 000K_{01}\Delta s_1)/(r+1\ 000\ K_{01}r_1/E')$$

式中，Δs_1 为钢管最小冷缩缝隙值，$\Delta s_1=-0.296$ mm；E'为平面应变问题的钢材弹性模量，$E'=E/(1-\mu^2)$，$E'=2.32\times10^{-5}$。

$$\Delta s_1 = (1+\mu)\alpha_s \Delta t_{s_1} r_1$$

式中，Δt_{s_1} 为钢管起始温度与最高水温之差，$\Delta t_{s_1}=-10$ ℃。

以上表明岔管上部覆盖岩层厚度不满足要求，岔管允许应力按明岔管取值。

3.1.7.4　肋板结构计算及尺寸拟定

1. 主岔锥Ⅱ对肋板中央截面的作用力

(1) 主岔锥作用于肋板中央截面上的垂直分力(见图 3-24)。

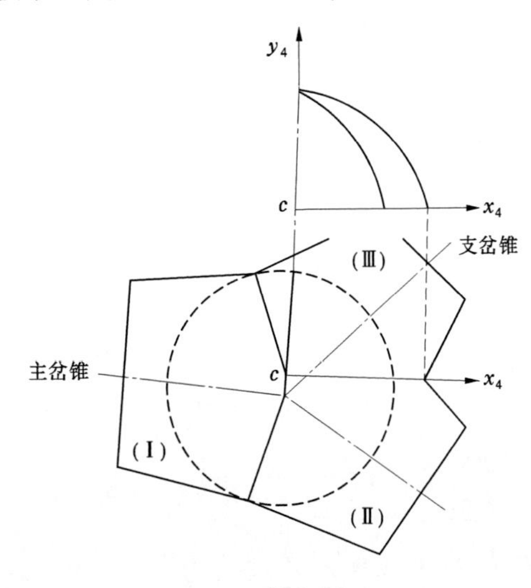

图 3-24

$$V_2 = pR''^2_2 \times \left[\frac{\cot\rho_{23}}{G_2^2\cos^2\alpha_2}\left(-C_2 + \frac{1}{2}C_2^2 + C_{2c} - \frac{1}{2}C_{2c}^2\right) + \frac{\tan\alpha_2}{2G_2}(C_2 - C_{2c})\right]$$

$V_2 = 5\ 409\ 118\ N$。

(2)主岔锥作用于肋板中央截面上的水平分力。

$$H_2 = H_{21} + H_{22} + H_{23} \qquad 1\ 140\ 561\ \text{N}$$

$$H_{21} = \frac{pR''^2_2\cos\rho_{23}}{2\cos^2\alpha_2}[-D_{2c} + T_2(E_2 - E_{2c})] \qquad 3\ 937\ 910\ \text{N}$$

$$H_{22} = \mu pR''^2_2\tan\alpha_2\sin\rho_{23}[F_{2c} - T_2G_2(E_2 - E_{2c})] \qquad 130\ 719\ \text{N}$$

$$H_{23} = -\mu pR''^2_2\cos\rho_{23}[-G_2F_{2c} + T_2(E_2 - E_{2c})] \qquad -2\ 928\ 068\ \text{N}$$

其中

$$G_2 = \tan\alpha_2\cot\rho_{23} \qquad 0.286\ 49$$

$$R'_2 = R_2 + (A_2 - z_{2c})\tan\alpha_2 \qquad 2\ 137.9\ \text{mm}$$

$$R''_2 = R'_2(1 + G_2\cos\theta_{2c}) \qquad 2\ 211.1\ \text{mm}$$

$$C_2 = \frac{1}{1 + G_2} \qquad 0.777\ 31$$

$$C_{2c} = \frac{1}{1 + G_2\cos\theta_{2c}} \qquad 0.966\ 88$$

$$D_{2c} = \frac{\sin\theta_{2c}(G_2 + \cos\theta_{2c})}{(1 - G_2^2)(1 + G_2\cos\theta_{2c})^2} \qquad 0.424\ 64$$

$$T_2 = \frac{2}{(1 - G_2^2)^{3/2}} \qquad 2.274\ 16$$

$$E_2 = \arctan\frac{1 + G_2}{\sqrt{1 - G_2^2}} \qquad 0.930\ 68$$

$$E_{2c} = \arctan\frac{\tan\left(\frac{90° - \theta_{2c}}{2}\right) + G_2}{\sqrt{1 - G_2^2}} \qquad 0.347\ 01$$

$$F_{2c} = \frac{\sin\theta_{2c}}{(1 - G_2^2)(1 + G_2\cos\theta_{2c})} \qquad F_{2c} = 1.045\ 78$$

2. 支岔锥Ⅲ对肋板中央截面的作用力

(1)支岔锥作用于肋板中央截面上的垂直分力。

$$V_3 = pR''^{\ 2}_3\left[\frac{\left(-C_3 + \frac{1}{2}C_3^2 + C_{3c} - \frac{1}{2}C_{3c}^2\right)}{G_3^2\cos^2\alpha_3\tan\rho_{32}} + \frac{\tan a_3}{2G_3}(C_3 - C_{3c})\right]$$

$V_3 = 2\ 932\ 270\ \text{N}$。

(2)支岔锥作用于肋板中央截面上的水平分力。

$$H_3 = H_{31} + H_{32} + H_{33} \qquad 2\ 292\ 666\ \text{N}$$

$$H_{31} = \frac{pR''^{\ 2}_2\cos\rho_{32}}{2\cos^2\alpha_3}[-D_{3c} + T_3(E_3 - E_{3c})] \qquad 4\ 607\ 842\ \text{N}$$

$$H_{32} = \mu pR''^{\ 2}_2\tan\alpha_3\sin\rho_{32}[F_{3c} - T_3G_3(E_3 - E_{3c})] \qquad 180\ 341\ \text{N}$$

$$H_{33} = -\mu PR''^{\ 2}_3\cos\rho_{32}[-G_3F_{3c} + T_3(E_3 - E_{3c})] \qquad -2\ 495\ 517\ \text{N}$$

$$G_3 = \tan\alpha_3 \cot\rho_{32} \qquad 0.486\ 00$$

$$R'_3 = R_3 + (A_3 - z_{3c})\tan\alpha_3 \qquad 2\ 136.9\ \text{mm}$$

$$R''_3 = R'_3(1 + G_3\cos\theta'_{3c}) \qquad 2\ 017.0\ \text{mm}$$

$$C_3 = \frac{1}{1 + G_3} \qquad 0.672\ 95$$

$$C_{3c} = \frac{1}{1 + G_3\cos\theta'_{3c}} \qquad 1.059\ 43$$

$$D_{3c} = \frac{\sin\theta'_{3c}(G_3 + \cos\theta'_{3c})}{(1 - G_3^2)(1 + G_3\cos\theta'_{3c})^2} \qquad 0.510\ 59$$

$$T_3 = \frac{2}{(1 - G_3^2)^{1.5}} \qquad 2.996\ 13$$

$$E_3 = \arctan\frac{1 + G_3}{\sqrt{1 - G_3^2}} \qquad 1.039\ 15$$

$$E_{3c} = \arctan\frac{\tan[0.5(90° - \theta'_{3c})] + G_3}{\sqrt{1 - G_3^2}} \qquad 0.455\ 49$$

$$F_{3c} = \frac{\sin\theta'_{3c}}{(1 - G_3^2)(1 + G_3\cos\theta'_{3c})} \qquad F_{3c} = 1.377\ 78$$

3. 作用于肋板中央截面的力合计

$$V = 8\ 341\ 387\ \text{N}$$

$$H = 3\ 433\ 227\ \text{N}$$

4. 肋板宽度(B_w)和厚度(t_w)(见图 3-25)

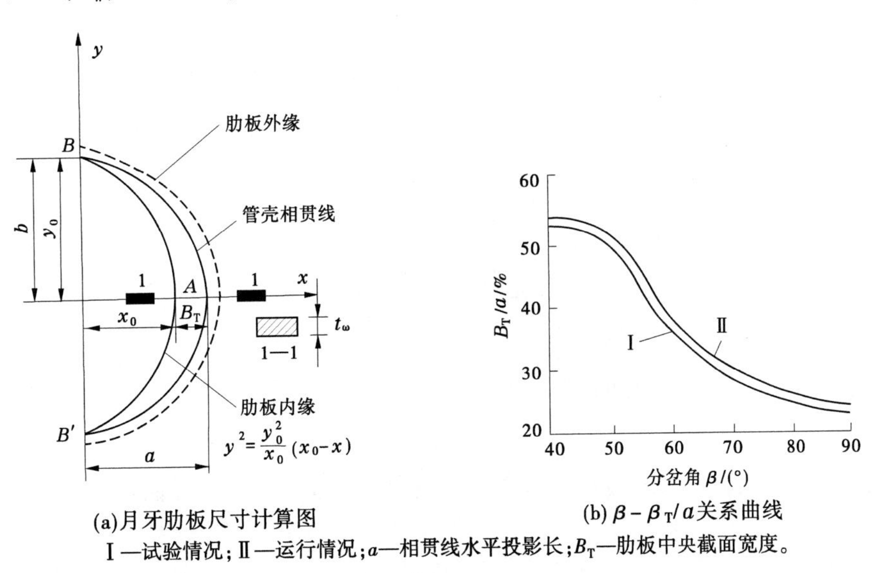

(a)月牙肋板尺寸计算图　　(b) $\beta - \beta_T/a$ 关系曲线

Ⅰ—试验情况；Ⅱ—运行情况；a—相贯线水平投影长；B_T—肋板中央截面宽度。

图 3-25

(1)肋板中央截面宽度 B_T。

岔管分岔角	$\beta = 55.0°$
肋板相贯线水平投影长度	$a = 3\ 322.00$ mm
查《规范》得	$B_T/a = 0.450$

肋板中央截面宽度 $B_T = 1\ 495.0\ \text{mm}$

(2)肋板厚度 t_w。

$$t_w = \frac{V}{B_T[\sigma]_1 + C}$$

式中,$[\sigma]_1$ 为钢管材料的允许应力,$[\sigma]_1 = 195$ MPa,$0.60\sigma_s$,σ_s 为钢管管壁钢材屈服点,$\sigma_s = 325$ MPa;C 为管壁裕量,取 2 mm。

计算得 $t_w = 31.0$ mm

《规范》规定:肋厚不小于 2 倍管壁厚度,$t = 64.0$ mm,取值 $t_w = 70.0$ mm。

5. 肋板强度校验

肋板强度校核对小水电而言,仅校核肋腰部位。肋腰的主应力按下式计算:

$$\sigma = V/B_T t_w \quad (\sigma = 79.7\ \text{MPa})$$

$$\tau = \frac{3H}{2B_T t_w} \quad (\tau = 49.2\ \text{MPa})$$

主应力:

$$\sigma_1 = \frac{1}{2}(\sigma + \sqrt{\sigma^2 + 4\tau^2}) \quad (\sigma_1 = 103.2\ \text{MPa})$$

$$\sigma_2 = \frac{1}{2}(\sigma - \sqrt{\sigma^2 + 4\tau^2}) \quad (\sigma_2 = -23.5\ \text{MPa})$$

$[\sigma]_1 = 195$ MPa。

6. 肋板侧表面与主岔锥Ⅱ、支岔锥Ⅲ管壳中面交线坐标

(1)肋板厚度确定后,肋板表面与支岔锥Ⅲ管壳中面交线各点的坐标值:

$$x_{43} = \frac{[R_3 + (A_3 - z_{3c} - \Delta z_{3c})\tan\alpha_3](\cos\theta'_3 - \cos\theta'_{3m})}{(1 + \cot\rho_{32}\tan\alpha_3\cos\theta'_3)\sin\rho_{32}}$$

$$y_{43} = \frac{[R_3 + (A_3 - z_{3c} - \Delta z_{3c})\tan\alpha_3]}{(1 + \cot\rho_{32}\tan\alpha_3\cos\theta'_3)}(1 + \cot\rho_{32}\tan\alpha_3\cos\theta'_{3m})\sin\theta'_3 \quad (\theta'_3 = 0 \sim \theta'_{3m})$$

其中

$$\Delta z_{3c} = \frac{t_w}{2}\frac{\cos\rho_{31}}{\sin(\rho_{32} + \rho_{31})}$$

$$\Delta x_{3c} = \frac{t_w}{2}\frac{\sin\rho_{31}}{\sin(\rho_{32} + \rho_{31})}$$

$$\cos\theta'_{3m} = \frac{x_{3c} + \Delta x_{3c}}{R_3 + (A_3 - z_{3c} - \Delta z_{3c})\tan\alpha_3}$$

$$\theta'_{3m} = 180° - \theta_{3m}$$

(2)肋板厚度确定后,肋板表面与主岔锥Ⅱ管壳中面交线各点的坐标值:

$$x_{42} = \frac{[R_2 + (A_2 - z_{2c} - \Delta z_{2c})\tan\alpha_2](\cos\theta_2 - \cos\theta_{2n})}{(1 + \cot\rho_{23}\tan\alpha_3\cos\theta_2)\sin\rho_{23}}$$

$$y_{42} = \frac{[R_2 + (A_2 - z_{2c} - \Delta z_{2c})\tan\alpha_2]}{(1 + \cot\rho_{23}\tan\alpha_2\cos\theta_2)}(1 + \cot\rho_{23}\tan\alpha_2\cos\theta_{2n})\sin\theta_2 \quad (\theta_2 = 0 \sim \theta_{2n})$$

其中

$$\Delta z_{2c} = \frac{t_w}{2}\frac{\cos\rho_{21}}{\sin(\rho_{21} + \rho_{23})}$$

$$\Delta x_{2c} = \frac{t_w}{2} \frac{\sin\rho_{21}}{\sin(\rho_{21} + \rho_{23})}$$

$$\cos\theta_{2n} = \frac{x_{2c} - \Delta x_{2c}}{R_2 + (A_2 - z_{2c} - \Delta z_{2c})\tan\alpha_2}$$

7. 肋板内缘、外缘曲线

(1)肋板内缘尺寸按照抛物线确定：

$$y^2 = \frac{y_0^2}{x_0}(x_0 - x)$$

式中，$y_0=b-t=2\ 091.0$ mm，$x_0=a-B_t=1\ 827.0$ mm。

(2)肋板外缘尺寸按两岔管相贯线确定并适当留有余地(见表 3-96)。

表 3-96

肋板内缘曲线/mm		主岔锥Ⅱ管壁中面与肋板侧表面交线/mm		肋板外缘曲线:按主岔锥中面、肋板侧面交线平行外移 2 倍锥管壁厚/mm	
x	y	x42	y42	x	y
0	2 091	3 384	0	3 448	0
100	2 033	3 372	149	3 433	153
200	1 973	3 338	298	3 395	305
300	1 912	3 280	446	3 333	457
400	1 848	3 199	593	3 249	607
500	1 782	3 095	738	3 141	756
600	1 714	2 967	881	3 010	903
700	1 642	2 815	1 022	2 854	1 047
800	1 568	2 639	1 160	2 674	1 188
900	1 489	2 438	1 294	2 470	1 326
1 000	1 407	2 213	1 423	2 241	1 459
1 100	1 319	1 962	1 548	1 987	1 587
1 200	1 225	1 686	1 666	1 707	1 709
1 300	1 123	1 384	1 778	1 402	1 825
1 400	1 011	1 057	1 883	1 071	1 933
1 500	885	705	1 978	715	2 032
1 600	737	327	2 064	334	2 121
1 650	651	−74	2 138	−71	2 199
1 827	0	0	2 126	0	2 190

3.1.7.5　岔管展开计算

岔管展开计算如图 3-26 所示。

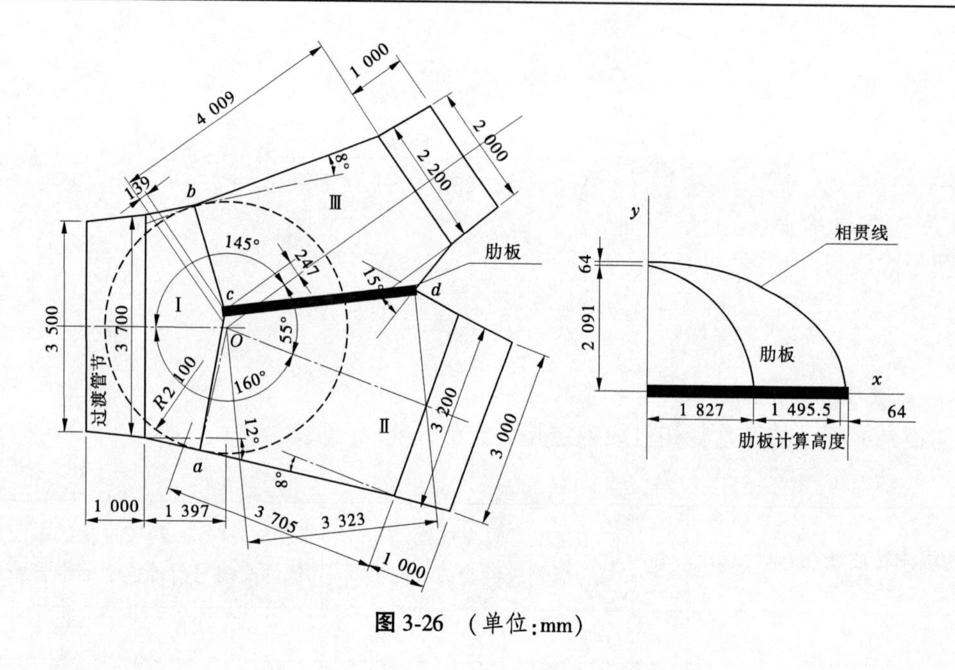

图 3-26 （单位:mm）

3.2 岔管设计

电站岔管采用对称“Y”形布置,结构型式采用结构简单、制作简便的月牙肋岔管。1#岔管分岔角均为 74°,主管管径 6.0 m,支管管径 4.2 m。2#岔管分岔角亦为 74°,主管内径 4 m,支管管径 2.8 m。两个岔管结构类似,现只对 1#岔管进行计算。1#岔管结构计算简图如图 3-27 所示。岔管钢材选用 SHY685NS-F。

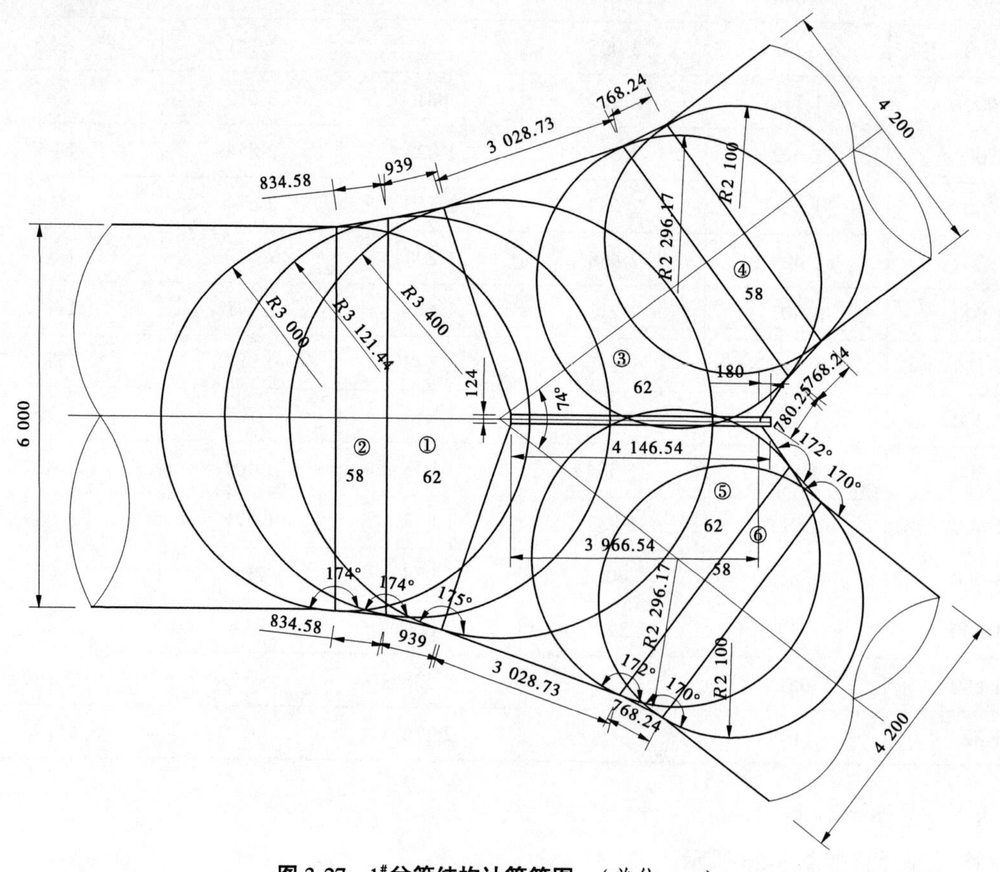

图 3-27 1#岔管结构计算简图 （单位:mm）

3.3　结构力学法计算

3.3.1　计算工况及荷载

考虑岔管在岩体中埋深较浅,按明岔管进行计算分析。根据《水利水电工程压力钢管设计规范》(SL/T 281—2020)附录 F 月牙肋岔管结构分析方法,1#岔管工作水头在正常运行时水击压力为 4.37 MPa,在水压试验情况下,岔管内水压力取正常运行最高内水压力设计值的 1.25 倍,为 5.46 MPa。各工况荷载见表 3-97。

表 3-97　　岔管各工况的荷载

运行工况	内水压力/MPa	外部回填灌浆压力/MPa
正常运行工况(持久工况)(工况 1)	4.37	—
水压试验工况(短暂工况)(工况 2)	5.46	—
施工工况(短暂工况)(工况 3)	—	0.26

3.3.2　钢材特性

钢材用牌号为 SHY685NS-F 钢,弹性模量 $E=2.10\times10^5$ MPa,泊松比 $\mu=0.3$,应力控制要求:

(1)正常运行工况:整体膜应力<260 MPa,局部应力<380 MPa。

(2)水压试验:整体膜应力<355 MPa,局部应力<515 MPa。

3.3.3　计算结果

正常运行水击压力工况(持久状况)1#岔管按整体膜应力估算管壁厚度,计算成果见表 3-98;1#岔管按局部应力估算管壁厚度,计算成果见表 3-99。

表 3-98　　持久状况 1#岔管按整体膜应力估算管壁厚度成果表

分节编号	f_s/MPa	σ_{R1}/MPa	p/MPa	r/mm	A/(°)	t_{y1}/mm
1	459	260.8	4.37	3 400	12	58.239
2	459	260.8	4.37	3 122	6	52.596
3、5	459	260.8	4.37	3 400	18	59.898
4、6	459	260.8	4.37	2 296	10	39.062

注:表中符号含义(下同):f_s 为强度设计值;σ_{R1} 为抗力限值;p 为内水压力设计值;r 为旋转半径;A 为半锥顶角;t_{y1} 为估算壁厚。

表 3-99　　持久状况 1#岔管按局部应力估算管壁厚度成果表

分节编号	r/mm	t/mm	r/t	查 K_2 时对应转角/(°)	K_2	σ_{R2}/MPa	p/MPa	t_{y2}/mm
1	3 400	59	58	7	1.32	379.4	4.37	52.852
2	3 122	53	59	6	1.21	379.4	4.37	43.754
3、5	3 400	60	57	7	1.32	379.4	4.37	54.357
4、6	2 296	40	57	8	1.35	379.4	4.37	36.255

水压试验工况(短暂状况)下,1#岔管按整体膜应力估算管壁厚度,计算成果见表 3-100;1#岔管按局部应力估算管壁厚度,计算成果见表 3-101。

表 3-100 短暂状况 1[#]岔管按整体膜应力估算管壁厚度成果表

分节编号	f_s/MPa	σ_{R1}/MPa	p/MPa	r/mm	A/(°)	t_{y1}/mm
1	459	354.2	5.46	3 400	12	53.606
2	459	354.2	5.46	3 122	6	48.413
3、5	459	354.2	5.46	3 400	18	55.133
4、6	459	354.2	5.46	2 296	10	35.955

表 3-101 短暂状况 1[#]岔管按局部应力估算管壁厚度成果表

分节编号	r/mm	t/mm	r/t	查 K_2 时对应转角/(°)	K_2	σ_{R2}/MPa	p/MPa	t_{y2}/mm
1	3 400	54	63	7	1.37	379.4	5.46	50.49
2	3 122	49	64	6	1.26	379.4	5.46	41.937
3、5	3 400	56	61	7	1.37	379.4	5.46	51.929
4、6	2 296	36	64	8	1.4	379.4	5.46	34.607

根据“大型岔管管壁宜设计为变厚,相邻管节的壁厚之差值不宜大于 4 mm”的规定,1[#]岔管管节 1、3、5 取 62 mm,2、4、6 取 58 mm。

3.4 有限元方法计算分析

3.4.1 计算模型

根据上述条件,采用有限元程序 ANSYS,建立岔管的三维模型,并剖分单元施加荷载进行计算。考虑岔管在岩体中埋深较浅,按明岔管进行计算分析。模型假定铅垂向上为 z 方向。计算模型三维单元图如图 3-28 所示。

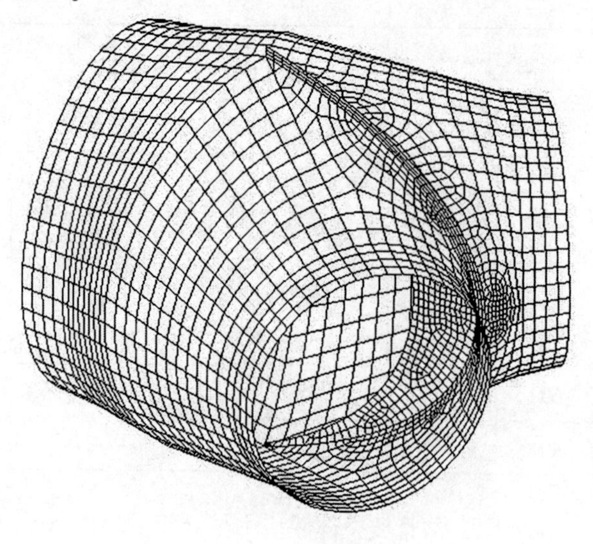

图 3-28 岔管三维单元图

3.4.2　计算结果

经过计算,岔管的应力结果如表 3-102 及图 3-29~图 3-32 所示。

表 3-102　　岔管加强结构最大 Mises 应力

计算管段	工况	最大 Mises 应力/MPa	
		岔管	月牙肋
1#岔管	1	342	277
	2	427	347
	3	20.3	16.5

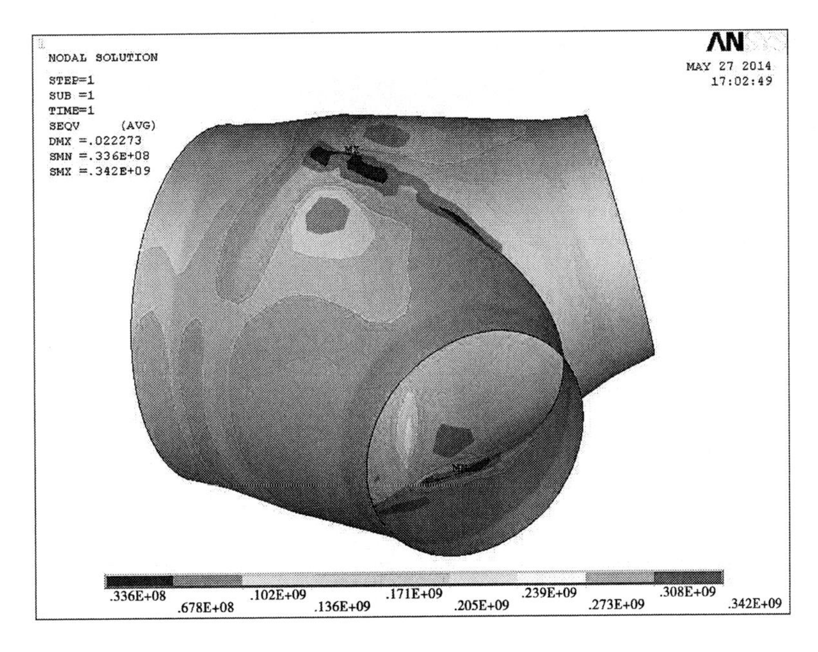

图 3-29　岔管最大 Mises 应力图　(工况 1;Pa)

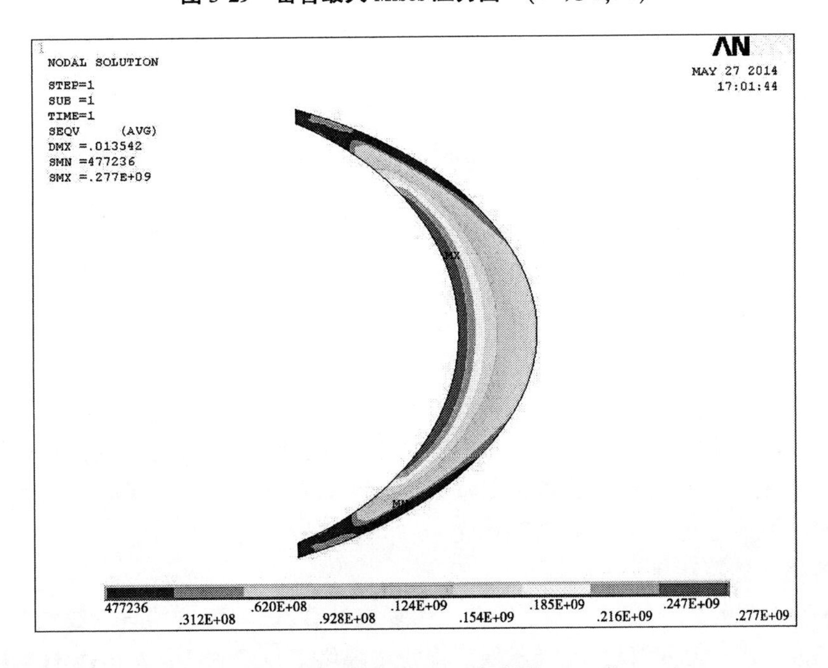

图 3-30　岔管月牙肋最大 Mises 应力图　(工况 1;Pa)

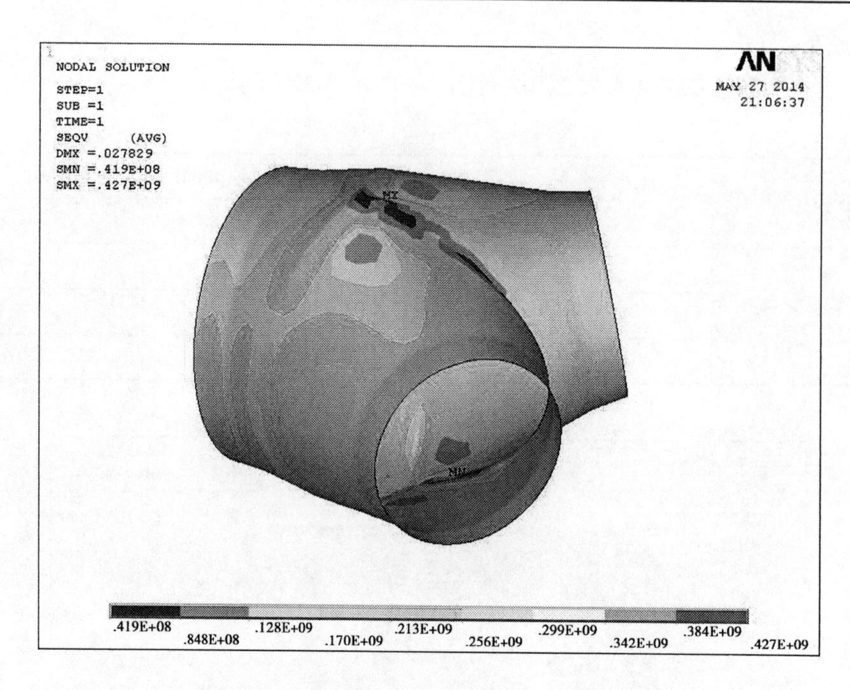

图 3-31 岔管最大 Mises 应力图 （工况 2;Pa）

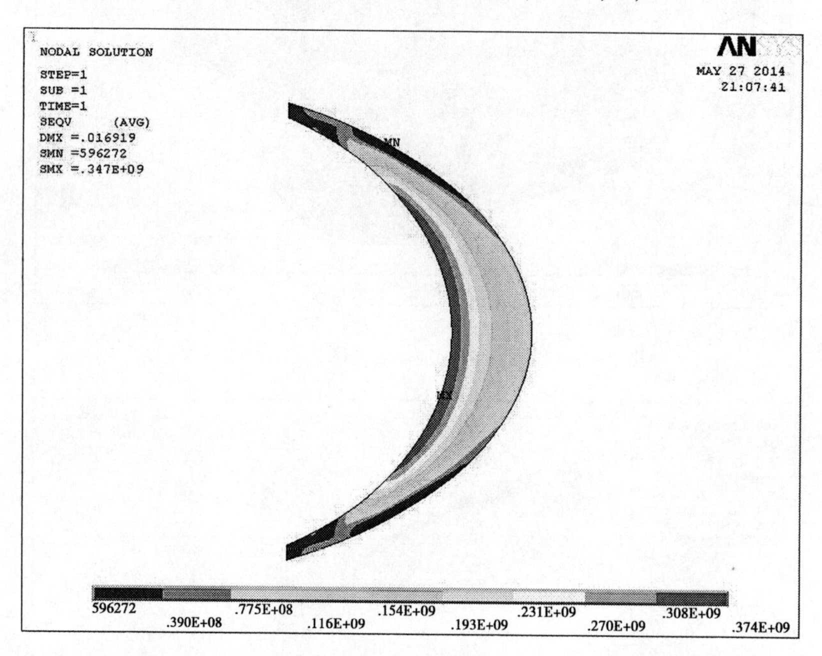

图 3-32 岔管月牙肋最大 Mises 应力图 （工况 2;Pa）

3.4.3 计算结果分析

根据结构计算及有限元计算结果可以看出,岔管的 Mises 应力控制因素一般在岔管管壳及月牙肋板内侧,而其他部位的 Mises 应力一般不大,不作为设计的控制因素。有限元计算管壁最大 Mises 应力为 427 MPa,月牙肋板上的最大 Mises 应力为 347 MPa,均小于钢材的允许应力,满足要求,并且最大的应力接近允许应力,材料利用充分,体型设计合理。

3.4.4 ANSYS 通用计算程序

采用 ANSYS 有限元软件进行了参数化设计和复核计算,该程序支持自动绘制岔管模型,施加荷载,较好地完成了水电站岔管设计,为确保工程安全提供了技术支持。ANSYS 计算程序如下。

```
! /CLEAR,NOSTART
/prep7


! /INPUT,'canshu','txt','E:\chaguan\bu-yueyalei-mcr\',, 0

 * dim,ri,array,4
     * dim,angcenter,,3
       * dim,tan1,,3
        * dim,anga1,,3
           * dim,az1,,3
              * dim,anga2,,1
                 * dim,az2,,2
                    * dim,anga3,,3
                         * dim,az3,,3

    ri(1)=R,R1,R2,R0

    tan1(1)=B,B2
      angcenter(1)=c1,B-c2-c1

            anga1(1)=w1,
                az1(1)=sL1,
                   anga2(1)=w2,
                      az2(1)=sL2,
                         anga3(1)=w3,
                              az3(1)=sL3,

 !!!! 产生线
 /PREP7
 CSYS,0
 K,1,0,0,0,
 K,2,3 * R,0,0,      ! 之前 6
 K,3,12 * R,0,0,     ! 之前 24
 LSTR,         1,          2                          !!!! 产生线
 LSTR,         2,          3

 !!!! 定义 12 坐标系
 WPCSYS,-1,0
 wpro,30.000000,,
 wpro,30.000000,,
 wpro,30.000000,,
```

```
wpro,,30.000000,
wpro,,30.000000,
wpro,,30.000000,
CSWPLA,12,0,1,1,

WPCSYS,-1,0
KWPAVE,      2
CSWPLA,16,1,1,1,                    !!!! 定义16坐标系
WPCSYS,-1,16,
CSYS,16,
FLST,3,1,4,ORDE,1
FITEM,3,2
LGEN,2,P51X, , , ,-tan1(1), , ,0   !!!! 拷贝线2转-60°  支管之间夹角为60°

!!! 定义14坐标系
CSYS,0
FLST,3,1,3,ORDE,1
FITEM,3,5
KGEN,2,P51X, , , , ,1, ,0
KWPLAN,-1,       2,      5,      6
KWPAVE,      5
wpro,,,30.000000
wpro,,,30.000000
wpro,,,30.000000
CSWPLA,14,0,1,1,
KDELE,      6
!!!!    支管2中心线(与主管的距离)
CSYS,0
FLST,3,1,4,ORDE,1
FITEM,3,2
LGEN,2,P51X, , , ,ri(1)-ri(3), , ,0

!!!! 拉主管域
WPCSYS,-1,12,
CSYS,12,
CYL4,0,0,ri(1)              !! 主管半径
ADELE,      1
!! 产生拉主的线
CSYS,0
FLST,3,1,3,ORDE,1
FITEM,3,1
KGEN,2,P51X, , ,3*R+1, , , ,0
```

```
LSTR,        1,        12
!! 沿线9拉主管(线5~8被拉)
FLST,2,4,4,ORDE,2
FITEM,2,5
FITEM,2,-8
ADRAG,P51X, , , , , ,        9

!!!!   定义支管2坐标系17
WPCSYS,-1,12,
KWPAVE,        6
CSWPLA,17,0,1,1,

!!!! 拉支管2沿线4拉主管(线18~21被拉)
WPCSYS,-1,17,
CSYS,17,
CYL4,0,0,ri(3)      !! 支管2半径
ADELE,        5
FLST,2,4,4,ORDE,2
FITEM,2,18
FITEM,2,-21
ADRAG,P51X, , , , , ,        4

!!!! 拉支管1沿线3拉主管(线30~33被拉)
WPCSYS,-1,14,
KWPAVE,        2
CSYS,4
CYL4,0,0,ri(2)        !! 支管1半径
ADELE,        9
FLST,2,4,4,ORDE,2
FITEM,2,30
FITEM,2,-33
ADRAG,P51X, , , , , ,        3

!!!! 定义球心的位置
CSYS,0
FLST,3,1,4,ORDE,1
FITEM,3,23
LGEN,2,P51X, , , ,-ri(4), , ,0
LSBL,        3,        42              !!! 线3被42断开

!!!! 定义球心的位置坐标系18
WPCSYS,-1,0
```

```
KWPAVE,      35
CSWPLA,18,0,1,1,

!!!! 做球体
WPCSYS,-1,18,
CSYS,18,
SPHERE,ri(4),0,0,360,             !!!! 球体半径

!!!! 割球体,删除-Z 以下域。
WPCSYS,-1,0
VSBW,      1
FLST,2,2,6,ORDE,2
FITEM,2,2
FITEM,2,-3
VDELE,P51X

FLST,2,8,5,ORDE,8
FITEM,2,3
FITEM,2,-4
FITEM,2,7
FITEM,2,-8
FITEM,2,11
FITEM,2,-12
FITEM,2,16
FITEM,2,-17
ADELE,P51X, , ,1

WPCSYS,-1,18,
CSYS,4
FLST,3,1,3,ORDE,1
FITEM,3,35
KGEN,2,P51X, , , -ri(4), , ,0

CSWPLA,188,1,1,1,
CSYS,188,
FLST,3,1,3,ORDE,1
FITEM,3,11
KGEN,2,P51X, , , -angcenter(1), , ,0    !!!!!!!!!!!!!!!!!!!!!!!!!!????????????????

FLST,3,1,3,ORDE,1
FITEM,3,16
KGEN,2,P51X, , , -angcenter(2), , ,0
```

```
LSTR,        20,        35
LSTR,        16,        35

KWPAVE,        20          !!!! 定义柱坐标系
CSWPLA,188,1,1,1,
CSYS,188,

FLST,3,1,4,ORDE,1
FITEM,3,3
LGEN,2,P51X, , , ,-90, , ,0      !!!! 拷贝线 3 90° 完成公切圆 2 条切线

KWPAVE,        16
CSWPLA,188,1,1,1,
CSYS,188,
FLST,3,1,4,ORDE,1
FITEM,3,7
LGEN,2,P51X, , , ,90, , ,0

FLST,2,2,4,ORDE,2          !!!! 删除 2 条圆心到切点的连线
FITEM,2,3
FITEM,2,7
LDELE,P51X, , ,1

FLST,2,2,4,ORDE,2        !!!! 做 OVLAP
FITEM,2,8
FITEM,2,15
LOVLAP,P51X

WPCSYS,-1,14,
LPLOT

CSYS,4                   !!! 做镜像
FLST,3,1,4,ORDE,1
FITEM,3,7
LSYMM,X,P51X, , , ,0,0


WPCSYS,-1,0                 !!!! 坐标回到公切球球心
KWPAVE,        35
CSWPLA,11,1,1,1,
FLST,3,1,4,ORDE,1
```

```
FITEM,3,8

LGEN,2,44, , , ,tan1(2), , ,0        !!!! 拷贝支管2的轴线分岔角
LSBL,        15,        23

NUMSTR,LINE,346,

WPCSYS,-1,0
KWPAVE,41
WPSTYLE,,,,,,,,1
CSWPLA,41,1,1,1,
CSYS,41,
*set,da1,distkp(35,41)
*set,da1,(ri(4)/da1)
LGEN,2,21, , , ,asin(da1)/3.14159265358979*180, , ,0     !!!! 形成过点41的公切圆的另一条切线

! 产生两条切线的交点    1088

LPLOT
BOPTN,KEEP,1
BOPTN,NWARN,0
BOPTN,VERS,RV52
BTOL,0.001,
NUMSTR,KP,1088,
LINL,346,8

NUMSTR,line,788,
LEXTND,3,24,5*R,0
LEXTND,11,8,4*R,0

LPLOT
BOPTN,KEEP,1
BOPTN,NWARN,0
BOPTN,VERS,RV52
BTOL,0.001,
NUMSTR,KP,4088,
LINL,3,788                    !!!! 在线3和线788交点处产生一关键点4088

NUMSTR,line,3088,
```

```
LSTR,      4088,      1088          !!!! 线 3088 长轴
LSTR,      6,      35

LDIV,3088, , ,2,0                   !!!! 椭圆 1 长轴中点 4089
LEXTND,8,20,3.5 * R,0

BOPTN,KEEP,1
BOPTN,NWARN,0
BOPTN,VERS,RV52
BTOL,0.001,
NUMSTR,KP,1099,
LINL,8,23

LSTR,      16,      1099            !!!! 椭圆 2 长轴线 3091
LEXTND,44,35,4 * R,0                    !!!! 支管 2 轴线延长线 3092

NUMSTR,KP,3092,
LANG,   3092,   4089,90, ,   !!!! 产生椭圆 1   E k3092,      D 4089 点

LEXTND,3094,4089,4 * R,0           !!!! 3092
NUMSTR,KP,3091,                   !!!! 产生椭圆 1   C 点 KP,3091
LSBL,      3095,         3

 * set,LZ,distkp(4088,4089)
 * set,ed,distkp(3092,4089)
   * set,ce,distkp(3091,3092)
    * set,duanzhou,(SQRT(ce * ce-ed * ed))
      * set,kkkk,(duanzhou/lz)

csys,0
NUMSTR,KP,3500,                         !!!! 椭圆 11111111111
FLST,3,1,3,ORDE,1
FITEM,3,4089
KGEN,2,4089, , , , ,duanzhou, ,0      !!!! 3500
KWPLAN,-1,      4089,      4088,      3500
CSWPLA,118,1,kkkk,1,
L, 1088, 3500
L, 4088, 3500


LDIV,3091, , ,2,0
LANG,   3092,   3501,90, ,   !!!! 产生椭圆 2 E k3502,      D 3501 点
```

```
LEXTND,3102,3501,4 * R,0
LSBL,     3103,       8         !!!! 产生椭圆 2   C 点 KP,3504

 * set,LZ,distkp(1099,3501)
   * set,ed,distkp(3502,3501)
   * set,ce,distkp(3504,3502)
     * set,duanzhou,(SQRT(ce * ce-ed * ed))
       * set,kkkk,(duanzhou/lz)

csys,0
NUMSTR,KP,3600,                               !!!! 椭圆 22222222222222
FLST,3,1,3,ORDE,1
FITEM,3,3501
KGEN,2,3501, , , , ,duanzhou, ,0     !!!! 3600
KWPLAN,-1,    3501,    1099,    3600
CSWPLA,118,1,kkkk,1,
L, 1099, 3600
L, 16, 3600

FLST,2,2,4,ORDE,2
FITEM,2,3098
FITEM,2,3107
LOVLAP,P51X        !!!! 椭圆半轴线交点 K3601

!!!! 延长线
BOPTN,KEEP,0
BOPTN,NWARN,0
BOPTN,VERS,RV52
BTOL,0.001,

LEXTND,8,38,R,0
LEXTND,7,28,R,0

BOPTN,KEEP,1
BOPTN,NWARN,0
BOPTN,VERS,RV52
BTOL,0.0001,

NUMSTR,KP,5001,
LINL,8,35
NUMSTR,KP,5002,
LINL,346,26
```

```
NUMSTR,KP,5003,
LINL,38,7
NUMSTR,KP,5004,
LINL,14,17
NUMSTR,line,6001,
LSTR,     1088,     5001
NUMSTR,line,6002,
LSTR,     1088,     5002
NUMSTR,KP,5005,
KL,6001,az2(1),,

ALLSEL,ALL
NUMSTR,line,6003,
LSTR,     5001,     5005

!!! 位置坐标系 5005
CSYS,0
FLST,3,1,3,ORDE,1
FITEM,3,38
KGEN,2,P51X,,,,0.15*R,,0
KWPLAN,-1,     5005,     38,     5006
KDELE,     5006

wpro,,,90.000000
wpro,,-90.000000,
CSWPLA,5005,1,1,1,
CSYS,5005,

!!!! 转线 14 度、延长此下去 6003 线 5
FLST,3,1,4,ORDE,1
FITEM,3,6003
LGEN,2,P51X,,,anga2(1),,,0     !!! 转右侧做镜像线的角度
LEXTND,6004,5006,4*R,0

BOPTN,KEEP,0
BOPTN,NWARN,0
BOPTN,VERS,RV52
BTOL,0.0001,
LSBL,     6004,     35     !!! L6005、L6006
LDELE,     6005,,,1

!!!! 镜像 L6006
```

```
WPCSYS,-1,14,
CSYS,14,
FLST,3,1,4,ORDE,1
NUMSTR,line,6007
FITEM,3,6006
LSYMM,X,P51X, , , ,0,0

NUMSTR,line,6008
LSTR,     5005,     1088

!!! L6010分2段产生L6010、L6011、L6012
NUMSTR,line,6010
LSTR,     16,     5004

CSYS,0
FLST,3,1,3,ORDE,1
FITEM,3,16
KGEN,2,P51X, , , ,0.5*R, ,0
KWPLAN,-1,     16,     5004,     5010
CSWPLA,6010,0,1,1,
CSYS,6010
FLST,2,1,4,ORDE,1
FITEM,2,6010

LDIV,P51X,az1(1), ,2,0          !!!! 断开*********比例***********

WPCSYS,-1,0
KWPAVE,     5011
CSWPLA,11,1,1,1,
CSYS,11,
FLST,3,1,4,ORDE,1
FITEM,3,6011
LGEN,2,P51X, , ,anga1(1), , ,0          !!!! 转左侧线主管第1段角度

LEXTND,6012,5013,4*R,0
LSBL,     6012,     14
LDELE,     6014, , ,1

KWPAVE,     5011
FLST,3,1,3,ORDE,1
FITEM,3,5011
KGEN,2,P51X, , , ,0.5*R, ,0
```

```
KWPLAN,-1,     5011,     5014,     5013
CSWPLA,5011,1,1,1,
CSYS,5011,
FLST,2,1,4,ORDE,1
FITEM,2,6013

WPCSYS,-1,0
KWPAVE,     5015
CSWPLA,5015,1,1,1,
CSYS,5015,
FLST,3,1,4,ORDE,1
FITEM,3,6012

NUMSTR,KP,5017,
NUMSTR,line,6014
FLST,2,1,4,ORDE,1                    !!!! 右侧线支管2
FITEM,2,6002
LDIV,P51X,az3(1), ,2,0               !!!! 断开********比例*********

WPCSYS,-1,0
KWPAVE,     5017
CSWPLA,11,1,1,1,
FLST,3,1,4,ORDE,1
FITEM,3,6014
LGEN,2,P51X, , , ,-anga3(1), , ,0      !!!! 转右侧线支管2第1段角度

LEXTND,6015,5019,8,0
LSBL,     6015,     26
LDELE,     6017, , ,1

!!!!!!!!!!!!!!!!!! 开始做支管2的第一段圆的弧线(轴线中心线)!!!!!!!!!!! 1
WPSTYLE,,,,,,,,0
WPCSYS,-1,0
KWPAVE,     5018
CSWPLA,11,1,1,1,
csys,11
LGEN,2,6014, , , ,ANGLEK(5018,1088 ,5020)/2*180/3.14159265358979, , ,0     !转
一半角度

LEXTND,6015,5021,2.5*R,0             !!!! 延长与角平分线相交

BOPTN,KEEP,1
```

```
BOPTN,NWARN,0
BOPTN,VERS,RV52
BTOL,0.0001,
LSBL,      6015,      21                    !!!! 延长线与角平分线的交点 kp5022
LANG,         23,      5022,90, ,           !!!! 过点 5022 做线 23 的垂线

!!!!!!!!!!!!!!!!!!! 开始做支管 2 的第二段圆的弧线(轴线中心线)!!!!!!!!!!!!
LEXTND,6016,5020,10 * R,0
LEXTND,6019,21,5 * R,0
LOVLAP,6016, 6021
LOVLAP,6022, 26

WPCSYS,-1,0
KWPAVE,    5026
CSWPLA,11,1,1,1,
csys,11
LGEN,2,6029, , , ,ANGLEK(5026,5018 ,23)/2 * 180/3.14159265358979, , ,0     ! 转一半角度

WPCSYS,-1,0
KWPAVE,    5025
CSWPLA,11,1,1,1,
csys,11
LGEN,2,6016, , , ,-ANGLEK(5025,5023 ,5026)/2 * 180/3.14159265358979, , ,0     ! 转一半角度

BOPTN,KEEP,0
BOPTN,NWARN,0
BOPTN,VERS,RV52
BTOL,0.0001,

LOVLAP,6030, 6031
LANG,         6019,       5031,90, ,        !!!! 过点 5031 做线 6019 的垂线

!!!!!!!!!!!!!!!!!!! 开始做支管 1 的第一段圆的弧线(轴线中心线)!!!!!!!!!!!!
LEXTND,17,33,8 * R,0
BOPTN,KEEP,1
BOPTN,NWARN,0
BOPTN,VERS,RV52
BTOL,0.0001,
LINL,788,17
```

```
WPCSYS,-1,0
KWPAVE,    5033
CSWPLA,11,1,1,1,
csys,11
LGEN,2,17, , , ,ANGLEK(5033 ,17 ,16)/2 * 180/3.14159265358979, , ,0      ! line17 转一半角度

WPCSYS,-1,0
KWPAVE,    5011
CSWPLA,11,1,1,1,
csys,11
LGEN,2,17, , , ,-ANGLEK(5012 ,5014 ,16)/2 * 180/3.14159265358979, , ,0      ! line17 转一半角度

BOPTN,KEEP,0
BOPTN,NWARN,0
BOPTN,VERS,RV52
BTOL,0.0001,
LOVLAP,6036, 6037
LANG,     11,    5038,90, ,      !!! 5038

!!!!!!!!!!!!!!!!!! 开始做支管1的第二段圆的弧线(轴线中心线)!!!!!!!!!!!
LEXTND,6013,5014,15 * R,0
LEXTND,788,1089,15 * R,0
LOVLAP,788, 6013
LOVLAP,6044, 14

WPCSYS,-1,0
KWPAVE,    5040
CSWPLA,11,1,1,1,
csys,11
LGEN,2,6042, , , ,-ANGLEK(5040 ,13 ,5041)/2 * 180/3.14159265358979, , ,0      ! line17 转一半角度

WPCSYS,-1,0
KWPAVE,    5041
CSWPLA,11,1,1,1,
csys,11
LGEN,2,6049, , , ,-ANGLEK(5041 ,10 ,5011)/2 * 180/3.14159265358979, , ,0      ! line17 转一半角度

LOVLAP,6044, 6050
```

```
LANG,       11,     5046,90, ,    !!!! 5040
save      !!!!!!!!!

!!!!!!!!!!!!!!!!!! 开始做切面圆!!!!!!!!!!!!
LSTR,     5047,     5041
LDIV,6055, , ,2,0
KWPLAN,-1,     5048,     5047,     12          !!!!!    5041
wpro,,90.000000,
CYL4,0,0,distkp(5047,5041)/2         !!!! 做主管切面圆 1
LSTR,     5039,     5011
LDIV,6061, , ,2,0
KWPLAN,-1,     5053,     5039,     12         !!!!!    5011
wpro,,90.000000,
CYL4,0,0,distkp(5039,5012)/2       !!!! 做主管切面圆 2

LSTR,     5023,     5017
LSTR,     5032,     5026
LDIV,6067, , ,2,0
LDIV,6068, , ,2,0
WPCSYS,-1,0
KWPLAN,-1,     5023,     5017
KWPAVE,     5058
wpro,,90.000000,
CYL4,0,0,distkp(5023,5018)/2  !!!! 做支管 2 切面圆 1
KWPLAN,-1,     5032,     5026
KWPAVE,     5059
wpro,,90.000000,
CYL4,0,0,distkp(5032,5026)/2  !!!! 做支管 2 切面圆 2

LSTR,     5009,     5008
LSTR,     5006,     5005
LDIV,6079, , ,2,0
LDIV,6080, , ,2,0
KWPLAN,-1,     5068,     5008,     5069
wpro,,90.000000,
CYL4,0,0,distkp(5009,5008)/2  !!!! 做支管 1 切面圆 2
KWPAVE,     5069
CYL4,0,0,distkp(5005,5006)/2  !!!! 做支管 1 切面圆 1

!!!!! 做椭圆 3!!!!!!!!!!!!!!!!
LEXTND,346,42,2*R,0
LEXTND,6010,16,2*R,0
```

```
FLST,2,2,4,ORDE,2
FITEM,2,346
FITEM,2,6091
LOVLAP,P51X

LDIV,47, , ,2,0
LSTR,     5080,     5079
LDIV,6096, , ,2,0

FLST,2,2,4,ORDE,2
FITEM,2,3090
FITEM,2,-3091
LOVLAP,P51X

 * set,LZ,distkp(5082,5080)
      * set,duanzhou,distkp(5082,3601)
         * set,kkkk,(duanzhou/lz)
csys,0
FLST,3,1,3,ORDE,1
FITEM,3,5082
KGEN,2,5082, , , , ,duanzhou, ,0
KWPLAN,-1,     5082,     5080,     3601
CSWPLA,118,1,kkkk,1,
L, 5080, 3601
SAVE

!!!!! 形成主管和支管过渡区的线
FLST,5,15,4,ORDE,15
FITEM,5,3108
FITEM,5,-3109
FITEM,5,6059
FITEM,5,-6060
FITEM,5,6065
FITEM,5,-6066
FITEM,5,6071
FITEM,5,-6072
FITEM,5,6075
FITEM,5,-6076
FITEM,5,6083
FITEM,5,-6084
FITEM,5,6087
FITEM,5,-6088
```

```
FITEM,5,6102
LSEL,R, , ,P51X
ALLSEL,BELOW,LINE
LPLOT

FLST,5,8,4,ORDE,8
FITEM,5,6002
FITEM,5,6006
FITEM,5,-6007
FITEM,5,6010
FITEM,5,6019
FITEM,5,6028
FITEM,5,6044
FITEM,5,6048
LSEL,A, , ,P51X
ALLSEL,BELOW,LINE
LPLOT
LSTR,     5039,     5080
LSTR,     5080,     5023
LSTR,       16,     5006
LSTR,     5052,     5055
LSTR,     5055,     3601
LSTR,     3601,     5061
LSTR,     5061,     5065
LSTR,     3601,     5075
LSTR,     5075,     5071
LSTR,     1088,     5007
NUMMRG,KP, , , ,LOW
LSTR,     5052,     5057
LSTR,     5057,     3601

!!!!! 形成主管和支管过渡区的域
FLST,2,4,4
FITEM,2,6048
FITEM,2,6065
FITEM,2,6111
FITEM,2,6059
AL,P51X
FLST,2,4,4
FITEM,2,6111
FITEM,2,6066
FITEM,2,6044
```

```
FITEM,2,6060
AL,P51X
FLST,2,4,4
FITEM,2,6112
FITEM,2,6102
FITEM,2,6103
FITEM,2,6066
AL,P51X
FLST,2,4,4
FITEM,2,6106
FITEM,2,6072
FITEM,2,6104
FITEM,2,6102
AL,P51X
FLST,2,4,4
FITEM,2,6107
FITEM,2,6076
FITEM,2,6019
FITEM,2,6072
AL,P51X
FLST,2,4,4
FITEM,2,6002
FITEM,2,6071
FITEM,2,6106
FITEM,2,3109
AL,P51X
FLST,2,4,4
FITEM,2,6028
FITEM,2,6075
FITEM,2,6107
FITEM,2,6071
AL,P51X
FLST,2,4,4
FITEM,2,6087
FITEM,2,6110
FITEM,2,3109
FITEM,2,6108
AL,P51X
FLST,2,4,4
FITEM,2,6105
FITEM,2,6088
FITEM,2,6108
```

```
FITEM,2,3108
AL,P51X
FLST,2,4,4
FITEM,2,6010
FITEM,2,3108
FITEM,2,6112
FITEM,2,6065
AL,P51X
FLST,2,4,4
FITEM,2,6007
FITEM,2,6084
FITEM,2,6109
FITEM,2,6088
AL,P51X
FLST,2,4,4
FITEM,2,6083
FITEM,2,6006
FITEM,2,6087
FITEM,2,6109
AL,P51X

!!!!! 删除主管和支管过渡区多余的域
/REP,FAST
FLST,2,6,5,ORDE,6
FITEM,2,3
FITEM,2,-4
FITEM,2,7
FITEM,2,-8
FITEM,2,11
FITEM,2,-12
ADELE,P51X, , ,1
ADELE,       15, , ,1
ADELE,       18, , ,1
ADELE,       19, , ,1

Allsel,all
KWPLAN,-1,     5052,     5047,     5041
FLST,2,2,5,ORDE,2
FITEM,2,1
FITEM,2,-2
ASBW,P51X
FLST,2,2,5,ORDE,2
```

```
FITEM,2,7
FITEM,2,-8
ADELE,P51X, , ,1

KWPLAN,-1,     5065,     5032,     5026
FLST,2,2,5,ORDE,2
FITEM,2,5
FITEM,2,-6
ASBW,P51X
FLST,2,2,5,ORDE,2
FITEM,2,1
FITEM,2,8
ADELE,P51X, , ,1

KWPLAN,-1,     5071,     5008,     5009
FLST,2,2,5,ORDE,2
FITEM,2,9
FITEM,2,-10
ASBW,P51X
FLST,2,2,5,ORDE,2
FITEM,2,1
FITEM,2,5
ADELE,P51X, , ,1

!!! 做镜像,形成主管和支管的整体结构
CSYS,0
WPCSYS,-1,0
FLST,3,18,5,ORDE,10
FITEM,3,2
FITEM,3,-4
FITEM,3,6
FITEM,3,-8
FITEM,3,13
FITEM,3,-14
FITEM,3,16
FITEM,3,-17
FITEM,3,20
FITEM,3,-27
ARSYM,Z,P51X, , , ,0,0

!!! 形成岔管肋板的域
ALLSEL,BELOW,AREA
```

```
LPLOT
NUMMRG,KP, , , ,LOW
LSTR,    3601,    5096

FLST,2,3,4
FITEM,2,6150
FITEM,2,3109
FITEM,2,6063
AL,P51X
LDIV,6063, , ,2,0

!!!! 形成肋板,可通过查询 x2、y2 尺寸去设计肋板尺寸 x1、x2、y1、y2.
/PREP7
*set,x,distkp(1088,5082)
*set,y,distkp(5096,5082)

WPSTYLE,,,,,,,,0
KWPLAN,-1,        5049,        1088,      3601
CSWPLA,101,0,1,1,
WPCSYS,-1,101,
csys,101
ARSCALE,37, , ,(x+x2)/x,(y+y2)/y,1, ,0,0  !!! 管壳相贯线向外缩放比例
ARSCALE,37, , ,(x-x1)/x,(y-y1)/y,1, ,0,0  !!! 管壳相贯线向内缩放比例

FLST,5,3,5,ORDE,2
FITEM,5,37
FITEM,5,-39
ASEL,S, , ,P51X
APLOT
ALLSEL,BELOW,AREA
FLST,2,3,5,ORDE,2
FITEM,2,37
FITEM,2,-39
APTN,P51X
ADELE,       40, , ,1
ALLSEL,ALL
APLOT
```

3.5 压力管道灌浆

压力管道承受较大的内水压力,围岩和钢筋混凝土也是主要的承载结构。爆破开挖在管道周边围岩形成一定范围的松动圈,岩体卸载松动以及局部的不良地质构造等均对围岩的承载不利,为了提高围岩承载圈的防渗和承载性能,对围岩进行系统高压固结灌浆,确保围岩具有足够的完整

性、承载能力以及较好的抗渗性。固结灌浆在一次支护完成且喷锚混凝土达到设计强度后进行，灌浆孔深入围岩3 m，每排6孔，间距3 m，梅花形对称布置，沿全断面布设。灌浆压力初定为2.5~4 MPa。

为了充填衬砌与围岩间的缝隙，改善衬砌的传力条件，在压力管道平段及弯段的顶拱120°范围内进行回填灌浆处理，压力初定为0.5 MPa。

接触灌浆在压力管道平段及弯段全段范围内、斜井段1/3长度范围内的钢衬与混凝土衬砌之间底拱120°范围内进行，压力初定为0.2 MPa。

为减少钢筋混凝土衬砌段内水外渗对压力钢管段的威胁，压力钢管段首部与钢筋混凝土衬砌相接段，布置两排入岩深20 m的灌浆帷幕，形成封闭有效的防渗帷幕体系，灌浆过程中应加强钢管变形监测。

4 引水系统水力计算

本工程是一座特长引水系统、深埋隧洞、高水头压力管道的引水式电站,发电引水系统水力现象复杂,引水发电系统水力学计算是保证工程安全的重要设计工作内容。引水系统总长 17 855.52 m(自进水口前缘至厂房球阀中心线),其中进水口、闸室段及连接段长 75.74 m,隧洞长 16 918.34 m,压力管道长 804.29+57.15=861.44(m)(最长管道)。钢筋混凝土衬砌隧洞直径 4.7 m,压力管道主管直径 4.5 m、支管直径 2.4~1.6 m。

4.1 引水系统水头损失计算

引水系统水头损失包括沿程损失和局部损失两部分。沿程损失采用谢才-曼宁公式计算,根据类似工程经验和有关规范,糙率系数取值如下:钢筋混凝土衬砌隧洞 $n=0.014$,压力管道钢管 $n=0.012$。局部水头损失系数查阅相关设计手册获得。引水系统水头损失计算成果见表 3-103。

表 3-103 引水系统水头损失计算成果

机组台数/台	引水流量/(m^3/s)	引水系统总水头损失/m
3	78.6	60.78
2	52.4	27.01
1	26.2	6.76

4.2 引水发电系统水力过渡过程计算

本工程为深埋长隧洞引水式电站,发电引水系统总长约 16.7 km,隧洞最大埋深达 1 700 余 m;电站水头为 310~380 m,为长引水高水头、"一洞三管"电站;压力管道长达 850 余 m,水锤压力较大且变化复杂。引水调压系统对电站的稳定运行影响较大且占工程总投资比重较大。通过本研究,实现如下目的:

(1)为引水调压系统布置和选型、电站引水建筑物结构优化提供设计依据,使工程布置方案更合理、安全可靠、技术先进、节约投资,为初步设计提供技术支持。

(2)通过对不同组合工况水轮发电机组突甩负荷时水轮机导叶关闭规律的优化,提出导叶最优关闭规律以及在此关闭规律下水轮机蜗壳最大压力升高率、机组最大转速升高率、水轮机尾水管进口断面的最大真空度和压力输水系统全线各断面的压力分布。

(3)结合对引水调压系统小波动稳定性分析,提出调压室稳定特性及对水轮机调速系统调节参数的设置要求。

(4)如果研究确认工程现有设计和参数选择不能满足国家现行有关规程规范的要求,及时提出工程优化和改进措施。

4.3 水轮发电机组基本资料

根据最新的首部闸坝方案研究成果,电站装机容量 210 MW 时,初选水轮发电机组主要技术参数如下:

电站装机台数	3 台
水轮机型号	HL-LJ-230
水轮机直径 D_1	2.30 m
额定转速 n_r	500 r/min
额定流量 Q_r	25.7 m^3/s
额定出力	71.43 MW
额定点比转速 n_s	102.12 m·kW
水轮机安装高程	2 359.00 m
发电机型号	SF70-12/410(三相同步)
额定功率	70 MW
额定电压	10.5 kV
额定转速	500 r/min
额定功率因数	0.85(滞后)
发电机转动惯量 GD^2(初定)	≥650 t·m^2

4.4　引水发电系统水头损失计算

引水发电系统水头损失包括沿程损失和局部损失两部分。水头损失分以下几段计算:自进水口至调压室与隧洞交叉处;自调压室与隧洞交叉处到水轮机进口(即蜗壳进口)。

引水系统沿程水头损失和局部水头损失应分别进行计算。

沿程水头损失采用谢才-曼宁公式计算。

局部水头损失包括进水口段、渐缩段、渐扩段、弯管、岔管及阀门等。

4.5　水锤及调节保证计算

(1)水锤计算应与机组转速变化和水轮机的调节规律配合,需计算各工况最高压力线、最低压力线。绘制水库最高运行水位(水库水位 2 743.00 m)和水库最低运行水位(水库水位 2 739.00 m)下的压坡线,确定引水系统管道各段的最大设计内水压力和检验管道是否出现负压。当钢管水锤与调压室涌浪有重叠可能时应计及相遇效应。

(2)水锤计算工况。

按上游水库正常蓄水位,电站:①1 台机组满载(对应于高水头)发电运行时甩全部负荷;②第一台机甩负荷后隔一定时间第二台机又甩负荷;③3 台机组满载(对应于低水头)发电运行时甩全部负荷。

最低压力计算:相应于水库可能出现的最低发电水位,由钢管供水的全部机组除 1 台外都在满发,未带负荷的 1 台机组由空转增至满发。

电站调节稳定运行计算,即小波动情况下调压室系统和水轮机调节系统稳定性计算。

除以上情形外,还可能存在对系统设计有较大影响但尚未考虑到的工况。

4.6　调压室水力计算

4.6.1　稳定断面面积

调压室稳定断面面积按托马准则计算,并乘以系数(K=1.1)确定。

4.6.2　涌波计算

(1)调压室涌波水位可不计压力管道水击的影响。

(2)最高涌波水位计算工况:按水库正常蓄水位时,共用同一调压室的全部机组满载运行瞬时丢弃全部负荷作为设计工况;按水库校核洪水位时,相应工况作校核,并对可能出现的涌波叠加不利工况进行复核。此种工况,引水系统糙率取小值。

(3)最低涌波水位计算工况:水库死水位时,共用同一调压室的全部3台机组由2台增至3台或全部机组由2台负荷突增至满载,并复核水库死水位时共用同一调压室的全部机组瞬时丢弃全部负荷时的第二振幅,并对可能出现的涌波叠加不利工况进行复核。此种工况,引水系统糙率取大值。

4.6.3 调压室基本尺寸确定

本电站最大静水头约380 m,依据调压室选型的基本原则,全面分析各类调压室的优缺点及适用条件,选定适合本工程的调压室型式。可行性研究阶段选择带阻抗孔的双室式调压室。

根据调压室断面面积、涌波水位计算结果,确定调压室各部位尺寸、断面和高程,进行调压室布置。

阻抗式调压室阻抗孔尺寸的选择应使增设阻抗后压力管道末端的水击压力变化不大;而调压室处压力水道的水压力任何时间均不大于调压室出现最高涌波水位时的水压力,也均不低于最低涌波水位的水压力,并尽可能地抑制调压室的波动幅度以及加速波动的衰减。

4.7 水力过渡过程计算

(1)考虑水电站超长引水隧洞特有的水力特性,通过控制工况的过渡过程计算分析,进行引水调压室布置与型式的研究,着重比较上游水室式和阻抗加上下水室式两种调压室型式的优缺点,通过计算分析与比较,选择其中波动衰减较快、涌浪幅值较小、运行安全可靠、结构简单、施工方便、经济合理的调压室型式。

(2)在选定上游调压室型式的基础上,进行调压室结构高程、断面面积、阻抗孔口面积、水室长度、水室断面尺寸、水室末端流通方式以及引水道布置等优化计算,最终推荐引水道布置、引水调压室的体型和结构布置。

(3)在选定引水道布置和调压室型式的基础上,通过控制工况的过渡过程计算,进行导叶关闭时间与规律、机组 GD^2 值等参数优化,在选定上述参数后,对各种可能工况(包括组合工况)进行引水系统的水力机械过渡过程大波动计算,得出控制条件下的调保参数,为引水建筑物设计和机组招标设计提供依据。大波动过渡过程计算结果应包括(但不限于):①蜗壳进口处的最大、最小动水压力;②高压管道上弯段、下弯段顶最大、最小水压力;③上游调压室底部隧洞最大、最小水压力;④机组最大转速上升率;⑤尾水管最大、最小动水压力;⑥上游调压室水室、竖井最高、最低涌浪水位;⑦进水口事故闸门井最高、最低涌浪水位。

(4)在可能出现的各种水位组合、机组运行工况下,进行小波动计算,验证水电站调节系统是否满足小波动稳定要求,在分别考虑水轮机和电网的自调节能力(限于阶段,关于考虑电网的自调节能力小波动计算在电网确定后再进行)前提下,通过小波动稳定性分析,确定调速系统的稳定域及主要参数整定要求。

(5)由于水电站引水隧洞较长、水头相对较高,加之三机共用同一调压室,机组间必然存在一种水力干扰,1台或2台机组甩负荷可能引起另2台或1台机组负荷波动,调压室容易振荡,且振幅大,对机组稳定性运行有影响,因此必须对机组在水力干扰下的稳定性和动态品质进行分析研究。

(6)考虑电站引水隧洞较长,实际施工中永久支护型式和长度可能会根据实际地质条件而发生较大变化,施工工艺也会引起隧洞糙率的改变,所有这些变化最终会导致引水系统水头损失的变化,进而影响引水发电系统水力过渡过程计算最终成果。因此,需进行隧洞综合糙率变化对系统大小波动和水力干扰的敏感性分析。

(7)研究引水调压室与厂房之间不同间距的过渡过程敏感性,以论证最长压力管道单元水力过渡过程是否满足大小波动、水力干扰下的稳定性要求。

4.8　提交的主要成果

(1)大波动过渡过程计算成果及结论。

(2)小波动稳定计算成果及结论。

(3)提出引水调压建筑物型式、控制尺寸、断面等的优化建议。

(4)保证压力引水系统和水轮发电机组大波动过渡过程运行安全和小波动过渡过程运行稳定的措施和建议。

(5)根据专题研究的工作情况,提出今后的工作建议。

5　计算过程

5.1　隧洞和压力管道糙率

参照《水电站调压室设计规范》(NB/T 35021—2014),本计算采用的引水隧洞和压力钢管糙率见表 3-104。

表 3-104　引水隧洞和压力钢管糙率

计算采用的糙率 n 值	最大值	设计值	最小值
引水隧洞	0.016	0.014	0.012
压力钢管	0.013	0.012	0.011

5.2　有压过水系统当量管

本计算采用特征线法。在特征线法中只能用等径圆管计算,对实际流道中的渐变段、蜗壳、尾水管等非等径圆管,用当量管代替实际流道,各条当量管的长度、阻力损失、水击波速和动量与它对应的实际管道相同,即当量管的处理不应使弹性和惯性与真实系统有较大失真。本计算将整个有压过水系统分为 10 个当量管段,各当量管见表 3-105。

表 3-105　当量管的分配

当量管序号	当量管
1	调压室前有压隧洞
2	调压室中心至压力钢管上弯中心
3	压力钢管斜井段
4	压力钢管下平段
5	1#机组蜗壳
6	1#机组尾水管
7	2#机组蜗壳
8	2#机组尾水管
9	3#机组蜗壳
10	3#机组尾水管

当量管总的水头损失等于沿程损失与局部损失之和,将流道中的局部阻力损失化为沿程均布,与沿程损失合并计算。瞬变状态下的摩擦损失,用恒定流态的摩擦损失公式计算。

$$h_{w总} = h_{w沿} + h_{w局}$$

其中,沿程损失

$$h_{w沿}=\frac{n^2Lv^2}{R^{\frac{4}{3}}}=f\frac{L}{D}\frac{v^2}{2g}\Rightarrow f=\frac{2gD^2n}{R^{\frac{4}{3}}}$$

局部损失

$$h_{w局}=\zeta\frac{v^2}{2g}\Rightarrow f=\frac{\zeta\cdot D}{L}$$

分别计算出各当量管的沿程损失的f值及局部损失的f值,然后相加,就是当量管的总f值。

当量管的面积

$$A=\frac{L}{\sum\frac{L_i}{A_i}}$$

各当量管的参数见表3-106。

表3-106　当量管的参数

当量管序号	当量管面积/m^2	当量管管径/m	当量管长度/m	当量管波速/(m/s)	阻力系数		
					最大值	平均值	最小值
1	17.35	4.7	15.88	1 317.5	0.019 3	0.014 84	0.010 9
2	16.8	4.625	40	1 108.3	0.042	0.0401 8	0.038 5
3	15.9	4.5	339	1 283.3	0.014 2	0.012 34	0.010 5
4	15.9	4.5	443	1 275	0.026 4	0.024 57	0.022 8
5	2.85	1.91	44.6	1 241.7	0.017 8	0.015 37	0.013
6	3.37	2.07	15.4	1 283.3	0.017 3	0.014 85	0.0125
7	2.85	1.91	44.6	1 241.7	0.017 8	0.015 37	0.013
8	3.37	2.07	15.4	1 283.3	0.017 3	0.014 85	0.012 5
9	2.85	1.91	44.6	1 241.7	0.017 8	0.015 37	0.013
10	3.37	2.07	15.4	1 283.3	0.017 3	0.014 85	0.012 5

5.3　水轮机特性参数

根据甲方提供的模型水轮机特性,经处理和延长,得到仿真计算用的模型水轮机多象限特性,延长后的水轮机特性参数如下。计算中采用的模型导叶开度基值为19。导叶开度与接力器行程关系按线性计算。

导叶开度数组个数:

10;

单位转速数组:

15;

导叶开度数组:

a=[0.00　2.00　5.00　7.00　9.00　11.00　13.00　15.00　17.00　19.00];

单位转速数组(r/min):

n=[0.00　10.00　20.00　30.00　40.00　50.00　55.00　60.00　65.00　70.00　75.00
80.00　90.00　100.00　110.00];

单位流量数组(m^3/s):

Q=[0.000　0.054　0.136　0.190　0.249　0.297　0.333　0.360　0.398　0.420
0.000　0.051　0.128　0.179　0.233　0.280　0.315　0.343　0.378　0.401
0.000　0.048　0.120　0.169　0.218　0.263　0.297　0.325　0.358　0.381

0.000　0.045　0.113　0.158　0.203　0.246　0.279　0.307　0.339　0.362
0.000　0.042　0.105　0.147　0.187　0.229　0.261　0.289　0.319　0.342
0.000　0.039　0.097　0.136　0.172　0.210　0.243　0.271　0.298　0.322
0.000　0.037　0.094　0.131　0.165　0.204　0.234　0.261　0.290　0.314
0.000　0.036　0.091　0.127　0.157　0.195　0.225　0.255　0.280　0.304
0.000　0.034　0.086　0.120　0.149　0.186　0.216　0.241　0.270　0.294
0.000　0.033　0.081　0.114　0.142　0.177　0.207　0.236　0.260　0.284
0.000　0.031　0.079　0.110　0.134　0.168　0.198　0.226　0.249　0.274
0.000　0.030　0.074　0.104　0.126　0.160　0.189　0.217　0.240　0.265
0.000　0.027　0.067　0.093　0.111　0.143　0.171　0.199　0.220　0.245
0.000　0.024　0.059　0.083　0.096　0.126　0.153　0.181　0.201　0.226
0.000　0.021　0.051　0.072　0.081　0.109　0.135　0.163　0.181　0.206];

单位力矩数组(kg·m)：

MM=[0.000　6.996　17.491　24.487　43.780　51.630　59.727　60.307　70.858　73.973
-0.500　7.173　18.681　26.354　42.412　50.355　57.859　59.597　68.523　71.641
-2.00　6.308　18.771　27.079　40.244　48.115　55.032　57.695　65.166　68.269
-4.500　4.404　17.760　26.664　37.274　44.911　51.247　54.601　60.788　63.854
-8.000　1.459　15.648　25.108　33.503　40.742　46.503　50.313　55.388　58.398
-12.500　-2.424　12.691　22.767　29.188　35.717　41.097　45.211　49.146　52.181
-15.125　-4.958　10.293　20.460　26.343　32.782　37.522　41.534　45.494　48.277
-18.000　-7.633　7.916　18.283　23.227　29.315　33.789　38.132　41.201　43.958
-21.125　-10.563　5.279　15.841　20.129　25.784　30.161　33.372　37.031　39.847
-24.500　-13.641　2.648　13.507　17.464　22.421　26.532　30.249　33.006　35.820
-28.125　-16.814　0.153　11.464　14.562　18.963　22.854　26.863　28.963　31.591
-32.000　-20.419　-3.049　8.532　11.163　15.047　18.715　22.766　24.444　26.934
-40.500　-28.929　-11.571　0.000　2.874　5.843　9.055　12.441　13.980　16.336
-50.000　-38.054　-20.136　-8.190　-5.951　-4.525　-2.083　-0.460　1.612　4.027
-60.500　-48.28　-29.952　-17.733　-15.330　-15.445　-13.534　-13.097　-11.028　-8.960]。

5.4　计算数学模型

计算中使用的数学模型如下。

5.4.1　水轮机特性模型

$$Q_{11}=f(n_{11},a)$$

$$M_{11}=f(n_{11},a)$$

$$Q_t=Q_{11}D_1^2\sqrt{H_t}$$

$$M_t=M_{11}D_1^3H_t$$

$$n_t=\frac{n_{11}\sqrt{H_t}}{D_1}$$

$$H_t=H_i-H_{i+1}$$

式中，Q_{11}、n_{11} 和 M_{11} 分别为水轮机单位流量、单位转速和单位力矩；D_1 为水轮机转轮直径；Q_t、n_t 和 M_t 分别为水轮机流量、转速和力矩；H_t、H_i 和 H_{i+1} 分别为水轮机水头、蜗壳当量管末端节点和尾水管当量管的第一个节点的测压管水头；a 为导叶开度。

5.4.2　发电机组

$$J\frac{\mathrm{d}\omega}{\mathrm{d}t}=M_{\mathrm{t}}-M_{\mathrm{g}}$$

式中，J 为惯性力矩；ω 为角速度；t 为时间；M_{t}、M_{g} 为水轮机力矩和负荷力矩。

5.4.3　有压管道

$$Q_{\mathrm{P}}=C_{\mathrm{P}}-C_{\mathrm{a}}H_{\mathrm{P}}$$

$$Q_{\mathrm{P}}=C_{\mathrm{n}}+C_{\mathrm{a}}H_{\mathrm{P}}$$

$$C_{\mathrm{a}}=\frac{gA}{a}$$

$$C_{\mathrm{P}}=Q_{\mathrm{a}}+\frac{gA}{a}H_{\mathrm{a}}-\frac{f\Delta t}{2DA}Q_{\mathrm{a}}\left|Q_{\mathrm{a}}\right|$$

$$C_{\mathrm{n}}=Q_{\mathrm{b}}+\frac{gA}{a}H_{\mathrm{b}}-\frac{f\Delta t}{2DA}Q_{\mathrm{b}}\left|Q_{\mathrm{b}}\right|$$

式中，Q_{P}、H_{P} 分别为 P 点当前时刻的流量和水压力；Q_{a}、H_{a} 分别为 P 点上游邻接点前一时刻的流量和水压力；Q_{b}、H_{b} 分别为 P 点下游邻接点前一时刻的流量和水压力；A 为管道截面积；D 为管道断面直径；a 为波速；f 为摩擦系数；Δt 为计算步长。

5.4.4　调压室

$$Q_{\mathrm{s}}=\frac{C_1-C_2(C_3+C_5)}{1+C_2(C_4+C_6)}$$

$$C_1=\frac{C_{\mathrm{P}}}{B_{\mathrm{P}}}+\frac{C_{\mathrm{M}}}{B_{\mathrm{M}}}$$

$$C_2=\frac{1}{B_{\mathrm{P}}}+\frac{1}{B_{\mathrm{M}}}$$

$$C_3=H_{\mathrm{s0}}+\frac{0.5Q_{\mathrm{s0}}\Delta t}{A_i}$$

$$C_4=\frac{0.5\Delta t}{A_i}$$

$$C_5=H_{\mathrm{s0}}-H_{\mathrm{P0}}$$

$$C_6=\frac{1}{g}\left(\frac{\sigma}{\omega^2}+\frac{2}{A_i^2}\right)\left|Q_{\mathrm{s0}}\right|$$

$$C_{\mathrm{P}}=H_{i-1}+\frac{a}{gA}Q_{i-1}$$

$$B_{\mathrm{P}}=\frac{a}{gA}+\frac{f\Delta x}{2gDA^2}\left|Q_{i-1}\right|$$

$$C_{\mathrm{M}}=H_{i+1}-\frac{a}{gA}Q_{i+1}$$

$$B_{\mathrm{M}}=\frac{a}{gA}+\frac{f\Delta x}{2gDA^2}\left|Q_{i+1}\right|$$

$$H_{\mathrm{s}}=C_3+C_4Q_{\mathrm{s}}$$

式中，Q_{s}、H_{s} 分别为当前时刻调压室的流量和压力；Q_{s0}、H_{s0} 分别为前一时刻调压室的流量和压力；Δx 为两节点间的管长；A_i 为当前调压室水位所在高度的截面面积。

6 调压室涌浪计算

6.1 调压室稳定断面面积计算

$$A = KA_{th} = K\frac{LA_1}{2g\left(\alpha + \frac{1}{2g}\right)(H_0 - h_{w0} - 3h_{wm})}$$

式中 A_{th}——托马临界稳定断面面积,m^2;

L——压力引水管道长度,15 876 m;

A_1——压力引水管道断面面积,$A_1=\pi\times4.7\times4.7/4=17.35(m^2)$;

H_0——发电最小静水头,2 743-2 369.64=373.36(m);

h_{w0}——压力引水管道水头损失,50.442 m;

α——自水库至调压室水头损失系数,$\alpha=\frac{h_{w0}}{v^2}=2.544$,$v=\frac{Q}{A_1}=77.1/17.35=4.444$;

h_{wm}——压力管道水头损失,1.444×3+4.214=8.546(m);

K——系数,取 1.1。

$$A = 1.1\times\frac{15\ 876\times3.14\times4.7^2}{4\times2\times9.81\times\left(2.544+\frac{1}{2\times9.81}\right)\times(373.36-50.442-3\times8.564)} = 20.008(m^2)$$

6.2 调压室最高涌浪计算

工况 1:3 台机同时甩额定负荷。

上游水位 2 743 m,下游水位 2 367.5 m;导叶起始开度 0.765(对应模型导叶开度 14.54),导叶开度由 0.765 至全关闭时间为 8 s。

机组起始流量 23.57 m^3/s,起始水头 339.45 m。

上室容积根据出现最高涌浪的工况计算,即 3 台机组在上游正常蓄水位(2 743 m)时同时甩额定负荷,计算出现最高涌浪时调压室水深,根据调压室最大水深计算上室容积,并设不同的上室尺寸进行计算。以下计算中自上室底部高程 2 747.5 m 以上的调压室断面尺寸均按上室加主室断面面积计算,计算中压力单位为 mH_2O、高程单位均为 m。

(1)上室长为 50 m、宽度为 8 m,则其容积计算如下。

①设阻抗孔直径 2.3 m 情况下,计算结果:

流量系数取 0.6,则调压室最大压力为 104.37 mH_2O,调压室底部管道最大压力为 118.39 mH_2O,出现水击穿透,上室最高水深为 11.2 m,此时上室容积为 4 467.9 m^3。

流量系数取 0.8,则调压室最大压力为 106.34 mH_2O,调压室底部管道最大压力为 109.35 mH_2O,同样出现水击穿透,上室最高水深为 13.14 m,此时上室容积为 5 254.3 m^3。

②设阻抗孔直径 3 m 情况下,计算结果:

流量系数取 0.6,则调压室最大压力为 107.66 mH_2O,调压室底部管道最大压力为 107.66 mH_2O,上室最高水深为 14.46 m,此时上室容积为 5 784 m^3。

流量系数取 0.8,则调压室最大压力为 108.70 mH_2O,调压室底部管道最大压力为 108.70

mH_2O,上室最高水深为15.5 m,此时上室容积为6 200 m^3。

③设阻抗孔直径3.1 m情况下,计算结果:

流量系数取0.6,则调压室最大压力为107.94 mH_2O,调压室底部管道最大压力为107.94 mH_2O,上室最高水深为14.74 m,此时上室容积为5 896 m^3。

流量系数取0.8,则调压室最大压力为108.89 mH_2O,调压室底部管道最大压力为108.89 mH_2O,上室最高水深为15.69 m,此时上室容积为6 276 m^3。

④设阻抗孔直径3.2 m情况下,计算结果:

流量系数取0.6,则调压室最大压力为108.17 mH_2O,调压室底部管道最大压力为108.17 mH_2O,上室最高水深为14.97 m,此时上室容积为5 988 m^3。

流量系数取0.8,则调压室最大压力为109.01 mH_2O,调压室底部管道最大压力为109.01 mH_2O,上室最高水深为15.81 m,此时上室容积为6 324 m^3。

⑤设阻抗孔直径3.3 m情况下,计算结果:

流量系数取0.6,则调压室最大压力为108.40 mH_2O,调压室底部管道最大压力为108.40 mH_2O,上室最高水深为15.20 m,此时上室容积为6 080 m^3。

流量系数取0.8,则调压室最大压力为109.19 mH_2O,调压室底部管道最大压力为109.19 mH_2O,上室最高水深为15.99 m,此时上室容积为6 396 m^3。

⑥不设阻抗孔情况下,计算结果:

调压室最大压力为110.20 mH_2O,调压室底部管道最大压力为110.20 mH_2O,上室最高水深为17 m,此时上室容积为6 800 m^3。

将上述计算结果列于表3-107。

表3-107

项目		主室直径8 m,上室尺寸:50 m×8 m(长×宽)					
		调压室最大压力/(mH_2O)	上室最高水位高程/m	调压室底部管道最大压力/(mH_2O)	上室最高水深/m	上室容积/m^3	说明
阻抗孔直径2.3 m	流量系数0.6	104.37	2 758.67	118.39	11.2	4 467.9	水击穿透
	流量系数0.8	106.34	2 760.64	109.35	13.14	5 254.3	水击穿透
阻抗孔直径3 m	流量系数0.6	107.66	2 761.96	107.66	14.46	5 784	—
	流量系数0.8	108.7	2 763	108.70	15.5	6 200	—
阻抗孔直径3.1 m	流量系数0.6	107.94	2 762.24	107.94	14.74	5 896	—
	流量系数0.8	108.89	2763.19	108.89	15.69	6 276	—
阻抗孔直径3.2 m	流量系数0.6	108.17	2 762.47	108.17	14.97	5 988	—
	流量系数0.8	109.01	2 763.31	109.01	15.81	6 324	—
阻抗孔直径3.3 m	流量系数0.6	108.4	2 762.7	108.40	15.20	6 080	—
	流量系数0.8	109.19	2 763.49	109.19	15.99	6 396	—
不设阻抗孔		110.2	2 764.5	110.20	17	6 800	—

(2)上室长为100 m,宽度为8 m,则其容积计算见表3-108。

表 3-108

项目		调压室最大压力/(mH_2O)	上室最高水位高程/m	调压室底部管道最大压力/(mH_2O)	上室最高水深/m	上室容积/m^3	说明
		主室直径 8 m,上室尺寸:100 m×8 m(长×宽)					
阻抗孔直径 3 m	流量系数 0.6	101.99	—	104.18	—	—	水击穿透
	流量系数 0.8	102.79	2 757.09	102.79	9.59	7 672	—
阻抗孔直径 3.1 m	流量系数 0.6	102.18	—	103.08	—	—	水击穿透
	流量系数 0.8	102.92	2 757.22	102.92	9.72	7 776	—
阻抗孔直径 3.2 m	流量系数 0.6	102.43	2 756.73	102.43	9.23	7 384	—
	流量系数 0.8	103	2 757.3	103	9.8	7 840	—
阻抗孔直径 3.3 m	流量系数 0.6	102.58	2 756.88	102.58	9.38	7 504	—
	流量系数 0.8	103.14	2 757.44	103.14	9.94	7 952	—
不设阻抗孔	—	103.83	2758.13	103.83	10.63	8504	—
		主室直径 10 m,上室尺寸:100 m×8 m(长×宽)					
阻抗孔直径 3.1 m	流量系数 0.6	—	—	—	—	—	水击穿透
阻抗孔直径 3.2 m	流量系数 0.6	—	—	—	—	—	无水击穿透
	流量系数 0.8	102.28	2 756.58	102.28	9.08	7 264	—
		主室直径 12 m,上室尺寸:100 m×8 m(长×宽)					
阻抗孔直径 3 m	流量系数 0.6	—	—	—	—	—	水击穿透
阻抗孔直径 3.1 m	流量系数 0.6	—	—	—	—	—	无水击穿透
	流量系数 0.8	101.44	2 755.74	101.44	8.24	6 592	—

主室直径 10 m,阻抗孔直径 3.1 m 时,小流量系数出现水击穿透;阻抗孔直径 3.2 m 时,调压室最大压力为 102.28 mH_2O,调压室最高涌浪水位 2 756.58 m。

主室直径 12 m,阻抗孔直径 3 m 及 3 m 以下时,小流量系数出现水击穿透;阻抗孔直径 3.1 m 时,调压室最大压力为 101.44 mH_2O,调压室最高涌浪水位 2 755.74 m。

(3)上室长为 150 m,宽度为 8 m,则其容积计算见表 3-109。

表 3-109

项目		主室直径 8 m,上室尺寸:150 m×8 m(长×宽)				
		调压室最大压力/(mH_2O)	上室最高水位高程/m	上室最高水深/m	上室容积/m^3	说明
阻抗孔直径≤2.9 m	流量系数 0.6	—	—	—	—	水击穿透
	流量系数 0.8	—	—	—	—	见图 3-33、图 3-34
阻抗孔直径 3 m	流量系数 0.6	—	—	—	—	水击穿透
	流量系数 0.8	100.27	2 754.57	7.07	8 484	—
阻抗孔直径 3.1 m	流量系数 0.6	99.78	—	—	—	水击穿透(底部压力 103.08)
	流量系数 0.7	—	—	—	—	水击穿透
	流量系数 0.8	100.38	2 754.68	7.18	8 616	—
阻抗孔直径 3.2 m	流量系数 0.6	99.89	—	—	—	水击穿透(底部压力 102.12)
	流量系数 0.7	100.25	2 754.55	7.05	8 460	—
	流量系数 0.8	100.44	2 754.74	7.24	8 688	—
阻抗孔直径 3.3 m	流量系数 0.6	100.01	—	—	—	水击穿透(底部压力 101.29)
	流量系数 0.7	100.34	2 754.64	7.14	8 568	—
	流量系数 0.8	100.55	2 754.85	7.35	8 820	—
阻抗孔直径 3.4 m	流量系数 0.6	100.11	—	—	—	水击穿透(底部压力 100.51)
	流量系数 0.7	100.34	2 754.64	7.14	8 568	—
	流量系数 0.8	100.57	2 754.87	7.37	8 844	—
阻抗孔直径 3.5 m	流量系数 0.6	100.29	2 754.59	7.09	8 508	—
	流量系数 0.8	100.63	2 754.93	7.43	8 916	—
不设阻抗孔	—	101.08	2 755.38	7.88	9 456	—
		主室直径 10 m,上室尺寸:150 m×8 m(长×宽)				
阻抗孔直径 3.4 m	流量系数 0.6	—	—	—	—	水击穿透
阻抗孔直径 3.5 m	流量系数 0.6	—	—	—	—	无水击穿透
	流量系数 0.8	100.12	2 754.42	6.92	8 304	—
		主室直径 12 m,上室尺寸:150 m×8 m(长×宽)				
阻抗孔直径 3.3 m	流量系数 0.6	—	—	—	—	水击穿透
阻抗孔直径 3.4 m	流量系数 0.6	99.17	2 753.47	—	7 164	—
	流量系数 0.8	99.56	2 753.86	—	7 632	—

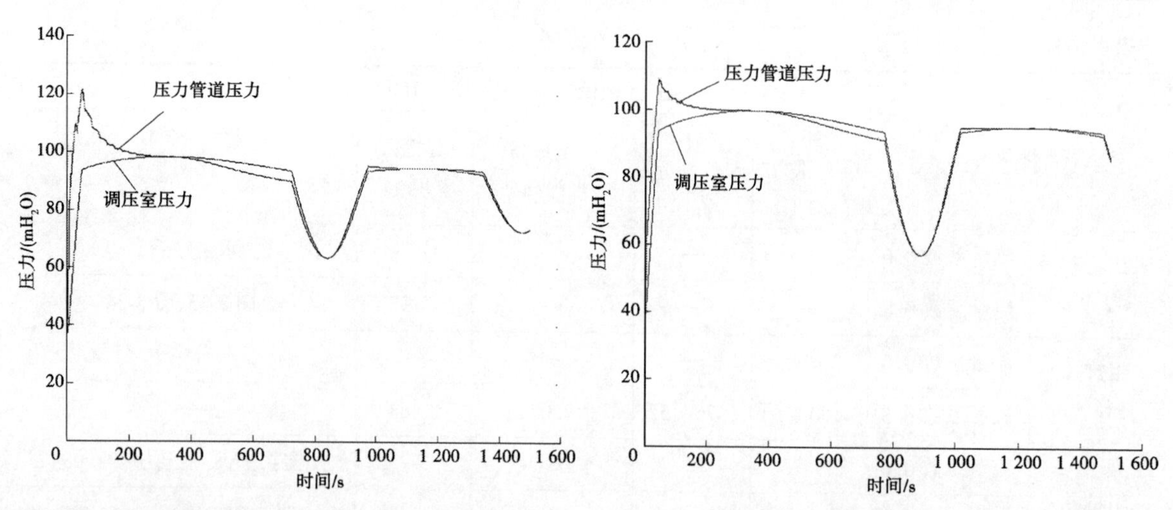

图 3-33　调压室压力和其底部压力管道压力曲线(一)　　图 3-34　调压室压力和其底部压力管道压力曲线(二)

由表 3-109 可见,在阻抗孔直径小于 2.9 m 时,无论流量系数大小均出现水击穿透;当阻抗孔直径在 3.0~3.4 m 时,小流量系数出现水击穿透,而大流量系数不出现水击穿透;当阻抗孔直径为 3.5 m 时,不出现水击穿透。

此外,对上室长 150 m、宽度 8 m 的情况,改变主室直径进行计算,结果如下:

主室直径 10 m,阻抗孔直径小于或等于 3.4 m 时,小流量系数出现水击穿透;阻抗孔直径 3.5 m 时,调压室最大压力为 100.12 mH_2O,调压室最高涌浪水位 2 754.42 m,上室容积为 8 304 m^3。

主室直径 12 m,阻抗孔直径小于或等于 3.3 m 时,小流量系数出现水击穿透;阻抗孔直径 3.4 m 时,调压室最大压力为 99.56 mH_2O(流量系数为 0.8),调压室最高涌浪水位 2 753.86 m,上室容积为 7 632 m^3,如取流量系数为 0.6,则调压室最大压力为 99.17 mH_2O,调压室最高涌浪水位 2 753.47 m,上室容积为 7 164 m^3。

上室长为 150 m,宽度为 8 m,在主室直径小于 12 m 的情况下,小流量系数大部分出现水击穿透,主室直径等于 13 m 时,小流量系数不出现水击穿透,此时调压室最大压力为 98.789 3 mH_2O,最高涌浪为 2 753.09 m,上室容积为 6 707.16 m^3。

将表 3-107~表 3-109 主要计算结果综合到表 3-110 中。

表 3-110

项目		上室尺寸:50 m×8 m(长×宽)		上室尺寸:100 m×8 m(长×宽)		上室尺寸:150 m×8 m(长×宽)	
		上室水深	上室容积	上室水深	上室容积	上室水深	上室容积
阻抗孔直径 2.3 m	流量系数 0.6	水击穿透		水击穿透		水击穿透	
	流量系数 0.8						
阻抗孔直径 3 m	流量系数 0.6	14.46	5 784		水击穿透		水击穿透
	流量系数 0.8	15.5	6 200	9.59	7 672	7.07	8 484
阻抗孔直径 3.1 m	流量系数 0.6	14.74	5 896		水击穿透		水击穿透
	流量系数 0.7						水击穿透
	流量系数 0.8	15.69	6 276	9.72	7 776	7.18	8 616

续表 3-110

项目		上室尺寸：50 m×8 m(长×宽)		上室尺寸：100 m×8 m(长×宽)		上室尺寸：150 m×8 m(长×宽)	
		上室水深	上室容积	上室水深	上室容积	上室水深	上室容积
阻抗孔直径 3.2 m	流量系数 0.6	14.97	5 988	9.23	7 384		水击穿透
	流量系数 0.7					7.05	8 460
	流量系数 0.8	15.81	6 324	9.8	7 840	7.24	8 688
阻抗孔直径 3.3 m	流量系数 0.6	15.2	6 080	9.38	7 504		水击穿透
	流量系数 0.7					7.14	8 568
	流量系数 0.8	15.99	6 396	9.94	7 952	7.35	8 820
阻抗孔直径 3.4 m	流量系数 0.6						水击穿透
	流量系数 0.7					7.14	8 568
	流量系数 0.8					7.37	8 844
阻抗孔直径 3.5 m	流量系数 0.6					7.09	8 508
	流量系数 0.8					7.43	8 916
不设阻抗孔		17	6 800	10.63	8 504	7.88	9 456

注：主室直径：8 m，水深单位：m，容积单位：m^3。

7　结论及建议

(1)上室长为 50 m、宽度为 8 m 时，当阻抗孔直径为 3 m 时，不出现水击穿透，上室容积为 6 200 m^3，相对于其他上室尺寸容积有所减小，但调压室底部最大压力为 108.70 mH_2O，即引水系统压力明显升高，故排除该上室尺寸的情况。

(2)主室直径为 6 m 时，水击穿透现象较严重，故不采用该主室尺寸。当主室直径大于 8 m 时，增大主室直径对于改善水击穿透效果不大，对于最高涌浪水位降低很小，而主室工程开挖量大大增加，故不采用主室直径大于 8 m 的尺寸，建议主室直径采用 8 m。

(3)上室长 100 m、宽度 8 m 时，不出现水击穿透的阻抗孔最小直径为 3.2 m，此时上室最大水深为 9.8 m，最高涌浪水位为 2 757.3 m，据此计算出的上室容积为 7 840 m^3。

(4)上室长 150 m、宽度为 8 m 时，不出现水击穿透的阻抗孔最小直径为 3.5 m，此时上室最大水深为 7.43 m，最高涌浪水位为 2 754.93 m，据此计算出的上室容积为 8 916 m^3。将这两种情况结果列于表 3-111 中。

表 3-111

上室、阻抗孔尺寸	最高涌浪水位/m	最大水深/m	上室容积/m^3
100 m×8 m(长×宽)，阻抗孔直径 3.2 m	2 757.3	9.8	7 840
150 m×8 m(长×宽)，阻抗孔直径 3.5 m	2 754.93	7.43	8 916

将这两种调压室尺寸计算结果进行比较，建议调压室尺寸采用主室直径 8 m，上室为 150 m×8 m(长×宽)，阻抗孔直径 3.5 m。

7.1　最高涌浪计算

在调压室尺寸采用主室直径 8 m，上室尺寸为 150 m×8 m(长×宽)，阻抗孔直径为 3.5 m，引水隧洞直径为 4.7 m 的情况下进行最高涌浪计算。

HD_{max}——调压室底部压力管道最大压力；

B_{tmax}——机组转速上升率；

W_{kmax}——蜗壳最大水压力；

H_{10max}——自上游至调压室间沿隧洞最大测压管水头线；

H_{ylmax}——自调压室至分岔管间沿压力钢管最大测压管水头线。

取下游尾水位(2 367.5 m)高程为测压管水头的 0 势能面。

(1)计算工况 2：3 台机组同时甩额定负荷，上游水位 2 743 m，下游水位 2 367.5 m，引水系统糙率取最小值，导叶关闭时间为 7 s(对应模型机开度 17)。

①压力钢管直径 4.5 m，导叶起始模型开度 14.537，计算结果：

HD_{max} = 100.656 7

B_{tmax} = 0.4133

W_{kmax} = 444.415 6

H_{10max} = 374.776 4　375.006 1　379.858 5　383.071 7　383.824 2　384.308 5
384.666 1　384.658 4　385.359 5　386.103 8　386.787 2　387.456 7

H_{ylmax} = 387.456 7　387.503 9　387.551 7　387.593 2　389.365 5　393.613 6
397.928 8　401.526 8　404.798 7　408.175 6　416.191 0　424.976 1　434.201 7

②压力钢管直径 4.4 m,导叶起始模型开度 14.566,计算结果:

HD_{max} = 100.610 1

B_{tmax} = 0.417 9

W_{kmax} = 447.882 2

H_{10max} = 374.781 3　375.014 4　379.894 8　383.107 8　383.811 6　384.297 6
384.679 0　384.712 8　385.362 9　386.096 4　386.767 6　387.410 1

H_{ylmax} = 387.410 1　387.482 3　387.529 2　387.579 8　390.281 0　394.896 1
399.068 2　402.970 6　406.553 2　410.694 3　419.578 0　428.354 9　437.866 5

③压力钢管直径 4.3 m,导叶起始模型开度 14.6,计算结果:

HD_{max} = 100.773 6

B_{tmax} = 0.422 9

W_{kmax} = 451.754 1

H_{10max} = 374.803 7　375.024 1　379.945 0　383.181 2　384.055 8　384.557 7
384.943 8　384.954 5　385.567 2　386.286 7　386.943 2　387.573 6

H_{ylmax} = 387.573 6　387.657 3　387.717 0　387.771 0　390.254 8　395.379 3
400.436 9　405.223 9　408.205 0　413.954 8　423.530 0　432.047 8　441.889 1

④压力钢管直径 4.2 m,导叶起始模型开度 14.64,计算结果:

HD_{max} = 100.954 8

B_{tmax} = 0.428 4

W_{kmax} = 455.518 0

H_{10max} = 374.854 0　375.028 9　380.023 1　383.245 8　384.145 2　384.658 4
385.086 2　385.121 5　385.766 1　386.472 4　387.145 9　387.754 8

H_{ylmax} = 387.754 8　387.841 1　387.911 5　387.958 0　391.065 3　396.570 5
401.740 8　406.892 4　410.316 6　416.971 2　427.213 1　436.228 7　446.070 9

⑤压力钢管直径 4.1 m,导叶起始模型开度 14.69,计算结果:

HD_{max} = 100.639 0

B_{tmax} = 0.434 2

W_{kmax} = 460.052 4

H_{10max} = 374.909 2　375.041 3　380.076 6　383.303 8　383.943 7　384.463 8
384.923 2　385.282 0　385.702 9　386.290 3　386.886 7　387.439 0

H_{ylmax} = 387.439 0　387.542 3　387.619 6　387.687 4　391.177 0　397.241 6
403.456 6　408.881 3　412.674 7　420.012 9　431.062 5　440.745 1　450.595 0

⑥压力钢管直径 4.0 m,导叶起始模型开度 14.741,计算结果:

HD_{max} = 102.186 1

B_{tmax} = 0.440 7

W_{kmax} = 465.006 1

H_{10max} = 374.962 9　375.054 2　380.163 3　383.410 1　384.451 0　384.968 1
385.476 5　386.347 8　387.243 4　387.935 6　388.537 8　388.986 1

H_{ylmax} = 388.986 1　389.127 8　389.239 8　389.320 3　392.230 4　398.799 5
405.174 0　411.135 2　415.333 1　422.622 6　434.716 7　445.945 5　455.999 0

将以上计算结果汇总在表 3-112 中。

表 3-112

压力钢管直径/m	调压室底部最大压力/(mH_2O)	最高涌浪水位/m	转速上升率/%	蜗壳压力最大值/(mH_2O)	蜗壳压力上升率/%
4.5	100.66	2 754.96	41.33	444.42	21.80
4.4	100.61	2 754.91	41.79	447.88	22.91
4.3	100.77	2 755.07	42.29	451.75	24.16
4.2	100.95	2 755.25	42.84	455.52	25.37
4.1	100.64	2 754.94	43.42	460.05	26.82
4	102.19	2 756.49	44.07	465.01	28.41

(2)计算工况 3:3 台机组同时甩额定负荷,上游水位 2 743 m,下游水位 2 367.5 m,引水系统糙率取平均值,导叶关闭时间为 7 s(对应模型机开度 17),计算结果列于表 3-113 中。

表 3-113

压力钢管直径/m	导叶起始开度(模型)	转速上升率/%	蜗壳压力最大值/(mH_2O)	蜗壳压力上升率/%
4.5	16.171	44.66	424.31	15.35
4.4	16.216	45.18	427.77	16.46
4.3	16.268	45.76	431.64	17.70
4.2	16.328	46.34	435.75	19.02
4.1	16.398	47.02	439.56	20.24
4	16.482	47.75	443.65	21.56

(3)计算工况 4:3 台机组同时甩额定负荷,上游水位 2 743 m,下游水位 2 367.5 m,导叶关闭时间为 6.2 s(对应模型机开度 17),糙率取平均值,计算结果如下:

①压力钢管直径 4.0 m,导叶起始模型开度 16.482,计算结果:

$HD_{max}=101.433\ 0$

$B_{tmax}=0.459\ 2$

$W_{kmax}=457.203\ 2$

$H_{10max}=374.843\ 9$　374.918 5　379.092 7　381.068 8　383.053 0　385.055 0
　386.961 9　388.465 1　388.296 0　387.742 2　388.025 7　388.233 0

$H_{ylmax}=388.233\ 0$　388.384 4　388.506 5　388.611 6　391.767 1　396.990 8
　402.944 6　408.052 5　412.861 6　416.205 7　423.044 8　435.614 7　447.923 9

②压力钢管直径 4.1 m,导叶起始模型开度 16.398,计算结果:

$HD_{max}=100.768\ 0$

$B_{tmax}=0.451\ 8$

$W_{kmax}=452.313\ 7$

$H_{10max}=374.782\ 6$　374.876 8　379.051 8　381.033 2　383.009 7　385.015 6
386.899 9　388.446 8　388.232 2　387.187 8　387.340 7　387.568 0

$H_{ylmax}=387.568\ 0$　387.685 9　387.796 5　387.883 3　391.021 0　395.690 4
401.131 2　406.300 9　410.461 5　413.122 1　419.012 2　431.276 5　442.926 1

③压力钢管直径 4.2 m,导叶起始模型开度 16.328,计算结果:

$HD_{max}=101.660\ 2$

$HD_{min}=40.047\ 7$

$B_{tmax}=0.4451$

$W_{kmax}=447.313\ 8$

$H_{10max}=374.872\ 1$　374.937 3　379.018 1　381.005 0　383.017 4　385.031 8
386.890 5　388.439 3　388.171 7　387.598 6　388.079 9　388.460 2

$H_{ylmax}=388.460\ 2$　388.571 4　388.648 4　388.722 5　390.4870　394.845 9
399.922 6　404.436 5　408.550 6　411.463 7　416.066 7　427.222 5　438.710 7

④压力钢管直径 4.3 m,导叶起始模型开度 16.268,计算结果:

$HD_{max}=99.704\ 4$

$B_{tmax}=0.438\ 9$

$W_{kmax}=442.973\ 7$

$H_{10max}=374.646\ 4$　374.866 3　378.978 8　380.980 1　382.937 7　384.940 8
386.777 8　388.303 3　387.955 6　386.859 1　386.370 6　386.504 4

$H_{ylmax}=386.504\ 4$　386.595 5　386.676 2　386.744 3　389.564 5　393.852 4
398.427 6　402.716 3　406.242 5　409.053 8　413.320 9　422.453 4　433.465 2

⑤压力钢管直径 4.4 m,导叶起始模型开度 16.216,计算结果:

$HD_{max}=99.761\ 6$

$B_{tmax}=0.433\ 1$

$W_{kmax}=438.499\ 5$

$H_{10max}=374.648\ 9$　374.874 7　378.950 4　380.960 7　382.932 7　384.925 3
386.737 6　388.270 6　387.902 6　386.726 7　386.400 1　386.561 6

$H_{ylmax}=386.561\ 6$　386.638 9　386.714 8　386.767 2　388.962 1　393.030 2
397.259 1　401.466 9　404.328 3　407.059 7　411.190 6　418.653 7　428.939 3

⑥压力钢管直径 4.5 m,导叶起始模型开度 16.171,计算结果:

$HD_{max}=99.801\ 9$

$B_{tmax}=0.427\ 8$

$W_{kmax}=434.195\ 6$

$H_{10max}=374.649\ 5$　374.869 6　378.946 5　380.976 8　382.925 1　384.906 1
386.700 8　388.199 2　387.830 6　386.644 4　386.429 6　386.601 9

$H_{ylmax}=386.601\ 9$　386.669 4　386.730 3　386.781 0　388.605 8　392.304 6
396.375 3　399.990 1　402.965 9　405.884 4　409.420 8　415.019 3　424.627 0

将以上计算结果汇总在表 3-114 中。

表 3-114

压力钢管直径/m	调压室底部最大压力/(mH_2O)	最高涌浪水位/m	转速上升率/%	蜗壳压力最大值/(mH_2O)	蜗壳压力上升率/%
4.5	99.8	2 754.1	42.78	434.2	18.52
4.4	99.76	2 754.06	43.31	438.5	19.90
4.3	99.7	2 754	43.89	442.97	21.34
4.2	101.66	2 755.96	44.51	447.31	22.73
4.1	100.77	2 755.07	45.18	452.31	24.34
4	101.43	2 755.73	45.92	457.2	25.91

7.2 结 论

(1)在引水隧洞直径为4.7 m的情况下,随着压力钢管直径的减小,调压室最高涌浪变化很小;机组转速变化较小。

(2)随着压力钢管直径的减小,压力钢管的压力、蜗壳压力有较大增加。

(3)根据以上计算结果,建议压力钢管直径取4.4~4.5 m。

最高涌浪计算工况:3台机组同时甩额定负荷,上游水位2 743 m,导叶关闭时间为7 s(对应模型机开度17)。

最高涌浪出现在工况2,结果见表3-115。

表 3-115

压力钢管直径/m	调压室最大压力/(mH_2O)	最高涌浪水位/m	调压室底部管道最大压力/(mH_2O)	附图
4.5	100.66	2 754.96	100.66	图 3-35
4.4	100.61	2 754.91	100.61	图 3-36

对应压力钢管直径4.5 m和4.4 m的调压室最高涌浪水位分别是2 754.96 m和2 754.91 m,均低于上室顶部高程2 757.5 m,有较大安全余量。

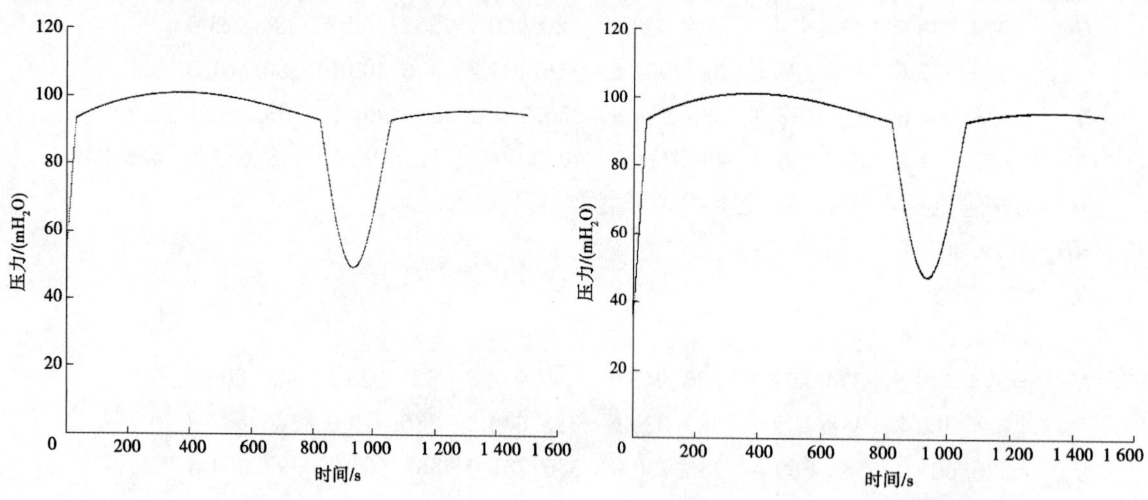

图 3-35 调压室压力变化曲线(一)　　图 3-36 调压室压力变化曲线(二)

7.3　调压室最低涌浪计算

工况 5:2 台机组带额定负荷,1 台机组由空载到满载。

增负荷机组的起始开度:0.20(对应模型导叶开度 3.8)。

上游水位 2 739 m,下游水位 2 367.3 m(计算结果见表 3-116)。

表 3-116

压力钢管直径/m	调压室最小压力/(mH_2O)	最低涌浪水位/m	调压室底部管道最小压力/(mH_2O)	附图
4.5	22.11	2 676.41	22.11	图 3-37
4.4	21.94	2 676.24	21.94	图 3-38

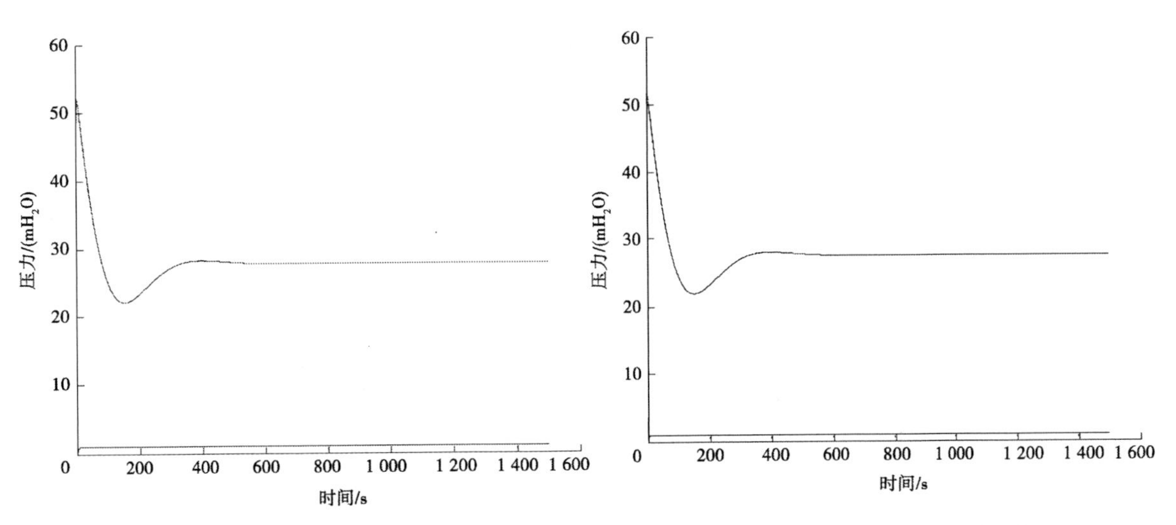

图 3-37　调压室压力变化过程线　　图 3-38　调压室压力变化过程线

工况 6:死水位下,3 台机组同时甩全负荷。

上游水位 2 739 m,下游水位 2 367.6 m,起始功率 69.72 MW(计算结果见表 3-117)。

表 3-117

压力钢管直径/m	调压室最大压力(mH_2O)	最高涌浪水位/m	最低涌浪调压室压力/(mH_2O)	最低涌浪水位/m	附图
4.5	97.92	2 752.22	53.37	2 707.67	图 3-39
4.4	97.92	2 752.22	52.38	2 706.68	图 3-40

比较表 3-116 和表 3-117,最低涌浪出现在工况 5,压力钢管直径 4.5 m 和 4.4 m 两种情况下的最低涌浪水位分别为 2 676.41 m 和 2 676.24 m,均高于下室顶部高程 2 661 m,有较大安全余量。

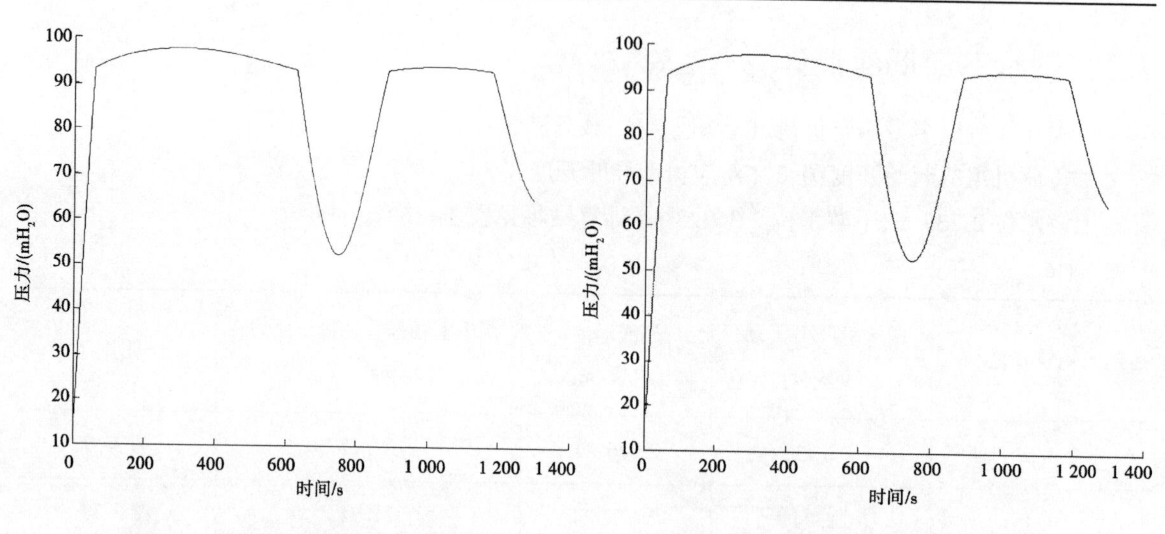

图 3-39 调压室压力变化过程线

图 3-40 调压室压力变化过程线

7.4 最高压力线和最低压力线

压力钢管直径为 4.5 m 时，沿隧洞最高和最低测压管水头线（以下游尾水位 2 367.5 m 高程为测压管水头的 0 势能面）见表 3-118。

表 3-118

单位：m

断面位置（到下一节点距离）	闸门井 47.4	1 581	1 581	1 581	1 581	1 581
最高测压管水头	374.78	375.01	379.86	383.07	383.82	384.31
最低测压管水头	371.11	370.93	364.6	358.28	352.01	345.76
断面位置（到下一节点距离）	1 581	1 581	1 581	1 581	1 581	调压室
最高测压管水头	384.67	384.66	385.36	386.1	386.79	387.46
最低测压管水头	339.54	333.35	327.2	321.07	314.96	308.91

压力钢管直径为 4.5 m 时，沿压力钢管最高和最低测压管水头线（以下游尾水位 2 367.5 m 高程测压管水头的 0 势能面）见表 3-119。

表 3-119

单位：m

断面位置（到下一节点距离）	调压室 40	上拐点 61.8	92.4	92.4	92.4	下拐点 75.8
最高测压管水头	387.46	387.59	389.37	393.61	397.93	401.53
最低测压管水头	308.91	308.38	307.06	306.73	306.44	306.05
断面位置（到下一节点距离）	91.8	91.8	91.8	91.8	分叉点	蜗壳
最高测压管水头	404.8	408.18	416.19	424.98	434.2	444.42
最低测压管水头	306.85	306.27	305.72	305.22	304.64	

压力钢管直径为 4.4 m 时,沿隧洞最高和最低测压管水头线(以下游尾水位 2 367.5 m 高程为测压管水头的 0 势能面)见表 3-120。

表 3-120　单位:m

断面位置(到下一节点距离)	闸门井 47.4	1 581	1 581	1 581	1 581	1 581
最高测压管水头	374.78	375.01	379.89	383.11	383.81	384.3
最低测压管水头	371.1	370.93	364.59	358.27	351.98	345.72
断面位置(到下一节点距离)	1 581	1 581	1 581	1 581	1 581	调压室
最高测压管水头	384.68	384.71	385.36	386.1	386.77	387.41
最低测压管水头	339.48	333.28	327.1	320.95	314.83	308.74

压力钢管直径为 4.4 m 时,沿压力钢管最高和最低测压管水头线(以下游尾水位 2 367.5 m 高程为测压管水头的 0 势能面)见表 3-121。

表 3-121　单位:m

断面位置(到下一节点距离)	调压室 40	上拐点 61.8	92.4	92.4	92.4	下拐点 75.8
最高测压管水头	387.41	387.58	390.28	394.9	399.07	402.97
最低测压管水头	308.74	308.2	306.81	306.45	306.15	305.79
断面位置(到下一节点距离)	91.8	91.8	91.8	91.8	分岔点	蜗壳
最高测压管水头	406.55	410.69	419.58	428.35	437.87	447.88
最低测压管水头	306.5	305.89	305.18	304.67	303.99	

根据最低测压管水头线,可知整个压力钢管的最小压力出现在压力钢管的上拐点处,此处对应两种压力钢管管径的最小压力分别为 21.58 m 和 21.4 m,整个压力钢管不会出现负压,且有较大的安全余量。

8 调节保证计算

8.1 压力钢管直径 4.5 m

计算工况 7:见表 3-122。

表 3-122 计算工况

工况叶开度	起始转速/(r/min)	起始导叶开度	起始水头/m	起始流量/(m^3/s)	起始功率/MW
上游水位 2 743 m					
下游水位 2 367.5 m	500	0.878	318.32	25.15	71 475
3 台机组同时甩额定负荷					

以下调保计算中的导叶直线关闭时间为导叶从 0.878 关闭到 0 所用时间,导叶全开为 1,相当于模型导叶开度的 19,全关闭时间与调保计算中的导叶直线关闭时间对应关系见表 3-123。

表 3-123

调保计算中的导叶直线关闭时间/s	5	6	7	8	9	10
全关闭时间/s	5.69	6.83	7.97	9.11	10.25	11.39

计算结果见 3-124。

表 3-124 压力钢管直径 4.5 m 计算结果

序号	直线关闭时间/s	机组最大转速/(r/min)	最大转速升高/%	蜗壳末端最大压力/(mH_2O)	蜗壳最大水压力升高/%	尾水管进口最小水压力/(mH_2O)	说明
1	5	699.85	39.97	447.31	22.57	−0.961 2	图 3-41
2	6	715.4	43.08	430.82	17.28	−0.961 2	图 3-42
3	7	726.6	45.32	418.87	13.44	−0.961 2	图 3-43
4	8	734.95	46.99	406.49	9.47	−0.961 2	图 3-44
5	9	741.6	48.32	397.18	6.48	−0.961 2	图 3-45
6	10	746.95	49.39	392.71	5.04	−0.961 2	图 3-46

计算工况 8:单机组带额定负荷。

上游水位 2 743 m,下游水位 2 366.7 m,起始转速 500 r/min,起始水头 369.41 m,起始导叶开度 12.13,起始流量 21.66 m^3/s,起始功率 71 430 MW。

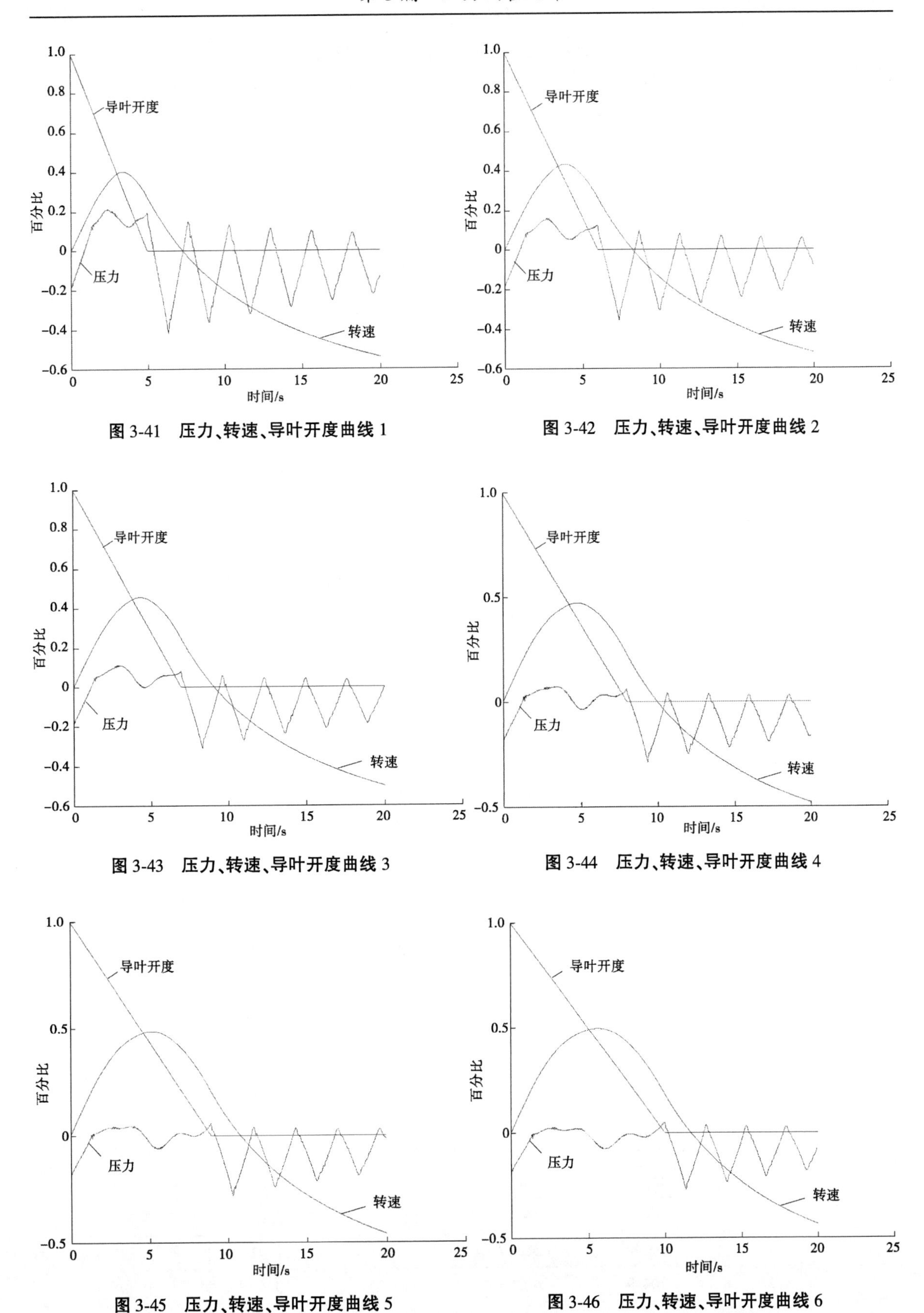

图 3-41　压力、转速、导叶开度曲线 1

图 3-42　压力、转速、导叶开度曲线 2

图 3-43　压力、转速、导叶开度曲线 3

图 3-44　压力、转速、导叶开度曲线 4

图 3-45　压力、转速、导叶开度曲线 5

图 3-46　压力、转速、导叶开度曲线 6

计算结果见表 3-125。

表 3-125 压力钢管直径 4.5 m 计算结果(单机组甩负荷)

序号	直线关闭时间/s	机组最大转速/(r/min)	最大转速升高/%	蜗壳末端最大压力/(mH_2O)	蜗壳最大水压力升高/%	尾水管进口最小水压力/(mH_2O)
1	5	647.6	29.52	428.16	16.42	1.396 5
2	6	664.6	32.92	421.58	14.31	1.396 5
3	7	680	36.00	416.48	12.67	1.396 5
4	8	693.3	38.66	412.46	11.38	1.396 5
5	9	704.4	40.88	409.35	10.39	1.396 5
6	10	713.6	42.72	406.76	9.55	1.396 5

8.2 压力钢管直径 4.4 m

计算工况 9:3 台机组带额定负荷。

上游水位 2 743 m,下游水位 2 367.5 m,起始转速 500 r/min,起始水头 339.17 m,起始导叶开度 14.57,起始流量 23.59 m^3/s,起始功率 71 430 MW。

计算结果见表 3-126。

表 3-126 压力钢管直径 4.4 m 计算结果(3 台机组甩负荷)

序号	直线关闭时间/s	机组最大转速/(r/min)	最大转速升高/%	蜗壳末端最大压力/(mH_2O)	蜗壳最大水压力升高/%	尾水管进口最小水压力/(mH_2O)
1	5	702.15	40.43	451.79	24.01	−0.989 8
2	6	717.85	43.57	435.09	18.65	−0.989 8
3	7	728.95	45.79	422.55	14.62	−0.989 8
4	8	737.35	47.47	409.68	10.49	−0.989 8
5	9	743.85	48.77	400.16	7.43	−0.989 8
6	10	749.15	49.83	394.46	5.61	−0.989 8

计算工况 10:单机组带额定负荷。

上游水位 2 743 m,下游水位 2 367.5 m,起始转速 500 r/min,起始水头 369.38 m,起始导叶开度 12.14,起始流量 21.66 m^3/s,起始功率 71 430 MW。

计算结果见表 3-127。

表 3-127 压力钢管直径 4.4 m 计算结果(单机组甩负荷)

序号	直线关闭时间/s	机组最大转速/(r/min)	最大转速升高/%	蜗壳末端最大压力/(mH_2O)	蜗壳最大水压力升高/%	尾水管进口最小水压力/(mH_2O)
1	5	648.2	29.64	429.87	16.97	1.395 6
2	6	665.2	33.04	423.14	14.81	1.395 6
3	7	680.55	36.11	417.78	13.09	1.3956
4	8	693.85	38.77	413.48	11.71	1.395 6
5	9	704.9	40.98	410.25	10.67	1.395 6
6	10	714.05	42.81	407.66	9.84	1.395 6

从调保计算的结果看，对于建议的阻抗孔尺寸(3.5 m)，导叶直线关闭时间在6~11 s，压力钢管直径在4.4~4.5 m，机组转速和钢管、蜗壳、尾水管压力均满足要求；且调压室的最高涌浪和最低涌浪均有较大的安全余量，如图3-47~图3-51所示。

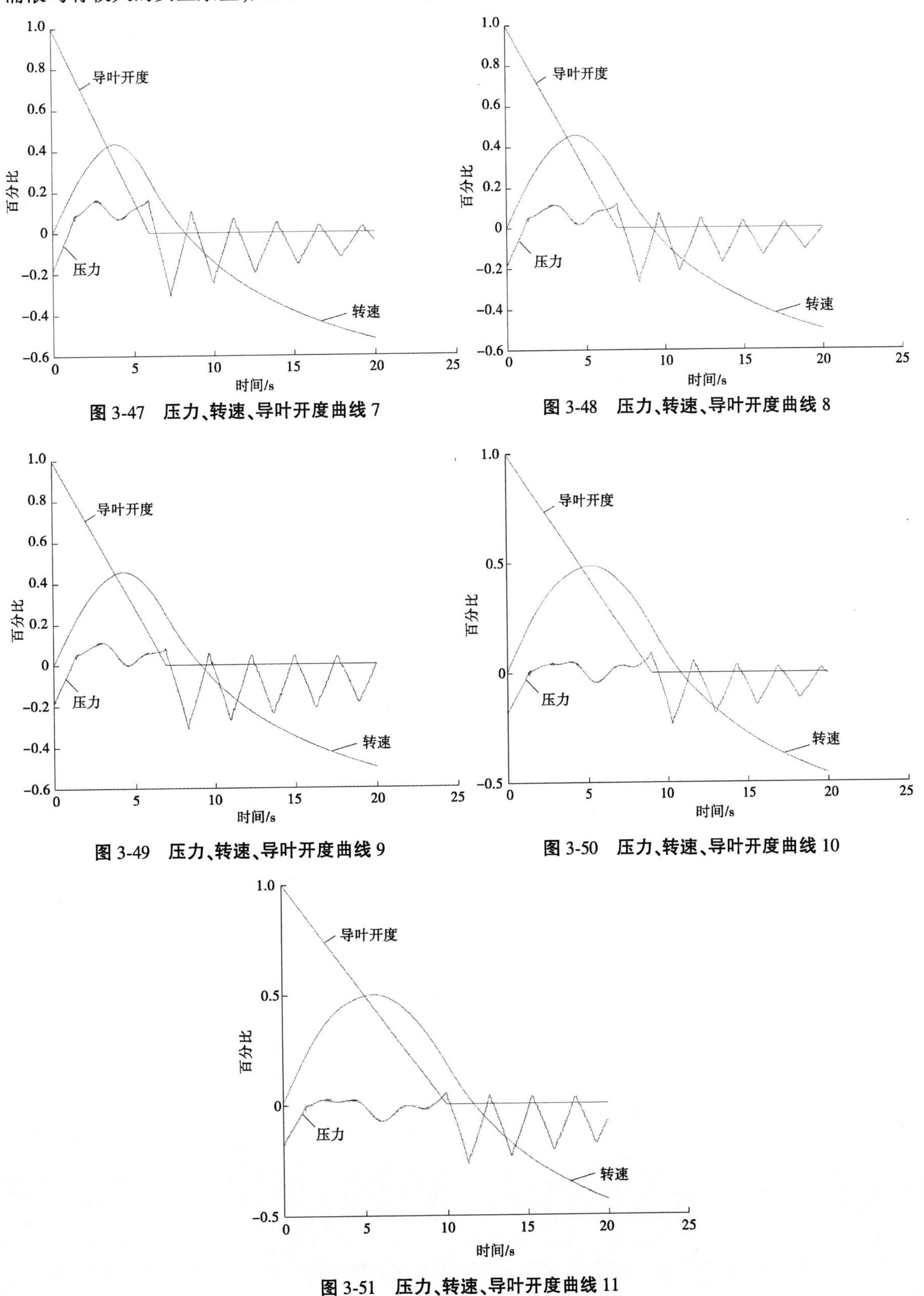

图3-47　压力、转速、导叶开度曲线7

图3-48　压力、转速、导叶开度曲线8

图3-49　压力、转速、导叶开度曲线9

图3-50　压力、转速、导叶开度曲线10

图3-51　压力、转速、导叶开度曲线11

9　优化计算成果及分析

经过引水发电系统水力过渡过程计算,为厂区枢纽布置、引水调压建筑物结构优化、机组参数选择等提供了设计依据。本水电站推荐引水发电系统按一洞三机布置,为1个水力单元,包括1条引水隧洞、1座调压室、1条压力管道、3台混流式水轮发电机组和1条尾水渠。

9.1　3台机组同时甩额定负荷

水库水位2 743.00 m,厂房尾水位2 367.50 m,起始转速500 r/min,起始水头318.32 m,起始导叶开度0.878,起始流量35.15 m^3/s,计算结果见表3-128。

表3-128　3台机组同时甩额定负荷水力过渡过程计算结果

序号	直线关闭时间/s	机组最大转速/(r/min)	最大转速升高/%	蜗壳末端最大压力/(mH_2O)	蜗壳最大水压力升高/%	尾水管进口最小压力/(mH_2O)
1	5	699.85	39.97	447.31	22.57	-0.961 2
2	6	715.4	43.08	430.82	17.28	-0.961 2
3	7	726.6	45.32	418.87	13.44	-0.961 2
4	8	734.95	46.99	406.49	9.47	-0.961 2
5	9	741.6	48.32	397.18	6.48	-0.961 2
6	10	746.95	49.39	392.71	5.04	-0.961 2

9.2　单台机组甩额定负荷

水库水位2 743.00 m,厂房尾水位2 366.70 m,起始转速500 r/min,起始水头369.41 m,起始导叶开度12.13,起始流量21.66 m^3/s,计算结果见表3-129。

表3-129　单机甩额定负荷水力过渡过程计算结果

序号	直线关闭时间/s	机组最大转速/(r/min)	最大转速升高/%	蜗壳末端最大压力/(mH_2O)	蜗壳最大水压力升高/%	尾水管进口最小压力/(mH_2O)
1	5	647.6	29.52	428.16	16.42	1.396 5
2	6	664.6	32.92	421.58	14.31	1.396 5
3	7	680	36.00	416.48	12.67	1.396 5
4	8	693.3	38.66	412.46	11.38	1.396 5
5	9	704.4	40.88	409.35	10.39	1.396 5
6	10	713.6	42.72	406.76	9.55	1.396 5

9.3　成果分析

由表 3-128、表 3-129 可知，机组蜗壳最大压力升高、机组最大转速、尾水管进口最小压力均满足规范要求。

根据计算，调压室最高涌波水位出现在 3 台机组同时甩额定负荷，上游水位为 2 743.00 m，引水系统糙率取最小值情况下，调压室最高涌波水位为 2 754.96 m，调压室最大压力为 100.66 mH_2O，调压室顶部高程和上水室底部高程满足要求。

调压室最低涌波水位出现在 2 台机组带额定负荷，1 台机组由空载到满载，水库水位为死水位为 2 739.00 m 情况下，调压室最低涌波水位为 2 676.41 m，调压室底板高程和下水室高程满足要求，隧洞沿线洞顶最小内水压力满足要求。压力管道最小压力出现在压力钢管上弯段处，满足最小内水压力要求。

第 4 篇　调压室设计

1　概　述

调压室布置在靠近下游压力管道斜井上游侧，调压室竖井中心线桩号 Y15+6.86，距离电站厂房水平距离约 70 m，采用阻抗水室式调压室。

阻抗水室式调压室由阻抗孔、竖井、上水室、下水室和事故检修闸门室等组成，与事故检修闸门室布置有关的结构为闸墩、闸门检修和启闭平台、闸门后通气孔等。闸门槽口兼作阻抗孔，面积为 8 m^2(相当于直径为 3.2 m 的圆形阻抗孔面积)，为引水隧洞断面面积的 46%。调压室竖井内径为 10 m，考虑事故闸门井结构后净面积为 50 m^2，竖井底板高程 2 657.40 m。下室横断面为圆形，直径为 8~6 m，长 65 m，底板高程 2 661.00~2 662.00 m，底板设置 1/65 倾向竖井的斜坡，顶部设置 1/65 背向竖井的斜坡。上室横断面为变高度城门洞形，尺寸为 8 m×10 m~8 m×8.5 m(宽×高)，底板高程 2 747.50~2 749.00 m，底板设置 1.0%倾向竖井的斜坡。

调压室事故检修闸门布置在竖井内下游侧，平板闸门尺寸为 4.5 m×4.5 m。调压室底板在闸门槽口处适当向下游侧扩大，使槽口面积为 8 m^2，满足阻抗孔面积要求。闸门槽下游侧设置 2 个直径各为 1.0 m 的通气孔，面积为压力钢管面积的 9.88%。

调压室顶部下游侧设置闸门启闭检修平台，在满足最高涌波水位加安全超高条件下根据地形地质条件，平台高程确定为 275.00 m。考虑到调压室的防冻和防护安全需要，调压室顶部设置带有通气孔的顶盖。

调压室区段围岩以Ⅲ类和Ⅳ类为主，上、下室及竖井全断面采用 Φ8@200 mm×200 mm 钢筋挂网喷锚一次支护、C25 钢筋混凝土永久衬砌。

一次支护 C25 混凝土喷层厚度为 20 cm，锚杆除竖井为全断面布设外，上、下室均为洞顶 180°范围内设置，锚杆直径 25 mm，竖井部位锚杆长 5.0 m，间排距 1.5 m×1.5 m，上、下室部位长 4.0 m，间排距 1.25 m×1.25 m，梅花形交错布置。调压室上、下室均采用 1.0 m 厚的 C25 钢筋混凝土衬砌，竖井采用 1.5 m 厚的 C25 钢筋混凝土衬砌。

调压室竖井、上室、下室进行全断面系统固结灌浆，固结灌浆孔深入围岩 5 m，间排距 2 m×4 m，交错布置。为了加强混凝土与岩壁的结合，填充混凝土与岩壁间的缝隙，在上室顶拱范围内、下室顶拱 120°范围内进行回填灌浆。

2 调压室设计过程

2.1 调压室设置判别

根据《水电站调压室设计规范》(NB/T 35021—2014),通过比较压力水道中水流惯性时间常数 T_w 与其允许值[T_w](一般取 2~4 s)的大小,可判别是否设置上游调压室。若 T_w>[T_w],则需要设置调压室。

引水系统线路总长约 16.5 km,其中引水隧洞长 15.64 km,仅引水隧洞一项的水流惯性时间常数已达到 25 s,远大于规范规定的允许值[T_w]为 2~4 s 的要求,因此压力引水系统中必须设置上游调压室。

2.2 地形地质条件

调压室位于厂房上游山坡部位,山体自然边坡较缓,岩体风化卸荷强烈,全-强风化岩体厚度约为 20 m,弱风化带厚约 50 m。岩层倾向坡内,自然边坡整体稳定,但由于岩体破碎,风化卸荷强烈,开挖扰动对边坡稳定不利,并应加强防渗、排水措施,防止雨水融雪的不利影响。

围岩为 O-S 角闪斜长板岩、片岩夹大理岩,薄层状夹中厚层状。岩层产状为 NW315°~330°SW∠20°~40°,倾向坡内。发育 f_{18} 断层,产状 NW350°/NE∠83°,宽 0.5~2 m,由碎裂岩、糜棱岩组成。

竖井深 0~40 m 为弱风化岩体,风化卸荷强烈,岩体破碎,位于地下水位之上。井壁外侧边墙为顺向坡,围岩岩体较破碎,岩块易沿层面滑动失稳。井壁内侧边墙为逆向坡,围岩稳定性差,岩块易沿构造面滑动失稳。围岩总评分(T)为 27 分,以Ⅳ类为主。

竖井深 40 m 至底部为弱-微风化岩体,裂隙发育,岩体破碎,位于地下水位之上。井壁外侧边墙为顺向坡,围岩整体稳定性差,岩块易沿层面滑动失稳。井壁内侧边墙为逆向坡,围岩局部稳定性差,岩块易崩塌、掉落。围岩总评分(T)为 48 分,以Ⅲ类为主,局部为Ⅳ类。

2.3 调压室位置选择

调压室的位置宜靠近电站厂房,并结合地形、地质条件以及高压管道合理布置的原则,在综合考虑调压室竖井顶部岩层安全覆盖厚度,调压室竖井应避开规模较大、性状较差的断层,高压管道进入厂房布置顺畅等因素的前提下,确定调压室布置。调压室布置在靠近下游压力管道斜井上游侧,调压室竖井中心线桩号 Y15+639.86,距离电站厂房水平距离约 730 m。

2.4 调压室型式选择

本工程引水隧洞特长,电站水头高,简单式调压室工程量大,水流流态差,水头损失大,水力波动衰减时间长,水位波幅大,不仅对调压室围岩稳定和结构不利,而且对机组的运行稳定性也不利。根据国际工程的一些经验,气垫式调压室非常适合高水头电站,其布置和选址灵活,反射水击波能力优越、可较大地减少工程量。但气垫式调压室对地质条件要求高,运行较复杂,本工程调压室区地质条件较复杂,工程处于边远地区,运行管理条件和水平相对差。因此,主要对阻抗水室式、差动水室式两种调压室型式进行比选。

两种型式调压室竖井内均设置事故检修闸门,阻抗水室式调压室竖井与闸门槽相连通,闸门槽孔兼作阻抗孔;差动水室式调压室竖井与闸门槽之间由钢筋混凝土墙体隔开,闸门槽孔兼作升管,在竖井底板中央另设阻抗孔与隧洞连通。

阻抗式水室式和差动式水室式调压室的水力调节性能均可满足机组运行要求，调压室最高和最低涌波水位、波动周期基本相当，其中差动式调压室的涌波水位衰减率要优于阻抗式，但差动式调压室升管与竖井之间的隔墙以及竖井底板产生的正反水压差要比阻抗式竖井底板的正反水压差大。相比较而言，差动式调压室的较大水压差对结构安全极为不利，也增加了其结构设计和施工难度。比较两种调压室的利弊，综合考虑水力学条件、结构设计、施工难度、运行安全等因素，本阶段仍推荐采用阻抗水室式调压室。表 4-1 为国内部分水电站引水调压建筑物设计参数。

表 4-1　　国内部分水电站引水调压建筑物设计参数

工程名称	隧洞			调压室			厂房	
	洞长/m	直径/m	引用流量/(m^3/s)	型式	井径/m	井高/m	装机/MW	水头/m
锦屏二级	16 670	11.8	465	水室式	25	106	8×600	288
宝兴	18 000	5.4	73	双室式	9	117	3×65	400
福堂	19 300	9	251	阻抗式	27	108	4×90	159
冶勒	7 118	4.6	52.66	双室式	4	85	4×60	580
下坂地	4 662	5.2	89.69	水室式	10	76	3×50	190

2.5　调压室水力计算

通过计算，确定调压室设计的相关参数，为调压室的型式和布置提供相应的理论依据。

2.5.1　计算内容

(1)判别是否设置上游调压室。

(2)调压室的稳定断面面积。

(3)涌波水位计算。包括最高、最低涌波水位及上、下室容积计算。

2.5.2　计算依据

(1)《水工建筑物荷载设计规范》(DL 5077)。

(2)《水电站调压室设计规范》(NB/T 35021)。

(3)《水工隧洞和调压室(调压室部分)》。

(4)《项目可研报告——闸坝方案》。

2.5.3　计算方法

2.5.3.1　判别是否设置上游调压室

按下式判别是否设置上游调压室：

$$T_w = \frac{\sum L_i v_i}{g H_p} \tag{4-1}$$

式中　T_w——压力水道中水流惯性时间常数，s；

L_i——压力水道及蜗壳和尾水管各分段的长度，m；

v_i——各分段内相应的流速，m/s；

g——重力加速度，m/s^2；

H_p——设计水头，m。

若 $T_w > [T_w]$，则需设置调压室。

如需设置调压室，根据本工程的特点，则选择带阻抗孔的双室式调压室。

2.5.3.2　调压井的稳定断面面积

调压井的稳定断面面积按托马(Thoma)准则计算并乘以系数 K 确定：

$$A = KA_{th} = K\frac{LA_1}{2g\left[\alpha + \frac{1}{2g}\right](H_0 - h_{w0} - 3h_{wm})} \tag{4-2}$$

式中　A_{th}——托马临界稳定断面面积，m^2；

L——压力引水道长度，m；

A_1——压力引水道断面面积，m^2；

H_0——发电最小静水头，m；

α——自水库至调压室水头损失系数，$\alpha = h_{w0}/v^2$（包括局部水头损失与沿程摩擦水头损失），在无连接管时用 α 代替“$\alpha+1/2g$”，v 为压力引水道流速，m/s；

h_{w0}——压力引水道水头损失，m；

h_{wm}——压力管道水头损失，m；

K——系数，一般可采用 1.0~1.1。

2.5.3.3　涌浪水位计算（包括最高涌浪水位和最低涌浪水位计算）

因本工程调压室型式为带阻抗孔的水室式，相关规范尚未给出该种型式调压室给出的水力学计算方法，本计算根据相关规范核算了水室式和阻抗式两种型式的调压室。

1. 水室式

水室式调压室的涌波水位与上、下室的容积是一种关联关系，一般情况下，可以通过确定上室断面面积求最高涌波水位 Z_{max}，或者先定出 Z_{max} 反求出上室的断面面积；而计算下室的容积，一般是先定出最低涌波水位 Z_{min}。

(1)丢弃负荷时上室容积与涌波的计算。

①简单估算。

假定上室底部与上游计算静水位在同一高程（或不计 ZC 段竖井高度）。

按以下公式近似计算：

$$V_B = \frac{LA_1 v_0^2}{2gh_{w0}}\ln\left(1 - \frac{h_{w0}}{Z_{max}}\right) \tag{4-3}$$

式中　V_B——上室的容积，m^3；

A_1——压力引水道断面面积，m^2；

v_0——对应于 Q_0 时压力引水道流速，m/s；

h_{w0}——压力引水道水头损失，m；

Z_{max}——丢弃全负荷时的最高涌波水位，m。

②未简化公式计算。

$$e^{\frac{2(X_{max}-X_c)}{\varepsilon_c}} = \left(1 + \frac{2X_{max}}{\varepsilon_c}\right)\Big/\left[1 - \frac{\varepsilon_s}{\varepsilon_c}\left(1 - e\frac{2X_c - 2}{\varepsilon_s}\right)\right] \tag{4-4}$$

$$X_c = \frac{Z_c}{h_{w0}} \tag{4-5}$$

$$\varepsilon_s = \frac{LA_1 v_0^2}{gA_s h_{w0}^2} \tag{4-6}$$

$$\varepsilon_c = \frac{LA_1 v_0^2}{gA_c h_{w0}^2} = \varepsilon_s \frac{A_s}{A_c} \tag{4-7}$$

式中　Z_c——自静水位至上室底面距离,m;

A_s——竖井的断面面积,m^2;

A_c——上室断面面积,m^2。

(2)增加负荷时下室容积与涌波的计算。

计算下室容积时,一般先定出最低涌波水位 Z_{min} 值,则在增荷前运行水位至最低下降水位之间的容积由下式计算:

$$\varepsilon_V = \frac{1}{2}\ln\left[\frac{X_{min}-1}{X_{min}-m'^2}\left(\frac{\sqrt{X_{min}}+1}{\sqrt{X_{min}}-1}\times\frac{\sqrt{X_{min}}-m'}{\sqrt{X_{min}}+m'}\right)^{\frac{1}{\sqrt{X_{min}}}}\right] \tag{4-8}$$

则下室容积:

$$V_V = \frac{LA_1 v_0^2}{gh_{w0}}\varepsilon_V \tag{4-9}$$

符号意义同前。

2. 阻抗式

(1)确定阻抗孔的尺寸。

经工程类比,确定阻抗孔的尺寸。

(2)阻抗孔水头损失计算。

阻抗孔水头损失按下式计算:

$$h_c = [Q/(\varphi S)]^2/2g \tag{4-10}$$

式中　Q——引用流量,m^3/s;

S——阻抗孔面积,m^2;

φ——阻抗孔流量系数,初步计算时可取 0.6~0.8,本计算中取 0.7。

(3)丢弃负荷时最高涌波计算。

丢弃负荷时最高涌波按以下方法计算:

①当 $\lambda' h_{c0} < 1$ 时按下式计算

$$(1+\lambda' Z_{max}) - \ln(1+\lambda' Z_{max}) = (1+\lambda' h_{w0}) - \ln(1-\lambda' h_{c0}) \tag{4-11}$$

②当 $\lambda' h_{c0} > 1$ 时按下式计算

$$(\lambda' |Z_{max}| - 1) + \ln(\lambda' |Z_{max}| - 1) = \ln(\lambda' h_{c0} - 1) - (1+\lambda' h_{w0}) \tag{4-12}$$

$$\lambda' = 2gA(h_{w0} + h_{c0})/(LA_1 V_0^2) \tag{4-13}$$

式中　h_{c0}——全部流量通过阻抗孔时的水头损失,m;

Z_{max}——丢弃全负荷时的最高波涌水位,m。

2.5.4　计算条件

计算中仅考虑推荐洞径(D=5.2 m),其中Ⅱ类岩石中的隧洞采用仅喷锚支护方案,Ⅲ类岩石中的隧洞部分采用仅喷锚支护方案,其余部分均采用钢筋混凝土衬砌支护方案。

按相关规范,最高涌浪水位计算工况:水库最高运行水位,引水隧洞采用最小糙率,共用一调压室的全部机组满载运行,瞬时丢弃全部负荷。最低涌浪水位计算工况:水库死水位,引水隧洞采用最大糙率,共用一调压室的全部 3 台机组,由 2 台增至 3 台,并复核水库死水位时全部机组瞬时丢弃全负荷时的第二振幅。

本工程,调压室型式采用带阻抗孔的水室式,水室式调压室的涌波水位与上、下室的容积是一种关联关系,一般地,可以通过确定上室断面面积求最高涌波水位 Z_{max},或者先定出 Z_{max} 反求出上室的断面面积；而计算下室的容积，一般是先定出最低涌波水位 Z_{min}。本计算是先定最高、最低涌波水位，再推求上、下室容积。

2.5.5　水位流量等基本资料

校核洪水位(0.1%)　　2 743 m

校核洪水下泄流量　　797 m^3/s

设计洪水位(2%)　　2 743 m

设计洪水下泄流量　　487 m^3/s

正常蓄水位　　2 743.00 m

死水位　　2 739 m

水电站额定水头　　311.49 m

设计引用流量　　95 m^3/s

2.5.6　主要建筑物尺寸及其他

(1)本阶段引水渠道纵坡取 5‰。

(2)引水隧洞衬砌糙率：混凝土(钢筋混凝土)衬砌，n=0.012 和 0.016；按运行工况并以安全计，糙率分别取大值和小值进行水头损失计算。

(3)隧洞全长 10 000 m，其中Ⅱ、Ⅲ类围岩约占 70%。

2.5.7　计算结果与分析

2.5.7.1　判别是否设置上游调压室

根据计算，压力水道中水流惯性时间常数的计算值大于[T_w]的允许值 2~4 s，因此需设置上游调压室，见表 4-2。

表 4-2　　上游调压室计算结果

部位	流量 Q/(m^3/s)	管径 D_i/m	管长 L_i/mm	管中流速 $v_i=Q/A$/(m^3/s)	L_iv_i	H_p/m	g/(m^3/s)	T_w/s
隧洞	78.60	4.80	15 797.00	4.34	68 615.91	327.51	9.81	22.62
钢管	78.60	4.60	856.00	4.73	4 048.47	327.51	9.81	

2.5.7.2　调压室的稳定断面面积

经计算，并通过工程类比，确定调压室内径为 8 m，调压室面积相应为 19.51 m^2(见表 4-3)。

表 4-3　　调压室稳定断面面积计算结果

流量 Q/(m^3/s)	管径 D/m	管长 L/mm	管面积 A_1/m^2	管中流速 $v=Q/A_1$/(m^3/s)	h_{w0}/m	h_{wm}/m
78.60	4.80	15 797.00	18.10	4.34	45.81	2.29
g/(m/s^2)	H_0/m	α	K	A/m^2		
9.81	375.61	2.43	1.05	19.51		

2.5.7.3　最高、最低涌波水位

1. 水室式

最高涌波水位为 2 831.66 m，最低涌波水位为 2 670.32 m。

2. 阻抗式

经计算,并且考虑施工要求,确定阻抗孔内径为 2. 63 m,最高涌波水位 2 815. 41 m,最低涌波水位 2 679. 51 m。

2. 5. 7. 4　上、下室容积

上、下室容积计算见表 4-4 和表 4-5。

表 4-4　丢弃全负荷时上室容积计算

$g/(m/s^2)$	L/mm	Z_{max}/m	A_1/m^2	$v_0/(m/s)$	h_{w0}/m	V_B/m^3
9. 810	15 797. 0	-10. 0	18. 096	4. 344	33. 656	12 036. 8

表 4-5　增加负荷时下室容积计算

$g/(m/s^2)$	L/mm	ε_V	A_1/m^2	$v_0/(m/s)$	h_{w0}/m	V_V/m^3
9. 810	15 797. 0	0. 104	18. 096	4. 344	59. 833	953. 2

2. 5. 8　**结论**

经计算,需要设置上游调压室,并设置阻抗孔以及上下水室,其中阻抗孔的孔径为 2. 63 m;调压室上室容积 12 036. 8 m^3,下室容积 953. 2 m^3。

3 调压室支护及衬砌

根据地质初步勘察成果,调压室区段围岩以Ⅲ类和Ⅳ类为主,地质条件相对较差。初步考虑上、下室及竖井全断面采用 Φ8@ 200 mm×200 mm 钢筋挂网喷锚一次支护、C25 钢筋混凝土永久衬砌。

一次支护 C25 混凝土喷层厚度为 20 cm,锚杆除竖井为全断面布设外,上、下室均为洞顶 180°范围内设置,锚杆直径 25 mm,竖井部位锚杆长 5.0 m,间排距 1.5 m×1.5 m,上、下室部位长 4.0 m,间排距 1.25 m×1.25 m,梅花形交错布置。

调压室上、下室均采用 1.0 m 厚的 C25 钢筋混凝土衬砌,竖井采用 1.5 m 厚的 C25 钢筋混凝土衬砌。

3.1 各类围岩物理力学参数

各类围岩物理力学参数建议值见表 4-6。

表 4-6 围岩主要物理力学参数建议值

围岩类别	密度/(g/cm^3)	饱和抗压强度/MPa	弹性模量/GPa	变形模量/GPa	泊松比	单位弹性抗力系数/(MPa/cm)	抗剪断强度指标	
							c'/MPa	φ'/(°)
Ⅱ	2.6~2.7	90~100	18~20	8~10	0.20~0.23	70~80	1.2~1.6	48~52
Ⅲ	2.5~2.6	80~90	13~15	6~7	0.23~0.26	40~50	0.8~1.0	38~45
Ⅳ	2.3~2.4	50~70	3~5	2~4	0.35~0.38	10~20	0.4~0.6	27~35
Ⅴ	2.1~2.2	40~50	0.2~0.5	0.1~0.3	0.40	1~3	0.05~0.1	17~22

3.2 计算目的与内容

调压室洞段围岩以Ⅳ类为主,地质条件较差,并且调压室直径大,竖井高,内水变幅大,对衬砌的结构有较高的要求。为了解不同工况条件下调压室衬砌的结构受力状况,选择合理的衬砌厚度,以及为衬砌合理的配筋提供参考依据,进行调压室竖井衬砌结构计算。

调压室大井衬砌位于围岩中,当它承受轴对称荷载时,如果围岩较均匀,衬砌内主要只承受轴向应力(箍应力),仅在筒底内部或某些参数不连续部位会有局部弯曲应力存在。另外在计算大井井壁时,只有当围岩风化破碎或厚度不足时才不予考虑,改按土石压力方式表示围岩对井壁的作用,本工程调压室围岩为Ⅳ类,所以计算中考虑了围岩的弹性抗力作用,以减少应力和节约工程量。具体计算工况及相应的荷载见表 4-7。

3.3 计算模型

根据剖面图可以看出,调压室竖井深度较大,因此计算时取竖井衬砌及周围相邻一定范围的岩体的纵剖面建立有限元模型,按空间问题进行有限元计算。因为模型为对称结构,故取实体模型的 1/2 部分进行计算。

表 4-7　**典型标准断面计算工况及荷载**

工况		内压自重/kN	内水压力/MPa	外水压力/MPa	灌浆压力/MPa	衬砌自重/kN	山岩压力/kN	温度梯度/(℃/m)
基本工况	正常蓄水位下最高涌浪水位	√	1.0			√	√	
	最低内水压力最高外水压力	√	0.6			√	√	
特殊工况	完建情况				0.5	√	√	
	检修情况			√		√	√	

注:"√"表示计算时考虑该数值。

3.4　模型建立

对于竖井断面,计算模型由衬砌及周围围岩组成,为确保计算精确可靠,洞身四周围岩范围取大于 3 倍洞径,本计算中四周围岩取至距衬砌内壁 20 m 处。

整个模型由如下几部分组成:①竖井混凝土衬砌,厚度为 150 cm;②衬砌周围 3 m 范围内围岩,该部位岩体由于开挖扰动影响,计算时考虑自重作用;③衬砌周围 3 m 以外的围岩,计算时考虑围岩已趋向稳定,计算时不计自重。有限元模型如图 4-1 所示。

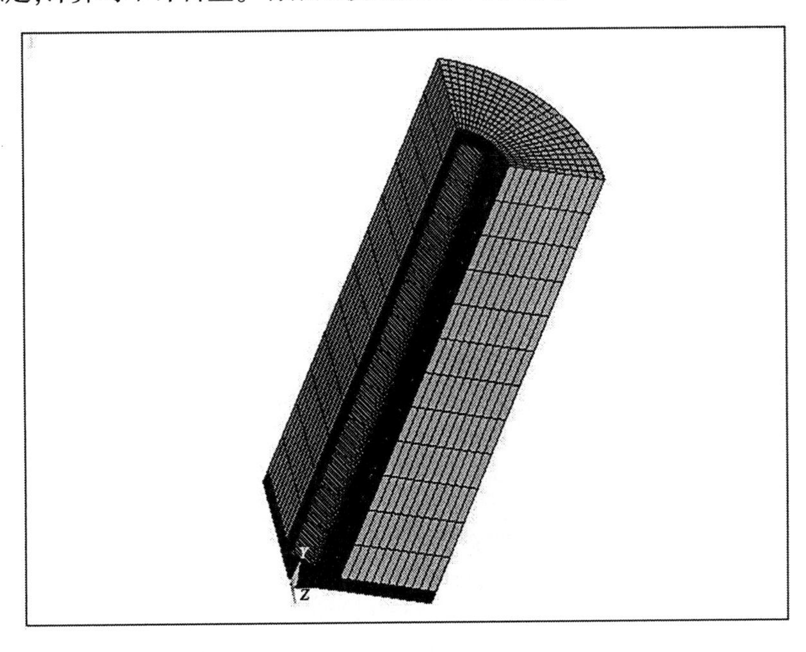

图 4-1　有限元模型

3.5　模型坐标系

本计算采用通用有限元分析程序 ANSYS 进行计算,坐标系统规定如下:x 轴为垂直竖井轴线的水平方向,y 轴为平行洞轴线的方向,向上为正,z 轴为垂直竖井轴线方向。

3.6　边界条件

隧洞下部围岩最底部边界约束铅垂向即 y 向位移,右侧围岩最远处水平向边界即 x 向位移,对称边界处加对称约束。

3.7 计算基本资料

3.7.1 竖井

(1)竖井直径:$D=10$ m(圆形)。

(2)内水压力:正常运行遇水击时(最大),内水压力最高为 100 m,按最不利的情况考虑,计算时内水压力取为 100 mH_2O。

(3)外水压力:根据本阶段地质提供的资料,调压室处的地下水位很低,整个调压室位于地下水位以上,考虑调压室运行以后内水外渗,调压室外水位与调压室内水位大致齐平,为安全考虑,并参考国内其他工程,取外水折减系数为 0.6,外水压力为 94×0.6=56.4(mH_2O)。

(4)灌浆压力:0.2~0.3 MPa(素混凝土),0.3~0.5 MPa(钢筋混凝土),灌浆部位为整个圆断面范围,考虑灌浆为分段进行,故计算时仅考虑一次灌浆的高度,为 10 m。

(5)地应力:调压室所处部位围岩为Ⅳ类,根据本阶段地质资料,此部位围岩地应力较小,再经过调压室开挖后,支护与衬砌要过一段时间进行,当衬砌起作用时,岩体的内部应力已经完全释放,故计算中不考虑地应力的作用。

(6)岩体压力:采用塌落拱高度内岩体重量,洞周 3 m 范围岩体计及重量。

(7)围岩抗力:建立模型时考虑,程序自动加载。

(8)内水自重:不同工况下考虑相应水位的内水自重。

(9)隧洞衬砌混凝土:标号 C25,容重 $\gamma_{混凝土}=25\ kN/m^3$,弹性模量 $E_{混凝土}=2.75\times10^4$ MPa,泊松比 $\mu=0.167$(见表 4-8)。

表 4-8　混凝土参数指标表

项目	容重/(kN/m^3)	弹性模量/GPa	泊松比	比热/[kJ/(kg·℃)]	线膨胀系数/($\times10^{-6}$/℃)
C25 混凝土	25	27.5	0.167	0.98	6

3.7.2 调压室底板

调压室底板厚度为 3 m,不考虑底板中部直径 3 m 的阻抗孔及闸门部位混凝土,取计算跨度为 10 m。调压室底板主要承受正、反双向水压力的作用,根据水利过渡过程计算初步报告结果可知,对于 3 m 阻抗孔的调压室底板来说,所受的正反方向压差都不是很大,结果见表 4-9。

表 4-9　调压室底板所受水压力差

工况		底板上表面水压力/(mH_2O)	底板下表面水压力/(mH_2O)	压差/(mH_2O)
工况 2	正向压差	80.5	90.83	9.33
工况 2	反向压差	96.87	94.67	2.20

3.8 计算结果

本次计算共进行包括典型断面不同岩性的正常运行、水击及检修等多种工况的结构应力计算。结果见表 4-10 和图 4-2~图 4-37。

表 4-10　调压室竖井衬砌计算结果

工况	位置		σ_1/Pa	σ_2/Pa	σ_3/Pa	σ_x/Pa	σ_y/Pa	σ_z/Pa	U_x/m	U_y/m	U_z/m
工况 1	井部 90°	内侧	0. 124 44E+07	−0. 617 88E+06	−0. 788 00E+06	0. 122 49E+07	−0. 617 91E+06	−0. 768 50E+06	0	−0. 353 01E−03	−0. 269 04E−03
		外侧	0. 816 75E+06	−0. 419 23E+06	−0. 603 18E+06	0. 804 89E+06	−0. 602 02E+06	−0. 408 52E+06	0	−0. 350 50E−03	−0. 233 46E−03
	井部 0°	内侧	0. 124 44E+07	−0. 617 88E+06	−0. 788 00E+06	−0. 768 50E+06	−0. 617 91E+06	0. 122 49E+07	0. 269 04E−03	−0. 353 01E−03	0
		外侧	0. 816 75E+06	−0. 419 23E+06	−0. 603 18E+06	−0. 408 52E+06	−0. 602 02E+06	0. 804 89E+06	0. 233 46E−03	−0. 350 50E−03	0
工况 2	井部 90°	内侧	0. 102 29E+06	−8 292. 8	−0. 306 17E+07	−0. 305 90E+07	0. 101 90E+06	−105 61	0	0. 154 95E−03	0. 548 35E−03
		外侧	−85 658	−0. 544 66E+06	−0. 241 66E+07	−0. 241 50E+07	−85 664	−0. 546 25E+06	0	0. 150 02E−03	0. 540 26E−03
	井部 0°	内侧	98 823	−11 223	−0. 301 55E+07	−13 371	98 367	−0. 301 29E+07	−0. 562 18E−03	0. 156 60E−03	0
		外侧	−98 079	−0. 545 21E+06	−0. 242 55E+07	−0. 546 81E+06	−98 085	−0. 242 39E+07	−0. 554 23E−03	0. 146 56E−03	0
工况 3	井部 90°	内侧	94 313	−1 378. 0	−0. 277 63E+07	−0. 277 39E+07	93 970	−3 452. 7	0	0. 146 84E−03	0. 497 42E−03
		外侧	−79 187	−0. 482 51E+06	−0. 218 83E+07	−0. 218 68E+07	−79 195	−0. 483 96E+06	0	0. 139 81E−03	0. 489 55E−03
	井部 0°	内侧	91 347	−4 043. 9	−0. 273 41E+07	−6 004. 7	90 938	−0. 273 18E+07	−0. 510 01E−03	0. 148 42E−03	0
		外侧	−90 310	−0. 483 03E+06	−0. 219 64E+07	−0. 484 48E+06	−90 317	−0. 219 50E+07	−0. 502 27E−03	0. 136 60E−03	0
工况 4	井部 90°	内侧	0. 106 39E+06	−1 554. 4	−0. 313 16E+07	−0. 312 89E+07	0. 106 00E+06	−3 894. 6	0	0. 165 64E−03	0. 561 09E−03
		外侧	−89 323	−0. 544 27E+06	−0. 246 84E+07	−0. 246 68E+07	−89 332	−0. 545 90E+06	0	0. 157 70E−03	0. 552 21E−03
	井部 0°	内侧	0. 103 04E+06	−4 561. 6	−0. 308 41E+07	−6 773. 4	0. 102 58E+06	−0. 308 14E+07	−0. 575 29E−03	0. 167 42E−03	0
		外侧	−0. 101 87E+06	−0. 544 85E+06	−0. 247 76E+07	−0. 546 49E+06	−0. 101 88E+06	−0. 247 59E+07	−0. 566 57E−03	0. 154 08E−03	0

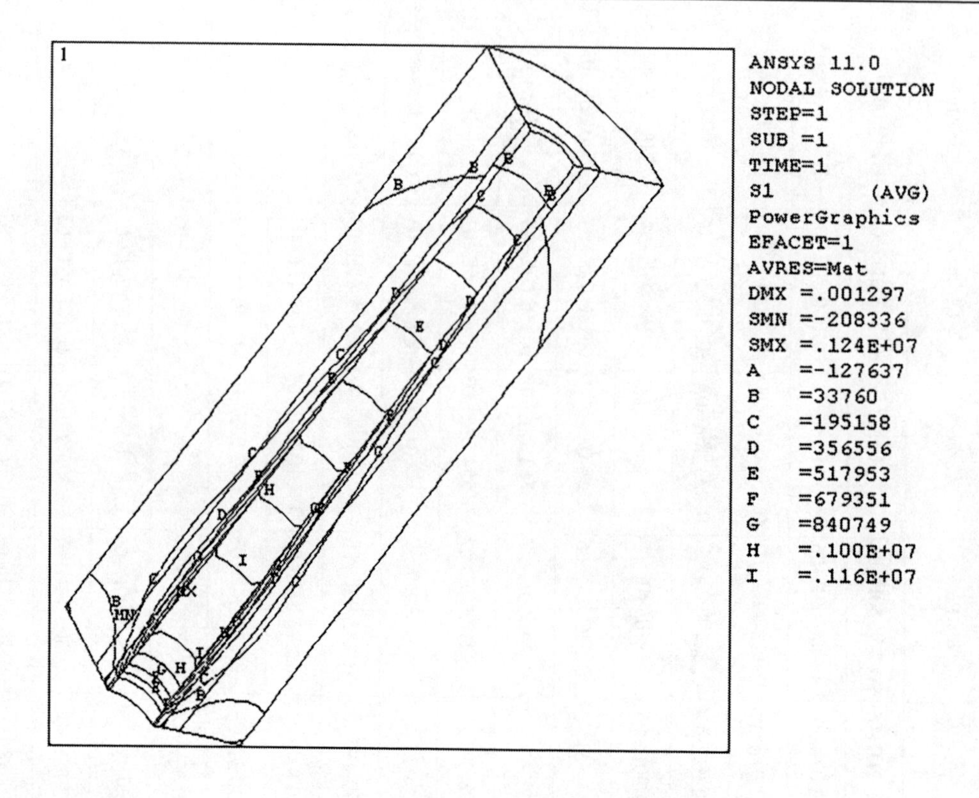

图 4-2 工况 1 竖井衬砌第一主应力 σ_1

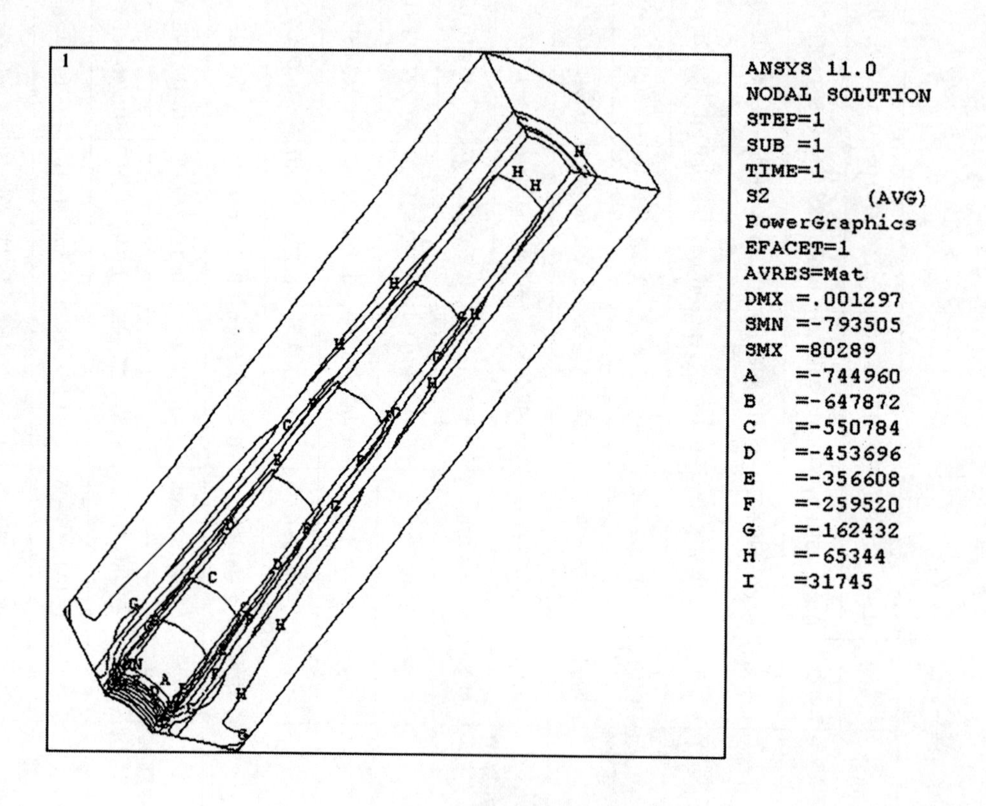

图 4-3 工况 1 竖井衬砌第二主应力 σ_2

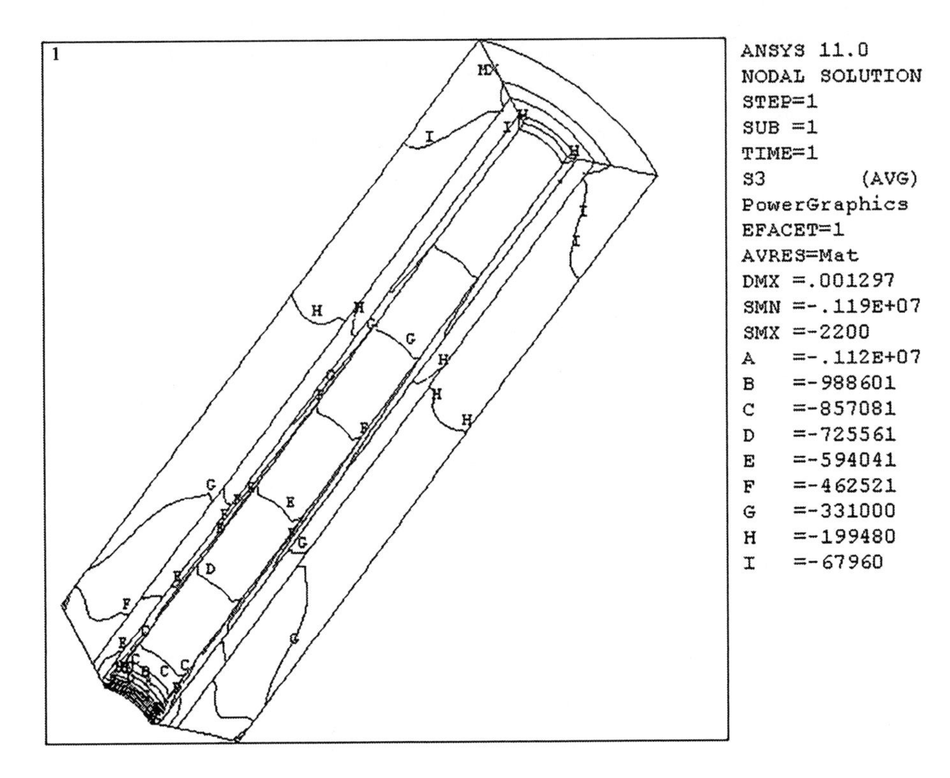

图 4-4　工况 1　竖井衬砌第三主应力 σ_3

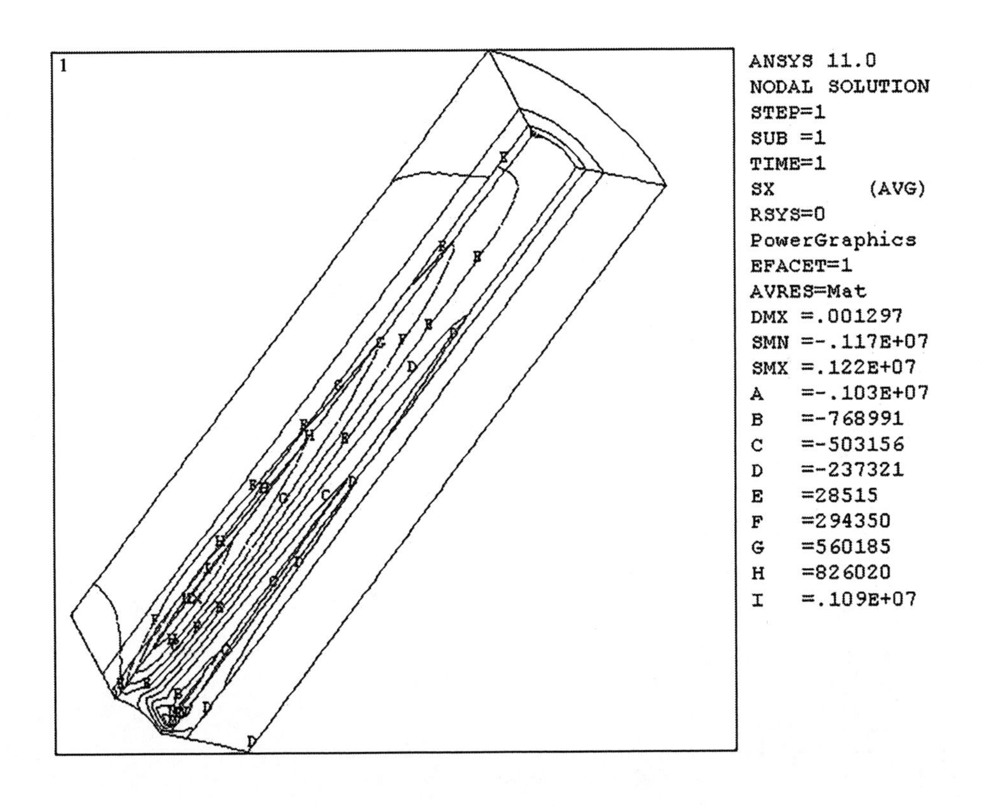

图 4-5　工况 1　竖井衬砌 x 向正应力 σ_x

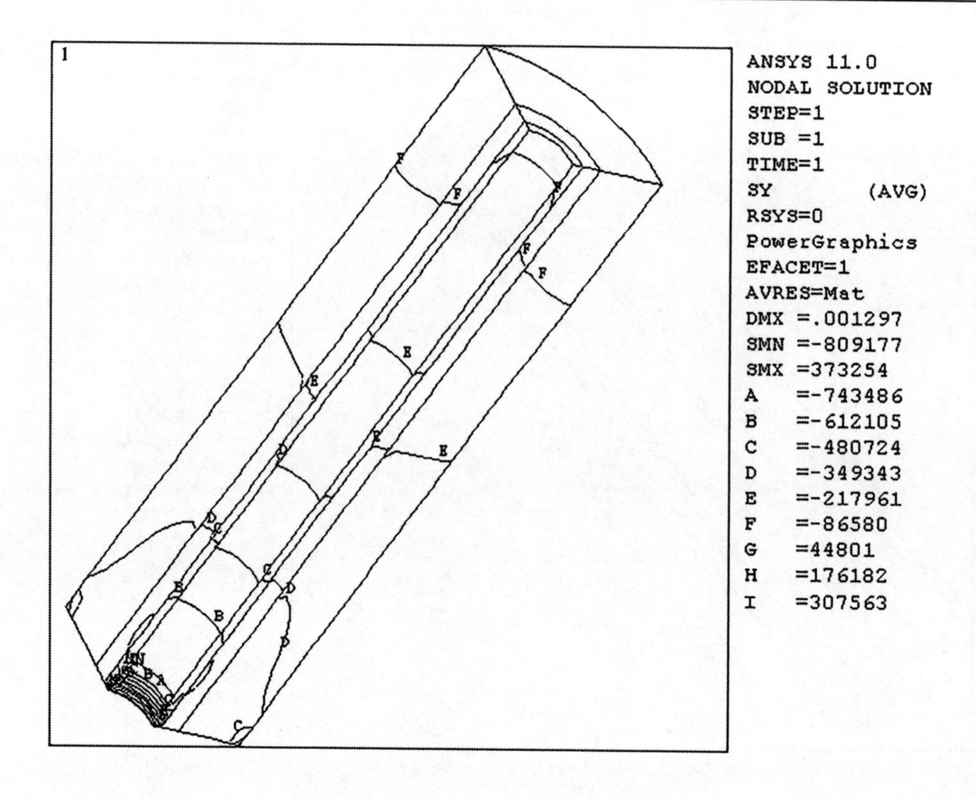

图 4-6　工况 1　竖井衬砌 y 向正应力 σ_y

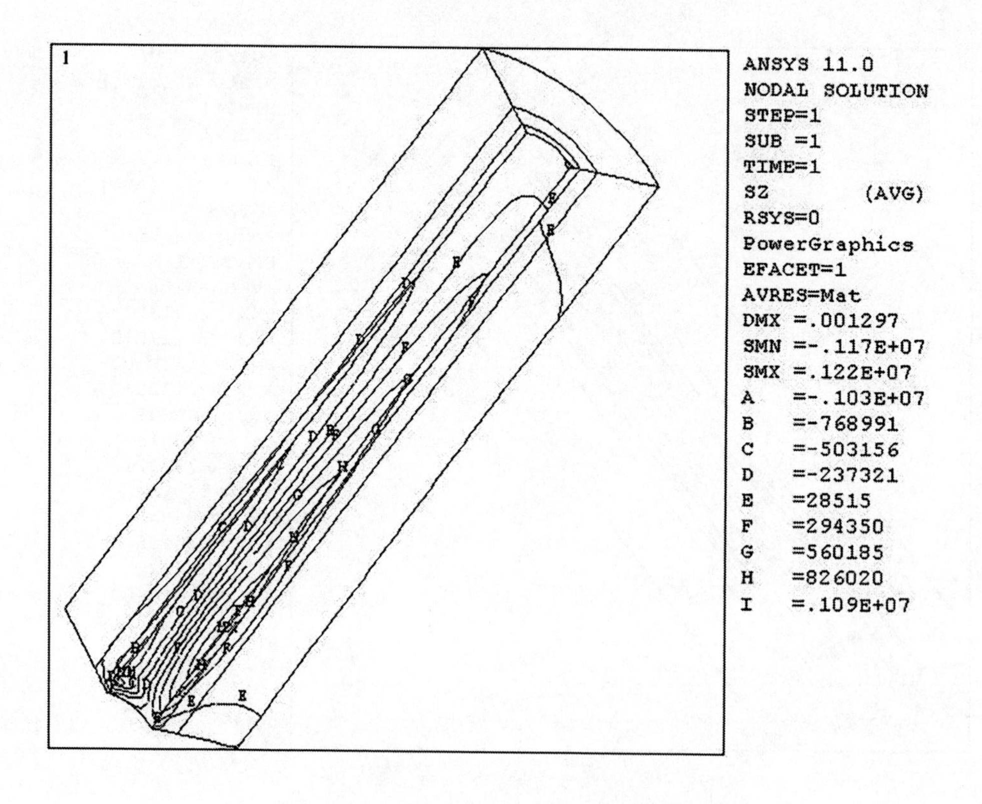

图 4-7　工况 1　竖井衬砌 z 向正应力 σ_z

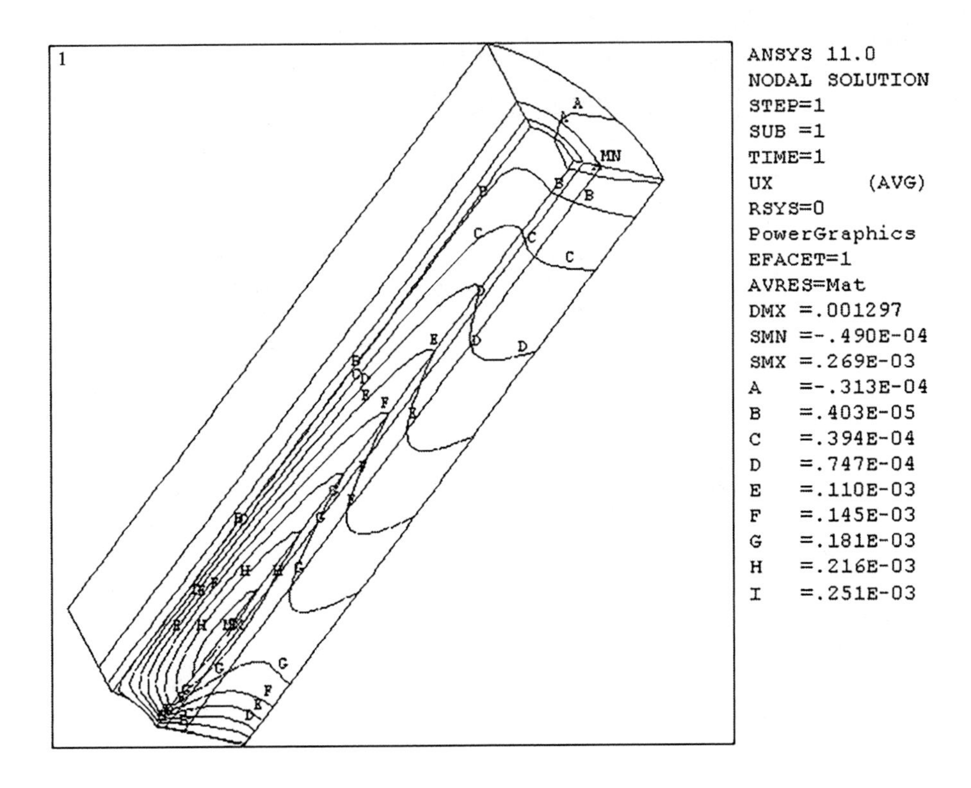

图 4-8 工况 1 竖井衬砌 x 向位移 U_x

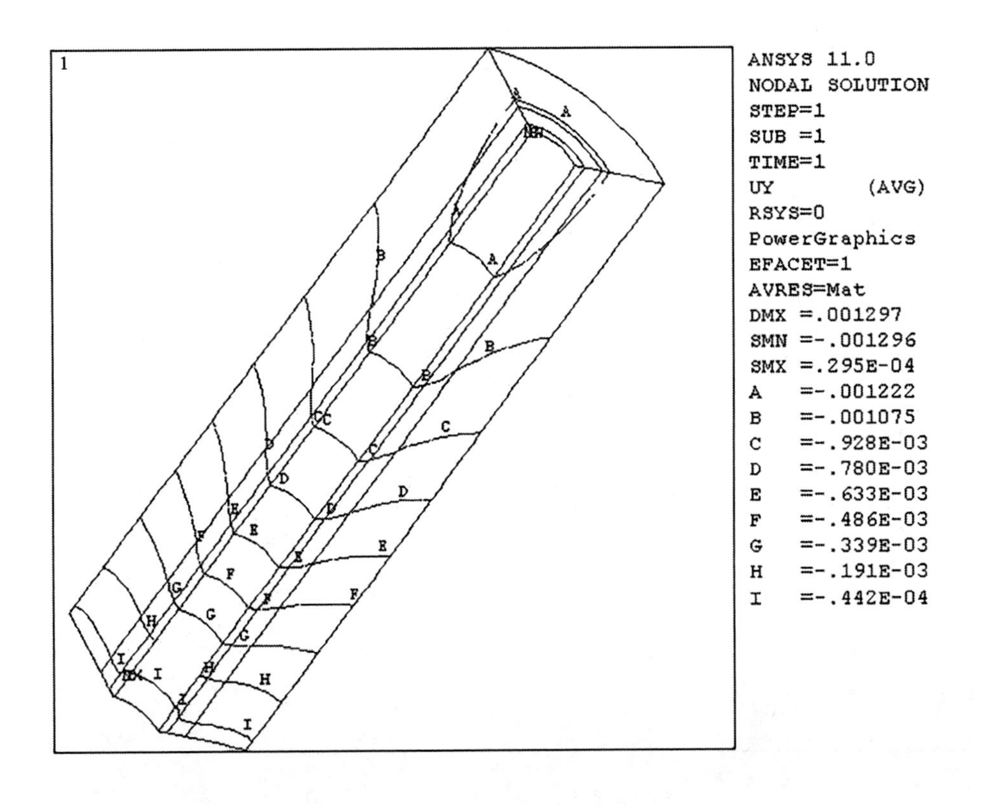

图 4-9 工况 1 竖井衬砌 y 向位移 U_y

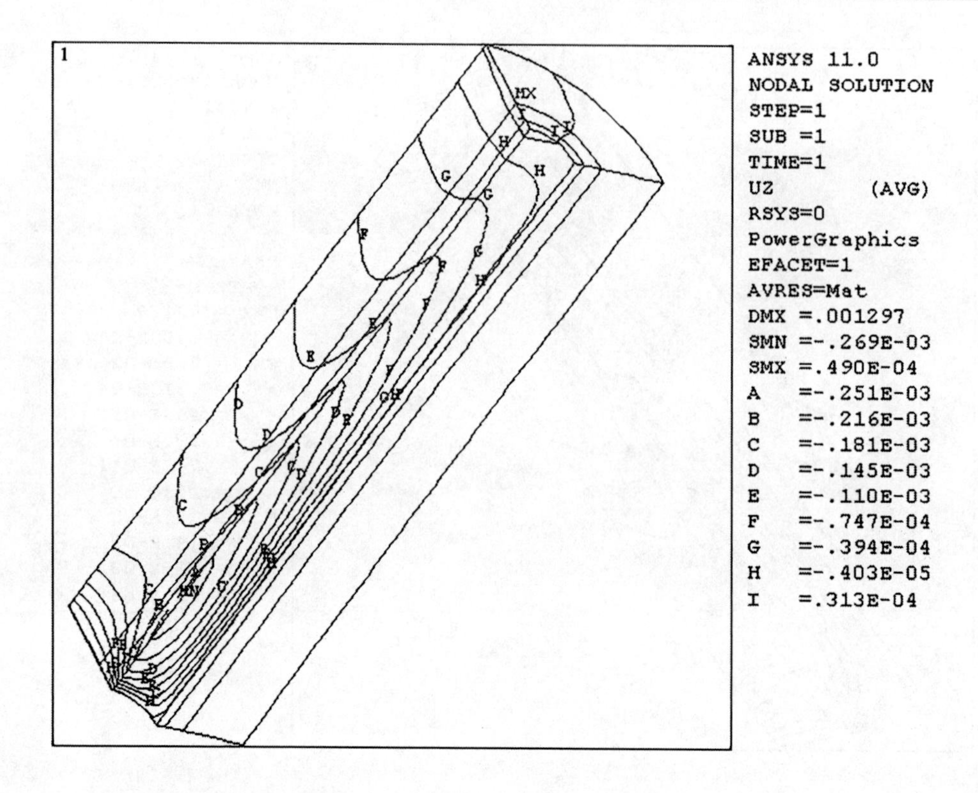

图 4-10　工况 1　竖井衬砌 z 向位移 U_z

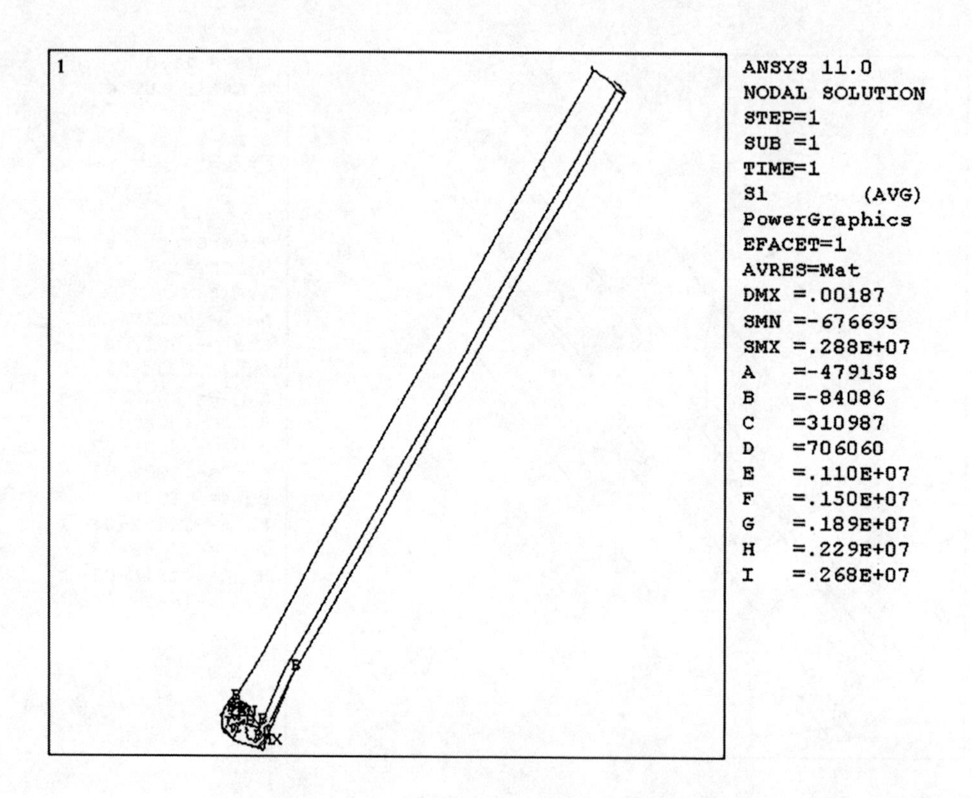

图 4-11　工况 2　竖井衬砌第一主应力 σ_1

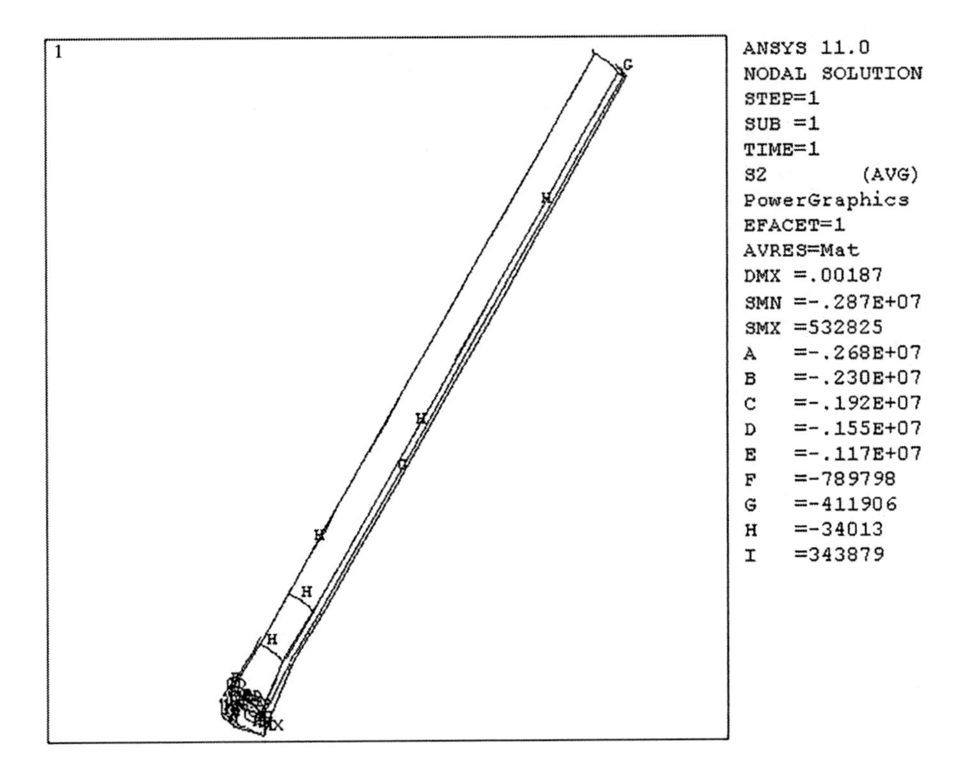

图 4-12　工况 2　竖井衬砌第二主应力 σ_2

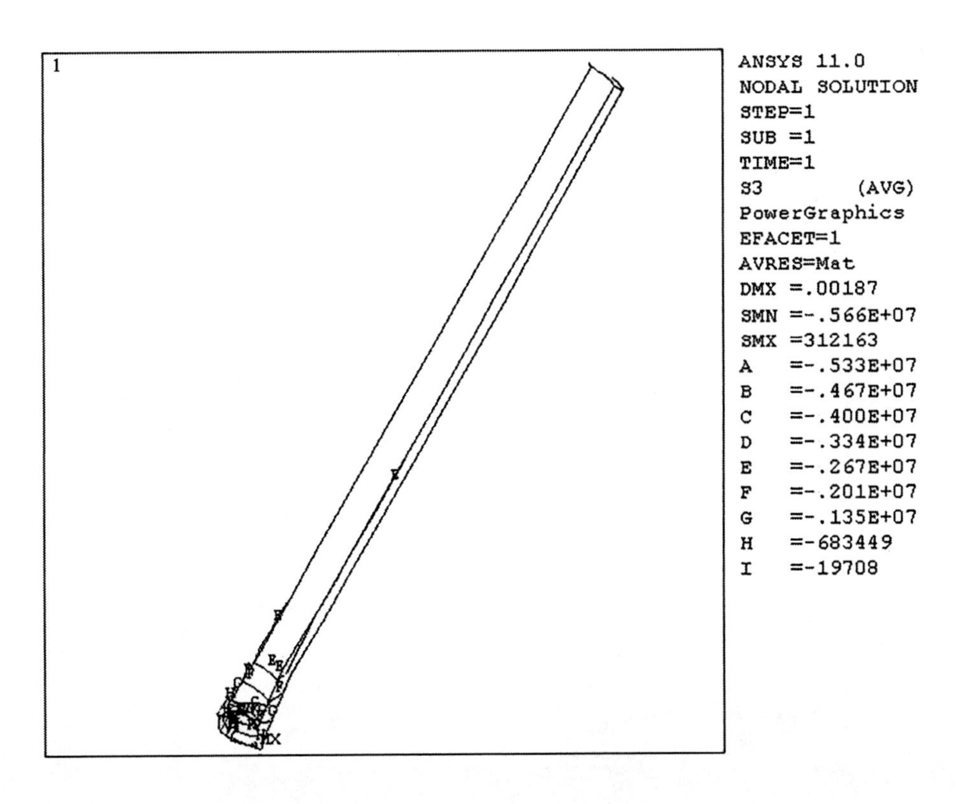

图 4-13　工况 2　竖井衬砌第三主应力 σ_3

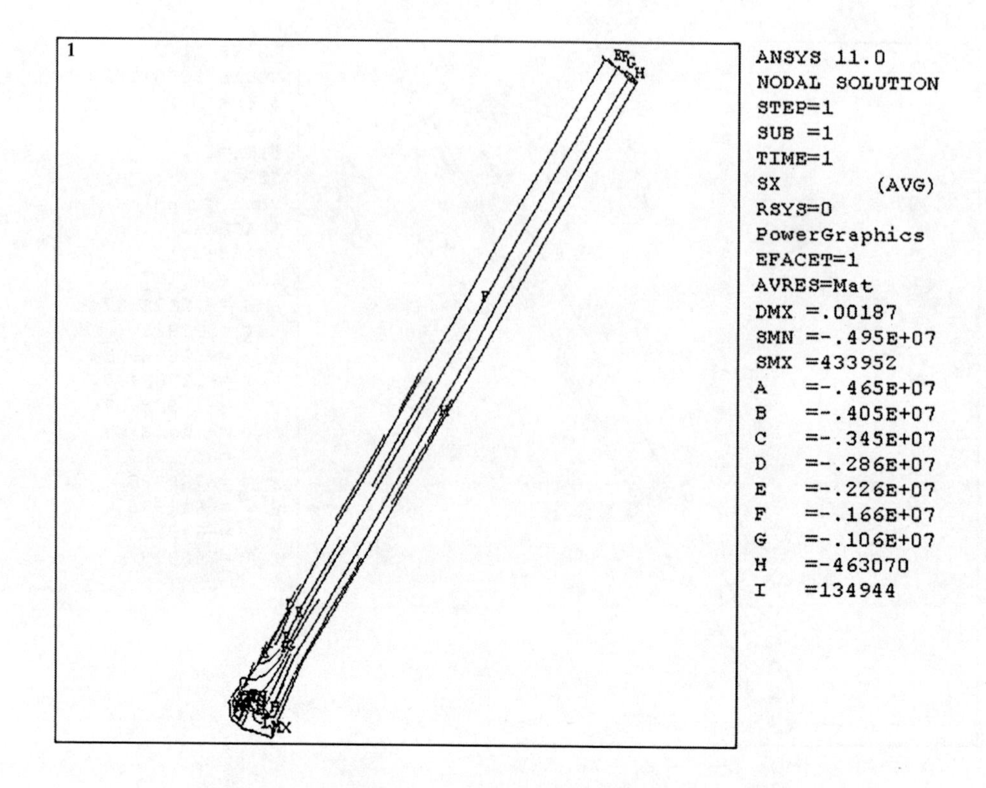

图 4-14 工况 2 竖井衬砌 x 向应力 σ_x

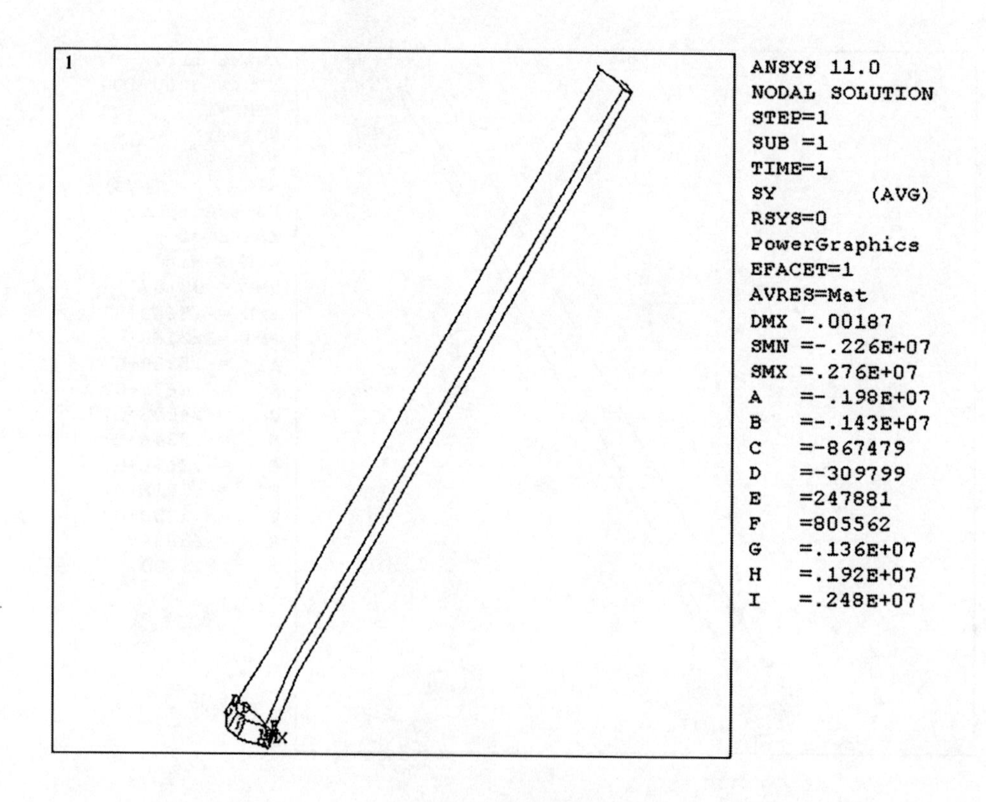

图 4-15 工况 2 竖井衬砌 y 向应力 σ_y

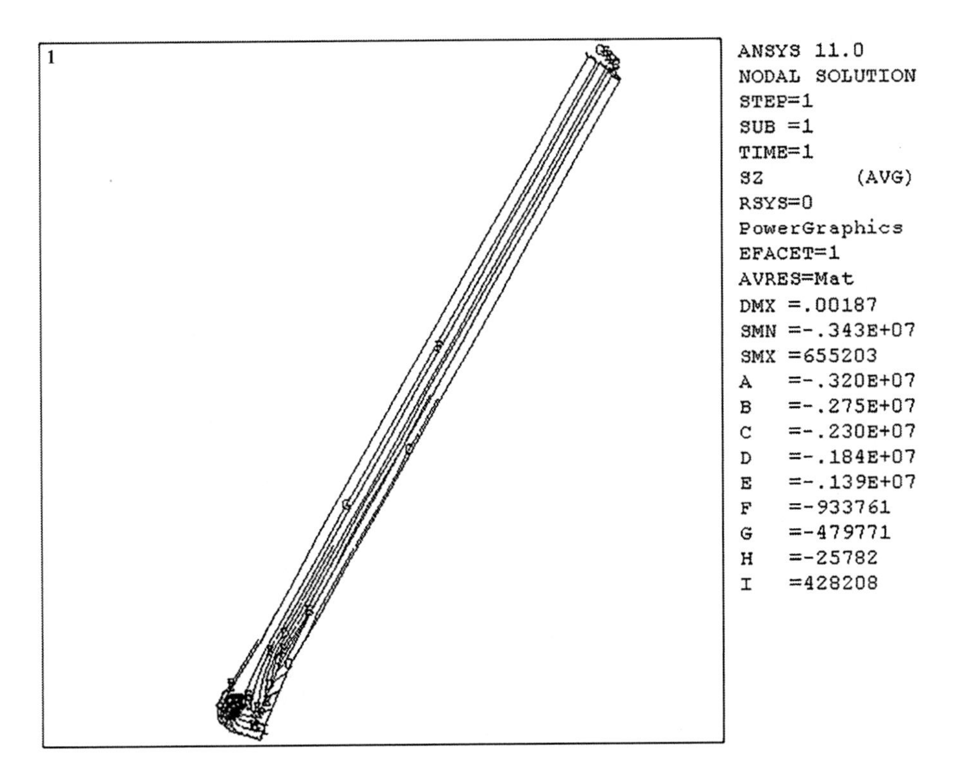

图 4-16　工况 2　竖井衬砌 z 向应力 σ_z

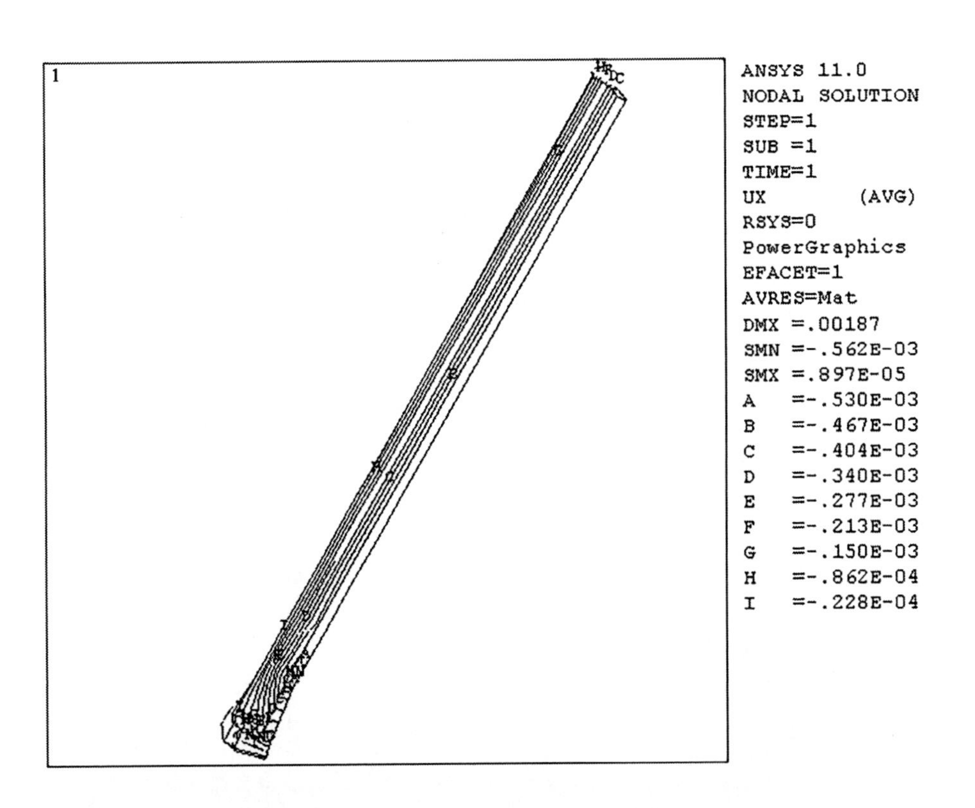

图 4-17　工况 2　竖井衬砌 x 向位移 U_x

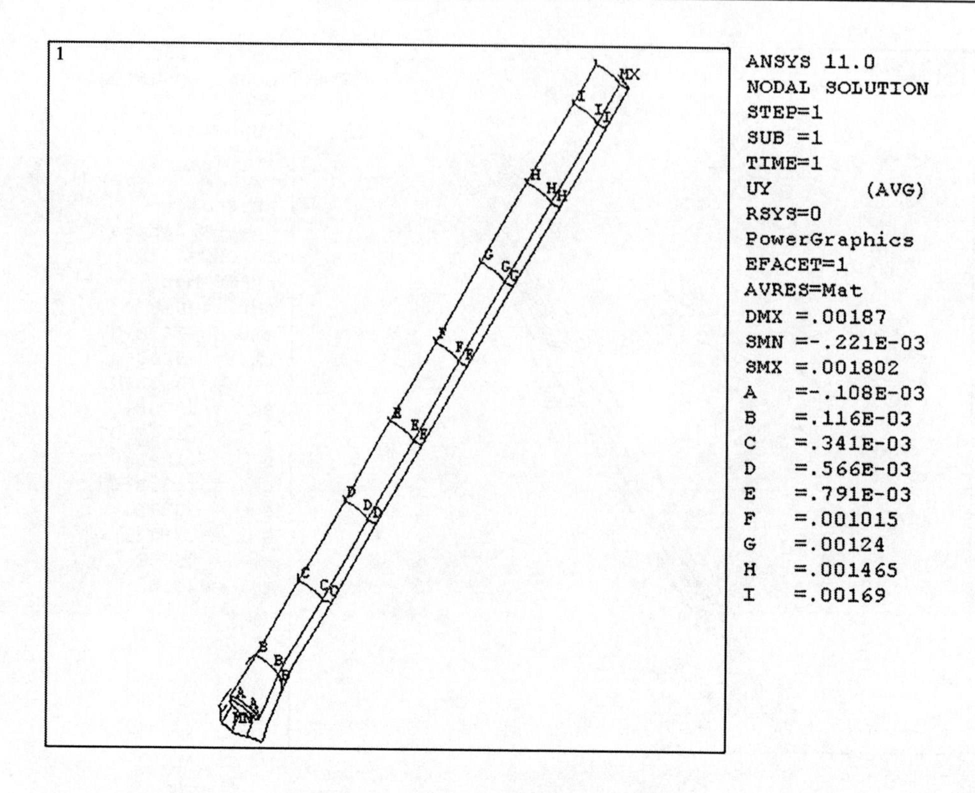

图 4-18　工况 2　竖井衬砌 y 向位移 U_y

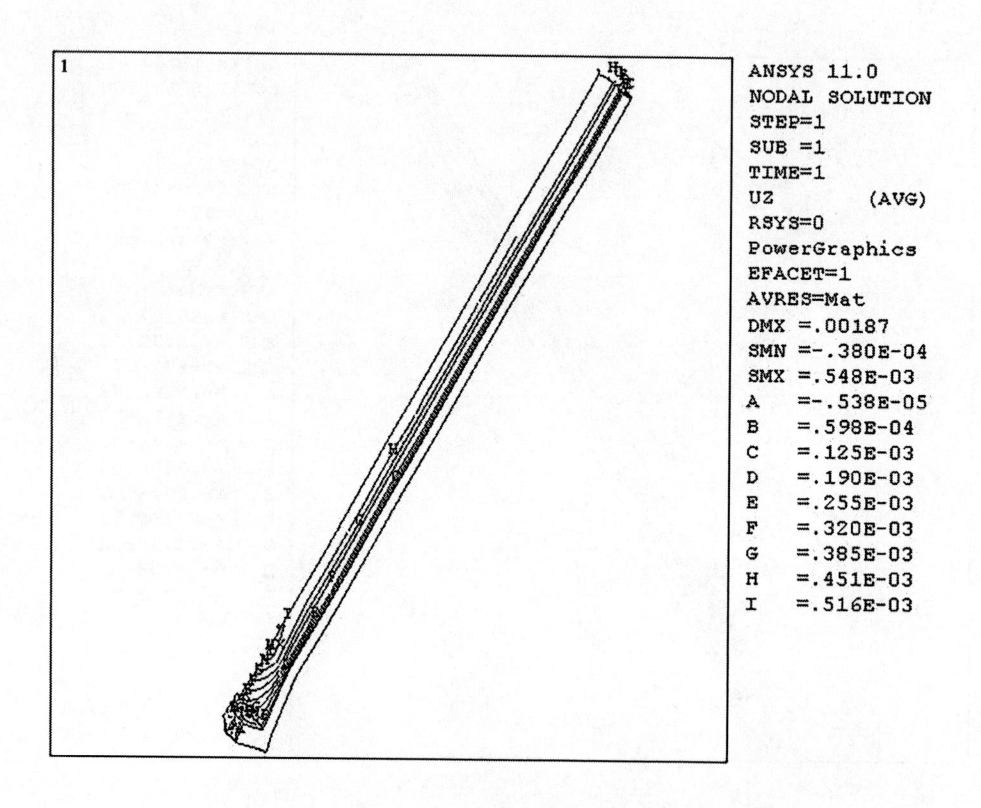

图 4-19　工况 2　竖井衬砌 z 向位移 U_z

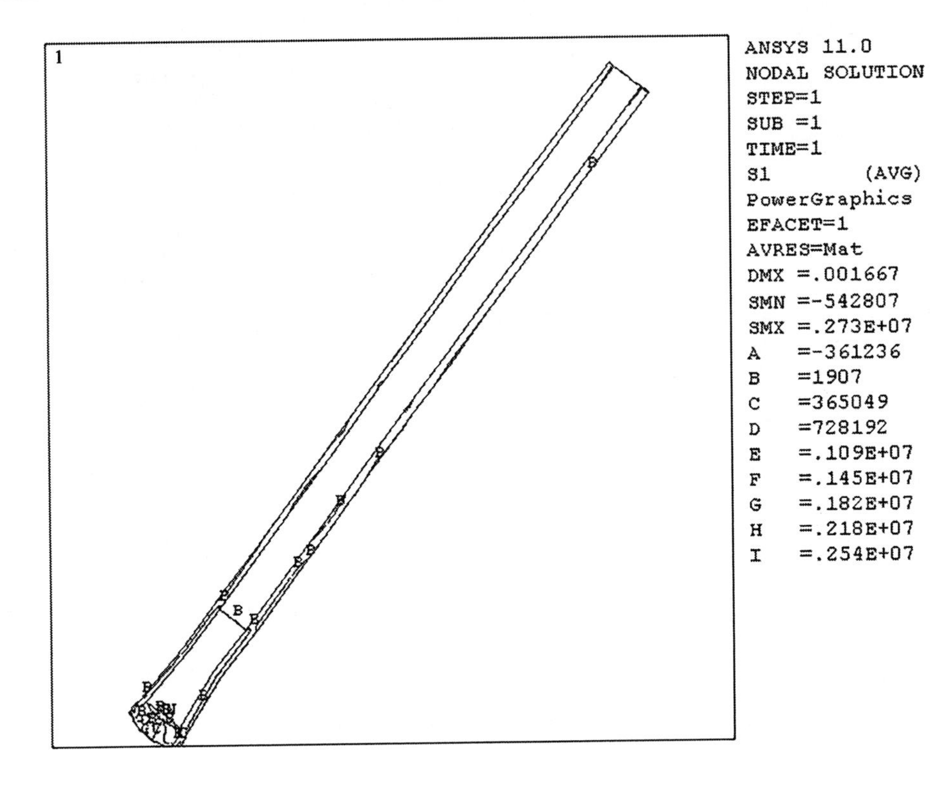

图 4-20　工况 3　竖井衬砌第一主应力 σ_1

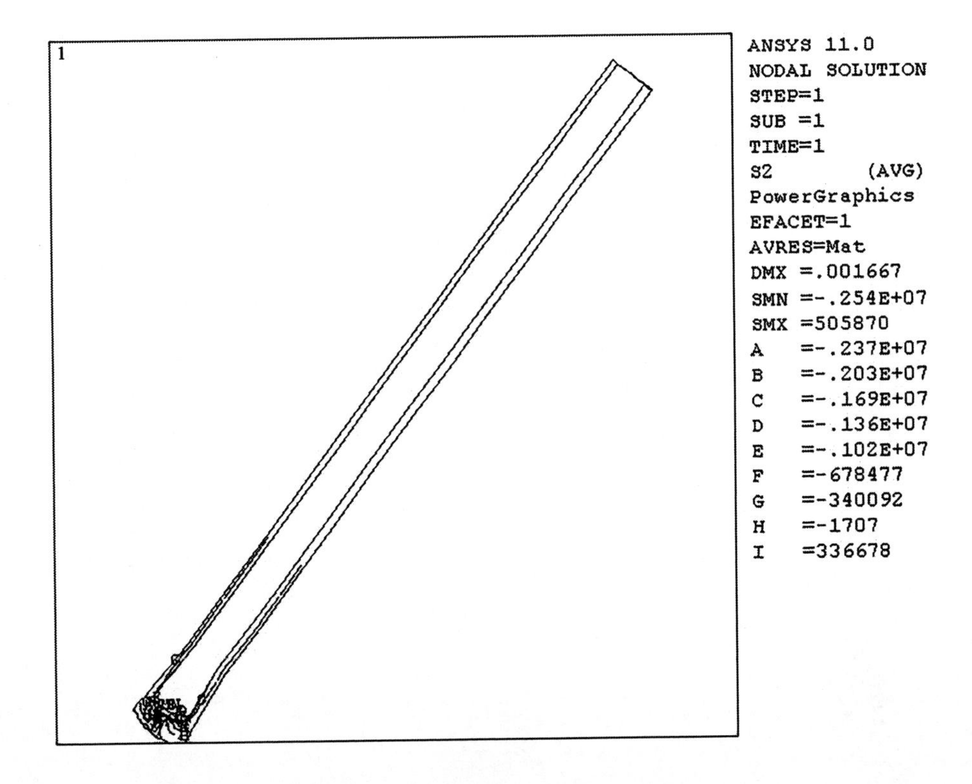

图 4-21　工况 3　竖井衬砌第二主应力 σ_2

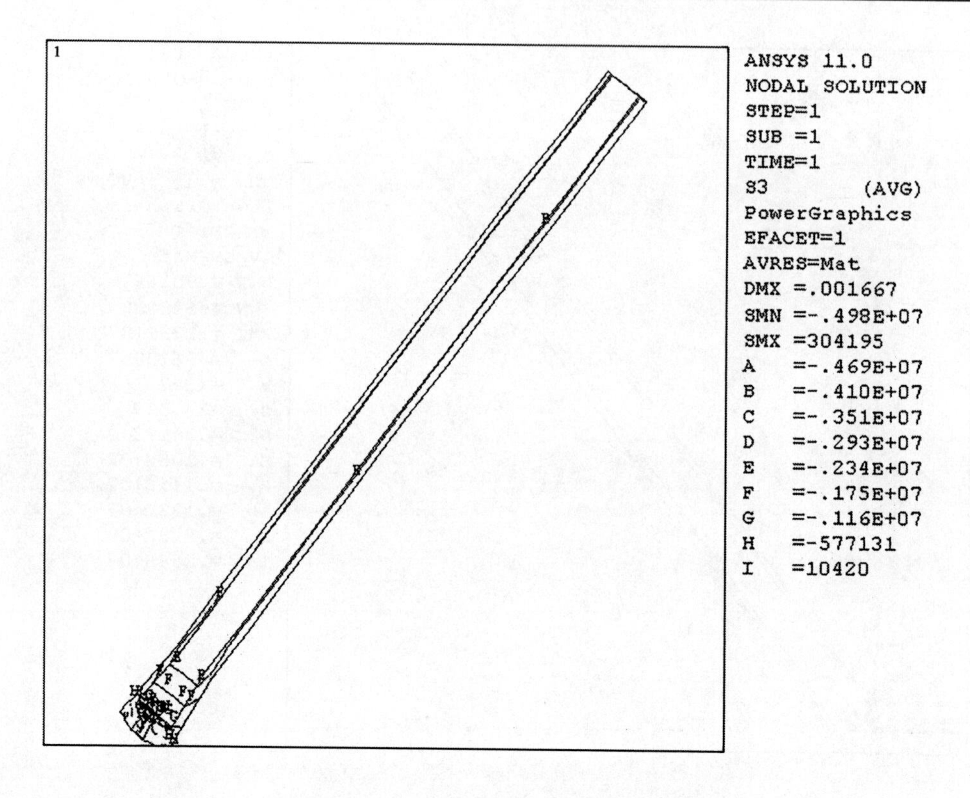

图 4-22　工况 3　竖井衬砌第三主应力 σ_3

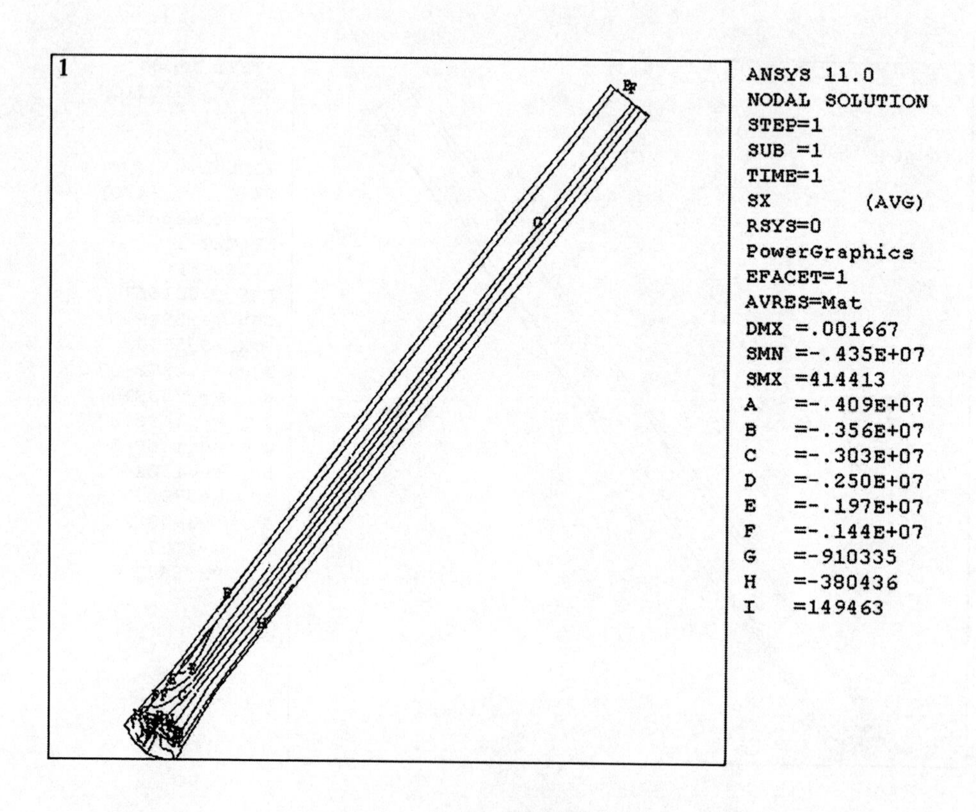

图 4-23　工况 3　竖井衬砌 x 向应力 σ_x

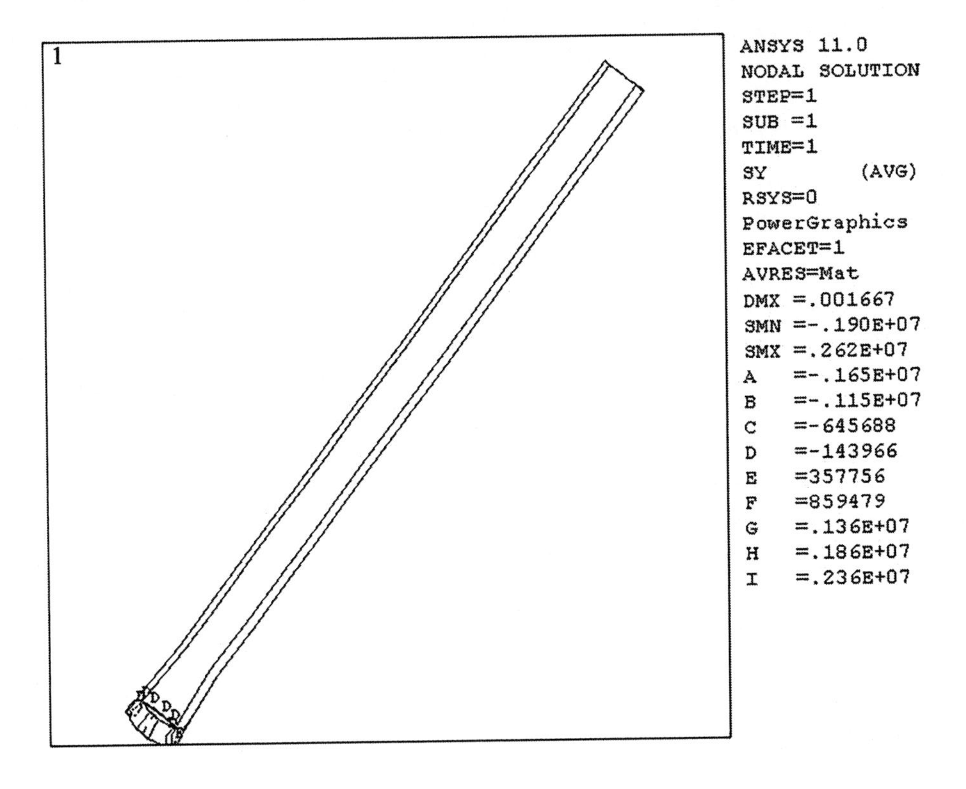

图 4-24　工况 3　竖井衬砌 y 向应力 σ_y

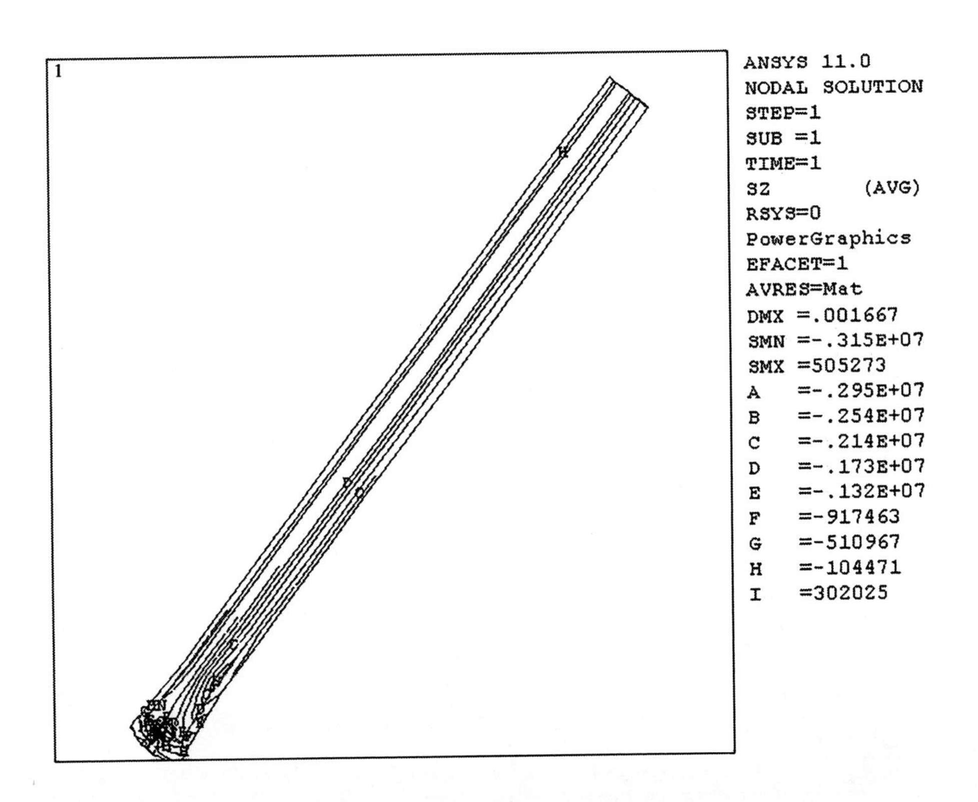

图 4-25　工况 3　竖井衬砌 z 向应力 σ_z

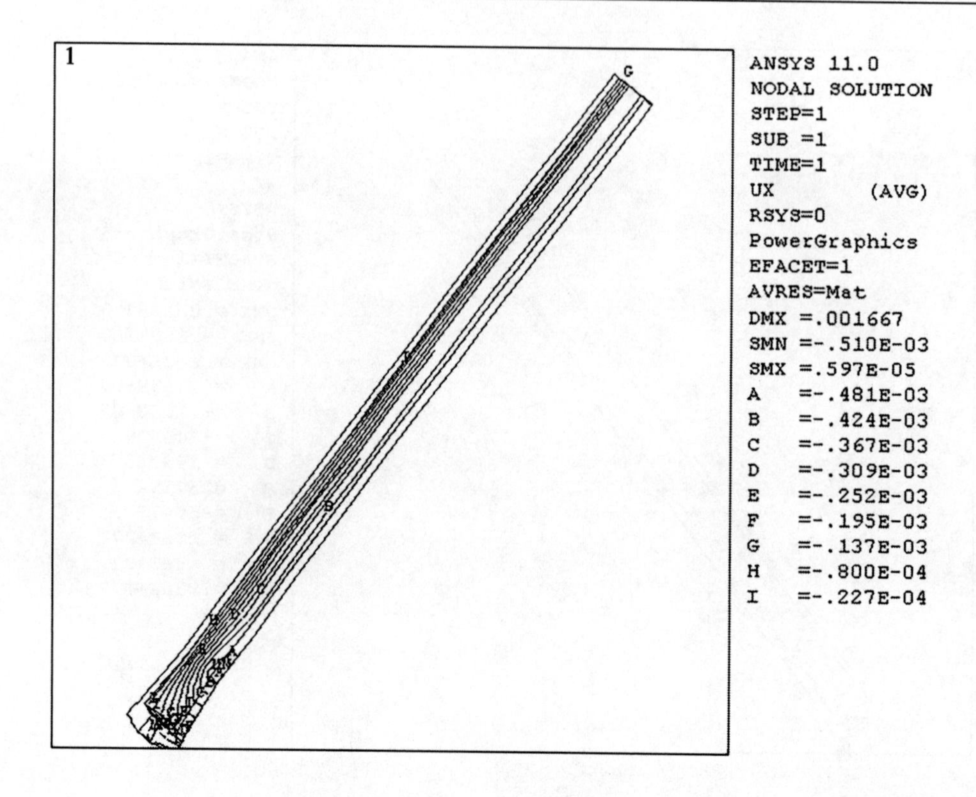

图 4-26　工况 3　竖井衬砌 x 向位移 U_x

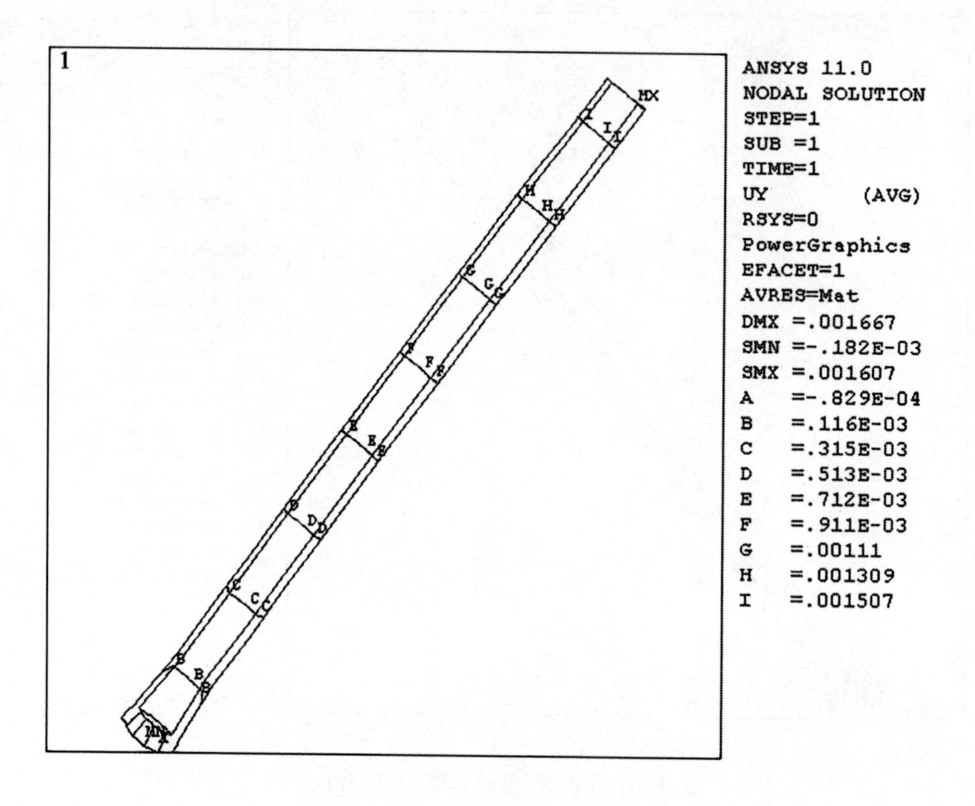

图 4-27　工况 3　竖井衬砌 y 向位移 U_y

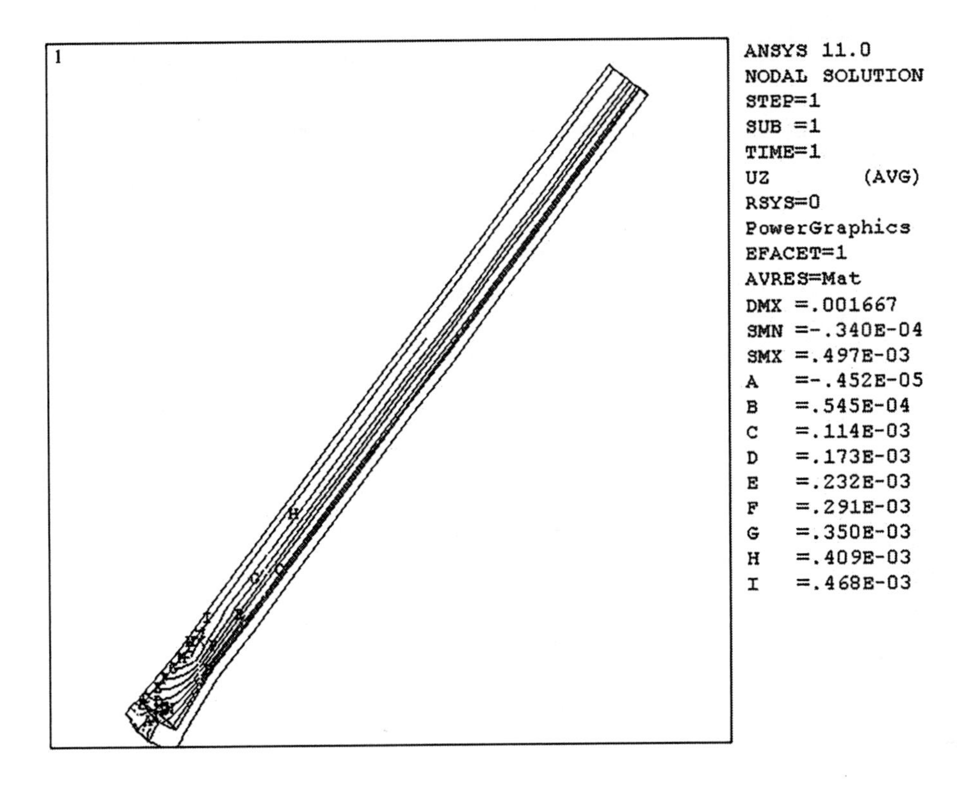

图 4-28　工况 3　竖井衬砌 z 向位移 U_z

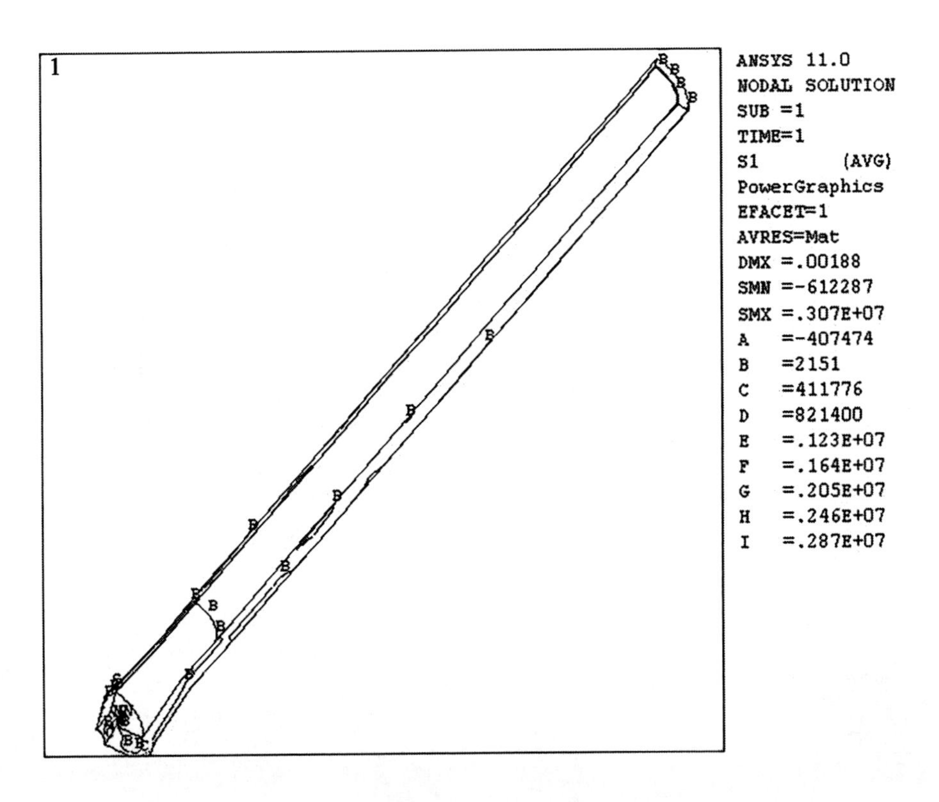

图 4-29　工况 4　竖井衬砌第一主应力 σ_1

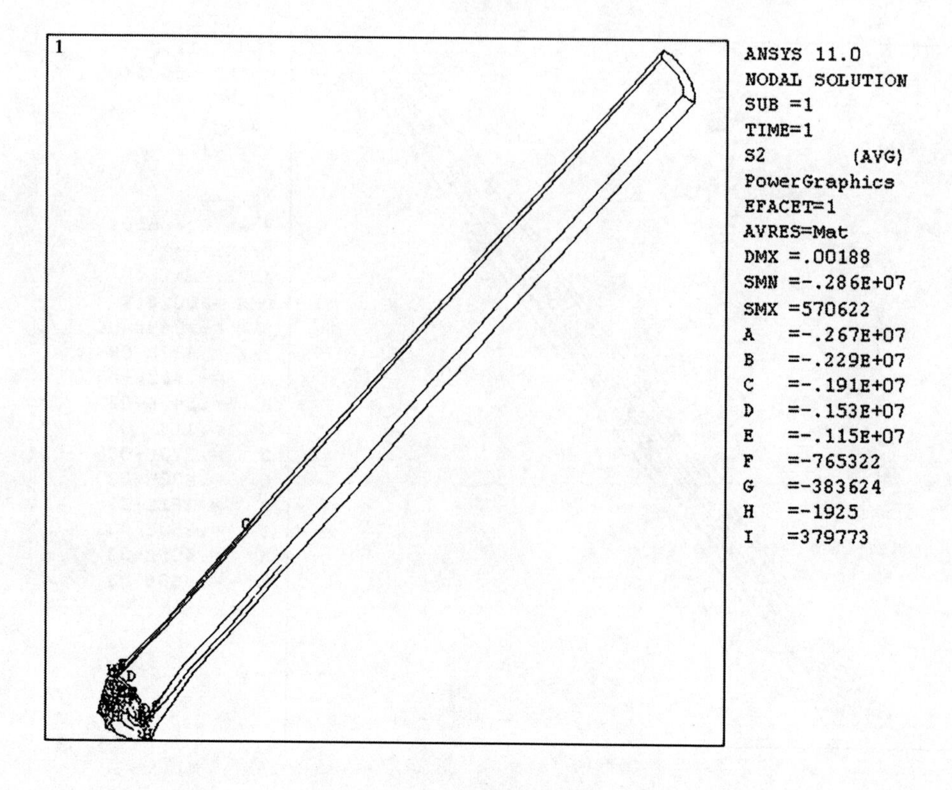

图 4-30　工况 4　竖井衬砌第二主应力 σ_2

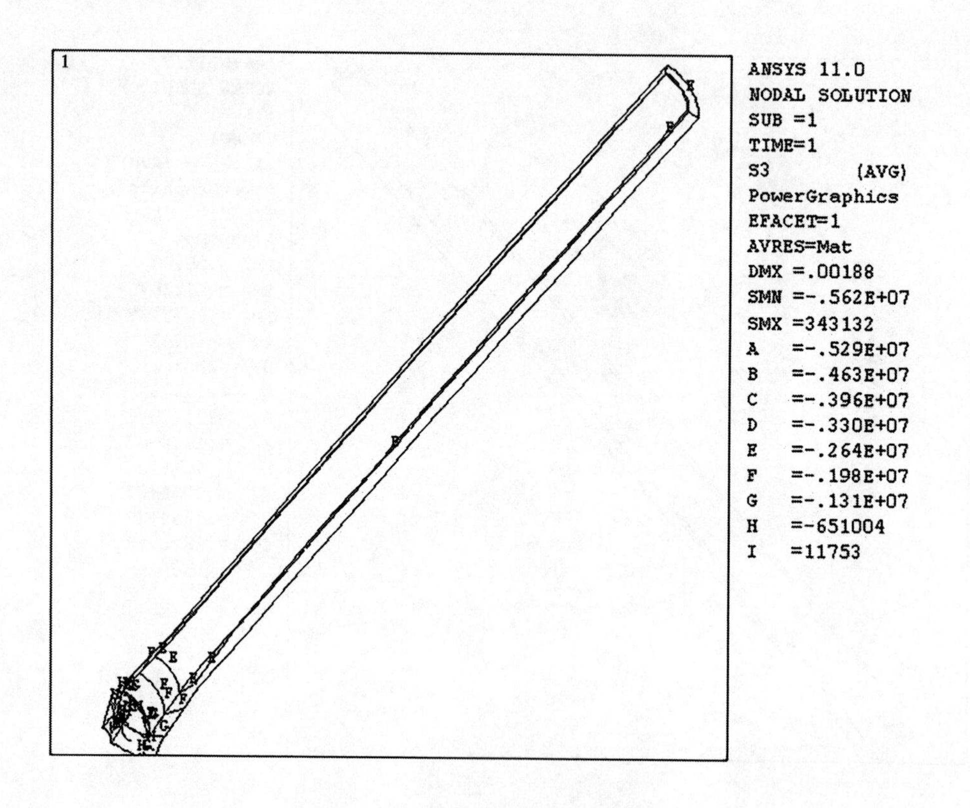

图 4-31　工况 4　竖井衬砌第三主应力 σ_3

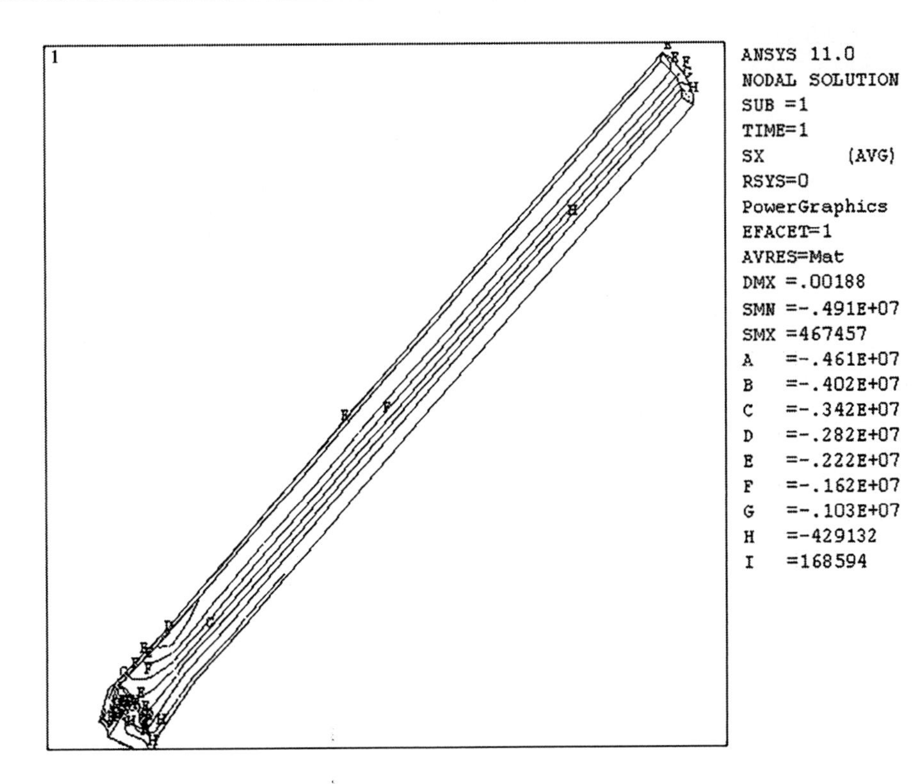

图 4-32　工况 4　竖井衬砌 x 向应力 σ_x

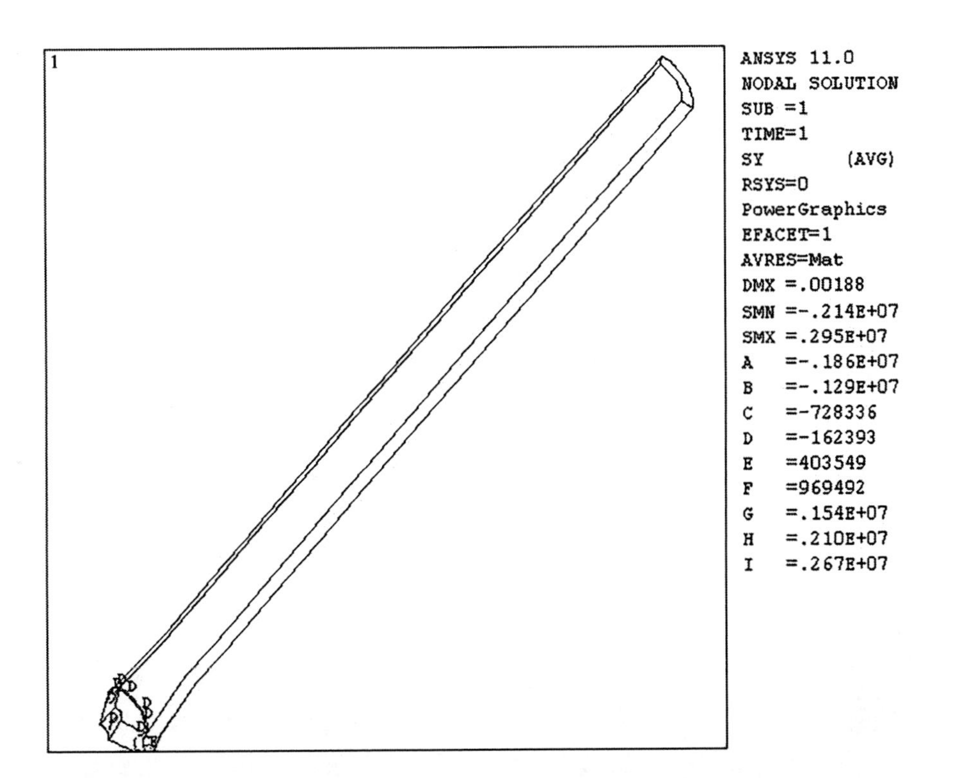

图 4-33　工况 4　竖井衬砌 y 向应力 σ_y

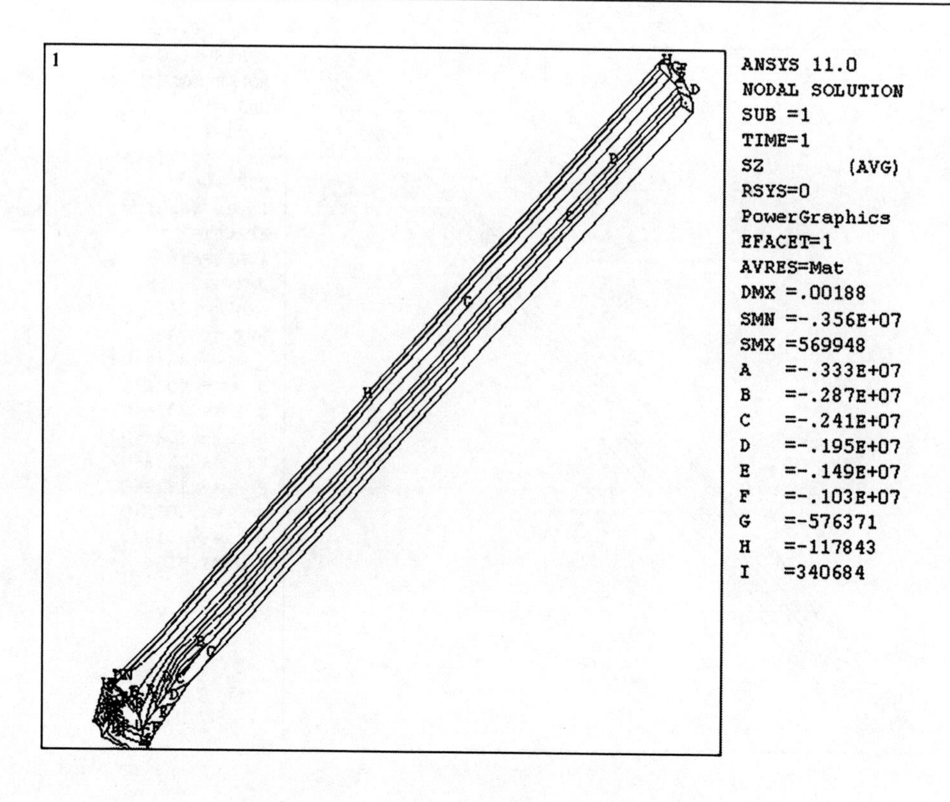

图 4-34　工况 4　竖井衬砌 z 向应力 σ_z

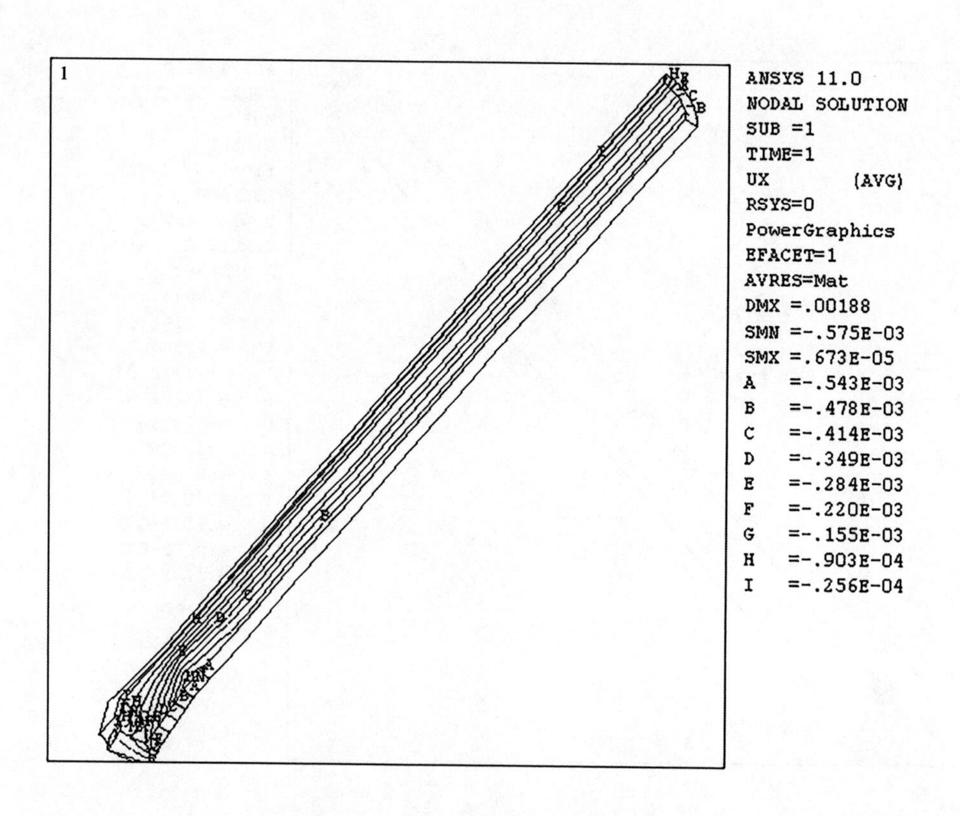

图 4-35　工况 4　竖井衬砌 x 向位移 U_x

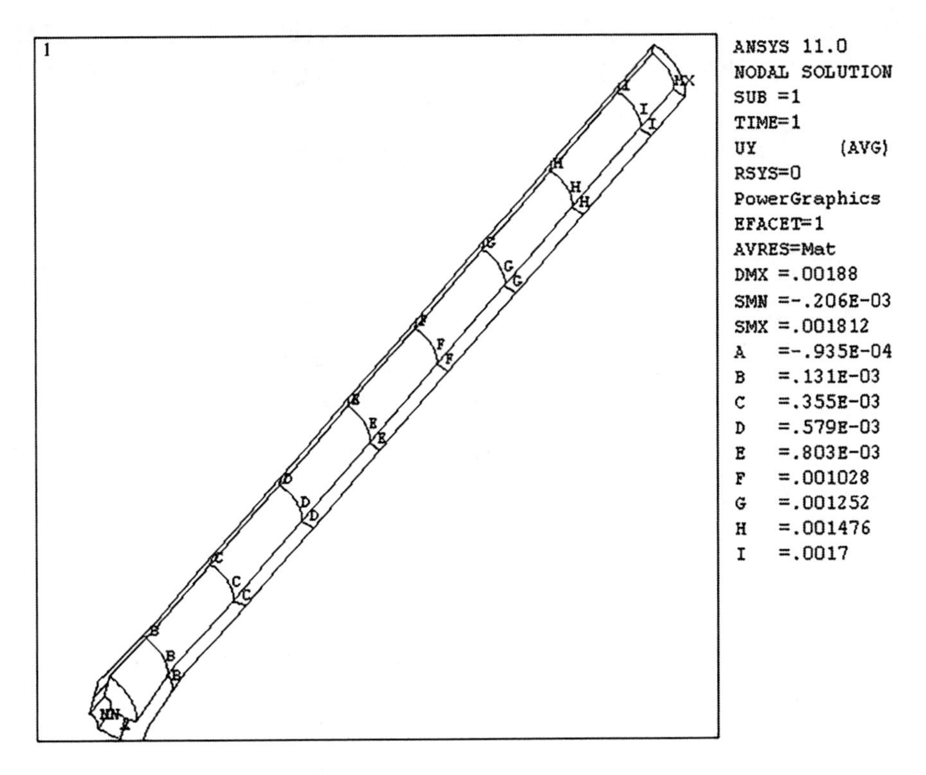

图4-36　工况4　竖井衬砌 y 向位移 U_y

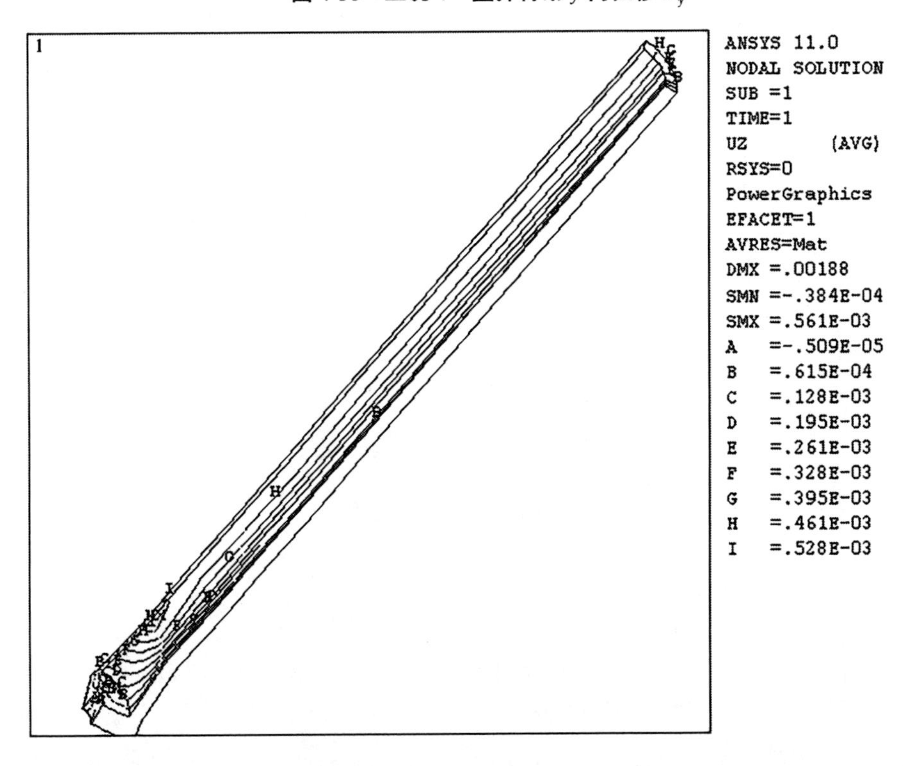

图4-37　工况4　竖井衬砌 z 向位移 U_z

3.9　应力结果分析

在工况1的情况下，在水击压力作用下，竖井衬砌全断面受拉，所受最大拉应力为1.22 MPa，在竖井衬砌内侧0°位置，高度大约距顶板15 m；在该断面，竖井衬砌外侧0°位置，所受拉应力为

0.82 MPa。其他工况，竖井衬砌主要承受压应力的作用，但均不超过衬砌混凝土自身的抗压强度，其中工况 4 衬砌承受的压应力最大，为 3.13 MPa，高度大约距顶板 9.8 m 左右，在竖井衬砌内侧 90°位置。

竖井底板所受水压力差较小，应力较小，按一般构造配筋即可。

综上所述，选取工况 1 的应力结果做配筋计算。

3.10　衬砌配筋计算及强度复核

3.10.1　筋计算

由于衬砌结构在各工况条件下，各部位应力分布图形偏离线性分布较大，因此无法采用将应力换算成内力，然后按内力进行配筋计算。根据上述有限元计算得到的应力结果，按照《水工混凝土结构设计规范》(SL/T 191—2008)附录 H“非杆件体系钢筋混凝土结构的配筋计算原则”中有关规定按应力配筋方法进行弹性应力配筋计算。

在此条件下，可按下列公式计算相应截面的钢筋面积：

$$T \leqslant \frac{1}{\gamma_d}(0.6T_c + f_y A_s) \tag{4-14}$$

式中　T——由荷载设计值(包含结构重要性系数 γ_0 及设计状况系数 ψ)确定的弹性总应力，$T = Ab$，在此，A 为弹性应力图形中主拉应力图形总面积，b 为结构截面宽度；

T_c——混凝土承担的拉应力，$T_c = A_{ct}b$，在此，$A_{ct}b$ 为弹性应力中小于混凝土抗拉强度设计值 f_t 的图形面积(图 4-38 中阴影部分)；

f_y——钢筋的抗拉强度设计值；

γ_d——钢筋混凝土的结构系数，取 1.20。

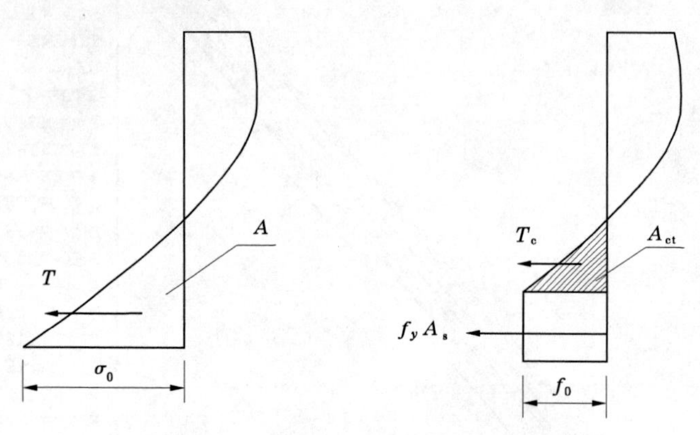

图 4-38　弹性应力图形配筋示意图

按式(4-13)计算时，混凝土承担的拉力 T_c 不宜超过总拉力的 30%。

当弹性应力图形的受拉区高度大于结构截面的 2/3 时，式(4-13)中取 T_c 等于 0。

当弹性应力图形的受拉区高度小于结构截面的 2/3，且截面边缘最大拉应力 σ_0 不大于 $0.5f_t$ 时，可不配置受拉钢筋或仅配置适量的构造钢筋。

配筋计算材料参数选取如下：

(1)混凝土材料：标号 C25，轴心抗拉强度设计值 $f_c = 1.30$ MPa。

(2)钢筋强度设计值 $f_y = 310$ MPa。

3.10.2　断面衬砌配筋计算

配筋计算成果见表 4-11。

表 4-11　**配筋计算成果**

断面高程/m	围岩类型	衬砌厚度/cm	主应力/MPa		断面拉力/kN	偏心距 e_0/cm	弯矩/(kN·m)	计算钢筋面积/cm^2		每米高度建议配筋内侧/外侧	裂缝宽度/mm
			内侧	外侧				内侧	外侧		
2 660.4~2 695.4	Ⅳ	150.00	1.22	0.82	1 530.00	4.902 0	75.00	31.84	27.38	6 Φ 28/6 Φ 25	0.18
2 695.4~2 710.4	Ⅳ	150.00	1.04	0.69	1 297.50	5.057 8	65.63	27.07	23.16	6 Φ 25/5 Φ 25	0.17
2 710.4~2 730.4	Ⅳ	150.00	0.82	0.54	1 019.25	5.132 5	52.31	21.31	18.18	6 Φ 22/5 Φ 22	0.15
2 730.4~2 765.0	Ⅳ	150.00	0.55	0.36	682.50	5.219 8	35.63	14.27	12.15	6 Φ 18/5 Φ 18	0.12

4 调压室边坡稳定及地质参数敏感性分析

4.1 工程概况

调压室位于厂房上游山坡部位,山体自然边坡较缓,岩体风化卸荷强烈,全-强风化岩体厚度约为20 m,弱风化带厚约50 m。岩层倾向坡内,自然边坡整体稳定,但由于岩体破碎,风化卸荷强烈,开挖扰动对边坡稳定不利,应加强防渗、排水措施,防止雨水融雪的不利影响。

围岩为O-S角闪斜长板岩、片岩夹大理岩,薄层状夹中厚层状。岩层产状为NW315°~330°SW∠20°~40°,倾向坡内。发育f_{18}断层,产状NW350°/NE∠83°,宽0.5~2m,由碎裂岩、糜棱岩组成。

竖井深0~40 m为弱风化岩体,风化卸荷强烈,岩体破碎,位于地下水位之上。井壁外侧边墙为顺向坡,围岩岩体较破碎,岩块易沿层面滑动失稳。井壁内侧边墙为逆向坡,围岩稳定性差,岩块易沿构造面滑动失稳。围岩总评分(T)为27分,以Ⅳ类为主。

竖井深40 m至底部为弱-微风化岩体,裂隙发育,岩体破碎,位于地下水位之上。井壁外侧边墙为顺向坡,围岩整体稳定性差,岩块易沿层面滑动失稳。井壁内侧边墙为逆向坡,围岩局部稳定性差,岩块易崩塌、掉落。围岩总评分(T)为48分,以Ⅲ类为主,局部为Ⅳ类。

本工程高边坡属于3级边坡,最高的马道调压室上部开挖边坡共9级,每级高度12 m,最高达107.3 m。

4.2 计算内容

本计算根据相关规范要求采用极限平衡法对岩基及土质边坡进行稳定分析,它根据滑动岩体的静力平衡条件和Mohr-Coulomb准则计算出安全系数,在许多可能的滑动面中找出最危险滑动面。

本工程应用国际通用Geostudio软件的Geo-slope部分对调压室上部开挖边坡进行稳定计算。该软件对求解问题的定义操作简单,能准确、快速地利用不同方法求解出最小安全系数和最危险滑动面。

Geostudio软件是由加拿大某公司开发的,其中SLOPE/W是以极限平衡法为计算原理,专门用来进行边坡稳定分析的,它嵌套了Ordinary、Bishop、Janbu、Morgenstern-Price、Spencer和GLE分析方法。本计算运用Morgenstern-Price法,Geo-slope中的Morgenstern-Price法考虑了条间的法向力和切向力。不仅满足了力的平衡方程,而且满足了力矩平衡方程。

本次依据新的地质参数对边坡的稳定性进行复核计算,并对地质参数进行敏感性分析,如图4-39所示。

4.3 计算依据及规范

(1)《水利水电工程边坡设计规范》(SL 386—2007)。

(2)初步设计报告。

(3)调压室边坡观测布置图。

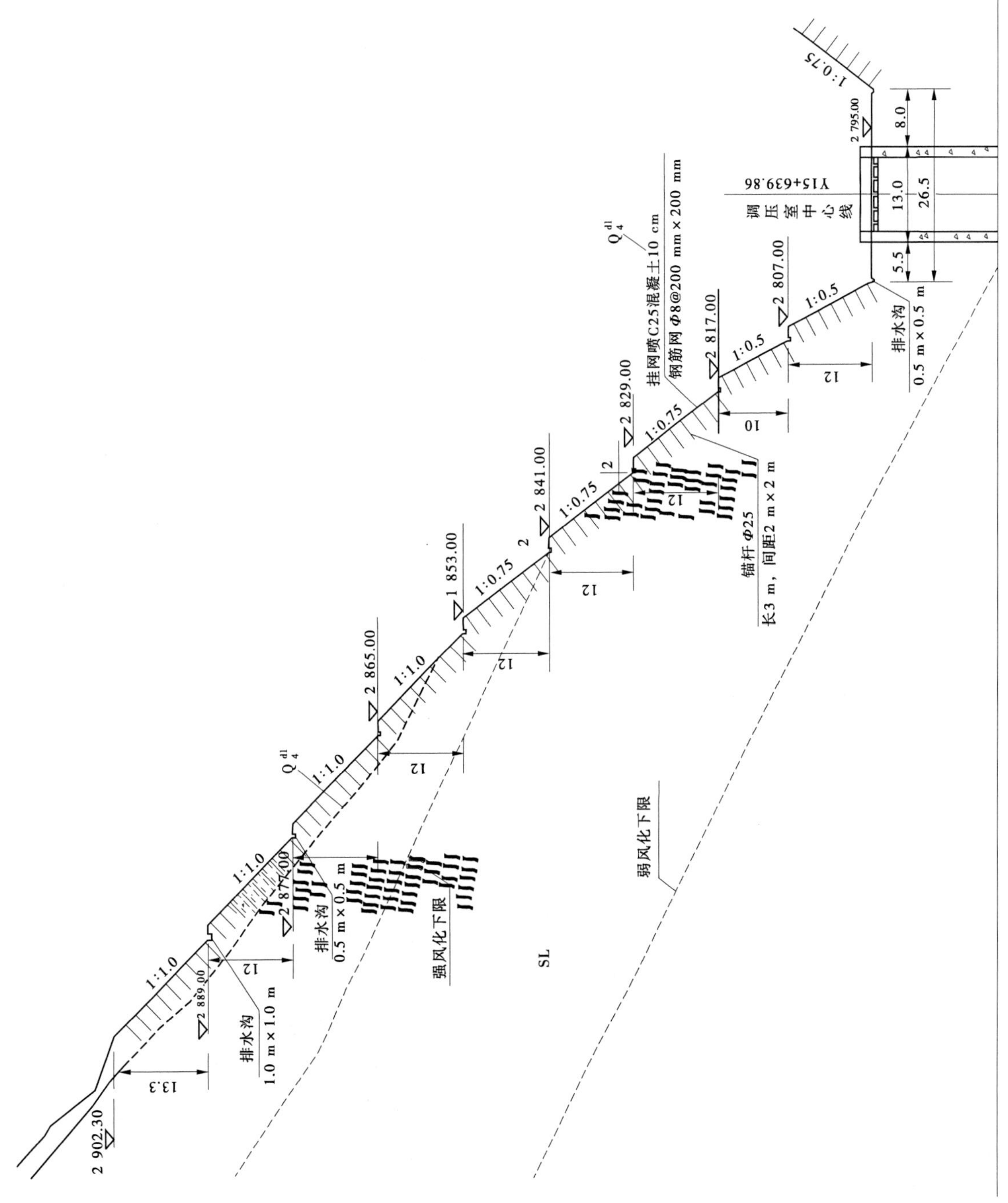

图4-39　调压井段高边坡 CAD 图　（单位：m）

4.4 计算参数及计算工况

4.4.1 地质材料参数

调压井区段土层地质参数建议值见表4-12。

表4-12 调压井区段土层地质参数建议值

岩体	变形模量/GPa	天然密度/(kN/m^3)	饱和密度/(kN/m^3)	黏聚力/kPa	摩擦角/(°)	地震加速度
碎石土	0.015~0.020	18.4	—	30~50	20~22	0.35g
强风化	0.5~0.8	22.4	24.5	150~00	26~27	
弱风化	1.0~2.0	26.8	24.5	300~350	32~33	
微风化-新鲜	5.0	27.2	27.2	400~500	37~48	

4.4.2 地震荷载

进行抗震稳定计算时,设计地震加速度为0.2g及其以上的1级和2级边坡宜同时计入水平向和竖直向地震惯性力。计算某质点地震惯性力时应按式(4-15)和式(4-16)计算:

$$F_{hi} = \alpha_h \xi W_i \alpha_i g \tag{4-15}$$

$$F_{vi} = \frac{1}{2} \times \frac{2}{3} F_{hi} \tag{4-16}$$

式中 F_{hi}——质点i的水平向地震惯性力;

F_{vi}——质点i的垂直向地震惯性力;

α_h——设计地震加速度;

ξ——折减系数,取0.25;

W_i——质点i的质量;

α_i——质点i的动态分布系数,可取$\alpha_i=1$;

g——重力加速度。

本工程主要水工建筑物为3级,根据《水工建筑物抗震设计规范》(SL 203—1997)的规定,工程抗震设防类别为丙类。根据工程场地地震危险性评估成果,工程区50年超越概率10%基岩水平向地震动峰值加速度为(0.24~0.26)g;场地区的地震动峰值加速度为(0.34~0.35)g,相当于地震基本烈度8度,主要建筑物地震设防烈度为8度。本次计算中同时计入水平向和竖直向地震惯性力,α_h取0.35g,ξ取0.25,α_i取1。

4.4.3 计算工况

调压室边坡计算两种工况,完工后的正常运行期及正常运行期考虑地震工况。调压室上部开挖边坡按3级边坡进行复核,3级边坡在正常运用条件下的抗滑稳定安全系数可取1.20~1.15,非正常运用条件Ⅱ下的抗滑稳定安全系数可取1.10~1.05[见《水利水电工程边坡设计规范》(SL 386—2007)中表3.4.2]。计算工况见表4-13。

表 4-13　调压井段高边坡计算工况及安全系数标准说明

工况说明	运用条件	安全系数标准
正常运行期	正常运用条件	1. 15~1. 20
正常运行期+地震	非正常运用条件Ⅱ	1. 05~1. 10

4. 4. 4　敏感性分析计算说明

以正常运用条件中正常运行期工况为例进行敏感性分析。

假定强、弱风化带分界线往山体深度移动，同时分别取用强风化带地质参数最大值、中间值、最小值情况下计算安全系数，判断安全系数能否满足相关规范要求，分析地质参数改变对安全系数的影响。

以地质参数中间值为基础进行敏感性分析，将滑裂面出口逐层设在马道边缘，改变地质参数，控制安全系数在正常运用条件(安全系数 1. 15~1. 20)范围内，求得各地质参数的变化范围。

4. 4. 5　计算模型

调压井开挖边坡计算模型如图 4-40 所示。

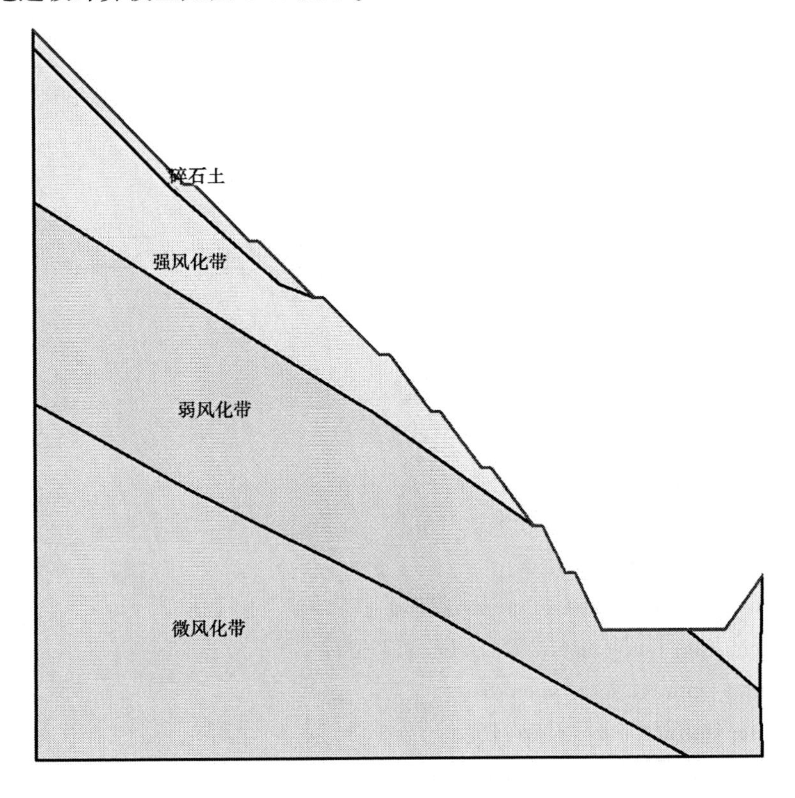

图 4-40　调压井开挖边坡计算模型图

4. 4. 6　计算输出

SLOPE/W Analysis

Project Settings

Length(L) Units:meters

Time(t) Units:Seconds

Force(F) Units:kN

Pressure(p) Units: kPa

Strength Units: kPa

Unit Weight of Water: 9.807 kN/m^3

View: 2D

Analysis Settings

SLOPE/W Analysis

Kind: SLOPE/W

Method: Morgenstern-Price

Settings

Side Function

Interslice force function option: Half-Sine

PWP Conditions Source: (none)

SlipSurface

Direction of movement: Left to Right

Allow Passive Mode: No

Slip Surface Option: Auto-Search

Critical slip surfaces saved: 1

Optimize Critical Slip Surface Location: Yes

Tension Crack

Tension Crack Option: Search for Tension Crack

Percentage Wet: 0

Tension Crack Fluid Unit Weight: 9.807 kN/m^3

FOS Distribution

FOS Calculation Option: Constant

Advanced

Number of Slices: 30

Optimization Tolerance: 0.01

Minimum Slip Surface Depth: 0.1 m

Minimum Slice Width: 0.1 m

Optimization Maximum Iterations: 2000

Optimization Convergence Tolerance: 1e-007

Starting Optimization Points: 8

Ending Optimization Points: 16

Complete Passes per Insertion: 1

Materials

强风化

Model: Mohr-Coulomb

Unit Weight: 22.4 kN/m^3

Cohesion: 175 kPa

Phi: 26.5°

Phi-B: 0°

弱风化

Model:Mohr-Coulomb
Unit Weight:26.8 kN/m^3
Cohesion:325 kPa
Phi:32.5°
Phi-B:0°
微风化
Model:Mohr-Coulomb
Unit Weight:27.2 kN/m^3
Cohesion:450 kPa
Phi:42.5°
Phi-B:0°
Slip Surface Limits
Left Coordinate:(0,2 921.65) m
Right Coordinate:(157.55,2 806.2) m
Seismic Loads
Horz Seismic Load:0
Vert Seismic Load:0
Regions

参数设置及计算结果见表 4-14~表 4-18。

表 4-14　**地质性质区域划分**

区域	岩体	节点	面积/m^2
1	强风化	1,34,35,36,7,6,5,4,3,2	226.136 25
2	强风化	34,26,28,29,15,14,13,12,11,10,9,8,7,36,35	1 814.791
3	强风化	21,30,27,20	150.56
4	弱风化	26,25,31,32,33,24,22,30,27,19,18,17,16,15,29,28	5 100.951 5
5	微风化	25,23,24,33,32,31	5 310.147 5

表 4-15　**计算模型节点**

节点	X/m	Y/m
1	0	2 921.65
2	19.35	2 902.3
3	32.65	2 889
4	34.65	2 889
5	46.65	2 877
6	48.65	2 877
7	60.65	2 865
8	62.65	2 865
9	74.65	2 853
10	76.65	2 853

续表 4-15

节点	X/m	Y/m
11	85.65	2 841
12	87.65	2 841
13	96.65	2 829
14	98.65	2 829
15	107.65	2 817
16	109.65	2 817
17	114.65	2 807
18	116.65	2 807
19	122.65	2 795
20	149.15	2 795
21	157.55	2 806.2
22	157.55	2 768.4
23	0	2 768.4
24	141.575	2 768.4
25	0	2 843.05
26	0	2 885.4
27	141.15	2 795
28	30.72	2 866.4
29	73	2 841
30	157	2 782
31	33	2 825
32	78	2 803
33	118	2 781
34	0	2 918
35	30	2 888
36	53	2 868

表 4-16　重点滑弧面

序号	个数	FOS	中心/m	半径/m	起点/m	终点/m
1	最优	1.716 052	(142.059,2 937.15)	163.058 9	(0,2 921.65)	(122.773,2 795)
2	99	1.750 525	(142.059,2 937.15)	142.902	(0,2 921.65)	(122.341,2 795.62)

表 4-17　　　　最危险滑弧面

序号	滑面	X/m	Y/m	孔隙水压力/kPa	基底法向应力/kPa	摩擦强度/kPa	黏结强度/kPa
1	Optimized	0. 226 699 4	2 919. 598 5	0	-239. 028 85	-119. 175 39	175
2	Optimized	1. 015 778 4	2 912. 457	0	-188. 744 28	-94. 104 426	175
3	Optimized	2. 897 576	2 901. 945 5	0	2. 698 387	1. 345 366 1	175
4	Optimized	5. 767 202	2 892. 772 5	0	169. 894 27	84. 706 159	175
5	Optimized	8. 867 62	2 885. 27	0	206. 947 78	103. 180 36	175
6	Optimized	11. 402 985	2 879. 628 5	0	285. 268 02	142. 229 39	175
7	Optimized	14. 164 875	2 874. 328 5	0	213. 617 41	136. 089 3	325
8	Optimized	17. 645 805	2 868. 095	0	290. 939 9	185. 349 16	325
9	Optimized	20. 315 125	2 863. 672	0	310. 306 8	197. 687 23	325
10	Optimized	23. 402 645	2 859. 261	0	399. 583 12	254. 562 52	325
11	Optimized	27. 647 44	2 853. 637 5	0	413. 762 19	263. 595 59	325
12	Optimized	29. 884 92	2 850. 697 5	0	484. 743 3	308. 815 54	325
13	Optimized	30. 36	2 850. 168	0	485. 234 67	309. 128 58	325
14	Optimized	31. 685	2 848. 692	0	486. 781 55	310. 114 05	325
15	Optimized	33. 65	2 846. 503	0	502. 176 04	319. 921 42	325
16	Optimized	35. 923 675	2 843. 970 5	0	517. 971 39	329. 984 17	325
17	Optimized	40. 222 635	2 839. 629	0	576. 275 5	367. 127 98	325
18	Optimized	44. 948 96	2 835. 204 5	0	612. 080 98	389. 938 59	325
19	Optimized	47. 65	2 832. 82	0	624. 509 91	397. 856 69	325
20	Optimized	50. 825	2 830. 017	0	637. 475 27	406. 116 54	325
21	Optimized	53. 203 445	2 827. 917 5	0	637. 247 68	405. 971 54	325
22	Optimized	55. 217 665	2 826. 344	0	693. 209 96	441. 623 45	325
23	Optimized	58. 839 22	2 823. 556 5	0	687. 848 96	438. 208 11	325
24	Optimized	61. 65	2 821. 393 5	0	699. 064 63	445. 353 28	325
25	Optimized	64. 266 46	2 819. 379 5	0	711. 022 63	452. 971 37	325
26	Optimized	67. 662 19	2 816. 915	0	754. 891 8	480. 919 12	325
27	Optimized	71. 220 73	2 814. 475	0	745. 737 53	475. 087 2	325
28	Optimized	73. 825	2 812. 689	0	738. 936 57	470. 754 51	325
29	Optimized	75. 65	2 811. 437 5	0	749. 575 17	477. 532 05	325
30	Optimized	77. 417 555	2 810. 225 5	0	756. 474 03	481. 927 11	325
31	Optimized	80. 051 33	2 808. 582 5	0	786. 049 79	500. 768 95	325
32	Optimized	83. 783 775	2 806. 349 5	0	745. 010 31	474. 623 91	325
33	Optimized	85. 782 095	2 805. 154	0	725. 568 11	462. 237 86	325

续表 4-17

序号	滑面	X/m	Y/m	孔隙水压力/kPa	基底法向应力/kPa	摩擦强度/kPa	黏结强度/kPa
34	Optimized	86. 782 095	2 804. 64	0	796. 592 99	507. 485 7	325
35	Optimized	89. 9	2 803. 077	0	769. 683 57	490. 342 51	325
36	Optimized	94. 4	2 800. 821 5	0	698. 363 23	444. 906 44	325
37	Optimized	97. 65	2 799. 192 5	0	669. 373 06	426. 437 67	325
38	Optimized	98. 789 18	2 798. 621 5	0	674. 657 73	429. 804 38	325
39	Optimized	101. 108 78	2 797. 834	0	718. 684 38	457. 852 44	325
40	Optimized	105. 469 6	2 796. 398	0	605. 924 38	386. 016 4	325
41	Optimized	108. 65	2 795. 350 5	0	552. 134 86	351. 748 7	325
42	Optimized	111. 425 1	2 794. 436 5	0	475. 289 24	302. 792 64	325
43	Optimized	113. 925 1	2 793. 939	0	536. 175 33	341. 581 36	325
44	Optimized	115. 65	2 794. 146	0	463. 389 58	295. 211 72	325
45	Optimized	119. 65	2 794. 625 5	0	231. 193 38	147. 286 43	325
46	Optimized	122. 711 7	2 794. 992 5	0	24. 354 329	15. 515 419	325

表 4-18　　最危险滑弧面

序号	滑面	X/m	Y/m	孔隙水压力/kPa	基底法向应力/kPa	摩擦强度/kPa	黏结强度/kPa
1	99	0. 258 375 7	2 919. 566 5	0	−226. 793 14	−113. 074 89	175
2	99	2. 426 936 7	2 908. 253 5	0	−77. 462 876	−38. 621 565	175
3	99	6. 247 307 5	2 893. 131	0	110. 629 54	55. 157 854	175
4	99	10. 067 677	2 882. 615	0	214. 889 96	107. 140 18	175
5	99	13. 820 895	2 874. 235 5	0	202. 031 67	128. 708 37	325
6	99	17. 506 965	2 867. 197 5	0	277. 965 87	177. 083 79	325
7	99	21. 125	2 861. 093 5	0	338. 389 07	215. 577 62	325
8	99	24. 675	2 855. 713	0	388. 263 9	247. 351 38	325
9	99	28. 225	2 850. 814 5	0	431. 694 48	275. 019 71	325
10	99	30. 36	2 848. 023	0	456. 187 43	290. 623 45	325
11	99	31. 685	2 846. 398 5	0	470. 084 71	299. 476 99	325
12	99	33. 65	2 844. 06	0	502. 095 48	319. 870 1	325
13	99	36. 65	2 840. 709 5	0	542. 878 44	345. 851 71	325
14	99	40. 65	2 836. 508 5	0	579. 619 03	369. 258 05	325
15	99	44. 65	2 832. 629	0	614. 368 64	391. 395 99	325
16	99	47. 65	2 829. 885	0	653. 117 14	416. 081 51	325

续表4-18

序号	滑面	X/m	Y/m	孔隙水压力/kPa	基底法向应力/kPa	摩擦强度/kPa	黏结强度/kPa
17	99	50.825	2 827.200 5	0	692.101 82	440.917 49	325
18	99	54.912 5	2 823.924	0	724.301 84	461.431 16	325
19	99	58.737 5	2 821.079	0	752.497 69	479.393 9	325
20	99	61.65	2 819.025 5	0	787.970 8	501.992 76	325
21	99	64.375	2 817.227 5	0	820.858 2	522.944 35	325
22	99	67.825	2 815.061	0	841.081 64	535.828 1	325
23	99	71.275	2 813.028 5	0	857.800 25	546.479 03	325
24	99	73.825	2 811.596 5	0	867.504 65	552.661 42	325
25	99	75.65	2 810.623	0	889.304 66	566.549 55	325
26	99	78.9	2 808.989 5	0	897.792 75	571.957 06	325
27	99	83.4	2 806.868	0	866.897 71	552.274 75	325
28	99	86.65	2 805.434 5	0	860.974 37	548.501 17	325
29	99	89.9	2 804.131 5	0	846.082 53	539.014 02	325
30	99	94.4	2 802.453	0	776.266 13	494.536 06	325
31	99	97.65	2 801.33	0	742.233 35	472.854 8	325
32	99	100.9	2 800.326	0	698.184 75	444.792 74	325
33	99	105.4	2 799.052	0	585.994 72	373.319 81	325
34	99	108.65	2 798.214 5	0	527.027 86	335.753 78	325
35	99	112.15	2 797.439	0	403.811 02	257.255 99	325
36	99	115.65	2 796.715 5	0	275.727 33	175.657 68	325
37	99	119.495 7	2 796.072	0	125.073 43	79.680 565	325

4.4.7 计算结果

边坡稳定性复核计算中，地质参数选取表4-19中各地质参数取值范围最大值、中间值、最小值进行计算，各工况安全系数均满足相关规范要求。

表4-19　安全系数计算结果

运用条件	工况说明	地质参数	计算结果安全系数	结果图	规范要求安全系数
正常运用条件	正常运行期	最大值	1.73	图4-41	1.20~1.15
		中间值	1.65	图4-42	
		最小值	1.44	图4-43	
非常运用条件Ⅱ	正常运行期+地震	最大值	1.51	图4-44	1.10~1.05
		中间值	1.43	图4-45	
		最小值	1.24	图4-46	

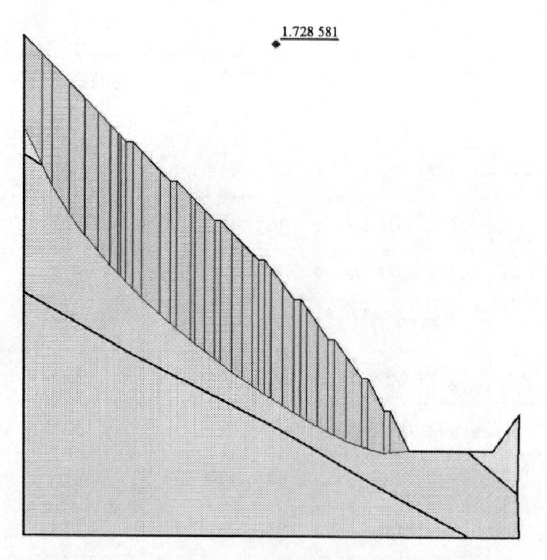

图 4-41　正常运行期安全系数(地质参数最大值)

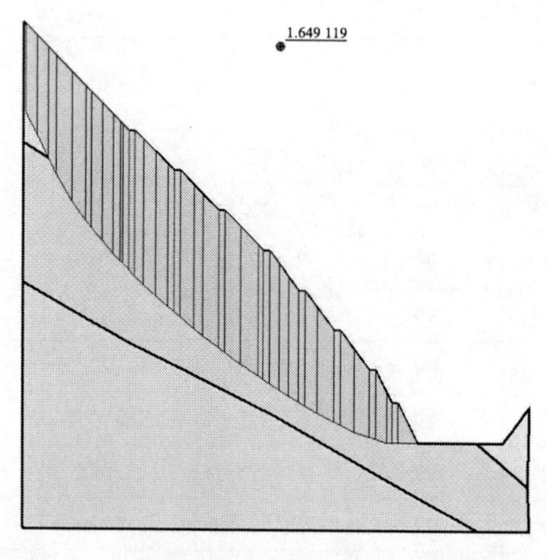

图 4-42　正常运行期安全系数(地质参数中间值)

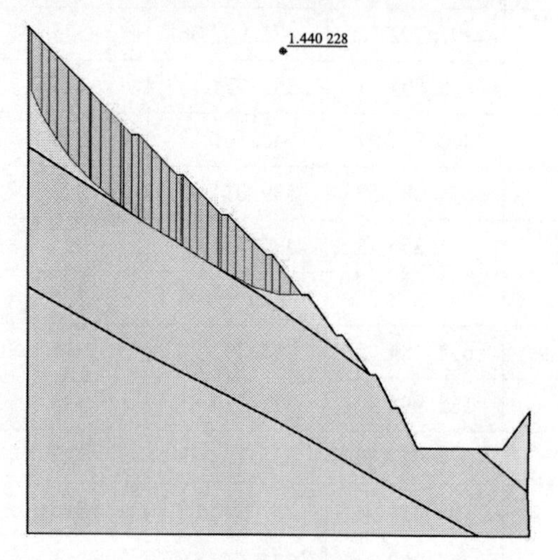

图 4-43　正常运行期安全系数(地质参数最小值)

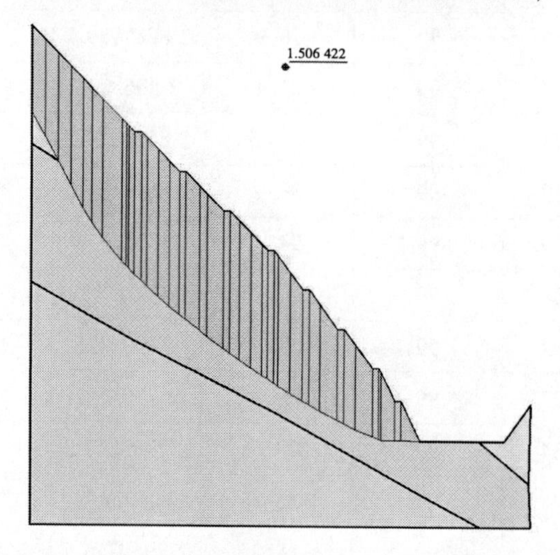

图 4-44　正常运行期+地震安全系数(地质参数最大值)

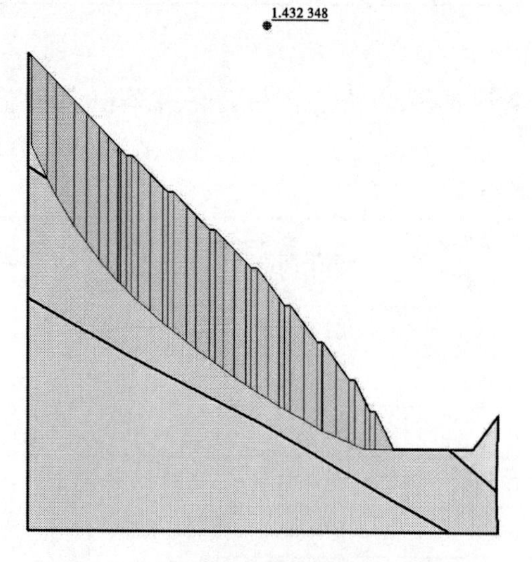

图 4-45　正常运行期+地震安全系数
(地质参数中间值)

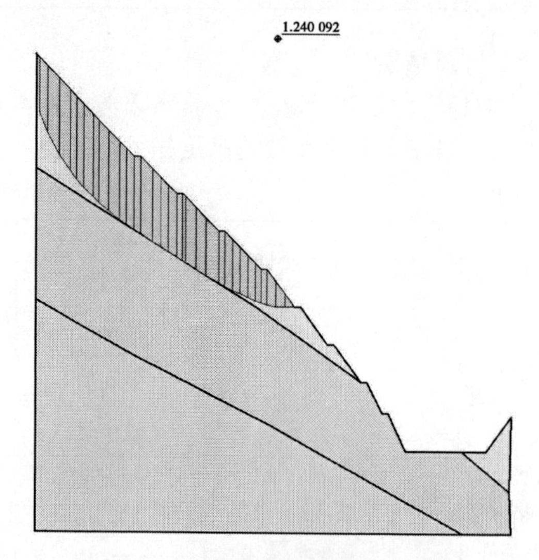

图 4-46　正常运行期+地震安全系数
(地质参数最小值)

4.4.8　地质参数对安全系数的敏感性分析结果

假定强、弱风化带分界线往山体深度移动,同时分别取用强风化带地质参数最大值、中间值、最小值情况下计算安全系数,计算结果见表4-20。强、弱风化带同时取用强风化带地质参数最大值时,可以满足相关规范要求,其他情况均不能满足。相应结果如图4-47~图4-49所示。

表4-20　强、弱风化带地质参数取值相同对应安全系数(以强风化带中间值为基础)

工况	地质参数		安全系数	结果图	运用条件及相关规范要求
	黏聚力/kPa	摩擦角/(°)			
最大值	200	27	1.2	图4-47	正常运用条件 1.20~1.15
中间值	175	26.5	1.12	图4-48	
最小值	150	26	1.04	图4-49	

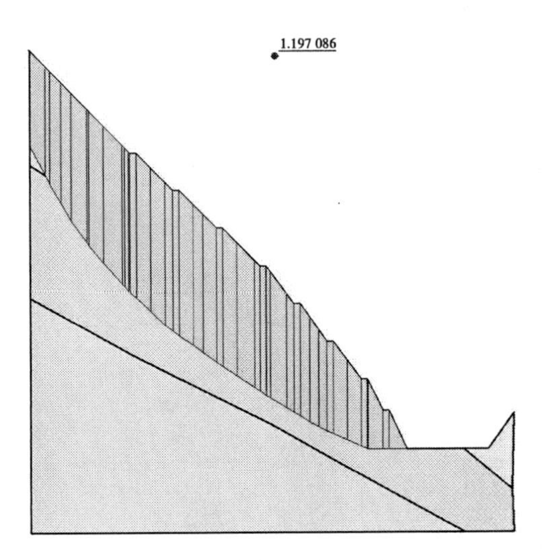

图4-47　强、弱风化带取值相同时安全系数
(取用强分化带参数最大值)

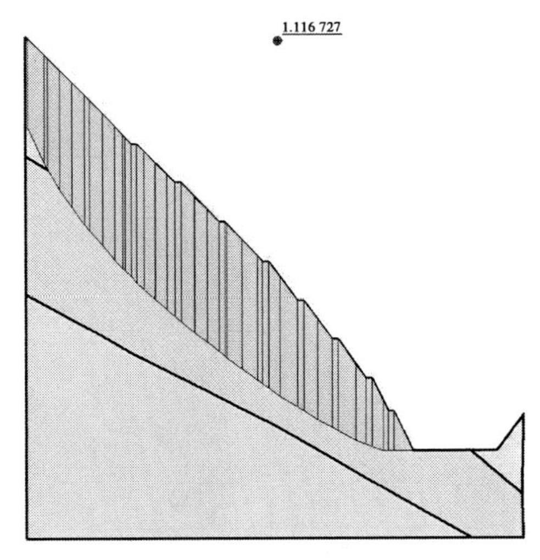

图4-48　强、弱风化带取值相同时安全系数
(取用强分化带参数中间值)

以地质参数中间值为基础进行敏感性分析,将滑裂面出口逐层设在各级马道边缘,改变地质参数,控制安全系数在正常运用条件(1.15~1.20)范围内,求得各地质参数的变化范围,见表4-21,相应结果见图4-50~图4-62。由表4-21可知:滑裂面出口高程在2 829 m及以上时,滑裂面全部出现在强风化带;滑裂面出口高程在2 817 m时,仅降低强风化带地质参数,滑裂面全部出现在强风化带,同时降低强、弱风化带地质参数,滑裂面贯穿强、弱风化带;滑裂面出口高程在2 807 m及以下时,滑裂面贯穿强、弱风化带。

4.4.9　结论

(1)根据相关规范要求采用极限平衡法对岩基及土质边坡进行稳定分析。本计算应用国际通用Geostudio软件的Geo-slope部分对调压室上部开挖边坡及厂房开挖边坡进行稳定计算,该部分是以极限平衡法为计算原理,专门用来进行边坡稳定分析,计算结果合理。本工程按相关规范3级边坡抗滑稳定要求计算,要求运行期工况安全系数大于1.20~1.15,考虑地震工况安全系数大于1.10~1.05。

表 4-21 **地质参数变化敏感性分析**(以中间值为基础,安全系数控制在 1.15~1.20)

滑动面出口马道高程/m	地质参数				安全系数	结果图	说明
	风化带	黏聚力/kPa	摩擦角/(°)	降低比例			
		现用值	现用值	现用值/中间值			
2 877	强风化	94.5	14.3	0.54	1.15	图 4-50	滑裂面全部出现在强风化带
	弱风化	325	32.5	1			
2 865	强风化	109.4	16.6	0.625	1.15	图 4-51	
	弱风化	325	32.5	1			
2 853	强风化	119.9	18.2	0.685	1.15	图 4-52	
	弱风化	325	32.5	1			
2 841	强风化	129.5	19.6	0.74	1.15	图 4-53	
	弱风化	325	32.5	1			
	强风化	129.5	19.6	0.74	1.15	图 4-54	
	弱风化	240.5	24.1	0.74			
2 829	强风化	122.5	18.6	0.7	1.16	图 4-55	
	弱风化	325	32.5	1			
	强风化	122.5	18.6	0.7	1.16	图 4-56	
	弱风化	227.5	22.8	0.7			
2 817	强风化	112	17	0.64	1.15	图 4-57	滑裂面贯穿强、弱风化带
	弱风化	325	32.5	1			
	强风化	112	17	0.64	1.18	图 4-58	
	弱风化	208	20.8	0.64			
2 807	强风化	175	26.5	1	1.17	图 4-59	
	弱风化	214.5	21.5	0.66			
	强风化	115.5	17.5	0.66	1.15	图 4-60	
	弱风化	214.5	21.5	0.66			
2 795	强风化	175	26.5	1	1.16	图 4-61	
	弱风化	234	23.4	0.72			
	强风化	126	19.1	0.72	1.15	图 4-62	
	弱风化	234	23.4	0.72			

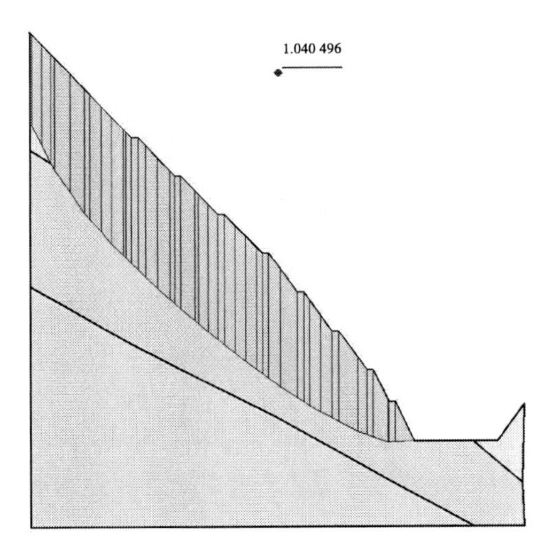

图4-49　强、弱风化带取值相同时安全系数
(取用强分化带参数最小值)

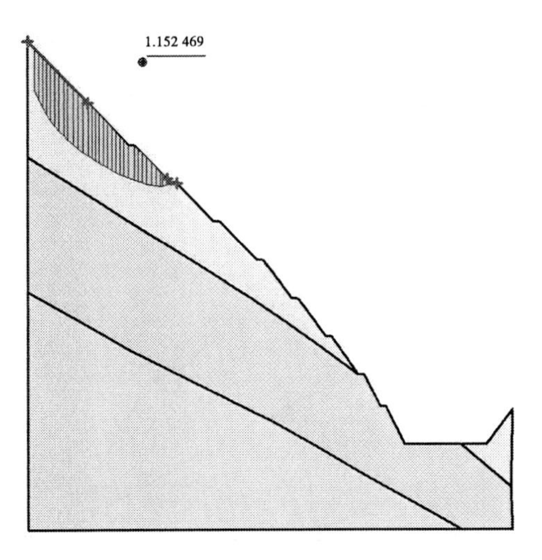

图4-50　滑裂面出口高程2 877 m
(强风化带中间值×0.54,弱风化带中间值×1.0)

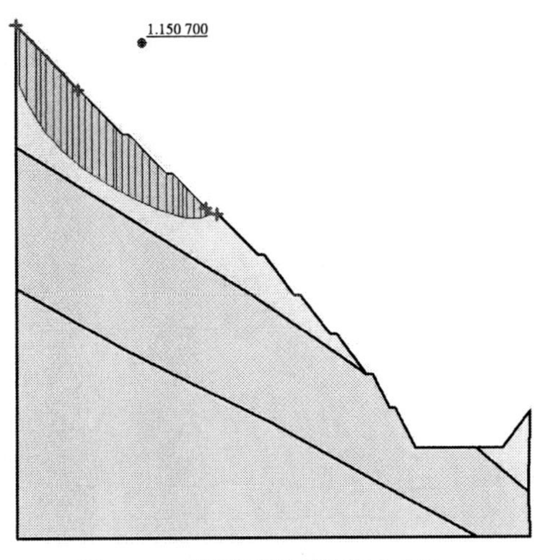

图4-51　滑裂面出口高程2 865 m
(强风化带中间值×0.625,弱风化带中间值×1.0)

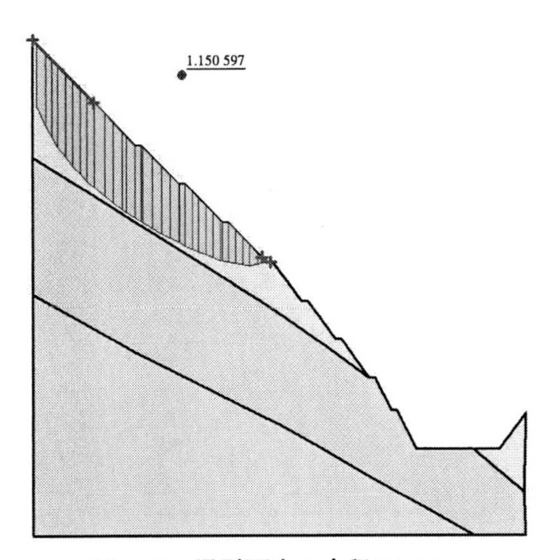

图4-52　滑裂面出口高程2 853 m
(强风化带中间值×0.685,弱风化带中间值×1.0)

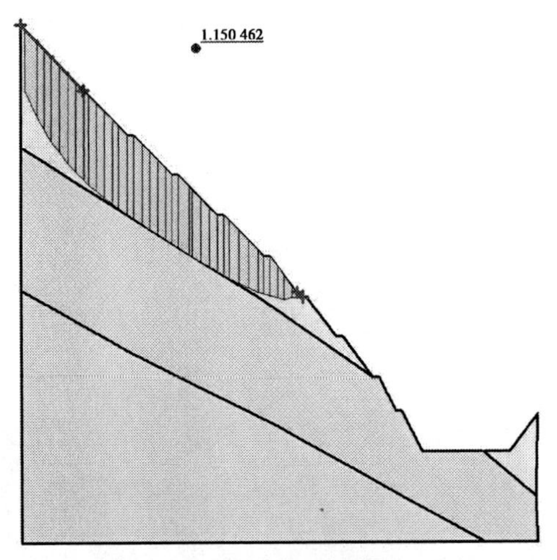

图4-53　滑裂面出口高程2 841 m
(强风化带中间值×0.74,弱风化带中间值×1.0)

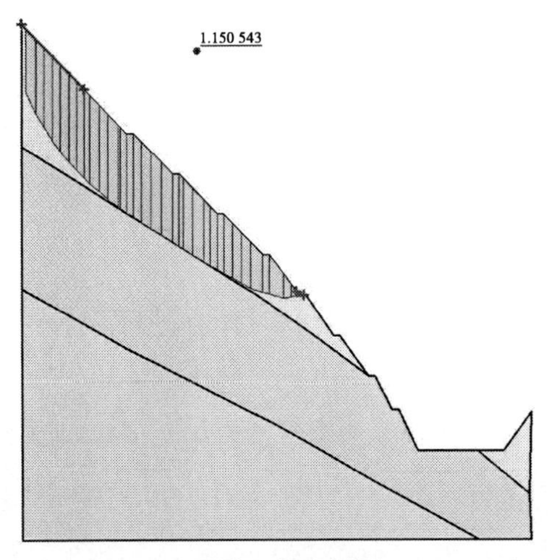

图4-54　滑裂面出口高程2 841 m
(强风化带中间值×0.74,弱风化带中间值×0.74)

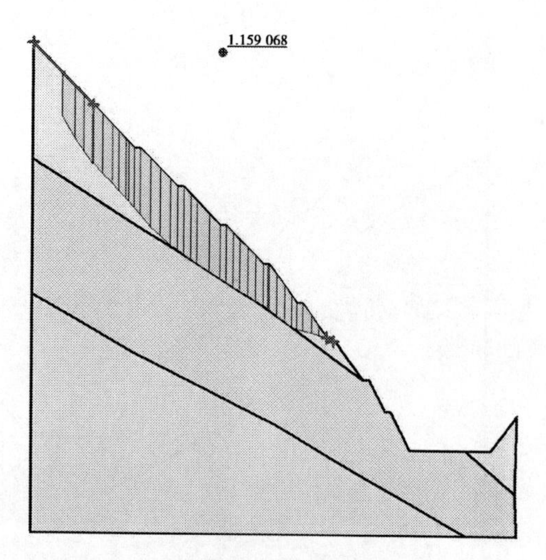

图 4-55 滑裂面出口高程 2 829 m
(强风化带中间值×0.7,弱风化带中间值×1.0)

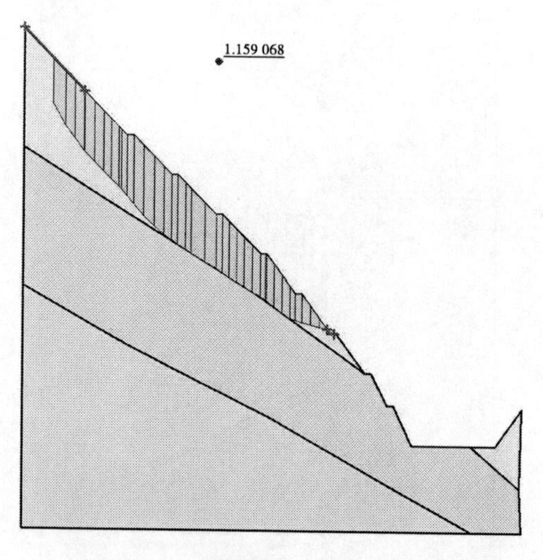

图 4-56 滑裂面出口高程 2 829 m
(强风化带中间值×0.7,弱风化带中间值×0.7)

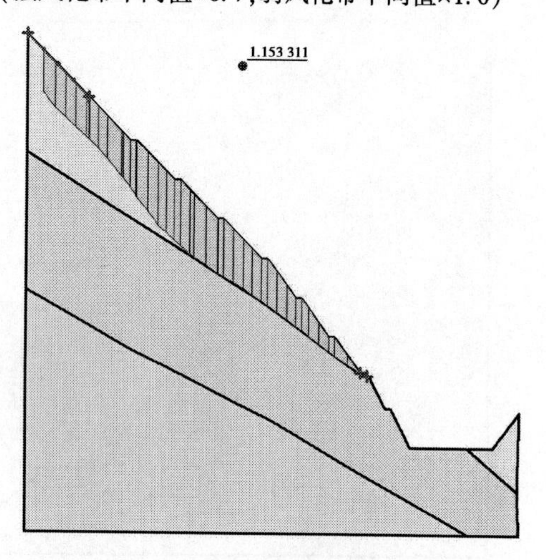

图 4-57 滑裂面出口高程 2 817 m
(强风化带中间值×0.64,弱风化带中间值×1.0)

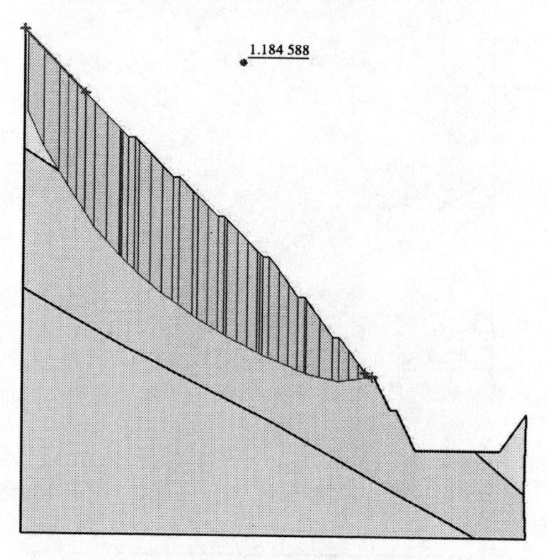

图 4-58 滑裂面出口高程 2 817 m
(强风化带中间值×0.64,弱风化带中间值×0.64)

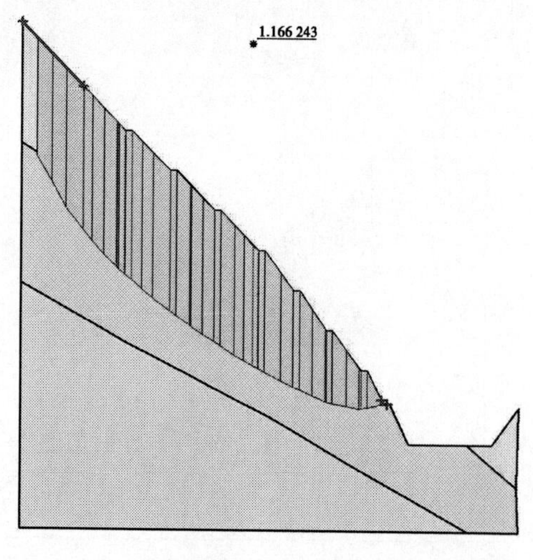

图 4-59 滑裂面出口高程 2 807 m
(强风化带中间值×1.0,弱风化带中间值×0.66)

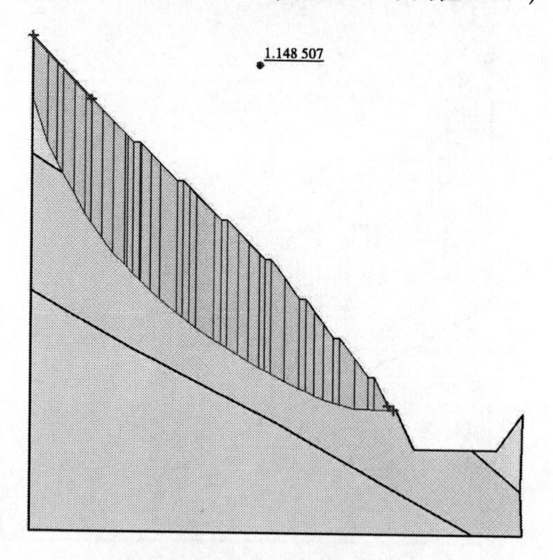

图 4-60 滑裂面出口高程 2 807 m
(强风化带中间值×0.66,弱风化带中间值×0.66)

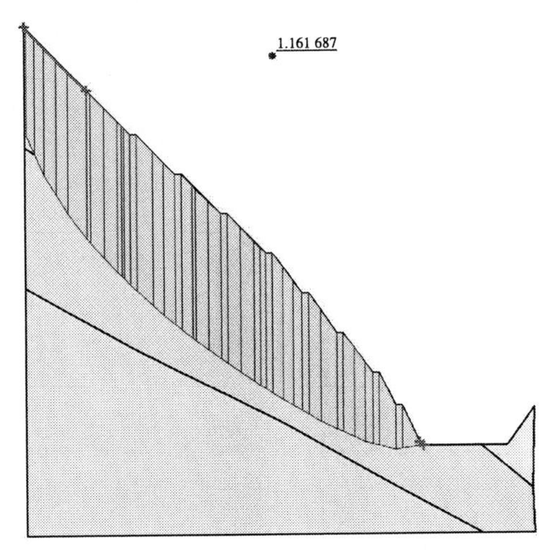

图4-61　滑裂面出口高程2 795 m
（强风化带中间值×1.0,弱风化带中间值×0.72）

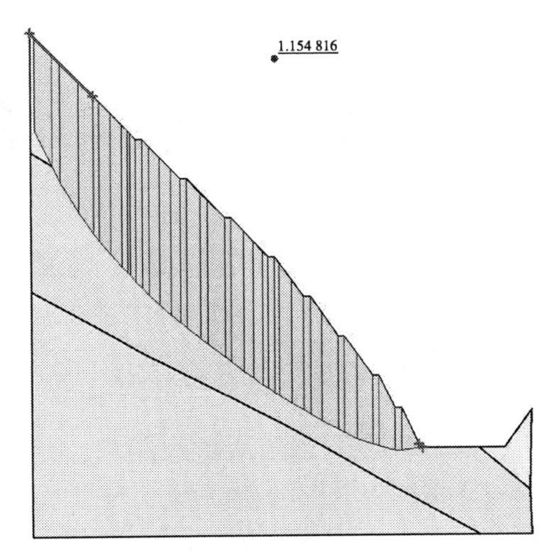

图4-62　滑裂面出口高程2 795 m
（强风化带中间值×0.72,弱风化带中间值×0.72）

（2）边坡稳定性复核计算中,地质参数选取表中各地质参数取值范围最大值、中间值、最小值进行计算,正常运行期安全系数分别为1.73、1.65、1.44,正常运行期考虑地震安全系数分别为1.51、1.43、1.24,各工况安全系数均满足相关规范给出的3级边坡抗滑稳定要求。

（3）以正常运用条件中正常运行期为例进行敏感性分析。假定强、弱风化带分界线往山体深度移动,强、弱风化带同时分别取用强风化带地质参数最大值、中间值、最小值情况下计算安全系数。取用地质参数最大值时安全系数为1.20,可以满足相关规范要求;取用地质参数中间值和最小值时安全系数分别为1.12和1.04,均不满足相关规范要求。

（4）以地质参数中间值为基础进行敏感性分析,将滑裂面出口逐层设在各级马道边缘,改变地质参数,控制安全系数在正常运用条件(1.15~1.20)范围内,求得各地质参数的变化范围。滑裂面出口高程在2 829 m及以上时,滑裂面全部出现在强风化带;滑裂面出口高程在2 807 m及以下时,滑裂面贯穿强、弱风化带。

（5）滑裂面出口高程在2 877 m时,由于出口点高程最高,滑动体高程限制较小,降低比例最小,为0.54,高程2 865 m及以下作为滑动面出口,强、弱风化带地质参数降低比例范围为0.625~0.74。

4.4.10　山体边坡处理

调压室竖井口平台后的山体边坡开挖后进行喷锚加固处理。弱风化岩石表面喷10 cm厚的素混凝土防护,强风化岩石表面挂网Φ8@200 mm×200 mm喷15 cm厚混凝土防护。边坡高度上每12 m设置2 m宽的马道,在马道处设置排水沟,以确保边坡稳定和建筑物的安全。

5 调压室上部结构计算

本工程所处位置为高烈度地震区,地震加速度峰值为 0. 35g。为了解调压室上部高耸排架柱的应力及配筋情况,本次计算取整个排架进行分析。

5.1 计算依据及参考资料

5.1.1 依据的规程、规范及参考书

《水工混凝土结构设计规范》(SL 191—2008)。

《水电工程水工建筑物抗震设计规范》(NB 35047—2015)。

5.1.2 参考资料

(1)工程初步设计报告。

(2)工程调压室布置图。

(3)工程调压室上部结构图。

(4)工程调压井事故门布置图。

5.2 设计工况及荷载

5.2.1 设计工况

本次计算主要验算排架柱尺寸及布置是否合理,并根据计算结果进行配筋计算。主要计算工况见表 4-22。

表 4-22 排架计算工况

作用组合	计算工况	结构自重	排架顶部永久机电设备重	屋面荷载	启闭机运行荷载	地震荷载
基本组合	启闭机空载	√	√	√		
	启闭机满载	√	√		√	
特殊组合	启闭机空载+地震	√	√			√

注:"√"表示计算时采用该数据。

5.2.2 计算荷载

(1)结构自重(G_1):程序自动计算。

(2)排架顶部永久机电设备重(G_2):排架顶部永久机电设备自重为 550 kN,按机电提供地脚螺栓布置情况分布于排架柱顶端梁上。

(3)屋面活荷载或雪荷载(G_3):屋面荷载取 2 kPa。

(4)启闭机运行荷载(G_4):启闭机最大运行荷载为 3 600 kN。

(5)地震荷载(G_5):水平向设计地震加速度 a_h 代表值取 0. 26g(g 为重力加速度),最大动力放大系数β_{max} 为 2. 25,地震的主振周期 T_0 为 0. 20 s。场址属于Ⅰ类场,地震设计反应谱按《水电工程水工建筑物抗震设计规范》(NB 35047—2015)确定,如图 4-63 所示。

地震荷载激振方向按顺水流方向(x 向)计算排架在地震荷载作用下的响应。各阶振型的地震作用效应按平方和方根(SRSS)法组合。

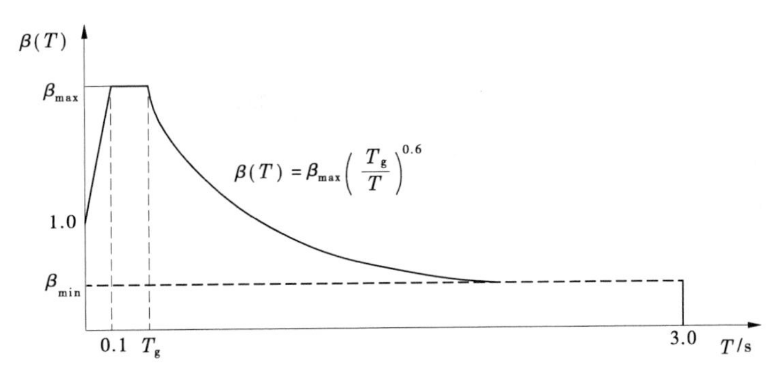

图4-63　设计反应谱

5.3　计算用材料参数及计算方法

5.3.1　计算用材料参数

调压室排架柱混凝土强度等级为C30,重度:25 kN/m³,弹性模量:3.0×10⁴ MPa,泊松比:0.167。钢筋采用HRB400,弹性模量:2.0×10⁵ MPa,强度设计值:400 MPa。

5.3.2　计算方法及计算用模型

计算采用有限元分析软件ANSYS完成,利用程序中的三维实体单元,按线弹性材料进行应力与变形分析。

为比较真实地反映排架柱的应力分布情况,取整个排架及下部结构建立计算结构的三维模型。坐标系规定为:顺水流方向为 x 轴;水平向垂直水流方向为 z 轴;竖直向垂直水流方向为 y 轴。模型计算网格如图4-64所示。

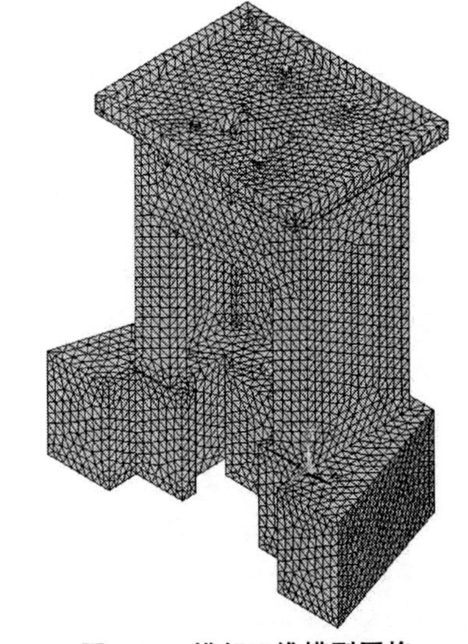

图4-64　排架三维模型网格

5.4　结果分析

取主应力及正应力来反映排架柱及排架顶部梁系的应力状况,作为设计依据。

调压室排架柱计算中,控制工况为启闭机空载+地震情况。

(1)启闭机空载+地震情况。

应力:

顺水流(x)方向,$S_{x_{max}}$ = 1.53 MPa,发生部位为联系梁与排架柱相交处。

竖直向垂直水流(y)方向,$S_{y_{max}}$ = 1.68 MPa,发生部位为排架柱底部。

水平向垂直水流(z)方向,$S_{z_{max}}$ = 1.42 MPa,发生部位为排架柱顶部主梁上。

(2)启闭机满载工况。

应力:

顺水流(x)方向,$S_{x_{max}}$ = 1.35 MPa,发生部位为启闭机下部次梁底部。

竖直向垂直水流(y)方向,$S_{y_{max}}$ = 0.76 MPa,发生部位为排架柱顶端以下1.6 m位置。

水平向垂直水流(z)方向,$S_{z_{max}}$ = 1.27 MPa,发生部位为主梁下部墙体上。

(3)启闭机空载工况。

应力：

顺水流(x)方向,$S_{x_{max}}$=0.76 MPa,发生部位为启闭机下部次梁底部。

竖直向垂直水流(y)方向,$S_{y_{max}}$=0.41 MPa,发生部位为排架柱顶端以下 1.6 m 位置。

水平向垂直水流(z)方向,$S_{z_{max}}$=1.01 MPa,发生部位为排架柱顶部主梁底部。

5.5 配筋计算

5.5.1 计算方法

根据上述有限元计算的应力结果,按照《水工混凝土结构设计规范》(SL 191—2008) 12.2 中“按应力图形配筋”中的规定进行配筋计算。

计算公式如下:

$$A_g = \frac{K \times T}{f_y} \tag{4-17}$$

式中 K——承载力安全系数,采用《水工混凝土结构设计规范》(SL 191—2008)表 3.2.4 中数值;

T——由钢筋承担的拉力设计值,$T=\omega b$,其中,ω 为截面主拉应力在配筋方向投影图形的总面积扣除其中拉应力值小于 $0.45f_t$ 后的图形面积(MPa),但扣除部分的面积(如图 4-65 所示中的阴影部分)不宜超过总面积的 30%,此处,f_t 为混凝土轴心抗拉强度设计值(MPa),按照《水工混凝土结构设计规范》(SL 191—2008)表 4.1.5 确定;

b——结构截面宽度,mm;

f_y——钢筋的抗拉强度设计值,MPa。

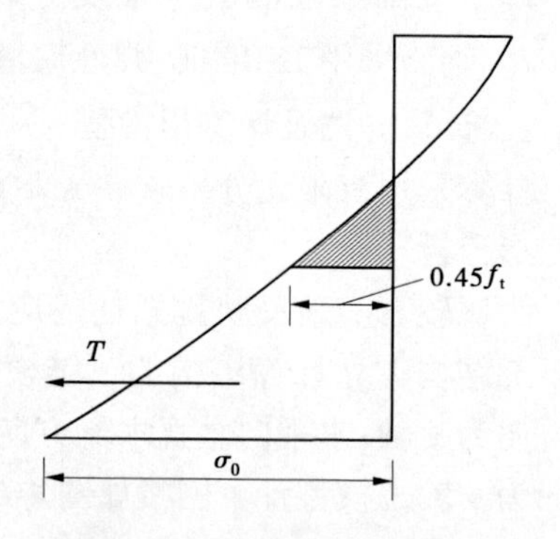

图 4-65 按弹性应力图形配筋

按公式计算时,当弹性应力图形的受拉区高度大于结构截面高度的 2/3 时,应按照弹性主拉应力在配筋方向投影图的全面积计算受拉钢筋截面积;当弹性应力图形的受拉区高度小于结构截面高度的 2/3 时,且截面边缘最大拉应力 σ_0 不大于 $0.45f_t$ 时,可仅配置构造钢筋。

配筋计算材料参数选取如下。

混凝土材料:强度等级 C30,轴心抗拉强度设计值 f_t=1.43 MPa。

钢筋采用 HRB400 级钢,钢筋强度设计值 f_y=400 MPa。

5.5.2 钢筋计算结果

根据计算可知,控制工况为地震工况及启门工况,取两种工况计算配筋,结果见表 4-23。

表 4-23 地震工况

部位	应力 σ/MPa	应力开展高度 H/m	主拉应力面积 ω/m²	截面宽度 b/m	钢筋承担拉力 T/kN	安全系数 K	钢筋拉力设计值 f_y/MPa	计算钢筋面积 $A_{s计}$/cm²	选用钢筋直径及根数	实际钢筋面积 $A_{s选}$/cm²
梁	1.53	0.7	0.54	0.6	0.32	1.5	300	16	5 ⌀ 28	30.78
柱	1.68	2	1.68	1	1.68	1.5	300	84	12 ⌀ 32	96.5

5.5.3　计算结果图

各工况的应力及变形值如图 4-66～图 4-80 所示。

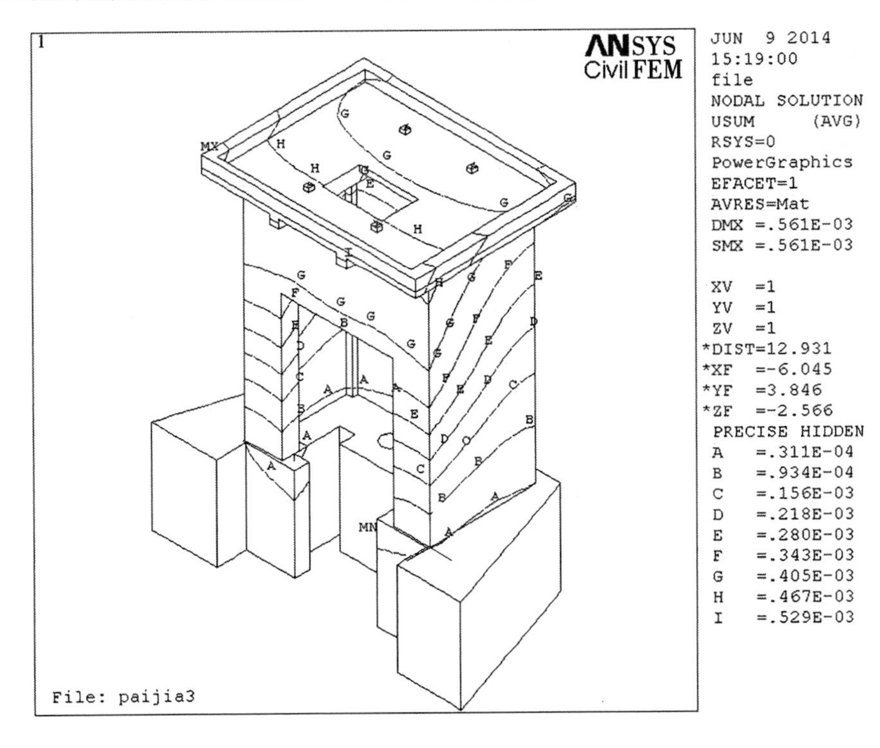

图 4-66　地震工况位移等值线图

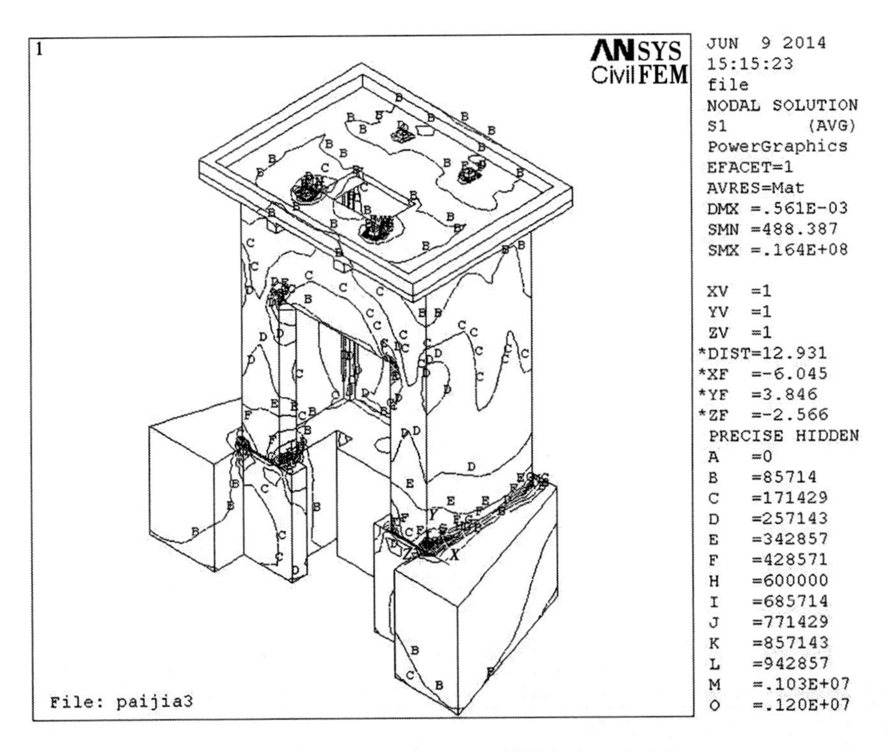

图 4-67　地震工况主应力 S_1 等值线图

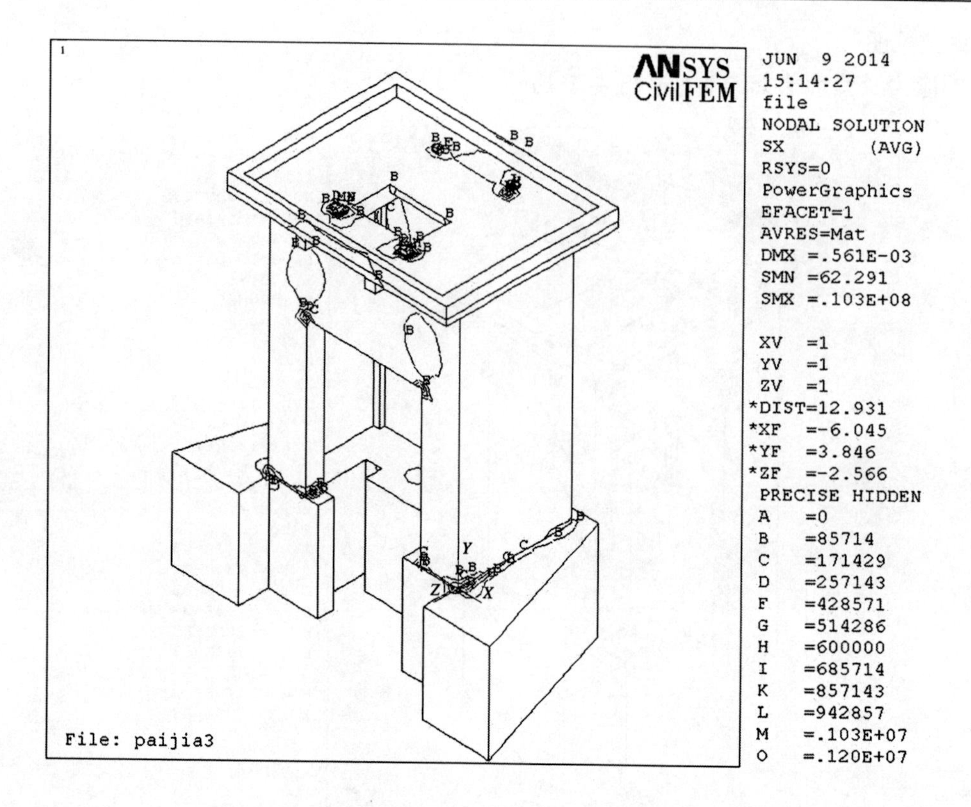

图 4-68　地震工况正应力 S_x 等值线图

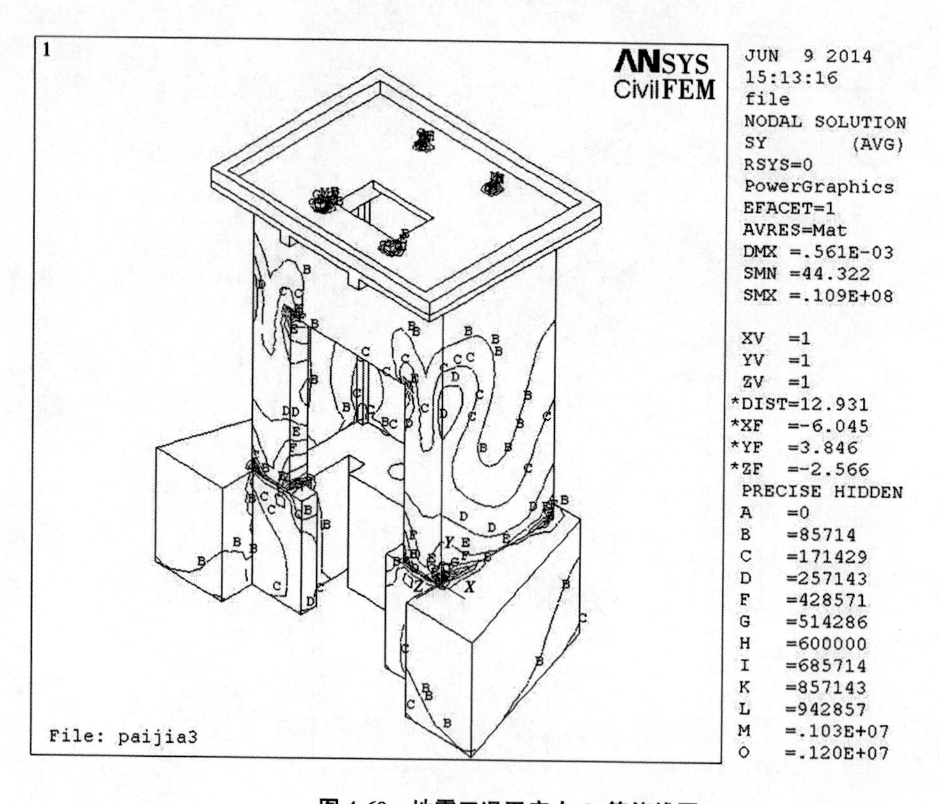

图 4-69　地震工况正应力 S_y 等值线图

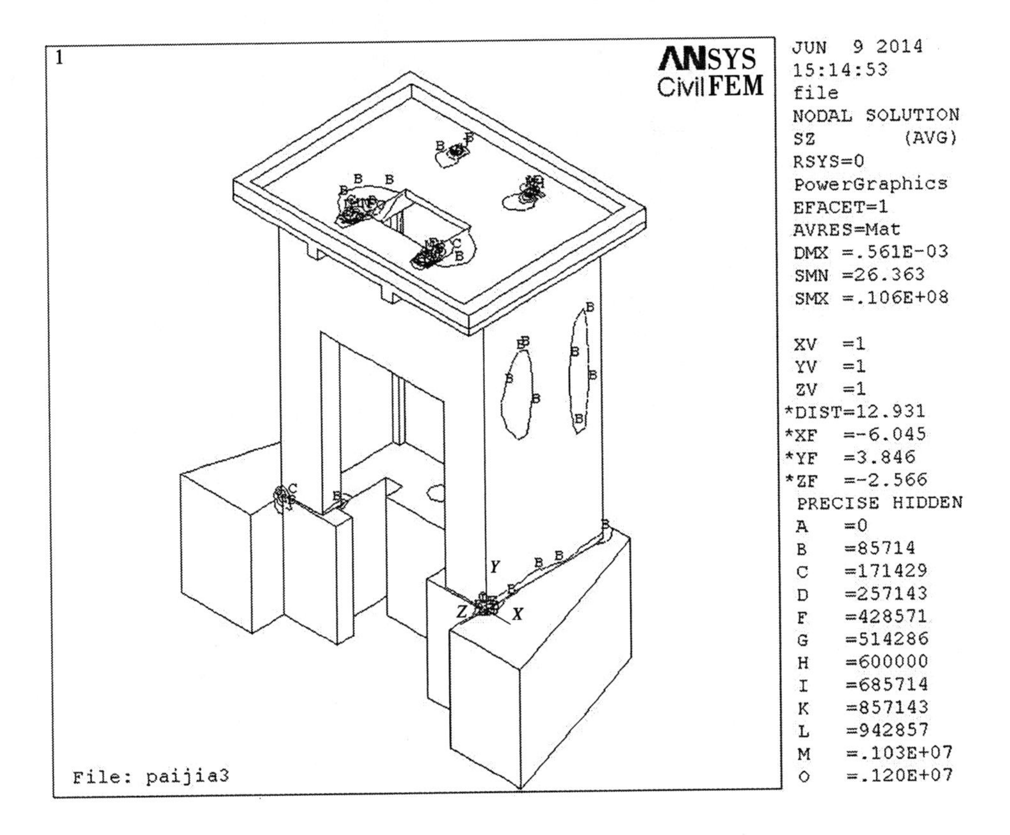

图 4-70 地震工况正应力 S_z 等值线图

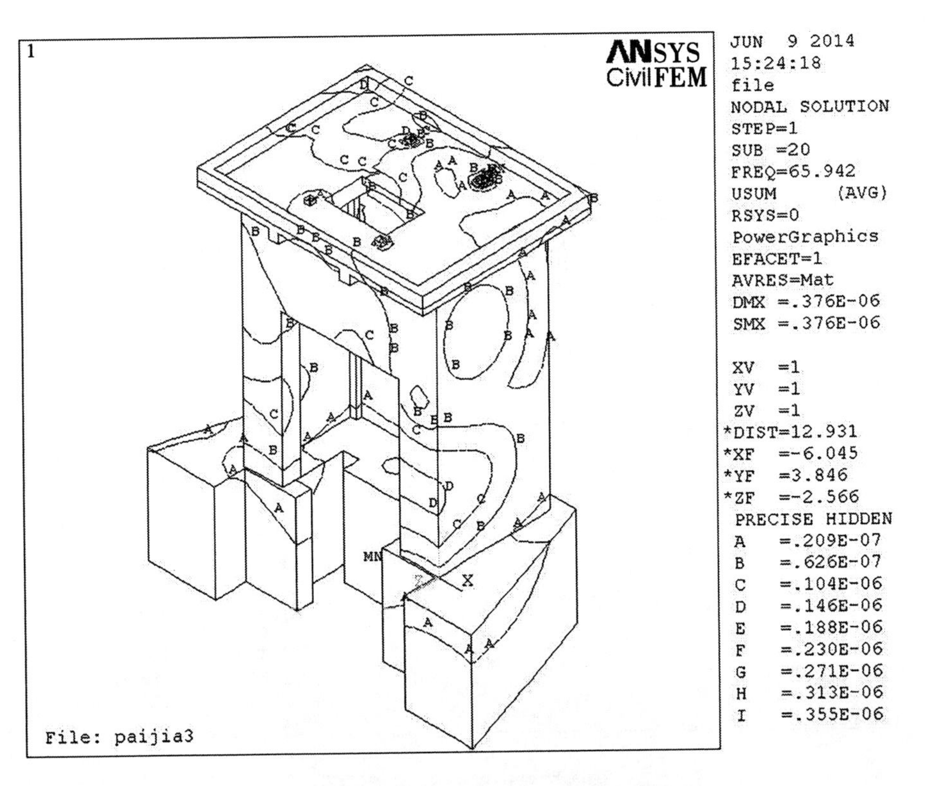

图 4-71 满载工况位移等值线图

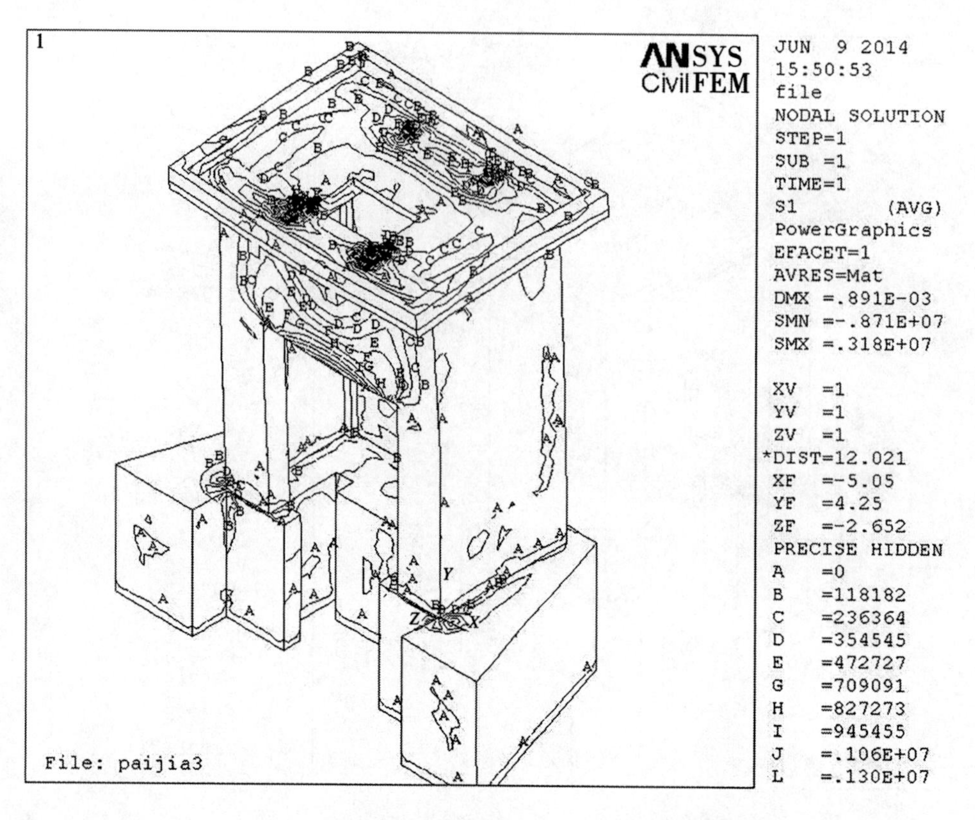

图 4-72　满载工况主应力 S_1 等值线图

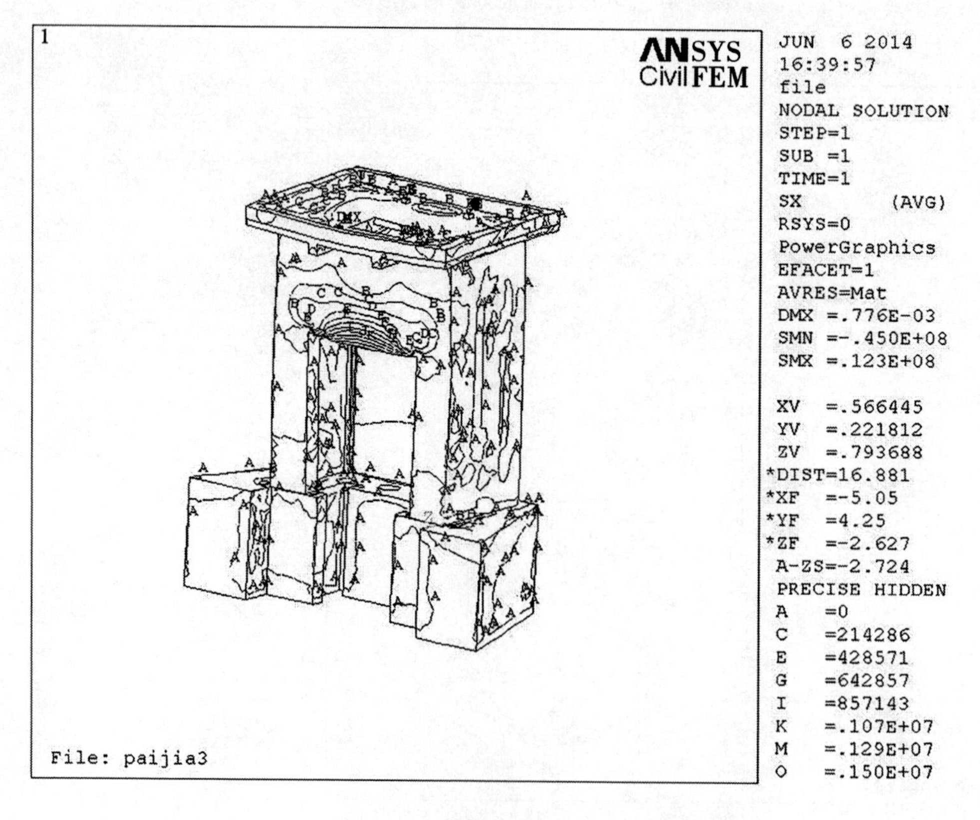

图 4-73　满载工况正应力 S_x 等值线图

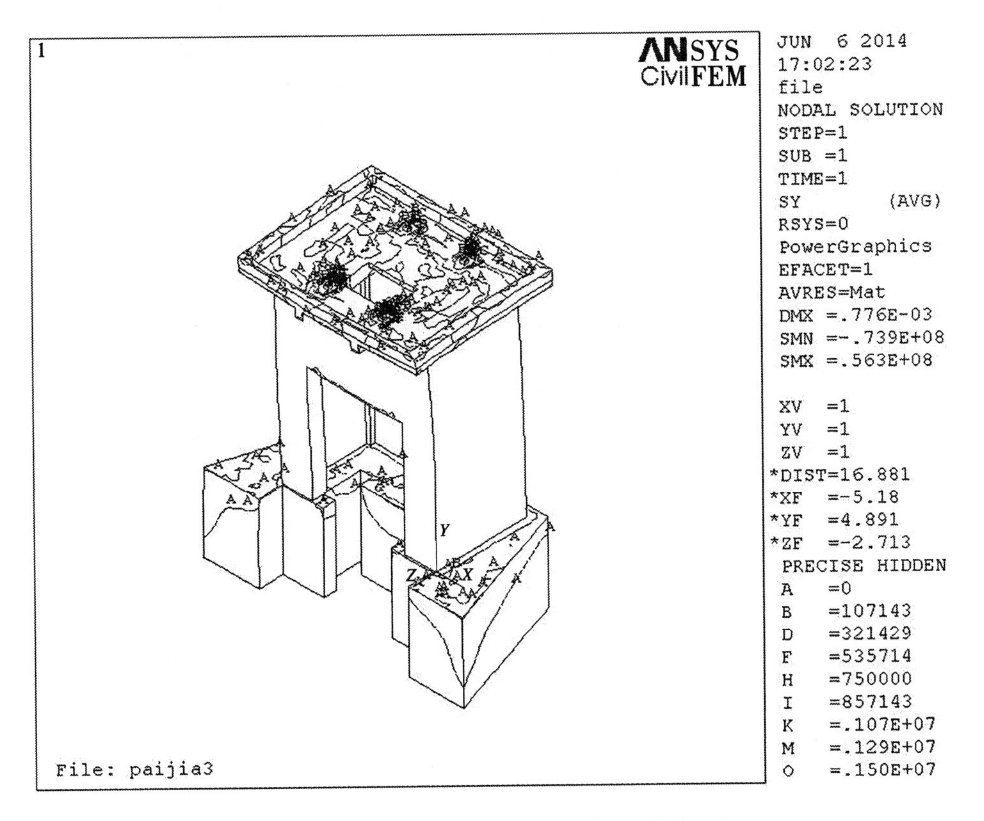

图 4-74 满载工况正应力 S_y 等值线图

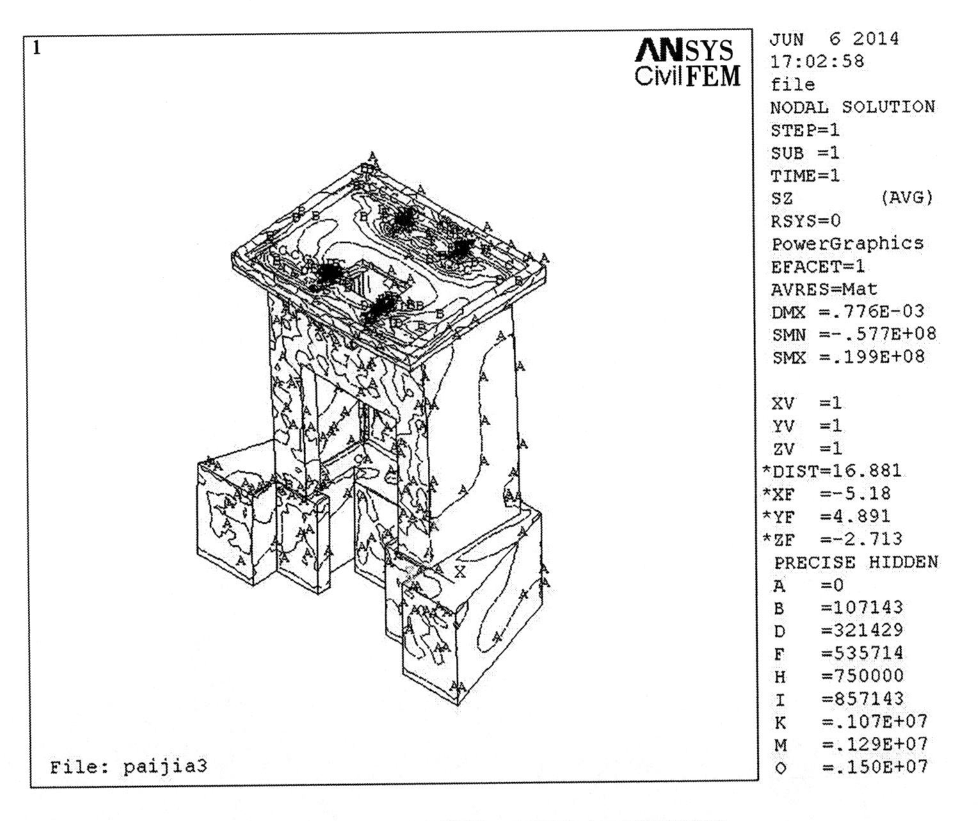

图 4-75 满载工况正应力 S_z 等值线图

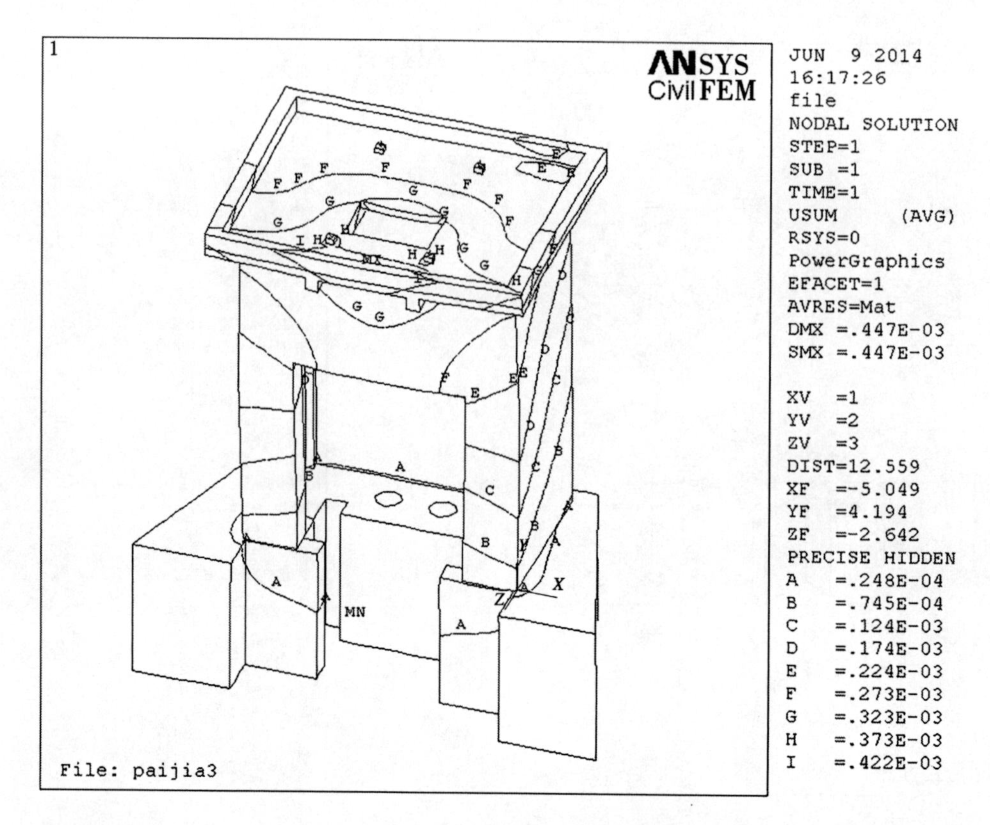

图 4-76　空载工况位移等值线图

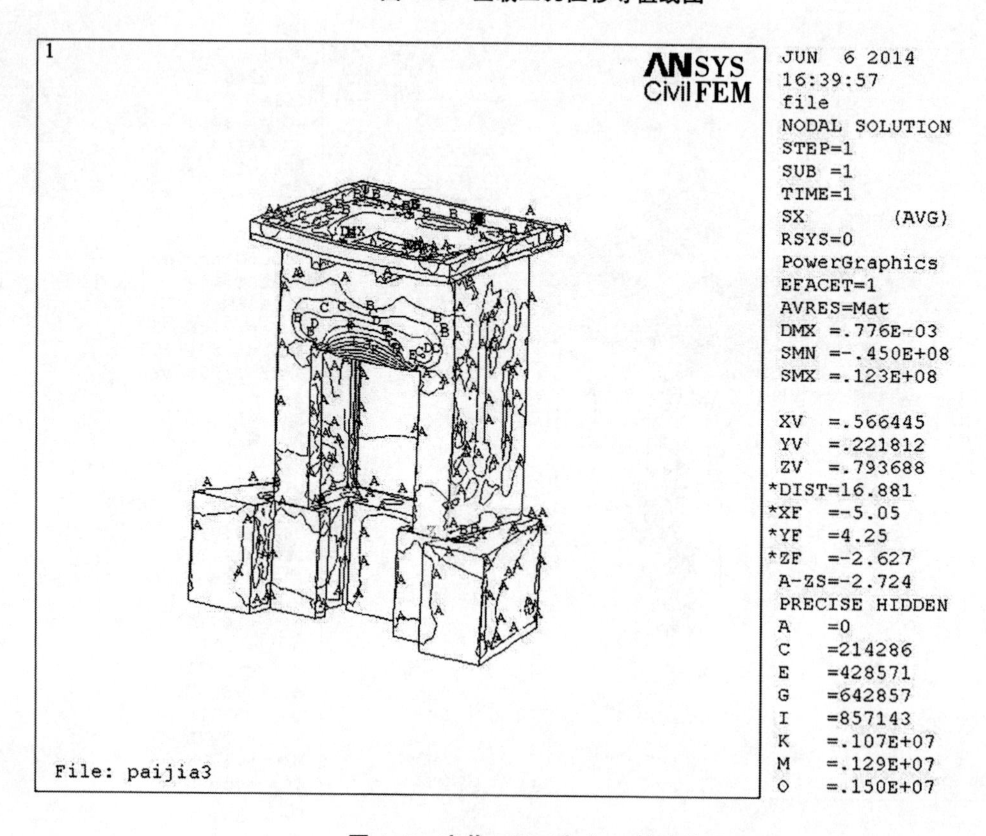

图 4-77　空载工况正应力 S_x 等值线图

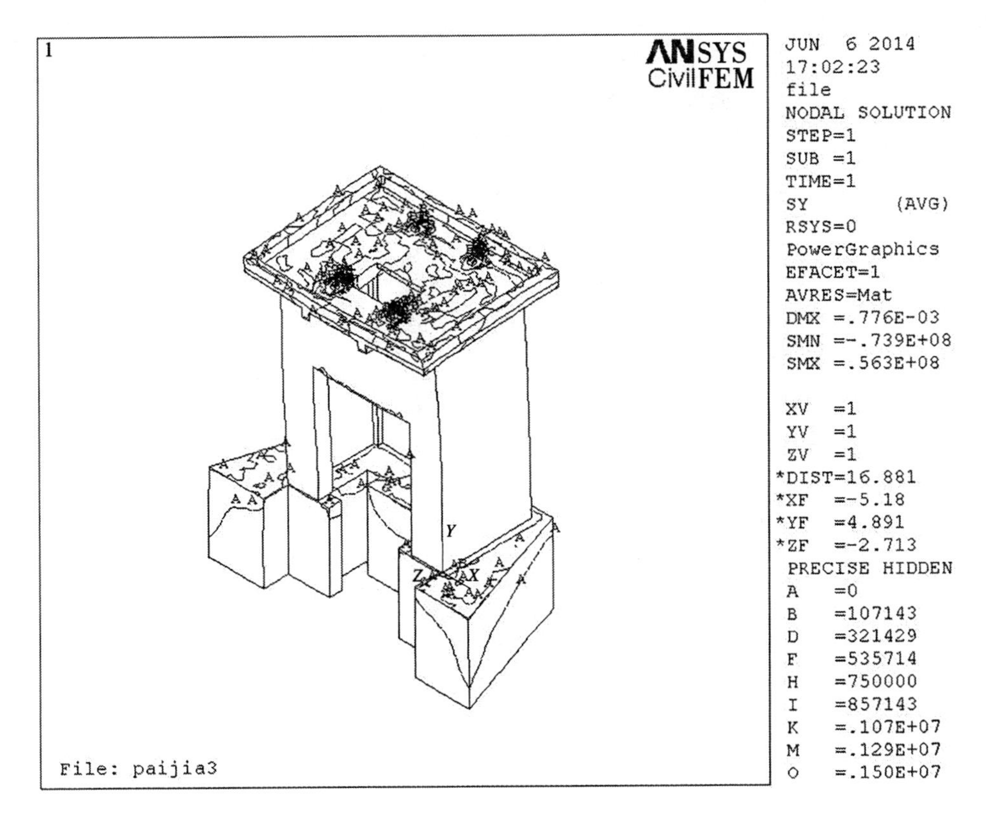

图 4-78　空载工况正应力 S_y 等值线图

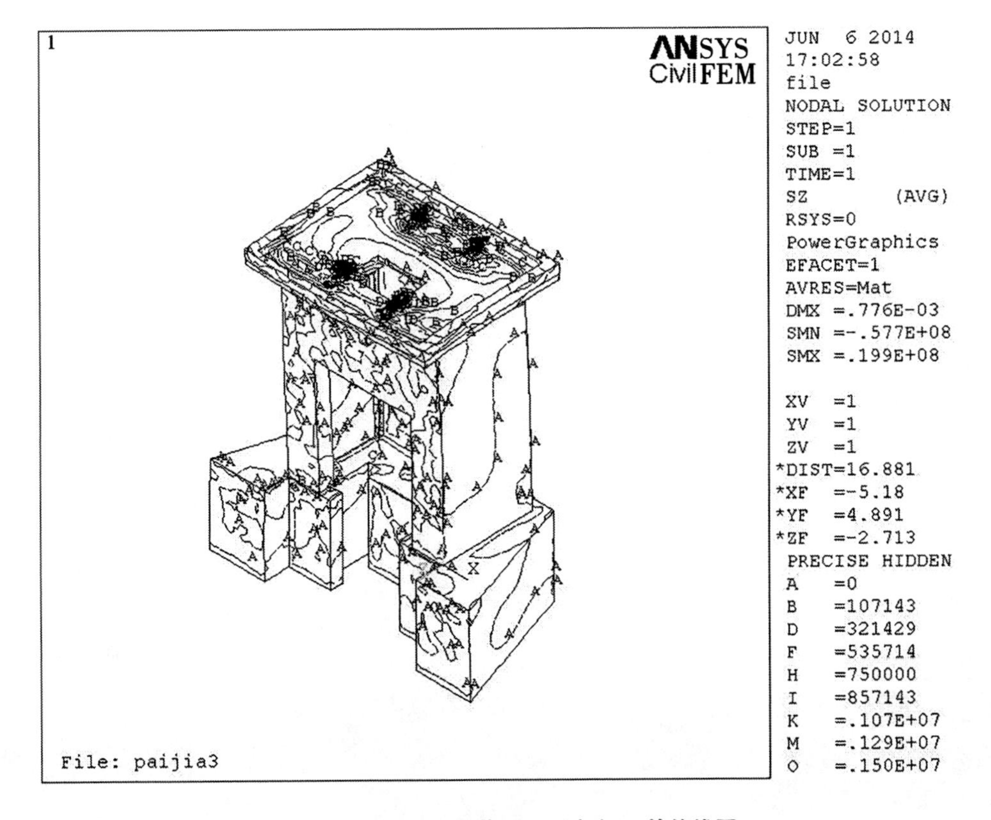

图 4-79　空载工况正应力 S_z 等值线图

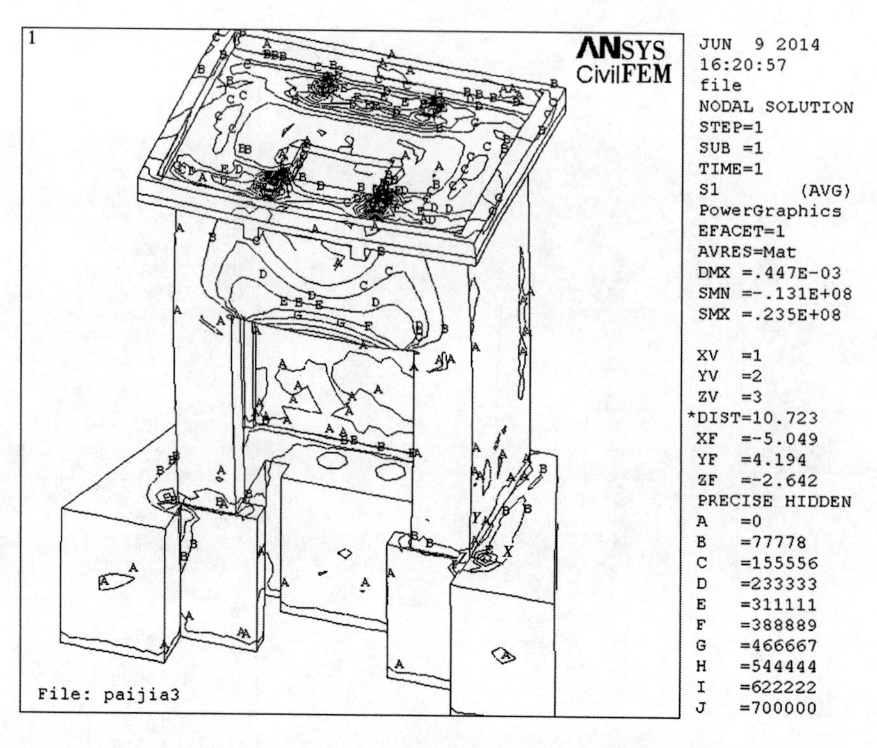

图 4-80　空载工况主应力 S_1 等值线图

5.6　计算过程

以下仅列出满载工况的计算过程。

计算过程如下：

```
/COM,ANSYS RELEASE 11.0    UP20070125    16:05:22    02/19/2014
~SATIN,'paijia3','sat',,SOLIDS,0
/NOPR
/GO
FLST,2,7,6,ORDE,2
FITEM,2,1
FITEM,2,-7
VGLUE,P51X
FLST,2,116,5,ORDE,20
FITEM,2,1
FITEM,2,-6
FITEM,2,8
FITEM,2,-10
FITEM,2,12
FITEM,2,-34
FITEM,2,36
FITEM,2,-53
FITEM,2,55
FITEM,2,-90
```

```
FITEM,2,92
FITEM,2,-96
FITEM,2,98
FITEM,2,-103
FITEM,2,105
FITEM,2,107
FITEM,2,110
FITEM,2,-113
FITEM,2,116
FITEM,2,-128
AGLUE,P51X
FLST,2,304,4,ORDE,17
FITEM,2,1
FITEM,2,-20
FITEM,2,22
FITEM,2,-26
FITEM,2,28
FITEM,2,-244
FITEM,2,246
FITEM,2,-262
FITEM,2,264
FITEM,2,-282
FITEM,2,284
FITEM,2,287
FITEM,2,-293
FITEM,2,298
FITEM,2,-305
FITEM,2,307
FITEM,2,-316
LGLUE,P51X
NUMMRG,ALL, , , ,LOW
NUMCMP,ALL
!!!!!!!!!!!!!!
!!!!!!!!!!!
ET,1,SOLID187
!! ET,1,SOLID45
!!!!!!!!!
!!!!!!!!!!!!!!!!!!!!!!!!!!
!!!!!!!,C40 混凝土衬砌排架柱
mp,ex,1,3.25e10
mp,prxy,1,0.167
mp,dens,1,2500
```

```
!!!!!!! 下部混凝土(C25)
mp,ex,2,2.8e10
mp,prxy,2,0.167
mp,dens,2,2500
!!!!!!! 上部墙体混凝土(C25)
mp,ex,3,2.8e10
mp,prxy,2,0.167
mp,dens,2,2500
!!!!!!! 质量块混凝土(C25)
mp,ex,4,2.8e13
mp,prxy,2,0.167
mp,dens,2,0
!!!!!!!!!!!!!!!!!!!!!!!!!!!!!!!!!!
/REP,FAST
CM,_Y,VOLU
VSEL, , , ,       7
CM,_Y1,VOLU
CMSEL,S,_Y
! *
CMSEL,S,_Y1
VATT,       1, ,   1,       0
CMSEL,S,_Y
CMDELE,_Y
CMDELE,_Y1
! *
CM,_Y,VOLU
VSEL, , , ,       6
CM,_Y1,VOLU
CMSEL,S,_Y
! *
CMSEL,S,_Y1
VATT,       2, ,   1,       0
CMSEL,S,_Y
CMDELE,_Y
CMDELE,_Y1
! *
CM,_Y,VOLU
VSEL, , , ,       5
CM,_Y1,VOLU
CMSEL,S,_Y
! *
CMSEL,S,_Y1
```

```
VATT,        3, ,   1,        0
CMSEL,S,_Y
CMDELE,_Y
CMDELE,_Y1
! *
FLST,5,4,6,ORDE,2
FITEM,5,1
FITEM,5,-4
CM,_Y,VOLU
VSEL, , , ,P51X
CM,_Y1,VOLU
CMSEL,S,_Y
! *
CMSEL,S,_Y1
VATT,        4, ,   1,        0
CMSEL,S,_Y
CMDELE,_Y
CMDELE,_Y1
! *
ESIZE,0.5,0,
MSHAPE,1,3D
MSHKEY,0
! *
FLST,5,7,6,ORDE,2
FITEM,5,1
FITEM,5,-7
CM,_Y,VOLU
VSEL, , , ,P51X
CM,_Y1,VOLU
CHKMSH,'VOLU'
CMSEL,S,_Y
! *
VMESH,_Y1
! *
CMDELE,_Y
CMDELE,_Y1
CMDELE,_Y2
! *
!!!!!!!!!!!!!!!!!!!!!!!!!!!!!!!!!!!!!!!!!!!!!!
!!!!!!!!!!!!!!!!!!!!!! 定义质量元
!!!!!!!! 螺栓1
ET,2,MASS21,,,2                ! MASS WITHOUT ROTARY INERTIA
```

```
r,2,175000*0.378477905
type,2
real,2
! e,1
! e,2
! e,4
! e,6
e,13
!!!!!! 螺栓 2
ET,3,MASS21,,,2                    ! MASS WITHOUT ROTARY INERTIA
r,3,156800*0.378477905
type,3
real,3
! e,224
! e,225
! e,242
! e,234
e,260
!!!!!! 螺栓 3
ET,4,MASS21,,,2                    ! MASS WITHOUT ROTARY INERTIA
r,4,86000*0.378477905
type,4
real,4
! e,84
! e,85
! e,94
! e,102
e,120
!!!!!! 螺栓 4
ET,5,MASS21,,,2                    ! MASS WITHOUT ROTARY INERTIA
r,5,71000*0.378477905
type,5
real,5
! e,142
! e,144
! e,146
! e,141
e,153
!!!!!!!!!!!!!!!!!!!!!!!!!!
!!!!!!!!!!!!!!!!!!!!!!!!!!!!!!!!!!!!!!!!!!!!!!
FINISH
/SOL
```

```
VPLOT
FLST,2,1,5,ORDE,1
FITEM,2,98
! *
/GO
DA,P51X,ALL,
!!!!!!!!!!!!!!!!!!!!!!!!!!!!!!!!!!!!!!!!!!!!!!!
!!!!!!!!!!!! /ZOOM,1,RECT,0. 119990,0. 728788,0. 614052,0. 371212
!!!!!!!!!!!! FLST,2,2,5,ORDE,2
!!!!!!!!!!!! FITEM,2,1
!!!!!!!!!!!! FITEM,2,57
!!!!!!!!!!!! /GO
!!!!!!!!!!!!!  *
!!!!!!!!!!!! SFA,P51X,1,PRES,19444444
!!!!!!!!!!!! FLST,2,1,5,ORDE,1
!!!!!!!!!!!! FITEM,2,70
!!!!!!!!!!!! /GO
!!!!!!!!!!!!!  *
!!!!!!!!!!!! SFA,P51X,1,PRES,17422222
!!!!!!!!!!!! FLST,2,1,5,ORDE,1
!!!!!!!!!!!! FITEM,2,58
!!!!!!!!!!!! /GO
!!!!!!!!!!!!!  *
!!!!!!!!!!!! SFA,P51X,1,PRES,9555555
!!!!!!!!!!!! FLST,2,1,5,ORDE,1
!!!!!!!!!!!! FITEM,2,69
!!!!!!!!!!!! /GO
!!!!!!!!!!!!!  *
!!!!!!!!!!!! SFA,P51X,1,PRES,7888888
!!!!!!!!!!!!!!!!!!!!!!!!!
!!!!!!!!!!!! /REP,FAST
!!!!!!!!!!!! FLST,2,1,5,ORDE,1
!!!!!!!!!!!! FITEM,2,1
!!!!!!!!!!!! SFADELE,P51X,1,PRES
!!!!!!!!!!!!!!!!!!!!!!!!!!!!!!!!!!!!!
ACEL,0,9. 8,0,
!!!!!!!!!!!!!!!!!
!!!!!!!!!!!!!!!!!!!
ALLSEL,ALL
!!!!!!!!!!!!
SOLVE
FINISH
```

6　调压室灌浆设计

根据地质资料,调压室区段围岩以Ⅳ类和Ⅲ类为主,地质条件相对较差。为了加固岩壁、充填岩体内的断裂面,提高围岩的承载能力和抗渗能力,调压室竖井、上室、下室进行全断面系统固结灌浆,固结灌浆孔深入围岩 5 m,间排距 2 m×4 m,交错布置。

为了加强混凝土与岩壁的结合,填充混凝土与岩壁之间的缝隙,在上室顶拱范围内、下室顶拱 120°范围内进行回填灌浆。

7　调压室及近调压室隧洞围岩渗透稳定分析及工程处理

7.1　工程概况及调压室布置

调压室布置在靠近下游压力管道斜井上游侧，调压室竖井中心线桩号 Y15+639.86，距离电站厂房水平距离约 730 m。竖井外侧距山体边缘 31.86~171.66 m。

阻抗水室式调压室由阻抗孔、竖井、上水室、下水室和事故检修闸门室等组成，与事故检修闸门室布置有关的结构为闸墩、闸门检修和启闭平台、闸门后通气孔等。闸门槽口兼作阻抗孔，面积为 8 m^2（相当于直径为 3.2 m 的圆形阻抗孔面积），为引水隧洞断面面积的 46%。调压室竖井内径为 10 m，扣除事故检修闸门室结构后净面积为 50 m^2，竖井底板高程 2 657.40 m。下室横断面为圆形，直径为 8~6 m，长 65 m，底板高程 2 661.00~2 662.00 m，底板设置 1/65 倾向竖井的斜坡，顶部设置 1/65 背向竖井的斜坡。上室横断面为变高度城门洞形，尺寸为 8 m×10 m~8 m×8.5 m（宽×高），底板高程 2 747.50~2 749.00 m，底板设置 1.0%倾向竖井的斜坡。

调压室事故检修闸门布置在竖井内下游侧，平板闸门尺寸为 4.5 m×4.5 m。调压室底板在闸门槽口处适当向下游侧扩大，使槽口面积为 8 m^2，满足阻抗孔面积要求。闸门槽下游侧设置 2 个直径各为 1.0 m 的通气孔，面积为压力钢管面积的 9.88%。

调压室顶部下游侧设置闸门启闭检修平台，在满足最高涌波水位加安全超高条件下根据地形地质条件，平台高程确定为 2 795.00 m。考虑到调压室的防冻和防护安全需要，调压室顶部设置带有通气孔的顶盖。

调压室最低涌波水位为 2 664.27 m，最高涌波水位为 2 755.50 m。调压室竖井深 140.7 m，最高水头 101.1 m。

调压室-厂房纵剖面如图 4-81 所示。

7.2　工程地质条件及评价

7.2.1　调压室工程地质条件及评价

根据本工程《初步设计阶段工程地质勘察报告》和施工期开挖揭露的地质情况，对调压室工程地质条件进行分析和评价。

7.2.1.1　竖井

勘察期地质结论认为：竖井段围岩为 O-S 角闪斜长板岩、片岩夹大理岩，薄层状夹中厚层状，岩层产状为 NW315°~330°/SW∠20°~40°，倾向坡内。附近发育 f_{18} 断层，产状 NW350°/NE∠83°，宽 0.5~2 m，由碎裂岩、糜棱岩组成，断层倾向坡外，局部对竖井围岩条件有影响。

目前，调压井部位开挖了竖井的 0~6 m 锁口段，开挖揭露地质情况表明，该范围内地层岩性以板岩和片岩为主，薄层状，较破碎，呈碎裂结构，局部存在薄层大理岩，主要结构面产状为 NW315°~330°/SW∠40°~50°，倾向山里，无地下水发育。因层间错动导致的岩体破碎以挤压带的形式出现，挤压带发育于层间，产状与主要结构面相近，宽度 3~5 m，性状松散，似碎石土状态，遇水易软化，易坍塌。

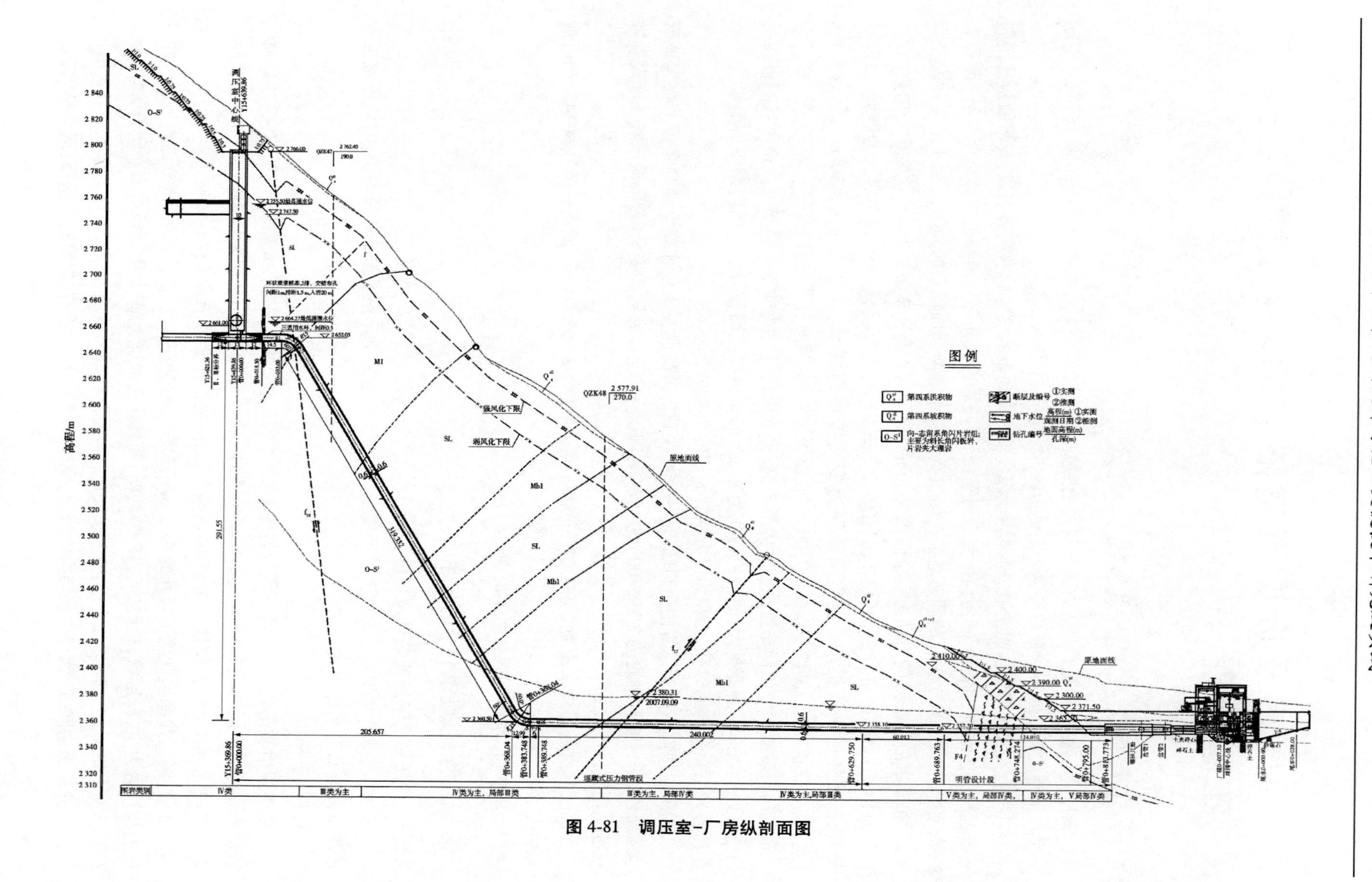

图 4-81 调压室-厂房纵剖面图

对取自调压井后边坡和6#施工支洞以及引水发电洞桩号Y15+530—Y15+639段的板岩和大理岩块石样进行现场点荷载试验,结果表明:板岩的天然单轴抗压强度为64 MPa,饱和单轴抗压强度为54.6 MPa,表明板岩为中硬岩;大理岩的天然单轴抗压强度为47.1 MPa,饱和单轴抗压强度为33.6 MPa,也为中硬岩,大理岩强度明显低于板岩。

由上述分析,根据《水利水电工程地质勘察规范》(GB 50487—2008)附录N"围岩工程地质分类",可以得出开挖0~6 m范围内,板岩地层围岩总评分 $T=33$ 分,挤压带部位围岩总评分 $T=17$ 分。因此该部位的围岩类别以Ⅳ类为主,局部Ⅴ类。如图4-82和图4-83所示。

图4-82 调压室竖井0~6 m段开挖情况

据以上分析,调压井部位的围岩分类情况如下:

井深6~60 m,岩性以板岩、片岩为主,局部夹薄层大理岩,岩石为中硬岩,呈弱风化状,遇水易软化;存在明显的挤压破碎带,推测厚度大于3 m,破碎带物质松散,似碎石土状,遇水易软化,易坍塌。该范围内发育结构面以层状结构面为主,走向以NW315°~330°为主,倾向坡内,倾角以40°~50°为主,结构面无充填或泥质充填,有利于井壁稳定。调压井部位外侧山体坡度48°,距坡面垂直距离在33.6~102.97 m,该范围内边坡岩体卸荷强烈,位于强卸荷带内,地下水位之上。初步围岩总评分为35分,围岩类别以Ⅳ类为主,局部Ⅴ类。开挖过程中应注意对井壁岩体的保护,避免因扰动或施工用水浸泡导致大面积垮塌。

井深60~140.7 m,岩性以板岩、片岩为主,局部存在大理岩,呈中厚层-厚层状,岩石为中硬岩,呈弱风化状,遇水易软化;发育少量层间挤压破碎带,厚度较小,但破碎带物质松散,似碎石土状,遇水易软化,易坍塌。该范围内发育结构面与6~60 m范围内结构面性状相似,但多为岩屑充填,有利于井壁稳定。调压井部位外侧山体坡度48°,距坡面垂直距离在102.97~173.29 m,该范围内边坡岩体卸荷较弱,处于弱风化带内,地下水位之上。初步围岩总评分为45分,围岩类别以Ⅳ类为主,局部Ⅴ类,厚层-中厚层大理岩部位围岩类别为Ⅲ类。开挖过程中应注意对井壁岩体的保护,避免因扰动或施工用水浸泡导致大面积垮塌。调压井及引水隧洞尾部O-S地层岩体物理性质指标见表4-24。

图 4-83　调压室竖井 0~6 m 段上游侧出露的挤压带(带内物质泥质胶结,性状似碎石土)

表 4-24　　　　调压井及引水隧洞尾部 O-S 地层岩体物理性质指标

岩性	试验项目	颗粒密度/(g/cm³)	块体密度/(g/cm³)			孔隙率/%	吸水率/%	饱和吸水率/%
			干	天然	饱和			
板岩	组数	33	33	18	33	33	33	33
	最大值	2.85	2.83	2.83	2.83	1.64	0.59	0.62
	最小值	2.67	2.63	2.68	2.65	0.58	0.21	0.21
	平均值	2.74	2.72	2.75	2.73	0.9	0.32	0.33
大理岩	组数	24	24	18	24	24	24	24
	最大值	2.74	2.73	2.73	2.74	0.46	0.16	0.17
	最小值	2.71	2.7	2.7	2.71	0.07	0.02	0.03
	平均值	2.72	2.71	2.71	2.72	0.28	0.09	0.1

《岩土工程勘察规范》(GB 50021—2001)规定,软化系数低于 0.75 为软化岩石,由表 4-25 可以看出,板岩软化系数为 0.87,大理岩软化系数为 0.67。可见,调压井部位局部出露的薄层、中厚层或厚层大理岩为软化岩石。

7.2.1.2　上室

上室长 150 m,横断面为变高度城门洞形,尺寸为 8 m×10 m~8 m×8.5 m(宽×高),底板高程 2 747.50~2 749.00 m,倾向竖井的排水底坡 1%。

上室部位与山体倾向垂直,调压井后边坡形成后,上覆岩体厚度为 37.12~87.87 m,与引水发电洞尾部的垂直距离为 100 m。

根据引水发电洞尾部及井后边坡开挖情况来看,上室洞室范围内岩性以 O-S 角闪斜长板岩、片岩为主,薄层状,局部中厚层状,局部夹薄层状大理岩,存在少量挤压破碎带,带内物质性状如碎石土,位于地下水位之上。岩体结构主要受层间结构面控制,完整性差,岩体呈碎裂结构。岩层产状为 NW315°~330°/SW∠40°~50°。上室洞室走向为 NW288°,与岩层产状夹角为 27°~42°,且岩层倾角较陡,整体分析认为地层产状洞线的组合不利于洞室稳定。围岩总评分(*T*)为 33 分,围岩以Ⅳ类为主,局部受挤压破碎带影响为Ⅴ类。

表 4-25 调压井及引水隧洞尾部 O-S 地层岩体力学性质指标

岩性	试验项目	饱和状态				干状态				软化系数	抗拉强度	抗拉强度
		抗压强度/MPa	弹性模量/GPa	变形模量/GPa	泊松比	抗压强度/MPa	弹性模量/GPa	变形模量/GPa	泊松比		饱和状态/MPa	干状态/MPa
板岩	组数	32	32	18	31	33	33	18	33	3	6	6
	最大值	87.3	53.2	39.2	0.4	105	79.9	64.4	0.4	0.95	12.2	14
	最小值	24.7	3.7	17.6	0.1	28.3	12.3	19.5	0.1	0.72	2.24	7.75
	平均值	54.6	33.5	30.5	0.2	64	47.8	37.5	0.2	0.87	6.69	10.49
大理岩	组数	24	24	18	18	24	24	18	24	6	6	6
	最大值	53.7	79.6	77.8	0.4	90.2	89.5	87.7	0.4	0.78	3.39	3.65
	最小值	17.9	21.1	10.6	0.2	25.6	35.8	18.8	0.2	0.54	1.77	1.83
	平均值	33.6	49.5	35.4	0.3	47.1	63.4	51.9	0.3	0.67	2.36	2.64

7.2.1.3 下室

下室横断面为圆形,直径为 8~6 m,长 65 m,底板高程 2 649.60~2 655.11 m,底板设置 1/65 倾向竖井的斜坡,顶部设置 1/65 背向竖井的斜坡。

下室洞室范围内,岩性以 O-S 角闪斜长板岩、片岩为主,薄层状,局部中厚层状,局部夹薄层状大理岩,存在少量挤压破碎带,带内物质性状如碎石土。上覆岩体厚度 148.15~165.78 m,位于地下水位之上。岩体结构主要受层间结构面控制,完整性差,岩体呈碎裂结构。岩层产状为 NW315°~330°/SW∠40°~50°,下室洞室走向与洞线垂直,与岩层产状交角为 43°~63°,对岩体稳定较为有利,但岩层倾角较陡,综合分析认为洞线与岩层产状的组合不利于边坡稳定。围岩总评分(*T*)为 40~53,围岩类别以Ⅳ类为主,部分为Ⅲ类,受挤压破碎带影响部位为Ⅴ类。

7.2.1.4 调压室工程地质评价

(1)根据上述分析,调压室竖井和上室、下室部位岩体以板岩、片岩地层为主,夹薄层大理岩;局部发育层间挤压破碎带,带内物质泥质胶结,似碎石土状。

(2)岩体产状倾向坡内,处于强-弱卸荷带内,岩体整体完整性差,呈碎裂结构。

(3)开挖范围内地层结构面以层面为主,倾向坡内,结构面无充填或泥质、岩屑充填,多呈无胶结状。

(4)板岩、片岩地层岩石软化系数为 0.87,大理岩地层岩石软化系数为 0.67,可见大理岩为软化岩石。

(5)根据勘察期调压井部位的孔内压水试验,认为调压井竖井及上室和下室范围内岩体渗透性为中等透水。

综合评价认为,该工程部位岩体稳定性差,以Ⅳ类围岩为主,呈中等透水状,且大理岩地层为软化岩石;结构面充填物质性质差,并有碎石土状挤压破碎带存在,在施工干扰和水的浸泡下,易于失稳。施工过程和运行期均应采取有效措施避免井壁或洞壁岩体失稳。

7.2.2　近调压室上游隧洞地质条件

7.2.2.1　地质情况描述

近调压室上游隧洞桩号 Y15+520—Y15+639，开挖揭露岩性为片岩、板岩夹大理岩，岩体破碎，为裂隙密集带，裂隙走向 NE20°～70°，倾向 NW，倾角 45°～67°。裂隙间距 1～20 cm，裂隙多为闭合-微张，裂隙面平直光滑，部分裂隙由岩屑及泥质充填；裂隙张开宽度≥5 mm，多岩屑充填。埋深 175.2～254.4 m，洞室干燥无水。洞室走向 108°，主要结构面走向 45°，结构面倾角平均 55°，洞室走向和主要结构面夹角 45°，对洞室稳定较为有利。根据勘察期推测最大主应力值，该处强度应力比>7。围岩综合评分洞顶为 29 分，边墙为 29 分，综合评定围岩类别为Ⅳ类。

自桩号 Y15+520 到压力管道上弯段洞线部位，隧洞底部出露岩性为板岩、片岩局部夹大理岩，呈强风化状。岩体性状极差，似土夹碎石状。根据该部位探井开挖情况，局部达 4 m 深。

该部位开挖过程中围岩类别为Ⅳ类，洞顶及洞壁岩体完整性差，多呈碎块状，层面裂隙发育，极不稳定，易产生塌方，桩号 Y15+575 段发生塌方。开挖时采用钢拱架支护。

清底时开挖的地层性状如图 4-84 和图 4-85 所示，底部浅色物质为未扰动的地层。

图 4-84　调压室上游隧洞清底过程中出现的土夹碎石地层

7.2.2.2　隧洞底板地层成因

1. 地层岩性

岩性为板岩、片岩局部夹大理岩，完整性极差，节理裂隙密集发育，以层面裂隙为主，为强风化状态，局部中等风化。

2. 爆破扰动

从开挖情况来看，洞顶和洞壁岩体完整性就比较差，爆破扰动情况下极易塌方，需要采取超前锚杆+钢拱架支护才能保证开挖安全。同样，底板岩体也会在爆破振动的情况下更加破碎。

3. 车辆碾压

隧洞开挖后出渣车的反复碾压，造成底板岩体更加破碎，呈现出土夹碎石的状态。

7.2.3　由此引发的问题

7.2.3.1　地质超挖

清底过程中采用反铲开挖，均可以挖动，目前已经低于设计底板高程约 1 m。

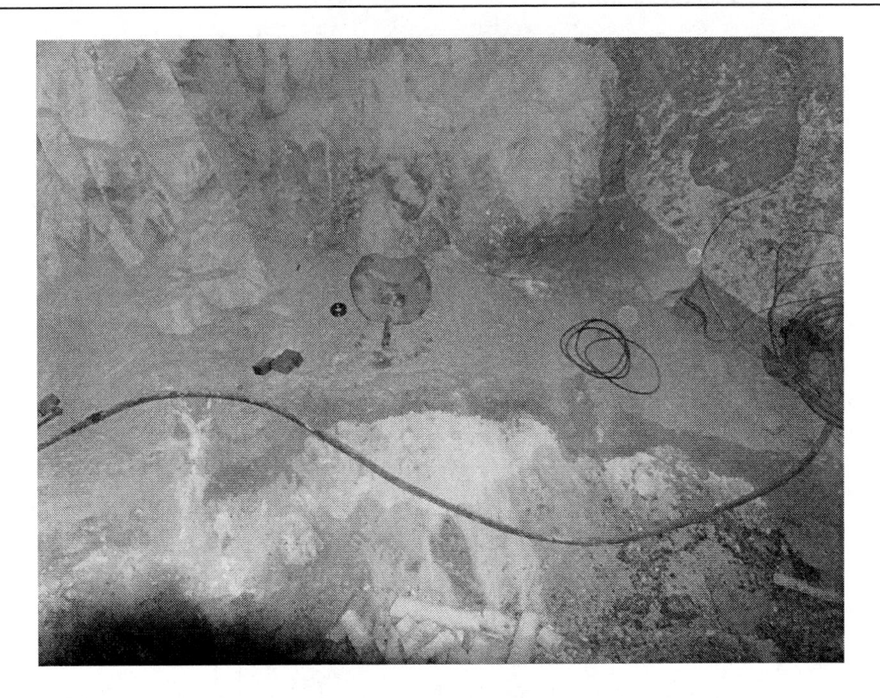

图 4-85　隧洞尽头掌子面底部出露的土夹碎石地层

7.2.3.2　地基承载力问题

该段范围内地基承载力可能不能满足要求。根据初设阶段工程地质勘察报告,厂房部位的碎石土或土夹碎石地层的地基承载力建议值为 0.4 MPa,虽然该处地层为基岩,但其性状是否能满足该处水头压力的要求,需要设计考虑。

7.2.3.3　弹性抗力系数的差异

洞顶和洞壁与洞底的单位弹性抗力系数有明显差异,需要对衬砌方式进行优化。

7.2.4　地质建议

(1)自隧洞桩号 Y15+520 起,置换底板的强风化地层,用混凝土回填,推测厚度在 1~4 m。

(2)二次衬砌之前对底板进行固结灌浆,增加地基承载力。

(3)采取措施保证衬砌的完整性,避免不均匀沉降导致的衬砌开裂。

7.3　调压室下游高压隧洞工程地质条件及评价

7.3.1　详细围岩分类

根据《水利水电工程地质勘察规范》(GB 50487—2008)要求,综合分析控制围岩稳定的岩石强度、岩体完整程度、结构面状态、地下水、主要结构面产状及强度应力比指标,对高压管道围岩进行详细分类,结果见表 4-26。隧洞以Ⅳ类围岩为主,局部Ⅲ类,存在少量Ⅴ类围岩。出口段桩号 0+643.26—0+778.64 为土洞段,长度 135.38 m。

7.3.2　围岩渗透性及渗透稳定性

7.3.2.1　岩体渗透性分析

隧洞存在较高的内水压力,最大可达 4.59 MPa 左右,为此在调压井附近的钻孔 QZK48 进行了高压压水试验,试验结果见表 4-27。

表 4-26 高压管道隧洞工程地质围岩分类

段号	1	2	3	4	5	6	7	8	9
桩号	0+60.88—0+93.1	0+93.1—0+108.9	0+108.9—0+154.8	0+154.8—0+278.80	0+278.80—0+331.94	0+331.94—0+419.24	0+419.24—0+573.24	0+573.24—0+643.26	0+643.26—0+778.64
洞段长度/km	0.033	0.016	0.046	0.124	0.053	0.087	0.154	0.07	0.135
上覆岩体厚度/m	142.28~165.90	141.2~142.26	142.26~183.44	183.44~315.10	217.6~315.10	152.18~217.6	60.5~152.18	47.2~60.50	25.2~47.2
推测地下水埋深/m	270~284.3	284.3~291.2	291.2~291.4	228.86~291.4	198~228.86	133.96~198	49.94~133.96	41.72~49.94	22~41.72
主要断裂		f_{18}				f_{17}		F4	
围岩总评分 T/分	37	38	47	42	46	47	43	24	
围岩分类	Ⅳ类	Ⅳ类	Ⅲ类为主	Ⅳ类为主,局部为Ⅲ类	Ⅳ类为主,局部为Ⅲ类	Ⅲ类为主,局部为Ⅳ类	Ⅳ类为主,局部为Ⅲ类	Ⅴ类为主,局部为Ⅳ类	土洞

表 4-27 QZK48 钻孔高压压水试验结果

试段编号	试段深度/m	试验段顶高程/m	最大压力/MPa	对应部位地应力/MPa	吕荣值/Lu	P–Q 曲线类型	地层岩性
1	198.0~203.0	2 379.91	2.98	-4.38	0.59		板岩
2	203.0~208.0	2 374.91	2.98	-4.57	0.7		
3	208.0~213.0	2 369.91	3.38	-4.76	0.62		
4	213.0~218.0	2 364.91	2.98	-4.95	0.7		
5	223.0~228.0	2 354.91	5.98	-5.38	0.27		大理岩
6	228.0~233.0	2349.91	4.38	-5.59	0.59	冲蚀性	
7	233.0~238.0	2 344.91	3.08	-5.81	0.73		
8	238.0~243.0	2 339.91	5.18	-6	0.32	冲蚀性	
9	243.0~248.0	2334.91	5.98	-6.11	0.07		
10	248.0~253.0	2 329.91	4.18	-6.21	0.3	冲蚀性	

注:“对应部位地应力”中负号表示压应力。

从表 4-27 中可以看出,10 段高压压水试验结果均小于 1 Lu,可见在孔深 198 m 以下范围内地层为微透水性。从高压压水试验可看出高压管道隧洞周围岩体的渗透性有以下特征：①深部大理岩地层“承压”能力明显高于浅部的板岩地层。②大理岩地层透水率明显低于板岩地层。③透水率随深度增加逐渐减小。④受岩层结构限制，多数试验段不能升压至4.0 MPa，试验段中所含原生裂隙在压力还低于4.0 MPa时已充分张开，并且裂隙的连通性较强，透水量较大。

QZK47钻孔距离QZK48钻孔水平距离约200 m，孔口高程2 762.45 m，孔深190 m。根据计算，QZK47钻孔孔底与QZK48钻孔孔口高程相当。QZK47钻孔中常规压水试验结果表明弱风化板岩透水率平均值为17.1 Lu，属中等透水性；微风化大理岩上部岩体透水率平均值为17.3 Lu，属中等透水性；微风化-新鲜板岩、大理岩岩体透水率值为0.07~0.73 Lu，属极微-微透水性。

隧洞围岩为O-S大理岩、板岩夹片岩，有F4、f_{17}、f_{18}断层在此通过。因构造较为发育，风化卸荷强烈，岩体较为破碎。

新鲜岩体中的裂隙多延伸长度较短，以闭合-微张状为主，层理及片理也大多呈闭合-微张状，其渗透稳定性一般较好。但高压压水试验成果表明，在大于3 MPa情况下，*P-Q*曲线呈冲蚀类型，显示在高压力作用下其渗透稳定性也是较差的。

F4、f_{17}、f_{18}等断层破碎带主要由糜棱岩、碎裂岩、断层泥组成；其影响带裂隙发育，多夹泥，延伸长，连通性好。因此，两者渗透稳定性明显较差。依据物质组成判断，断层破碎带渗透破坏形式主要为管涌，允许破坏坡降为1~2。

7.3.2.2　围岩承载能力分析

根据QZK48钻孔地应力实测成果，结合建筑物的布置进行了地应场的有限元分析，隧洞区范围内最小主应力等值线如图4-86所示。

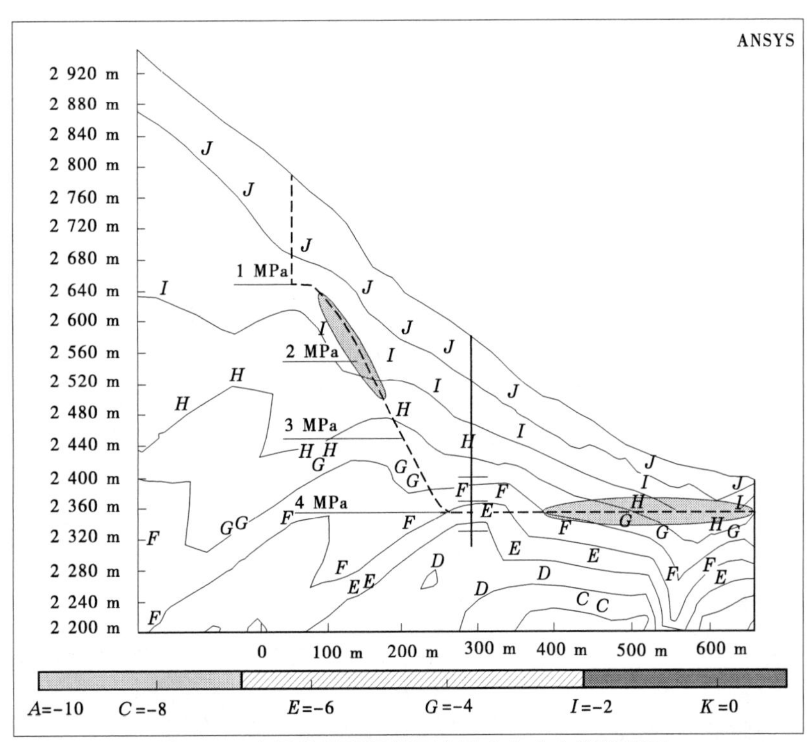

图4-86　高压管道隧洞剖面内最小主应力等值线图

根据隧洞区地质条件和水工内水压力计算成果（见表4-28），将隧洞分为5段并对其围岩稳定性进行分析：

桩号0+60—0+93.1：上覆岩体垂直厚度142.28~165.90 m，最小主应力值为1.4~1.5 MPa，计算平均内水压力1.44 MPa。内水压力与最小主应力相近。

表 4-28 高压管道隧洞围岩应力对照

高压管道隧洞特征段	上平段	斜管段		下平段	
试段编号	1	2	3	4	5
桩号	0+60—0+93. 1	0+93. 1—0+137. 98	0+137. 98—0+278. 8	0+278. 8—0+364. 80	0+364. 80—0+643. 26
垂直岩体厚度/m	142. 28~165. 90	142. 28~187. 66	187. 66~258. 66	192. 20~254. 96	34. 90~192. 20
水平岩体厚度/m		140. 28~175. 10	175. 10~325. 38		
最小主应力值/MPa	1. 4~1. 5	1. 5~2. 8	2. 8~4. 6	4~5. 4	<4
内水水头/m	101. 6~186. 30	186. 30~417. 90	417. 90~429. 10	429. 10~459. 0	>459. 0
平均内水压力/MPa	1. 44	3. 02	4. 24	4. 44	>4. 59
上覆岩体产生的垂直应力/MPa	3. 87~4. 51	3. 87~5. 10	5. 10~7. 04	5. 23~6. 93	0. 95~5. 23
上覆岩体产生的平均垂直应力/MPa	4. 19	4. 49	6. 07	6. 08	3. 09

桩号 0+93. 1—0+137. 98：上覆岩体垂直厚度 142. 28~187. 66 m，水平厚度 140. 28~175. 10 m，最小主应力值为 1. 5~2. 8 MPa，计算平均内水压力 3. 02 MPa，大于最小主应力值。

桩号 0+137. 98—0+278. 8：上覆岩体垂直厚度 187. 66~258. 66 m，水平厚度 175. 10~325. 38 m，最小主应力值为 2. 8~4. 6 MPa，计算平均内水压力 4. 24 MPa，在最小主应力量值范围内。

桩号 0+278. 8—0+364. 80：上覆岩体垂直厚度 192. 20~254. 96 m，最小主应力值为 4~5. 4 MPa，计算平均内水压力 4. 44 MPa，局部大于最小主应力值。

桩号 364. 80—0+643. 26：上覆岩体垂直厚度 34. 90~192. 20 m，最小主应力小于 4 MPa，计算平均内水压力大于 4. 59 MPa，大于最小主应力值。

综上所述，第 2 段和第 5 段内水压力多大于最小主应力，围岩承载能力不能满足要求；其余洞段内水压力多在最小主应力量值范围内，个别较为接近，但是围岩承载能力能满足内水压力的要求。

7. 3. 3 涌(突)水问题

桩号 0+247. 22 之后，隧洞处于地下水位之下，水头较小，预计可能发生涌水现象，但水量不大。

7. 3. 4 隧洞工程地质分段评价

以高压隧洞和调压井衔接处为起始点(0 点)，接地面厂房处为终点，总长约 890. 58 m，其中隧洞总长 778. 64 m，其余为明挖段。根据《水利水电工程地质勘察规范》(GB 50487—2008)，并以高压管道隧洞在水平面上的投影桩号分段进行工程地质评价，评价结果如下。

桩号 0+60—0+93. 1：隧洞上游段，为水平段，围岩为 O-S 大理岩、板岩夹片岩，中厚层状夹薄层状，上覆岩体厚 142. 28~165. 90 m。岩层产状为 NW315°~330°SW∠20°~40°，倾向坡内，与洞线大角度相交,围岩完整性较差。该段位于地下水位之上。洞内围岩总评分(T)为37分,围岩为Ⅳ类。围岩渗透系数大,在有压水流作用下,容易造成层间细颗粒物质被冲走,从而造成围岩失稳,破坏边坡稳定性。

桩号0+93.1—0+108.9:隧洞水平段接斜井段,该段斜井长21.76 m。围岩主要为O-S角闪斜长板岩、片岩夹大理岩,薄层状夹中厚层状,上覆基岩厚141.20~142.26 m。岩层产状为NW315°~330°SW∠20°~40°,倾向坡内,f_{18}断层产状为NW350°/NE∠83°,片理及f_{18}断层、裂隙均与洞线大角度相交,结构面发育,岩体较破碎。洞段围岩总评分(T)为38分,围岩为Ⅳ类。该段内水压力大于相同部位的最小主应力,在内水压力作用下,围岩将会失稳。另外,层间物质容易被冲蚀,易于造成边坡失稳。因此,从渗透性角度,该段围岩稳定性不能满足要求。

桩号0+108.9—0+154.8:隧洞斜井段,斜井段长91.66 m。围岩主要为O-S角闪斜长板岩、片岩夹大理岩,薄层状夹中厚层状,上覆基岩厚142.26~183.44 m。岩层产状为NW315°~330°SW∠20°~40°,倾向坡内,裂隙均与洞线大角度相交,结构面发育,岩体较破碎。洞段围岩总评分(T)为47分,围岩为Ⅲ类。该段内桩号0+108.9—0+137.98内水压力大于相同部位最小主应力,在内水压力作用下,围岩不能抵抗高压作用,易于失稳。同样,冲蚀作用易于造成边坡失稳。桩号0+137.98—0+154.8虽然内水压力小于相同部位的最小主应力,但是岩体完整性差,且上覆岩体厚度较小,透水性强,在有压水流作用下容易被冲蚀,从而造成边坡失稳。因此,在渗透性和承载能力方面,围岩稳定性不能满足要求。

桩号0+154.8—0+278.80:为高压管道隧洞斜井段,斜井段长237.38 m。围岩主要为O-S角闪斜长板岩、片岩夹大理岩,中厚层状夹薄层状,上覆基岩厚183.44~315.10 m。岩层产状为NW315°~330°SW∠20°~40°,倾向坡内,裂隙均与洞线大角度相交,结构面发育,岩体较破碎。下部31.56 m处于地下水位以下。洞段围岩总评分(T)为42分,围岩以Ⅳ类为主,局部为Ⅲ类。该段内内水压力小于相同部位的最小主应力,但是岩体完整性差,且上覆岩体厚度较大,但是层间物质在有压水流作用下容易被冲蚀,从而造成边坡失稳。因此,从渗透性角度,围岩稳定性不能满足要求。

桩号0+278.80—0+331.94 m:隧洞下游水平段,围岩主要为O-S角闪斜长板岩、片岩夹大理岩,中厚层状夹薄层状,上覆基岩厚217.6~315.10 m。岩层产状为NW315°~330°SW∠20°~40°,倾向坡内,裂隙均与洞线大角度相交,结构面发育,岩体较破碎。该段位于地下水位之下,洞段围岩总评分(T)为46分,围岩为Ⅲ类。该段内内水压力小于相同部位的最小主应力,但岩体完整性差,上覆岩体虽然厚度较大,但是主要地层为薄层状,层间结构面较发育,且位于边坡底部,层间充填物质以泥质为主,在有压水流作用下容易被冲蚀。另外,该处位于边坡坡角,若稳定性被破坏,将会造成边坡的整体失稳。因此,从渗透性角度,围岩稳定性不能满足要求。

桩号0+331.94—0+419.24:隧洞下游水平段,围岩主要为O-S大理岩,中厚层状夹薄层状,上覆基岩厚152.18~217.6 m。岩层产状为NW315°~330°SW∠20°~40°,f_{17}断层产状为NE10°/NW∠51°,片理及f_{17}断层、裂隙均与洞线大角度相交,结构面发育,岩体较破碎。该段位于地下水位之下。洞段围岩总评分(T)为47分,围岩以Ⅲ类为主,断层带两侧为Ⅳ类。桩号0+331.94—0+364.80段内水压力小于相同部位的最小主应力,但是上覆岩体厚度较小,完整性差,渗透系数大,在有压水流作用下层间物质易被冲蚀,影响边坡稳定性。桩号0+364.80—0+419.24段内,内水压力大于相应部位的最小主应力,上覆岩体厚度小,完整性差,渗透系数大,层间物质易被冲蚀,且在内水压力作用下围岩岩体易于失稳,且有断层f_{17}通过,断层带内物质更易被冲蚀。因此,该段围岩岩体从渗透性和承载能力方面均不能满足稳定性的要求。

桩号0+419.24—0+573.24:隧洞下游水平段,围岩主要为O-S大理岩、板岩夹片岩,中厚层状夹薄层状,上覆基岩厚60.50~152.18 m。岩层产状为NW315°~330°SW∠20°~40°,片理、裂隙均与洞线大角度相交,结构面发育,岩体较破碎。该段位于地下水位之下。洞段围岩总评分(T)为 43 分,围岩以Ⅳ类为主,局部Ⅲ类。该段内水压力大于相应部位的最小主应力,上覆岩体厚度小,完整性差,渗透系数大,层间物质易被冲蚀,且在内水压力作用下围岩岩体易于失稳,因此该段围岩岩体从渗透性和承载能力方面均不能满足稳定性的要求。

桩号 0+573.24—0+643.26:为高压管道隧洞下游水平段,围岩主要为 O-S 大理岩、板岩夹片岩,中厚层状夹薄层状,上覆基岩厚 0~60.50 m。岩层产状为 NW315°~330°SW∠20°~40°,断层断层 F4 在此通过,产状为 NW350°~360°/ SW∠80°~85°,破碎带及影响带宽 20~60 m。两盘岩层走向变形较大,上盘为 NW315°~330°,下盘为 NE10°~20°,倾向坡内。片理、裂隙均与洞线大角度相交,结构面发育,岩体较破碎。位于地下水位之下。洞段围岩总评分(T)为 24 分,围岩以Ⅴ类为主,局部Ⅳ类。该段内水压力大于相应部位的最小主应力,上覆岩体厚度小,完整性差,渗透系数大,层间物质易被冲蚀,且在内水压力作用下围岩岩体易于失稳,因此该段围岩岩体在渗透性和承载能力方面均不能满足稳定性的要求。

桩号 643.26 m 之后上覆岩体为第四系全新统洪积层(Q_4^{pl})碎石土,结构稍密-密实,埋深 25.2~47.2 m。钻孔揭露地下水埋深 22.20~41.72 m,且位于地下水位以下,成洞困难。若明挖,应注意排水和边坡稳定问题。

覆盖层地质参数建议值见表 4-29 和表 4-30。

表 4-29　　厂房区第四系土层地质参数参考值

地层	岩性	密度/(g/cm^3)	允许承载力/MPa	压缩模量/MPa	内摩擦角/(°)	渗透系数/(cm/s)	允许水力比降
洪积层	碎石土及土夹碎石	1.8~2.05	0.35~0.40	12~15	24~26	9.5×10^{-4}~3.5×10^{-3}	0.1~0.2
冲积层	砂砾石	1.85~2.2	0.40~0.45	25~35	30~33	1.4×10^{-2}~4.5×10^{-2}	0.1~0.2

表 4-30　　厂房区开挖边坡建议值

地层代号	岩性	永久边坡	临时边坡	说明
Q_4^{pl}	碎石土	1:1~1:1.25	1:1	1. 表部较松散,应适当放缓; 2. 为水上边坡; 3. 坡高 5~10 m; 4. 此建议值是在未扰动情况下
Q_4^{al}	砂卵砾石	1:1.5~1:1.75	1:1.3	

7.4　高压隧洞地段边坡稳定性

高压管道地段边坡坡度 40°~50°。岩性以大理岩、板岩夹片岩为主,呈中厚层状夹薄层状,岩层之间结构紧密,无细颗粒充填。岩层产状以 NW315°~330°SW∠20°~40°为主,倾向坡内,有利于边坡稳定。综合判断,在现状条件下边坡整体处于稳定状态。受断层和卸荷风化的影响,浅表部岩体破碎,稳定性相对较差。

高压管道的渗漏对边坡稳定是不利的,表现在以下方面:

(1)现状条件下,边坡岩体大多处于干燥状态,抗剪强度较高。浸水后,断层破碎带、风化卸荷岩体以及片理、裂隙等结构面强度会明显下降。

(2)破碎岩体及裂隙、断层破碎带内的充填物渗透稳定性差,在高水压力的长期作用下可能被冲蚀,造成渗透破坏。

(3)工程区地处高寒山区,冷热交替频繁,冻胀作用强烈,恶化边坡岩体的工程地质条件。

(4)产生不利于边坡稳定的渗透压力。

7.5 综合评价与建议

高压隧洞围岩为大理岩、板岩夹片岩,沿线断层发育,风化卸荷作用强烈,岩体完整性差,围岩以Ⅳ类为主。围岩承载能力较低,部分洞段不能满足最小应力准则要求。岩体抗渗透能力较差,在水压力大于3 MPa情况下裂隙充填物等可能被冲蚀。隧洞内水外渗对边坡稳定条件影响较大,不利于边坡稳定。综合评价,高压隧洞段工程地质条件较差。

建议施工期加强超前探测和工程处理,确保施工安全,并采取有效的防渗、抗裂和围岩加固措施,保证运行期安全。

7.6 调压室施工情况

调压室竖井开挖直径13.4 m,井深140.7 m,顶部平台高程2 795.00 m。竖井开挖采用反井钻机进行导孔(D0.25 m)和导井(D2.0 m)施工,之后,人工自上而下进行爆破扩挖竖井(D13.4 m)的施工方案。

竖井围岩为角闪斜长板岩、片岩夹大理岩,薄层状夹中厚层状。竖井上部围岩以Ⅳ类为主,中、下部围岩以Ⅲ类为主,局部为Ⅳ类。

为保证竖井施工安全和施工进度,将对竖井围岩进行预固结灌浆,提高竖井围岩的整体性和均匀性,提高其自稳能力。竖井扩挖前,需在井口浇筑盖重和锁口钢筋混凝土,保证井口壁围岩稳定。

7.6.1 反井钻先导孔及导井施工

先导孔孔径250 mm,开钻日期2012年5月8日,结束日期2012年6月13日。钻进过程中0~52.4 m多次卡钻,多采用灌浆处理后再钻,该部位对应高程2 795~2 742.6 m。

导井直径2.0 m,利用反井钻扩挖,开钻日期2012年9月21日,结束日期2012年10月20日。

7.6.2 调压室围岩预固结灌浆施工

2012年6月1日,水工专业下发了关于调压室竖井进行深孔预固结灌浆等的通知,要求对调压室围岩进行4圈水泥固结灌浆,总计95个灌浆孔,每孔深104.7 m。为加强围岩的整体性,在竖井开挖线之外的井壁预固结灌浆完成后,灌浆孔内安装3Φ28锚筋束,长度80 m,进行灌浆填充。将锚筋束浇筑到井口盖重混凝土中,使其形成一个整体。

实际灌浆过程如下:

根据施工单位提供的资料,固结灌浆孔位平面布置如图4-87所示。

灌浆试验选择位于第四圈的79#孔作为试验孔,试验报告表明:灌前压水最大透水率135.25 Lu,平均透水率67.1 Lu;灌后最大透水率2.98 Lu,平均透水率1.9 Lu。灌浆压力0.5 MPa,灌浆封孔浆液比0.5:1,所用浆液比3:1,2:1,1:1,0.5:1。总灌浆长度140.7 m,注灰量80 429.48 kg,单位注灰量571.63 kg/m。

根据施工单位提供的资料,统计灌浆结果如下(由内圈至外圈):

第一圈,1#~6#孔,7月1日至8月6日完成全部孔深140.7 m的灌浆,开灌水灰比3:1,终止水灰比0.5:1,灌浆压力为0.48~0.52 MPa。

第二圈,7#~28#孔,7月14日至9月29日完成全部孔深140.7 m的灌浆,开灌水灰比3:1,终止水灰比0.5:1,灌浆压力为0.48~0.53 MPa。

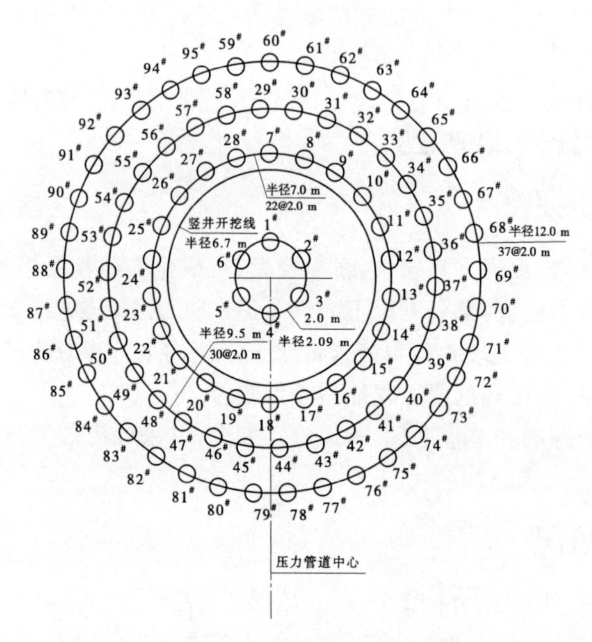

图 4-87　调压室固结灌浆孔位平面布置

第三圈，29#～58#孔，9月15日至10月16日完成全部孔深80～90 m的灌浆，部分完成90 m和95 m，开灌水灰比3∶1，终止水灰比0.5∶1，灌浆压力为1.5～1.53 MPa。

第四圈，59#～95#孔，7月1日至10月1日，除59#孔未灌浆外，其余孔完成100～105 m灌浆，开灌水灰比3∶1，终止水灰比0.5∶1，灌浆压力为0.48～0.53 MPa。

第二圈安放了锚筋桩（从施工记录看，部分是在塌方后安放的）。

施工单位提供的资料里仅包括灌浆完成情况统计表、孔位布置图、灌浆试验报告、各灌浆孔压水试验和灌浆记录相关表格，没有提供灌浆后的检查成果资料。

7.6.3　反井钻扩挖过程中塌方情况

根据施工单位反映，提钻过程中，在孔深40 m以下发生了塌方，塌方日期是2012年10月16日，塌方高程在2 738～2 748 m。根据近期收集到的施工单位反井钻施工值班记录，2012年10月12—24日，施工单位记录竖井反井钻出渣共计2 976 m^3，从出渣记录推断，10月12日开始塌方。

2012年10月16日，施工地质编录工程师到现场了解情况，但是塌方仍然在继续，当日传回10月16日堆放在6#施工支洞口的塌方物质照片。由照片可以看出塌方物质松散堆积时为散体状，细颗粒居多，见有块径在5～20 cm的块石，如图4-88和图4-89所示。

7.6.4　塌方原因分析

（1）塌方段为Ⅳ类围岩（根据相关规范评分为27分，25分以下为Ⅴ类），岩体破碎，稳定性很差。层间存在挤压破碎带，破碎带倾角45°～49°，倾向调压井上游侧，产状对调压井下游侧围岩稳定极为不利。另外，挤压破碎带内物质泥化程度较高，强度较低。综合评价，调压井塌方段围岩质量差且有不利结构面发育，如不采取加固措施难以自稳。

（2）在导井施工期间，第3、4圈灌浆工作尚未完成，无固结加固作用，无法起到控制塌方和限制塌方范围扩大的作用。

（3）预固结灌浆与反井钻扩挖施工同时进行，浆液造成层面、剪切破碎带内物质的浸水软化，强度显著降低。另外，灌浆产生孔隙水压力作用在不稳定块体上，不利于导井围岩稳定。

（4）反井钻施工过程中，发现存在塌方和对塌方处理不够及时的情况。

（5）施工过程中的振动、用水等的不利影响。从发电引水隧洞桩号 Y15+600 以后及调压室底

图 4-88　2012 年 10 月 16 日塌方物质(从洞里出渣)

图 4-89　2012 年 11 月 7 日塌方物质(长时间堆放后)

部拱顶出现大面积滴水现象(见图 4-90)来看,反井钻和固结灌浆的施工用水对调压井范围内的岩体起到浸泡的作用。

7.6.5　调压室开挖和支护施工要求与建议

目前,承包人正在进行调压室高程 2 795.00 m 平台锁口和盖重钢筋混凝土浇筑。为保证调压室竖井开挖和支护的施工安全,保证调压室平台之上高边坡的稳定和安全,2012 年 11 月 22 日,设计人员对承包人提出调压室竖井开挖和支护施工要求与建议,内容如下:

(1)探明调压室竖井塌方位置、形状和范围,对塌方空腔进行回填和灌浆处理,防止塌方范围扩大,避免塌方对边坡和施工安全产生不良影响。

(2)竖井下游侧的固结灌浆孔应适当加密至 1~1.5 m,灌浆后插入钢筋束并回填。灌浆应采用分段循环灌浆方式,在全部灌浆工程完成且验收合格后方可进行开挖施工,严禁边灌浆边开挖。

(3)加强对塌方附近围岩的加固处理,适当加长、加密锚杆,并采取加强灌浆措施。

(4)施工时需时刻注意下部塌方区的危害,应采取有效措施,确保施工安全。

(5)在竖井塌方处理和开挖支护施工过程中,应加强安全监控量测,对调压室边坡和竖井支护

图 4-90　发电引水洞桩号 Y15+600 附近支护钢拱架和喷混凝土被水浸泡

结构的稳定性进行安全监控,发现问题及时处理。

(6)应制定调压室竖井施工质量和安全专项保证措施,制定应急救援预案,加强现场施工管理,保证施工机械设备和机具运行有效,保证所需材料的供应,并应有一定的安全储备。

7.7　调压室、隧洞等建筑物防渗、排水工程处理措施方案

7.7.1　洞室支护型式及结构分析

7.7.1.1　隧洞支护型式及结构分析

隧洞桩号 Y15+520—Y15+639,长约 120 m,开挖揭露的岩性为片岩、板岩夹大理岩,岩体破碎,为裂隙密集带,裂隙张开宽度≥5 mm,围岩类别为Ⅳ类。该段隧洞内水压力 100 mH_2O 左右,内水压力较大。初步设计阶段,该段隧洞采用钢筋混凝土衬砌二次支护,混凝土衬砌厚度 0.7 m;隧洞围岩一期支护采用锚杆+钢筋网+喷混凝土:锚杆 Φ25@1.25 m×1.25 m,L=2.5 m,钢筋网 Φ8@200 mm×200 mm,喷混凝土厚度 150 mm,必要时加钢支撑。实际施工开挖时,桩号 Y15+515.6—Y15+622 洞段采用 I18 工字钢,桩号 Y15+622—Y15+637.2 洞段采用 I20 工字钢,钢支撑间距为 0.8 m。

该段隧洞在底部清基时发现,桩号 Y15+570—Y15+637.2 洞段岩体极为破碎,呈碎石土状,根据局部探坑揭露深度 3~4 m。设计拟将该层破碎岩体开挖清除,置换为 C20 素混凝土。

为了提高引水隧洞承受内水压力的能力,钢筋混凝土衬砌与围岩之间进行回填灌浆,以便更好地发挥围岩承载作用,改善衬砌受力条件。初步拟定在混凝土衬砌隧洞全程洞顶 120°范围内进行回填灌浆;同时为补强围岩开挖过程中形成的松动圈,减少渗漏且降低外水压力,对围岩进行固结灌浆,灌浆孔深入围岩 3 m,每排 6 孔,间距 3 m,梅花形对称布置。

经结构分析计算,隧洞 1 m 长度配置钢筋面积 8 646 mm^2(3×5Φ28@200 mm),裂缝开展宽度 0.12 mm,按限裂设计控制。

7.7.1.2　调压室支护型式及结构分析

调压室竖井和下室断面较大,承受内水压力最大为 100 mH_2O,内水压力较大。根据地质推测围岩为弱-微风化岩体,裂隙发育,岩体破碎,地质条件相对较差,围岩以Ⅲ类为主,局部为Ⅳ类。

初步设计阶段，竖井及下室全断面采用 $\Phi8$@200 mm×200 mm 钢筋挂网喷锚一次支护、C25 钢筋混凝土永久衬砌。

一次支护 C25 混凝土喷层厚度为 20 cm，锚杆竖井为全断面布设，下室为洞顶 180°范围内设置，锚杆直径 25 mm，竖井部位锚杆长 5.0 m，间排距 1.5 m×1.5 m，下室部位长 4.0 m，间排距 1.25 m×1.25 m，梅花形交错布置。

调压室竖井采用 1.5 m 厚的 C25 钢筋混凝土衬砌，下室采用 1.0 m 厚的 C25 钢筋混凝土衬砌。

根据竖井衬砌内力分析结果，进行配筋和混凝土裂缝宽度计算，其结果见表 4-31。

表 4-31　**竖井衬砌混凝土配筋及裂缝宽度计算结果**

断面高程/m	主应力/MPa		断面拉力/kN	偏心距 e_0/cm	弯矩/(kN·m)	计算钢筋面积/mm^2		每米高度建议配筋		裂缝宽度/mm
	内侧	外侧				内侧	外侧	内侧	外侧	
2 657.4~2 695.4	1.22	0.82	1 530	4.902	75	3184	2 738	5Φ30	5Φ28	0.18
2 695.4~2 710.4	1.04	0.69	1 297.5	5.057 8	65.63	2 707	2316	5Φ28	5Φ25	0.17
2 710.4~2 730.4	0.82	0.54	1 019.25	5.132 5	52.31	2 131	1 818	5Φ25	5Φ22	0.15
2 730.4~2 765	0.55	0.36	682.5	5.219 8	35.63	1 427	1 215	5Φ20	5Φ18	0.12

注：表中所用钢筋均为 HRB400 级钢筋。

7.7.2　围岩渗透稳定分析

由计算结果可知：隧洞和调压室钢筋混凝土衬砌在内水压力作用下均有不同程度的裂缝，但裂缝开展宽度小于 0.25 mm，在可控制范围之内。

在国内外已建工程中，引水隧洞衬砌出现裂缝，进而造成内水外渗的情况确有存在，但工程上多数情况是对出现的裂缝成因及裂缝引起的渗水进行分析和处理，而对于在不同裂缝宽度及开展范围下发生的渗漏量计算很少，由于衬砌外围岩的不确定性，渗漏量也难以精确分析计算。

对于Ⅳ、Ⅴ类围岩，岩体结构完整性差，透水性大，节理裂隙发育，地下水连通较好。如发生内水外渗，可能形成贯通的透水通道，进而透水通道内的充填物质发生冲蚀破坏，并且其一般分布在沟谷等埋深较小的部位，内水外渗有可能造成边坡失稳，给周围环境带来破坏，内水外渗有可能造成山体边坡渗透破坏，发生大规模的边坡失稳，危及调压室、压力管道及厂房安全。因此，为安全考虑，对调压室及其附近隧洞采取进一步的防渗和排水措施，减少内水外渗量，及时排除渗漏水。

7.7.3　保证渗透稳定的处理措施方案

7.7.3.1　合理设置混凝土衬砌的伸缩缝和施工缝

隧洞钢筋混凝土衬砌原设计为每 10 m 为 1 个浇筑段，设置施工缝，钢筋穿过施工缝，缝内设置 1 道止水；或每 20 m 设置 1 道伸缩缝，钢筋不穿过伸缩缝，缝内设置 1 道止水，缝内填以高压闭孔泡沫板。在两边拱下 45°设置各设置 1 道水平纵向施工缝。

现场采购钢筋长度为 12 m/根，施工单位拟订制长度为 12 m 的混凝土衬砌钢模台车。因此，隧洞钢筋混凝土衬砌调整为每 12 m 为 1 个浇筑段，只设置伸缩缝，钢筋不穿过伸缩缝，缝内设置两道止水，缝内填以高压闭孔泡沫板。取消环向和纵向施工缝。

衬砌施工中，对于衬砌的伸缩缝，施工单位应确保施工质量，严格按照相关规范要求及设计图纸施工，不应因施工问题而造成止水破坏。

7.7.3.2　采用抗裂、抗渗混凝土衬砌

混凝土衬砌裂缝很大一部分为温度裂缝，裂缝的产生不仅使衬砌发生渗漏，而且使混凝土的耐久性降低，钢筋锈蚀。为减少温度裂缝，在混凝土中掺入纤维素（掺入量 0.9~1.8 kg/m^3）和抗裂

剂,改善混凝土本身的变形性能和提高耐久性,从而减少混凝土的收缩,减少温度裂缝的产生,限制混凝土裂缝的开展宽度,从而使混凝土的抗渗能力得到较大幅度的提高。同时,采用抗渗等级(W10)较高的混凝土衬砌,将衬砌混凝土强度等级由 C25 提高至 C30。

纤维混凝土的施工性能与普通混凝土没有大的不同,一般的施工方法都适用于纤维混凝土。

7.7.3.3　高压引水隧洞增加钢板衬砌段

初步设计阶段,压力管道钢板衬砌只做到调压室闸门室下游渐变段之后。为加强调压室闸门室上下游高压引水隧洞段的抗渗能力,将高压隧洞钢板衬砌向上游延伸至引水隧洞桩号 Y15+590,即钢板衬砌起点桩号为 Y15+590,增加钢板衬砌长度 49.86+18.5=68.36(m)。

为减少钢筋混凝土衬砌段内水外渗对压力钢管段的威胁,压力钢管段首部与钢筋混凝土衬砌相接段,布置两排径向入岩深 20 m 的灌浆帷幕,形成封闭有效的防渗帷幕体系,灌浆过程中应加强钢管变形监测。

7.7.3.4　加强洞室围岩固结灌浆

为了提高引水隧洞、调压室竖井和下室承受内水压力的能力,钢筋混凝土衬砌与围岩之间进行回填灌浆,以便更好地发挥围岩承载作用,改善衬砌受力条件。在混凝土衬砌隧洞、调压室下室全程洞顶 120°范围内进行回填灌浆;同时为补强围岩开挖过程中形成的松动圈,减少渗漏且降低外水压力,对围岩进行固结灌浆。通过现场灌浆试验,确定合理的灌浆压力、浆液配合比和灌浆施工方案,在条件允许的情况下,尽可能提高固结灌浆压力。

7.7.3.5　设置渗漏排水通道,及时排除可能的渗漏水

为调压室和压力管道施工,布置有 $6^{\#}$、$7^{\#}$和 $8^{\#}$三条施工支洞,具体布置特性见表 4-32。

表 4-32　　　　施工支洞布置特性

支洞编号	进口底高程/m	与压力管道中心线交点高程/m	长度/m	纵坡/%	进出口高差/m	断面形式及尺寸/m
$6^{\#}$施工支洞	2 661	2 649.2	235.74	5	11.8	城门洞型
$7^{\#}$施工支洞	2 487	2 498.99	240.2	−5	−11.99	6.5×6.3
$8^{\#}$施工支洞	2 377	2 359.03		8.91	17.97	

其中,$6^{\#}$施工支洞位于调压室下游侧,与压力管道上平段斜向相交,可利用 $6^{\#}$施工支洞作为调压室及与其连接的压力隧洞渗漏排水通道,防止内水外渗浸入到山体中。由于 $6^{\#}$施工支洞为逆向坡,渗漏水不能自流,需另开挖 1 条规模较小的顺坡自流排水平洞(城门洞形 1.5 m×2.0 mm,纵坡 5%,倾向山外),与 $6^{\#}$施工支洞连接。在 $6^{\#}$施工支洞内靠近竖井和下室段布置排水孔,将由调压室竖井和下室内渗出的水流及时排至 $6^{\#}$施工支洞,减少可能渗入山体围岩中的内水。

原设计调压室下室布置在竖井右侧,与 $6^{\#}$施工支洞不在同一侧。为了 $6^{\#}$施工支洞排水,将下室调整位置,布置在调压室竖井左侧,与 $6^{\#}$施工支洞在同一侧。

$7^{\#}$施工支洞相交于压力管道斜井中部,为倾向山外的顺向坡,渗漏水可自流。在 $7^{\#}$施工支洞内布置排水孔,将其上游山体围岩中的渗漏水引至支洞内排出。

$8^{\#}$施工支洞进口高于出口,为逆向坡,渗漏水不能自流,需在洞内布置埋管,形成不大于 18 m 的压力流。将埋在压力管道周围的排水管集中引至 $8^{\#}$施工支洞内排出。

7.8　塌方治理措施

由于调压井上部岩体风化卸荷强烈,岩体破碎,井壁下游侧岩体为顺向坡,围岩稳定性差。如果不采取有效措施,有产生大塌方甚至塌井的可能。国内类似的状况已有数起。

为保证竖井开挖和支护的施工安全,保证调压室平台之上高边坡的稳定和安全,需探明调压室竖井塌方位置、形状和范围,对塌方处进行处理。以下初步拟定 4 个方案,供业主决策。

方案 1:导井回填、塌方部位灌浆。

导井用碎石回填,对塌方部位进行固结灌浆,然后按正井开挖方法施工。此方案的优点是做法稳妥,施工安全和质量有保障。缺点是导井废弃,正井开挖方法施工进度慢,工期长。

方案 2:对塌方高程范围回填+固结灌浆。

对导井在塌方部位下部(高程为 2 736~2 738 m)进行封口处理,塌方段用混凝土或碎石进行回填后,对塌方部位进行固结灌浆。由于导井在塌方段被封堵,调压井上部用正井开挖方法施工,下部可以用导井进行溜渣、通风。

方案 2 是方案 1 的改进,导井在高程 2 376 m 以上废弃,但下部得以保留可以继续使用。对导井塌方部位下部封口时需采取相应的措施,保证施工安全。

方案 3:对塌方部位用混凝土回填(中间预埋直径 1 500 mm 的钢管)+固结灌浆。

对导井塌方段用 C20 二级配泵送混凝土进行回填,中间预埋直径 1 500 mm 的钢管作为调压井开挖的溜渣通道。

此方案要求混凝土填满塌方部位,中间预埋钢管需采取相应的固定措施,保证施工安全。

此方案的优点是导井的功能得以保留,可以用导井进行溜渣、通风,对调压井的后续开挖有利。

方案 4:加强观测,对塌方部位适时回填处理。

调压井上部正常开挖,加强一次支护和观测,开挖至高程 2 760 m 时,再按方案 2 或者方案 3 对塌方部位进行处理。开挖过程中如有异常,立刻停止开挖,对塌方处先进行处理。

此方案有一定风险,无法预测开挖过程中塌方范围是否会继续发展,塌方的危害程度也无法预测,有产生大塌方甚至塌井的可能。

对以上 4 个方案进行比较:

方案 1 安全且质量有保障,缺点是导井废弃,正井开挖方法施工进度慢,工期长;方案 3 需要人员在导井内进行预埋钢管施工,工作环境危险;方案 4 风险较大;方案 2 采取相应的措施可以保证施工安全。

在不良地质段的竖井开挖中,采用自上而下全断面普通法掘进竖井的出渣方式,有利于安全通过不良地质段,从而保证工程安全和进度。

7.9　调压井开挖注意事项

针对施工中可能遇到的问题,提出如下建议:

(1)调压井上部围岩岩体破碎,开挖过程中尽量按短进尺、弱爆破、强支护、勤观测的原则进行。

(2)开挖后及时跟进锚杆支护和喷混凝土支护。

(3)对岩石特别破碎的部位,参建几方共同研究后,可采取固结灌浆,在原设计喷锚支护的基础上,增设自钻式锚杆及小导管灌浆超前支护,视情况必要时增设锚筋桩、环形钢支撑(I18 型或 I20 型)等措施,保证调压井壁的稳定。

(4)加强安全设施配置。

(5)对可能发生的事故制定相关的防范、应急措施。

(6)加强监测,发现异常及时预警和处理。

(7)开挖过程中,合理设计爆破参数、及时出渣,预防堵井。

7.10　涂刷聚脲处理

调压室围岩条件差,下室和竖井内水作用水头高。调压室为钢筋混凝土结构,局部采用钢板和钢筋混凝土组合衬砌结构。为减少和控制内水外渗,原设计对调压室上室、下室和竖井内部涂抹环氧砂浆。现根据施工进度要求,调整防渗材料和实施范围,对调压室下室和竖井内壁喷涂聚脲防渗材料,具体要求如下。

7.10.1　聚脲防渗材料喷涂范围

调压室下室和竖井内水作用水头不大于 100 m。下室长 65 m,断面为圆形结构,与竖井相贯处断面为侧壁直立、顶底圆拱形式,内直径为 5~7 m。竖井断面为半圆形与矩形门槽组合形式,内直径为 9~10 m。

对调压室下室内表面、竖井内壁(底部高度 70 m)、竖井底板(设门槽兼阻抗孔)混凝土表面、闸门槽(包括金属结构)表面、门槽与隧洞相交连接结构表面等喷涂聚脲防渗材料,包括下室与竖井相贯处的局部钢板衬砌表面。

喷涂聚脲防渗材料应在调压室混凝土衬砌、钢板及金属结构、回填灌浆和围岩固结灌浆施工及质量检查完成后进行。

7.10.2　执行的标准和规范

《水电水利工程聚脲涂层施工技术规程》(DL/T 5317—2014)。

《喷涂聚脲防水涂料》(GB/T 23446—2009)。

《喷涂聚脲防水工程技术规程》(JGJ/T 200—2010)。

7.10.3　材料性能指标

(1)选用双组分喷涂聚脲防渗材料,基本性能指标应满足表 4-33 的要求;界面剂和层间处理剂的基本性能指标应满足表 4-34 和表 4-35 的要求。

表 4-33　　双组分喷涂聚脲防渗材料基本性能

序号	项目		技术指标
1	固体含量/%		≥98
2	胶凝时间/s		≤30
3	表干时间/s		≤80
4	拉伸强度/MPa		≥20
5	断裂伸长率/%		≥350
6	撕裂强度/(N/mm)		≥50
7	低温弯折性/℃		≤-40,无破坏
8	不透水性		1.2 MPa,48 h 不透水(厚度 4 mm)
9	加热伸缩率/%	伸长	≤1.0
		收缩	≤1.0
10	黏结强度/MPa	≥2.5	
11	吸水率/%	≤3.0	
12	硬度(邵 A)	≥80	

表4-34　**界面剂基本性能**

序号	项目	技术指标
1	表干时间/h	≤6
2	黏结强度/MPa	≥2.5

表4-35　**层间处理剂基本性能**

序号	项目	技术指标
1	表干时间/min	≤40
2	黏结强度/MPa	≥2.5,且涂层无分层

(2)基层局部缺陷修补材料采用环氧砂浆或环氧腻子,修补材料强度指标应不低于基层混凝土强度指标(C25),与基面的黏结强度大于2.5 MPa。

7.10.4　设计指标及细部构造要求

(1)喷涂聚脲涂层的厚度不小于3 mm,喷涂在调压室下室和竖井内壁表面。

(2)结构的阴角、阳角及接缝等细部构造部位应设置加强层。加强层的材料可采用喷涂聚脲防渗涂料或涂层修补材料,宽度不小于200 mm,厚度不小于2 mm。结构的阴角、阳角部位应处理成圆弧状或135°折角,应满足《喷涂聚脲防水工程技术规程》(JGJ/T 200—2010)第5.2.1条的规定。

(3)喷涂聚脲涂层边缘应进行收头处理,涂层收边宜采用打磨成斜边并密封处理,应满足《喷涂聚脲防水工程技术规程》(JGJ/T 200—2010)第5.2.2条的规定。

(4)混凝土结构施工缝应进行加强处理,加强层的宽度不应小于500 mm,厚度不小于2 mm,并应满足《喷涂聚脲防水工程技术规程》(JGJ/T 200—2010)第5.2.9条的规定。

(5)混凝土结构变形缝(伸缩缝)两侧应用隔离材料设置空铺层,空铺层的宽度应大于缝宽150 mm,并应设置加强层。加强层的宽度应大于空铺层400 mm,厚度不小于2 mm。变形缝的处理应满足《喷涂聚脲防水工程技术规程》(JGJ/T 200—2010)第5.2.10条的规定。

7.10.5　施工技术要求

7.10.5.1　一般规定

(1)施工前承包人应详细了解施工图纸和喷涂作业范围,掌握工程主体及细部构造的防渗技术要求,根据使用的材料和作业环境进行现场试验,确定施工工艺和参数,提交现场施工质量检测报告。现场检验项目为拉伸强度、断裂伸长率和黏结强度。

现场施工质量检测报告的内容应包括操作人员及喷涂设备的情况,喷涂现场环境条件、喷涂作业的关键工艺参数和送样检测结果等。

(2)喷涂聚脲作业环境温度应高于5 ℃、相对湿度小于85%,施工应在基面温度比露点温度至少高3 ℃的条件下进行。

(3)施工前应对作业面外易受施工飞散物料污染的部位采取遮挡措施。

(4)喷涂作业现场应按《水电水利工程聚脲涂层施工技术规程》(DL/T 5317—2014)的规定做好操作人员的安全防护工作,并应采取必要的环境保护措施。

(5)喷涂作业前,应确认基层、喷涂聚脲防渗材料、喷涂设备、现场环境条件、操作人员等均符合《喷涂聚脲防水工程技术规程》(JGJ/T 200—2010)的规定和设计要求后,方可进行喷涂作业。

(6)聚脲涂层施工应按基层处理、界面剂涂刷和聚脲涂覆的工序进行,每道工序完成并经检查合格后,方可进行下道工序的施工。

(7)界面剂涂刷完成经验收合格后,应在界面剂规定的间隔时间内进行聚脲的喷涂作业。超出规定间隔时间的,应重新涂刷界面剂。

(8)两次喷涂作业时间间隔超出材料允许复喷时间的,再次喷涂作业前应将已有涂层表面清理干净,并涂刷层间处理剂。

(9)喷涂作业完工后,不得直接在涂层上凿孔、打洞或重物撞击。

(10)涂层有漏涂、针孔、鼓泡、剥落及损伤等缺陷时,应进行修补。

(11)聚脲涂层施工过程中,应进行过程控制和质量检验,并有完整的施工记录。

7.10.5.2　基层表面处理和界面剂涂刷

(1)基层表面不得有浮浆、孔洞、裂缝、灰尘、油污等。当基层不满足要求时,应进行打磨、除尘和修补。基层表面的孔洞和裂缝等缺陷应采用环氧砂浆或环氧腻子进行修复。

细部构造部位应按设计要求进行基层表面处理,基层表面应处理平顺。

(2)涂刷底料前,应检测基层干燥程度,应在基层干燥度检测合格后涂刷界面剂。

(3)界面剂应按要求的配比配制,配量适中,混合均匀。界面剂可采用涂刷、辊涂或刮涂的方法施工,涂覆的界面剂应薄而均匀,无漏涂、无堆积。

(4)界面剂涂刷范围应大于聚脲涂层范围。

(5)界面剂涂刷完毕并干燥后,在正式喷涂聚脲作业前,应采取措施防止灰尘、溶剂和杂质等污染表面。

7.10.5.3　喷涂设备

(1)聚脲防渗材料喷涂作业宜选用具有双组分枪头混合喷射系统的喷涂设备。喷涂设备应具有物料输送、计量、混合、喷射和清洁功能。

(2)喷涂设备应由专业技术人员管理和操作。喷涂作业时,宜根据施工方案和现场条件适时调整工艺参数。

(3)喷涂设备的配套装置应符合下列规定:

①对喷涂设备主机供料的温度不低于 15 ℃;

② B 料桶应配备搅拌器;

③应配备向 A 料桶和喷枪提供干燥空气的空气干燥机。

7.10.5.4　喷涂作业

(1)喷涂作业前应充分搅拌 B 料,严禁现场向 A 料和 B 料中添加任何物质,严禁混淆 A 料和 B 料。

(2)每个工作日正式喷涂作业前,应在施工现场先喷涂一块 500 mm×500 mm、厚度不小于 2.5 mm 的样片,并应由施工技术主管人员进行外观质量评价并留样备查。当涂层外观质量达到要求后,可确定工艺参数并开始喷涂作业。

(3)喷涂作业时,喷枪宜垂直于待喷基层,距离宜适中,并宜匀速移动。应按照先细部构造后整体的顺序连续作业,一次多遍、交叉喷涂至设计要求的厚度。

(4)当出现异常情况时,应立即停止作业,检查并排除故障后再继续作业。

(5)每个作业班次应做好现场施工工艺记录,包括以下内容:

①施工的时间、地点、部位和工程项目名称;

②环境温度、湿度、露点;

③打开包装时 A 料、B 料的状态;

④喷涂作业时 A 料、B 料的温度和压力;

⑤材料及施工的异常状况;

⑥施工完成的面积;

⑦各项材料的用量。

(6)喷涂作业完毕后,应按使用说明书的要求检查和清理机械设备,并应妥善处理剩余物料。

(7)两次喷涂时间间隔超出喷涂聚脲防渗处理生产厂家规定的复涂时间时,再次喷涂作业前应在已有涂层的表面施做层间处理剂。

(8)两次喷涂作业面之间的接槎宽度不应小于250 mm,搭接部位第一次喷涂厚度不宜大于设计厚度的1/2。

7.10.5.5　涂层缺陷修补

(1)聚脲涂层缺陷宜采用涂刷聚脲修补。

(2)鼓泡、剥落及损伤等缺陷处理时应向缺陷外扩展50~100 mm,打磨清理后,基层表面涂刷界面剂,搭接部位涂刷层间处理剂,再涂覆聚脲进行修补;针孔可直接采用涂刷聚脲修补。

(3)修补处的涂层厚度不应小于已有涂层的厚度,且表面质量应符合《喷涂聚脲防水工程技术规程》(JGJ/T 200—2010)的规定。

(4)涂层厚度不满足设计要求时,应将不足厚度的聚脲表面打磨、清洗干净,干燥后涂刷层间处理剂,再涂覆聚脲至设计厚度。修补后的部位应与整个聚脲涂层保持连续、平整,且颜色一致。

(5)涂层黏结强度现场检测遗留破损部位的修复应按照相关规定执行。

7.10.5.6　质量控制与检验

1.基层处理和界面剂涂刷质量

(1)目测基层应无油污、灰尘、污物、浮浆和松散的表层。

(2)目测涂刷的界面剂应均匀、固化正常、无漏涂、无堆积。

(3)目测或敲击检查修补后的基层表面应无裂纹、孔洞、空鼓、松动、蜂窝麻面等缺陷。

(4)目测细部构造处的基层表面处理应满足设计要求和《喷涂聚脲防水工程技术规程》(JGJ/T 200—2010)的规定。

2.喷涂聚脲涂层质量

(1)聚脲涂层应均匀涂覆,涂层厚度应满足设计要求。

(2)现场检查材料出厂合格证、有效期、质量检验报告和进场抽样检验报告,聚脲涂层施工原材料应符合设计要求。

(3)颜色均匀、平整、无流挂、无漏涂、无针孔、无起泡、无开裂、无异物混入。

(4)每300 m^{2}检测1组,涂层黏结强度不小于2.5 MPa。

(5)每300 m^{2}检测1组,平均厚度应符合设计要求,检测的最小厚度应不小于设计厚度的90%,且厚度小于设计厚度的比例不得超过5%。

(6)喷涂聚脲涂层工程验收时,应提交下列资料:喷涂聚脲防渗工程的有关设计文件;原材料的产品合格证、质量检验报告、进场抽样检验报告及涂层质量检测报告;现场试验报告;施工记录和施工质量检测记录;隐蔽工程验收记录;缺陷处理施工记录等。

8 调压室塌方处理方案

水电站调压室竖井开挖采用反井钻机进行导孔和导洞施工,之后,采用人工自上而下进行爆破扩挖竖井的施工方案。在导洞施工过程中,调压室竖井内发生了较大塌方。经现场测量,塌方区范围:塌方区靠近山体内侧(上室方向),高程为 2 759.00~2 690.00 m,其中在高程 2 726.00 m 处基本与设计开挖线相交。在上室高度范围内塌方区向山体内延伸较大,在设计开挖线之外塌方最大延伸长度达 10.71 m。在平面上,沿设计开挖线(直径 13.6 m)开展宽度达 13.3 m。塌方区总体形状为倒楔形体。

另外根据工程地质最新评价,调压室竖井及上下室部位围岩以角闪斜长板岩、片岩夹大理岩薄层状夹中厚层状为主,裂隙和层间挤压带密集发育,岩体呈碎裂或碎屑状散体结构。围岩以Ⅳ类为主,局部Ⅴ类。调压室塌方如图 4-91 所示。

8.1 塌方处理设计

为保证竖井施工安全和施工进度,建议采取以下措施进行开挖和支护。

8.1.1 塌腔区砂砾料回填、导井预埋管

为保证塌腔区岩壁稳定,对塌腔区进行回填,回填高程至 2 754.00 m(现状开挖高程),回填料可采用小粒径砂砾石。为使已贯通的导井可继续溜渣,塌腔区回填时在塌方段导井位置预埋直径 2.0 m 的管道(钢管,需采取措施保证管壁抗外压稳定),预埋管将作为调压室开挖的溜渣通道。

8.1.2 上室范围内塌腔区岩壁支护

高程 2 754.00~2 746.00 m 段竖井采取短进尺(0.5~1.0 m)开挖,及时支护,支护采用 I20 工字钢环形钢支撑(与井壁锚杆连接)+Φ8@ 150 mm×150 mm 钢筋网+150 mm 厚 C25 聚丙烯纤维混凝土喷护,并对塌腔区岩壁进行锚喷支护,必要时采用双层或多层钢支撑支护,与井壁环形钢支撑连接形成整体。

8.1.3 钢筋混凝土环形梁支护

高程 2 746.00~2 744.50 m 段、高程 2 741.50~2 740.00 m 段竖井井壁均采用钢筋混凝土环形梁支护,环形梁断面为 0.8 m×1.5 m(宽×高)。为加强其刚度,梁内嵌固 I20 工字钢环形钢支撑,其竖向中心间距 0.6 m。钢支撑外围的塌腔区以钢筋混凝土浇筑。为稳固钢筋混凝土环形梁与井壁岩体的连接,岩体内预埋锚筋束(或锚筋)与钢支撑焊接。在混凝土中预埋插筋,以便于与下层混凝土连接。

8.1.4 钢支撑支护

高程 2 744.50~2 741.5 m 段竖井采用 I20 工字钢环形钢支撑(与井壁锚筋束连接)+Φ8@ 150 mm×150 mm 钢筋网+150 mm 厚 C25 聚丙烯纤维混凝土喷护。钢支撑竖向中心间距 0.6 m,钢支撑与岩体之间以井壁中预留锚筋束焊接。钢支撑外围塌腔区采用钢筋混凝土回填,并与上层混凝土中的预留插筋连接。

高程 2 740.00~2 727.00 m 段竖井采用 I20 工字钢环形钢支撑(与井壁锚杆连接)+Φ8@ 200 mm×200 mm 钢筋网+150 mm 厚 C25 聚丙烯纤维混凝土喷护。钢支撑竖向中心间距 0.75~1.0 m,钢支撑与岩体之间以井壁中预留锚杆焊接。钢支撑外围塌腔区采用素混凝土回填。

为后期对调压室井(室)壁围岩进行灌浆处理,在回填(或浇筑)混凝土内应预埋灌浆管,管直径 110 mm,间排距为 2.0 m×2.0 m,梅花形交错布置。

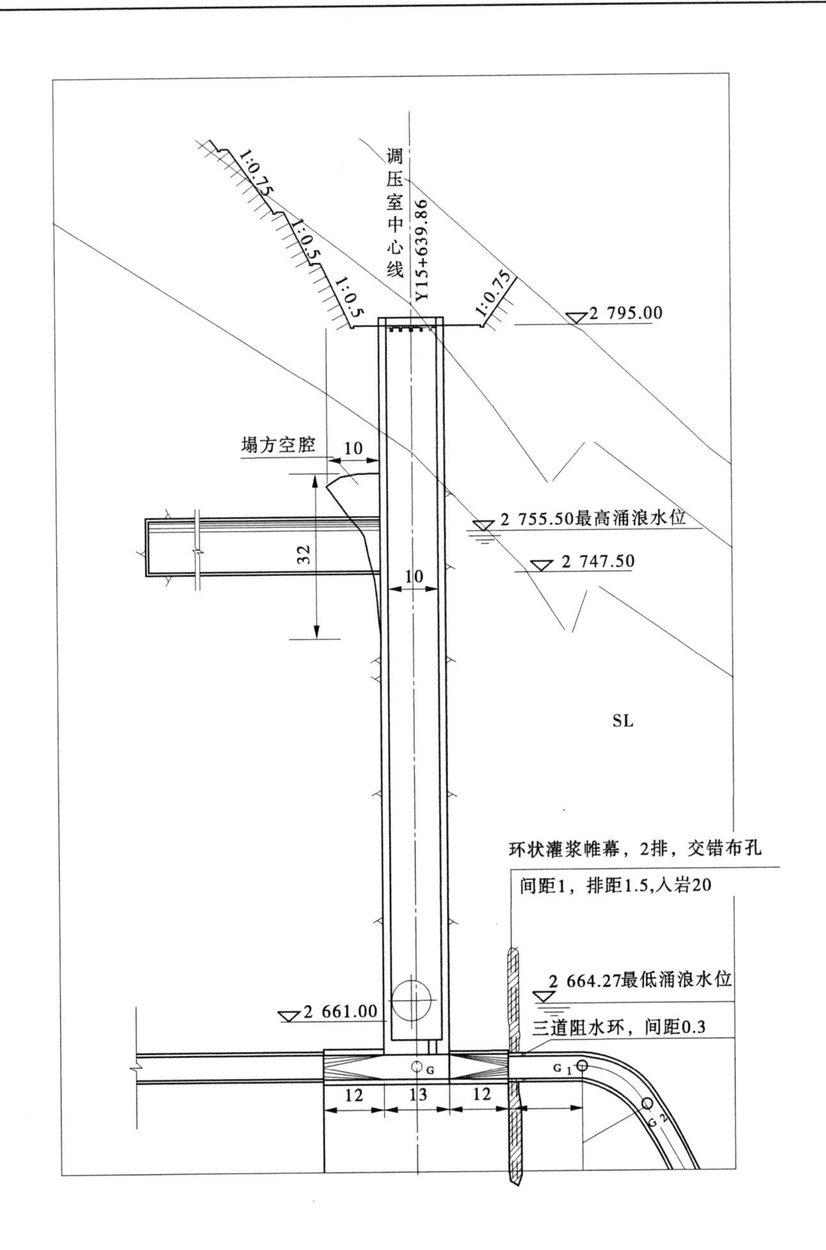

图 4-91　调压室塌方图　(单位:m)

8.1.5　高程 2 727.00 m 以下支护

高程 2 727.00 m 以下竖井开挖根据揭露的地质条件,选择上述钢筋混凝土环形梁、钢支撑、锚杆、挂网、喷混凝土等支护形式。

具体处理方式如图 4-92 和图 4-93 所示。

8.2　施工过程监测与安全对策

在调压室竖井塌方处理和开挖支护施工过程中,应加强安全监控量测,对调压室边坡、竖井、上下室支护结构的稳定性进行安全监控,发现问题及时处理。

施工单位制定调压室施工质量和安全专项保证措施,制定应急救援预案,加强现场施工管理,加强安全设施配置,保证施工机械设备和机具运行有效,保证所需材料的供应,并应有一定的安全储备。调压室围岩岩体破碎,开挖过程中应按短进尺、弱爆破、强支护、勤观测的原则进行施工。在开挖过程中,合理设计爆破参数,及时出渣,预防填堵导井。开挖后及时跟进锚杆支护和喷混凝土

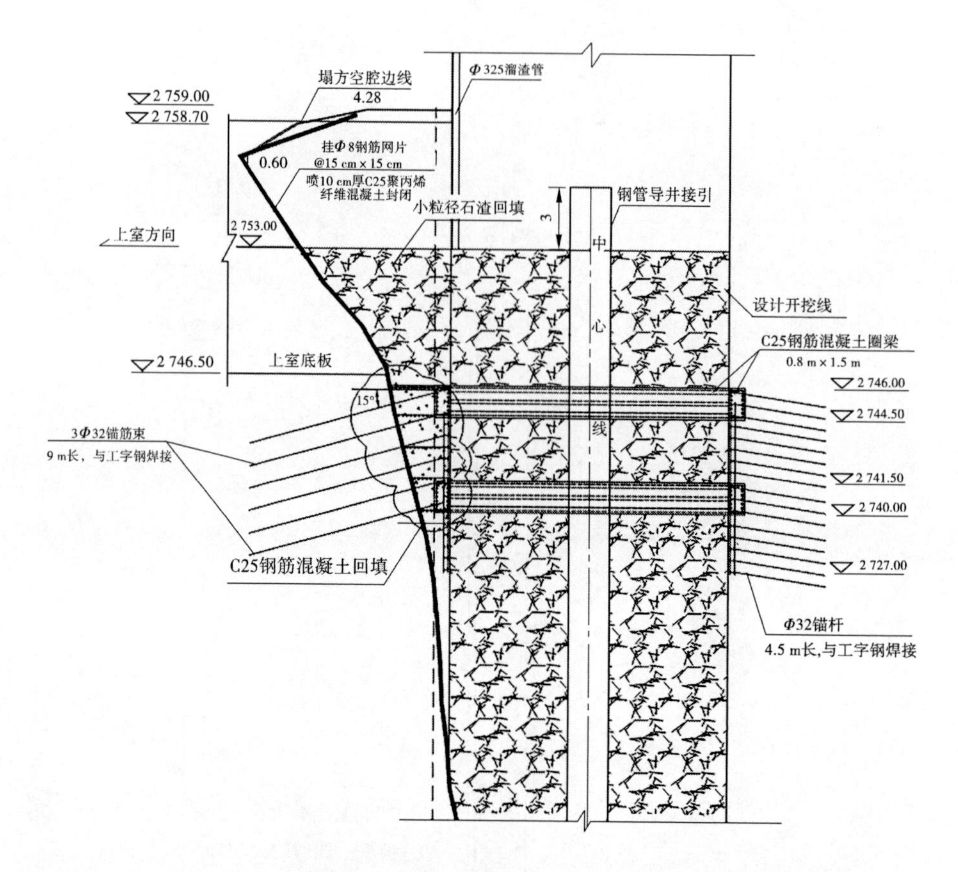

图 4-92　塌方处理布置图　(单位:m)

支护。由于围岩条件较差,在锚杆或锚筋束钻孔施工中,应采取措施,不宜用水作业,尽可能减少对围岩的扰动,保证调压室井壁的稳定,进一步要求如下:

(1)塌腔区岩壁支护。

上室塌腔区岩壁清理后,采用 C25 聚丙烯纤维混凝土喷护,厚度不宜超过 250 mm,分 2 次喷护。

(2)加固工字钢支撑基础和侧壁锁脚锚杆。

①上室开挖承包人采用的是上、下半幅开挖方式,应确定已支护的钢支撑柱脚是否坐落在坚硬完整地基上,若现有钢支撑柱脚并未完全坐落在稳定地基上,为保证钢支撑柱脚稳定和控制沉降,在上半幅每榀钢支撑柱脚下增加枕木或类似的刚性垫石(枕木或垫石在下半幅施工时移出);在下半幅每榀钢支撑柱脚之间焊接横向支撑,横向支撑采用 I20 工字钢,基础浇筑 0.3 m 厚的 C25 混凝土底板。要求横向支撑和混凝土底板均在设计衬砌断面之外。

为保证施工期安全,基础加固处理不可大进尺,应一榀钢支撑处理完毕后,再加固下一榀钢支撑,并及时进行钢支撑的位移和沉降安全监测。

②补强加固侧壁锁脚锚杆,锚杆直径 28~32 mm(HRB400 级钢筋),长度 L=3.0~5.0 m,侧壁堆积体厚度大者采用大直径长锚杆。

③在后续进行钢支撑支护施工中,适当加密钢支撑间距至 0.2~0.3 m,参照前述措施,处理好钢支撑的柱脚和侧壁锁脚锚杆,保证柱脚稳定。

④钢支撑的加工、制作和焊接尽可能在洞外或洞内安全的地方实施,尽可能减少现场钢支撑的拼接工作量,减少施工人员在危险区域的施工作业时间。

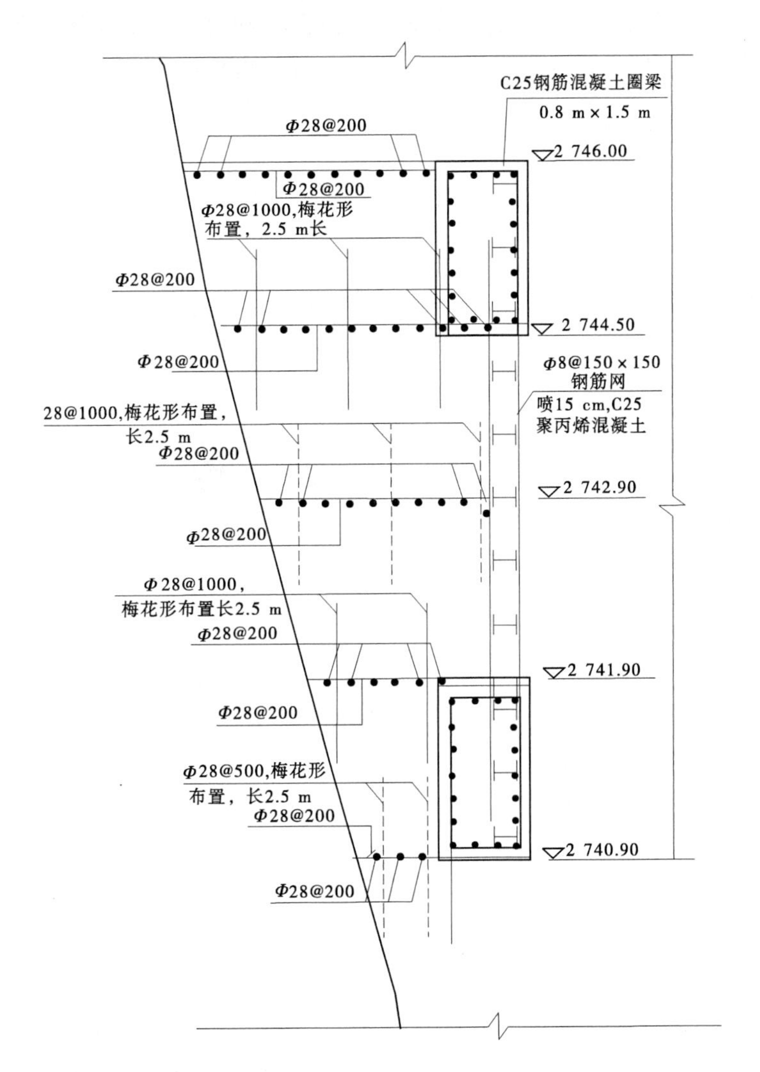

图4-93　塌方处理混凝土结构钢筋图　（高程单位:m;其他:mm）

(3)工字钢支撑顶拱之上回填混凝土。

钢支撑基础和锁脚锚杆加固处理后,在钢支撑顶拱之上分层回填C25混凝土,每层混凝土回填厚度控制不超过1.0 m;回填混凝土(不振捣)时速度不宜过快,防止下部支撑结构变形;待混凝土强度达到70%后,方可回填上一层混凝土,一期回填总厚度不大于3.5 m。一期回填混凝土之上的塌腔体待上室钢筋混凝土永久衬砌完成后再进行回填C25混凝土,并进行固结灌浆处理。

为保证钢支撑之上回填混凝土施工期安全,顶拱之上回填混凝土施工前,应加强钢支撑拱架。必要时在钢拱架下部(包括两榀钢拱架之间部分)搭设临时支架支撑,待回填混凝土达到70%强度后再拆除临时支架。

(4)预埋后期回填混凝土管和灌浆管。

为保证上室钢筋混凝土永久衬砌完成后进行塌腔体回填C25混凝土,并进行固结灌浆,需预埋回填混凝土管和固结灌浆管。回填混凝土管直径为108 mm,间排距2.5~3.0 m。固结灌浆管直径为50 mm,间排距2.5~3.0 m。

(5)加强施工期安全监测。

在上述加固处理和后续开挖、支护、衬砌施工过程中,应加强安全监控量测,对洞室支护结构进行动态监控。发现问题,应及时进行处理。

(6)制定质量和安全保证措施。

承包人应制定工程施工质量和安全保证措施，制定应急救援预案，加强现场施工管理，保证施工机械设备和机具运行有效，保证所需材料的供应，并应有一定的安全储备。

8.3 专利证书

证书号第2701596号

发明专利证书

发明名称：一种软岩地区调压室交叉洞段塌方快速处理方法

发　明　人：席燕林；王立成；李浩瑾；许煜忠；时铁城；吴晋青；李明娟
马妹英；李永胜；李洪蕊

专　利　号：ZL 2016 1 0175989.9

专利申请日：2016年03月24日

专利权人：中水北方勘测设计研究有限责任公司

授权公告日：2017年11月17日

本发明经过本局依照中华人民共和国专利法进行审查，决定授予专利权，颁发本证书并在专利登记簿上予以登记。专利权自授权公告之日起生效。

本专利的专利权期限为二十年，自申请日起算。专利权人应当依照专利法及其实施细则规定缴纳年费。本专利的年费应当在每年03月24日前缴纳。未按照规定缴纳年费的，专利权自应当缴纳年费期满之日起终止。

专利证书记载专利权登记时的法律状况。专利权的转移、质押、无效、终止、恢复和专利权人的姓名或名称、国籍、地址变更等事项记载在专利登记簿上。

局长
申长雨

2017年11月17日

第 1 页 (共 1 页)

(19)中华人民共和国国家知识产权局

(12)发明专利

(10)授权公告号 CN 105821818 B
(45)授权公告日 2017.11.17

(21)申请号 201610175989.9
(22)申请日 2016.03.24
(65)同一申请的已公布的文献号
申请公布号 CN 105821818 A
(43)申请公布日 2016.08.03
(73)专利权人 中水北方勘测设计研究有限责任公司
地址 300222 天津市河西区洞庭路60号
(72)发明人 席燕林　王立成　李浩瑾　许煜忠　时铁城　吴晋青　李明娟　马妹英　李永胜　李洪蕊
(74)专利代理机构 天津市鼎和专利商标代理有限公司 12101
代理人 李凤
(51)Int.Cl.
E02B 9/06(2006.01)
E02D 15/00(2006.01)
(56)对比文件
CN 103321653 A,2013.09.25,全文.
CN 101906977 A,2010.12.08,全文.
CN 204386602 U,2015.06.10,全文.
CN 105257301 A,2016.01.20,全文.
CN 102168564 A,2011.08.31,全文.
SU 1548331 A1,1990.03.07,全文.
审查员 方晶

权利要求书1页　说明书2页　附图1页

(54)发明名称

一种软岩地区调压室交叉洞段塌方快速处理方法

(57)摘要

本发明公开了一种软岩地区调压室交叉洞段塌方快速处理方法，主要措施包括设置预埋钢管作为溜渣通道，对塌腔区进行石渣(或砂砾石)回填，对与调压室交叉洞段(上室、下室及引水隧洞)采用钢筋混凝土环形梁进行锁口，在调压室设计开挖线外塌腔区对回填石渣(砂砾石)进行灌浆处理等。本发明利用工字钢、钢板等材料，环形锁口梁能够维持调压室交叉处岩壁的稳定性；回填石渣(砂砾石)既能作为施工平台，又利于塌方空腔岩壁的稳定性；对塌腔进行石渣(砂砾石)灌浆处理，效果好，造价低，工期短。

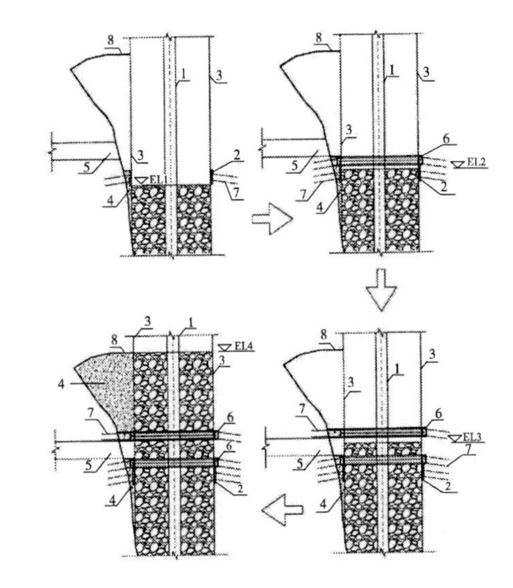

CN 105821818 B

CN 105821818 B

权 利 要 求 书

1. 一种软岩地区调压室交叉洞段塌方快速处理方法，其特征在于，包括以下步骤：

1) 在塌方段导井位置预埋钢管(1)，作为已贯通竖井及调压室的溜渣通道；

2) 在设计开挖线竖立模板，模板上预留灌浆管，采用石渣在模板两侧回填至距离交叉洞段洞底≥2.0m高程处，形成施工平台，安装环形工字钢(2)，同时，利用模板对设计开挖线(3)以外的坍塌区石渣进行灌浆处理，形成埋石混凝土(4)；

3) 在交叉洞段(5)洞底与调压室交叉处安装钢筋混凝土锁口梁(6)；

4) 继续在设计开挖线竖立模板，模板两侧回填石渣至交叉洞段洞顶高程处，在交叉洞段(5)洞顶部与调压室交叉处安装钢筋混凝土锁口梁(6)，同时，利用模板对设计开挖线(3)以外的坍塌区石渣进行灌浆处理，形成埋石混凝土(4)；

5) 继续在设计开挖线处竖立模板，逐渐对模板两侧回填石渣至塌方区顶高程，并利用模板对设计开挖线(3)以外的坍塌区石渣进行灌浆处理，形成埋石混凝土(4)；

6) 待坍塌区内的埋石混凝土(4)凝固后，将调压室内的石渣从预埋钢管(1)运出，塌方处理工作完毕。

2. 根据权利要求1所述的软岩地区调压室交叉洞段塌方快速处理方法，其特征在于，所述交叉洞段是指上室、下室或引水隧洞与调压室的交叉洞段。

3. 根据权利要求1所述的软岩地区调压室交叉洞段塌方快速处理方法，其特征在于，所述交叉洞段上部和下部钢筋混凝土锁口梁(6)内设置环形工字钢(2)，以增加刚度。

4. 根据权利要求1所述的软岩地区调压室交叉洞段塌方快速处理方法，其特征在于，所述石渣用砂砾石代替。

一种软岩地区调压室交叉洞段塌方快速处理方法

技术领域

[0001]　本发明涉及一种软岩地区塌方处理方法，尤其是软岩地区调压室交叉洞段塌方快速处理方法。

背景技术

[0002]　在长距离隧洞式压力引水系统中，为了降低高压管道的水击压力，满足机组调节保证计算的要求，常在压力引水管道上建造调压室。圆筒式调压室（即竖井）+上、下水室式，结构简单，断面尺寸及形状不变，反射水击波的效果良好，是应用最为广泛的调压室形式。但是该形式的调压室水位波动幅度较大，衰减较慢，因此，需要竖井容积较大，导致直径和深度较大。在竖井开挖过程中，若洞室交叉情况复杂、岩石条件差，则容易发生围岩坍塌，威胁施工安全，影响施工进度。

[0003]　常规的处理方式一般为：(1)对塌方部位进行固结灌浆，由于塌方部位往往风化情况严重，该处理方式的灌浆时间较长，施工工期长，否则不能满足施工条件；另外，在围岩破损部位，灌浆压力较小，灌浆效果不理想，塌方处理难以达到工程效果；(2)采用混凝土对塌方段进行封堵，该方式安全风险较小，但回填混凝土方量大，造价高，而且大体积混凝土回填所需施工期长，影响施工进度。

发明内容

[0004]　本发明所要解决的技术问题是，提供一种软岩地区调压室交叉洞段塌方快速处理方法，能满足后续施工安全要求，且施工成本较低。

[0005]　本发明所采用的技术方案是，一种软岩地区调压室交叉洞段塌方快速处理方法，包括以下步骤：

[0006]　1)在塌方段导井位置预埋钢管，作为已贯通竖井及调压室的溜渣通道；

[0007]　2)在设计开挖线竖立模板，模板上预留灌浆管，采用石渣在模板两侧回填至距离交叉洞段洞底≥2.0m高程处，形成施工平台，安装环形工字钢，同时，利用模板对设计开挖线以外的坍塌区石渣进行灌浆处理，形成埋石混凝土；

[0008]　3)在交叉洞段洞底与调压室交叉处安装钢筋混凝土锁口梁；

[0009]　4)继续在设计开挖线竖立模板，模板两侧回填石渣至交叉洞段洞顶高程处，在交叉洞段洞顶部与调压室交叉处安装钢筋混凝土锁口梁，同时，利用模板对设计开挖线以外的坍塌区石渣进行灌浆处理，形成埋石混凝土；

[0010]　5)继续在设计开挖线处竖立模板，逐渐对模板两侧回填石渣至塌方区顶高程，并利用模板对设计开挖线以外的坍塌区石渣进行灌浆处理，形成埋石混凝土；

[0011]　6)待坍塌区内的埋石混凝土凝固后，将调压室内的石渣从预埋钢管运出，塌方处理工作完毕。

[0012]　所述交叉洞段是指上室、下室或引水隧洞与调压室的交叉洞段。

[0013]　所述交叉洞段上部和下部钢筋混凝土锁口梁内设置环形工字钢，以增加刚度。

[0014] 所述石渣用砂砾石代替。

[0015] 本发明的有益效果是：在输水隧洞与调压室交叉处设置上、下两处混凝土锁口梁，保证软岩地区调压室交叉洞段结构的稳定性；利用回填石渣（砂砾石）作为施工平台，即保证围岩塌方不进一步发展又便于施工；在调压室后塌腔区对回填石渣（砂砾石）进行灌浆处理，成本较低，工期较短，效果良好，可以为同类工程提供借鉴，具有推广意义。

附图说明

[0016] 图1为本发明软岩地区调压室交叉洞段塌方快速处理方法的示意图。

[0017] 图中：

[0018] 1——预埋钢管；

[0019] 2——环形工字钢；

[0020] 3——调压室设计开挖线；

[0021] 4——埋石混凝土；

[0022] 5——交叉洞段（上室、下室或引水隧洞）；

[0023] 6——钢筋混凝土锁口梁；

[0024] 7——锚杆；

[0025] 8——塌方空腔边线。

具体实施方式

[0026] 下面结合附图和具体实施方式对本发明作进一步的详细说明：

[0027] 如图1所示，本发明的软岩地区调压室交叉洞段（上室、下室及引水隧洞）塌方快速处理方法，具体为：

[0028] 1）在塌方段导井位置预埋钢管1，作为已贯通竖井及调压室的溜渣通道；

[0029] 2）在设计开挖线竖立模板，模板上预留灌浆管，采用石渣（砂砾石）在模板两侧回填至距离交叉洞段洞底≥2.0m高程EL1处，形成施工平台，安装环形工字钢2。同时，利用模板对设计开挖线3以外的坍塌区石渣（砂砾石）进行灌浆处理，形成埋石混凝土4；

[0030] 3）在交叉洞段5洞底与调压室交叉处安装钢筋混凝土锁口梁6；

[0031] 4）与步骤2）相同，继续在设计开挖线竖立模板，模板两侧回填石渣（砂砾石）至交叉洞段洞顶高程EL3处，在交叉洞段5洞顶部与调压室交叉处安装钢筋混凝土锁口梁6。同时，利用模板对设计开挖线3以外的坍塌区石渣（砂砾石）进行灌浆处理，形成埋石混凝土4；

[0032] 5）继续在设计开挖线处竖立模板，逐渐对模板两侧回填石渣（砂砾石）至塌方区顶高程EL4，并利用模板对设计开挖线3以外的坍塌区石渣（砂砾石）进行灌浆处理，形成埋石混凝土4；

[0033] 6）待坍塌区内的埋石混凝土4凝固后，将调压室内的石渣（砂砾石）从预埋钢管1运出，塌方处理工作完毕。

[0034] 以上所述的实施例仅用于说明本发明的技术思想及特点，其目的在于使本领域内的技术人员能够理解本发明的内容并据以实施，不能仅以本实施例来限定本发明的专利范围，即凡本发明所揭示的精神所作的同等变化或修饰，仍落在本发明的专利范围内。

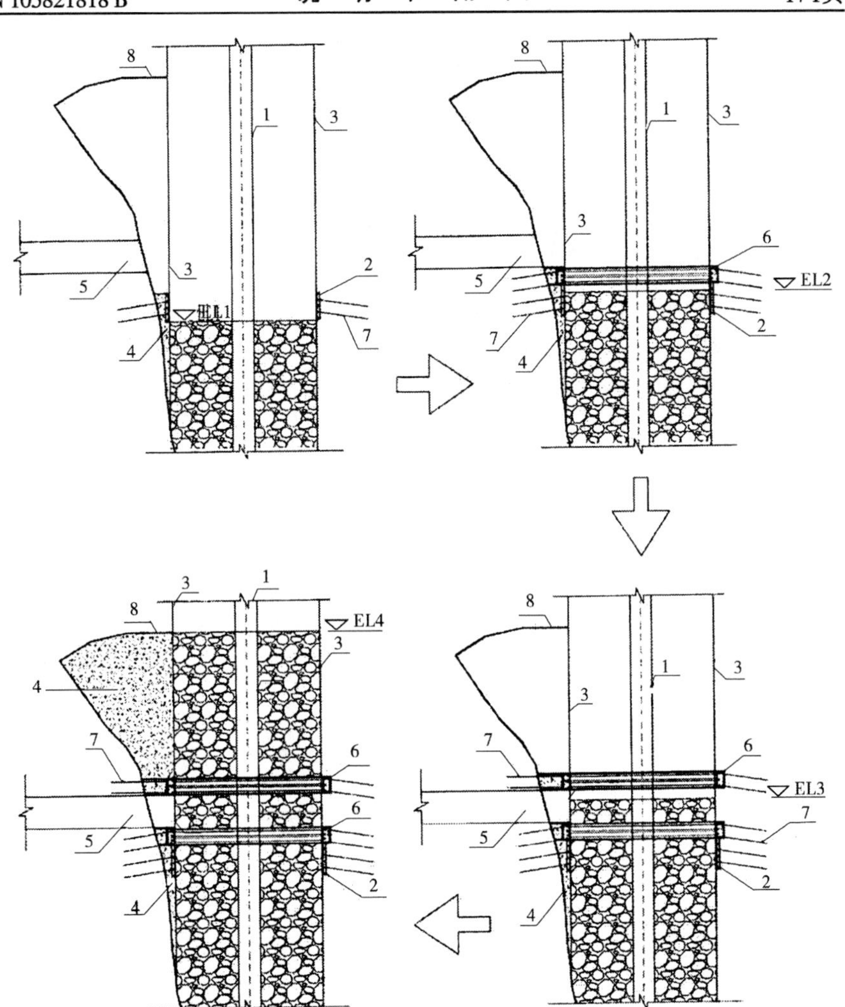

图1

8.4　水利部推广技术证书

编号：TZ2019018

水利先进实用技术

推 广 证 书

中水北方勘测设计研究有限责任公司：

你单位软岩地区复杂洞室调压室塌方快速处理技术（技术）列入《2019年度水利先进实用技术重点推广指导目录》，认定为水利先进实用技术，特发此证。

自发证之日起，证书有效期三年。

（完成人：席燕林、高玉生、王立成、高诚、宣贵金、周志博、刘双鲁、赵健、李佳隆。）

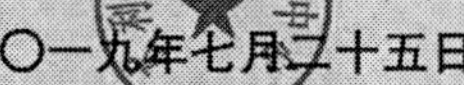

二〇一九年七月二十五日

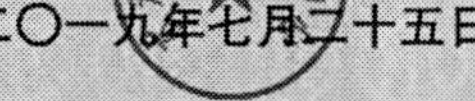

9　调压室防冰冻设计

9.1　设计原理

引水式水电站压力管道的调压室可以在电站突然增减负荷时及时为压力管道排气或补气,限制水击波进入压力管道,以保证压力管道的运行安全,并改善机组在负荷变化时的运行条件和供电质量。

在温和或微冻胀地区,调压室一般采用敞开式结构,与大气相通起到调压功能。但在严寒和寒冷地区,如采用敞开式调压室,冬季外露水面会形成冰盖,冰盖将水面与大气隔开,在电站负荷突然变化时,无法及时排气或补气,影响调压室的调压功能,对压力钢管的运行安全造成极大威胁。

目前在严寒和寒冷地区解决此问题的方法包括在调压室顶部加盖保温房屋,冬季利用电热或蒸气为室内加温,有的电站则直接在屋内生炉子以保证室内正温,防止调压室通气孔内水面结冰。这种方式的缺点是不仅造成能源浪费、污染空气,而且对值班人员的健康构成危害,每年运行费用较高。因此,需要一种经济且便于运行维护的严寒和寒冷地区调压室通气孔解决方案。

本项目正是基于上述情况考虑的,提供了一种带有能够通过气流带动自动启闭的保温盖板的调压室通气孔结构,能够防止严寒和寒冷地区调压室内水面结冰,是一种便于实施和维护,运行费用低并且低碳环保的解决方案。

本方法在实际运用过程中,在调压井顶部山体以外墙体设置通气孔结构,分别包括2个排气口和2个进气口。墙体施工时预留通气孔并在通气孔外侧(进气口为内侧)墙体通气孔上方预埋钢板,连接板与预埋钢板焊接固定,吊耳固定在连接板上,孔盖通过吊杆活动固定在吊耳上,通气孔外侧周边焊接有环状钢板,孔盖自然垂落时橡胶板与环状钢板接触,使孔盖密闭通气孔。

在某水电站建设过程中采用了本方法,电站于2017年4月开始并网发电运行,经过2017—2018年冬季运行效果检验,本方法能够达到保温效果,避免严寒和寒冷地区调压室水面结冰,并且不影响调压室排气或补气,取得了良好效果。同时该方法工作可靠,维护量小,简单、实用,可以有效保证压力管道运行安全,并改善机组在负荷变化时的运行条件和供电质量,取得了良好的经济和社会效益。

9.1.1　技术方面

该技术与传统方法相比,结构简单,便于施工,效果显著,易于维护,运行费用低,环保经济。

9.1.2　经济方面

(1)该结构包括延伸至山体以外的调压室墙体和制作通气孔及保温盖板的钢板、预埋件、连接件、保温材料和缓冲橡胶材料。相比传统方法在调压室顶部加盖保温房,可节省建设保温房、加热设备等相关费用。

(2)该方法运行费用主要包括通气孔的定期检查维护费,基本没有其他运行费用。定期检查维护费用2 000元/年。相比传统方法冬季利用电热或蒸气为保温房加温,或在保温房内生炉子以保证室内正温,可节省每年电费或燃煤费、人工看护费用等。

(3)该方法工作可靠,维护量小,简单、实用,可以有效保证压力管道运行安全,并改善机组在负荷变化时的运行条件和供电质量,提高了水电站的安全性和经济效益。

9.1.3　管理方面

该技术方法可靠性高,通气孔通过气流带动自动启闭,基本不需要人工操作即可满足电站运行需要。每年只需要人工检查维护,易于管理。

9.2　专利证书

证书号第4048608号

实用新型专利证书

实用新型名称：严寒和寒冷地区水电站调压室的通气孔结构

发　明　人：王立成；王峰山；史世平；马姝英；赵亚昆；洪慧俊；任智峰
吴云凤；刘顺萍；刘春锋；于野

专　利　号：ZL 2014 2 0535122.6

专利申请日：2014年09月17日

专 利 权 人：中水北方勘测设计研究有限责任公司

授权公告日：2015年01月07日

本实用新型经过本局依照中华人民共和国专利法进行初步审查，决定授予专利权，颁发本证书并在专利登记簿上予以登记。专利权自授权公告日起生效。

本专利的专利权期限为十年，自申请日起算。专利权人应当依照专利法及其实施细则规定缴纳年费。本专利的年费应当在每年09月17日前缴纳。未按照规定缴纳年费的，专利权自应当缴纳年费期满之日起终止。

专利证书记载专利权登记时的法律状况。专利权的转移、质押、无效、终止、恢复和专利权人的姓名或名称、国籍、地址变更等事项记载在专利登记簿上。

局长
申长雨

2015年01月07日

第1页（共1页）

(19)中华人民共和国国家知识产权局

(12)实用新型专利

(10)授权公告号 CN 204080764
(45)授权公告日 2015.01.07

(21)申请号 201420535122.6
(22)申请日 2014.09.17

(73)专利权人 中水北方勘测设计研究有限责任公司
地址 300222 天津市河西区洞庭路60号
(72)发明人 王立成　王峰山　史世平　马姝英　赵亚昆　洪慧俊　任智峰　吴云凤　刘顺萍　刘春锋　于野
(74)专利代理机构 天津市鼎和专利商标代理有限公司 12101
代理人 李凤

(51)Int.Cl.
E02B 9/06(2006.01)

权利要求书1页　说明书2页　附图1页

(54)实用新型名称

严寒和寒冷地区水电站调压室的通气孔结构

(57)摘要

本实用新型公开了一种严寒和寒冷地区水电站调压室的通气孔结构,包括调压室的墙体和贯通墙体的通气孔,在通气孔的孔口外侧设置有孔盖,孔盖包括盖板、粘贴在盖板里侧的橡胶板和粘贴在橡胶板里侧的圆形的保温板,盖板和橡胶板比通气孔的孔口大,保温板比通气孔的孔口略小,正好插在通气孔的孔口中;在通气孔的墙体外侧通气孔上方预埋钢板,连接板与预埋钢板焊接固定,吊耳固定在连接板上,孔盖的盖板通过吊杆活动固定在吊耳上;通气孔外侧周边焊接有环状钢板,使孔盖自然垂落时橡胶板与环状钢板接触,使孔盖密闭通气孔。将调压室水面和大气隔开,起到保温隔热作用,阻止了室内水面结成冰盖,保证了电站的正常运行,后期的检修更换也较为方便。

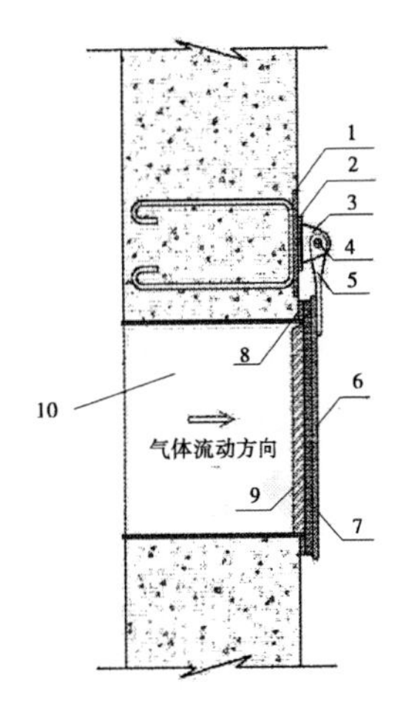

CN 204080764 U

权 利 要 求 书

1. 一种严寒和寒冷地区水电站调压室的通气孔结构，包括调压室的墙体和贯通墙体的通气孔，其特征在于，在通气孔 (10) 的孔口外侧设置有孔盖，孔盖包括盖板 (6)、粘贴在盖板 (6) 里侧的橡胶板 (7) 和粘贴在橡胶板 (7) 里侧的圆形的保温板 (9)，盖板 (6) 和橡胶板 (7) 比通气孔的孔口大，保温板 (9) 比通气孔的孔口略小，正好插在通气孔 (10) 的孔口中；在通气孔 (10) 的墙体外侧通气孔上方预埋钢板 (1)，连接板 (2) 与预埋钢板焊接固定，吊耳 (3) 固定在连接板 (2) 上，孔盖的盖板 (6) 通过吊杆 (5) 活动固定在吊耳 (3) 上；通气孔外侧周边焊接有环状钢板 (8)，使孔盖自然垂落时橡胶板 (7) 与环状钢板 (8) 接触，使孔盖密闭通气孔 (10)。

2. 根据权利要求 1 所述的严寒和寒冷地区水电站调压室的通气孔结构，其特征在于，所述吊耳 (3) 为两个。

3. 根据权利要求 1 所述的严寒和寒冷地区水电站调压室的通气孔结构，其特征在于，所述保温板 (9) 为聚苯保温板。

4. 根据权利要求 1 所述的严寒和寒冷地区水电站调压室的通气孔结构，其特征在于，所述环状钢板 (8) 的圆环径向宽度为 50mm。

5. 根据权利要求 1 所述的严寒和寒冷地区水电站调压室的通气孔结构，其特征在于，所述橡胶板 (7) 厚 30mm，保温板 (9) 厚 50mm。

严寒和寒冷地区水电站调压室的通气孔结构

技术领域

[0001]　本实用新型涉及水电站调压室进、排气结构，主要用于严寒和寒冷地区水电站调压室的通气孔结构。

背景技术

[0002]　在温和与微冻胀地区，引水式水电站压力引水道的调压室一般采用开敞式，与大气相通，在电站突然增减负荷时，能够及时为压力钢管排气或补气，以保证压力钢管的运行安全。

[0003]　但在严寒和寒冷地区，调压室如采用开敞式，则冬季外露水面会结冰形成冰盖，冰盖将水面与大气隔开，一旦电站突然增加或减少负荷，无法及时为压力钢管排气或补气，将会对压力钢管的安全造成极大威胁。

[0004]　调压室的传统处理方式为：在调压室的顶部加盖保温房屋，冬季利用电热或蒸气为室内加温，有的电站直接在屋内生炉子，以保证室内正温，防止调压室通气孔内的水面结冰。这种方式的缺点不仅造成能源浪费，污染空气，且对值班人员的健康构成危害，每年的运行费用较高。

实用新型内容

[0005]　本实用新型所要解决的技术问题是，提供一种解决水电站调压室内冬季水面结冰问题，且结构简单、灵活、实用，易于维修的严寒和寒冷地区水电站调压室的通气孔结构。

[0006]　为了解决上述技术问题，本实用新型采用的技术方案是：一种严寒和寒冷地区水电站调压室的通气孔结构，包括调压室的墙体和贯通墙体的通气孔，在通气孔的孔口外侧设置有孔盖，孔盖包括盖板、粘贴在盖板里侧的橡胶板和粘贴在橡胶板里侧的圆形的保温板，盖板和橡胶板比通气孔的孔口大，保温板比通气孔的孔口略小，正好插在通气孔的孔口中；在通气孔的墙体外侧通气孔上方预埋钢板，连接板与预埋钢板焊接固定，吊耳固定在连接板上，孔盖的盖板通过吊杆活动固定在吊耳上；通气孔外侧周边焊接有环状钢板，使孔盖自然垂落时橡胶板与环状钢板接触，使孔盖密闭通气孔。

[0007]　所述吊耳为两个。

[0008]　所述保温板为聚苯保温板。

[0009]　所述环状钢板的圆环径向宽度为50mm。

[0010]　所述橡胶板厚30mm，保温板厚50mm。

[0011]　本实用新型的有益效果是：结构简单，只要通气孔的面积满足设计要求，进气装置和排气装置运行可靠，且后期的检修更换也较为方便。

附图说明

[0012]　图1是本实用新型的严寒和寒冷地区水电站调压室的通气孔结构示意图。

[0013]　图2是本实用新型的严寒和寒冷地区水电站调压室的通气孔的孔盖示意图。

具体实施方式

[0014] 下面结合附图和具体实施方式对本实用新型作进一步详细说明：

[0015] 如图1、2所示，本实用新型的严寒和寒冷地区水电站调压室的通气孔结构，包括调压室的墙体和贯通墙体的通气孔，在通气孔10的孔口外侧设置有孔盖，孔盖包括盖板6、粘贴在盖板6里侧的橡胶板7和粘贴在橡胶板7里侧的圆形的保温板9，盖板6和橡胶板7比通气孔的孔口大，保温板9比通气孔的孔口略小，正好插在通气孔10的孔口中；在通气孔10的墙体外侧通气孔上方预埋钢板1，连接板2与预埋钢板焊接固定，吊耳3固定在连接板2上，孔盖的盖板6通过吊杆5活动固定在吊耳3上；通气孔外侧周边焊接有环状钢板8，使孔盖自然垂落时橡胶板7与环状钢板8接触，使孔盖密闭通气孔10。

[0016] 所述吊耳3为两个。

[0017] 所述保温板9为聚苯保温板。

[0018] 所述环状钢板8的圆环径向宽度为50mm。

[0019] 所述橡胶板7厚30mm，保温板9厚50mm。

[0020] 首先在墙体外侧通气孔上方预埋1块800×400mm方形预埋钢板1，按图中所示位置将两块连接钢板2焊接在预埋钢板1上，将两个吊耳3焊接在预埋钢板2上，用M24螺栓4将吊杆5固定在两个吊耳3上，吊耳3下部与钢盖板6双面焊接；为防止排气装置回弹时碰撞墙壁，在钢盖板6内侧（通气孔侧）粘上一块橡胶板7，在橡胶板7与墙体接触部位焊装环形钢板9；为保证室内温度，在橡胶板7内侧贴聚苯保温板8，组装完成。

[0021] 通气孔的进气口的位置与排气口的位置相反，位于墙体内侧。进气口的结构及做法与排气口完全相同。

[0022] 以上所述的实施例仅用于说明本实用新型的技术思想及特点，其目的在于使本领域内的技术人员能够理解本实用新型的内容并据以实施，不能仅以本实施例来限定本实用新型的专利范围，即凡本实用新型所揭示的精神所作的同等变化或修饰，仍落在本实用新型的专利范围内。

CN 204080764 U　**说 明 书 附 图**　1/1页

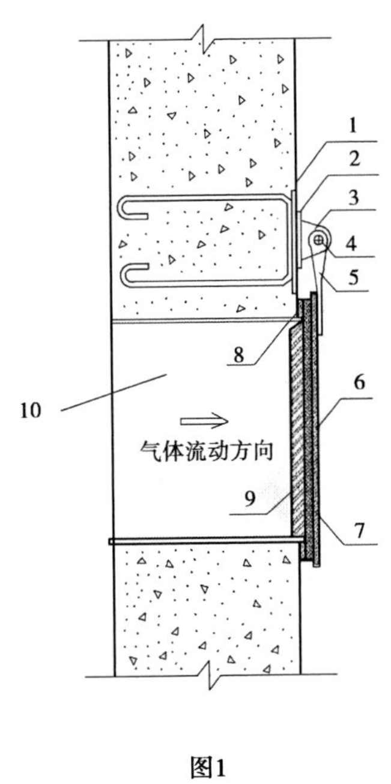

图1

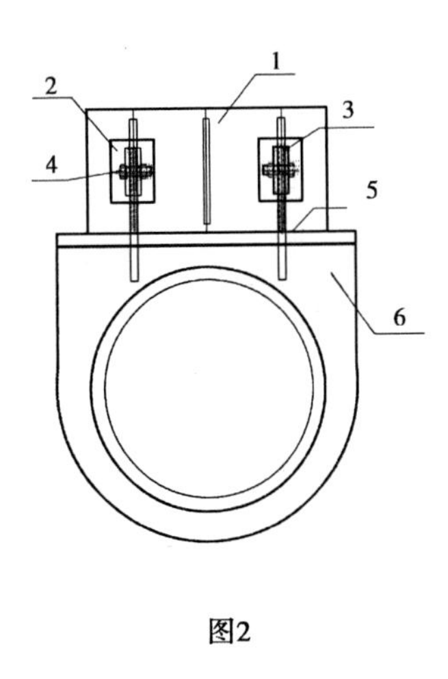

图2

水电站深埋长隧洞设计与施工关键技术研究及实践

（第三册）

席燕林　等著

第一册　席燕林　陆彦强　范瑞鹏　刘颖琳　赵　明　王　翦
第二册　王立成　李　刚　张　誉　任　堂　高　诚　刘淑娜
第三册　刘伟丽　赵秋霜　张运昌　于　森　张健梁　章　慧　孙　强
第四册　张鹏飞　任智锋　张鹏文　彭兴楠　冯晓成　韩鹏程　李瑞鸿

黄河水利出版社
·郑州·

第 5 篇　隧洞设计

1　隧洞洞线选择

有坝引水方案选定的坝址(下坝址)至推荐厂址(上场址)之间河道长约 20 km,河面落差 350 m 左右。

根据枢纽总体布置,有压发电引水隧洞布置在左岸,比较远岸直线洞线方案和近岸折线洞线方案,初选近岸折线洞线方案作为有坝引水方案推荐的洞线方案。

近岸折线方案主洞线的布置除考虑地形、地质条件外,还考虑到施工支洞的布置对工程总工期及投资的影响。从地形条件看,左岸地势险峻,山体雄厚,合适的支洞出口并不多,但与远岸直线布置方案相比仍可增加 1 条支洞。

此方案虽然较远岸直线方案主洞长度有所增加,一定程度上影响工期以及增加投资,但由于支洞长度的减少以及工作面的增加,却为缩短工期、电站提早发挥经济效益创造了条件,解决了本工程中长隧洞施工控制总工期的“瓶颈”问题。

综合考虑地形、地质及施工等因素,洞线自进水口渐变段末端至调压室之间布置选择近岸折线方案,初步考虑洞线由 L1、L2、L3、L4 四条直线洞段和 4 条圆弧洞段组成,直线洞段长度分别为 4 328. 7、4 685、3 124. 5、1 196 m;圆弧洞段长度分别为 56. 2、700. 7、33. 6、10 m,隧洞总长 14 134. 7 m。除进口段以及 L1、L2 号直线洞段间的转弯半径分别为 74 m 和 1 000 m 外,其余均为 52 m。隧洞具体布置为:引水隧洞的起始点为进水口渐变段末端,终点为调压室竖井中心,桩号分别为 Y0+000. 00 和 Y14+134. 70。起始段即 L1 号直线洞段,走向南东 82°,与进水口之间通过圆弧段连接,中心线夹角 44°;L2 号直线洞段走向北东 57°,与 L1 号直线洞段间呈 140°夹角;在经过 4#、5#冲沟时,按满足隧洞上覆岩体最小厚度控制隧洞走向,L3、L4 号直线洞段走向分别为北东 97°和北东 108°,L2 与 L3 和 L3 与 L4 号洞段夹角分别为 141°和 169°。

2 引水隧洞

引水系统采用一洞三机布置方案,引水建筑物布置在河道左岸。电站进水口与场址之间直线距离约 15 km,沿塔什库尔干河河道距离 22.1 km。从坝址至厂址河面落差达 350 m。

在引水线路选择时已述及,为了尽量缩短引水隧洞施工工期,加快工程进度,充分利用冲沟布置施工支洞,以减小主洞施工进度控制段长度,引水隧洞线路走向基本由较大的冲沟控制,在满足岩体覆盖厚度条件下隧洞尽可能靠近河道布置。

2.1 引水隧洞线路布置

根据枢纽总体布置,有压引水隧洞布置在河道左岸山体中。其间经过 6 条比较大的冲沟,利用冲沟的有利条件布置了 5 条施工支洞。

有压引水隧洞上接进水口,下连调压室。隧洞自进口(进水口渐变段末端)至调压室(竖井中心线)最终确定由 5 条直线洞段和 4 条圆弧洞段组成,隧洞总长 15 639.86 m。从上游至下游,直线洞段长度分别为 368.74、5 263.09、4 708.13、3 165.54、1 175.47 m;相邻两条直线洞段之间夹角分别为 153°、124°、138°、171°;圆弧洞段长度分别为 234.89、678.89、37.06、8.05 m;圆弧半径分别为 500、690、50、50 m。隧洞进口桩号为 Y0+000.00(后文中有些地方省略"Y"),隧洞末端(即调压室竖井中心线)桩号为 Y15+639.86。隧洞进口底高程 2 727.00 m,隧洞末端底高程 2 649.70 m,落差 77.3 m,纵坡为 3‰和 6.095‰,变坡点为 D1(2#施工支洞与主洞交点)。

为了便于隧洞的运行管理和检修,利用 3#、5#施工支洞作为引水隧洞的永久检修进人通道,进人通道孔口尺寸为 2.4 m×2.0 m(宽×高),设置手推平板钢闸门。

引水隧洞沿程高程、水头及水位等特性见表 5-1。

表 5-1 引水隧洞沿程特性

桩号	纵坡/‰	洞底高程/m	洞中心高程/m	静水头(至洞底)/m	动水头(至洞底)/m	最大水头损失/m	最小水头(至洞顶)/m	地表高程/m	洞顶覆盖总厚度/m	控制点	说明
0+000		2 727.00	2 729.35	16.00	16.00	0	7.30	2 730		B	洞径 4.7 m
0+368.74		2 725.89	2 728.24	17.11	17.40	1.21	7.20	2 990	259.41	C1	
0+603.63		2 725.19	2 727.54	17.81	18.29	1.98	7.13	3 160	430.11	C2	
1+000		2 724.00	2 726.35	19.00	19.80	3.27	7.03				
2+000		2 721.00	2 723.35	22.00	23.60	6.54	6.76				
2+641.74		2 719.07	2 721.42	23.93	26.03	8.65	6.58	3460	736.23		1#施工支洞
3+000	3	2 718.00	2 720.35	25.00	27.39	9.82	6.48				
3+100		2 717.70	2 720.05	25.30	27.77	10.14	6.46				
3+400		2 716.80	2 719.15	26.20	28.91	11.13	6.37				
4+000		2 715.00	2 717.35	28.00	31.19	13.09	6.21				
4+001.77		2 714.99	2 717.34	28.01	31.20	13.1	6.21	4 430	1 710.31		山峰
5+000		2 712.00	2 714.35	31.00	34.99	16.36	5.94				
5+866.72		2 709.40	2 711.75	33.60	38.28	19.2	5.70	3 190	475.90	D1	变坡点 2#施工支洞

续表 5-1

桩号	纵坡/‰	洞底高程/m	洞中心高程/m	静水头(至洞底)/m	动水头(至洞底)/m	最大水头损失/m	最小水头(至洞顶)/m	地表高程/m	洞顶覆盖总厚度/m	控制点	说明
6+000	6.095	2 708.59	2 710.94	34.41	39.20	19.63	6.08				
6+242.72		2 707.11	2 709.46	35.89	40.87	20.43	6.76	2 815	103.19		2#冲沟
6+545.61		2 705.26	2 707.61	37.74	42.96	21.42	7.62	3 250	540.04	D2	
6+674.77		2 704.47	2 706.82	38.53	43.85	21.84	7.99	3 020	310.83		3#施工支洞
6+900		2 703.10	2 705.45	39.90	45.41	22.58	8.62				
7+000		2 702.49	2 704.84	40.51	46.09	22.91	8.90				
7+566		2 699.04	2 701.39	43.96	50.00	24.76	10.50				
7+733.14		2 698.02	2 700.37	44.98	51.15	25.31	10.97	3 890	1 187.28		山峰
8+000		2 696.40	2 698.75	46.60	52.99	26.18	11.72				
8+800		2 691.52	2 693.87	51.48	58.50	28.8	13.98				
9+080.61		2 689.81	2 692.16	53.19	60.44	29.72	14.77	3 130	435.49		3#冲沟
10+000		2 684.21	2 686.56	58.79	66.77	32.72	17.37				
11+000		2 678.11	2 680.46	64.89	73.67	36	20.19				
11+023.71		2 677.97	2 680.32	65.03	73.83	36.07	20.26	3 175	492.33		4#施工支洞
11+138.59		2 676.57	2 678.92	66.43	75.42	36.83	20.90	2 890	208.73	E1	
11+175.65		2 676.34	2 678.69	66.66	75.67	36.95	21.01	2 840	158.96	E2	
11+361.8		2 675.91	2 678.26	67.09	76.16	37.18	21.21	2 750	69.39		4#冲沟
11+918		2 672.52	2 674.87	70.48	80.00	39	22.78				
12+000		2 672.02	2 674.37	70.98	80.56	39.27	23.01				
12+420.8		2 669.45	2 671.80	73.55	83.46	40.65	24.20	3 720	1 045.85		山峰
13+000		2 665.92	2 668.27	77.08	87.45	42.54	25.84				
14+000		2 659.83	2 662.18	83.17	94.35	45.81	28.66				
14+456.34		2 657.05	2 659.40	85.95	97.49	47.31	29.94	2 730	68.25	F1	5#冲沟
14+464.39		2 657.00	2 659.35	86.00	97.55	47.33	29.97	2730	68.30	F2	
14+626.91		2 656.01	2 658.36	86.99	98.67	47.87	30.42	2 850	189.29		5#施工支洞
15+000		2 653.73	2 656.08	89.27	101.24	49.09	31.48				
15+639.86		2 649.70	2 652.05	93.30	105.80	51.25	33.35	2 810	155.60		调压室

2.2　隧洞工程地质和水文地质条件

隧洞通过地区在地貌上属于高山区,沿线地势陡峻,地面高程 2 400~4 600 m,最低处为河谷。沿线沟谷发育,切割深度一般在 800~2 000 m,山坡坡度一般在 50°~60°,多有陡崖分布,隧洞沿线大部分地区基岩裸露,植被稀疏。隧洞处于深厚岩体中,最大埋深 1 720 m,最小埋深 68 m,埋深大于 1 000 m 的洞段长 3 320 m,占隧洞全长的 21.2%。隧洞埋深统计见表 5-2。

表 5-2 **引水隧洞埋深及所占比例统计**

埋深/m	长度/m	所占比例/%
<500	5 097.86	32.7
500~1 000	7 222	46.1
1 000~1 500	2 210	14.1
1 500~2 000	1 110	7.1
合计	15 639.86	100

引水隧洞穿过的地层依次主要为:元古界变质岩(Ptkgn)、加里东中晚期侵入岩体(γ_3^{2-3})及奥陶-志留系第一段($O-S^1$)。各地层特征及分布如下。

元古界变质岩(Ptkgn):岩性以变质闪长岩、片麻状花岗岩为主,灰-深灰色,中细粒结构,块状、次块状构造或片麻状构造,致密坚硬,主要分布在隧洞洞口,洞段长度约 1.56 km,占比例约 10%。

加里东中晚期侵入岩(γ_3^{2-3}):以似斑状片麻状花岗岩或花岗片麻岩为主,夹少量黑色斜长角闪岩条带,中-粗粒结构,块状或片麻状构造,为隧洞主要围岩,洞段长度约 13.3 km,占比例约 85%。

奥陶-志留系第一段($O-S^1$):斜长角闪板岩、片岩,浅灰色、灰色,板状或片状构造,夹有灰白色大理岩薄层,分布于隧洞出口附近。洞段长度约 0.78 km,占比例约 5%。

元古界变质岩(Ptkgn)片理及片麻理产状为 NW320°~340°/SW∠60°。奥陶-志留系第一段($O-S^1$)岩层产状为 NW315°~330°/SW∠55°~65°。片理、片麻理及层理走向与洞线大体正交或大角度相交。

隧洞通过地段断层发育,主要有 F2、F3、F4、F11、F12 等 5 条Ⅱ级大型断层,规模较小的Ⅲ、Ⅳ级断层发育有 31 条,按产状主要分为 3 组:①走向为 NW330°~350°;②走向为 NE10°~20°;③走向为 NE60°~70°,以近南北向断层为主。

地下水类型主要为基岩裂隙潜水和第四系孔隙潜水。在第 0、2、4、5 号等几个深切沟谷中分布有第四系孔隙潜水,受降水和融雪水补给,赋存于砂砾石层中,由于过沟地段上覆基岩较薄,裂隙发育,第四系孔隙潜水补给基岩裂隙潜水。基岩裂隙潜水的赋存和分布具有明显的不均匀性。隧洞通过地区大部分为块状、次块状岩体,总体上富水性差。一般浅部比深部富水性好,形成网状、脉状和裂隙状含水结构。由于断层破碎带具有良好的储水和导水性能,因此可形成不同形式的富水带。基岩裂隙潜水主要受融雪和降水补给,就近向沟谷方向渗流,或以泉和蒸发的形式排泄。埋藏在同一地层中的地下水,不一定具有统一的地下水位和统一的水力联系,完全有可能形成许多相对独立的含水系统。地质调查资料和钻孔压水试验结果表明,浅部岩体的透水性和富水性相对较强,向深部表现为强→弱→极微弱透水与非含水的变化规律。元古界片麻岩微新岩体透水率很低,属极微-微弱透水性。变质闪长岩微新岩体属弱透水性。地下水为 HCO_3^-、Na^+型。仅泉水 QSY1 的侵蚀性 CO_2 含量超标,对混凝土具有分解类碳酸型弱腐蚀。

地区应力场方向比较凌乱,在工程区西北部,最大主应力的优势方位为 NW—NNW,在工程区的东部及东北部,最大主应力的优势方位为 NE。在引水洞线所在的空间范围,应力场明显受到局部地形地貌影响。根据中国地质科学院地质力学研究所对隧洞有限元计算与地应力实测结果,隧洞的地应力值推算结果见表 5-3。引水隧洞围岩岩爆初步预测成果见表 5-4。

表5-3　引水隧洞地应力值推算成果

桩号	水平主应力/MPa			垂直主应力/MPa	应力类型
	最小	最大	平均	平均	
0+20—0+060	0	14.30	7.15	0.53	水平应力为主
0+60—0+799	2.60	34.47	18.54	7.53	水平应力为主
0+799—1+079	14.30	33.13	23.72	15.51	水平应力为主
1+079—2+269	12.45	31.67	22.06	9.58	水平应力为主
2+269—2+791	20.00	40.20	30.10	17.62	水平应力为主
2+791—3+313	22.50	42.91	32.70	24.34	水平应力为主
3+313—3+743	25.00	49.67	37.34	34.14	水平应力为主
3+743—4+643	25.00	46.27	35.63	43.31	水平应力为主
4+643—5+067	25.00	50.44	37.72	33.63	水平应力为主
5+067—5+565	22.50	30.51	26.50	23.60	水平应力为主
5+565—5+761	22.50	35.71	29.11	16.12	水平应力为主
5+761—6+385	7.25	32.11	19.68	8.24	水平应力为主
6+385—7+139	17.00	47.08	32.04	20.18	水平应力为主
7+139—8+101	20.00	45.22	32.61	29.61	水平应力为主
8+101—8+858	20.00	47.08	33.54	20.18	水平应力为主
8+858—9+041	20.00	27.58	23.79	12.77	水平应力为主
9+041—9+697	20.00	47.08	33.54	20.18	水平应力为主
9+697—10+142	20.00	43.99	32.00	27.64	水平应力为主
10+142—10+918	14.30	47.08	30.69	20.18	水平应力为主
10+918—11+582	5.14	32.56	18.85	7.79	水平应力为主
11+582—12+362	14.30	48.73	31.51	20.85	水平应力为主
12+362—13+842	20.00	47.43	33.72	19.82	水平应力为主
13+842—15+263	5.14	32.56	18.85	7.79	水平应力为主
15+263—15+660.86	8.88	40.09	24.48	11.36	水平应力为主

表 5-4　　　引水隧洞岩爆预测成果

桩号	长度/m	岩爆程度	桩号	长度/m	岩爆程度
0+020—0+060	40	无	5+761—6+385	624	轻微
0+060—0+799	739	轻微	6+385—10+918	4 533	中等
0+799—1+079	280	中等	10+918—11+582	664	轻微
1+079—2+268	1 189	轻微	11+582—13+842	2 260	中等
2+268—3+743	1 475	中等	13+842—15+263	1 421	轻微
3+743—4+643	900	强烈	15+263—15+639.86	376.86	无
4+643—5+761	1 118	中等			

工程场区地应力场数值模拟结果如下：

(1)在整个计算模型对应的空间范围内，最大主应力量值随深度逐渐增加，其方位也与地形关系密切，表明工程区内地形对地应力起着主要控制作用。

(2)引水隧洞上游段，最大主应力的最高值为 50.44 MPa，下游段最大主应力的最高值为 48.73 MPa。

(3)引水隧洞最大主应力值均出现了明显的张应力，即对应区间的最小主应力为张性。

(4)一般而言，在地形切割比较严重的河谷往往存在较明显的应力集中现象，但在此工程区域范围，这一现象不明显，比较有利于工程的施工和安全。但同时应该注意到，在引水洞线穿越的局部地段，由于上覆埋深较大，最大应力值达 50.44 MPa，甚至更高，因此对于可能出现的岩爆及洞室严重变形等地质灾害应高度重视，并采取必要的预防措施。

3　隧洞支护及断面型式选择

一般有压隧洞断面型式主要有圆形和马蹄形两种，引水隧洞洞线长，开挖横断面尺寸大，钻爆法施工时，采用圆形和马蹄形断面均可。

引水隧洞总长 15 639.86 m，围岩以Ⅱ类和Ⅲ类为主，Ⅳ类和Ⅴ类围岩较少。Ⅱ类洞长 7.967 86 km，占 50.95%；Ⅲ类洞长 5.185 km，占 33.15%；Ⅳ类和Ⅴ类洞长 2.487 km，占 15.9%。埋深在 500~1 000 m 的隧洞长度为 7.222 km，埋深大于 1 000 m 的隧洞长度为 3.32 km。内水作用水头为 16~105.8 m，其中水头小于 60 m 的隧洞长度为 9.0 km，水头大于 60 m 的隧洞长度为 6.639 86 km。有一定的地下水压力。隧洞将承受较大的内水、外水及围岩压力。

根据目前国内外的成功经验：在水工隧洞设计中，为充分利用围岩的自稳能力、承载能力和抗渗能力，减少投资，采用不衬砌或喷锚支护。根据《水工隧洞设计规范》(SL 279—2016)，Ⅱ类围岩、隧洞直径 6~10 m 时宜采用喷混凝土支护；Ⅲ类围岩可采用喷锚挂网等联合支护。

本工程隧洞施工开挖断面拟采用平底马蹄形，结合隧洞的工程地质和围岩类别、作用水头等条件，选择部分洞段仅进行锚喷支护作为永久支护。锚喷隧洞断面尺寸按与混凝土衬砌过水断面水头损失相等的原则确定，每千米混凝土衬砌隧洞不同流量沿程水头损失见表 5-5。Ⅱ类和Ⅲ类围岩采用混凝土衬砌和仅进行锚喷挂网支护，每千米洞长工程投资比较列于表 5-6 中。由表 5-6 可知，喷锚支护比混凝土衬砌每千米隧洞可减少投资约 683.5 万元。

表 5-5　千米隧洞(混凝土衬砌)不同流量沿程水头损失

引水流量/(m^3/s)	隧洞直径/m	流速/(m/s)	洞长/m	粗糙系数	水力半径/m	谢才系数	重力加速度/(m/s^2)	沿程阻力系数	沿程水头损失/m
Q	D_1	$v_1 = Q/(\pi \cdot D_1^2/4)$	L_1	n_1	$R_1 = D_1/4$	$C_1 = (1/n_1) \cdot R_1^{1/6}$	g	$\lambda_1 = 8g/C_1^{\ 2}$	$h_1 = Lv^2/(C_1^2 R_1)$
13.1	4.7	0.76	1 000	0.014	1.175	73.37	9.8	0.014 6	0.09
26.2	4.7	1.51	1 000	0.014	1.175	73.37	9.8	0.014 6	0.36
52.4	4.7	3.02	1 000	0.014	1.175	73.37	9.8	0.014 6	1.44
78.6	4.7	4.53	1 000	0.014	1.175	73.37	9.8	0.014 6	3.24

基于以上技术和经济分析，根据隧洞地质围岩分类，选择隧洞内水作用水头小于 60 m 的部分Ⅱ类和Ⅲ类围岩分段长度较大的洞段仅进行锚喷挂网支护，作为隧洞的永久支护型式，共选择 3 段隧洞，总长度 4.6 km，其中在这 3 段隧洞中含有Ⅳ类围岩洞段长度约 442 m，予以扣除，将其进行混凝土衬砌，设计喷锚挂网支护隧洞长度实际为 4.158 km，其余洞段采用钢筋混凝土衬砌，钢筋混凝土衬砌洞段长度为 11.482 km。

表 5-6　Ⅱ、Ⅲ类围岩不同支护方案(等水头损失)千米洞长比较

项目	支护型式			
	喷锚+混凝土衬砌		喷锚挂网	
内水作用水头/m	60	100	60(Ⅱ类)	60(Ⅲ类)
糙率	0.014		0.022~0.028	
设计内径/m	4.7		5.6~6.1	
最大流速/(m/s, Q=78.6 m^3/s)	4.53		3.19~2.69	
喷混凝土厚度/m	0.08	0.10	0.15	
衬砌混凝土厚度/m	0.3	0.4	0	0
开挖直径/m	5.46	5.66	5.8~6.3	5.9~6.4
每千米洞长投资/万元	1 608	1 813	1 027	
投资差值/万元	—	—	-683.5(平均值)	

3.1　喷锚挂网永久支护隧洞断面型式

根据施工组织设计,由于隧洞断面较小,隧洞施工开挖将采用平底马蹄形断面,以满足施工交通、出渣和材料运输需要,由此也使隧洞断面两侧拱脚有一定的多挖、多填工程量。

对于采用锚喷挂网永久支护隧洞段,结合隧洞开挖断面,减少回填量,隧洞支护断面采用圆底马蹄形,为四圆心马蹄形断面。根据等水头损失的原则确定:锚喷挂网支护隧洞马蹄形设计断面(糙率 n=0.022~0.028)顶拱半径为 2.8~3.05 m,底拱及边底拱半径为 5.6~6.1 m。Ⅱ类和Ⅲ类围岩喷混凝土厚度分别采用 0.1 m 和 0.15 m,为提高喷混凝土的抗拉强度、抗渗性能和抗水流冲击能力,在混凝土中掺入 0.9 kg/m^3 的聚丙烯纤维网,锚喷挂网支护隧洞断面型式如图 5-1 所示。

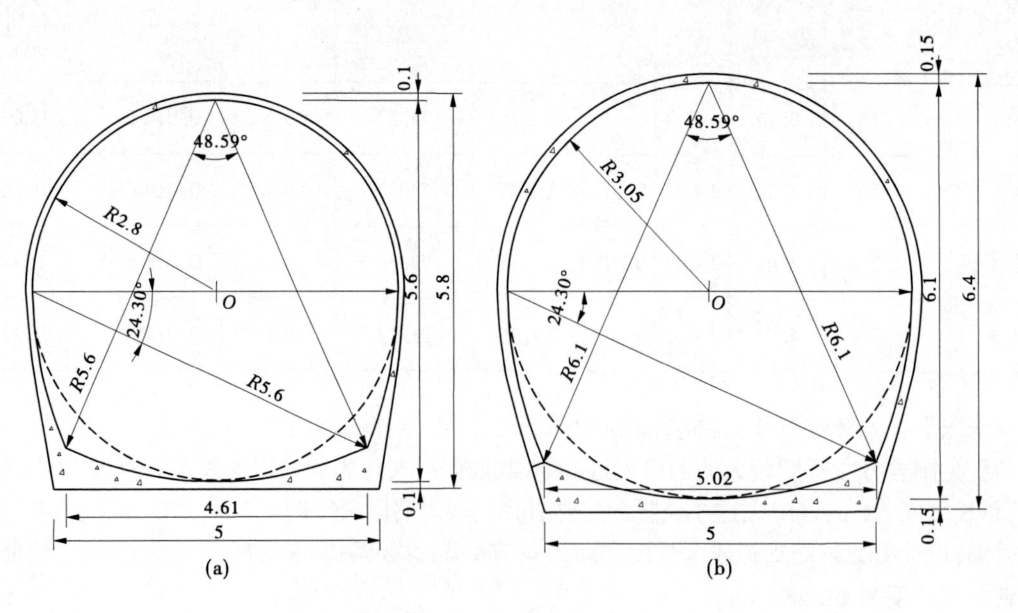

图 5-1　锚喷挂网支护隧洞断面型式　(单位:m)

隧洞仅喷锚挂网支护段具体位置、段长、作用水头、断面型式及尺寸等特性见表 5-7，隧洞仅喷锚挂网支护段设计参数见表 5-8。

表 5-7　隧洞仅锚喷挂网支护（Ⅱ、Ⅲ类围岩不衬砌）段特性

段号		1	2	3	合计
始点桩号		2+000.00	3+400.00	6+900.00	—
末点桩号		3+100.00	5+000.00	8+800.00	—
洞长/m		1 100	1 600	1 900	4 600
围岩类别及分段长度/m	Ⅱ类	880	392	1 084	2 356
	Ⅲ类	165	962	675	1 802
	Ⅳ类	55	246	141	442
内水作用最大水头/m		23.6~27.77	28.91~34.99	45.41~58.5	—
支护后内半径（马蹄形）/m		顶拱半径为 2.8（Ⅱ类）、3.05（Ⅲ类），底拱及边底拱半径为 5.6（Ⅱ类）、6.1（Ⅲ类）			—
开挖尺寸（平底马蹄形）/m		顶拱半径为 2.9（Ⅱ类）、3.2（Ⅲ类），底宽×高为 5×（5.8~6.4）			—

表 5-8　隧洞仅锚喷支护（Ⅱ、Ⅲ类围岩不衬砌）段一次支护参数

围岩类别	围岩总评分 T/分	岩爆程度	一次支护参数
Ⅱ	$85 \geq T > 65$	无岩爆	喷混凝土 100 mm
		轻微岩爆	随机锚杆+喷素混凝土：锚杆 Φ25@1.0 m×1.0 m，$L=2$ m，梅花形布置，喷混凝土 100 mm
Ⅲ	$65 \geq T > 45$	无/轻微岩爆	锚杆+钢筋网+喷混凝土：锚杆 Φ25@1.0 m×1.0 m，$L=2$ m，钢筋网 Φ8@200 mm×200 mm，喷混凝土 150 mm

3.2　钢筋混凝土衬砌隧洞断面型式

本阶段在对应隧洞段（Ⅱ类和Ⅲ类围岩，内水压力水头分别为 60 m 和 100 m），采用相同的混凝土衬砌型式条件下，拟定 2 个横断面型式比选方案：方案一为衬砌后隧洞半径为 $R=4.7/2$ m 的圆形断面；方案二为采用 $2R$ 四圆心马蹄形断面，衬砌后隧洞顶拱半径为 $R_1=4.7/2$ m，底拱和边底拱半径为 $R_2=4.7$ m。隧洞两种断面型式如图 5-2 所示，隧洞混凝土衬砌两种断面型式结构计算工况及结果见表 5-9 和表 5-10。

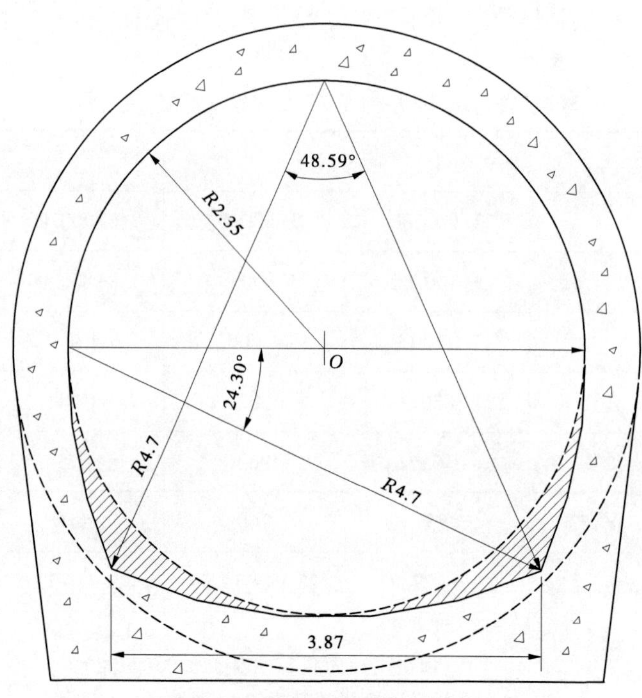

图 5-2　混凝土衬砌隧洞断面型式比较　(单位:m)

表 5-9　　隧洞混凝土衬砌两种断面结构计算工况

计算工况	围岩类别	内水压力/(mH_2O)	衬砌厚度/m	圆形断面	四圆心马蹄形断面
Ⅱ1	Ⅱ类	60	0.3	R=2.35 m, 过水面积 17.34 m^2	顶拱 R_1=2.35 m, 边底拱 R_2=4.7 m, 过水面积 18.32 m^2
Ⅱ2	Ⅱ类	100	0.4		
Ⅲ1	Ⅲ类	60	0.4		
Ⅲ2	Ⅲ类	100	0.5		

表 5-10　　隧洞混凝土衬砌两种断面结构计算结果

计算工况	断面型式	位置	轴向力/kN	剪力/kN	弯矩/(kN · m)	断面单侧配筋/mm^2
Ⅱ1	圆形	拱底	388.599	0	-0.079	753.9
		侧拱	452.424	0.359	0.109	878.1
		拱顶	471.075	0	-0.139	914.9
	马蹄形	底拱	359.718	0	-0.312	703.3
		侧拱底	387.324	145.008	40.347	1 668.4
		侧拱顶	409.947	-13.354	0.027	794.1
		顶拱	428.677	0	0.059	831.0

续表 5-10

计算工况	断面型式	位置	轴向力/kN	剪力/kN	弯矩/(kN·m)	断面单侧配筋/mm²
Ⅱ2	圆形	拱底	873.584	0	-0.258	1 694.5
		侧拱	946.472	0.682	0.284	1 836.0
		拱顶	971.739	0	-0.310	1 885.2
	马蹄形	底拱	805.173	0	-9.935	1 700.8
		侧拱底	851.746	318.342	110.986	3 239.7
		侧拱顶	866.099	-42.965	-4.675	1 743.4
		顶拱	893.498	0	0.283	1 733.4
Ⅲ1	圆形	拱底	655.858	0	-0.615	1 278.2
		侧拱	727.694	0.916	0.497	1 415.6
		拱顶	752.851	0	-0.378	1 462.6
	马蹄形	底拱	606.478	0	-15.845	1 401.0
		侧拱底	648.523	244.879	95.480	2 624.1
		侧拱顶	664.972	-39.696	-7.255	1 391.1
		顶拱	693.254	0	-0.047	1 342.5
Ⅲ2	圆形	拱底	1 324.785	0	-1.298	2 577.7
		侧拱	1 407.58	1.501	1.028	2 735.1
		拱顶	1 439.393	0	-0.757	2 793.8
	马蹄形	底拱	1 230.414	0	-61.985	3 029.9
		侧拱底	1 308.68	-493.165	228.093	4 919.3
		侧拱顶	1 301.773	-91.894	-29.627	2 829.5
		顶拱	1 345.472	0	-0.362	2 607.9

由上述隧洞衬砌结构计算结果可知:圆形断面结构内力分布均匀,受力条件好。马蹄形断面的底部应力集中,弯矩和剪力较大,受力条件较为不利,配筋量大。马蹄形断面比圆形断面配筋面积增加 2×753.5(工况Ⅱ1)、2×1 354.5(工况Ⅱ2)、2×1 161.5(工况Ⅲ1)、2×2 125.5(工况Ⅲ2) mm²,每米长度隧洞钢筋面积平均增加 2 697.5 mm²,钢筋量平均增加 39 kg/m,投资增加 1 168 元/m。

隧洞圆形断面比马蹄形断面衬砌面积增加 0.98 m²/m,C25 混凝土量增加 0.98 m³/m,投资增加 830 元/m。就钢筋和混凝土投资而言,圆形断面比马蹄形断面减少 338 元/m。

圆形断面和马蹄形断面相比主要结论如下:

(1)隧洞衬砌圆形断面结构内力均匀、受力条件好,结构安全性强,水力特性佳,虽然衬砌混凝土量增加,但结构配筋量少,总投资较少。

（2）隧洞衬砌马蹄形断面结构局部应力集中、受力条件差，结构安全性和水力条件均不如圆形断面。由于隧洞断面较小，马蹄形断面施工在交通、出渣和材料运输等方面并不占优势，对加快施工进度影响不大。

经综合分析，在满足隧洞施工要求的条件下，钢筋混凝土衬砌隧洞断面采用圆形。借鉴已建工程经验，并根据经济比较，选择圆形隧洞经济直径为 4.7 m。

隧洞最大水头约为 100 m，内水压力较大；洞身最大埋深 1 720 m，属深埋隧洞，从地应力角度对岩爆进行分析：推测 29.69%长度的洞段可能发生轻微岩爆，61.88%长度的洞段可能发生中等岩爆，5.76%长度的洞段可能发生强烈岩爆。工程地处边远山区，交通不便，若运行期隧洞失事，进行检修维护不便。综合考虑以上因素，在工程地质和内水压力水头较不利洞段采用全断面钢筋混凝土衬砌，应根据不同的围岩类别和受力条件采用不同的衬砌厚度。

3.3　隧洞经济洞径选择

综合技术和经济两方面因素选择引水隧洞经济流速，以便确定隧洞经济洞径。

3.3.1　工程类比

表 5-11 列出了国内已建或在建水电站工程有压引水隧洞的引水流量、洞径和流速等设计参数，由表 5-11 中可看出，洞内流速范围一般 3~5 m/s。

表 5-11　　国内部分水电站工程引水隧洞设计参数

工程名称	洞长/m	隧洞直径/m	设计流量/(m^3/s)	洞内流速/(m/s)
锦屏二级	16 670	11.8(马蹄形)	465	4.11
宝兴	18 000	5.4	73	3.19
福堂	19 300	9	251	3.95
冶勒	7 118	4.6	52.66	3.17
鲁布格	8 786.8	8	226	4.50
天生桥	1 126	9	278	4.37
下坂地	4 662	5.2	89.69	4.22
上马岭	7 633	5.62	81	3.27
龙亭	5 241	7.5	162	3.67
古田一级	1 758	4.4	71	4.67
西洱河一级	8 174	4.3	55	3.79
南桠河三级	7 322	4.5	53.4	3.36
向阳口二级	4 876.6	7.5	154	3.49
胡家渡	—	5.5	113.4	4.77
鱼子溪一级	8 429	5	69.2	3.50
官厅	—	6	104	3.70
莲花	—	13.7	—	4.49
安砂	—	7.5	—	4.85
开都河	3 800	8.5	257	4.53
天龙湖	6 700	6	90	3.18
太平驿	10 484	9	250	3.93

3.3.2　经济比较

隧洞最大设计引水流量为 78.6 m^3/s，通过工程类比，初选隧洞直径 4.6、4.7、4.8 m 三个方案进行经济比较，不同洞径动能经济比较见表 5-12。

表 5-12　引水隧洞不同洞径 D 动能经济比较

指标	D=4.6 m	D=4.7 m	D=4.8 m
洞内最大流速/(m/s)	4.73	4.53	4.34
发电量/(亿 kW·h)	7.474	7.546	7.608
发电量差值/(亿 kW·h)	—	0.072	0.062
年利用小时/h	3 559	3 593	3 623
保证出力/MW	55.72	55.78	55.84
最小水头/m	301.49	309.25	316.04
投资/万元	26 346	27 035	27 731
投资差值/万元	—	689	696
差额投资经济内部收益率/%	—	12.54	10.09

注：表中投资差值仅考虑隧洞开挖、混凝土衬砌、钢筋的投资。

从表 5-12 可以看出：洞径 4.6 m 方案与洞径 4.7 m 方案和洞径 4.8 m 方案的差额投资经济内部收益率分别为 12.54%和 10.09%，均大于社会折现率 8%，洞径 4.7 m 优于 4.8 m。从动能经济上看，洞径 4.7 m 最优。

通过工程类比和动能经济比较，选定有压引水隧洞经济直径为 4.7 m，相应洞内最大流速为 4.53 m/s，满足经济流速要求。

4　混凝土衬砌结构计算分析

4.1　基本情况

本工程引水隧洞通过地段地应力具有以下特征：

(1)隧洞进口段：处于深切河谷边，地应力状态受地形、地貌以及边坡卸荷的影响较大，平洞内地应力测量成果表明，应力值较低，并且应力差较小。最大主应力为2.82 MPa，其方位角约为25°，倾向SSW，倾角42°；中间主应力为2.08 MPa，其方位角为244°，倾向NE，倾角41°；最小主应力为1.80 MPa，其方位角为136°，倾向NW，倾角21°。

(2)隧洞出口段：围岩以片岩、板岩为主，发育有多条规模较大断层，裂隙极发育，岩体破碎。QZK15孔测量成果表明，在其孔深71.5~116.83 m，最大水平主应力3~4 MPa，最小水平主应力1.5~2.4 MPa。表明测试钻孔附近应力作用强度较低。该孔进行的印模定向试验结果为最大水平主压应力方向为N32.4 °W。

(3)洞身段：根据QZK14测试成果，在其测试孔深76.19~141 m的深度范围内最大水平主应力12~15 MPa，最小水平主应力7~9 MPa。该孔中进行的3个测段的印模定向试验结果表明，其附近的最大水平主应力优势方位为NW方向。

工程场区地应力场数值模拟结果为：①在整个计算模型对应的空间范围，最大主应力量值随深度逐渐增加，其方位也与地形关系密切，表明工程区内地形对地应力起着主要的控制作用。②引水隧洞洞线上游段，最大主应力的最高值为50.44 MPa，下游段最大主应力的最高值为48.73 MPa。③引水隧洞洞线最大主应力值均出现了明显的张应力，即对应区间的最小主应力为张性。④由有限元计算结果可知，在整个工程区域内，没有出现明显的应力集中现象。一般而言，在地形切割比较严重的河谷往往存在较明显的应力集中现象，但在此工程区域范围，这一现象不明显，比较有利于工程的施工和安全。但同时应该注意到，在引水隧洞洞线穿越的局部地段，由于上覆埋深较大，最大应力值达50.44 MPa，甚至更高，因此对于可能出现的岩爆及洞室严重变形等地质灾害应高度重视，并采取必要的预防措施。

各类围岩物理力学参数建议值见表5-13，括号中数值为计算采用值。

表5-13　围岩主要物理力学参数建议值

围岩类别	密度/(g/cm^3)	饱和抗压强度/MPa	弹性模量/GPa	变形模量/GPa	泊松比	单位弹性抗力系数/(MPa/cm)	抗剪断强度指标	
							c'/MPa	φ'/(°)
Ⅱ	2.6~2.7	90~100	18~20	8~10	0.20~0.23	70~80	1.2~1.6	48~52
Ⅲ	2.5~2.6	80~90	13~15	6~7	0.23~0.26	40~50	0.8~1.0	38~45
Ⅳ	2.3~2.4	50~70	3~5	2~4	0.35~0.38	10~20	0.4~0.6	27~35
Ⅴ	2.1~2.2	40~50	0.2~0.5	0.1~0.3	0.40	1~3	0.05~0.1	17~22

4.2　计算目的与内容

鉴于水电站引水隧洞洞线较长，总长接近16 km，沿线地质围岩分布比较复杂，有Ⅱ~Ⅴ类共4种围岩分布。为了解不同围岩段隧洞衬砌在不同工况条件下的结构受力状况，以选择合理的衬砌厚度及配筋形式提供，进行了以下计算。

根据所取断面岩性的不同，分别设计三种不同的工况，包括运行期、水击期及检修期，具体见表5-14。

表5-14　典型标准断面计算工况及荷载

围岩类型	衬砌厚度/cm	工况	内压/MPa	外水压/MPa	衬砌自重	山岩压力	工况编号
Ⅱ	30（水头<60 m）	运行	0.6	—	√	√	1
		水击	1.0	—	√	√	2
		检修	—	0.75	√	√	3
	40（水头≥60 m）	运行	0.914	—	√	√	4
		水击	1.0	—	√	√	5
		检修	—	0.75	√	√	6
Ⅲ	40（水头<60 m）	运行	0.6	—	√	√	7
		水击	1.0	—	√	√	8
		检修	—	0.8	√	√	9
				0.97	—	√	10
	50（水头≥60 m）	运行	0.914	—	√	√	11
		水击	1.0	—	√	√	12
		检修	—	0.8	√	√	13
				0.97	—	√	14
Ⅳ	70	运行	0.6	—	√	√	15
		水击	1.0	—	√	√	16
		检修	—	0.85	√	√	17
				0.90	√	√	18
				0.97	√	√	19
Ⅴ	100	运行	0.6	—	√	√	20
		水击	1.0	—	√	√	21
		检修	—	0.75	√	√	22

4.3　计算模型

根据地质横剖面图可以看出，引水隧洞埋深较大，上覆岩体厚度一般都在几百米，最大埋深达到了1 500 m。计算时取洞身衬砌及周围相邻一定范围的岩体的纵剖面建立有限元模型，进行有限元计算。

4.3.1　模型建立

对于隧洞典型圆断面，计算模型由衬砌及周围围岩组成，为确保计算精确可靠，洞身四周围岩范围取大于3倍洞径，本计算中四周围岩取至距衬砌内壁20 m处。

整个模型由如下几部分组成：①隧洞混凝土衬砌，根据一系列的试算与优化并参照一些工程实际经验，根据洞周不同围岩类型其厚度分别取30 cm和40 cm（Ⅱ类围岩，内水水头60 m时，取30 cm；内水水头≥60 m时，取40 cm），40 cm和50 cm（Ⅲ类围岩，内水水头<60 m时，取40 cm；内水水头≥60 m时，取50 cm），70 cm（Ⅳ类围岩），100 cm（Ⅴ类围岩）；②衬砌周围3 m范围内围岩，该部位岩体假设由于开挖扰动影响，计算时考虑自重作用；③衬砌周围3 m以外的围岩，考虑围岩已趋向稳定，计算时不计自重。有限元模型如图5-3所示。

4.3.2　模型坐标系

本计算采用通用有限元分析程序ANSYS进行计算，根据计算软件约定，坐标系统规定如下：x轴为垂直洞轴线的水平方向，y轴为垂直洞轴线的铅垂方向，向上为正，z轴为洞轴线方向。计算模型如图5-3所示。

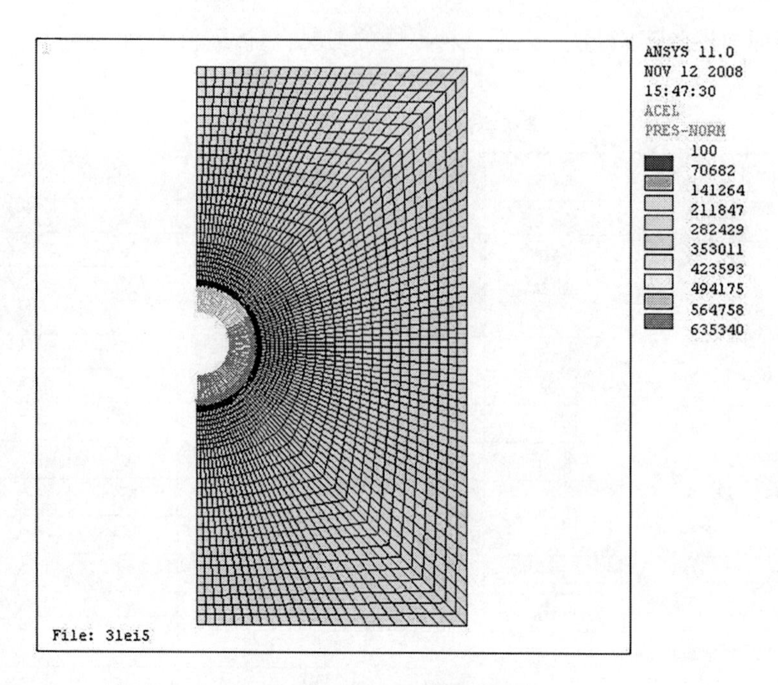

图 5-3 计算模型

4.3.3 边界条件

隧洞下部围岩最底部水平边界约束铅垂向即 y 向位移，右侧围岩最远处水平向边界即 x 向位移，因本次计算取模型的一半，故在对称部位加对称约束。边界约束如图 5-3 所示。

4.4 计算基本资料

4.4.1 隧洞直径

D=4.7 m(圆形)。

4.4.2 内水压力

正常运行时：桩号 3+400 以前，内水水头小于 40 m，计算时取 40 m 内水水头进行计算。桩号 3+400—15+797 段，内水水头由 40 m 变化至 92 m(根据正常运行水位与隧洞底高程之差推求)，计算时内水水头根据桩号按线性插值选取。

水击时(最大)：隧洞末端靠近调压室部分，内水水头最高为 100 m(根据调压室最高涌浪水位与隧洞底高程之差推求)，按最不利的情况考虑，计算时内水水头取为 100 m。

4.4.3 外水压力

如果考虑外水压力，当外水压力超过一定的水头时，衬砌将出现较大的压应力，超过了混凝土的抗压强度，为避免出现外压过大使混凝土衬砌挤压破坏，设计中拟设置减压排水孔，这样可避免由于外压过大而导致衬砌受压破坏。计算中考虑的外水压力，采用不同的外水压力值，定出不同的衬砌厚度所能承受的最大外水水头。具体外水水头见表 5-15。

4.4.4 灌浆压力

回填灌浆 0.2~0.3 MPa(素混凝土)和 0.3~0.5 MPa(钢筋混凝土)，回填灌浆部位为圆断面顶部 120°范围。因外水压力超过灌浆压力，故不考虑灌浆压力的作用。

4.4.5 地应力

本工程工期较长，隧洞开挖一期支护完成后，再进行二期衬砌，经过约 1 年的时间，此时岩体的内部应力已经完全释放，故不考虑地应力作用。

4.4.6 岩体压力

采用塌落拱高度内岩体重量，洞周 3 m 范围岩体计及重量。

表 5-15　外水水头计算表

段号	1	2	3	4	5	6	7	8	9	10	11	12
桩号	0+000—0+120	0+120—0+480	0+480—1+170	1+170—1+380	1+380—1+710	1+710—2+000	2+000—3+300	3+300—3+400	3+400—3+800	3+800—4+910	4+910—5+250	5+250—5+360
洞段长度/km	0.12	0.36	0.69	0.21	0.33	0.29	1.3	0.1	0.4	1.11	0.34	0.11
上覆岩体厚度/m	<150	150~259	259~607	552~405	406~195	202~300	300~904	904~960	960~1 448	1 448~1 722	1 464~1 097	1 097~1 037
推测地下水埋深/m	9~44	44~129	129~290	256~133	133~124	124~128	128~657	657~702	702~914	914~1 218	1 080~807	807~726
地层代号	Ptkgn	Ptkgn	Ptkgn	Ptkgn	Ptkgn、γ_3^{2-3}	γ_3^{2-3}	γ_3^{2-3}	γ_3^{2-3}	γ_3^{2-3}	γ_3^{2-3}	γ_3^{2-3}	γ_3^{2-3}
岩性	变质闪长岩	变质闪长岩	变质闪长岩	变质闪长岩	片麻状花岗岩	片麻状花岗岩	片麻状花岗岩	片麻状花岗岩	片麻状花岗岩	片麻状花岗岩	片麻状花岗岩	片麻状花岗岩
主要断裂					fd34，F2			fd3				fd7
外水压力折减系数	0.2~0.3	0.2~0.3	0.1~0.3	0.2~0.3	0.3~0.5	0.05~0.1	0.05~0.1	0.1~0.3	0.05~0.08	0.05~0.1	0.05~0.08	0.1~0.3
围岩分类	Ⅳ类为主，局部Ⅲ类	Ⅲ类为主，局部Ⅳ类	Ⅱ类为主，局部Ⅲ、Ⅳ类	Ⅲ类为主，局部Ⅳ类	Ⅳ类为主，局部Ⅲ类	Ⅲ类为主，局部Ⅳ类	Ⅱ类为主，局部Ⅲ、Ⅳ类	Ⅲ类为主，局部Ⅳ类	Ⅱ类为主，局部Ⅲ、Ⅳ类	Ⅲ类为主，局部Ⅳ类	Ⅱ类为主，局部Ⅲ、Ⅳ类	Ⅲ类为主，局部Ⅳ类
外水水头/m	2.25	11	25.8	64	53.2	9.3	9.6	131.4	45.63	68.55	70.2	161.4

续表 5-15

段号	13	14	15	16	17	18	19	20	21	22	23
桩号	5+360—5+700	5+700—5+800	5+800—6+250	6+250—6+440	6+440—6+610	6+610—6+800	6+800—6+900	6+900—7+430	7+430—8+340	8+340—9+040	9+040—9+340
洞段长度/km	0.34	0.1	0.45	0.19	0.17	0.19	0.1	0.53	0.91	0.7	0.3
上覆岩体厚度/m	1 037~735	811~749	749~211	211~73	208~467	467~644	644~621	621~1 040	1 205~962	962~590	457~637
推测地下水埋深/m	726~486	486~413	413~117	117~104	104~168	168~324	324~386	386~661	661~684	684~404	404~324
地层代号	γ_3^{2-3}	γ_3^{2-3}	γ_3^{2-3}	γ_3^{2-3}	γ_3^{2-3}	γ_3^{2-3}	γ_3^{2-3}	γ_3^{2-3}	γ_3^{2-3}	γ_3^{2-3}	γ_3^{2-3}
岩性	片麻状花岗岩	片麻状花岗岩	片麻状花岗岩	片麻状花岗岩	片麻状花岗岩	片麻状花岗岩	片麻状花岗岩	片麻状花岗岩	片麻状花岗岩	片麻状花岗岩	片麻状花岗岩
主要断裂		fd35		F3	fd36、fd15		fd16				
外水压力折减系数	0.05~0.1	0.1~0.3	0.05~0.08	0.3~0.4	0.1~0.3	0.05~0.1	0.1~0.3	0.05~0.08	0.05~0.1	0.05~0.08	0.05~0.1
围岩分类	Ⅱ类为主,局部Ⅲ、Ⅳ类	Ⅲ类为主,局部Ⅳ类	Ⅱ类为主,局部Ⅲ、Ⅳ类	Ⅳ类为主	Ⅲ类为主,局部Ⅳ类	Ⅱ类为主,局部Ⅲ、Ⅳ类	Ⅲ类为主,局部Ⅳ类	Ⅱ类为主,局部Ⅲ、Ⅳ类	Ⅲ类为主,局部Ⅱ类	Ⅱ类为主,局部Ⅲ、Ⅳ类	Ⅲ类为主,局部Ⅱ、Ⅳ类
外水水头/m	54.45	97.2	26.845	40.95	20.8	12.6	64.8	25.09	49.575	44.46	30.3

续表 5-15

段号	24	25	26	27	28	29	30	31	32	33	34
桩号	9+340—9+760	9+760—10+280	10+280—10+640	10+640—10+750	10+750—11+410	11+410—11+620	11+620—12+040	12+040—12+150	12+150—12+740	12+740—12+850	12+850—13+250
洞段长度/km	0.42	0.52	0.36	0.11	0.66	0.21	0.42	0.11	0.59	0.11	0.4
上覆岩体厚度/m	637~772	772~1 082	1 118~760	753~817	817~194	57~270	270~761	761~744	722~1 057	883~826	826~478
推测地下水埋深/m	363~482	482~631	631~585	585~542	542~85	85~109	109~414	414~476	476~598	598~527	527~323
地层代号	γ_3^{2-3}	O–S[1]	γ_3^{2-3}	γ_3^{2-3}	γ_3^{2-3}	γ_3^{2-3}	γ_3^{2-3}	γ_3^{2-3}	γ_3^{2-3}	γ_3^{2-3}	γ_3^{2-3}
岩性	片麻状花岗岩	板岩夹片岩	片麻状花岗岩	片麻状花岗岩	片麻状花岗岩	片麻状花岗岩	片麻状花岗岩	片麻状花岗岩	片麻状花岗岩	片麻状花岗岩	片麻状花岗岩
主要断裂				fd49				fd23		fd25	
外水压力折减系数	0.05~0.08	0.05~0.1	0.05~0.1	0.1~0.3	0.05~0.1	0.3~0.4	0.05~0.1	0.1~0.3	0.05~0.1	0.1~0.3	0.05~0.1
围岩分类	Ⅱ类为主，局部Ⅲ、Ⅳ类	Ⅳ类为主，局部Ⅲ类	Ⅱ类为主，局部Ⅲ、Ⅳ类	Ⅳ类为主，局部Ⅲ类	Ⅱ类为主，局部Ⅳ类	Ⅳ类为主	Ⅱ类为主，局部Ⅲ、Ⅳ类	Ⅲ类为主，局部Ⅳ类	Ⅱ类为主，局部Ⅲ、Ⅳ类	Ⅲ类为主，局部Ⅳ类	Ⅱ类为主，局部Ⅲ、Ⅳ类
外水水头/m	23.595	36.15	47.325	117	40.65	29.75	8.175	82.8	35.7	119.6	39.525

续表 5-15

段号	35	36	37	38	39	40	41	42	43	44	45
桩号	13+250—13+360	13+360—13+850	13+850—13+960	13+960—14+170	14+170—14+280	14+280—14+550	14+550—14+660	14+660—14+850	14+850—14+950	14+950—15+510	15+510—15+797.4
洞段长度/km	0.11	0.49	0.11	0.21	0.11	0.27	0.11	0.19	0.1	0.56	0.287 4
上覆岩体厚度/m	585~619	533~821	729~613	613~430	430~379	379~106	56~121	121~239	239~293	293~496	374~158
推测地下水埋深/m	337~363	363~430	430~394	394~268	268~191	191~22	22~23	23~113	113~156	156~235	205~44
地层代号	γ_3^{2-3}	γ_3^{2-3}	γ_3^{2-3}	γ_3^{2-3}	γ_3^{2-3}	γ_3^{2-3}	γ_3^{2-3}	γ_3^{2-3}	γ_3^{2-3}	γ_3^{2-3}	$O-S^1$
岩性	片麻状花岗岩	片麻状花岗岩	片麻状花岗岩	片麻状花岗岩	片麻状花岗岩	片麻状花岗岩	片麻状花岗岩	片麻状花岗岩	片麻状花岗岩	片麻状花岗岩	板岩夹片岩
主要断裂	fd26		fd27		fd28		F11		fd40		
外水压力折减系数	0.1~0.3	0.05~0.1	0.1~0.3	0.05~0.1	0.1~0.3	0.05~0.1	0.3~0.5	0.05~0.1	0.1~0.3	0.05~0.1	0.1~0.3
围岩分类	Ⅲ类为主，局部Ⅳ类	Ⅱ类为主，局部Ⅲ、Ⅳ类	Ⅲ类为主，局部Ⅳ类	Ⅱ类为主，局部Ⅲ、Ⅳ类	Ⅲ类为主，局部Ⅳ类	Ⅱ类为主，局部Ⅲ、Ⅳ类	Ⅴ类为主，局部Ⅳ类	Ⅱ类为主，局部Ⅲ、Ⅳ类	Ⅲ类为主，局部Ⅳ类	Ⅱ类为主，局部Ⅲ、Ⅳ类	Ⅳ类为主，局部Ⅲ类
外水水头/m	21.905	27.225	32.25	78.8	20.1	66.85	1.65	4.6	8.475	31.2	15.375

4.4.7　隧洞衬砌混凝土

标号 C25，容重 $\gamma_{混凝土}=24\ kN/m^3$，弹性模量 $E_{混凝土}=2.75\times10^4$ MPa，泊松比 $\mu=0.167$。

主要工况岩体应力如图 5-4～图 5-27 所示。

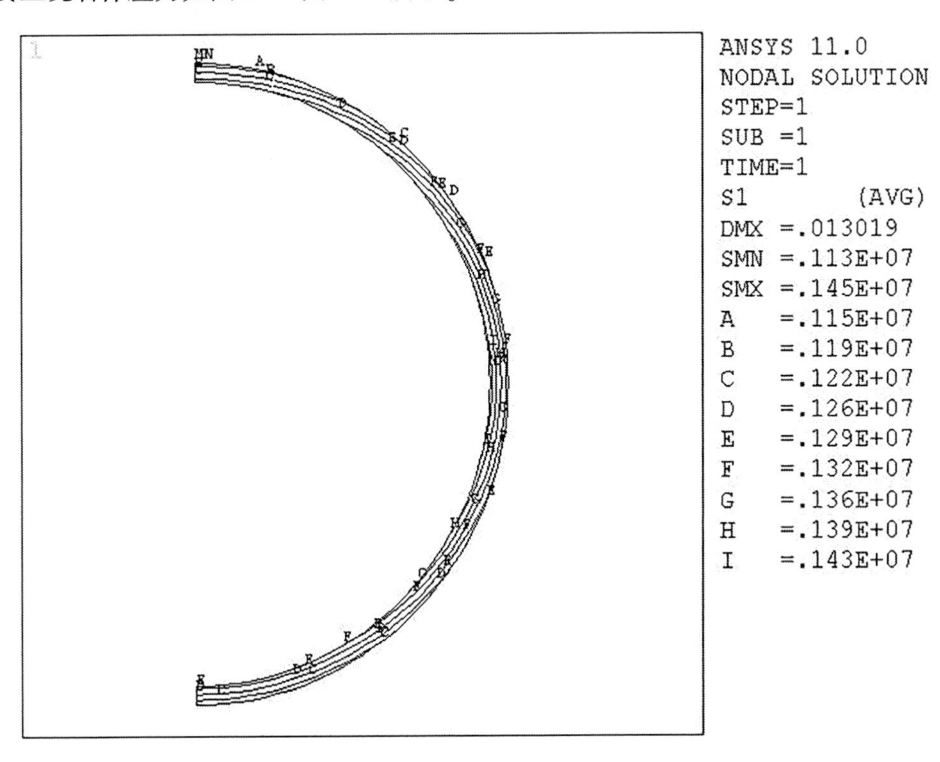

图 5-4　工况 2　Ⅱ类岩体衬砌第一主应力 σ_1

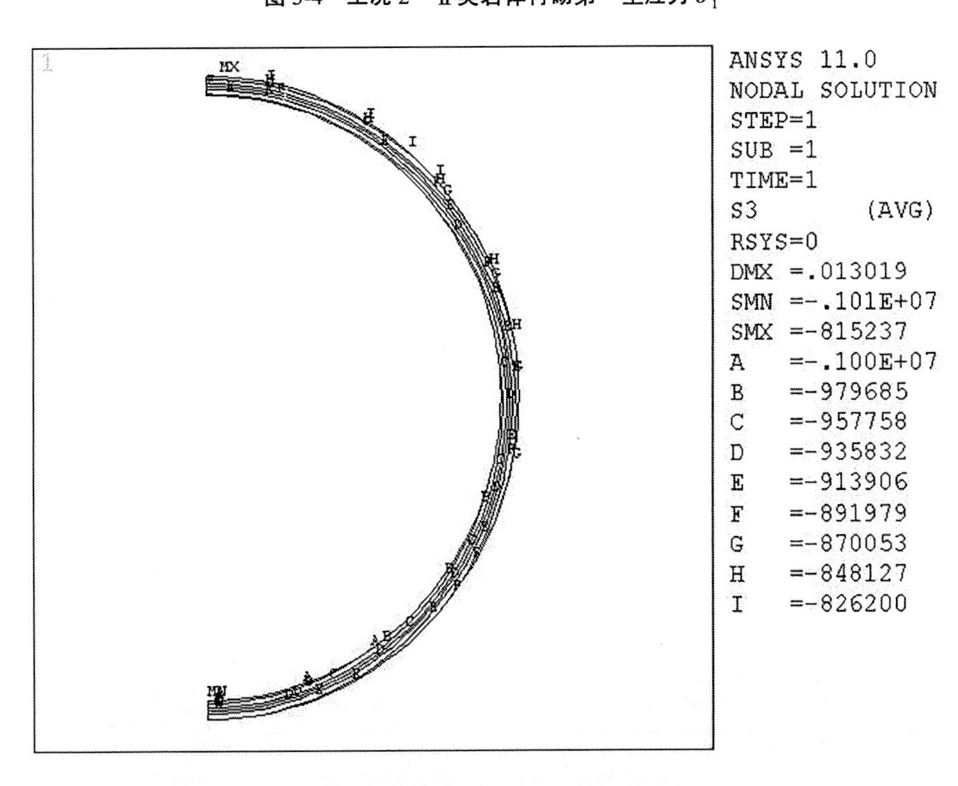

图 5-5　工况 2　Ⅱ类岩体衬砌第三主应力 σ_3

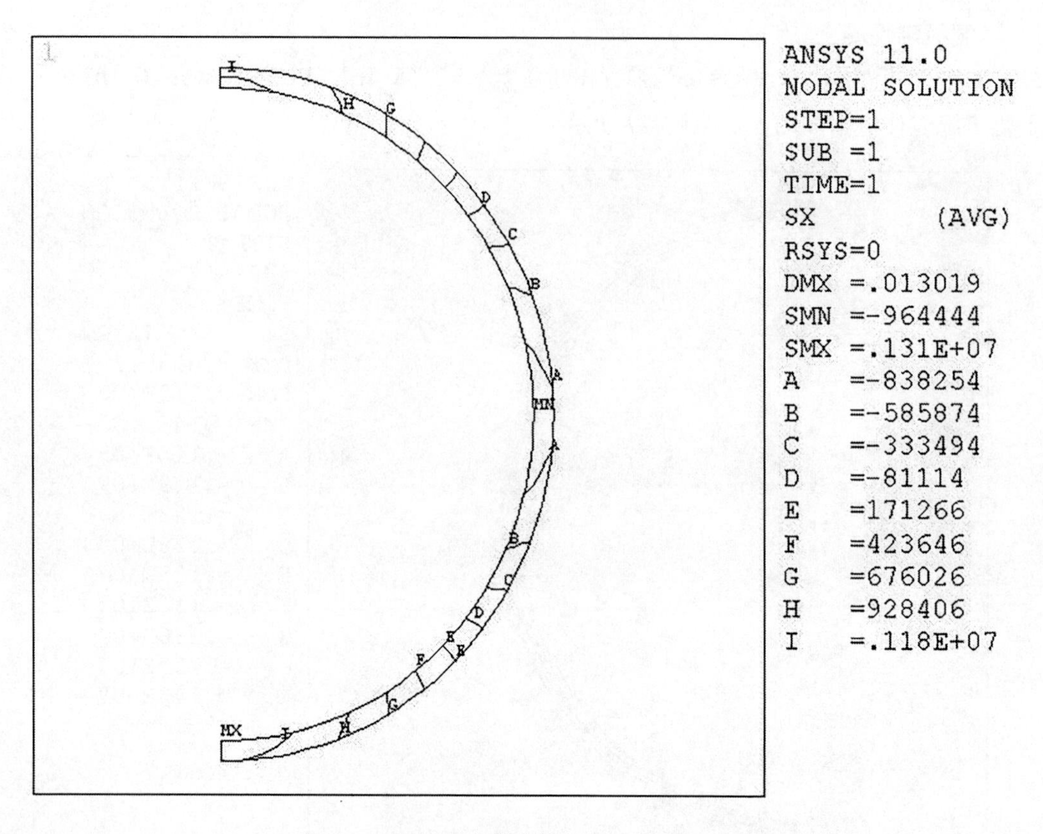

图 5-6 工况 2 Ⅱ类岩体衬砌 x 向正应力 σ_x

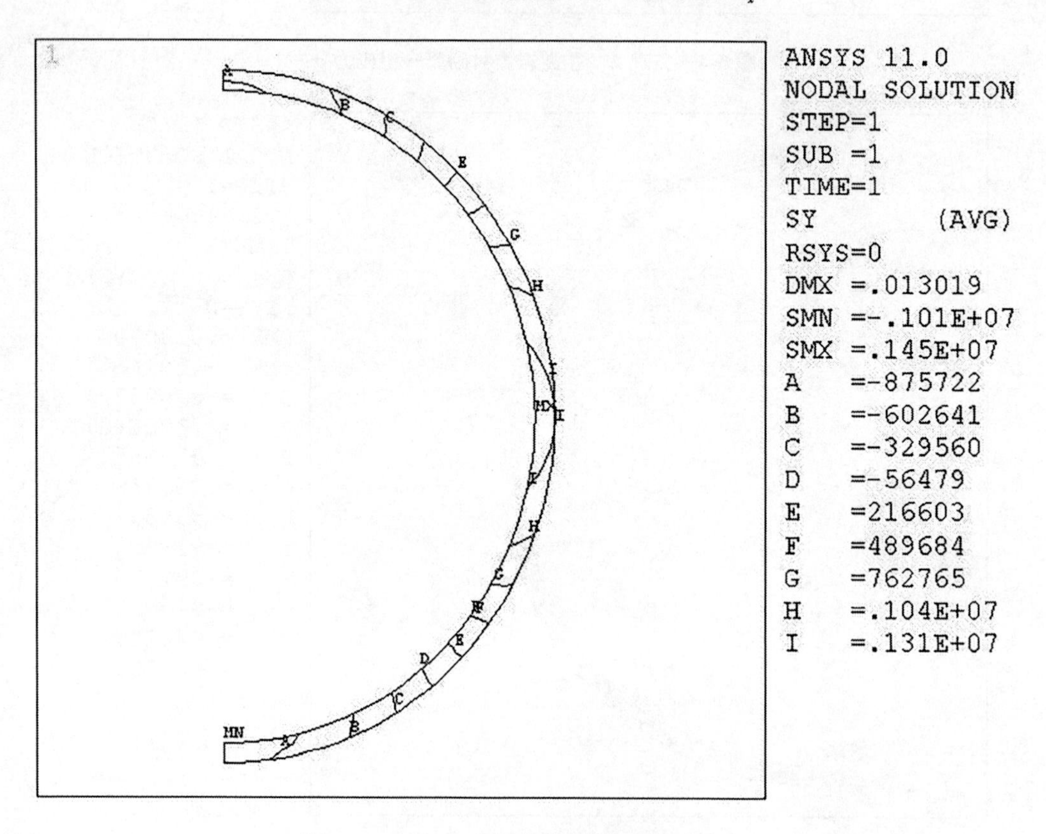

图 5-7 工况 2 Ⅱ类岩体衬砌 y 向正应力 σ_y

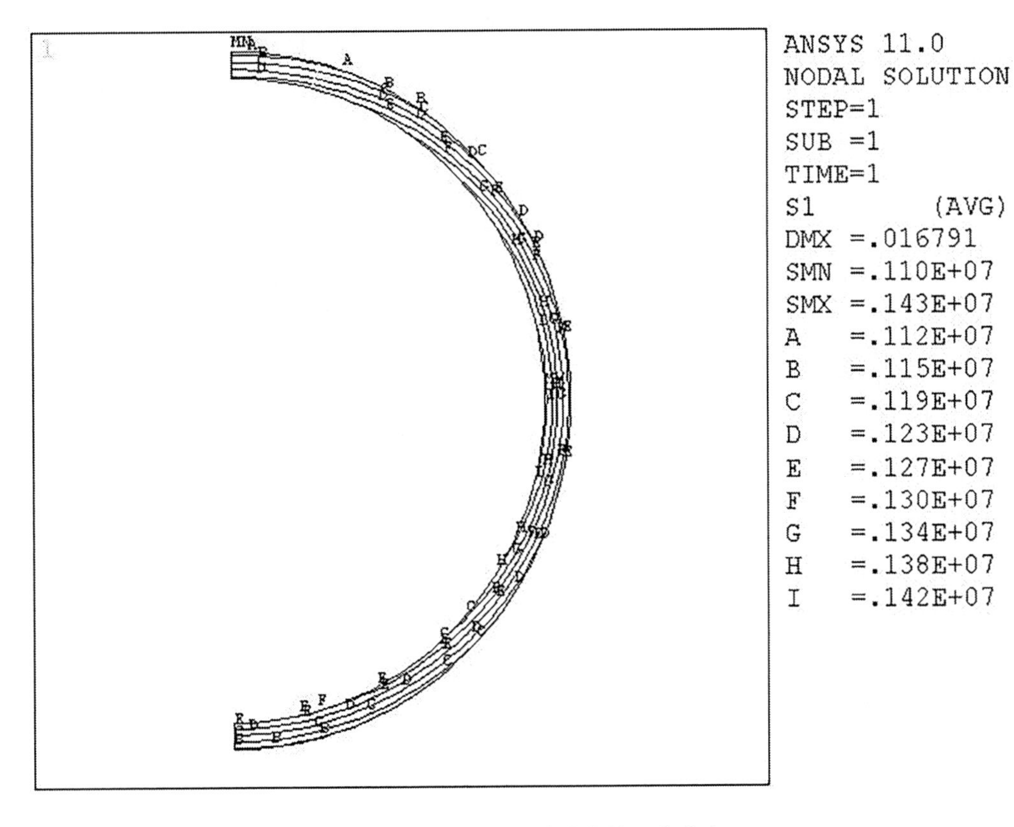

图 5-8　工况 5　Ⅱ类岩体第一主应力 σ_1

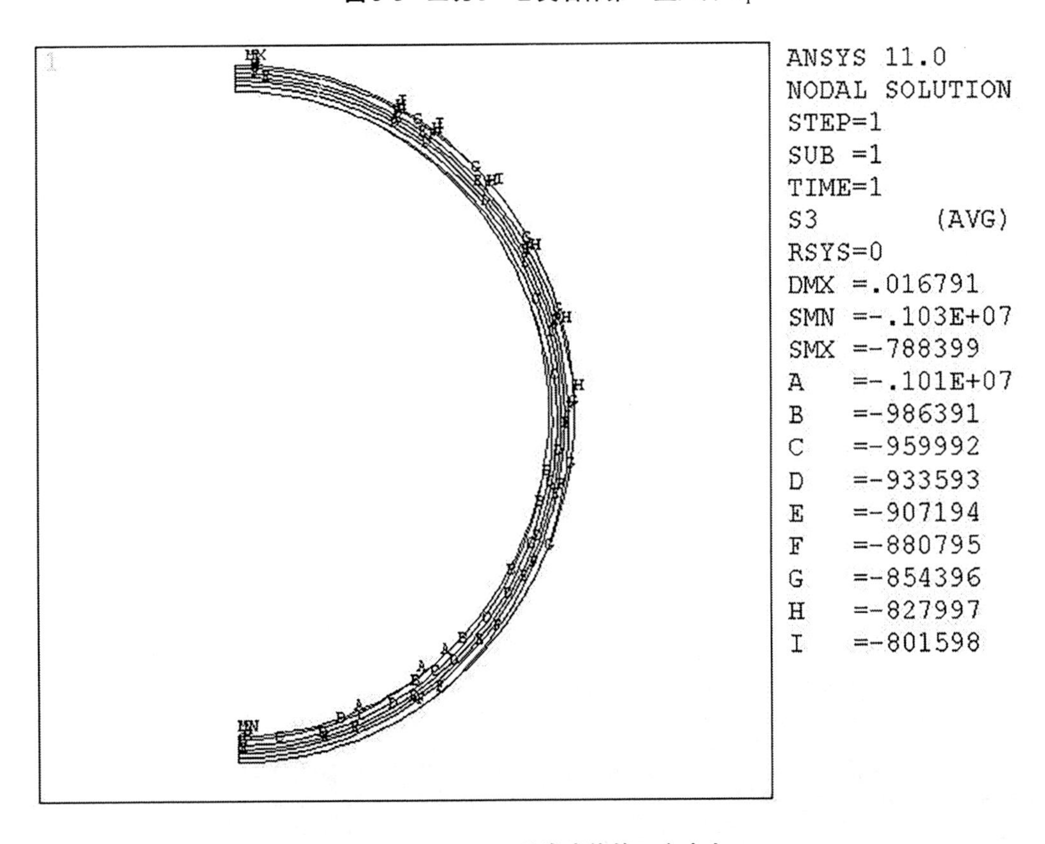

图 5-9　工况 5　Ⅱ类岩体第三主应力 σ_3

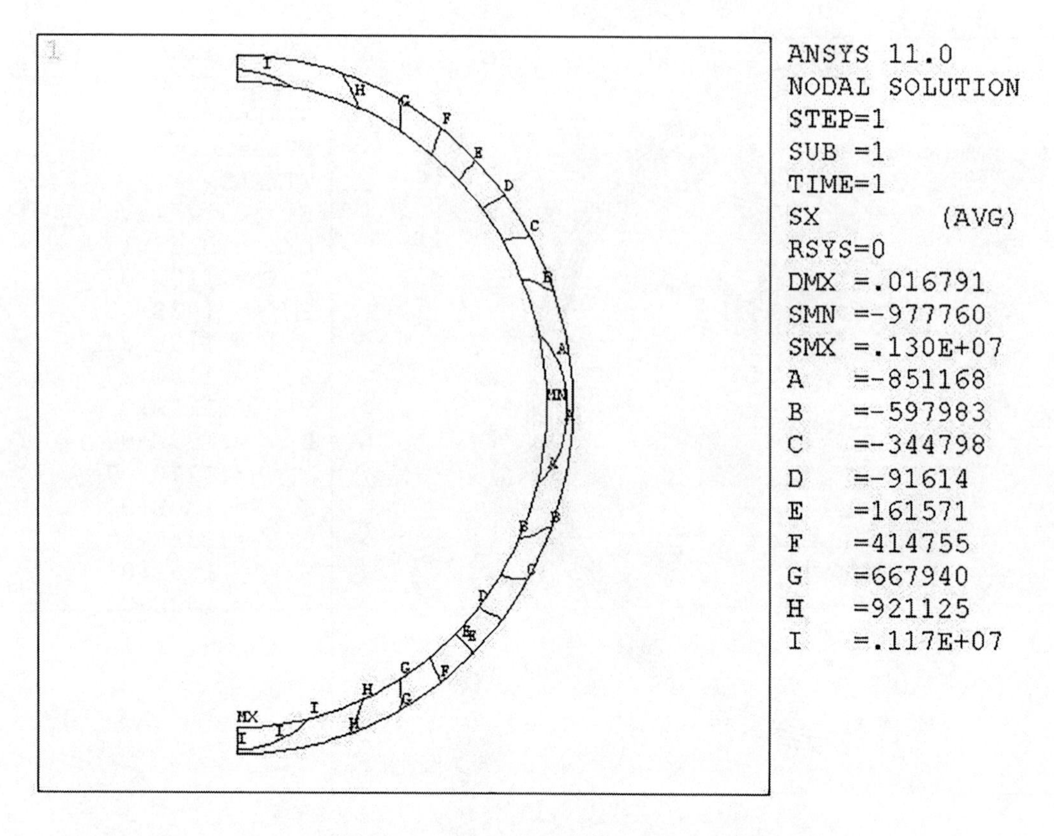

图 5-10　工况 5　Ⅱ类岩体 x 向正应力 σ_x

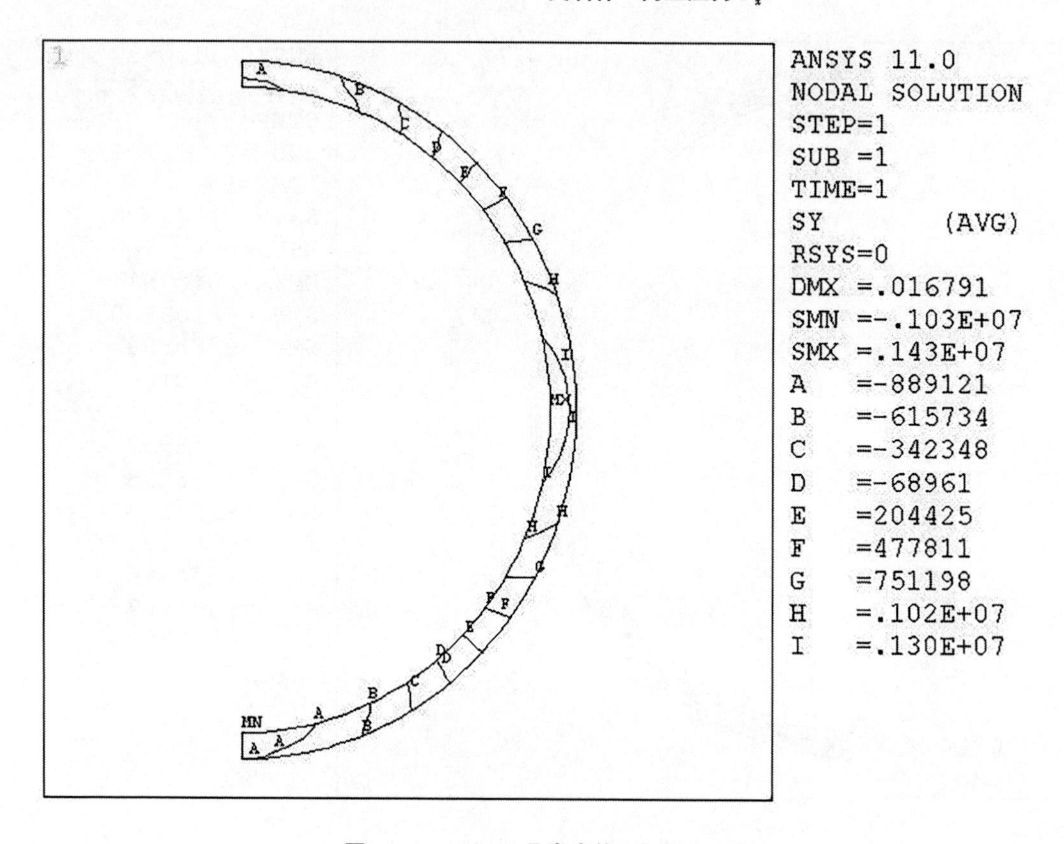

图 5-11　工况 5　Ⅱ类岩体 y 向正应力 σ_y

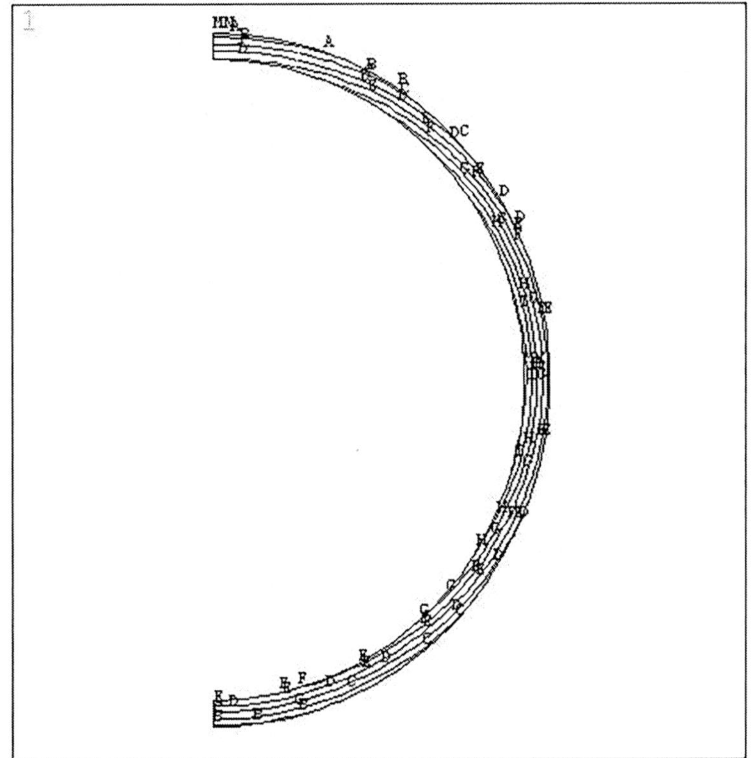

图 5-12　工况 8　Ⅲ类岩体第一主应力 σ_1

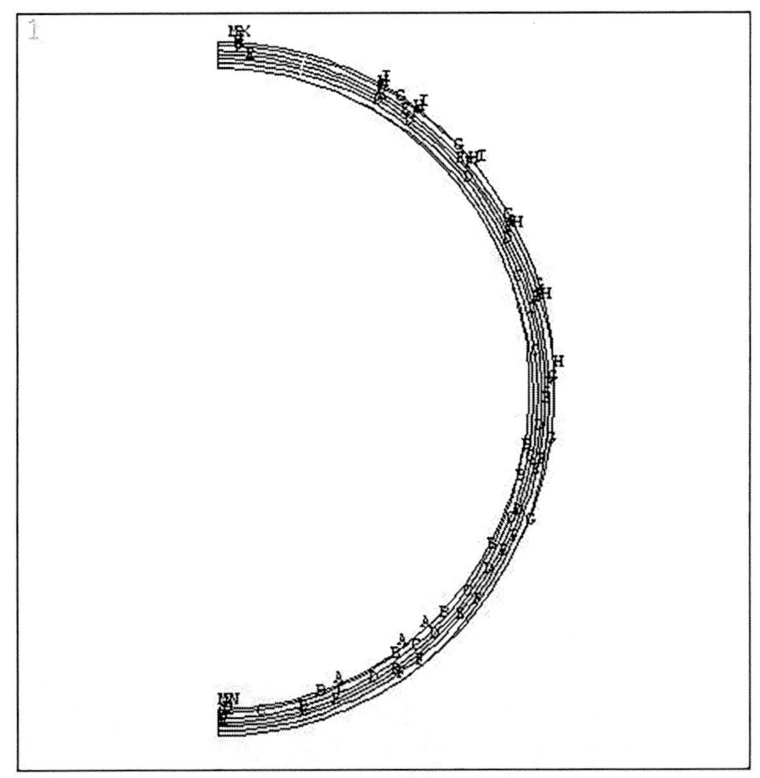

图 5-13　工况 8　Ⅲ类岩体第三主应力 σ_3

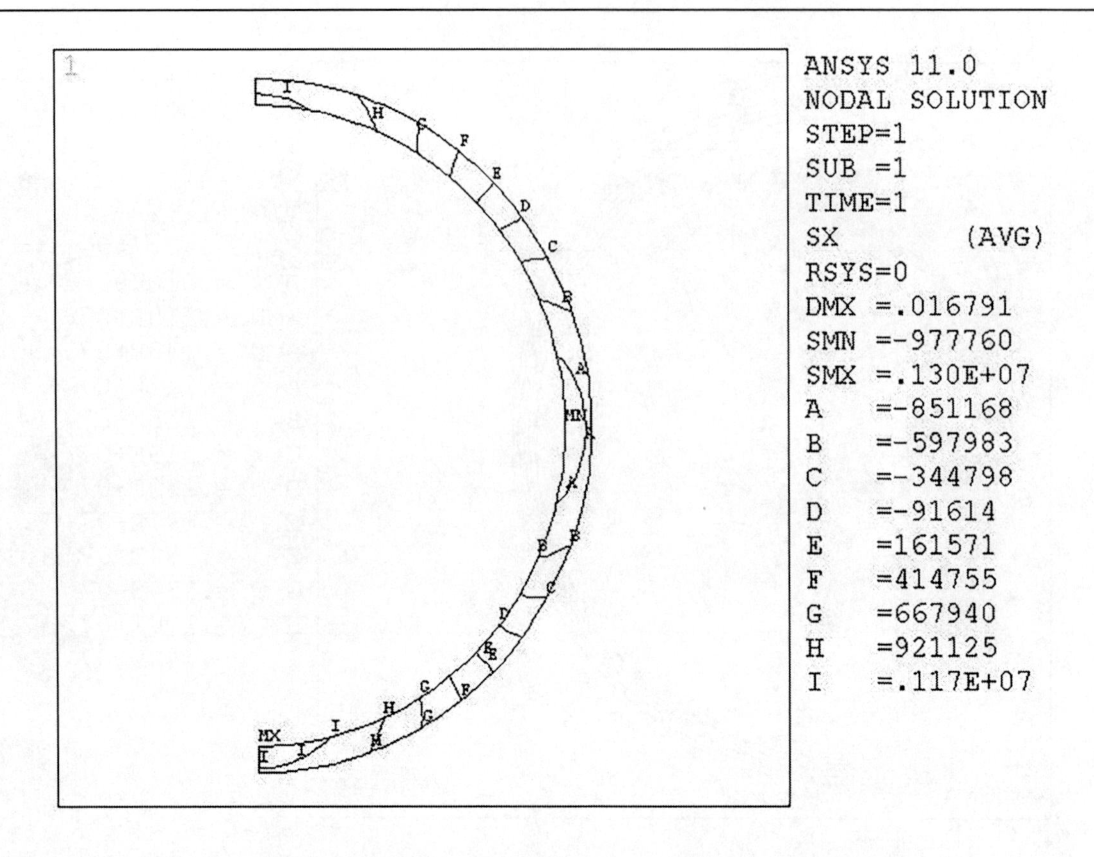

图 5-14　工况 8　Ⅲ类岩体 x 向正应力 σ_x

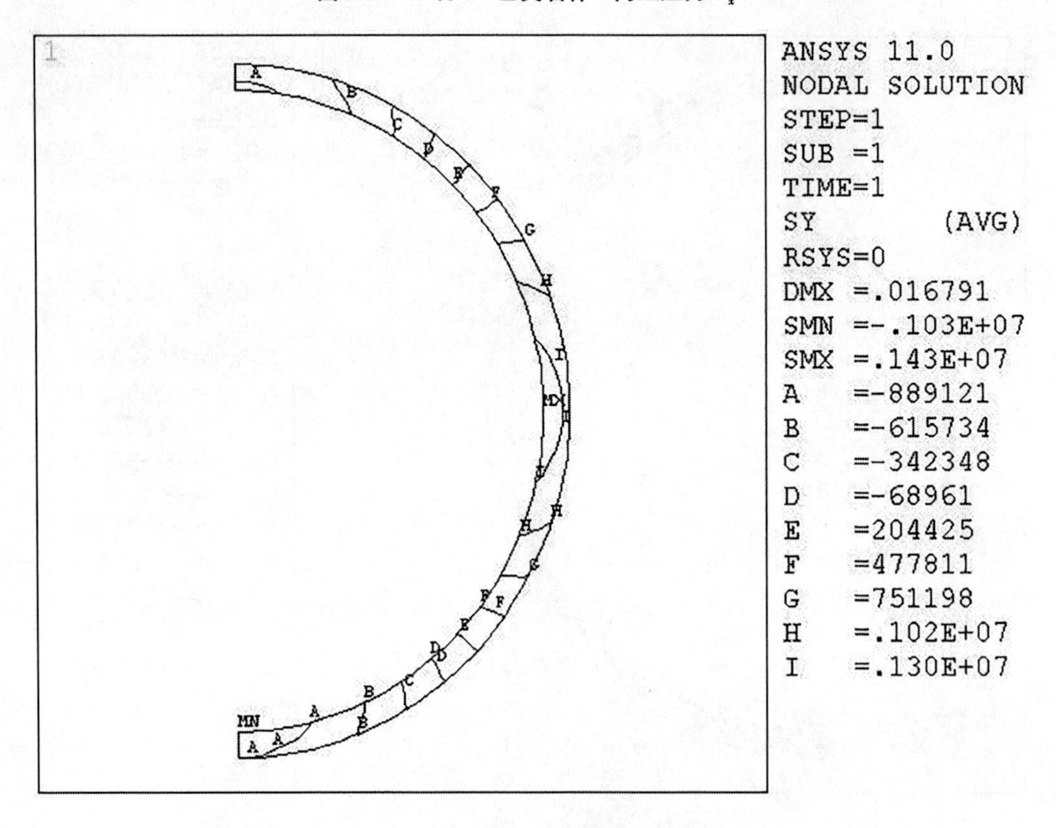

图 5-15　工况 8　Ⅲ类岩体 y 向正应力 σ_y

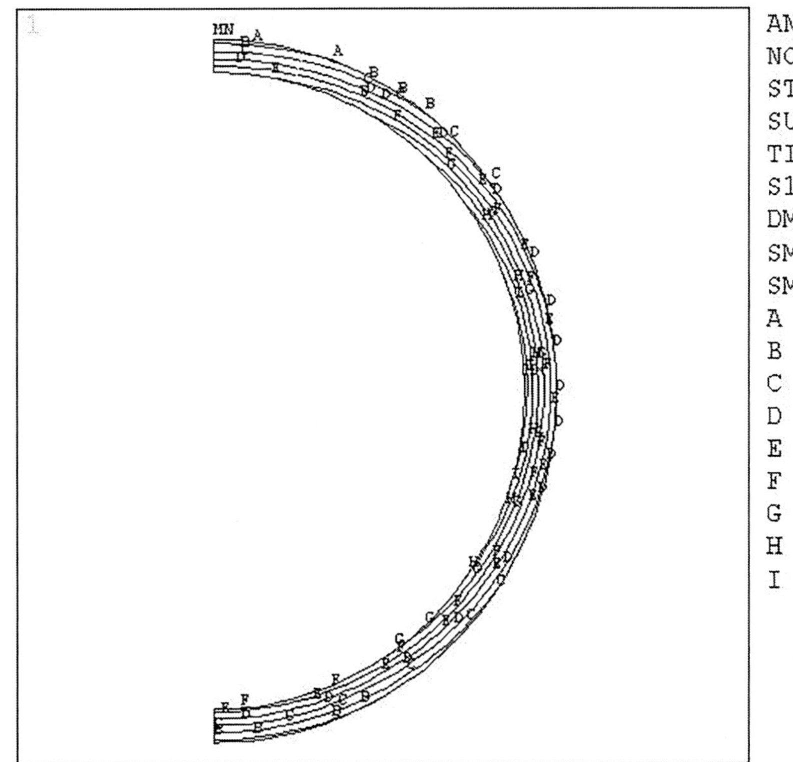

图 5-16　工况 12　Ⅲ类岩体第一主应力 σ_1

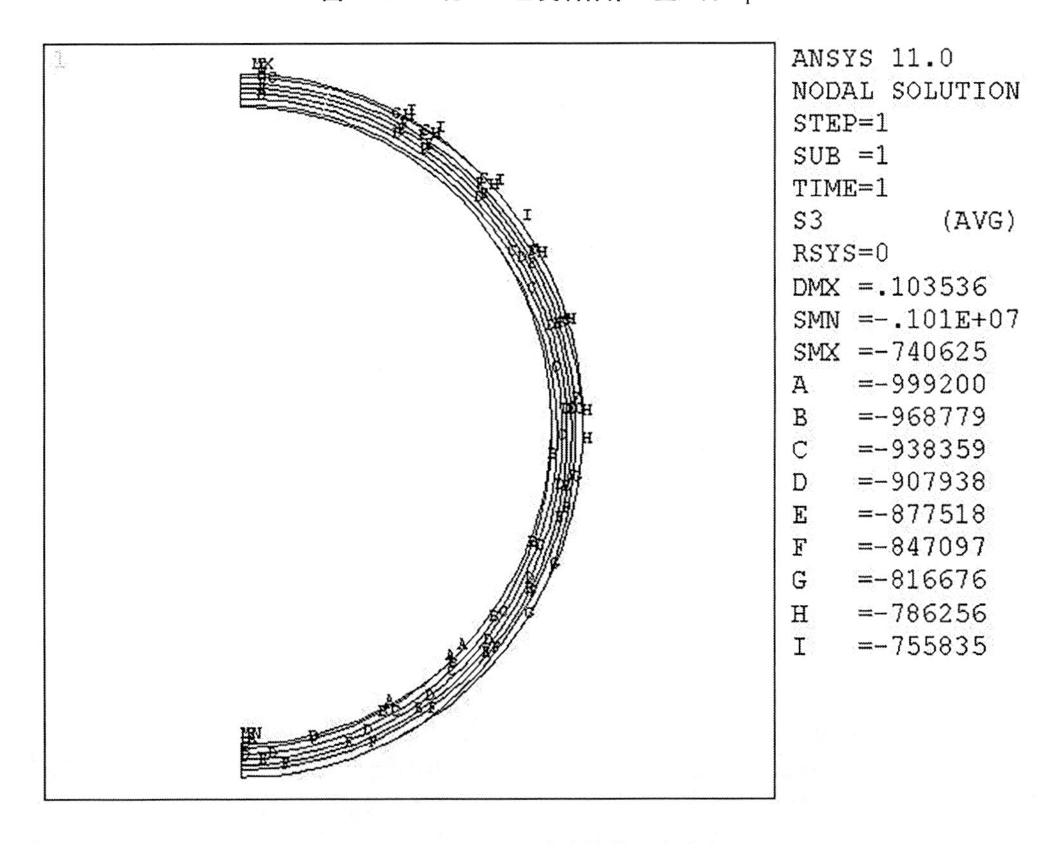

图 5-17　工况 12　Ⅲ类岩体第三主应力 σ_3

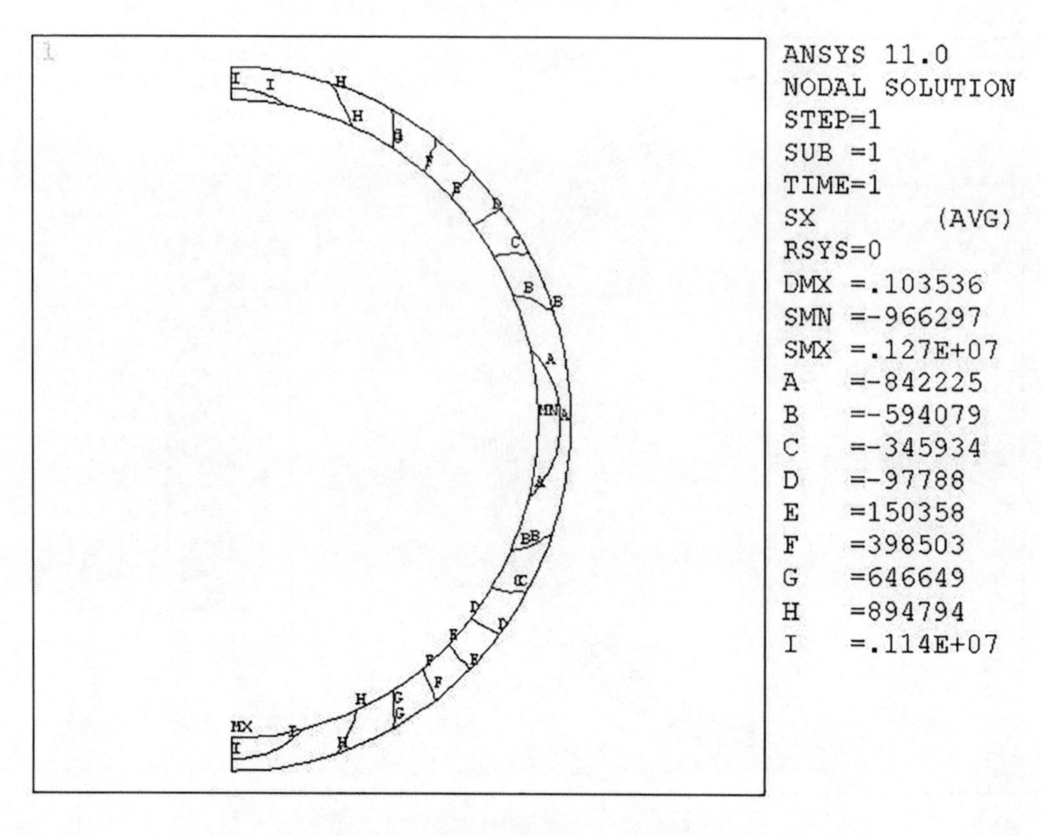

图 5-18　工况 12　Ⅲ类岩体 x 向正应力 σ_x

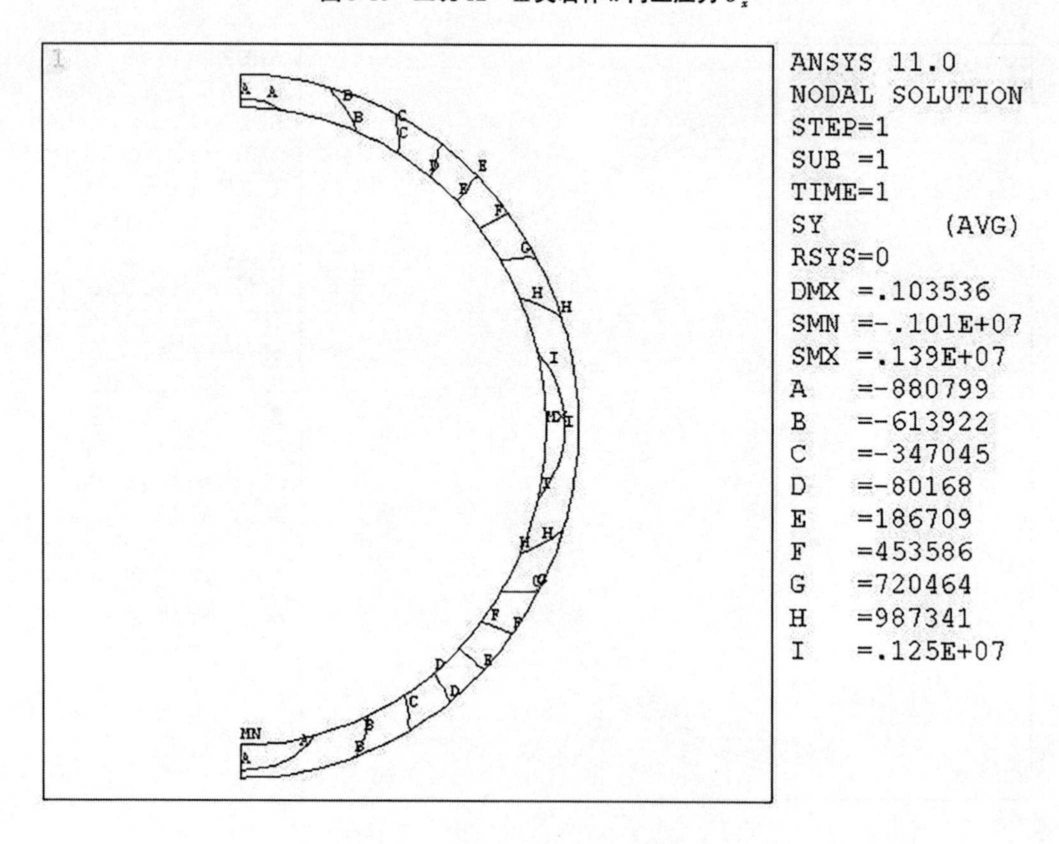

图 5-19　工况 12　Ⅲ类岩体 y 向正应力 σ_y

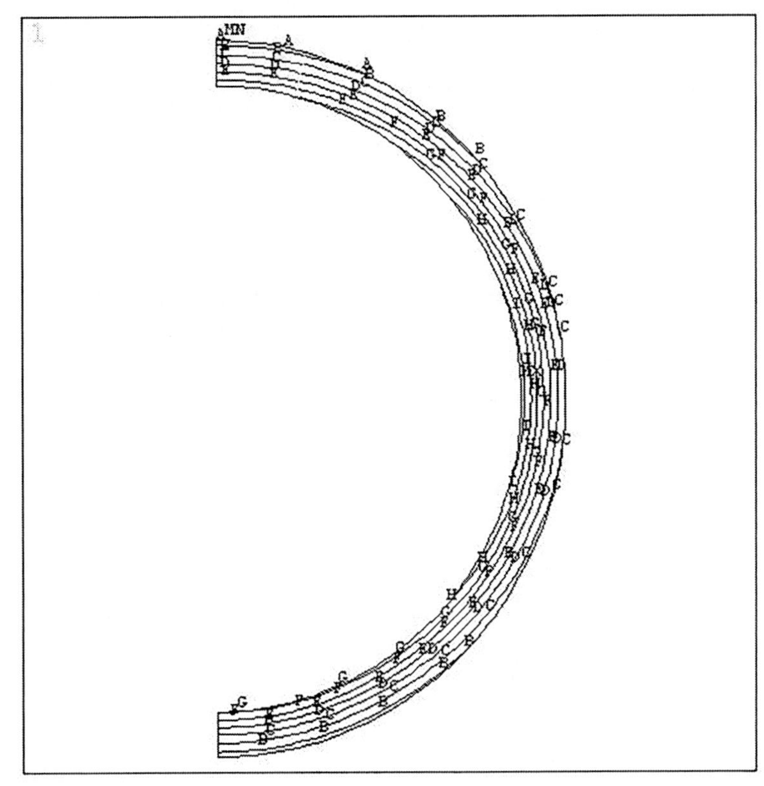

图 5-20　工况 16　Ⅳ类岩体第一主应力 σ_1

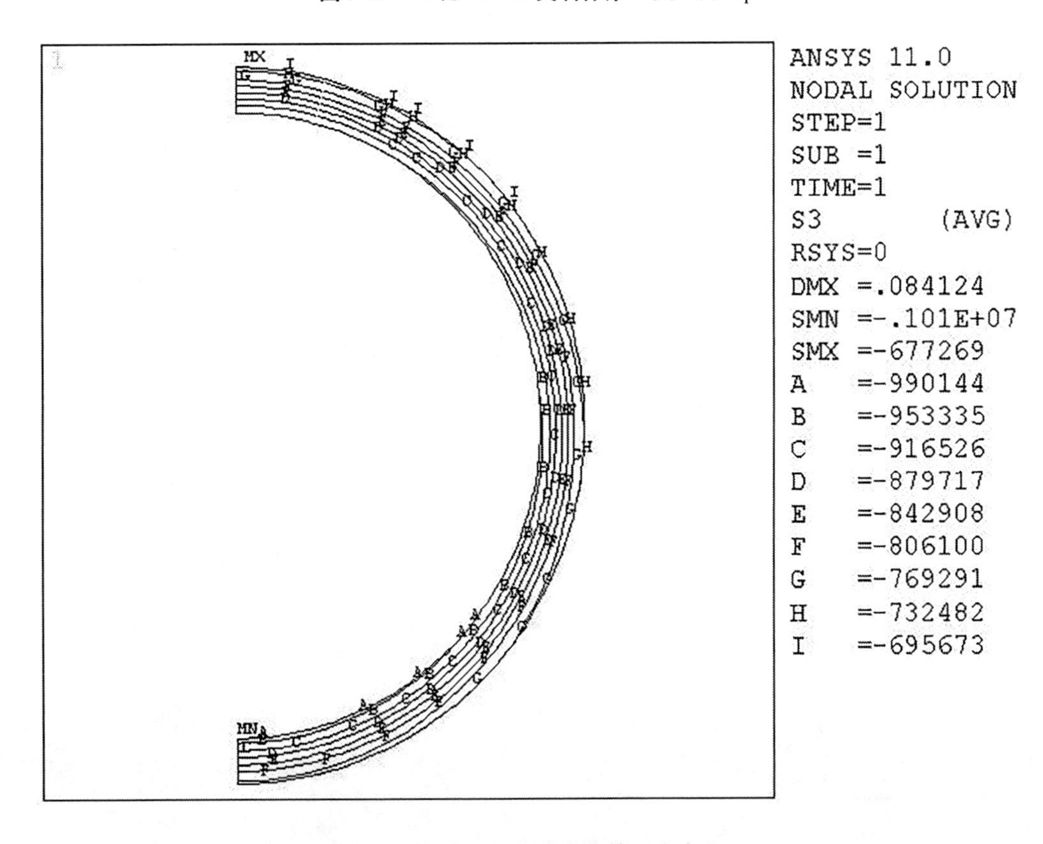

图 5-21　工况 16　Ⅳ类岩体第三主应力 σ_3

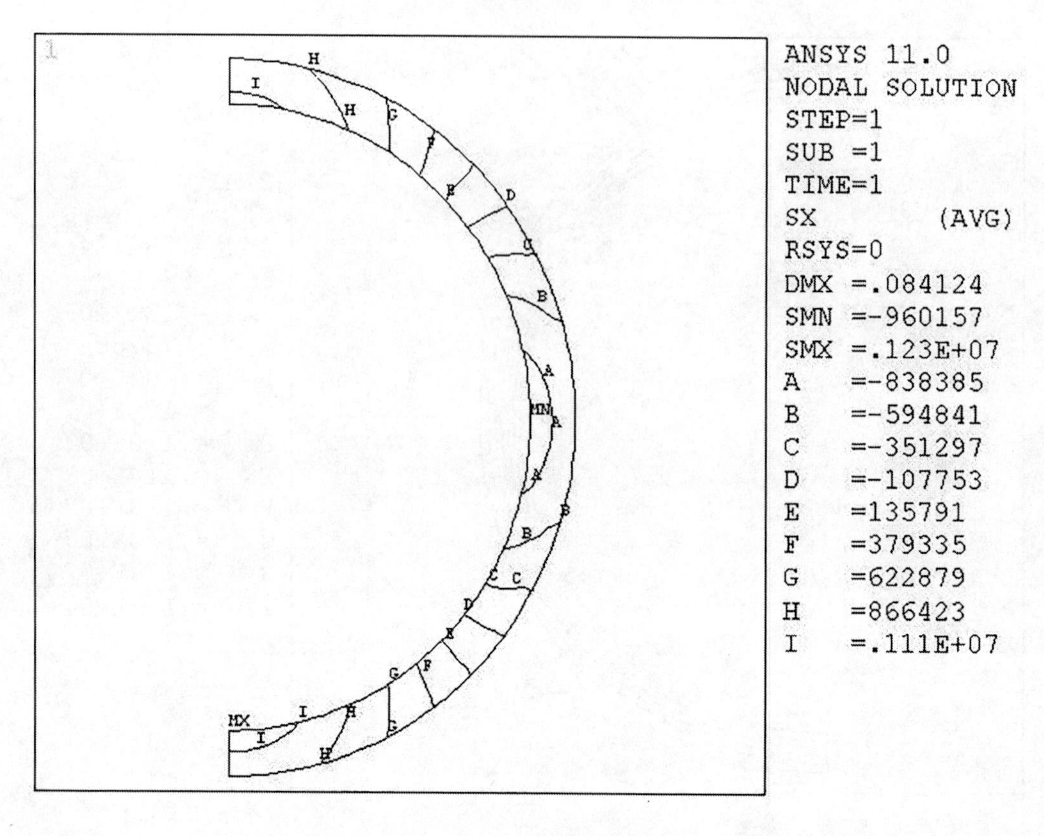

图 5-22 工况 16 Ⅳ类岩体 x 向正应力 σ_x

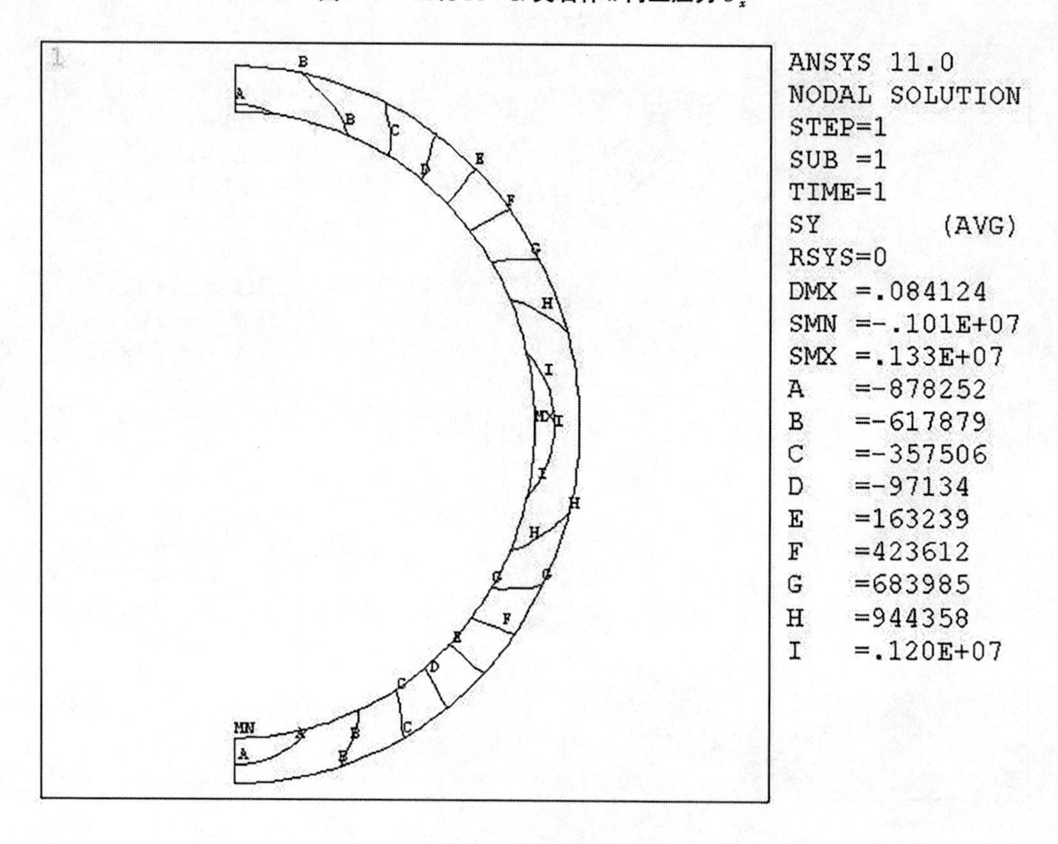

图 5-23 工况 16 Ⅳ类岩体 y 向正应力 σ_y

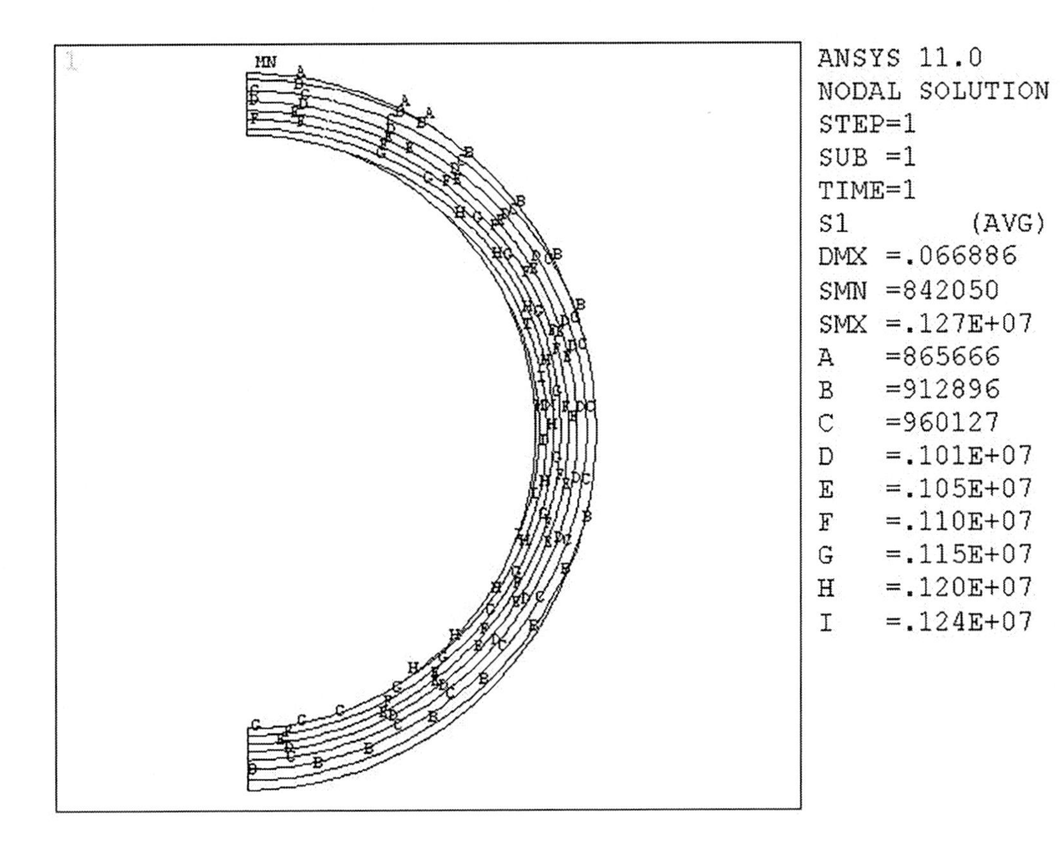

图 5-24　工况 21　V类岩体第一主应力 σ_1

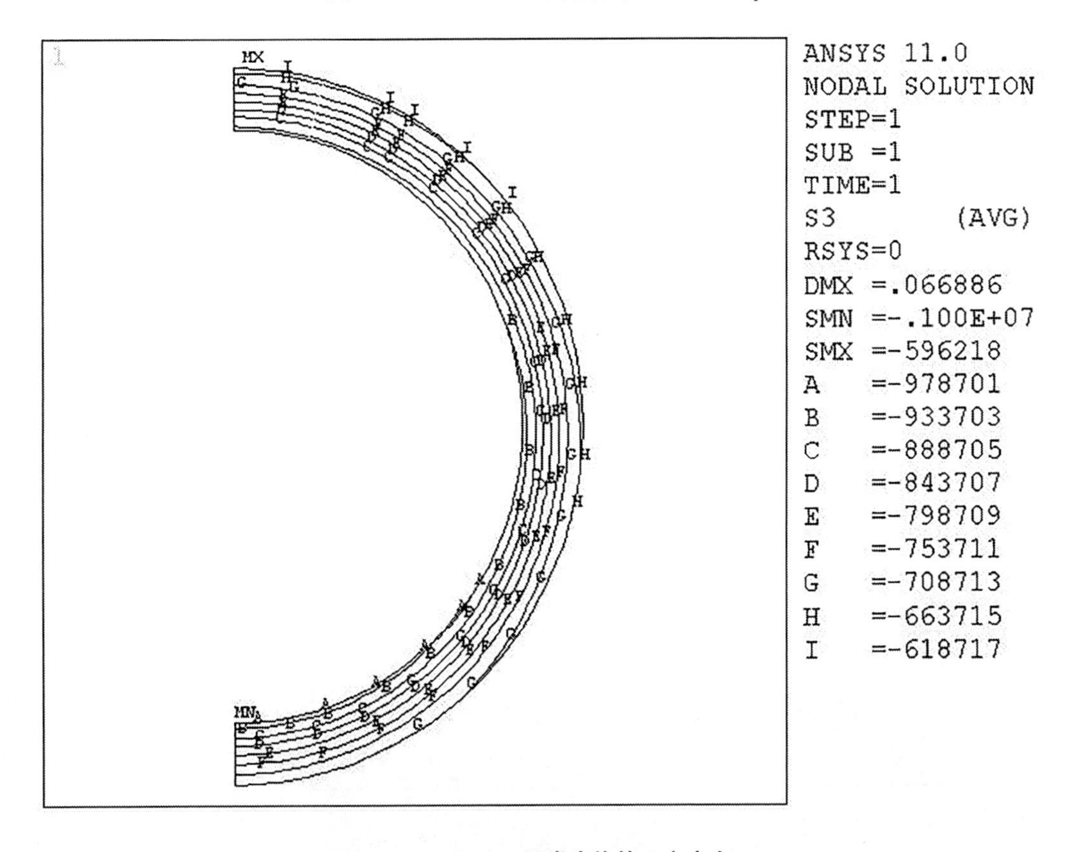

图 5-25　工况 21　V类岩体第三主应力 σ_3

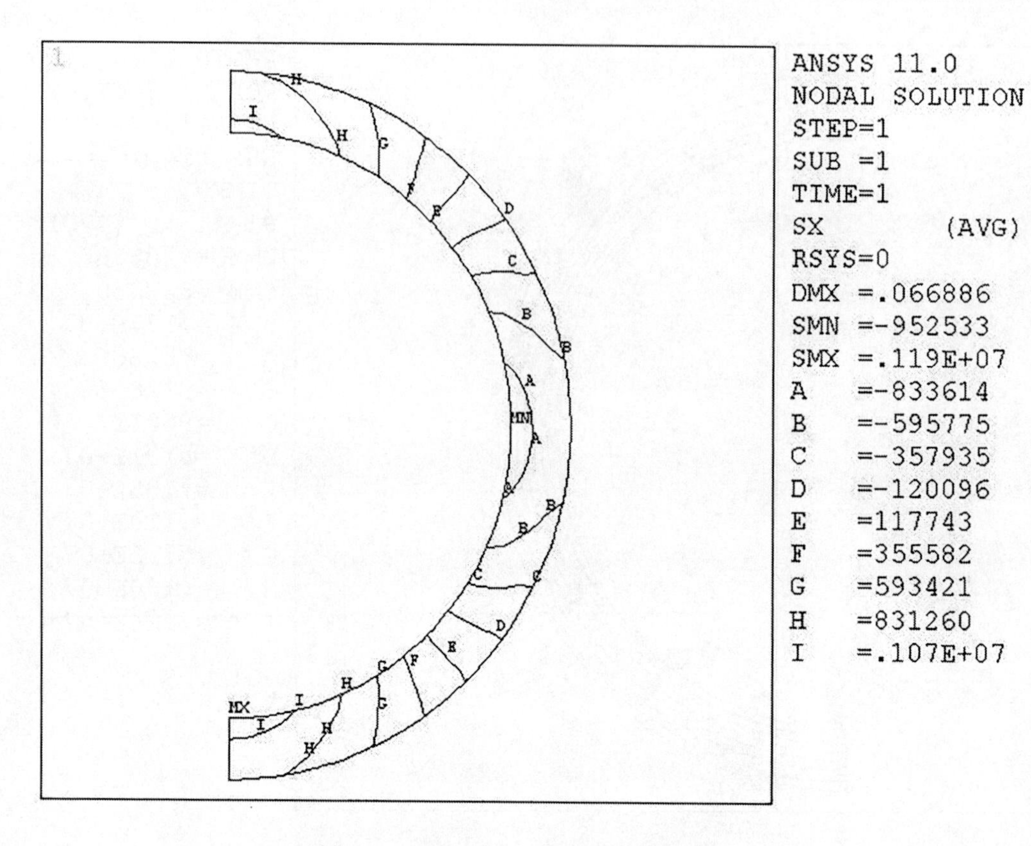

图 5-26　工况 21　V类岩体 x 向正应力 σ_x

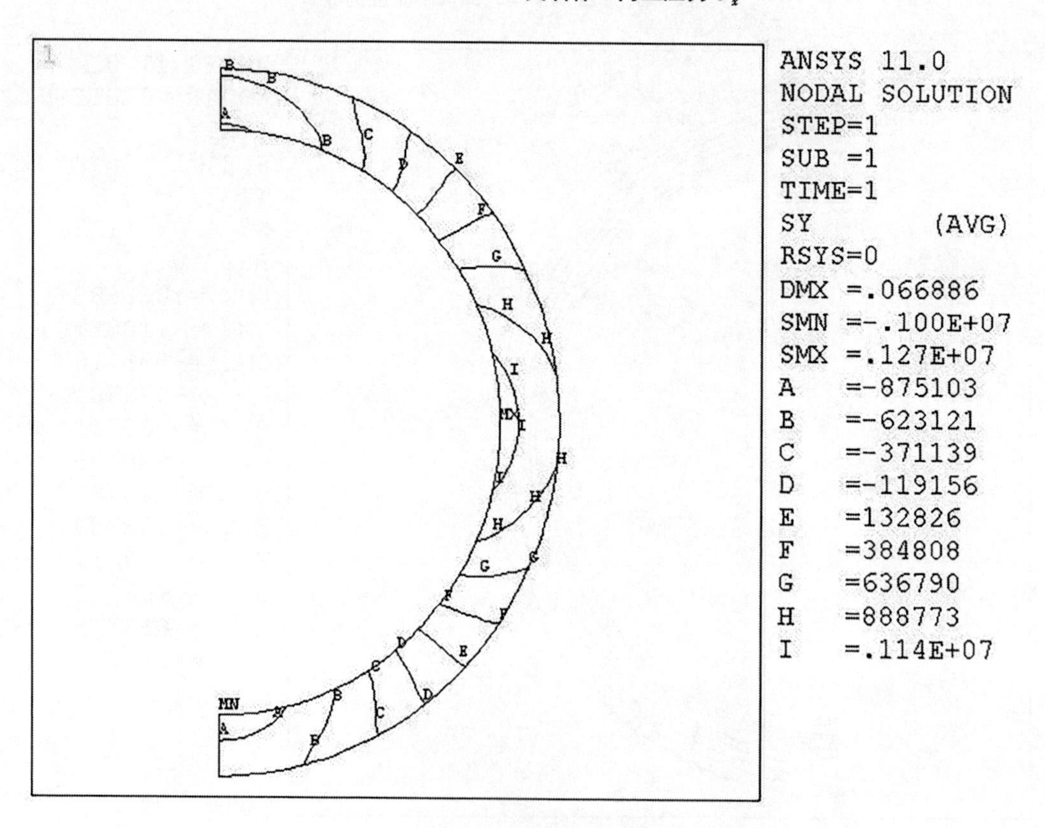

图 5-27　工况 21　V类岩体 y 向正应力 σ_y

4.5　计算结果

4.5.1　各工况应力结果

各工况下计算结果见表5-16。

4.5.2　应力结果分析

根据不同的围岩类别,分别计算了正常运行期、水击期及检修期等多种工况。

从表5-16中可以看出以下情况。

4.5.2.1　Ⅱ类围岩,衬砌30 cm

(1)正常运行工况,衬砌所受最大拉应力为0.796 MPa,发生在衬砌内侧-90°位置,方向为x向;最大的压应力为-0.627 MPa,发生在衬砌内侧-90°位置,方向为y向,拉、压应力均不大。

(2)水击工况,衬砌所受的最大拉应力为1.44 MPa,发生在衬砌内侧0°位置,方向为y向;最大压应力为-1.01 MPa,发生在衬砌内侧-90°位置,方向为y向;衬砌所受拉应力较大,需配筋以满足结构要求。

(3)检修工况,衬砌受压,最大压应力为-1.51 MPa,发生在衬砌内侧0°位置,方向为y向。

4.5.2.2　Ⅱ类围岩,衬砌40 cm

(1)正常运行工况,衬砌所受最大拉应力为1.29 MPa,发生在衬砌内侧0°位置,方向为y向;压应力值很小。

(2)水击工况,衬砌所受的最大拉应力为1.43 MPa,发生在衬砌内侧0°位置,方向为y向;最大压应力为-1.03 MPa,发生在衬砌内侧-90°位置,方向为y向;衬砌所受拉应力较大,需配筋以满足结构要求。

(3)检修工况,衬砌受压,最大压应力为-1.51 MPa,发生在衬砌内侧0°位置,方向为y向。

4.5.2.3　Ⅲ类围岩,衬砌40 cm

(1)正常运行工况,衬砌所受最大拉应力为0.8 MPa,发生在衬砌内侧-90°位置,方向为x向;压应力值最小为-0.64 MPa,发生在衬砌内侧-90°位置,方向为y向。

(2)水击工况,衬砌所受的最大拉应力为1.43 MPa,发生在衬砌内侧0°位置,方向为y向;最大压应力为-1.03 MPa,发生在衬砌内侧-90°位置,方向为y向;衬砌所受拉应力较大,需配筋以满足结构要求。

(3)检修工况80 m外水水头,衬砌受压,最大压应力为-1.60 MPa,发生在衬砌内侧0°位置,方向为y向。

(4)检修工况97 m外水水头,衬砌受压,最大压应力为-1.90 MPa,发生在衬砌内侧0°位置,方向为y向。

4.5.2.4　Ⅲ类围岩,衬砌50 cm

(1)正常运行工况,衬砌所受最大拉应力为1.25 MPa,发生在衬砌内侧0°位置,方向为y向;压应力值最小为-0.93 MPa,在衬砌内侧-90°位置,方向为y向。

(2)水击工况,衬砌所受的最大拉应力为1.38 MPa,发生在衬砌内侧0°位置,方向为y向;最大压应力为-1.01 MPa,发生在衬砌内侧-90°位置,方向为y向;衬砌所受拉应力较大,需配筋以满足结构要求。

(3)检修工况80 m外水水头,衬砌受压,最大压应力为-1.59 MPa,发生在衬砌内侧0°位置,方向为y向。

(4)检修工况97 m外水水头,衬砌受压,最大压应力为-1.89 MPa,发生在衬砌内侧0°位置,方向为y向。

表 5-16　　计算结果

工况	位置		σ_1/Pa	σ_3/Pa	σ_x/Pa	σ_y/Pa	U_x/m	U_y/m
工况 1	90°	内侧	6.77E+05	−4.69E+05	6.76E+05	−4.68E+05	0	9.23E−05
		外侧	7.42E+05	−5.31E+05	7.42E+05	−5.31E+05	0	9.96E−05
	0°	内侧	7.92E+05	−5.81E+05	−5.78E+05	7.89E+05	1.63E−04	−7.12E−05
		外侧	7.19E+05	−5.20E+05	−5.16E+05	7.16E+05	1.55E−04	−7.03E−05
	−90°	内侧	7.96E+05	−6.27E+05	7.96E+05	−6.27E+05	0	−2.36E−04
		外侧	7.23E+05	−5.69E+05	7.23E+05	−5.68E+05	0	−2.27E−04
工况 2	90°	内侧	1.13E+06	−8.15E+05	1.13E+06	−8.14E+05	0	2.68E−04
		外侧	1.24E+06	−9.17E+05	1.24E+06	−9.17E+05	0	2.81E−04
	0°	内侧	1.44E+06	−9.67E+05	−9.62E+05	1.44E+06	2.69E−04	−3.31E−05
		外侧	1.31E+06	−8.59E+05	−8.53E+05	1.30E+06	2.56E−04	−3.19E−05
	−90°	内侧	1.30E+06	−1.01E+06	1.30E+06	−1.01E+06	0	−3.26E−04
		外侧	1.19E+06	−9.15E+05	1.19E+06	−9.14E+05	0	−3.12E−04
工况 3	90°	内侧	2 457.4	−1.01E+06	−1.01E+06	−46 470	0	−4.85E−04
		外侧	8 325.1	−1.04E+06	−1.04E+06	−6 979.1	0	−4.87E−04
	0°	内侧	9 678.4	−1.51E+06	−10 929	−1.51E+06	−1.96E−04	−1.83E−04
		外侧	−22 036	−1.41E+06	−78 264	−1.41E+06	−1.94E−04	−1.83E−04
	−90°	内侧	7 835.5	−1.08E+06	−1.08E+06	−9 352.3	0	9.09E−05
		外侧	−8 582.8	−1.04E+06	−1.04E+06	−61 368	0	8.92E−05

续表 5-16

工况	位置		σ_1/Pa	σ_3/Pa	σ_x/Pa	σ_y/Pa	U_x/m	U_y/m
工况 4	90°	内侧	1. 00E+06	−7. 18E+05	1. 00E+06	−7. 17E+05	0	2. 23E−04
		外侧	1. 13E+06	−8. 47E+05	1. 13E+06	−8. 47E+05	0	2. 38E−04
	0°	内侧	1. 29E+06	−8. 95E+05	−8. 95E+05	1. 29E+06	2. 46E−04	−3. 24E−05
		外侧	1. 13E+06	−7. 61E+05	−7. 60E+05	1. 13E+06	2. 30E−04	−3. 16E−05
	−90°	内侧	1. 19E+06	−9. 43E+05	1. 19E+06	−9. 43E+05	0	−3. 09E−04
		外侧	1. 05E+06	−8. 22E+05	1. 05E+06	−8. 21E+05	0	−2. 92E−04
工况 5	90°	内侧	1. 10E+06	−7. 90E+05	1. 10E+06	−7. 89E+05	0	2. 60E−04
		外侧	1. 23E+06	−9. 30E+05	1. 23E+06	−9. 30E+05	0	2. 77E−04
	0°	内侧	1. 43E+06	−9. 78E+05	−9. 78E+05	1. 43E+06	2. 69E−04	−2. 30E−05
		外侧	1. 25E+06	−8. 30E+05	−8. 30E+05	1. 25E+06	2. 51E−04	−2. 22E−05
	−90°	内侧	1. 30E+06	−1. 03E+06	1. 30E+06	−1. 03E+06	0	−3. 28E−04
		外侧	1. 15E+06	−8. 93E+05	1. 15E+06	−8. 92E+05	0	−3. 10E−04
工况 6	90°	内侧	−5 730	−9. 85E+05	−9. 85E+05	−52 080	0	−4. 88E−04
		外侧	7 839. 6	−1. 02E+06	−1. 02E+06	−4 591. 3	0	−4. 90E−04
	0°	内侧	9 755	−1. 51E+06	−6 146. 3	−1. 51E+06	−1. 94E−04	−1. 99E−04
		外侧	−34 347	−1. 37E+06	−92 647	−1. 37E+06	−1. 91E−04	−1. 99E−04
	−90°	内侧	7 755. 9	−1. 06E+06	−1. 06E+06	−7 037. 2	0	8. 61E−05
		外侧	−20 161	−1. 02E+06	−1. 02E+06	−72 946	0	8. 38E−05

续表 5-16

工况	位置		σ_1/Pa	σ_3/Pa	σ_x/Pa	σ_y/Pa	U_x/m	U_y/m
工况 7	90°	内侧	6. 58E+05	-4. 57E+05	6. 58E+05	-4. 56E+05	0	8. 80E-05
		外侧	7. 47E+05	-5. 44E+05	7. 47E+05	-5. 44E+05	0	9. 77E-05
	0°	内侧	7. 93E+05	-5. 92E+05	-5. 92E+05	7. 93E+05	1. 64E-04	-6. 66E-05
		外侧	6. 95E+05	-5. 08E+05	-5. 07E+05	6. 95E+05	1. 54E-04	-6. 59E-05
	-90°	内侧	8. 00E+05	-6. 40E+05	8. 00E+05	-6. 40E+05	0	-2. 39E-04
		外侧	7. 00E+05	-5. 61E+05	7. 00E+05	-5. 60E+05	0	-2. 27E-04
工况 8	90°	内侧	1. 10E+06	-7. 90E+05	1. 10E+06	-7. 89E+05	0	2. 60E-04
		外侧	1. 23E+06	-9. 30E+05	1. 23E+06	-9. 30E+05	0	2. 77E-04
	0°	内侧	1. 43E+06	-9. 78E+05	-9. 78E+05	1. 43E+06	2. 69E-04	-2. 30E-05
		外侧	1. 25E+06	-8. 30E+05	-8. 30E+05	1. 25E+06	2. 51E-04	-2. 22E-05
	-90°	内侧	1. 30E+06	-1. 03E+06	1. 30E+06	-1. 03E+06	0	-3. 28E-04
		外侧	1. 15E+06	-8. 93E+05	1. 15E+06	-8. 92E+05	0	-3. 10E-04
工况 9	90°	内侧	-6 594. 5	-1. 05E+06	-1. 05E+06	-56 226	0	-5. 11E-04
		外侧	8 381. 3	-1. 09E+06	-1. 09E+06	-4 949. 2	0	-5. 14E-04
	0°	内侧	10 386	-1. 60E+06	-6 512. 8	-1. 60E+06	-2. 07E-04	-2. 05E-04
		外侧	-36 215	-1. 45E+06	-98 099	-1. 45E+06	-2. 04E-04	-2. 05E-04
	-90°	内侧	8 311. 2	-1. 14E+06	-1. 14E+06	-7 384	0	9. 72E-05
		外侧	-21 082	-1. 09E+06	-1. 09E+06	-77 159	0	9. 48E-05

续表 5-16

工况	位置		σ_1/Pa	σ_3/Pa	σ_x/Pa	σ_y/Pa	U_x/m	U_y/m
工况 10	90°	内侧	-9 525. 3	-1. 28E+06	-1. 28E+06	-70 324	0	-5. 89E-04
		外侧	10 223	-1. 33E+06	-1. 33E+06	-6 165. 9	0	-5. 92E-04
	0°	内侧	12 531	-1. 90E+06	-7. 76E+03	-1. 90E+06	-2. 52E-04	-2. 25E-04
		外侧	-42 536	-1. 73E+06	-1. 17E+05	-1. 73E+06	-2. 48E-04	-2. 25E-04
	-90°	内侧	10 199	-1. 38E+06	-1. 38E+06	-8 563. 4	0	1. 35E-04
		外侧	-24 201	-1. 31E+06	-1. 31E+06	-91 484	0	1. 32E-04
工况 11	90°	内侧	9. 44E+05	-6. 77E+05	9. 44E+05	-6. 76E+05	0	2. 06E-04
		外侧	1. 10E+06	-8. 35E+05	1. 10E+06	-8. 35E+05	0	2. 24E-04
	0°	内侧	1. 25E+06	-8. 86E+05	-8. 77E+05	1. 25E+06	2. 40E-04	-5. 54E-05
		外侧	1. 06E+06	-7. 25E+05	-7. 15E+05	1. 05E+06	2. 21E-04	-5. 30E-05
	-90°	内侧	1. 16E+06	-9. 31E+05	1. 16E+06	-9. 31E+05	0	-3. 06E-04
		外侧	9. 87E+05	-7. 85E+05	9. 87E+05	-7. 83E+05	0	-2. 85E-04
工况 12	90°	内侧	1. 03E+06	-7. 46E+05	1. 03E+06	-7. 45E+05	0	2. 42E-04
		外侧	1. 20E+06	-9. 19E+05	1. 20E+06	-9. 18E+05	0	2. 62E-04
	0°	内侧	1. 38E+06	-9. 69E+05	-9. 59E+05	1. 38E+06	2. 63E-04	-4. 80E-05
		外侧	1. 17E+06	-7. 91E+05	-7. 81E+05	1. 16E+06	2. 41E-04	-4. 54E-05
	-90°	内侧	1. 27E+06	-1. 01E+06	1. 26E+06	-1. 01E+06	0	-3. 25E-04
		外侧	1. 08E+06	-8. 54E+05	1. 08E+06	-8. 52E+05	0	-3. 02E-04

续表 5-16

工况	位置		σ_1/Pa	σ_3/Pa	σ_x/Pa	σ_y/Pa	U_x/m	U_y/m
工况 13	90°	内侧	-14 101	-1.03E+06	-1.03E+06	-61 983	0	-5.14E-04
		外侧	5 418.4	-1.08E+06	-1.08E+06	-5 390.1	0	-5.17E-04
	0°	内侧	7 868	-1.59E+06	-13 201	-1.59E+06	-2.05E-04	-1.90E-04
		外侧	-46 634	-1.41E+06	-1.17E+05	-1.41E+06	-2.01E-04	-1.91E-04
	-90°	内侧	5 390.3	-1.12E+06	-1.12E+06	-7 778.8	0	9.23E-05
		外侧	-31 640	-1.06E+06	-1.06E+06	-88 754	0	8.95E-05
工况 14	90°	内侧	-18 948	-1.25E+06	-1.25E+06	-77 819	0	-5.93E-04
		外侧	6 637.4	-1.32E+06	-1.32E+06	-6 688.5	0	-5.96E-04
	0°	内侧	9 446.9	-1.89E+06	-15 760	-1.89E+06	-2.49E-04	-2.06E-04
		外侧	-55 120	-1.68E+06	-1.39E+05	-1.68E+06	-2.45E-04	-2.07E-04
	-90°	内侧	6 660.2	-1.36E+06	-1.36E+06	-9 035.5	0	1.30E-04
		外侧	-36 683	-1.28E+06	-1.28E+06	-1.05E+05	0	1.26E-04
工况 15	90°	内侧	8.69E+05	-6.21E+05	8.69E+05	-6.20E+05	0	1.83E-04
		外侧	1.07E+06	-8.30E+05	1.07E+06	-8.29E+05	0	2.07E-04
	0°	内侧	1.20E+06	-8.79E+05	-8.77E+05	1.20E+06	2.36E-04	-5.34E-05
		外侧	9.56E+05	-6.70E+05	-6.68E+05	9.54E+05	2.09E-04	-5.12E-05
	-90°	内侧	1.13E+06	-9.26E+05	1.13E+06	-9.26E+05	0	-3.06E-04
		外侧	9.05E+05	-7.35E+05	9.05E+05	-7.34E+05	0	-2.78E-04

续表 5-16

工况	位置		σ_1/Pa	σ_3/Pa	σ_x/Pa	σ_y/Pa	U_x/m	U_y/m
工况 16	90°	内侧	9. 53E+05	-6. 85E+05	9. 52E+05	-6. 84E+05	0	2. 18E-04
		外侧	1. 17E+06	-9. 12E+05	1. 17E+06	-9. 12E+05	0	2. 44E-04
	0°	内侧	1. 33E+06	-9. 61E+05	-7. 29E+05	1. 33E+06	2. 57E-04	-4. 50E-05
		外侧	1. 06E+06	-7. 31E+05	-9. 60E+05	1. 06E+06	2. 29E-04	-4. 27E-05
	-90°	内侧	1. 23E+06	-1. 01E+06	1. 23E+06	-1. 01E+06	0	-3. 24E-04
		外侧	9. 90E+05	-7. 99E+05	9. 90E+05	-7. 98E+05	0	-2. 94E-04
工况 17	90°	内侧	-36 817	-1. 06E+06	-1. 06E+06	-91 434	0	-5. 45E-04
		外侧	9 149	-1. 13E+06	-1. 13E+06	-8 966. 1	0	-5. 49E-04
	0°	内侧	12 797	-1. 67E+06	-11 830	-1. 67E+06	-2. 14E-04	-2. 16E-04
		外侧	-64 574	-1. 43E+06	-1. 57E+05	-1. 43E+06	-2. 09E-04	-2. 17E-04
	-90°	内侧	9 201. 2	-1. 17E+06	-1. 17E+06	-12 303	0	9. 35E-05
		外侧	-55 051	-1. 09E+06	-1. 09E+06	-1. 27E+05	0	8. 99E-05
工况 18	90°	内侧	-39 544	-1. 13E+06	-1. 13E+06	-97 760	0	-5. 68E-04
		外侧	9 717. 3	-1. 20E+06	-1. 20E+06	-9 552. 2	0	-5. 72E-04
	0°	内侧	13 512	-1. 76E+06	-12 472	-1. 76E+06	-2. 27E-04	-2. 22E-04
		外侧	-68 170	-1. 50E+06	-1. 16E+06	-1. 34E+05	-2. 21E-04	-2. 22E-04
	-90°	内侧	9 789. 6	-1. 24E+06	-1. 65E+05	-1. 50E+06	0	1. 04E-04
		外侧	-57 837	-1. 16E+06	-1. 24E+06	-12 873	0	1. 00E-04

续表 5-16

工况	位置		σ_1/Pa	σ_3/Pa	σ_x/Pa	σ_y/Pa	U_x/m	U_y/m
工况 19	90°	内侧	-43 355	-1. 21E+06	-1. 21E+06	-1. 07E+05	0	-6. 00E-04
		外侧	10 513	-1. 29E+06	-1. 29E+06	-10 373	0	-6. 05E-04
	0°	内侧	14 514	-1. 88E+06	-13 370	-1. 88E+06	-2. 44E-04	-2. 30E-04
		外侧	-73 191	-1. 61E+06	-1. 77E+05	-1. 61E+06	-2. 39E-04	-2. 30E-04
	-90°	内侧	10 613	-1. 34E+06	-1. 34E+06	-13 671	0	1. 19E-04
		外侧	-61 726	-1. 25E+06	-1. 25E+06	-1. 43E+05	0	1. 15E-04
工况 20	90°	内侧	7. 68E+05	-5. 47E+05	7. 68E+05	-5. 47E+05	0	1. 51E-04
		外侧	1. 04E+06	-8. 22E+05	1. 04E+06	-8. 22E+05	0	1. 83E-04
	0°	内侧	1. 14E+06	-8. 73E+05	-8. 68E+05	1. 14E+06	2. 29E-04	-7. 22E-05
		外侧	8. 26E+05	-6. 05E+05	-5. 99E+05	8. 20E+05	1. 94E-04	-6. 80E-05
	-90°	内侧	1. 09E+06	-9. 19E+05	1. 09E+06	-9. 19E+05	0	-3. 07E-04
		外侧	7. 95E+05	-6. 72E+05	7. 95E+05	-6. 71E+05	0	-2. 70E-04
工况 21	90°	内侧	8. 42E+05	-6. 04E+05	8. 42E+05	-6. 04E+05	0	1. 84E-04
		外侧	1. 13E+06	-9. 04E+05	1. 13E+06	-9. 04E+05	0	2. 20E-04
	0°	内侧	1. 27E+06	-9. 55E+05	-9. 49E+05	1. 27E+06	2. 50E-04	-6. 46E-05
		外侧	9. 17E+05	-6. 59E+05	-6. 53E+05	9. 11E+05	2. 12E-04	-6. 02E-05
	-90°	内侧	1. 19E+06	-1. 00E+06	1. 19E+06	-1. 00E+06	0	-3. 25E-04
		外侧	8. 70E+05	-7. 29E+05	8. 70E+05	-7. 28E+05	0	-2. 85E-04

续表 5-16

工况	位置		σ_1/Pa	σ_3/Pa	σ_x/Pa	σ_y/Pa	U_x/m	U_y/m
工况 22	90°	内侧	-58 238	-8.91E+05	-8.91E+05	-1.08E+05	0	-5.13E-04
		外侧	3 726.9	-9.65E+05	-9.65E+05	-12 672	0	-5.17E-04
	0°	内侧	10 209	-1.48E+06	-18 055	-1.48E+06	-1.82E-04	-2.11E-04
		外侧	-68 272	-1.20E+06	-1.84E+05	-1.20E+06	-1.78E-04	-2.12E-04
	-90°	内侧	4 111.2	-1.01E+06	-1.01E+06	-17 322	0	5.83E-05
		外侧	-68 534	-9.19E+05	-9.19E+05	-1.57E+05	0	5.53E-05

4.5.2.5 Ⅳ类围岩,衬砌 70 cm

(1)正常运行工况,衬砌所受最大拉应力为 1.20 MPa,发生在衬砌内侧 0°位置,方向为 y 向;压应力值最小为-0.926 MPa,发生在衬砌内侧-90°位置,方向为 y 向。

(2)水击工况,衬砌所受的最大拉应力为 1.33 MPa,发生在衬砌内侧 0°位置,方向为 y 向;最大压应力为-1.01 MPa,发生在衬砌内侧-90°位置,方向为 y 向;衬砌所受拉应力较大,需配筋以满足结构要求。

(3)检修工况 85 m 外水水头,衬砌受压,最大压应力为-1.67 MPa,发生在衬砌内侧 0°位置,方向为 y 向。

(4)检修工况 90 m 外水水头,衬砌受压,最大压应力为-1.76 MPa,发生在衬砌内侧 0°位置,方向为 y 向。

(5)检修工况 97 m 外水水头,衬砌受压,最大压应力为-1.88 MPa,发生在衬砌内侧 0°位置,方向为 y 向。

4.5.2.6 Ⅴ类围岩,衬砌 100 cm

(1)正常运行工况,衬砌所受最大拉应力为 1.14 MPa,在衬砌内侧 0°位置,方向为 y 向;压应力值最小为-0.919 MPa,发生在衬砌内侧-90°位置,方向为 y 向。

(2)水击工况,衬砌所受的最大拉应力为 1.27 MPa,发生在衬砌内侧 0°位置,方向为 y 向;最大压应力为-1.00 MPa,发生在衬砌内侧-90°位置,方向为 y 向;衬砌所受拉应力较大,需配筋以满足结构要求。

(3)检修工况 75 m 外水水头,衬砌受压,最大压应力为-1.48 MPa,发生在衬砌内侧 0°位置,方向为 y 向。

可以看出,在洞周无地下水存在或地下水水位很低的情况下,隧洞在运行过程中产生水击时,隧洞衬砌在水击压力作用下,将产生超过 1 MPa 的环向拉应力,因此需要配置适量的钢筋承担衬砌的环向拉应力。

控制工况为水击工况,故选用水击工况计算结果进行配筋计算。

4.6 衬砌配筋计算及强度复核

4.6.1 配筋计算

根据上述有限元计算得到的应力结果,按照《水工混凝土结构设计规范》(SL 191—2008)中有关规定按应力配筋方法进行弹性应力配筋计算。

由于结构在各工况条件下,各部位应力分布图形偏离线性分布较大,因此无法采用将应力换算成内力,然后按内力进行配筋计算。在此条件下,可按下列公式计算相应截面的钢筋面积:

$$T \leqslant \frac{1}{\gamma_d}(0.6T_c + f_y A_s) \tag{5-1}$$

式中 T——由荷载设计值(包含结构重要性系数 γ_0 及设计状况系数 ψ)确定的弹性总应力,$T=Ab$,在此,A 为弹性应力图形中主拉应力图形总面积,b 为结构截面宽度;

T_c——混凝土承担的拉应力,$T_c = A_{ct}b$,在此,$A_{ct}b$ 为弹性应力中小于混凝土抗拉强度设计值 f_t 的图形面积(图 5-28 中阴影部分);

f_y——钢筋的抗拉强度设计值;

γ_d——钢筋混凝土的结构系数,取 1.20。

按式(5-1)计算时,混凝土承担的拉力 T_c 不宜超过总拉力的 30%。

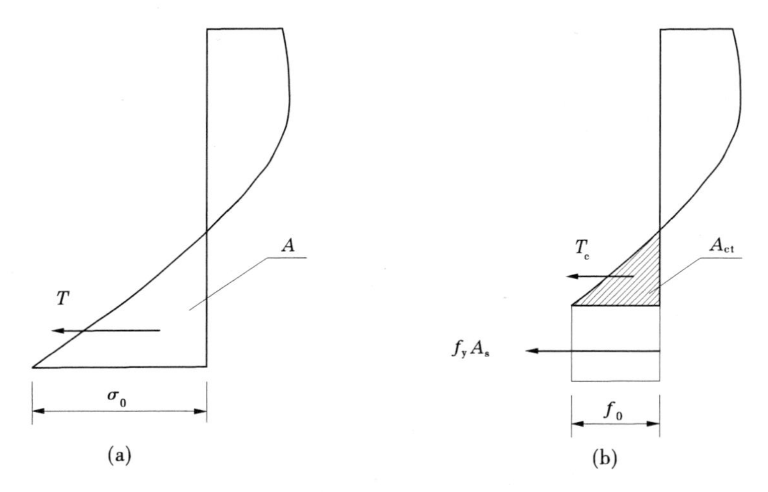

图 5-28　按弹性应力图形配筋示意图

当弹性应力图形的受拉区高度大于结构截面的 2/3 时,式(5-1)中取 T_c 等于 0。

当弹性应力图形的受拉区高度小于结构截面的 2/3,且截面边缘最大拉应力 σ_0 不大于 $0.5f_t$ 时,可不配置受拉钢筋或仅配置适量的构造钢筋。

配筋计算材料参数选取如下:

混凝土材料,标号 C25,轴心抗拉强度设计值 $f_c = 1.30$ MPa。

钢筋采用Ⅱ级钢,钢筋强度设计值 $f_y = 310$ MPa。

根据各工况下有限元计算应力结果,按上述方法对流道各断面进行配筋,并按有关规定进行裂缝宽度验算,因此本次计算配筋结果可作为设计中配筋依据。

4.6.2　衬砌的厚度确定

根据已建工程的实际经验,并经过本次计算中一系列试算与优化,根据隧洞穿过区域的围岩条件,选定典型断面各区段衬砌厚度如下:30、40 cm(Ⅱ类围岩,内水水头<60 m 时,取 30 cm;内水水头≥60 m 时,取 40 cm),40、50 cm(Ⅲ类围岩,内水水头<60 m 时,取 40 cm;内水水头≥60 m 时,取 50 cm),70 cm(Ⅳ类围岩),100 cm(Ⅴ类围岩)。

4.6.3　断面衬砌配筋计算

根据计算结果可知,隧洞衬砌的配筋受水击工况控制,本次计算水击工况时考虑到衬砌呈径向扩张趋势,因此考虑衬砌与围岩联合受力。计算中假定隧洞经过灌浆处理后,衬砌周围围岩强度达到原围岩强度。

在水击工况下,隧洞衬砌在内压作用下,整个断面环向均为拉应力。

对于Ⅱ类围岩,由于围岩条件较好,衬砌 30 cm 也较薄,配筋容易满足衬砌强度和裂缝限宽要求。

对于Ⅲ类围岩,计算了衬砌厚度为 50 cm 的应力,从结果来看,衬砌配筋容易满足衬砌强度和裂缝限宽要求。

对于Ⅳ类围岩,计算了衬砌厚度为 70 cm 的应力,从结果来看,衬砌配筋容易满足衬砌强度和裂缝限宽要求。

对于Ⅴ类围岩,计算了衬砌厚度为 100 cm 的应力,从结果来看,洞顶和洞底衬砌内壁拉应力大于外壁拉应力,而中部衬砌外壁拉应力则大于内壁拉应力。

配筋计算结果见表 5-17。

表 5-17　**配筋计算结果**

围岩类别	衬砌厚度/cm	配筋部位	计算结果	实配结果
Ⅱ类	30	内侧	主筋:5Φ18@20 架立筋:Φ16@30	主筋:5Φ20@20 架立筋:Φ16@30
		外侧	主筋:5Φ16@20 架立筋:Φ12@30	主筋:5Φ18@20 架立筋:Φ12@30
	40	内侧	主筋:5Φ20@20 架立筋:Φ16@30	主筋:5Φ20@20 架立筋:Φ16@30
		外侧	主筋:5Φ18@20 架立筋:Φ12@30	主筋:5Φ18@20 架立筋:Φ12@30
Ⅲ类	40	内侧	主筋:5Φ20@20 架立筋:Φ16@30	主筋:5Φ25@20 架立筋:Φ16@30
		外侧	主筋:5Φ18@20 架立筋:Φ16@30	主筋:5Φ22@20 架立筋:Φ16@30
	50	内侧	主筋:5Φ22@20 架立筋:Φ16@30	主筋:5Φ25@20 架立筋:Φ16@30
		外侧	主筋:5Φ20@20 架立筋:Φ16@30	主筋:5Φ22@20 架立筋:Φ16@30
Ⅳ类	70	内侧	主筋:5Φ25@20 架立筋:Φ20@30	主筋:5Φ32@20 架立筋:Φ20@30
		外侧	主筋:5Φ25@20 架立筋:Φ20@30	主筋:5Φ28@20 架立筋:Φ20@30
Ⅴ类	100	内侧	主筋:5Φ28@20 架立筋:Φ20@30	主筋:5Φ32@20 架立筋:Φ20@30
		外侧	主筋:5Φ25@20 架立筋:Φ20@30	主筋:5Φ28@20 架立筋:Φ20@30

注:表中所用钢筋都为 HRB400 级钢筋。

4.7　混凝土衬砌隧洞围岩支护设计及加固措施

4.7.1　隧洞围岩初期支护

根据地质初步判断推测成果，引水隧洞大部分(约占洞长 86%)位于Ⅱ、Ⅲ类围岩中，局部(约占洞长 14%)位于Ⅳ类、Ⅴ类围岩中。根据引水隧洞沿线不同地层岩性、地下水、地应力等情况，并参考地质建议的围岩分类，分别采用喷混凝土、打锚杆、挂钢筋网、钢支撑等措施作为引水隧洞的一次支护，具体见表 5-18、表 5-19。

表 5-18　　混凝土衬砌隧洞一次支护参数

围岩类别	围岩总评分 T/分	岩爆程度	一次支护参数
Ⅱ	85≥T>65	无岩爆	喷混凝土 80 mm
		轻微岩爆	锚杆+喷素混凝土：锚杆 Φ25@ 1.0 m×1.0 m，L=2 m，梅花形布置，喷混凝土 80 mm
		中等、强烈岩爆	锚杆+钢筋网+喷混凝土：锚杆 Φ25@ 1.0 m×1.0 m，L=2 m，钢筋网 Φ8@ 200 mm×200 mm，喷混凝土 80 mm
Ⅲ	65≥T>45	无/轻微岩爆	锚杆+钢筋网+喷混凝土：锚杆 Φ25@ 1.0 m×1.0 m，L=2 m，钢筋网 Φ8@ 200 mm×200 mm，喷混凝土 80 mm
		中等、强烈等岩爆	锚杆+钢筋网+喷混凝土：锚杆 Φ25@ 1.25 m×1.25 m，L=2.5 m，钢筋网 Φ8@ 200 mm×200 mm，喷混凝土 100 mm
Ⅳ	45≥T>25	无/轻微岩爆	锚杆+钢筋网+喷混凝土：锚杆 Φ25@ 1.25 m×1.25 m，L=2.5 m，钢筋网 Φ8@ 200 mm×200 mm，喷混凝土 150 mm，必要时加钢支撑
Ⅴ	T≤25	—	锚杆+钢筋网+喷混凝土+钢支撑：锚杆 Φ25@ 1.25 m×1.25 m，L=3.0 m，钢筋网 Φ8@ 200 mm×200 mm，喷混凝土 200 mm，钢支撑在原位监测变形较大部位进行二次支护，必要时采取超前钻孔预注浆加固处理

4.7.2　混凝土衬砌隧洞灌浆设计

为了提高引水隧洞承受内水压力的能力，混凝土衬砌与围岩之间进行回填灌浆，以便更好地发挥围岩承载作用，改善衬砌受力条件。初步拟定在混凝土衬砌隧洞全程洞顶 120°范围内进行回填灌浆；同时为补强围岩开挖过程中形成的松动圈，减少渗漏且降低外水压力，对部分洞段围岩进行固结灌浆，具体为Ⅱ类围岩的部分洞段以及Ⅲ类以下围岩的全部洞段进行固结灌浆，灌浆孔深入围岩 3 m，每排 6 孔，间距 3 m，梅花形对称布置。

根据围岩类别不同，隧洞钢筋混凝土衬砌、一次支护及灌浆设计分类见表 5-20。

表 5-19　引水隧洞围岩类别及永久衬砌支护型式一览表(桩号 0+024—3+930,4+605—15+639)

桩号		洞长/m	平均埋深/m	围岩类别				开挖类别	永久衬砌支护型式	特殊地质情况及一期支护说明
起点	止点			评分/分	强度应力比	开挖揭露	调整后			
0+024	0+0100	76	42.25	27	2.81	Ⅳ	Ⅳ	Ⅳ	钢筋混凝土衬砌Ⅳ类	
0+100	0+315	215	143.74	53	4.25	Ⅲ	Ⅲ	Ⅲ	钢筋混凝土衬砌Ⅲ类	
0+315	0+360	45	229.42	40	1.78	Ⅳ	Ⅴ	Ⅳ	钢筋混凝土衬砌Ⅴ类	
0+360	0+670	310	349.34	45	2.03	Ⅳ	Ⅳ	桩号 0+420 之前Ⅲ类开挖,之后Ⅳ类开挖	钢筋混凝土衬砌Ⅳ类	
0+670	1+045	375	526.04	43	2.73	Ⅳ	Ⅳ	桩号 0+790 之前Ⅳ类开挖,0+790—0+950Ⅲ类开挖,0+950—1+045Ⅳ类开挖	钢筋混凝土衬砌Ⅳ类、Ⅲ类、Ⅳ类	
1+045	1+199	154	497.46	20	0.41	Ⅴ	Ⅴ	桩号 1+110 之前Ⅳ类开挖,之后Ⅴ类开挖	钢筋混凝土衬砌Ⅴ类	断层带,钢拱架支护
1+199	1+340	141	393.55	49	2.44	Ⅲ	Ⅲ	Ⅳ	钢筋混凝土衬砌Ⅳ类	
1+340	1+450	110	268.23	77	3.93	Ⅱ	Ⅲ	Ⅳ	钢筋混凝土衬砌Ⅳ类	右侧拱肩发生轻微-中等岩爆,持续剥落深度 20~50 cm,连续剥落后该部位呈直角形或钝角形
1+450	1+460	10						Ⅲ	渐变段	
1+460	1+585	125						Ⅲ	平整衬砌Ⅲ类	

续表 5-19

桩号		洞长/m	平均埋深/m	围岩类别				开挖类别	永久衬砌支护型式	特殊地质情况及一期支护说明
起点	止点			评分/分	强度应力比	开挖揭露	调整后			
1+585	1+975	390	291.12	72	3.96	Ⅱ	Ⅲ	Ⅲ	平整衬砌Ⅲ类	右侧拱肩发生轻微–中等岩爆，持续剥落深度 20~50 cm，连续剥落后该部位呈直角形或钝角形
1+975	2+000	25	444.25	70	3.51	Ⅱ	Ⅲ	Ⅲ	平整衬砌Ⅲ类	
2+000	2+220	220							平整衬砌Ⅲ类	
2+220	2+343	123	542.50	70	3.62	Ⅱ	Ⅲ	Ⅲ	平整衬砌Ⅲ类	右侧拱肩仅局部有片状岩体剥落，影响深度 10~40 cm，连续剥落后该部位呈直角形或钝角形
2+343	2+963	620	724.70	76	3.27	Ⅱ	Ⅲ	Ⅲ	平整衬砌Ⅲ类	右侧拱肩仅局部有片状岩体剥落，影响深度 10~50 cm，局部达到 80 cm，连续剥落后该部位呈直角形或钝角形； 1#支洞交主洞桩号：2+641.74
2+963	3+100	137	949.37	64	2.49	Ⅲ	Ⅲ	Ⅲ	平整衬砌Ⅲ类	右侧拱肩发生轻微–中等岩爆，局部达中等烈度等级，且局部拱顶中心线有连续剥落现象，影响深度 10~60 cm，局部达到 100 cm，连续剥落拱肩呈直角形或钝角形，拱顶部位连续剥落后呈金字塔形
3+100	3+284	184							平整衬砌Ⅲ类	
3+284	3+376	92	1 053.52	60	2.19	Ⅲ	Ⅲ	Ⅲ	平整衬砌Ⅲ类	除裂隙密集带外，局部右侧拱肩发生轻微–中等岩爆，局部达中等烈度等级，影响深度 10~50 cm

续表 5-19

桩号		洞长/m	平均埋深/m	围岩类别				开挖类别	永久衬砌支护型式	特殊地质情况及一期支护说明
起点	止点			评分/分	强度应力比	开挖揭露	调整后			
3+376	3+400	24	1 196.02	75	1.96	Ⅱ	Ⅲ	Ⅲ	平整衬砌Ⅲ类	
3+400	3+620	220							平整衬砌Ⅲ类	
3+620	3+730	110	1 400.75	66	1.67	Ⅱ	Ⅲ	Ⅲ	平整衬砌Ⅲ类	
3+730	3+930	200	1 587.02	71	1.48	Ⅱ	Ⅲ	Ⅲ	平整衬砌Ⅲ类	桩号 3+820 之前右侧拱肩连续发生中等岩爆,影响深度超过 50 cm,连续剥落后洞顶呈直角形;桩号 3+820 之后左侧边墙和右侧拱肩均发生轻微弹射特征的中等岩爆,影响深度超过 50 cm,且连续剥落
4+605	4+740	135	1 561.24	74	1.50	Ⅱ	Ⅲ	Ⅲ	平整衬砌Ⅲ类	右侧拱肩连续发生岩爆,且局部边墙发生轻微弹射,达到中等岩爆烈度等级,影响深度超过 50 cm
4+740	4+930	190	1 373.16	62	1.70	Ⅲ	Ⅲ	Ⅲ	平整衬砌Ⅲ类	右侧拱肩局部发生轻微弹射,影响深度 10~40 cm
4+930	4+990	60	1 148.01	65	2.06	Ⅲ	Ⅲ	Ⅲ	平整衬砌Ⅲ类	桩号 5+065—5+125、5+145—5+160 段右侧拱肩—拱顶右侧范围内发生中等岩爆,影响深度 30~50 cm
4+990	5+000	10							渐变段	
5+000	5+170	170							钢筋混凝土衬砌Ⅲ类	

续表 5-19

桩号		洞长/m	平均埋深/m	围岩类别				开挖类别	永久衬砌支护型式	特殊地质情况及一期支护说明
起点	止点			评分/分	强度应力比	开挖揭露	调整后			
5+170	5+215	45	1 046.35	64	2.27	Ⅲ	Ⅲ	Ⅲ	钢筋混凝土衬砌Ⅲ类	右侧拱肩和边墙有岩爆发生，影响深度超过 50 cm
5+215	5+293	78	980.31	16	0.18	Ⅴ	Ⅴ	Ⅳ	钢筋混凝土衬砌Ⅴ类	断层及其影响带，钢拱架支护
5+293	5+380	87	864.26	78	2.82	Ⅱ	Ⅲ	Ⅲ	钢筋混凝土衬砌Ⅲ类	左侧拱顶及边墙发生中等岩爆，岩爆区持续剥落最大深度达 1.5 m；无高地温现象
5+380	5+425	45	774.81	71	3.12	Ⅱ	Ⅲ	Ⅲ	钢筋混凝土衬砌Ⅲ类	局部洞段左侧拱顶发生轻微岩爆，剥落深度 10～25 cm；无高地温现象
5+425	5+507	82	740.15	71	3.21	Ⅱ	Ⅲ	Ⅱ	钢筋混凝土衬砌Ⅲ类	局部岩体完整洞段左侧拱顶发生轻微岩爆，剥落深度 10～15 cm；无高地温现象
5+507	5+570	63	771.94	35	1.37	Ⅳ	Ⅴ	桩号 5+565 之前Ⅱ类开挖，桩号 5+565 之后Ⅲ类开挖	钢筋混凝土衬砌Ⅴ类	桩号 5+508—5+558 钢拱架支护
5+570	5+702	132	730.43	72	3.30	Ⅱ	Ⅲ	Ⅲ	钢筋混凝土衬砌Ⅲ类	局部岩体完整洞段左侧拱顶发生轻微岩爆，剥落深度 10～20 cm；无高地温现象
5+702	5+820	118	573.13	80	3.91	Ⅱ	Ⅲ	Ⅱ	钢筋混凝土衬砌Ⅲ类	右侧拱顶及拱肩发生轻微-中等岩爆，剥落深度达 10～45 cm；无高地温现象

续表 5-19

桩号		洞长/m	平均埋深/m	围岩类别				开挖类别	永久衬砌支护型式	特殊地质情况及一期支护说明
起点	止点			评分/分	强度应力比	开挖揭露	调整后			
5+820	5+910	90	467.56	56	2.57	Ⅲ	Ⅲ	Ⅱ	钢筋混凝土衬砌Ⅲ类	局部拱顶发生中等岩爆，剥落最大深度 1 m；无高地温现象；2#支洞交主洞桩号：5+849.20
5+910	5+988	78	394.71	64	2.73	Ⅲ	Ⅲ	Ⅱ	钢筋混凝土衬砌Ⅲ类	拱顶及左侧拱肩发生轻微岩爆，剥落深度 10~25 cm；无高地温现象
5+988	6+060	72	312.01	61	3.84	Ⅲ	Ⅲ	Ⅱ	钢筋混凝土衬砌Ⅲ类	无岩爆发生；无高地温现象
6+060	6+360	300	201.48	80	4.52	Ⅱ	Ⅱ	桩号 6+115 之前Ⅱ类开挖，桩号 6+115—6+300Ⅳ类开挖，之后Ⅲ类开挖	钢筋混凝土衬砌Ⅱ类	拱顶及左侧拱肩发生轻微岩爆，剥落深度 10~30 cm；无高地温现象
6+360	6+580	220	431.25	78	4.73	Ⅱ	Ⅱ	桩号 6+475 之前Ⅱ类开挖，之后Ⅲ类开挖	钢筋混凝土衬砌Ⅱ类	无岩爆发生；无高地温现象
6+580	6+635	55	599.92	45	1.97	Ⅳ	Ⅴ	Ⅲ	钢筋混凝土衬砌Ⅴ类	无岩爆发生；无高地温现象
6+635	6+695	60	627.19	51	2.59	Ⅲ	Ⅲ	桩号 6+675 之前Ⅱ类开挖，之后Ⅲ类开挖	钢筋混凝土衬砌Ⅲ类	无岩爆发生；无高地温现象；3#支洞交主洞桩号：6+661.90，永久进人通道

续表 5-19

桩号		洞长/m	平均埋深/m	围岩类别				开挖类别	永久衬砌支护型式	特殊地质情况及一期支护说明
起点	止点			评分/分	强度应力比	开挖揭露	调整后			
6+695	6+700	5	617.06	86	3.63	Ⅰ	Ⅱ	Ⅲ类	钢筋混凝土衬砌Ⅱ类	无岩爆发生;无高地温现象
6+700	6+740	40							集石坑（含渐变段）	
6+740	6+753.2	13.2	741.85	77	3.09	Ⅱ	Ⅲ	桩号 6+765 之前Ⅲ类开挖，之后Ⅱ类开挖		无岩爆发生;无高地温现象
6+753.2	6+900	146.8							钢筋混凝土衬砌Ⅲ类	
6+900	6+910	10							渐变段	
6+910	7+035	125							平整衬砌Ⅲ类	
7+035	7+220	185	919.21	77	2.66	Ⅱ	Ⅲ	Ⅱ	平整衬砌Ⅲ类	右侧拱肩发生轻微岩爆，剥落深度 10~25 cm;无高地温现象
7+220	7+485	265	1 047.95	78	2.29	Ⅱ	Ⅲ	桩号 7+295 之前Ⅱ类开挖，之后Ⅲ类开挖	平整衬砌Ⅲ类	拱顶及右侧拱肩发生轻微-中等岩爆，剥落深度 10~45 cm，局部达 1 m;桩号 7+295 起洞内空气温度超过 28 ℃，岩壁温度 65 ℃
7+485	7+660	175	1 162.25	80	2.10	Ⅱ	Ⅲ	Ⅲ	平整衬砌Ⅲ类	拱顶及右侧拱肩发生轻微岩爆，剥落深度 10~45 cm;洞内空气温度超过 35 ℃，岩壁温度超过 70 ℃
7+660	7+780	120	1 182.99	68	1.98	Ⅱ	Ⅲ	Ⅲ	平整衬砌Ⅲ类	无岩爆发生;洞内空气温度超过 35 ℃，岩壁温度超过 70 ℃

续表 5-19

桩号		洞长/m	平均埋深/m	围岩类别				开挖类别	永久衬砌支护型式	特殊地质情况及一期支护说明
起点	止点			评分/分	强度应力比	开挖揭露	调整后			
7+780	8+030	250	1 125.40	80	2.17	Ⅱ	Ⅲ	Ⅲ	平整衬砌Ⅲ类	拱顶及右侧拱肩发生轻微-中等岩爆,剥落深度10~45 cm,局部达1 m;洞内空气温度超过35 ℃,岩壁温度超过70 ℃
8+030	8+065	35	1 045.31	70	2.34	Ⅱ	Ⅲ	Ⅲ	平整衬砌Ⅲ类	高温洞段,洞壁温度达到110 ℃以上,空气温度最高90 ℃;集中喷气部位:桩号8+048、8+460—8+600;自桩号8+048起,工作环境温度基本在53 ℃以上;沿裂隙喷出高温气体,为水蒸汽,温度多超过110 ℃,洞内空气温度超过50 ℃,岩壁温度超过90 ℃;桩号8+142—8+185、8+401—8+459、8+480—8+498右侧拱肩和拱顶部位发生轻微岩爆,有少量剥落,影响深度10~20 cm
8+065	8+525	460	949.03	75	2.49	Ⅱ	Ⅲ	Ⅲ	平整衬砌Ⅲ类	存在高地温现象,岩壁温度超过95 ℃,空气温度超过55 ℃,局部沿裂隙有高温蒸汽喷出
8+525	8+695	170	864.55	58	2.70	Ⅲ	Ⅲ	Ⅲ	平整衬砌Ⅲ类	
8+695	8+710	15	884.23	59	2.21	Ⅲ	Ⅲ	Ⅲ	平整衬砌Ⅲ类	

续表 5-19

桩号		洞长/m	平均埋深/m	围岩类别				开挖类别	永久衬砌支护型式	特殊地质情况及一期支护说明
起点	止点			评分/分	强度应力比	开挖揭露	调整后			
8+710	8+800	90	558.15	79	3.29	Ⅱ	Ⅲ	Ⅲ	平整衬砌Ⅲ类	存在高地温现象，岩壁温度超过 90 ℃，空气温度超过 45 ℃；右侧拱肩连续发生轻微岩爆，且持续剥落，影响深度 20~30 cm
8+800	8+947	147							平整衬砌Ⅲ类	
8+947	9+140	193	488.78	80	3.49	Ⅱ	Ⅲ	Ⅲ	平整衬砌Ⅲ类	存在高地温现象，岩壁温度超过 90 ℃，空气温度超过 45 ℃；右侧拱肩连续发生轻微岩爆，且持续剥落，影响深度 10~40 cm
9+140	9+367	227	632.56	77	3.37	Ⅱ	Ⅲ	Ⅲ	平整衬砌Ⅲ类	存在高地温现象，岩壁温度超过 90 ℃，空气温度超过 45 ℃；仅桩号 9+327—9+335 右侧拱肩连续发生轻微岩爆，且持续剥落，影响深度 20~50 cm
9+367	9+560	193	679.41	76	3.10	Ⅱ	Ⅲ	Ⅲ	平整衬砌Ⅲ类	存在高地温现象，岩壁温度超过 60 ℃，空气温度超过 30 ℃；右侧拱肩连续发生轻微岩爆，且持续剥落，影响深度 20~30 cm
9+560	9+735	175	754.09	76	2.54	Ⅱ	Ⅲ	Ⅲ	平整衬砌Ⅲ类	存在高地温现象，岩壁温度超过 60 ℃，空气温度超过 30 ℃；无岩爆发生

续表 5-19

桩号		洞长/m	平均埋深/m	围岩类别				开挖类别	永久衬砌支护型式	特殊地质情况及一期支护说明
起点	止点			评分/分	强度应力比	开挖揭露	调整后			
9+735	9+790	55	926.88	79	2.60	Ⅱ	Ⅲ	Ⅲ	平整衬砌Ⅲ类	存在高地温现象，岩壁温度超过60 ℃，空气温度超过30 ℃；局部发生轻微岩爆
9+790	9+820	30							平整衬砌Ⅲ类	
9+820	9+935	115	1 025.80	76	2.29	Ⅱ	Ⅲ	Ⅲ	平整衬砌Ⅲ类	存在高地温现象，岩壁温度超过60 ℃，空气温度超过30 ℃
9+935	9+997	62	973.55	80	2.49	Ⅱ	Ⅲ	Ⅲ	平整衬砌Ⅲ类	存在高地温现象，岩壁温度超过60 ℃，空气温度超过30 ℃
9+997	10+355	358	990.75	76	2.42	Ⅱ	Ⅲ	Ⅲ	平整衬砌Ⅲ类	存在高地温现象，岩壁温度超过60 ℃，空气温度超过30 ℃
10+355	10+430	75	846.70	77	2.88	Ⅱ	Ⅲ	Ⅲ	平整衬砌Ⅲ类	
10+430	10+520	90	794.10	61	3.01	Ⅲ	Ⅲ	Ⅱ	平整衬砌Ⅲ类	
10+520	10+645	125	815.80	77	2.99	Ⅱ	Ⅲ	Ⅱ	平整衬砌Ⅲ类	该段发生轻微-中等岩爆，以右侧拱顶及拱肩部位持续片状剥落为主，掌子面有弹射现象，岩爆部位采用钢筋网片+锚杆+喷射混凝土支护，局部采用钢拱架支护
10+645	10+680	35	888.90	75	2.68	Ⅱ	Ⅲ	Ⅱ	平整衬砌Ⅲ类	

续表 5-19

桩号		洞长/m	平均埋深/m	围岩类别				开挖类别	永久衬砌支护型式	特殊地质情况及一期支护说明
起点	止点			评分/分	强度应力比	开挖揭露	调整后			
10+680	10+805	125	866.70	69	2.79	Ⅱ	Ⅲ	Ⅱ	平整衬砌Ⅲ类	
10+805	10+850	45	790.65	64	2.98	Ⅲ	Ⅲ	Ⅱ	平整衬砌Ⅲ类	
10+850	10+980	130	632.10	77	3.56	Ⅱ	Ⅲ	Ⅱ	平整衬砌Ⅲ类	该段发生轻微-中等岩爆,以右侧拱顶及拱肩部位持续片状剥落为主,采用钢筋网片+锚杆+喷射混凝土支护
10+980	10+990	10							渐变段	
10+990	11+020	30							钢筋混凝土衬砌Ⅲ类	
11+020	11+026	6	497.30	76	4.16	Ⅱ	Ⅱ	Ⅱ	钢筋混凝土衬砌Ⅱ类	该段发生轻微-中等岩爆,交叉口部位和右侧拱顶均发生持续剥落,洞顶呈直角形,采用锚杆支护; 4#支洞交主洞桩号:11+023.00
11+026	11+360	334	287.35	79	4.59	Ⅱ	Ⅱ	Ⅱ	钢筋混凝土衬砌Ⅱ类	该段局部发生轻微岩爆,以拱顶和右侧拱肩持续剥落为主,未采取支护措施
11+360	11+490	130	234.35	67	4.77	Ⅱ	Ⅱ	Ⅱ	钢筋混凝土衬砌Ⅱ类	该段局部发生中等岩爆,以掌子面弹射为主
11+490	11+500	10							渐变段	
11+500	11+580	80							不衬砌底板混凝土Ⅱ类	

续表 5-19

桩号		洞长/m	平均埋深/m	围岩类别				开挖类别	永久衬砌支护型式	特殊地质情况及一期支护说明
起点	止点			评分/分	强度应力比	开挖揭露	调整后			
11+580	11+790	210	514.85	79	4.11	Ⅱ	Ⅱ	桩号 11+580—11+598 为Ⅱ类开挖，桩号 11+598—11+790 为Ⅲ类开挖	不衬砌底板混凝土Ⅱ类、Ⅲ类	
11+790	11+880	90	686.95	72	3.24	Ⅱ	Ⅲ	Ⅲ	平整衬砌Ⅲ类	
11+880	11+960	80	744.25	88	3.20	Ⅰ	Ⅱ	Ⅲ	不衬砌底板混凝土Ⅲ类	
11+960	12+105	145	759.85	58	3.10	Ⅲ	Ⅲ	Ⅲ	平整衬砌Ⅲ类	
12+105	12+300	195	907.50	80	2.68	Ⅱ	Ⅲ	Ⅲ	平整衬砌Ⅲ类	
12+300	12+450	150							平整衬砌Ⅲ类	
12+450	12+495	45	1 022.30	73	2.32	Ⅱ	Ⅲ	Ⅲ	平整衬砌Ⅲ类	
12+495	12+535	40	1 005.40	80	2.42	Ⅱ	Ⅲ	Ⅲ	平整衬砌Ⅲ类	
12+535	12+820	285	821.70	61	2.96	Ⅲ	Ⅲ	Ⅲ	平整衬砌Ⅲ类	

续表 5-19

桩号		洞长/m	平均埋深/m	围岩类别				开挖类别	永久衬砌支护型式	特殊地质情况及一期支护说明
起点	止点			评分/分	强度应力比	开挖揭露	调整后			
12+820	13+070	250	613.40	68	3.60	Ⅱ	Ⅲ	Ⅲ	平整衬砌Ⅲ类	
13+070	13+445	375	614.84	60	3.52	Ⅲ	Ⅲ	Ⅲ	平整衬砌Ⅲ类	
13+445	13+455	10							渐变段	
13+455	14+050	595							钢筋混凝土衬砌Ⅲ类	
14+050	14+595	545	242.42	58	3.46	Ⅲ	Ⅲ	Ⅲ	钢筋混凝土衬砌Ⅲ类	
14+595	14+695	100	199.60	49	2.87	Ⅲ	Ⅲ	Ⅲ	钢筋混凝土衬砌Ⅲ类	
14+695	14+719.5	24.5	342.45	54	2.10	Ⅲ	Ⅲ	Ⅲ	钢筋混凝土衬砌Ⅲ类	5#支洞交主洞桩号:14+717.00,永久进人通道
14+719.5	14+805.4	85.9							集石坑（含渐变段）	根据现场情况,集石坑位置有调整
14+805.4	15+400	594.6							钢筋混凝土衬砌Ⅲ类	
15+400	15+410	10							钢板衬砌	
15+410	15+520	110	320.79	49	1.51	Ⅲ	Ⅳ	Ⅲ	钢板衬砌	
15+520	15+639	119	217.10	40	1.41	Ⅳ	Ⅴ	Ⅳ	钢板衬砌	钢拱架支护

表 5-20　　**混凝土衬砌隧洞一次支护、衬砌及灌浆设计**

<table>
<tr><td colspan="3">围岩类别</td><td>Ⅱ</td><td>Ⅲ</td><td>Ⅳ</td><td>Ⅴ</td></tr>
<tr><td rowspan="5">一次支护</td><td colspan="2">喷 C25 混凝土/mm</td><td>80</td><td>80~100</td><td>150~200</td><td>200</td></tr>
<tr><td colspan="2">挂钢筋网/mm</td><td></td><td colspan="3">Φ8@200×200</td></tr>
<tr><td colspan="2">Φ25 锚杆长度/m</td><td></td><td>2.0~2.5</td><td>2.5~3.0</td><td>3.0</td></tr>
<tr><td colspan="2">锚杆间排距/m</td><td></td><td>1.0×1.0</td><td>1.25×1.25</td><td>1.25×1.25</td></tr>
<tr><td colspan="2">钢支撑</td><td></td><td></td><td>有</td><td>有</td></tr>
<tr><td colspan="2" rowspan="2">C25 钢筋混凝土衬砌厚度/mm</td><td>水头<60 m</td><td>300</td><td>400</td><td rowspan="2">700</td><td rowspan="2">1 000</td></tr>
<tr><td>水头≥60 m</td><td>400</td><td>500</td></tr>
<tr><td colspan="3">回填灌浆</td><td colspan="4">全程洞顶 120°范围内</td></tr>
<tr><td colspan="3" rowspan="2">固结灌浆</td><td>40%洞长</td><td colspan="3">全部洞段</td></tr>
<tr><td colspan="4">灌浆孔深入围岩 3 m,每排 6 孔,间距 3 m</td></tr>
</table>

4.7.3　衬砌分缝和止水

隧洞钢筋混凝土衬砌在地质条件明显变化的洞段,如通过较大断层或破碎带等地段,或衬砌断面变化处设置沉降缝,钢筋不穿过沉降缝,缝内填以闭孔泡沫板并设置两道止水。

隧洞围岩地质条件均一洞段,衬砌每 10 m 为 1 个浇筑段,设施工缝,钢筋穿过施工缝,缝内设置止水;衬砌每 20 m 设置 1 道伸缩缝,钢筋不穿过伸缩缝,缝内填以闭孔泡沫板并设置止水。

4.7.4　隧洞检修维护

引水隧洞总长为 15 639.86 m,其中大部分洞段埋深在 500 m 以上,围岩地应力高,在跨沟段可能赋存高外水压力,内水水头最高达 100 m。电站运行期间,为了确保引水隧洞的正常安全运行,应为引水隧洞提供能正常检修的条件。因此,利用引水隧洞 3#和 5#施工支洞作为检修进人通道,检修进人孔尺寸为 2.4 m×2.0 m,设置手推式平板钢闸门。通过检修进人通道,人员和小型设备可进入引水隧洞进行检查和维护。

引水隧洞上中游有总长约 4 600 m 洞段拟采用喷锚支护作为永久衬砌,为防止喷锚段的少量喷混凝土脱落掉块对水轮机造成损坏,在 3#、5#检修进人通道下游两侧 50 m 处的引水隧洞内各布置 1 组集石坑。集石坑按 1 000 m^2 的喷锚混凝土隧洞段表面积设置 1 m^3 的集石容积,并考虑 3 倍的安全余度,共约 265 m^3,其中,3#施工支洞检修进人通道下游集石坑容积为 155 m^3(长×宽×深为 18 m×4.5 m×2 m),5#施工支洞检修进人通道下游集石坑容积为 110 m^3(长×宽×深为 20 m×4.5 m×1.2 m)。集石坑表面设置钢筋混凝土预制隔梁,可减少水头损失和提高集石率。

5　隧洞高地温段永久支护设计

5.1　引水隧洞及高地温洞段基本情况

5.1.1　引水隧洞线路布置

根据枢纽总体布置,有压引水隧洞布置在河道左岸山体中。其间经过6条比较大的冲沟,利用冲沟的有利条件布置了5条施工支洞。

有压引水隧洞上接进水口,下连调压室。隧洞自进口(进水口渐变段末端)至调压室(竖井中心线)共由5条直线洞段和4条圆弧洞段组成,隧洞总长15 639.86 m。隧洞进口底高程2 727.00 m,隧洞末端底高程2 649.70 m,落差77.3 m,纵坡为3‰和6.095‰,变坡点为 *D*1(2#施工支洞与主洞交点)。引水隧洞布置示意图如图5-29所示。

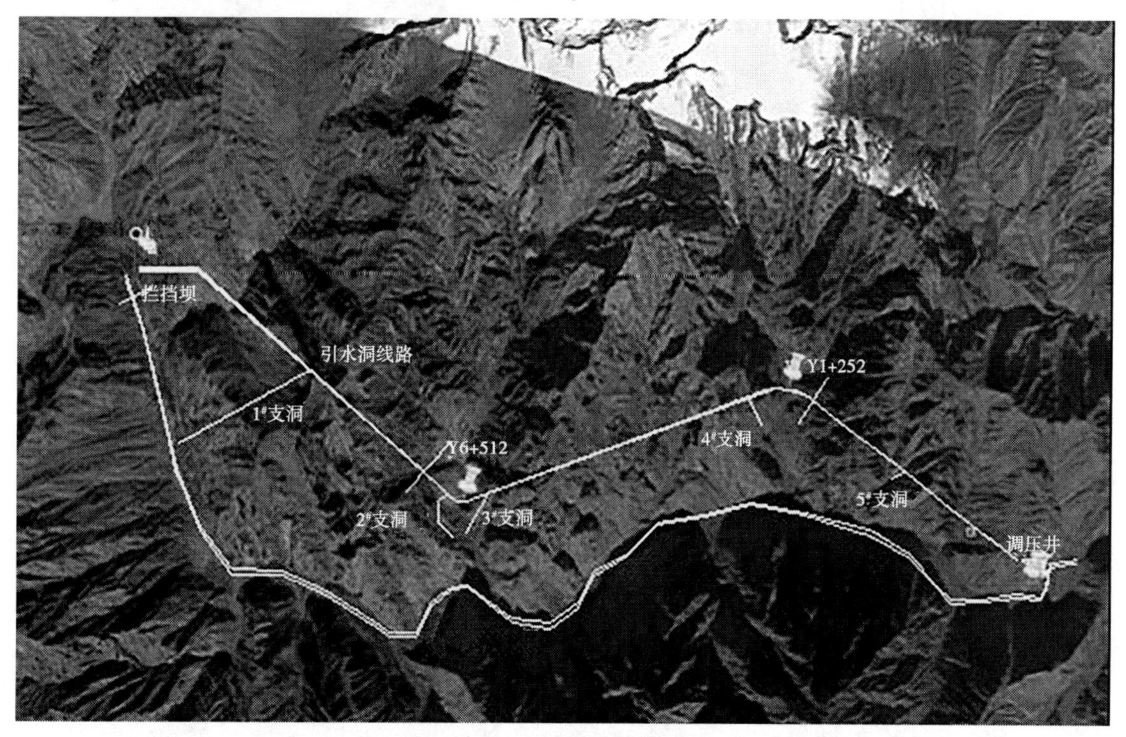

图5-29　引水隧洞布置示意图

为了便于隧洞的运行管理和检修,利用3#和5#施工支洞作为引水隧洞的永久检修进人通道,进人通道孔口尺寸为2.0 m×2.0 m(宽×高),设置手推平板钢闸门。

5.1.2　隧洞工程地质和水文地质条件

隧洞通过地区在地貌上属于高山区,沿线地势陡峻,地面高程2 400~4 600 m,最低处为河谷。沿线沟谷发育,切割深度一般在800~2 000 m,山坡坡度一般在50°~60°,多有陡崖分布,隧洞沿线大部分地区基岩裸露,植被稀疏。隧洞处于深厚岩体中,最大埋深1 720 m,最小埋深68 m,埋深大于1 000 m的洞段长3 320 m,占隧洞全长的21.2%。隧洞埋深统计见表5-21。

表 5-21　　引水隧洞埋深统计

埋深/m	长度/m
<500	5 097. 86
500~1 000	7 222
1 000~1 500	2 210
1 500~2 000	1 110
合计	15 639. 86

引水隧洞穿过的地层依次主要为:元古界变质岩(Ptkgn)、加里东中晚期侵入岩体(γ_3^{2-3})及奥陶—志留系第一段($O-S^1$)。各地层特征及分布如图 5-30~图 5-32 所示。

图 5-30　桩号 8+800 右壁,干燥状态下岩石较坚硬

图 5-31　桩号 8+800—8+900 右壁,上部滴水后表层出现软化、崩解,桩号 9+150 左右底板长期浸泡后表层(1~5 mm)出现软化、崩解,呈粉末状

图 5-32　桩号 9+150 底板,呈粉末状

元古界变质岩(Ptkgn):岩性以变质闪长岩、片麻状花岗岩为主,灰-深灰色,中细粒结构,块状、次块状构造或片麻状构造,致密坚硬,主要分布在隧洞洞口,洞段长度约 1.56 km,占比约 10%。

加里东中晚期侵入岩(γ_3^{2-3}):以似斑状片麻状花岗岩或花岗片麻岩为主,夹少量黑色斜长角闪岩条带,中-粗粒结构,块状或片麻状构造,为隧洞主要围岩,洞段长度约 13.3 km,占比例约 85%。

需要指出的是,在似斑状片麻状花岗岩或花岗片麻岩侵入体中局部有黑云母富集现象,其分布无规律,在高温洞段桩号 8+800—9+200,长约 400 m 洞段内发现 7 处富集带,黑云母富集体一般呈黑色,出露形态极不规则,多呈团块状、透镜体发育,或为宽度不大的条带状发育。多集中在侧壁中下部及底板部位,单块面积不大,直径 30~60 cm。根据现场观察,云母富集体在洞室开挖揭露初期,干燥条件下岩石较坚硬(局部相对较软),经过一段时间的暴露以及水的浸泡作用,表层 1~5 mm 呈现粉末状或碎块状,下部岩体性状较好。

由于组成岩石的矿物颗粒的复杂性,而且矿物颗粒的排列是随机的,即岩石是非均质、非均匀的矿物集合体。岩石中各种矿物在高温条件下的热膨胀系数各不相同,所以岩石受热后各种矿物颗粒的变形也不同。然而,岩石作为一个连续体,为了保持其变形的连续性,内部各矿物颗粒不可能相应地按各自固有的热膨胀系数随温度变化而自由变形,因此矿物颗粒之间产生约束,变形大的受压缩,变形小的受拉伸。当温度变化使得岩石内部产生的热应力超过岩石颗粒之间的抗张应力屈服强度时,岩石内部结构就会发生破坏,从而产生新的微小裂缝。另外,由于颗粒的胀缩反应,颗粒间的孔隙性状也会发生改变。因此,初步分析认为,由于云母与其他矿物之间热膨胀系数差异较大,云母的线膨胀系数为 2.1~3.4,花岗岩的线膨胀系数为 0.6~0.9,在胀缩作用及由此引发的热应力下造成岩石内部微结构发生改变,产生新的隐微裂隙,以及沿片麻理发生破坏,造成云母相对多的片麻花岗岩强度降低,形成云母富集体表层破碎。

奥陶-志留系第一段($O-S^1$):斜长角闪板岩、片岩,浅灰色、灰色,板状或片状构造,夹有灰白色大理岩薄层,分布于隧洞出口附近。洞段长度约 0.78 km,占比例约 5%。

元古界变质岩(Ptkgn)片理及片麻理产状为 NW320°~340°/SW∠60°。奥陶-志留系第一段($O-S^1$)岩层产状为 NW315°~330°/SW∠55°~65°。片理、片麻理及层理走向与洞线大体正交或大角度相交。

隧洞通过地段断层发育,主要有 F2、F3、F4、F11、F12 等 5 条Ⅱ级大型断层,规模较小的Ⅲ、Ⅳ级断层发育有 31 条,按产状主要分为 3 组:①走向为 NW330°~350°;②走向为 NE10°~20°;③走向为 NE60°~70°,以近南北向断层为主。

地下水类型主要为基岩裂隙潜水和第四系孔隙潜水。在第0、2、4、5号等几个深切沟谷中分布有第四系孔隙潜水，受降水和融雪水补给，赋存于砂砾石层中，由于过沟地段上覆基岩较薄，裂隙发育，第四系孔隙潜水补给基岩裂隙潜水。基岩裂隙潜水的赋存和分布具有明显的不均匀性。隧洞通过地区大部分为块状、次块状岩体，总体上富水性差。一般浅部比深部富水性好，形成网状、脉状和裂隙状含水结构。由于断层破碎带具有良好的储水和导水性能，因此可形成不同形式的富水带。基岩裂隙潜水主要受融雪和降水补给，就近向沟谷方向渗流或以泉和蒸发的形式排泄。埋藏在同一地层中的地下水，不一定具有统一的地下水位和统一的水力联系，完全有可能形成许多相对独立的含水系统。地质调查资料和钻孔压水试验结果表明，浅部岩体的透水性和富水性相对较强，向深部表现为强→弱→极微弱透水与非含水的变化规律。元古界片麻岩微新岩体透水率很低，属极微-微弱透水性。变质闪长岩微新岩体属弱透水性。

工程场区地应力场数值模拟结果如下：

(1)在整个计算模型对应的空间范围内，最大主应力量值随深度逐渐增加，其方位也与地形关系密切，表明工程区内地形对地应力起着主要控制作用。

(2)引水隧洞上游段，最大主应力的最高值为50.44 MPa，下游段最大主应力的最高值为48.73 MPa。

(3)引水隧洞最大主应力值均出现了明显的张应力，即对应区间的最小主应力为张性。

(4)在引水洞线穿越的局部地段，由于上覆埋深较大，最大应力值达50.44 MPa，甚至更高，因此对于出现的岩爆及洞室严重变形等地质灾害应高度重视，并采取必要的预防措施。

施工期揭露洞段有明显岩爆发生并持续剥落的洞段长度4 071.5 m，岩爆烈度等级以轻微、中等为主；其中轻微岩爆洞段约970 m，轻微-中等烈度等级岩爆洞段约2 280.5 m，中等岩爆洞段621 m，轻微中局部中等烈度等级岩爆洞段约200 m。岩爆的发生位置以右侧拱顶和右侧拱肩部位为主，部分洞段在拱顶范围内发育。

5.2 高地温隧洞段基本情况

5.2.1 高地温的定义

《中华人民共和国矿山安全法实施条例》第22条规定：井下作业地点的空气温度不得超过28 ℃；超过时，应当采取降温或其他防护措施。表5-22为部分国家对高地温的规定。

表5-22　部分国家高地温的规定　　单位：℃

国别	空气温度最高值
美国	34~37
比利时	31
法国	31
荷兰	30
俄罗斯	26
波兰	28
日本	37
新西兰	26.7

综上所述，将地下工程施工过程中空气温度超过28 ℃的洞段确定为高地温洞段。

依据上述规定，引水隧洞高地温洞段的起止桩号为 Y6+900—Y10+450，隧洞段长度 3 550 m（依据隧洞开挖贯通时测量的洞内温度）。

5.2.2　高地温洞段温度量测成果及分析

根据 2013 年对高地温洞段进行的观测，认为引水隧洞的高地温是由地球深部热循环产生的地幔对流引起，由于地球深部的热循环导致地下水受热，使得地下水处于沸腾状态，沿切割深度较大的构造在地表出露，于是在地表形成温泉，温泉温度 67 ℃，本工程中出露高程为 2 587 m，低于隧洞洞线 100 m；另外由于岩体的整体块状特性，不利于地下温度的消散，而又无地表水补给，使得深部热循环加热后的地下水无法排放，而压力又不足以达到隧洞高程，在开挖过程中揭露了导热构造（包括断层或裂隙），使得蒸汽沿断层或裂隙以水蒸气的形式喷出，在岩体完整洞段，以干热的形式表现出来。总之，本工程高地温的类型属于“构造导热型”地热。

为进一步查清高地温沿洞段的分布特征，分别在施工开挖过程中、施工结束后、隧洞贯通后 3 个时段对典型洞段的洞内温度进行了测量，并且在隧洞贯通后还进行了一处风机关闭状态下的洞内及洞壁 5 m 深度范围内的温度测量，具体量测成果描述如下。

5.2.3　随施工开挖的实时量测成果

2013 年 11 月 12 日，高地温洞段贯通，贯通部位桩号为 Y8+669。自 2012 年 6 月开始高地温洞段开挖以来，在 3#施工支洞下游工作面和 4#施工支洞上游工作面进行了实时温度量测工作，包括不同桩号的岩壁温度与空气温度的测量，测量方法是采用温度计对不同桩号的空气温度和岩壁表面温度进行测量，其中空气温度是在持续通风的条件下测量的。高地温洞段的围岩类别、空气温度和岩壁温度统计见表 5-23。温度测量结果与隧洞沿线的埋深厚度如图 5-33 所示。

表 5-23　高地温洞段围岩类别与温度统计

桩号		总评分	强度应力比	围岩类别	空气温度/℃		岩壁温度/℃	
起	止				最低	最高	最低	最高
Y7+035	Y7+220	77	2.66	Ⅲ	27	38	27	64
Y7+220	Y7+485	78	2.29	Ⅲ	30	41	38	57
Y7+485	Y7+660	80	2.1	Ⅲ	29	48	40	68
Y7+660	Y7+780	68	1.98	Ⅲ	30	39	57	69
Y7+780	Y8+030	80	2.17	Ⅲ	33	41	55	82
Y8+030	Y8+065	70	2.34	Ⅲ	45	45	80	97
Y8+065	Y8+525	75	2.49	Ⅲ	31	61	60	119
Y8+525	Y8+695	58	2.7	Ⅲ	46	58	88	109
Y8+695	Y8+710	59	2.21	Ⅲ	51	51	88	109
Y8+710	Y8+947	79	3.29	Ⅲ	46	54	76	108
Y8+947	Y9+140	80	4.25	Ⅱ	40	53	71	98
Y9+140	Y9+367	77	3.49	Ⅲ	37	47	66	72
Y9+367	Y9+560	76	3.37	Ⅲ	35	39	64	69
Y9+560	Y9+735	76	3.1	Ⅲ	32	40	63	69
Y9+735	Y9+765	76	2.54	Ⅲ	34	38	59	64
Y9+765	Y9+820	79	2.6	Ⅲ	34	38	59	65
Y9+820	Y9+935	76	2.29	Ⅲ	32	40	55	70
Y9+935	Y9+997	80	2.49	Ⅲ	36	42	65	70
Y9+997	Y10+355	76	2.42	Ⅲ	30	44	37	70

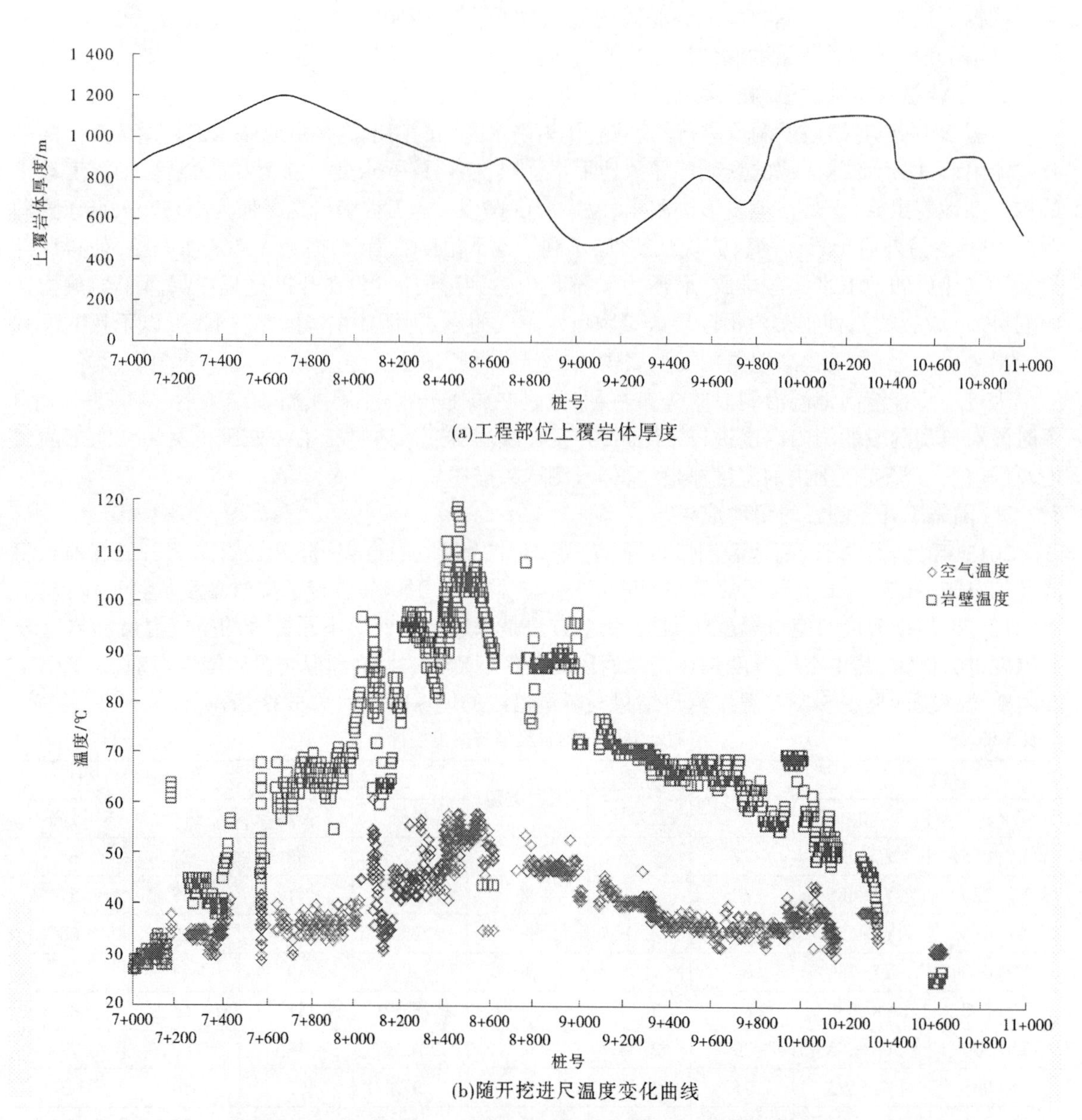

(a)工程部位上覆岩体厚度

(b)随开挖进尺温度变化曲线

图 5-33　高地温洞段不同桩号温度测量结果与上覆岩体厚度

由表 5-23 可以看出,在所测量的桩号 Y7+035—Y10+355 范围内,岩壁温度在 27~119 ℃,空气温度在 27~61 ℃。

由图 5-33 可以看出,岩壁温度高于空气温度,随岩壁温度的升高,空气温度升高,但空气温度变化幅度较岩壁温度变化幅度较小。在上覆岩体厚度为 800 m 处,岩壁温度达到最高值 119 ℃,对应桩号 Y8+470. 1 处,此时在不间断通风条件下的空气温度为 55 ℃。

5. 2. 4　施工结束后不定时量测

在施工过程中,对高地温洞段开挖完成后的不同时间进行了岩壁温度量测,结果列于表 5-24 和表 5-25 中,温度变化曲线如图 5-34 和图 5-35 所示。

由表 5-24、表 5-25、图 5-34、图 5-35 可以看出,在测量范围内隧洞开挖完成后较短时间内岩壁温度基本能保持在一个恒定的水平,且随开挖揭露岩壁初始温度的升高,不同时间段测量的岩壁温度也保持持续升高,但在采取持续通风的降温措施下能使洞壁温度不高于 50 ℃。

表 5-24　**桩号 Y7+000—Y9+000 不同桩号岩壁温度测量记录**　单位:℃

桩号	开挖日期	开挖后岩壁温度	2013 年 2 月 20 日岩壁温度	2013 年 6 月 19 日岩壁温度	2015 年 3 月 7 日岩壁温度
Y7+000	2011 年 9 月 1 日	27	30	32	33.2
Y7+100	2011 年 9 月 30 日	30	31.5	33	35.1
Y7+200	2011 年 10 月 22 日	64	32.5	34.5	36.8
Y7+300	2011 年 12 月 16 日	44	34	35.5	37.4
Y7+400	2012 年 2 月 15 日	39	35	38	39.0
Y7+500	2012 年 5 月 1 日	57	37	40	38.6
Y7+600	2012 年 7 月 21 日	49	39	41.5	40.9
Y7+700	2012 年 8 月 22 日	66	43.5	43	42.0
Y7+800	2012 年 9 月 15 日	64	45	46	43.1
Y7+900	2012 年 10 月 9 日	61	45	47	42.9
Y8+000	2012 年 10 月 30 日	75	46.5	51	45.9
Y8+100	2013 年 2 月 13 日	86	52	54	59
Y8+200	2013 年 3 月 31 日	90		56	47.2
Y8+300	2013 年 4 月 30 日	97		56	44.2
Y8+400	2013 年 5 月 27 日	94		56	42.6
Y8+500					41.1
Y8+600					37.5
Y8+700					35.9
Y8+800					33.1
Y8+900					31.1
Y9+000					30.1

5.2.5　高温段隧洞贯通后的量测

隧洞开挖完成后,选择不同的断面进行了岩壁温度和空气温度的测量,局部有地下水出露的地方进行了水温量测。表 5-26 和表 5-27 为洞壁钻孔不同深度测量的温度值。

表 5-25　　桩号 Y9+000—Y10+500 不同桩号岩壁温度测量记录　　单位:℃

桩号	开挖日期	开挖后岩壁温度	2013 年 2 月 25 日岩壁温度	2013 年 5 月 19 日岩壁温度	2013 年 6 月 19 日岩壁温度	2015 年 3 月 7 日岩壁温度
Y9+100					44	26. 9
Y9+200	2013 年 5 月 17 日	71		46	45	26
Y9+300	2013 年 4 月 22 日	70		44	44. 5	25. 4
Y9+400	2013 年 2 月 6 日	68		43. 5	42	25. 1
Y9+500	2013 年 1 月 15 日	67	44	42	43. 5	24. 3
Y9+600	2012 年 12 月 25 日	69	43. 5	40. 5	41	23. 1
Y9+700	2012 年 12 月 1 日	65	41. 5	39	40	20. 1
Y9+800	2012 年 11 月 10 日	63	41	39	38	18. 8
Y9+900	2012 年 10 月 16 日	55	38. 5	37	36. 5	17. 4
Y10+000	2012 年 9 月 5 日	70	36	36	37	16
Y10+100	2012 年 8 月 3 日	51	35	34	35. 5	15. 1
Y10+200	2012 年 5 月 1 日	50	33	33	34	14. 8
Y10+300	2012 年 4 月 1 日	46	32	31	33	14. 6
Y10+400	2012 年 3 月 1 日	37	29. 5	28. 5	33	12. 1
Y10+500	2012 年 1 月 1 日	26	28. 5	27		11. 5

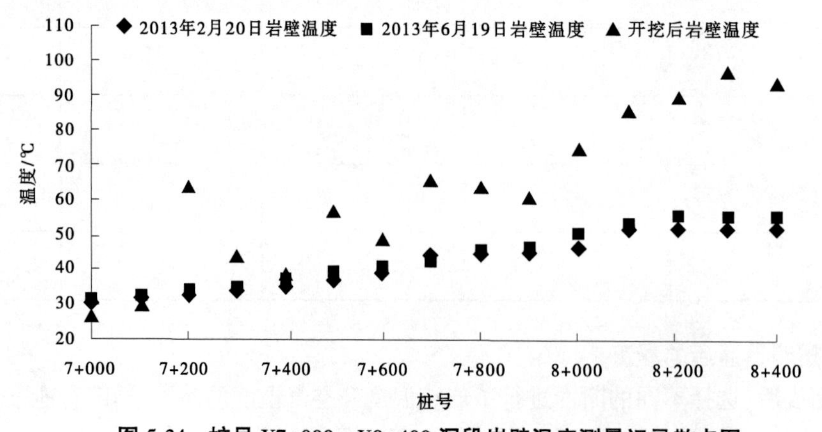

图 5-34　桩号 Y7+000—Y8+400 洞段岩壁温度测量记录散点图

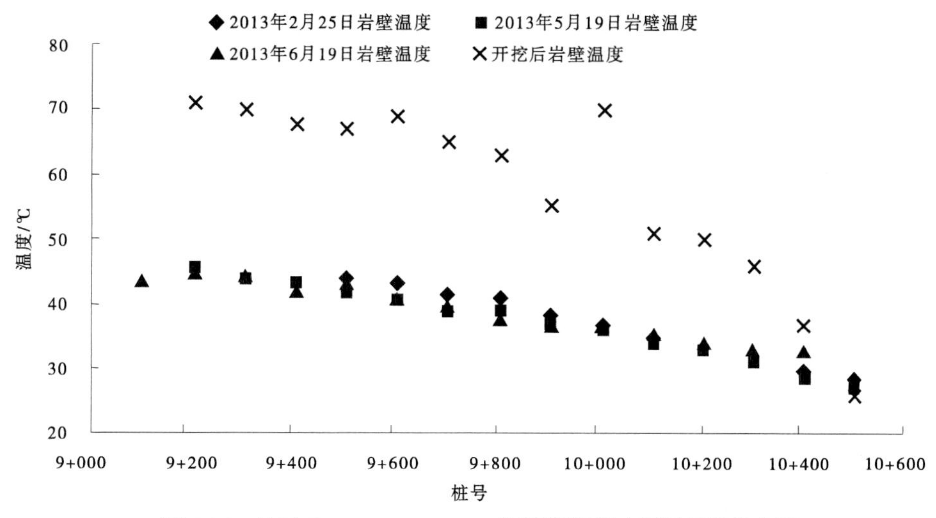

图 5-35　桩号 Y9+000—Y10+500 洞段岩壁温度测量记录散点图

表 5-26　　　　**洞壁不同深度温度测量值**　　　　单位:℃

桩号	岩壁温度	空气温度	距洞壁一定深度范围内岩体温度					孔口	水温
			5 m	4 m	3 m	2 m	1 m		
Y8+475	58	50							
Y8+560	51	50							
Y8+680	52	42	91.9	90.6	86.4	82.7	68.4	53.2	38
			70		67		64	59	
Y8+903	45	39							
Y8+950	43	37				63.8	52	43.7	34
Y9+000	36	36							
Y9+020	36	35							32
Y10+290	27	26							46

表 5-27　　　　**高地温洞段洞壁不同深度温度测量值**　　　　单位:℃

桩号	钻孔位置	距洞壁一定深度范围内岩体温度			
		0 m	1 m	2 m	3 m
Y8+980	左壁	45	89	91	92
	右壁	47	87	90	92
Y8+990	左壁	46	86	89	92
	右壁	46	88	90	91
Y9+000	左壁	47	89	90	92
	右壁	47	87	92	93
Y9+010	左壁	46	89	90	91
	右壁	45	88	91	92

续表 5-27

桩号	钻孔位置	距洞壁一定深度范围内岩体温度			
		0 m	1 m	2 m	3 m
Y9+020	左壁	45	90	92	92
	右壁	46	89	90	91
Y9+030	左壁	43	87	89	90
	右壁	45	86	90	89
Y9+040	左壁	44	87	89	87
	右壁	47	88	89	87
Y9+050	左壁	45	87	87	89
	右壁	44	86	89	90
Y9+060	左壁	42	87	88	90
	右壁	44	89	90	89
Y9+070	左壁	42	88	89	91
	右壁	43	89	89	89
Y9+080	左壁	45	87	88	91
	右壁	45	86	89	89
Y9+090	左壁	47	85	90	89
	右壁	48	84	89	91
Y10+730	左壁	32	35	37	35
	右壁	31	34	37	37
Y10+890	左壁	27	23	32	34
	右壁	27	24	32	33

由表 5-26 和表 5-27 可以看出，在距洞壁深度约 2 m 之后，岩体温度基本保持不变，与隧洞开挖后及时量测的洞壁温度数值基本相同。因此，可以确定在通风降温条件下对岩体温度的影响仅在沿洞壁垂直深度 2 m 范围内。

5.2.6 风机关闭状态下温度量测

隧洞贯通后，于 2014 年 1 月对 4#施工支洞上游主洞的 4 个部位进行了风机关闭条件下的洞壁岩体 5 m 深度范围内温度测量，测量结果列于表 5-28 中。

表 5-28 风机关闭条件下的洞壁岩体温度测量 单位:℃

桩号	距洞壁一定深度范围内岩体温度					孔口	空气温度	岩壁温度
	5 m	4 m	3 m	2 m	1 m			
Y8+680	91.7	89.7	86.1	81.6	66.2	53.1	51	53
Y8+903						45	52	52
Y8+950				63	53.5	45.3		
Y9+900				58.1	47.8	45.5		

测量结果表明,在风机关闭后空气温度与岩壁温度接近,且在洞壁2 m深度之后岩体温度出现明显升高,可见通风降温对洞壁岩体的温度影响仅局限洞壁2 m深度范围内。

5.2.7　高地温洞段开挖施工时降温措施

5.2.7.1　通风为主的降温措施

在支洞口架设风机一站式通风,另外在支洞口架设2×75 kW的通风机,保证掌子面的供风量,使得掌子面温度保持在50 ℃左右,基本能满足人员工作的要求。

5.2.7.2　冰块降温

在掌子面和风带口放置冰块,通过输入大量的冷风,可以使掌子面温度降低2~5 ℃。

5.2.7.3　对掌子面和附近岩体喷水

在施工过程中,从洞口抽取冷水对掌子面和后方1倍洞径范围内的岩体表面进行喷水降温,间接降低了洞内空气的温度,保证操作工人在高温洞段掌子面进行岩体钻孔作业时有较为良好的适应性。

5.2.8　国内外高地温地下工程情况

表5-29列出了国内外高地温地下工程的部分工程实例。

表5-29　国内外高地温隧洞部分工程实例

隧道(洞)名称	长度/km	最大埋深/m	温度/℃	主要岩性
里昂-都灵(Lyon-Turin)隧道	54	2 000	40	砂页岩、灰岩、片麻岩、石英岩
安房公路隧道	4.35	700	75	粘板岩、砂岩、花岗闪绿斑岩
辛普隆(Simplon)隧道	19.8	2 140	55.4	流纹岩、片麻岩、花岗岩
新列奇堡(Leotchberg)隧道	33	2 200	42	片麻岩、花岗岩
新圣哥达(St. Gotthard)隧道	57	2 300	45	片麻岩、白云岩
老列奇堡(Leotchberg)隧道	14.64	1 673	34	石灰岩、片麻岩、花岗岩
老圣哥达(St. Gotthard)隧道	14.94	1 706	30.8	花岗岩、花岗片麻岩、片岩
阿尔帕-谢万输水隧洞	43	—	30	大部分为中等-坚硬岩层
喀斯卡特(Cascade)隧道	12.543	—	24	花岗岩、堆积岩
勃朗峰公路隧道	11.6	2 480	35	花岗岩、结晶片岩、片麻岩
特科洛特(Tecolote)公路隧道	6.4	2 287	47	砂岩、粉砂岩
成昆铁路关村坝隧道	6.107	1 650	28	灰岩
西康铁路秦岭隧道	18.448	1 600	40	混合花岗岩、混合片麻岩
仙尼斯峰(Mt. Cenis)隧道	12.84	1 700	29	
伊泽尔-阿尔克(Isere-Arc)隧道	10.7	2 000	30.8	
布伦口-公格尔引水隧洞	17.468	1 600	67	石墨片岩、绿泥石石英片岩
娘拥水电站引水隧洞	15.4	800	48	云母石英片岩、长石石英片岩

本工程引水隧洞高地温表现为围岩岩壁温度最高达119 ℃,并且沿裂隙有高温蒸汽喷出,蒸汽温度瞬间最高达170 ℃;洞内空气温度持续维持在55 ℃以上。

5.3　高地温隧洞段工程地质条件

5.3.1　高地温段构造发育特征

高地温洞段发育断层9条、挤压破碎带19条,发育规律及特征见表5-30、表5-31。

表 5-30 **高地温洞段断层统计**

断层编号	桩号		裂隙产状			张开宽度/cm	类型	描述	地下水出露情况
	起	止	走向/(°)	倾向	倾角/(°)				
f305	6+860	6+861	NW299	SW	80	0~30	压扭	由糜棱岩、石英石、碎块岩、断层泥组成，有滴水现象，泥钙质胶结	滴水
f306	8+037.5	8+038	NW320	NE	72	20~30	压扭	主要由碎裂岩、角砾岩、石英脉组成，泥钙质胶结，沿断层有热蒸汽喷出	喷蒸气
f411	8+695	8+710	NE13	SE	32	50~150	压扭	由角砾石、碎块岩、糜棱岩组成，泥钙质胶结	喷蒸气
f410	9+724.5	9+732	NW346	NE	75	400~520	压扭	由角砾石、碎块岩、断层泥组成，混钙质胶结	干燥
f408	9+998.5	9+999	NW338	NE	62	40~70	压扭	由摩棱岩、碎块岩、断层泥组成，有滴水现象，泥钙质胶结	滴水
f407	10+065	10+068	NW340	NE	67	50~100	压扭	由角砾岩、糜棱岩、碎块岩组成，泥钙质胶结	干燥
f406	10+165	10+169	NW350	NE	70	15~35	压扭	由角砾岩、碎块岩组成，局部有滴水现象，泥钙质胶结	滴水
f402	10+650	10+651	NW350	NE	80	50~100	压扭	由碎块岩、断层泥组成，有滴水现象，泥钙质胶结	滴水
f400	10+810	10+818	NE9	SE	45	30~40	压扭	由糜棱岩、角砾岩、石英脉、碎块岩组成，泥钙质胶结，有滴水现象；由石英脉组成宽度 80~200 cm 钙质胶结	

表 5-31 **高地温洞段挤压破碎带统计**

编号	桩号		裂隙产状			张开宽度/cm	类型	描述	地下水出露情况
	起	止	走向/(°)	倾向	倾角/(°)				
JY301	6+813	6+829	NE26	SE	81	10~80	压扭	由角砾岩、碎块岩组成，泥钙质胶结	干燥
JY302	6+862	6+862.5	NE15	SE	80	20~30	压扭	由糜棱岩、碎块岩组成，泥钙质胶结	干燥
JY302-1	6+944	6+944.5	NE15	NW	74	30~60	压扭	由碎块岩、角砾岩组成，局部渗水，泥钙质胶结	渗水-滴水

续表 5-31

编号	桩号		裂隙产状			张开宽度/cm	类型	描述	地下水出露情况
	起	止	走向/(°)	倾向	倾角/(°)				
JY302-2	7+340	7+341.5	NE15	NW	74	30~60	压扭	由碎块岩、角砾岩组成，局部溶水，泥钙质胶结	干燥
JY303	7+711	7+712	NW325	NE	50	50~100	压扣	主要由碎块岩、角砾岩组成，泥钙质胶结	干燥
JY304	7+749	7+751	NW340	SW	39	50~150	压扭	主要由碎块岩、角砾岩、石英脉组成，局部滴水，泥钙质胶结	滴水
JY305	8+069.5	8+071	NE10	SE	34	20~100	压扭	主要由碎块岩、角砾岩、石英脉组成，沿破碎带冒热气，泥钙质胶结	喷气
JY306	8+074	8+075	NW340	NE	72	60~100	压扭	主要由碎块岩、角砾岩、石英脉组成，沿破碎带冒热气，泥钙质胶结	喷气
JY307	8+077	8+079.5	NW344	SW	37	30~50	压扭	主要由碎块岩、角砾岩、石英脉组成，泥钙质胶结	喷气
JY308	8+089	8+091.5	NW340	NW	67	30~50	压扭	主要由碎块岩、角砾岩、石英脉组成，泥钙质胶结	喷气
JY309	8+092	8+094	NE4	SE	45	30~60	剪性	主要由碎块岩、角砾岩、石英脉组成，泥钙质胶结	喷气
JY310	8+223	8+235	NM355	NE	80	70~450	压扣	由角砾石、碎块岩组成，局部有渗水现象，泥钙质胶结	喷气
JY311	8+635	8+640	NE35	SE	52	20~50	压扭	由碎块岩、角砾岩组成钙质胶结	干燥
JY411	8+655	8+666	NW300	NE	79	50~100	压扭	由角砾石、碎块岩组成，无胶结	干燥
JY400	10+696	10+696.5	NW326	NE	71	30~60	压扭	由角砾岩、石英石、碎块岩组成，顶部有串珠状滴水现象，右壁有滴水现象，泥钙质胶结	滴水
JY403	10+498	10+500	NW315	SW	72	30~50	压扭	由角砾岩、石英脉、碎块岩组成，局部有串珠状滴水现象，泥钙质胶结	渗水
JY404	10+490	10+492	NE20	NH	57	30~50	压扭	由角砾岩、石英脉、碎块岩组成，局部有滴水现象，泥钙质胶结	渗水
JY405	10+466	10+469	N300	SW	72	40~100	压扣	由角砾岩、石英脉、碎块岩组成，泥钙质胶结	渗水
JY406	10+439	10+442	NW290	SW	0	40~80	压扭	由角砾岩、石英脉、碎块岩组成，局部滴水	渗水

5.3.2 高地温段地应力测量

地应力是制约岩爆发生的最主要因素,对此,施工单位委托中国地质科学院地质力学研究进行了引水隧洞多个部位的空心包体法地应力测试,同时进行了室内声发射 Kaiser 效应法地应力测量。

空心包体解除法原地应力测量部分:引水发电洞,测点桩号 Y10+440 的测试结果表明(4#支洞附近,测点编号:4#-1 和 4#-2),最大主应力的量值分别为 18.94 MPa 和 19.0 MPa;倾角近水平。中间主应力的量值分别为 13.35 MPa 和 12.08 MPa;倾角近垂直,分别为-68.6°和-70.8°。最小主应力分别为 10.51 MPa 和 8.16 MPa;倾角近水平,分别为-18.1°和 1.3°。以上两个测点的水平最大主应力的量值分别为 18.70 MPa 和 18.26 MPa,其方向分别为 NW24.9°和 NW10.9°。

Kaiser 效应法地应力测量部分:4#支洞上游引水发电洞处(埋深约 814 m)两个样品 Kaiser 效应法测得的水平最大主应力分别为 21.21 MPa 和 21.41 MPa,水平最小主应力分别为 18.89 MPa 和 18.29 MPa,垂向应力分别为 19.84 MPa 和 19.6 MPa。水平最大主应力的方向分别为 NW23.3°和 NW24.7°。

测量结果表明两种地应力测试方法所得到的水平最大主应力和水平最大主应力方向均在较小的范围内变化,两种方法得到的测试结果基本一致,且这两种方法的重复测量结果基本一致。工程区总体上水平最大主应力为 NW 向。

5.3.3 高地温段地应力场数值分析

利用地应力测试成果、数值模拟计算结果以及类比工程经验方法计算,地应力综合计算结果见表 5-32。结果表明,高地温隧洞段地应力场以水平应力为主,最大平均水平主应力为 33.54 MPa,甚至更高。

表 5-32 高地温洞段地应力综合分析计算结果 单位:MPa

桩号	水平主应力			垂直主应力平均值
	最小值	最大值	平均值	
Y7+139—Y8+101	20.00	45.22	32.61	29.61
Y8+101—Y8+858	20.00	47.08	33.54	20.18
Y8+858—Y9+041	20.00	27.58	23.79	12.77
Y9+041—Y9+697	20.00	47.08	33.54	20.18
Y9+697—Y10+142	20.00	43.99	32.00	27.64
Y10+142—Y10+918	14.30	47.08	30.69	20.18

5.3.4 高地温段岩爆情况及特征

引水隧洞高地温洞段总长约 3 550 m,高地温段伴随有岩爆现象。高地温段为轻微-中等强度岩爆,多发生在掌子面和右侧拱顶、右侧拱顶—拱顶中心线,发育特征及规律见表 5-33。

(1)桩号 Y7+095—Y7+251 洞段,岩爆发生洞段长 156 m,围岩岩性为片麻状花岗岩,埋深在 863.77~986.67 m。岩爆等级为轻微-中等岩爆,发生于拱顶右侧到右侧墙中线部位,岩爆发生时有明显的劈裂声,剥落深度在 0.3~1 m,持续时间超过 7 d。部分洞段在左侧洞壁中间部位发生了中等岩爆,有轻微弹射,主要破坏形式为片状剥落,持续剥落后导致侧向局部坑深超过 1 m(如图 5-36、图 5-37 所示)。对施工安全造成影响,洞壁不稳定,开挖结束后及时支护起到了较好的效果,主要采用锚杆和锚杆+柔性防护网+喷射混凝土以及柔性防护网+喷射混凝土的方式支护。

表 5-33　**高地温洞段岩爆发育情况统计**

桩号	长度/m	岩爆等级	塌落深度/cm	塌落形状	埋深/m	位置
Y7+095—Y7+332	237.0	轻微	5~30	三角面	863.77~986.67	拱顶右侧到右侧墙中线部位
Y7+342—Y7+547	205.0	轻微	10~45	三角面	1 050.7~1 062.54	左侧起拱线—右侧起拱线
Y7+551—Y7+578	27.0	中等	20~40	塌坑	1 050.7~1 062.54	左侧起拱线—右侧起拱线
Y7+596—Y7+658	62.0	轻微	10~30	塌坑	1 050.70~1 062.54	拱顶右侧到右侧墙中线部位
Y7+780—Y8+002	222.0	轻微	5~40	塌坑	1 000.00~1 100.00	拱顶右侧到右侧墙中线部位
Y8+142—Y8+186	44.0	轻微	5~40	塌坑	800.00~900.00	拱顶右侧到右侧墙中线部位
Y8+401—Y8+498	97.0	轻微	5~40	塌坑	800.00~900.00	拱顶右侧到右侧墙中线部位
Y8+590—Y9+129	539.0	轻微	20~40	塌坑	370.00~900.00	拱顶右侧到右侧墙中线部位
Y9+328—Y9+518	190.0	中等	20~60	三角面	600.00~680.00	拱顶右侧到右侧墙中线部位
Y9+520—Y9+570	50.0	轻微	20~40	塌坑	580.00~600.00	拱顶右侧到右侧墙中线部位
Y9+730—Y9+763	33.0	轻微	5~20	塌坑	700.00~750.00	拱顶偏右侧到拱顶中心线附近
Y10+521—Y10+638	117.0	中等	20~50	三角面	750.71~864.66	拱顶—拱顶中心线附近
Y10+850—Y11+002	152.0	轻微	5~20	三角面	750.71~864.66	拱顶—拱顶中心线附近

图 5-36　桩号 Y7+095—Y7+251 段岩爆造成拱顶右侧岩体剥落

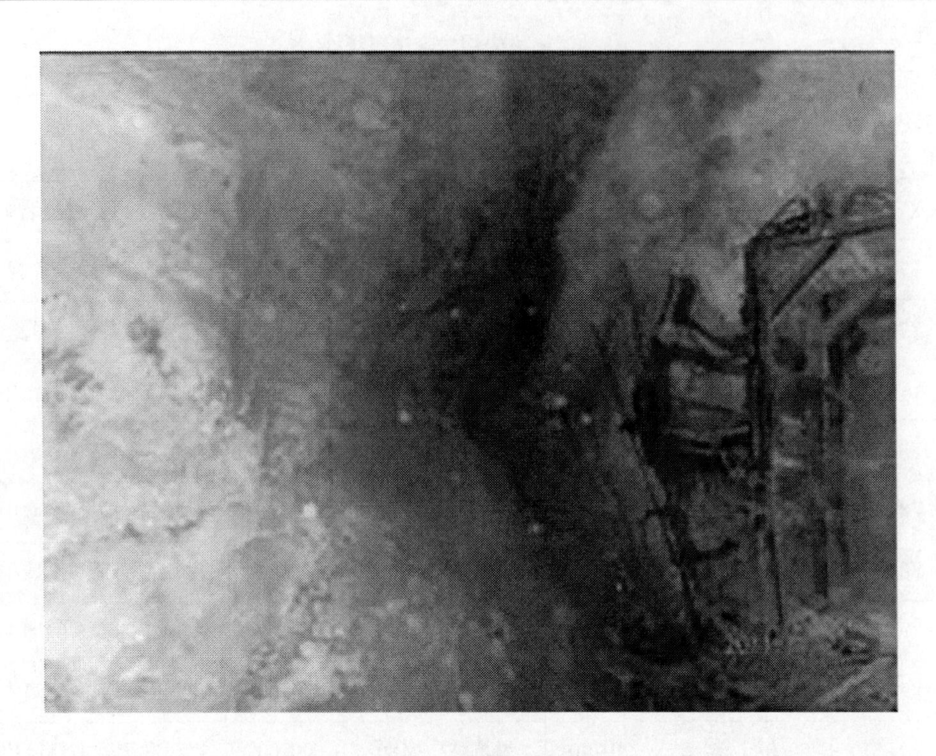

图 5-37　桩号 Y7+095—Y7+105 洞段左侧洞壁中部片状剥落导致的深坑(0.5~1 m)

(2)桩号 Y7+270—Y7+332,岩爆发生洞段长 62 m,围岩岩性为片麻状花岗岩,埋深在 1 020.48~1 050.73 m,埋深大于 1 000 m。岩爆特征更加明显,发生位置由拱顶偏右侧转移到拱顶中心线附近。岩爆发生时伴有明显的闷雷声,主要发生在拱顶,弹射不明显,连续剥落造成拱顶形成 10~30 cm 深的坑;掌子面处的岩爆造成片状岩石弹出,弹射距离 2 m 左右,采用素混凝土掌子面封闭后阻止了掌子面的弹射。

(3)桩号 Y7+342—Y7+578,岩爆发生洞段长 236 m,围岩岩性为片麻状花岗岩,埋深在 1 050.70~1 062.54 m,埋深大于 1 000 m。左侧起拱线到右侧起拱线范围内均有岩爆发生,以片状岩石脱落和掌子面弹射为主。岩爆发生时伴有明显的闷雷声和劈裂声,剥落岩块以片状剥落为主,最大厚度超过 10 cm。岩爆发生后,洞壁和掌子面形成明显的阶梯状,采用随机锚杆及时支护,有效地防止了岩爆的再次发生,如图 5-38~图 5-40 所示。

图 5-38　桩号 Y7+342—Y7+578 范围内掌子面发生岩爆和拱顶岩爆区采用的随机锚杆支护

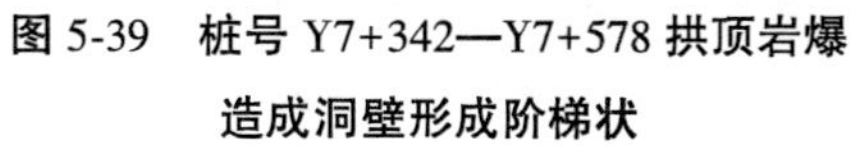

图 5-39　桩号 Y7+342—Y7+578 拱顶岩爆造成洞壁形成阶梯状

图 5-40　桩号 Y7+342—Y7+578 掌子面岩爆造成洞壁形成阶梯状

(4)桩号 Y10+148—Y10+153,埋深 1 060 m 左右,掌子面和后方 5 m 拱顶范围内发生岩爆,具体表现为岩爆发生时伴随有爆裂声,且掌子面出现弹射现象。岩爆等级为轻微-中等岩爆,局部达到中等强度。该处围岩为片麻状花岗岩,岩体内闪长岩岩脉密集发育(见图 5-41、图 5-42)。采用掌子面素混凝土封闭和拱顶打设锚杆的方式进行防护,以保证施工安全。

图 5-41　桩号 Y10+153 掌子面爆裂后岩体表面

图 5-42　桩号 Y10+153 拱顶剥落岩体散落在台车上

(5)桩号 Y10+521—Y10+650,岩爆发生洞段长 129 m,围岩岩性为片麻状花岗岩,埋深在 750.71~864.66 m,围岩类别为Ⅱ类。发生岩爆属于轻微-中等岩爆,主要发生在拱顶—拱顶中心线附近,岩爆发生时具有明显的劈裂声和爆裂声,似雷管爆裂声响,岩爆剥落深度 0.3~1.0 m,剥落持续时间 60 d 左右。破坏形式以片状剥落为主,局部发生块状塌落,并在局部掌子面发生少量弹射现象,弹射岩块最大 20 cm,影响施工安全,洞顶处于不稳定状态,且掌子面弹射对工人钻孔施工造成很大影响。该段采用了系统锚杆+钢筋网片+喷射混凝土的方式支护。其中桩号 Y10+521—Y10+530 范围岩体中闪长岩条带密集发育,岩石脆性特征明显,发生了较强烈的岩爆,主要在左侧拱顶和洞壁发生了弹射,后造成恐慌,被迫停工,该范围内使用钢拱架支护后才继续施工,如图 5-43~图 5-45 所示。

图 5-43 桩号 Y10+521—Y10+650 段岩爆造成拱顶右侧岩体剥落

图 5-44 桩号 Y10+521—Y10+650 处岩爆区剥落岩块

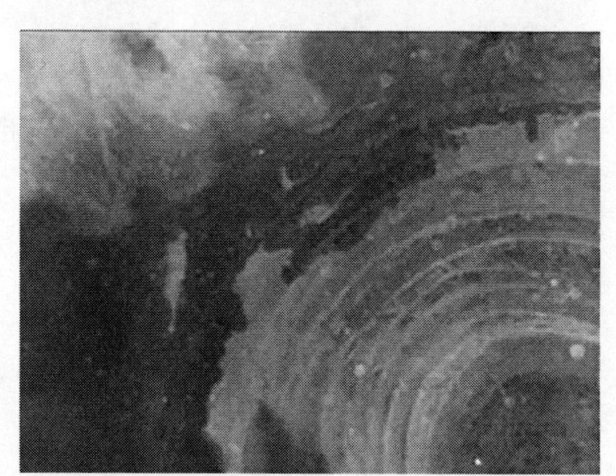

图 5-45 桩号 Y10+521—Y10+530 处中等岩爆后采用钢拱架支护

工程区位于以构造应力为主的强烈上升地区,岩爆的发生与埋深关系不大,岩爆的发生与地应力关系极为密切,本工程隧洞围岩变质闪长岩和片麻状花岗岩为脆性岩体,容易发生岩爆。工程资料统计表明,洞室埋深大于 500 m 以上的以自重应力为主的地区,或者洞室地处高山峡谷区,或者洞室处于边坡应力集中区,同时洞室岩体具备围岩岩质硬脆、完整性好-较好、无地下水时,即可能产生岩爆。

本工程岩爆一般以轻微-中等岩爆为主;岩爆一般发生于右侧拱顶和右侧起拱线部位,局部在边墙发生,中等岩爆发生于掌子面和右侧拱顶与边墙部位,局部左侧边墙也有剥落;空间上具有明显的连续,最长连续长度达 150 m;时间上具有明显的滞后性和持续性,应力重分布的影响使局部持续剥落时间达 2 年之久,初次发生时间在开挖结束后 0.5 h 到几十天之内。

5.3.5 高地温洞段不衬砌条件下围岩稳定预测

本工程开挖过程中的岩爆有明显的滞后性和追溯性特征,这些性质与隧洞围岩开挖后应力的不断调整是密切相关的。地下洞室开挖之前,岩体处于一定的应力平衡状态,开挖使周围岩体发生卸荷回弹和应力重新分布。若围岩强度能满足卸荷回弹和应力状态变化的要求保持稳定,则不需要采取任何加固措施;若因洞室周围岩体应力状态变化大,或因围岩强度低,以致围岩适应不了回弹应力和重分布应力的作用,则丧失稳定性,出现硬岩岩爆。本工程岩爆的发生在几小时到几天,甚至几十天时间内,在局部岩爆部位表现为连续的破坏,这与二次应力的调整是密切相关的。

本工程高地温洞段围岩温度高于 90 ℃,而河水为高山雪融水,最低温度在 10 ℃以下,不衬砌条件下隧洞过水,围岩在温度荷载的作用下会产生较大的拉应力,使原来发生岩爆经应力重分布达到稳定状态的岩体再次失稳、剥落,影响工程的安全运行。

5.4　水库坝前水温计算与分析

5.4.1　河道水温观测及河段水温特征

本工程相关水文资料短缺,仅有 1964—1967、2002—2006 年的水温观测数据。为分析本工程对附近河流水温影响的需要,2007 年 9 月对附近河段的水温进行了实地监测。1964—1967 年实测河道水温月平均值如图 5-46 所示,2002—2006 年实测河道水温月平均值如图 5-47 所示,2002—2006 年与 1964—1967 年的河道月平均水温差见表 5-34。现有的水温观测数据,按照年代可以分为两组:一组是 1964—1967 年的水温观测数据,用于说明历史上曾经出现过的水温状况;另一组是 2002—2006 年的水温观测数据,用于说明近年的水温状况。从表 5-34 中可以看出,近年河道水温明显高于历史水温,两个时间段的河道水温有明显的差异,在全球气候变化的大背景下,历经 35 年,有理由相信两组数据间会出现明显的差异。

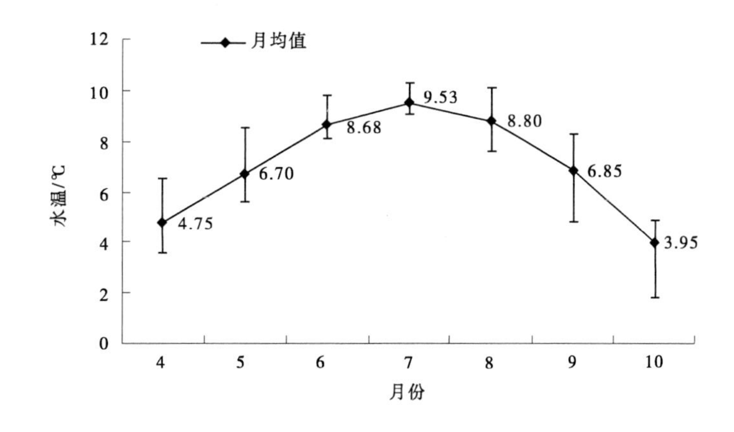

图 5-46　1964—1967 年河道水温月平均分布

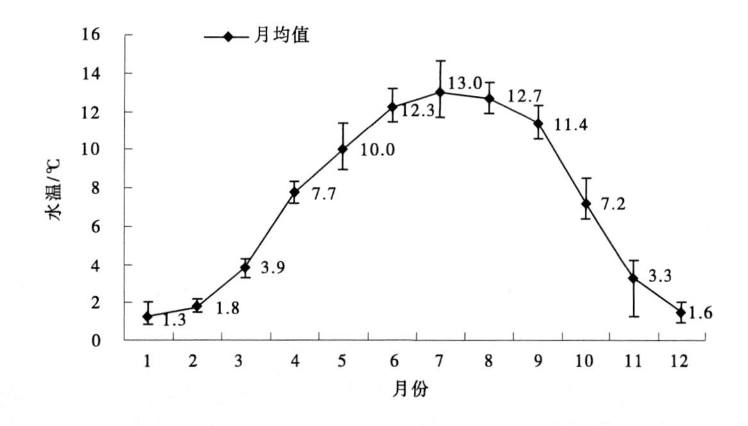

图 5-47　2002—2006 年河道水温月平均分布

表 5-34　　黑水文站实测河道水温　　单位:℃

项目	1月	2月	3月	4月	5月	6月	7月	8月	9月	10月	11月	12月
1964—1967 年	—	—	—	4.75	6.70	8.68	9.53	8.80	6.85	3.95	—	—
2002—2006 年	1.32	1.78	3.86	7.72	10	12.28	13.04	12.66	11.42	7.18	3.32	1.56
时段月平均水温差	—	—	—	2.97	3.30	3.61	3.52	3.86	4.57	3.23	—	—

5.4.2　水库 B 水温计算

本工程坝址位于某水电站厂房下游 1.9 km,该水电站水库(水库 B)正常蓄水位为 2 960.00 m,死水位为 2 915.00 m,库底高程为 2 890.00 m,最大坝高 78 m,水库总库容 8.67 亿 m^3,多年平均年径流量为 10.9 亿 m^3,为多年调节水库。工程区多年平均气温为 3.56 ℃。影响水库库水温度的主要因素有坝址纬度、气温、河水温度、径流量、日照辐射热、总库容等。

工程区部分气温要素特征值见表 5-35。

表 5-35　　工程区部分气象要素特征值

气象要素	1月	2月	3月	4月	5月	6月	7月	8月	9月	10月	11月	12月
平均气温/℃	-11.8	-8.07	0.42	5.93	9.54	13.2	16.2	15.9	11.3	3.95	-3.70	-10.1
平均最高气温/℃	-5.55	-3.45	4.50	8.66	13.0	16.4	19.4	19.2	13.8	6.37	-1.59	-4.84
平均最低气温/℃	-24.2	-20.5	-6.81	3.64	6.46	10.9	13.5	13.0	9.04	2.50	-7.33	-14.8
极端平均最高气温/℃	1.3	6.2	9.7	15.4	17.4	22.5	23.4	22.4	19.4	13.2	7.8	-0.4
极端平均最低气温/℃	-31.9	-28.9	-16.8	-4.5	0.7	3.8	7.7	6.7	0.9	-3.9	-16.5	-27.4
日平均气温<5 ℃的天数/d	31	28	27.7	11.5	2.55	0.03	0	0	0.55	18.8	29.6	31
日平均气温在 5~15 ℃的天数/d	0	0.08	3.33	18.5	27.6	21.6	10.3	11.6	26.6	12.4	0.45	0.03
平均风速/(m/s)	0.99	1.51	2.46	3.0	3.0	2.6	2.27	2.2	1.95	1.66	1.20	0.85
风速>4 级的天数/d	0.13	0.33	1.25	2.0	1.85	0.98	0.3	0.15	0.25	0.33	0.4	0.23

水库类型对库水温度有显著影响,按水库水体受扰动的程度,水库水温分布类型分为分层型、过渡型和混合型 3 种类型。水库 B 年径流量与总库容的比值为 1.26,根据《水利水电工程水文计算规范》(SL 278—2020)的规定,水库 B 水温分布类型属于分层型。

根据《水工建筑物荷载设计规范》(DL 5077—1997),水库 B 坝前水温计算如下。

(1)水库的多年平均水温:根据《水工建筑物荷载设计规范》(DL 5077—1997),水库的多年平均水温按水库特性确定如下。

水库坝前正常水深 H_n=2 960-2 890=70(m),大于多年调节水库的变化温度层深度 y_0=50~60 m,水库的多年平均水温 $T_{wm}(y)$ 按下式计算:

当 $y < y_0$ 时,$T_{wm}(y) = C_1 e^{-0.015y}$;当 $y \geq y_0$ 时,$T_{wm}(y) = C_1 e_0^{-0.015y}$;式中,$C_1 = 7.77 + 0.75T_{am} = 7.77 + 0.75 \times 3.56 = 10.44$(℃),$T_{am} = 3.56$ ℃。

水库不同深度多年平均水温计算结果见表 5-36。

表 5-36　水库多年平均水温计算结果

深度/m	0	5	10	15	20	25	30	35	40	45	50	≥55
平均水温/℃	10.44	9.69	8.99	8.34	7.73	7.18	6.66	6.18	5.73	5.32	4.93	4.58

由水库多年平均水温计算结果可知,水库表面平均温度为 10.44 ℃,水库库底平均温度为 4.58 ℃。

(2)水库的多年平均水温年变幅:根据《水工建筑物荷载设计规范》(DL 5077—1997),水库坝前正常水深大于多年调节水库的变化温度层深度,即 $H_n>y_0$,水库的多年平均水温年变幅 $A_w(y)$ 按下式计算:

当 $y < y_0$ 时,$A_w(y) = C_2 e^{-0.055y}$;当 $y \geq y_0$ 时,$A_w(y) = C_2 e_0^{-0.055y}$;式中,$C_2=0.778A'_a+2.94$。

坝址区 1、7 月多年平均气温分别为 T_{a1}=-11.8 ℃、T_{a7}=16.2 ℃,多年平均气温年变幅 A_a 计算如下:

$$A_a = (T_{a7} - T_{a1})/2 = [16.2 - (-11.8)]/2 = 14(℃)$$

多年平均气温 T_{am}=3.56 ℃<10 ℃,太阳辐射所引起的增量 Δ_a=2 ℃,修正后的气温年变幅为:

$$A'_a = T_{a7}/2 + \Delta_a = 16.2/2 + 2 = 10.1(℃)$$

于是,$C_2=0.778A'_a+2.94=0.778\times10.1+2.94=10.80$(℃)。

水库不同深度多年平均水温年变幅计算结果见表 5-37。

表 5-37　水库多年平均水温年变幅计算结果

深度/m	0	5	10	15	20	25	30	35	40	45	50	≥55
水温年变幅/℃	10.80	8.20	6.23	4.73	3.60	2.73	2.07	1.58	1.20	0.91	0.69	0.52

由水库多年平均水温年变幅计算结果可知,水库表面平均温度年变幅为 10.8 ℃,水库库底平均温度年变幅为 0.52 ℃。

(3)水库 B 流入引水隧洞水温;水库 B 引水隧洞进水口中心高程为 2 907.60 m,位于水库正常蓄水位 2 960.00 m 以下 52.4 m 处,根据水库多年平均水温和年变幅,可推算出水流进入引水隧洞的平均温度为 4.76 ℃,年变幅 0.61 ℃,即水库 B 入洞水温为 4.46~5.07 ℃。

(4)根据工程实测资料统计,在寒冷地区,对于深度在 50 m 以上的水库,库底年平均水温为 6~7 ℃,其值与推算的水库 B 52.4 m 深度处的水温 4.46~5.07 ℃相近,表明计算结果可信。

5.4.3　本工程水库坝前水温计算

本工程水库正常蓄水位为 2 743.00 m,死水位为 2 739.00 m,库底高程为 2 730.00 m,最大坝高 16.8 m,水库总库容 172.8 万 m^3,多年平均年径流量为 10.85 亿 m^3,为日调节水库。水库年径流量与总库容的比值远大于 20,根据《水利水电工程水文计算规范》(SL 278—2020)的规定,水库水温分布类型属于混合型,即全年库内水体温度沿深度近乎均匀分布,而且等于入库水流的水温。

根据《水工建筑物荷载设计规范》(DL 5077—1997),水库坝前水温计算如下:

(1)水库的多年平均水温:根据《水工建筑物荷载设计规范》(DL 5077—1997),拟建水库的多年平均水温按水库特性确定如下,本工程区的气象条件与水库 B 相同。

水库坝前正常水深 H_n = 2 743.00-2 730.00 = 13(m),$H_n < y_0$ = 50~60 m,水库的多年平均水温 $T_{wm}(y)$ 按下式计算:

$$T_{wm}(y) = C_1 e^{-0.005y}$$

式中,$C_1 = 7.77 + 0.75T_{am} = 7.77 + 0.75 \times 3.56 = 10.44$(℃)。于是,$T_{wm}(y) = C_1 e^{-0.005y} = 10.44 \times e^{-0.005y}$,当 $y = 0$ 时,$T_{wm}(y) = 10.44$ ℃,即水库表面多年平均水温为 10.44 ℃;当 $y = 13$ m 时,$T_{wm}(y) = 9.78$ ℃,即库底多年平均水温为 9.78 ℃。

(2)水库的多年平均水温年变幅:根据《水工建筑物荷载设计规范》(DL 5077—1997),水库特性 $H_n < y_0$,水库的多年平均水温年变幅 $A_w(y)$ 按下式计算:

$$A_w(y) = C_2 e^{-0.012y}$$

式中,$C_2 = 0.778A'_a + 2.94$。多年平均气温年变幅 $A_a = 14$ ℃,修正后的气温年变幅 $A'_a = 10.1$ ℃。于是,$C_2 = 0.778A'_a + 2.94 = 0.778 \times 10.1 + 2.94 = 10.8$(℃),$A_w(y) = C_2 e^{-0.012y} = 10.8 \times e^{-0.012y}$;当 $y = 0$ 时,$A_w(y) = 10.8$ ℃,即水库表面的多年平均水温年变幅为 10.8 ℃;当 $y = 13$ m 时,$A_w(y) = 9.24$ ℃,即库底的多年平均水温年变幅为 9.24 ℃。

(3)水库水流进入引水隧洞的温度。

水库引水隧洞进水口中心高程为 2 736.60 m,位于水库正常蓄水位 2 743.00 m 以下 6.4 m 处,根据水库多年平均水温和年变幅,可推算出水流进入引水隧洞的平均温度为 10.11 ℃,年变幅为 10 ℃,即水库入引水隧洞水温为 5.11~15.11 ℃。考虑到该工程坝址距某电站厂房尾水较近,本工程水库库容较小,某电站厂房尾水温度对本工程水库温度影响较大,流自水库 B 的水体温度为 4.46~5.07 ℃,流经长 4.6 km 隧洞后水温应有升高,因此本工程水库水温应高于 4.46 ℃,而低于 15.11 ℃,平均值为 9.8 ℃。2002—2006 年间实测河道水温年平均值为 7.2 ℃,与推算的本工程水库水温年平均值 9.8 ℃平均后,其值为 8.5 ℃。

5.4.4　流入引水隧洞高地温段时的水体温度计算

本工程引水隧洞高地温洞段的起止桩号为 Y6+900—Y10+450,隧洞段长度 3 550 m。在桩号 Y7+500 位置处空气温度为 45 ℃,引水隧洞洞口内空气温度为 15 ℃,假定引水隧洞洞口至隧洞 Y7+500 位置处空气温度呈线性变化。设定初始水温为 5~12 ℃,水流流动计算距离为 7.5 km,水流速度为 1.51~4.53 m/s(对应 1~3 台机组引水流量 26.2~78.6 m^3/s),则可得到水流自进水口至隧洞桩号 Y7+500 时的流动时间为 82~27 min。计算主要模拟水流通过隧洞 7.5 km 后水温的变化。

水的密度为 1 000 kg/m^3,比热容为 4 200 J/(kg · ℃),导热系数为 0.58 W/(m^2 · ℃),水体与隧洞围岩对流系数为 1 000 W/(m^2 · ℃),假定入洞初始水温为 5 ℃和 12 ℃,水体流经隧洞不同流速条件下水温随时间(沿程)的变化见表 5-38。

表 5-38　不同流速时水温沿程变化计算结果

流速/(m/s)	入洞水温/℃	时间与温升					
1.51	5	时间/min	9	27	45	63	82
		温升/℃	0.602	1.481	2.279	3.072	3.759
	12	温升/℃	0.181	0.843	1.603	2.385	3.066
3.02	5	时间/min	4.5	13.5	22.5	30.15	41
		温升/℃	0.443	1.246	2.025	2.803	3.513
4.53	5	时间/min	3	9	15	21	27
		温升/℃	0.351	1.071	1.812	2.569	3.287

从计算结果可知,水体在隧洞内流经 7.5 km 后温升为 3.0~3.8 ℃,平均温升为 3.4 ℃。

经上述综合计算与分析,可推算高地温段隧洞内的水体平均初始温度为 8.5+3.4=11.9(℃),此值将作为高地温隧洞围岩稳定分析和衬砌结构应力计算的水流初始温度值,近似取 12 ℃。

5.5　隧洞围岩稳定分析

5.5.1　隧洞围岩工程地质参数

岩体主要物理力学参数见表 5-39,岩体主要热力学参数见表 5-40。

表 5-39　岩体主要物理力学参数

围岩类别	密度/(g/cm^3)	饱和抗压强度/MPa	饱和抗拉强度/MPa	弹性模量/GPa	泊松比	单位弹性抗力系数/(MPa/cm)	抗剪断强度	
							c'/MPa	φ/(°)
Ⅱ	2.6~2.7	90~100	4.0~4.5	22.0	0.20~0.23	70~80	2.0~2.5	50~55
Ⅲ	2.5~2.6	80~90	3.2~3.8	18.0	0.23~0.26	40~50	1.5~2.0	42~45

表 5-40　岩体主要热力学参数

围岩	导热系数/[W/(m^2·℃)]	线膨胀系数/($\times10^{-5}$/℃)	比热/[J/(kg·℃)]	与空气放热系数/[W/(m^2·℃)]	与水放热系数/[W/(m^2·℃)]
片麻状花岗岩	2.53	1~6	898.88	15	1 000

5.5.2　不考虑温度影响隧洞围岩稳定分析

5.5.2.1　Ⅱ类围岩

取Ⅱ类围岩有水且埋深最大的位置(桩号:Y10+140—Y10+500,埋深 1 118 m 的截面)进行计算,围岩地质参数取高值,Ⅱ类围岩按未进行一次喷锚支护,地应力释放 100%时的隧洞周边位移最大值为 18.3 mm,屈服区最大深度为 0.92 m;隧洞围岩加 30 m 外水水头,周边位移最大值扩展到 19.4 mm,屈服区最大深度扩展到 1.14 m。假定地应力释放 95%,一次锚杆支护承受 5%的地应力,隧洞外水水头为 0,此时隧洞周边位移最大值减小至 17.0 mm,屈服区最大深度减小至 0.91 m,锚杆未达到屈服强度。

不考虑温度作用,高埋深段Ⅱ类围岩不支护的条件下,围岩基本稳定。

5.5.2.2　Ⅲ类围岩

取Ⅲ类围岩有水且埋深最大的位置(桩号:Y7+290—Y8+200,埋深1 205 m的截面)进行计算,围岩地质参数取高值,Ⅲ类围岩按未进行一次喷锚支护,地应力释放100%时的隧洞周边位移最大值为32.4 mm,未超过允许的隧洞周边位移允许值36.6 mm,屈服区最大深度为1.88 m;隧洞围岩加30 m外水水头,周边位移最大值扩展到36.1 mm,屈服区最大深度扩展到2.06 m。假定地应力释放95%,一次锚杆支护承受5%的地应力,隧洞承担30 m的外水水头,此时隧洞周边位移最大值减小至29.3 mm,屈服区最大深度减小至1.88 m,锚杆未达到屈服强度[根据《岩土锚杆与喷射混凝土支护工程技术规范》(GB 50086—2015),埋设大于300 m,Ⅲ类围岩隧洞周边允许收敛值0.4%~1.2%]。

不考虑温度作用,高埋深段Ⅲ类围岩不支护的条件下,围岩基本稳定,但洞周位移较大。计入一定的外水压力时,需进行锚喷支护,保持围岩稳定。

5.5.3　高地温洞段(考虑温度影响)无衬砌围岩稳定分析

根据岩体热力学参数值,用有限元法模拟洞内空气温度50 ℃、岩体温度90 ℃时围岩岩体温度场;在此基础上模拟通水30 d时岩体温度场,结果表明,水温对岩体的作用梯度约为1 m。

在围岩膨胀系数为1.0×10^{-5}/℃的情况下,空气温度50 ℃,365 d以后水温为0 ℃时作用30 d岩体的第一主拉应力的极值为15 MPa(洞室开挖表面),洞径方向约0.5 m深度位置处第一主拉应力达到4.27 MPa,此区域间的第一主应力超过了围岩的抗拉强度(Ⅲ类围岩抗拉强度3.2~3.8 MPa)。空气温度50 ℃,365 d以后水温为20 ℃时作用30 d岩体的第一主应力的极值为9.5 MPa(洞室开挖表面),洞径方向约0.5 m深度位置处第一主拉应力达到2.64 MPa,此区域间的第一主应力超过了围岩的抗拉强度。围岩在现有通风情况下,洞内温度是50 ℃,水温必须高于20 ℃,通水后围岩拉应力才可能在允许应力范围内。

根据河道及水库水温计算与分析,入洞多年平均水温为8.5 ℃,考虑水流洞内温升后水温为12 ℃,水体温度较低,对围岩稳定不利。

5.5.4　高地温洞段(考虑温度影响)一次支护计算分析

对喷混凝土和围岩进行热-结构耦合分析,结果如下:对洞径6.1 m的隧洞,用C25混凝土(0.1 m厚)一次喷射支护后混凝土热线膨胀系数取0.7×10^{-5}/℃,内外温差10 ℃(里低外高)时,衬砌结构局部区域的主拉应力超过了C25混凝土的抗拉强度,最大达到2.55 MPa,但整体不会被温度荷载拉裂破坏;热线膨胀系数取1.0×10^{-5}/℃,内外温差10 ℃(里低外高)时,衬砌结构大部分区域的最大主拉应力超过了C25混凝土的抗拉强度,最大达到3.65 MPa,喷射混凝土易被整体拉裂破坏。

由于洞内水流初始温度较低,岩壁温度较高,两者温差大于25 ℃,因此考虑温度影响,隧洞通水后围岩一次锚喷支护喷射混凝土将出现整体拉裂破坏,对围岩稳定不利。

5.6　高地温隧洞段喷射混凝土试验

5.6.1　喷射混凝土室内试验

2013年7—11月,设计将喷射混凝土原材料(水泥、砂、碎石、粉煤灰、减水剂、速凝剂等)由水电站工地运至天津,在实验室内进行了喷射混凝土试验。

该段隧洞围岩温度较高,高地热及高温水(汽)作用可能导致喷射混凝土回弹量增大、后期强度大幅下降等问题。喷射混凝土作为直接与基层(岩石、混凝土)黏接起支护作用的结构,其性能和效果直接反映的是本身所发挥的支护作用,而且会间接影响到防水、隔热以及衬砌混凝土的性能和耐久性。因此,为工程安全考虑,保证喷射混凝土的结构强度和喷射混凝土与岩壁之间的黏接强度，对引水隧洞高地温洞段喷射混凝土的配合比、外加剂掺量以及混凝土耐久性等进行试验研究。

根据隧洞高地温洞段温度测量记录的统计，开挖后岩壁温度在 30~100 ℃。为模拟现场高温环境，实验室试验选取 40、60、80、90 ℃四种高温养护条件，用以研究高温对喷射混凝土性能的影响。

按照相关规范要求，对胶凝材料、骨料、外加剂及喷射混凝土进行如下试验：①胶凝材料（水泥、粉煤灰）的物理力学性能、化学成分分析试验；②骨料（包括天然砂和小石）的物理性能、碱活性试验；③外加剂（减水剂、速凝剂）的性能检测；④试拌混凝土配合比，进行新拌混凝土初始坍落度试验；⑤对到达龄期的不同养护条件下的喷射混凝土进行抗压强度、劈拉强度、黏接强度、干缩、抗渗试验。通过上述试验，2013 年 11 月设计提出了满足要求（性能指标见表 5-41）的喷射混凝土配合比，见表 5-42。

表 5-41　**喷射混凝土的设计性能指标**

混凝土	强度等级	轴心抗压强度/MPa	弯曲抗压强度/MPa	抗拉强度/MPa	黏接强度/MPa	抗渗等级
喷射混凝土	C25	≥12.5	≥13.5	≥1.3	≥0.8	≥W8

表 5-42　**高地温隧洞段喷射混凝土配合比**

水灰比	粉煤灰/%	材料用量/(kg/m³)								初始坍落度/mm
		水	水泥	粉煤灰	砂	小石	减水剂（0.7%）	速凝剂（4%）	聚丙烯纤维	
0.42	20	196	373	93	895	860	3.27	18.67	1.0	186

5.6.2　喷射混凝土现场试验

根据室内试验提出的喷射混凝土配合比，要求承包人通过现场喷射混凝土和施工工艺试验，最终选定喷射混凝土的配合比和外加剂掺量。现场应进行喷射混凝土与围岩的黏结强度、喷射混凝土抗压强度和喷射混凝土抗渗性等三方面试验，试验测定的喷射混凝土工艺质量和力学性能指标达到要求后，才能进行喷射混凝土施工。

2014 年 9—11 月，现场经过两个施工单位的喷射混凝土试验（试验位置桩号 Y7+680 和 Y8+695），得到抗压强度为 30 MPa 和 9.6 MPa，黏结强度为 0.55 MPa，抗渗等级不足 W1，现场试验结果与设计值差距较大。

2014 年 10 月，为与高地温隧洞段喷射混凝土现场试验进行对比，设计提出增加在非高温隧洞段（岩壁及洞内空气温度低于 35 ℃的隧洞段）进行现场喷射混凝土对比性试验，但现场未实施。

5.7　高地温隧洞钢筋混凝土衬砌结构分析

5.7.1　衬砌和围岩温度场分析

高温段采用钢筋混凝土衬砌，圆形断面内直径 4.7 m，衬砌厚度 0.5 m。计算模型中，围岩外边界温度值取 90 ℃，隧洞开挖完 1 年后洞内空气温度取 45 ℃，混凝土的浇筑温度为 25 ℃，通水水温为 12 ℃。

钢筋混凝土在正常养护下达到设计强度，洞内空气、衬砌和围岩三者进行热交换，90 d 后即可形成稳定温度场；隧洞通水 90 d 后可再次形成稳定温度场。空气、衬砌、围岩和水体进行热交换的计算结果见表 5-43~表 5-48。温度场及温度差如图 5-48~图 5-75 所示。

表 5-43　岩体主要热力学参数值

围岩	导热系数/[W/(m²·℃)]	线膨胀系数/(×10⁻⁵/℃)	比热/[J/(kg·℃)]	与空气放热系数/[W/(m²·℃)]	与水放热系数/[W/(m²·℃)]
片麻状花岗岩	2.53	1~6	898.88	15	1 000
混凝土	2.45	0.7	960.00	30	100

表 5-44　围岩及衬砌结构在各时段温度等值线　单位:℃

	围岩温度值		衬砌温度值	
	等值线最小值	等值线最大值	等值线最小值	等值线最大值
围岩开挖 1 a	48.54	87.56	—	—
浇筑混凝土 1 d	28.61	86.392 5	25	—
衬砌与空气热交换 1 d	31.42	86.55	27.28	39.89
衬砌与空气热交换 5 d	39.29	87.02	35.64	43.82
衬砌与空气热交换 10 d	45.61	87.39	42.30	45.94
衬砌与空气热交换 90 d	50.96	87.70	45.86	52.68
衬砌与水热交换 1 d	46.28	87.43	16.87	50.67
衬砌与水热交换 5 d	31.16	86.54	14.65	45.43
衬砌与水热交换 10 d	26.84	86.29	14.01	38.95
衬砌与水热交换 90 d	24.34	86.14	13.39	30.43

注:衬砌与空气热交换 90 d、衬砌与水热交换 90 d 后围岩和衬砌结构均为稳定温度场。

表 5-45　浇筑混凝土与空气热交换 n 天后与混凝土浇筑温度的差　单位:℃

0.5 m 厚钢筋混凝土	1 d	5 d	10 d	90 d
等值线最小值	3.86	12.68	17.75	20.86
等值线最大值	14.89	18.82	19.57	23.42

注:温差为正表示温升,温差为负表示温降,余同。

表 5-46　通水后 n 天衬砌结构相对通水前衬砌结构与空气稳定温度场的差　单位:℃

0.5 m 厚钢筋混凝土	1 d	5 d	10 d	90 d
等值线最小值	-29.00	-31.22	-31.87	-32.48
等值线最大值	-5.38	-19.24	-22.80	-28.64

表 5-47　通水后 n 天衬砌结构相对混凝土浇筑温度的差　单位:℃

0.5m 厚的钢筋混凝土	1 d	5 d	10 d	90 d
等值线最小值	-8.13	-10.35	-10.99	-11.61
等值线最大值	17.22	5.04	-1.63	-5.22

表 5-48　**围岩及衬砌结构在各时段沿径向热流密度**　单位:J/(s·m²)

时间	最大围岩热流密度等值线	最大衬砌热流密度等值线
围岩开挖 1 a	-24.32	—
浇筑混凝土 1 d	-22.41	—
衬砌与空气热交换 90 d	-9.45	-13.95
衬砌与水热交换 90 d	-22.59	-35.49

注:热流密度是单位时间内通过单位横截面上的热量。径向热流密度正值表示向围岩内部热流,负值表示向洞内部热流。

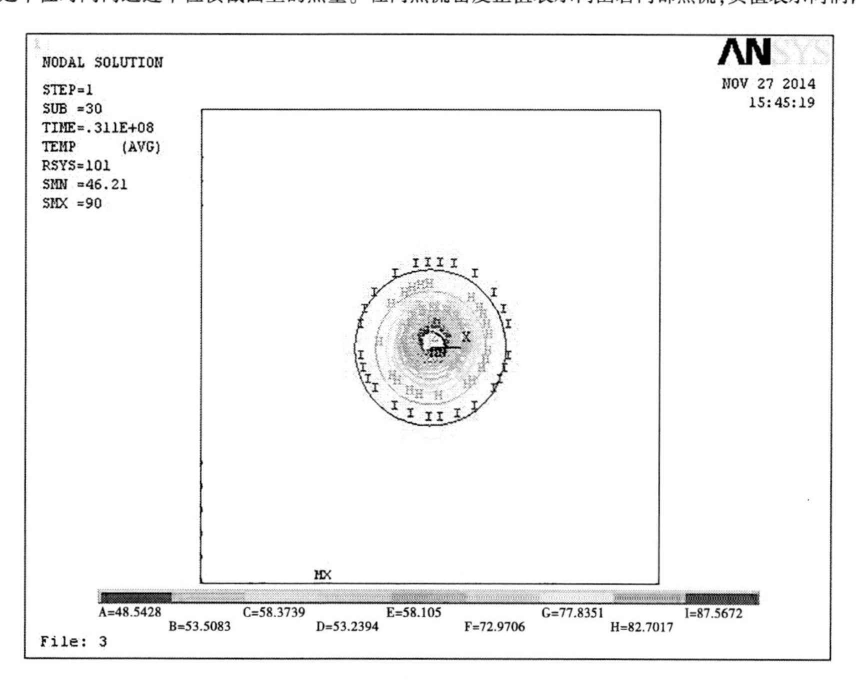

图 5-48　**围岩开挖 1 a 后的温度场**

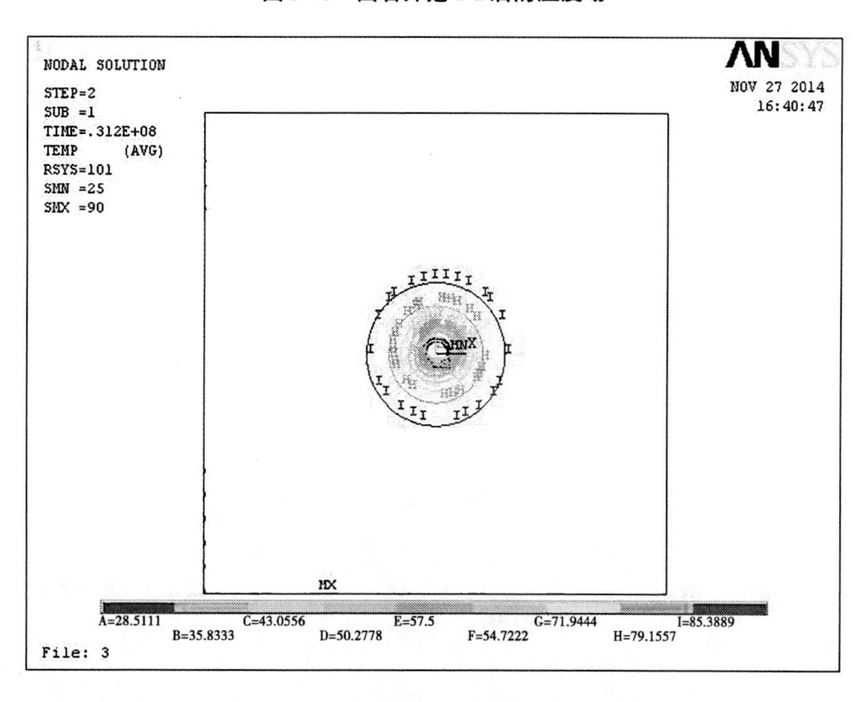

图 5-49　**浇筑混凝土时围岩与衬砌结构形成的温度场**

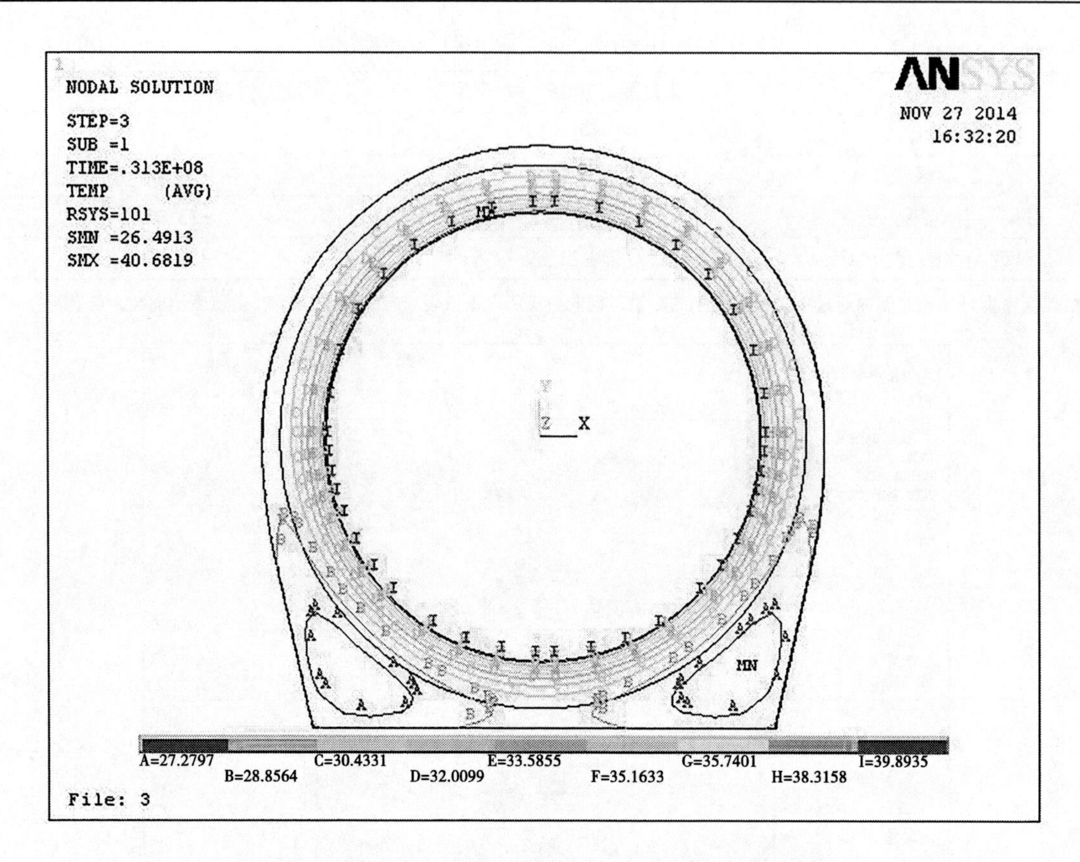

图 4-50　浇筑混凝土与空气热交换 1 d 后衬砌结构的温度场

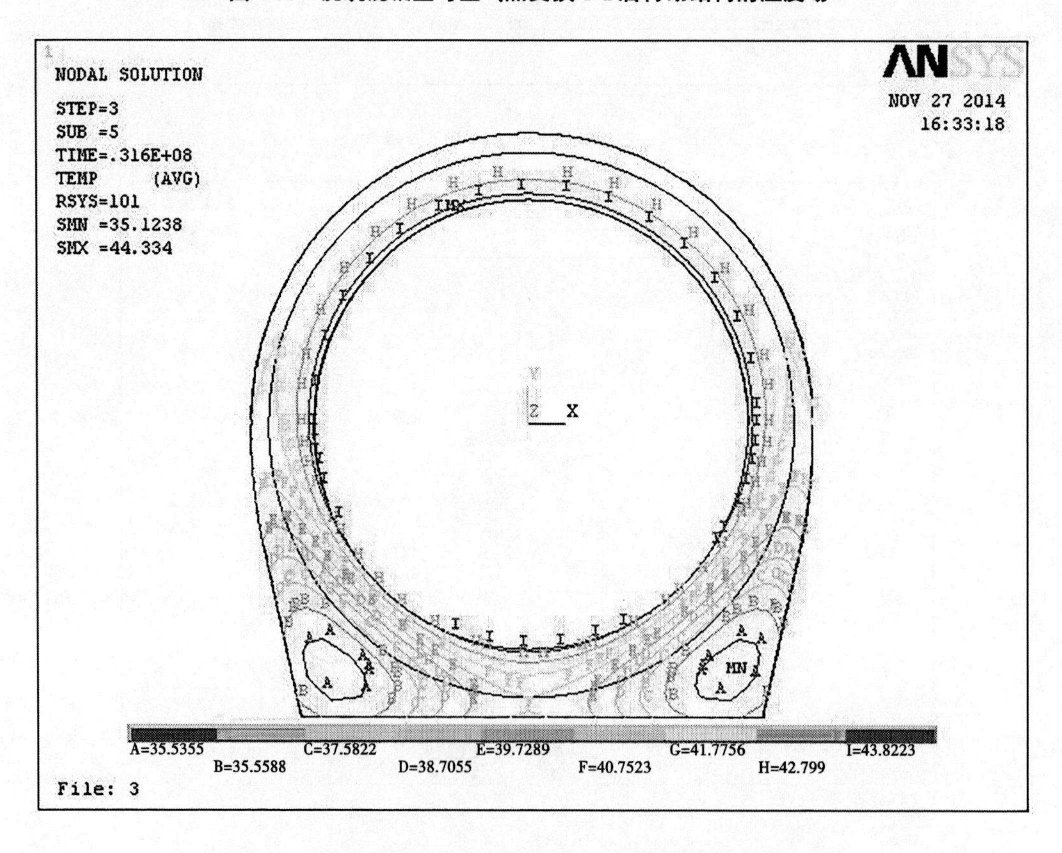

图 5-51　浇筑混凝土与空气热交换 5 d 后衬砌结构的温度场

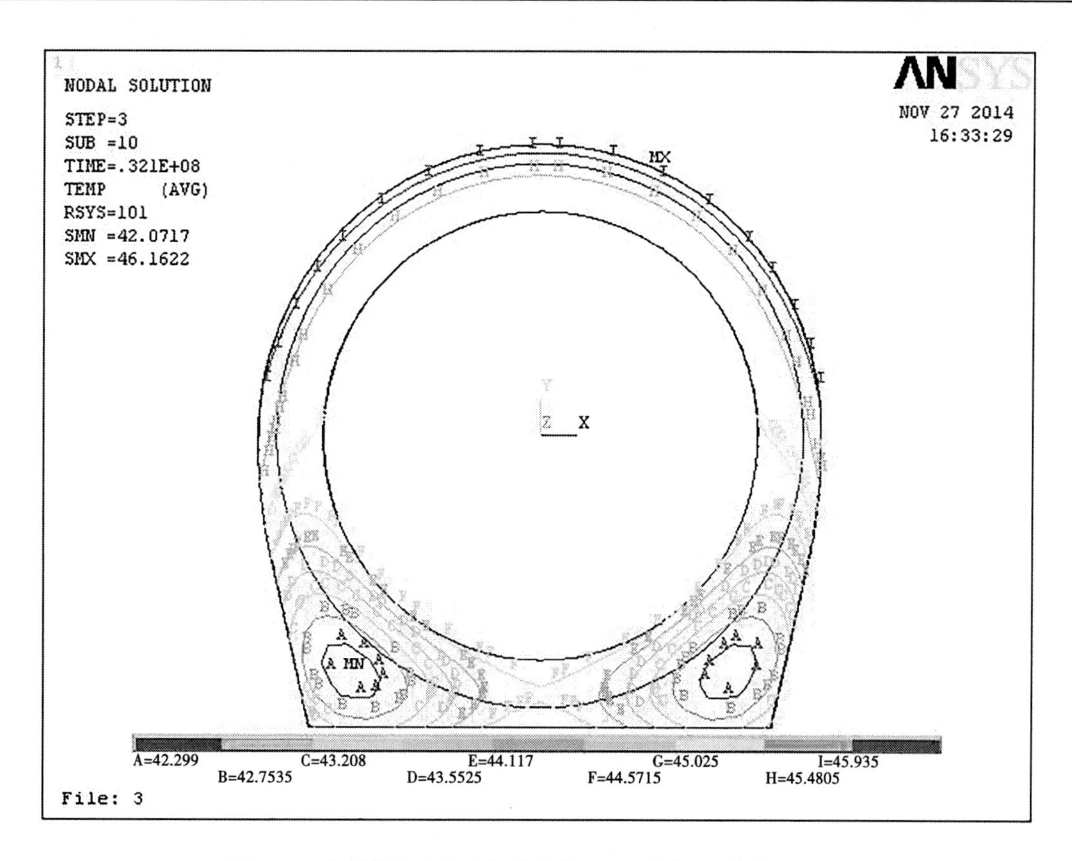

图5-52　浇筑混凝土与空气热交换10 d后衬砌结构的温度场

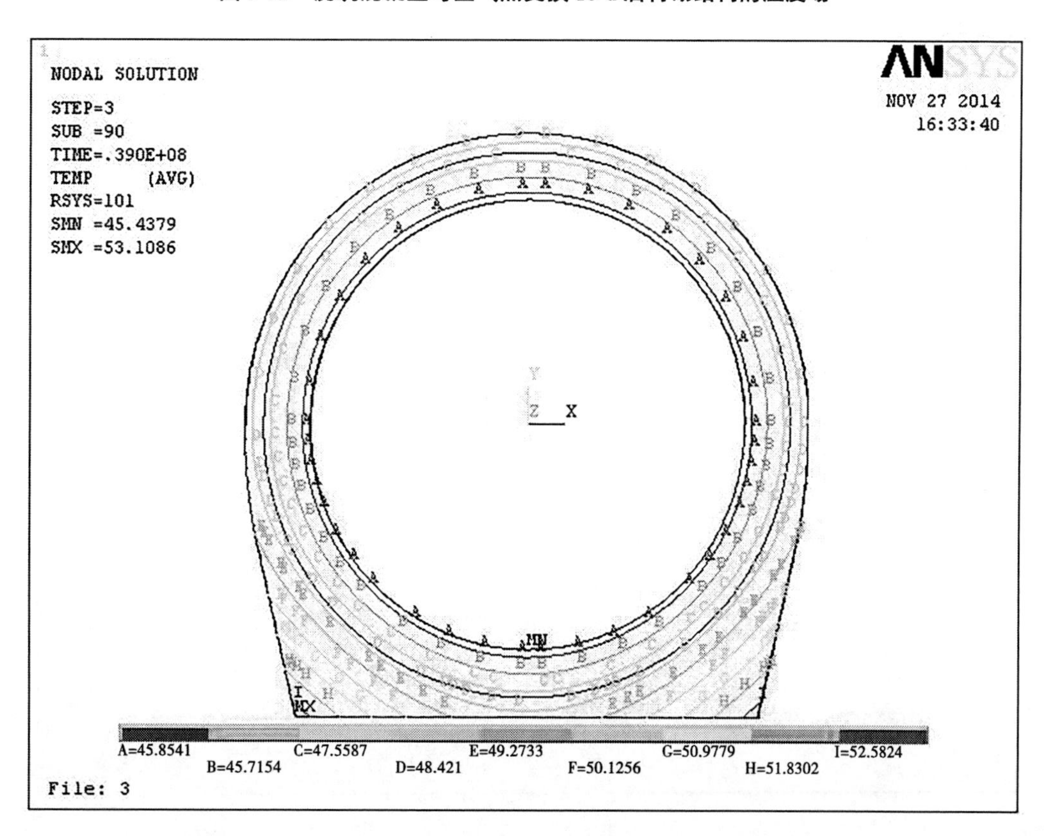

图5-53　浇筑混凝土与空气热交换90 d后衬砌结构的温度场

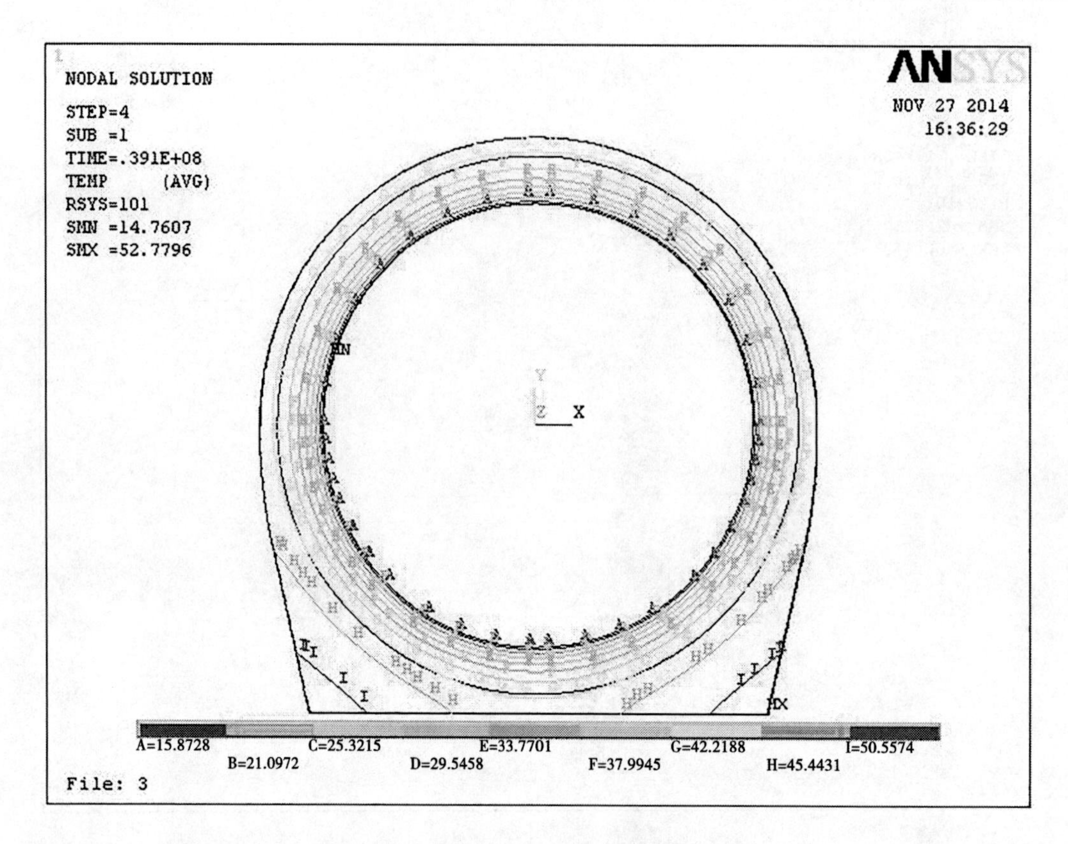

图 5-54 通水后 1 d 衬砌结构的温度场

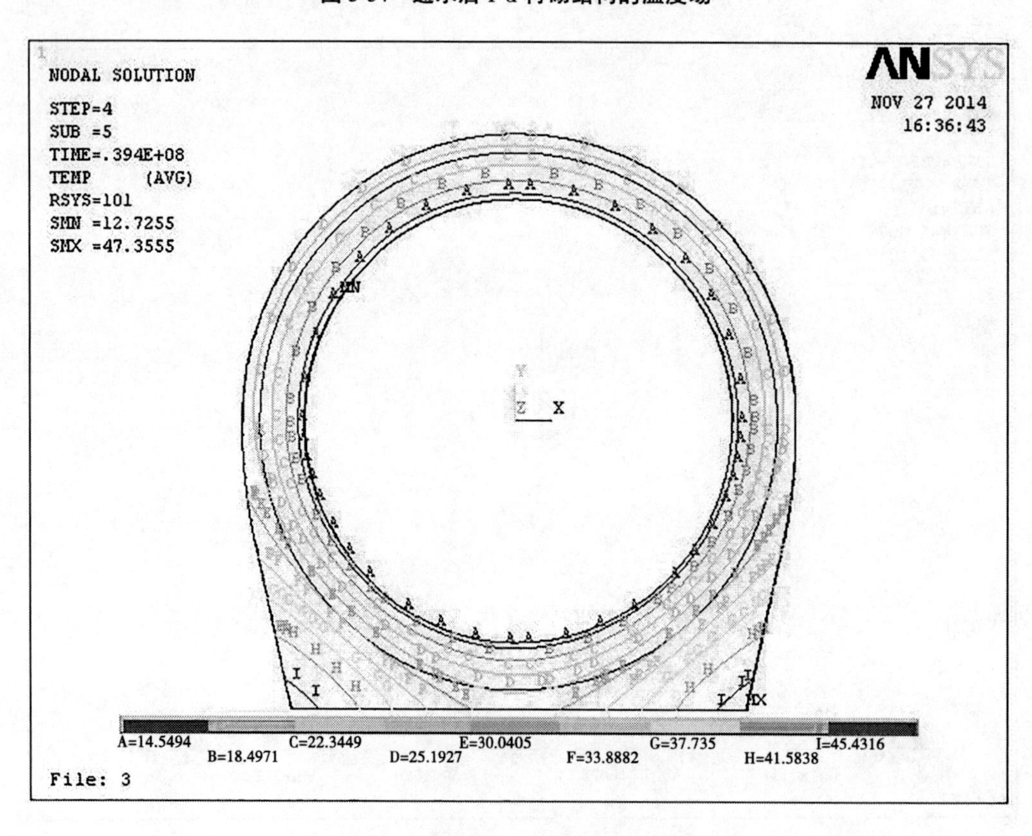

图 5-55 通水后 5 d 衬砌结构的温度场

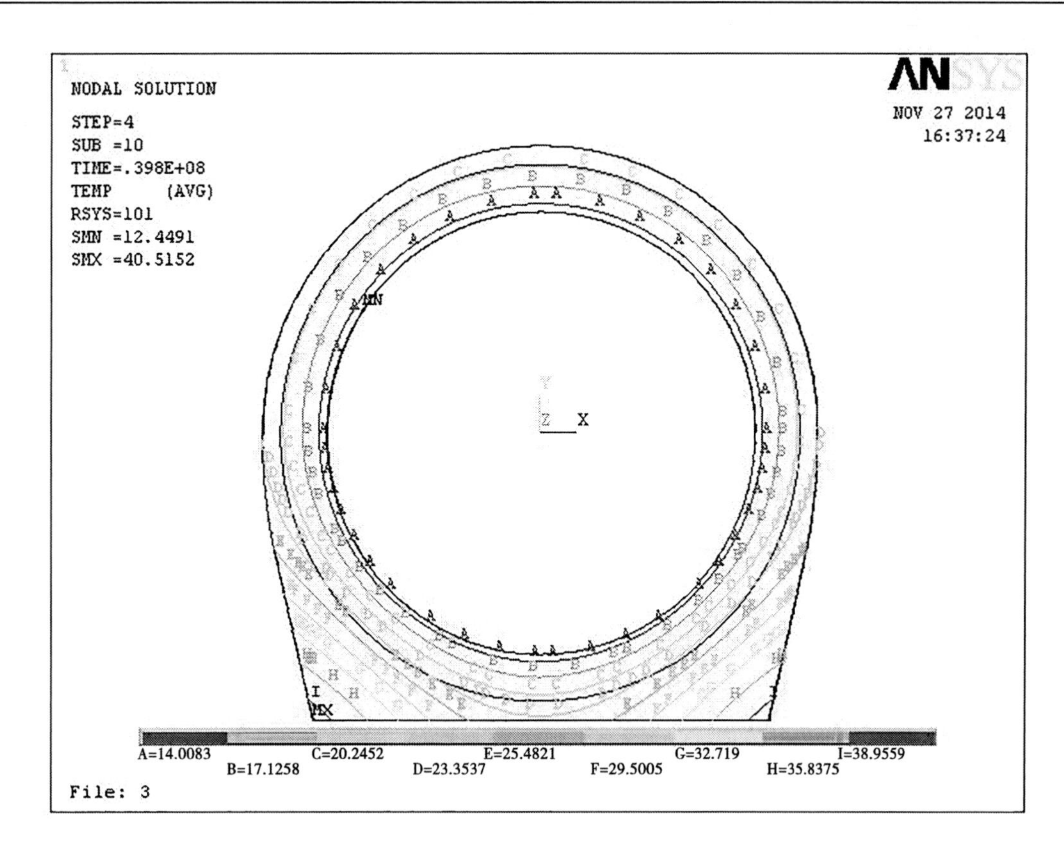

图 5-56　通水后 10 d 衬砌结构的温度场

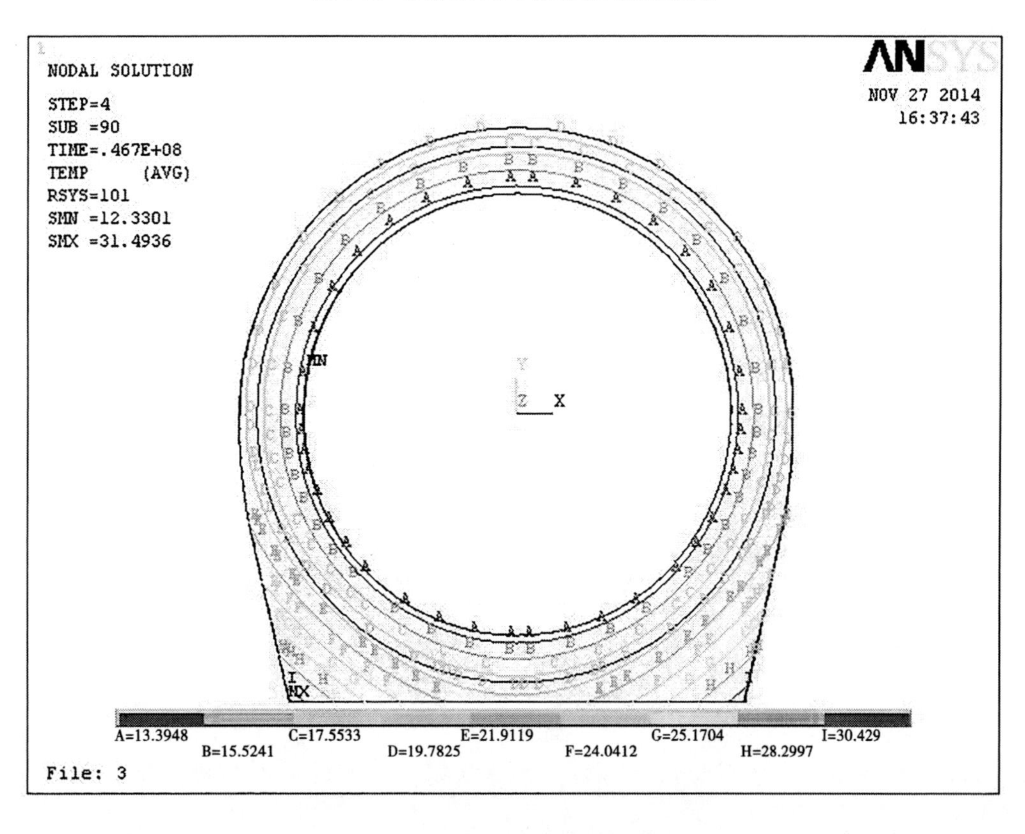

图 5-57　通水后 90 d 衬砌结构的温度场

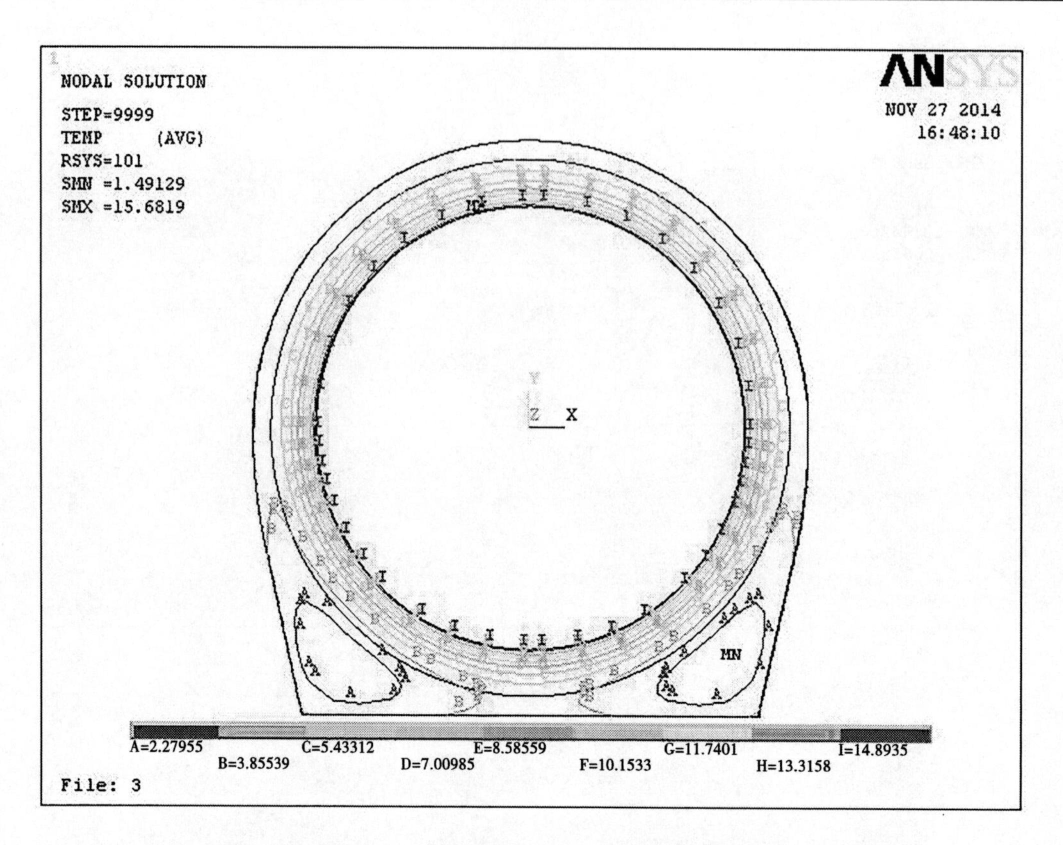

图 5-58　浇筑混凝土与空气热交换 1 d 后与混凝土浇筑温度差的温度场

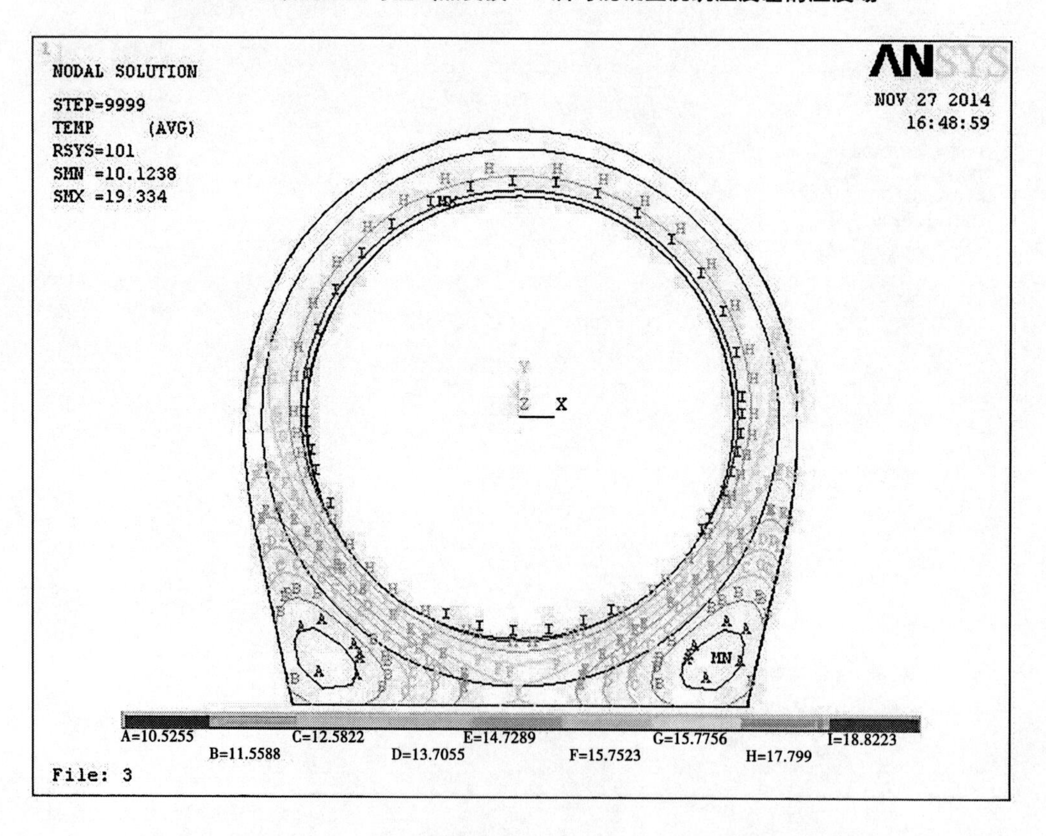

图 5-59　浇筑混凝土与空气热交换 5 d 后与混凝土浇筑温度差的温度场

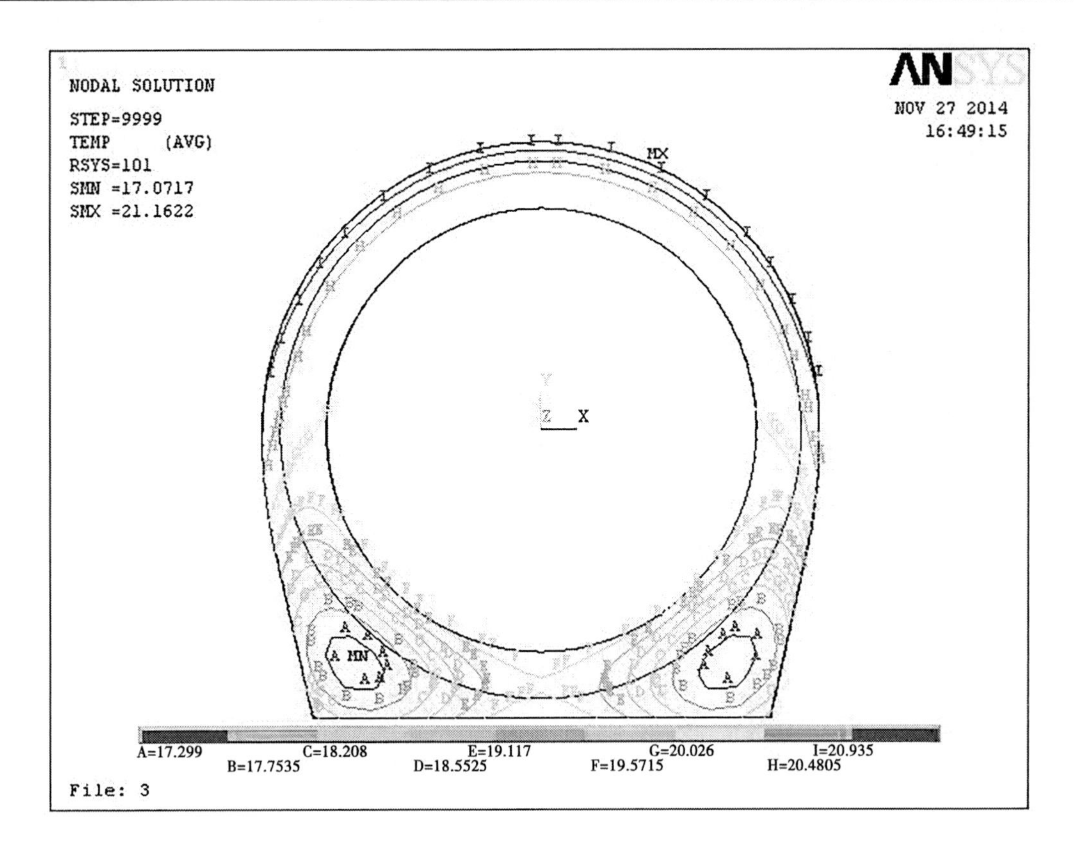

图5-60 浇筑混凝土与空气热交换10 d后与混凝土浇筑温度差的温度场

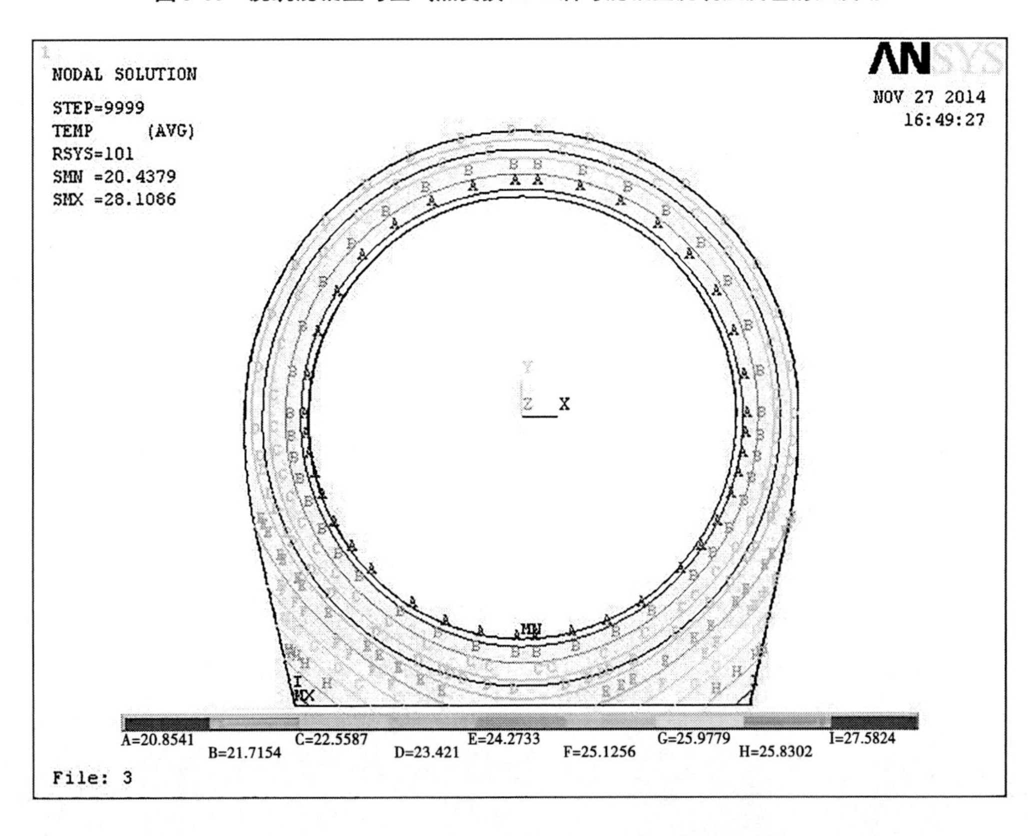

图5-61 浇筑混凝土与空气热交换90 d后与混凝土浇筑温度差的温度场

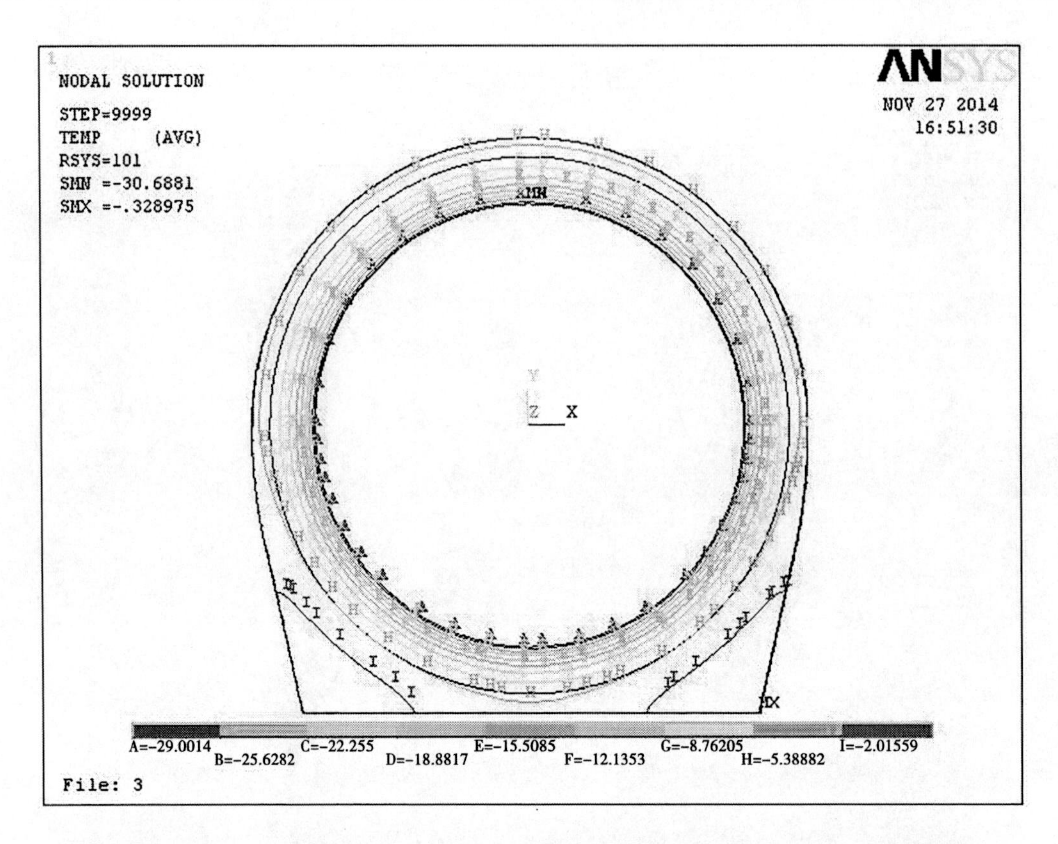

图 5-62 通水后 1 d 衬砌结构相对通水前衬砌结构与空气热交换 90 d 后温度差的温度场

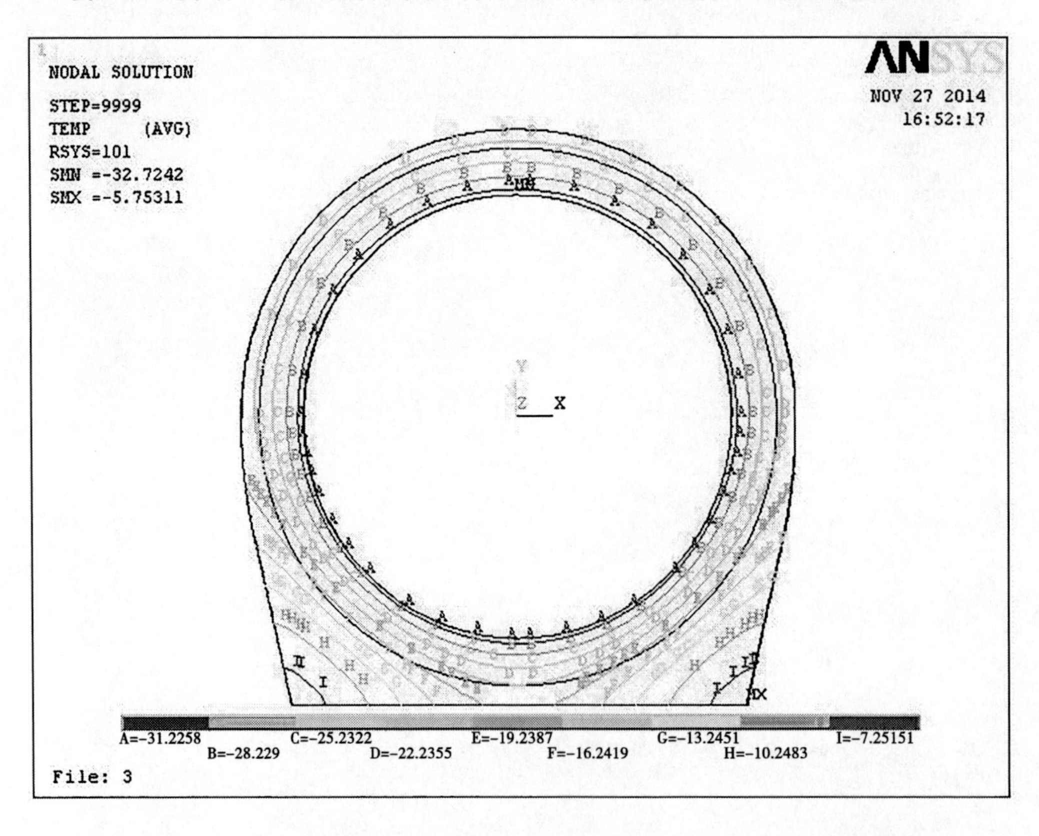

图 5-63 通水后 5 d 衬砌结构相对通水前衬砌结构与空气热交换 90 d 后温度差的温度场

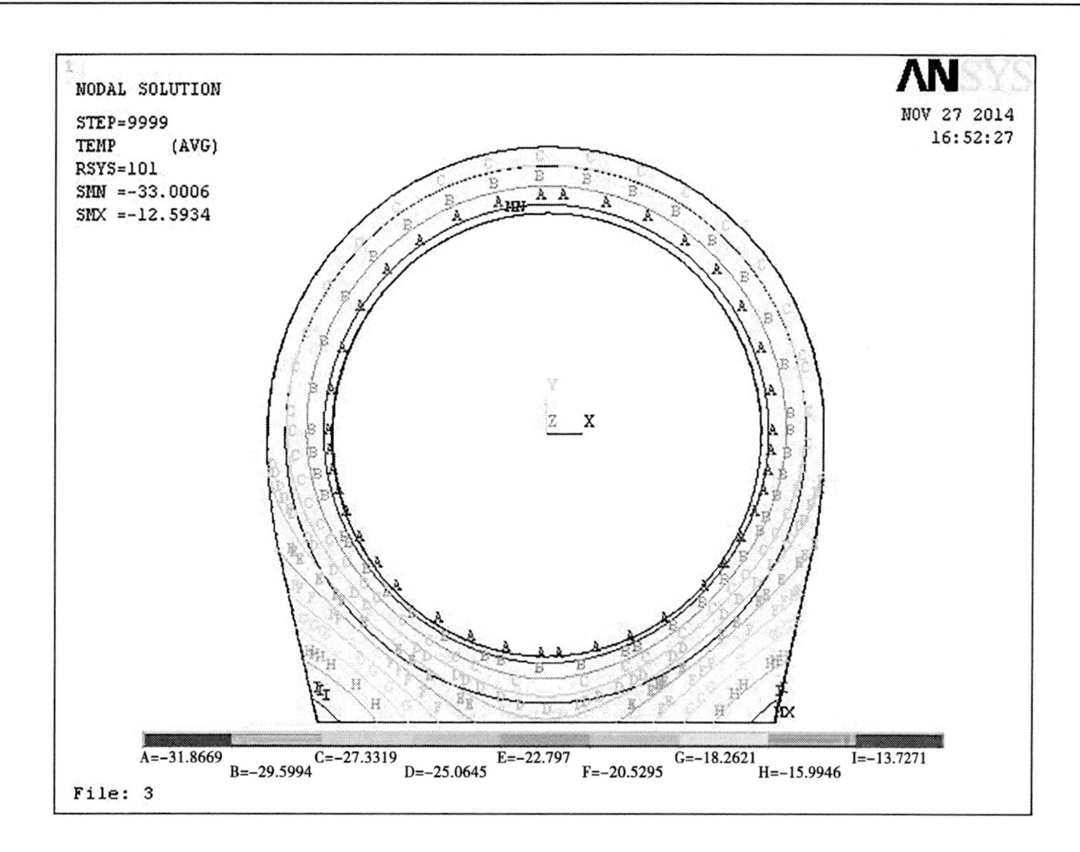

图 5-64　通水后 10 d 衬砌结构相对通水前衬砌结构与空气热交换 90 d 后温度差的温度场

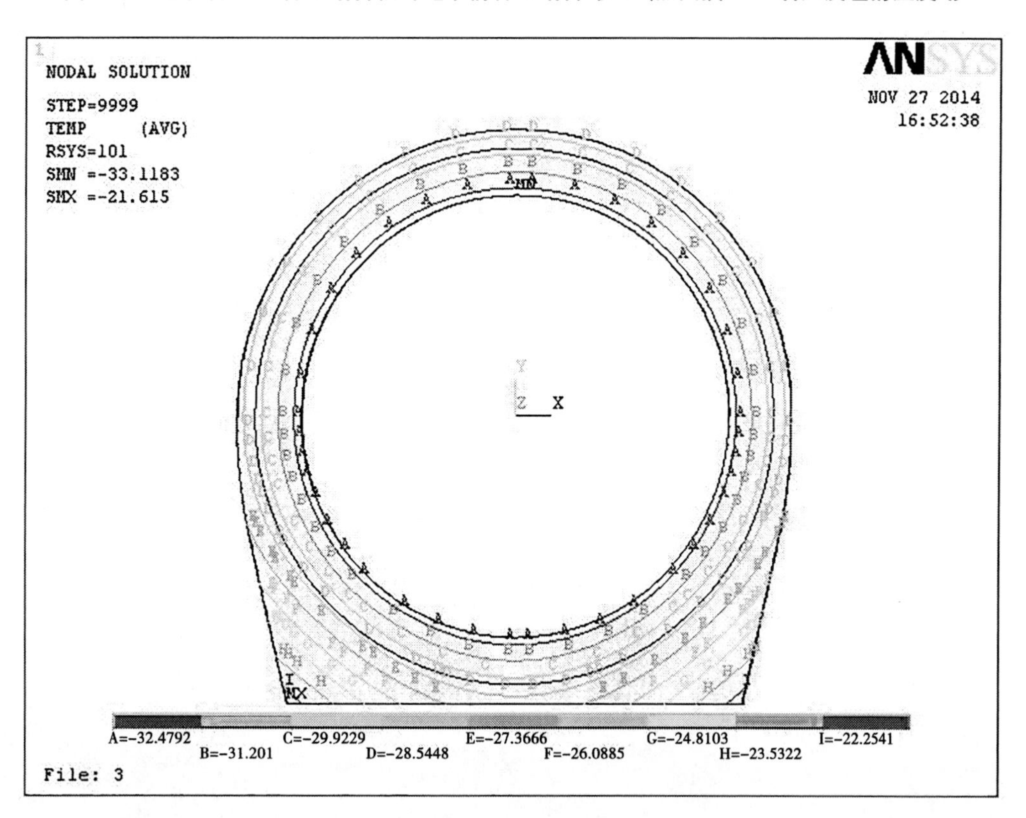

图 5-65　通水后 90 d 衬砌结构相对通水前衬砌结构与空气热交换 90 d 后温度差的温度场

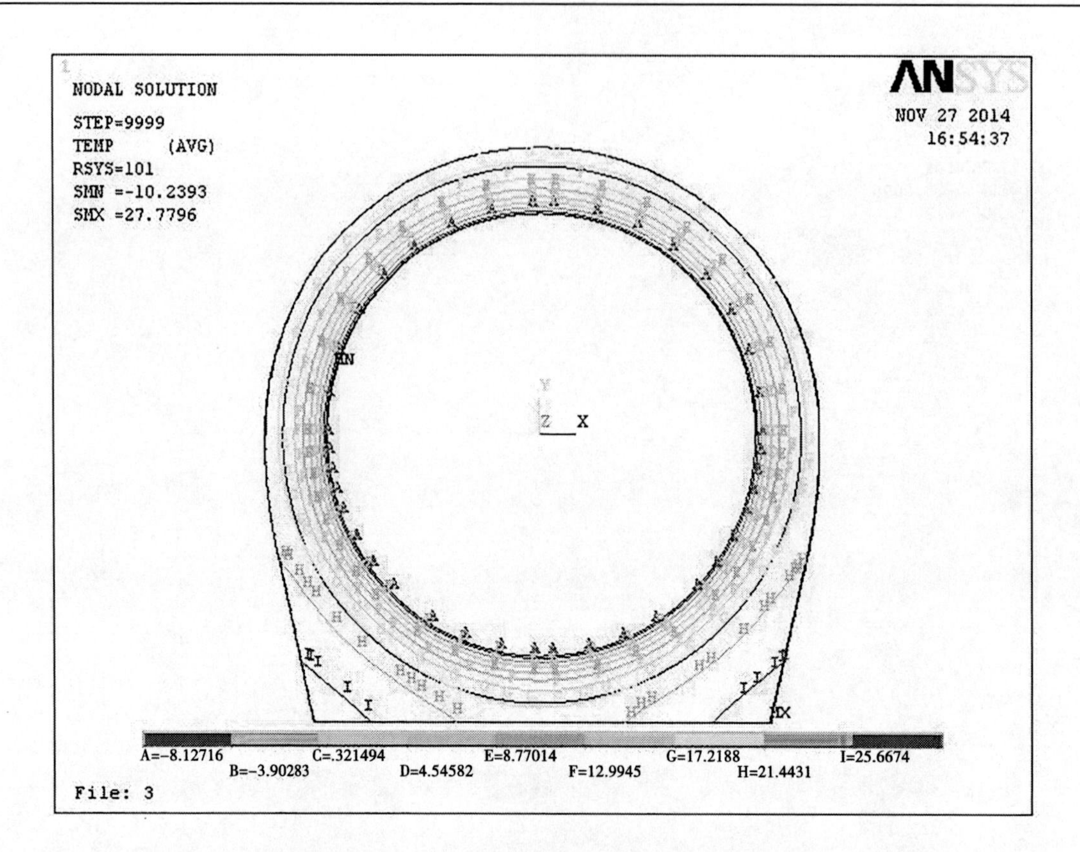

图 5-66 通水后 1 d 衬砌结构相对混凝土浇筑温度的差

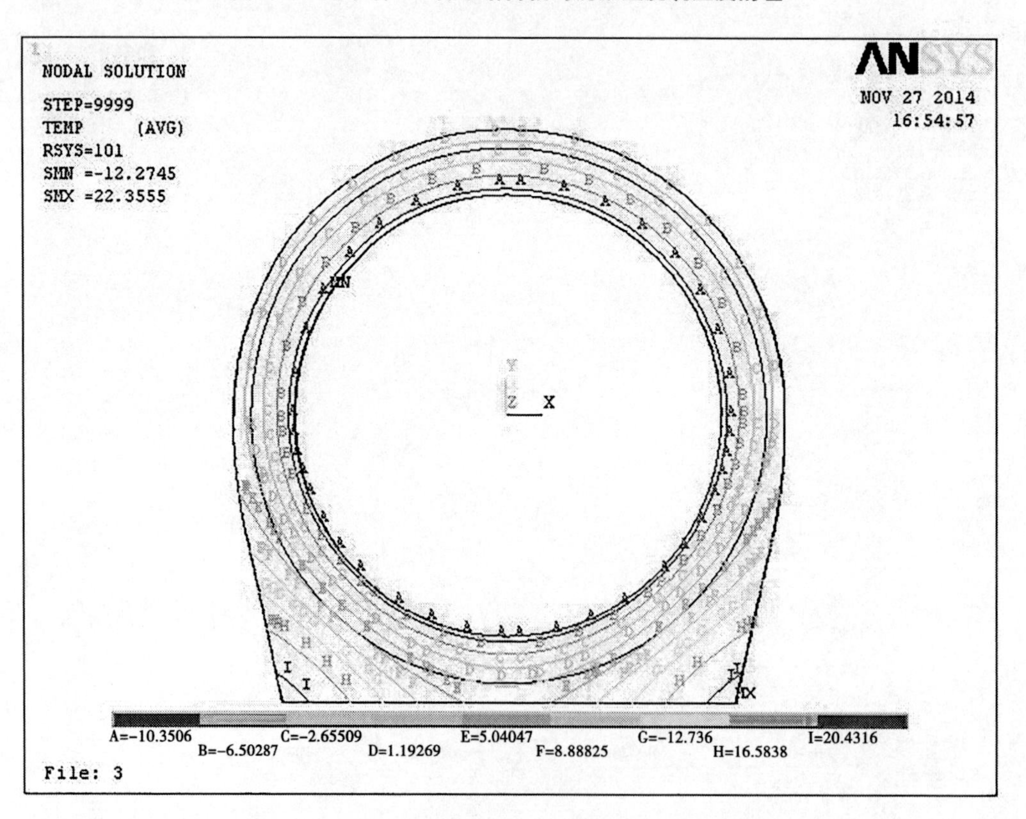

图 5-67 通水后 5 d 衬砌结构相对混凝土浇筑温度的差

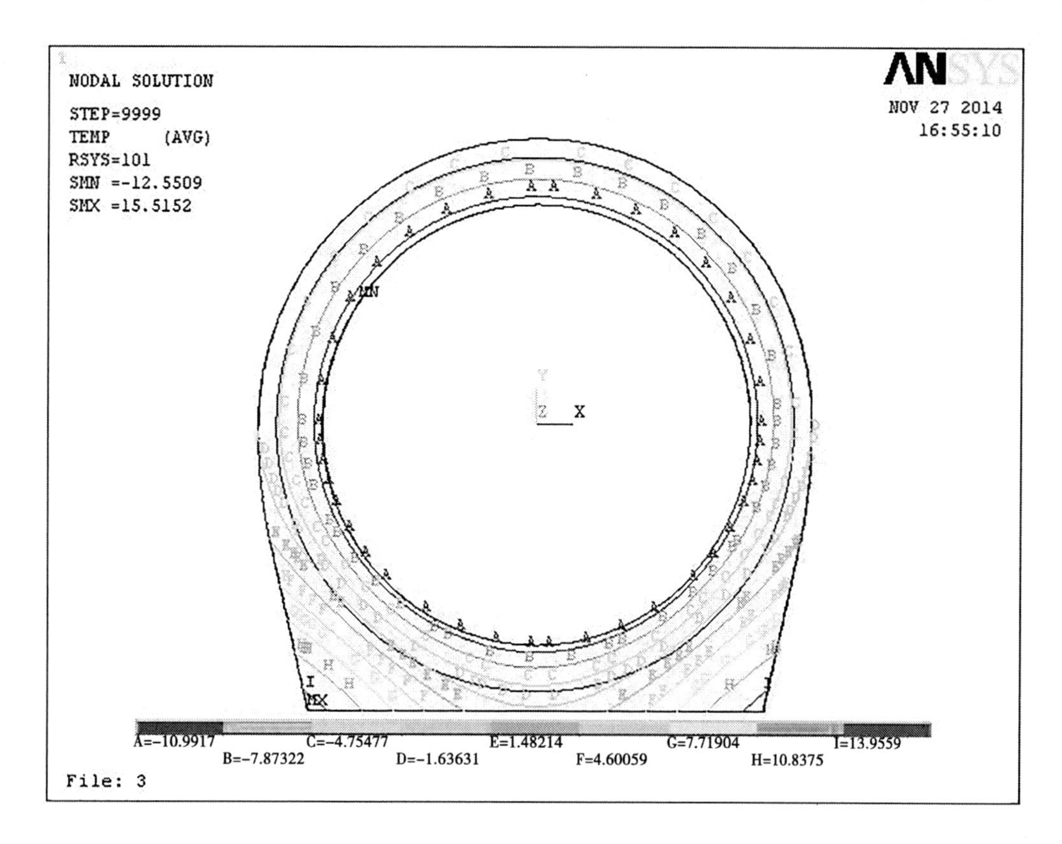

图 5-68　通水后 10 d 衬砌结构相对混凝土浇筑温度的差

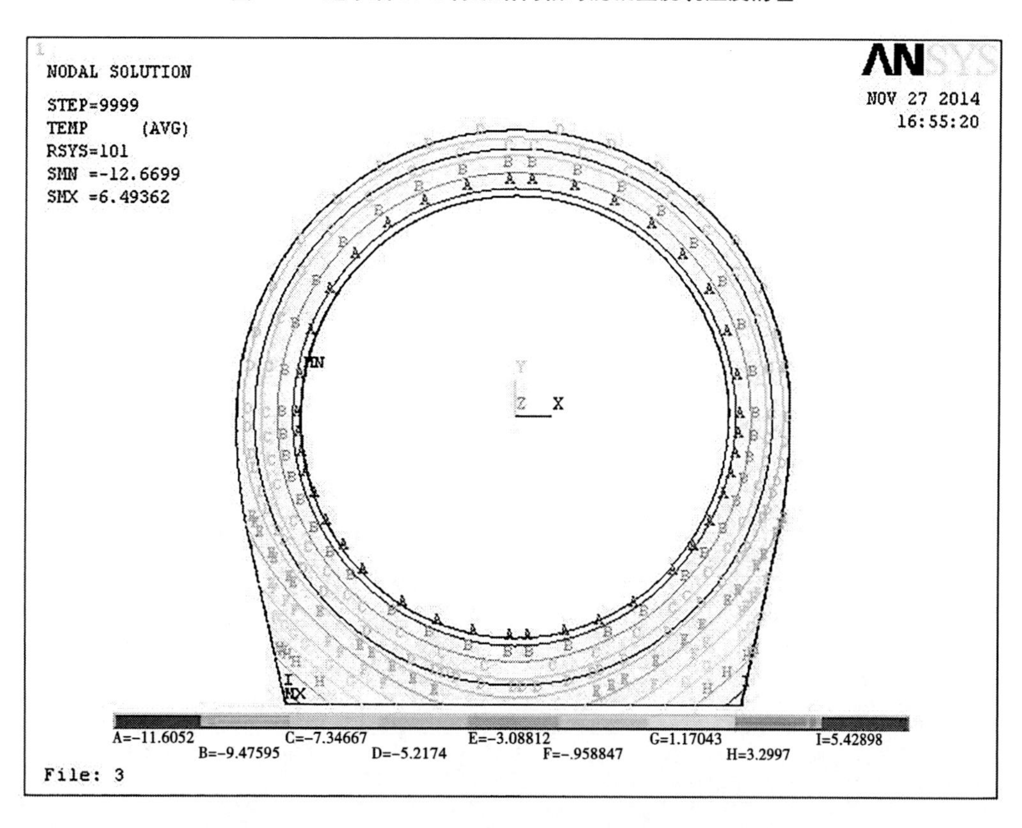

图 5-69　通水后 90 d 衬砌结构相对混凝土浇筑温度的差

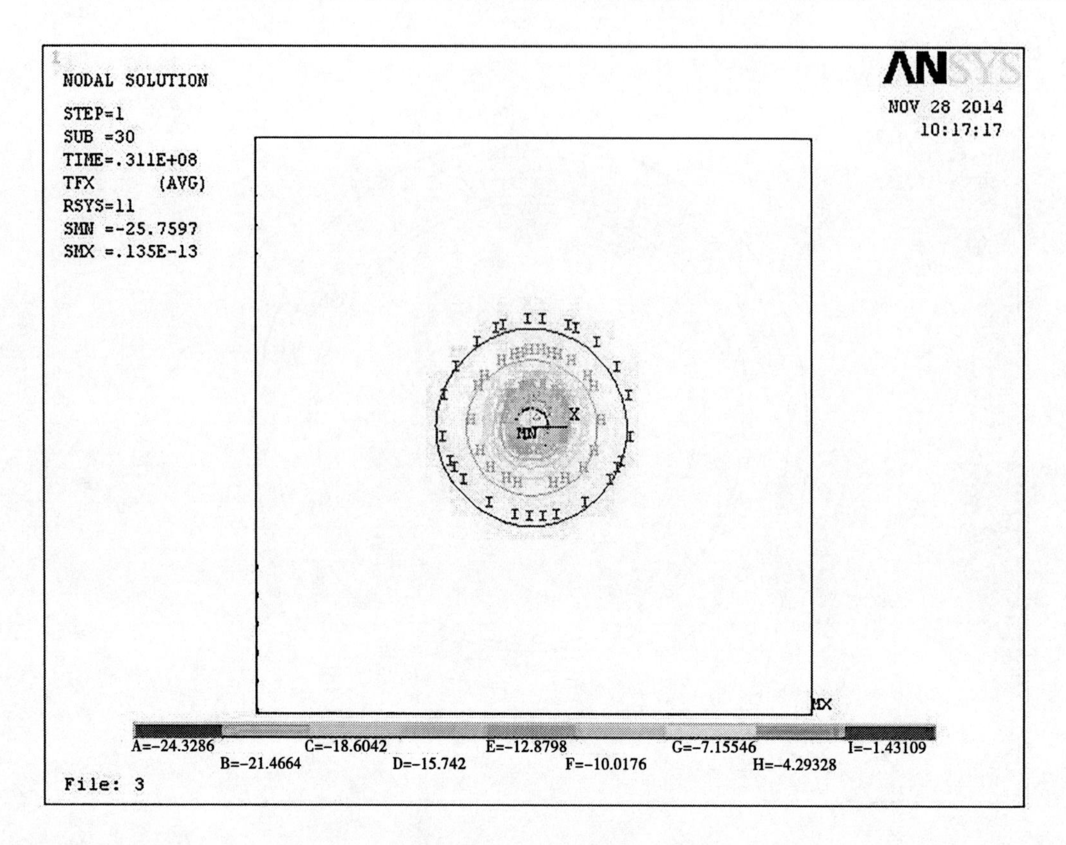

图 5-70 围岩开挖后 1 a 的径向热流密度场

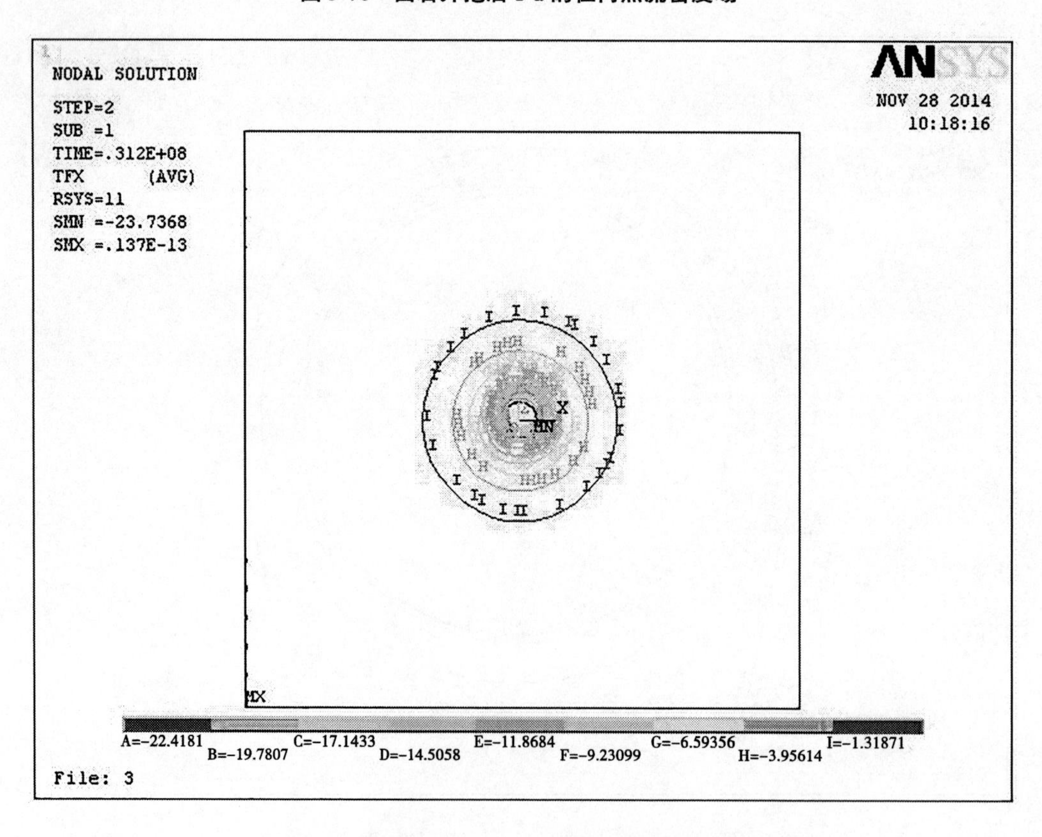

图 5-71 浇筑混凝土 1 d 后围岩的径向热流密度场

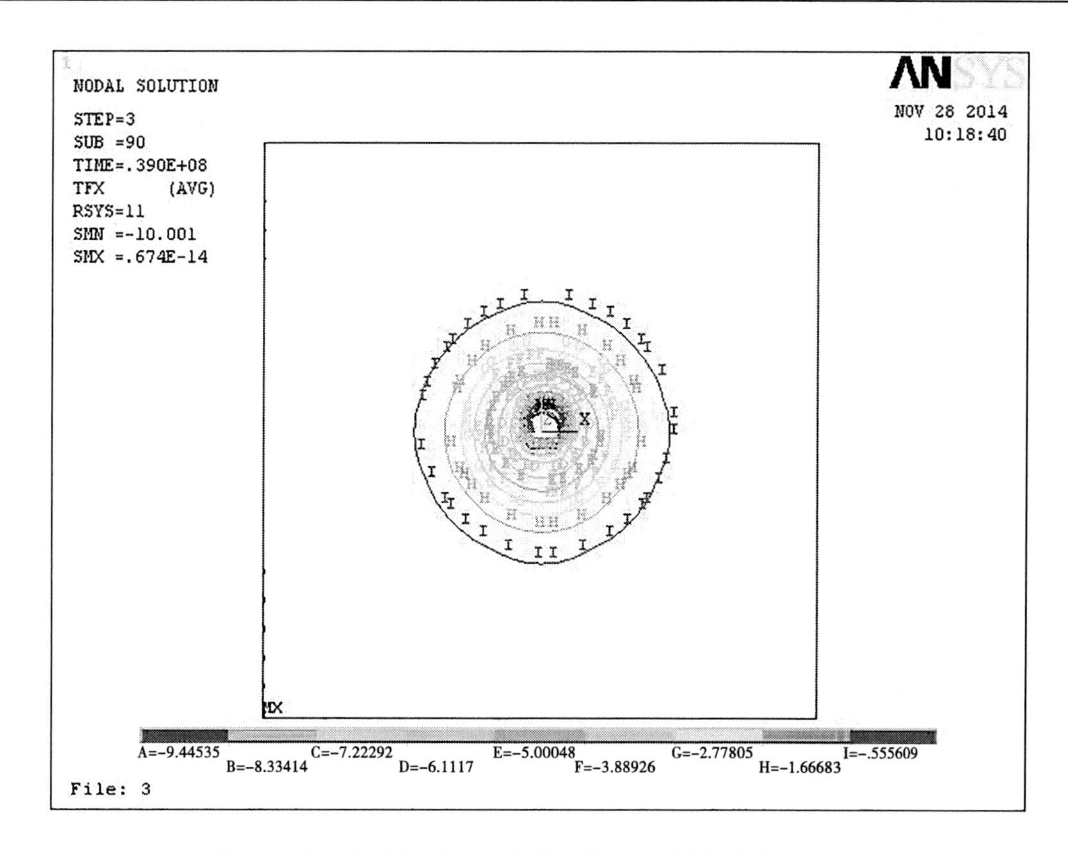

图5-72 围岩在衬砌结构与空气热交换90 d后的径向热流密度场

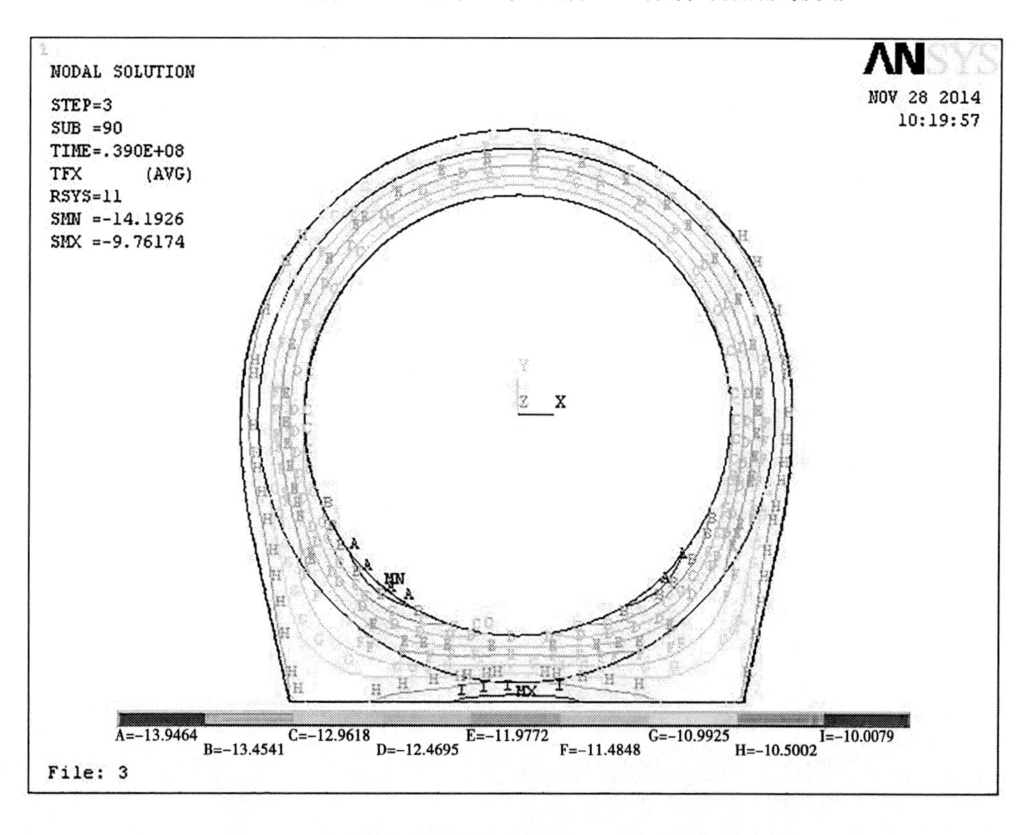

图5-73 衬砌结构与空气热交换90 d后的径向热流密度场

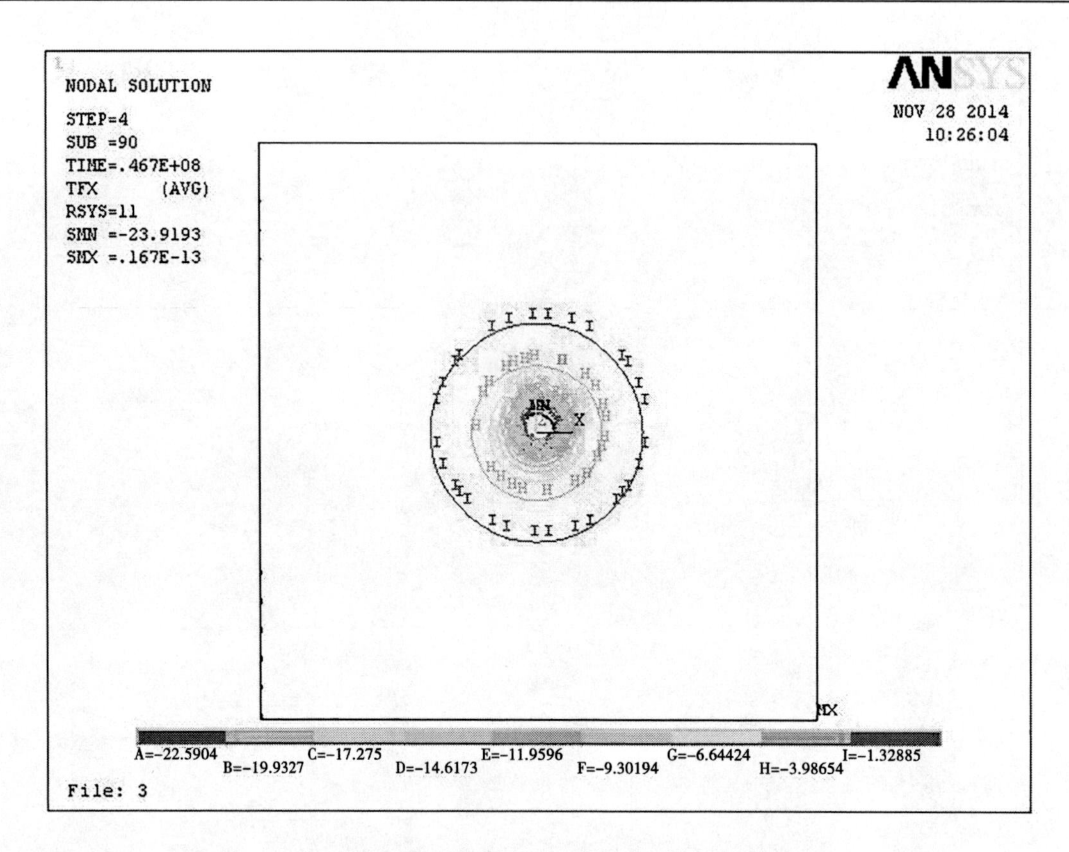

图 5-74　围岩在衬砌结构与水热交换 90 d 后的径向热流密度场

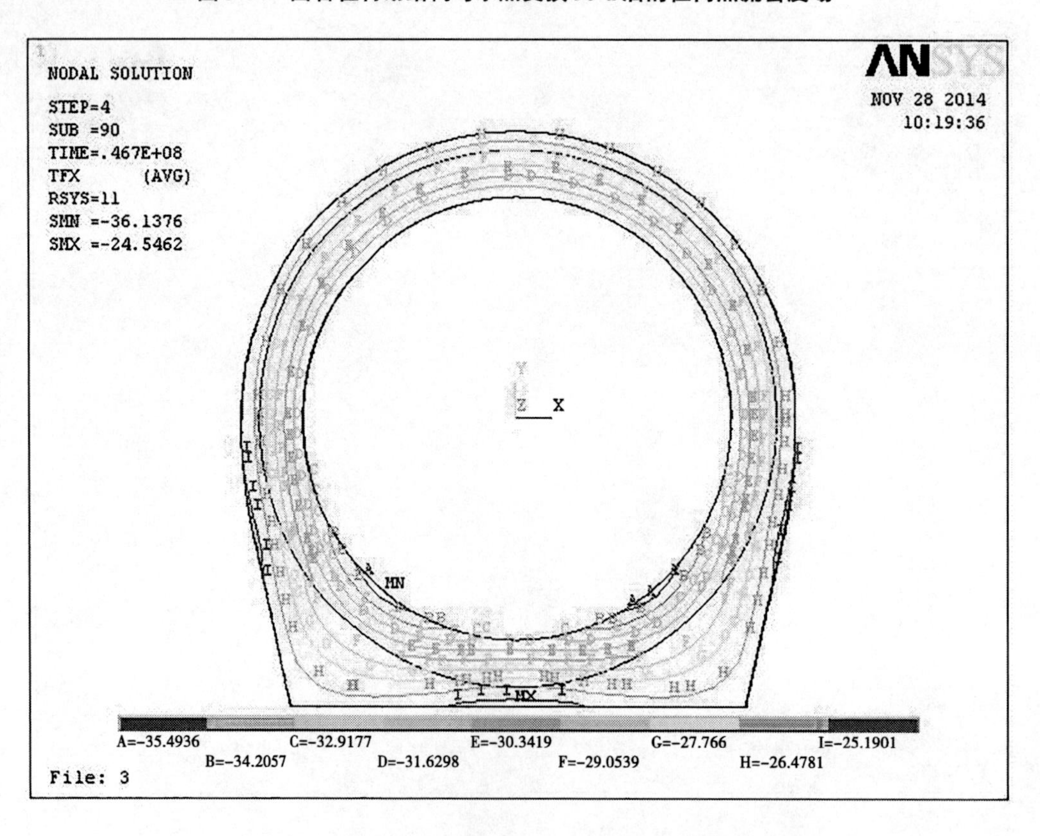

图 5-75　衬砌结构与水热交换 90 d 后的径向热流密度场

5.7.2　钢筋混凝土衬砌热-结构耦合分析

温度作用包括均匀温降和内外温差两部分。均匀温降为通水前衬砌与空气形成的稳定温度场与通水后衬砌与水流形成的稳定温度场,两者衬砌平均温度的差值。内外温差为通水后衬砌内外两侧的温度差。

建立有限元模型,模拟该洞段衬砌的温度场,并通过热-结构耦合方式,求出衬砌在温度场影响下的结构应力分布,如图 5-76~图 5-90 所示。

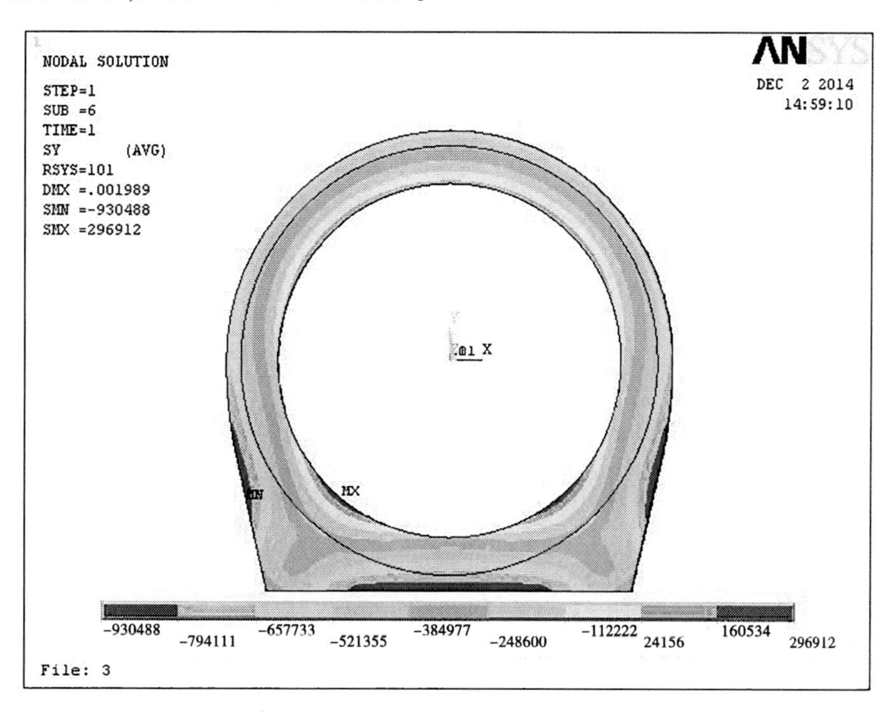

图 5-76　通水后 1 d 衬砌结构均匀温降的环向应力　(单位:Pa)

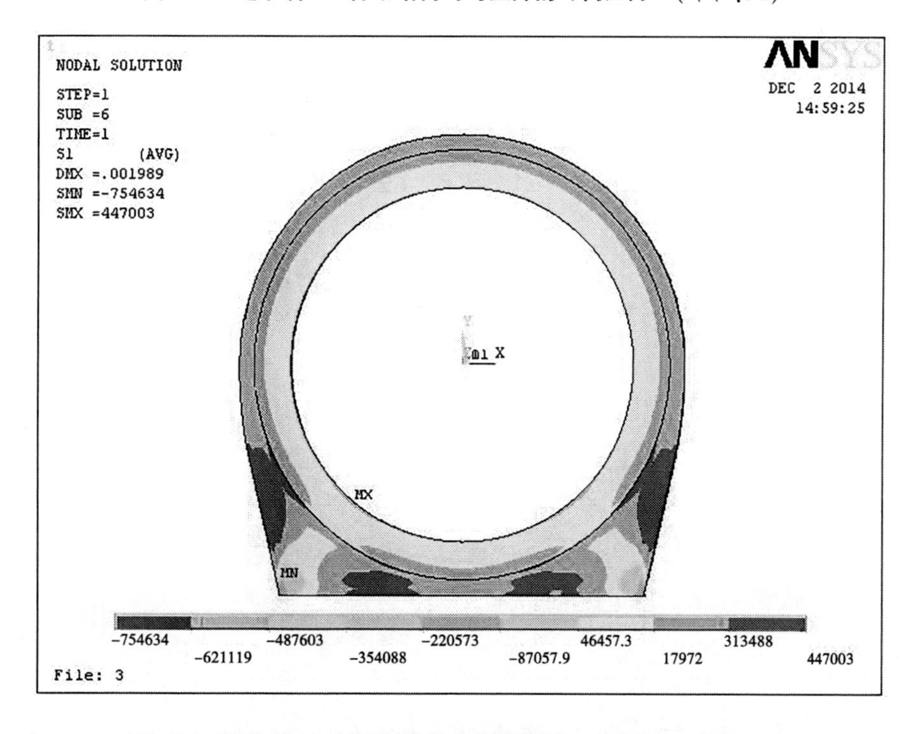

图 5-77　通水后 1 d 衬砌结构均匀温降的第一主应力　(单位:Pa)

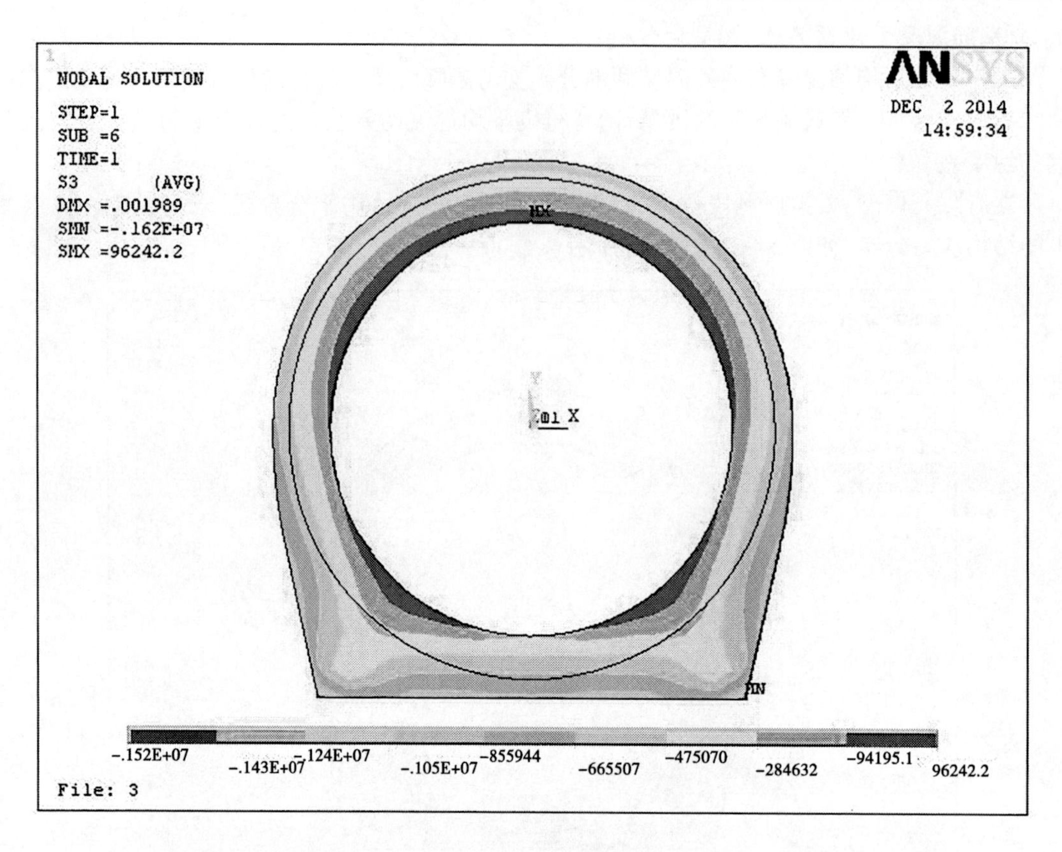

图 5-78　通水后 1 d 衬砌结构均匀温降的第三主应力　(单位:Pa)

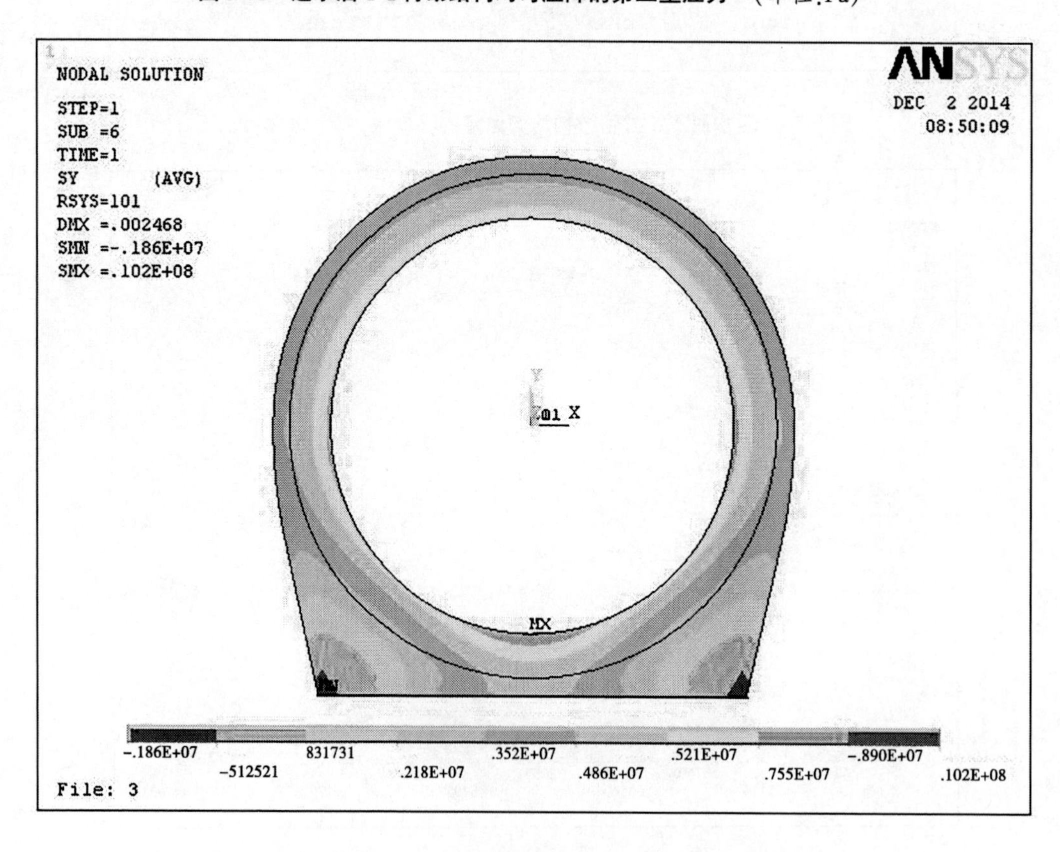

图 5-79　通水后 5 d 衬砌结构均匀温降的环向应力　(单位:Pa)

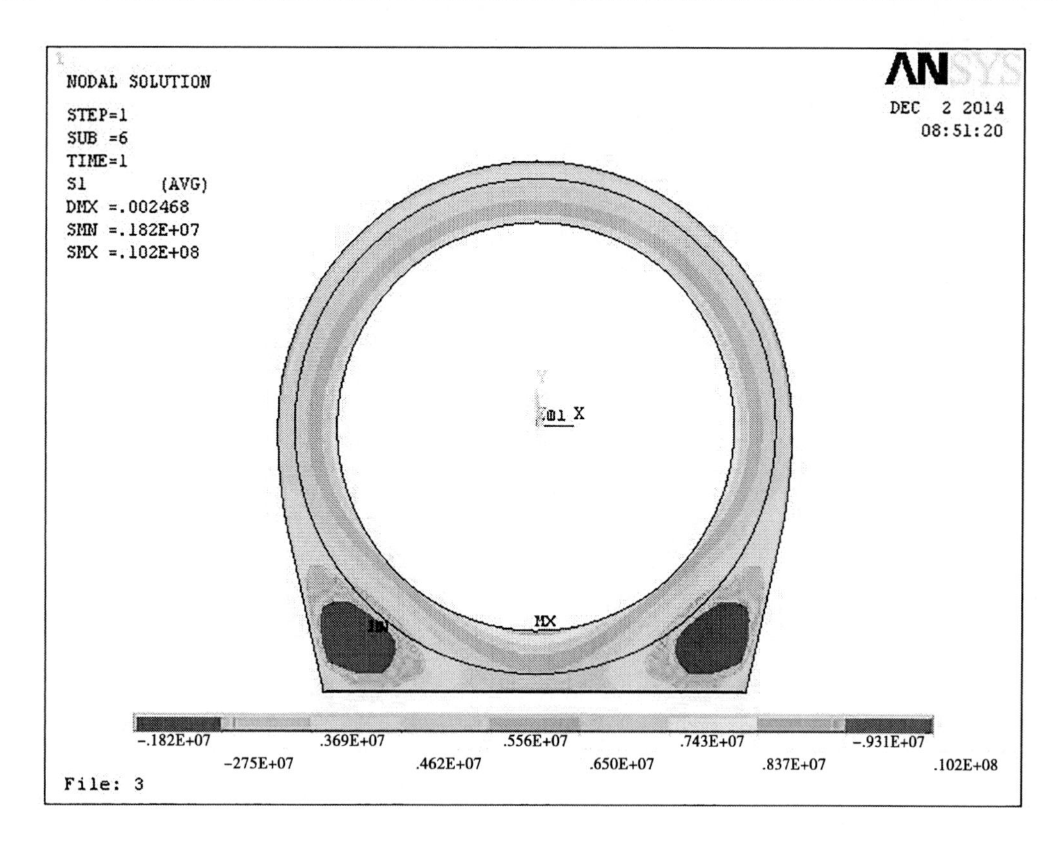

图 5-80　通水后 5 d 衬砌结构均匀温降的第一主应力　(单位:Pa)

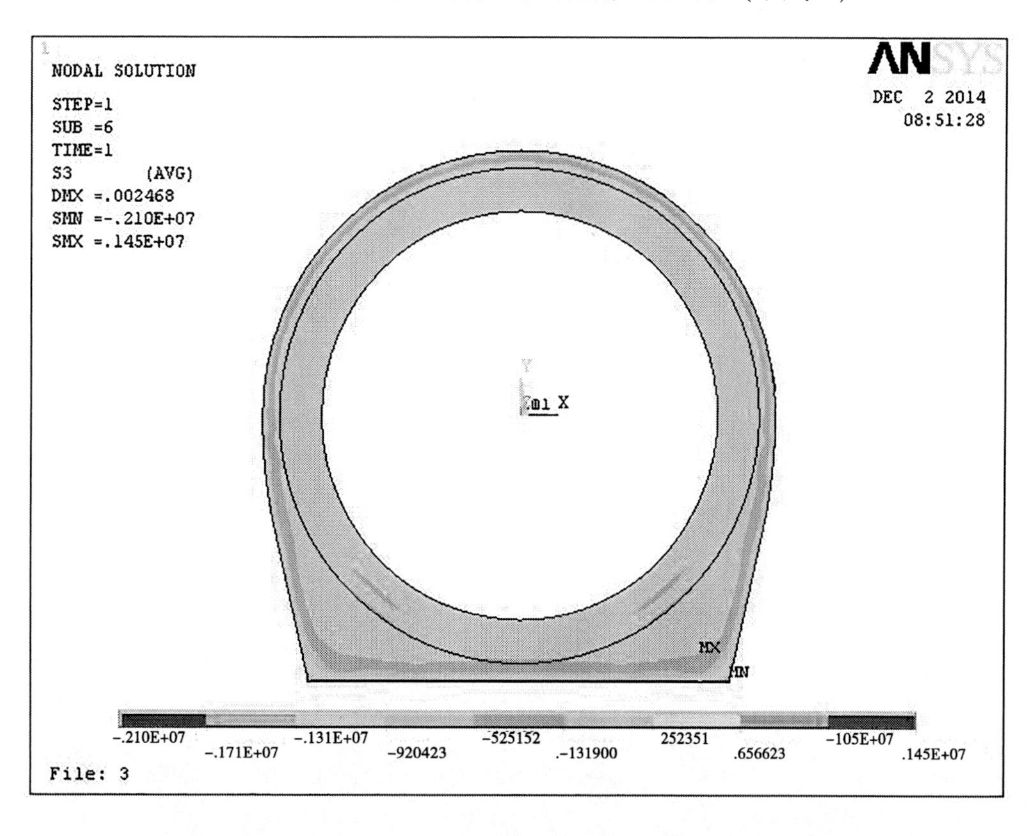

图 5-81　通水后 5 d 衬砌结构均匀温降的第三主应力　(单位:Pa)

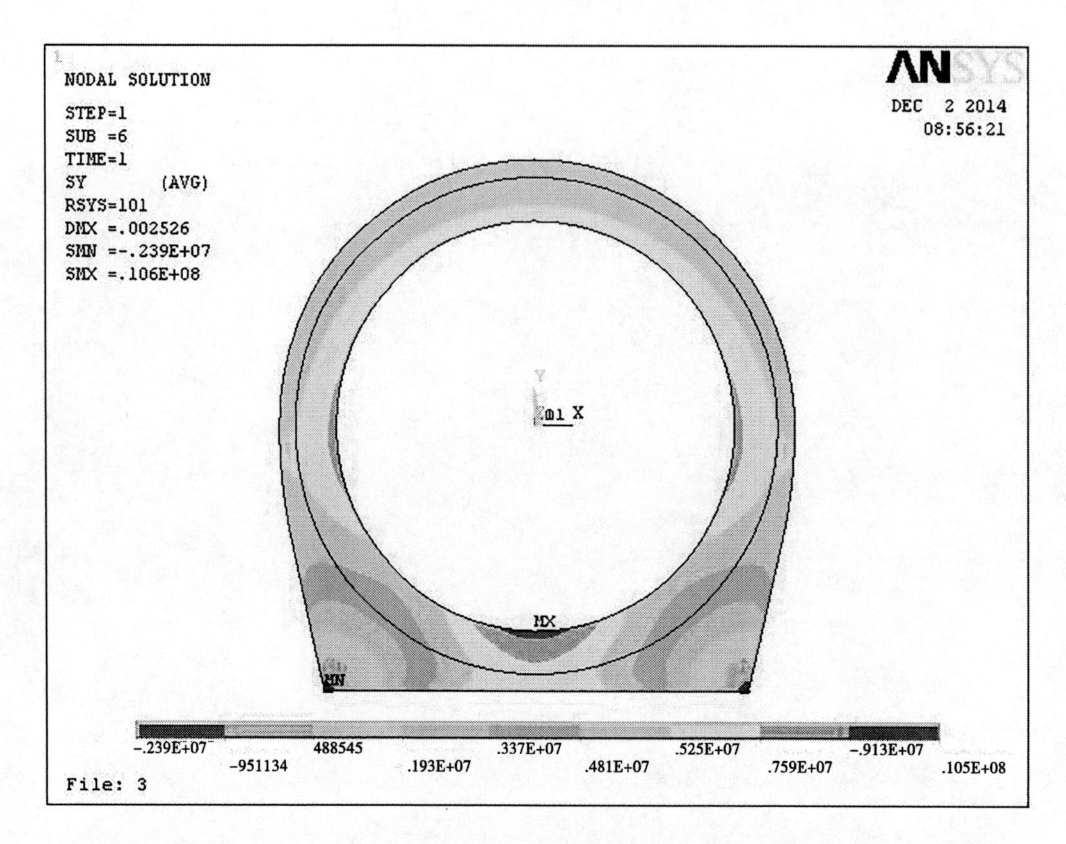

图 5-82　通水后 90 d 衬砌结构均匀温降的环向应力　(单位:Pa)

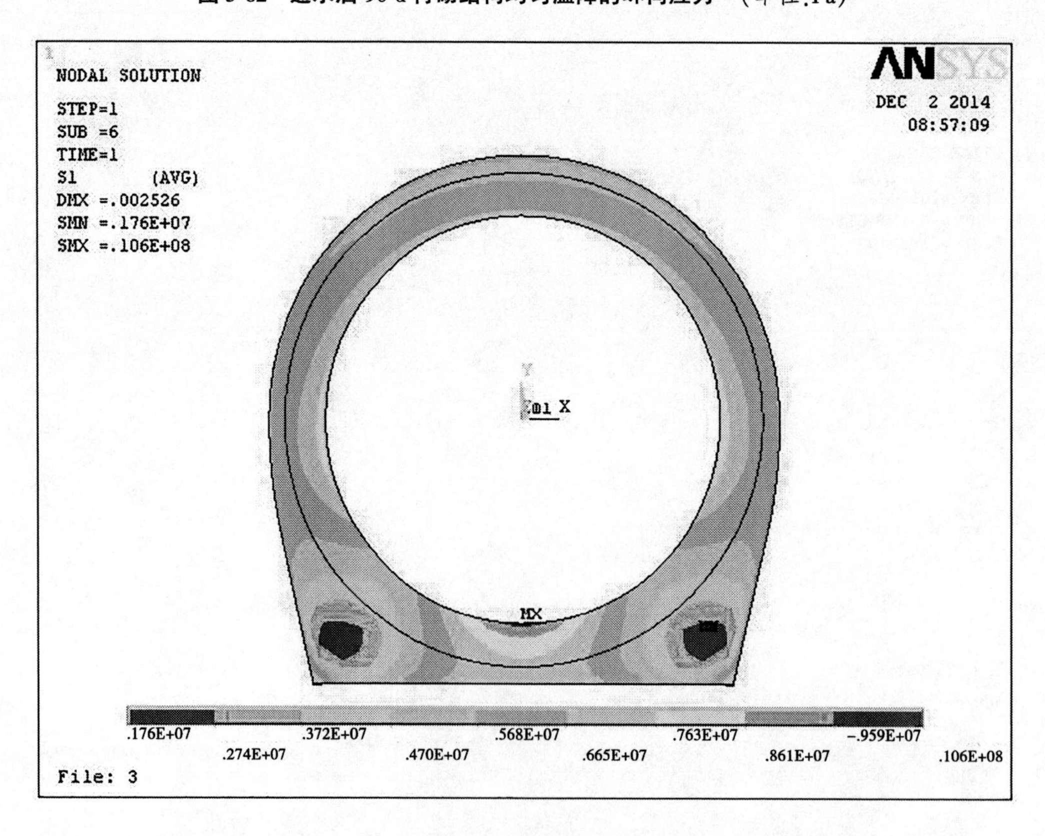

图 5-83　通水后 90 d 衬砌结构均匀温降的第一主应力　(单位:Pa)

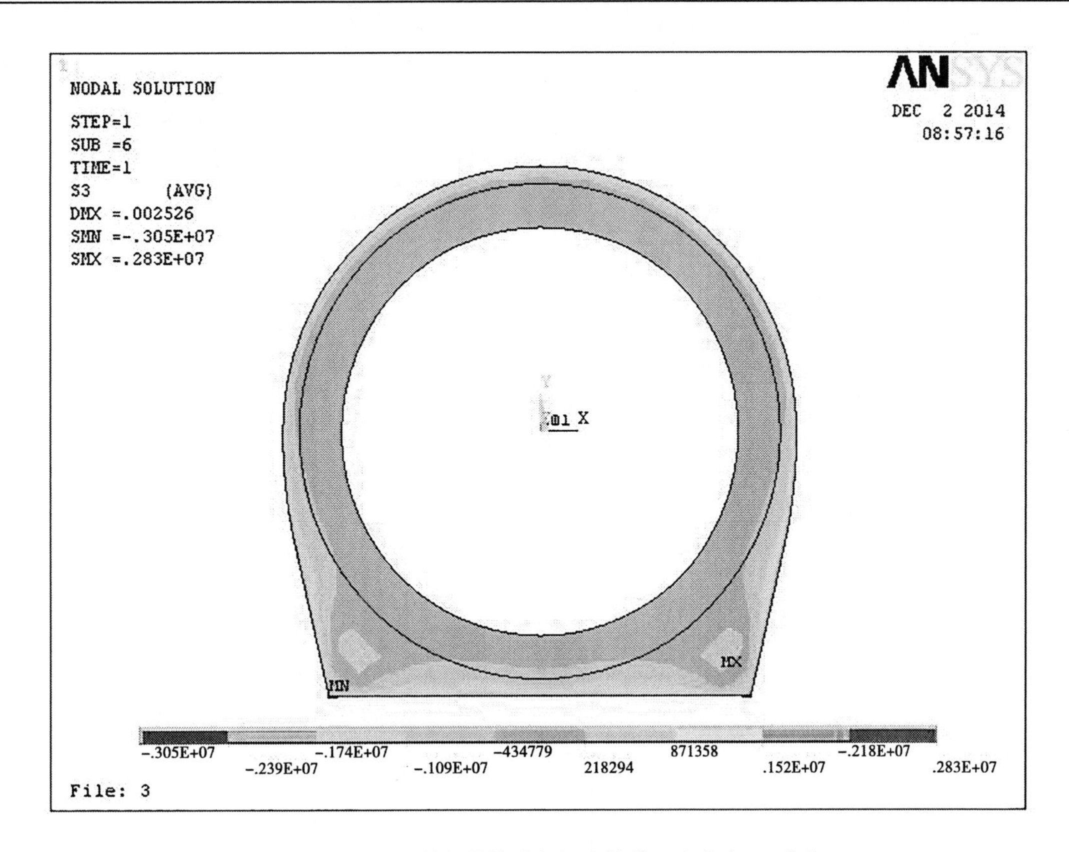

图 5-84　通水后 90 d 衬砌结构均匀温降的第三主应力　（单位：Pa）

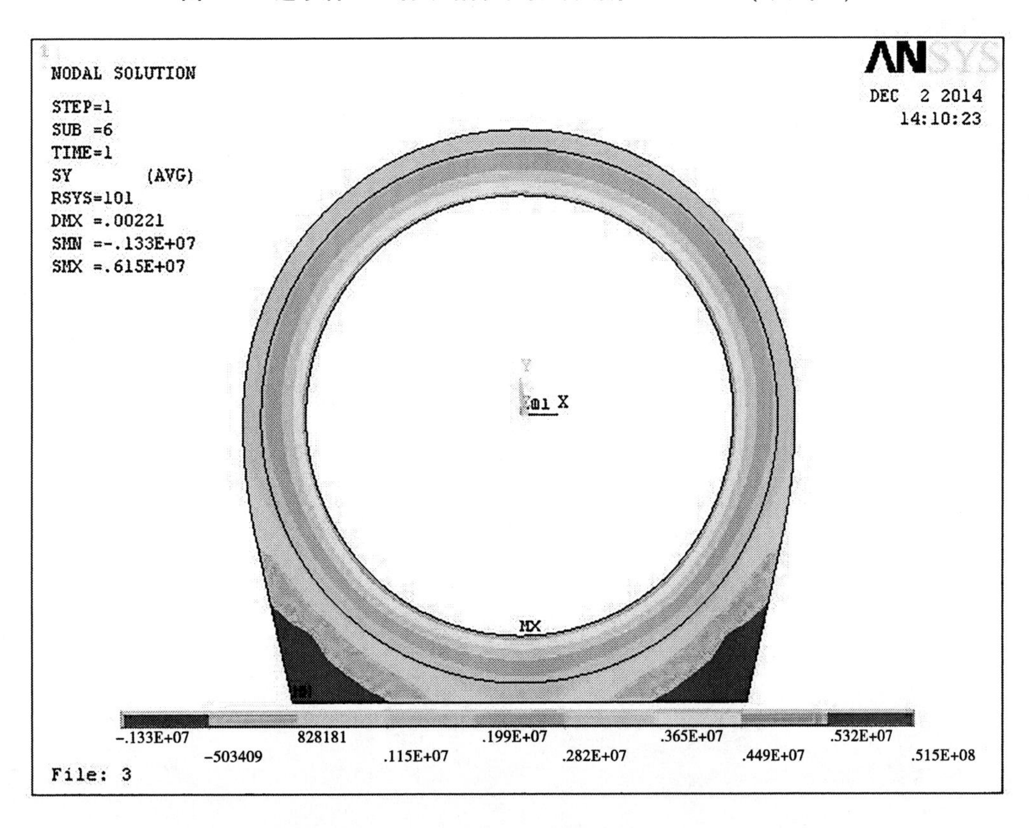

图 5-85　通水后 5 d 衬砌结构内外温差的环向应力　（单位：Pa）

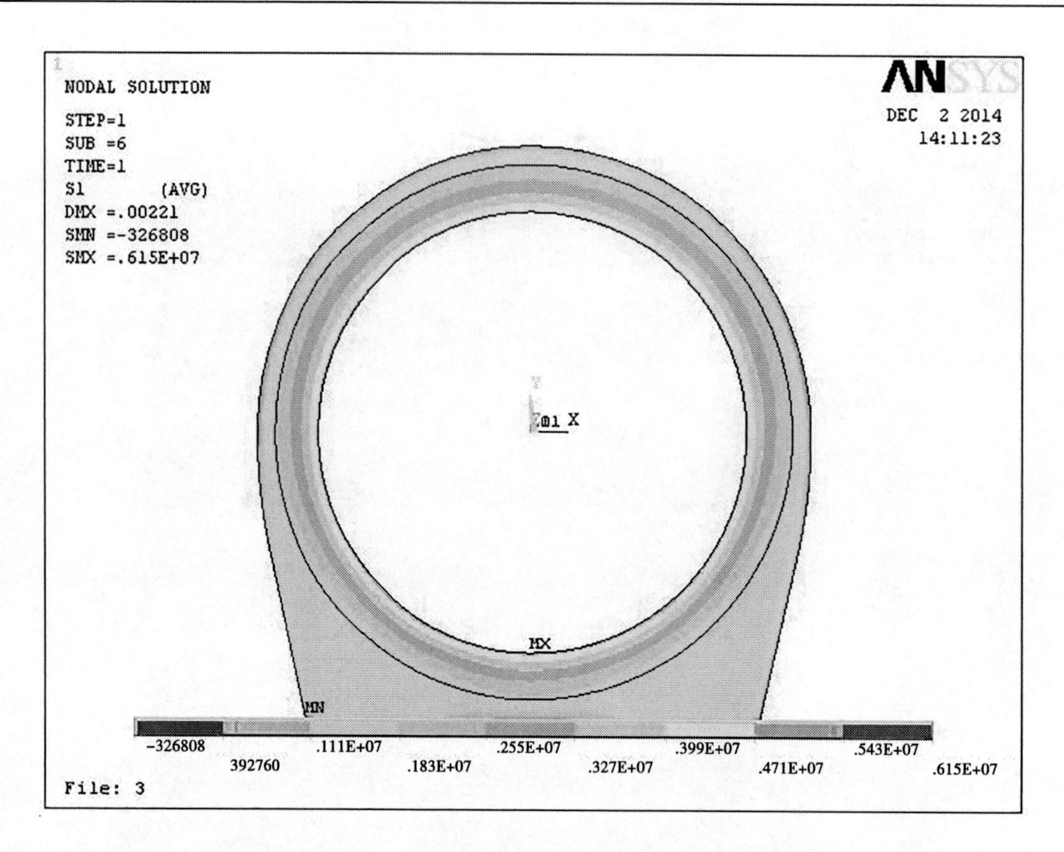

图 5-86 通水后 5 d 衬砌结构内外温差的第一主应力 （单位:Pa)

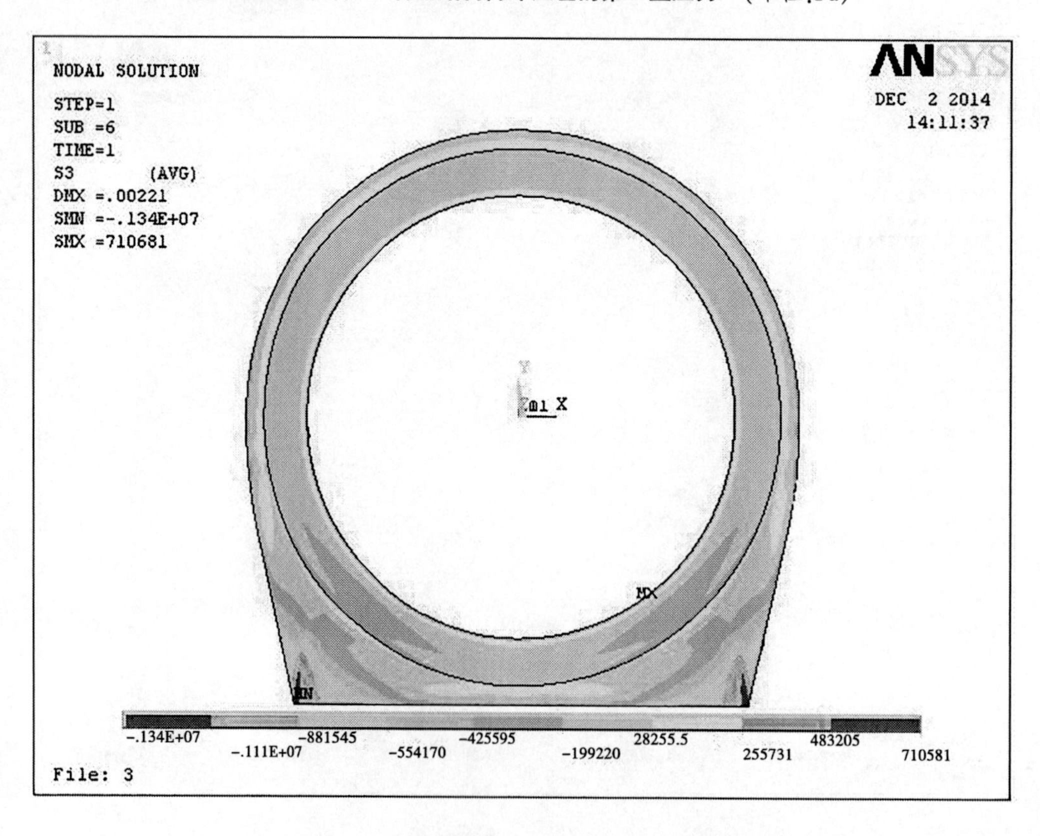

图 5-87 通水后 5 d 衬砌结构内外温差的第三主应力 （单位:Pa)

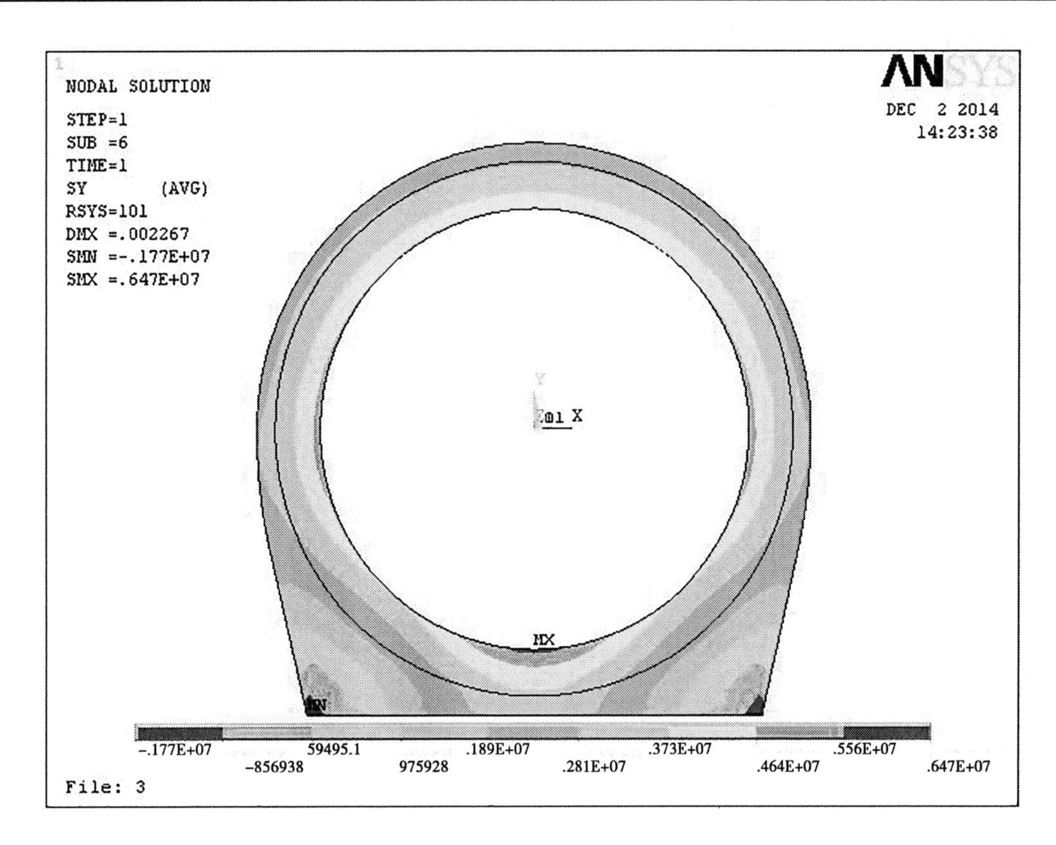

图 5-88　通水后 90 d 衬砌结构内外温差的环向应力　(单位:Pa)

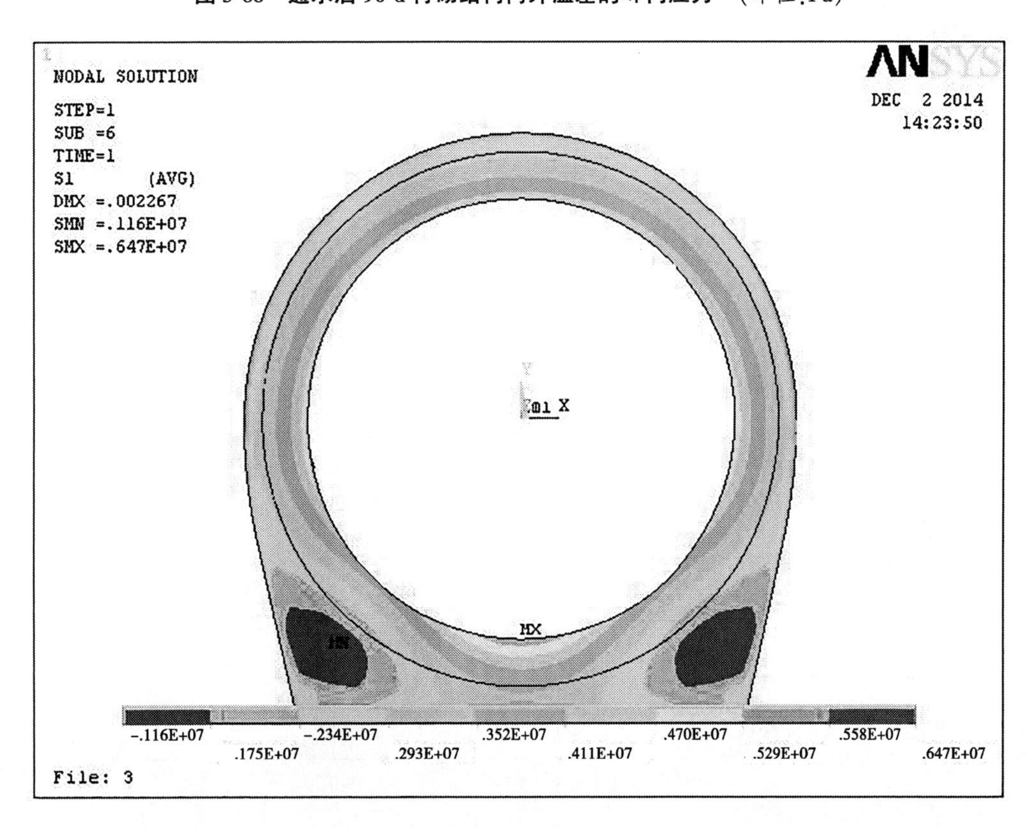

图 5-89　通水后 90 d 衬砌结构内外温差的第一主应力　(单位:Pa)

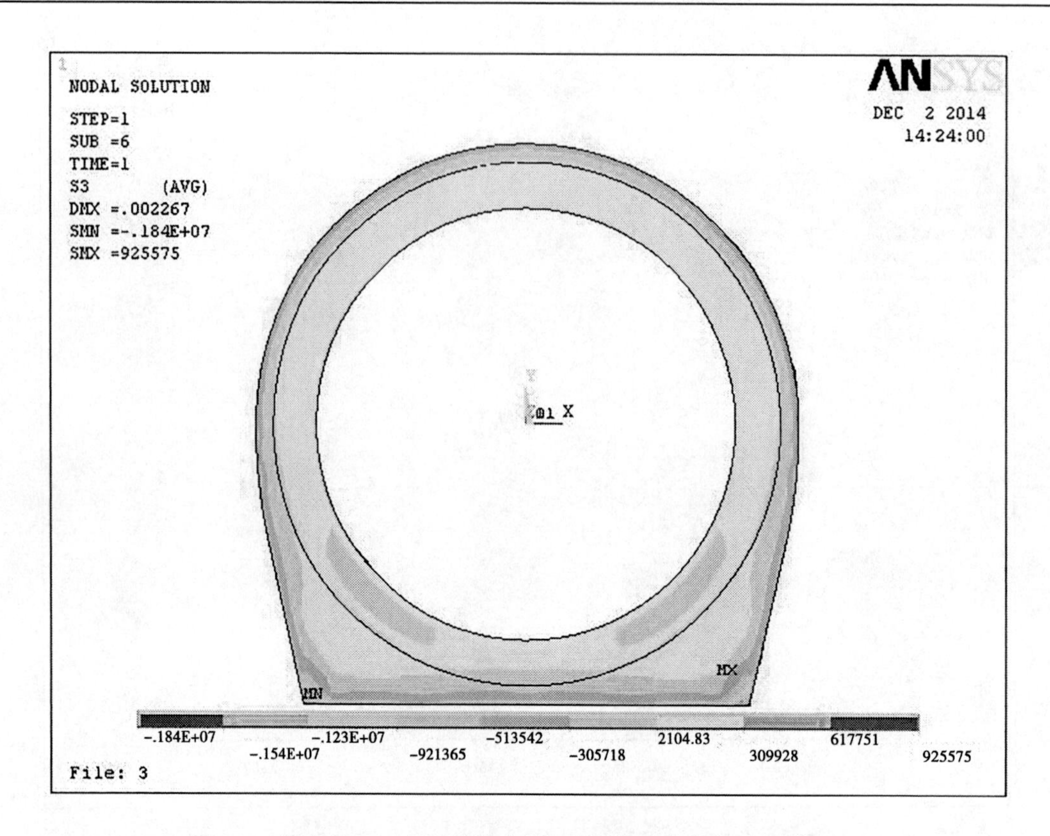

图 5-90　通水后 90 d 衬砌结构内外温差的第三主应力　（单位：Pa）

在温度荷载作用下，根据混凝土衬砌应力计算结果对衬砌进行配筋，结果见表 5-49、表 5-50。

表 5-49　通水后 n 天衬砌结构相对通水前衬砌与空气稳定温度场的差的应力及配筋

通水后天数	衬砌结构位置	合成应力/kN	安全系数	钢筋抗拉强度/MPa	计算配筋面积/mm²	选配钢筋	选配钢筋面积/mm²
5 d	洞底	3 772.919	1.2	300	15 091	15Φ36	15 268
	洞腰	3 559.774	1.2	300	14 239	15Φ36	15 268
90 d	洞底	4 376.388	1.2	300	17 505	10Φ36+10Φ32	18 221
	洞腰	3 954.593	1.2	300	15 818	15Φ36	15 268

表 5-50　通水后 n 天衬砌结构相对混凝土浇筑温度的差的应力及配筋

通水后天数	衬砌结构位置	合成应力/kN	安全系数	钢筋抗拉强度/MPa	计算配筋面积/mm²	选配钢筋	选配钢筋面积/mm²
5 d	洞底	1 833.262	1.2	300	7 333	10Φ32	8 042
	洞腰	1 856.892	1.2	300	7 428	10Φ32	8 042
90 d	洞底	2 436.863	1.2	300	9 747	10Φ36	10 179
	洞腰	2 251.730	1.2	300	9 007	10Φ36	10 179

5.7.3　高地温洞段衬砌结构设计

高地温洞段的热-结构耦合分析结果表明：考虑高地温影响时，衬砌结构应力主要由温度场产生，混凝土浇筑后的洞内环境温度与隧洞过水温度相差越大，过水时温度场产生的应力则越大。由于温度场产生的拉应力值相当大(最大达 6.4 MPa),如将其作为不可消除荷载,衬砌结构所需的配筋量十分大。在不考虑高地温影响情况下,结构内应力大大降低。

在温度荷载作用下配置大量的钢筋并不能消除混凝土由于自身收缩引起的裂缝。《水工混凝土结构设计规范》(SL 191—2008)条文说明中第 11.1 节对混凝土结构在温度作用下的设计原则解释为:"研究分析表明,温度作用对超静定钢筋混凝土结构的裂缝宽度有显著的影响,但与结构最终承载力基本无关。因为裂缝开展较宽时,构件的变形就能满足温度胀缩的要求,温度应力也就基本上松弛消失。对超静定钢筋混凝土结构适当增配温度钢筋的目的主要是为了控制裂缝宽度"。

高地温洞段垂直埋深为 400~1 200 m,该段隧洞位于引水隧洞中部,内水水头为 45~70 m,内水压力中等。根据《水工隧洞设计规范》(SL 279—2016),隧洞埋深满足了上覆岩体厚度要求,不会发生水力劈裂;由于埋深较大,使隧洞内水外渗渗径长且渗流量很小,不会引起过大的水量损失和发生渗透破坏或造成山体失稳。综合《水工隧洞设计规范》(SL 279—2016)、《水工混凝土结构设计规范》(SL 191—2008)的规定,对该洞段的衬砌采用限裂设计,即允许混凝土开裂,控制裂缝开展宽度,适当增加衬砌的配筋量。

大体积混凝土在温度作用时,标准状态下的混凝土应力松弛系数采用 0.4~0.55,衬砌混凝土在温度作用下的配筋为 6 327 mm^2,此洞段开挖揭露围岩类别主要为Ⅱ类,围岩强度应力比调整为Ⅲ类围岩。在其他原设计荷载(除温度荷载外)作用下配筋为 1 830 mm^2,各不利荷载同时作用时衬砌配筋为 8 157 mm^2,选配钢筋为 10Φ32(实配钢筋面积为 8 042 mm^2)。

5.8 国内高地温隧洞研究和工程实例

5.8.1 花岗岩等硬岩脆性破坏的温度效应研究

成都理工大学地质灾害防治与地质环境保护国家重点实验室进行了花岗岩隧道脆性破坏的温度效应研究。传统的思想认为,温度的升高使得硬岩发生软化,从而致使岩石的脆性破坏。但现场试验和实时高温下冲击倾向性试验结果表明,隧道在一定的温度范围内,增温会使得硬岩脆性破坏程度增强。

中国科学院武汉岩土力学研究所《高温下花岗岩基本力学性质初步研究》中指出,温度高于 200 ℃后花岗岩力学性质才发生变化,温度高于 400 ℃后对硬岩的物理力学性质才有较大影响。中国矿业大学深部岩土力学与地下工程国家重点实验室关于花岗岩力学特性的温度效应试验研究结果表明,600 ℃之前,花岗岩破坏形式表现为强烈的脆性破坏;当温度高于 800 ℃后,岩石的强度突然下降,破坏形式也由强烈脆性拉裂转变成拉剪破坏,应力-应变曲线才趋于平缓。

研究表明,在较低温度范围内(如 20~60 ℃),花岗岩等硬岩的基本力学参数和热力学参数基本保持不变。在此环境下,隧洞地温增加,温度产生的热应力引起主应力值改变,由于主应力差值的增加和应力集中导致围岩将聚集和释放更多能量,围岩脆性破坏增强,加剧硬岩隧道开挖后围岩的应力集中程度。由于深埋隧洞地温主要在 100 ℃以内,故此环境下随着地温的升高,温度不会对岩石的基本力学性质产生影响,而温度产生的热应力导致围岩脆性破坏程度增加,在一定温度范围内,温度会增强硬岩脆性破坏的发生机制。

5.8.2 高温下及高温后钢筋混凝土结构性能研究

对于普通钢筋,当温度不高于 200 ℃时,钢筋的屈服强度和极限强度随温度升高而降低的速率较慢(基本无影响);当温度升至 200~400 ℃时,钢筋强度随温度升高而降低的速率加快;当温度超过 400 ℃时,钢筋强度随温度升高而降低的速率明显加快,塑性增强。

混凝土受到高温作用时水泥石收缩,骨料随温度升高产生膨胀,两者变形的不协调使混凝土产生裂缝,强度降低。当温度到达 400 ℃以后,混凝土中的 $Ca(OH)_2$ 脱水,生成 CaO,混凝土严重开裂。当温度高于 570 ℃时,骨料体积发生突变,强度急剧下降。当混凝土温度为 50~100 ℃时,混凝土高温抗拉强度降低 5%～10%。

当遭受的最高温度小于或等于 300 ℃时,高温后普通钢筋性能基本上可完全恢复,高温后普通钢筋的强度要比高温下的强度高。

遭受最高温度在 500 ℃以下的混凝土,其强度在 1 个月后开始恢复,1 年后基本恢复之前水平;弹性模量变化也有此趋势。当混凝土温度为 50～100 ℃时,浇水冷却后混凝土抗压强度退化 5%～10%。

5.8.3 工程实例

5.8.3.1 新疆喀什布伦口-公格尔水电站

布伦口-公格尔水电站工程位于新疆克孜勒苏柯尔克孜自治州阿克陶县境内,是盖孜河中游河段梯级开发的龙头水库及第一梯级电站,坝址枢纽区距喀什市 153 km,电站位于坝址枢纽区下游约 19 km。发电引水洞上平洞段长 17 468 km,圆形断面,衬砌断面直径 3. 8 m,喷护断面直径 4. 64 m。施工过程中 2#、3#、4#施工支洞发现高地温,掌子面处最高环境温度 67 ℃,钻孔内最高温度 82 ℃。受高地温影响的主洞长度约 3. 5 km,该段的岩性为石墨片岩、绿泥石石英片岩、二云母石英片岩、长石石英片岩等互层,岩石较坚硬。高地温隧洞长度约 4. 0 km,采用锚喷支护,2014 年 10 月通水数月后放空检查,喷混凝土结构基本完好。其计算如下:

根据《岩土锚杆与喷射混凝土支护工程技术规范》(GB 50086—2015),洞周允许相对收敛量见表 5-51。

表 5-51　隧洞、洞室周边允许相对收敛量　%

隧洞埋深/m		<50	50～300	300～500
围岩类别	Ⅲ类	0. 1～0. 3	0. 2～0. 5	0. 4～1. 2
	Ⅳ类	0. 15～0. 5	0. 4～1. 2	0. 8～2. 0
	Ⅴ类	0. 2～0. 8	0. 6～1. 6	1. 0～3. 0

注:(1)洞周相对收敛量是指两测点间实测位移值与两测点间距离之比,或拱顶位移实测值与隧道宽度之比。

(2)脆性围岩取较小值,塑性围岩取表中较大值。

(3)本表适用于高跨比 0. 8～1. 2 且埋深<500 m,Ⅲ类围岩开挖跨度不大于 20 m,Ⅳ类围岩开挖跨度不大于 15 m,Ⅴ类开挖不大于 10 m 的情况。否则应根据工程类比,对隧洞、洞室周边允许相对收敛值进行修正。

隧洞开挖后,按地应力已经释放 100%,验算隧洞是否满足相对收敛值,如果满足,则不需要进行围岩喷锚支护;如果不满足,则需要进行围岩喷锚支护,并以此确定喷锚支护的参数。

Ⅲ类围岩隧洞开挖的内径是 6. 1 m,而Ⅲ类围岩隧洞周边允许的最大相对收敛值为 1. 2%,故允许的隧洞周边位移为 36. 6 mm(6. 1 m×1. 2%/2＝0. 036 6 m)。

1. Ⅲ类围岩计算结果

根据地质资料,Ⅲ类围岩外有水压力时的隧洞最大埋深为 1 205 m,桩号位于 Y7+290—Y8+200,最大垂向应力为 28. 3 MPa,则对应的最大水平主应力为 38. 17 MPa,最小水平主应力为 17. 35 MPa。地应力释放比例按 100%和 95%进行,围岩材料参数取高值,计算结果见表 5-52 和图 5-91～图 5-93。可以发现,地应力释放比例为 100%时,隧洞周边位移最大值为 32. 4 mm,小于Ⅲ类围岩的隧洞周边位移允许值,屈服区最大深度为 1. 88 m;隧洞围岩加 30 m 外水水头,周边位移最大值扩展到 36. 1 mm,屈服区最大深度扩展到 2. 06 m;将地应力释放比例调整为 95%,5%的地应力由锚杆承担,隧洞可承担 30 m 以上的水头,此时隧洞周边位移最大值减小至 29. 3 mm,且屈服区最大深度减小至 1. 88 m,锚杆未达到屈服强度。

表 5-52　**Ⅲ类围岩埋深 1 205 m 的最大位移和屈服区计算结果**

外水水头/m	地应力释放系数		最大位移/mm	屈服区最大深度/m
	未做喷锚支护	仅做锚杆支护		
0	1.00	0	32.4	1.88
15	1.00	0	34.0	1.95
30	1.00	0	36.1	2.06
0	0.95	—	26.8	1.75
	—	0.05	27.8	
30	0.95	—	28.5	1.88
	—	0.05	29.3	

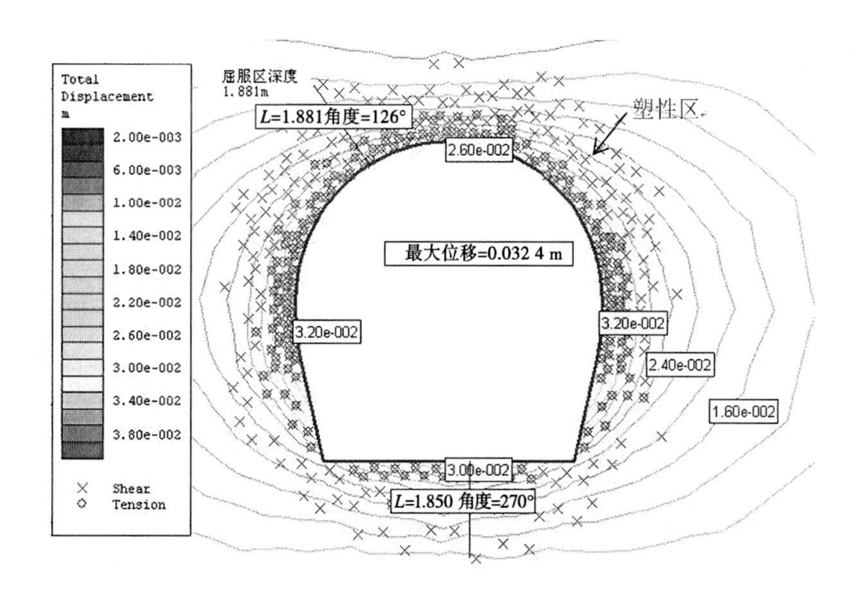

图 5-91　Ⅲ类围岩 1 205 m 深地应力全部释放时的变形及塑性区　（无外水；m）

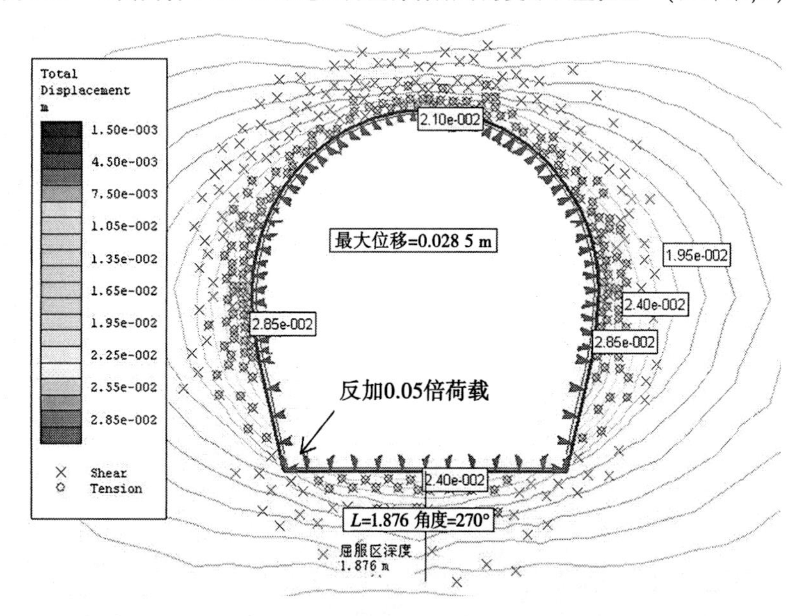

图 5-92　Ⅲ类围岩 1 205 m 深地应力释放 95%时的变形及塑性区　（外水 30 mm；m）

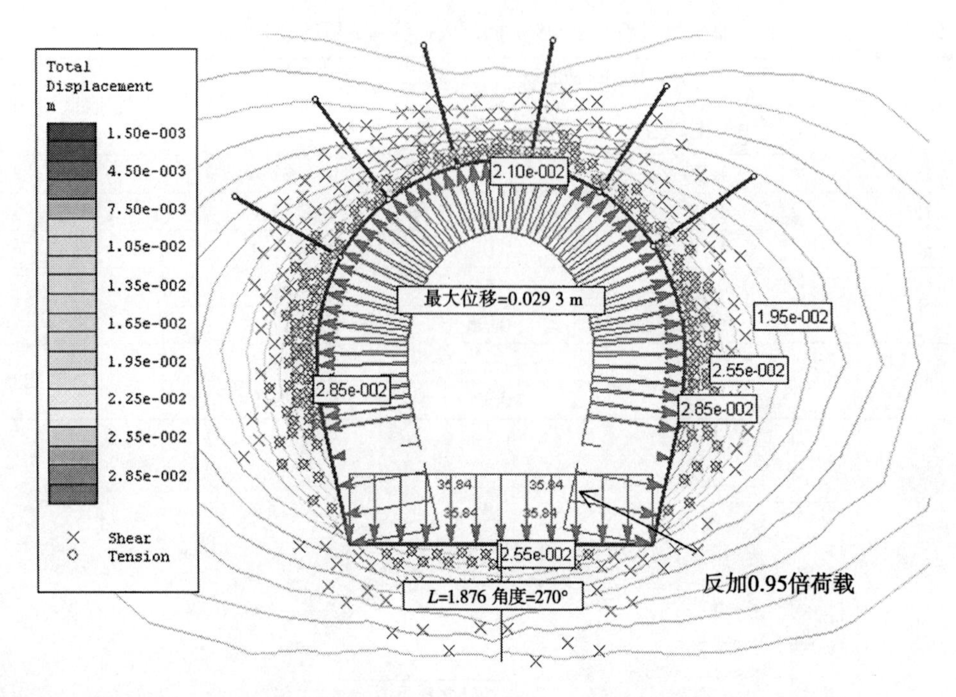

图 5-93　Ⅲ类围岩 1 205 m 深一次锚杆支护承担地应力 5%时的变形及塑性区　(外水 30 m;m)

2. Ⅱ类围岩计算结果

1)最大埋深 1 118 m 处断面计算结果

根据地质资料,Ⅱ类围岩外有水压力时的隧洞最大埋深为 1 118 m,桩号位于 Y10+140—Y10+500,最大垂向应力为 26.29 MPa,则对应的最大水平主应力为 36.21 MPa,最小水平主应力为 16.58 MPa。地应力释放比例按 100%和 95%进行,围岩材料参数取高值,计算结果见表 5-53 和图 5-94~图 5-96。可以发现,地应力释放比例为 100%时,此时隧洞周边位移最大值为 18.3 mm,屈服区最大深度为 0.92 m;隧洞围岩加 30 m 外水水头,周边位移最大值扩展到 19.4 mm,屈服区最大深度扩展到 1.14 m;将地应力释放比例调整为 95%,5%的地应力由锚杆承担,隧洞外水水头为 0,此时隧洞周边位移最大值减小至 17.0 mm,且屈服区最大深度减小至 0.91 m,锚杆未达到屈服强度。

表 5-53　Ⅱ类围岩埋深 1 118 m 的最大位移和屈服区计算结果

外水水头/m	地应力释放系数		最大位移/mm	屈服区最大深度/m
	未做喷锚支护	仅做锚杆支护		
0	1.00	0	18.3	0.92
15	1.00	0	18.9	0.93
30	1.00	0	19.4	1.14
0	0.95	—	16.2	0.91
	—	0.05	17.0	

2)一次支护温度应力计算结果

一次衬砌温差为 10 ℃(里低外高)时的膨胀系数分别是 1.0×10^{-5}/℃和 0.7×10^{-5}/℃,衬砌主应力如图 5-97~图 5-102 所示。

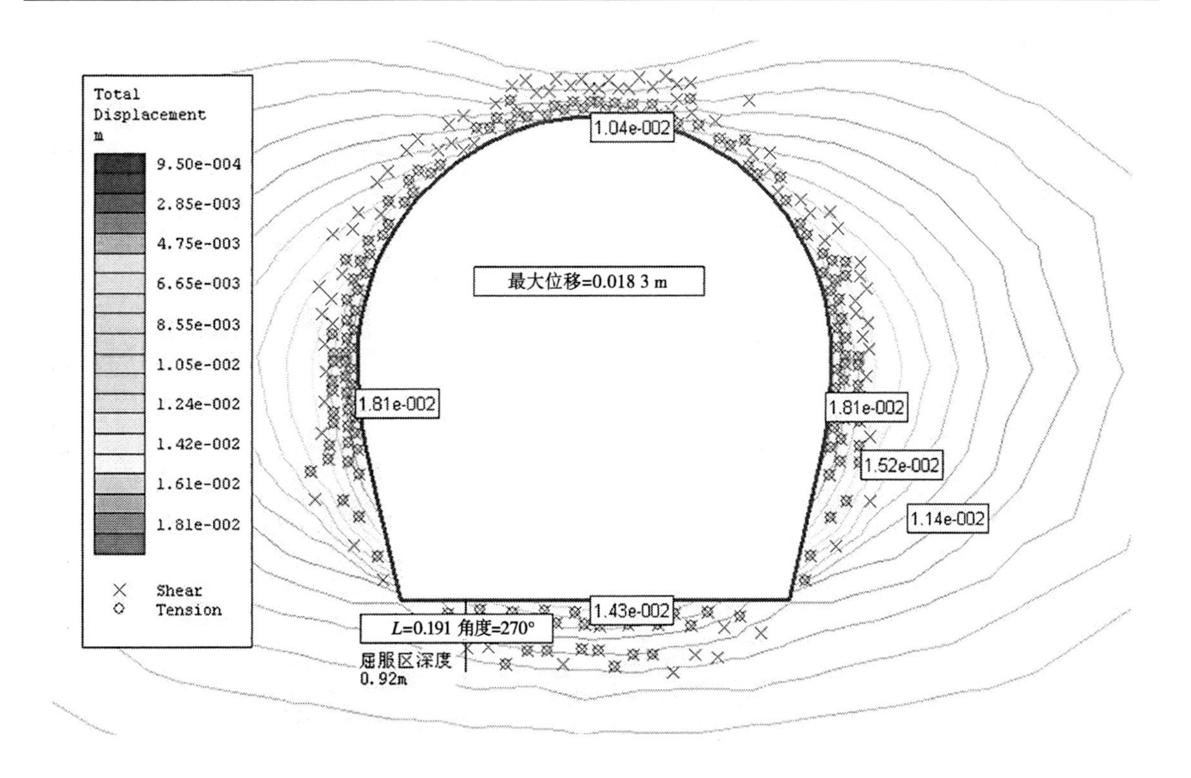

图 5-94 Ⅱ类围岩 1 118 m 深地应力全部释放时的变形及塑性区 （无外水;m）

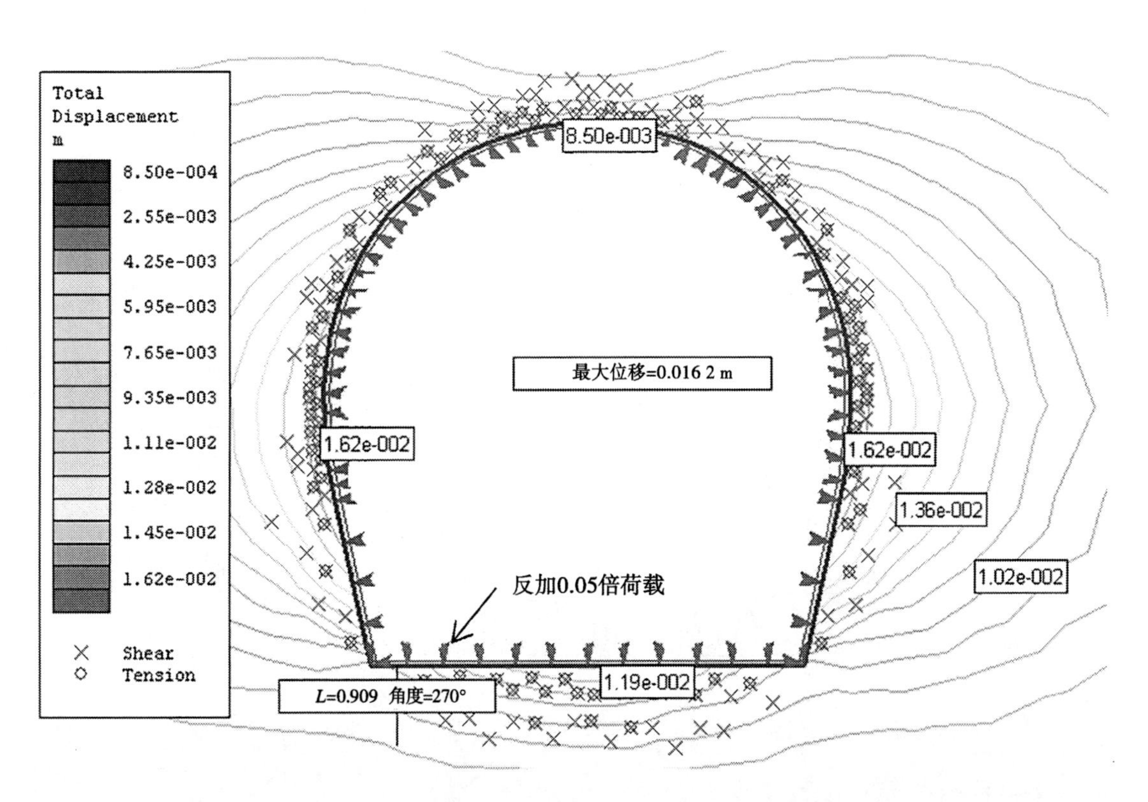

图 5-95 Ⅱ类围岩 1 118 m 深地应力释放 95%时的变形及塑性区 （无外水;m）

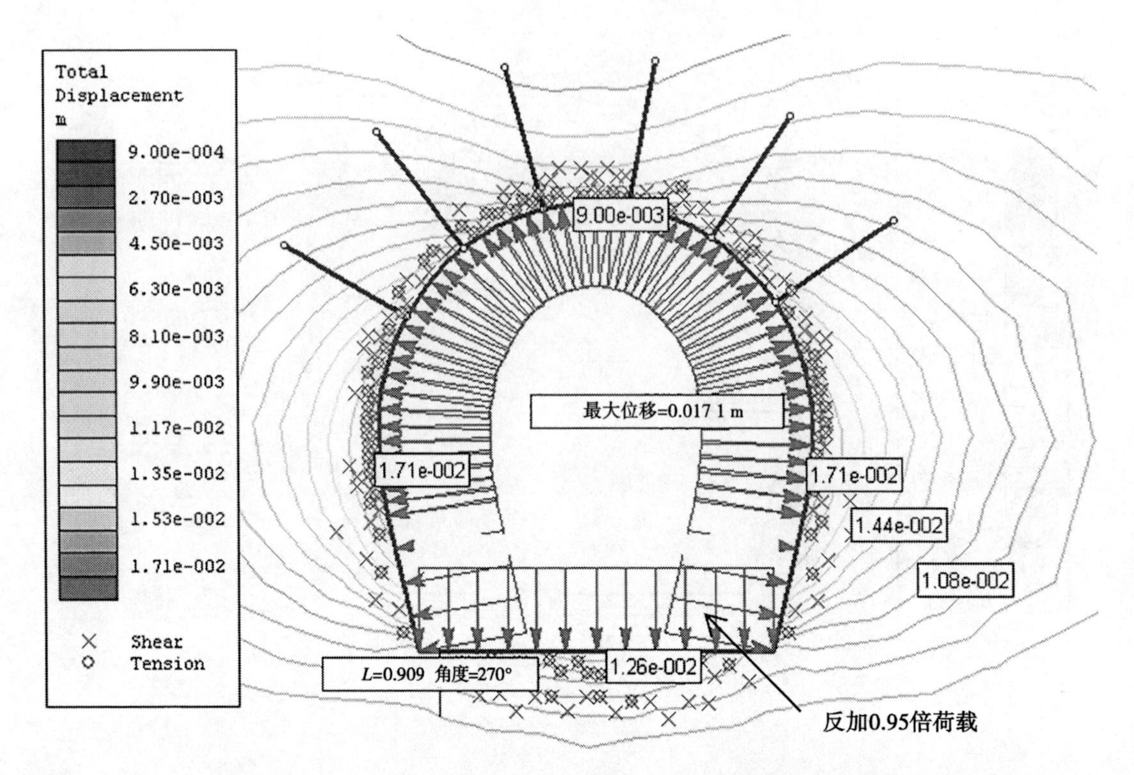

图 5-96　Ⅱ类围岩 1 118 m 深一次锚杆支护承担地应力 5%时的变形及塑性区　(无外水;m)

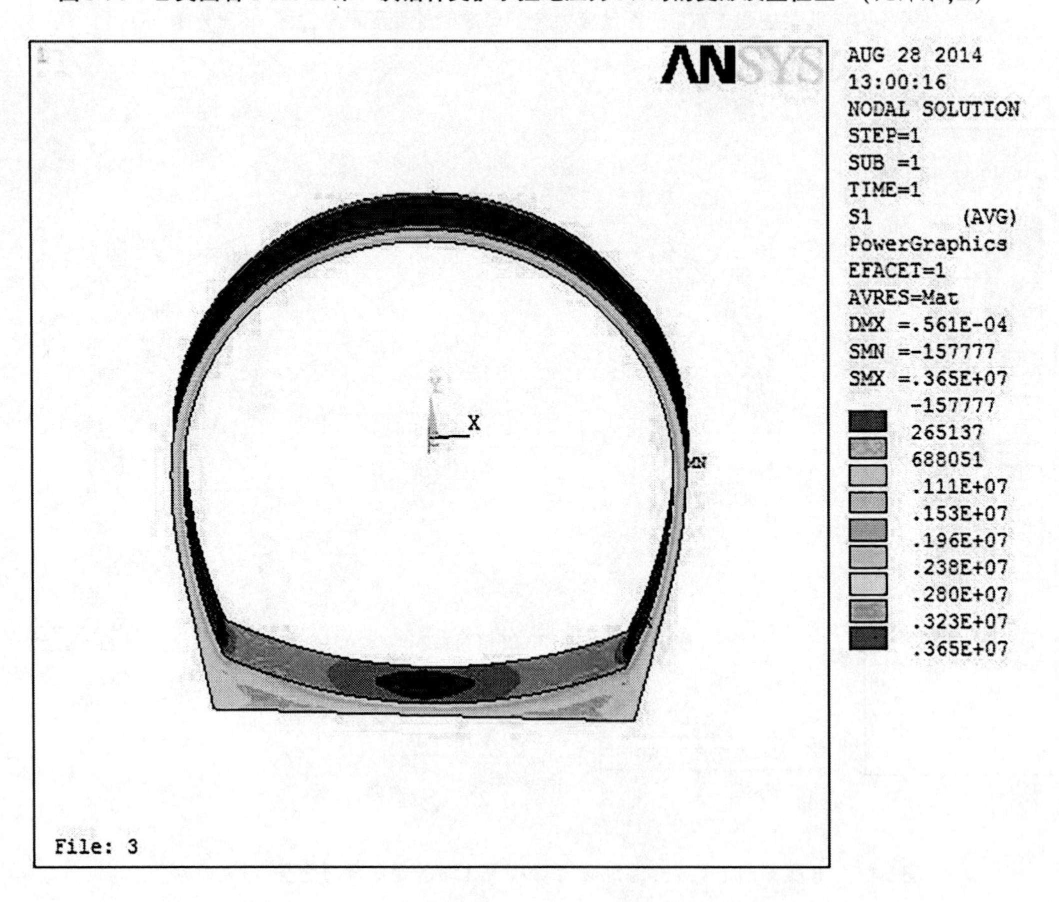

图 5-97　膨胀系数为 1.0×10^{-5}/℃、内外温差为 10 ℃时衬砌结构的第一主应力　(单位:Pa)

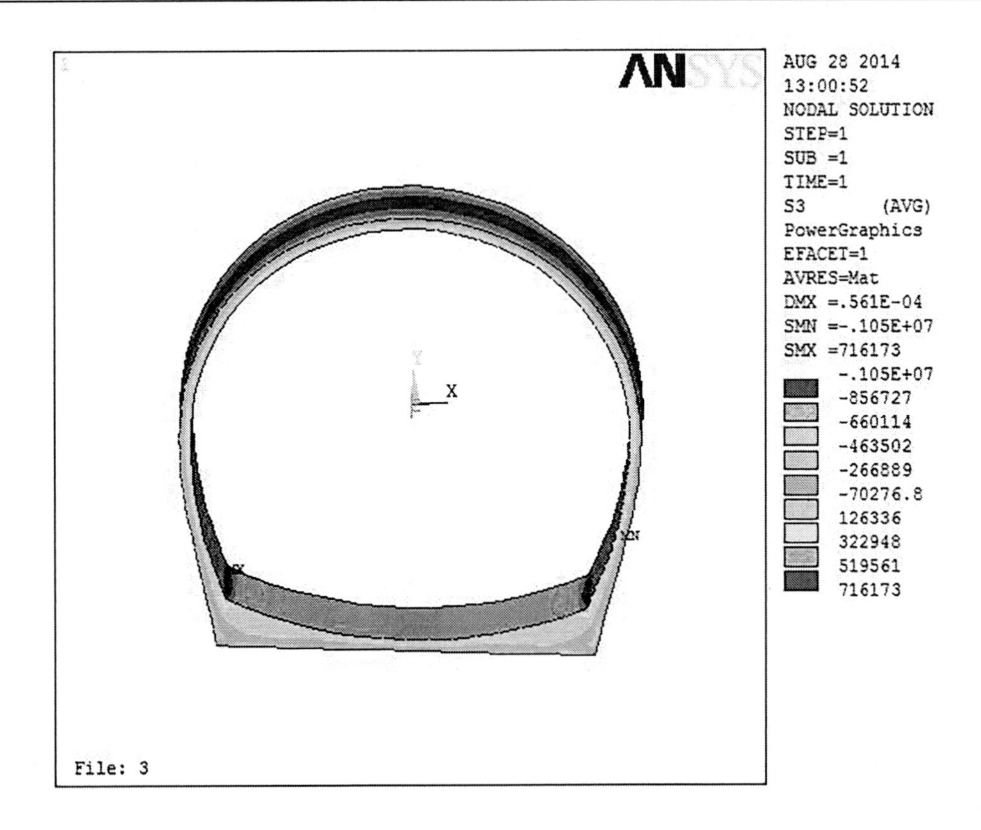

图 5-98　膨胀系数为 1.0×10^{-5}/℃、内外温差为 10 ℃时衬砌结构的第三主应力　(单位:Pa)

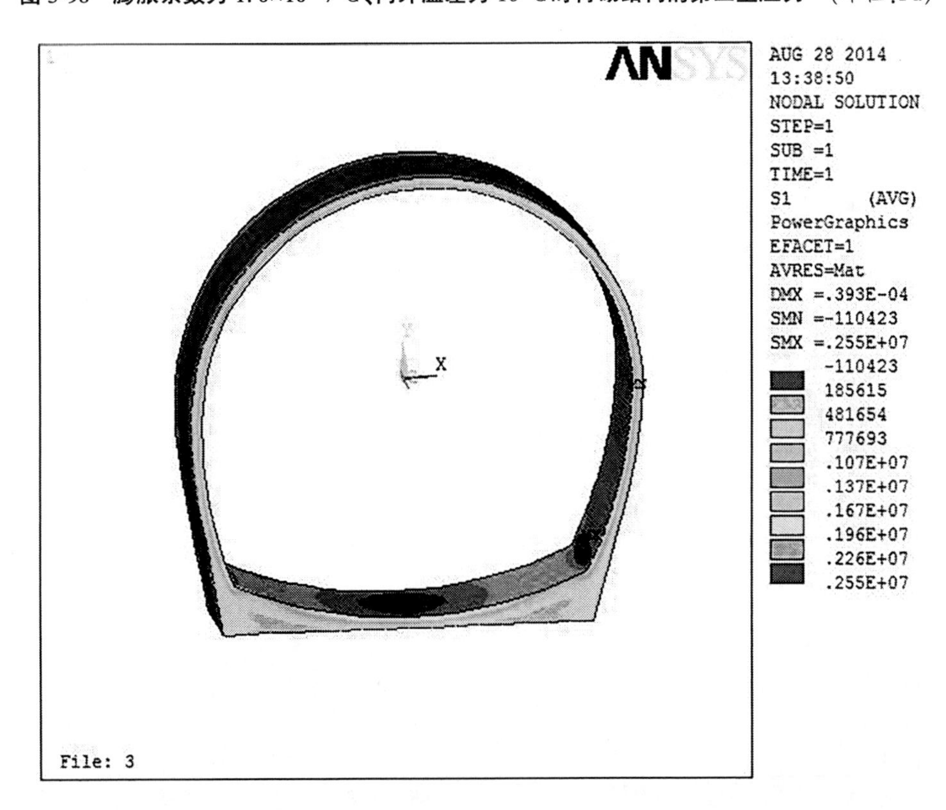

图 5-99　膨胀系数为 0.7×10^{-5}/℃、内外温差为 10 ℃时衬砌结构的第一主应力　(单位:Pa)

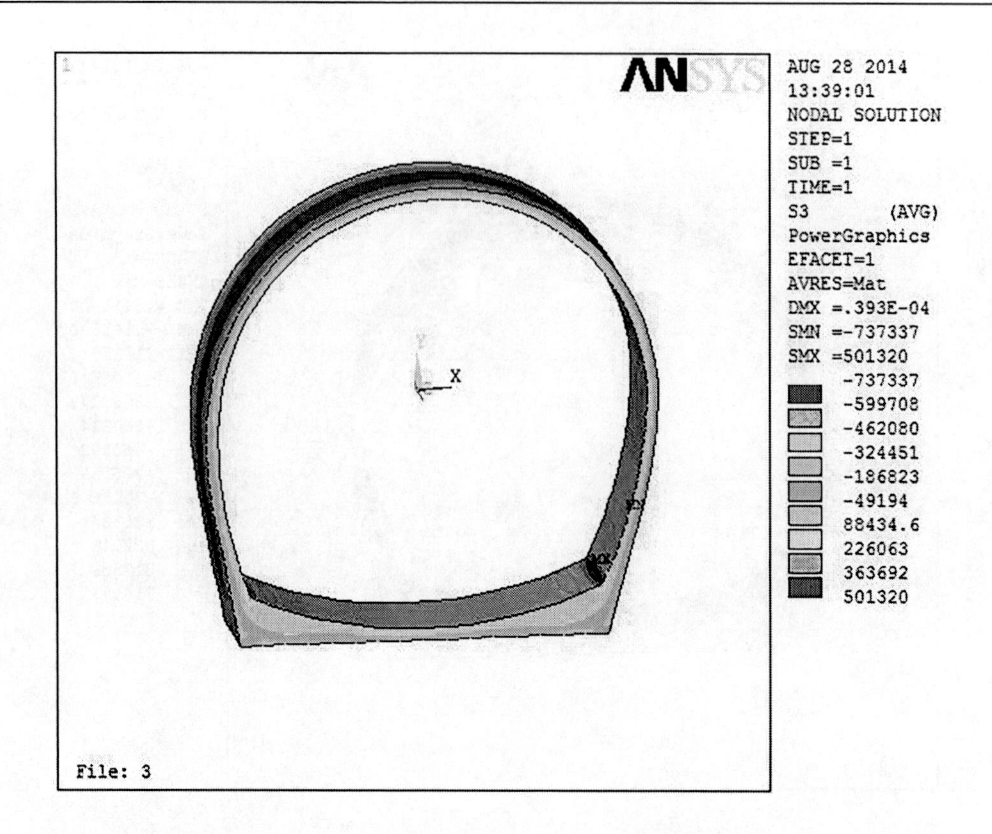

图 5-100　膨胀系数为 0.7×10^{-5}/℃、内外温差为 10 ℃时衬砌结构的第三主应力　(单位:Pa)

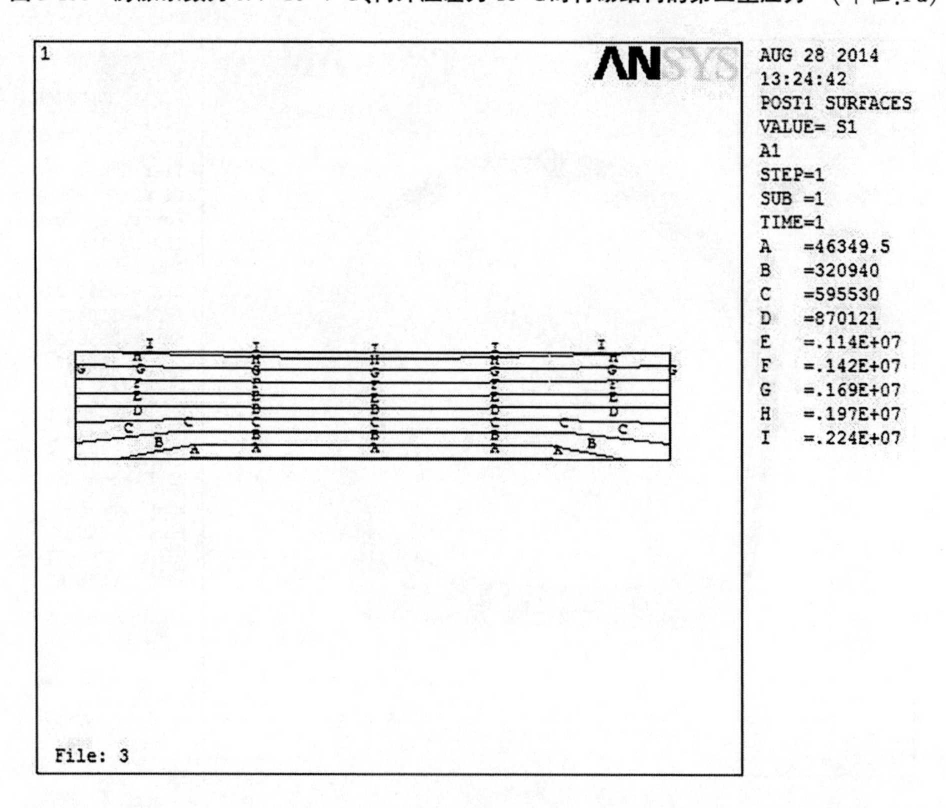

图 5-101　膨胀系数为 0.7×10^{-5}/℃、内外温差为 10 ℃时衬砌结构的第一主应力底部跨中切面等值线　(单位:Pa)

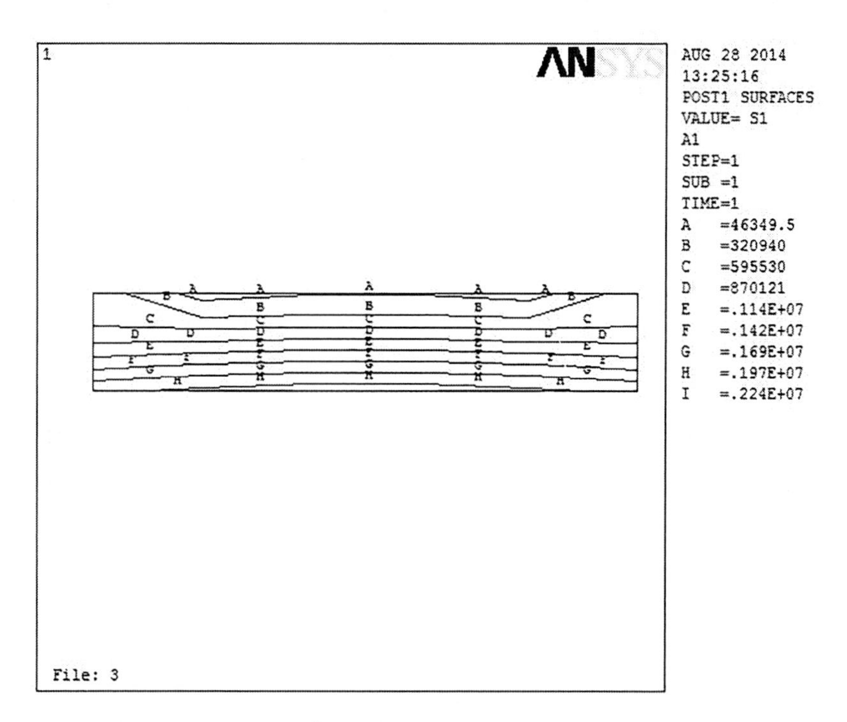

图 5-102　膨胀系数为 0.7×10⁻⁵/℃、内外温差为 10 ℃时衬砌结构的第一主应力顶拱切面等值线　(单位:Pa)

3. 围岩温度场、温度应力计算结果

1)隧洞中空气温度 50 ℃、岩体温度 90 ℃时的计算温度场

在现有的岩石热力学计算参数下,图 5-103 为隧洞中空气温度 50 ℃、岩体温度 90 ℃时 12 d 以后的岩体温度场,温度梯度约 2 m,岩石温度达到 90 ℃。图 5-104 为隧洞中空气温度 50 ℃、岩体温度 90 ℃时 365 d 以后的岩体温度场,温度梯度约 6 m,岩石温度达到 90 ℃。

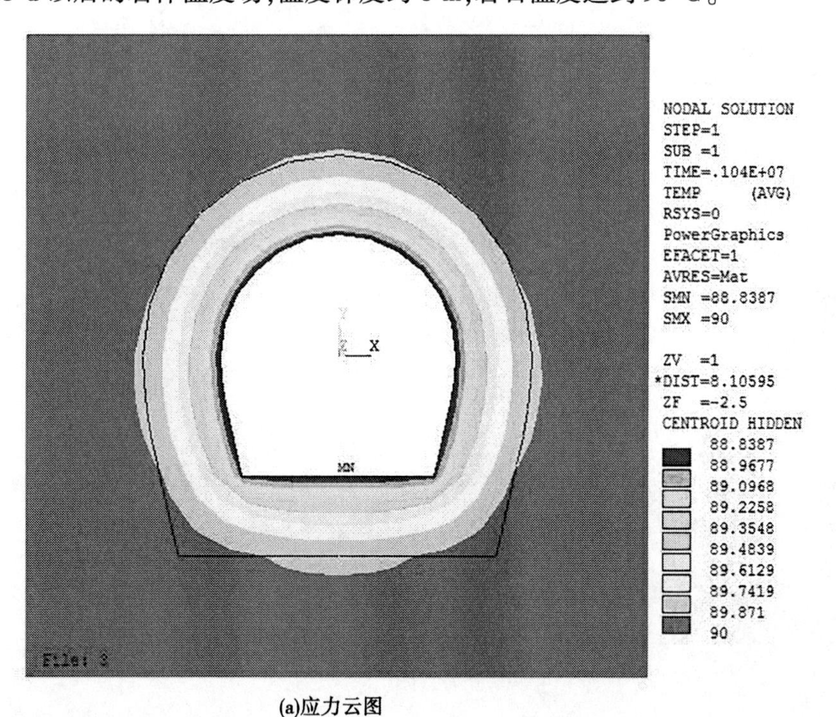

(a)应力云图

图 5-103　隧洞中空气温度 50 ℃、岩体温度 90 ℃时 12 d 以后的岩体温度场的应力云图及等值线

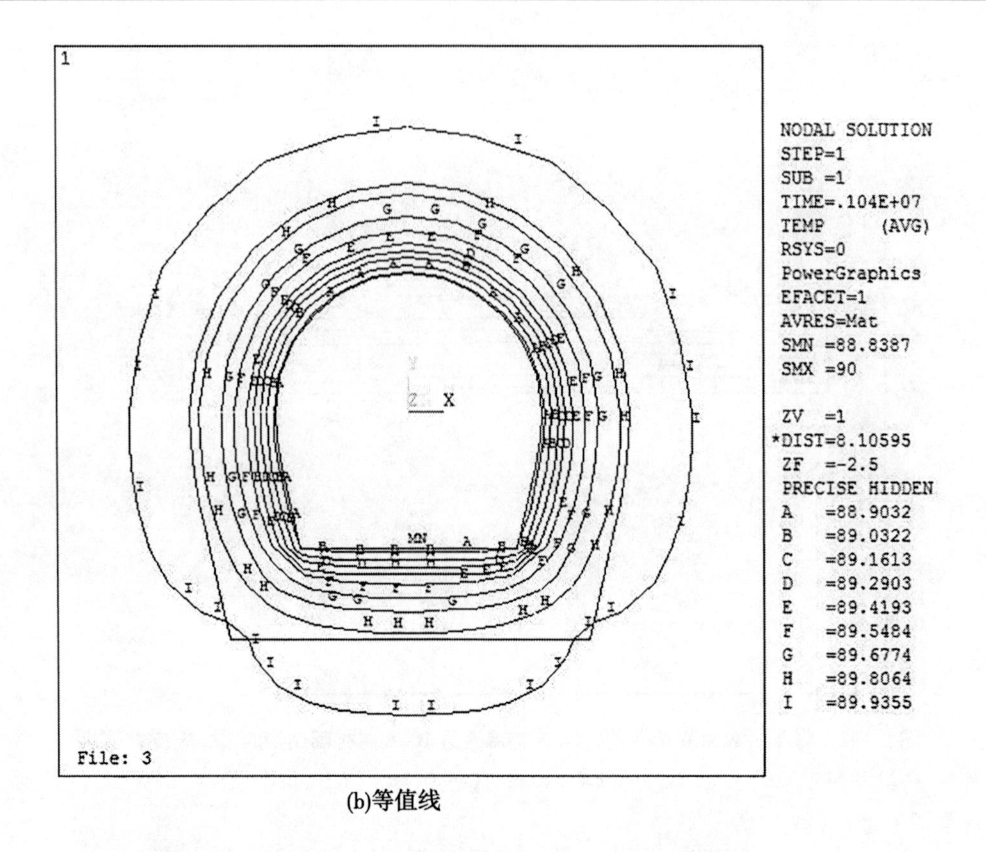

(b)等值线

续图 5-103

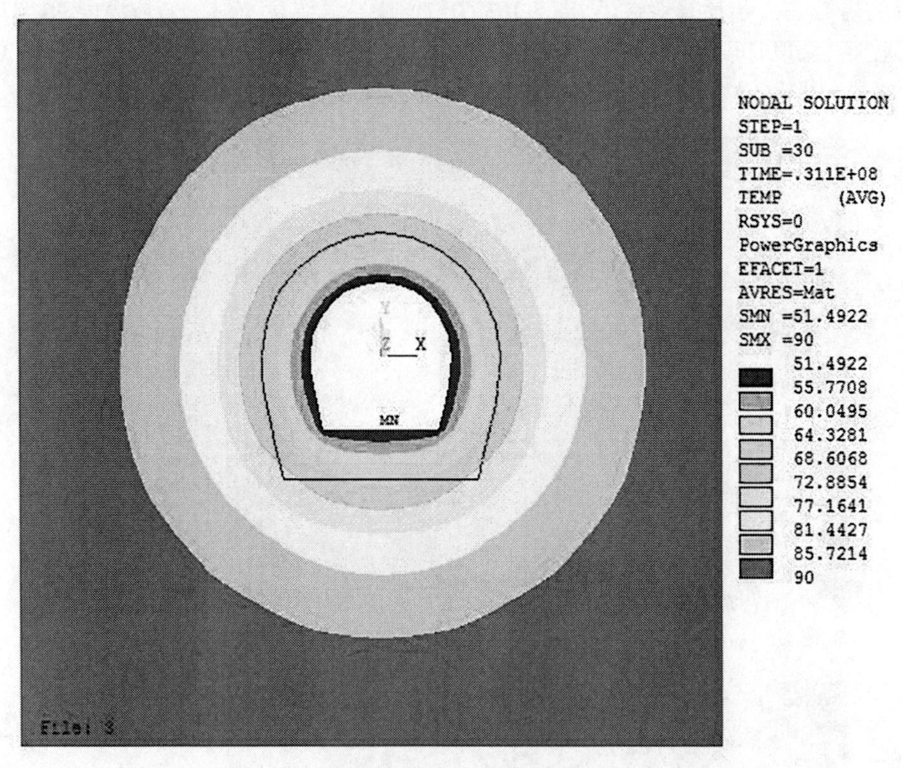

(a)应力云图

图 5-104　隧洞中空气温度 50 ℃、岩体温度 90 ℃时 365 d 以后的岩体温度场的应力云图及等值线

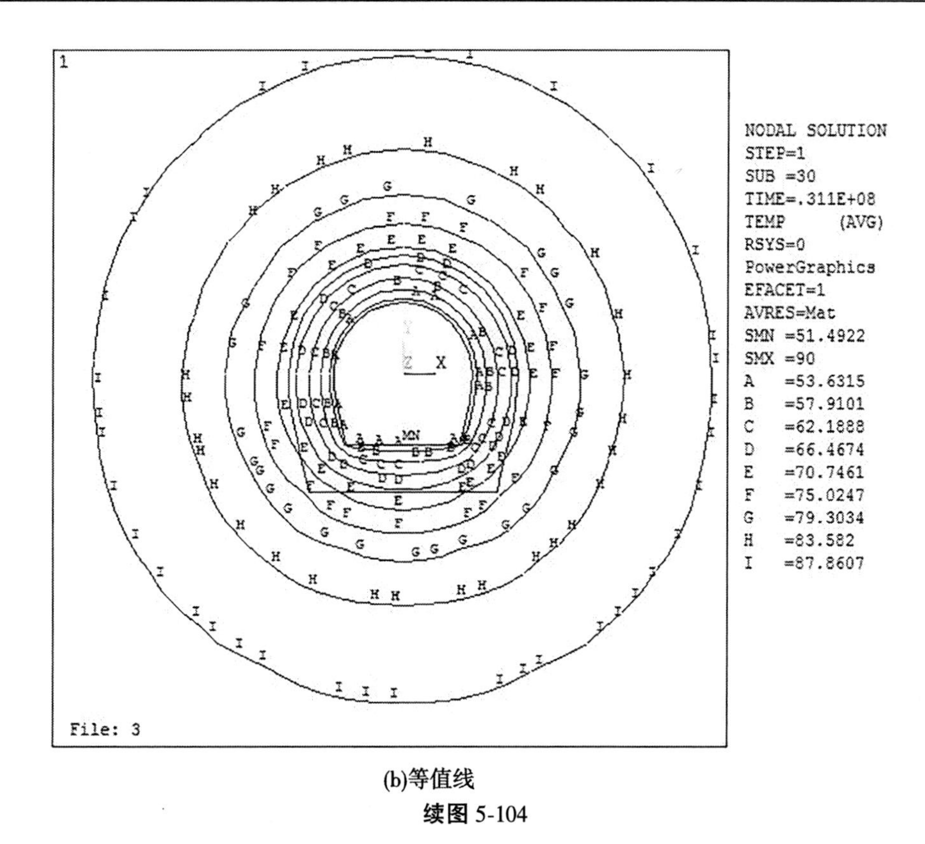

(b)等值线

续图 5-104

2)隧洞中空气温度 50 ℃、365 d 以后水温为 0 ℃时作用 30 d 岩体的温度场

图 5-105 为隧洞中空气温度 50 ℃、365 d 以后水温为 0 ℃时作用 30 d 的岩体温度场,水温对岩体的作用梯度约 1 m。

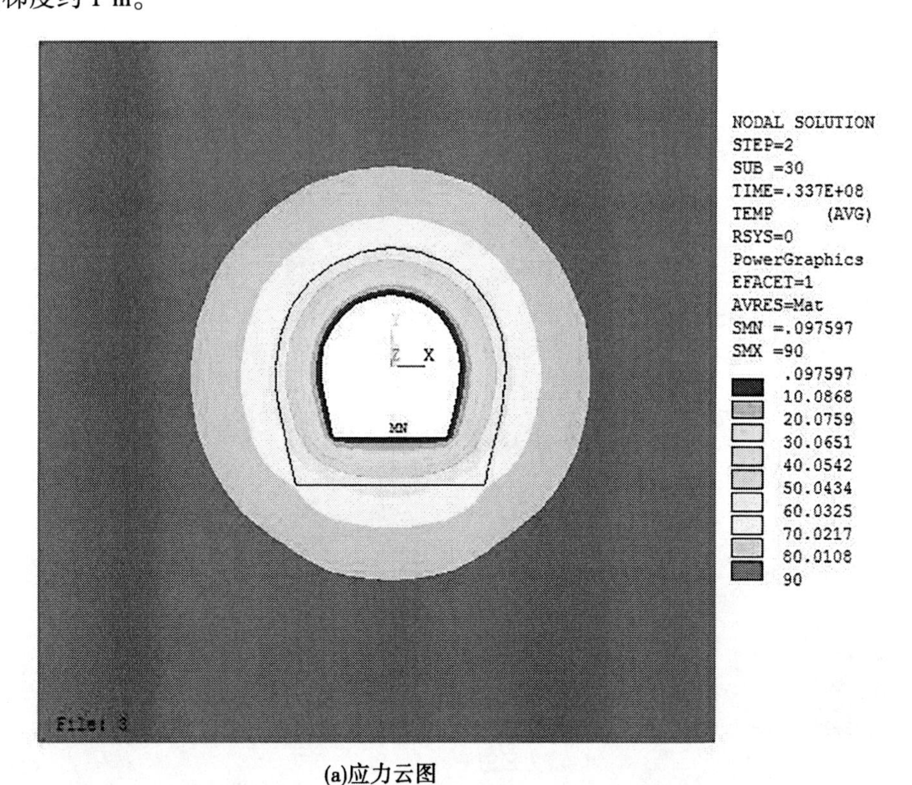

(a)应力云图

图 5-105　隧洞中空气温度 50 ℃、365 d 以后水温为 0 ℃时作用 30 d 岩体温度场的应力云图及等值线

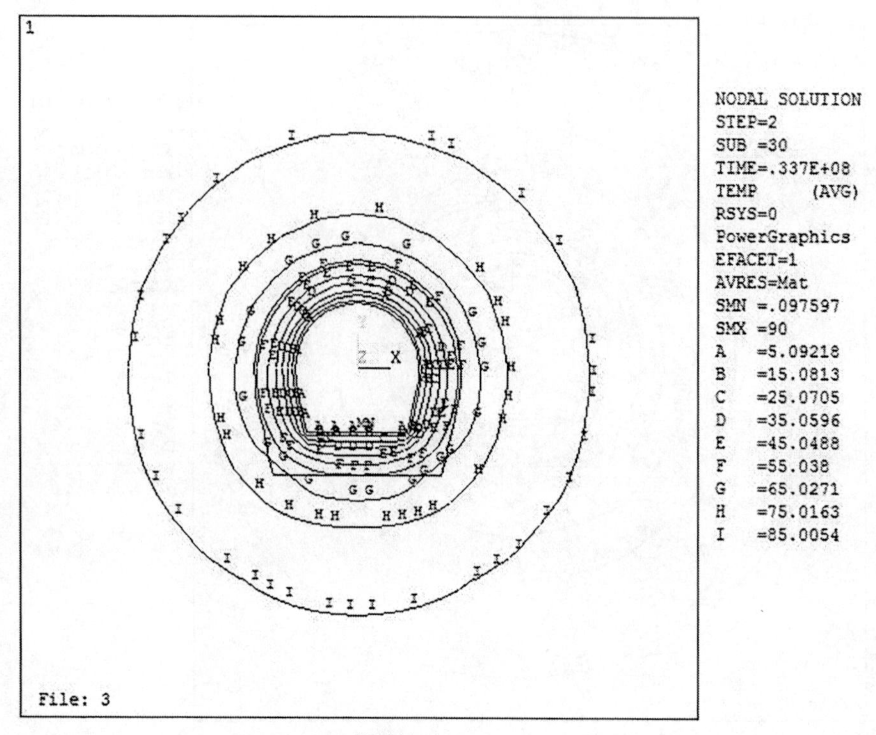

(b)等值线

续图 5-105

3)隧洞中空气温度 50 ℃、365 d 以后水温为 20 ℃时作用 30 d 岩体的温度场

图 5-106 为隧洞中空气温度 50 ℃、365 d 以后水温为 20 ℃作用 30 d 岩体的温度场,水温对岩体的作用梯度约 1 m。

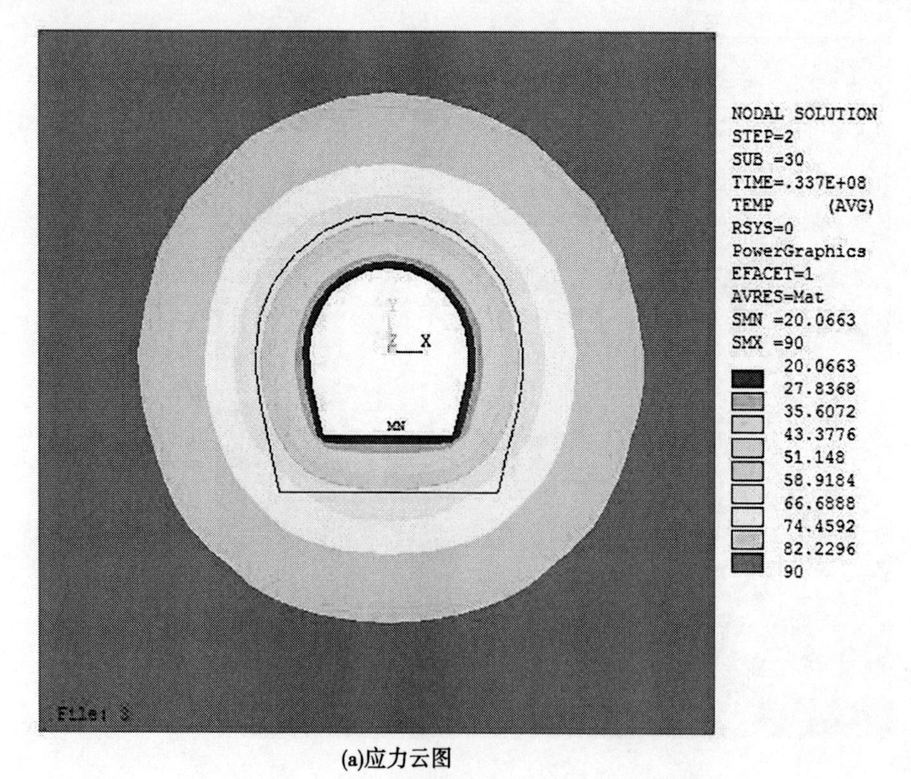

(a)应力云图

图 5-106　隧洞中空气温度 50 ℃、365 d 以后水温为 20 ℃时作用 30 d 岩体温度场的应力云图及等值线

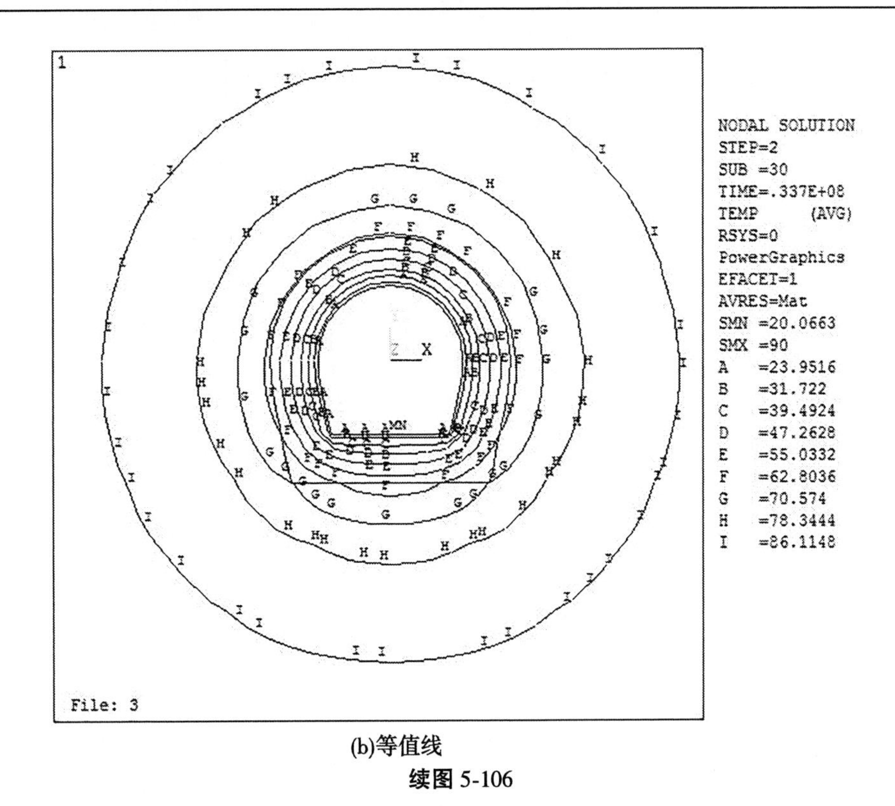

(b)等值线

续图 5-106

4)隧洞中空气温度 50 ℃、365 d 以后水温为 0 ℃时作用 30 d 岩体的应力场

在围岩膨胀系数为 1.0×10^{-5}/℃的情况下,图 5-107 为隧洞中空气温度 50 ℃、365 d 以后水温为 0 ℃时作用 30 d 岩体的第一主应力场,第一主拉应力极值 15 MPa(洞室开挖表面),洞径方向约 0.5 m 深度(对应等值线中 C 等值线)时第一主应力达到 4.27 MPa,此区域间的第一主应力超过了围岩的抗拉强度。

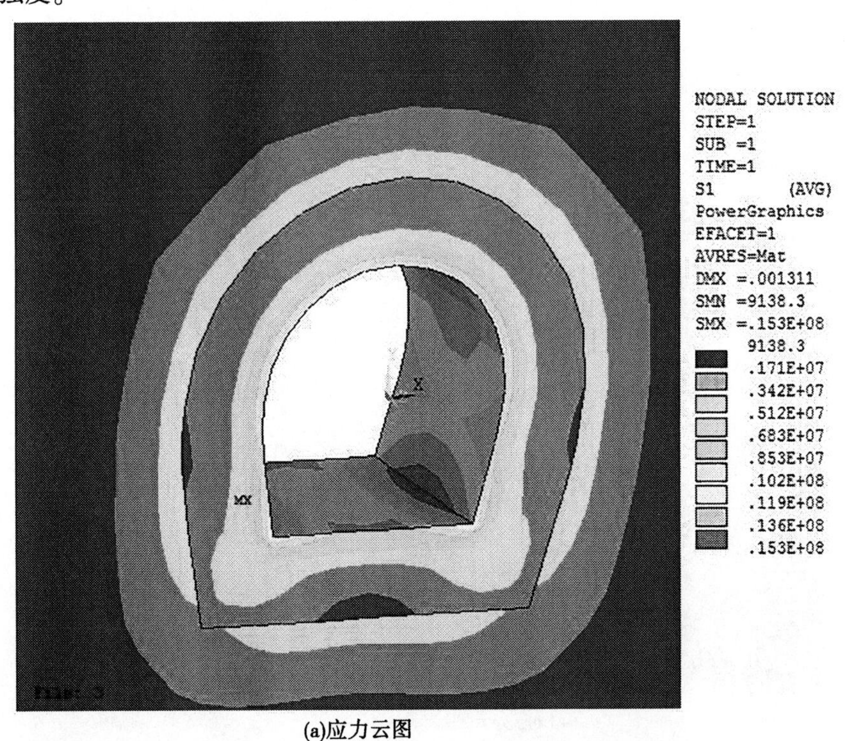

(a)应力云图

图 5-107　隧洞中空气温度 50 ℃、365 d 以后水温为 0 ℃时作用 30 d 岩体的第一主应力的应力云图及等值线

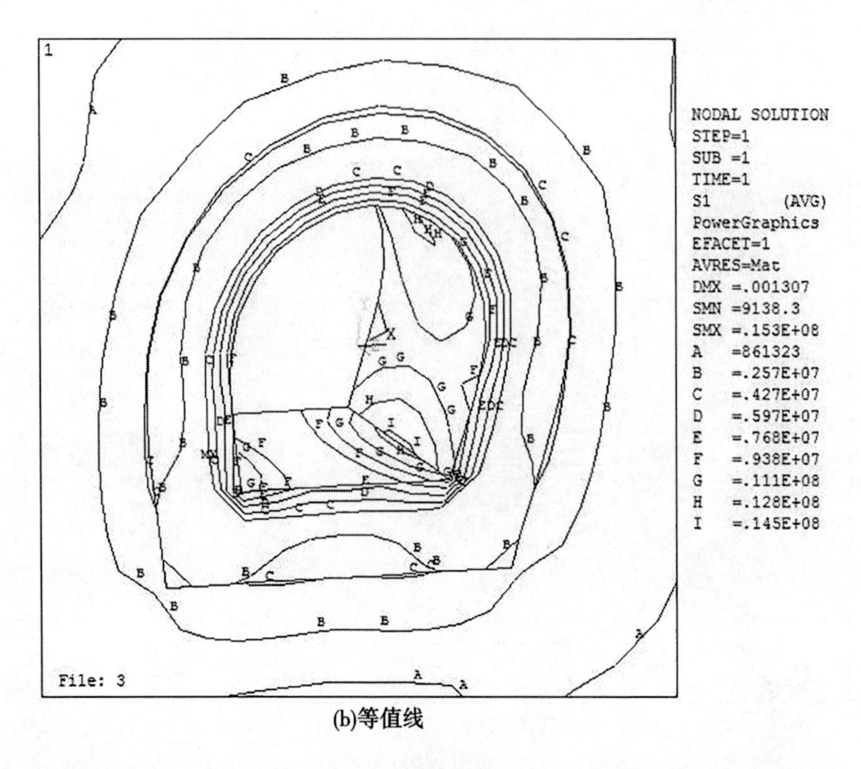

(b)等值线

续图 5-107

5）隧洞中空气温度 50 ℃、365 d 以后水温为 20 ℃时作用 30 d 岩体的应力场

在围岩膨胀系数为 1.0×10^{-5}/℃的情况下，图 5-108 为隧洞中空气温度 50 ℃、365 d 以后水温为 20 ℃时作用 30 d 岩体的第一主应力场，第一主拉应力极值 9.5 MPa（洞室开挖表面），洞径方向约 0.5 m 深度（对应等值线中 C 等值线）时第一主应力达到 2.64 MPa，此区域间的第一主应力超过了围岩的抗拉强度。

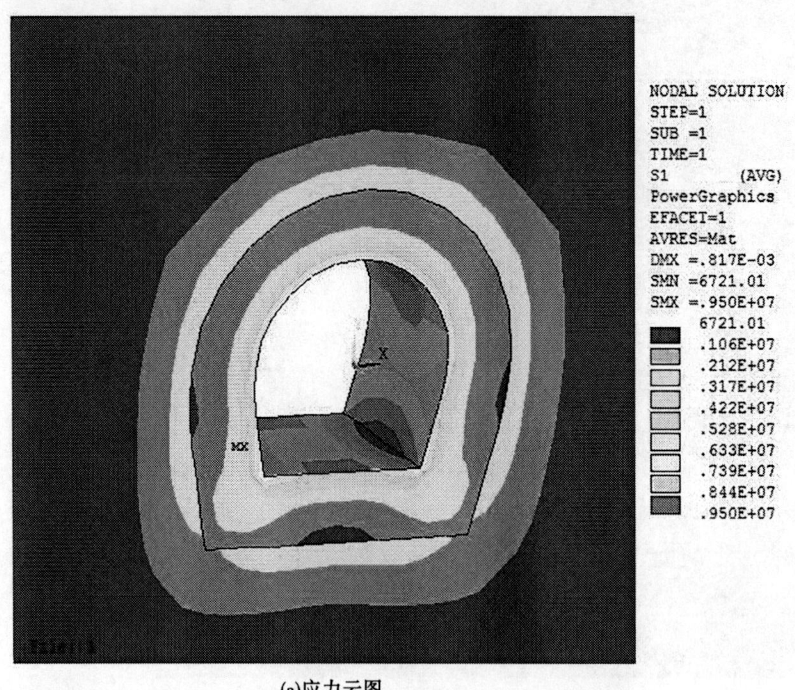

(a)应力云图

图 5-108　隧洞中空气温度 50 ℃、365 d 以后水温为 20 ℃时作用 30 d 岩体第一主应力的应力云图及等值线

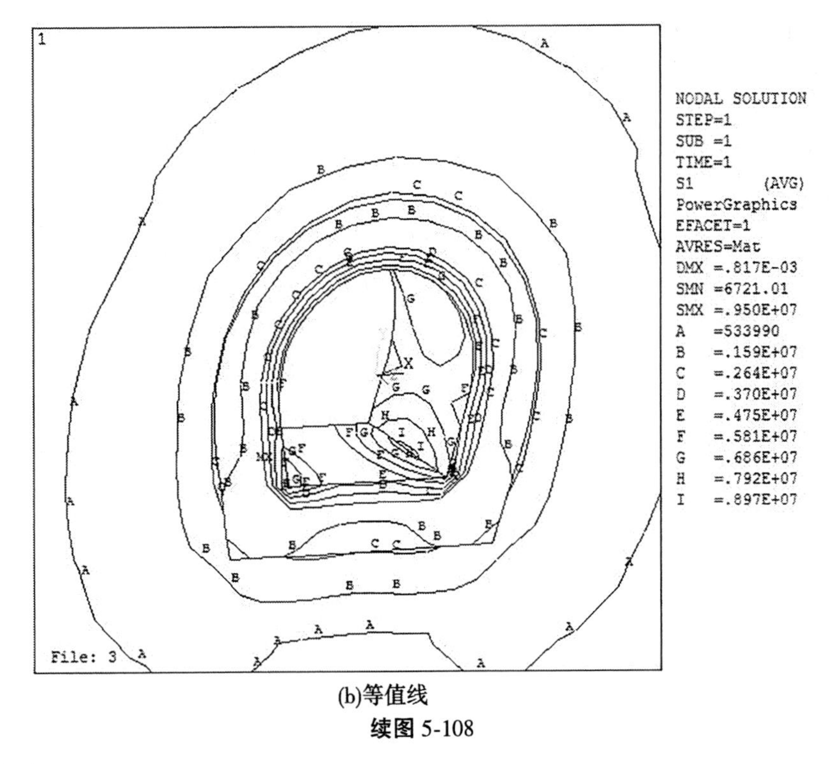

(b)等值线

续图 5-108

4. 结论与建议

1)计算结论

取Ⅲ类围岩有水且埋深最大的位置(桩号 Y7+290—Y8+200,埋深 1 205 m 的截面)进行计算,围岩材料取高值,Ⅲ类围岩按未进行一次喷锚支护,地应力释放 100%时的隧洞周边位移最大值为 32.4 mm,未超过允许的隧洞周边位移允许值 36.6 mm,屈服区最大深度为 1.88 m;隧洞围岩加 30 m 外水水头,周边位移最大值扩展到 36.1 mm,屈服区最大深度扩展到 2.06 m。假定地应力释放 95%,一次锚杆支护承担 5%的地应力,隧洞承担 30 m 的水头,此时隧洞周边位移最大值减小至 29.3 mm,且屈服区最大深度减小至 1.88 m,锚杆未达到屈服强度。

取Ⅱ类围岩有水且埋深最大的位置(桩号:Y10+140—Y10+500,埋深 1 118 m 的截面)进行计算,围岩材料取高值,Ⅱ类围岩按未进行一次喷锚支护,地应力释放 100%时的隧洞周边位移最大值为 18.3 mm,屈服区最大深度为 0.92 m;隧洞围岩加 30 m 外水水头,周边位移最大值扩展到 19.4 mm,屈服区最大深度扩展到 1.14 m。假定地应力释放 95%,一次锚杆支护承担 5%的地应力,隧洞外水水头为 0,此时隧洞周边位移最大值减小至 17.0 mm,且屈服区最大深度减小至 0.91 m,锚杆未达到屈服强度。

2)高温洞段一次支护有限元计算结论

对洞径 6.1 m 的隧洞,用 C25 混凝土(0.1 m 厚)一次支护后混凝土热线膨胀系数取 0.7×10^{-5}/℃,内外温差 10 ℃(里低外高)时,衬砌结构局部区域的主拉应力超过了 C25 混凝土的抗拉强度,但整体不会被温度荷载拉裂破坏;热线膨胀系数取 1.0×10^{-5}/℃ ,内外温差 10 ℃(里低外高)时,衬砌结构大部分区域的最大主拉应力超过了 C25 混凝土的抗拉强度,易被整体拉裂破坏。

3)高温洞段无一次衬砌围岩应力有限元计算结论

在围岩膨胀系数为 1.0×10^{-5}/℃的情况下,空气温度 50 ℃、365 d 以后水温为 0 ℃时作用 30 d 岩体的第一主拉应力的极值为 15 MPa(洞室开挖表面),洞径方向约 0.5 m 深度位置处第一主拉应力达到 4.27 MPa,此区域间的第一主应力超过了围岩的抗拉强度。空气温度 50 ℃、365 d 以后水温为 20 ℃时作用 30 d 岩体的第一主应力的极值为 9.5 MPa(洞室开挖表面),洞径方向约 0.5 m

深度位置处第一主拉应力达到 2.64 MPa,此区域间的第一主应力超过了围岩的抗拉强度。围岩在现有通风情况下,洞内温度是 50 ℃,水温必须高于 20 ℃。

5.8.3.2 四川娘拥水电站

该工程引水线路沿线河谷狭窄,山体雄厚,谷坡陡峻,引水隧洞穿越的地层岩性为斑状黑云母花岗岩,灰色厚-中厚层砂岩夹板岩,板岩、砂岩互层。

1#支洞初次出现地热异常部位是在桩号 K0+120 前后,爆破后岩石温度为 40 ℃,岩性为花岗岩,且局部潮湿,并伴有渗水,花岗岩中长石风化局部严重,风化带呈不规则分布。桩号 K0+000—K0+230 洞段的地温值为 25.8~38.8 ℃。在桩号 K0+240 处右侧下部有一股热泉涌出,水量约 10 mL/s,导致该部位地温值为 49.8 ℃。在桩号 K0+290 处爆破后岩面温度达到 48~50 ℃。

下游隧洞开挖至 K1+017.4 时,花岗岩锈染严重,局部风化,洞壁潮湿。随着开挖的推进,温度呈逐渐升高的趋势。在桩号 K0+986 处分布 1 条左旋逆冲断层,即热水断层,该处为花岗岩与砂板岩分界线,下盘为花岗岩。桩号 K1+017.4 处掌子面中下部分布一出水点,流量约 30 mL/s,水质透明,无味,泉眼周围有较多钙质沉积,水温高达 78 ℃。爆破后岩石表面温度达到 60~72 ℃,炮孔内温度达到 62~75 ℃,隧洞爆破后洞内环境温度达到 50 ℃。

5.8.3.3 云南黑白水三级水电站

施工到桩号 K0+180—K1+000 段时,隧洞埋深 80~140 m,表层 30~60 m 为冰碛层。该段洞内热水温度达到 58~60 ℃,热水流量稳定并达到 300 m^3/h 以上。

5.8.4 结论

基于以上分析,主要结论如下:

(1)本工程引水隧洞高地温表现为围岩岩壁温度最高达 119 ℃,并且沿裂隙有高温蒸汽喷出,蒸汽温度瞬间最高达 170 ℃;洞内空气温度维持在 55 ℃以上。洞内空气温度高于 28 ℃的隧洞长约 3.55 km,空气温度高于 35 ℃的洞段长约 2.0 km(桩号 Y7+500—Y9+500)。

(2)高地温段伴随有岩爆现象,高地温段为中等强度岩爆,多发生在掌子面和右侧拱顶、右侧拱顶—拱顶中心线。工程区位于以构造应力为主的强烈上升地层,岩爆的发生与埋深关系不大,岩爆的发生与地应力关系极为密切,本工程隧洞围岩为变质闪长岩和片麻花岗岩,为脆性岩体,容易发生岩爆。岩爆在空间上具有明显的连续性,最长连续长度达 150 m;时间上具有明显的滞后性和持续性,应力重分布的影响使局部持续剥落时间达 2 年之久,初次发生时间在 0.5 h 至几十天之内。

(3)本工程高地温洞段围岩温度高于 90 ℃,而河水为高山雪融水,最低温度在 10 ℃以下,不衬砌条件下隧洞过水,围岩在温度荷载的作用下会产生较大的拉应力,使原来发生过岩爆经应力重分布达到稳定状态的岩体再次失稳、剥落,影响工程的安全运行。

(4)锚喷混凝土对围岩稳定起到一定的作用,但现场喷射混凝土试验表明施工质量无法保证;若施工质量控制不好,尤其是喷射混凝土与岩壁之间的黏结强度达不到设计要求时,隧洞通水后,喷射混凝土会脱落。

(5)普通钢筋混凝土衬砌在温度低于 100 ℃时,钢筋和混凝土强度降低较少,对建筑物结构耐久性影响不大。

(6)高地温洞段的热-结构耦合计算结果表明:考虑高地温影响时,混凝土衬砌结构应力主要由温度场产生,混凝土浇筑时的环境温度与过水温度相差越大,则过水时温度场产生的应力也越大。由于温度场产生的拉应力值相当大(最大达 6.4 MPa),如将其作为不可消除荷载,衬砌结构所需的配筋量也十分大。对该洞段的衬砌可采用限裂设计,即允许混凝土开裂,控制裂缝开展宽度,适当增加衬砌的配筋量。

大体积混凝土在温度作用时,标准状态下的混凝土应力松弛系数为 0.4~0.55,衬砌配筋为 8 042 mm^2/延米。

(7)综上所述,为了工程永久运行安全,设计建议隧洞段桩号 Y7+500—Y9+500,洞内空气温度高于 35 ℃的高地温洞段,采用钢筋混凝土衬砌(配筋为 8 042 mm^2/延米);其余高地温洞段采用锚喷支护措施。

5.9 经济比较

Ⅲ类围岩,开挖外直径 $D=6.1$ m,开挖面积 $A=31.87$ m^2。

5.9.1 锚喷混凝土支护

顶拱 180°范围内打系统锚杆 Φ25@1.5 m×1.5 m,$L=2.5$ m,钢筋网 Φ8@200 mm×200 mm,边顶拱喷射 C25 混凝土,底板浇筑 C25 混凝土厚度 0.2 m。支护后马蹄形断面,边顶拱 $R=2.9$ m,底板 $R=5.8$ m。糙率 $n=0.025$,每千米隧洞水头损失 $h_f=3.37$ m(按与钢筋混凝土衬砌等水头损失设计)。

5.9.2 钢筋混凝土衬砌

钢筋混凝土衬砌,C25 混凝土厚度 0.5~0.7 m,衬砌后圆形断面,$D=4.7$ m。糙率 $n=0.014$,每千米隧洞水头损失 $h_f=3.24$ m。

5.9.3 工程量及费用比较

高地温隧洞段总长度 3.55 km(桩号 Y6+900—Y10+450),全部锚喷混凝土、全部钢筋混凝土衬砌和部分锚喷部分钢筋混凝土衬砌 3 种方案主要工程量及投资费用比较见表 5-54,其中,部分锚喷部分钢筋混凝土衬砌方案为锚喷支护长度 1.55 km,钢筋混凝土衬砌段长度 2.0 km(桩号 Y7+500—Y9+500)。按 2011 年第四季度价格水平(初步设计阶段)计算费用。

表 5-54　锚喷支护和钢筋混凝土衬砌工程量及费用

项目	单位	单价/元	锚喷混凝土支护(洞长 3.55 km)		钢筋混凝土衬砌(洞长 3.55 km)		部分锚喷(1.55 km)、部分钢筋混凝土衬砌(2.0 km)	
			工程量	费用/万元	工程量	费用/万元	工程量	费用/万元
石方洞挖	m^3	257.73	113 140	2 915.96	113 140	2 915.96	113 140	2 915.96
网喷混凝土(150 mm)	m^3	991.84	14 129	1 401.37	—		6 169	611.87
挂网钢筋 Φ8@200 mm×200 mm	t	9 423.44	135	127.22	—		59	55.60
锚杆 Φ25@1.5 m×1.5 m, $L=2.5$ m	根	217.67	15 110	328.90	—		6 598	143.62
C25 混凝土(衬砌)	m^3	914.85	—		51 582	4 718.98	29 060	2 658.55
钢筋制安	t	9 423.44	—		5 136	4 839.88	2 893	2 726.20
针梁模板	m^2	116.77	—		52 420	612.11	29 531	344.83
回填灌浆(顶拱 120°)	m^2	85.62	—		22 677	194.16	12 776	109.39
固结灌浆按 1 km 计(6 孔,排距 3 m,入岩 3 m)	m	279.72	—		6 000	167.83	6 000	167.83
橡胶止水带(651 型)(按段长 12 m 计算)	m	161.86	—		4 926	79.73	2 775	44.92
合计(不计石方洞挖)			1 857.49			10 612.69		6 862.81
合计(计入石方洞挖)			4 773.44			13 528.65		9 778.77

注:表中工程量未乘扩大系数。

5.10 现浇混凝土的养护

5.10.1 高温高湿环境下浇筑混凝土并无不利影响

在《建筑施工手册》混凝土养护中提到的太阳能养护、蒸汽养护等方式，混凝土的养护温度都比较高，但也必须保证有较高的湿度，才能保证混凝土的强度。

(1)棚罩式(太阳能)养护。是指在构件上加养护棚罩或在构件上加一层黑色塑料薄膜。棚罩材料有：玻璃、透明玻璃钢、聚酯薄膜、聚乙烯薄膜等，而以透明玻璃钢和塑料薄膜为佳。罩的形式有单坡、双坡、拱形等，罩内空腔比构件略大一些，一般夏季罩内温度可达 60~70 ℃，春秋季可达 35~45 ℃，冬季为 15~20 ℃；罩内湿度一般为 50%左右。

(2)箱式(太阳能)养护。箱体是一平板型太阳能集热器箱盖，主要反射聚光以增加箱内的太阳辐射能量，定时变换角度，基本可达到全天反射聚光目的，箱内养护温度白天可达 80 ℃以上。

(3)蒸汽养护。蒸汽养护是缩短养护时间的方法之一，一般用 65 ℃左右的温度蒸养。混凝土在较高湿度和温度条件下，可迅速达到要求的强度。

蒸汽养护分 4 个阶段。静停阶段：就是指混凝土浇筑完毕至升温前在室温下先放置一段时间。这主要是为了增强混凝土对升温阶段结构破坏作用的抵抗能力。一般需 2~6 h。升温阶段：就是混凝土原始温度上升到恒温的阶段。温度急速上升，会使混凝土表面因体积膨胀太快而产生裂缝。因而必须控制升温速度，一般为 10~25 ℃/h。恒温阶段：是混凝土强度增长最快的阶段。恒温的温度应随水泥品种不同而异，普通水泥的养护温度不得超过 80 ℃，矿渣水泥、火山灰水泥可提高到 85~90 ℃。恒温加热阶段应保持 90%~100%的相对湿度。降温阶段：在降温阶段内，混凝土已经硬化，如降温过快，混凝土会产生表面裂缝，因此降温速度应加以控制。一般情况下，构件厚度在 10 cm 左右时，降温速度每小时不大于 20~30 ℃。

5.10.2 高温环境下隧洞衬砌混凝土的养护

隧洞衬砌浇筑完毕后，混凝土逐渐硬化，强度也不断增长，这个过程主要由水泥的水化作用达到。而水泥的水化又必须在适当的温度和湿度条件下进行，混凝土的养护就是达到这个目的的手段。

高地温隧洞内环境温度较高，湿度较小，混凝土浇筑后应及时进行保湿养护。考虑现场条件、环境温度和湿度、圆形衬砌断面型式、施工操作方便等因素，选择采用喷涂养护剂(薄膜养生液)的养护方式。当养护剂被喷涂至混凝土表面后，会凝结成一层薄膜，使混凝土表面与空气隔绝，封闭混凝土中的水分不再被蒸发，而完成水泥水化作用，达到养护的目的。它适用于表面积大、不易洒水养护的构件，如柱子、建筑物立面等，要使用薄膜养生液养护，必须工序清楚，按部就班，不抢工不混乱，注意薄膜的保护。

根据《水泥混凝土养护剂》(JC 901—2002)，水泥混凝土养护剂技术要求如下：采用一级品的养护剂，有效保水率≥90%，7 d、28 d 抗压强度比≥95%，磨耗量≤3 kg/m^2，固含量≥20%，干燥时间≤4 h，成膜后浸水溶解性为不溶，成膜耐热温度为(65±2)℃。

喷涂养护剂养护应符合下列规定：

(1)拆模后应立即在混凝土裸露表面喷涂覆盖致密的养护剂。

(2)养护剂应均匀喷涂在结构表面，不得漏喷(涂)。养护剂应具有可靠的保湿效果。

(3)养护剂喷涂厚度以原液用量 0.2~0.25 kg/m^2 为宜，厚度要求均匀一致。

(4)养护剂喷涂后很快就形成薄膜，为达到养护目的，必须加强保护薄膜的完整性，要求不得有损坏破裂，发现有损坏时应及时补喷补涂养护剂。

(5)混凝土养护时间不少于28 d,混凝土养护期间应有专人负责,并应做好养护记录。

(6)养护剂的使用方法尚应符合产品说明书的有关要求。

5.11　高地温洞段喷射混凝土配合比设计

本工程引水隧洞埋深较大,岩性以变质闪长岩、片麻状花岗岩为主,围岩主要为Ⅱ~Ⅲ类,部分洞段存在岩爆和高地温现象,开挖实测岩壁温度近100 ℃,随着时间推移,岩壁温度略有降低。高地温洞段主要出现在3#~4#施工支洞之间主洞洞段,主要位于引水隧洞桩号Y7+220—Y10+355,长3 135 m,岩壁温度超过60 ℃,洞内空气温度高于28 ℃。该段隧洞永久支护型式采用喷射混凝土平整衬砌,为安全考虑,向上、下游适当延长按高地温洞段处理长度,因此引水隧洞高地温洞段平整衬砌喷射混凝土起止桩号为Y6+900—Y10+450,长3 550 m。喷射混凝土厚度为150 mm。

该段隧洞围岩温度较高,高地热及高温水(汽)作用可能导致喷射混凝土回弹量增大、后期强度大幅下降等问题。喷射混凝土作为直接与基层(岩石、混凝土)黏接起支护作用的结构,其性能和效果直接反映的是本身所发挥的支护作用,而且会间接影响到防水、隔热以及衬砌混凝土的性能和耐久性。因此,为工程安全考虑,保证喷射混凝土的结构强度和喷射混凝土与岩壁之间的黏接强度,对引水隧洞高地温洞段喷射混凝土的配合比、外加剂掺量以及混凝土耐久性等进行试验研究。

根据对引水隧洞高地温洞段温度测量记录的统计,开挖后岩壁温度为30~100 ℃。为模拟现场高温环境,试验选取40、60、80、90 ℃四种高温养护条件,用以研究高温对喷射混凝土性能的影响。

按照《通用硅酸盐水泥》(GB 175—2007)、《水泥化学分析方法》(GB/T 176—2017)、《水工混凝土试验规程》(SL 352—2020)、《水工混凝土外加剂技术规程》(DL/T 5100—2014)、《水工混凝土施工规范》(DL/T 5144—2015)、《水利水电工程喷锚支护技术规范》(SL 377—2007)、《岩土锚杆与喷射混凝土支护工程技术规范》(GB 50086—2015)等相关规范,对胶凝材料、骨料、外加剂及喷射混凝土进行如下试验:①胶凝材料(水泥、粉煤灰)的物理力学性能、化学成分分析试验;②骨料(包括天然砂和小石)的物理性能、碱活性试验;③外加剂(减水剂、速凝剂)的性能检测;④试拌混凝土配合比,进行新拌混凝土初始坍落度试验;⑤对到达龄期的不同养护条件下的喷射混凝土进行抗压强度、劈拉强度、黏接强度、干缩、抗渗试验。通过上述试验,提出了满足设计要求(性能指标见表5-55)的喷射混凝土配合比。

表5-55　喷射混凝土的设计性能指标

混凝土	强度等级	抗拉强度/MPa	黏接强度/MPa	抗渗等级
喷射混凝土	C25	≥1.3	≥0.8	≥W8

5.11.1　原材料性能试验

5.11.1.1　水泥

水泥选用某公司生产的P.O 42.5水泥。按照《通用硅酸盐水泥》(GB 175—2007)、《水泥化学分析方法》(GB/T 176—2017)的有关试验方法,对P.O 42.5水泥进行物理力学性能试验、化学成分分析,其检测结果列于表5-56。

由表5-56中数据可以看出:P.O 42.5水泥检测结果符合《通用硅酸盐水泥》(GB 175—2007)标准的要求。

表 5-56　P.O 42.5 水泥的检测结果

项目			标准 GB 175—2007	检测结果
			P.O 42.5	
密度/(kg/m³)			—	3.20
比表面积/(m²/kg)			≥300	334
标准稠度/%			—	28.0
安定性			合格	合格
烧失量/%			≤5.0	3.82
三氧化硫含量/%			≤3.5	2.12
氧化镁含量/%			≤5.0	2.58
氯离子含量/%			≤0.06	0.058
碱含量/%			—	1.05
凝结时间/min	初凝		≥45	116
	终凝		≤600	171
胶砂强度/MPa	抗折强度	3 d	≥3.5	6.4
		28 d	≥6.5	8.1
	抗压强度	3 d	≥17.0	36.3
		28 d	≥42.5	54.7

化学成分/%

K_2O	Na_2O	SiO_2	Al_2O_3	Fe_2O_3	TiO_2	MnO	CaO	f_{CaO}
1.09	0.33	23.58	5.18	3.58	0.24	0.099	56.61	4.45

5.11.1.2　粉煤灰

粉煤灰选用某公司生产的Ⅱ级粉煤灰。

按照《水工混凝土掺用粉煤灰技术规范》(DL/T 5055—2007)的有关试验方法,对粉煤灰进行物理力学性能试验和化学成分分析,其检测结果列于表 5-57。

由表 5-57 中数据可以看出:试验用粉煤灰的物理性能和化学成分均满足《水工混凝土掺用粉煤灰技术规范》(DL/T 5055—2007)中Ⅱ级粉煤灰的标准要求。

5.11.1.3　骨料

细、粗骨料分别选用本工程所在河流的天然砂和粒径 5~15 mm 的小石。

1. 骨料物理性能试验

按照《水工混凝土试验规程》(SL 352—2020)的有关试验方法,对粗、细骨料进行检测,两种骨料的性能检测结果分别列于表 5-58 和表 5-59。

表5-57　**粉煤灰的性能检测结果**

项目	标准　DL/T 5055—2007			检测结果
	Ⅰ级	Ⅱ级	Ⅲ级	
密度/(kg/m^3)	—	—	—	2.24
细度/%	≤12	≤20	≤45	14.0
需水量比/%	≤95	≤105	≤115	98
含水量/%	干排法≤1.0,湿排法≤15			0.1
烧失量/%	≤5	≤8	≤15	7.7
SO_3 含量/%	≤3	≤3	≤3	0.5
游离氧化钙含量/%	F类粉煤灰≤1.0			3.6
	C类粉煤灰≤4.0			
碱含量/%	—			2.2
28 d强度比/%	—			89

化学成分/%

K_2O	Na_2O	SiO_2	Al_2O_3	Fe_2O_3	TiO_2	MnO	CaO	MgO
2.75	0.37	48.65	18.76	6.77	0.88	0.11	7.52	2.72

表5-58　**细骨料的性能检测结果**

项目		标准 SL 352—2020	检测结果
细度模数		—	2.56
堆积密度/(kg/m^3)		—	1 580
空隙率/%		—	41
含泥量/%	≥C_{90}30和有抗冻要求的	≤3	0.9
	<C_{90}30	≤5	
泥块含量		不允许	0
饱和面干表观密度/(kg/m^3)		≥2 500	2 670
饱和面干砂吸水率/%		—	0.9
有机质含量		浅于标准色	浅于标准色
坚固性/%	有抗冻要求的混凝土	≤8	3
	无抗冻要求的混凝土	≤10	

各级筛累计筛余百分率/%

筛孔尺寸/mm	5	2.5	1.25	0.63	0.315	0.16	<0.16
实测结果	4.7	17.2	30.4	46.1	79.9	94.0	100.0

检验结论:细骨料检测的项目符合《水工混凝土试验规程》(SL 352—2020)标准的要求。

表 5-59 **粗骨料的性能检测结果**

项目		标准 SL 352—2020	检测结果
含泥量/%	D_{20}、D_{40} 粒径级	≤1	0.1
	D_{80} 粒径级	≤0.5	
泥块含量		不允许	0
饱和面干密度/(kg/m^3)		—	2 660
表观密度/(kg/m^3)		≥2 550	2 700
吸水率/%		≤2.5	0.9
堆积密度/(kg/m^3)		—	1 630
空隙率/%		—	40
有机质含量		浅于标准色	浅于标准色
针片状颗粒含量/%		≤15	0

由表 5-58、表 5-59 中数据可以看出：试验用粗、细骨料的各项性能指标均满足《水工混凝土试验规程》(SL 352—2020)有关要求的规定。

2. 骨料碱活性试验

按照《水工混凝土试验规程》(SL 352—2020)中"骨料碱活性检验(砂浆棒快速法)"的试验方法，对粗、细骨料进行碱活性试验。试验采用了掺加和不掺加粉煤灰进行对比试验。两种骨料的碱活性试验结果列于表 5-60。

表 5-60 **骨料的碱活性试验结果**

编号	骨料种类	粉煤灰掺量/%	评定标准	14 d 膨胀率 ε_{14}/%	膨胀率降低率 R_e/%	结果评定
S1	砂	0	非活性：ε_{14}<0.1；潜在活性：ε_{14}>0.2	0.12	—	疑似活性骨料
G1	石			0.08	—	非活性骨料
S2	砂	20	14 d 龄期膨胀率降低率 R_e≥75	0.01	91.7	有抑制作用
G2	石			0.01	87.5	有抑制作用

由表 5-60 中数据可以看出：

(1)天然砂(S1)14 d 的膨胀率为 0.1%~0.2%，为疑似活性骨料；石(G1)14 d 的膨胀率小于 0.1%，为非活性骨料。

(2)掺加了 20%的粉煤灰后，砂、石两种骨料(S2、G2)14 d 的膨胀率均为 0.01%，14 d 的膨胀率降低率均大于 75%，这表明掺加粉煤灰对骨料碱活性起到了一定的抑制作用。

5.11.1.4 外加剂

试验选用某工厂生产的高效减水剂和速凝剂。

按照《水工混凝土外加剂技术规程》(DL/T 5100—2014)的有关试验方法，分别对高效减水剂、速凝剂进行检测，其检测结果分别列于表 5-61 和表 5-62。

表 5-61　　高效减水剂检测结果

项目		标准 DL/T 5100—2015	检测结果
			高效减水剂(掺量 0.7%)
减水率/%		≥15	21.4
含气量/%		≤3.0	2.2
泌水率比/%		≤95	82
凝结时间差/min	初凝	-60~+90	+5
	终凝	-60~+90	-5
抗压强度比/%	3 d	≥130	143
	7 d	≥125	130
	28 d	≥120	126

表 5-62　　速凝剂检测结果

项目		标准 DL/T 5100—2015	检测结果
			速凝剂(掺量 4%)
细度(筛余)/%		<15	14.5
含水率/%		<3.0	0.4
净浆凝结时间/min	初凝	<3	2.5
	终凝	<10	9.6
水泥砂浆	1 d 抗压强度/MPa	>8	9.4
	28 d 抗压强度比/%	>75	76.3

由表 5-61、表 5-62 中数据可以看出:两种外加剂的检测结果均满足《水工混凝土外加剂技术规程》(DL/T 5100—2015)的相关规定。

5.11.1.5　纤维

纤维选用的是某公司生产的纤维 RS2000。

5.11.2　喷射混凝土配合比试验

5.11.2.1　喷射混凝土的配制强度

根据《水工混凝土配合比设计规程》(DL/T 5330—2015)的相关规定,本设计取混凝土的保证率为 95%(t=1.645),按照下列公式计算混凝土的配制强度:

$$f_{cu,0} = f_{cu,k} + t\sigma$$

式中　$f_{cu,0}$——混凝土配制强度,MPa;

$f_{cu,k}$——混凝土设计龄期立方体抗压强度标准值,MPa;

t——概率度系数;

σ——混凝土立方体抗压强度标准差,MPa。

强度等级 C25 的混凝土配制强度为 31.6 MPa。

5.11.2.2 喷射混凝土配合比试验结果

混凝土配合比 Q0 由本工程项目部提供,在此基础上,对混凝土分别掺加粉煤灰和纤维 RS2000 进行了喷射混凝土配合比试验,喷射混凝土配合比试验结果见表 5-63。

表 5-63 喷射混凝土配合比试验结果

编号	水灰比	粉煤灰掺量/%	材料用量/(kg/m³)								初始坍落度/mm
			水	水泥	粉煤灰	砂	小石	减水剂(0.7%)	速凝剂(4%)	纤维	
Q1	0.42	20	196	373	93	895	860	3.27	18.67	0	210
Q2		30	194	323	139	898	863	3.23	18.48	0	220
Q0		0	206	490	0	859	825	3.43	19.62	1.0	195
Q4		20	196	373	93	895	860	3.27	18.67	1.0	186
Q5		30	198	330	141	888	853	3.30	18.86	1.0	185

注:试验用粗、细骨料均以饱和面干状态为基准;外加剂掺量以占胶凝材料总重量的百分比计算。

5.11.3 喷射混凝土性能试验

试验选取粉煤灰的掺量为 20%和 30%,纤维掺量为 0 和 1.0 kg/m³。

为模拟现场的高温环境对喷射混凝土性能的影响,对试验配合比喷射混凝土采用标准养护和高温(包括 40、60、80、90 ℃)养护进行对比试验。对于高温养护的喷射混凝土,试件成型后连同试模立即放入不同温度的烘箱中养护,24 h 后拆模(干缩试件 48 h 拆模),拆模后的混凝土试件继续在相应温度的烘箱中养护至相应试验龄期,对到达龄期的喷射混凝土试件进行试验。

喷射混凝土的抗压强度、劈裂抗拉强度、黏接强度、干缩率、抗渗等级试验结果见表 5-64。

表 5-64 喷射混凝土性能试验结果

编号	养护条件	抗压强度 f_{cc}/MPa				劈拉强度 f_{ts}/MPa		黏接强度 f_b/MPa		干缩率 ε_{28}/(×10⁻⁶)	抗渗等级
		3 d	7 d	14 d	28 d	7 d	28 d	7 d	28 d		
Q1	标准	22.7	28.8	33.5	38.4	1.80	2.14	1.02	1.12	415	>W8
	40 ℃	30.6	33.5	37.5	38.1	1.89	1.97	0.96	0.85	—	>W8
	60 ℃	35.5	38.3	37.1	37.4	1.82	2.27	1.01	0.81	—	—
	80 ℃	37.1	40.6	43.2	42.5	1.85	1.97	0.85	0.86	497	>W8
	90 ℃	32.9	33.7	33.5	32.2	1.64	1.89	0.71	0.72	—	—
Q2	标准	20.2	26.6	32.7	39.4	1.51	2.15	1.13	1.36	—	>W8
	40 ℃	25.8	30.1	35.8	35.4	1.29	2.06	0.86	0.82	—	>W8
	60 ℃	30.8	33.2	36.4	37.4	1.08	2.14	0.81	0.86	—	—
	80 ℃	29.5	36.9	40.8	41.0	1.78	1.83	0.87	0.83	—	>W8
	90 ℃	29.3	30.8	33.5	33.8	1.58	1.63	0.84	0.82	—	—

续表 5-64

编号	养护条件	抗压强度 f_{cc}/MPa				劈拉强度 f_{ts}/MPa		黏接强度 f_b/MPa		干缩率 ε_{28}/($\times10^{-6}$)	抗渗等级
		3 d	7 d	14 d	28 d	7 d	28 d	7 d	28 d		
Q0	标准	28.4	31.2	33.3	35.1	2.03	2.24	1.22	1.32	514	>W8
	40 ℃	29.1	32.8	35.9	37.0	1.88	1.97	0.92	0.84	—	>W8
	60 ℃	29.3	33.5	35.8	37.5	1.95	1.36	1.02	0.85	—	—
	80 ℃	33.9	43.0	43.9	42.1	1.90	1.83	0.88	0.81	508	>W8
	90 ℃	32.4	36.9	38.1	37.0	1.98	1.87	0.91	0.83	—	—
Q4	标准	23.7	31.3	34.2	39.8	1.87	2.54	1.01	1.35	460	>W8
	40 ℃	27.0	34.2	35.7	36.2	1.93	1.70	0.89	0.90	—	>W8
	60 ℃	34.3	36.8	39.5	40.0	2.66	2.36	0.88	0.92	590	>W8
	80 ℃	32.9	37.5	45.6	41.2	2.05	2.01	0.88	0.86	557	>W8
	90 ℃	30.1	35.3	39.0	37.3	1.77	1.72	0.83	0.84	—	>W8
Q5	标准	21.2	27.9	32.2	39.6	1.97	2.25	1.05	1.22	—	>W8
	40 ℃	29.8	31.6	34.8	35.8	1.76	2.24	0.91	0.90	—	>W8
	60 ℃	31.4	35.3	36.4	37.2	1.65	2.27	0.85	0.86	—	—
	80 ℃	32.3	34.2	39.1	40.7	1.69	2.38	0.87	0.86	—	>W8
	90 ℃	29.4	31.5	33.2	32.3	1.77	1.34	0.85	0.83	—	—

5.11.3.1　喷射混凝土抗压强度试验结果分析

试验配合比喷射混凝土 28 d 的抗压强度均大于配制强度 31.6 MPa，可以满足设计要求。

5.11.3.2　相同养护条件下，不同配合比混凝土抗压强度对比分析

(1)在标准养护条件下，各配合比混凝土抗压强度如图 5-109 所示。

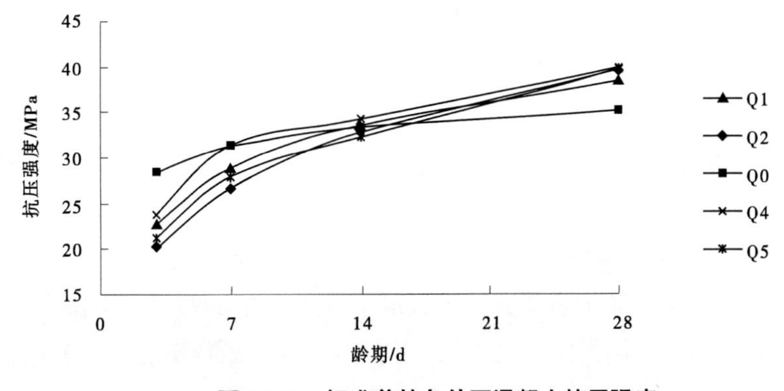

图 5-109　标准养护条件下混凝土抗压强度

由图 5-109 可以看出,在标准养护条件下:

①未掺加粉煤灰的混凝土(Q0)与掺加粉煤灰(掺量 20%、30%)的混凝土(Q1、Q2、Q4、Q5)相比较,14 d 龄期前,前者抗压强度高于后者;14 d 龄期后,前者抗压强度增长较慢,28 d 龄期的抗压强度低于后者,说明混凝土中掺入粉煤灰后,可以有效提高混凝土后期的抗压强度。掺量 20%粉煤灰的混凝土抗压强度高于掺量 30%粉煤灰的混凝土抗压强度。

②未掺加纤维的混凝土(Q1、Q2)与掺加纤维的混凝土(Q4、Q5)相比较(Q1 对 Q4、Q2 对 Q5),两者 28 d 龄期的混凝土抗压强度接近,说明混凝土中掺入纤维后,对混凝土的抗压强度影响较小。

(2)在高温养护条件下,各配合比混凝土抗压强度如图 5-110~图 5-113 所示。

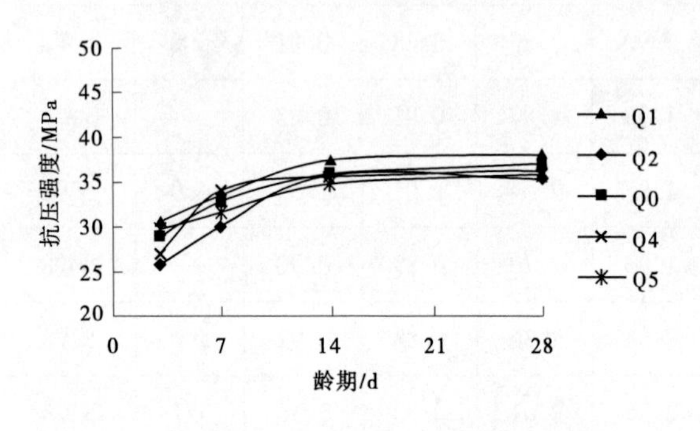

图 5-110　40 ℃养护条件下混凝土抗压强度

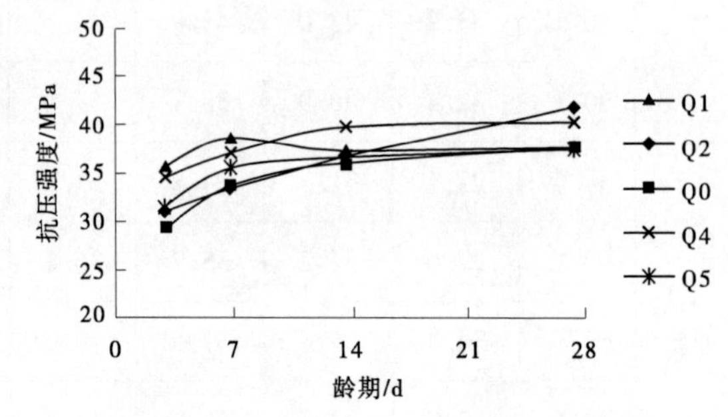

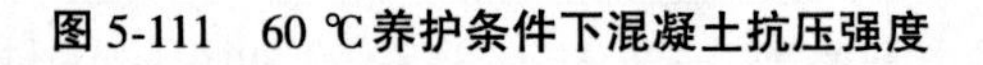

图 5-111　60 ℃养护条件下混凝土抗压强度

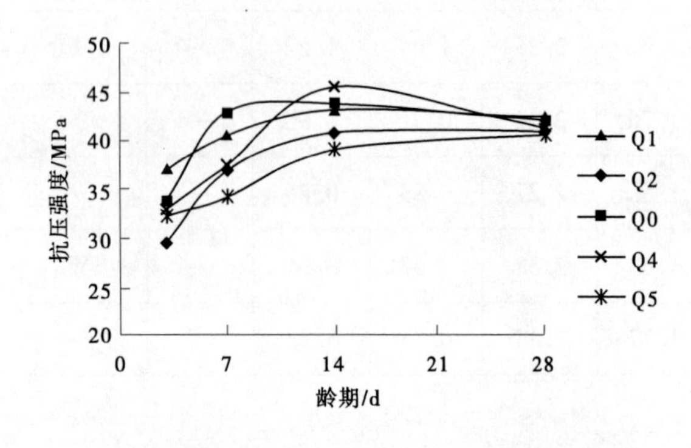

图 5-112　80 ℃养护条件下混凝土抗压强度

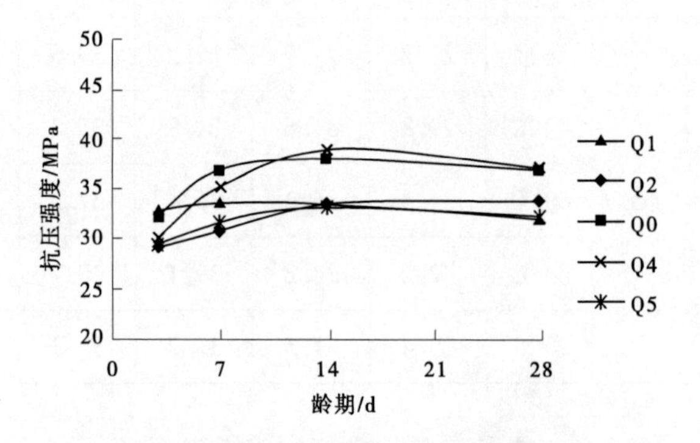

图 5-113　90 ℃养护条件下混凝土抗压强度

由图 5-110~图 5-113 可以看出:

①高温养护条件下混凝土抗压强度与标准养护条件下混凝土抗压强度的规律相同点是:掺量 20%粉煤灰的混凝土抗压强度高于掺量 30%粉煤灰的混凝土抗压强度。未掺加纤维的混凝土 28 d 的抗压强度与掺加纤维的混凝土抗压强度接近。

②在高温养护条件下的混凝土抗压强度与标准养护条件下混凝土抗压强度的规律不同点是:在不同高温养护条件下,混凝土 14 d 后的抗压强度增长缓慢,在 80、90 ℃高温养护条件下 28 d 的抗压强度较前期有所降低。

5.11.3.3　不同养护条件下,同一配合比混凝土抗压强度对比分析

配合比 Q4、Q1、Q2、Q5、Q0 在不同养护条件下混凝土抗压强度如图 5-114~图 5-118 所示。

由图 5-114~图 5-118 可以看出,各配合比混凝土在不同养护条件下,其抗压强度变化规律基本相同。

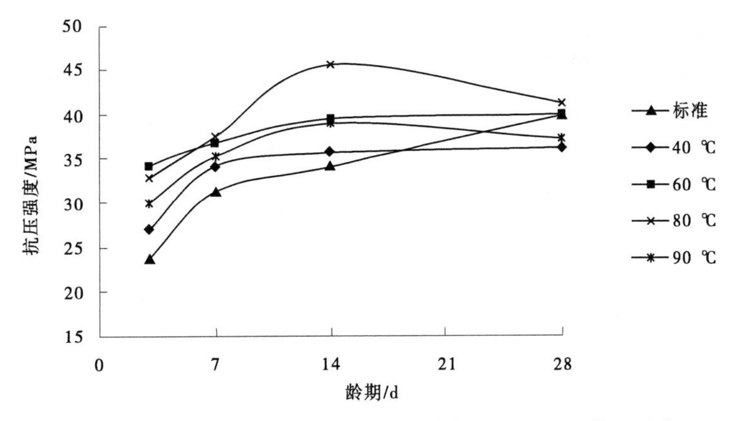

图 5-114　配合比 Q4 不同养护条件下混凝土抗压强度

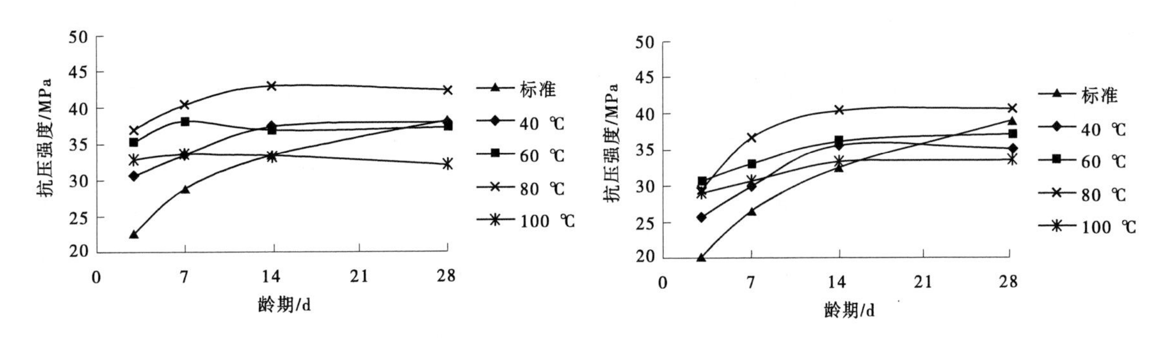

图 5-115　配合比 Q1 不同养护条件下混凝土抗压强度　图 5-116　配合比 Q2 不同养护条件下混凝土抗压强度

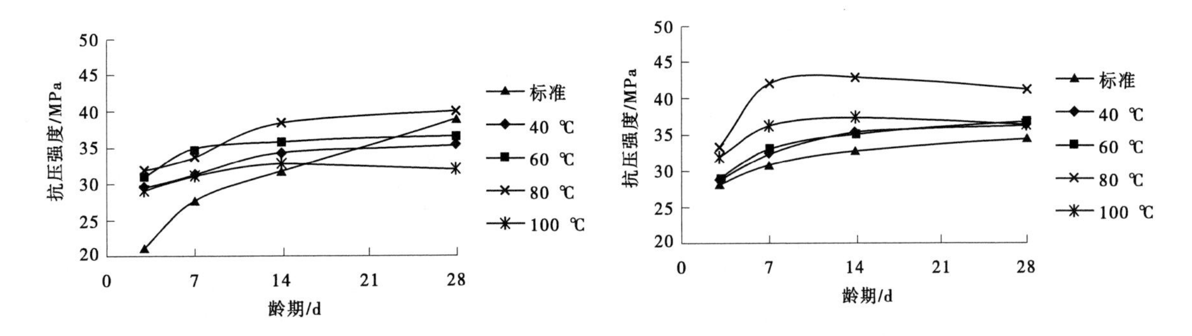

图 5-117　配合比 Q5 不同养护条件下混凝土抗压强度　图 5-118　配合比 Q0 不同养护条件下混凝土抗压强度

(1)对于掺加粉煤灰的混凝土,高温养护条件下的混凝土(前者)和标准养护条件下的混凝土(后者)相比较:14 d 龄期前,前者混凝土的抗压强度均高于后者;14 d 龄期后,前者混凝土抗压强度的增长速度减缓甚至略有降低。

(2)对于未掺加粉煤灰的混凝土,高温养护条件下的混凝土抗压强度均高于标准养护条件下的混凝土,这说明混凝土掺加粉煤灰后有利于混凝土后期抗压强度的增长。

(3)在 80 ℃高温养护条件下,混凝土抗压强度高于其他养护条件下混凝土的抗压强度。在 90 ℃高温养护条件下,混凝土抗压强度低于其他养护条件下混凝土的抗压强度。

5.11.3.4　喷射混凝土抗压强度正交分析

1. 标准养护与高温养护条件下混凝土抗压强度对比分析

养护条件(标准、40 ℃、60 ℃、80 ℃)、粉煤灰掺量(20%、30%)和纤维掺量(0、1)构成 $L_8(4^1\times2^4)$ 的正交设计表,其因素水平(一)及混凝土抗压强度的直观分析(一)分别见表 5-65 和表 5-66。

表 5-65 **因素水平(一)**

水平	A 养护条件/℃	B 粉煤灰掺量/%	C 纤维掺量
1	标准	20	0
2	40	30	1
3	60		
4	80		

表 5-66 **混凝土抗压强度的直观分析(一)**

配合比编号		A 养护条件	B 粉煤灰掺量	C 纤维掺量	D	E	抗压强度 f_{cc}/MPa			
							3 d	7 d	14 d	28 d
Q1		标准	20%	0	1	1	22.7	28.8	33.5	38.4
Q5		标准	30%	1	2	2	21.2	27.9	32.2	39.6
Q1		40 ℃	20%	0	2	2	30.6	33.5	37.5	38.1
Q5		40 ℃	30%	1	1	1	29.8	31.6	34.8	35.8
Q4		60 ℃	20%	1	1	2	29.3	33.5	35.8	37.5
Q2		60 ℃	30%	0	2	1	30.8	33.2	36.4	37.4
Q4		80 ℃	20%	1	2	1	32.9	37.5	45.6	41.2
Q2		80 ℃	30%	0	1	2	29.5	36.9	40.8	41.0
f_{cc3}/MPa	K_1	22.0	28.9	28.4	27.8	29.1	226.8	262.9	296.6	309.0
	K_2	30.2	27.8	28.3	28.9	27.7				
	K_3	30.1								
	K_4	31.2								
	R	9.3	1.1	0.1	1.1	1.4				
f_{cc7}/MPa	K_1	28.4	33.3	33.1	32.7	32.8				
	K_2	32.6	32.4	32.6	33.0	33.0				
	K_3	33.4								
	K_4	37.2								
	R	8.9	0.9	0.5	0.3	0.2				
f_{cc14}/MPa	K_1	32.9	38.1	37.1	36.2	37.6				
	K_2	36.2	36.1	37.1	37.9	36.6				
	K_3	36.1								
	K_4	43.2								
	R	10.4	2.1	0.1	1.7	1.0				
f_{cc28}/MPa	K_1	39.0	38.8	38.7	38.2	38.2				
	K_2	37.0	38.5	38.5	39.1	39.1				
	K_3	37.5								
	K_4	41.1								
	R	4.2	0.3	0.2	0.9	0.8				

2. 高温养护条件下混凝土抗压强度对比分析

高温养护条件(40、60、80、90 ℃)、粉煤灰掺量(20%、30%)和纤维掺量(0、1)构成 $L_8(4^1 \times 2^4)$ 的正交设计表,其因素水平(二)及混凝土抗压强度的直观分析(二)分别见表 5-67 和表 5-68。

表 5-67　　因素水平(二)

水平	A 高温养护条件/℃	B 粉煤灰掺量/%	C 纤维掺量
1	40	20	0
2	60	30	1
3	80		
4	90		

表 5-68　　混凝土抗压强度的直观分析(二)

配合比编号		A 养护条件	B 粉煤灰掺量	C 纤维掺量	D	E	抗压强度 f_{cc}/MPa			
							3 d	7 d	14 d	28 d
Q1		40 ℃	20%	0	1	1	30.6	33.5	37.5	38.1
Q5		40 ℃	30%	1	2	2	29.8	31.6	34.8	35.8
Q1		60 ℃	20%	0	2	2	35.5	38.3	37.1	37.4
Q5		60 ℃	30%	1	1	1	31.4	35.3	36.4	37.2
Q4		80 ℃	20%	1	1	2	33.9	43.0	43.9	42.1
Q2		80 ℃	30%	0	2	1	29.5	36.9	40.8	41.0
Q4		90 ℃	20%	1	2	1	30.1	35.3	39.0	37.3
Q2		90 ℃	30%	0	1	2	29.3	30.8	33.5	33.8
f_{cc3}/MPa	K_1	30.2	32.5	31.2	31.3	30.4				
	K_2	33.5	30.0	31.3	31.2	32.1				
	K_3	31.7								
	K_4	29.7								
	R	3.8	2.5	0.1	0.1	1.7				
f_{cc7}/MPa	K_1	32.6	37.5	34.9	35.7	35.3				
	K_2	36.8	33.7	36.3	35.5	35.9				
	K_3	40.0								
	K_4	33.1								
	R	7.4	3.9	1.4	0.1	0.7	250.1	284.7	303.0	302.7
f_{cc14}/MPa	K_1	36.2	39.4	37.2	37.8	38.4				
	K_2	36.8	36.4	38.5	37.9	37.3				
	K_3	42.4								
	K_4	36.3								
	R	6.2	3.0	1.3	0.1	1.1				
f_{cc28}/MPa	K_1	37.0	38.7	37.6	37.8	38.4				
	K_2	37.3	37.0	38.1	37.9	37.3				
	K_3	41.6								
	K_4	35.6								
	R	6.0	1.8	0.5	0.1	1.1				

由表5-66、表5-68可以得出相同的结论：

(1)在表5-65、表5-67的几个因素中，影响混凝土抗压强度的主次顺序是：养护条件→粉煤灰掺量→纤维掺量。

(2)在80 ℃高温养护条件下，其混凝土抗压强度高于其他养护条件下的混凝土抗压强度；到达28 d龄期时，其混凝土抗压强度低于14 d龄期时的抗压强度，表明在80 ℃高温养护条件下，混凝土后期抗压强度要降低。

(3)掺量20%粉煤灰的混凝土抗压强度略高于掺量30%粉煤灰的混凝土抗压强度，表明增加粉煤灰掺量会降低混凝土抗压强度。

(4)掺加纤维的混凝土抗压强度与不掺加纤维的混凝土抗压强度接近，表明混凝土中掺加纤维后对混凝土抗压强度影响不大。

由表5-66可以看出：在14 d龄期前，标准养护条件下的混凝土抗压强度低于40 ℃和60 ℃养护条件下混凝土的抗压强度；14 d龄期后，40 ℃和60 ℃养护条件下的混凝土抗压强度增长速度减缓；其28 d龄期时的抗压强度低于标准养护条件下的混凝土抗压强度。

由表5-68可以看出：

(1)在40 ℃和60 ℃高温养护时，随着温度的升高，混凝土抗压强度增加；但当温度达到90 ℃时，混凝土抗压强度低于其他养护条件下的混凝土抗压强度。

(2)在40 ℃和60 ℃高温养护时，混凝土后期抗压强度增长平缓；在80 ℃和90 ℃高温养护时，混凝土28 d的抗压强度低于14 d的抗压强度，表明在80 ℃和90 ℃高温养护条件下，混凝土后期抗压强度要降低。

5.11.3.5　喷射混凝土劈裂抗拉强度试验结果分析

试验配合比喷射混凝土28 d的劈裂抗拉强度均大于1.3 MPa，可以满足设计要求。

养护条件(标准、40 ℃、80 ℃、90 ℃)、粉煤灰掺量(20%、30%)和纤维掺量(0、1)构成$L_8(4^1 \times 2^4)$的正交设计表，其因素水平(三)及混凝土劈裂抗拉强度的直观分析分别见表5-69和表5-70。

表5-69　　因素水平(三)

水平	A 高温养护条件/℃	B 粉煤灰掺量/%	C 纤维掺量
1	标准	20	0
2	40	30	1
3	80		
4	90		

由表5-70数据可以看出：

(1)在表5-69的几个因素中，影响混凝土劈裂抗拉强度的主次顺序是：养护条件→纤维掺量→粉煤灰掺量。

(2)高温养护条件下混凝土的劈裂抗拉强度低于标准养护条件下混凝土的劈裂抗拉强度。随着养护温度的升高，劈裂抗拉强度随之降低。28 d龄期时，高温养护与标准养护条件下混凝土劈裂抗拉强度相比较：40 ℃高温养护下大约降低了4%，80 ℃高温养护下大约降低了13%，90 ℃高温养护下大约降低了24%。

(3)掺加纤维的混凝土劈裂抗拉强度与未掺加纤维的混凝土相比较，大约提高了9%，表明掺入纤维可以提高混凝土的劈裂抗拉强度。

表 5-70　　混凝土劈裂抗拉强度的直观分析

配合比编号		A 养护条件	B 粉煤灰掺量	C 纤维掺量	D	E	劈拉强度 f_{ts}/MPa	
							7 d	28 d
Q1		标准	20%	0	1	1	1.80	2.14
Q5		标准	30%	1	2	2	1.97	2.25
Q1		40 ℃	20%	0	2	2	1.89	1.97
Q5		40 ℃	30%	1	1	1	1.76	2.24
Q4		80 ℃	20%	1	1	2	2.05	2.01
Q2		80 ℃	30%	0	2	1	1.78	1.83
Q4		90 ℃	20%	1	2	1	1.77	1.72
Q2		90 ℃	30%	0	1	2	1.58	1.63
f_{ts7}/MPa	K_1	1.89	1.88	1.76	1.80	1.78	14.6	15.8
	K_2	1.83	1.77	1.89	1.85	1.87		
	K_3	1.92						
	K_4	1.68						
	R	0.24	0.11	0.13	0.06	0.10		
f_{ts28}/MPa	K_1	2.20	1.96	1.89	2.01	1.98		
	K_2	2.11	1.99	2.06	1.94	1.97		
	K_3	1.92						
	K_4	1.68						
	R	0.52	0.03	0.16	0.06	0.02		

5.11.3.6　喷射混凝土黏接强度试验结果分析

本次为混凝土与混凝土之间的黏接强度试验。试验配合比喷射混凝土 28 d 的黏接强度均大于 0.8 MPa，可以满足设计要求。

养护条件（标准、40 ℃、80 ℃、90 ℃）、粉煤灰掺量（20%、30%）和纤维掺量（0、1）构成 $L_8(4^1 \times 2^4)$ 的正交设计表，其因素水平（四）及混凝土黏接强度的直观分析分别见表 5-71 和表 5-72。

由表 5-72 中数据可以看出：

（1）在表 5-71 的几个因素中，影响混凝土黏接强度的主次顺序是：养护条件→纤维掺量→粉煤灰掺量。

表 5-71　　因素水平（四）

水平	A 高温养护条件/℃	B 粉煤灰掺量/%	C 纤维掺量
1	标准	20	0
2	40	30	1
3	80		
4	90		

表 5-72 混凝土黏接强度的直观分析

配合比编号		A 养护条件	B 粉煤灰掺量	C 纤维掺量	D	E	劈拉强度 f_b/MPa	
							7 d	28 d
Q1		标准	20%	0	1	1	1.02	1.12
Q5		标准	30%	1	2	2	1.05	1.22
Q1		40 ℃	20%	0	2	2	0.96	0.85
Q5		40 ℃	30%	1	1	1	0.91	0.90
Q4		80 ℃	20%	1	1	2	0.88	0.86
Q2		80 ℃	30%	0	2	1	0.87	0.83
Q4		90 ℃	20%	1	2	1	0.83	0.84
Q2		90 ℃	30%	0	1	2	0.84	0.82
f_{b7}/MPa	K_1	1.04	0.92	0.92	0.91	0.91	7.4	7.4
	K_2	0.94	0.92	0.92	0.93	0.93		
	K_3	0.88						
	K_4	0.84						
	R	0.20	0.01	0.01	0.02	0.02		
f_{b28}/MPa	K_1	1.170	0.92	0.91	0.93	0.92		
	K_2	0.875	0.94	0.96	0.94	0.94		
	K_3	0.845						
	K_4	0.830						
	R	0.34	0.03	0.05	0.01	0.01		

(2)高温养护条件下混凝土黏接强度低于标准养护条件下混凝土黏接强度。随着养护温度的升高，黏接强度随之降低。28 d 龄期时，高温养护与标准养护条件下混凝土黏接强度相比较：40 ℃高温养护下大约降低了 25%，80 ℃高温养护下大约降低了 28%，90 ℃高温养护下大约降低了 29%。

(3)掺加纤维的混凝土黏接强度比未掺加纤维的混凝土黏接强度大约提高了 6%，表明掺入纤维可以提高混凝土的黏接强度。

(4)掺加 30%粉煤灰的混凝土黏接强度比掺加 20%粉煤灰的混凝土黏接强度大约提高了 3%，表明增加粉煤灰掺量可以提高混凝土的黏接强度。

5.11.3.7 喷射混凝土干缩试验结果分析

1. 混凝土在不同养护条件下干缩曲线汇总

配合比 Q0、Q1、Q4 混凝土在不同养护条件下干缩曲线汇总如图 5-119 所示。

由图 5-119 可以看出：在标准养护条件下，混凝土干缩率在 28 d 左右趋于平稳；在高温养护条件下，混凝土前期干缩较快，14 d 后干缩率逐渐趋于平稳。

2. 混凝土在标准养护、80 ℃养护条件下干缩曲线

配合比 Q0、Q1、Q4 混凝土在标准养护、80 ℃养护条件下干缩曲线分别如图 5-120、图 5-121 所示。

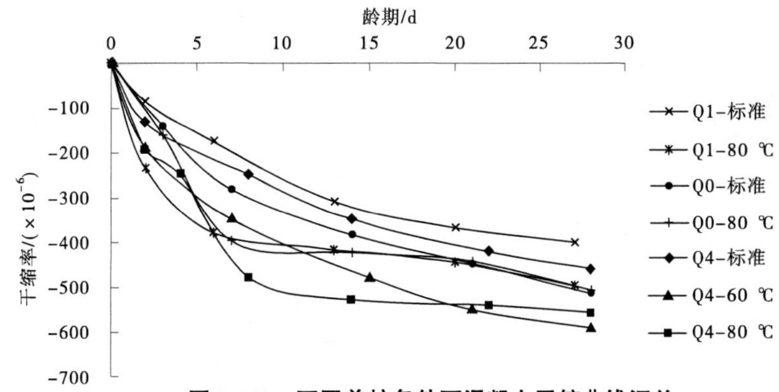

图 5-119　不同养护条件下混凝土干缩曲线汇总

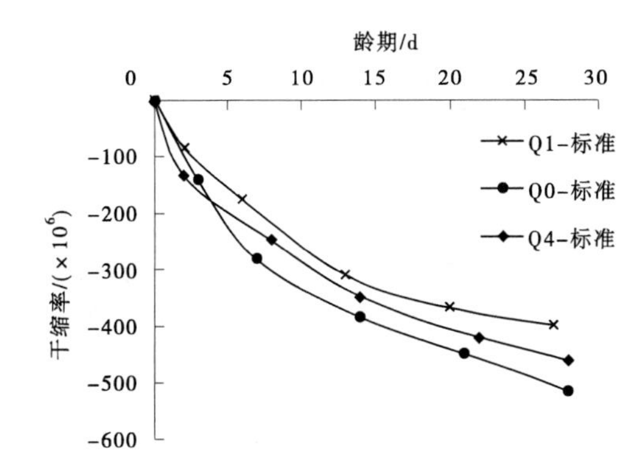

图 5-120　标准养护条件下混凝土干缩曲线

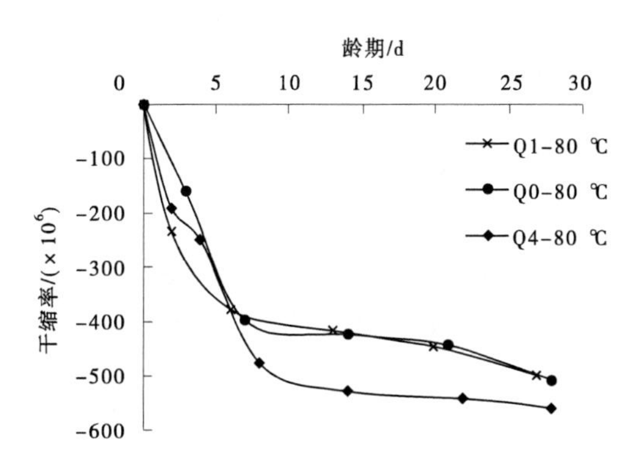

图 5-121　80 ℃养护条件下混凝土干缩曲线

由图 5-120、图 5-121 可以看出：

（1）在标准养护条件下，配合比 Q0 混凝土 28 d 的干缩率最大，配合比 Q4 混凝土 28 d 的干缩率比 Q0 的大约减小了 11%，表明混凝土中掺入粉煤灰后，可以减小混凝土的干缩率。

（2）在标准养护条件和 80 ℃养护条件下，掺加纤维的混凝土（配合比 Q4）28 d 的干缩率略大于未掺加纤维的混凝土（配合比 Q1）的干缩率，大约增大了 10%，表明混凝土中掺加纤维后增大了混凝土的干缩率。

3. 同一配合比混凝土在不同养护条件下干缩曲线

配合比 Q4、Q1 混凝土在不同养护条件下干缩曲线如图 5-122 和图 5-123 所示。

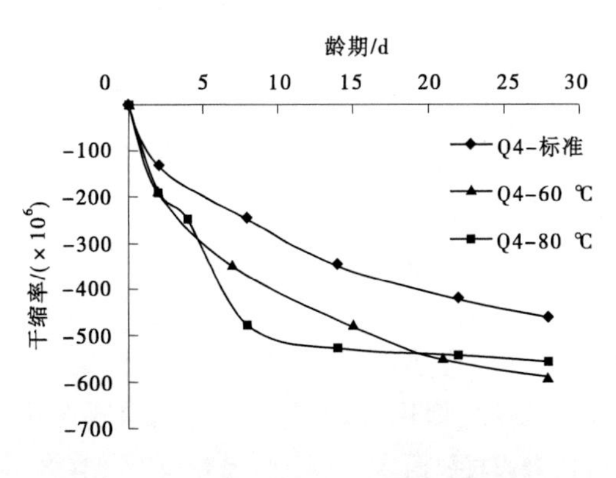

图 5-122　配合比 Q4 混凝土干缩曲线

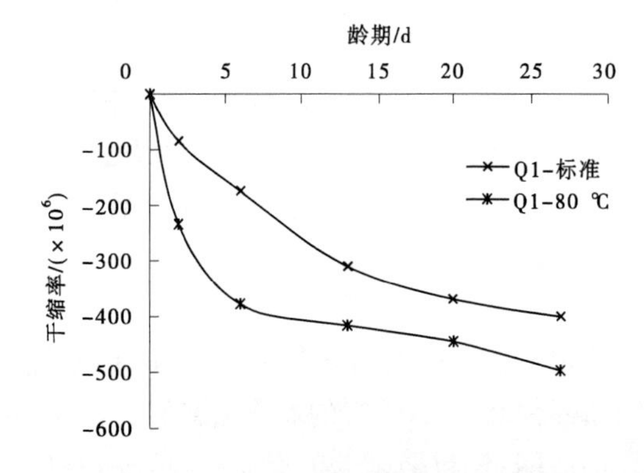

图 5-123　配合比 Q1 混凝土干缩曲线

由图 5-122、图 5-123 可以看出：高温养护条件下的混凝土干缩率大于标准养护条件下混凝土的干缩率。28 d 龄期时，80 ℃养护条件下混凝土的干缩率比标准养护条件下的干缩率大约增加了 20%。

5.11.3.8 喷射混凝土抗渗试验结果

试验配合比混凝土的抗渗等级均大于 W8,可以满足设计要求。

5.11.4 推荐的喷射混凝土配合比

综合分析试验结果,配合比 Q4 混凝土的性能优于其他配合比混凝土的性能,其 28 d 的抗压强度、劈裂抗拉强度、黏接强度、抗渗等级均可以满足设计要求。因此,推荐配合比 Q4 混凝土作为高地温隧洞段喷射混凝土施工配合比。推荐的喷射混凝土配合比列于表 5-73。

表 5-73 推荐的高地温隧洞段喷射混凝土配合比

编号	水灰比	粉煤灰掺量/%	材料用量/(kg/m³)								初始坍落度/mm
			水	水泥	粉煤灰	砂	小石	减水剂(0.7%)	速凝剂(4%)	纤维	
Q4	0.42	20	196	373	93	895	860	3.27	18.67	1.0	186

注:试验用粗、细骨料均以饱和面干状态为基准;外加剂掺量以占胶凝材料总重量的百分比计算。

5.11.5 结论

(1)试验选用的原材料(水泥、粉煤灰、粗细骨料、外加剂)物理性能均满足有关规范的技术要求。细骨料经碱活性(砂浆棒快速法)检验为疑似活性骨料,掺加 20%粉煤灰后可以有效抑制骨料碱活性。

(2)混凝土中掺入粉煤灰后,有利于混凝土后期抗压强度的增长,而且可以减小混凝土的干缩率。

(3)混凝土中掺入纤维后,可以提高混凝土的劈裂抗拉强度和黏接强度。

(4)在 40 ℃和 60 ℃高温养护时,混凝土后期抗压强度增长较少;在 80 ℃和 90 ℃高温养护时,混凝土 28 d 的抗压强度低于 14 d 的抗压强度。

(5)在高温养护条件下的混凝土劈裂抗拉强度低于标准养护条件下混凝土的劈裂抗拉强度。随着养护温度的升高,劈裂抗拉强度随之降低。

(6)在高温养护条件下的混凝土黏接强度低于标准养护条件下混凝土的黏接强度。随着养护温度的升高,黏接强度随之降低。

(7)在标准养护条件下,混凝土干缩率在 28 d 左右趋于平稳;在高温养护条件下,混凝土前期干缩较快,14 d 后干缩率逐渐趋于平稳。高温养护条件下的混凝土干缩率大于标准养护条件下混凝土的干缩率。28 d 龄期时,80 ℃养护条件下混凝土的干缩率比标准养护条件下大约增大了 20%。

(8)推荐的高地温隧洞段喷射混凝土配合比,其混凝土 28 d 的抗压强度、劈裂抗拉强度、黏接强度、抗渗等级均满足设计要求,可作为设计依据和控制施工质量参考依据。在现场施工中,如原材料及施工条件发生变化时,可经论证后适当调整混凝土配合比。

5.12 隧洞塌方处理

承包人已对引水隧洞 Y1+110—Y1+130 塌方段进行了处理:架立工字钢拱架,钢拱架之上喷射回填砂浆 0.5 m;所有的塌方出露面进行喷 C25 混凝土封闭,厚度 5 cm 左右,随机锚杆支护,侧墙挂钢筋网;钢拱架以上的塌方部位采用 Φ100 钢管满堂脚手架搭设,对侧墙进行支撑,承重采用垂直工字钢。

鉴于上述已实施的处理方案和与承包人确认的现场实际情况,建议进行以下加固处理,确保施工安全和工程质量。

5.12.1　加固工字钢支撑基础和锁脚锚杆

现有钢支撑柱脚并未完全坐落在岩石基础上,为保证钢支撑柱脚稳定和减少沉降,每榀钢支撑柱脚之间焊接横向支撑,横向支撑采用 I20 工字钢,基础浇筑 0.3 m 厚的 C20 混凝土底板。要求横向支撑和混凝土底板均在设计衬砌断面之外。

为保证施工期安全,基础加固处理不可大进尺,应一榀钢支撑处理完毕后,再加固下一榀钢支撑,并及时进行钢支撑位移和沉降监测。

补强加固锁脚锚杆,锚杆直径 28~32 mm(HRB400 级钢筋),长度 L=3.0~5.0 m,侧墙堆积体厚度大者采用大直径长锚杆。

5.12.2　对工字钢支撑侧边墙堆积体固结灌浆

钢支撑两侧立柱外边墙为坍塌堆积体,松散、破碎,需对其进行固结灌浆加固处理。由于钢支撑侧向喷混凝土厚度仅为 0.1~0.15 m,因此固结灌浆压力不宜过大,初步建议不大于 0.25 MPa。灌浆施工应自较低的一端开始,向较高的一端推进。固结灌浆结束 14 d 后,进行岩体波速测试,要求波速不低于 2 500 m/s。

5.12.3　工字钢支撑顶拱之上回填混凝土

钢支撑基础和边墙加固处理后,在钢支撑顶拱之上分层回填 C20 混凝土,每层混凝土回填厚度控制不超过 1.0 m;回填混凝土(不振捣)时速度不宜过快,防止渣堆和下部支撑结构变形;待混凝土达到 70%强度后,方可回填上一层混凝土,一期回填总厚度不大于 3.5 m。之上的塌腔体待隧洞钢筋混凝土永久衬砌完成后再进行回填 C20 混凝土,并进行固结灌浆处理。

钢支撑间距为 0.8~1.0 m,间距偏大。为保证回填混凝土施工期安全,顶拱之上回填混凝土施工前,应加强钢支撑拱架,顶拱预埋竖向钢筋与钢支撑焊接,钢筋直径 28 mm(HRB400 级钢筋),长度 L=3.0 m,间距 0.3 m。必要时在钢拱架下部(包括两榀钢拱架之间部分)搭设临时支架支撑,待回填混凝土达到 70%强度后方可拆除临时支架。

5.12.4　预埋后期回填混凝土管和灌浆管

为保证隧洞钢筋混凝土永久衬砌完成后进行塌腔体回填 C20 混凝土,并进行固结灌浆,需预埋回填混凝土管和固结灌浆管。回填混凝土管直径为 108 mm,间排距 2.5~3.0 m。固结灌浆管直径为 50 mm,间排距 2.5~3.0 m。

为防止地下水对支护结构产生不利影响,在边墙和顶拱部位应预埋或钻排水孔,及时排除岩体渗水。

5.12.5　加强施工期安全监测

在上述加固处理和后期隧洞施工过程中,应加强安全监控量测,对隧洞支护结构进行动态监控。发现问题,应及时进行处理。

5.12.6　制定质量和安全保证措施

承包人应制定工程施工质量和安全保证措施,制定应急救援预案,加强现场施工管理,保证施工机械设备和机具运行有效,保证所需材料的供应,并应有一定的安全储备。

5.12.7　加强前方隧洞开挖支护和安全措施

(1)在前方隧洞施工中,应加强超前地质预报工作。通过超前地质预报,提前了解和掌握前方围岩的情况和变化,使整个施工过程都在受控范围之内。

(2)控制爆破,保护围岩。成功的光面爆破、预裂爆破不仅能减少超欠挖,更有助于减少“岩承能力”的损失。

(3)在施工中严格控制工程质量,确保超前支护和初期支护的强度,构建强有力的支撑层承托围岩。

(4)选用适宜的工法,不断完善钻爆设计,减少爆破对围岩的振动;开挖采用光面爆破与预裂爆破,在不良洞段做到"先排水、短开挖、弱爆破、强支护、早衬砌、勤量测",并及时反馈信息。

(5)隧洞发生塌方时,应及时进行处理。处理时必须详细观测塌方范围、形式、塌穴的地质构造,查明塌方发生的原因和地下水活动情况,认真分析制定处理方案。通过设置止浆墙、导管预注浆固结坍塌岩渣、超前管棚支护、塌腔回填、短台阶开挖等措施进行处理。

5.13 岩爆处理

引水隧洞埋深大、地应力高、地质构造复杂,隧洞最大埋深 1 720 m,推测初始地应力可能达到 50 MPa,以水平应力为主。根据工程经验和已经开挖洞段实际发生的岩爆综合分析,判断本工程引水隧洞以发生弱-中等岩爆为主,局部可能发生强岩爆。为此,设计提出了岩爆防治方案和工程措施。施工单位应根据工程实际情况,针对引水隧洞可能发生岩爆的强度和规模,加强施工期预报和监测;总结经验和教训,优化调整施工方法,以减轻岩爆的强度;结合多种防治措施,对开挖断面适时进行"喷、锚、网"支护;采取安全防护措施,避免人员和设备的损伤,保证施工进度。

岩爆防治方案及工程措施主要如下。

5.13.1 改善围岩应力条件,采用合理的开挖爆破方法

(1)隧洞开挖应采用光面爆破,以降低围岩应力集中。

(2)采用短进尺、多循环的开挖方式,将深孔爆破改为浅孔爆破,建议每排孔深 1.0~1.5 m,降低一次爆破用药量,减小爆破对围岩的扰动。

(3)在高地应力洞段侧顶拱部位(一般为靠河一侧)布置超前钻孔或排孔,进行超前应力解除,在围岩内部形成破碎带,使掌子面及洞壁岩石应力提前释放。隧洞径向孔最大孔径不大于 80 mm,深度可为 1.5~2 m。

(4)在可能发生岩爆洞段,对干燥的岩壁面喷水湿润。

5.13.2 加强施工临时支护,选择适宜的支护型式

在洞段开挖施工前,施工地质人员应会同地质雷达检测单位进行地质预测预报工作,通过对围岩完整性、围岩强度、地应力、地下水、是否存在断层等情况的综合分析,对掌子面前方围岩是否会发生岩爆和可能发生的岩爆程度进行超前预报。

为减轻岩爆的危害,开挖后根据已发生岩爆的特征,应由监理人组织设计地质人员、施工地质人员、地质预测预报人员共同对岩爆进行分级,现场施工人员应根据岩爆分级结果按引水隧洞岩爆防治施工技术要求有针对性地采取以下适宜的支护措施。

5.13.2.1 锚杆加固围岩

随机锚杆应根据现场监理人的指令布设。

锚杆加固采用垂直于隧洞岩壁的支护锚杆,改善围岩应力,防止围岩劈裂、弹射。锚杆数量应根据断面和岩质状态而定,岩爆活动越强烈,锚杆密度越大。锚杆直径为 25 mm,锚杆长度为 1.5~2.5 m。

5.13.2.2 径向锚杆和喷素混凝土支护

对滞后型和重复型岩爆,为防止岩爆的发生和减少岩爆可能对施工人员和设备造成的安全威胁,开挖后围岩应尽快设置径向锚杆,锚杆直径为 25 mm,间距 1~1.25 m,长度 2~3 m,梅花形布置。为了防止锚杆间的劈裂型岩爆,喷厚度为 5~10 cm 的素混凝土。

5.13.2.3 径向锚杆、钢筋网(或钢纤维)和喷混凝土支护

岩爆发生后围岩会产生一定厚度的松动圈,为防止围岩发生坍塌,应及时采用此类支护型式。锚杆直径为 25 mm,间距 1~1.25 m,长度 2~3 m,梅花形布置。钢筋网采用 Φ8@ 200 mm×200 mm,喷厚度为 10~15 cm 混凝土。

为节省时间和安全考虑,可采用钢纤维(或性能和价格更优的材料)代替钢筋网。钢纤维混凝

土较普通混凝土可显著提高喷混凝土的抗拉强度和韧度系数，喷混凝土厚度可适当减薄至 5～10 cm。钢纤维掺量 35～40 kg/m^3。在钢纤维混凝土中，可加入适量的硅粉，提高钢纤维混凝土的抗压强度，减少混凝土的回弹量。钢纤维和硅粉的掺入量应由承包人通过现场喷射试验确定。

5.13.2.4　格栅拱架支撑和模筑护壁混凝土

在强岩爆或以上级别洞段，开挖后适时采用格栅拱架支撑，及时跟进浇筑 20～30 cm 厚的护壁混凝土支护。

5.13.3　加强检查和观察，及时清除浮石和待避

（1）在施工过程中应对离掌子面较近距离段加强检查，观察围岩动态。产生在洞顶和洞壁的浮石应及时清除，以保施工安全和进行支护工作。

（2）在岩爆发生强烈、持续时间长的洞段，为防止落石造成事故，施工人员应在安全处躲避一段时间，待岩爆高发期过后，并采取了有效的防护措施，方可继续施工。

5.13.4　加强施工期监测和预报，调整施工方法和措施

在施工期，承包人应进行必要的围岩监测，如声发射、变形监测和应力监测等，预测岩爆的信息，根据工程实际情况，总结经验，及时调整施工方法，采取有效的防范岩爆措施。

6　反演分析

根据实测断面监测位移结果,对实测断面的岩石参数和地应力做反演计算,以验算隧洞设计参数的取值是否合理,可以对隧洞进行更接近现场实际的计算分析。

实测监测断面:引水洞进口、1#支洞上游、4#支洞上游、4#支洞下游,位移计监测共布置了4个断面。位移计布置断面桩号为:引水洞进口 Y1+445 断面,1#支洞上游 Y2+580 断面,4#支洞上游 Y10+135 断面,4#支洞下游 Y12+342 断面。

结合已有资料,4#支洞上游 Y10+135 附近的洞段有实测的地质参数,且埋深较大,故选取4#支洞上游 Y10+135 断面作为计算断面。

6.1　计算依据

6.1.1　规范

(1)《水工隧洞设计规范》(SL 279—2016)。

(2)《水工隧洞设计规范》(NB/T 10391—2020)。

(3)《岩土锚杆与喷射混凝土支护工程技术规范》(GB 50086—2015)。

6.1.2　设计报告及图纸

(1)工程初步设计报告(831C-A2)。

(2)工程隧洞开挖、支护等设计施工图(831H-G01、831H-G04)。

(3)工程隧洞开挖后地质编录图、工程地质说明。

(4)工程引水发电洞及高压管道围岩变形监测报告。

(5)深埋长隧洞岩爆特性与预测及防治关键技术报告。

6.2　计算输入

4#支洞上游 Y10+135 断面距离桩号 Y10+400—Y10+521 较近,故选取该段的围岩参数作为计算参数,其岩体主要物理力学参数见表5-74。

表5-74　岩体主要物理力学参数值

桩号	密度/(g/cm³)	抗压强度/MPa	抗拉强度/MPa	弹性模量/GPa	抗剪强度	
					c/MPa	φ/(°)
Y10+135	2.6~2.7	51.70	3.02	15.76	8.87	49.4

6.3　计算方法

6.3.1　计算程序

采用国际通用的岩土专业有限元计算程序 Phase2 分析计算。

6.3.2　计算模型

避免周边约束对隧洞计算结果的影响,隧洞四周取3倍的洞径,左右两侧约束水平位移,上下两侧约束垂直位移。

计算模型如图5-124所示。

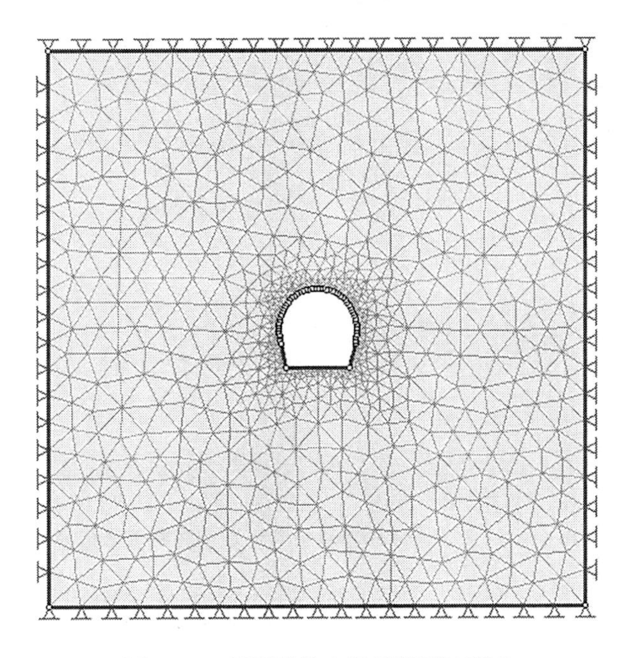

图5-124 围岩结构有限元模型示意图

6.3.3 **计算假定**

(1)假定岩石为均质岩体,且平行于洞轴线方向和垂直于洞轴线方向的水平侧压力系数是一样的。

(2)假定材料参数准确。

(3)假定实测地应力准确,非实测段推算侧压力系数准确。

6.3.4 **计算荷载**

计算荷载只有地应力,地应力是按照已有资料给定的主应力随埋深的分布关系计算的,计算相应埋深的最大水平主应力、最小水平主应力和垂直应力。

最大水平主应力:$\sigma_H = 0.022\,5H + 11.056\,1$

最小水平主应力:$\sigma_h = 0.008\,8H + 6.741\,4$

垂直应力:$\sigma_V = 0.023\,2H + 0.347\,9$

式中,H为埋深,m。

4[#]支洞上游Y10+135断面,埋深为1 047.7 m,岩性为片麻状花岗岩,铅垂向地应力为24.65 MPa,对应的最大水平主应力为34.63 MPa,最小水平主应力为15.96 MPa。设定洞轴线方向与最大水平主应力的方向垂直是最不利的,选取铅垂向应力和最大水平主应力作为初始的地应力输入值。

6.3.5 **计算方法**

本计算采用岩体Mohr-Coulomb破坏准则,具体参见有限元程序Phase2使用手册。

6.4 监测结果与计算结果比较

6.4.1 **实际监测结果**

引水洞进口、1[#]支洞上游、4[#]支洞上游、4[#]支洞下游,位移计监测共布置了4个断面,采用单点式位移计,每个断面安装6只位移计,测点深度分别为5 m和2 m,即为3组。多点位移计监测孔布置如图5-125所示。

引水洞4[#]支洞上游Y10+135断面,岩性为片麻状花岗岩,埋设6只位移计,其中M3-1、M3-2、M3-3为5 m埋深,M3-4、M3-5、M3-6为2 m埋深。5 m埋深时,M3-1、M3-2、M3-3的总变形值为0.095、0.112、0.156 mm;2 m埋深时,M3-4、M3-5、M3-6的总变形值为0.076、0.061、0.221 mm。

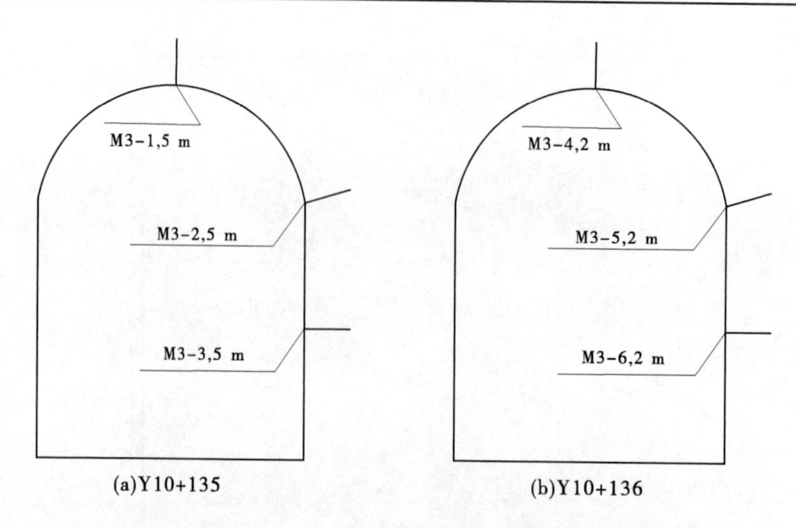

图 5-125　4[#]支洞上游多点位移计观测孔布置示意图

6.4.2　Y10+135 断面计算结果

按照上述地质参数和围岩应力，按不同的地应力释放水平进行隧洞特征点的位移计算，计算结果见表 5-75 和图 5-126～图 5-129 所示。

表 5-75　位移计算结果

地应力释放水平/%	M-1 位移/mm	M-2 位移/mm	M-3 位移/mm
1	5.1	10.1	9.8
2	5.1	10.2	9.9
5	5.2	10.5	10.2
10	5.5	11	10.7
20	5.9	11.9	11.7
50	7.3	14.9	14.6
100	11.3	20.9	20.4

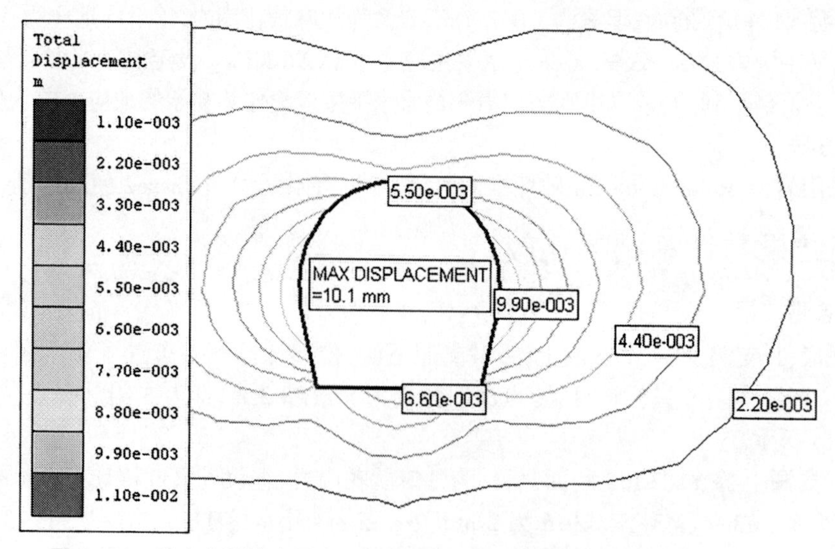

图 5-126　地应力释放水平为 1%时围岩位移计算结果等值线　(单位:m)

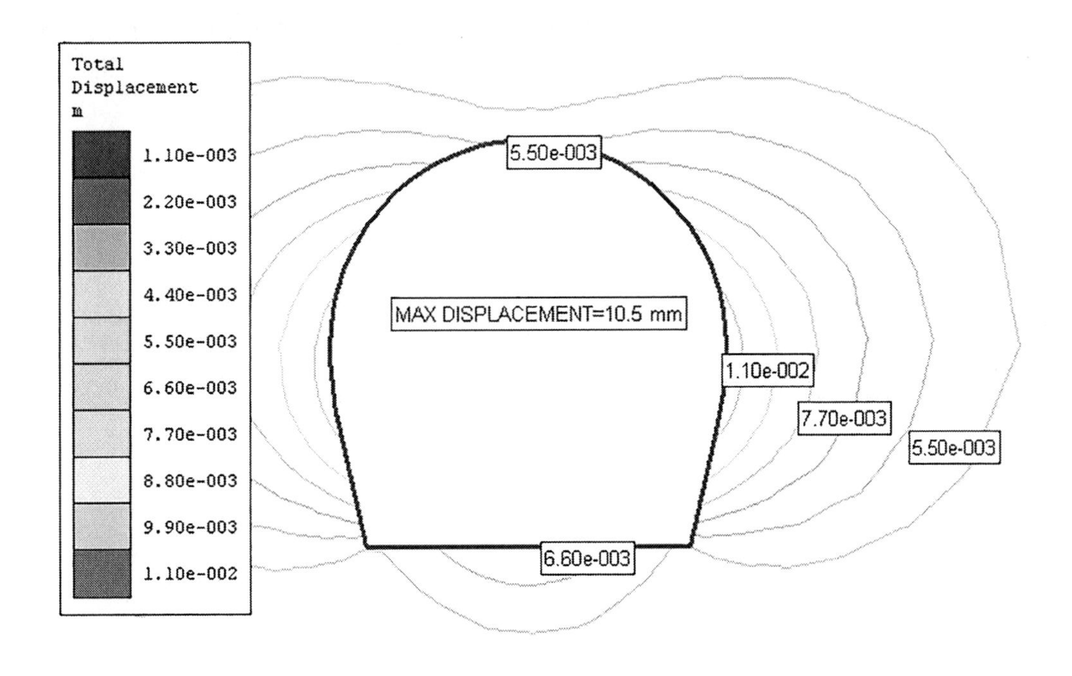

图5-127 地应力释放水平为5%时围岩位移计算结果等值线 (单位:m)

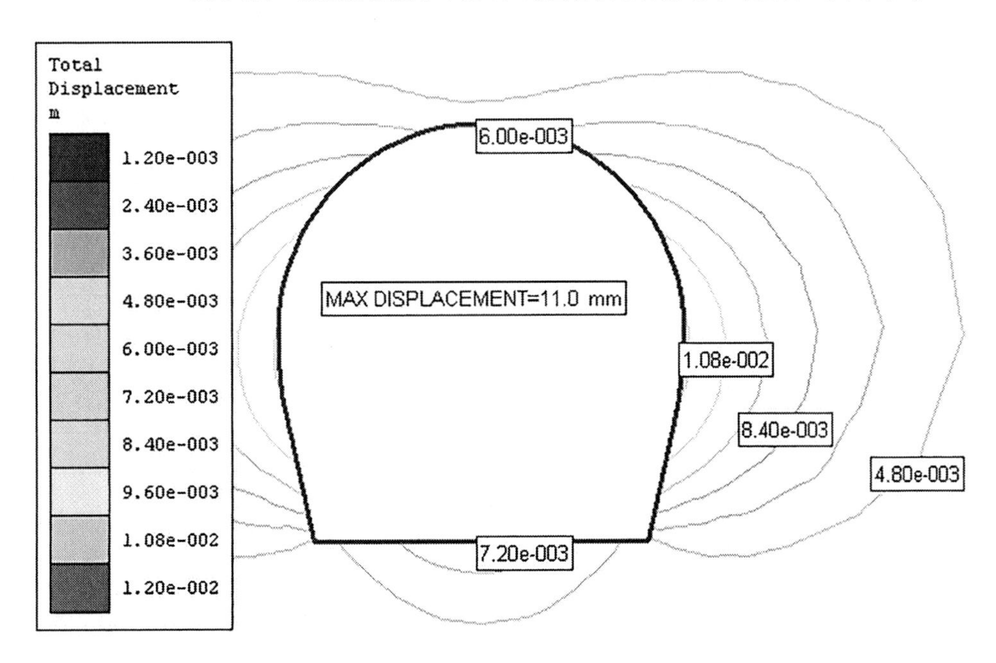

图5-128 地应力释放水平为10%时围岩位移计算结果等值线 (单位:m)

6.5 结论与建议

(1)以4#支洞上游Y10+135断面为例,通过对比实际监测结果和有限元计算结果,地应力释放水平为1%时,拱顶特征点M3-1和M3-4的监测位移是计算位移的1.5%~1.9%,拱肩特征点M3-2和M3-5的监测位移是计算位移的0.6%~1.1%,腰线特征点M3-3和M3-6的监测位移是计算位移的1.6%~2.3%;地应力释放水平为100%时,拱顶特征点M3-1和M3-4的监测位移是计算位移的 0.7%~0.8%，拱肩特征点 M3-2 和 M3-5 的监测位移是计算位移的 0.3%~0.5%，腰线特征点 M3-3 和 M3-6 的监测位移是计算位移的 0.8%~1.1%。

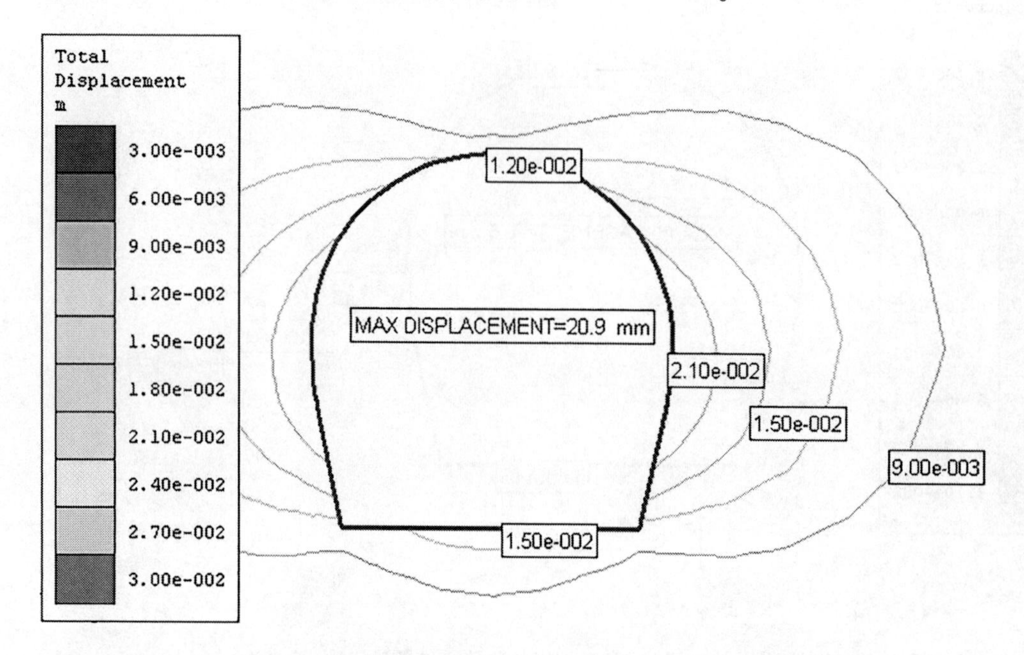

图 5-129　地应力释放水平为 100%时围岩位移计算结果等值线　(单位:m)

(2)以 4#支洞上游 Y10+135 断面为例,实际监测位移比计算位移小很多(小于计算值的 3%),原因是该洞段开挖后应力释放速度较快,待监测开始时地应力已经基本释放了,后期监测到位移所占总位移的比例很小,但是从位移的顶、底、侧位移分布比例来分析,计算位移值和实测基本符合,也符合现有的地应力侧压力系数给定的规律。

7　围岩变形监测

为了解隧洞和高压管道围岩变形规律及发展趋势，预测围岩稳定状态，合理选择二次支护时机，优化衬砌结构设计，需对隧洞和高压管道围岩收敛变形进行量测。结合不同洞段的地质条件，利用收敛计、多点位移计观测围岩的变形，了解围岩变形量、变化过程及持续时间，从而为支护时机、衬砌类型选择及灌浆方案设计提供可靠的依据。

7.1　监测方法与技术要求

随着隧洞开挖进展，对已开挖洞段选取不同围岩类别、不同地质条件的开挖断面进行收敛变形、不同深度围岩变形监测工作，按照相关规程规范要求，由地质专业负责人确定监测断面桩号。

随着工程向深部发展，围岩变形及其稳定性控制越来越突出，并且难以准确预测预报。现场围岩变形监测是判断围岩稳定性、确定支护时机的重要手段之一，目前国内外围岩变形监测仪器的种类较多，其中多点位移计和收敛计较为成熟。因此，结合本工程隧洞的围岩特征，拟采用多点位移计和收敛计进行变形监测。

多点位移计和收敛计的使用技术要求，可参考《水利水电工程岩石试验规程》（SL 264—2020）及《工程岩体试验方法标准》（GB/T 50266—2013）。

7.2　监测断面布置

7.2.1　多点位移计断面布置

引水洞进口、1#支洞上游、4#支洞上游、4#支洞下游，位移计监测共布置了 4 个断面，采用单点式位移计，每个断面安装 6 只位移计，测点深度分别为 5 m 和 2 m，即为 3 组。

位移计布置断面为：引水洞进口 Y1+445 断面，3 组位移计，6 只；1#支洞上游 Y2+580 断面，3 组位移计，6 只；4#支洞上游 Y10+135 断面，3 组位移计，6 只；4#支洞下游 Y12+342 断面，3 组位移计，6 只。位移计监测共计 4 个断面，24 只位移计。多点位移计监测孔布置参见图 5-130。

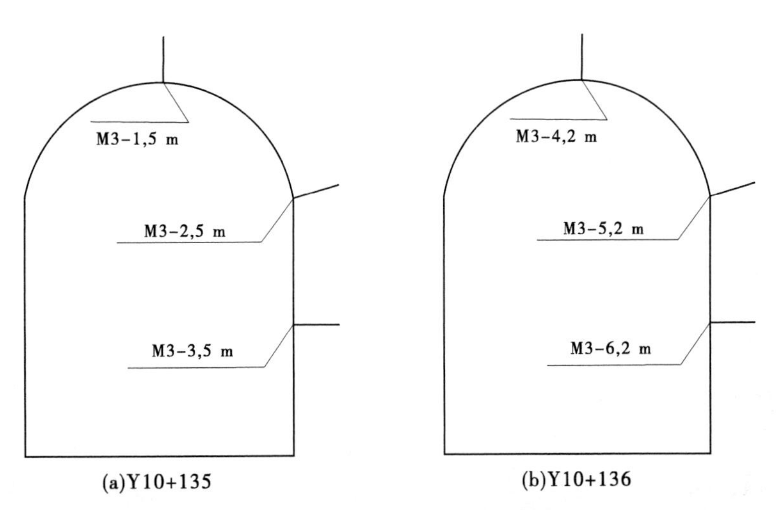

图 5-130　多点位移计观测孔布置示意图

7.2.2 收敛计断面布置

根据地质条件、施工要求、设计目的、施工方法、支护型式、围岩类别及围岩的时间和空间效应等因素，选择引水洞进口 2 个断面，1[#]支洞上游 2 个断面，4[#]支洞上游 2 个断面，4[#]支洞下游 2 个断面，收敛监测共计布置了 8 个断面，36 条测线。

收敛计布置断面桩号为：引水洞进口 Y1+447 断面，3 条测线；Y1+582 断面，6 条测线。1[#]支洞上游 Y2+542 断面，6 条测线；Y2+578 断面，3 条测线。4[#]支洞上游 Y10+040 断面，6 条测线；Y10+135 断面，3 条测线。4[#]支洞下游 Y12+342 断面，6 条测线；Y12+420 断面，3 条测线。收敛监测共计 8 个断面，36 条测线。收敛测线布置如图 5-131 所示，引水发电洞围岩变形监测工作量见表 5-76。

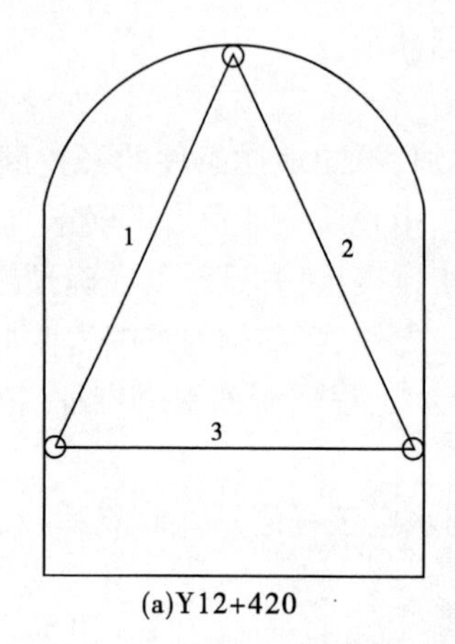

(a)Y12+420

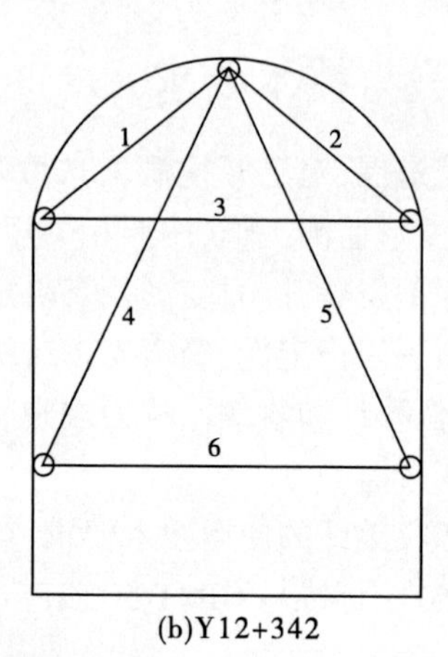

(b)Y12+342

图 5-131 收敛测线布置形式示意图

表 5-76 **引水发电洞围岩变形监测工作量**

断面编号	收敛计/只		断面编号	位移计/只	
	3 线	6 线		5 m	2 m
Y1+447	3		Y1+445	3	3
Y1+582		6			
Y2+542		6			
Y2+578	3		Y2+580	3	3
Y10+040		6			
Y10+135	3		Y10+135	3	3
Y12+342		6	Y12+342	3	3
Y12+420	3				

各监测断面的布置如图 5-132 所示。

7.3 监测数据计算方法及成果

位移计监测数据按下式计算：

$$u = G(R_i - R_0) + K(T_i - T_0) \tag{5-2}$$

式中 u——位移值，mm；

G,K——传感器系数，由厂家标定；

R_i,R_0——仪器读数(Digit)；

T_i,T_0——温度读数，℃。

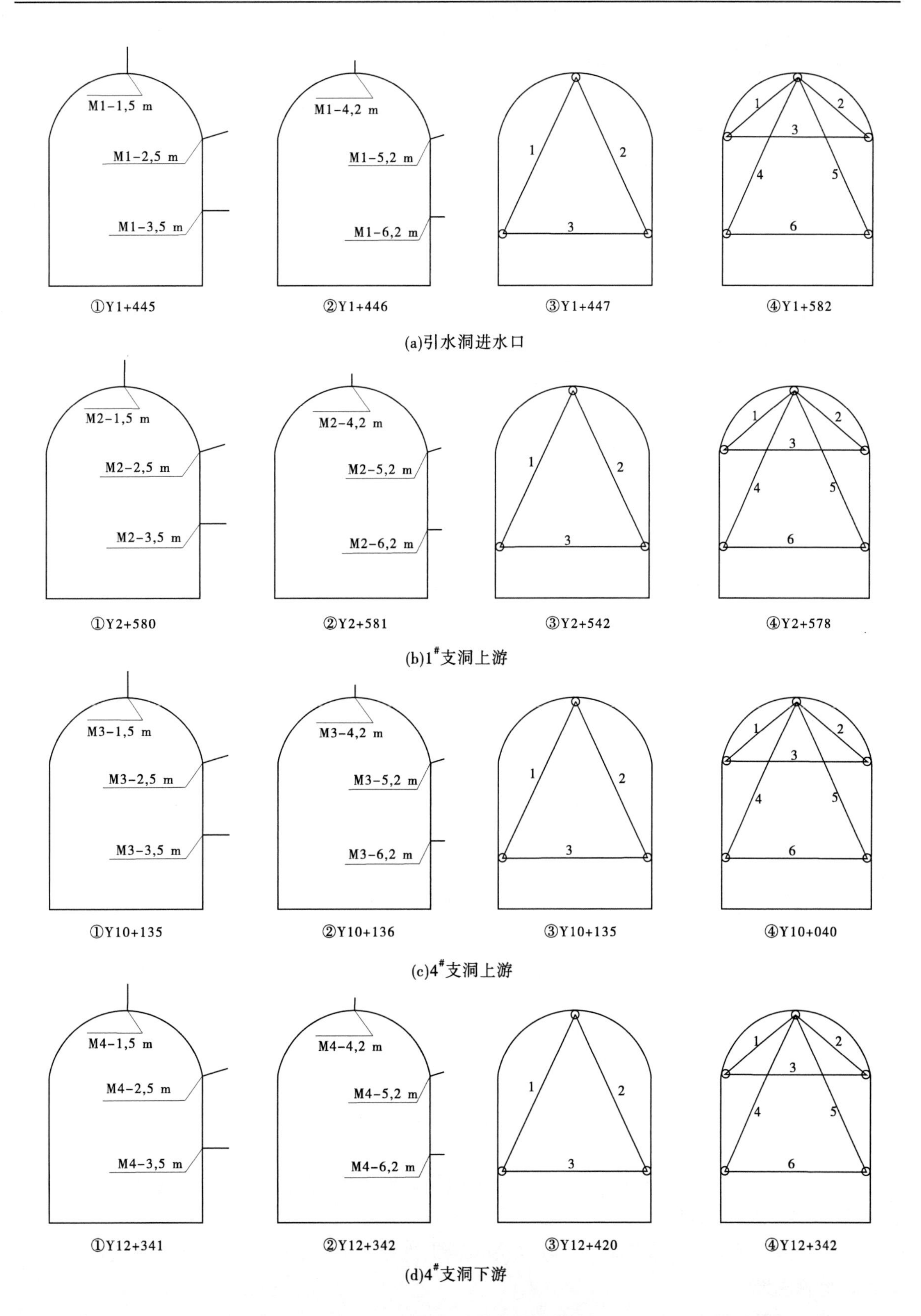

图5-132 位移、收敛断面布置图

收敛数据按下式计算：

$$u = u_n + K_\varphi L(t_n - t_0) \tag{5-3}$$

式中 u——实际收敛值,mm；

u_n——收敛读数值,mm；

K_φ——收敛计系统温度线膨胀系数(由厂家标定)；

L——基线长,mm；

t_n——收敛计观测时的环境温度,℃；

t_0——收敛计标定时的环境温度,℃。

7.3.1 位移计监测成果

位移计监测成果见表 5-77～表 5-80。

成果表 5-77 为引水洞进口 Y1+445 断面,埋设 3 组位移计,6 只位移计的监测成果,其中 M-1、M-2、M-3 为 5 m 埋深,M-4、M-5、M-6 为 2 m 埋深。

成果表 5-78 为引水洞 1#支洞上游 Y2+580 断面,埋设 3 组位移计,6 只位移计的监测成果,其中 M-1、M-2、M-3 为 5 m 埋深,M-4、M-5、M-6 为 2 m 埋深。

成果表 5-79 为引水洞 4#支洞上游 Y10+135 断面,埋设 3 组位移计,6 只位移计的监测成果,其中 M-1、M-2、M-3 为 5 m 埋深,M-4、M-5、M-6 为 2 m 埋深。

成果表 5-80 为引水洞 4#支洞下游 Y12+342 断面,埋设 3 组位移计,6 只位移计的监测成果,其中 M-1、M-2、M-3 为 5 m 埋深,M-4、M-5、M-6 为 2 m 埋深。

位移、温度随时间变化过程曲线见图 5-133。

7.3.2 收敛计监测成果

收敛计监测成果参见成果表 5-81～表 5-88。

表 5-81 为引水洞进口 Y1+447(A)断面,埋设 3 个收敛监测点,拱顶及腰线两侧,3 条测线的监测成果。

表 5-82 为引水洞进口 Y1+582(B)断面,埋设 5 个收敛监测点,拱顶、拱肩两侧及腰线两侧,6 条测线的监测成果。

表 5-83 为引水洞 1#支洞上游 Y2+542(C)断面,埋设 5 个收敛监测点,拱顶、拱肩两侧及腰线两侧,6 条测线的监测成果。

表 5-84 为引水洞 1#支洞上游 Y2+578(D)断面,埋设 3 个收敛监测点,拱顶及腰线两侧,3 条测线的监测成果。

表 5-85 为引水洞 4#支洞上游 Y10+040(E)断面,埋设 5 个收敛监测点,拱顶、拱肩两侧及腰线两侧,6 条测线的监测成果。

表 5-86 为引水洞 4#支洞上游 Y10+135(F)断面,埋设 3 个收敛监测点,拱顶及腰线两侧,3 条测线的监测成果。

表 5-87 为引水洞 4#支洞下游 Y12+342(G)断面,埋设 5 个收敛监测点,拱顶、拱肩两侧及腰线两侧,6 条测线的监测成果。

表 5-88 为引水洞 4#支洞下游 Y12+420(H)断面,埋设 3 个收敛监测点,拱顶及腰线两侧,3 条测线的监测成果。

收敛变形随时间变化曲线,收敛变形与距掌子面距离关系曲线如图 5-134 和图 5-135 所示。

表 5-77　引水洞进水口 Y1+445 断面变形监测成果

日期(年-月-日)	M1-1(5 000 mm)		M1-2(5 000 mm)		M1-3(5 000 mm)		M1-4(2 000 mm)		M1-5(2 000 mm)		M1-6(2 000 mm)	
	温度/℃	变形/mm	温度/℃	变形/mm	温度/℃	变形/mm	温度/℃	变形/mm	温度/℃	变形/mm	温度/℃	变形/mm
2012-08-28	20.4	0	19.6	0	19.6	0	21.2	0	20	0	18.2	0
2012-08-29	20.4	0	20.8	0.004	20.8	0.004	21.6	0	20.6	0.005	18.5	0
2012-08-30	20.4	0	20.9	0.006	20.9	0.006	21.9	0	20.9	0.004	18.9	0
2012-08-31	20.9	0.002	20.6	0.009	20.6	0.009	21.2	0	21.0	0.009	18.2	0.014
2012-09-01	21.4	0.002	19.7	0.010	19.7	0.010	21.5	0.009	20.0	0.008	18.4	0.020
2012-09-02	21.2	0.027	19.6	0.020	19.6	0.020	20.6	0.009	20.0	0.014	18.1	0.022
2012-09-03	18.2	0.036	19.3	0.031	19.3	0.031	19.6	0.009	19.9	0.021	18.3	0.026
2012-09-04	17.7	0.035	19.2	0.045	19.2	0.045	19.9	0.022	17.6	0.026	17.4	0.020
2012-09-05	17.8	0.060	19.4	0.060	19.4	0.060	18.8	0.029	19.8	0.019	19.1	0.018
2012-09-06	19.4	0.062	19.6	0.086	19.6	0.086	19.5	0.043	19.7	0.005	18.9	0.013
2012-09-07	19.2	0.064	19.0	0.094	19.0	0.094	18.9	0.025	20.2	0.007	18.6	0.013
2012-09-08	19.9	0.069	19.9	0.111	19.9	0.111	18.9	0.043	20.5	0.008	18.2	0.015
2012-09-09	18.6	0.076	17.9	0.093	17.9	0.093	18.2	0.048	20.9	0.004	17.7	0.020
2012-09-10	20.6	0.077	20.2	0.107	20.2	0.107	20.7	0.063	20.3	0.004	19.1	0.020
2012-09-11	18.8	0.091	17.4	0.090	17.4	0.090	18.5	0.054	21.0	0.009	17.3	0.025
2012-09-12	20.5	0.104	17.6	0.091	17.6	0.091	18.3	0.057	21.7	0.014	17.2	0.027

续表 5-77

日期(年-月-日)	M1-1(5 000 mm)		M1-2(5 000 mm)		M1-3(5 000 mm)		M1-4(2 000 mm)		M1-5(2 000 mm)		M1-6(2 000 mm)	
	温度/℃	变形/mm	温度/℃	变形/mm	温度/℃	变形/mm	温度/℃	变形/mm	温度/℃	变形/mm	温度/℃	变形/mm
2012-09-13	21.7	0.078	17.8	0.092	17.8	0.092	18.6	0.063	21.6	0.015	17.4	0.028
2012-09-14	18.2	0.079	17.3	0.093	17.3	0.093	17.8	0.057	21.1	0.014	17.0	0.029
2012-09-15	18.3	0.081	17.5	0.095	17.5	0.095	17.9	0.062	21.8	0.018	17.3	0.031
2012-09-16	18.5	0.083	17.9	0.106	17.9	0.106	17.6	0.061	21.6	0.018	17.5	0.029
2012-09-17	18.7	0.082	17.7	0.099	17.7	0.099	17.5	0.061	21.5	0.018	17.5	0.031
2012-09-18	18.1	0.083	17.2	0.095	17.2	0.095	17.9	0.067	21.1	0.020	17.2	0.032
2012-09-19	18.2	0.087	17.3	0.091	17.3	0.091	17.8	0.067	21.0	0.014	17.3	0.029
2012-09-20	18.3	0.092	17.5	0.098	17.5	0.098	17.6	0.069	21.2	0.021	17.1	0.031
2012-09-21	18.7	0.082	17.6	0.095	17.6	0.095	18.1	0.072	21.3	0.021	17.4	0.031
2012-09-22	17.8	0.087	17.3	0.086	17.3	0.086	17.8	0.072	19.8	0.008	17.7	0.031
2012-09-23	18.2	0.086	17.8	0.095	17.8	0.095	17.7	0.069	19.9	0.007	17.6	0.030
2012-09-24	18.5	0.090	17.0	0.092	17.0	0.092	18.2	0.070	19.3	0.004	17.5	0.035
2012-09-25	18.4	0.104	17.2	0.097	17.2	0.096	17.2	0.098	19.7	0.013	17.3	0.035

表 5-78　　引水洞 1#支洞上游 Y2+580 断面变形监测成果

日期(年-月-日)	M2-1(5 000 mm)		M2-2(5 000 mm)		M2-3(5 000 mm)		M2-4(2 000 mm)		M2-5(2 000 mm)		M2-6(2 000 mm)	
	温度/℃	变形/mm	温度/℃	变形/mm	温度/℃	变形/mm	温度/℃	变形/mm	温度/℃	变形/mm	温度/℃	变形/mm
2012-08-24	26.3	0	26.0	0	22.6	0	25.2	0	25.1	0	25.3	0.003
2012-08-25	25.9	0.007	26.3	0.004	22.9	0.008	25.2	0.003	25.3	0.006	25.5	0.005
2012-08-26	26.3	0.016	26.0	0.005	22.5	0.009	25.2	0.010	25.0	0.010	25.8	0.011
2012-08-27	26.3	0.020	26.0	0.010	22.5	0.013	25.2	0.015	25.0	0.010	25.7	0.013
2012-08-28	26.3	0.027	26.0	0.010	22.1	0.012	25.2	0.021	25.1	0.019	25.0	0.010
2012-08-29	24.4	0.015	25.4	0.010	21.5	0.011	24.2	0.014	23.5	0.013	26.1	0.008
2012-08-30	24.1	0.008	25.8	0.010	21.1	0.011	22.8	0.001	22.7	0.012	25.8	0.011
2012-08-31	24.3	0.009	24.6	0.011	21.0	0.012	22.9	0.005	22.6	0.021	25.8	0.014
2012-09-01	24.4	0.015	24.8	0.014	21.2	0.018	21.8	0.010	22.6	0.038	25.8	0.017
2012-09-02	23.6	0.012	24.9	0.001	21.0	0.015	21.9	0.016	22.9	0.046	25.8	0.011
2012-09-03	24.0	0.014	25.3	0.012	19.7	0	22.7	0.028	22.8	0.053	25.8	0.015
2012-09-04	23.8	0.010	26.1	0.014	22.7	0.003	23.0	0.035	22.5	0.058	25.8	0.013
2012-09-05	23.4	0.008	24.2	0.013	22.8	0.006	23.2	0.042	22.6	0.064	25.8	0.017
2012-09-06	23.6	0.009	25.1	0.012	22.9	0.008	22.2	0.036	22.9	0.070	25.8	0.018
2012-09-07	23.7	0.014	25.6	0.008	23.0	0	22.1	0.037	22.7	0.076	25.8	0.021
2012-09-08	23.6	0.093	25.9	0.007	22.1	0.021	23.2	0.042	22.1	0.074	25.8	0.024

续表 5-78

日期(年-月-日)	M2-1(5 000 mm)		M2-2(5 000 mm)		M2-3(5 000 mm)		M2-4(2 000 mm)		M2-5(2 000 mm)		M2-6(2 000 mm)	
	温度/℃	变形/mm	温度/℃	变形/mm	温度/℃	变形/mm	温度/℃	变形/mm	温度/℃	变形/mm	温度/℃	变形/mm
2012-09-09	23.1	0.068	26.3	0.002	21.6	0.019	22.2	0.037	22.3	0.084	25.8	0.028
2012-09-10	23.7	0.094	26.1	0.001	21.7	0.015	23.3	0.045	22.3	0.091	25.8	0.031
2012-09-11	23.4	0.106	25.9	0.001	21.9	0.016	23.0	0.045	22.4	0.096	25.3	0.032
2012-09-12	23.7	0.111	25.6	0.007	21.5	0.016	22.3	0.042	22.0	0.096	25.8	0.031
2012-09-13	23.1	0.107	26.3	0.011	21.7	0.024	22.2	0.049	22.7	0.110	25.8	0.032
2012-09-14	23.3	0.112	24.5	0.008	21.2	0.023	22.5	0.060	22.3	0.113	25.1	0.029
2012-09-15	23.5	0.109	26.0	0.002	21.0	0.027	23.3	0.070	22.7	0.123	25.8	0.034
2012-09-16	23.5	0.105	25.5	0.003	21.3	0.034	23.5	0.075	22.9	0.132	25.3	0.033
2012-09-17	22.8	0.096	25.8	0.003	21.6	0.044	23.2	0.085	22.3	0.133	25.2	0.030
2012-09-18	22.6	0.098	25.9	0.002	21.4	0.048	22.1	0.077	22.8	0.144	25.8	0.033
2012-09-19	23.2	0.101	25.1	0.004	21.5	0.052	22.3	0.086	22.8	0.152	25.1	0.025
2012-09-20	22.7	0.098	25.3	0.008	21.1	0.046	22.7	0.096	22.5	0.153	25.4	0.029
2012-09-21	22.5	0.097	25.8	0.005	21.0	0.046	23.4	0.109	22.8	0.157	25.3	0.031
2012-09-22	17.8	0.087	25.2	0.009	20.2	0.038	22.9	0.108	23.3	0.160	25.2	0.025
2012-09-23	18.2	0.086	25.7	0.007	21.2	0.049	22.3	0.110	22.5	0.148	25.5	0.035
2012-09-24	18.5	0.090	25.6	0.009	20.2	0.042	22.1	0.110	22.2	0.147	25.6	0.034
2012-09-25	18.4	0.104	24.9	0.016	21.2	0.051	22.0	0.107	22.2	0.147	25.2	0.023

表5-79 引水洞4#支洞上游Y10+135断面变形监测成果

日期(年-月-日)	M3-1(5 000 mm)		M3-2(5 000 mm)		M3-3(5 000 mm)		M3-4(2 000 mm)		M3-5(2 000 mm)		M3-6(2 000 mm)	
	温度/℃	变形/mm	温度/℃	变形/mm	温度/℃	变形/mm	温度/℃	变形/mm	温度/℃	变形/mm	温度/℃	变形/mm
2012-08-27	38.2	0	36.5	0	36.5	0	38.0	0	37.1	0	36.7	0.004
2012-08-28	38.2	0.004	37.5	0.009	36.7	0.004	38.0	0	37.1	0.002	36.9	0.016
2012-08-29	38.0	0.007	37.0	0.009	36.5	0.005	38.0	0.001	37.3	0.008	36.3	0.018
2012-08-30	38.0	0.008	37.0	0.015	36.5	0.009	38.0	0.001	37.3	0.002	36.3	0.027
2012-08-31	38.2	0.012	37.0	0.019	36.5	0.013	38.0	0.001	37.3	0.006	36.3	0.037
2012-09-01	39.3	0.025	38.4	0.034	38.0	0.028	39.6	0.011	38.5	0.014	37.1	0.057
2012-09-02	39.5	0.028	38.2	0.035	38.3	0.035	39.6	0.011	38.5	0.018	36.6	0.062
2012-09-03	38.8	0.023	38.5	0.038	38.2	0.040	39.1	0.031	38.6	0.012	38.2	0.096
2012-09-04	40.3	0.041	40.0	0.054	39.4	0.055	40.9	0.041	40.1	0.029	39.3	0.121
2012-09-05	40.1	0.042	38.7	0.050	38.9	0.056	40.9	0.041	40.1	0.029	39.1	0.130
2012-09-06	38.5	0.033	37.7	0.046	37.3	0.052	38.8	0.047	37.8	0.032	37.5	0.122
2012-09-07	38.6	0.045	37.5	0.048	37.0	0.054	38.6	0.046	37.6	0.035	37.2	0.131
2012-09-08	40.6	0.067	38.9	0.074	38.1	0.069	40.9	0.058	39.0	0.049	38.4	0.150
2012-09-09	38.2	0.055	38.1	0.071	37.3	0.069	38.6	0.050	38.2	0.045	37.6	0.202
2012-09-10	38.5	0.061	38.3	0.076	37.5	0.078	38.8	0.055	38.4	0.051	37.4	0.157
2012-09-11	38.1	0.062	37.9	0.080	37.4	0.087	38.4	0.057	38.0	0.052	37.5	0.164

续表 5-79

日期(年-月-日)	M3-1(5 000 mm)		M3-2(5 000 mm)		M3-3(5 000 mm)		M3-4(2 000 mm)		M3-5(2 000 mm)		M3-6(2 000 mm)	
	温度/℃	变形/mm	温度/℃	变形/mm	温度/℃	变形/mm	温度/℃	变形/mm	温度/℃	变形/mm	温度/℃	变形/mm
2012-09-12	37.7	0.063	37.4	0.080	36.9	0.089	37.9	0.058	37.5	0.050	37.0	0.167
2012-09-13	37.5	0.064	37.0	0.083	36.5	0.089	37.5	0.059	37.5	0.054	36.7	0.179
2012-09-14	36.5	0.064	36.8	0.082	36.7	0.098	36.7	0.087	36.9	0.053	36.5	0.185
2012-09-15	38.0	0.082	37.1	0.088	36.5	0.103	38.4	0.069	37.1	0.058	36.7	0.202
2012-09-16	37.3	0.080	36.4	0.095	35.7	0.102	37.0	0.067	36.6	0.060	35.4	0.200
2012-09-17	36.7	0.082	36.8	0.097	35.8	0.111	37.8	0.079	36.7	0.056	35.8	0.211
2012-09-18	37.4	0.093	37.6	0.101	35.4	0.115	37.6	0.072	37.8	0.072	35.6	0.216
2012-09-19	37.2	0.099	37.8	0.115	36.8	0.135	39.1	0.088	37.7	0.070	37.2	0.234
2012-09-20	37.3	0.099	37.1	0.118	38.2	0.151	38.6	0.083	38.5	0.075	37.4	0.232
2012-09-21	37.5	0.097	38.1	0.113	37.5	0.150	38.1	0.080	38.3	0.071	37.3	0.232
2012-09-22	37.2	0.092	37.2	0.105	37.2	0.152	37.8	0.072	37.5	0.062	36.9	0.223
2012-09-23	36.4	0.089	36.5	0.102	36.5	0.150	37.5	0.072	36.8	0.061	36.2	0.222
2012-09-24	36.3	0.092	37.0	0.112	36.3	0.152	37.8	0.076	37.2	0.063	36.1	0.222
2012-09-25	36.5	0.095	37.0	0.112	36.3	0.156	37.8	0.076	37.1	0.061	36.2	0.221

表 5-80　引水洞 4#支洞下游 Y12+342 断面变形监测成果

日期(年-月-日)	M4-1(5 000 mm)		M4-2(5 000 mm)		M4-3(5 000 mm)		M4-4(2 000 mm)		M4-5(2 000 mm)		M4-6(2 000 mm)	
	温度/℃	变形/mm	温度/℃	变形/mm	温度/℃	变形/mm	温度/℃	变形/mm	温度/℃	变形/mm	温度/℃	变形/mm
2012-08-15	27.2	0	23.8	0	25.1	0	24.4	0.038	25.3	0	20.7	0
2012-08-16	27.2	0.006	23.8	0	25.5	0.002	24.1	0.038	25.3	0.008	20.7	0.002
2012-08-17	26.5	0.004	23.8	0	25.1	0.002	23.4	0.038	25.3	0.010	20.7	0.010
2012-08-18	27.2	0.013	19.0	0.024	21.4	0.009	22.4	0.038	21.3	0.020	21.4	0.025
2012-08-19	27.2	0.016	21.2	0.047	20.5	0.008	19.0	0.038	21.1	0.032	21.3	0.034
2012-08-20	27.2	0.021	21.3	0.048	19.4	0.011	20.5	0.038	19.5	0.023	19.5	0.029
2012-08-21	24.8	0.006	19.6	0.044	21.4	0.031	21.6	0.038	22.4	0.060	24.0	0.072
2012-08-22	24.5	0.018	24.3	0.071	19.8	0.024	19.3	0.038	20.1	0.054	20.1	0.051
2012-08-23	24.3	0.021	20.2	0.045	20.6	0.033	23.5	0.038	22.0	0.080	21.9	0.080
2012-08-24	20.1	0.012	20.2	0.045	19.8	0.045	20.0	0.038	20.5	0.078	20.5	0.074
2012-08-25	22.0	0.010	20.6	0.046	18.6	0.054	21.4	0.038	18.8	0.084	18.8	0.067
2012-08-26	22.0	0.010	18.9	0.029	17.9	0.072	21.4	0.038	17.9	0.084	18.0	0.066
2012-08-27	20.4	0.011	18.0	0.025	17.4	0.075	20.3	0.040	18.0	0.091	17.9	0.059
2012-08-28	20.4	0.011	18.0	0.012	17.7	0.079	20.4	0.040	18.2	0.093	18.3	0.062
2012-08-29	18.9	0.009	18.3	0.022	17.8	0.083	19.2	0.040	18.1	0.096	18.3	0.068
2012-08-30	18.9	0.009	18.3	0.030	17.4	0.082	19.1	0.040	17.8	0.096	17.8	0.067
2012-08-31	18.9	0.009	17.9	0.030	17.3	0.082	19.4	0.040	17.8	0.097	17.9	0.068
2012-09-01	18.9	0.009	17.9	0.026	17.3	0.085	19.5	0.040	17.7	0.097	17.7	0.070
2012-09-02	18.9	0.009	17.8	0.030	17.7	0.093	18.6	0.040	17.9	0.104	18.0	0.072
2012-09-03	18.9	0.009	17.8	0.030	17.7	0.091	19.2	0.040	18.5	0.105	18.8	0.076
2012-09-04	18.0	0.048	18.8	0.033	17.7	0.093	18.3	0.042	18.0	0.104	17.9	0.073
2012-09-05	18.0	0.048	18.1	0.026	17.3	0.091	18.3	0.043	18.1	0.107	17.7	0.067

续表 5-80

日期(年-月-日)	M4-1(5 000 mm)		M4-2(5 000 mm)		M4-3(5 000 mm)		M4-4(2 000 mm)		M4-5(2 000 mm)		M4-6(2 000 mm)	
	温度/℃	变形/mm	温度/℃	变形/mm	温度/℃	变形/mm	温度/℃	变形/mm	温度/℃	变形/mm	温度/℃	变形/mm
2012-09-06	18. 1	0. 052	18. 3	0. 026	17. 7	0. 098	18. 4	0. 046	18. 5	0. 108	18. 5	0. 075
2012-09-07	18. 1	0. 052	18. 6	0. 032	17. 5	0. 096	18. 2	0. 047	17. 9	0. 109	17. 9	0. 078
2012-09-08	18. 3	0. 055	18. 0	0. 018	17. 8	0. 097	18. 4	0. 050	18. 4	0. 114	18. 7	0. 084
2012-09-09	18. 3	0. 057	18. 8	0. 020	17. 7	0. 093	18. 1	0. 050	18. 3	0. 105	18. 5	0. 073
2012-09-10	18. 3	0. 063	18. 2	0. 018	17. 6	0. 094	18. 4	0. 054	18. 2	0. 107	18. 7	0. 076
2012-09-11	18. 0	0. 064	18. 4	0. 016	17. 8	0. 099	18. 0	0. 058	18. 2	0. 105	18. 3	0. 076
2012-09-12	17. 9	0. 064	18. 1	0. 022	17. 7	0. 096	18. 0	0. 058	18. 1	0. 102	18. 6	0. 074
2012-09-13	17. 8	0. 068	18. 3	0. 020	17. 3	0. 094	17. 9	0. 061	18. 3	0. 106	18. 2	0. 073
2012-09-14	18. 1	0. 085	18. 1	0. 032	17. 5	0. 098	18. 3	0. 066	18. 5	0. 110	18. 3	0. 078
2012-09-15	18. 7	0. 076	18. 4	0. 035	17. 7	0. 093	18. 7	0. 069	18. 6	0. 107	18. 7	0. 080
2012-09-16	18. 1	0. 074	18. 6	0. 032	17. 1	0. 093	18. 2	0. 068	18. 2	0. 109	18. 6	0. 075
2012-09-17	18. 4	0. 075	18. 3	0. 028	17. 3	0. 093	18. 5	0. 073	18. 4	0. 112	18. 2	0. 070
2012-09-18	18. 2	0. 075	18. 2	0. 025	17. 8	0. 093	18. 3	0. 076	18. 7	0. 109	18. 4	0. 073
2012-09-19	18. 0	0. 080	18. 5	0. 031	17. 4	0. 094	18. 0	0. 070	18. 9	0. 112	18. 5	0. 076
2012-09-20	18. 7	0. 085	18. 7	0. 024	17. 2	0. 088	18. 7	0. 077	18. 1	0. 102	18. 3	0. 077
2012-09-21	18. 5	0. 084	18. 1	0. 014	17. 5	0. 092	18. 5	0. 073	18. 3	0. 105	18. 6	0. 076
2012-09-22	18. 3	0. 075	18. 3	0. 019	17. 7	0. 098	18. 3	0. 075	18. 2	0. 107	18. 1	0. 077
2012-09-23	18. 1	0. 069	18. 2	0. 015	17. 3	0. 093	18. 6	0. 073	18. 5	0. 110	18. 3	0. 073
2012-09-24	18. 4	0. 075	18. 4	0. 025	17. 2	0. 096	18. 4	0. 073	18. 2	0. 104	18. 2	0. 074
2012-09-25	18. 4	0. 075	18. 3	0. 020	17. 5	0. 094	18. 6	0. 074	18. 3	0. 105	18. 4	0. 073

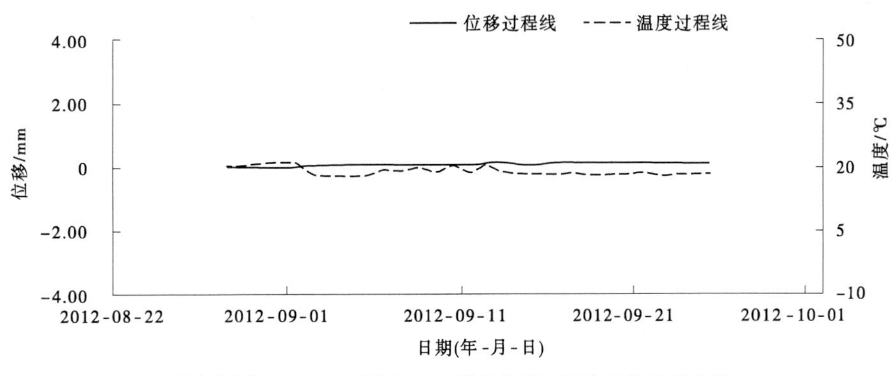

(a)引水洞进口Y1+445断面M1-1测点位移、温度变化过程曲线

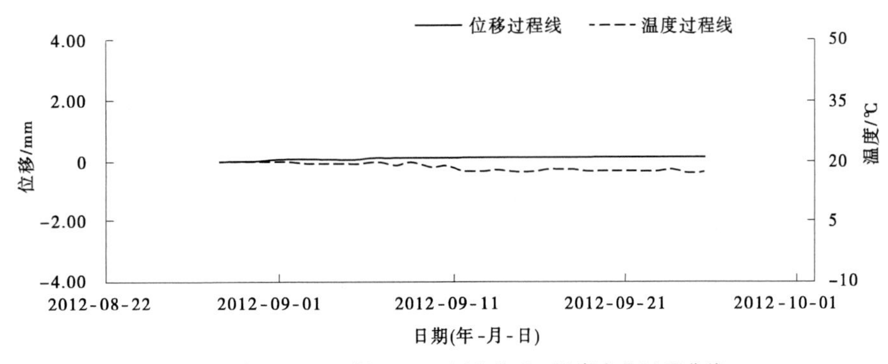

(b)引水洞进口Y1+445断面M1-2测点位移、温度变化过程曲线

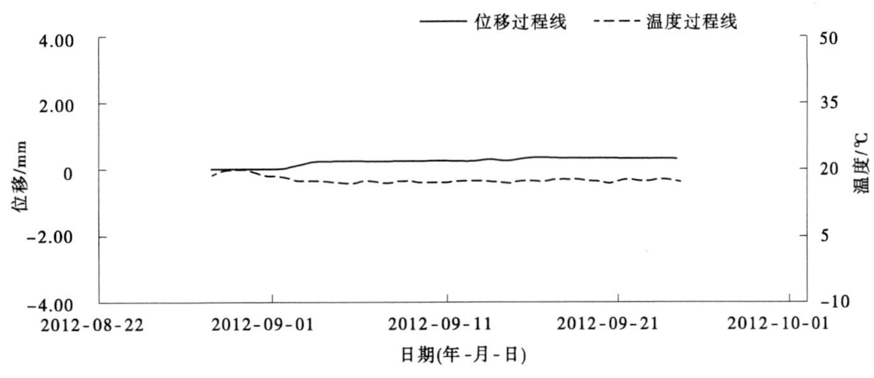

(c)引水洞进口Y1+445断面M1-3测点位移、温度变化过程曲线

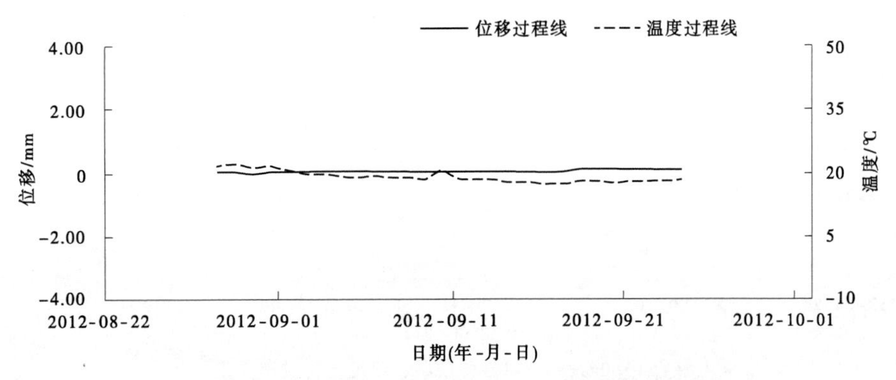

(d)引水洞进口Y1+445断面M1-4测点位移、温度变化过程曲线

图5-133　岩体位移、温度随时间变化过程曲线

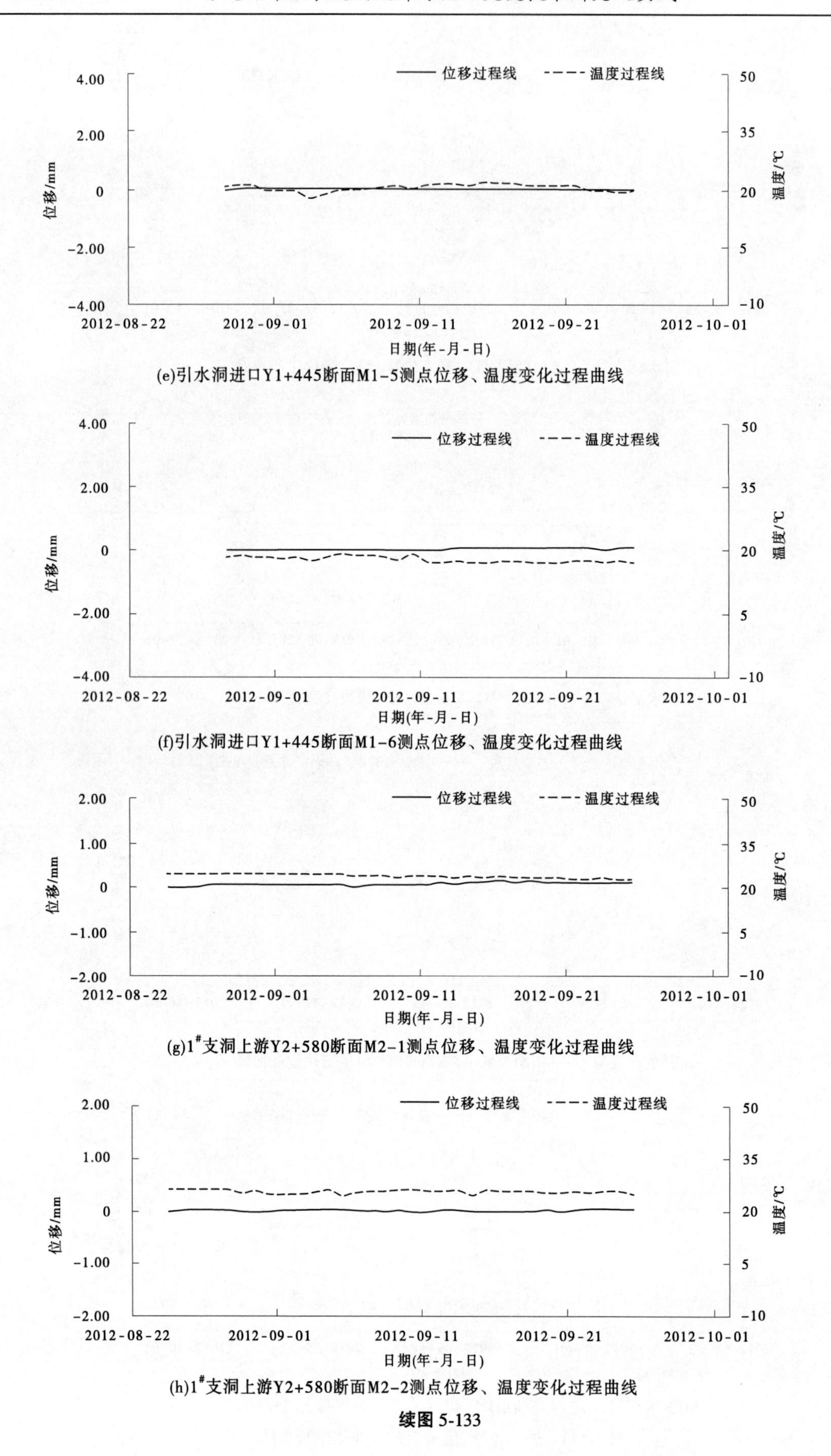

(e)引水洞进口Y1+445断面M1-5测点位移、温度变化过程曲线

(f)引水洞进口Y1+445断面M1-6测点位移、温度变化过程曲线

(g)1#支洞上游Y2+580断面M2-1测点位移、温度变化过程曲线

(h)1#支洞上游Y2+580断面M2-2测点位移、温度变化过程曲线

续图 5-133

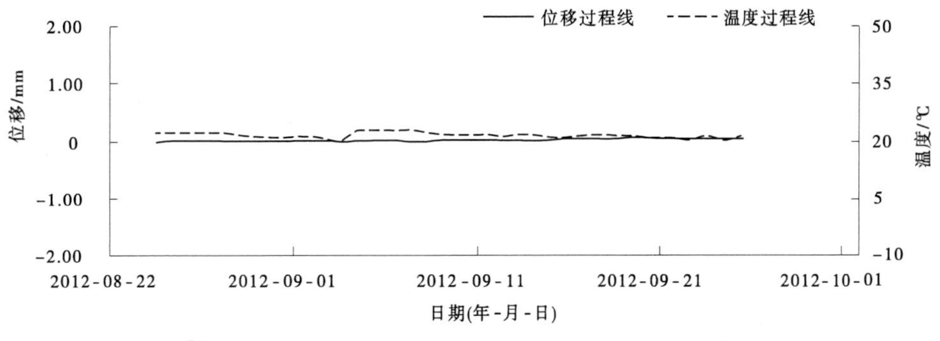

(i)1#支洞上游Y2+580断面M2-3测点位移、温度变化过程曲线

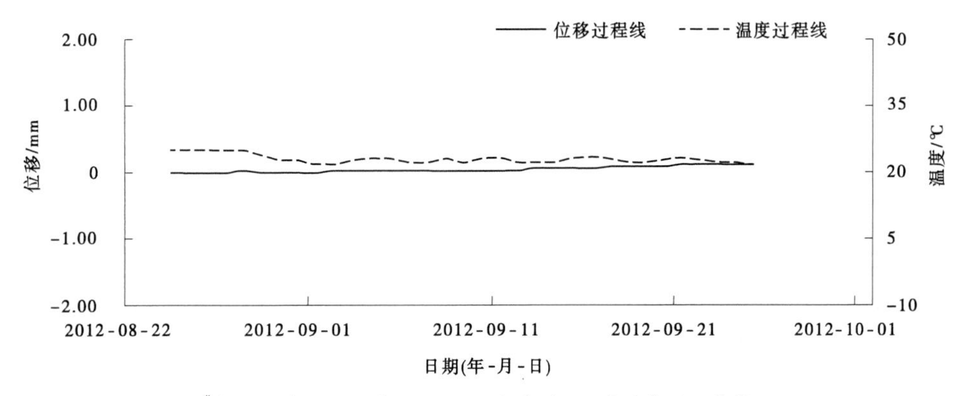

(j)1#支洞上游Y2+580断面M2-4测点位移、温度变化过程曲线

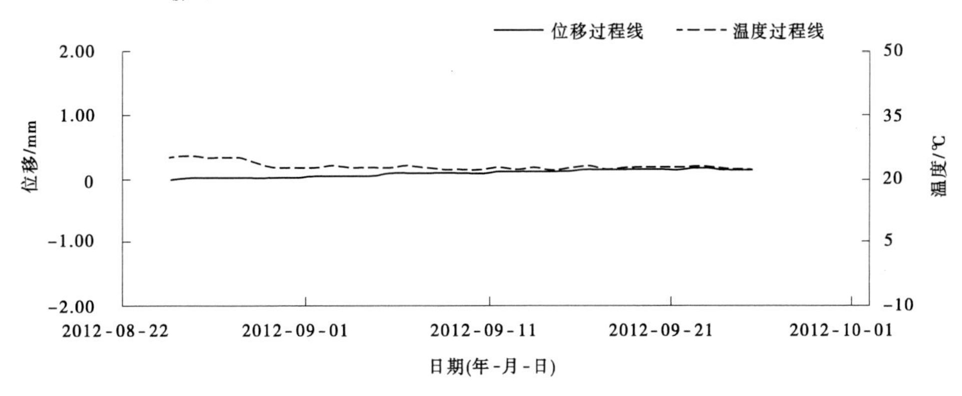

(k)1#支洞上游Y2+580断面M2-5测点位移、温度变化过程曲线

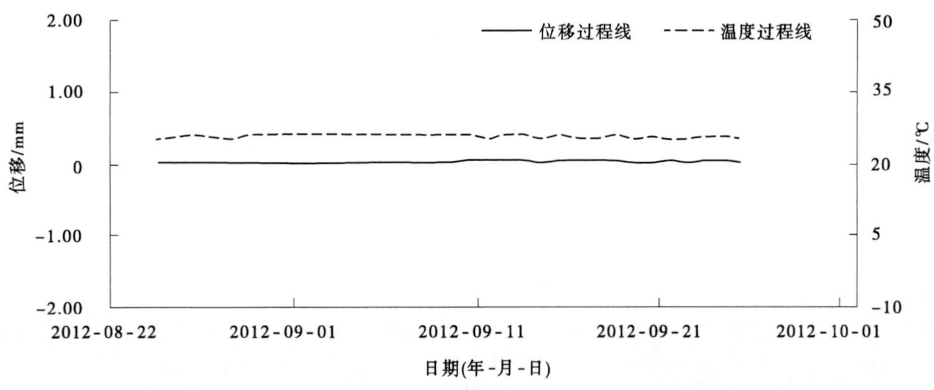

(l)1#支洞上游Y2+580断面M2-6测点位移、温度变化过程曲线

续图 5-133

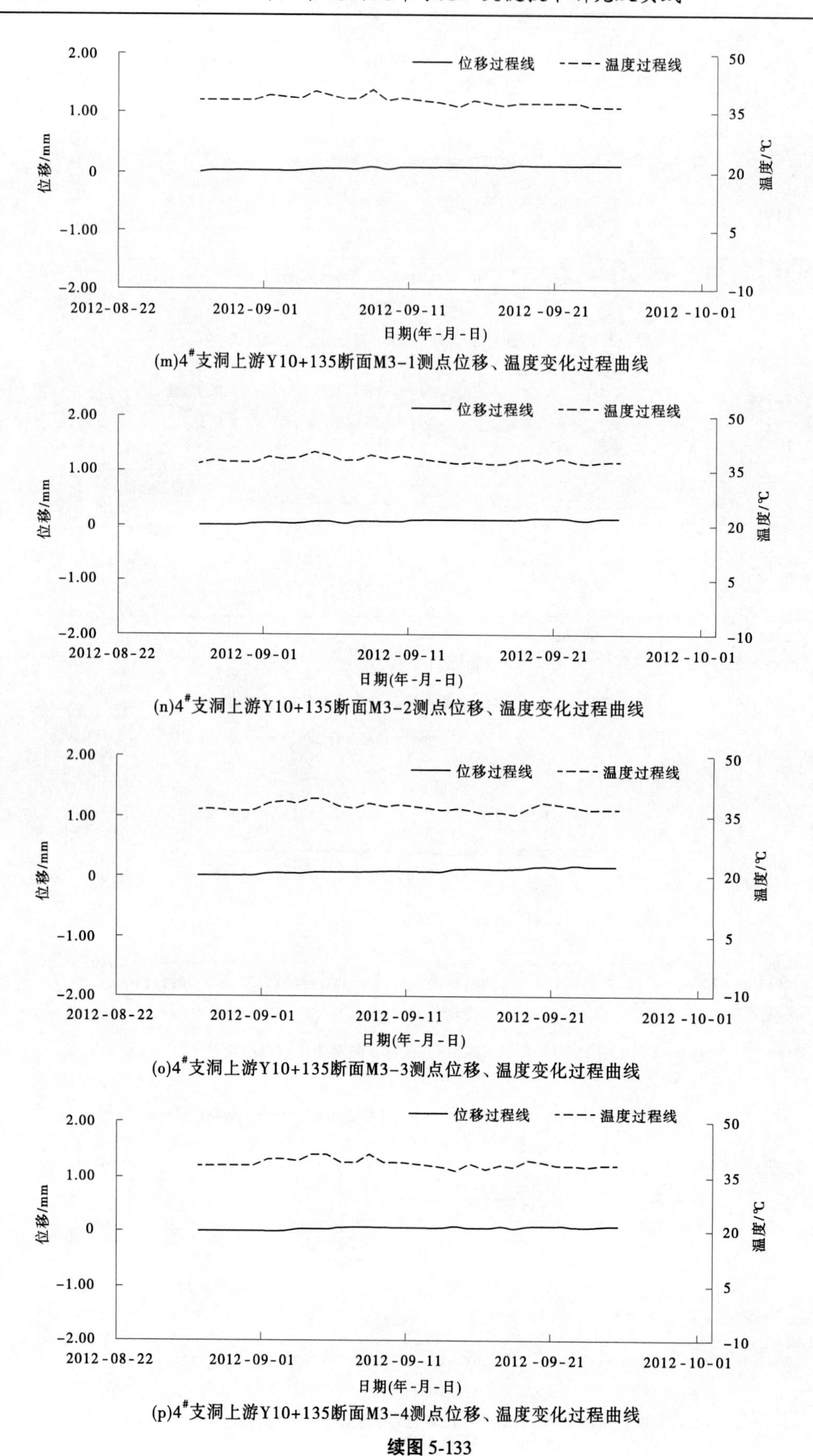

(m)4#支洞上游Y10+135断面M3-1测点位移、温度变化过程曲线

(n)4#支洞上游Y10+135断面M3-2测点位移、温度变化过程曲线

(o)4#支洞上游Y10+135断面M3-3测点位移、温度变化过程曲线

(p)4#支洞上游Y10+135断面M3-4测点位移、温度变化过程曲线

续图 5-133

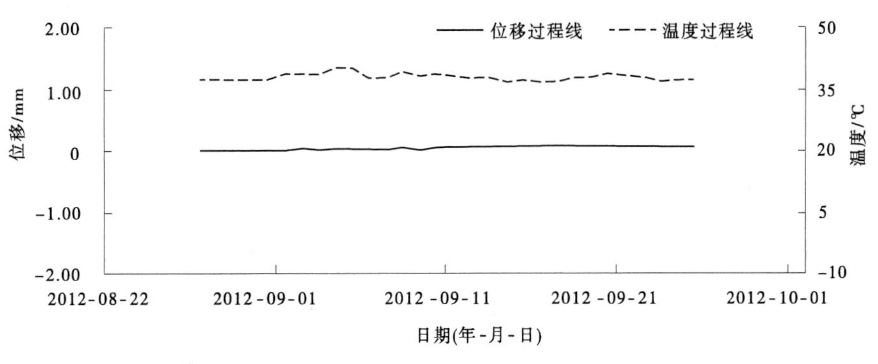

(q)1[#]支洞上游Y10+135断面M3-5测点位移、温度变化过程曲线

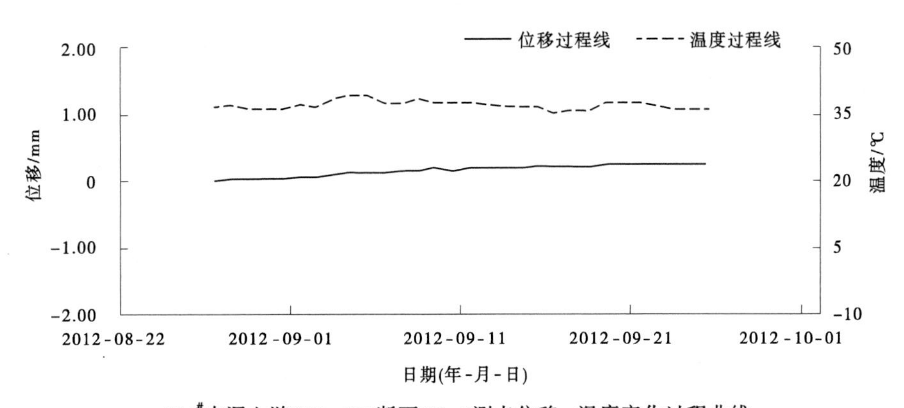

(r)4[#]支洞上游Y10+135断面M3-6测点位移、温度变化过程曲线

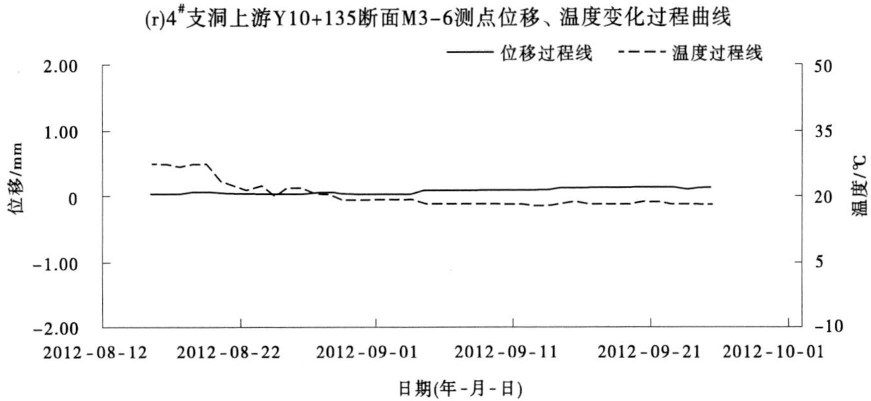

(s)4[#]支洞上游Y12+342断面M4-1测点位移、温度变化过程曲线

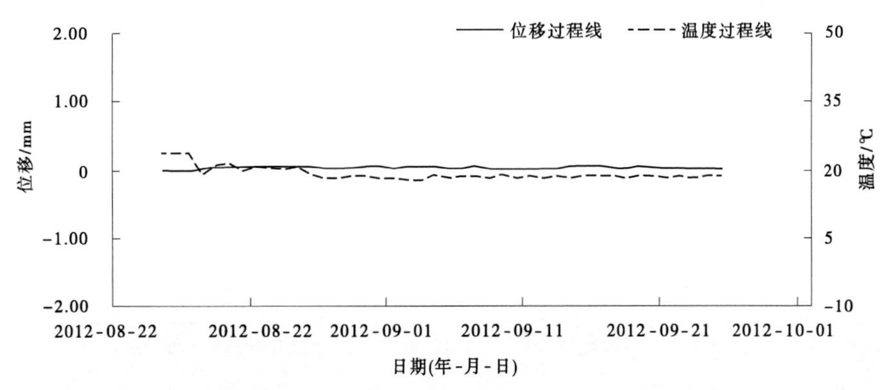

(t)4[#]支洞上游Y12+342断面M4-2测点位移、温度变化过程曲线

续图 5-133

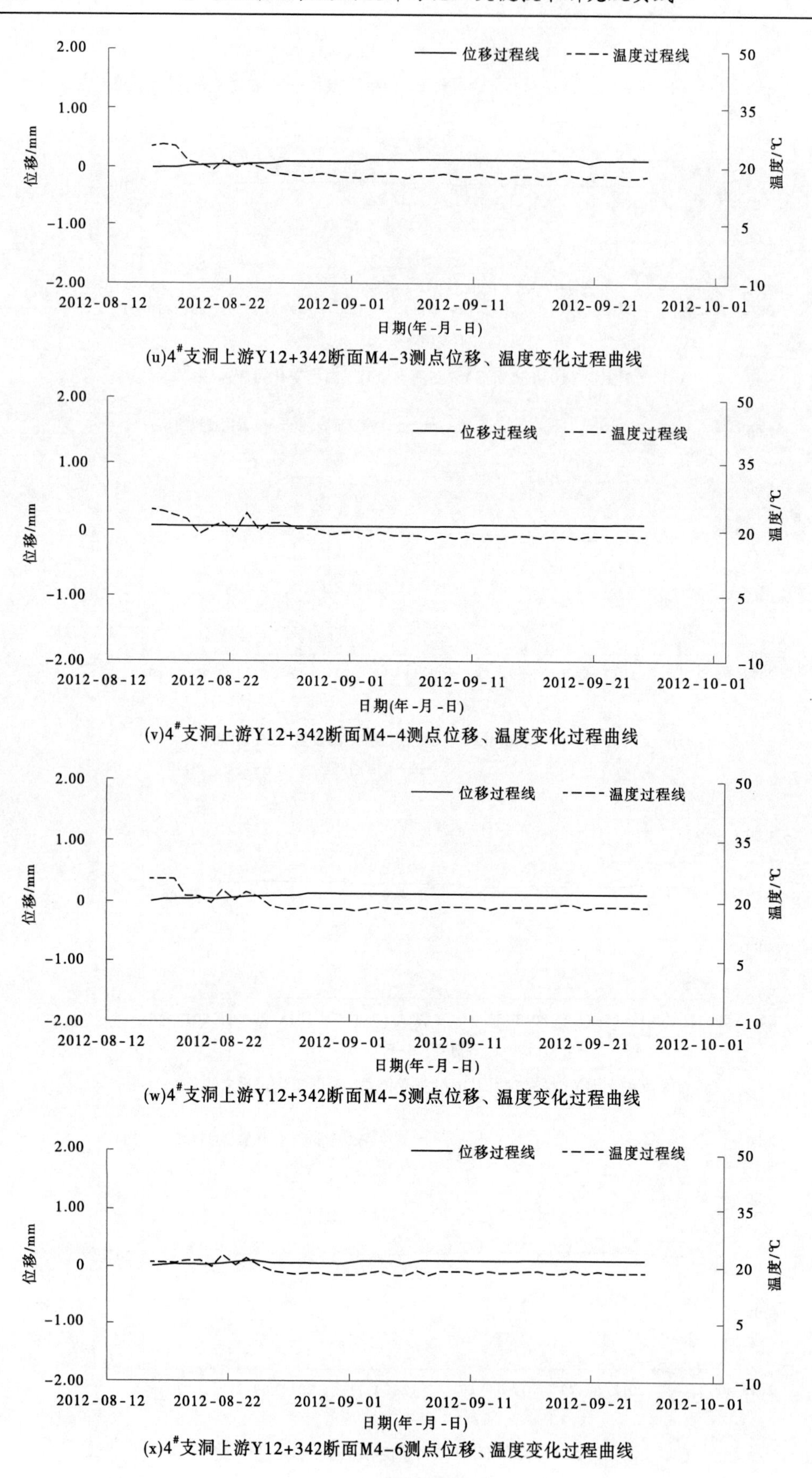

(u)4[#]支洞上游Y12+342断面M4-3测点位移、温度变化过程曲线

(v)4[#]支洞上游Y12+342断面M4-4测点位移、温度变化过程曲线

(w)4[#]支洞上游Y12+342断面M4-5测点位移、温度变化过程曲线

(x)4[#]支洞上游Y12+342断面M4-6测点位移、温度变化过程曲线

续图 5-133

表 5-81　**引水洞岩石原位监测成果**

断面桩号	引水洞进口　Y1+447(A)				
时间/d	收敛值/mm			距掌子面/m	温度/℃
	1#	2#	3#		
0	0	0	0	145	22
1	0. 15	0. 12	0. 18	150	22
2	0. 24	0. 18	0. 20	154	22
3	0. 20	0. 20	0. 16	158	21
4	0. 14	0. 24	0. 16	162	21
5	0. 14	0. 09	0. 09	166	22
6	-0. 06	0. 12	0. 12	170	21
7	0	0. 08	0. 08	174	22
8	-0. 04	-0. 06	-0. 06	178	21
9	0. 06	0. 03	-0. 07	182	21
10	0. 03	-0. 01	0. 02	186	20
11	0. 07	-0. 01	-0. 02	190	22
12	0. 02	-0. 03	0. 10	193	21
13	0. 02	0. 07	0. 15	196	20
14	0. 14	0. 12	0. 10	199	16
15	0. 14	0	0. 11	201. 5	20
16	0. 09	-0. 03	0. 07	204. 5	18
17	0. 07	-0. 05	0. 15	207. 5	20
18	0. 04	0. 02	0. 19	211. 5	18
19	-0. 02	0. 01	-0. 02	215. 5	18
20	0. 10	-0. 03	-0. 03	219	22
21	0. 17	-0. 03	0	223	22
22	0. 07	-0. 02	0. 10	227. 5	22
23	0. 06	0. 09	0. 05	231. 7	18
24	0. 09	0. 08	0. 12	235. 8	22
25	0. 24	0. 15	0. 22	238	22
26	0. 28	0. 16	0. 19	239. 8	24
27	0. 24	0. 22	0. 19	244	18
28	0. 11	0. 23	0. 14	249	20
29	0. 23	0. 20	0. 10	253	22
30	0. 26	0. 20	0. 16	257	22
31	0. 24	0. 22	0. 19	260	20
32	0. 27	0. 20	0. 19	264	20

表 5-82 **引水洞岩石原位监测成果**

断面桩号	引水洞进口 Y1+582(B)							
时间/d	收敛值/mm						距掌子面/m	温度/℃
	1#	2#	3#	4#	5#	6#		
0	0	0	0	0	0	0	8	22
1	0.14	0.20	0.19	0.12	0.09	0.11	10	22
2	0.19	0.30	0.16	0.21	0.20	0.19	13	23
3	0.10	0.09	0.18	0.21	0.22	0.19	17	22
4	0	0.14	0.12	0.21	0.22	0.19	20.5	21
5	0.11	-0.07	0.11	0.14	0.22	0.19	23	22
6	-0.10	0.06	0.03	0.14	0.22	0.19	26.5	20
7	0	0.11	-0.03	-0.01	0.22	0.19	30	21
8	0.11	0.16	0.17	0.13	0.25	0.34	34	23
9	0.11	0.19	0.16	0.09	0.28	0.37	36	22
10	0.11	0.22	0.22	0.07	0.27	0.32	39	24
11	0.16	0.19	0.09	0.08	0.25	0.39	42	21
12	0.09	0.16	0.20	0.13	0.25	0.42	45	22
13	0.09	-0.01	0.17	0.13	0.25	0.49	47.5	20
14	0.16	0.13	0.17	0.12	0.25	0.52	51	22
15	0.09	0.14	0.15	0.12	0.25	0.50	54	23
16	0.22	0.09	0.18	0.16	0.21	0.68	58	22
17	0.19	0.19	0.16	0.17	0.24	0.52	60	24
18	0.26	0.20	0.20	0.19	0.23	0.60	64	22
19	0.27	0.16	0.18	0.19	0.07	0.61	67	21
20				0.27	0.32	0.66	70.8	18
21				0.20	0.32	0.65	72.6	20
22				0.12	0.20	0.69	76.6	18
23				0.13	0.38	0.61	80.6	18
24				-0.03	0.35	0.65	88	22
25				0.14	0.23	0.76	92.5	22
26				0.08	0.34	0.65	96.7	18
27				-0.03	0.18	0.66	100.8	22
28				0.18	0.32	0.73	103	22
29				0.18	0.30	0.74	104.8	24
30				0.01	0.39	0.66	109	18
31				0.18	0.38	0.65	114	20
32				0.22	0.35	0.64	118	22
33				0.17	0.35	0.65	121	22
34				0.20	0.4	0.68	124	22

表 5-83 引水洞岩石原位监测成果

断面桩号	1# 支洞上游 Y2+542(C)							
时间/d	收敛值/mm						距掌子面/m	温度/℃
	1#	2#	3#	4#	5#	6#		
0	0	0	0	0	0	0	3	26
1	0.27	0.12	0.24	0.12	0.15	0.11	3	26
2	0.27	0.20	0.32	0.24	0.19	0.18	3	26
3	0.27	0.20	0.32	0.30	0.15	0.24	5	26
4	0.25	0.09	0.30	0.19	0.20	0.16	5	26
5	0.24	0.09	0.30	0.15	0.02	0.22	7	26
6	0.30	0.03	0.22	0.14	0.06	0.12	7	26
7	0.30	-0.04	0.30	0.15	-0.06	0.23	7	26
8	0.22	-0.12	0.16	0.20	0.00	0.13	7	26
9	0.28	0.02	0.18	0.14	0.22	0.20	9	26
10	0.30	0.03	0.28	0.13	0.19	0.22	9	26
11	0.35	-0.06	0.16	0.23	0.32	0.29	11	26
12	0.20	0.09	0.29	0.22	0.14	0.16	13	26
13	0.27	0.06	0.27	0.19	0.25	0.24	15	26
14	0.21	0.13	0.24	0.10	0.23	0.25	17	26
15	0.28	0.13	0.25	0.19	0.29	0.25	19	26
16	0.27	0.12	0.24	0.14	0.22	0.35	24.5	26
17	0.25	0.11	0.24	0.03	0.29	0.35	24.5	26
18				-0.02	0.32	0.37	24.5	25
19				0.18	0.38	0.47	27	27
20				0.23	0.34	0.52	29	23
21				0.28	0.29	0.48	31	23
22				0.28	0.14	0.49	32.4	23
23				0.24	0.27	0.54	32.4	20
24				0.19	0.43	0.52	34.2	18
25				0.26	0.45	0.57	36	22
26				0.18	0.47	0.60	37.3	20
27				0.32	0.52	0.55	38.3	21
28				0.35	0.57	0.48	40	20
29				0.34	0.57	0.60	40	23
30				0.32	0.43	0.65	44	23
31				0.31	0.56	0.53	45.2	22
32				0.34	0.51	0.58	47.2	23
33				0.32	0.57	0.60	49.4	23
34				0.32	0.52	0.65	51.4	23
35				0.32	0.49	0.61	51.4	23

表 5-84 引水洞岩石原位监测成果

断面桩号	1#支洞上游 Y2+578(D)				
时间/d	收敛值/mm			距掌子面/m	温度/℃
	1#	2#	3#		
0	0	0	0	36.0	26
1	0.15	0.17	0.16	36.0	26
2	0.26	0.27	0.31	36.0	26
3	0.26	0.22	0.30	38.0	26
4	0.11	0.18	0.14	41.0	26
5	0.10	0.18	0.13	43.0	26
6	0.17	0.23	0.10	45.0	26
7	0.13	0.09	-0.07	45.0	26
8	0	0.20	-0.06	45.0	26
9	0.11	0.21	0.06	45.0	26
10	0.24	0.12	0.06	47.5	26
11	0.13	-0.03	0.11	47.5	26
12	-0.06	0.17	0.16	50.0	26
13	0.06	0.05	0.16	53.0	26
14	0.11	0.18	0.13	55.0	24
15	0.18	0.21	0.22	55.0	23
16	0.19	0.20	0.21	57.5	22
17	0.24	0.10	0.18	60.5	20
18	0.18	0.09	0.24	60.5	24
19	-0.01	-0.04	0.20	60.5	22
20	0.17	0.09	0.15	63.0	27
21	0.18	-0.06	0.15	65.0	23
22	0.14	0.14	0	67.0	23
23	0.26	0.08	0.13	68.4	23
24	0.23	0.13	0.09	68.4	22
25	0.29	0.27	0.20	70.2	18
26	0.31	0.05	0.13	71.7	22
27	0.37	0.21	0.17	73.3	20
28	0.42	0.12	0.20	74.3	21
29	0.34	0.21	0.17	76.0	20
30	0.31	0.05	0.16	76.0	23
31	0.32	0.03	0.24	80.0	23
32	0.37	0.28	0.33	81.2	22
33	0.42	0.21	0.34	83.2	23
34	0.40	0.27	0.25	85.4	23
35	0.43	0.27	0.24	87.4	22
36	0.41	0.24	0.26	89.5	23

表 5-85　**引水洞岩石原位监测成果**

断面桩号	4# 支洞上游　Y10+040(E)							
时间/d	收敛值/mm						距掌子面/m	温度/℃
	1#	2#	3#	4#	5#	6#		
0	0	0	0	0	0	0	3	35
1	0.31	0.20	0.25	0.13	0.20	0.24	6	35
2	0.45	0.38	0.39	0.29	0.29	0.31	6	35
3	0.23	0.44	0.30	0.38	0.28	0.28	8	35
4	0.34	0.40	0.30	0.39	0.32	0.32	10	35
5	0.24	0.27	0.14	0.45	0.33	0.22	10	36
6	0.32	0.20	0.07	0.35	0.29	0.33	12	34
7	0.32	0.39	0.26	0.22	0.17	0.28	12	35
8	0.20	0.38	0.14	0.35	0.28	0.14	14	36
9	0.42	0.39	0.31	0.22	0.14	0.32	14	34
10	0.35	0.23	0.38	0.37	0.31	0.44	17	36
11	0.43	0.10	0.35	0.31	0.18	0.46	20	36
12	0.44	0.35	0.49	0.37	0.21	0.38	25	36
13	0.44	0.28	0.43	0.45	0.28	0.38	27	36
14	0.34	0.35	0.41	0.26	0.28	0.32	27	36
15	0.28	0.28	0.41	0.38	0.27	0.40	27	36
16	0.27	0.30	0.37	0.38	0.18	0.18	27	36
17				0.42	0.35	0.20	29.5	35
18				0.34	0.39	0.26	32.5	34
19				0.45	0.35	0.18	36	33
20				0.37	0.35	0.40	36	33
21				0.39	0.27	0.40	40.6	32
22				0.27	0.36	0.38	40.6	32
23				0.35	0.42	0.24	40.6	30
24				0.37	0.40	0.32	40.6	30
25				0.39	0.31	0.32	40.6	34
26				0.37	0.33	0.15	40.6	28
27				0.37	0.28	0.36	45.7	32
28				0.41	0.20	0.22	47.8	32
29				0.35	0.33	0.27	50	36
30				0.38	0.32	0.36	54.4	33
31				0.34	0.36	0.46	56.6	33
32				0.34	0.35	0.44	60.7	32
33				0.33	0.33	0.43	64.7	34
34				0.34	0.33	0.40	67	33
35				0.33	0.32	0.38	69.5	34

表 5-86 引水洞岩石原位监测成果

断面桩号		4# 支洞上游 Y10+135(F)			
时间/d	收敛值/mm			距掌子面/m	温度/℃
	1#	2#	3#		
0	0	0	0	97.5	36
1	0.17	0.21	0.20	101	36
2	0.13	0.37	0.37	106	36
3	0.18	0.33	0.36	109	36
4	0.18	0.22	0.45	112	36
5	0.24	0.33	0.40	112	36
6	0.16	0.21	0.28	115	36
7	0.27	0.21	0.28	117.5	36
8	0.39	0.43	0.39	120	35
9	0.25	0.32	0.33	122	40
10	0.18	0.24	0.30	122	39
11	0.43	0.32	0.35	122	32
12	0.25	0.46	0.24	124.5	32
13	0.44	0.31	0.20	124.5	32
14	0.41	0.22	0.43	124.5	32
15	0.31	0.19	0.35	128.5	34
16	0.48	0.25	0.21	132.5	32
17	0.45	0.18	0.32	135.6	32
18	0.48	0.42	0.37	135.6	30
19	0.32	0.41	0.50	135.6	30
20	0.29	0.18	0.38	135.6	34
21	0.51	0.48	0.57	135.6	28
22	0.36	0.33	0.36	138	32
23	0.41	0.26	0.48	142	32
24	0.25	0.41	0.43	146	36
25	0.59	0.42	0.33	149.4	33
26	0.71	0.30	0.44	151.6	33
27	0.67	0.44	0.49	155.7	32
28	0.69	0.45	0.44	159.7	34
29	0.71	0.44	0.48	162	33
30	0.71	0.41	0.45	166	33

表 5-87　**引水洞岩石原位监测成果**

断面桩号	4# 支洞下游　Y12+342(G)							
时间/d	收敛值/mm						距掌子面/m	温度/℃
	1#	2#	3#	4#	5#	6#		
0	0	0	0	0	0	0	98	20
1	0.13	0.35	0.40	0.19	0.36	0.32	101	20
2	0.17	0.32	0.24	0.33	0.37	0.70	106	20
3	0.07	0.40	0.36	0.40	0.53	0.74	111	20
4	0.18	0.25	0.48	0.46	0.55	0.79	116	20
5	0.25	0.11	0.20	0.43	0.32	0.74	121	20
6	0.16	0.24	0.39	0.28	0.22	0.77	126	20
7	0.13	0.11	0.29	0.21	0.24	0.68	128	20
8	0.14	0.21	0.24	0.20	0.26	0.68	128	20
9				0.16	0.23	0.61	128	21
10				0.12	0.17	0.61	128	21
11				0.16	0.17	0.61	128	21
12				0	0.22	0.53	128	22
13				0.06	0.05	0.53	128	22
14				0.16	0.20	0.61	128	21
15				0.14	0.11	0.61	128	21
16				0.05	0.18	0.66	128	20
17				-0.06	0.21	0.66	132	20
18				0.16	0.21	0.43	136	20
19				0.09	0.22	0.43	140	20
20				0.28	0.03	0.35	144	20
21				0.25	0.21	0.21	148	21
22				0.17	0.16	0.25	152.5	20
23				0.23	0.22	0.20	158	20
24				0.14	0.26	0.25	162	20
25				0.03	0.25	0.25	166	20
26				0.21	0.13	0.27	170	20
27				0.17	0.21	0.26	174	20
28				0	0.17	0.20	178.2	24
29				0.16	0.21	0.23	182.6	23
30				0.21	0.22	0.18	185	22
31				0.17	0.26	0.10	187.4	23
32				0.28	0.21	0.25	192.2	22
33				0.25	0.18	0.16	197	22
34				0.23	0.25	0.29	201.5	22
35				0.28	0.22	0.31	206.4	22
36				0.25	0.20	0.29	210.8	22
37				0.23	0.21	0.30	214.8	22

表 5-88 引水洞岩石原位监测成果

断面桩号	4[#]支洞下游 Y12+420(H)				
时间/d	收敛值/mm			距掌子面/m	温度/℃
	1[#]	2[#]	3[#]		
0	0	0	0	20	20
1	0.64	0.21	0.18	23	20
2	0.67	0.29	0.25	28	20
3	0.64	0.25	0.30	33	20
4	0.64	0.17	0.32	38	20
5	0.33	0.21	0.32	43	20
6	0.36	0.26	0.28	48	20
7	0.20	0.24	0.26	48	21
8	0.40	0.26	0.09	52	20
9	0.40	0.17	0.09	52	20
10	0.40	0.02	0.18	52	20
11	0.34	0.07	0.24	52	21
12	0.34	0.25	0.20	52	21
13	0.34	0.22	0.09	52	21
14	0.40	0.17	0.18	52	20
15	0.34	0.13	0.10	52	21
16	0.27	0.20	-0.05	57	20
17	0.27	0.10	-0.01	57	20
18	0.30	0.14	0.16	60	20
19	0.22	0.02	0.13	64	21
20	0.28	-0.05	0.21	68	20
21	0.14	0.09	0.14	72.5	21
22	-0.05	0.16	0.24	77	23
23	0.18	0.12	0.24	80	20
24	0.15	0.05	0.17	84	20
25	0.07	0.05	0.14	88	20
26	0.12	0.13	-0.01	92	20
27	0.18	0.13	0.21	96	20
28	0.09	0.03	0.21	100	24
29	-0.03	0.18	0.22	104.6	23
30	0.20	0.22	0.17	107	22
31	0.25	0.14	0.25	109.4	23
32	0.16	0.16	0.09	114.2	22
33	0.20	0.26	0.09	119	22
34	0.22	0.24	0.18	123.5	22
35	0.24	0.20	0.24	128.4	22
36	0.24	0.17	0.22	132.8	22
37	0.22	0.18	0.21	136	22

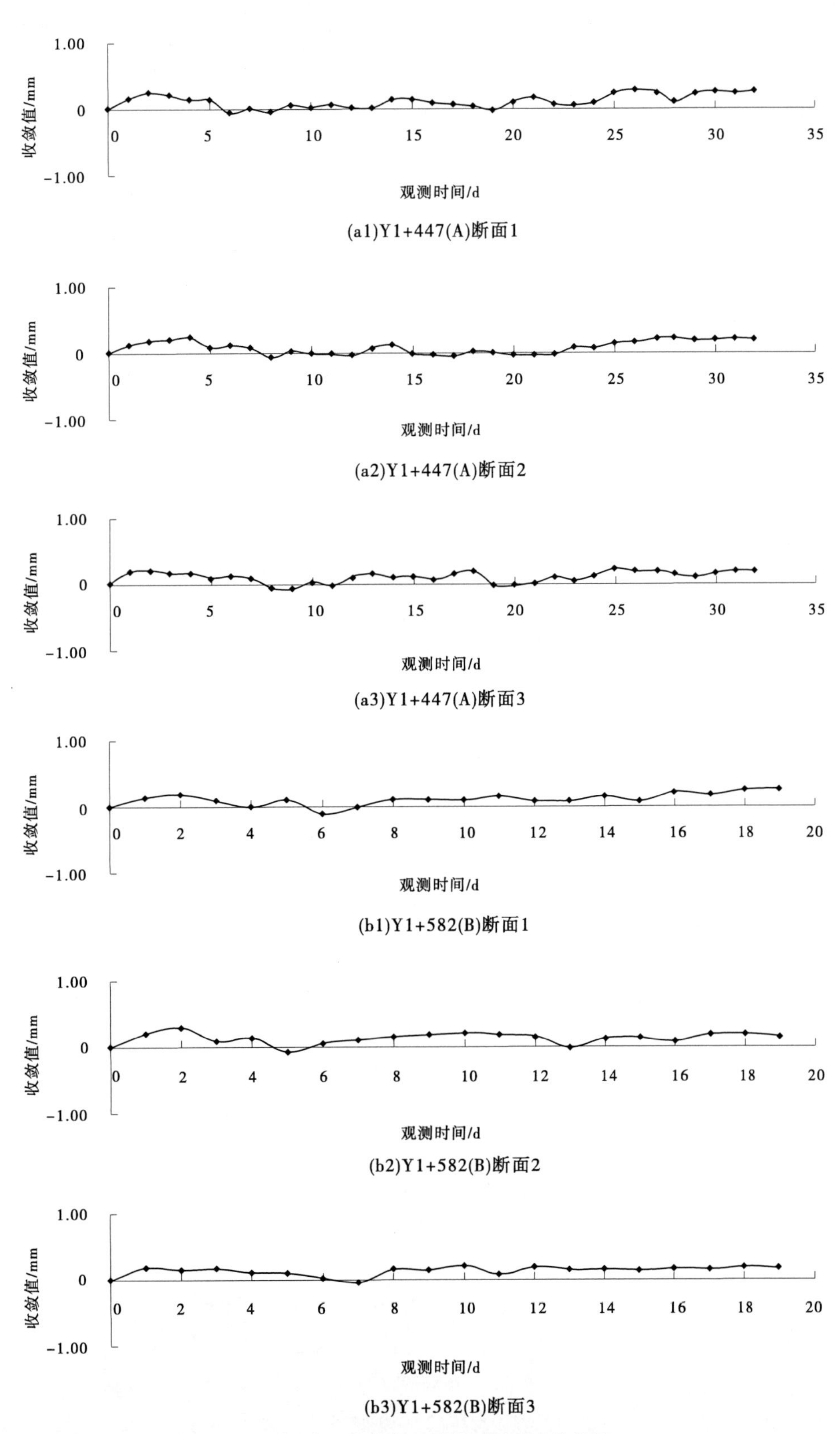

(a1)Y1+447(A)断面1

(a2)Y1+447(A)断面2

(a3)Y1+447(A)断面3

(b1)Y1+582(B)断面1

(b2)Y1+582(B)断面2

(b3)Y1+582(B)断面3

图 5-134　收敛变形随监测时间变化曲线

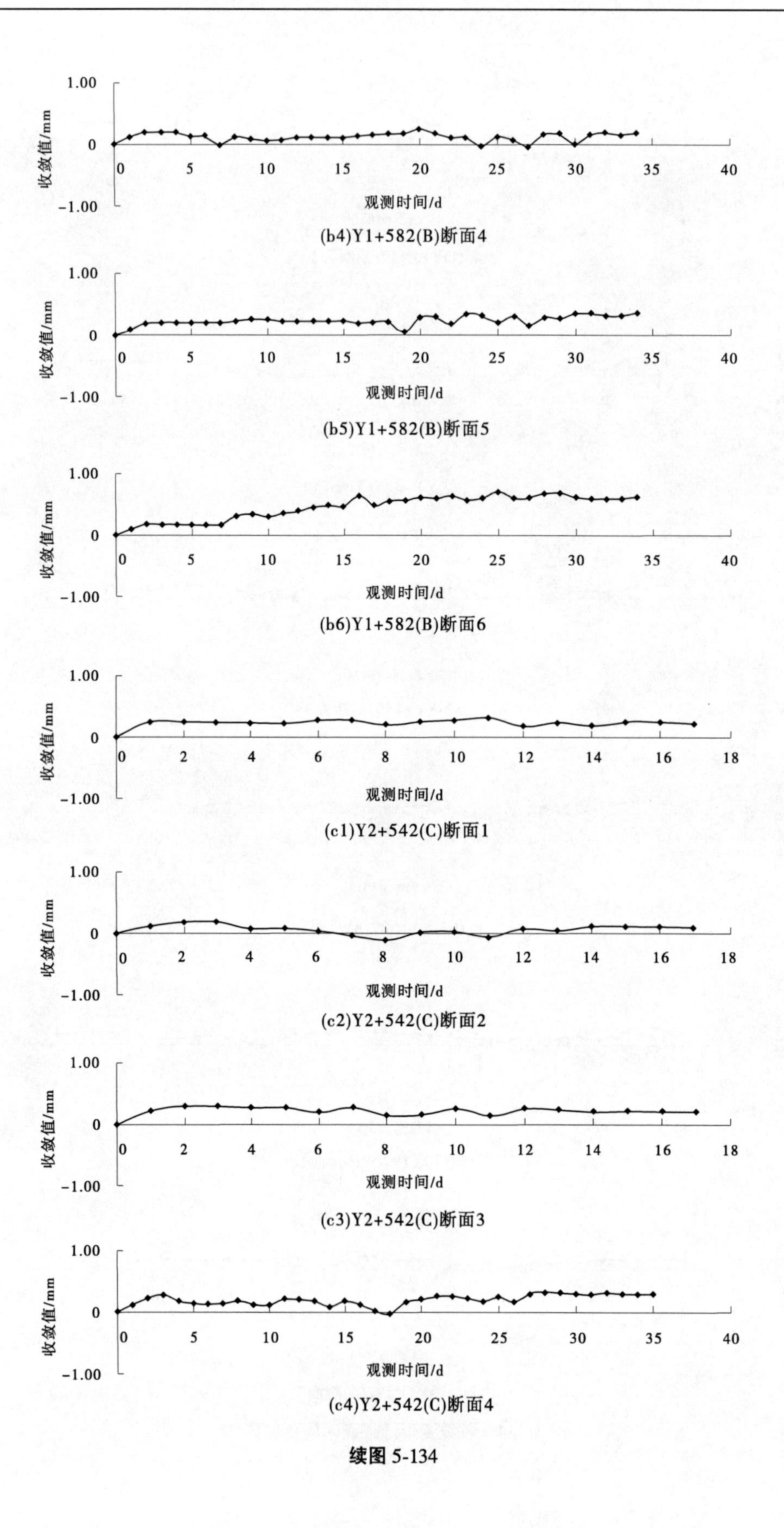
1.00
收敛值/mm
0
-1.00
0 5 10 15 20 25 30 35 40
观测时间/d
(b4)Y1+582(B)断面4
1.00
收敛值/mm
0
-1.00
0 5 10 15 20 25 30 35 40
观测时间/d
(b5)Y1+582(B)断面5
1.00
收敛值/mm
0
-1.00
0 5 10 15 20 25 30 35 40
观测时间/d
(b6)Y1+582(B)断面6
1.00
收敛值/mm
0
-1.00
0 2 4 6 8 10 12 14 16 18
观测时间/d
(c1)Y2+542(C)断面1
1.00
收敛值/mm
0
-1.00
0 2 4 6 8 10 12 14 16 18
观测时间/d
(c2)Y2+542(C)断面2
1.00
收敛值/mm
0
-1.00
0 2 4 6 8 10 12 14 16 18
观测时间/d
(c3)Y2+542(C)断面3
1.00
收敛值/mm
0
-1.00
0 5 10 15 20 25 30 35 40
观测时间/d
(c4)Y2+542(C)断面4

续图 5-134

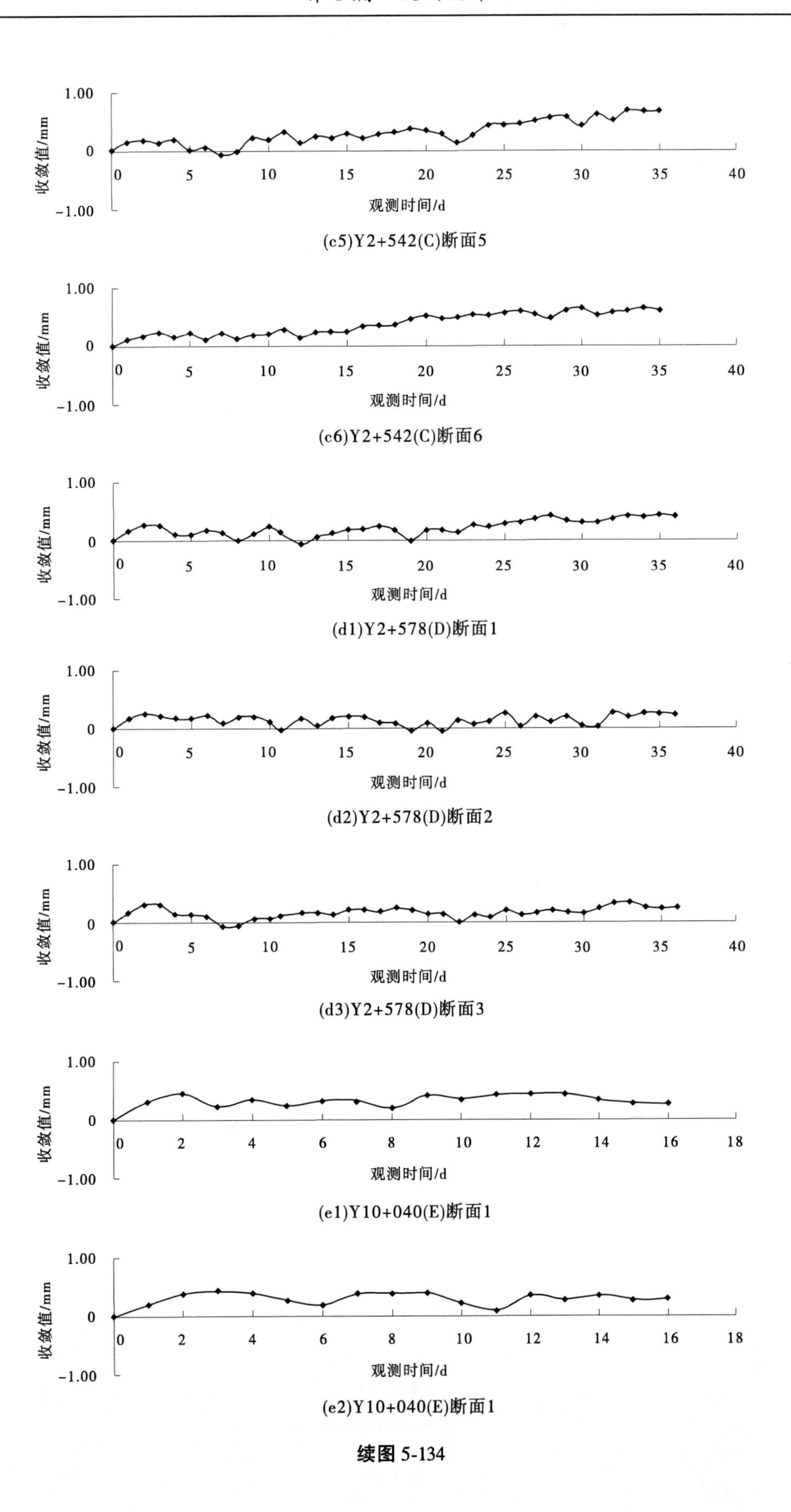

1.00
0
-1.00
收敛值/mm
0
5
10
15
20
25
30
35
40
观测时间/d
(c5)Y2+542(C)断面5
1.00
0
-1.00
收敛值/mm
0
5
10
15
20
25
30
35
40
观测时间/d
(c6)Y2+542(C)断面6
1.00
0
-1.00
收敛值/mm
0
5
10
15
20
25
30
35
40
观测时间/d
(d1)Y2+578(D)断面1
1.00
0
-1.00
收敛值/mm
0
5
10
15
20
25
30
35
40
观测时间/d
(d2)Y2+578(D)断面2
1.00
0
-1.00
收敛值/mm
0
5
10
15
20
25
30
35
40
观测时间/d
(d3)Y2+578(D)断面3
1.00
0
-1.00
收敛值/mm
0
2
4
6
8
10
12
14
16
18
观测时间/d
(e1)Y10+040(E)断面1
1.00
0
-1.00
收敛值/mm
0
2
4
6
8
10
12
14
16
18
观测时间/d
(e2)Y10+040(E)断面1

续图 5-134

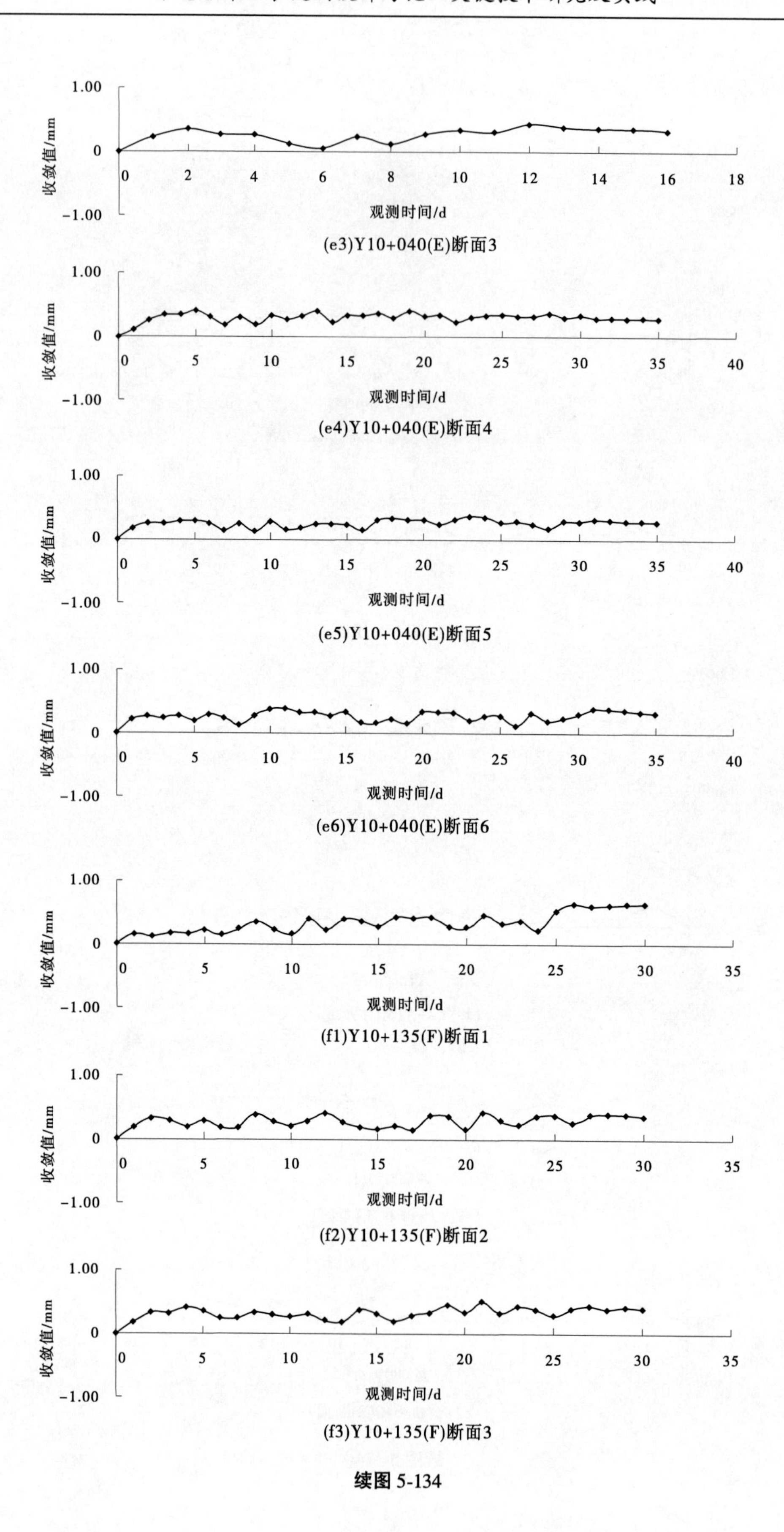
1.00
0
-1.00
收敛值/mm
观测时间/d
(e3)Y10+040(E)断面3
(e4)Y10+040(E)断面4
(e5)Y10+040(E)断面5
(e6)Y10+040(E)断面6
(f1)Y10+135(F)断面1
(f2)Y10+135(F)断面2
(f3)Y10+135(F)断面3

续图 5-134

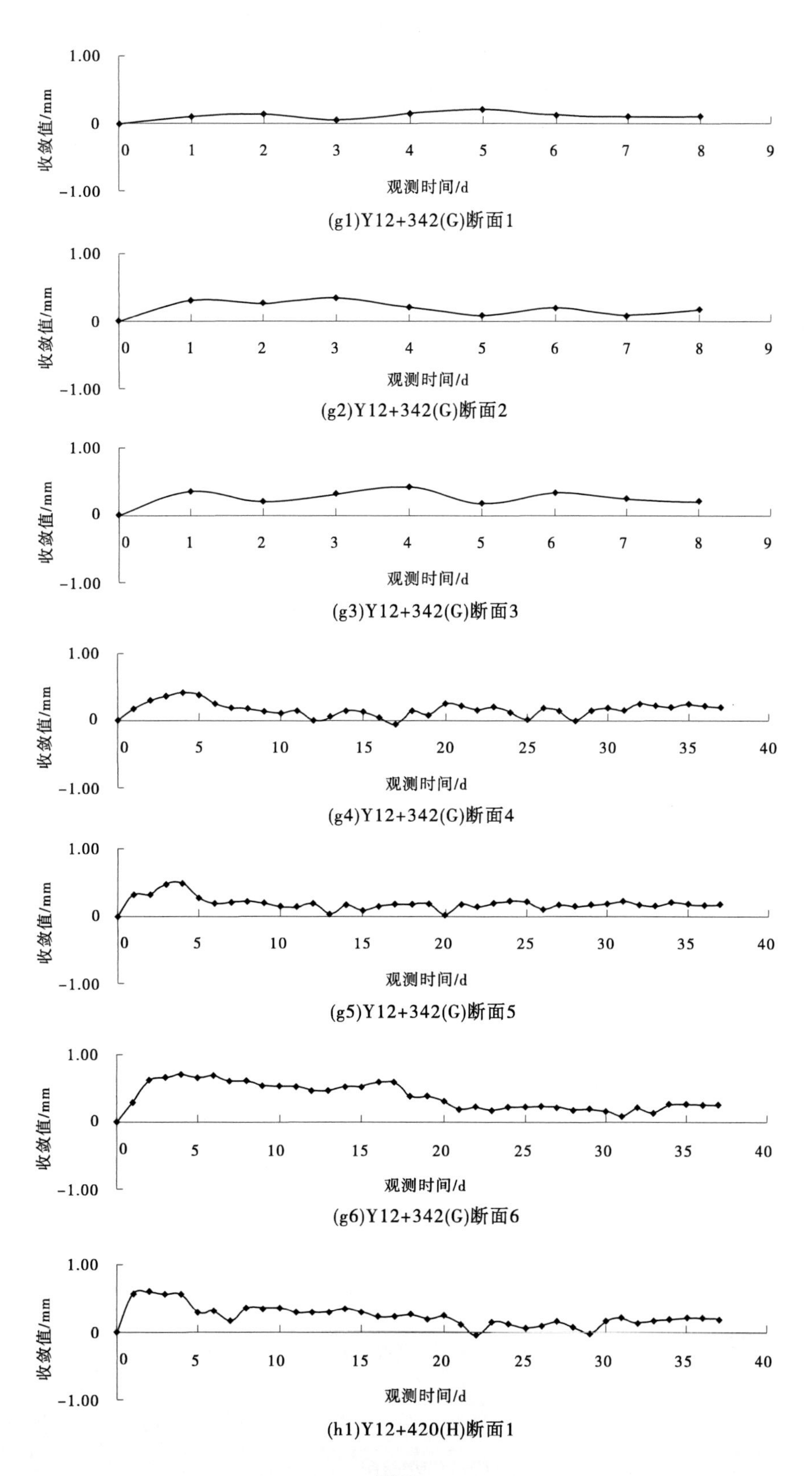

(g1)Y12+342(G)断面1

(g2)Y12+342(G)断面2

(g3)Y12+342(G)断面3

(g4)Y12+342(G)断面4

(g5)Y12+342(G)断面5

(g6)Y12+342(G)断面6

(h1)Y12+420(H)断面1

续图 5-134

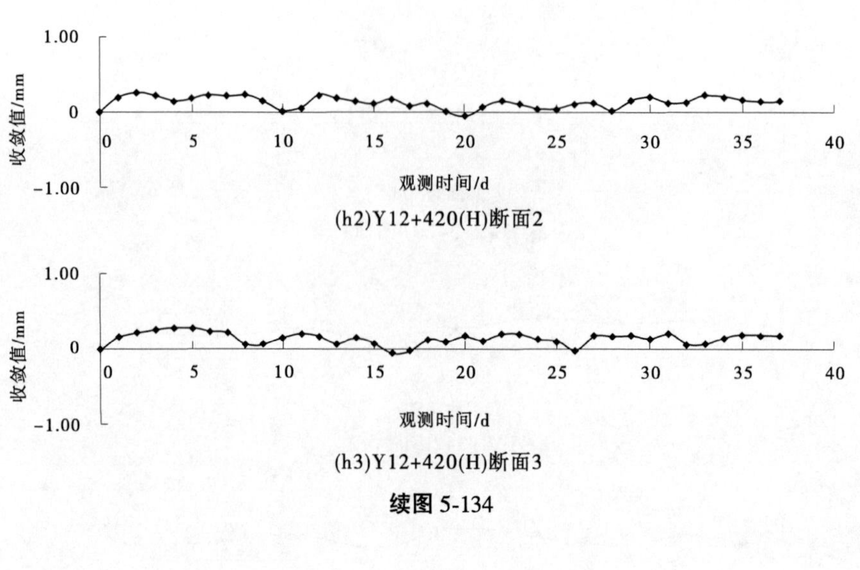

(h2)Y12+420(H)断面2

(h3)Y12+420(H)断面3

续图 5-134

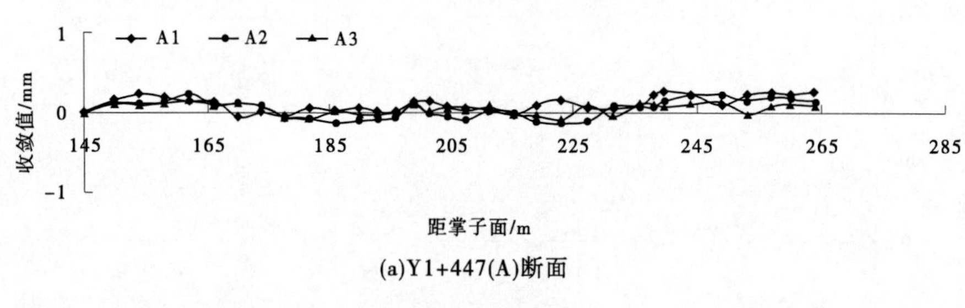

(a)Y1+447(A)断面

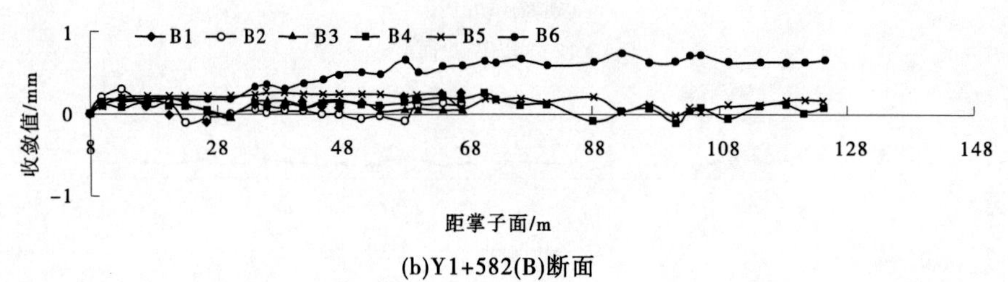

(b)Y1+582(B)断面

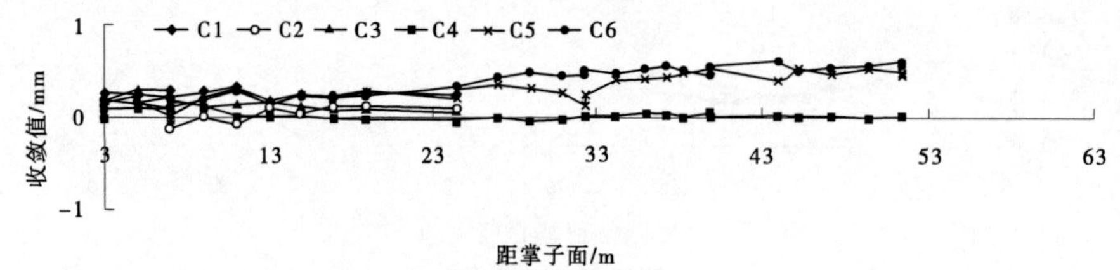

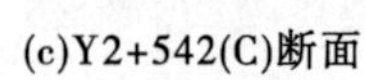

(c)Y2+542(C)断面

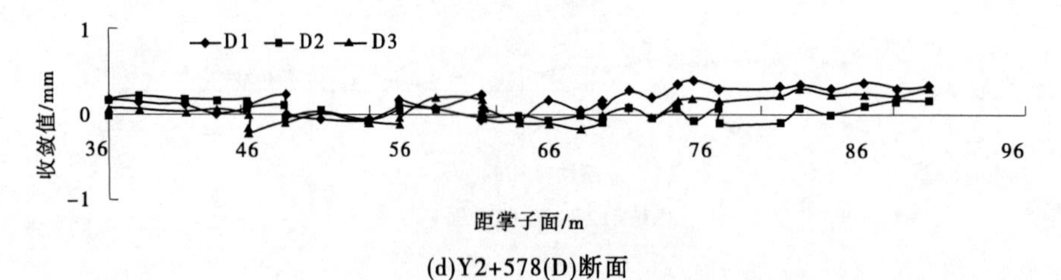

(d)Y2+578(D)断面

图 5-135 收敛变形与距掌子面距离关系曲线

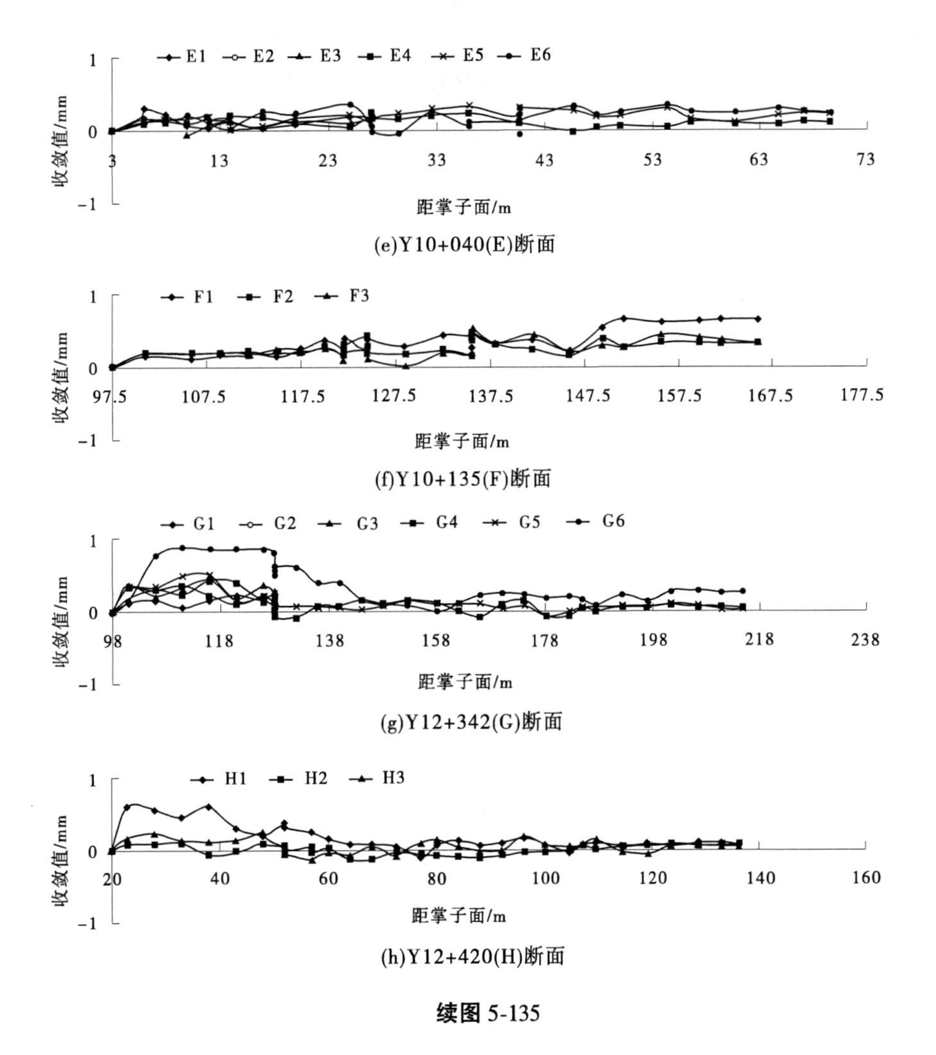

(e)Y10+040(E)断面

(f)Y10+135(F)断面

(g)Y12+342(G)断面

(h)Y12+420(H)断面

续图 5-135

引水发电洞收敛计、多点位移计监测成果见表 5-89。

7.4　监测成果分析

7.4.1　位移监测成果分析

引水洞进口 Y1+445 断面，岩性为片麻状花岗岩，埋设 3 组位移计，6 只位移计，其中 M-1、M-2、M-3 为 5 m 埋深，M-4、M-5、M-6 为 2 m 埋深。M-1 的总变形值为 0.104 mm，变形曲线表现很微小的上升趋势，总的趋势是平滑的。M-2、M-3 的总变形值分别为 0.097 mm 和 0.096 mm，变形曲线表现是平滑的，变形很小。M-4、M-5、M-6 变形就更小了，变形曲线平滑，呈直线形。

引水洞 1#支洞上游 Y2+580 断面，岩性为片麻状花岗岩，埋设 3 组位移计，6 只位移计，其中 M-1、M-2、M-3 为 5 m 埋深，M-4、M-5、M-6 为 2 m 埋深。M-1 的总变形值为 0.104 mm，变形曲线表现微小上升趋势。M-2、M-3 的总变形值分别为 0.016 mm 和 0.051 mm，变形曲线表现是平滑的，变形很小。

引水洞 4#支洞上游 Y10+135 断面，岩性为片麻状花岗岩，埋设 3 组位移计，6 只位移计，其中 M-1、M-2、M-3 为 5 m 埋深，M-4、M-5、M-6 为 2 m 埋深。M-1、M-2 的总变形值为 0.095 mm 和 0.112 mm，变形曲线表现有微小的上升趋势。M-3 的总变形值为 0.156 mm，变形曲线表现有微小的上升趋势。相比其他断面，该断面的变形量要大一些，这和该洞监测段的高温有着直接的关系，在没有通风的情况下，气温可达 45 ℃，通风时的气温也在 32~40 ℃，监测仪器周边的温度高达 36~40 ℃。

该断面的变形量不大，在洞内高温的影响下，还有一定的变形，但变形量不大。

表 5-89　　引水发电洞围岩变形监测成果汇总

断面桩号	收敛编号	总收敛/mm	监测时间/d	断面桩号	变形编号	总变形/mm	测点埋深/m	监测时间/d
Y1+447	A-1	0.27	32	Y1+445	M-1	0.104	5	29
	A-2	0.20			M-2	0.097		
	A-3	0.19			M-3	0.096		
Y1+582	B-1	0.27	19		M-4	0.098	2	
	B-2	0.16			M-5	0.013		
	B-3	0.18			M-6	0.035		
	B-4	0.20	34	Y2+580	M-1	0.104	5	33
	B-5	0.40			M-2	0.016		
	B-6	0.68			M-3	0.051		
Y2+542	C-1	0.25	17		M-4	0.107	2	
	C-2	0.11			M-5	0.147		
	C-3	0.24			M-6	0.023		
	C-4	0.32	35	Y10+135	M-1	0.095	5	30
	C-5	0.49			M-2	0.112		
	C-6	0.61			M-3	0.156		
Y2+578	D-1	0.41	36		M-4	0.076	2	
	D-2	0.24			M-5	0.061		
	D-3	0.26			M-6	0.221		
Y10+040	E-1	0.27	16	Y12+342	M-1	0.075	5	42
	E-2	0.30			M-2	0.020		
	E-3	0.37			M-3	0.094		
	E-4	0.33	35		M-4	0.074	2	
	E-5	0.32			M-5	0.105		
	E-6	0.38			M-6	0.073		
Y10+135	F-1	0.71	30					
	F-2	0.41						
	F-3	0.45						
Y12+342	G-1	0.14	8					
	G-2	0.21						
	G-3	0.24						
	G-4	0.23	37					
	G-5	0.21						
	G-6	0.30						
Y12+420	H-1	0.22	37					
	H-2	0.18						
	H-3	0.21						

引水洞 4#支洞下游 Y12+342 断面,岩性为片麻状花岗岩,埋设 3 组位移计,6 只位移计,其中 M-1、M-2、M-3 为 5 m 埋深,M-4、M-5、M-6 为 2 m 埋深。M-1 的总变形值为 0. 075 mm,M-2 的总变形值为 0. 020 mm,M-3 的总变形值为 0. 094 mm,变形曲线表现较平滑,变形量很小。M-4、M-5、M-6 的总变形值分别为 0. 074、0. 105、0. 073 mm,变形也不大,曲线平滑。

7. 4. 2　收敛计监测成果分析

引水洞进口 Y1+447(A)断面,岩性为片麻状花岗岩,埋设 3 个收敛监测点,拱顶及腰线两侧 3 条测线。该断面变形不大,监测时间为 32 d,监测期间,该断面距掌子面 145~265 m。

引水洞进口 Y1+582(B)断面,岩性为片麻状花岗岩,埋设 5 个收敛监测点,拱顶、拱肩两侧及腰线两侧 6 条测线。该断面除 6#测线外,其他测线变形都不大,6#测线的总收敛值为 0. 68 mm。由于受到洞内送风带的影响,1、2、3 测线监测时间为 19 d,4、5、6 测线监测时间为 34 d,监测期间,该断面距掌子面 8~126 m。

引水洞 1#支洞上游 Y2+542(C)断面,岩性为片麻状花岗岩,埋设 5 个收敛监测点,拱顶、拱肩两侧及腰线两侧 6 条测线。该断面 1、2、3、4 测线变形很小,5、6 测线变形稍大些,总收敛值分别为 0. 49 mm 和 0. 61 mm。由于受到洞内送风带的影响,1、2、3 测线监测时间为 17 d,4、5、6 测线监测时间为 35 d,观测期间,该断面距掌子面 3~51 m。

引水洞 1#支洞上游 Y2+578(D)断面,岩性为片麻状花岗岩,埋设 3 个收敛监测点,拱顶及腰线两侧 3 条测线。该断面 1、2、3 测线的总收敛值分别为 0. 41、0. 24、0. 26 mm。该断面监测时间为 36 d,观测期间,该断面距掌子面 36~89 m。

引水洞 4#支洞上游 Y10+040(E)断面,岩性为片麻状花岗岩,埋设 5 个收敛监测点,拱顶、拱肩两侧及腰线两侧 6 条测线。该断面 6 条测线的总收敛值为 0. 27~0. 38 mm,变形较其他洞段略大一些,该洞的监测段温度很高。由于受到洞内送风带的影响,1、2、3 测线监测时间为 16 d,4、5、6 测线监测时间为 35 d,观测期间,该断面距掌子面 3~69. 5 m。

引水洞 4#支洞上游 Y10+135(F)断面,岩性为片麻状花岗岩,埋设 3 个收敛监测点,拱顶及腰线两侧 3 条测线。该断面 1、2、3 测线的总收敛值分别为 0. 71、0. 41、0. 45 mm。较其他洞段的变形略大一些,该断面由于遇到了地热,气温可达 40 ℃,高温对收敛变形有着不同程度影响。该断面监测时间为 30 d,观测期间,该断面距掌子面 97. 5~166 m。

引水洞 4#支洞下游 Y12+342(G)断面,岩性为片麻状花岗岩,埋设 5 个收敛监测点,拱顶、拱肩两侧及腰线两侧 6 条测线。该断面 6 条测线的总收敛值为 0. 14~0. 30 mm,变形不大。由于受到洞内送风带的影响,1、2、3 测线监测时间为 8 d,4、5、6 测线监测时间为 37 d,观测期间,该断面距掌子面 98~215 m。

引水洞 4#支洞下游 Y12+420(H)断面,岩性为片麻状花岗岩,埋设 3 个收敛监测点,拱顶及腰线两侧 3 条测线。该断面 1、2、3 测线的总收敛值分别为 0. 22、0. 18、0. 21 mm,变形很小。该断面监测时间为 37 d,观测期间,该断面距掌子面 20~136 m。

7. 5　结　语

引水发电洞多点位移计进行了 4 个断面监测,岩性均为片麻状花岗岩,分别为引水洞进口 Y1+445 断面、引水洞 1#支洞上游 Y2+580 断面、引水洞 4#支洞上游 Y10+135 断面、引水洞 4#支洞下游 Y12+342 断面,12 组多点位移计,24 只仪器。收敛计进行了 8 个断面监测,分别是引水洞进口 Y1+447(A)断面、引水洞进口 Y1+582(B)断面、引水洞 1#支洞上游 Y2+542(C)断面、引水洞 1#支洞上游 Y2+578(D)断面、引水洞 4#支洞上游 Y10+040(E)断面、引水洞 4#支洞上游 Y10+135(F)断面、引水洞 4#支洞下游 Y12+342(G)断面、引水洞 4#支洞下游 Y12+420(H)断面,共计 36 条测线。

位移计的监测结果显示,4 个断面的变形都属微量,变化很小。引水洞 4#支洞上游 Y10+135

断面变形稍大，和洞内的高温有一定的关系，但总体位移量均很小，且监测后期已趋于稳定。

收敛计监测的结果也表明，引水洞 4#支洞上游 Y10+040(E)断面、引水洞 4#支洞上游 Y10+135(F)断面的收敛值略高，主要受洞内高温的影响，其他断面的收敛值不大，总体上看，收敛变化均是微量的，且变形均趋于稳定。

总之，引水发电洞各监测断面的变化均不大，变形均趋于稳定。

水电站深埋长隧洞设计与施工关键技术研究及实践

（第四册）

席燕林　等著

第一册　席燕林　陆彦强　范瑞鹏　刘颖琳　赵　明　王　翦
第二册　王立成　李　刚　张　誉　任　堂　高　诚　刘淑娜
第三册　刘伟丽　赵秋霜　张运昌　于　淼　张健梁　章　慧　孙　强
第四册　张鹏飞　任智锋　张鹏文　彭兴楠　冯晓成　韩鹏程　李瑞鸿

黄河水利出版社
·郑州·

第 6 篇　施工技术

1　高地应力洞段施工技术

水工隧洞施工过程中经常出现岩爆、大变形、突涌水和塌方等问题,这些都与高地应力有关,对施工安全和进度都将会造成一定的影响,甚至不可估量的损失。高地应力洞段的施工控制是重点和难点,必须高度重视和妥善解决。

1.1　钻爆法开挖常规施工技术

1.1.1　钻爆法的施工工艺

钻爆法是常规、传统的隧洞开挖方法。主要优点是比较灵活,可以开挖各种形状、尺寸的地下洞室;既可以采用比较简单便宜的施工设备,也可以采用先进、高效的设备;可以适应坚硬完整的围岩,也可以适应较为软弱破碎的围岩。缺点主要是对通风要求较高,人口密集地区和长洞不适用。

钻爆法洞身开挖工艺流程如图6-1所示。

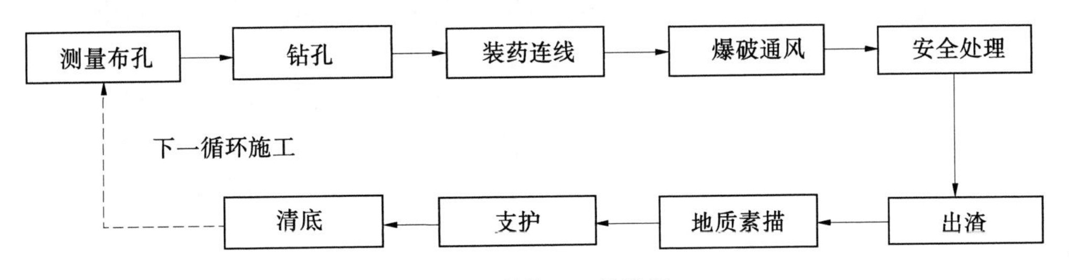

图6-1　洞挖施工工艺流程

洞挖支护完成后再予实施混凝土衬砌和灌浆施工。

1.1.2　施工布置

1.1.2.1　施工通道

隧洞开挖的施工通道为各施工支洞开挖的施工道路及隧洞进口和出口道路。

1.1.2.2　施工用风、水、电

隧洞开挖的施工用风、用水、用电等,均由各施工支洞洞口及隧洞进出口布置的系统提供。

1.1.2.3　施工期通风除尘及排水

拟在施工作业洞口设轴流通风机压入式通风,洞内采用接力的方式布置轴流风机,每隔600 m布置1台接力风机,接柔性风管向工作面通风除尘。同时,在各支洞与主洞交叉口附近设1台轴流风机,接柔性风管经支洞至洞外,抽出式通风散烟。同时距开挖工作面40 m左右处,两侧各布置1台水幕降尘器。

工作面的施工排水均采用自流与抽排结合的方式,在抽排隧洞内每隔100 m左右设1个集水坑,采用潜水泵将水排至交叉口或洞口附近集水坑,自流洞段利用隧洞底板一侧设置的排水沟将工作面废水汇集到交叉口或洞口附近集水坑后,采用潜水泵将水排至洞外。

1.1.3　生产性试验

1.1.3.1　地下洞室爆破试验

1. 概述

为了确保地下洞室开挖质量和进度,严格控制爆破飞石及爆破振动对隧洞围岩的影响,拟结合生产进行爆破试验,以获得最优爆破质量及安全和单循环进尺控制要求的爆破参数;了解爆破对周

围非开挖岩体的破坏情况和范围；掌握爆破质点振动衰减规律，预报振动量级，通过实际监测，控制爆破规模，降低爆破振动效应，以确保爆区附近洞段支护结构及洞外被保护边坡和建筑物的安全。试验课题为：

(1)满足地下洞室开挖质量、施工进度和强度以及施工安全的要求。

(2)满足地下洞室爆破过程中对进口边坡及邻近建筑物的稳定与安全施工的要求。

2. 爆破试验目的和试验场地

1)试验目的

(1)确定地下洞室选用的爆破材料规格、种类及数量。

(2)确定钻孔机具及相关配套设备组合的合理性。

(3)确定隧洞开挖掏槽方式、掏槽孔布置形式及装药线密度、封堵长度等爆破参数。

(4)确定周边孔和底孔与设计轮廓线间关系、孔间距、孔间装药方式、装药线密度、封堵长度等爆破参数。

(5)确定崩落孔的布置形式、装药线密度、封堵长度等爆破参数。

(6)确定洞室爆破起爆方式及联网形式。

(7)了解爆破对非开挖岩体的破坏情况与范围。

(8)了解爆破对相邻永久建筑物、危岩体和支护结构的影响程度。

(9)获得满足爆渣粒径、爆破安全控制要求的爆破参数。

2)试验场地

根据地下洞室爆破试验目的以及地形地质条件，选取在施工支洞进口及输水隧洞洞身围岩较为稳定地段或在监理指定的地点进行爆破试验。

3. 爆破试验内容

爆破试验内容应包括：

(1)火工材料性能试验。

(2)钻孔机具性能试验。

(3)爆破参数选择试验。

(4)爆破起爆网路试验。

(5)爆破效果检测(包括保留岩体质量检测、爆破振动规律测量)。

(6)爆破对已建邻近建筑物及喷锚区影响试验。

(7)爆破对邻近建筑物的振动影响测试。

4. 人员配备

根据试验规模及时间要求，成立开挖专项爆破试验小组，由有丰富爆破试验与爆破测试经验的人员组成，并由具备爆破资质证书的爆破专业工程师担任组长。

试验小组的人员配备初拟如下：

(1)爆破专业工程师1人；

(2)爆破测试人员2人；

(3)测量技术人员2人；

(4)钻工8人；

(5)炮工2人；

(6)其他辅助人员2人。

5. 爆破试验设计

本标段的爆破试验必须满足下列要求：

(1)试验必须得出合理的钻爆参数和起爆方式，以确保地下洞室开挖质量、施工进度、强度及洞身围岩的安全。

(2)试验参数除应根据直观的爆破效果判断是否合理外,还必须结合爆破破坏范围试验和爆破地震效应试验结果进行综合分析确定。

(3)试验所用的观测方法、仪器设备,以及分析计算方法、经验公式等,都必须是在我国水电工程爆破试验中采用过的和比较成熟的。

6. 爆破试验参数

(1)根据招标文件要求以及地下洞室工程地质情况,并结合以往的地上地下工程爆破施工经验,按不同的围岩类别分别拟定爆破试验参数。

(2)爆破试验钻孔机械选择。崩落孔、周边孔、底孔,选用气腿钻在钻爆台车的施工平台上造孔。掏槽孔中大孔径钻孔采用支架式潜孔钻造孔,其余钻孔选用气腿钻在钻爆台车的施工平台上造孔。机械选型必须确保造孔工作在技术上可行、经济上合理。

(3)爆破试验主要施工方法。爆破试验施工流程为:参数设计→测量放样→技术交底→钻机就位→钻孔→验孔检查→装药连网→爆破→爆效检查、记录→场地清理→下一次试验→成果总结、分析。

测量放样由具有相应资质的专业测量人员,按照爆破试验布置图进行测量放样。

按作业指导书要求,安排钻机在测量放样点位置就位开始钻孔,钻进过程中应随时对钻孔深度和偏斜进行检测,以便及时纠偏。

各钻孔验收合格后,进行装药,其中周边孔、底孔采用不耦合装药,选用直径 25 mm 乳化炸药,崩落孔及掏槽孔选用直径 32 mm 乳化炸药。洞内起爆网路采用非电毫秒雷管簇联分段微差爆破。爆前必须认真检查,确定施工无误且安全措施就位后,方可起爆。

爆效检查主要检查光面爆破的残留炮孔保存率,壁面平整度,炮孔壁裂隙情况;预裂爆破的预裂缝宽度,残留炮孔保存率,预裂面平整度,炮孔壁裂隙情况;掏槽爆破的爆堆岩石块度及挖装效率;飞石大小及距离;爆破振动速度;非爆破岩体声波波速降低率等。

7. 爆破试验测试

1)爆破地震效应

在尚未确定本工程的各种爆破参数时,先在相关开挖基础部位进行与爆破点相关的地形、地质等条件有关的系数和衰减系数,即 K 值与 α 值的测定。

爆破地震效应的测试,可在施工支洞洞身段进行。由于该试验是在钻孔内进行的,可用地质岩芯钻机在同一高程上打 3 个直径 76~110 mm 的钻孔,根据钻孔岩芯取样确定的岩层分类,将传感器固定在孔内的相应位置上。各孔距爆破源分别为 10、20、30 m(具体部位报工程师和业主批准后实施)。

2)爆破动态监测

爆破振动技术试验:选择合理的一次起爆药量和微差分段确定不同类别岩体在爆破过程中的相关系数与衰减指数(K、α 值),使质点振动速度满足设计要求。

按允许的质点振动速度设计爆破参数,控制依次起爆药量。爆破时,进行振动监测,验证爆破效果,确定是否需要修改和调整相关参数。

先进行地下洞室掏槽孔钻破,再进行崩落孔钻爆,最后进行周边孔及底孔钻爆,合理控制爆破区域和方向,使开挖洞壁处于爆破最小径向位置,测定爆破的衰减百分比。

选择不同岩石单位耗药量和单响起爆药量,不同类别的岩石单位耗药量分别按 0.6~1.5 kg/m^3 逐次试验,单响起爆药量亦采取多孔、双孔和单孔逐次进行微差爆破试验,确定不同岩石单位耗药量、最大单响起爆药量以及一次起爆总药量。

选择不同微差时间进行试验,利用微差降峰、降振,为正规爆破提供依据。

加强现场爆破振动监测，及时反馈资料，及时修正爆破参数，质点振动速度按《水工建筑物岩石基础开挖施工技术规范》（SL 47—2020）执行。爆破试验过程中，加强地震波监测和爆区左右侧、后冲方向的爆后破坏范围的宏观调查。

地震波监测，采用省一级计量局认证的地震波自记仪（三维型），同时测量垂直、横向和纵向由爆破引起的地震波。按照有关规定要求，控制标准为离爆破点 30 m 处，质点峰值不超过 100 mm/s，或离爆破点 60 m 处，不应超过 50 mm/s。在有条件时要做地震波衰减规律测试，推出本区萨道夫斯基公式，用以指导爆破作业安全施工。

整个爆破试验过程遵守执行《爆破安全规程》（GB 6722—2014）、《水利水电工程岩石试验规程》（SL/T 264—2020）等现行标准和规程规范。

确定了爆破地震效应 K 值、α 值后，即开始对每次的爆破试验进行爆破震动测试（亦称动态监测），采用 TOPBOX 爆破震动自动记录仪进行跟踪测试，每次测试组点不少于 3 组点，分别距爆源 10.0、22.0、25.0 m 甚至 5.0 m 进行布点测试，并将每次的测试结果迅速反馈，以便及时调整爆破试验参数，确保边坡稳定、被保护对象及建筑物的安全。

8. 爆破试验成果

（1）爆破试验成果应用。通过爆破试验，优化爆破参数，改善爆破效果，检查石方爆、挖、装效果，为本工程大规模爆破施工提供最优的爆破参数。

（2）掌握不同类别爆破质点振动衰减规律，对建筑物及喷混凝土等附近的爆破按允许的质点振动速度设计爆破参数，实现控制爆破。

（3）确定控制飞石距离的技术措施。

9. 爆破试验成果提交

爆破试验完成后，将按合同要求向发包人提交爆破试验报告。其内容主要包括：

（1）试验内容及试验情况。

（2）试验后选定的爆破参数。

（3）爆破区外岩体的破坏情况及范围。

（4）地震波振速公式、爆破飞石控制措施。

（5）图纸及其他内容。

1.1.3.2　混凝土配合比试验

1. 原材料检验

（1）水泥检测：强度、凝结时间、安定性、稠度、细度、SO_3 含量、水化热试验。

（2）缓凝减水剂检测：减水率、泌水率比、凝结时间差、抗压强度比、含气量、pH 值、含水量、Na_2SO_4 含量。

速凝剂检测：细度、初终凝时间、氯离子含量、抗压强度比（28 d）、抗压强度（1 d）。

（3）骨料检测项目。

砂：细度模数、饱和面干表观密度、坚固性、SO_3 含量、吸水量、含泥量。

粗骨料：针片状含量、压碎指标、颗粒级配、含水量、容重等。

2. 外加剂优选

至少 3 种外加剂参加优选，优选出与工程所用原材料相容性好且经济性较好的减水剂、泵送剂。

3. 配合比室内试验

配合比室内试验具体情况见表 6-1。

表 6-1　混凝土配合比试验情况

序号	配合比	设计强度等级	试验参数	混凝土性能需检测情况
1	喷射混凝土	C25	拟采用 3 个水灰比试验成果	混凝土拌和物:容重、坍落度; 混凝土性能:抗压强度
2	常规混凝土	C25	拟采用 3 个水灰比试验成果	混凝土拌和物:容重、坍落度、凝结时间; 混凝土性能:抗压强度、抗拉强度、极限拉伸、弹性模量、泊松比

1.1.3.3　喷混凝土试验

1. 试验目的

通过拌和工艺试验、现场喷射试验及最佳配合比优化试验,对喷射混凝土的力学性能、配合比和施工工艺等做进一步的验证和分析,并从技术和经济方面提供综合评价,为现场施工和质量控制提供科学依据与理论指导。

2. 试验任务

选择不同厂家生产的外加剂进行喷射混凝土试验,通过对材料特性的比较,选定外加剂;检验并优化施工工艺水平和喷射效果;检验喷射混凝土的强度及弯曲韧性等性能;测试喷射混凝土的回弹量;确定喷射混凝土的最佳配合比。严格按相关规范的要求施工。

3. 试验项目

素喷混凝土配合比设计;拌和工艺试验和检验;现场喷混凝土试验及大板试件取样试验(主要检测其黏结强度和现场喷射时的回弹量)。

4. 试验方法

场地准备→岩面清理→喷射机就位→施喷→清理场地→资料整理、分析→提交报告。

5. 资料整理、报告提交

对试验的资料进行整理并提交报告。

1.1.3.4　锚杆注浆密实度试验

选取与现场砂浆锚杆的锚杆直径和长度、锚杆孔径和倾斜度相同的锚杆和塑料管,采用与现场注浆相同的材料和配合比拌制砂浆,并按与现场施工相同的注浆工艺进行注浆,养护 7 d 后剖管检查其密实度。不同类型和不同长度的锚杆均需进行试验,试验计划报送监理人审批。

1.1.3.5　钢筋焊接试验

1. 试验目的

通过焊接工艺性试验确定钢筋电弧焊的各项焊接参数,确保钢筋的焊接质量;通过焊接工艺性试验并结合现场实际施工情况选择合适的焊接形式。

2. 试验任务

选择符合钢筋工程的设计施工规范,选择有材质及产品合格证书的钢筋和类型匹配的焊条作为试验材料,由具有相应等级焊工证的焊工负责焊接操作,焊接形式采用帮条焊、搭接焊、坡口焊和熔槽焊 4 种电弧焊中的帮条焊和搭接焊进行工艺试验。焊接工艺严格按照《钢筋机械连接技术规程》(JGJ 107—2016)的要求执行。

3. 抽样检查及结果评价

在接头外观检查合格后抽取试件进行试验,电弧焊接头拉伸试验结果应符合下列要求:

(1)3 个热轧钢筋接头试件的抗拉强度均不得小于该牌号钢筋规定的抗拉强度。

(2)至少有2个试件断裂于焊缝之外,并应成延性断裂。

当达到上述2项要求时,应评定该批接头抗拉强度合格。

当试验结果有2个试件抗拉强度小于钢筋规定的抗拉强度,或3个试件均在焊缝或热影响区发生脆性断裂时,则一次判定该批接头为不合格品。

当试验结果有1个试件的抗拉强度小于规定值或2个试件在焊缝或热影响区发生脆性断裂,其钢筋的抗拉强度均小于钢筋规定抗拉强度的1.1倍时,应进行复检。

复检时,再切取6个试件。试验结果,当仍有1个试件的抗拉强度小于规定值或3个试件在焊缝或热影响区发生脆性断裂,其钢筋的抗拉强度均小于钢筋规定抗拉强度的1.1倍,则判定该批接头为不合格品。

4. 资料整理、报告提交

对试验资料进行整理,将试验报告提交监理部。

1.1.3.6 钢筋机械连接试验

1. 试验目的

主要检验接头强度,确定钢筋的连接参数,以确定连接接头是否满足工程质量和安全性能要求。

2. 材料设备

钢筋(施工现场取样),套筒(与所取钢筋型号匹配,拟用于工程建设),钢筋滚轧直螺纹套丝机,管钳,套丝机等。

3. 工艺流程

试验工艺流程为:现场钢筋母材检验→钢筋段部平头→初选连接参数→直接滚轧螺纹→直螺纹扣丝检验→套筒连接→送检→确定连接参数。

(1)现场钢筋母材检验:钢筋进场应附有合格证及质量证明书,在监理的监督下进行取样并送检,合格后才能用于试验。

(2)钢筋端部平头:用钢筋切断机切18根长50 cm的待试验钢筋,将需要滚丝的一头端部切平,保证端部无弯折、扭曲。

(3)初选连接参数:主要是选择钢筋端头套丝扣数。

(4)滚轧螺纹:将需要滚轧的螺纹按要求固定在钢筋滚轧直螺纹套丝机上,根据设备的操作规程及预先选定的丝扣数进行滚轧加工。

(5)直螺纹丝扣检验:滚轧成型的丝扣螺纹饱满,表面光洁,不粗糙,螺纹直径大小一致,螺纹长度、公差直径符合相关规范要求。

(6)套筒连接:用管钳将加工好的钢筋与套筒拧紧,外露1扣。

(7)送检:加工好的试件共3组,每组3个,经现场监理认可后送试验室检验。

4. 质量标准及质量检验

(1)接头性能等级。

根据抗拉强度以及高应力和大变形条件下反复拉压性能的差异,接头分为3个等级。

Ⅰ级:接头抗拉强度不小于被连接钢筋实际抗拉强度或1.1倍钢筋抗拉强度标准值,并具有高延性及反复拉压性能。

Ⅱ级:接头抗拉强度不小于被连接钢筋抗拉强度标准值,并具有高延性及反复拉压性能。

Ⅲ级:接头抗拉强度不小于被连接钢筋屈服强度标准值,并具有高延性及反复拉压性能。

(2)检验依据。

《钢筋机械连接技术规程》(JGJ 107—2016)。

5. 结果评价

对试验结果进行评价,整理资料。

6. 注意事项

(1)钢筋接头的加工须经工艺检验合格后方可进行。

(2)加工钢筋接头的操作工人经培训合格后才能上岗,人员相对固定。

(3)钢筋丝头长度满足设计要求,拧紧后的钢筋丝头不得相互接触。

(4)接头安装前检查连接件产品的合格证及套筒表面生产批号标识。

(5)滚压成型的直螺纹要及时上保护套,以免在加工、搬运过程中损坏丝扣。

1.1.3.7 灌浆试验

1. 试验项目

隧洞灌浆项目主要包括回填灌浆、固结灌浆和化学灌浆。在灌浆施工前分别进行灌浆生产性试验,主要试验项目有浆液试验和现场灌浆试验。

2. 试验目的

(1)推荐合理的施工程序、施工工艺、适宜的灌浆材料和浆液配比。

(2)提供或论证有关技术参数,包括孔距、排距、灌浆压力等。

3. 浆液试验

在灌浆试验施工前,根据灌浆材料品种,按监理人指示对不同水灰比、不同掺合料和不同外加剂的浆液进行下列各项必要的试验:比重、黏度、搅拌时间、稳定性、流动性、凝结时间、析水率、沉淀速度、结石强度和透水性等。

(1)比重:在灌浆试验过程中,通过测定浆液比重,绘制与水灰比的关系曲线,以检测浆液的水灰比。

(2)黏度:浆液的黏度采用漏斗黏度计测定,确定浆液的水灰比与相应的流动性间的关系。

(3)浆液搅拌时间:它与浆液的凝结时间和结石强度有关。可选定不同的水灰比,由高速搅拌机搅拌不同的时间,测定浆液的凝结时间和结石强度,寻找最佳搅拌时间。

(4)凝结时间:浆液的初凝和终凝时间,可用GB 175—2007规定的检验方法进行测定。

(5)析水率和沉淀速度:用标准测量量杯,对不同水灰比浆液进行试验,测定所析出水的体积V_1与浆液体积V,按照$\alpha=(V_1/V)\times100\%$计算出不同的析水率和结石率,并作出水泥的浆液全析水时间与析水值关系图,从而掌握不同品种水泥、不同水灰比浆液的稳定性。

(6)结石强度:参照混凝土强度试验方法进行。

(7)结石的孔隙率和容重:根据不同水灰比制成的结石进行测定,绘出水泥浆结石孔隙率与水灰比关系图、水泥浆结石容重与浆液水灰比关系图。

(8)外加剂试验:进行浆液性能试验的同时,对拟掺用的外加剂配合水泥浆进行一些相关试验,确定掺量和适宜性。

(9)监理人指示的其他试验内容。

4. 现场灌浆试验

(1)根据工程的建筑物布置和地质条件,试验区选择在地质条件中等偏差的混凝土衬砌段,衬砌混凝土强度达到70%后进行。

(2)试验孔的布孔形式采用设计图纸的布孔结构,便于类比,具体布孔形式、孔深、灌浆分段、灌浆压力等试验参数在试验开始前、试验大纲申报后由监理工程师确定。

(3)灌浆试验的施工程序:场地准备→孔位放样→分序钻孔、压水灌浆→质量检查孔→注浆检查→资料整理分析→提交报告。

(4)灌浆孔钻孔按部位采用潜孔钻机QZJ-100B或YT28气腿式风钻钻孔,灌浆方式采用纯压式,质量检查采用钻孔注浆法。

5. 灌浆试验效果分析及资料整理

施工过程中如实准确地作好各项原始记录,对施工中发生的事故、揭露的混凝土施工问题、施工技术和经验等均作详细记录,提供的灌浆原始资料和成果资料包含的内容按《水工建筑物水泥灌浆施工技术规范》(SL/T 62—2020)中的要求执行,此外需提供灌浆试验记录表和衬砌混凝土的变形监测记录。

1.1.4 钻爆法开挖施工技术措施

1.1.4.1 施工测量放样

(1)测量作业由专业人员进行,主要内容包括洞室的中心线、顶拱中心线、底板高程、掌子面桩号、设计轮廓线、两侧腰线或腰线平行线、钻爆开挖的炮孔孔位等。

(2)施工测量采用激光导向仪配水准仪进行,激光导向仪定期进行复核校对,钻孔和支护时可根据掌子面激光点和断面结构点间的关系复核和控制断面尺寸。选用激光导向仪型号为 YBJ-1200。

(3)施工过程中,每个循环爆破钻孔前均应根据施工图纸进行测量放样,并检查上一循环超欠挖情况,测量结果及时反馈到相关部门及施工人员,以便指导后续开挖施工。

(4)断面测量滞后开挖面 10~15 m,按 5 m 间距进行,每个月进行 1 次洞轴线及坡度的全面检查、复测,确保测量控制工序质量。

1.1.4.2 爆破孔钻孔

(1)钻孔设备必须由具有操作资格和上岗证的熟练技工操作,钻孔时分区、分部位、定人、定位施钻。掌子面采用直孔掏槽,周边轮廓采用光面爆破;炸药选用 2# 岩石乳化炸药和光面爆破专用炸药,液压平台车配合人工装药、非电毫秒雷管分段微差爆破网路起爆。

(2)造孔前先根据拱顶中心线和两侧腰线调整钻杆方向和角度,经检查确认无误后方可开孔。掏槽孔和周边孔应严格按照掌子面上所标孔位开孔施钻,崩落孔孔位偏差不得大于 5 cm。崩落孔和周边孔孔底要求落在同一平面上。

(3)在开孔定位过程中要保证钻架平移,为了能控制好孔深,气腿钻直接在钻杆上做记号。

(4)预裂钻孔前先由测量人员按照设计图纸周边轮廓线,用油漆标识出孔位和地面高程,然后在孔位上钻浅孔插入短钢筋,对孔位进行保护。钻机就位时,采用样架尺对钻机垂度和钻孔角度进行校对,钻进过程中随时进行校对,以便及时纠正偏差。

(5)炮孔造完以后,由专职质检员按“平、直、齐”的要求进行检查,对不符合要求的钻孔重新造孔。

1.1.4.3 装药爆破

(1)炸药在装填前,应按照爆破设计要求进行药卷的加工,并准备好炮孔堵塞物以及不同起爆段别的雷管、导爆索。

(2)炮孔经检查合格后,方可进行装药爆破;炮孔的装药、堵塞、和引爆线路的连接,由具有上岗资格的炮工严格按监理工程师核准的钻爆设计作业。

(3)装药作业严格遵守安全爆破操作规程,掏槽孔、扩槽孔和其他爆破孔装药要密实,堵塞良好,采用非电起爆网路。

(4)药装完后,由炮工和值班技术员复核检查,确认无误后,撤离人员和设备并放好警戒,专职炮工负责引爆。

(5)炮响 20 min 后,炮工先进入洞内检查是否有瞎炮,若有则迅速排除,然后才能进行下一道工序。

1.1.4.4　通风散烟及安全处理

(1)洞室爆破后及时启动备用通风设备强化通风散烟,洞室内空气达到安全标准后,施工人员方可进入掌子面进行安全处理。

(2)洞室内,由人工对顶拱和掌子面上的松动危石和岩块进行撬挖清除。

(3)钻孔完成后采用人工对掌子面进行清理,清除由于凿岩造成的松动围岩,以确保装药安全。

(4)施工过程中,经常检查已开挖洞段的围岩稳定情况,清撬可能塌落的松动岩块。

1.1.4.5　出渣及撬挖、清底

(1)输水隧洞进、出口开挖出渣采用履带式立爪装岩机(LZL-120型,120 m^3/h)装渣,出渣车运输出渣,施工支洞上下游工作面采用自卸汽车运输至支洞与主洞交叉口后,由支洞矿井提升机牵引小型梭式矿车(S8型,容积8 m^3,载重20 t)装载运输至施工支洞口卸渣,转用15 t自卸汽车运输出渣。考虑到隧洞洞段长、底面宽度较窄,为便于车辆设备通行,洞挖过程中每隔200 m左右设置1处错(回)车洞。错(回)车洞布置及结构以满足现场施工需求为基准,尽量减小开挖尺寸。

(2)开挖中的爆破料按照发包人要求分别运至各部位弃渣场。

(3)出渣前和出渣过程中对开挖面爆破渣堆洒水除尘,所有进洞车辆均安装尾气净化器,使洞内有害气体和粉尘含量在相关规范允许范围内。

(4)出渣完毕后,对掌子面进行敲帮问顶,把松动岩石处理干净,最后采用扒渣机将底部浮渣清除干净,以利于下一个循环造孔。

1.1.4.6　不良地质洞段的开挖支护施工措施

(1)超前勘探:根据开挖揭露的地质情况,若在开挖范围有未查明的断层、裂隙或怀疑洞室附近有危及工程的不利结构面时,根据监理人批示采取超前探孔等措施查清其规模和性状,及时研究选定掌子面后的开挖断面尺寸和可靠的开挖支护措施,确保施工安全,超前探孔孔深不小于12 m,孔径为76 mm,探孔为纵向孔。

(2)超前支护:根据已有地质资料和施工中的超前勘探资料,当洞室至大断层、软弱夹层或蚀变带附近时,采取超前锚杆、超前小导管预注浆等措施进行支护,然后再进行开挖。

(3)开挖后及时强支护:断层、软弱夹层或层间错动部位开挖后,及时按设计进行预应力锚杆、预应力锚索及挂网喷混凝土支护,对较大规模断层、软弱夹层采用工字钢拱架或格栅钢拱架支撑,以保证洞室的稳定。

(4)较大洞室开挖过程中,如遇到不良地质情况,除采用上述3种施工措施外,还可采取短进尺、控制爆破技术、小导洞先行支护后再扩挖的方式开挖施工。

(5)开挖后及时强支护:断层、软弱夹层或层间错动部位开挖后,及时按设计进行锚杆及挂网喷混凝土支护,必要时采用工字钢拱架或格栅钢拱架支撑,以保证洞室的稳定。

(6)对地下水活动较严重地段,采取小导管预注浆或全封闭深孔固结止水注浆进行综合治理。

(7)施工过程中加强施工安全监测,勤检查和巡视并及时分析监测成果和检查情况,掌握围岩应力应变情况,及时采取行之有效的支护。

1.1.4.7　洞与洞交叉部位施工措施

(1)洞与洞交叉部位施工前,按施工图纸和监理人批示做好锁口和超前支护。

(2)在交叉口2倍洞径的洞段范围内,采用浅孔多循环短进尺的方式开挖。

1.1.4.8　通风、排水综合治理措施

(1)洞室采用强力轴流风机通风,改善洞室通风条件。

(2)整个地下洞室开挖支护施工中,始终设专人对洞室通风进行管理,并定期检测洞室内粉尘浓度,有针对性地加强通风能力。

(3)加强对进洞机械的维修保养。建立专门的维修班,对洞内施工机械定期保养、检查,提高内燃机柴油的燃烧率;施工中进洞作业的燃油设备应使用含硫量低的柴油品牌,并选用适用的柴油添加剂以降低一氧化碳的排放浓度;对部分机械进行机外净化,配备有催化剂的附属箱,将其连接在尾气排放管,把发动机排出的废气中的有害气体用催化剂和水洗的办法降低。

(4)地下洞室施工时,在进入洞室的通道洞口设置截、排水沟,避免地表水流入洞内。对向下开挖的工作面,在开挖掌子面适当位置设置集水坑,用潜水泵抽排至相邻集水井或工作面以外,再由排水系统逐级抽排至洞外。

(5)沿施工通道每 300~500 m 距离在洞室适当位置设置可移动集水井,每个集水井设置 2 台单级单吸水泵,逐级将积水抽排至洞外。在施工通道及洞室开挖的同时,结合洞室的永久排水设计开挖临时排水沟,将洞室内的施工废水集中引至集水井。

1.1.5 洞身支护施工

隧洞主要支护型式为挂钢筋网、喷混凝土、钢拱架、锚杆、超前注浆小导管、大管棚等。锚杆孔采用方便移动的平台架配合手风钻造孔,注浆机注浆,人工安插锚杆;喷混凝土在拌和站拌制,平井洞段支护材料、设备经 5 t 自卸车直接运至施工工作面,斜井段支护材料、设备经洞口 10 t 绞车牵引载有材料、设备的平板车至井底,后由 5 t 自卸车等运至施工工作面。

1.1.5.1 普通砂浆锚杆施工工艺流程

1. 普通砂浆锚杆施工工艺流程图

(1)先注浆后插锚杆施工工艺流程,如图 6-2 所示。

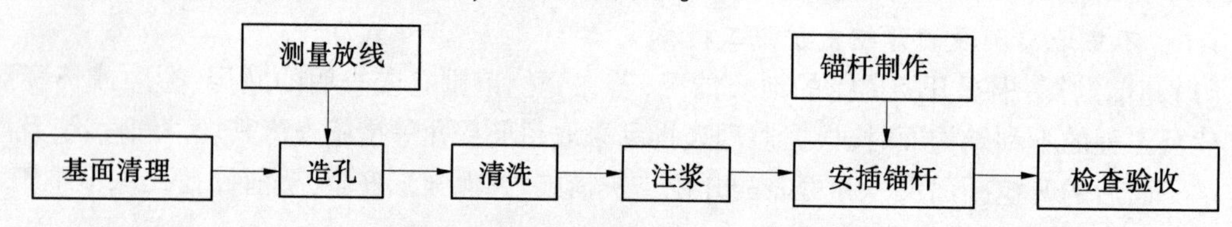

图 6-2 先注浆后插锚杆施工工艺流程

(2)先插锚杆后注浆施工工艺流程,如图 6-3 所示。

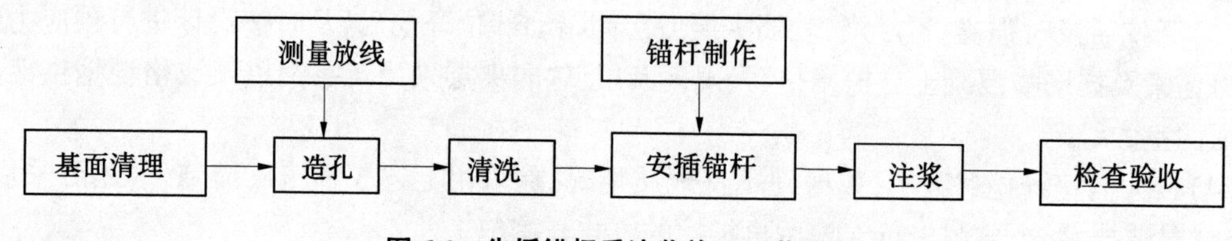

图 6-3 先插锚杆后注浆施工工艺流程

2. 普通砂浆锚杆主要施工工序作业措施

(1)在锚杆施工前,应进行锚杆的现场试验,主要进行以下锚杆试验。

通过室内试验筛选 2~3 组满足设计要求的砂浆配合比并编写试验大纲报批进行生产性试验。

注浆密实度试验:选取与现场锚杆的直径和长度、锚孔孔径和倾斜度相同的锚杆和塑料管(或钢管),采用与现场注浆相同的材料和配比拌制的水泥浆或水泥砂浆,并按现场施工相同的注浆工艺进行注浆,养护 7 d 后剖管检查其密实度。不同类型和不同长度的锚杆均需进行试验。试验计划报送监理人审批,并按批准的计划进行试验,试验过程中监理人旁站。试验段注浆密实度不小于 90%,否则需进一步完善试验工艺,然后再进行试验,直至达到 90%或以上的注浆密实度。实际施工严格按监理人批准的注浆工艺进行。

(2)造孔。普通砂浆锚杆的钻孔孔径应大于锚杆直径。当采用"先注浆后安锚杆"的程序时,钻孔直径应大于锚杆直径 15 mm 以上。当采用"先安锚杆后注浆"的程序时,上仰孔钻孔直径应大于锚杆直径25 mm以上;对下倾孔,灌浆管需插至底部,锚杆钻孔直径应大于锚杆直径40 mm以上。

钻头选用要符合要求,钻孔点有明显标志,开孔的位置在任何方向的偏差均应小于100 mm。岩锚梁部位锚杆要求上下孔位偏差不大于±30 mm,左右孔位偏差不大于±100 mm。

锚杆孔的孔轴方向应满足施工图纸的要求。施工图纸未作规定时,其系统锚杆的孔轴方向应垂直于开挖面;局部随机加固锚杆的孔轴方向应与可能滑动面的倾向相反,其与滑动面的交角应大于45°,钻孔方位偏差不应大于5°。锚孔深度必须达到设计要求,孔深偏差值不大于50 mm。

钻孔结束后,对锚杆孔的钻孔规格(孔径、深度和倾斜度)进行抽查并作好记录,不合格的锚杆必须进行补充设置。

钻孔完成后用风、水联合清洗,将孔内松散岩粉粒和积水清除干净;如果不需要立即插入锚杆,孔口应加盖或堵塞予以适当保护,在锚杆安装前应对钻孔进行检查以确定是否需要重新清洗。

(3)锚杆的安装及注浆采用"先注浆后插锚杆"时:先注浆的锚杆,应在钻孔内注满浆后立即插杆;锚杆插送方向要与孔向一致,插送过程中要适当旋转(人工扭送或管钳扭转);锚杆插送速度要缓、均,有"弹压感"时要作旋转再插送,尽量避免敲击安插。

采用"先安锚杆后注浆"时:后注浆的锚杆,应在锚杆安装后立即进行注浆;对于上仰的孔应有延伸到孔底的排气管,并从孔口灌注水泥浆直到排气管返浆;对于下倾的孔,注浆锚杆注浆管一定要插至孔底,然后回抽3~5 cm送浆后拨浆管必须借浆压缓缓退出,直至孔口溢出(管亦刚好自动退出)。

封闭灌注的锚杆,孔内管路要通畅,孔口堵塞要牢靠。并从注浆管注浆直到孔口冒浆。

灌浆过程中,若发现有浆液从岩石锚杆附近流出应堵填,以免继续流浆。

浆液一经拌和应尽快使用,拌和后超过1 h的浆液应予以废弃。

无论因任何原因发生灌浆中断,应取出锚杆,并用压力水在30 min内对灌浆孔进行冲洗。如果在重新安装时发现钻孔被部分填塞,应复钻到规定的深度。

注浆完毕后,在浆液终凝前不得敲击、碰撞或施加任何其他荷载。

(4)检查验收。砂浆锚杆采用砂浆饱和仪器或声波物探仪进行砂浆密实度和锚杆长度检测。

①砂浆密实度检测:

按作业分区,100根为1组(不足100根按1组计),由监理人根据现场实际情况随机指定抽查,抽查比例不得低于锚杆总数的3%(每组不少于3根)。锚杆注浆密实度最低不得低于75%。

当抽查合格率大于90%时,认为抽查作业分区锚杆合格,对于检测到的不合格的锚杆应补打;当合格率小于90%时,将抽查比例增大至6%,如合格率仍小于90%时,应全部检测,并对不合格的进行补打。所有补打费由承包人自行承担。

②锚杆长度检测:

采用无损检测法,抽检数量每作业区不小于5%,杆体孔内长度大于设计长度的95%为合格。锚杆检测应以无损检测为主,必要时可采用钻孔取芯或拉拔检测。

地质条件变化或原材料发生变化时,砂浆密实度和锚杆长度至少分别应抽样1组。

1.1.5.2　挂网喷混凝土施工

挂网喷混凝土施工过程中先喷5 cm厚混凝土,再铺挂钢筋网,并与锚杆和附加插筋(或膨胀螺栓)连接牢固,最后分2~4次施喷达到设计喷护厚度。挂网采用平台车人工进行。平洞段喷混凝土由3 m^3搅拌运输车从拌和系统运输至工作面,混凝土喷车分层施喷;斜井喷由3 m^3搅拌运输车从拌和系统运输至井口,送料小车运至工作面,TK500混凝土喷射机分层施喷。

1. 施工工艺流程

喷混凝土均采用"湿喷法",喷混凝土与开挖、锚杆施工跟进平行交叉作业,按图6-4所示工艺流程进行施工。

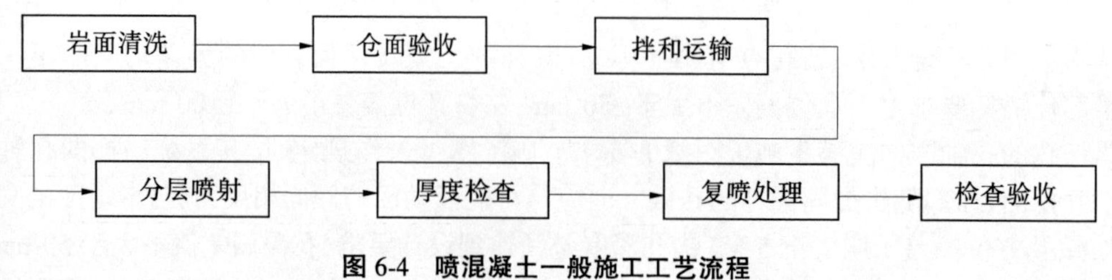

图 6-4 喷混凝土一般施工工艺流程

2. 喷混凝土施工工艺措施

各工序作业首先要认真遵照设计文件和施工规范要求进行。结合以往施工经验，各工序作业要点如下。

(1)现场试验。结合以往施工经验，通过室内试验即可优化选择出既满足施工需要，又符合设计要求的喷射混凝土生产工艺参数和配合比。钢纤维混凝土施工可借鉴其他工程的施工经验，用成功经验指导现场生产性工艺试验，以确定使用配合比和工艺参数。其方法步骤如下：通过室内试验筛选 2~3 组配合比，并编写试验大纲报批用于生产性试验；选择场地（或监理指定），按围岩类别和部位不同选 6~9 个有代表性部位进行生产性试验；按设计和试验大纲要求，采用筛选出的配合比分别进行喷射作业，喷射范围暂定 10 m²（或一个单位体积），按相关规范要求在喷射岩面设足够的木模或无底钢模（检测抗压、抗拉、与岩面黏结强度等），同时按试验规范分别取样做标准试块，按相同条件进行养护；将符合设计要求的试件的物理特性进行对比（含爆破影响程度）；整理分析试验记录，综合回弹量、强度保证率以及施工工效等因素选择合适的配合比和施工工艺参数，报送设计监理单位审批。

(2)准备工作。埋设好喷射混凝土厚度控制标志，作业区有足够的通风照明，喷前要检查所有机械设备和管线，确保施工正常。对渗水面做好处理措施，备好处理材料，联系好仓面取样准备。

(3)拌和及运输。拌和配料严格按试验确定的配合比精确配制搅拌，搅拌时间要足够，拌和料运输、存放要防雨、防污染，入机前严格过筛，其运输、存放时间应符合有关技术指标。钢纤维混凝土配料、搅拌要均匀。采用 3 m³ 混凝土搅拌运输车运输。

水泥：优先选用符合国家标准的普通硅酸盐水泥，当有防腐或特殊要求时，经监理人批准，可采用特种水泥。水泥强度等级不低于 P. O 42.5。进场水泥应有生产厂的质量证明书。

骨料：细骨料采用坚硬耐久的粗、中砂，细度模数大于 2.5~3.0，使用时的含水率宜控制在 5%~7%；粗骨料采用耐久的卵石或碎石，含水率 2%~3%；喷射混凝土中不得使用含有活性二氧化硅的骨料。

水：遵守《水工混凝土施工规范》(DL/T 5144—2015)的规定。

外加剂：施工中可使用速凝、早强、减水等外加剂，其质量遵守《水工混凝土外加剂技术规程》(DL/T 5100—2014)和施工图纸要求，并有生产厂家的质量证明书，但速凝剂不得含氯。喷射混凝土的外加剂，进行与水泥的相容性试验及水泥净浆凝结试验。掺速凝剂的喷射混凝土初凝时间不大于 5 min，终凝时间不大于 10 min。

钢筋(丝)网：采用屈服强度不低于 240 MPa 的光面钢筋，其质量遵守《钢筋混凝土用钢 第 1 部分：热轧光圆钢筋》(GB 1499.1—2017)的有关规定。

混合料搅拌应遵循以下规定：采用容量小于 400 L 的强制式搅拌机拌料时，搅拌时间不得少于 1 min；采用自落式搅拌机拌料时，搅拌时间不得少于 2 min；混合料有外加剂时，搅拌时间应适当延长。

(4)清洗岩面。清除开挖面的浮石、墙脚的石渣和堆积物；处理好光滑开挖面；安设工作平台；

用高压风水枪冲洗喷面,对遇水易潮解的泥化岩层,采用高压风清扫岩面;埋设控制喷射混凝土厚度的标志;在受喷面滴水部位埋设导管排水,导水效果不好的含水层可设盲沟排水,对淋水处可设截水圈排水。仓面验收以后,开喷以前对有微渗水岩面要进行风吹干燥。

(5)钢筋网。按施工图纸的要求和监理人的指示,在指定部位进行喷射混凝土前布设钢筋网,钢筋网的间距为 150~300 mm,钢筋采用直径为 4~12 mm、屈服强度 240 MPa 的光面钢筋,钢筋保护层厚度不小于 50 mm。使用工厂生产的定型钢丝网时,其钢丝间距不小于 100 mm,并应经过喷射混凝土试验选择骨料的粒径和级配。

(6)喷射要点。喷射混凝土作业分段、分片依次进行,喷射顺序自下而上,避免回弹料覆盖未喷面。分层喷射时,后一层在前一层混凝土终凝后进行,若终凝 1 h 以后再行喷射,应先用高压风水冲洗喷层面。喷射作业紧跟开挖工作面,混凝土终凝至下一循环放炮时间不得少于 3 h。

喷射作业严格执行喷射机的操作规程:连续向喷射机供料;保持喷射机工作风压稳定;完成或因故中断喷射作业时,应将喷射机和输料管内的积料清除干净,防止管道堵塞。

为了减少回弹量,提高喷射质量,喷头应保持良好的工作状态。调整好风压,保持喷头与受喷面垂直,喷距控制在 0.6~1.2 m,采取正确的螺旋形轨迹喷射施工工艺。刚喷射完的部分要进行喷厚检查(通过埋设点、针探、高精度断面仪检测),不满足厚度要求的,及时进行复喷处理。挂网处要喷至无明显网条为止。

(7)养护、检测。喷射混凝土终凝 2 h 后,喷水养护,养护时间不少于 7 d,重要工程不少于 14 d;气温低于 5 ℃时,不得喷水养护。当喷射混凝土周围的空气湿度达到或超过 85%时,经监理人同意,可自然养护。

冬季施工:喷射作业区的气温不低于 5 ℃;混合料进入喷射机的温度不低于 5 ℃;普通硅酸盐水泥或矿渣水泥配制的喷射混凝土在设计强度分别低于 30%和 40%时,不得受冻。

及时取芯检测、按期汇总检测报告,并及时进行质量评定和工程质量验收。钻芯按监理人要求在指定位置取直径 100 mm 的芯样做抗拉试验,试验结果资料报监理人。所有钻芯取样的部位,应采用干硬性水泥砂浆回填。

1.1.5.3 超前注浆小导管施工

地下洞室顶拱遇结构面及不良地质带,必要时采用超前小导管进行预支护,小导管在顶拱设计开挖线外围布置,采用直径 42 mm、$\delta=5$ mm 的钢管加工而成,尾部焊套箍,顶部做成锥形,管壁按梅花形布钻小孔,孔眼直径 6~8 mm,间距为 10~20 cm。

1. 施工工艺流程

超前注浆小导管施工工艺流程框如图 6-5 所示。

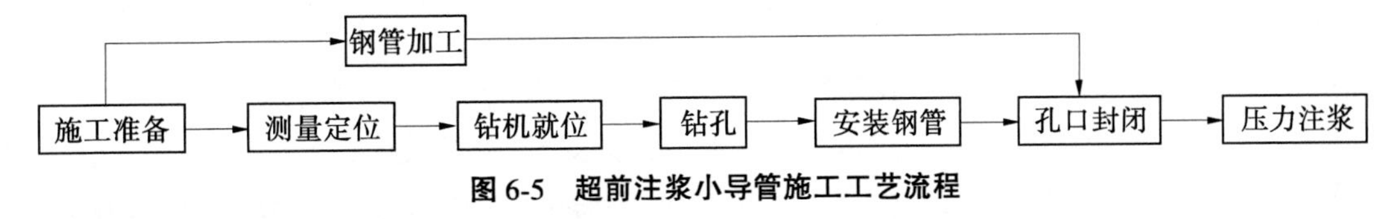

图 6-5 超前注浆小导管施工工艺流程

2. 施工工艺措施

(1)布孔及钻孔。采用手风钻在钢架上沿地下洞室开挖轮廓线纵向钻设小导管孔,孔口距设计开挖线 100~200 mm,环向间距 400 mm(视岩石破碎情况而定),排距 3 m,外插角 10°,钻孔孔径比小导管直径大 20~30 mm。

钻孔到设计深度后,及时用高压风管吹洗,直至孔口不返岩粉。

(2)钢管制作。钢花管采用直径 42 mm(外径)、$\delta=5$ mm 的热轧无缝钢管加工而成,现场用套管连接尾部焊套箍,管壁按梅花形布钻小孔,孔眼直径 6~8 mm,间距为 100~200 mm。

(3)钢管安装。钢管在造孔结束并吹洗干净后及时安装，在孔口分段连接施压推进，直至孔底。钢管入岩长度不小于管长的90%，外露部分在安装钢筋格栅时，与钢支撑焊接成整体。

(4)孔口封闭。钢管安装后，孔口钢管与岩壁之间用止浆塞或水泥砂浆封堵，以保证注浆顺利进行。

(5)注浆材料。水泥采用42.5普硅水泥；拌和用水符合混凝土施工用水标准；水玻璃或其他添加剂在使用之前进行试验；注浆时，若需用砂，就采用质地坚硬、干净、粒径不大于2.5 mm、细度模数小于2的细砂，以保证泵送。

(6)浆液选用。注浆采用纯水泥浆和水泥砂浆两种。纯水泥浆水灰比0.8∶1(W/C)；水泥砂浆配合比为1∶1∶(0.7~0.9)(C∶S∶W)。由于洞口段岩石破碎、裂隙发育，注浆时尽量采用水泥浆，以起到固结顶拱围岩作用。

(7)注浆。待孔口封堵砂浆达到一定强度后进行，一般从两侧拱脚向拱顶逐孔灌注，注浆压力为0.5~1.0 MPa，施工时通过试验确定。注浆过程中注意以下几点：若单孔耗浆量很大时，及时降低压力或间歇注浆；若耗浆量很大，或孔口及岩壁冒浆，经降压后仍不能止住时，及时采用水泥水玻璃注浆，水玻璃掺入量根据现场耗浆量大小、冒浆部位、注浆压力等具体情况现场确定；单孔耗浆量接近设计值，且耗浆量减少时，及时将压力调至设计值，并正常结束。单孔注浆结束后，及时关闭孔口闸阀，以免浆液流出；施工中设专人观察洞脸岩层变化情况，若有异常变化，及时通知停机，等采取处理措施后，再恢复施工。

1.1.5.4 钢支撑施工

钢支撑主要用于地下洞室不良地质地段的岩体加固。钢支撑采用I12、I14工字钢先在加工厂分段加工后现场组装，利用施工平台车配合人工进行。钢支撑在混凝土初喷及随机锚杆、支撑锚杆(部分利用系统锚杆)施工后安装，安装需在设计混凝土衬砌断面以外，必要时需在局部进行适当扩挖。

1. 施工工艺流程

钢支撑施工工艺流程如图6-6所示。

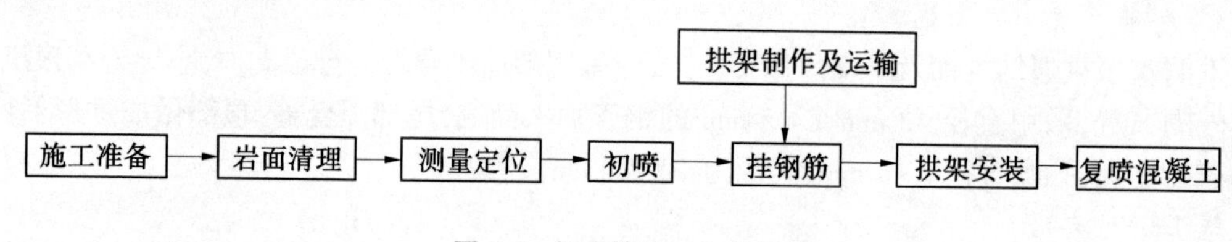

图6-6 钢支撑施工工艺流程

2. 施工工艺措施

1)钢支撑放样、制模

根据不同的钢支撑制作半径，制作不同规格的模具。拱架的制作精度靠模具控制，故对模具的制作精度要求较高，模具制作控制的技术指标主要有内外弧长、弦长及半径。

模具制作采用实地放样的方法，先放出模具大样，然后用型钢弯曲机弯出设计形状，并进行多次校对，直至拱架的内外弧长度、弦长、半径完全符合设计要求，精确找出接头板所在位置。

2)拱架弯曲、切割

工字钢定长9 m，用型钢弯曲机加工，并根据加工半径适当调节液压油缸伸长量。弯曲过程中，必须由有经验的工人操作电机，进行统一指挥。工字钢经弯曲机后通过模具，并参照模具进行弧度检验，如弧度达不到要求，重新进行弯曲，弯好后，暂时存放在同样的4只自制简易钢筋凳(带滚筒)上。

弯好一个单元切割一个单元，工字钢切割时可采用量外弧长度、量内弦长度等办法，利用定型卡尺，控制工字钢切割面在径向方向上，然后用笔划线，利用氧焊切割，切割时，割枪必须垂直于工字钢，并保证切割面平整，切割完后，对切割面突出的棱角进行打磨。

单根9 m长工字钢弯曲结束之前需暂停弯曲，并将下一根9 m长工字钢与其进行牢固焊接，然后继续进行弯曲。当班加工剩余的工字钢须抬至存放场地放好，并对工字钢弯曲机进行清扫。

3)接头板焊接

被弯好的工字钢经切割后，检查工字钢弧长，如工字钢偏短，无法焊接接头板，须进行接长处理；如工字钢偏长，则须进行二次切割。工字钢弧度、长度满足设计要求后，将接头板放入卡槽内，对切割线偏离径向方向很小的工字钢，通过接头板进行调节，保证接头板轴线在径向方向。接头板焊缝按相关规范要求控制。接头板上的螺栓孔必须精确，与工字钢焊接时，必须上、下、左、右对齐固定后，方可进行焊接，焊接完成后，对螺栓孔、接头板面进行打整，减少工字钢组装连接时的误差。

制作好的工字钢半成品需统一存放，并将不同半径、单元的钢架做好标识，便于领用。存放工字钢需下垫上盖，存放场尽量布置在交通方便处，便于钢架搬运。

4)钢支撑运输

钢支撑采用5 t自卸车运输至施工现场，加工厂在发放钢架时必须按钢架规格认真发放。钢架运至工作面后，须存放于干燥处，禁止堆放在潮湿地面上，并标识清楚。当班技术员架设钢架前必须仔细检查钢架规格，如规格误领，必须立即退回，重新领用。

5)钢支撑安装

欠挖处理、清除松动岩石：作业人员根据测量放线检查欠挖情况，欠挖10 cm以内的，由拱架安装人员采用撬棍或风镐处理，同时对松动石块作撬挖处理。大于10 cm的欠挖，由爆破作业人员进行爆破处理后，架设拱架人员检查岩石松动情况，清除松动岩石，保证架设拱架时的施工安全。欠挖处理结束后，经现场技术人员检查合格方可架设。

架设钢支撑：架设钢支撑在架子车上进行。运至现场的工字钢，由1~2名工人将其搬运至架设地点，并将工字钢一端用绳子拴紧，工作平台上3~4名工人将工字钢提到工作平台上，施工人员根据钢架设计间距及技术交底记录找准定位点，先架设钢架底脚一节，架设底脚一节时，工作平台上先放下底脚一节，下边2名工人进行底脚调整，以埋设的参照点进行调整，使钢架准确定位，严格控制底部高程，底部有超欠挖的地方必须处理，工字钢底脚必须垫实，以防围岩变形，引起工字钢下沉，架设工字钢的同时，每榀钢支撑通过纵向连接件连接成整体，并与锚杆头焊牢。工字钢对称架设，架设完底脚一节后，进行拱顶一节的架设，架设拱顶一节时，先上好M20连接螺栓（不上紧），用临时支撑撑住工字钢，用连接钢筋与上一榀工字钢连接，再对称安装另一节拱顶工字钢，安装完成后检查拱顶、两拱脚与测量参照点引线的误差，再进行局部调整，最后拧紧螺栓。作业人员首先进行自检，检查合格后，通知值班技术人员进行检查。

钢支撑装设在衬砌设计断面以外，钢架背面用喷混凝土填满与岩面之间的空隙。如因某种原因侵入衬砌断面以内时，应经监理人批准；钢支撑之间采用钢筋网（或钢丝网）制成挡网，以防止岩石掉块。钢丝（筋）网挡网采用焊接或其他方式与钢支撑牢固连接。混凝土施工前，按监理人的指示，拆除一定范围的上述钢筋网（或钢丝网），以保证混凝土衬砌尽量填满空隙。

1.1.6　开挖支护设备配置计划

根据总进度计划，隧洞开挖支护主要设备和人员配置见表6-2和表6-3。

开挖支护施工为机械化施工，人员主要为设备操作人员及管理人员，按照工作面数量进行人员配置。

表 6-2 开挖支护主要设备配置

序号	设备名称	设备型号	单位	数量
1	反井钻机		台	1
2	钻架台车	自制	台	12
3	手风钻	YT28	台	40
4	潜孔钻	YQ-80	台	20
5	管棚钻机	YG50	台	2
6	扒渣机	ZWY-80	台	10
7	自卸汽车	5 t	辆	30
8		15 t	辆	6
9	挖掘机	2 m^3	台	6
10		0.5~1 m^3	台	2
11		2 m^3	台	6
12	混凝土湿喷机	TK500	台	10
13	砂浆搅拌机	HJ-200	台	10
14	锚杆注浆机	GS20E	台	20
15	型钢弯曲机		台	2
16	汽车吊	8 t	台	6
17	绞车	10 t	台	12
18	平板车		台	3
19	混凝土罐车	3 m^3	辆	10

表 6-3 开挖支护作业劳动力组合

序号	工种	单位	人数
1	管理及技术人员	人	15
2	钻工	人	80
3	测量工	人	12
4	机械操作工	人	60
5	驾驶员	人	60
6	炮工	人	30
7	支护工	人	60
8	电工	人	10
9	普工	人	30
	合计		357

1.1.7 隧洞衬砌混凝土施工技术

1.1.7.1 施工布置

1. 混凝土主要施工设备

隧洞洞身衬砌混凝土水平运输采用6.0 m^3 搅拌运输车,垂直运输采用HBT-60混凝土输送泵泵送入仓。

2. 材料运输

钢筋、埋件、辅助性材料等用平板车运输到施工作业面，然后由人工搬运到施工部位。

1.1.7.2　分层分块

按照招标文件和实际需要，输水隧洞衬砌拟分为底板和边顶拱两次进行，按照先底板、后边顶拱的顺序依次分块施工，底板浇筑时同时完成0.3 m高边墙施工，矮边墙采用定型钢模板。

1.1.7.3　模板工程

洞身边顶拱衬砌采用钢模台车，底板及转弯段采用定型组合钢模；钢模台车和底板钢模的端头模板采用组合钢模，局部配木模补齐；底板表面采用钢管样架控制，人工按样架收平混凝土表面，拆除样架后抹面。

1.1.7.4　钢筋工程

（1）钢筋在综合加工厂内进行加工，加工时按照设计图纸和技术规范，对钢筋毛料进行检验、配料、加工，加工后的钢筋分型号堆放整齐，根据施工进度安排及时运到现场安装。

（2）底板钢筋采用人工布设安装，边顶拱钢筋采用钢筋台车作业。

（3）钢筋现场绑扎时，应根据设计图纸，测放出中线、高程等控制点，根据控制点，对照设计图纸，利用预埋锚筋，布设好钢筋网骨架。钢筋网骨架设置核对无误后，铺设分布钢筋。钢筋采用人工绑扎，绑扎时使用铅丝或电焊加固。

1.1.7.5　预埋件安装

输水隧洞衬砌混凝土中的预埋件，主要包括止水、灌浆孔的预埋套管以及各种监测仪器。

1. 止水施工

橡胶止水带采用热熔连接，止水的安装在钢筋绑扎完成，底板、边墙或顶拱模板调整定位后进行，利用加工成型的封头模板固定止水带，浇筑时派专人值班，以保证止水片位置准确。

2. 埋管施工

衬砌混凝土浇筑时，需在混凝土中埋设灌浆孔的套管，以便后期钻孔作业。灌浆孔的套管采用Φ56钢管，衬砌混凝土的钢筋网绑扎完毕后，按规定位置安装焊接固定，套管一端和模板贴紧，并采取封闭措施。套管安装后及浇筑过程中，应防止碰撞变位。

3. 仪器预埋

衬砌混凝土中的各种监测仪器，在混凝土浇筑前安装，仪器安装后应妥善保护，并及时量测记录，混凝土浇筑过程中，注意对各种埋件进行观察、保护，混凝土下料和振捣时，应避开仪器埋件，防止碰撞埋件使其变形。

1.1.7.6　混凝土浇筑

衬砌混凝土由混凝土拌和系统拌和，混凝土搅拌运输车运至现场，用混凝土泵机将混凝土泵送入仓内。

（1）底板混凝土浇筑时，首先从底部中间下料，采用Φ50软轴振捣器振捣，当混凝土下料高程达到模板顶部时，再从两侧下料振捣。底板采用钢管按3 m×3 m控制网格布设抹面样架，混凝土初凝后，由人工按样架收平抹面。

（2）边顶拱混凝土衬砌采用钢模台车一次成型，施工工艺流程如图6-7所示。

①钢模台车移位至浇筑仓位，调节桁架梁连接部位的连杆，使模体达到设计混凝土边线，然后浇筑混凝土。

②边顶拱采用工作窗进料、分层平铺的方式浇筑，两侧对称下料，均匀上升，每层铺料厚度30~40 cm，混凝土坍落度控制在18 cm左右，以Φ50软轴插入式振捣器、钢模台车上附着式振捣器混合进行混凝土振捣。

③顶拱混凝土浇筑时,采用顶拱封拱器进料,混凝土自一端向另一端连续快速进料,混凝土泵在一定时间内保持一定压力,使顶部混凝土充填密实。

④在混凝土浇筑过程中,观察模板、支架、钢筋、预埋件和预留孔洞的情况,当发现有变形、移位时,及时采取措施进行处理,因意外混凝土浇筑作业受阻不得超过2 h,否则按接缝处理。

(3)混凝土接缝处理:混凝土施工缝以及和衬砌混凝土接触的基岩,在混凝土浇筑前需进行接缝处理,缝面处理采用高压水,清除缝面及岩面的污染物。

(4)混凝土养护:洞身衬砌混凝土浇完拆模后,及时进行洒水养护。混凝土养护期按最新相关规范的规定进行。

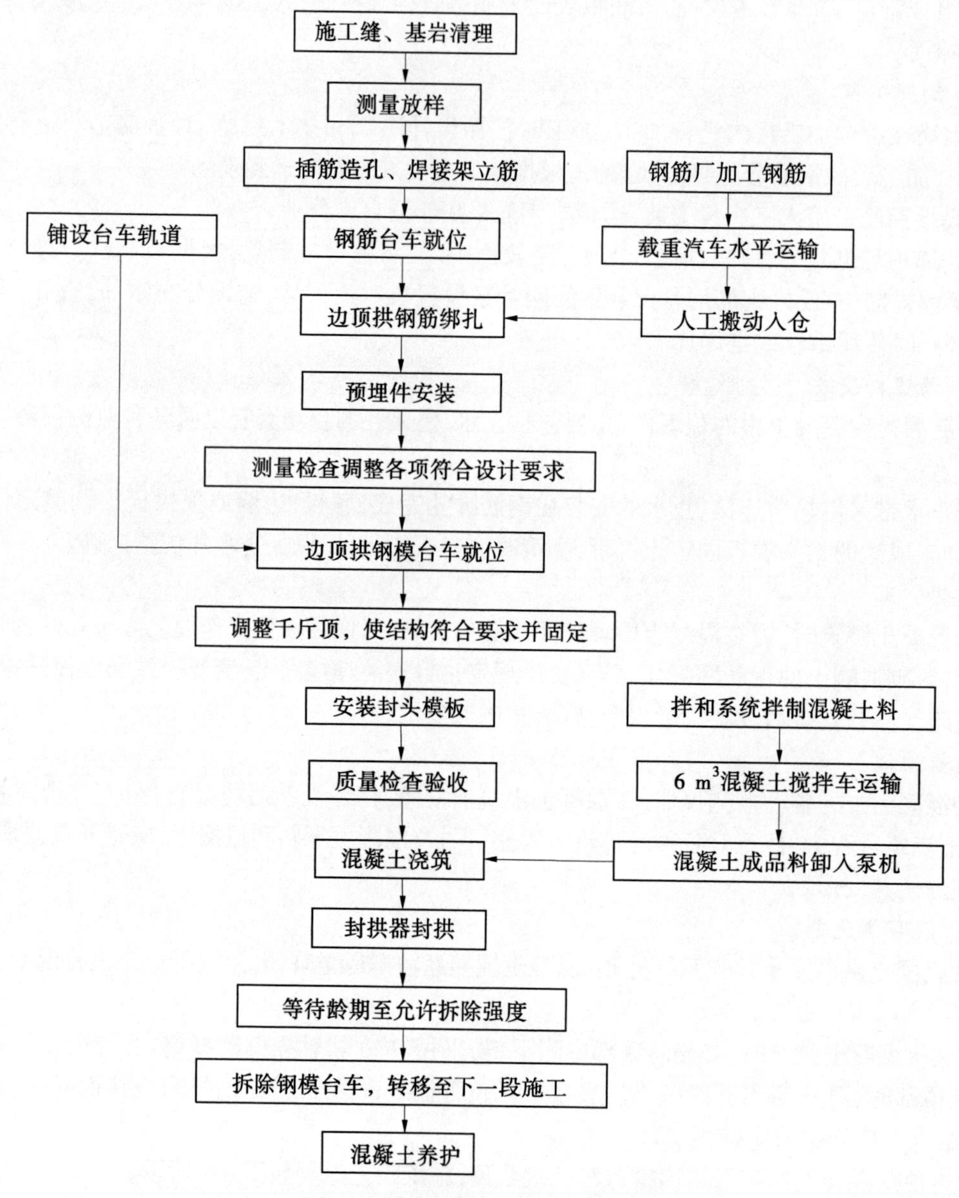

图6-7 边顶拱混凝土衬砌施工工艺流程

1.1.7.7 混凝土施工资源配置计划

1.施工人员配置计划

根据工期要求、施工进度、施工程序安排及设备配置,混凝土工程施工人员配置计划见表6-4。

表 6-4　混凝土工程施工人员配置计划　单位:人

工种	管理人员	技术人员	测量工	混凝土工	钢筋工	模板工	电焊工	驾驶员	电工	普工	小计
人数	6	16	8	40	40	32	16	30	10	40	238

注:两班制施工。

2. 施工设备配置计划

根据施工总进度计划和程序要求,混凝土施工主要设备配置计划见表 6-5。

表 6-5　混凝土施工主要设备配置计划

序号	设备名称	型号及规格	单位	数量	说明
1	反铲挖掘机	0.12 m^3	台	3	隧洞清底
2	钢模台车	2.8 m×3.56 m,L=9 m	套	4	主洞段
3	钢模台车	3.4 m×4.15 m,L=9 m	套	1	施工支洞
4	简易钢模台车	2.5 m×2.6 m,L=4.5×2 m=9 m	套	1	暗渠
5	钢筋台车	L=6.0 m	套	6	
6	灌浆台车	L=6.0 m	套	6	
7	混凝土输送泵	HBT30A	台	8	备用 4 台
8	混凝土搅拌运输车	2 m^3	辆	16	备用 4 辆
		6 m^3	辆	4	备用 2 辆
9	载重汽车	5 t	辆	6	
10	汽车吊	8 t	辆	2	钢模台车安拆
		25 t	辆	1	连接桥等施工
11	软式插入振捣器	Φ70、Φ50、Φ30	台	80	
12	附着式振捣器		台	16	
13	平板振捣器	ZW-5	台	16	

1.1.8　灌浆施工技术

隧洞工程灌浆主要施工内容有:固结灌浆、回填灌浆、化学灌浆及排水孔钻孔等。

1.1.8.1　水泥浆制备、供浆系统

(1)集中制浆站制备水灰比为 0.5:1的纯水泥浆液(原浆),输送浆液流速应为 1.4~2.0 m/s。

(2)隧洞回填灌浆、固结灌浆拟布置集中制、供浆站,每个制、供浆站内布置 2 台 NJ-600 型高速制浆机、2 个 1 m^3 浆桶、2 台 BW250/50 供浆泵;水泥仓库临近制、供浆站布置,仓库采用板木结构,建筑面积 20 m^2。

(3)在隧洞内设置浆液中转站,中转站配备 1 个 1 m^3 搅拌桶、1 台 BW250/50 供浆泵。供浆输浆管道为 50 mm 活接头钢管。

(4)其他部位的灌浆施工,拟在各部位就近搭设 3 m×5 m 的简易临时木结构集中制、供浆平台,配置 NJ-600 型高速制浆机、1 m^3 浆桶、BW250/50 供浆泵各 1 台。

1.1.8.2　固结灌浆施工

1. 固结灌浆施工程序

物探测试钻孔及灌前测试→回填灌浆孔(Ⅰ、Ⅱ序)灌浆→变形观测→回填灌浆检查孔→固结

灌浆孔(Ⅰ、Ⅱ序)钻孔→压水试验→灌浆→变形观测→固结灌浆检查孔→物探测试孔扫孔灌后测试。

围岩固结灌浆工艺流程如图6-8所示。

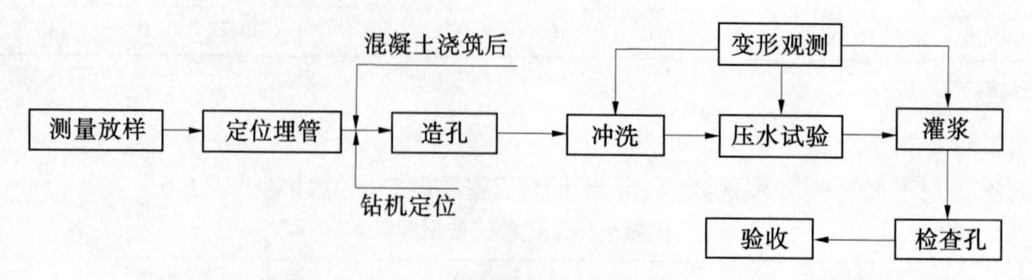

图6-8 固结灌浆工艺流程图

2. 固结灌浆施工方法

(1)埋管。在素混凝土部位直接钻隧洞固结灌浆孔。在钢筋混凝土衬砌部位采用埋管,PVC直径50 mm,埋管管口低于混凝土面3 cm。

(2)钻孔。孔深小于或等于6 m,采用YTP-28气腿钻造孔,孔径为48 mm;孔深大于6 m,采用QZJ-100B型潜孔钻孔,孔径为68 mm。

质量检查孔和物探测试孔钻孔采用XY-2PC回转钻机,金刚钻头或硬质合金钻头钻进,孔径为76 mm,钻孔按取芯要求采集岩芯进行地质描述。

物探测试孔和质量检查孔的灌浆工作结束后,按灌浆孔封孔要求进行封孔。

(3)灌浆方法。围岩固结灌浆按环间分序、环内加密的原则进行,环间分为2个次序,地质不良地段分3个次序。

基岩段长小于6 m的全孔一次灌注,大于6 m者自下而上分段灌注。

灌浆机具采用SGB6-10型灌浆泵、JJS-23搅拌桶、GJY-Ⅲ型灌浆自动记录仪配套使用。

灌浆方式采用孔内循环灌浆。

3. 固结灌浆技术要求

(1)钻孔冲洗。

冲洗水压采用80%的灌浆压力,压力超过1 MPa,则采用1 MPa;如采用风水联合冲洗,冲洗风采用50%的灌浆压力,压力超过0.5MPa,则采用0.5 MPa。

裂隙冲洗冲至回水澄清后10 min结束,且总的时间要求,单孔不少于30 min,串通孔不少于2 h。对回水达不到澄清要求的孔段,继续进行冲洗,孔内残存的沉积物厚度不得超过20 cm。

(2)压水试验。

灌浆前,选择不少于5%孔数做“单点法”压水试验,以了解灌区的透水性能。简易压水试验在裂隙冲洗后或结合裂隙冲洗进行。压力为灌浆压力的80%,该值若大于1 MPa,采用1 MPa;压水20 min,每5 min测读一次压水流量,取最后的流量值作为计算流量,其成果以透水率表示。

(3)灌浆。

固结灌浆采用水泥标号不低于P.O 42.5。固结灌浆压力按施工图纸要求。

固结灌浆原则上一泵灌一孔,当相互串浆时,采用群孔并联灌注,但并联孔数不宜多于3个,控制灌浆压力,防止抬动破坏。

当某一级浆液注入量已达300 L以上,或灌注时间已达1 h,而灌浆压力和注入率均无显著改变时,换浓一级水灰比浆液灌注;当注入率大于30 L/min时,根据施工具体情况,可越级变浓。

固结灌浆在规定压力下,若注入率不大于1 L/min,灌浆即结束。当长时间达不到结束标准时,报请监理共同研究处理措施。

封孔采用置换、拔管、压力灌浆法(仰孔、水平孔)和机械压浆法(俯孔)。

灌浆实施技术参数,按设计图纸、技术要求和监理人批准的固结灌浆试验技术参数严格执行。

(4)质量检查。

固结灌浆压水试验检查在该部位灌浆结束3~7 d后进行。

固结灌浆检查孔压水试验采用单点法。检查孔的数量不少于灌浆孔总数的5%,孔段合格率在85%以上,不合格孔段的透水率值不超过设计规定值的150%,且不集中,灌浆质量可认为合格。否则,按监理的指示或批准的措施进行处理。

岩体波速和静弹性模量测试,分别在该部位灌浆结束14 d或28 d后进行。其孔位的布置、测试方法、合格标准等,均按施工图纸的规定和监理人的指示进行。

4. 特殊情况处理措施

(1)灌浆过程中,发生冒浆等情况时,采用嵌缝、表面封堵、降低压力等办法处理。

(2)灌浆过程中,发生孔间串浆,如串通孔具备灌浆条件时,采取"一泵一孔"同时灌注。不具备灌浆条件时,将被串孔用栓塞塞住,待灌浆孔灌浆结束后,再对串通孔扫孔、冲洗和灌浆。

(3)灌浆因故中断时,必须尽可能将时间缩短至30 min以内,若超过30 min,则立即冲洗钻孔重新灌浆;若重新灌浆出现吸浆量减少或基本不吸浆,则补孔灌浆。

(4)涌水孔灌浆,首先测记涌水压力和涌水量,尽量缩短段长,对涌水段单独灌浆,增大灌浆压力,灌浆达到结束标准时,闭浆不少于2 h,闭浆结束后待凝48 h。必要时,在灌浆浆液中掺入适量的速凝剂。

5. 抬动变形观测

(1)抬动观测装置安装。抬动观测孔使用XY-2PC钻机造孔,孔径91 mm,一孔到底。钻完后即安设抬动观测装置。

(2)抬动变形观测记录。选用LH02B型智能位移测控仪观测系统进行抬动变形观测,可有效自动监测、记录、报警灌浆中的抬动变形情况。该仪器具备以下性能特点:

①单路传感器输入;

②可设定零点及上、下限控制值;

③实时显示、存储、打印监测数据,按要求打印时间-抬动值曲线。

④测试精度1 μm,测试范围0~100 μm。

⑤超上、下限激光报警,其中下限声音报警可解除、可恢复。

⑥断电后,零点值,上、下限值,监测数据不丢失。

(3)在裂隙冲洗、压水试验及灌浆过程中均进行抬动变形观测与记录。

1.1.8.3　回填灌浆施工

1. 施工程序

隧洞顶回填灌浆在衬砌混凝土达到70%设计强度后进行。灌浆时需监测衬砌混凝土的变形,并作好记录。回填灌浆分区段进行,区段长度划分按施工图要求,分区端必须封堵严密。灌浆分2个次序,施工时自较低的一端开始,向较高的一端推进。同一区段内的同一次序孔全部或部分钻孔完成后进行灌浆。施工工艺流程如图6-9所示。

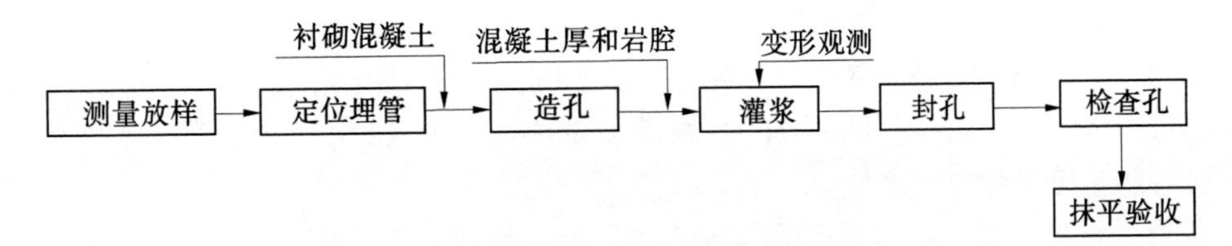

图6-9　回填灌浆工艺流程

2. 回填灌浆施工方法

(1)灌浆隧洞衬砌在顶拱120°范围布置,回填灌浆孔排距按设计图纸或监理指示,入岩深度符合要求,在钢筋混凝土衬砌部位采用预埋直径50 mm PVC管,预埋管中造孔;在素混凝土衬砌部位直接钻孔,孔径60 mm,并测记混凝土深度和空腔尺寸,造孔采用YTP-28气腿钻机。脱空较大的位置或塌方段预埋灌浆管,至少有2根在最大脱空处。

(2)回填灌浆孔采用埋设50 mm PVC管作为灌浆孔口管并进入岩石不小于10 cm。

(3)灌浆机具采用2SNS砂浆泵、JJS-2B搅拌桶、GJY-Ⅲ型灌浆自动记录仪配套使用。

(4)灌浆材料,使用P.O 42.5普通硅酸盐水泥。

(5)回填灌浆、封堵回填灌浆可采用纯压式灌浆法,灌浆压力为0.2~0.4 MPa。浆液水灰比为:一序孔可灌注水灰比0.6(或0.5):1的水泥浆,二序孔可灌注1:1和0.6(或0.5):1两个比级的水泥浆。空隙大的部位应灌注水泥砂浆,但掺砂量不应大于水泥重量的200%。

(6)回填灌浆因故中断时,及早恢复灌浆,中断时间大于30 min,设法清洗至原孔深后恢复灌浆,否则重新就近钻孔灌浆。

(7)回填灌浆在规定压力下,灌浆孔停止吸浆,并继续灌浆10 min即可结束。

3. 回填灌浆质量检查

(1)钻孔取芯检查孔采用XY-2PC型回转钻机金刚石钻头清水钻进,孔径76 mm。

(2)回填灌浆质量检查在该部位灌浆结束7 d或28 d后进行。灌浆结束后,将灌浆记录和有关资料提交监理人,以便确定检查孔孔位。检查孔宜布置在脱空较大、串浆孔集中及灌浆情况异常的部位。每10~15 m隧洞长度至少布置1个检查孔,并应深入围岩10 cm。检查孔的数量为灌浆孔总数的5%。

(3)采用钻孔注浆法进行回填灌浆质量检查,向孔内注入水灰比2:1的浆液,在规定压力下,初始10 min内注入量不超过10 L,即为合格。否则,按监理人指示或批准的措施进行处理。

(4)灌浆孔灌浆和检查孔钻孔注浆结束后,采用水泥砂浆将钻孔封填密实,并将孔口压抹平整。

4. 回填灌浆特殊情况处理

(1)空腔较大部位、超挖大的部位、塌方段,预埋灌浆管,预埋管不少于2组(每组2根,其中1根为排气管,另1根为灌浆管,排气管埋在最高处,灌浆管次之)。

(2)灌浆过程中如发现漏浆,根据具体情况采用嵌缝、表面封堵、加浓浆液、降低压力、间歇灌浆等方法处理。处理方法报监理人审批或遵照监理人的指令进行。

(3)灌浆过程中发生与其他孔串浆,等被串孔排出浓浆时将其堵塞,Ⅰ序孔被串可不必重灌,Ⅱ序孔串浆须扫孔重灌。或者在串浆管排出浓浆后,结束主灌孔的施工,改灌串浆孔,以此类推直至灌区结束,但Ⅱ序孔串浆仍需扫孔复灌。

1.1.8.4 化学灌浆

1. 施工工艺

钻孔→钻孔冲洗→埋管→封闭灌浆→洗缝→通水检查→灌浆→质量检查→封孔。

2. 主要施工方法

(1)钻孔。一般采用YTP-28手风钻钻孔,孔径38 mm,灌浆孔孔深为5 m,如果压水检查发现某区缝较宽,内部连通好,孔距可适当加大;漏量大的灌缝可适当减小孔距;造孔时严格控制孔位、孔斜和孔深,防止破坏缝内止水片。

(2)埋管及嵌缝。灌浆孔口管采用4分钢管,用麻丝棉絮包扎埋入钻孔,使其与孔壁紧密嵌固;缝面均作凿槽处理,用水玻璃砂浆嵌缝,并预埋排水(气)管。

(3)封闭灌浆。在每条缝端布置灌浆孔进行封闭灌浆,封闭灌浆的作用是将每条缝分成独立的灌区，封闭灌浆压力为 0~0.15 MPa，灌浆材料采用水溶性聚氨酯，一般采用限量灌浆。

(4)渗漏情况检查。对漏水量大的部位进行重点检查，其他只做一般性检查，通过压水查明各区外漏部位、缝面畅通情况以及渗漏量大小，为止漏处理提供依据。压水检查前采用风水轮换将钻孔及缝面冲洗干净，风压不大于 0.1 MPa，水压 0.3 MPa。

(5)灌浆。

灌浆材料为改性环氧树脂，灌浆材料必须检验合格后才能投入使用。浆液在现场配置，其数量按灌区容积及进浆速度确定，每次配量要适当，在规定时间内尽快灌入缝面。

灌浆程序：灌浆前用风吹出缝内积水。灌浆顺序根据止水带高程按由低向高原则逐孔由一端向另一端推进。一般采用单孔填压式灌浆，串通的孔，待一孔进浆量达到 30~50 L 后，从另一孔开始进浆。

灌浆压力为 0.05~0.1 MPa，不大于 0.3 MPa，实际使用压力视具体条件在上述范围内选定。

灌浆结束标准：在设计压力下，灌浆孔停止进浆并稳定 15 min 不变即可结束灌浆。

封孔：采用改性环氧树脂砂浆封填至距孔口 30 cm，其余部分用预缩砂浆封平至孔口；封孔后，表面应平整光滑。

(6)特殊情况处理。

对耗浆量较大的孔，即单孔注入量达到 100 L 左右后，采用间歇灌浆至正常结束。

部分缝分区封闭灌浆效果不理想，为防止灌浆时浆液串通，影响灌缝的灌浆质量，在部分缝灌浆过程中，对相邻缝通水平压，并对部分灌浆孔采取限量灌浆。

1.1.8.5　排水钻孔

1. 钻孔工艺流程

排水钻孔工艺流程如图 6-10 所示。

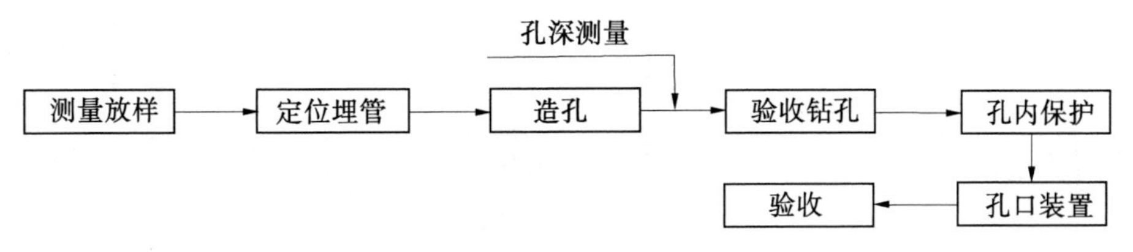

图 6-10　排水钻孔工艺流程

2. 钻孔

(1)施工方法。

钻孔埋管，按设计图纸、文件或监理人指示执行。

钻孔编号、孔位、孔径、孔深，按设计图纸、文件或监理人指示执行。

(2)钻孔机械。

孔径 40 mm、孔径 50 mm 排水孔采用 YTP-28 气腿钻造孔，造孔孔径 56 mm。孔径 76 mm 排水孔采用 QZJ-100B 型潜孔钻造孔，造孔孔径 100 mm。

(3)排水钻孔过程中，如遇有断层破碎带或软弱岩体等特殊情况，及时通知监理人，按监理人指示处理，若排水孔遭堵塞，按监理人指示重钻。

(4)排水孔的保护和孔口装置及 PVC 埋管按设计图纸或监理人指示执行。

(5)钻孔结束后，报请监理人进行检查验收；检查合格后，方可进行下一步操作。

(6)质量检查：孔深误差不大于 2%孔深或符合施工图纸规定，开孔位置误差不大于 10 cm，孔的倾斜度不大于 1%。

1.1.8.6　灌浆事故的预防与处理

(1)灌浆中压力过大会对混凝土产生扰动，使混凝土变形，这种情况在灌浆过程中是不允许发

生的,必须做好以下预防工作:

①灌浆前先检查压力表、回浆阀是否完好,回浆管是否畅通。

②安排责任心强的人看守压力表。

③灌浆过程中如发现进浆突增,停机检查原因才能继续灌浆。

④回填、固结、接缝灌浆设有千分表、电感千分表等,在灌浆过程必须密切监视。

(2)制浆系统、转浆站至灌浆工作面的管路会存在沉淀、堵管现象,施工过程采用双管路使浆液处于循环状态,用浆采用输浆管路上的三通。

1.1.8.7 钻孔灌浆施工资源配置计划

1. 人员配置

根据围岩类别分布情况,设置1个灌浆队进行施工。施工人员配置见表6-6。

表6-6 施工人员配置计划 单位:人

队长	技术主管	技术员	质安检查员	仓库管理员	修理工	电工	钻探灌浆工	普工	合计
1	1	2	2	1	1	1	14	16	39

2. 主要施工设备配置

主要施工设备配置见表6-7。

表6-7 钻孔灌浆施工设备

序号	设备名称	型号规格	单位	数量
1	高速搅拌机	ZJ400	台	2
2	砂浆泵	100/15	台	2
3	灌浆泵	SGB6-10	台	2
4	双层搅拌机	JJS-2B	台	2
5	潜孔钻机	ZQS-100	台	1
6	手风钻	YT28	把	15
7	移动式空压机	1.5 m^3	台	2
8	灌浆塞	Φ50~Φ76	把	60
9	灌浆平台车		台	2
10	灌浆自动记录仪	双通道Ⅵ型	套	2
11	污水泵	WQ50-10-4	台	2
12	自卸车	EQ140/5T	辆	2
13	测斜仪	KXP-2	套	2
14	比重称	NB-1	台	2
15	千分表	543-281	个	2

1.1.9 安全保证措施

1.1.9.1 危险源辨识

经认真研究、分析招标文件和进行细致的现场勘察,鉴于大型地下工程施工安全生产管理的体会和教训,结合施工技术方案,按重要工序或重点施工项目对施工进行危险源辨识,形成重要危险源清单(见表6-8)。

表6-8　**重要危险源辨识清单**

工序/项目	序号	危险源及其风险
开挖	1	施工措施或施工组织不合理导致事故,造成人员伤亡或设备设施损坏
	2	作业人员未按规定使用或不正确使用必须的劳动保护用品,劳动保护用品质量不合格或老化、磨损等导致保护作用丧失,导致打击、坠落、中毒、触电和职业病等
	3	作业平台、通道、防护栏杆(网)不齐备或不牢固或损坏等,导致作业人员坠落
	4	作业人员不走安全通道,攀爬设备、设施等造成伤害
	5	违章指挥、违章作业、违返劳动纪律等引发事故,造成人员伤害或设备设施损坏
	6	风管接头不牢固或爆裂造成人员伤害
	7	作业监护缺失或人员冒险进入危险区域导致伤害
	8	作业环境不良(照明不足,通风、排水不畅,通道布置不合理或不满足通行要求,文明施工差等)引发事故,造成人员伤害
	9	违规或超范围使用设备、机具,或其故障、受潮等引发机械、触电、爆炸等事故
	10	漏电保护器选择不合理或失效导致人员触电;设备和配电设施等无防雨、防水、接零接地措施,引发触电事故
	11	用电线路与用途不匹配或泡水、老化、破损、违规接线和线路架设不符合要求等,导致人员触电
	12	作业人员和设备设施疲劳或带病作业,引发事故
	13	不按技术规范标准控制,施工时对相邻工作面产生影响引发事故
	14	施工过程未充分考虑隧洞群的相互关系,或者信息失真、不及时,或者各级工作人员失职等,导致隧洞贯通不受控,引发事故,造成人员伤亡和设备设施损坏
	15	地质原因或施工措施不合理或不按措施、规范标准要求施工,导致围岩坍塌、岩爆、掉块等,造成人员伤亡或设备设施损坏
	16	边坡无截排水设施或不按设计施工或不畅通等,导致排水不畅通,引发泥石流、滑坡、塌方等地质灾害
	17	交叉作业、危险区不设置警戒或警戒不严,导致打击事故
	18	开挖面清理不彻底,外力或卸荷作用引发岩体失稳滚落、坍塌,导致事故
	19	支护不及时、质量不合格或支护功能未完全发挥作用,边坡、隧洞失稳引发事故
	20	施工排架材质不合格、不按技术措施(规范)搭设、超范围或超荷载使用、随意拆除构件、不设接地装置或功能失效等引发坍塌、雷击事故
	21	恶劣天气时不及时撤离人员,冒险进行边坡施工,导致坠落、打击、触电等事故和自然灾害事故
	22	不按技术措施、规范要求实施爆破,开挖质量不合格导致围岩、边坡失稳坍塌事故
	23	开挖形成的临边、临口无防护设施和警示标志、标识,或防护设施、警示标志标识损坏、丢失,导致人员意外伤害
	24	因赶工、抢工而不按程序作业,省略必要的管理、工序和野蛮冒进,导致人员伤亡和设备设施损坏
	25	设备、车辆无专人指挥或现场环境不符合其运行要求,导致事故
	26	管理缺位或失职,事故隐患不能及时发现和处置,导致事故

续表 6-8

工序/项目	序号	危险源及其风险
民爆物品及爆破作业	1	领料员、库管员、保管员、爆破员等涉爆人员未经国家政府机关培训持证上岗
	2	民爆物品临时存放点环境不满足安全技术规范标准要求,发生爆炸事故
	3	不按技术规范标准和操作规程搬运、运输和使用民爆物品,导致事故
	4	管理制度不健全或管理上存漏洞或管理缺位,发生民爆物品遗失事件
	5	现场装药完成后未进行仔细核查,民爆物品发出量与实际使用量有出入,出现作业人员私藏民爆物品事件,导致民爆物品遗失
	6	违章作业、个体防护佩戴使用不规范或防护用品有缺陷等,导致事故
	7	不按法律法规、技术规范标准处置剩余民爆物品,引发事故
	8	不按规使用专用工具加工、填装民爆物品,或作业时野蛮操作等,引发事故
	9	不按规定和操作规程处理瞎炮、盲炮,引发事故;如不使用锋利刀具切割民爆物品、使用金属棒填装炸药等
	10	在民爆物品加工、使用区内使用民火、吸烟和使用通信设备,导致事故
	11	民爆物品加工区、使用区未设置警戒区或安全距离不足,由于其他原因引发事故
	12	不按规范标准规定或违反操作规程实施装药、连网、接线等作业,引发事故
	13	爆破作业时发生掉块、落物等冲击到雷管、导爆索等,导致爆炸
	14	造孔作业时打残孔发生爆炸事故
	15	爆破时清场范围不够或不彻底,或安全距离不足,或警戒不严、警戒人员擅自离岗等,导致人员伤亡和设备设施受损
	16	爆破作业主防护措施不符合要求,或被动防护措施不符合要求,导致人员伤亡或设备设施受损
	17	不按技术措施设计施工(超装炸药、分段不合理等),诱发次生事故
	18	爆破时未充分考虑周围环境,信息沟通不畅或信息不对称,发生隧洞贯通不可控,或周围作业区引发次生事故
	19	现场作业环境差(照明不足、集水通道不畅等),引发事故
	20	为了赶工、抢工而违反规定边造孔、边装药,引发事故
	21	“三违”(违法建设、违法生产、违法经营)行为引发事故
	22	现场管理缺位或管理人员不履职等导致隐患不能及时被发现和处置,引发事故
支护	1	施工排架材质不合格、不按技术措施(规范)搭设、超范围或超荷载使用、随意拆除构件、不设接地装置或接地功能失效等,引发坍塌、雷击事故
	2	排架作业平台、通道、临边等不齐全或不牢固或强度不足或损坏,导致作业人员坠落
	3	作业人员不走安全通道,随意攀爬排架或设备设施,引发事故
	4	设备配合作业时无信号指挥或指挥随意或违章指挥,引发事故
	5	在运行过程中检修注浆机、喷锚机等设备或检修时用手代替工具操作,导致人员触电、挤压、绞伤等
	6	注浆管、风管、输料管等破裂伤及作业人员
	7	作业人员不按规定配备必须的劳动保护用品(如安全带、护目镜、防尘口罩等),或劳动保护用品不合格,导致坠落、眼部受伤、职业病等

续表 6-8

工序/项目	序号	危险源及其风险
支护	8	造孔、喷护等不按规定工法施工，或无有效降尘措施，引发职业病
	9	现场作业环境（照明、通风、排水等）不良，引发事故
	10	作业前未对作业面进行清理或清理不到位，岩体掉块伤人
	11	违规交叉作业或作业时未设置必要的安全警戒区或警戒不严，导致误入人员受伤
	12	相互配合作业时信号不通畅、不明确或错误等，引发事故；如喷手与送料工不配合
	13	“三违”行为导致人员伤亡或设备设施受损
	14	生产组织缺乏整体考虑或信息不畅通、管理缺失，引发事故
	15	作业人员作业行为不合理或省略作业程序导致受伤
	16	不按技术措施、技术规范标准要求施工，因产品质量引发事故
	17	违规或超范围使用设备、机具，或其故障、受潮等引发机械、触电、爆炸等事故
	18	漏电保护器选择不合理或失效导致人员触电；设备和配电设施等无防雨、防水、接零接地措施，引发触电事故
	19	用电线路与用途不匹配或泡水、老化、破损、违规接线和不按规范要求架设线路等，导致人员触电
	20	作业人员和设备设施疲劳或带病作业，引发事故
	21	恶劣天气时不及时撤离人员，冒险进行边坡支护，导致坠落、打击、触电等事故和自然灾害事故
	22	临边、临口无防护设施和警示标志标识，或防护设施、警示标志标识损坏、丢失，导致人员意外伤害
	23	现场管理缺位或管理人员不履职等导致隐患不能及时被发现和处置，引发事故
混凝土土浇筑	1	施工措施不合理或辅助设施强度、刚度等未进行验算，或者生产组织不合理，未考虑整体施工情况，导致事故
	2	施工排架结构不合理（不按措施、规范标准搭设等），或材质不合格、超载使用，或随意拆除构件等，引发坍塌事故
	3	排架作业平台、通道、临边等不齐全或不牢固或强度不足或损坏，导致作业人员坠落
	4	预留孔、洞、坑、井等未设置防护栏杆、盖板等，或防护栏杆、盖板强度不足或损坏，导致人员伤亡
	5	作业人员未按规定使用必须的劳动保护用品或不正确使用劳动保护用品和劳动保护用品质量不合格或老化、磨损等导致保护作用丧失，导致打击、坠落、触电和职业病等
	6	作业人员不走安全通道，随意攀爬排架、构筑物、设备设施，发生事故
	7	设备配合作业时无专职信号指挥或信息混乱，或随意指挥、违章指挥，引发事故
	8	上下交叉作业无可靠的安全防护措施或监护缺失，引发事故
	9	模板加固设计不合理或强度不足或施工质量差，导致浇筑时模板坍塌，导致人员伤亡
	10	大型模板的附件（定位锥、预埋件）等强度不足，或者磨损、变形未及时发现和处置，或者施工质量不符合规范标准要求，导致坍塌事故
	11	违反规定或省略程序操作大型模板，导致其变形失稳，造成人员伤亡和设备设施受损
	12	大型模板牵引设备故障、破坏或违规操作，导致大型模板失稳坍塌
	13	违反技术措施设计和质量控制程序，野蛮施工，导致模板、辅助设施坍塌事故
	14	作业区无防坠物措施、设施或设施损坏、强度不足，或者未设置警戒区或警戒不到位，导致打击事故
	15	同一作业面多工序作业无统一协调与指挥，相互影响造成事故

续表 6-8

工序/项目	序号	危险源及其风险
混凝土土浇筑	16	现场作业环境不良(照明不足、集水通道不畅、通风不良、高温等),引发事故和职业病
	17	违规或超范围使用设备、机具,或其故障、受潮等引发机械、触电等事故
	18	漏电保护器选择不合理或失效,导致人员触电
	19	用电线路与用途不匹配或泡水、老化、破损、违规架设线路和接线等,导致人员触电
	20	设备和配电设施等无防雨、防水、接地接零措施,引发触电事故
	21	作业人员和设备设施疲劳或带病作业,引发事故
	22	不按规定实施切割、电焊作业,或者作业监护、防护不到位,引发烫伤、火灾、触电事故
	23	氧气、乙炔等未按规范标准存放、使用或安全装置缺失,引发爆炸
	24	"三违"行为、现场管理缺位或管理人员不履职等导致隐患不能及时被发现和处置,引发事故
	25	因赶工、抢工而不按程序或省略必要的管理、工序和野蛮冒进,导致人员伤亡和设备设施损坏
	26	车辆、设备运行环境不符合要求或缺少必要的指挥,发生事故
	27	作业时遗留问题较多,增加后期处理难度和安全风险
基础处理	1	施工排架结构不合理(不按措施、规范标准搭设等),或材质不合格、超载使用排架,或随意拆除构件等,引发坍塌事故
	2	排架作业平台、通道、临边等不齐全或不牢固或强度不足或损坏,导致作业人员坠落
	3	作业人员未按规定使用必须的劳动保护用品或不正确使用劳动保护用品和劳动保护用品质量不合格或老化、磨损等导致保护作用丧失,导致打击、坠落、触电和职业病等
	4	作业人员不走安全通道,随意攀爬排架、构筑物、设备设施,引发事故
	5	设备配合作业时无专职信号指挥或信息混乱,或随意指挥、违章指挥,引发事故
	6	上下交叉作业无可靠的安全防护措施或监护缺失,引发事故
	7	作业区无防坠物措施、设施或设施损坏、强度不足,或者未设置警戒区或警戒不到位,导致打击事故
	8	采用干式造孔法和制浆不采取降尘措施,产生大量灰尘,导致作业人员患职业病
	9	风管、灌浆管爆裂伤人
	10	违规操作注浆机、制浆机等,发生挤伤、绞伤等事故
	11	现场作业环境不良(照明不足、集水通道不畅、通风不良、高温等),引发事故和职业病
	12	违规或超范围使用设备、机具,或其故障、受潮等引发机械、触电等事故
	13	漏电保护器选择不合理或失效导致人员触电
	14	用电线路与用途不匹配或泡水、老化、破损、违规架设线路和接线等导致人员触电
	15	设备和配电设施等无防雨、防水措施,受潮漏电伤人
	16	作业人员和设备设施疲劳或带病作业,引发事故
	17	"三违"行为导致人员伤亡或设备设施受损
	18	现场管理缺位、管理人员不履职等导致隐患不能及时被发现和处置,引发事故
	19	车辆、设备运行环境不符合要求或缺少必要的指挥,发生事故

续表 6-8

工序/项目	序号	危险源及其风险
金属结构制安	1	作业人员未按规定使用必须的劳动保护用品或不正确使用劳动保护用品和劳动保护用品质量不合格或老化、磨损等导致保护作用丧失,导致打击、坠落、触电、烫伤、中毒和职业病等
	2	排架作业平台、通道、临边等不齐全或不牢固或强度不足或损坏,导致作业人员坠落
	3	作业人员不走安全通道,随意攀爬排架、设备设施,导致事故
	4	“三违”行为导致人员伤亡或设备设施受损
	5	作业人员和设备设施疲劳或带病作业,引发事故
	6	加工车间规划不合理、安全距离不足、作业时工序间相互影响、警戒不到位等,导致人员受伤
	7	作业环境不符合技术规范标准要求,导致中毒、职业病等
	8	设备配合作业时无专职信号指挥或信息混乱,或随意指挥、违章指挥,引发事故
	9	现场作业环境差(照明不足、集水通道不畅、通风不良、高温等),引发事故和中毒、职业病
	10	违规或超范围使用设备、机具,或其故障、受潮等引发机械、触电等事故
	11	漏电保护器选择不合理或失效,导致人员触电
	12	用电线路与用途不匹配或泡水、老化、破损、违规架设线路和接线等导致人员触电
	13	设备和配电设施等无防雨、防水、接地接零措施,导致触电伤人
	14	氧气、乙炔、氩气等未按规范标准存放、使用和安全装置缺失,引发火灾、爆炸
	15	不按规定实施切割、电焊作业,或者作业监护、防护不到位,引发烫伤、火灾、触电事故
	16	狭小空间、管道内、潮湿环境作业时不使用安全电压或个体防护缺失,发生触电事故
	17	探伤、防腐等作业时造成辐射伤害和中毒
	18	大件运输、吊装时未采取合理、可靠的安全控制措施,引发事故
	19	大件吊装措施(方案)不合理,或使用的设备设施不满足要求,作业时发生事故
	20	现场安装的辅助设施(天锚、地锚和绞车等)质量不合格或磨损、变形等,使用时破坏,发生事故
	21	上下交叉作业无可靠的安全防护措施或监护缺失,引发事故
	22	作业区无防坠物措施、设施和设施损坏或强度不足,或者未设置警戒区或警戒不到位,导致打击事故
	23	多人协同作业没有统一指挥人员发出指令,导致动作不一致、不协调,引发事故
	24	作业人员作业行为不合理或省略作业程序,导致受伤
	25	生产组织不合理或协调不到位,同一作业面多工序(土建、金结等)同时作业,相互干扰,引发事故
	26	现场管理缺位、管理人员不履职等导致隐患不能及时被发现和处置,引发事故

1.1.9.2　预防自然灾害安全措施

经认真阅读招标文件和细致的现场勘查,隧洞钻爆施工过程中可能发生地质灾害、雷击、地震、雨雪、冰冻等突发性灾害。

(1)安全措施。

①对本标段施工区域及外延2 km范围内,全方面进行边坡滚石、滑坡、泥石流等地质自然灾害情况排查,对存在安全隐患的部位及时向设计、监理人、发包人汇报,并采取相应的支护加固措施。

②对发包人指定的办公、生活区域和临时设施的周边环境进行全面排查,避开存在自然灾害危害的部位。

③对生活区、办公区、施工现场的建筑物、大型设备和排架等设置防雷电装置,合理设置排水设施,牢靠加固房屋顶面,防止被大风损坏,尤其是现场临时房屋设施。

④派专人收集当地的天气预报信息。

⑤分别成立防灾领导小组和工作小组,明确小组成员名单、联系方式、防灾重点及措施。

⑥编制防灾岗位责任制和值班、巡检、报告制度,防灾物资管理制度等,各级组织按照制度要求认真组织落实到位。

⑦每年根据施工现场实际情况编制防灾安全技术措施(方案)及应急预案,文件报监理人审批后实施,并进行详细交底。

⑧定期或不定期(自然灾害致因发生突变时)对组织机构、制度、应急预案、设施、交通、通信、物资、营地、大型设备、库房、加油站和施工道路等进行专项检查,及时处置存在的问题和隐患。强化日常巡视检查工作。

⑨妥善保管好防灾档案资料(防灾计划;防灾设施设计资料;防灾技术交底记录;防灾设施检查验收记录;防灾值班记录;防灾观测资料;防灾设施、材料、物资、设备清单;防灾专题会议纪要等),地方管理部门及发包人、监理人有需要时,及时上报。

⑩严格执行自然灾害报告制度,理顺程序,畅通渠道,发生险情或灾害时立即向监理人、发包人及地方管理部门报告。

(2)响应地方、发包人及监理人在自然灾害防治方面的管理要求,积极主动配合其相关工作,及时落实整改要求和工作指令。

1.1.9.3 防洪度汛安全措施

为了认真贯彻落实“安全第一、常备不懈、以防为主、全力抢险”的防洪度汛方针,有效预防和控制洪水灾害,做到有计划、有准备地防御洪水,保证灾害来临时指挥抢险救灾有序进行,从而最大限度地避免和减少人员伤亡,减轻财产损失,须制定防洪度汛安全措施。

1. 物资、设备保障措施

(1)加强与发包人沟通,保证连续、及时供应满足施工要求的施工材料,确保汛前相关项目施工的材料供应满足施工进度要求。

(2)提前按照防洪度汛措施及应急预案准备充足的防洪度汛专用物资,如沙袋、钢筋笼、救生衣、柴油、发电机等。

(3)加强设备的检查和维修、保养,保证防汛设备的完好率,确保应急需要。

(4)根据洪水情况,及时对机械、设备和材料的撤离做出快速反应和动作,对无法撤离的设备进行临时加固、保护及断电,降低洪水对其造成的影响,保证尽快在汛后投入运行。

2. 安全保障措施

(1)加强汛期的安全检查,及时落实各项防汛措施,在汛前完成各项防汛项目施工。

(2)加密对边坡、临建设施和设备的检查频次,定期进行观测,并根据技术分析结果,及时进行加固和防护。

(3)强化危险源辨识工作,确保汛期施工安全。

(4)在发包人防洪度汛领导小组和内部防洪度汛指挥中心的领导下,积极配合和指导作业队迅速、安全地完成防洪抢险和撤离工作。

(5)按照发包人、监理人指示,准备其他的度汛备用措施。

3. 人员转移应急措施

(1)人员转移方案。

出现异常情况时:管理人员立即向指挥中心报告,通知应急救援队迅速赶赴现场,做好应急准备。同时,指挥中心快速做出反应,视情况通知人员做好撤离准备,并报告相关单位,寻求帮助。

出现险情时:管理人员立即报告防汛指挥中心,发布险情紧急警报信号,并通知应急救援人员迅速赶赴现场,做好应急准备。

防汛指挥中心接到险情后,立即做出相关安排及决策。

应急救援人员接到防汛指挥中心的决策后,立即按决策进行应急处置,负责监视工程险情、汛情发展情况,并保持与防汛指挥中心联系;立即组织人员紧急撤离,同时迅速组织抢险,安全转移所必需的交通工具、抢险物资等。

(2)转移安置的组织实施。安全保卫人员负责抢险现场的警戒、安全保卫、非防汛车辆和人员进入引导,同时做好抢险期间工程建筑物、财产等的安全保卫工作。

(3)其他措施:如遇夜间转移,用应急灯引路,专人先遣带路,保证有序撤离和人员安全,防止混乱造成人员伤害;如遇恶劣气候,及时与防汛指挥中心联系,求助帮助抢险和撤离。

4. 通信、水电、道路、急救措施

(1)与发包人、监理人采用手机、电话方式联络,若通信系统失控,专车专人报告。

(2)配备电工值班,确保抢险供电,并配备应急电源。

(3)确保抢险道路畅通,便于救助人员和设备进场。

(4)有人员受伤时,在现场进行简单救治后,及时送往工程急救中心救治。

1.1.9.4　施工现场安全技术措施

(1)施工现场的布置应符合防火、防爆、防雷电等规定和文明施工的要求,施工现场的生产、生活办公用房、仓库、材料堆放场、停车场、修理场等应按批准的总平面布置图进行布置。

(2)现场道路应平整、畅通,危险地点按照《安全色》(GB 2893—2008)和《安全标志及其使用导则》(GB 2894—2008)规定挂标牌,现场道路应符合《工业企业厂内运输安全规程》(GB 4378—2008)的规定。

(3)用于施工现场的各种施工设备、管道线路等,均应符合防火、防风以及工业卫生等安全要求。

(4)现场的生产、生活区设置足够的消防水源和消防设施网点,且经地方政府消防部门检查认可,并使这些设施经常处于良好状态,随时可满足消防要求。消防器材设有专人管理,不能乱拿乱动,组成一支由15~20人的义务消防队,所有施工人员和管理人员均应熟悉并掌握消防设备的性能和使用方法。

(5)各类房屋、库棚、料场等的消防安全距离应符合公安部门的规定,室内不能堆放易燃品;严禁在易燃易爆物品附近吸烟;现场的易燃杂物应随时清除,严禁在有火种的场所或近旁堆放。在存有易燃、易爆物品场所,照明设备必须采取防爆措施。

(6)氧气瓶不得沾染油脂,乙炔发生器必须有防止回火的安全装置,氧气与乙炔发生器要隔离存放。

(7)施工现场的临时用电严格按照《施工现场临时用电安全技术规范》(JGJ 46—2005)的规定执行。

(8)确保必需的安全投入。购置必备的劳动保护用品,安全设备及设施齐备,完全满足安全生产的需要。

(9)施工现场应实施机械安全管理验收制度,机械安装要按照规定的安全技术标准进行检测。

所有操作人员要持证上岗。使用期间定机定人,保证设备完好率。

(10)施工现场电气设备和线路要配装触电保护器(漏电保护器),以防止因潮湿漏电和绝缘损坏引起触电及设备事故。加强用电管理和雷击防护,供用电设施要有可靠安全的接地装置,对油库、变压器等重要设施和常落雷作业区应采取可靠有效的防雷措施,防止或减少触电、雷击事故发生。

(11)施工现场的排水设施应全面规划,其设置位置不得妨碍交通,并须组织专人进行养护,保持排水通畅。

(12)施工现场存放的设备、材料,应做到场地安全可靠、存放整齐、通道畅通,必要时设专人进行守护。

(13)在施工现场,根据施工区边界条件采取封闭施工,配备适当数量的警戒和保安人员,负责工程及施工物资、机械装备和施工人员的安全保卫工作,并配备足够数量的夜间照明和围挡设施;该项保卫工作,在夜间及节假日也不间断。

(14)在施工现场设卫生所,根据工程实际情况,配备必要的医疗设备和急救医护人员,急救人员应具有至少5年以上的急救专业经验。

(15)积极做好安全生产检查,发现隐患,要及时整改。

1.1.9.5 爆破施工安全措施

(1)制定爆破施工安全管理细则和火工用品管理规定,并贯彻执行。爆破工程师及炮工均持证上岗,严禁无证作业。

(2)根据设计要求和现场条件,进行爆破设计,并报有关部门审核批准,从技术上保证爆破方案的安全可靠性。

(3)火工用品的储存按有关规定执行,并报有关部门批准。建立严格的入库领用制度。

(4)爆破施工时,指派有一定爆破经验的安全员专项负责,并按以下要点操作:

①严格爆破材料的领用手续和监察手段。

②炮孔必须按规定的长度堵塞,并保证堵塞质量。

③建立严格的盲炮处理制度,发现问题,立即封锁现场,指派有经验的爆破人员进行排险。

④爆破时,人员设备撤离安全区,对危险区进行警戒,严禁人畜、车辆设备进入。

⑤实施电起爆的作业区,采取必要的特殊安全装置,以防暴风雨对邻近电气设备放电的影响。特殊安全装置必须经试验证明其安全可靠。

⑥爆破前做好安全评估工作,并采取相应的措施。

(5)每次爆破必须严格执行警戒制度,设立明显的警示标志,安全警戒人员和作业人员必须佩戴安全帽或袖标;通过广播和口哨提醒人员、设备撤离警戒区,防止发生意外。

(6)爆破完成安全检查无误后,方可开放交通。

(7)每次爆破完后,进行效果分析,总结经验,更好地控制爆破药量,取得最佳的爆破参数,在保证爆破效果的前提下,将用药量和振动减到最小。

1.1.9.6 边坡开挖安全控制措施

(1)边坡开挖前,详细调查边坡岩石的稳定性,包括设计开挖线外对施工有影响的坡面等;设计开挖线以内有不安全因素的边坡,必须进行处理和采取相应的防护措施,山坡上所有危石及不稳定岩体均应撬挖排除,如少量岩块撬挖确有困难,经监理人同意可用浅孔微量炸药爆破。

(2)开挖自上而下分层进行,梯段开挖高度不大于10 m,严禁采取自下而上的开挖方式。

(3)随着开挖高程下降,应及时对坡面进行测量检查以防止偏离设计开挖线,避免形成高边坡后再进行处理。

(4)开挖边坡的支护在分层开挖过程中逐层进行,以使下一层的开挖在上层的支护保护下安全顺利进行,岩石好的部位支护滞后一个开挖台阶,岩石差的部位及时支护。对于边坡开挖出露的软弱岩层和构造破碎带区域,按施工图纸和监理人的指示进行处理,并采取排水或堵水等措施。

(5)加强施工期边坡变形观测和爆破振动监测,并根据观测结果调整开挖支护方案,保证边坡开挖施工安全和质量。

1.1.9.7　洞室开挖施工安全控制措施

(1)所有进入隧洞工地的人员,必须按规定配戴安全防护用品,遵章守纪,听从指挥。各洞内均应设置有效的消防器材,并设明显的标志,定期检查、补充和更换。

(2)洞室施工放炮由取得“安全技术合格证”的爆破工担任,严格防护距离和爆破警戒范围。放炮 10 min 后才允许人员进入工作面,安全撬挖后方能继续施工。

(3)开挖不良地质段时,应按照短进尺、弱爆破、先护顶、及时强支护的原则进行,并制定相应的防塌、滑预案及处理措施。

(4)洞口开挖前需对洞口进行长锚杆预支护,洞口开挖后及时进行锁口混凝土施工。

(5)在洞室施工中配备有害气体监测、报警装置和安全防护用具,如防爆灯、防毒面具、报警器等,一旦发现毒气,立即停止工作并疏散人员。配备足够的通风设备,搞好洞内通风,保证洞内施工时的能见度,避免机械事故和人员伤亡事故的发生,并防止有害气体对人体的伤害。

(6)洞内施工所用的动力线路和照明线路,必须架设到一定的高度,线路要架设整齐,设置于洞内的配电系统和闸刀、开关,必须要设醒目的安全警示牌。洞内照明尽量使用安全电压。

(7)施工期间,现场施工负责人应会同有关人员对各部分支护进行定期检查,在不良地质段,每班应责成专人检查,当发现支护变形或损坏时,应立即修整加固。

1.1.9.8　混凝土浇筑安全措施

(1)工作台、踏板、脚手架的承重量,不得超过设计要求,并应在现场挂牌标明。混凝土浇筑前,应全面检查仓内排架、支撑、拉筋、模板及平台、漏斗、溜筒等是否安全可靠。

(2)吊装模板时,工作地段应由专人监护。

(3)在吊车吊运材料和设备时,人员与车辆不得穿行。

(4)在 2 m 以上高处作业时,应符合高空作业的有关规定。

(5)平台上所留的下料孔,不用时必须封盖。平台除出口外,四周均应设置栏杆和挡脚板。

(6)卸料时,仓内人员应注意避开,不得在吊罐正下方停留或工作。接近下料位置时,必须减慢下料速度,并防止晃动挤伤人员。

(7)在平仓振捣过程中,要经常观察模板、支撑、拉筋是否变形,如发现变形有倒塌危险时,应立即停止作业,并及时报告有关指挥人员。

(8)使用大型振捣器时,不得碰撞模板、拉筋、预埋件等,以防变形、倒塌。

(9)不得将运转中的振捣器放在模板或脚手架上。

(10)使用电动振捣器,须有触电保护器或接地装置。搬移振捣器或中断作业时,必须切断电源。

(11)湿手不得接触振捣器的电源开关,振捣器的电缆不得破皮漏电。

(12)平仓振捣时,仓内人员思想要集中,相互要关照。浇筑高仓位时,要防止工具和混凝土骨料掉落仓外,更不允许将大块石块抛向仓外,以免伤人。

(13)下料溜筒被混凝土堵塞时,应停止下料,立即处理,处理时不得直接在溜筒上攀登。

(14)拆除混凝土输送软管或管道时,必须停止混凝土泵的运行。

(15)电气设备的安装拆除或在运转过程中的故障处理,均由电工负责。

1.1.9.9　运输安全措施

(1)机动车辆必须执行公安部门制定的交通规则,严禁无证驾驶和酒后驾驶。

(2)各类车辆必须处于完好状态,制动有效,严禁人料混载。

(3)所有运载车辆均不准超载、超宽、超高运输。

(4)除自卸汽车、平板拖车、起重吊车、装载机、机动翻斗车驾驶室处不准乘人,其余车辆驾驶室不准超员。

(5)装渣时应将车辆停稳并制动。

(6)运输车应文明行驶,不抢道、不违章,施工区内行驶速度不能超过 25 km/h。

1.1.9.10　供电与电气设备安全措施

(1)施工现场用电设备应定期进行检查,防雷保护、接地保护、变压器等每季度测定一次绝缘强度,移动式电动机、潮湿环境下的电气设备使用前应检查绝缘电阻,对不合格的线路、设备要及时维修或更换,严禁带故障运行。

(2)线路检修、搬迁电气设备(包括电缆和设备)时,应切断电源,并悬挂"有人工作,不准送电"的警告牌。

(3)非专职电气值班员,不得操作电气设备。

(4)操作高压电气设备回路时,必须戴绝缘手套,穿电工绝缘靴并站在绝缘板上。

(5)手持式电气设备的操作手柄和工作中接触的部分,应有完好绝缘,使用前应及时进行绝缘检查。

(6)低压电气设备宜加装触电保护装置。

(7)电气设备外露的转动和传动部分(如皮带和齿轮等),必须加装遮栏或防护罩。

(8)电气设备和由于绝缘损坏可能带有危险电压的金属外壳、构架等,必须有保护接地。

(9)电气设备的保护接地,每班均有当班人员进行检查。

(10)电气设备的检查、维修和调试工作,必须由专职的电气维修工负责。

1.1.9.11　起重运输安全控制措施

(1)卷扬机操作人员必须持证上岗,在看、听到准确信号后才能进行操作,司机应集中精力坚守岗位,听从紧急停车信号,不准超载。

(2)定期对吊钩、吊罐钢丝绳进行检查;使用过程中经常保养,避免碰撞。经常检查钢丝绳、限位器,确定系统是否可靠,班前、班后做好设备常规检查并作好设备运行记录和交班记录。

(3)吊运物件捆绑要牢固,有棱角的应加垫保护钢丝绳,零星短件、氧气瓶、乙炔瓶等必须装吊框内吊运,且氧气瓶、乙炔瓶不能同时吊运。

(4)起重设备必须配备相关的灭火装置。

1.1.9.12　防火、防盗及危爆物品管理措施

(1)清除一切可能造成火灾、爆炸事故的根源,严格控制火源和易燃、易爆、助燃物。

(2)生活区及施工现场配备足够的灭火器材,并同当地消防部门联系,加强安全防范工作。

(3)施工期间要特别做好防火灾工作,密切配合当地有关部门做好周围林木的防火工作,在林区设置防火标志,加强平时警戒巡逻。

(4)对职工进行防火安全教育,杜绝职工烧电炉、乱扔烟头的不良习惯。

(5)在生活区及工地重要电气设备周围,设置接地或避雷装置,防止雷击起火,造成安全事故。

(6)工地及生活区的照明系统要派人随时检查维修保养,防止漏电失火引起火灾。

(7)在生活区、工地现场、料场,指派专人 24 h 轮班看守,防止生产生活物品、材料、机具设备被盗及其他事故发生。

1.1.10　关键工序质量控制措施

1.1.10.1　开挖质量控制措施

(1)开挖前先在监理人批准的地方进行控制爆破试验,选定合适的爆破参数,以获得满意的成

形面,并使爆破振动对围岩影响最小。开挖过程中,根据地质变化情况,经监理人批准后及时修正爆破参数,尽量减小超挖和欠挖。

(2)对洞室爆破进行生产性试验,选定合适的爆破参数,以确保开挖利用料满足级配要求和提高开挖爆破效果。

(3)边坡采取预裂爆破成形,边坡马道以光爆成形,建基面按相关规范要求采取预留保护层开挖,有条件的部位经监理批准后保护层采取水平光爆一次性挖除。

(4)洞室爆破采用光面爆破技术,保证开挖断面符合设计要求,尽量减少超欠挖及减少对周边围岩的扰动。对洞室不良地质段,视岩石破碎情况采取超前锚杆或超前小导管预注浆支护,开挖采用短进尺(1~2 m)、弱爆破、及时强支护的原则进行,对断层、结构面及节理裂隙相互交切形成的稳定性差的楔形体,在开挖后及时进行随机锚杆和系统锚喷支护,避免塌方,保证成形质量。

(5)选用经验丰富、技术熟练的钻机操作手进行周边孔钻孔,严格控制钻孔质量,采用断面仪及时测量断面,掌握超欠挖情况,及时改进和提高钻孔质量,并对钻孔人员进行奖罚。

(6)边坡开挖时,每开挖一层应及时按设计要求进行边坡支护;洞身不良地质段喷锚支护应紧跟开挖进行,以确保围岩的稳定。

1.1.10.2　支护质量控制措施

(1)支护施工前先对围岩和边坡进行检查,以确定所支护的类型或支护参数。洞脸边坡、输水隧洞开挖时,每开挖一层及时按设计要求进行跟进支护。

(2)喷锚支护作业严格按照有关的施工规范、规程进行。锚筋的安装方法,包括钻孔、锚筋加工和锚固及注浆等工艺,均经过监理工程师的检查和批准,实施时严格锚筋制作安装工艺。

(3)喷混凝土施工的位置、面积、厚度等均符合施工图纸的规定,材料采用符合有关标准和技术规程要求的砂、石、水泥,认真做好喷混凝土的配合比设计,通过试验确定合理的设计参数,并征得监理单位的同意。喷混凝土施工前,预先做好厚度标志;喷射混凝土从下至上,分层喷射,使混凝土均匀密实,表面平整;喷射混凝土初凝后,立即洒水养护,持续养护时间不小于7 d。

(4)支护施工使用的各种主要材料"三证"(产品合格证、质量保证书、检测报告)齐全,严禁"三无"材料或产品进入施工场地。

(5)施工中认真填写所有工序详细的施工记录和验收签证记录单,对施工中出现的任何质量异常情况都要快速及时地向有关部门通报,提出整改措施或方案,限期整改。

1.1.10.3　混凝土浇筑质量控制措施

(1)水泥、外加剂、砂石骨料等要定期随机抽样检查与试验,其储存满足相应的产品储存规定,禁止不合格材料进入拌和站。

(2)混凝土施工前,现场实验室根据各部位混凝土浇筑的施工方法及性能要求,进行混凝土配合比设计,确定合理、先进的混凝土配合比。

(3)控制混凝土拌和质量。严格按实验室开具的、并经监理工程师批准的混凝土配料单进行配料;使用复合型外加剂,提前做不同种类外加剂的适配性试验,严格控制外加剂的掺量;根据砂石料含水量、气温变化、混凝土运输距离等因素的变化,及时调整用水量,以确保混凝土入仓坍落度满足设计要求;定期检查、校正拌和站的称量系统,确保称量准确,且误差控制在相关规范允许范围内;保证混凝土拌和时间满足相关规范要求;所有混凝土拌和采用微机记录,做到真实、准确、完整,以便存档或追溯。

(4)加强现场施工管理,提高施工工艺质量。

①成立混凝土施工专业班子,施工前进行系统专业培训,持证上岗。

②混凝土入仓后及时进行平仓振捣,振捣插点要均匀,不欠振、不漏振、不过振;振捣器根据浇筑部位和混凝土特性来选择,靠近模板和止水片的部位使用直径30 mm软管振捣器。

③止水及其他埋件安装准确,混凝土浇筑时由专人维护,以保证埋件位置准确。

④混凝土浇筑施工时,做到吃饭、交接班不停产、浇筑不中断,避免造成冷缝。

(5)混凝土浇筑时安排专职质检人员旁站,对混凝土浇筑全过程质量进行指导、检查、监督和记录。

(6)寒冷季节混凝土施工措施如下:

①拌制混凝土采取热水拌和,水温不超过60 ℃。大、中、小石在拌和站地面料仓采用热风加温措施,防止骨料冻结,确保出机口温度满足设计要求。

②现场露天浇筑尽量安排在白天气温稍高的时段,模板采用保温模板,必要时搭设暖棚保温,浇筑后及时采用保温被覆盖。

③混凝土结构有孔洞的部位,采用封堵挡风保温措施。

④混凝土运输车辆车厢内部衬垫保温板,混凝土运输时表面应使用保温被覆盖保温。

⑤洞内混凝土浇筑时,在洞口挂设保温卷帘遮挡洞外冷风。

(7)雨季混凝土施工措施如下:

①加强对砂石骨料的含水率的测定及混凝土坍落度试验,以便及时调整混凝土拌和用水量,相应地增加测定次数,稳定混凝土的拌和质量。

②对运输车辆作好防雨措施。

1.1.10.4　确保外观质量的控制措施

1. 原材料及混凝土配合比保证措施

(1)原材料保证措施。选择同一料场、同一水泥生产厂家、同一标号品种水泥,以确保混凝土表面颜色一致。

(2)混凝土配合比保证措施。各种结构在浇筑前都要进行多组试配,在保证其强度等指标且能适应气温、浇筑工艺的前提下,进行多组试配,以保证其颜色随龄期增长而趋于一致。

2. 模板保证措施

(1)设计保证措施。外模板及加固系统的设计从材质、结构构造、强度、刚度及稳定性进行比较,特别是刚度的计算至关重要,其变形必须在相关规范允许范围以内。设计还要考虑减少竖向和水平向模板接缝,不采用对穿拉杆以及钢结构加工后变形的余量等。

(2)模板及其支撑体系的加工精度保证措施。模板加工精度在允许范围以内,防止钢结构焊接变形。加工后进行试拼,满足精度要求后方可使用。

(3)保证结构线性措施。以严格的测量手段保证模板的平面位置及高程,优先采用大模板施工。

3. 施工过程中的质量保证措施

(1)严把混凝土的下料、振捣密实关。混凝土料自由落体高度不超过2.0 m,否则设置溜筒,以防因混凝土离析而导致蜂窝、麻面;严格分层布料,分层厚度控制在30~50 cm。

混凝土振捣应划分区域,挂牌振捣、责任到人,防止出现欠振、过振或漏振的不良现象。

(2)严格落实模板的整修、清理、涂刷隔离剂的自检措施。模板安装前必须涂刷隔离剂,涂刷严禁使用废机油;隔离剂涂刷要均匀,每次拆模后和支模前,应认真检查模板板面是否有杂物和变形,通过认真清理和矫正变形并经自检验收合格后方可安装。

(3)返工措施。浇筑的外观质量不符合要求的,应立即凿除,重新支模浇筑。

(4)加强养护措施。为使混凝土表面颜色发青、显光泽、不随龄期增长而出现后期泛碱斑现象或出现收缩裂缝,应派专人进行养护,并认真填写养护记录,养护龄期不得少于相关规范要求。

(5)防止预埋件处出现疤痕及锈斑的措施。混凝土结构的预埋件不得露出混凝土表面,一般嵌入2~3 cm,并在施工期间将预埋件表面涂刷1层环氧树脂,以防锈水污染混凝土表面;施工完成后，在其上焊接钢丝网，并采用配合比相同的水泥砂浆(适当掺些白水泥)数次抹平，以肉眼看不出混凝土表面有疤痕为止。

(6)减少或不留施工缝措施。除结构相接部位留施工缝外，一般均采取混凝土一次浇筑，不留施工缝，以保证整体外观质量。

(7)混凝土棱角或表面防损伤措施。一是控制拆模时间，应根据气温、混凝土标号、配合比、缓凝时间、拆模部位确定拆模时机，以防止未达到一定强度拆模造成混凝土的损伤；二是对已完成结构应加强防护措施，防止施工机械或其他物体碰撞。

(8)加强测量控制与检测手段，确保模板安装的施工质量与施工精度，所有平面位置与高程误差均严格控制在相关规范允许范围以内。

4. 控制外加工或外购件质量的措施

所有外加工或外购件应严格按照相关验收标准予以验收，达不到验收标准的，无条件退货。

1.1.10.5　锚杆施工质量控制

(1)锚杆锚头容易受围岩变形或爆破振动影响而松动，降低了锚固力。因此，安装后要定期检查，及时紧固松弛的锚杆。这类锚杆用于永久性支护时，还应补注水泥砂浆。

(2)对于全长黏结式锚杆，要使黏结材料均匀裹覆杆体，并密实充满杆体与孔壁之间的间隙，确保锚固力。因此，钻孔后应检查孔内是否有落渣，必要时应使用高压风清孔，然后再安装锚杆。使用树脂黏结剂或早强药包黏结剂时，应在孔内放入足够数量的黏结剂，并搅拌均匀。使用水泥砂浆黏结剂时，砂浆要灌注密实并确保安插锚杆时孔口有砂浆流出，否则应拔出杆体重新注浆。

(3)锚杆尾端都应设置垫板，垫板面积不少于设计要求，垫板要与锚杆联接牢固并与岩面紧贴。设置垫板可以使围岩传递给锚杆的荷载增大，锚杆充分受力，发挥锚杆对围岩的三维约束效果。

(4)注意锚杆的方向。对于有明显节理面的围岩，锚杆应垂直节理面或与节理面呈较大角度布设；否则，锚杆应垂直围岩内轮廓面，呈放射状布设。

(5)锚杆的锚固力除与锚杆的类型及围岩情况有关外，还与施工操作有很大的关系。因此，锚杆安装后，要随机按不小于 3% 的频率抽取锚杆做拉拔试验，拉拔力达不到设计及相关规范要求时，要补打锚杆。

(6)锚杆与喷射混凝土联合支护时，应先对围岩表面初喷一层混凝土，再施工锚杆，并使垫板紧贴初喷面，使锚杆与喷射混凝土联接紧密共同作用。

(7)渗水段围岩设置砂浆锚杆时，由于渗水会降低砂浆强度和黏结力，因此应先处理渗水再施工锚杆，或改用对水不敏感的其他黏结材料，如早强药包锚杆，或其他型式的锚杆。

1.1.10.6　喷射混凝土施工质量控制

(1)确定合适的混凝土配合比。喷射混凝土的配合比，除要满足设计强度外，还要满足喷射工艺、混凝土与岩面的黏结力、混凝土喷射时的回弹量等要求，因此配合比要通过试喷施工验证。

喷射混凝土的主要材料为：水泥、粗集料、细集料、速凝剂、水、(纤维)。对水泥、细集料和水的品质要求与普通灌注混凝土相同。粗集料一般采用粒径不大于 15 mm 的碎石或卵石，粒径越大，喷射回弹量越多。但粒径过小，需要的水泥用量相应增加，混凝土的收缩量亦增大，容易造成喷层开裂。速凝剂的掺量在满足施工要求混凝土快速凝固的条件下尽量减少，因为速凝剂虽可提高混凝土的早期强度和缩短混凝土的凝结时间，但相应降低了混凝土的后期强度，且加大了混凝土的收缩，易造成喷层开裂。

采用干法喷射施工时，由于干拌和料与水是在喷嘴处混合，水灰比不易严格控制，施工过程中混凝土的品质差异较大。为保证施工强度，则其试配强度应适当加大。配合比强度试件应与喷射混凝土施工强度检验一样，用喷大板切割法或凿方切割法制取试件，不能用试模内浇筑制件方法。

(2)要使喷射混凝土与岩面有良好的黏结力,在喷射混凝土施工前,应对受喷岩面进行清理,清除松动岩石和粉尘杂物,处理好涌水。

(3)喷射混凝土应紧跟开挖面及早施工。

(4)控制好喷射混凝土的厚度。厚度要满足设计及相关规范要求,并且要保证锚杆、钢筋网、钢支撑等有足够保护层,但也不能过厚而侵占二次衬砌空间。

(5)随时检查已施工完的喷射混凝土情况,有局部剥离脱落的要及时补喷,有较大开裂时要凿除喷层重新喷射施工,喷层中有微小裂缝且不扩展时,说明围岩变形趋于稳定,则可以不处理喷层。

(6)加强对喷射混凝土的养护,一般至少要养护 7 d。冬天要避免混凝土被冻坏。

1.1.10.7 钢筋网的施工质量控制

(1)钢筋网应在初喷一层混凝土后铺设。但在土沙围岩中,应先紧贴岩面铺设钢筋网,再喷混凝土,使喷射混凝土能附着在岩面上。

(2)钢筋网应随受喷面的起伏铺设,与受喷面的间隙一般不大于 3 cm。

(3)钢筋网的网格尺寸,不大于设计值。钢筋交叉点要绑扎(或焊接)牢固。

(4)钢筋网应与锚杆、钢构件等连接牢固,必要时增设锚钉固定,在喷射混凝土作业时不得晃动。

1.1.10.8 钢拱架施工质量控制

(1)拱架的外形尺寸及安装位置要准确,确保隧洞的净空满足设计要求。

(2)加强拱架的连接。拱架的连接有两个方面:一方面,拱架一般都是分段制作,分段安装,便于安装操作。安装时,各段拱架之间要用螺栓连接牢固,使拱架连成整体才能充分发挥作用。用于永久支护的拱架,为防止连接螺栓松动,还应使用焊接加强各段拱架之间的连接。另一方面,相邻拱架之间必须设置纵向连接钢筋,连接钢筋一般使用直径不小于 20 mm 的螺纹钢筋。连接钢筋不仅能传递应力,使各个拱架共同承受荷载,还能增加拱架的稳定性。

(3)防止拱架下沉。为防止拱架承受荷载后出现下沉,拱脚必须安装在承载力大的基岩上。如果拱脚处围岩的承载力不足,则可用加垫钢板等方式以增加拱脚与围岩的接触面积,或者设置钢托梁。另外,需设拱架支护的围岩,一般都不能采用全断面开挖,而需要用分部开挖法,拱架要随开挖部分及时安装,在开挖隧洞下部时,要采取措施防止上部的拱架下沉。

(4)拱架应尽量靠近围岩,拱架与围岩之间的缝隙必须用喷射混凝土填充密实。如果开挖后围岩起伏较大,可先初喷一层混凝土找平,再安装拱架。

1.1.10.9 止水施工质量控制措施

(1)成立接缝止水专业施工组,施工前进行系统专业培训,持证上岗,并建立相应的经济责任制。上岗人员若不负责任、工作马虎,应及时更换或下岗,从施工组织上严格加强对接缝止水施工的管理。

(2)加强止水原材料的质量检查,不合格的严禁使用。

(3)加强现场管理与监督,提高工艺质量。

加工成型后,仔细检查是否有机械加工引起的裂纹、孔洞等损伤,是否有漏焊、欠焊等缺陷,止水带接头分别按相关的设计要求进行检验。

止水按测放的控制点认真安装,保证位置准确、加固合理牢固;安装时小心谨慎,轻拿轻放,避免与钢筋、模板等碰撞、挤压,以防止水片变形;安装完后,及时将止水片(带)清理干净。

(4)随着科学技术的进步,将不断探索、研究其他新型施工方法和工艺。在止水安装过程中,聘请厂家和有关科研单位的专家及技术人员到施工现场指导,确保止水的加工和安装满足设计要求。

(5)加强止水的保护,确保止水完好无损。

(6)严格按“三检制”进行检查签证,谁施工谁负责,定期进行质量评比,落实经济责任制,实行重奖重罚。

1.1.10.10 灌浆施工质量控制措施

(1)所有材料都进行验收抽检,不合格的材料不准用在工程上。所有施工仪器仪表都应按规定进行率定。

(2)优化浆液配合比,征得监理人同意后,在浆液中加入增强功能的外加剂或其他外加剂以提高浆液的稳定性和防渗效果。

(3)输水隧洞内回填灌浆及固结灌浆均在洞内钻灌平台车上操作,施钻时加固台车,控制好钻机方向,避免钻机晃动,用KXP-I型或JJX-3S型高精度测斜仪跟踪测斜,及时纠偏。

(4)灌浆时,如果遇到大漏量,首先采用限压、限流进行处理,或者灌注稳定浆液或水泥砂浆,必要时采用间歇灌浆;如果遇到大溶洞,采用预填骨料灌浆法或灌注水泥砂浆进行处理。

(5)如果发生孔段串浆,在条件许可时,将其并联灌浆;如不具备条件,则可将串浆孔用阻塞器封闭,再进行灌浆。

(6)如果发生孔段涌水,则首先测定漏水压力,然后加大压力进行灌浆,灌浆结束后,闭浆24~48 h。

(7)严格按操作规程和技术要求进行作业,认真控制所有灌浆项目的灌浆压力、浆液比重、变浆标准和结束标准,保证满足各种设计指标。

(8)所有灌浆均采用自动记录仪进行监控记录,建立规范的资料档案系统和质量、安全信息系统,确保各种记录真实、准确、齐全。

1.1.10.11 工程测量质量控制措施

(1)采取先进的测量控制手段,采用智能化自动采集数据的方法,提高观测效率、观测质量,全部数据直接由计算机处理,最大限度地减轻作业人员的劳动强度、消除人工参与带来的错误和误差,以确保所获得的观测成果和记录成果的准确性和可靠性。

(2)根据相关规定,对测量仪器定期周检,由测量队队长提前1年提出仪器周检计划,报项目总工程师审批。

(3)配备责任心强、现场施工经验丰富、测量资历8年以上的测量工程师担任测量队队长,杜绝测量放样事故的发生。

(4)实行测量换手复测制度;同时实行内业资料的复核制度,无复核人签字的内业资料按事故处理。

(5)利用仪器设备的先进性和大容量储存器,在计算机中建立整个的三维坐标系统数据库,其数据中包含2套三维坐标系统:1套是统一坐标系统,另1套为各建筑物的轴线坐标系统。将2套三维坐标系统全部传输储存在激光全站仪中使用。

(6)所有测量设备必须检验合格才能使用,控制测量采用激光经纬仪和红外测距仪作导线控制网,施工测量主要采用全站仪,局部采用水准仪配合经纬仪进行。由有经验的专业人员进行测量放线、复测。

(7)混凝土立模采用等级控制点测设轮廓点,或由测设的建筑物纵横轴线点(或测站点)测设。

1.1.10.12 试验、检验质量控制措施

(1)试验人员全部持证上岗,试验仪器必须由国家有关部门标定认可并定期检定。

(2)在总工程师的领导下,开展检验、试验工作。通过工艺试验,选用最佳工艺参数,指导施工,同时对现场工艺参数进行检测控制,并及时反馈各种数据。

(3)配足现场试验人员,对现场检测项目及时取样,对不负责任的现场试验人员坚决予以清退。

1.1.11　进度控制措施

1.1.11.1　技术方面

(1)进场后根据现场实际情况认真编写施工组织设计和分项工程施工技术方案。在充分考虑到本工程施工现场条件的前提下,运用软件制定详细的施工网络进度计划及月、旬施工计划表,以及周和日进度计划,以日保周,以周保旬,以旬保月,并在工程实施过程中检查计划的落实情况,发现问题,分析原因,及时汇报,提出修正方案,及时调整和修订进度计划,保证关键线路上的工期按时完成。

(2)在开工前组织测量人员对业主提供的测量点和控制网进行认真复核,如有异议及时向监理工程师反映并共同核实,避免因施工放样错误而造成工程返工而延误工期。

(3)建立技术管理的组织体系,逐级落实技术责任制。严格按照质量保证大纲建立质量管理体系,完善管理机制和施工程序,提高质量管理素质,防止因质量问题造成停工或返工。

(4)建立技术管理程序,认真制订各施工阶段技术方案、措施,以及应急技术措施,做好技术交底,建立技术档案,把技术管理落到实处。

(5)针对本工程的特点,抓好新技术、新工艺的推广应用,充分发挥本公司技术知识密集的优势,组织专家组,开展科技攻关,及时解决施工中出现的技术问题。

(6)项目部领导坚持深入施工现场,跟班作业,发现问题及时处理,协调各工序间的施工矛盾,保质保量按工期完成任务。为了及时落实领导的指示、决策,工地将设指挥调度中心,采用对讲机等通信手段及时了解掌握各点的施工情况。

1.1.11.2　计划控制方面

(1)在一、二级进度网络计划下,制定三级网络施工进度计划和每月工作计划,队和班组制定每周工作计划甚至每天的实施计划,把全部工作纳入严密的网络计划控制之下,以确保预期目标的实现。

(2)加强对计划的检查、跟踪、督促。建立月会、周会、每天碰头会等制度,检查工程进展和计划执行情况。认真分析可能出现的问题。尽可能地做好各方面的充分估计和准备,避免一切可预见的不必要的停工和延误。当因难以预见的因素导致施工进度延误时,要及时研究着手安排追赶工期措施。

(3)坚持实行施工进度快报制度,坚持每天报 1 次各分项工程的工程进度,每 5 d 报 1 次各分部分项工程的实际进度和计划进度的对比情况,并提出两者相差的原因分析,以便项目经理部和业主及时了解各分项工程的进度情况,采取相应的对策措施。

1.1.12　文明施工管理措施

1.1.12.1　施工总平面模块化管理措施

(1)施工总平面实行模块式隔离管理,各分隔区域均应挂牌,严格区分施工区域、施工附属设施区域、仓储区域、营地、道路,保证各区域相对独立管理。

(2)施工现场各区域应设警卫,实施封闭管理,禁止闲杂人员进入。营地建设分区域统一设计,分步实施,围栏封闭管理。

(3)混凝土生产场、钢筋加工场、模板加工场、钢管加工场、库房等现场施工附属设施的布置应做到实用、规范、整齐,使场(库)内、设备的堆放、停放有序,方便使用。

(4)施工区域的道路、配电线路、施工/生活/消防水系统严格按照施工规划设计原则并经设计后按图施工,杜绝随意修改。道路边坡整齐、美观。

(5)施工现场布置六牌二图。六牌:工程概况、施工单位名称牌;安全生产纪律牌;文明施工守则牌;防火须知牌;安全生产无重大事故日计数牌;施工区主要管理人员名单及监督举报电话号码牌。二图:施工平面图;工地文明卫生承包责任图。

(6)施工现场所有施工机械、材料、机电设备等全部实行定置化管理,定置地一律划线挂牌,明确放置物的名称、所属单位(部门)、数量等;仓库区域所有材料、设备的放置按规格、型号、专业分类堆放,放置方向一致,堆放高度按要求尽量做到统一,标识用标牌、字型、色标均按规定统一设置;露天堆放的设备、材料离地至少保持20 cm,下垫道木长度尽量做到一致。对有公害的材料如火工材料和爆炸器材,易燃、易爆品等,在无公害措施情况下进行分类别存放,并由专人负责其安全运输,以防安全事故而造成环境污染。

1.1.12.2 现场设施标准化管理

(1)现场办公区域设施统一规划,办公桌椅、文件柜等办公用品整洁,各专业管理区域尽可能实行开放式、区域分割办公格局,办公室全部统一挂牌,管理实现计算机网络化。

(2)施工临时照明及配电装置标准化:施工现场照明均经设计后施工安装,室外装置统一的高压钠灯或集中广式照明,洞室内工作面采用36 V安全电压或局部广式照明;施工设备用配电箱应符合相关制造标准;照明、动力线路布置在安全前提下做到整齐、合理、美观。

(3)空压机站(房)、水泵房(浮动平台)按设计要求建造,整洁、实用;施工机具用风管、水管,通风用抽排风管布置合理,整齐划一。

(4)脚手架标准化:现场使用的脚手架基本采用钢管脚手架,在有条件的地方尽可能使用承插或螺栓连接的工具式钢脚手架。室外使用的脚手架应全部除锈,刷统一醒目颜色油漆。脚手架应挂牌表明允许的最大载荷、使用期限及责任人。

(5)安全防护设施、警示标识标准化。施工现场统一设计、制作各种规格并标有统一色标的指示、警示、孔洞盖板、格栅和防护栏杆。所有的孔洞均覆盖牢固的盖板、格栅保护。施工区临空面安装可靠的防护栏杆,范围较大的临时临空区在其边缘画警戒线或安装一定数量的警示牌,也可张挂警示带或防护绳。

现场加工、拌和、配电、起重、挖、装、钻、风等机械设备全部张挂安全操作规程牌。

道路两边装设标准交通标志。

机组安装与土建施工区域间设隔离墙、板。

禁止无关人员进入主、副、中控楼,开关站(场),启闭机房等重要区域。

(6)现场应有防扬尘设施,钻孔设备、拌和站等相关施工设备应配置除尘设施;粉尘作业现场应有必要的除尘、防尘设施;油库应有防渗漏措施。

1.1.12.3 环境卫生经常化管理

(1)办公室、值班室、调度室内清洁、整齐、窗明地净;办公、施工区域干净整洁,现场平整,无积水,在非吸烟区无烟头,车辆不带泥沙出现场;办公、施工区和公路两侧、边坡等环境绿化统一设计、专人管理。

(2)施工班组工具间实行工具、生活用品定位放置。班组各类技术文件均放置于柜内。桌椅、地面无杂物和废物。

(3)职工宿舍内禁止乱拉灯、乱接电源插座,禁止使用大功率照明;宿舍内外卫生实施责任制考核,办公、生活区厕所制定卫生标准,安排专人负责清扫管理。

(4)职工食堂设备规范、安全,墙、地面无油渍和积水,就餐区域桌椅整洁,照明明亮,就餐及配餐间的生、熟和清洗等各区域分隔明显,确保不发生各类食物中毒。

(5)仓库、宿舍、办公室等场所环境管理能够保证减少或消除老鼠、蟑螂和苍蝇;职工食堂杜绝出现老鼠和蚊蝇;宿舍、食堂区域必须配置灭蝇设施。

(6)水泥库内外散落灰必须及时清运;现场及混凝土拌和站周围无废弃砂浆和混凝土;施工、生活废水需经沉淀净化处理后才能排放到指定地点;施工垃圾集中堆放,及时分拣、回收、清运;包装容器回收及时,堆放整齐;采取措施控制设备跑、冒、滴、漏现象;废油、废酸碱采取收集、隔绝等措施,经中和处理后才能排放。

(7)施工过程中对石棉制品、水泥、粉煤灰等材料建立操作、隔绝和回收规定,保证不污染环境。

(8)爆破、高噪声作业应采取封闭区域、调整施工时间或降噪等措施,有噪声控制要求的区域应有噪声监视设施,将噪声对环境的影响减少到最低限度。

1.1.13 使用钻爆法施工的隧洞工程实例

大瑶山隧洞长 14.3 km,除进口及 11 处断层地段共约 2.7 km,为泥盆系灰岩及石英砂岩地层,设计定为Ⅱ、Ⅲ类围岩外,其余约 11.6 km 地段地质较好,为砂岩及板岩互层,设计定为Ⅳ、Ⅴ类围岩。为加强施工进度,设置了 3 座斜井和 1 座竖井,斜井井筒长度分别为 784、805、384 m,竖井井深 433 m。此外,又在进口两端及竖井井下设置了 3 段平行层坑,共设 3 025 m;并选择了全断面一次开挖的钻爆法机械化施工掘进方法。从国外购买了主要施工机械,包括 6 个洞口所需的凿岩、装碴、运输(有轨及无轨 2 种)、喷射混凝土以及模注混凝土的搅拌、运输、泵送、钢模件等,另外买了通风量为 1 000 m^3/min 的大型通风机等共 23 种机械 163 台,组成了开挖、喷锚、模注 3 条作业线成龙配套,改变了过去我国隧洞施工小断面分部开挖的局面,实现了大断面少工序机械化施工,为长隧洞施工积累了经验。

大瑶山隧洞施工机械很多,主隧洞的开挖、喷锚及混凝土衬砌 3 条作业线的施工机械组成主要有:

(1)开挖作业线。在 2 个正洞口,由四臂液压凿岩台车、轮胎装载机、倾卸汽车组成开挖作业线。凿岩台车是购置瑞典的 TH286-2 型四臂液压凿岩台车,整个台车安装在 AMEC-DC250 型特制的汽车底盘上,其驾驶台可回转 180°,正逆向都可操作;装载机选用瑞典生产的轮胎装载机,BM1641 型特别配有三向倾卸;倾卸汽车选用意大利生产的 DP205C 型后倾自卸汽车,矿山式翻斗。大瑶山隧洞采用上述两种装运机械后,经过 1 年使用,效率逐步提高,爆破后石渣 600 m^3(松方)能在 4~5 h 装运完毕。

(2)喷锚作业线:复合衬砌施工方法,要求在爆破开挖之后,立即对围岩喷射混凝土并随着打锚杆孔,安装锚杆。这个工序需用喷射混凝土机械及锚杆机械。无论是正洞或井下的正洞开挖都必须用这两种机械。

①混凝土喷射机械是从国外引进的有轨及无轨两大类喷混凝土机具:轨行式混凝土喷射三联机由日本制造;"无轨"喷射设备选用的是瑞典的混凝土喷射三联机台车及机械手台车,两种台车配套使用。

三联机型号 Trixer B1·5-4·0,整机质量 9 000 kg,本机的功能是存料、搅拌和喷射。机械型号为 RoboT75,整机质量 8 370 kg,喷射机具均装在汽车底盘上,由手动操纵的各阀门调节臂杆起伏和摆动喷嘴的方向,进行喷射作业。

这套设备是国际上比较先进的,它使喷射混凝土作业完成机械化。

②锚杆机械,未购置专门锚杆台车,利用四臂或两臂凿岩台车钻锚杆孔,由人工安设锚杆。

(3)混凝土衬砌作业:大瑶山隧洞衬砌作业是在洞外安设混凝土搅拌站,由以下设备组成衬砌作业线。

①钢模板台车。GKK 型整体式(即平移式)模板台车,整机质量 106 t,在轨距为 8 800 mm 的钢轨上移动,每次可衬砌长度 12 m。

②混凝土搅拌,是成套引进了两套意大利制造的 M30 型半固定式搅拌设备,产量为 30 m^3/h。

③混凝土运输机械。进口端采用无轨运输,出口端采用有轨运输。轨行式混凝土搅拌车采用的是卧式罐筒 KAG300D 型搅拌车,空车重 5 000 kg,载重 7 500 kg,由牵引车拖动。

④混凝土灌注机械。混凝土泵配合钢模板台车使用,采用 PTF605 型。泵送能力 4~60 m^3/h,最大

水平输送 230 m，最大垂直输送 50 m。使用混凝土泵使灌注混凝土实现机械化。

大瑶山隧洞由于引进了全套先进施工机械，实现了全部施工机械化，彻底改变了过去落后的施工方法。大瑶山 14.3 km 的特长隧洞引进了全套先进施工机械，使全断面开挖、喷锚支护及混凝土衬砌 3 条作业线，机械配套成龙，开拓了修建长大隧洞新技术，隧洞施工进度明显提高。全断面开挖独头月进度最高纪录为 205 m，拱墙衬砌月灌注速度单口最高为 303 m，单口独面月成洞最高为 217.8 m 双线。

1.1.14　隧洞塌方处理工程实例

内昆线倮家湾 4#隧洞大塌方的处理。

1.1.14.1　工程概况

倮家湾 4#隧洞位于内昆线昭通彝良县境内的 3 层展线段中间 1 层，全长 2 228 m，里程为 DK346+187—DK348+425，隧洞纵坡 19.5‰，进口端位于 $R=500$ m 的曲线上。这里气候条件恶劣，地质复杂，溶槽、溶沟发育，其中进口端 DK346+187—DK346+370 段长达 183 m 为埋深 20 m 左右的风化极严重的玄武岩破碎层，自稳能力极差，其余地段均为灰岩地质。下面介绍的 DK346+282—DK346+299 段共长 17 m 的大塌方就位于这段破碎带中。

该段设计用新奥法施工，Ⅱ类复合衬砌，台阶法开挖，先墙后拱法衬砌，初期支护喷 C20 混凝土(厚 25 cm)，格栅钢架间距为 1 m，用 $\Phi22$ 钢筋纵向连接。超前锚杆环向间距 0.4 m，每根长 3.5 m，每环 20 根；系统锚杆长 3 m，横纵间距 0.8 m×1 m，设置钢筋网拱墙。二次衬砌和仰拱用 C20 混凝土，水沟和电缆槽用 C15 混凝土，盖板用 C15 钢筋混凝土，隧底填充 C20 混凝土。

1.1.14.2　塌方情况

该段施工中，考虑到围岩比较破碎，分上、下二层台阶开挖，在按设计施作初期支护的情况下，DK346+282—DK346+299 段 17 m 拱部初期支护于 1999 年 1 月 21 日 8:20 在事先没有任何迹象的情况下，突然响声大作，一瞬间发生坍塌，初期支护全被压垮，洞内全断面封堵，地表形成直径 8 m、深 4 m 的口小肚大的坍穴，使施工受到极大影响。

1.1.14.3　塌方原因分析

1. 降雪和地下水的激发因素

1 月 10—14 日，昭通地区连降大雪，倮家湾 4#隧洞所处地区积雪厚度达 50 cm，由于隧洞所穿越的山体自然坡度近 45°，穿山背进入低凹地形，积水面积大。因此，冰雪融化后渗入土体内，增加了土体重量，降低了土体胶结性，使土体自稳能力极差，极易造成塌方。

2. 地质因素

隧洞拱顶上方埋深为 21 m，上部为松散的砂黏土，下部为风化破碎的玄武岩，经雪水渗透浸泡，达到饱和状态，失去自稳能力。

3. 施工工序安排欠科学

上半断面开挖拉得过长，比下半断面超前 85 m，只做初期支护，却未及时做拱部衬砌，造成松动应力过大，对台阶后部已开挖只做初期支护段形成较大的松散压力，极不安全。

1.1.14.4　塌方段处理方法

1. 坍体段地表的处理

对坍塌凹部壁施作挂网、锚喷支护，坍塌漏斗地表进行截水，必要时搭遮雨棚，防止地表水灌入坍体内。待洞内处理完后，采用土石夯填到略高出原地面，等填土下沉稳定后，用 50#浆砌片石铺砌。

2. 坍体洞内的处理方法

对坍体开挖面轮廓线外加设大管棚和小导管注浆进行预加固，固结后进行坍体段的开挖。在坍体段(DK346+282—DK346+299)拱部采用 $\Phi89$ 大管棚和 $\Phi42$ 小导管注浆，挂钢筋网、设格栅钢架并施作混凝土初期支护,边墙施以侧壁小导管注浆和锚喷加固。坍体段拱部、边墙初次衬砌设钢轨钢架(1 榀/0.7 m),并灌注混凝土。坍体段按先拱后墙法施工,拱脚内增设钢轨托梁并向坍体内端延伸约 10 m,防止拱部下沉。DK346+282—DK346+299 段两端 10 m 长范围的衬砌均需加强,拱墙施作钢筋混凝土衬砌。DK346+270—DK346+280 段边墙已按原设计衬砌,也应采取措施给予加强。DK346+309—DK346+385 段的上半断面已开挖且已作初期支护,待塌方处理后立即先做拱部衬砌再进行下半断面开挖,以确保该段安全。

注浆压力一定要大于周围坍体、裂隙水压、坍体层压力等各种阻力总和,注浆压力大,浆液扩散范围也大,但压力过大会造成窜浆,扩散到坍体范围以外,造成材料的浪费。因此,可采用经验公式根据地层深度来计算,注浆压力随深度增加而增大,即

$$P = K \cdot H$$

式中 H——注浆深度,m,取最大注浆深度 17.5 m;

K——压力系数,通常注浆深度小于 200 m 时,取 0.023。

则 $P = 0.023 \times 17.5 = 0.4$(MPa)。

注浆量受水压和坍体的松散条件等多种因素影响,可通过下列经验公式计算:

$$Q = A \cdot \eta$$

式中 A——注浆范围坍体体积(3 630 m^3);

η——填充率,按 60%计。

则 $Q = 3\,630 \times 60\% = 2\,178$($m^3$)。

1.1.14.5 塌体段施工工艺

(1)小导管与大管棚的安装制作:小导管与大管棚的前部都钻注浆孔,孔径分别为 6~8 mm、10~16 mm,呈梅花形布置,尾部留 100 cm 作为不钻孔的止浆段,小导管前端加工成锥形,大管棚分段安装,每段长 6 m,两段之间用“V”形对焊。前端安装硬质钻头,采用直接撞击法将导管撞击至设计位置。

(2)注浆:浆液水灰比为 1∶1,外掺 3%的速凝剂,注浆开始时,水灰比大,后逐渐变小,注浆压力逐渐升高,当达到设计终压时再注 20 min,注浆量大致与设计注入量接近。

(3)上半断面施工:采用人力或风镐开挖,每次进尺不超过 1.2 m,紧跟网喷和格栅支护(1 榀/5 m),纵向之间用钢筋连接,开挖 5 m 后,施作拱脚加纵向钢轨托梁的钢拱架二次混凝土衬砌。待上半断面坍体衬砌贯通后再进行下半断面坍体施工。

(4)下半断面施工:侧壁小导管注浆加固,为防止右侧坍体产生侧压,开挖支护分 3 层进行,纵向每次进尺 3 m,开挖后马上初喷混凝土,紧跟挂网和格栅钢架支撑并复喷,纵向待下半断面开挖 6 m 后,作钢轨架混凝土边墙衬砌,最后作仰拱。

(5)为防止塌方段完工后漏水,在衬砌背后按 6 m 一环预埋稻草绳作引水盲沟,效果较好。

1.1.14.6 塌方处理时间与效果分析

钻孔从 3 月 6 日开始至 3 月 23 日结束,共钻孔 32 个,钻孔深 16.72~18.33 m,注浆从 3 月 23 日 16:00 开始至 4 月 6 日 21:00 结束,注浆管安装长度为 16~17.5 m。注浆以大于注浆处静水压力开始,然后慢慢增大注浆压力,终压值达到 0.4 MPa 时停止,实际注浆量为 2 150 m^3,与施工设计注浆量 2 178 m^3 基本相符。注浆完毕后,开挖情况显示,坍体玄武岩破碎体及土石松散体凝结成一个整体,相当于一个低标号的混凝土体。拱部也有自稳能力,在施作小导管等初期支护后,经过量测资料分析,坍体处于稳定状态,塌方段再没有变形和下沉,完全达到了预期目的。

1.1.14.7 工程技术人员的总结与体会

(1)在隧洞施工中,虽然认真按照设计图纸和相关规范施工,对地质条件变化也有所认识,并在施工中积极采取了一些措施,认为这样做万无一失。但实践证明,我们的认识和做法还存在着不

足，尤其是对地质情况的复杂性认识不充分，对外部自然环境发生变化后，雪水渗透到土体后所造成的危害估计不足，采取的措施仍存在差距。

(2)施工工艺方面只求表，例如喷锚支护，里层开挖不平顺，只想通过喷射混凝土保证平顺，致使喷层厚度不均，而没有采取光爆技术从根本上杜绝开挖造成的不足。

(3)坚持科学施工力度不够，虽然对软弱围岩，一直强调“弱爆破、短进尺、强支撑、早衬砌”，但在实际施工中却因盲目抢上半断面的进度，忽视了松动力对前期开挖断面造成的影响。

(4)虽然原设计为先墙后拱法，但在施工中，应根据实际情况灵活调整，如针对侯家湾4#隧洞台阶拉得过长、初期支护变形时间长且为Ⅱ类软弱围岩的情况，应采取先拱后墙较为合理。此次坍塌后采用先拱后墙法，拱脚内增设刚性托梁和锁脚锚杆，成功地处理了塌方就是较好的证明。

(5)此次塌方处理中拱部设计了大、小管棚注浆，喷混凝土及钢筋网等方法，边墙设计为挖井法施工，采取了加强拱部临时支撑、防止拱部下沉的有力措施及竖井护壁。由于挖井法每井只挖2 m，存在工作面狭窄等因素，加之注浆效果明显及拱部衬砌中增设了刚性托梁，因此实际施工时下半断面开挖采用了拉槽开马口法。施工时先打边墙小导管并注浆再开挖马口，边墙临时支撑为加强的初期支护，从实际边墙马口开挖看，注浆后的围岩为一个低标号混凝土整体，相当于边墙后边先施作了护墙，完全满足稳定的要求，又弥补了挖井法小段衬砌质量较难保证的缺陷，具有内实外美的优点。

侯家湾4#隧洞进口塌方从2月25日开始处理，5月19日处理完毕，历经2个半月的时间，在处理过程中，从未发生一起事故，这得益于科学合理的处理方法和有效的施工组织管理。

1.2　钻爆法开挖在高地应力洞段的技术措施

1.2.1　岩爆洞段施工技术

岩爆是围岩在高地应力场条件下所产生的岩片(块)飞射抛散以及洞壁片状剥落等动力破坏现象。发生岩爆的条件是岩体中有较高的地应力，并且超过了岩石本身的强度，同时岩石具有较高的脆性度和弹性，在这种条件下，一旦地下工程活动破坏了岩体原有的平衡状态，岩体中积聚的能量释放就会导致岩石破坏，并将破碎岩石抛出。岩爆大都发生在褶皱构造的坚硬岩石中，与断层、节理构造密切相关。当掌子面与断裂或节理走向平行时，极容易触发岩爆。岩爆是隧洞施工的一大地质灾害，破坏性很大，往往造成开挖工作面的严重破坏、设备损坏和人员伤亡，甚至会酿成重大工程事故。

1.2.1.1　*岩爆的分类*

岩爆的类型按破裂程度大小特征分为以下4种：

(1)弹射型岩爆。此种类型岩爆发生在极坚硬、极完整围岩的岩壁上，呈零星断续出现，一般是在开挖后6~12 h发生，发生时有清脆的“啪、啪”声响，随即有5~10 cm大小的中间厚边缘薄的岩片弹出(弹射距离2~7 m)或烟雾状的岩粉喷射出(即所谓“冒烟”)。此种类型岩爆无明显预兆，持续时间短(一般几个小时)，对隧洞破坏和机械损坏影响不大，但对施工人员的安全威胁较大。

(2)爆炸抛射型岩爆。此种类型岩爆也是零星断续出现，一般是在开挖后6~12 h内发生，发生时首先有“啪、啪”声响，紧接着像放大炮一样“砰”的一声巨响，随着响声可见到大小不一的片状、块状岩块(最大20~30 cm)和岩粉被抛掷出来，抛掷距离5~7 m，岩爆坑深度一般20~50 cm。此种类型岩爆持续时间一般也只有几个小时，但有一定规模，也具备一定的偶然性和突然性，对机械和施工人员的安全有较大影响，对隧洞的破坏也有一定影响。

(3)破裂剥落型岩爆。此种岩爆在围岩开挖30 min即发生，局部地段开挖后1年还能发生，岩爆发生时有时能听到“啪”或“嘎”，或“啪、啪、啪”或“嘎、嘎、嘎”声响，随即出现岩面开裂，然后发生剥落。岩爆坑规模较大，剥落的岩块为片状、板状，大小不一。此种类型岩爆从出现响声→开裂→剥落有一个持续过程，但因其规模大、历程长，对隧洞的破坏、对机械和施工人员的安全等都有很大的影响。

(4)冲击地压型岩爆。此种类型岩爆表现为隧洞开挖后，线路左侧拱部、边墙出现与开挖面基本一致的塌落边帮，并伴有沉闷的爆落响声。

在实际施工中，为了方便施工，将岩爆按规模和烈度分为：弱岩爆、中等岩爆、强烈岩爆3种类型。

(1)弱岩爆规模小，一般多为弹射型、冲击地压型岩爆。岩爆坑较浅，厚度一般小于10 cm，呈零星分布。对人体危害较小。一般发生在地应力不是很大、岩层整体性不是很好的岩体中，围岩受力后沿较软结构面开裂，呈板状或块状。开裂时有不大的像冰层开裂的"啪、啪"声，岩块破裂松脱。也有的岩块不一定立即脱落，而是很长时间(1~2个月)才从母岩上脱落。有个别弹射现象，但速度低，弹射距离不远；隧洞底部一般只是发生爆裂，岩块无移动现象；发生在边墙部位的岩爆，多呈片状，逐层剥落。

(2)中等岩爆多为爆炸抛射型、破裂剥落型岩爆，岩爆坑呈三角形、弧形及梯形，连续分布，规模较大，岩爆坑一般几十厘米深，沿隧洞轴线，成片分布。其危害主要是岩块爆裂后弹射伤人，对机械设备的安全或隧洞洞室的稳定性影响不大。一般发生在隧洞洞壁，开挖后可能产生直径在5~10 cm的鳞片状的岩石薄片或岩粉并从洞壁弹射出来，速度在2~5 m/s。爆裂时声音尖锐，像枪声。

(3)强烈岩爆多为破裂剥落型岩爆，岩爆坑连续分布，对人员和机械设备危害较大，还可能造成大量超挖。一般发生大面积的爆裂弹射现象，延续时间长，爆坑成片且深度大。严重的是在爆破后立即发生的抛石现象，爆破后巨石从围岩中抛射出来，抛射速度大于5 m/s，抛射距离远。

掌子面岩爆和爆后裂纹如图6-11所示。

图6-11　掌子面岩爆和爆后裂纹

1.2.1.2　岩爆的破坏特征

1. 破坏持续性

从爆坑的形成来看，其稳定后的形态一般由瞬时破坏和持续破坏造成。

(1)瞬时破坏，是指岩体内发出劈裂声或闷雷声的同时，岩爆部位(并非特定的声响部位)发生的直接破坏，包括岩爆时的劈裂、鼓折和弹射破坏。

(2)持续破坏，是指岩爆位置发生初次破坏后岩爆区的连续破坏，其破坏形式多以劈裂和鼓折破坏为主，无弹射。

2. 破坏岩块特征

从岩爆区剥落或弹射的岩块来看，一般呈板状、片状、鳞片状和不规则状。

岩爆形成的不同岩块特征如图6-12所示。

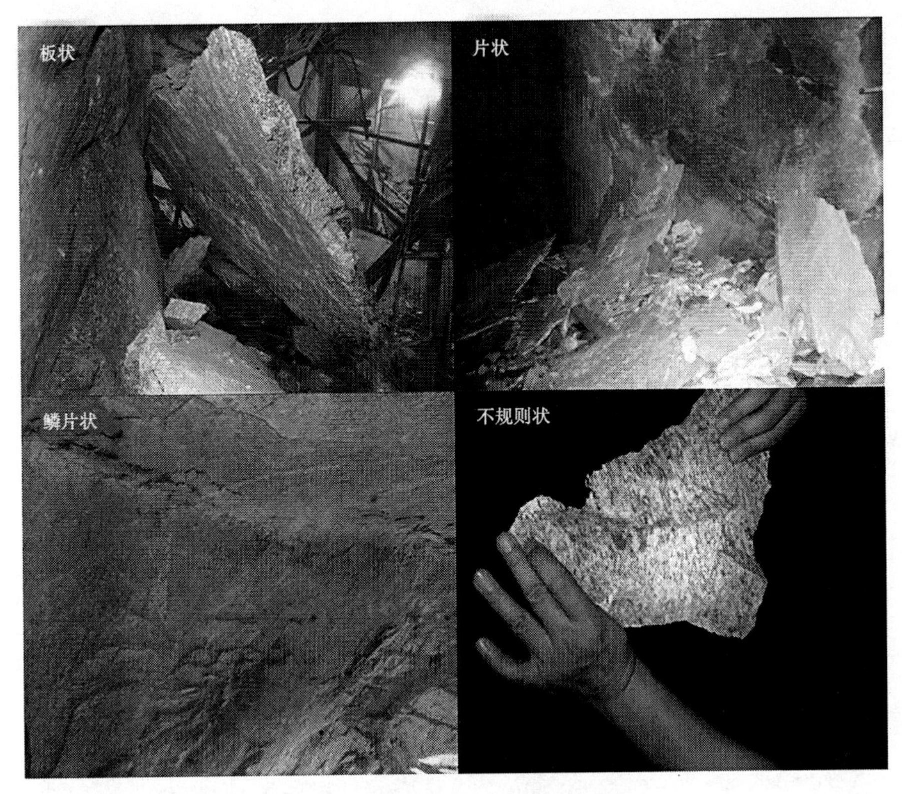

图6-12　岩爆形成的不同岩块特征

(1)板状:厚度超过10 cm,块度一般大于1 m。

(2)片状:厚度1~10 cm,块度小于1 m。

(3)鳞片状:厚度小于1 cm,块度一般10~20 cm。

(4)不规则状:岩块不规则,包括棱角状、飞碟状等形状。

3. 破坏后洞壁形状

按岩爆烈度等级与岩爆区的持续破坏时间不同,岩爆破坏区的洞壁表现出以下几种形式。

(1)"︿"形:即钝角形,拱顶起拱线—拱顶中心线范围内发生持续的片状或块状剥落,导致洞壁为钝角形,其特征为影响范围大,影响深度浅。

(2)"L"形:即直角形,一般发生在洞壁起拱线到拱顶范围(0~90°)内,沟谷应力集中和支洞与主洞交叉口部位多形成这种洞形,影响范围更大,交叉口部位从洞顶到洞底均有剥落,影响深度较大。

(3)"V"形:即锐角形,持续剥落时间长短导致"V"形坑的深度不同,一般发生在拱肩到拱顶中心线连线的30°~70°范围内,坑底的"层裂"过程不断发生,持续剥落时间长导致"V"形坑深度很大,最大深度达到1.8 m。有时出现在洞壁,其影响范围小,深度大,且持续时间长。

(4)"("形:即圆弧形,一般发生在侧壁围岩中,洞壁岩体的葱皮状剥落形成弧形洞壁,影响范围大,持续时间长。

(5)阶梯状:岩爆发生后的持续破坏在洞壁形成明显的阶梯形壁面。

(6)不规则形:弹射和剥落的随机性导致形成不规则的岩爆坑。

几种岩爆破坏区洞壁如图6-13所示。

1.2.1.3　岩爆的防治处理措施

针对引水隧洞的地质特征,在施工中可能出现岩爆的地段应采取积极主动的预防措施和强有力的施工支护,确保岩爆地段的施工安全,将岩爆发生的可能性及岩爆的危害降到最低。切实做好

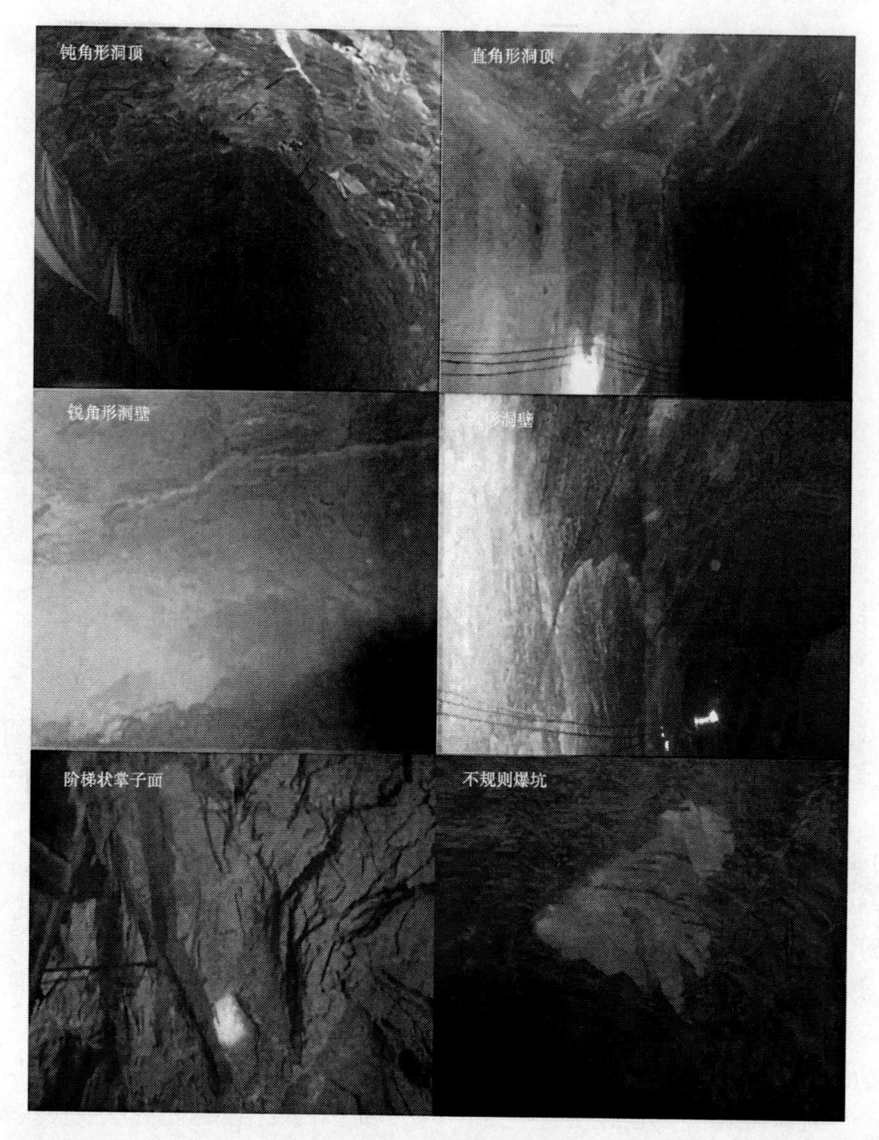

图6-13　几种岩爆破坏区洞壁

引水隧洞潜在岩爆洞段的岩爆预测工作,在充分认识引水隧洞工程区的地形地貌、地质情况,并在掌握引水隧洞岩爆发生规律和岩爆特征的基础上,对引水隧洞沿线未开挖洞段作出岩爆宏观预测。由专业单位综合运用围岩岩性分析预测法等对岩爆的发生进行预报。对引水隧洞已经发生的岩爆破坏方式、岩体应力水平、岩石强度、结构面发育特征进行分类总结,获得岩爆发生条件的认识,建立经验判断方法。

世界各国在与岩爆作斗争中,总结了许多防治方法,归纳起来有:改善围岩应力、改变围岩性质、加固围岩及防护等几种方法。

1. 改善围岩应力的方法

从强度理论角度看,岩爆是一种破坏,伴随着破坏释放能量而造成振动、抛突、坍落、堵塞等灾害,因此如果能使围岩应力小于围岩强度就不会发生岩爆,要达此目的有以下几种方法:

(1)慎重确定地下洞室穿行方位。在设计阶段,选定地下洞室穿过方位时,根据区域性构造地质所提供的资料,尽可能回避处于活跃期的褶断带,不要使洞室的施工造成大的、老的构造复活或形成该构造的诱发因素。这就可避免承受复杂而巨大的地质应力的破坏作用,也包括施工中的岩爆袭击。这需要做过细的工程地质工作。

(2)在布置地下工程时,应尽量使长轴方向与最大主应力平行,这样可以减小洞壁围岩的切向应力。

(3)在岩爆频发洞段开挖,要求采用短进尺开挖掘进措施,每次开挖进尺小于1.5 m,充分利用掌子面前方的屈服低应力区使得小进尺的开挖可以在一种低应力条件下完成。出渣后即针对开挖掌子面和周边洞壁进行危石清除作业,并随后进行高压水冲洗。

(4)选择合适的洞形,以改善围岩应力状态。

(5)改变导坑断面形状。在开挖过程中,改变导坑断面形状,将通常采用的梯形面改为弧形拱顶。这不仅减小了围岩压力,更重要的是有利于岩层隐藏的弹性势能由急变缓地释放,也改善了临时支护受力状态。适当提高拱顶开挖高度,一般提高0.3 m,有利于衬砌灌筑时临时支护的拆换和桁架模板的安装。

(6)解除应力法。人为解除应力的方法是颇为主动的方法。该方法是在预计可能发生岩爆的洞段内,通过人工进行垂直于掌子面的超深钻孔施爆工作,造成掌子面内相当深度的地方成为一个破碎带,以减轻掌子面上的压力,从而使岩爆的烈度和影响范围得以降低,即使在足够大的高应力区内产生的突发性较大岩爆,也会因破碎带的缓冲效应,使其危害程度大为减小,从而保证施工人员的安全,这种人工解除应力的方法还可以产生增大掌子面破裂带宽度的效应,以及产生把高应力峰值从掌子面移动到实体岩石的效应,以及产生把高应力峰值从掌子面移动到实体岩石的效应。实施该方法的问题主要是应力解除孔的钻进深度、时间间隔以及装药量等,均需视实际情况而定,一般应确保在掌子面前方至少有几米厚的破碎岩石缓冲带存在。通过多次实践证明,实施应力解除的结果,不仅可以用于减少一般岩爆的影响,还可用于为数不多的严重岩爆中,由此而使因岩爆引起的伤亡人数和延误的施工时间显著减少并在心理上给予施工人员极大的安慰。另外,在进行人工应力解除爆破的同时,偶尔发生的轻微岩爆,防止了发生突发性岩爆条件的形成和猛烈岩爆的发生,这一点对不可避免的岩爆来讲,是控制岩爆发生的重要手段。对于人工应力解除措施未能防止岩爆发生的情况,可能与岩石的残痕以及那些由于自然原因或人工原因应力已被解除的地方有关。采用仪器了解应力解除爆炸破裂的效应,从而给出掌子面前方破碎带扩大的范围以及岩石破碎的程度,有利于有关的各种变量组合达到最大效应。应力解除法的应用经实践检验证明,不仅原理正确,而且能够实际应用,是防治岩爆的有利措施之一,其存在问题有待在实践中摸索改进。

2. 改变围岩性质的方法

(1)钻孔压力注水法。打设超前钻孔释放隧洞掌子面的高地应力或注水降低围岩表面张力,超前钻孔可以利用钻探孔,在掌子面上利用地质钻机或液压钻孔台车打设超前钻孔,钻孔直径45~108 mm,深度5~20 m,对轻度岩爆每循环掌子面打设1~3孔;中度岩爆每循环掌子面打设4~6孔;强烈岩爆每循环掌子面打设6~8孔,对掌子面拱顶及两侧起拱线位置要优先布孔,其余孔位可作为加密孔。必要时也可以打设部分径向应力释放孔,钻孔方向应垂直岩面,轻度岩爆每循环打孔孔眼间距1.5~2.0 m,深度0.5~1.5 m;中度岩爆间距1.0~1.5 m,深度1.5~2.5 m;强烈岩爆间距0.5~1.0 m,深度2.5~3.5 m。同时对于强烈岩爆地段可在超前探孔中进行松动爆破或将完整岩体用小炮振裂,或向孔内压水,以避免应力集中现象的出现。

(2)表面喷水法。在岩爆地段,开挖后及时向掌子面及以后约15m范围内隧洞周边进行喷洒高压水,在一定程度上起到降低表层围岩的强度,采用超前钻孔向硬岩体内高压均匀注水,可以提前释放弹性应变能力并将最大切向应力向围岩深部转移。高压注水的楔劈作用可以软化、降低岩体的强度,也可以产生新的裂隙并使原有裂隙继续扩展,从而降低岩体储存弹性应变能的能力。或预先在工作面有可能发生岩爆的部位有规则地打一些空眼,不设锚杆而注水,以便释放应力,阻止围岩达到极限应力而产生岩爆。

(3)改善施工方法。

①在岩爆存在区段，合理选择开挖参数，因为在高地应力地下洞室施工过程中，如果开挖方法、工程措施等选择不当则会大大恶化围岩的物理力学性能和应力条件，从而会诱发或加剧岩爆的发生，所以在隧洞钻爆法施工中，采用短进尺掘进，减少药量和减少爆破频率，控制光爆效果，以减少围岩表层应力集中现象而加剧岩爆。在中等以上岩爆区，周边眼间距控制在 25 cm 以内，采用隔眼装药，堵塞炮泥，增加光爆效果，以使开挖轮廓线圆顺。尽量避免凹凸不平造成应力集中，以减弱岩爆的发生。

②开挖钻孔过程中周边眼间距控制在 45~50 cm，钻眼平行无交叉，眼底平齐。调整钻爆设计，采用“短进尺，弱爆破”。改其为浅孔爆破，缩短循环进尺，减少 1 次用药量。拱部采用小药卷光面爆破措施，拉大不同部分炮眼的雷管段位间隔，从而延长爆破时间，减少对围岩的爆破扰动，减少爆破动应力的叠加，控制爆发裂隙的生成，避免由于爆破诱发岩爆，从而降低岩爆频率和强度。弱岩爆一般进尺控制在 2.5 m，中等岩爆一般进尺控制在 2 m，尽可能全断面开挖，一次成形，以减少围岩应力平衡状态的破坏。

③改变开挖方式，预留岩爆层。施工中预留 2 m 厚的岩爆处理层，岩爆过后再进行二次扩挖爆破、支护，较好地通过强烈岩爆段。对于中等以上的岩爆洞段，在钻爆施工时，可在拱角、边墙及顶部加深钻打周边眼，然后向眼孔内喷灌高压水，对围岩进行软化，从而人为提前加快围岩的应力释放。眼孔超前深度可取 2 m。

④改变洞室的开挖断面形状，把洞室直接或近似开挖成相应于岩爆后围岩稳定的洞室形状，如“A”字形、不规则的梯形等，从而减小岩爆的程度。

3. 加固围岩的方法

对已开挖的洞壁进行加固以及掌子面前方的超前锚固，其作用有两个：第一，改善掌子面及 1~2 倍洞径洞段内围岩的应力状态，由于支护的作用，不但改变应力大小的分布，而且使洞壁从单轴应力状态变为三轴应力状态；第二，防护作用，防止弹射、塌落等事故。一般加固方法有以下几种：

(1)喷混凝土法。此法可用于弱岩爆洞段。对岩壁进行喷混凝土，厚度一般为 5~10 cm。

(2)喷钢纤维混凝土法。由于钢纤维混凝土具有较大的柔性和抗剪能力，因此能够承受较大的变形而不使表层开裂。钢纤维混凝土比较适合处理弱岩爆。

(3)锚杆法。锚杆是加固和治理中等岩爆最有效的方法之一，及时施作锚杆不仅可以加固岩体，还可以改变洞壁岩体的应力状态，改变岩爆的触发条件，控制岩爆发生的前两个阶段的发展，从而达到防止岩爆发生的目的。锚杆应在离掌子面 2 倍洞径范围内施作，或超前施作；锚杆的长度一般大于 2.5 m，间距一般视现场情况而定；锚杆的类型一般选用机械式锚杆、摩擦锚杆、膨胀锚杆。

(4)喷锚法和挂网喷浆法。对于岩爆后残留岩片较多且危及安全时，可采用喷锚法处理，用锚杆加固后再行喷浆，锚杆深度一般为 3~4 m，间距 1~2 m；对于残留岩片较普遍时，则需采用挂网喷浆法以防掉块。

4. 防护、躲避及监测措施

(1)对施工打眼台车进行改造，在台车上方及侧面设立钢筋防护网。在进行钻眼施工时有必要在掌子面处也设立钢筋防护网，以确保施工人员的安全。中等及以上岩爆地区隧洞钻爆法施工可以采用专利钢防护轨道台车，包括洞状的钢防护框架和固定在钢防护框架长度方向上的无底的防护钢板，钢防护框架顶部上方焊接工字钢骨架，钢骨架上锚固钢绞线防护网，钢防护框架下边框沿着钢防护框架长度方向上安装有多个轮子，钢防护框架的前端带有可拆卸的前端顶板，在前端顶板上布置多排多列用于钻爆定位的炮眼，在前端顶板的下部设置有钢制安全门，另外配置安装于施工场地的可移动钢轨道。通过防护网的保护，起到对岩爆落石下落的缓冲作用，来保护钢防护结构，达到保护施工人员，从而保证安全施工的目的。

(2)加强现场岩爆监测、警戒及巡回找顶，必要时及时躲避。组织专门人员全天候巡视警戒及监测。岩爆一般在爆破后2 h左右比较激烈,以后则趋于缓和,多数发生在0~50 m范围和掌子面处。从地质方面来看,岩爆发生的地段有其相似的地层条件和共性条件,使短距离的预报成为可能。听到围岩内部有沉闷的响声时,应尽快撤离人员及设备。特别是强烈岩爆地段,每次爆破循环后,作业人员及设备均应及时躲避一段时间,待岩爆基本平静后,立即洒水喷混凝土封闭岩面,以保证后续作业的进行。巡视、警戒人员要对岩爆段,特别是强烈岩爆段岩石的变化仔细观察,发现异常及时通知,撤离施工人员及设备,以保证安全。

(3)加强对施工人员岩爆知识教育。强化作业人员安全纪律教育以及岩爆常识、防护知识的学习;严格执行有关技术和安全操作规程;危险地段增设照明并设醒目标志。进洞人员必须正确佩戴安全防护用品,特殊工种应持证上岗。

(4)增设临时防护设施,给主要的施工设备安装防护网和防护棚架,给施工人员配发钢盔、防弹背心等,掌子面加挂钢丝网。配备专职安全员对作业面24 h轮流值班,有岩爆发生时及时警报,并做好现场人员按既定的逃生路线疏散及设备防护。施工机械,如挖机、装载机、出渣车易破损部位设置钢筋防护网罩。岩爆严重时及时撤离机械,待稳定后再进行支护等措施。

(5)加强施工期监测。在施工中应加强监测工作,通过对围岩和支护结构的现场观察,包括辅助洞拱顶下沉、两维收敛以及锚杆测力计、多点位移计读数的变化,可以定量化地预测滞后发生的深部冲击型岩爆,用于指导开挖和支护的施工,以确保安全。

1.2.1.4　岩爆防治处理工程实例

1. 我国西部某工程引水隧洞

我国西部某工程引水隧洞埋深大、地应力高、地质构造复杂,隧洞最大埋深1 720 m,推测初始地应力可能达到50 MPa,以水平应力为主。根据工程经验和已经开挖洞段实际发生的岩爆综合分析,初步判断本工程引水隧洞以发生轻微-中等岩爆为主。

1)岩爆影响因素

(1)埋深。根据引水隧洞开挖过程中的岩爆统计资料,已完成开挖洞段埋深最大1 180 m,岩爆发生的最大埋深在1 062.54 m,最浅埋深在72.5 m处。

不同埋深有岩爆发生洞段与已开挖洞段情况见表6-9和表6-10。

表6-9　不同埋深有岩爆发生洞段与已开挖洞段情况

埋深/m	<500	500~1 000	>1 000
岩爆发生洞长/m	1 140.85	1 497.5	303
开挖洞段长度/m	4 765.69	4 547.70	424.73
岩爆发生洞段占比/%	23.94	32.93	71.34

表6-10　已开挖洞段发生岩爆与埋深关系统计

埋深/m		<500	500~1 000	>1 000
岩爆等级	Ⅰ	96.93	16.34	0
	Ⅰ~Ⅱ	3.07	83.66	34.20
	Ⅱ	0	0	65.80

岩爆洞段与开挖洞长对比如图6-14所示,岩爆等级与埋深的对应关系如图6-15所示。

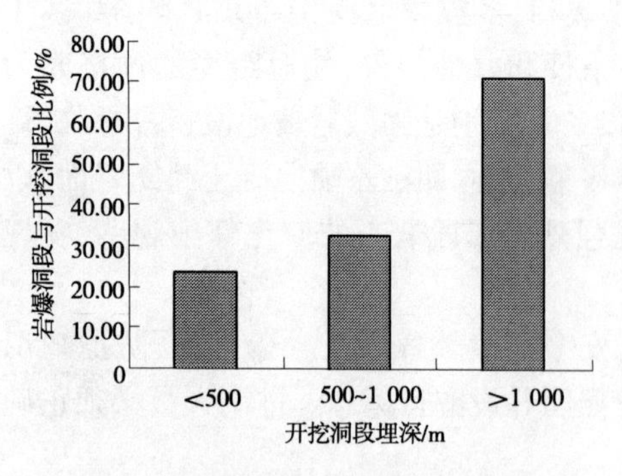

图 6-14　岩爆洞段与开挖洞长对比

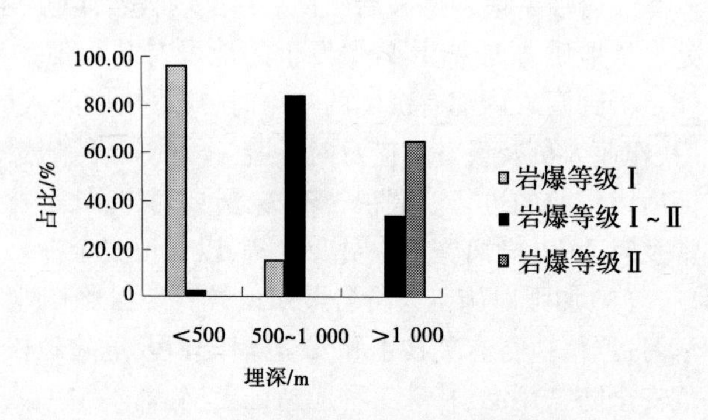

图 6-15　岩爆等级与埋深的对应关系

上述图表可以看出,96.93%的轻微岩爆发生于埋深小于 500 m 的洞段,而有 65.80%的中等岩爆发生于埋深大于 1 000 m 的洞段,83.66%的轻微-中等岩爆发生于埋深在 500~1 000 m 的洞段。有 3.07%的轻微-中等岩爆发生于埋深小于 500 m 的洞段,有 34.20%的轻微-中等岩爆发生于埋深大于 1 000 的洞段。岩爆的发生与埋深有一定关系,但埋深不是岩爆发生的决定性因素。

对已发生岩爆洞段的统计列于表 6-11 中。如表 6-11 所示,轻微岩爆发生的埋深范围为 26.5~745 m,平均 341.82 m;轻微-中等岩爆发生的埋深范围为 117.4~986.67 m,平均 598.88 m;中等岩爆发生的埋深范围为 382.3~1 060 m,平均 750.93 m。

表 6-11　岩爆等级与埋深范围的对应关系

岩爆等级	轻微(Ⅰ)	轻微-中等(Ⅰ-Ⅱ)	中等(Ⅱ)
埋深范围/m	26.5~745	117.4~986.67	382.3~1 060
平均埋深/m	341.82	598.88	750.93
总长/m	1 323	1 114	605
占比/%	43.49	36.62	19.89

(2)地形和构造。从统计资料来看,岩爆一般发生于顺水流方向的右侧,即临河床一侧。从地形上来看,岩爆区一般位于临坡脚一侧;2#、3#、4#施工支洞进口均位于沟谷底部,坡脚应力集中造成的高地应力是这些部位发生岩爆的主要原因。图 6-16 为本工程岩爆发生部位横断面图,可以看出,岩爆发生在临坡脚一侧。

洞线穿越 3 个沟谷地段,这些地段均发生了轻微-中等岩爆,如桩号 Y1+585—Y1+690、Y6+120—Y6+260、Y11+023—Y11+200 段,这些洞段的岩爆并不是直接发生在沟谷底部,而是在两侧就比较明显。断层附近应力集中也对岩爆的发生起到促进作用。受断层影响尤为明显,如 Y5+290—Y5+390 段的中等岩爆,由于桩号 Y5+250 处揭露区域断裂 F3,岩爆区域位于断层的下盘,受其影响,此处发生中等岩爆,持续剥落时间长达 4 个月之久。4#施工支洞 Z0+100—Z0+150 段的岩爆受断层影响而持续剥落。本工程洞线穿越沟谷部位均发生了岩爆,断层的下盘也是岩爆特征较为明显的破坏区。

岩爆发生于洞段干燥部位,地下水不发育,围岩完整性非常好,基本上为Ⅱ、Ⅲ类围岩。岩体的微观结构特征影响岩爆发生的烈度,表现为在角闪石和黑云母条带密集发育并且呈定向排列,烈度一般达到中等烈度等级。

断面形状对岩爆的影响非常明显,表现为爆破半孔率在 95%以上洞段岩爆不突出,而在半孔率较低时局部有弹射或剥落现象;避车道部位洞壁发生岩爆,且持续剥落;支洞与主洞交口部位岩

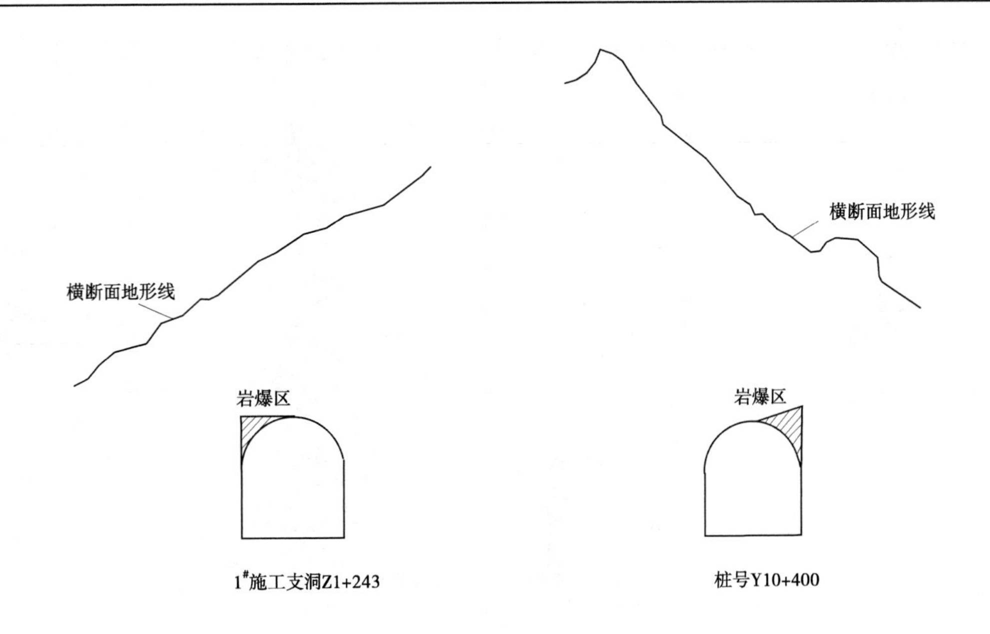

图6-16　岩爆发生位置与横断面地形线示意图

爆现象明显，且呈持续剥落趋势，洞壁呈“L”形。

烈度等级较高的岩爆一般发生于开挖结束后4 h以内，一般2 d之内为高发期，属瞬时型岩爆，之后也有发生，但规模和烈度均呈减小的趋势；烈度等级较低的岩爆一般发生于2 d之后，属滞后型岩爆；部分岩爆洞段连续发生同样烈度等级的岩爆，称为重发型岩爆。

岩爆的破坏形式主要由地应力和岩体微观结构面以及洞向的组合决定，岩爆区的洞壁形态一般呈“︿”形、“L”形、“V”形、“(”形、阶梯状、不规则形6种形式；破坏岩块有板状、片状、块状、鳞片状和不规则状。重分布应力的不断调整和施工扰动使得岩爆区发生连续破坏，直至稳定，因此岩爆区的破坏包括瞬时破坏和持续破坏两种。表6-12列出了不同形状岩爆区的破坏特征及过程。

表6-12　岩爆破坏特征及破坏过程

爆坑形态	破坏特征	破坏过程
“L”形或钝角形	板裂、坑底鳞片状剥落，持续破坏	块状弹射—板状剥落—坑底鳞片状剥落—稳定
“V”形或弧形	层裂、片状剥落，坑底鼓折明显，持续破坏	片状剥落或弹射—片状、层状剥落—坑底层裂鼓折—稳定
阶梯状	板裂，板裂岩体被折断，持续破坏	片状剥落—板状剥落、鼓折—洞壁鼓折—稳定
不规则形	无规律，瞬时破坏为主	剥落或弹射—稳定

(3)应力重分布。本工程开挖过程中的岩爆特征有明显的滞后性和追溯性，这些性质与隧洞围岩开挖后应力的不断调整是密切相关的。地下洞室开挖之前，岩体处于一定的应力平衡状态，开挖使周围岩体发生卸荷回弹和应力重新分布。若围岩强度能满足卸荷回弹和应力状态变化的要求保持稳定，则不需要采取任何加固措施；若因洞室周围岩体应力状态变化大，或因围岩强度低，以致围岩适应不了回弹应力和重分布应力的作用则丧失稳定性，出现软岩大变形和硬岩岩爆。

(4)岩体条件。岩体条件对岩爆的影响主要体现在岩体完整性和岩体的脆性特征方面。从岩爆发生情况来看，发生部位均为Ⅱ、Ⅲ类围岩，裂隙不发育、无地下水。从岩性上来看，岩爆发生部位为片麻状花岗岩，岩石的抗压强度与抗拉强度之比确定的脆性度 $\sigma_c/\sigma_t>10$，表明该岩体脆性度高，易于发生岩爆，另外，岩体内富含角闪石和黑云母条带的洞段其岩爆特征更为明显，表明矿物成分和微观结构特征对岩体的脆性度有显著的影响，如图 6-17 所示。

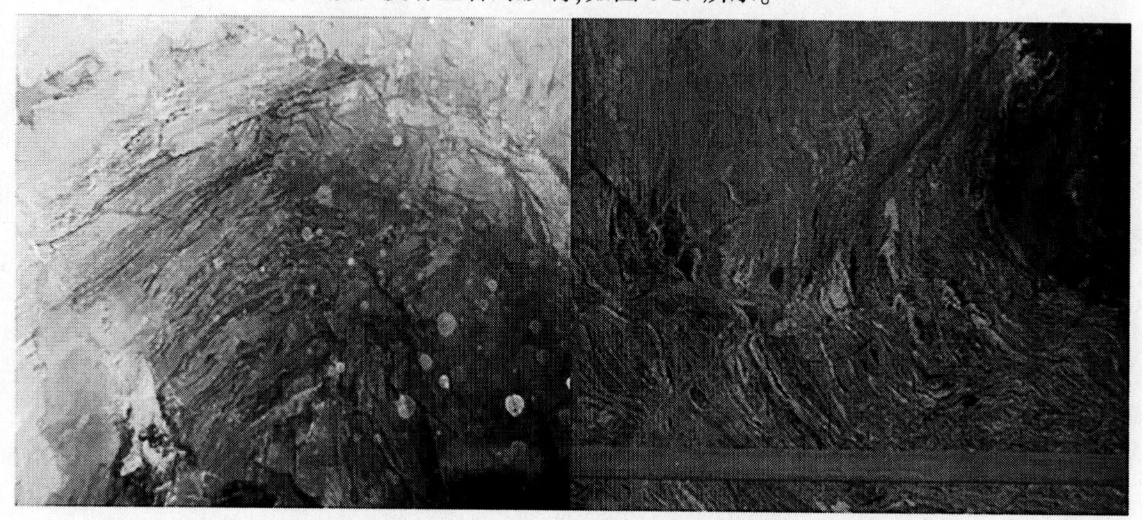

图 6-17　角闪石和黑云母条带定向排列的岩体

（5）地下水。地下水的存在对岩爆的发生起到决定性的影响，在本工程中所有的岩爆洞段，均为干燥洞段；有地下水出露的地方，几乎无岩爆发生。

（6）断面形状。岩爆的发生不仅与初始地应力有关，还与洞室开挖后的二次分布应力有关，不同的断面往往在不同的位置形成应力集中区。马蹄形、圆形和其他形状断面不同部位有不同的应力集中系数。断面形状对岩爆的影响主要体现在断面不同部位存在不同的应力集中系数和断面的不规则增加了洞壁的应力集中程度。图 6-18 为同一位置、相同地应力场条件下的断面集中应力等值线图。

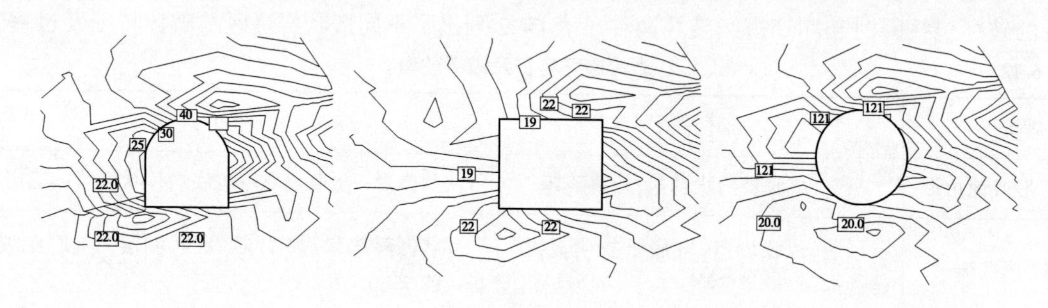

图 6-18　断面集中应力等值线

另外，洞形不规则对岩体稳定的影响也很明显，图 6-19 为两段隧洞开挖的洞形对比图，可见，差的开挖质量加剧了拱肩部位的应力集中程度，增加了岩爆发生的可能性。

从岩爆的发生位置来看，一般发生于拱肩部位，而在三岔口和避车道部位由于洞形不规则加剧了岩爆的发生。4 个支洞与主洞相交部位岩爆现象都很明显，最大剥落深度超过 1 m，如图 6-20 所示。

2）岩爆特征

岩爆烈度以轻微岩爆、轻微-中等岩爆、中等岩爆为主，其中轻微岩爆段长 1 323 m，轻微-中等岩爆洞段长 1 114 m，中等岩爆洞段长 605 m。

不同烈度等级岩爆特征总结见表 6-13。

图 6-19　开挖洞段质量对比与岩爆程度

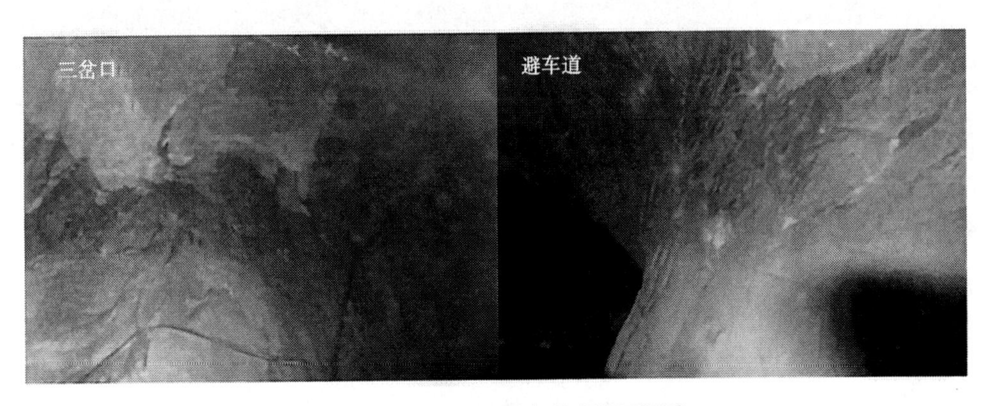

图 6-20　三岔口和避车道岩爆区洞壁

表 6-13　本工程岩爆特征总结

岩爆等级	声响特征	发生时间	破坏岩块特征	空间特征	爆坑形态
轻微（Ⅰ）	轻微劈裂声或无声响	一般滞后 1~2 d，甚至更长，属滞后性岩爆，且局部洞段具有重发性特征	片状剥落为主，岩块成片状或不规则块状	沿洞向展布具一定的连续性，但随机发生的较多，影响深度一般小于 0.5 m	钝角形，持续剥落后洞壁成弧形
轻微-中等（Ⅰ~Ⅱ）	劈裂声或闷雷声	在几小时至几天时间内发生，滞后性岩爆居多，瞬时性岩爆也存在	片状、块状、局部板状剥落，局部发生弹射，但弹射不明显	连续性明显，且影响深度在 0.5~1 m	钝角形或“V”形
中等（Ⅱ）	闷雷声为主	几小时内发生，并多次重复发生，具有重发性特征	板状为主，掌子面发生弹射，岩块应声而落，突发性明显	沿洞向连续性发生，影响深度多大于 1 m	“V”形居多，“L”形次之；爆裂后阶梯状明显，存在坑底层裂现象

通过对本工程的岩爆现象特征总结分析后给出岩爆的如下定义：在坚硬的脆性岩体中开挖地下工程，围岩岩体从三向受压状态转变为切向受压、径向受拉状态；开挖瞬间使得洞壁切向应力突然增加达到并超过岩体强度时，围岩岩体处于超应力状态，其所能承受的应变不足以释放由于应力增加而积聚的弹性能，从而发生破坏；破坏时伴随有声响，破裂后的岩块以板状、片状或块状的形式剥落或弹射的方法脱离母岩，形成岩爆。从工程的岩爆现象来看，岩爆的发生与发展经历了如下过程：岩体破碎—块状、片状剥落或弹射—板状、片状剥落—坑底层裂、鼓折—稳定。

3）施工期岩爆的危害及防护目的

岩爆的发生具有突发性、偶然性、位置的不确定性以及滞后性等特点。这些特点确定了岩爆具有较大的危害性，对人员的施工安全产生影响，如本工程桩号 Y10+521 处发生的中等岩爆导致掌子面发生岩块弹射，造成人员被砸成轻伤。1#施工支洞桩号 Z1+242 处近 6 t 的板状岩块突然剥落，导致台车被砸，3 把风枪被砸，造成经济损失和工期的延误。

岩爆发生于岩爆爆裂体形成之后，岩爆爆裂体的形成受应力状态和结构面的控制，与岩体储存的弹性应变能有着密切的关系，能量的积聚、耗散与释放需要一个过程，与损伤的时间效应有关。基于此，可通过打设超前应力释放孔、超前导坑和高压注水等方式预防岩爆。而基于岩爆发生于岩爆爆裂体形成之后，因此在开挖结束后及时对岩爆区进行支护，采用锚杆、钢筋网片、柔性防护网、喷射混凝土、架设钢拱架或钢筋格栅的方式对这些部位进行联合支护，对于防止岩爆的发生和人员设备的防护能起到积极的作用。

4）引水隧洞岩爆区施工与防护技术

（1）具体措施。针对引水隧洞的地质特征，在施工中可能出现岩爆的地段应采取积极主动的预防措施和强有力的施工支护，确保岩爆地段的施工安全，将岩爆发生的可能性及岩爆的危害降到最低。引水隧洞岩爆防治主要采用控制爆破和锚喷支护，即短进尺控制爆破开挖。在强岩爆洞段要求除采用控制爆破外，还应配合应力解除爆破开挖、危石清理及高压水冲洗、及时喷射混凝土覆盖岩面、及时实施防岩爆锚固措施（包括快速锚杆、挂网、钢拱架等）和后续实施系统锚杆支护。应严格按照以下岩爆洞段施工工程序进行：

在岩爆频发洞段开挖，要求采用短进尺开挖掘进措施，每次开挖进尺小于 1.5 m，充分利用掌子面前方的屈服低应力区使得小进尺的开挖可以在一种低应力条件下完成。强岩爆洞段应将应力解除爆破作为日常性爆破作业的一部分。出渣后即针对开挖掌子面和周边洞壁进行危石清除作业，随后进行高压水冲洗。在新开挖洞段的边顶拱和掌子面，及时采用 5~10 cm 厚 CF30 钢纤维混凝土进行初次喷护。

若爆破开挖后揭示开挖掌子面或新开挖边顶拱岩面岩爆情况特别严重，为了保证施工安全，可以考虑先不进行出渣，利用爆破石渣防护掌子面和开挖边壁；采用先顶拱防护，后进行边壁和掌子面防护的顺序分序进行。先对顶拱进行危石清除作业，随后进行高压水冲洗，再采用 5~10 cm 厚 CF30 钢纤维混凝土进行初次喷护；接着出渣，完成出渣作业后再针对开挖掌子面和隧洞边壁进行危石清除作业，随后进行高压水冲洗，最后及时采用 5~10 cm 厚 CF30 钢纤维混凝土进行初次喷护。

强岩爆洞段开挖前应考虑超前锚杆预支护措施和掌子面的喷护。

隧洞开挖后及时采用喷钢纤维混凝土的措施封闭开挖裸露面，初喷层厚度一般在 5 cm，为安全考虑，必要时将初喷混凝土厚度增至 10 cm，或者采用挂网喷混凝土等加强支护措施，为后续工序提供安全保证。

在掌子面和周边洞壁喷护完成后，进行顶拱范围内洞周防岩爆锚杆的钻设施工，防岩爆锚杆要求设置钢垫板,并通过锚杆垫板固定钢筋网片。

架设顶拱钢筋网片,每个钢筋网片事先焊接预制,尺寸为2.0 m×2.0 m,网片之间重叠不小于15 cm。采用1.5 m×1.5 m间距、L=3.5~4.5 m带外垫板的锚杆快速固定钢筋网片。以上工作应在掌子面出渣后4~5 h(具体时间可在现场根据实际情况调整)内完成,最迟也必须在下一个爆破循环开始之前完成。

在钢纤维混凝土初次喷护与钢筋网片、锚杆的保护下,及时进行原设计要求的系统锚杆的安装,隧洞的系统支护跟进工作面距离开挖掌子面不宜大于10 m。最后及时进行二次喷C25混凝土层施工,喷层厚度5~10 cm,使得洞壁喷层总厚度达到10~15 cm,形成隧洞永久支护体系的一部分。

在强岩爆洞段,若上述措施中的挂网施工难度较大,则可以采用环向间距40 cm的螺纹钢筋拱肋代替钢筋网。钢筋拱肋采用3根直径25 mm的纵向钢筋和间距30 cm、直径16 mm的横向钢筋预制焊接加工而成,钢筋拱肋横断面形状与隧洞顶拱开挖断面形状相似,钢筋拱肋间距为150 cm,并通过150 cm间距的锚杆快速固定钢筋拱肋。

(2)预防与支护措施建议参数。结合已建工程岩爆防治措施,提出了适合本工程不同烈度等级岩爆的支护措施,表6-14列出了不同等级岩爆的预防措施、支护措施和爆破方式。

表6-14　岩爆等级与预防和治理措施对照

岩爆等级	预防措施	支护措施	爆破方式
轻微岩爆(Ⅰ级)	一般进尺控制在2~3 m;尽可能全断面开挖,一次成形,以减少围岩应力平衡状态的破坏;及时并经常在掌子面和洞壁喷洒水;部分Ⅱ级岩爆段必要时可以用超前钻孔应力解除法来释放部分应力,岩爆连续发生段,在施工后可以进行适当的待避,等岩爆高峰期过后再作业	局部岩爆段可以通过初喷5 cm厚的CF30钢纤维混凝土来防止洞壁表面岩体的剥离	光面爆破
中等岩爆(Ⅱ级)		采用边顶拱挂网锚喷支护法:喷5 cm厚的CF30钢纤维混凝土,挂网Φ8@150 mm×150 mm;采用Φ25,L=3.5 m锚杆,间距1.5 m×1.5 m;视岩爆强度随机增设钢筋拱肋;后期边顶拱范围二次喷C25混凝土厚5~8 cm	
强烈岩爆(Ⅲ级)	一般进尺应控制在1.5~2.0 m;采用打超前应力孔法来提前释放应力、降低岩体能量;及时并经常在掌子面和洞壁喷洒水,必要时可均匀、反复地向掌子面高压注水,以降低岩体的强度;在一些岩爆连续发生段施工后,可以适当地进行待避,等岩爆高峰期过后再作业	采用边顶拱挂网锚喷支护法:喷5 cm厚的CF30钢纤维混凝土,挂网Φ8@150 mm×150 mm;采用Φ32,L=4.5 m锚杆,间距1.0 m×1.0 m;视岩爆强度随机增设钢筋拱肋;后期边顶拱范围二次喷C25混凝土厚5~10 cm	光面爆破为主,在岩爆强度大、连续距离长的洞段,则可以采用应力解除爆破技术

表6-15列出了不同围岩类别围岩、不同等级岩爆洞段的一次支护参数建议值,并在工程中进行了应用,取得了较好的效果。

表 6-15　不同类别围岩、不同等级岩爆洞段一次支护参数建议值

围岩类别	岩爆烈度	一次支护参数
Ⅱ	无	喷混凝土 80 mm
	轻微岩爆	随机锚杆+喷素混凝土:锚杆 Φ25,L=2 m,喷混凝土 80 mm
	中等岩爆	锚杆+钢筋网+喷混凝土:锚杆 Φ25@ 1.0 m×1.0 m,L=2 m,钢筋网 Φ8@ 200 mm×200 mm,喷混凝土 80 mm
Ⅲ	无/轻微岩爆	随机锚杆+钢筋网+喷混凝土:随机锚杆 Φ25,L=2 m,钢筋网 Φ8@ 200 mm×200 mm,喷混凝土 80 mm
	中等岩爆	锚杆+钢筋网+喷混凝土:锚杆 Φ25@ 1.25 m×1.25 m,L=2.5 m,钢筋网 Φ8@ 200 mm×200 mm,喷混凝土 100 mm
Ⅳ	无/轻微岩爆	锚杆+钢筋网+喷混凝土:锚杆 Φ25@ 1.25 m×1.25 m,L=2.5 m,钢筋网 Φ8@ 200 mm×200 mm,喷混凝土 150 mm、200 mm

(3)预防措施应用。工程实际施工中采用包括打设应力释放孔、在顶拱和掌子面范围内喷水、及时封闭开挖岩面的方式。

应力释放孔:在掌子面钻孔结束后、爆破之前,距掌子面后方以 3 m 的排距、0.5 m 的间距,沿径向方向钻孔,钻 3 排,孔径 40~50 mm。应力释放孔的作用有:①破坏岩体完整性,降低应力集中程度;②减弱爆破产生的应力波对岩体造成的拉应力;③作为锚杆孔,在必要时安设锚杆。

顶拱和掌子面范围内喷水:开挖后及时对揭露的岩体表面和可能造成应力集中的部位洒水,保持外露岩面潮湿,岩体略微软化后将不利于岩体中的应力集中,降低岩爆的发生概率。

及时封闭开挖岩面:开挖后 4 h 之内为中等烈度等级以上岩爆的高发期,掌子面弹射和拱顶剥落需要及时防护,在钻孔作业之前采用 5~10 cm 的素混凝土对掌子面和拱顶范围内进行喷护,可取得较好的效果。

(4)支护措施应用实例。根据现场地质编录,在已经发生岩爆的部位,岩体仍有脱空现象,并且据岩爆发生情况,在同一位置再次发生片状剥落的现象持续发生。因此,对已发生岩爆部位进行锚杆或锚杆挂网的方式支护,将会阻止岩爆造成岩体剥落的继续发生。

本工程施工过程中采用以下措施对岩爆区进行防护:随机锚杆支护,锚杆+钢筋网片,锚杆+钢筋网片+喷射混凝土,锚杆+柔性防护网+钢纤维混凝土,锚杆+钢纤维混凝土,钢纤维混凝土,钢拱架支护。所采用的支护措施如图 6-21 和图 6-22 所示。

(5)支护措施分析。根据现场调查可知,目前所采用的支护措施可有效防止已有岩爆的破坏,并可以进一步抑制后续岩爆的发生(连续性剥落现象)。如对 4#施工支洞上游工作面在两侧边墙及顶拱部位发生轻微岩爆情况下,采取控制爆破参数措施,对局部岩爆段可以通过初喷 5 cm 厚的 C25 素混凝土来防止洞壁表面岩体的剥离;对岩爆频繁段,采用随机锚杆(L=2.5 m)+挂网(Φ8@ 200 mm×200 mm)+喷混凝土(C25,厚 10 cm)的方式进行处理,支护效果良好。而对于两侧边墙及顶拱部位发生中等岩爆,对应力集中部位要提前采取措施,如应力释放孔和锚杆支护,首先喷射 5 cm 厚 C25 混凝土封闭围岩,围岩封闭后挂 20 cm×20 cmΦ8 单层双向钢筋网,锚杆间距为 1 m×1 m,锚杆直径为 25 mm,在钢筋网面层设置压网钢筋,压网钢筋直径为 22 mm,间距为 1 m×1 m,挂网后喷射 C25 混凝土 8~10 cm,喷 C25 素混凝土厚度 5 cm 封闭掌子面。如施工过程中 5 cm 厚的素混凝土无法封闭掌子面,则采用喷射 5 cm 厚的改性聚酯合成纤维混凝土封闭掌子面,锚杆施工过程中可根据围岩情况局部适当加密。

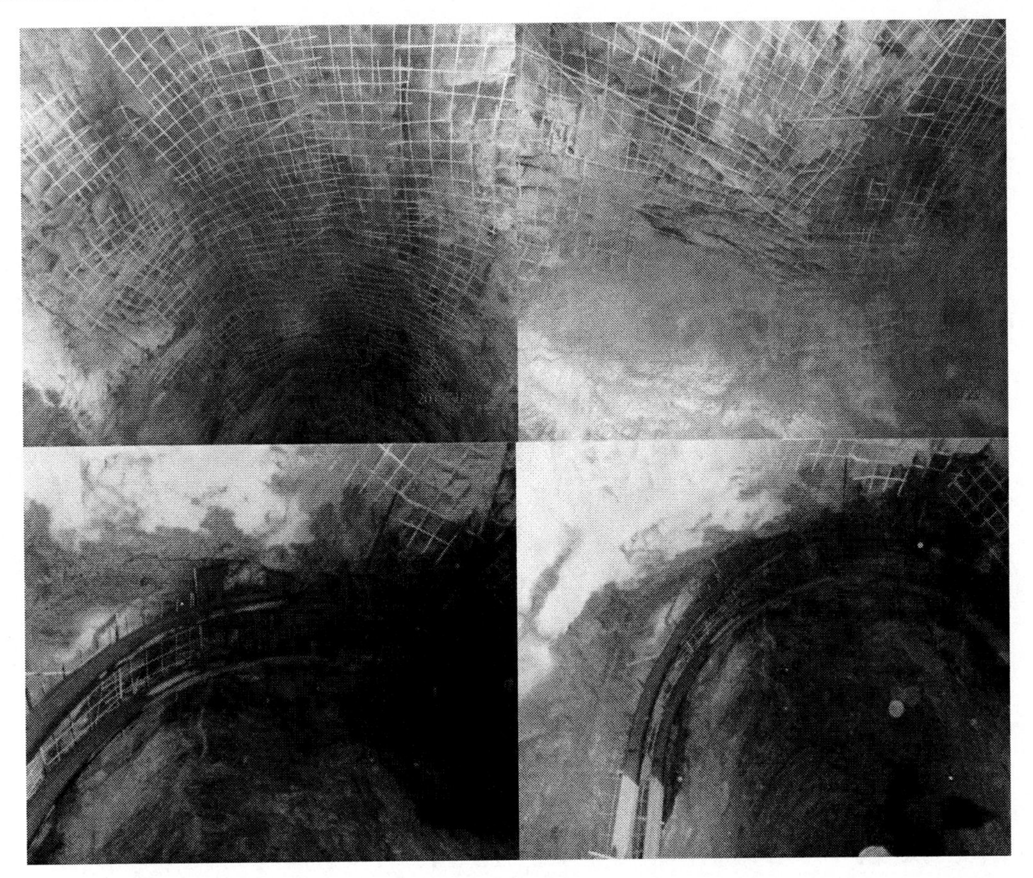

图6-21　引水隧洞岩爆洞段采用的支护措施

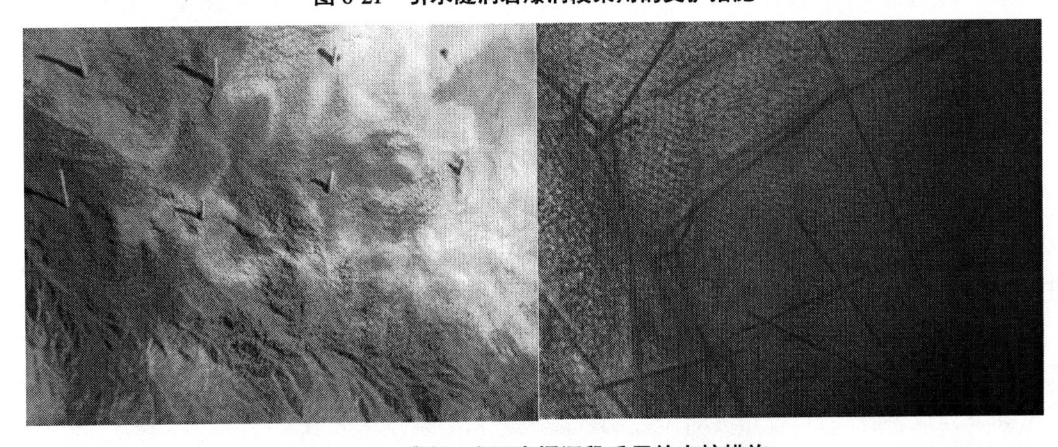

图6-22　1#施工支洞岩爆洞段采用的支护措施

对于岩爆洞段,随着岩爆等级的不同而选择相应的支护方式及支护系统。引水隧洞所发生岩爆一般存在低等级片帮现象,局部存在弹射现象。针对这一等级及宏观表征岩爆,一般采用钢筋网片+喷射混凝土的方式进行支护,局部洞段加以锚杆支护。采用喷射混凝土可有效降低塑性区范围,而采用喷射混凝土加锚杆支护时,塑性区范围逐渐减小。自岩体强度考虑,喷射混凝土与锚杆可有效增加岩体强度。此外,对于岩爆洞段,采用该种支护措施还可有效阻止已剥落岩体在重力作用下的塌落,减小对工程设备及施工人员的威胁。

通过上述分析可知,支护措施对于防治岩爆具有一定的促进作用,但这一作用与工程设计支护类型选择及施工质量等密切相关,措施施加是否及时合理、支护质量等对岩爆的控制作用具有明显影响。

(5)支护措施失效现象及原因分析。岩爆区的支护措施起到了比较好的效果,岩爆破坏和持续剥落得以控制,而在局部存在支护措施失效的情况,如图 6-23 所示,包括以下几种情况:板裂破坏与层裂破坏为主的区域,出现因锚杆角度不合适而持续破坏,一般发生于中等岩爆区;在柔性防护网+喷射混凝土防护区域,出现二次岩爆,导致部分混凝土剥落;局部应力集中严重的区域存在不规则块状弹射和剥落现象,一般发生于随机锚杆或系统锚杆的支护区。

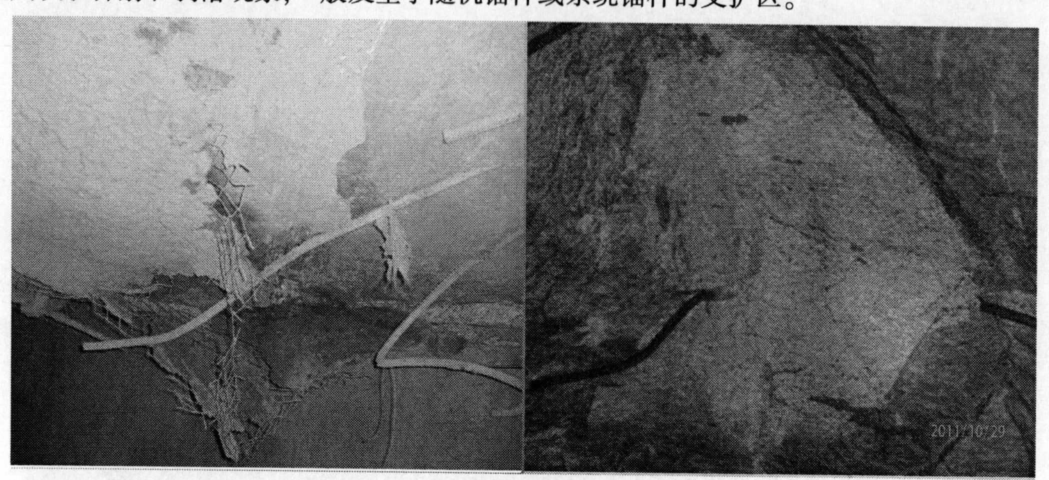

图 6-23　支护措施失效部位破坏照片

(6)失效原因分析及对策。对岩爆失效现象观察后认为,支护措施失效的原因及应采取的对策归纳如下:

锚杆是岩爆支护区的必需措施,但要选择适宜的角度。中等岩爆区一般发生板裂破坏,其破坏规模大,范围广,持续时间长,当锚杆平行于或近似平行于板裂面打设时,对这些区域起不到防护效果;在锚杆近似垂直于洞壁或片麻理倾向的区域,板状剥落一般不会再次发生。

重发型岩爆区支护措施选择不当。对于重发型岩爆,应采用更为保守的支护手段,应以锚杆+钢筋网片+喷射混凝土的联合支护措施为主要支护形式。

局部不规则块状破坏由于其发生位置和时间的不确定性,因此锚杆支护区出现块状剥落也是正常的。对于这些区域,应采用锚杆+钢筋网片+喷射混凝土的方式进行一次支护。

本工程中不同形式的岩爆应针对性地采取措施,应及时对岩爆区进行防护和支护,并对支护区域进行连续观察和监测,及时排险,同时及时支护还有利于减少岩爆区的地质超挖量。

(7)经验与总结。通过对已发生岩爆区的预防与支护措施的总结,并对岩爆区支护措施的失效现象和失效原因进行了分析,认为采用锚杆+钢筋网片+喷射混凝土的支护措施是最为有效的,并提出如下建议:锚杆的打设角度对于控制板裂破坏和层裂破坏区域的持续破坏更为重要,一般应垂直于板裂面或层裂面;对于重发型岩爆区需要加强支护措施,建议采用加长锚杆或增加喷射混凝土厚度;不规则岩块剥落或弹射区域需采取合理的支护时机和不定期的排险。

2. 四川省岷江渔子溪一级水电站引水隧洞

1)工程概况

引水隧洞全长 8 429 m,全洞线皆处于中高山区,山体雄厚。隧洞埋深较大,大部分都在 200 m 以上,最大埋深达 650 m,仅在穿过某些沟谷的地方埋深较浅,如擦耳沟处埋深约 70 m,在肖家沟处约 120 m。洞线位于渔子溪左岸,与岸边的水平距离一般为 300~600 m。隧道围岩为中粒和中细粒的花岗闪长岩和闪长岩,并有多期中基性岩脉穿插,岩体较完整。在大地构造部位上,系属龙门山“华夏系”构造带。拦河闸上游隧洞进口以西约 11 km,有下索桥中滩铺断裂带,厂房以南约 800 m 有北川—中滩铺断裂带。隧洞区构造受上述两条断裂带所控制。构造形态以断裂为主。据全洞线 284 条断层和 43 条挤压破碎带统计分析，归纳有如下的规律：

(1)走向北东 30°~50°最为发育，占全部断层的 1/3，其次为北东东，近南北及北西向。

(2)北东 30°~50°与北东东向为压性或压扭性，近南北与北西向为张性或张扭性。

(3)从隧洞进口至厂房，主构造应力方向有由北西转至近南北向的趋势。

洞身通过较大的断层有 FC-1，在桩号 8+191 处与洞轴线斜交，产状为走向北东 40°倾向北西，破碎带宽 25 m，影响带上盘宽 70 余 m，下盘宽仅 5 m 左右。其他断层均较小，破碎带挤压均较紧密，宽度小于 0.1 m 的占全部断层的 50%，0.1~0.5 m 的占 35%，0.5~1.0 m 的占 11%，大于 1.0 m 的占 4%。由于断层规模较小，与洞轴线的交角又较大，因此除少数断层外，大部断层对围岩的稳定性影响较小。

隧洞沿线裂隙性地下水出露较多，其流量一般较小，都沿断层与裂隙呈滴渗呈线状水流出，最大出水点的流量为 60 L/min。

2)岩爆发生情况

由于隧洞埋藏较深，不少地段岩体比较完整，以及洞体周围岩体应力重分布和地应力的影响等原因，在开挖过程中曾有十余处发生岩爆，一般呈片状及贝壳状剥离，见表 6-16。

表 6-16　岩爆情况

桩号	隧洞埋深/m	产生岩爆的部位	岩爆距掌子面距离/m	岩爆持续时间	隧洞衬砌情况
1+205—1+216	325	右拱肩			不衬砌
3+808—3+815	280	右边墙			钢筋混凝土衬砌
4+335—4+345	170	右拱肩		开挖后 30~40 d 才发生	不衬砌
4+900—4+915	325	右拱肩		放炮后发生	钢筋混凝土衬砌
5+012	445	右拱肩			钢筋混凝土衬砌
5+155—5+175	540	右拱肩			喷混凝土质量不好，塌方可能性大
5+766—5+790	450	右边墙	70~90	约 1 个月	不衬砌，塌方可能性大
5+975	380	右边墙	40	约 0.5 个月	钢筋混凝土衬砌
6+100—6+105	300	右拱肩	100	1 年	不衬砌
7+218—7+228	385	右拱肩	200	约 3 个月	不衬砌
7+428	310	右拱肩	约 10	几天	钢筋混凝土衬砌

岩爆发生处的共同特征，可归纳为如下几点：

(1)岩石新鲜完整，极少或看不出明显的裂隙。

(2)产生岩爆时，岩石表面干燥，具有似烘干样光泽。

(3)岩爆主要集中发生在隧洞的拱肩处或右边墙处(山体外缘一侧)，裂隙走向与洞线成锐角相交。出现片状弹射、崩落或呈笱皮状的薄片剥落。

(4)新开挖的洞体，在 24 h 顶板岩石的爆裂声最为明显，之后逐渐减弱。

(5)岩爆一般持续 1~2 个月，以后逐渐减少或趋于停止，岩石表面逐渐变潮。个别地段在 1 年以后仍有岩爆发生。

3）岩爆产生原因分析

一般来讲，洞室围岩内高储能体的存在及其应力接近于岩体强度是产生岩爆的内在条件，而某些因素的触发效应则是岩爆产生的外因。

对本地区来讲，岩爆发生的基本原因是地应力较大，但是隧洞围岩的应力还并未达到危险的程度。实际上，岩爆区岩石最大覆盖厚度为540 m，周边岩石最大应力仅30~45 MPa（应力集中系数取2~3），与新鲜花岗闪长岩的湿抗压强度170~180 MPa相差很多。当然，在隧洞开挖爆破过程中，可能振出一些尚未贯通的裂缝，在裂缝端部的岩石会有较高的局部应力，如发展到贯通时，小块岩石的应力突然解除，应变能释放，岩块就会在爆裂声中弹出。由于地形和地质构造上的原因，也会使山体部分地区的初始应力高于上覆岩石的重力。由于开挖周边形状不规则，开挖表面的应力集中系数也会大于2或3。

本隧洞处于渔子溪河谷左岸山坡接近坡脚处。坡顶高程一般为3 000~3 500 m，高出隧洞1 800~2 300 m，山坡坡度30°~40°。根据有关资料，当地面呈斜坡时，即使无地质构造引起的附加应力，地压应力也并不全与上覆岩石的重量相一致。在山坡以下的深处，地压应力的第一主应力方向近乎垂直，且侧压系数接近于1.0；在接近坡面的地方，主应力方向逐渐转至与山坡坡面相平行，侧压系数逐渐减少至零，且主应力将比上覆岩石的重力大一些。本隧洞的埋深虽不小，但从山坡总体来说，隧洞位置还是较接近坡面的。因此，地压应力的主应力方向将不完全垂直，而是略倾向河谷的，主应力的强度亦将大于上覆岩石的重力。这也是岩爆主要出现在隧洞断面右上角的原因。

从地质构造方面看，洞线方向与其南面的区域性断层中滩铺断裂带的走向大致平行，倾角不大。中滩铺断裂带属压性断层，倾向隧洞一侧。因此，隧洞所在地区的构造应力在平面上与洞线方向垂直，而在横剖面上则亦倾向山坡外侧。这也说明岩爆发生在隧洞断面右上角的原因。在隧洞左下角岩石的应力情况虽与右上角相似，但未发现左下角有岩爆。主要原因是，隧洞实际开挖断面为马蹄形，开挖后，洞底长期留存一部分石渣，到浇混凝土底板时才清除，而且此处一般均较潮湿。此外，在隧洞拐弯段虽然埋深浅，但是易在弯道内侧发生岩爆（桩号4+335—4+345段弯道右拱肩）。

4）岩爆发生机制

岩体中储存的能量，通常是以弹性变形的形式储聚于围岩内的高应力集中区内，弹性变形越大，储备的能量就越多。因此，岩体内高储能体的形成，必须具备两个条件，即岩体能储聚较大的弹性应变能和岩体内应力高度集中。

从储聚弹性应变能的能力分析，首推弹性岩体，在它受力（在加荷与卸荷过程中）变形时，常能储聚最多的弹性应变能，大部分高强度块状脆性岩体属此类；其次是弹-塑性岩体，在它受力变形时，也能储聚一定的弹性应变能，一些层状沉积性岩体属此类；最差的是塑性岩体，在它受力变形时，由于变形全为塑性变形，故无储聚弹性应变能的能力。因此，在前两类岩体中施工埋深较大的地下工程时，应对岩爆的产生给予密切注意，以策安全。

洞室围岩中高应力区的产生，首先应具备较高的原岩应力。在一般情况下，岩爆多发生于埋深200~250 m的坑道或其他地下洞室中，就是这个缘故。当然，在高地应力区，岩爆也可发生在浅部隧洞中。

围岩内高储能体的分布，除与岩性有关外，主要取决于高应力集中区的分布情况。按此分析，岩爆有可能在以下特征部位产生：

（1）由原岩应力状态及隧洞形状所决定的围岩内的最大压应力集中区。

（2）围岩表面的高变异应力及残余应力分布区，以及由岩性条件所决定的局部应力集中区，如夹于软弱岩石中的坚硬岩体。

（3）断层、软弱破碎岩墙或岩脉等软弱结构面附近，洞体与这些软弱结构面所形成的应力集中局部增高区。

(4)已有洞体内由于新开挖影响而出现的高应力区。

按岩爆发生的部位及其所释放的能量,岩爆主要有远围岩区和近围岩区两类。前者常发生于构造活动区的深矿井中,后者多发生于深埋地下洞室中。对于后者,又多发生于表面平整、有硬结核或软弱面的地方,且多平行于岩壁,事前无明显预兆,它与爆破使表部围岩产生发丝状裂缝,以及应力沿这类裂缝端部进一步集中有关。一般发生在新开挖的工作面附近,爆破后2~3 h,围岩表部岩石发生爆裂声,同时有中厚边薄的不规则片状岩块自洞壁围岩中弹射出来,一般块度较小,多呈几厘米长、宽的薄片,个别达几十厘米长、宽,但爆裂声大,且爆裂与弹射同时发生。至于从围岩表部剥落的岩块,一般块度较大,可达几米长、宽,但爆裂声小,且多在爆裂声的几分钟或更长时间后,才与母岩相脱离而自由落下。

5)岩爆的预测和防治

当前,对岩爆的预测和防治尚无一套比较完整可资遵循的方法,需要在实际工作中进行具体的分析。如果地质条件了解得比较详细清楚,又有较多的实测地应力资料,则可根据地下工程围岩的岩性和强度、洞室开挖后可能出现的应力情况,以及围岩的完整程度等,作出预测判断。如果没有实测地应力资料,则可从以下几方面作出估计,预测可能出现岩爆的部位,采取必要的防范措施:

(1)地形条件。垂直地应力与地形条件直接有关,一般埋深愈大,地应力亦愈大。在平缓山头下,垂直应力接近上覆岩石的重力。斜坡地形则不然,垂直应力应考虑大于上覆岩石的重力。在山坡脚处还要注意沟谷地形引起的应力集中问题。

(2)构造情况。地震区和构造活动区的地应力一般要大些。水平地应力大时,垂直应力可能相应增大。洞室轴线垂直于构造主应力布置时,比平行主应力方向布置时开挖周边应力大。

(3)建筑物开挖情况。平行洞室间的岩柱(厚度较小的)、隧洞从两头开挖接近贯通的部位、建筑物体形变化处(如洞线转弯处)等,都是应力集中较大的地点,易于发生岩爆。

此外,还可根据分析计算的岩体应力条件是否接近或小于岩石的强度,预测岩爆可能出现的部位,前者较剧烈,选择性较差;后者不太剧烈,选择性相对较强。在具备产生岩爆的应力条件时,岩石愈新鲜、完整和干燥,岩爆发生的可能性愈大。在施工过程中,对岩爆作详细的观测,有助于积累经验,并根据地应力条件和岩石地下水情况的对比,更好地预测岩爆。

对于岩爆的防治,一般采用超前钻孔和径向钻孔,以及在岩面喷洒水等方法,以降低应力集中。在本隧洞开挖过程中,由于未做地应力测试工作,更未对岩爆进行预测,在发生伤亡事故后才引起重视,并在可疑地段试用喷水法处理。

从引水隧洞在1972年投入运行以来,已经过数次放空检查,运行情况基本正常。在最初两次检查中,曾发现有岩爆弹出的薄片状岩石数处,就地搁置而未被水流带走,已经清理。以后各次检查中,未见有新弹出的岩片。说明在不衬砌或喷混凝土衬砌洞段内,围岩中确有已爆裂而未塌落的岩片,在充水试运行初期,受内外水压力的作用,才继续塌落下来;同时也说明,引水隧洞充水运行后,岩爆现象已有明显减弱或消失,基本上没有新的发展。

3.天生桥二级(坝索)水电站引水隧洞

1)工程概况

天生桥二级(坝索)水电站是一座低坝长隧洞引水式电站,总装机132万kW。其引水口与调压井之间用3条直径皆为10.8 m的圆形隧洞联接,每条长约9.5 km,中心距为40~50 m;进口至7+770洞段岩性为灰岩、白云质灰岩、白云岩,7+770至厂房为砂页岩互层段;洞身近于平行尼拉背斜,由背斜南翼通过;上覆岩层厚度平均为400 m,最大达800 m。岩爆发生在2#施工支洞和1#引水洞地段。

通过对2#支洞(1 390 m)和1#主洞(637 m)总长2 027 m做调查研究和施工地质工作,了解到,发生岩爆25处(段),岩爆段长330 m,占调查段总长的16%。根据破坏深度、范围、沿洞线长度以及破坏断面和弹射岩片的几何形态特征、一般力学和动力学特征等,按岩爆烈度分级,大部分地段属于弱岩爆,少数属中等岩爆,如2#支洞0+920段和0+936处掌子面发生的岩爆,均属中等岩爆。

2)岩爆破坏特征

(1)几何形态特征。岩爆爆裂断面整体呈"V"形阶梯状。爆裂面中一组与隧洞切向应力(σ_t)方向大致平行,另一组与σ_t方向斜交;并在破坏面内常见有一个或多个岩爆沟槽,与σ_t方向垂直。爆破面以新鲜面为主;新鲜裂面爆裂纹定向排列,与σ_t方向平行;爆裂面边缘为犬牙状"W"形周边,尖端所指为σ_t方向。

岩爆时从洞壁弹射出的岩片,由于洞穴的曲率变化,不能再填入所形成的空间。岩片多为中部厚的透镜状、棱块状、棱块透镜状以及片状、鳞片状,少数为板状及块状、扁豆状。岩片(块)块度大小悬殊,厚度不一,厚者0.3~1 m,薄者如纸片。

(2)一般力学特征。该隧洞岩爆面统计结果表明,破坏角一组为0~5°,另一组为15°~25°,属于脆性破坏范围。经过对岩爆断面及弹射岩片断口的电镜扫描分析,发现平行于σ_t方向的一组裂面SEM形貌特征为沿晶拉花、穿晶拉花及沿化石表面拉开,属张性断口,与σ_t方向斜交面SEM形貌特征为沿晶擦花、切晶擦花、擦阶擦花,属剪切性质断口。上述岩爆破坏的宏、微观特征表明,岩爆破坏的力学性质为张-剪脆性破坏。

(3)动力学特征。岩爆破坏的动力学特征是区别洞室围岩其他脆性破坏的显著特征。主要包括震动特征、弹射特征。

震动特征:强度较弱的岩爆造成的震动一般较弱;强度高的灾难性岩爆常引起矿山和围岩的强烈震动,可释放大量能量。世界范围内最大震级已达4.6级,烈度达7~8度,使矿山乃至地表较大范围内的建筑物遭受破坏。

弹射特征:一是表现为抛射岩块、片具有一定的初速度。弱岩爆岩块的平均弹射初速度$\bar{v}_0$一般小于2 m/s,中等岩爆$\bar{v}_0$=2~5 m/s,强烈岩爆$\bar{v}_0$=5~10 m/s,严重者$\bar{v}_0$>10 m/s。根据天生桥隧洞岩爆的高度($h=\frac{1}{2}gt^2$)及弹射物射距($S=v_0t$)计算,其平均弹射速度为2 m/s左右,因此属弱-中等岩爆。

弹射特征的另一表象是弹射物具有散射特征。岩片(块)以一定的散射角向洞内抛射,因此弹射物的分布范围远大于爆裂面面积,若将两者边缘连起来,可构成一个不规则的锥体。再者,当岩爆裂面在洞的上方或斜上方时,弹射堆积物不在正下方,也就是说"发射中心"与"堆积中心"连线不为铅垂线,皆表明岩爆破坏具有动力学特征。不同于单纯重力作用下的坍落破坏。如天生桥水电站1#主洞7+310桩号岩爆第二次(共3次)的弹射情况。该次爆裂面为1.5 m×1 m,弹射堆积物在洞底的分布为一椭圆,长半径4.5 m,短半径3 m,二者周边连线为一锥体;堆积物中心偏离岩爆中心正下方3.5 m。并且弹射堆积物具有"分选性",这也是岩爆破坏弹射特征的另一个表现。所谓"分选性"是指弹射堆积物中心以大块为主,向四周岩片(块)块度逐渐变小,而不同于塌落和剪切滑移破坏造成的大小混杂堆积。

(4)其他特征。

声学特征:在爆前和爆时岩体常有声响,弱岩爆常发出噼噼啪啪声响,似劈柴声;中等岩爆清脆爆裂声响,似子弹射击声;强烈岩爆,巨响似炮声;严重岩爆强烈声响,似闷雷声。天生桥电站隧洞多发出噼啪声,少数情况下,有似子弹射击声。

时间效应:岩爆多在开挖的同时,于近掌子面洞壁或掌子面发生;当岩爆在掌子面后方0.6~1倍洞径范围内发生时,一般情况是在24 h之内。但是某些地段在开挖1~2个月之后仍有岩爆发生,有的地段甚至持续1年之久,但强烈程度大大减弱。

3)岩爆分布规律

(1)岩爆在隧洞断面上具有对称性。多数地段岩爆发生在断面左上方和右下方。少数地段在洞顶和洞底。爆裂面中连线与水平夹角一般在50°±10°,可见初始应力 σ_1 方向与水平线夹角40°~60°。这种在断面上的规律性分布特征,反映了本区岩爆类型是水平应力与垂直应力共同作用的混合应力型。

(2)隧洞沿线具有"岩爆段—完整岩体段—裂隙密集段"三者规律性交替重复出现的特征。完整岩体段大裂隙间距大于2 m,多为5~10 m,属Ⅰ类围岩;岩爆段大裂隙间距多为1 m,大体属于Ⅱ类围岩;裂隙密集段裂隙间距多在0.3~0.5 m,有些地段为0.1~0.2 m,属Ⅲ~Ⅳ类围岩,并且有的被溶蚀,充填有红土碎石,宽者常造成塌方。三者交替重复出现的规律性除与岩体完整性有关外,还与裂隙方向与地应力的大小、方向,岩体结构的储能与释放性能有关。

(3)岩爆频度大体具有等距性。2#支洞近于中等强度岩爆间距100~140 m,弱岩爆间距10~20 m;1#主洞岩爆间距150~180 m。这种等距性主要受地质构造控制。

上述天生桥水电站岩爆破坏特征和规律性表明:岩爆是具有大量弹性能的硬质脆性岩体,由于开挖洞室使地应力分异,围岩应力跃升及能量进一步集中,在其作用下产生张-剪脆性破坏,且在伴随声响和震动而消耗部分能量的同时,剩余能量转化为动能,使围岩急剧向动态失稳发展,造成岩片(块)脱离母体,是经历了"劈裂—剪断—弹射"渐进过程的动力破坏现象。

4)天生桥水电站岩爆原因分析

天生桥水电站产生岩爆的主要原因为:

(1)工程区处于南岭纬向构造带西延部位,后期又曾遭受北西-南东向挤压作用。少量地应力测量资料表明最大主应力 σ_1 方向为N20°~50°W,这与云南地震局地震机制解和地形变资料基本吻合。σ_1 倾角50°~60°,大小为20~30 MPa。表明本区地应力数值较高,能量来源较充沛。

(2)第四纪以来,云贵高原处于上升阶段,本区上升高度达1 000 m以上。由于地壳上升,南盘江急剧下切,工程区位于河流坡降急剧变化地段,山高谷深,坡陡流急。坝址至厂房直线距离不足10 km,水头高达180 m。从地貌上看,也是两种地貌单元急剧变化的地带。以上表明,原储存于深处的大量能量,在地壳迅速抬升之后,虽经剥蚀作用使部分能量释放,但残余部分很难释放殆尽,故与缓慢上升区相比,相对较高,封存有丰富的弹性应变能。

(3)隧洞所通过地段的褶皱机制与构造变形特征显著不同。因此,在构造变动地质历史中,不同地段能量的消耗与储存下来的能量多寡也就不同。引水隧洞所处的尼拉背斜主要由灰岩组成,两翼平缓,为同心等厚褶皱,系弹性弯滑作用形成;除褶皱轴部及斜切、横切背斜的断层带岩石较破碎外,其他地段相对完整,岩层仍处在弹性压缩状态,残余应力并未完全解除,尤其翼部储存了大量弹性应变能;而坝盘-拉腰向斜由砂页岩互层组成,多个紧闭的相似褶皱组成复式向斜,系弯流作用形成,构造变形中,塑性-流动变形较大,岩石软而碎,弹性应变能储存较少。因此,隧洞过尼拉背斜翼部地段有岩爆发生,过坝盘复式向斜段却无岩爆发生。

(4)石灰岩岩性单一,组合简单,无软弱消能层,又因岩石性脆,塑性变形小,弹性变形相对增大,易于能量积累,破坏时易于释放能量,而砂页岩则相反。故岩爆发生在灰岩洞段中。

(5)同是灰岩段(0~7 700 m),由于岩石的完整性不同,各分段的强度也就不同。分类取样试验结果为:裂隙密集段岩石单轴抗压强度一般在60~80 MPa(溶蚀带例外),一般裂隙岩体段(Ⅱ类围岩)σ_c=80~100 MPa,完整岩体段(Ⅰ类围岩)σ_c=100~130 MPa。在本区地应力条件下,岩爆多发生在Ⅱ类围岩中,裂隙密集岩体段因其变形较大,有塌方而无岩爆;完整岩体因其强度高,而地应力相对较低,亦不产生岩爆。

(6)由于上述"裂隙密集段—裂隙段—完整段"在隧洞平面上大致有等距特征,因而也控制了岩爆等距发生的规律性。今后开挖中，这种规律性将随着隧洞上覆地层厚度的增加和地应力的增高，岩爆段范围会加长，烈度将变强，而完整的无岩爆段会相对缩短。

(7)岩体完整性多控制岩爆的有无，岩体结构面与最大主应力 σ_1 方向的夹角 β 大小常控制岩爆的强与弱。β 越小越易于发生岩爆，且强度越大。在隧洞中岩爆烈度为中等的地段，恰恰是 β 小的地段，如 $2^{\#}$支洞 0+963 处，$\beta=10°$，开挖面及洞壁均产生了中等强度岩爆，使施工人员受伤，掘进机受损，不得不停工处理。

5)岩爆形成的地质条件

天生桥水电站隧洞岩爆破坏特征、分布规律、原因分析及岩爆岩石力学试验研究结果共同表明，岩爆产生的根本原因在于岩体中储存有大量弹性应变能，而且大大超过它破坏时所需要的临界弹射能；岩体必须有足够的弹性能量储备，以便有较多的剩余能量使脆性破坏后的碎岩产生抛射。在这种前提条件下，若岩体破坏前的永久变形越小，即脆性越大，且残余强度越低，瞬时应力降越高，岩爆则越剧烈。从能量角度，岩爆形成的地质条件可从以下几个方面进行归纳分析。

(1)能量来源的地质条件。能量来源是大量能量储备乃至形成岩爆的必要条件。能量来源的关键是原岩应力高和二次应力分异，使洞室周边应力跃升，能量聚集，形成围岩应力高度集中区。

影响原岩应力高的地质条件主要是地壳活动区现代构造应力活动强烈。如我国的青藏高原、云贵高原，那里地壳强烈上升，地应力高度集中。另外，在某些古老地块，如希宾地块、印度地块，那里封闭着很高的应力，边界条件没有完全解除，残余构造应力没有完全释放，以及地壳中某些特殊构造部位局部应力也很高。再者，在高山峡谷区，由于剥蚀作用，地形影响，也致使地应力和边坡应力高度集中。

(2)能量储存的地质条件。岩石或岩体的储能能力主要受岩石性质、岩层组合关系、岩体结构控制。

岩石性质：强度较高、弹性变形能力强的岩石储存能量的能力强。据不完全统计，目前已产生岩爆的岩石及矿石有：灰岩、白云岩、砂岩、粉砂岩、沉积石英岩、石英质砾岩；闪长岩、石英闪长岩、花岗闪长岩、花岗岩、斑岩、正长岩；大理岩、角闪岩、花岗片麻岩、片麻岩、变质石英岩以及煤矿、铁矿、钾盐矿、金矿、铜矿等。这些岩矿除煤、钾盐等强度较低外，一般强度较高，受压时弹性变形量大，因而具有储备弹性能的能力。

岩层组合关系：不仅岩石本身，而且由岩层所组成的岩体也须具备积蓄弹性能的能力。这往往与地层结构、岩层组合有关。强度低而软的岩石因其塑性变形大，不产生岩爆是众所周知的；在具有软硬相间的地层中，岩爆也不产生或较少产生。如日本关越隧洞岩爆主要发生在石英闪长岩中，在石英闪长岩与角页岩交互带很少发生，这是由于能量被软弱岩层的永久变形所消耗，而不易储存下来。

岩体结构：在地应力条件和岩性条件大体相同的情况下，岩体结构包括节理、裂隙、层面等软弱结构面发育程度、产状及组合关系不同时，岩体储存能量的能力则有很大差异。

从岩体完整性来说，Ⅰ、Ⅱ类围岩因其强度较高，岩体中软弱结构面较少，在高应力作用下多以弹性变形为主，易于储存弹性应变能，Ⅱ、Ⅳ类以下围岩多以塑性变形为主，储能能力差。

从节理、裂隙与最大主应力方向夹角 β 的大小来说，工程实例及弹射试验表明，$\beta=30°\sim45°$时，储能量少，常产生剪切滑移破坏，而不产生岩爆；$\beta=0\sim20°$时，β 越小储能能力越强，一旦破坏，岩爆剧烈；$\beta=20°\sim30°$或 $\beta>45°$时，储能能力较弱，即使产生岩爆，烈度也不高。

可见，岩体结构效应(围岩类型，结构面产状)对弹性应变能的储存具有控制作用。储能多少和方向的差别而造成隧洞不同地段岩爆有无和强弱的差异。总之，岩体的弹性能的储存能力与岩性、岩层组合、岩体结构有关。

(3)能量释放的地质条件。开挖洞室或采矿破坏了岩体的平衡状态，并造成临空面，使岩体在三维压缩状态下积累的能量,得以在二维,甚至在一维条件下释放。显然,人工开挖是能量释放的首要条件。当然,前文所谈不仅于此,主要还是指地质条件,是岩石和岩体本身的释放能力。

在坚硬岩体中开挖洞室,围岩主要是以3种形式释放原储存于岩体中的能量:在完整岩体中,虽然具有强度大、弹性变形能力高的储存条件,但在地应力小即能量来源不足的条件下,变形远没达到极限,洞室开挖后主要以回弹方式释放储能,而很少有破坏迹象。多裂隙岩体中可能产生剪切滑或塌方等形式的破坏,将能量释放,而不产生岩爆。在不是十分完整,也非裂隙多的岩体,如Ⅱ类围岩,常产生岩爆破坏。

总之,岩爆主要由岩体的能量来源、能量储存、能量释放3个基本因素决定。能量来源愈足,储能条件愈好,释放能力愈强,产生岩爆的可能性就越大,烈度则越高。而影响这3个基本因素的地质条件,归根结底是地应力(构造应力、重力、剥蚀应力、边坡应力等)、岩石弹射性能及岩层组合关系、岩体结构(完整性、主节理、与地应力夹角)等主控因素。而水文地质条件对于中、低强度,性脆的岩石如煤影响较大,但对于新鲜、完整、坚硬的岩石影响较小。因此,在硬质脆性围岩洞室中,水文地质条件是产生岩爆的次要因素。

6)岩爆处理措施

(1)喷混凝土,洞顶清除岩爆产生的松石后,用喷混凝土覆盖岩爆坑,其主要作用是将未清除干净的小石块黏结在一起,以免下坠伤人,同时,被覆之后,岩爆若继续发展,也可以从喷层的开裂、剥落上观察出来。

(2)系统锚杆,在岩石层理较发育的洞段,为防止劈裂、剥落岩块塌落,施作了系统锚杆。

(3)钢支撑加喷混凝土,在掘进机施工的2#支洞中,在0+910—0+936洞段,岩爆深度达1.75 m,浮石多,不易清除,主要怕砸坏掘进机配套系统,采用钢拱架支撑,但由于荷载大,几处被压塌,经多次喷混凝土后,形成了较厚的喷混凝土拱,才使其稳定。

4. 四川省太平驿水电站引水隧洞

1)工程概况

太平驿水电站位于四川省汶川县境内,为岷江上游第二座引水式电站。电站由拦河坝、引水闸、有压引水隧洞、调压井、压力管道和地下厂房等水工建筑物组成,设计总装机容量为26万kW,由中国华能集团公司、四川省阿坝州和国家能源投资公司共同投资兴建。工程于1991年正式开工。

引水隧洞全长10 467 m,圆形断面,0.3~0.9 m厚素混凝土或钢筋混凝土衬砌,成型内径9 m,布置于岷江左岸,区内山高坡陡、沟谷深切,两岸临江坡高500~600 m,江面与山顶高差达1 000 m以上,天然坡度40°~60°。隧洞围岩岩性以晋宁-澄江期花岗岩、闪长岩和花岗闪长岩为主,岩体致密坚硬,一般岩体较完整,属块状结构。隧洞高程约为1 050 m,垂直埋深100~600 m,水平埋深100~700 m,山顶高程在2 200 m以上。岩层主要结构面与洞线近于正交。沿线要横穿箩筐湾沟、银杏坪沟、娑婆店沟和一碗水沟等4条较大沟谷,其中箩筐湾沟规模最大。

铁道部隧道工程局和第十八工程局组成联合体,中了引水隧洞施工标。其中,由前者承担施工任务的2#支洞工区引水洞围岩为新鲜完整的花岗岩,岩质坚硬,单轴抗压强度为190~200 MPa,岩体中储藏着岩浆岩的残余应力、构造应力及自重应力的叠加,属高地应力区,施工中岩爆频繁。

2)岩爆概况

2#支洞在开挖过程中,当进入山体约320 m时开始出现岩爆,此处垂直埋深为300 m,第一次出现岩爆为1991年9月17日,随后时断时续,频繁发生;1#支洞开工较晚;1992年3月25日引水隧洞0+552—0+565段拱部首次发生岩爆,落石约4 m^3,最大石块为2 m×1.3 m×0.5 m,该段垂直、水平埋深均只有约100 m。

经粗略统计,1991年9月17日至1993年6月15日,引水隧洞在2 060 m长度范围内发生大小岩爆 1 000 余次,伤人 10 人(无人死亡),损坏机械设备价值近百万元,造成停工累计 100 余 d,对施工安全构成了严重的威胁。

3)岩爆发生的一般规律

岩爆一般发生在干燥、完整无裂隙的花岗岩及富含石英岩脉的花岗岩中;大部分岩爆(占记录到的 90%)连续发生在开挖后半个月内,也有少数发生在暴露 1 个月甚至数个月之后;爆落石块有块状,亦有薄片状、粉末状。岩爆面积从零点几平方米到数百平方米不等,破坏深度从几厘米到 4 m 不等,一次岩爆最多可达到数百立方米;主要为爆落型,亦有少数弹射型;大多数岩爆声响剧烈,有时声音微弱,有时响声过后,当时不掉石块,过很长时间才掉;岩爆绝大多数发生在靠河一侧拱部;引水洞第二次扩挖,仍会有岩爆发生。

4)岩爆发生机理分析

岩爆区岩性为新鲜花岗岩,岩质坚硬,脆性大,单轴抗压强度 190~200 MPa,岩体多具整体块状结构,具有蓄积应变能的良好条件。本隧洞地处高山峡谷,岩体中储藏着岩浆岩的残余应力、构造应力及自重应力的叠加,属于高应力地区。勘测结果表明,太平驿水电站厂区埋深 200 m 处实测的地应力:最大主应力 σ_1 为 30.7 MPa,最小主应力 σ_3 为 10.2 MPa,$\sigma_1 \approx 3\sigma_3$。根据岩体力学的理论可知,该隧洞区的原始最大主应力方向近于平行山坡。隧洞开挖后,岩体原始应力状态重分布,σ_3 方向产生了临空面,σ_3 有可能成为拉应力,由于临空面处应力差最大,最易发生剪切破坏,这就是引水隧洞岩爆绝大多数发生在靠河一侧拱部的力学原因,右下角岩体因受重力和未开挖下断面岩体的嵌制作用,岩爆表现不突出,危害不大。岩爆的发生过程,实际上就是应变能的释放过程。应力重分布后,当岩体应变能达到一定值后,岩体的抗拉、剪能力不足以承受应力重分布后的拉应力和剪应力时,岩体就发生破坏,释放应变能。

5)岩爆的防治

岩爆作为一种特殊的不良地质现象,以突然释放应变能而使岩体破裂爆落。由于其突发性,对现场作业的人员及设备,要保障其绝对安全是有一定困难的。但是,通过观察、分析研究,对预测和防治岩爆还是有一定措施可循的。该工程隧洞在岩爆地段施工采取了以下防治措施:

(1)加强现场岩爆监测,及时躲避。从地质方面来看,发生岩爆的地段有极其相似的地层条件和岩性条件,使得短距离的预报成为可能。从声发生监听来说,听到围岩内部有闷雷样的声响时,应尽快撤离人员及设备。

(2)上半断面先行开挖,且采用光面控制爆破。通过减少同段位一次起爆药卷的最大装药量来降低爆破振动引起的围岩内部缺陷的发展,避免产生较大的局部应力集中,从而达到降低诱发表面岩爆的可能性。

(3)锚杆作为防治岩爆的主要手段。在靠河一侧拱部 120°范围内打设系统锚杆,利用系统锚杆的组合作用,改善围岩的应力状态,提高围岩的抗拉、抗剪能力。第一次打设斜向超前锚杆,开挖后视具体情况,局部补打径向锚杆。锚杆采用 Φ22 螺纹钢,长度 2.5~3.5 m,间距 0.9~1.5 m 不等,树脂药包与围岩粘接。

(4)为了加强锚固系统的整体作用和防止锚杆间发现岩块的劈裂剥落,部分地段采用钢筋网或钢筋条连接锚杆,并加喷混凝土。

(5)根据岩爆绝大多数发生在靠河一侧拱部的规律,将施工用的管线路及设备尽量布置在靠山体一侧,车辆、人员也尽量靠山体一侧通行。

(6)改善围岩条件,向新暴露的围岩表面喷水。加固围岩,向洞周喷厚度为 5 cm 的混凝土,将洞室表层破裂岩块连固,这多用于防止微弱岩爆。

(7)对山外侧上半洞周进行全面浅孔密杆系统锚固,锚杆深度 2 m,间距 1~2 m,呈梅花形布置,经使用效果较好。

(8)对强烈岩爆洞段采用系统锚固加重叠喷混凝土,一般喷3次,喷层厚度达15 cm,对抑制强烈岩爆具明显效果。采用系统锚固加挂网喷混凝土的做法可治理岩爆与塌方联合发生的洞段。

(9)实践证明,对划分为爆裂型岩爆的喷锚等强行处理方式,一定要等这类岩爆3个破坏阶段(开始为张性破裂、弹射、剥落,继而是极限破碎岩块的挤出或弹射,最终为剪切破坏)结束后方可进行,否则将是徒劳的,且极不安全。

5. 日本关越隧道

1)工程概况

关越隧道是日本埋深很大的高速公路隧道之一,长10 885 m,埋深厚度超过1 000 m。主隧道开挖断面面积为86 m^2,副隧道开挖断面面积为20 m^2。

关越隧道公路穿越溪流区内。溪流区内已有3条铁路隧道正在运行,即大清水隧道、新清水隧道、清水隧道。在每一条隧道开挖中,施工人员都感觉到了岩爆声音和岩爆的产生,因此预料到关越隧道肯定会有岩爆发生。

该隧洞于1977年8月从南北两洞口开始掘进,于1980年5月,在距北端洞口4 327 m,埋深730 m的区段发生了关越隧道第一次岩爆。约45 m^3的岩块从开挖面突出。接着在4 327~5 449 m约1 122 m洞段,岩爆频频发生,就记录到的山鸣岩爆共发生了1 433次。为了防止岩爆确保开挖工作顺利进行,日本学者和技术人员在开挖现场进行了调查研究,通过这些调查结果,从岩石力学的观点对岩爆的产生机理和预防措施进行了探讨。

2)关越隧道岩爆的特征

关越隧道周围的岩体主要由石英闪长岩和角闪岩组成,且不含明显的断层,在石英闪长岩区域,部分含有规则的节理和相对大的块状部分交错出现,在长度20~130 m的区间变化,而在角页岩区内含有较多的细微节理。石英闪长岩的平均单轴抗压强度是230 MPa,角闪岩为310 MPa。关越隧道采用全断面掘进法月平均进尺为100 m。最大岩爆发生地点是在距北洞口4 027 m处的石英闪长岩中,在此地点以后仍能观察到若断若续的岩爆,到岩体完全转变为角闪岩为止。有意义的是3条相邻隧道中,每个岩爆区的掘进工作面都在相同的山脊下,这说明该山脊线地区可能是引起岩爆发生的潜在因素。关越隧道中岩爆的主要特征为:

(1)山鸣岩爆在石英闪长岩中频频发生,而在角页岩内几乎不发生。对于石英闪长岩和角页岩混合带,仅发生在岩性交界处的石英闪长岩中。山鸣岩爆特别集中的区间的岩性都是石英闪长岩。

(2)岩爆与有无涌水密切相关,在几乎没有涌水的北段工区岩爆经常发生,而涌水多的南段工区则没有发生明显的岩爆。

(3)山鸣岩爆绝大多数发生在掌子面上,根据记录发生在掌子面上的岩爆次数是1 417次,侧壁只有16次,其中15次发生在右侧且大都发生在掌子面后方5~10 m的位置。

(4)山鸣岩爆在掌子面的发生位置大致是左侧多,即使在超前的辅助坑道中也是如此,而且岩爆记录多的已建3条铁路隧道中都反映出这一特点。

(5)山鸣岩爆在刚爆破后激烈,随着时间推移而平静下去,但也有由于找顶和钻孔而再次出现的。

(6)与开挖断面小的辅助坑道(断面面积21.3 m^2)比较,在正洞(断面面积84.2~86.0 m^2)山鸣岩爆较激烈。

(7)岩爆只在覆盖层厚度为750~1 050 m的岩体内发生,但覆盖层厚度与岩爆的剧烈程度并不对应,与初始应力的方向、大小的对应关系也不明显。

(8)岩爆与施工条件有关,如爆破、切削、钻孔都能诱发岩爆的产生。破碎岩片的尺寸大小不一,但形状一般呈扁平。

3）岩爆处理措施及施工方案

为了安全地开挖岩爆区，又不至降低掘进速度，在关越隧道的岩爆区采用以下处理措施及施工方案：

（1）在Ⅰ类围岩工区停止采用深孔爆破（最深的 3 m），在标准断面（断面面积 85 m^2）一次爆破进尺 1.2 m，在紧急停车段（断面面积 116 m^2）一次爆破进尺 0.9 m。

（2）为进行岩体的加固和防止岩块飞出，决定在掌子面打设锚杆。锚杆的根数，随断面面积和岩质状态而定，锚杆长度从试用效果看采用 3 m。

（3）对于从掌子面的锚杆间出现的飞石，利用台车在掌子面装设钢丝网（网眼 100 mm）进行防护。另外，电雷管、尼龙绳有产生静电危险，应停止使用。

（4）在岩爆区间用已经使用过的钢支撑和板桩，防止掌子面后方边墙的岩爆。

（5）为防止岩爆连续发生，对掌子面、侧壁和拱部找顶处理进行 2~3 次。

通过以上处理措施的综合使用，关越隧道掘进安全地通过了约 1.1 km 长的岩爆危险区。

6. 日本 140 国道雁坂隧道

1）工程概况

日本 140 国道雁坂隧道起自山梨县，向埼玉县延伸，于 1988 年 11 月起从山梨县一侧开始施工，并在隧洞覆盖层较浅（约 200 m）处发生山鸣及岩爆现象。约 6.6 km 长的雁坂隧道中，山梨一侧的 2.5~3 km 为花岗闪绿岩，埼玉一侧的 3.5~4 km 为大潼层群的砂、岩粘板岩互层。山梨一侧工程自 1988 年 11 月 1 日开工，主洞、避难坑道、联络坑道的开挖方法都采用新奥法（喷混凝土、锚杆法）。

2）岩爆的特征

山梨侧洞口开挖避难坑道时，在桩号 236 处产生岩爆。爆破后进行出渣作业时与山鸣同时自工作面顶端左拱角处以薄片状岩块 1~2 m^3 剥落。中断作业待避观察时，每 3~8 min 山鸣同时发生剥落，1 h 剥落约 1 m^3。其后，剥落部分扩大到工作面后方已喷射混凝土处，累计剥落 3~4 m^3。2 d 后岩爆平静，实施补喷钢纤维加强混凝土（厚度为 10 cm），3 d 后每断面在掘进方向每间隔 1 m 打设 6 根加强锚杆（摩擦型长为 2 m）。以后在约 70 m 地段，断续发生山鸣、岩爆，认为进入 F6 断层龟裂涌水带（长约 19 m）后呈暂时平稳状态。其后在桩号 250 附近再次发生山鸣、岩爆。其间中断作业待避，停机期间发生数次岩爆。

另外，与避难坑道中心间距 25 m 平行开挖的主洞，在桩号 229+8 附近开始山鸣，在桩号 236+2 附近首次发生大规模岩爆。这次岩爆在爆破后与突然山鸣同时发生并伴随有薄片状岩石纷飞，在工作面顶端左拱角剥落约 2 m^3。其后伴随岩爆山鸣不停，两天时间扩大到约 5 m^3。岩爆山鸣平静后，以喷射钢纤维加强混凝土及摩擦型锚杆（长为 3 m）加强后，再开始掘进。在长 70.5 m 的区段有岩爆数次，在每次爆破后发生山鸣。雁坂隧道岩爆特征归纳如下：

（1）岩爆在花岗闪绿岩中发生。

（2）在工作面有某种程度的节理和龟裂，岩石坚硬的区域发生较多。

（3）在无涌水的地方发生，有涌水的地方不发生。

（4）岩爆多发生在避难坑道、主洞的工作面顶端，开挖面也发生数次。

（5）在断层涌水带前较频繁发生。

（6）爆破以后最强烈，随时间而减少，大致多在 2 h 左右平静，断续的山鸣岩爆时间长的差不多持续 2 d。

（7）岩爆多发生在覆盖层约 200 m 以上的深处。

3）岩爆处理对策

（1）岩爆发生时彻底待避、停机，补充工作面观察记录中的山鸣、岩爆。

(2)不论在工作面、边墙或拱部,都要进行二次、三次仔细的找顶作业。

(3)采用摩擦型锚杆。为应对突然发生的岩爆,锚杆必须自打设后立即发挥其锚固效用(结合、悬挂),以往的砂浆充填型锚杆是砂浆硬化的同时才发挥支护效用的,在砂浆硬化前如突发岩爆认为不可能充分发挥其效用,因此必须采用判断有效的摩擦型锚杆。

(4)采用钢纤维加强喷混凝土。由于钢纤维加强喷混凝土可增加韧性,在已喷射混凝土的拱部即使发生岩爆也比通常的喷射混凝土剥落的危险性小,在雁坂隧道中的岩爆由于有自工作面顶端拱部扩展到已喷混凝土部分的趋向,故采用钢纤维加强喷混凝土。

7. 挪威赫古拉公路隧道

1)工程概况

赫古拉隧道是沿着挪威西部一个峡湾陡峭的山壁,在前寒武纪片麻岩中开挖的。该隧道施工中所遇到的稳定问题主要是岩爆。这是高而且常常表现为各向异性的应力以十分不利的角度袭击隧道的结果。这样的应力状态是该区极端复杂的地形所致,峡湾两侧的山壁呈45°或更陡的坡度向上伸展到海拔1 000~1 500 m。

赫古拉隧道长5 360 m,采用钻爆法掘进。但在3 km长的洞段上,紧靠峡湾的顶板和两帮出现不同程度的岩爆和岩石剥落,严重地影响了隧道的施工进度。通过对陡峭山坡隧道中岩爆问题的研究,第一次采用了钢纤维喷混凝土和锚杆的组合应用来应对岩爆问题,保证了岩爆区的正常掘进。

2)岩爆防治措施

该隧洞有近3 km长的一段发生程度不同的岩爆。在施工中一共用了15 500根长度为2.5 m的树脂锚杆,其中大部分是为了防止岩爆的,故在开挖后立即安设在靠近掌子面的岩爆范围内。锚杆带有标准的球面垫板,板直径150 mm,一般不加预应力。在高岩爆地区,垫板下的岩石碎块常会松弛,尤其是当锚杆靠近掌子面时,下茬炮震动岩体,即会造成松弛,这些锚杆只有在重新紧固螺帽后,才会有效。喷混凝土能减轻岩爆问题,可保护人员、设备不受锚杆间碎块迸落之害。喷混凝土较快且较便宜,更重要的是,可用远距离操作的机械手喷混凝土,施工更安全些。

在近3 km长的岩爆段,其正常工作循环如下:钻孔;装药与放炮;在液压操作的工作台上撬顶,并布置锚杆;出渣;安装锚杆,若有必要,则再清1次顶;对上一循环的洞壁喷第一层混凝土;对倒数第二循环的洞壁喷第二层混凝土,使总厚度达到10 cm。

15 500根锚杆中只有几百根是设在靠山内侧的拱顶上,不到一半的洞顶有支护。全部喷混凝土均在靠峡湾一侧的拱顶上,喷混凝土总量为2 650 m^3。每一循环中喷混凝土的时间为30~40 min。

曾经试图在爆破、撬顶之后立即喷混凝土,以期减少锚杆,但因岩爆非常强烈,以致在喷层黏着固结之前就被岩爆崩落,即使加了速凝剂也不行。为了使工作环境对施工者相对安全,应从已支护的地段,去安设下一段的锚杆。在特别困难地段,工作面上岩爆严重,必须用钢筋网覆盖,且锚固于工作面上,然后才能开始下一循环的钻孔。

在施工期间因岩爆强度不同,而使锚杆使用量不同。在桩号3+637—3+671长34 m的地段,岩爆特别严重,每一循环平均用锚杆52根,最多的用80根。在这一段多次安设锚杆,因为过一段时间,就会有50%以上的锚杆失效。

在赫古拉隧道施工中,大部分采用钢纤维混凝土代替常规喷混凝土。钢纤维喷混凝土比常规喷混凝土费用多50%,但其强度好些,变形性能好些,可以使最终的支护费用大致相当,或者只略贵一些,因为用了钢纤维喷混凝土,临时支护的锚杆可以少一些,而一部分临时锚杆将松弛,不能作为永久支护之用。

3)岩爆防治效果

隧洞开通后,又进行最后的清撬,发现某些部位喷层有松弛趋势,或者把该部位喷层撬除,或者再加锚。为此总共加设长 2.0 m 和 2.4 m 的锚杆 5 250 根,和原设锚杆相加,5 260 m 长的隧洞共用约 21 000 根锚杆,平均每米洞约为 4 根。岩爆强烈的地段加锚杆较多。运行 2 年之后,90%~95%以上的喷混凝土层仍然完好,有效地支护着岩石,采用锚杆与钢纤维喷层作临时支护,使后来增加的永久支护的工作量大为减少。

1.2.2　软岩大变形处理技术

高地应力作用下的软岩具有变形量大、变形速度快、变形持续时间长、支护破坏形式多样和围岩破坏范围大等特性。针对高地应力软岩大变形的特点,根据“超前支护、初支加强、合理变形、先放后抗、先柔后刚,刚柔并济、及时封闭、底部加强、改善结构、地质预报”的整治原则和总体方案,配合平导超前等辅助方案可较好地解决此项难题。

1.2.2.1　软岩段施工的技术措施

(1)采用超前小导管支护,开挖后及时封闭围岩;加强初期支护的刚度,采用 I20 型钢拱架封闭成环;为达到稳固围岩的目的,系统锚杆采用中空注浆锚杆加固地层,锚杆长度应稍大于塑性区的厚度。

(2)加大预留变形量(20~30 cm)。为了防止喷层变形后侵入二次衬砌的净空,开挖时即加大预留变形量。

(3)施工支护采用“先柔后刚、先放后抗、刚柔并济”原则,使初期支护能适应大变形的特点。

(4)及时封闭仰拱,特别是仰拱初支,是减小变形、提高围岩稳定性的措施之一;另外加大仰拱厚度,增大仰拱曲率,也有利于改善受力状况。

(5)改善隧洞结构形状,加大边墙曲率。根据围岩实际和监控量测数据,采用受力结构最为合理的“鸭蛋”形断面;改善结构的另一措施是提高二次衬砌的刚度,即加大二次衬砌厚度,增加受力钢筋数量,提高衬砌材料的强度和弹性模量。

(6)根据隧洞始终存在顺层偏压的特点和顺层岩层施工力学行为分析,确定地质顺层情况下岩石倾角对隧洞稳定性的影响,采取了不均衡预留变形量技术,不对称支护措施,间隔空眼、微差爆破技术,以及左右侧不均衡装药爆破技术,尽量减少对围岩的扰动。

(7)全过程实施施工地质超前预报工作。

1.2.2.2　软岩段施工方案

1. 超前地质预报

1)超前地质预测预报的方法

采用以监控量测、地质素描为主,结合科研测试的综合超前地质预报方法。综合超前地质预报包括以下方法:掌子面地质素描,监控量测,应力应变测试以及常规地质综合分析等。通过掌子面素描确定节理面的走向和倾向,通过监控量测数据反分析地应力值,从而判定围岩的地质状况。

2)超前地质预测预报的重点

根据隧洞地质资料,隧洞超前预报的重点是针对高地应力顺层条件下的软弱围岩的力学性能。在施工时采取强有力的超前地质预报,将超前地质预报工作纳入施工工序。

2. 开挖施工工艺

高地应力软岩隧洞施工采用台阶法和全断面法进行。根据围岩变化可通过调整循环进尺、支护参数、增大预留沉降量等措施,有效控制拱顶沉降、净空收敛;通过合理划分台阶高度,简易钻孔台架搭、拆方便,减少工序时间; 为了防止喷层变形后侵入二次衬砌的净空,开挖时即加大预留变形量;根据隧洞始终存在顺层偏压的特点,进行了顺层岩层施工力学行为研究,采取了不均衡预留变形量技术。

高地应力地段施工支护遵循“先柔后刚、先放后抗、刚柔并济”原则,初期支护能适应大变形的特点。根据隧洞始终存在顺层偏压的特点,采取不对称支护措施,在严格按设计施作支护措施的基础上,依据顺层岩层施工力学行为分析,对结构受力复杂部位进行初期支护的加强,加设长导管注浆、加密钢架纵向连接筋、设置多排双侧锁角锚管、加大喷射混凝土厚度等。

根据围岩岩性,确定光面爆破周边眼间距、最小抵抗线、不耦合装药结构、起爆顺序、堵塞长度等爆破参数,确定主爆孔特别是掏槽眼的爆破参数。周边眼采用搭接法钻孔和间隔装药结构,严格控制每循环进尺及周边眼间距,周边眼间距控制在20~25 cm。采用毫秒雷管微差控制爆破技术,严格控制段装药量和段延期时间,达到控制爆破振速的目的,最大限度地减小对周边围岩的扰动和破坏。

根据隧洞始终存在顺层偏压的特点,进行顺层岩层施工力学行为研究和高地应力顺层偏压地层隧洞施工力学行为研究,确定高地应力、地质顺层情况下岩石倾角对隧洞稳定性的影响,从而确定不同倾角情况下、不同地应力条件下隧洞的施工方法和施工关键控制技术。根据不同倾角下不同部位的受力状况,对不稳定或最不利部位采取间隔空眼、微差爆破技术,并采用左右侧不均衡装药爆破技术,进行调整药量、钻孔深度、起爆顺序、动态最小抵抗线设置等,尽量减少对围岩的扰动。

上台阶开挖1榀钢拱架、支护1榀;地质变化时,必须减少每循环的掘进进尺;掌子面开挖严禁左右侧对开,必须按照施工规范施工,两侧交错施工距离控制在2~3 m范围内,台阶马口长度原则上按照一榀一支一喷,最大长度不超过3 m,并根据围岩情况及时调整增大错开距离;缩短台阶长度,控制在5 m左右范围。

按照设计施作初期支护,做好围岩监控量测工作,随时掌握隧洞围岩的稳定情况,发现问题及时上报和解决,坚决杜绝安全、质量事故发生;为控制变形,必要时上台阶施工时设临时仰拱,临时仰拱由I18钢架与15 cm厚C20喷混凝土组成,其纵向连接采用Φ22钢筋,环向间距1 m。

3. 二次衬砌

一般情况下在围岩量测稳定后施作二次衬砌,但软岩高地应力大变形是一个缓慢的蠕变过程,即便量测数据稳定,但地应力仍缓慢不断向支护施加,因此除加大初期支护的刚度、强度和厚度外,还应适当加大二次衬砌的强度和厚度,采取钢筋混凝土施工。根据量测和工程实际,若发现地质异常,必要时及时施作二次衬砌。

4. 仰拱施工

高地应力地段根据围岩及监控量测情况,及时施作仰拱及矮边墙,以早日形成闭合环。

仰拱施作应优先选择各段一次成形,避免分部灌筑,对软岩大变形或者有其他地质灾害地段,这一条则显得非常必要。应该说,全幅仰拱施工,将会成为铁路隧洞施工的一个趋势,是根治隧洞运营病害的关键。

为此,隧洞在无轨运输条件下,进行仰拱全幅施工,且能保证运输道路畅通,可采用以下方法:对于无轨运输,采用单跨钢便梁式仰拱栈桥施工,在仰拱施工区段搭设仰拱栈桥,使洞内出渣运输和仰拱施工互不影响。

5. 洞内作业救援逃生措施

在隧洞开挖工作面发生岩爆等险情时,为保证顺利地对被困人员实施救援,从工作面开始沿隧洞一侧设立救援通道及救生箱。

救生箱采用10 mm厚钢板加工成1 m×1 m×1 m的立方体,侧向设置一扇30 cm×50 cm的薄板木门(石头可以砸开,朝向洞口方向侧设置,加锁密闭)。救生箱必须设置专人管理,箱内饮用水、食品、药品等应符合国家食品卫生标准,并定期检查、定期更换。救生箱放置在距开挖面不小于10 m的适当位置,并注意防水防潮,开挖爆破时,可临时转移至安全地带,但出渣后应及时移至原位置。

救援通道为厚度 1 cm 的 ϕ 100 cm 钢管，逃生管一端伸入已完成的二次衬砌隧洞段不小于 5 m，一端与掌子面距离不小于 10 m，掌子面端头设置向内开启的封闭门 1 道，距离端头 5～10 m 设置向外开启的封闭门 1 道，且具有防水、防爆炸冲击能力。逃生管内应设置有联络设备 1 套，同时管内预备工作绳，方便逃生、抢险、联络和传输各种物品。为防止逃生管在开挖爆破时被破坏，逃生管应采用缓冲材料包裹。在隧洞出现危急事故时，可以利用该通道进行逃生，对洞内被困人员进行食物、空气的补充以及通信联络。

1.2.2.3 软岩段处理工程实例

家竹箐隧洞位于贵州省盘县境内，是南昆铁路的重点控制工程，地质条件极其复杂，该隧洞在高地应力段发生过罕见的大变形。

1. 家竹箐隧洞支护大变形的发展过程

(1)从 1995 年 4 月开始，正洞掘进进入山体压力显著增大地段，当时刚刚通过 17# 煤层，在里程 IDK979+242—IDK+262 发现长 20 m 的锚喷支护，尽管喷混凝土厚 12 cm，工字钢架(I14)间距加密为 30 cm，并设置有长 3.0 m 的系统锚杆，拱部变形已超过正常值，数值并不太大，一般为 20～30 cm，最大下沉 31.7 cm。以后，随着开挖面向前推进，支护变形的程度及范围不断扩大。

(2)至 1995 年 7 月，大变形的范围由初期的 30 m 扩大到 170 m(IDK579+230—IDK579+400)，最大变形量达到 80～90 cm，钢架严重变形挠曲，喷层裂开剥落，并与钢架脱离。

(3)至 1995 年 9 月大变形范围进一步扩大。南端延伸到 IDK579+170，北端延伸到 IDK579+465，长 295 m，变形量达到 100 cm 左右，而且当初侵限扩挖段的洞壁又产生了新的下沉及内移。

(4)到 1995 年 12 月底，大变形的范围最终发展为 IDK579+170—IDK579+560，长 390 m。在变形最严重地段，拱顶最大下沉 240 cm，侧壁内移 160 cm，底板上鼓 80～100 cm，原来可以行人的正洞上半断面高度减少到不足 1 m，人员只能弯腰屈膝通过；但在一般地段，由于及时对内移侵限的支护进行扩挖，所以变形的最大值下沉一般不大于 100 cm，侧壁内移一般不大于 60 cm，隧底上鼓不大于 80 cm。第一次开挖后至 10 月 2 日最大下沉 90 cm，侵入模注混凝土衬砌 70 cm，需进行扩挖。但至 1996 年 1 月 10 日又发生变形。下沉侵入混凝土限界 50 cm，需进行第二次扩挖。

2. 整治大变形措施概述

针对支护严重变形现象，设计和施工双方多次研究对策，从 1995 年 7 月起陆续提出整治措施。至 1995 年 10 月，形成了包括特长锚杆在内的一整套整治方案。从 1995 年 12 月起，随着长锚杆等一系列措施的实施，支护严重变形现象得到了有效控制。具体的整治措施有以下几条：

(1)采用自进式超长锚杆加固围岩。高地应力软弱围岩是产生大变形的内在原因，地应力无法改变，但围岩性质可以通过加固而改变。根据初步计算，隧洞周边塑性区厚度接近 6 m，故决定采用 8 m 长的系统锚杆，以减少围岩的剪切滑移，使洞壁与深部地层连接，提高支护的承载能力。有些地段，已经按原设计施工，未使衬砌曲率加大，这些地段的系统锚杆加长为 10～13 m。

(2)采用可缩式 U29 型钢架。支护结构组成及施工顺序应达到先柔后刚、先放后抗的效果。外层支护应是柔性的喷锚层，应能允许洞壁发生较大变形，以释放地应力，发挥围岩自承作用；内层结构应有足够刚度，以抵抗由于长时间流变产生的地层荷载。因此，锚喷支护应为可缩式，并加大刚度。采用 U29 型可缩式钢架，上半断面喷混凝土在纵向留 3 道纵缝(宽 20 cm)，以适应地层大变形，同时喷混凝土厚度由原设计的 20 cm 加厚为 35 cm(分两次施工，第一次喷 20 cm，变形后期再喷 15 cm)。

(3)改善隧洞形状。在原始地应力中，水平应力是垂直应力的 1.88 倍，隧洞窄而高的衬砌形状对受力是不利的，所以隧洞边墙的曲率应尽量加大。现把衬砌内轮廓的边墙半径由 9.34 m 改小为 4.94 m，使曲率增大 1 倍。

(4)加大预留变形量。为防止支护变形后侵入模注混凝土净空，设计预留变形量拱部为 45

cm,边墙为25 cm,隧底为20 cm。

(5)提高模注混凝土衬砌刚度。考虑到二次模注衬砌需在初期支护变形完全稳定前施工,必须提高二次模注衬砌的承载能力,主要通过以下两种措施实现。

①加大衬砌厚度:二次混凝土分为内外两层,外层为主要受力结构,厚55 cm;内层为安全储备,并支承夹在内、外层混凝土之间的塑料薄膜,厚25 cm,两层衬砌总厚80 cm。

②采用高强度衬砌材料:内外层模注混凝土均为300#混凝土,并掺入2%的钢纤维。外层混凝土还增加了受力钢筋,配筋率0.55%(每立方米混凝土含钢筋43.4 kg)。混凝土掺入钢纤维的抗压极限应变提高20%,弯曲和劈裂强度提高60%~90%,抗拉强度提高250%。

(6)加强仰拱和隧洞底部,并使衬砌及早封闭,防止隧底上鼓。

变更设计后,整个衬砌断面等厚,故仰拱厚度与上部拱、墙相等,且建筑材料相同。仰拱厚度由变更设计前的30 cm增加到80 cm。材料由素混凝土改为钢纤维钢筋混凝土(外层)和钢纤维混凝土(内层)。

3. 家竹箐隧洞整治大变形的主要措施之一——长锚杆

1)采用长锚杆作为整治措施的理由

(1)借鉴国外经验。国外有许多施工中产生大变形的挤压性围岩隧洞。这些隧洞在处理大变形时大都以长锚杆作为主要措施之一。

①奥地利陶恩隧洞。该隧洞全长6 400 m,宽11.80 m,高10.75 m,埋深600~1 000 m,地应力为16~27 MPa,侧压力系数近似为1,围岩为绿泥石、绢云母及千枚岩,属软岩。由于当时对隧洞大变形发生的条件及其整治措施缺乏经验,初期支护较弱,设计采用4 m长的锚杆,在施工时变形很大,最大位移速度为20 cm/d,最大变位120 cm,后来将锚杆长改为6~9 m,隧洞变形才最终得以稳定。

②奥地利阿尔贝格隧洞。该隧洞全长13 980 m,宽10.8 m,高11.20 m,埋深最大为740 m,平均350 m,地应力为13 MPa,围岩为千枚岩、片麻岩,局部为含有糜棱岩的片岩及绿泥岩。该隧洞设计借鉴陶恩隧洞的经验,初期支护采用20~25 cm厚的喷混凝土,并采用可缩式钢架和6 m长的锚杆。尽管如此,由于该隧洞围岩软弱,岩层构造不利,施工中支护变形仍然很大,变形最大速度为11.5 m/d,下沉15~20 cm,最大收敛量为70 cm,采用9~12 m长的锚杆后,变形速度减小为5 cm/d。

③日本惠那山隧洞(Ⅱ号线)。该隧洞全长8 635 m,宽12.0 m,高10.5 m,埋深400~450 m,地应力为10~11 MPa,围岩为由风化花岗岩组成的断层破碎带,局部为黏土。该隧洞在设计时已估计到可能产生大变形,采用了和阿尔贝格隧洞相同的支护措施,但施工中仍变形很大,边墙最大变形56 cm,拱顶最大下沉93 cm,后在增设9.0 m和13.5 m长锚杆后,结构才得以基本稳定。

上面所介绍的国外大变形隧洞,无一例外都采取长锚杆作为支护的主要手段。家竹箐隧洞的情况是:地应力接近或超过以上3座隧洞的地应力;侧压力系数$\lambda=1.93$,较陶恩、惠那山隧洞($\lambda=1$)更为不利;围岩属煤系地层,属Ⅱ类围岩,围岩弹性模量也相当小;而其开挖断面面积为82.5 m^2,接近于上述3座隧洞;变形值大于上述3座隧洞,根据工程类比,家竹箐隧洞采用长锚杆作为支护的主要措施,是稳妥且比较可靠的。

(2)国内研究结果也证明锚杆更适应于大变形。我国有关单位曾对锚杆的作用进行了一些研究工作,有些单位曾对锚杆加固的碎石体进行了承载试验,试验证明,锚固体既具有较高的抗压能力,又能适应较大变形,锚杆加固围岩对提高围岩承载力很有效。在整治金川矿地下工程时,曾对喷混凝土和锚杆加固围岩、抑制变形的作用进行了对比试验,试验是针对两段巷道在初期支护作用下变形量超过15 cm且围岩变形不收敛的情况,分别采用加强喷混凝土支护和加密锚杆的办法进行补强。测试结果为:喷混凝土加固段变形速度由0.7~0.9 mm/d降至0.22 mm/d,而锚杆加固段变形速度则降至 0.02 mm/d,当围岩基本稳定后,前者总收敛量为 25 mm,后者为 8 mm。从而证明,在软岩大变形巷道支护中,增加系统锚杆对抑制围岩变形的作用较喷混凝土更为有效。根据孙钧院士等的研究,锚杆对改善围岩的特性和抑制洞周变形有明显的作用,无锚杆情况的拱顶位移是有锚杆情况的 2.76 倍。

2)长锚杆的构造及应用

(1)采用自进式长锚杆的主要理由。家竹箐隧洞大变形地段采用直径 32 mm 的长度为 8、10、13 m 的 3 种长锚杆,为方便施工并保证注浆效果,设计采用自进式锚杆。采用这种锚杆的主要理由是:

①自进式锚杆每节长度短(2 m 或 3 m 两种),便于在不大的施工空间操作;但各节之间又可通过连接套联成一体,达到要求的设计长度。

②煤系地层施钻容易坍孔,而自进式锚杆本身带有钻头,即使坍体也能钻进就位。

③自进式锚杆本身就是中空的注浆管,其构造特点可保证钻孔注浆饱满,这对长锚杆尤其重要。

④自进式锚杆配有止浆塞,能进行较高压力的注浆(工地施工时一般可达 1.5~2.0 MPa),浆液渗透半径大,加固地层作用比普通砂浆锚杆显著。

(2)自进式长锚杆的施工。锚杆施工一般用手持风枪,但钻孔深度超过 4~5 m,施工就很困难,家竹箐隧洞整治大变形需要设置的锚杆长度达到 8~13 m,显然,手持风枪不能适应。因此,安设长锚杆时用的钻机应具备以下性能:对工作空间适应性大,可以在隧洞半断面开挖及全断面开挖的场地施钻;机具轻巧,可拆卸搬运;机具的平面位置及高度可在一定范围内自动调节;可施钻向上及向下垂直孔,也可施钻水平孔、斜孔;钻孔深度不小于 20 m;钻孔方式应是冲击加回转式的,钻进速度快;钻孔孔径应满足安装锚杆要求;机具动力及其他操作部分应满足防爆要求;机具要求的电压与高压空气的气压应适应隧洞施工环境;机具既能使用一般钻杆钻进,也能直接用自进式锚杆钻进;而且,家竹箐隧洞使用的锚杆钻机应有机械臂撑住洞壁,稳定机身,提供钻进反力。

经过施工单位及设计与其他协作单位的紧张调研,决定选用 TXU-75 型煤矿水平钻机(最大钻孔深度 75 m,钻孔角度 360,开孔孔径 89 mm,终孔孔径不小于 50 mm,主机质量 500 kg,电机功率 4.0 kW,长×宽×高为 1 230 mm×600 mm×1 185 mm)。

自进式锚杆本身带有钻头,可直接安装在钻机上钻进,但 TXU-75 型钻机的卡瓦构造只适用于普通钻杆,所以很长一段时间只能先用普通钻杆钻进,然后插入自进式锚杆。在插入锚杆时,对坍孔,需用手持式风枪钻进,发挥自进式锚杆钻进功能。在家竹箐隧洞施工中,曾试验改进钻机卡瓦,直接利用自进式锚杆钻孔。由于某种原因,绝大部分钻孔是用钻杆先钻孔;当压力达到 15~20 MPa 且不进浆时,可结束注浆。TXU-75 型钻机为回转式,钻进速度慢,平均每班(8 h)仅能钻 2 孔(每孔 8~10 m)。在锚杆施工后期,协作单位进了可钻进 15 m 的冲击式钻机(YG40 型凿岩机),加快了施工速度。

(3)工程技术人员对长锚杆作用的体会。长锚杆对控制地质大变形和加固围岩的作用是无可置疑的,但在具体施工中却有许多技术要求和要点必须进行有效控制,否则质量难以保证,也有许多经验和教训要认真加以总结。家竹箐隧洞的大变形地段通过成功地运用超长锚杆加固围岩,有效地控制了变形的发生、发展,不仅为今后地下工程中治理大变形提供了一种有效的手段,而且为有效地使用自进式锚杆提供了一个成功的例证。在近 8 个月的长锚杆施工中,有以下几点体会:

①在长锚杆的施工中应采用小型、灵活的设备,因为隧洞的施工工期紧,许多工序都必须平行作业,故在施工长锚杆的同时还必须兼顾其他工序。在抢工期治理变形的施工中,曾采用了二层平台、三层立体施工平行作业,拱部、边墙打长锚杆,底部挖仰拱,前方仍继续掘进运输,如果不是采用小型设备,根本无法进行平行作业,工期也难以保证。在长锚杆施工中,每台钻机必须间隔一定的

距离。否则同时施工向岩体内大量注水,极易引起边墙及拱脚塌方。在IDK579+280—IDK579+300段20 m距离内同时集中了5台钻机进行施工,曾导致拱脚下部发生较严重的塌方,被迫停工20 d。

②在长锚杆钻孔中,必须随时进行清孔,特别是煤系地层及泥岩结构,塌孔严重,钻孔不易成形,就是强行将锚杆装入也无法保证注浆质量,若注浆效果不佳,长锚杆就形同虚设。在施工前期,个别地段重新拆除后就曾发现有部分锚杆注浆效果不佳,锚杆尾部没有浆液,而需重新补设。注浆效果的好坏,是长锚杆能否发挥作用的关键,由于浆液是从锚杆头压出而逐渐向杆尾渗透,要保证浆液能完全充填满整个钻孔,则必须在注浆前用高压水清孔,而且在注浆期间应采取间歇注浆且尽量不要首先封孔,应在注浆期间有浆液从孔口流出时才封孔,以保证注浆效果。而对某些根本不返水的孔,则无法保证注浆能达到饱满程度。在长锚杆的实际施工中,从注浆的结果来看,许多孔的注浆量相当大,故注浆就有两种意义存在:一是锚固锚杆以加固围岩;二是直接对围岩松动圈进行注浆,增强围岩强度。在施工中,长锚杆注浆量最大的一个孔用了3.5 t水泥,而该段并没有因塌方而形成空洞和空隙,说明浆液随着围岩裂隙深入到了地层的深部,这对增加围岩强度是相当有利的。

③钻机的司钻人员必须是经过培训和训练有素的人员,因为在煤系地层施工时,顶钻、卡钻、顶水及喷孔的现象经常发生,如果不是技术熟练的司钻人员进行操作,则机具的损坏和人员的伤亡就随时可能发生,家竹箐隧洞施工长锚杆时就因为上述原因,由于司钻人员处理不当而发生伤亡事故,教训是深刻的。

4. 家竹箐隧洞整治大变形的主要措施之一——可缩性U形钢架

1)家竹箐隧洞大变形发展过程及更换使用的各种支护钢架

家竹箐隧洞的支护大变形有一个发展过程,最早的变形出现于1995年4月7日,IDK579+240—IDK579+270段,该段位于17#煤层,埋深约400 m,尽管喷混凝土厚12 cm,I14工字钢骨架间距30 cm,并设有3 m长的系统锚杆,拱部仍发生了严重变形。最初的表现是拱顶下沉、混凝土喷层剥落,钢骨架变形。接着变形随开挖掘进向工作面发展并向进口延伸,支护变形的程度和范围都在不断扩大。至同年7月,大变形的范围由初期的30 m扩大到170 m(IDK579+230—IDK579+400),变形量达到80~90 cm,钢骨架严重挠曲断裂,混凝土喷层压碎脱落。至同年9月,大变形的范围进一步扩大,南端延伸到IDK579+170,北端延伸到IDK579+465,长295 m,变形量达到100 cm左右,而且当初侵限扩挖段的洞壁又产生新的下沉和内移;到1995年12月底,大变形的范围最终发展为IDK579+170—IDK579+560段,长390 m。在变形量严重的地段,拱顶下沉达240 cm,侧壁内移达160 cm,底板上鼓80~100 cm,原来可以行人的上半断面高度减少到不足1 m,人员只能弯腰屈膝通过;在一般地段,由于对内移侵限的支护进行及时扩挖,变形的最大下沉值一般不大于100 cm,侧壁内移不大于60 cm,隧底上鼓不大于80 cm。390 m的大变形段普遍进行过3次以上的拆除扩挖,共计拆除I14工字钢1 564榀、I16工字钢668榀、U29型非可缩性钢骨架1 102榀、格栅钢架165榀,总计拆除钢材2 591 t。家竹箐隧洞施工中曾先后采用过以下6种支护:Ⅰ14工字钢骨架支护、Ⅰ16工字钢骨架支护、煤矿用I11工字钢骨架支护、Φ22格栅钢架、U29型钢骨架和U29型可缩性钢骨架,其中只有U29型可缩性钢骨架的使用获得成功。

2)U29型可缩性钢架简介

U29型可缩性钢架每榀骨架由5个基本构件组成:一根半径为3.83 m的拱顶弧形梁,两根半径为7.20 m的拱腰弧形梁,两根墙部上端弧形半径为7.2 m的立柱。拱顶弧形梁的两端插入和搭接在拱腰弧形梁的上部,拱腰弧形梁的底部与墙部立柱的顶部通过连接板用螺栓连接,形成一个三心拱。拱腰弧形梁和拱顶弧形梁的搭接长度400 mm,该处使用两个卡箍固定(每个卡箍包括1个U形螺杆和1块U形垫板、2个螺母)。拱腰弧形梁的底部和墙部立柱的顶部焊有180 mm×180 mm×16 mm 的钢板作为连接板。在墙部立柱的底部焊有同样的钢板作为底座。

骨架的可缩性用卡箍的松紧程度来调节和控制,通常要求卡箍上的螺帽扭紧力为 147 N,以保证骨架的初撑力。骨架在围岩的作用下,构件开始变形,当围岩地应力达到某一限度后,拱顶弧形梁和拱腰弧形梁的搭接部分开始产生微小的相对滑移,骨架下缩,从而缓和了围岩对骨架的压力。如此发展,直到可缩性耗尽。此时,骨架成了刚性支架承载,和其他钢骨架相比,这种骨架的可缩性较大,可达 35 cm,而且加工、制造和安装都较为简单,当其成为刚性支架的时候,因为其特殊的截面形状,其抗压、抗扭能力也较一般工字钢骨架强。

家竹箐隧洞大变形段 U29 型可缩性钢骨架的间距为 0. 3 m,为加强隧洞中线方向的稳定性,每榀骨架之间由 Φ16 钢筋通过螺栓、夹板等紧紧拉住,并将系统锚杆与骨架相连。

对于 U29 型可缩性钢骨架来说,它的主要特征是它的承载力(阻力)的可缩性,它们首先取决于骨架主要构件的几何特征和搭接处的弹性变形、摩擦表面配合相对滑移;同时也和作用在骨架上的围岩压力分布性质,以及在围岩压力作用下骨架的变形状态有关。在设计这种骨架时,要特别注意骨架搭接处的滑移方向,要使它和围岩压力主要方向或围岩最大移动方向相适应,否则,骨架将很快变形而丧失稳定。当然,如果将骨架与系统锚杆的端部相连接,情况要好得多。

3)采用钢架治理支护大变形的过程

家竹箐隧洞的支护大变形治理过程,经历了“以刚对刚,以柔克刚,先柔后刚、先放后抗”几个阶段。

大变形出现之初,有众多观点认为支护变形是由于拱部松动圈的破碎岩石重载引起的,故而采取的措施是加密 I14 工字钢骨架间距(从 1 m 1 榀加至每 0. 3 m 1 榀),试图以增加支护强度的方式来缓解支护变形的程度,这种“以刚对刚”的程度一次比一次强,施工中先后使用过 I14、I16、矿用 11#等工字钢和 U29 型钢,这些支护型式都是刚性支护,使用中都发生了严重的变形和破坏。

在隧洞净空减小后的扩挖中没有发现松动圈的存在,此时,开始意识到是高地应力引起的支护大变形,因而及时改变了治理措施,采用 4 肢 Φ22 格栅刚架,在拱腰处不喷混凝土,留两道供格栅变形的缝,这种“以柔克刚”的措施也未取得预期的效果。

经历了一系列的失败后,设计、施工单位经过认真分析和工程类比,借鉴了国外类似情况的处理方法,将支护改为 U29 型可缩性钢骨架,结合自进式长锚杆和加大预留变形量等一系列措施,终于使家竹箐隧洞支护大变形得到了有效的控制,并得出了以下几点认识:

(1)在高地应力软塑性围岩中掘进,宜采用“刚柔相济”的支护手段,以缓解围岩压力。

(2)U29 型可缩性钢架,较其他几种类型的钢架经济适用。

(3)U29 型可缩性钢架,具有足够的可缩量和刚度,是高地应力软塑性围岩中的一种良好支护手段。

4)大变形整治措施的实施效果

家竹箐隧洞自 1995 年底针对大变形实施整治措施以来,获得了明显的效果,主要表现在以下 6 个方面:

(1)设置长锚杆前,支护变形量 80~100 cm,最大达到 240 cm(支护破坏失去承载能力拆除前),而设置长锚杆后,变形量一般不大于 20 cm。

(2)从收敛速度方面比较,设置长锚杆后,变形速度显著减小。一般减小为原来的 1/3~1/10,如 IDK579+431—IDK579+453 段,设锚杆前平均收敛速度为 6. 35 mm/d,设锚杆后减少为 0. 70 mm/d,只为原来的 11%,说明长锚杆施工后,支护变形速度趋于稳定。

(3)设置 8~13 m 长锚杆后,有明显的安全感。在设置长锚杆前,施工人员进入支护严重变形地段,处于钢架严重扭曲,喷混凝土开裂掉块环境之中,感到很不安全。设置长锚杆后,变形得到控制,锚喷支护状态基本完好,施工人员对自身的安全放心了。

(4)可缩式钢架发挥了作用,在伸缩关节部位可以看到明显的滑移,从而避免了大变位的钢架发生屈服变形的现象。

(5)钢纤维混凝土可提高混凝土衬砌的抗拉强度,防止和减少衬砌开裂现象。比较明显的例子如IDK579+279—IDK579+289段,该段外层模注衬砌在下半断面未开挖时即已浇注,下半断面开挖后尽管加设了卡口梁,混凝土拱圈仍由于受侧向力而开裂,但该段前后掺有钢纤维的拱圈均未发生开裂现象。

(6)支护衬砌先柔后刚,而后加大了边墙曲率,对于保证结构安全起到了相当大的作用。家竹箐隧洞因工期紧,一部分边墙锚杆和全部隧底锚杆来不及施工即浇注了外层模注混凝土衬砌,所以二次支护受力较大。但由于加大了混凝土衬砌厚度,增加钢纤维和钢筋,改善了衬砌形状(加大曲率),至今边墙和仰拱一直完好,无开裂现象,原先初期产生的拱部局部少量开裂也逐渐收敛闭住。

家竹箐隧洞在整治大变形中采用"先柔后刚、先放后抗"的一整套措施,为今后类似的隧洞设计和施工提供了经验。提高围岩自承能力的措施有多种,但在注浆措施没有把握时(尤其是对于节理裂隙不很发育的软岩),用长锚杆加固围岩,并把支护与深部地层联结起来,可收到立竿见影的效果。从前文可以看出,国外工程实例均将长锚杆作为治理大变形的主要措施,且均获得了成功。而家竹箐隧洞采用长锚杆后,围岩变形得到了明显控制,锚杆施工后洞壁收敛速度减小为原来的20%~45%。通过埋在支护结构内的钢筋计及应变计和洞壁多点位移计测得的家竹箐隧洞内、外衬砌结构应力、应变均小于结构的容许应力和容许应变,且洞壁位移也完全收敛。家竹箐隧洞从施工结束至今结构一切正常,无任何不良变形及破坏发生,这也说明家竹箐隧洞大变形整治是成功的。

1.2.3 突涌水处理技术措施

涌水是隧洞施工中最常见的水文地质现象。大量的涌水往往给工程带来许多困难和危害,甚至造成严重事故而迫使工程停工,从而大大影响施工期限。当隧道施工仅出现水量不大的漏水、渗水时也会造成不同程度、不同类型的危害。除此之外,由于水的物理和化学作用,隧洞的工程地质、水文地质条件也会出现恶化,从而产生其他类型的隧洞病害。涌水地段往往是地质上的薄弱环节,如断层破碎带、节理裂隙密集带。由于水的机械侵蚀和化学作用,将恶化隧洞的工程地质条件。强大的水压和围岩压力共同作用,将摧毁支撑,堵塞掌子面影响施工。浸透水可使软岩逐渐松软,招致破碎带和节理的剥落,使得地压增大,成为坍塌的根源。在隧道施工中对突涌水的防治处理是一个非常重要的问题,必须要认真对待。

1.2.3.1 突涌水的预报

(1)超前物探。在掌子面上向前方发射声波、地震波,利用反射回来的波进行预报。

(2)超前水平钻,效果较好。

(3)超前风钻孔。在掌子面上选择2~3个风钻孔进行加深,一般都可加深到10 m左右,军都山隧道还在风钻上安装测速器,根据钻进速度的变化作出预报。

(4)超前导坑。上述预报手段都不见效时,可开挖超前导坑,在洞内可以上、下导坑先行,在洞外可开平行导洞,欧洲海底隧道则在两主洞之间开工作洞,既方便施工又起了预报的作用。

(5)监测水体动态。对地下洞室附近的地表水和地下水进行监视,根据动态作出预报。

(6)测试渗透张量。渗透张量是近年来水文地质学方面发展起来的一项新技术,它的实质是利用隧道施工开挖所暴露的地质断面对洞内基岩裂隙产状、张开宽度、长度等进行统计分析,求得裂隙组合的几何要素,量测计算渗透张量的6个指标,考虑介质的各向异性进行隧道涌水量的预测分析。秦岭隧道利用渗透张量法的分析与计算,成功地预报了Ⅰ线隧道地下水分段涌水量及可能最大突水量,同时对Ⅱ线平行导坑前方涌水段落的发生部位也进行了较为成功的预报。

(7)洞内和地表涌水量动态变化测试。通过建立平行导坑内涌水量动态变化长期观测点和建立相应的地表水水量动态变化的长期观测断面，利用时序分析法验证隧道涌水量补给水源、涌水产生的条件、影响范围、涌水形式等，对施工前方断层带的涌水量进行预测预报，并对Ⅰ线隧道的涌水量、涌水段落作出较为准确的预测预报。

(8)富水地段的涌水预报预测。通过渗透张量测试所得出的渗透系数K，对突水断带建立水文地质概念模型，利用水文地质数值法进行涌水量的预测预报。秦岭隧道成功地对F4、FQ12、FQ2三处断层实施了涌水量的预测预报。

(9)水化学测试分析：①通过对地下水的水质和水温测试，作出地下水侵蚀性及水文地质环境变化评价，以及高温突水地段的预测预报。②同位素水文地质学的研究应用。测试项目包括氚、氘、氧-18等。通过对平行导坑地下水同位素测试，了解验证和预报隧道洞室开挖地下水的补给来源、补给速度和补给范围。

1.2.3.2　突涌水的防治处理

隧道涌水的防治处理方法有多种，主要分为两类，一类是排水法，另一类是止水法。排水法是隧道施工中普遍采用的方法。采用排水法处理涌水时，大多同时采用两种或两种以上的措施。

1. 明沟排水和集水坑水泵抽水法

明沟排水是借重力作用把水排到洞口或竖(斜)井处，水泵抽水是通过管道排出洞外。较短的隧洞，无论采用明沟排水或水泵抽水都较容易。对于长隧洞，如果是交通隧道或压力水工隧洞，只要采用上坡开挖利用明沟排水，施工排水也好解决，但对于长的明流引水隧洞，施工排水问题较难解决。下游端掘进工作面是上坡开挖，利用明沟排水比较容易。上游端掘进工作面是下坡开挖，只能利用水泵抽排洞内积水，在这种情况下，如果遇到隧洞很长涌水量又较大，施工排水的费用是十分可观的。为了方便施工排水，许多隧道都采用人字坡。例如青函海峡隧道海底段及超前导洞就是采用3‰的人字坡，利用明沟排水至斜井底部，再抽出洞外。法国谢拉水电站贝勒多纳引水隧洞长19 km，预测到施工中会遇到较大的涌水，隧洞两端均采用上坡开挖，上游端是5.128‰，下游端是0.682‰。明沟排水不需要机械设备，不耗费能源，是比较经济的施工排水方法，只要条件适合应尽可能采用。但明沟排水必须经常保持不淤塞，否则洞底会产生积水，对施工颇为不利。

对于平坡和下坡开挖的隧洞，只能采用集水坑用水泵将积水抽出，经排水管排出洞外。一般布置是每隔300~450 m或在渗水处设置集坑，并在集水坑处配备合适型号的抽水机，将每个坑内的积水抽至后面一个集水坑。每台抽水机各自操作，容量大小应根据情况需要加以变化，随着掘进工作面向前延伸，后边各集水坑的流量也逐渐加大，原先容量较小的活塞式抽水机将用容量较大的离心式抽水机替换，而把活塞式抽水机往前移动。管道尺寸应根据排水量而定，管径一般在50~250 mm。普遍使用管径100 mm的，因其移动困难较少，在一般隧洞的水量下，尚能适应处理所有的渗水。青函隧道超前导坑和辅助导坑贯通后，龙飞工区为下坡开挖，必须用水泵排水。开挖面四周的涌水和工程排水经由间距约为60 m的集水坑和排水管排放到中间集水坑，然后从中间集水坑抽排到间距为500 m的大集水坑，以后再经由各大型集水坑与连接点前方的道床排水沟接通，以自然流水方式排放到斜井底部的水泵房。有的工程不采取上述由一个集水坑把水抽到另一集水坑的办法，而是采用密封的管路，一直抽到洞口或竖井位置，中间设置抽水机。通过止回阀，把水抽入管路。委内瑞拉的雅卡姆布引水隧洞，遇到大量涌水(涌水量达280~300 L/s)，用2条直径254 mm的管道，每隔1 000 m安装水泵排水。

在竖井的开挖过程中，利用钢丝绳悬吊离心泵抽水。遇到竖井很深时，在竖井壁上挖集水坑，安装增压泵。在美国德拉韦尔输水隧洞上，一个承包商在竖井的不同标高设置几个电动离心泵，把几台泵串联起来进行抽水，而无需再设中间集水坑。在竖井底安装抽水设备，以处理隧洞内的水。抽水设备安装在井壁外一侧的工作间里，把隧洞内所有的水都收集在一个集水坑中，由水泵把水抽走。德拉韦尔输水隧洞工程抽水机的上升管，以及风管与进水管、电缆管路都埋藏在竖井衬砌之内,使竖井断面内升降与通风设备不受阻碍。

用于隧洞施工排水的抽水机,必须有充足的备用容量,宁可备而不用,不可储备不足。这是因为:第一,隧洞开挖中的涌水情况,无法精确预测,即使是经过仔细勘探的隧洞,地下水渗流量也经过计算,但在开挖过程中还会遇到意外的涌水;第二,一旦发生意外涌水,如果抽水能力不足,将淹没坑道,延缓工期,造成惨重损失。大瑶山隧道竖井设在两断层之间,而忽视了槽谷地区的岩溶现象和岩溶水与断层沟通的破坏性,进入隧洞后,仅掘进了 334 m 即出现涌水,日涌水量达 400 余 m^3,造成严重的淹井事故,停工达 1 年之久。青函隧道以超前水平钻孔探测前方的地质及涌水情况,根据超前钻孔获得的数据和开挖面的观察结果,精心地进行注浆作业,只有在地层加固和充分封闭后,才进行开挖。尽管这样精心地施工,尚且发生了 4 次特大涌水,导致坑道大范围内遭受水淹。特别是 1976 年 5 月在吉冈工区辅助导洞施工中发生了特大涌水,瞬时的最大涌水量为 85 m^3/min,全部坑道面临被水淹没的危险。经过这一严峻事态后,加强了斜井底部的水泵抽水能力,龙飞工区为 110 m^3/min,吉冈工区为 98 m^3/min。美国桑贾托隧洞的波特雷罗竖井发生了两次开挖工作面被涌水淹没事故,竖井内水位升高达 183 m。为防范发生第三次水淹,在竖井底开挖了一个 5.8 m×6.7 m×29 m 的密封抽水机室,里面安装 5 台 9.8 m^3/min 及 2 台 3.8 m^3/min 容量的抽水机。抽水机室设有密封门,可抗御 245 m 的静水压力。抽水机室内装有风机以冷却电动机。各台机械装置是由山顶地面控制,在导坑及竖井均被淹没的情况下,仍能操纵抽水。

2. 辅助排水导坑及超前排水钻孔法

排水导坑及排水钻孔在日本是最流行的排水法,这 2 种办法可单独使用,也可同时使用。当隧道开挖掌子面遇到水压很大时,采用小导坑掘进,或者在主隧道的左右两侧开挖横断面小的(断面面积 4~15 m^2)排水导坑。如果这种小断面的排水导坑仍不能起到排水作用,而掌子面的掘进还是很困难时,就从掌子面上钻几个几米到几十米的排水钻孔以降低地下水位。排水导坑与正洞之间的距离,从排水效果看,应尽可能缩短;但距离太近,由于岩体的松动,会影响正洞的安全。一般采用中心距离 15~20 m。排水导坑一般放在地下水流的上游,但也有例外,要视地质条件而定。排水导坑应在主隧道前面掘进,如遇开挖面崩塌,无法掘进时,则开挖面应全面支护,在它的后方 10 m 左右另开岔线,进行迂回掘进。此时可在停止的开挖面上进行钻孔排水,以保障分岔的迂回坑道的掘进。

排水导坑的排水效果因围岩的不同而差别很大,但总的看来效果是明显的。如在富士山脉北部开挖一座 3.6 km 的公路隧道,初测结果表明该隧道有破碎断层带存在,因此在隧道施工中反复进行勘探,在接近破碎断层带时采用探扦法进行勘探。但对断层的特性还是没有掌握,以致在掌子面造成 1 500 m^3 的卵石随着高压水一起坍下来。经测量,破碎断层带由 7 m 厚的断层黏土和 30 m 厚的细晶岩碎粒组成,约成 45°斜角横跨隧道,地下水的压力为 1.2 MPa,温度为 2 ℃。为了继续施工,采取了以下措施:先将隧道路线移出 20 m,再凿孔排水和压浆密封。在正洞两侧,设置了排水钻孔用的工作室,在工作室内沿辐射状方向钻孔,穿过不透水层至含水的破碎断层中,排水孔向外倾斜 2°~4°,以利排水,并防止排水管头部的过滤网被泥土淤塞。由于细晶岩碎粒的透水系数(10^{-2}~10^{-3} cm/s)极大,因此排水量受降雨量的影响很大,经 3 个月的连续排水(平均排水量为 1.5~2 m^3/min,最大排水量为 7.5 m^3/min),共排出地下水 60 万 m^3。同时使掌子面的水压力降低到 0.2~0.3 MPa。配合压浆后,用铁镐进行台阶式开挖。压浆区为 3.0 m 厚,约为隧道半径的 1.2 倍,这个断层用了 6 个月的时间才通过。

还有六甲隧道的芦屋斜井,在施工中也遇到了一个断层带,与斜井近于垂直相交,此断层带由于为细砂和黏土所组成,以致渗透系数较低(估计为 10^{-5} cm/s)。断层厚约 12 m,背后有裂隙,并发现存有大量的高压地下水。采取的措施是:在破碎带钻孔排水以降低地下水的压力,并用压浆来加固地层;由于地下水的压力过高(达 2 MPa),在断层钻孔很难实现,因而开挖了很多排水导坑进行排水;然后在斜井两旁的排水室内,进行钻孔以排出断层背后的积水。当最高排水率为 250

L/min 时，地下水压力降到 0.5～0.6 MPa，这样就为下一步钻孔压浆工作创造了有利条件。虽然斜井的断面面积仅 19 m^2，但由于地下水压力过高，因此压浆区的厚度在顶部和两侧均为 10 m，底部是 7 m，采用了多阶层的侧壁导坑进行掘进。

我国大瑶山隧道 F9 断层上盘破碎带富含地下水，施工中既有大面积渗漏水，又有沿张裂隙和小断层的股状涌水，该段最大涌水量达 48 000 m^3/d，围岩稳定性极差。为了确保隧道顺利建成，于隧道右侧 25 m 开凿了一个超前平行导坑。该导坑起到了良好的排水降压作用，它引排了该段 2/3 的涌水量，大大减小了隧道正洞的涌水量和水压，保证了隧道的正常施工。

3. 深井及井点法

深井与井点的采用取决于隧道的覆盖土厚度、土壤性质及水压力等，在许多工程中采用了这一方法。

井点法适用于未固结地层，设备简单，因此只要没有特殊情况，从经济上考虑，就可采用。如六甲隧道的上个原工区，地质为砂砾及砂层夹有黏性土，固结程度疏松，为地下水蓄积量较大的不稳定地层，此隧道在起拱线附近因有未固结的滞水带，故在此稍高位置在隧道左右侧开挖迂回坑道，并布置深约 6 m 的井点集水管。井点在左右的迂回坑道和正洞的中槽 3 处设置，以利掘进侧壁导坑和底槽。井点按平行布置，前后间距 1 m，深度以 6.5 m 为标准。考虑地质及各种损耗、水泵性能等。水泵应不停地运转，直至将拱圈混凝土灌完。为了避免接长集水管时要停泵，井点要比开挖面超前一个距离（约 70 m）。在开挖过程中，由于井点排水作用，取得了超过预料的进度，除出现一些流砂和隆起现象外，边墙的内衬及抑拱混凝土都能进行施工。此外，在东海道新干线的小原隧道以及新日向川发电站尾水隧洞等，均采用了井点施工方法。

在生田隧道的出口，采用了深井法降水。该隧道在施工中遇到了 20～30 m 水头的涌水和级配不良的砂层，各种方法比较后确定用深井法来降低水位。在隧道两侧设置降水导坑并在其中钻凿深井，其高度选在无流砂的地点，其横向位置则根据扬水效果及不扰动正洞处地层等条件确定。深井直径采取 30 cm，深度到正洞施工基面下 10 m，深井间距 15 m，左右交错排列。扬水泵功率为 5.5 kW，扬程为 25 m。用深井降水法的特点是可以在大范围内大幅度地降低水位。但此法是重力排水方式，水流入井的浸透速度有一定的限度，当不可能将水位完全降低时，还得用井点补充降水。用深井降水效果很好，使流砂现象一度消失，在上半断面掘进时，完全无涌水。

在榛名隧道洗小芋工区，该段的土壤固结程度一般较低，虽然流入水量比较小，工作面的支持能力却很差。覆盖层厚约 70 m，初期地下水位在地面下 10～15 m，在导洞开挖之前，在正洞旁边的岩体上设置深井以降低地下水位和减少流入水量。深井安装在离正洞中心约 15 m 处，间距为 30 m，深井下到主隧道路面高度以下 30 m，直径 450 mm，套管直径为 300 mm。每一处的流入水量差别很大，涌水量从 200～300 L/min 到 1 000～1 500 L/min，渗透系数 10^{-5}～10^{-4} cm/s。

在到达工作面之前约 3 个月开始抽水，除浮石带外，流入水量不大，开挖进行得相当顺利。在拱的混凝土衬砌完成后，深井操作便停止，地下水位已在地面以下-45～-30 m。

4. 定向开挖法

任何一个洞段开挖大多两个方向，如有涌水的可能就应该选择最有利的一端进行开挖，这也是防治突水的有效方法。如大量地下水储存在断层的上盘，当时是从下盘向上盘方向开挖，如果预测到会产生突水，可采用反方向掘进，地下水随着开挖进展陆续被排除，突水就不会发生。

1.2.3.3　止水

止水法主要包括预注浆法、冻结法和压气法 3 种，其中，前者采用较多。

1. 预注浆法

1）基本原理

注浆就是在隧道开挖之前，沿其四周用钻机钻孔（钻孔呈伞形辐射状），利用注浆泵通过钻孔将浆液注入到岩层裂隙中,浆液凝固硬化后,堵塞岩石裂隙,可加固围岩,截断地下水流,减少渗漏水流入作业面,从而为施工创造良好的作业条件。根据注浆施工时间不同,隧道注浆可分为预注浆法和后注浆法。预注浆法是在隧道开挖之前进行的注浆;后注浆法是在隧道开挖之后,衬砌以前进行,或者虽经过预注浆,但由于开挖爆破振动和预注浆处理不周,个别地段仍有渗漏水时,为保证衬砌顺利进行和衬砌质量而进行注浆。在注浆施工中,预注浆堵水与加固围岩效果显著,施工难度较小;而后注浆由于围岩松动易发生跑浆,注浆常作为预注浆处理后的补充手段。

2)基本设想

注浆后,在隧道周围形成一圈有一定厚度的止水范围——止水带,防止高压水进入隧道内。由于注浆而形成的止水带和加固层的作用,水压和地层将由岩层、支撑和衬砌共同承担,这样可以大大减小混凝土衬砌的厚度,同时可以减少开挖量。由于开挖隧道产生了山体松动,为防止地下水的侵入,在其外侧需要采用注浆使其有足够厚度的止水范围。

3)预注浆的基本方式

注浆材料有水泥系浆液、水泥药液系浆液以及其他高分子化学浆液。水泥系浆液,具有结石强度高、渗透性大、料源广、价格低、工艺简单等优点。水泥有普通水泥及快凝水泥,此外也有高炉水泥、粉煤灰水泥等。其他化学注浆材料有丙烯酰胺、尿素树脂、氨基甲酸乙酯等,这些材料成本高,易于引起公害,故其应用范围受到一定限制,但用于处理细小裂缝漏水及加固较为有利。注浆所用主要设备有钻机、注浆泵、混合器、止浆塞及泥浆搅拌机等。注浆方式一般可分为单液单注系统、双液单注系统、双液双注系统。

(1)单液单注系统是将一种浆液或两种浆液在注入前预先混合,通过注浆泵注入到岩层中,这种方法一般适宜于胶凝时间稍长的浆液。单液单注系统操作(调节流量)比较方便。

(2)双液单注系统是将两种浆液在注浆管口的混合器混合后再注入到岩层中,采用这种方法浆液胶凝时间可稍短些(一般3~5 min均可),这种注浆方法有两种工艺流程。

(3)双液双注系统是将两种浆液通过不同注浆管注入到钻孔内,而在孔内混合的方法,这种方法一般适于胶凝时间非常短的浆液。

注浆工艺流程的选择,需根据注浆目的和使用的注浆材料性能而定,在实际施工中往往还要结合现场设备等情况而加以改变。

2. 冻结法

冻结法有两种方式,一种是通过地面冷冻站和铺设的管路向地下的套管(两层管)循环输送不冻液盐水(如氯化钙)使上层冻结,地下带热的盐水返回冰冻站后,用沸点低的降压后的压缩液体氨冷却盐水,再通过管路将盐水送到地下管中,以此循环冻结;另一种是直接将0.1~0.7 MPa的压缩氨的单液直接压送到地下土层钢管内,通过与地层直接产生热交换而使土层冻结。

冻结法主要适用于冻结砂土、细砂土、细的土质,而对于含水的砂砾层、多层分布的黏质砂土、含水比10%以下或水流流速1~5 m/d以上或地温30 ℃以上的土质,都难以获得期望的冻土强度。

冻结法成本较高,使用的限界一般冻结土量为150 m^3左右。此外还必须注意土壤冻结时的膨胀和解冻时地面下沉对建筑物的影响。冻结土的力学性质较好,并可用简单准确的方法(温度测定)来确定冻结效果及范围。

1.2.3.4　隧道涌水及其防治处理的工程实例

1. 中国大瑶山隧道(F9断层)

1)F9断层的基本情况

大瑶山隧道全长14.295 km,位于京广铁路衡(阳)广(州)复线坪石至乐昌之间,隧道穿越陡峭中低山且具狭长沟槽地形的复式背斜褶皱山区,埋深70~900 m。工程区位于湘桂径向构造带东侧,南岭东西向构造带南缘,粤北山字形构造的脊柱北端,为多种构造体系的复合部位。隧道以近乎垂直于构造迹线的方向开凿。洞身围岩除中段约 2 km 为泥盆系砂岩、砂砾岩、页岩(泥岩)及灰岩、白云岩、泥灰岩外,其余均为震旦系和寒武系浅变质砂岩、板岩。隧道切十多条规模较大的断层,其中以 F9 断层的规模为最大。

F9 断层位于隧道中段,由走向北北东、倾向南东为主、倾角 75°~90°的主干断层及一系列次一级的走向断层和斜交断层组成,断层带宽 465 m。主干断层为一区域性压性逆冲断层,在隧道中宽 44 m,由稍具黏结力至松散土夹石结构的土黄、褐黄至杂色断层泥和断层角砾组成。上盘为中下泥盆统桂头群中厚层状石英砂岩、含砾砂岩夹中薄层泥质砂岩和泥质粉砂岩,岩体受强烈压碎作用,影响带宽度达到 328 m(由主干断层向外依次为强烈压碎带、压碎带和轻微压碎带)。下盘为中泥盆统东岗岭组中薄层灰岩和泥灰岩,岩体受强烈挤压作用,片理化强烈,影响带宽为 93 m(由主干断层向外依次为强烈压碎带、压碎带)。

主干断层无水或微弱含水,是良好的隔水层;上盘次级断层和节理裂隙发育,岩体富含地下水,最大涌水量达 30 000 t/d;下盘岩体裂隙多呈闭合状,地下水相对较少,主要为岩溶水和岩溶裂隙水,最大涌水量为 12 000 t/d。本段围岩属稳定性较差至甚差的岩体,为Ⅱ-Ⅲ类围岩,部分为Ⅰ类围岩。

F9 断层带围岩破碎,是施工中最困难的地段,其上盘为逆冲断层的主动盘,母岩在强烈的挤压作用下,呈松散破碎或散粒结构,完整性极差且富含地下水。在松散压力、水压力和涌水冲刷作用下,围岩产生失稳破坏。据统计,在围岩失稳破坏最为严重的上盘强烈压碎带,施工中发生了大小共计 33 次的塌方。如 94+763 塌方,坍体体积大于 300 m^3,塌方发生时,大量涌水携带泥沙、角砾等固体物质涌入隧道,造成泥沙石流现象。这是隧道中极破碎围岩破坏的一种特殊型式。

在断层带内,次一级走向断层和斜交断层发育,其交汇处节理裂隙密集,往往构成不利组合而易产生塌方。这类塌方,往往由其中最不稳定的块体——冠石的坠落、滑动或转动(倾倒)引起连锁反应的塌落发展形成,一般当坍体顶部呈尖端状或舌状时,可达到暂时稳定或稳定状态,塌方的规模一般较小。

主干断层带,围岩整体稳定性极差,一旦发生塌方,规模便相当大。如刚开挖至 DK1994+695 即主干断层带时,因未判明其性质,采取特殊的支护措施加固。当开挖至 DK1994+698 时就发生了近 2 000 m^3 的大塌方。虽然在此后的数十米段断层泥中碎屑成分增多,结构松散,且有少量的地下水渗出,围岩的稳定性更差,但因及时采用了钢拱加管棚超前支护等加固措施,未继续发生围岩的失稳破坏。

2)隧道水害

隧道贯通后,测得全隧道同期最大涌水量为 51 000 t/d,但涌水明显分布不均。据统计,在长约 13 km 的碎屑岩段,除个别点、段有股流(一般涌水量小于 1 000 t/d)外,多干燥无水或仅少量渗水和潮湿;而在宽度仅占隧道全长约 5% 的 F9 断层带,最大涌水量达 38 000 t/d,占总涌水量的 80%,远远大于整个碎屑岩段总的最大涌水量(9 000 t/d);碳酸盐岩段,除穿切深部岩溶孔、洞、管道点段有较大的岩溶涌水外,一般不含水或弱含裂隙水,涌水量约 4 000 t/d。

在 F9 断层带,强烈挤压破碎的断层构造破碎岩体,为地下水提供了运移的路径和储存的巨大空间,而 F9 断层在地表正好延伸于班古坳槽谷东侧山麓,从高山汇入低谷的地表水流不少于 F9 断层承截而渗入地下,故 F9 断层带的地下水极为丰沛。因主干断层含数十米厚断层泥的阻隔,地下水主要集中于上盘碎裂岩体中,断层上、下盘地下水系统相对独立。其涌水特征为:①断层上盘强烈压碎带富水条件最好,该段涌水量占整个 F9 断层带涌水量的 70%~80%。②初期涌水主要为静储量,水量较大,然后逐渐减小至相对稳定或枯竭。③上盘压碎岩体为含水体系,多组结构面互相切割贯通。因此,随着开挖的进行,原已揭穿的涌水点随前方掌子面的涌水而逐渐变小,以至干枯。④涌水型式既有股流,也有大面积的散流,多为清水,仅初期涌水中携带少量断层或裂隙充填碎屑和泥沙。⑤在近主干断层带处,岩体中泥岩(页岩)夹层较多,涌水具一定的突发性。

F9断层带涌水给施工带来了很大的困难,特别是导坑开挖时,掌子面及洞周经常出现大股涌水和面状水柱,涌水极为严重。如导坑DK1994+775—DK1994+840段,最大涌水量达28 000 t/d,不仅淹没了洞内设备,冲弯了运输轨道,而且严重阻碍了施工作业的顺利进行。也正是采取了先行开挖平行导坑和正、导洞掌子面开凿5~15 m排水孔超前排水降压的正确措施,才使正洞施工中水压和涌水量大大小于平导相同地段的水压和涌水量,同时使因富水和涌水而加剧的围岩失稳破坏得以控制,对确保隧道围岩的稳定、施工的顺利和安全起了重要的作用。

在隧道平导和正洞施工中,碰到十多处溶孔、溶洞,洞径一般约30 cm,大者超过50 cm。溶孔、溶洞往往顺层理面、小断层、层间错动面以及贯通良好的节理面发育,呈管道状,充填水与饱和砂、黏土等。表明处于深部循环带中的碳酸盐岩,虽然岩层挤压紧密,且具相对隔水层(泥灰岩层),但由于地处向斜轴部,附近又发育有规模巨大的F9断层及次一级的F8断层,顺层小断层及节理裂隙比较发育,为地下水向深部的运移提供了通道,仍可发育一定规模的岩溶洞穴。

当隧道通过岩溶深部循环带时,一旦施工揭穿岩溶洞穴,其间的岩溶水和充填的泥沙物质等便一并涌入隧道,具如下特征:①涌水具突发性。如竖井段平导DK1994+213处涌水,初期较小,水压较大,水质较清。尔后水质突然变浑浊,涌水量由1 000 t/d猛增至4 000 t/d,水中泥沙含量最高达3%~10%,虽然水量并不算太大,但因具突发性和泥沙含量高,再加上抽排水设备方面的原因,造成竖井被淹的严重事故。②涌水通道往往与地表相通。如DK1994+600、DK1994+622等处涌水,在班古坳地区连降暴雨数小时后水量骤然增大,总涌水量由雨前的3 000~4 000 t/d猛增至13 000 t/d左右,并携带大量泥沙,使隧道积水和沉积淤泥达1 500~2 000 m^3。③各岩溶突水点间无明显的水力联系。处于该地带的岩溶,主要以垂直管道形式发育,水平横向洞穴一般不发育。因此,各岩溶突水点涌水相对独立。此外,各突水点涌水量、泥沙含量以及泥沙成分的不同,在一定程度上也说明了这一点。

值得提出的是,隧道的开拓,改变了隧道所在地区地下水的循环条件,隧道成了新的地下水的排泄基面。由于大量地下水、地表水向隧道的宣泄,地下水的大量抽排,地下水位迅速下降,在自重应力、真空吸蚀、潜蚀及冲蚀作用下,地表坍陷大量出现,生活及农田用水枯竭。据统计,在班古坳地区,大小坍陷已超过100个,平均60个/ km^2。坍陷直径一般为1~10 m,深0.2~2 m,个别已坍至与下伏竖井状落水洞相通,且有继续产生的趋势。这是隧道岩溶水害造成的又一严重问题——地表环境恶化。

3)F9断层采用预注浆等措施加固防水

在施工中,为了探明地质,排水减压,打一超前平行导坑穿过F9断层,根据地质预测预报提供的资料,F9断层核心部位100 m地段(DK1994+720—DK1994+820)地质条件极差,施工难度很大。单靠喷锚、钢拱架、管棚等支护手段很难通过。DK1994+826等处的漏渣塌方就是明证。必须采用预注浆法,配合喷锚、钢拱架、管棚等联合支护手段进行施工,才能比较顺利地通过其核心部位。

(1)加固和防水的基本方针。在涌水严重地段,注浆的目的是防水;在软弱破碎岩层地段,注浆的主要目的是加固地层;在既有大量涌水而且岩层破碎的地段,注浆的目的是防水和加固地层并重。在F9断层进口端,受地下水冲刷作用,部分地层中泥沙被冲走而形成空洞,并有大量泥沙随水涌入隧道影响施工,故治水的方针是"以堵为主,多堵少排,甚至只堵不排"。在F9断层出口端,涌水中不带泥沙,故治水的方针是"以排为主,排堵结合"。在部分地段采用了"断绝外来水源,围歼本段水害"的基本方针。注浆参数的选用,视地质情况和注浆目的而定,因地制宜。总之,以效果好、省时、省料、省钱为原则。

(2)采用预注浆和短管棚结合的地层预加固方法。由于埋深达650 m以上,不能采用地面预注浆方式,因此采用隧道周边浅孔工作面预注浆方式。即先打入管棚钢管及注浆钢花管,再进行水泥-水玻璃双液注浆，使开挖圈以外形成一个加固防渗圈，再半断面开挖，如此循环前进，均未发生塌方和涌水，堵水率在90%以上。大瑶山隧道9#断层核心地段注浆实践证明，预注浆加固软岩地层是可行的，效果是好的。

2. 中国引洱入宾工程老青山输水隧洞

1）工程概况

引洱入宾工程老青山输水隧洞，系云南省大理白族自治州热开发重点项目，为引洱入宾灌溉工程的关键部分。该工程位于滇西高原大理盆地与宾川盆地交界处，东起洱海，西至互西河，全长8 260 m，其中进口明渠395 m，出口明渠120 m，隧洞长7 745 m，洞身纵坡2‰，隧洞埋入深度约470 m，开挖断面面积12 m^2，由0#、1#、2#斜井和出口7个工作面进行施工。工程特点是：隧洞长、断面小、岩性复杂、水源多、围岩破碎、贮水量大，致使施工十分艰巨。

隧洞穿越12处断层，其中F7断层是该隧洞的主要断层，断层及其影响带位于DK5+328. 5—DK5+500，全洞设计最大涌水量为41 698. 5 m^3/d，实际仅出口工作导坑涌水量最高，达70 000 m^3/d。因岩性复杂，围岩破碎水源多、贮水丰富，掘进至F7断层时，可能会出现大股突水突泥，淹没2#斜井，故设计要求施工至F7断层时，就停止掘进，其余导坑由出口完成。后因出口连续发生几次大股突水，造成洞内平均水深0. 60~0. 70 m，使工程进展十分缓慢，为早日贯通，经建设、设计、施工三方研究决定：2#出口端采用预注浆法通过F7断层及其影响带。

2）工程地质及水文地质

（1）工程地质：地质条件极为复杂，隧洞由西向东穿越老青山，进口穿越奥陶纪向阳组砂岩、千枚岩和泥岩，以及相应的微变质岩类，长约5 km，中部为泥盆纪页岩、泥灰岩及青山组灰岩、煌斑侵入体，长约2 km，出口为二叠纪玄武岩节理发育较破碎。全隧洞附近有断层16条，与洞隧相交的有12条，尤以F7断层影响最大，该段主要由断层泥、煌斑岩、辉绿岩、糜棱化的石灰岩及压碎体组成，受断层影响严重，影响范围长约171. 5 m。在断层破裂带背斜轴部及灰岩地区，常有侵入岩、页岩、泥灰岩变质为千枚岩极其破碎。断层带及侵入体均属强风化岩层，工程地质条件很差，据地质人员说：该隧洞可称是一个"地质博物馆"。

（2）水文地质：隧洞穿过F7断层及其影响带，地下水位在洞顶150~170 m，地下水贮量极其丰富，由于侵入体阻隔，使水文条件变得更为复杂。F7断层与隧洞北侧涌水量为11 800 m^3/d的泉、大致平行洞轴线的F13断层以及F8断层都相连通，而F13断层又是一个大的贮水库，泉及F13断层的水都可流入F7断层，同时，水来源于隧洞的南北两侧，贮水量据设计的流速32 000 m^3/d往外流来计算，不考虑外界补给因素要流13年，考虑补给因素要流40年。

3）预注浆设计和要求

为通过F7断层破碎涌水带，进行工作面预注浆堵水和加固地层，以防止掘进时突水淹没2#斜井，造成斜井内两个工作面无法施工。隧洞为马蹄形状，衬砌厚度0. 40 m，净空高2. 80 m，宽2. 80 m。断层及其影响带长171. 5 m，经过8个循环的注浆顺利通过。

依据设计提供的工程地质及水文资料和工作面探孔的分析，进行预注浆施工设计。

（1）止浆岩盘的布置原则：在隧洞断面小而岩层又比较破碎的地段，宜采用混凝土墙作止浆岩盘，以保证注浆效果和增加每循环注浆段的开挖长度；不宜在破碎岩层上作止浆盘。

（2）注浆孔的设置：根据钻机的性能和岩层的破碎涌水状况，每循环注浆长宜选用20~30 m，采用分段前进式，长度5~10 m。在围岩裂隙连通性较好浆液容易均匀扩散地段，每循环段可只布孔1环，否则要布孔2环，并采用单排长短结合辐射状布孔。

（3）注浆范围：以开挖直径的2. 5倍作为注浆有效范围，使开挖轮廓线外有3 m厚的加固区，足以承受静水压力，保持围岩的稳定性。

（4）注浆参数的选择：

①注浆压力。根据以往经验和国内外有关资料介绍,在一般地段取静水压力的2~3倍;在断层破碎带和松散体地段应采用高压劈裂注浆,取5.0~6.0 MPa。

②浆液的凝胶时间。以充分满足注浆扩散范围为准,在涌水较大的岩层地段取2~3 min,甚至更短,在裂隙较小的含水岩层地段取3~5 min;在断层及挤压破碎地段取5~10 min。

③浆液的注入量:指单孔注入量,假设浆液在岩层中是均匀扩散,计算式为:

$$Q = \pi R^2 L \cdot n \cdot \alpha(1 + \beta)$$

式中　Q——单孔注入量,m^3;

R——浆液扩散半径,m,取2~2.5 m;

L——注浆段长,m;

n——地层裂隙,%,取2%~4%;

α——浆液充填率,%,取70%;

β——浆液损失系数,%,取10%。

(5)浆液的选择:根据注浆段岩层的涌水量及注浆孔的进浆情况,分别采用单液水泥浆和双液水泥-水玻璃浆。

(6)浆液配比的选择:浆液配比是关系到注浆效果的重要因素,根据凝胶时间的要求,对不同品种和不同标号的水泥进行试验,得到了不同配比的浆液凝胶时间。注浆施工时,配比的选择原则是:根据钻孔涌水量和进浆情况而确定,当涌水量大,进浆较快时,选用浓浆和凝胶时间短的配比;当涌水量较小,而进浆又较慢时,选用稀浆和凝胶时间较长一些的配比。

4)预注浆施工

(1)浆液的确定:通过测定钻孔涌水量,或受注孔的吸水量来确定。

当钻孔的涌水量小于50 L/min时,选用单液水泥浆;当钻孔的涌水量为50~70 L/min时,选用双液水泥-水玻璃浆。

当受注孔的吸水量小于50 L/min时,选用单液水泥浆;当受注孔的吸水量为50~70 L/min时,选用双液水泥-水玻璃浆。

(2)注浆参数控制:

①注浆泵的控制。当钻孔涌水量不小于50 L/min时,注入速度50 L/min;当钻孔涌水量<50 L/min时,注入速度35~70 L/min,并观测注浆过程的压力变化,随时调整泵量。

②浆液配比的控制。其控制原则是先稀后浓,逐级变换。F7断层水灰比多采用1:1、0.8:1;水泥:砂多采用1:0.6,间歇注浆时采用1:0.4。

5)预注浆结束标准

一般单孔注浆结束标准,主要从注浆压力、注入量、稳压时间和注浆前后的涌水量4个方面来考虑。F7断层分段裂隙度悬殊很大,有的地段吸浆量小,有的则很大,断层带多为石灰岩的压碎体,有的已成泥沙状,即使高压注浆,扩散半径亦只有0.2~0.4 m,所以应按下列原则控制。

(1)单孔注浆结束标准:除按注浆量控制外,在劈裂注浆5~6 MPa的压力时,其双液泵量稳定在70 L/min,单液泵量稳定在35 L/min即可结束注浆。

(2)全段注浆结束标准:注浆前后涌水量相比较,若注浆后有明显减少,并能满足施工要求,其检查孔单孔流量小于5 m^3/h,全段面流量小于10 m^3/h时即可结束注浆,进行开挖。

6)预注浆效果

通过8个循环的注浆,效果很好,断层及其影响带的破碎围岩得到了加固,地下涌水被封堵,堵水率在80%~90%,开挖长度170 m以上,成功地通过了F7断层。

(1)堵水效果好:因该段为断层的松散堆积体及断层泥,出现一次小塌方,后经高压复注,由于劈裂作用才把松散体挤压密实,截断水的通道,渡过这一困难地段。

(2)加固围岩效果好：在破碎岩层中，采用高压注浆，能使浆液充分扩散，挤压密实，胶结牢固，并切断水的通道，防止松散体的坍落和断层泥的软化。这说明注浆有效地加固了地层，提高了围岩的稳定性。

3. 中国南岭隧道

南岭隧道为衡广铁路复线上的一座双线岩溶浅埋越岭隧道，全长6.06 km，埋藏最浅处仅29~35 m，洞身通过20余条断层，穿过5处溶蚀洼地(下连溪、生潮垅、岭白塘、茅山里、横下垅)突水涌泥地段(长3.28 km)。施工中共发生突水涌泥24次，生潮垅、下连溪两溶蚀洼地突水涌泥频率高达11次/km之多，涌泥量在500 m^3以上有10次，全隧道共涌出稀泥3万 m^3，突水约100万 m^3，最大一次涌泥量高达7 986 m^3，地表发生大小陷坑52处，最大陷坑面积达1 582 m^2，位于洞顶的连溪河河床5次被陷坑中断，大量泥沙和水涌入隧道内，施工条件极端恶劣，难点多、难度大，历时9年，经工程建设者们的共同努力，研究出以高压劈裂注浆及长管棚支护为主，结合围岩注浆堵水、全封闭复合衬砌、地表深孔注浆、钢管钢架、隧底挖孔桩基础、迂回导坑、地表陷坑处理及改移河道、监控量测、信息反馈、地质预测预报等的一整套岩溶综合整治技术，成功地整治了严重突水涌泥和大面积地表坍陷的复杂岩溶地段，保证了隧道的顺利贯通与竣工。

1)隧道特大突水涌泥灾害概况

(1)D1936+269断裂岩溶富水带突水涌泥：1980年12月20日下导坑掘进在下连溪溶蚀洼地D1936+269时，遇断距为0.1~1.0 m的张性断裂突水涌泥，突水量464 m^3/h，涌泥2 000 m^3，地表连溪河两岸出现9个陷坑，其中1#陷坑长32 m、宽17 m、深7 m，河水沿1#陷坑下灌洞内，其流量高达5 000~12 000 m^3/d，隧道施工受阻达两年之久，地表既有京广铁路路基两次坍陷(5#、6#陷坑)，两次中断行车。

(2)DK1936+207断裂岩溶突水：1983年3月5日下导坑掘进在下连溪溶蚀洼地DK1936+207时，遇断裂岩溶突水，突水量120 m^3/h，射水长12 m，水压0.4 MPa，地面水井水位下降49 cm，1#、4#、7#、8#、9#陷坑干涸，出现10#、11#陷坑，施工受阻近半年之久。

(3)DK1935+745大型管道岩溶连续3次涌泥：1984年6月11日下导坑掘进在邻近生潮垅溶蚀洼地DK1935+745时，遇一特大管道岩溶突水涌泥，突水量由10 m^3/h增大到200 m^3/h，射程达15 m，涌出稀黄泥3 549 m^3，推倒支撑排架32榀，淤塞导坑175 m，尔后，于11月22日和26日又2次发生凶猛涌泥，再度淹没导坑177 m，3次涌泥量共达11 738 m^3。数日后，在距涌泥口85 m处的地表山脊发生坍陷，出现长42 m、宽38 m、深15 m的24#大陷坑，施工再次受阻达一年半之久。

(4)DK1935+467断裂溶槽连续4次突水涌泥：1986年6月16日下导坑掘进到岩溶发育最复杂的生潮垅溶蚀洼地时，遇一宽2 m、长12 m可见深度约50 m的断裂溶槽，发生突水涌泥600 m^3。6月23日在下导坑处又发生突水涌泥约826 m^3，在3 min内导坑被淤塞60余m长，地表连溪河铺砌的混凝土河槽塌断15 m长，出现长23 m、宽17 m、深6 m的40#陷坑，致使连溪河流中断，河水以5 000 m^3/h的流量顺溶槽倾泻洞内，被迫停工抢险。1987年3月20日在扩挖上半拱部时发生第三次突水涌泥，涌出稀泥50 m^3，同时，在地表的36#和40#陷坑继续扩大加深，导致连溪河道再次断裂，在临时改移的河道上出现新的陷坑，在洞内迂回导坑的3#横通道底部和侧壁发生大涌水。同年4月4日40#陷坑再度坍塌扩展，洞内出现第四次突水涌泥，涌出稀泥和水约654 m^3，位于河道中心的40#陷坑扩大为长30 m、宽20 m、深7 m，使连溪河道再度断裂，施工再度受阻。

(5)隧底溶槽连续3次特大突水：下连溪溶蚀洼地DK1936+173隧底—溶槽发生过3次特大突水涌泥。1983年11月29日在下导坑掘进时，发生第一次突水(突水口尺寸为1.5 m×0.8 m)，突水量达7 200 m^3/d，突水射程10 m，突水溶槽同1#、2#、7#、8#、9#陷坑连通，突水后出现12#陷坑。1984年8月31日在降暴雨4 h后(降雨量144 mm/h)，在下导坑处发生第二次突水，突水量高达192 000~216 000 m^3/d，从隧底突跃起来的水柱粗1.5 m，高达3 m，地表1#陷坑内的片石填充物从隧底溶槽涌出600余m^3，河道中断，大量泥沙涌入隧道，坑道100 m范围淤泥厚度达2 m，地表旧有陷坑复活，并出现27#、28#、29#新陷坑。1984年9月混凝土仰拱施工完毕，1985年7月28日暴雨后，发生第三次突水，使新建的仰拱变形凸起26 cm，多处裂纹。

2）岩溶突水涌泥灾害的综合治理技术及效果

（1）岩溶长管棚技术。南岭隧道长管棚支护是为通过由流塑状黏土充填饱满的粗大管道和多层网状岩溶地段而设置的，是与高压劈裂注浆配套使用的，即在注浆加固溶洞充填泥的基础上，水平钻进长35 m的钢管构成管棚支护，钢管内设置钢筋笼和灌注浆液，在扩大的工作室内采用国产XY-300-2B型地质钻机进行水平钻孔，双机同时作业安设管棚，采用自行研制的套插式测斜仪量测控制管棚偏斜度。在管棚支护地段，成功地采用了光爆一次成形上半断面的开挖方法，实测拱顶下沉位移值为5 mm，比下导坑实测顶部变位反馈计算值小50%，支护效果显著，通过了直径达20~40 m、斜长120 m、高90 m的大型管道式岩溶地段和长30~60 m的断裂岩溶极发育的网状溶洞区段。

（2）岩溶注浆技术。在南岭隧道采用溶洞充填泥高压劈裂等7种注浆工艺，根据岩溶地质的特殊条件和不同情况，从注浆方案的选择、主要注浆技术参数的确定，注浆工艺的制定等方面都加以区别对待，从而使注浆取得明显的效果，共注入水泥29 862 t，注入水玻璃4 177 t，钻孔总长19 460 m。

溶洞流塑状充填泥高压劈裂注浆起始压力值根据水力劈裂经典理论，按最大主应力理论计算确定，采用2~2.5 MPa，劈裂终压值采用4~5 MPa，经对流泥多次反复扫孔注浆后，溶洞流塑状充填泥的物理力学性质取得显著改善，干重度由注浆前的11.1 kN/m^3提高到12.3~14.5 kN/m^3，天然含水量由注浆前的44.1%减小到33.3%，使渗透系数为10^{-6} cm/s的流动状态的稀泥，变为被水泥、水玻璃浆液网络的结石体，其抗压强度由0提高到2.5~2.9 MPa，为长管棚支护施工创造有利条件。根据突水涌泥地段断裂岩溶发育情况和突水位置的埋藏条件，采用以洞内超前注浆堵水为主，结合地表垂直注浆，使下导坑在掘进施工中的涌水量从5 000~12 000 m^3/d降到6~13.2 m^3/d。

在衬砌严重渗流泥浆水的生潮垅岩溶断裂地带，采用地表深孔充填注浆堵漏技术，以注浆终压控制浆液进浆量，注浆泵压力考虑注浆浆液自重压力的影响，注浆按内外层分区进行，顺序为先外层后内层，起到了先围堵后压实的作用，根除了102 m范围拱、墙衬砌36处冒泥水地段，使暴雨时高达1700 m^3/d的涌水量降到10 m^3/d。

在衬砌漏水最严重的下连溪5个断裂岩溶505 m突水涌泥地带，采用洞内浅层低压注浆堵漏技术，根据溶洞裂隙相互贯通的程度，确定孔位和增布辅助排水、排气孔眼，采用双液单注快速凝胶方式注浆。注浆后，使漏水如柱、进洞撑伞的溶裂地段不再渗漏。

（3）全闭复合式防水堵泥衬砌结构。该结构由3层支护组成，即锚喷网混凝土层+钢管钢架模筑混凝土层+塑料防水板+钢筋混凝土模筑层。其中锚喷网层和钢管钢架模筑混凝土层组成外层支护，钢筋混凝土模筑层为内层支护，仰拱为单层防水钢筋混凝土，仰拱同边墙连接缝和施工缝设置塑料止水带封水。全封闭复合式防水堵泥衬砌的设置，保证了施工安全，有效地封堵了横下垅等5处强富水区3 280 m衬砌地段的出水，整个隧道的实测水沟流量只占全隧道设计总涌水量的12%，防止了隧道开通后水土的大量流失。

（4）监控测试信息反馈。为保证突水涌泥地段施工安全及检验衬砌结构设计的安全度，在施工全过程中采用了监控测试技术。通过在注浆后和在开挖中对拱墙部位固结土体的抗压强度和物理力学指标进行测试和通过导坑及拱部围岩变形量测信息及反馈计算待开挖的正洞周边位移值和应力值，来判断注浆固结土体的稳定程度，从而确定拱部长管棚支护钢管的钻进施工时间。在地表布置沉陷测点，对洞内施工的各个阶段（下导坑开挖、拱部长管棚架设、上半断面开挖、外层支护拱部及边墙模筑衬砌、隧底及内层支护拱墙模筑衬砌等）进行监测，掌握各施工阶段地表的相对下沉数值,及时调节各工序和支护的施工时间,以控制地表的稳定。通过对外层支护各部位(拱顶、拱腰、墙腰)的下沉、收敛变形和围岩压力的量测信息,来掌握外层支护从拱部施工至隧底施工期间的安全稳定程度,确定第二次支护(即内层支护)的合适时间。由于对岩溶流泥段采取施工监控量测,及时提供信息,对指导施工起到了重要作用。

(5)钢管钢架的应用。设计采用了3种类型的钢管钢架,管内灌注砂浆,由于钢管钢架与管内灌注密实的砂浆结合为一种组合材料结构,钢管对砂浆起套箍作用,增强了管壁的稳定性和钢架的承载能力,从监控量测得知,未采用钢架前,拱顶下沉速率为0.5 mm/d,采用钢架后,拱顶下沉平均速率为0.33 mm/d,由压力量测得知,由钢架组成的外层支护承受了93%的垂直荷载,使外层支护经受住了长时间的施工受力阶段的考验,保证了施工过程的安全,提高了衬砌防水堵泥的能力。

(6)隧底挖孔桩基础。南岭隧道隧底左侧岩溶较右侧岩溶发育,左侧岩溶最深处延伸至边墙基底面以下16 m,采用增设钢筋混凝土挖孔桩基础措施,桩径为2 m,在左侧隧底岩溶极发育长56 m范围内,共设置了10根挖孔桩,最深桩长为15.7 m,最短为3 m,总桩长达84 m,现场实地测试表明,主体工程完工后,围岩压力稳定,通车后基础无下沉变形,线路平稳。

(7)地表陷坑处理及河道改移。南岭隧道地表陷坑50余个,大量表水渗漏,施工条件恶化,为确保洞内安全,分别根据陷坑的不同情况进行处理,由于连溪河道在生潮垅洼地横跨隧道,且沿河道两岸不断发生陷坑,河道被陷坑3次破坏断流,河槽破坏严重,为确保河道稳定,日后运营安全,改移了该段河道(新河道全长213 m,通过最大流量70.2 m^3/s),防止了水土大量流失,稳定了地表。

(8)迂回导坑。在生潮垅岩溶极发育区段正洞右侧,距离隧道中线25 m位置处增设了与隧道线路平行的迂回导坑570 m,在迂回导坑内分设4个横通道插入正洞,将正洞4段岩溶最发育区段分成3个施工工区同时开展施工,实行分段治理,取得了各个击破分而治之的良好效果。实践证明,迂回导坑的设置,不但对整治工程创造了条件,对争取工期,进一步改善施工条件和预探地质情况起到了显著的作用。

(9)地质预测预报。在施工前期进行了大面积(28 km^2)宏观地质测绘及大量的地质钻探(共钻孔53个、总延长2876 m),采用了地质遥感、孔内透视、综合物理勘探的预测工作,对工程地质和水文地质条件作了分段描述,定量划分了富水区段,预报了突水点位置及突水量,预计生潮垅溶蚀洼地是岩溶断裂极发育地段,施工中将发生大规模突水、涌泥、涌沙、地面塌陷及井泉枯竭,这一预测被施工证实。

在施工中重点对地质最复杂的生潮垅溶蚀洼地的岩溶发育分布情况作微观勘查。在地表进行大量的节理裂隙的观测、分析、统计和大面积多孔钻探,沿隧道中线左右两侧密排布孔(共布孔103个,钻孔总分布面积6 400 m^2,总进尺6 970 m),查明了10 m以上的岩溶微观形态、岩溶断裂的构造分布和溶槽裂隙内的充填物情况及分布规律。利用超前导坑,设置超前钻孔预测预报前方短距离(35 m左右)岩溶裂隙发育形态,微观查明了伴随张断裂或张裂隙发育的陡倾角岩溶分布情况。在隧底衬砌封闭前,采用地温探查、电法勘探、地质雷达、瑞雷波勘探及隧底钻孔等方法(共计隧底钻孔1 007 m,93孔),查明了全隧道的隧底岩溶分布情况。由于采用了以上这些地质预测预报手段,及时为施工提供了地质变化趋势,对决策施工方案及采取相应工程措施起到了好的效果和作用。

南岭隧道生潮垅至下连溪岩溶突水涌泥地段在施工过程中,产生如此频繁的岩溶突水涌泥,其根本原因是断裂密集、浅埋富水,岩溶洞穴极其发育,规模既大又深,且发育在隧道高程附近,洞穴内充填着饱满的流塑状稀黏泥和水,相互贯通性极好。南岭隧道频繁出现小断裂突大水、小溶洞涌大泥的现象,集中显现了岩溶地质的各种极端不良特征,在国内外未见先例。由于开发了一系列的综合整治技术,成功地穿越了这一工程地质“禁区”,其中长管棚支护与高压劈裂注浆相结合的施工工艺和长管棚测斜技术在国内外隧道界尚属首创。该套综合整治技术较采用冻结法、化学灌浆法、旋喷桩法等整治设计方案平均缩短工期6个月,节约工程投资约1 900万元。更重要的是这一综合整治技术为地质不良围岩中的隧道及地下工程设计和施工提供了新的宝贵经验。

4. 日本大町隧道

大町隧道在施工过程中,碰上了大的断层破碎带,遭遇了特大涌水,因而掘进作业受阻,突破这个区间花费了7个月。这个隧道是为通往坝址运输材料用的,长3 527 m,有效断面宽6.4 m、高4.7 m,呈马蹄形。地质以花岗岩为主体,开工时是比较良好的多节理的花岗岩捕虏体,但超过900 m后,花岗岩和花岗岩捕虏体交替出现,使开挖困难,但还是用全断面开挖法施工。1956年5月1日离洞口1 691 m处突然涌水,与此同时,开挖面附近的地盘膨胀出来,上下左右挤出约80 cm,并影响到安装钢拱支撑地段的15 m范围内,似经受不起土压而被压弯,构件折损,隧道濒临立即崩坏的危险状态,与此同时在开挖面附近有来势猛烈的地下水喷出,并把约100 m^3 的岩石和土沙挤流出来。其后由钻探结果得知,地下水压力为4.2 MPa,水头为420 m,在隧道中线上的断层破碎带宽度为82 m,本来这样高压的水头是被断层破碎带的土层所隔断的,由于隧道的掘进导致岩盘破坏和涌水喷出。

突破该区间的施工法,先是在隧道后方做好混凝土衬砌,以阻止崩坍继续下去,同时在隧道两侧开挖直径2 m的导洞,导洞使用圆形钢拱圈支撑,用插板法掘进。进入破碎带中突然遇到6 t/min的大涌水而崩坍,崩坍后随即在它的侧方又开挖新的导洞,但又遭到同样的崩坍,比原来开挖面稍稍前进了一点,可是由于新的导洞涌水和崩坍使原来的导坑水量减少,就是这样一点一点地往前推进,最终结局是开挖了7个导洞。其后为了实现降低地下水压的目的,进行了大口径的钻探工作,1个钻孔最大的排水量为3.6 t/min,经过7个月的战斗,终于成功地降低了地下水位。排出水量总计500万 m^3,用于排水的导洞10个共长499 m,钻孔数124个,总长达2 898 m,最大涌水量为39 t/min。这个破碎带突破工程中最大特点是广泛使用大口径排水钻孔。排水钻孔比起排水导洞施工速度快,成本便宜,从排水效果来看,2个钻孔相当于1个排水导洞。可以认为较多的钻机加起来和累计延长约3 000 m的钻孔对破碎带的提前突破起了很大的作用。

5. 日本万之濑川2#引水隧洞

1)工程概况

万之濑川2#引水隧洞第三工区,为从鹿儿岛市平川镇至川边市之濑间长3 278.7 m的区间。工程从1984年9月开始开挖,针对软弱地质和涌水(最大涌水量14.5 m^3/min,涌水压力2.5 MPa),虽然采用了化学浆灌注法(即预注浆法)、超前排水钻孔法、锚杆和增设支架等辅助方法,但直到1988年5月20日,开挖开始后经44个月才贯通。

2)地形地质

2#引水隧洞第三工区围岩大部分是急陡的山腰斜面,河深呈复杂地形。水系在西边可见到中等规模河流,东边是小河,不过可看到五位野川。开挖隧道的地质是中生代白亚纪至新生代第三纪的岩层,岩质主要由砂岩、页岩及砂岩页岩的混合层所构成。砂岩系灰色至青灰色,是中等细颗粒块状坚硬的岩层,页岩间距在10 cm以下,大多剥离破碎,与砂岩相比,龟裂发育,已形成黏土化。覆盖地层分布着白砂和熔结凝灰岩。

3)隧道涌水防治措施

(1)排水钻孔。在TD(距洞口的距离)225 m附近开挖时,随着涌水崩坍约45 m^3 的土沙。在崩坍部分深处的隧道开挖中,因涌水掌子面作业效率降低,且担心拱顶再次崩坍,因此在用排水钻孔进行排水的同时,概略地确认了前方的地质状况。

排水钻孔的施工,按施工要点实施,从所有的钻孔中出现的涌水在1 m^3/min以上(最大为3 m^3/min)。此外,由于排水钻孔掌子面作业的效率提高30%左右,作业周期缩短。特别是装药作业和铺轨作业的效果有了很大改善。

钻孔机由于采用旋转式冲击钻机,一班人工可钻孔50 m左右。钻孔方向根据地层的走向和倾斜度,事先掌握新地层的方向。在钻孔中测定钻孔速度、泥浆的色调、涌水量及涌水压力。

(2)调查钻孔。在 TD1 400～2 600 m 按事前的地质调查,确认数处断层,且因估计到高水压,所以担心土沙流泻。鉴于前期无岩芯钻孔未能充分掌握地质状况,因而进行岩芯钻孔,在研究对策中详细掌握情况。

(3)化学灌浆法。化学灌浆的目的,在于防水和围岩改良固结。为了达到目的,有必要根据涌水压力、围岩条件和改良范围等选择适当的灌注方法。尽管本工程曾进行了 5 次灌注,虽是同一隧道,但因涌水压力和地质条件等不同,故采用了适合具体条件的各种灌注方法。

在 TD320 m 附近的化学浆灌注法(第一次)。在弹性波勘探中,由于确认了 TD300～330 m 是低速度带,所以从 TD285 m 和 TD303.5 m 处分别进行了 47.5 m 和 50 m 的钻孔。在 TD338 m 附近测定出涌水压力为 0.5 MPa,最大涌水量为 5.1 m^3/min。根据钻探结果和再次的地表勘探,在 TD332～352 m 确认是断层破碎带,由于担心伴随着掌子面崩坍和大量涌水而发生的水涸现象,为此进行了灌注。灌注材料主要使用膨润土及 LW(水泥-水玻璃浆液),用二重管双层止水器进行灌注。灌注孔的配置,计划是钻孔顶端的间距为 2.5 m,覆盖层为 5 m。工期费时 64 d,灌注 1 014 m^3 后,在改良范围的隧道中心验证钻孔处确认有 75 L/min 的涌水。但在这段区间的开挖中,逐渐只有滴水程度的涌水了,效果良好。

在 TD1 446.3 m 附近的化学浆灌注法(第二次)。在 TD1 446 m 上拱顶崩坍,60 m^3 的土沙流泻。崩坍部分相当于 F6 断层,当初的地质调查未被确认。根据崩坍后进行的调查钻孔及地表踏勘,估计该断层在隧道掘进方向左侧平面距离约 350 m 位置和 F5 断层相交。这里在隧道线路的 F5 断层部分,按前期的地质调查测定了所进行的垂直钻孔(TD1 900 m 附近)的水位,与 F6 断层洞内进行的水平钻孔的水压是一致的,而且确认与成为 F6 断层崩坍和大量涌水原因的水位变化有关联。由此可认为掌子面的涌水沿着 F6、F5 断层约 1 000 m 的距离流动。因此,从该区间到 TD2 000 m 附近的地下水,系根据断层而相连续,其水位以设在 F5 断层的垂直钻孔的水位为代表,这在研究继续测定该水位,研讨对策中可供参考。由于掌子面已经崩坍完了,首先灌注厚 2.4 m 的混凝土作挡墙,用化学浆灌注法来止水和改良固结。改良区间长 32.6 m,分为两个区间,做放射状灌注。在 1 区间,因随着崩坍在土沙中混杂着钢拱支撑和背板,在灌注孔的钻孔中使用回转式钻孔机,采用了钻杆灌注方式。而在洞里边的 2 区间,为快速施工而用回转式冲压机钻孔,变更使用导管的钻孔口灌注方法。由于水压较大,达 2.1 MPa,所以用最大灌注压力达 7 MPa 的高压灌注 LW。再者因灌注压力高,担心导管窜出,将导管用锚杆固定,在灌注后的验证孔中,测定涌水量为 28 L/min。在此区间的修复工程费时 130 d,钻孔总长度为 1 583 m,总灌注量达 1 210 m^3。在灌注后的该区间开挖中,观察到涌水已达到滴水程度。

在 TD1 883.5 m 附近的化学浆灌注法(第三次)。根据设在 TD1 725 m 的作业横通道中进行的 250 m 深孔钻孔结果,由 TD1 883.5 m 约 41 m 间确认有裂纹发育的大涌水区间。这时洞内的排水能力为 8 m^3/min,但洞口的排水量为 6 m^3/min。考虑到今后涌水量的增加,预测到少数设备不大可能增添,故采取极力控制涌水量增加的对策。成为对象的围岩,也存在着黏土化部分,由于在整体上是由较稳定的砂岩构成,所以尽可能进行以止水为目的的灌注,以缩短工期。给灌注带来影响的最大的原因是钻孔时间,故将掌子面扩宽,配置 2 台旋转式冲击钻孔机,并使用导管灌注。钻孔总长度为 1 168 m,总灌注量 75 m^3,工期 45 d,较之前有了大幅度改善。此外,灌注后进行验证钻孔,测定的涌水仅 18 L/min,即使是隧道开挖时,也充分达到了止水目的。

在 TD2 050 m 附近的化学浆灌注法(第四次)。这时排水能力虽已增加到 12 m^3/min,但洞内涌水量也达到 12 m^3/min,排水能力仍不富裕。按照从 TD2 025 m 处进行钻孔,涌水有 2.5 m^3/min,此时掌子面仍不可作业,由于排水设备的增强已受限制,故用灌注法进行止水。由于围岩较坚硬,孔壁能够自稳,在覆盖岩层的围岩中将空气止水器固定,采用钻孔灌注。钻孔总延长 500

m,总灌注量 296 m^3,工期 60 d。验证孔的涌水量也少,为 18 L/min,充分发挥了止水效果。

后方止水灌注法(第五次)。掘进到 TD2 050 m 段,涌水量达到 12 m^3/min,且随着掘进延伸,预计涌水量增加。因此,随着往后的开挖,在力求尽可能减少涌水量的同时,减少已开挖地段的涌水量。其方法是,在已开挖地段,特别是涌水多的地段(TD1 680 m 附近)从洞内进行灌注。工期 70 d(单向施工),钻孔总长 200 m,总灌注量 52 m^3。

(4)排水。当初设计的排水设备排水量是 2.95 m^3/min,按照 8、10、12 m^3/min 的涌水量分阶段进行增加。有一次记录的涌水量达 14.5 m^3/min,使得 1/2 000 上坡的洞中被水淹没,作业陷于停顿。自从开始开挖,44 个月来记录的排水量竟达 1 040 万 m^3。

1.2.4　塌方处理技术措施

高地应力容易造成隧洞周围的岩体出现松动、开裂等现象,造成隧洞主体结构的不稳定,从而造成塌方事故。塌方不仅给隧洞施工带来巨大困难,且延误工期,耗费资金,对施工人员安全造成威胁并破坏设备和降低施工质量。因此准确掌握地质情况,充分了解围岩的性质和围岩的自稳能力,以采取合理有效的开挖方法和支护措施,在隧洞施工中十分必要。

1.2.4.1　塌方的形态分析

1. 局部塌方

多发生在拱部,有时也出现在侧壁,主要在大块状岩体中,由于岩体被结构面切割后构成不同形状的不稳定结构体。洞室开挖后,不稳定结构体面的摩擦力向洞内滑移而发生塌方,这种塌方规模较小,一般塌方高度在 0.5~2.5 m,易发生在Ⅲ类及Ⅲ类以上的硬岩中。统计表明,局部塌方占Ⅲ类围岩总塌方的 36%,占Ⅳ类围岩总塌方的 62%,占Ⅴ类围岩总塌方的 75%。预防这类塌方的有效方法是采用局部锚杆+喷混凝土,一般锚杆长度不小于 3 m,喷混凝土厚度在 5 cm 以上即可,不过初期支护必须及时。

2. 拱形塌方

一般发生在层状岩体或碎块状岩体中,它有两类:一类是在坑跨范围内,仅出现在拱部;另一类是包括侧壁崩塌在内的扩大的拱形塌方。该类塌方多出现在Ⅱ类以下的松软地层中,对于浅埋隧洞,往往通顶;对于深埋隧洞,由于出现摩擦拱,塌方高度多在 4~20 m 不等,规模较大,预防这类塌方的有效方法是采用系统锚杆+格栅支撑+喷混凝土,同时辅以超前支护或注浆等。最好用快硬水泥卷锚杆,长度不应小于 2.5 m,混凝土分层施喷,初期支护要及时施作,并进行严密的监控量测。

3. 异形塌方

异形塌方是指由于特殊地质条件(溶洞、陷穴等)、浅埋、偏压隧洞等原因产生的塌方。在有缺陷的岩层中施工隧洞,调查清楚溶洞或陷穴的规模、与隧洞的关系、充填物情况等是选择正确施工方法并防止塌方的关键。浅埋、偏压隧洞的施工,必须对地表进行加固,可采用双侧壁法、中壁法等辅助工法,同时采用超前支护,这样即可保证偏压隧洞不塌方。

4. 膨胀岩隧洞塌方

近年来,经常有关于膨胀岩隧洞塌方的实例报道,膨胀岩隧洞塌方的原因有:很高的膨胀压力作用在喷混凝土支护上;由于膨胀的原因使摩擦和剪切强度损失,造成很大的岩石材料重力荷载;很高的水压力积聚等。因此,为防止膨胀岩隧洞塌方,一般先喷混凝土作岩石支护,适当地增加膨胀岩的自稳时间,接着施作仰拱和拱墙混凝土衬砌,使之形成闭合的混凝土承压环。

5. 大变形隧洞的塌方和岩爆

若施工不当,隧洞洞口段往往会出现洞顶地表开裂、变形或下沉,有时发生坍塌通顶,统计表明,洞口段塌方占隧洞总塌方的 80%。防止洞口段塌方,必须选择正确的施工方法和相应的工程措施,并正确估计工程地质因素的不良影响。“早进洞,晚出洞”是隧洞的设计原则,必须遵守,要采用弱爆破,减少爆破振动影响,地表要及时加固并防护,同时要加强地表和洞内位移测量。

1.2.4.2　隧洞塌方的预防措施

1. 塌方前的征兆

(1)量测信息所反映的围岩变形速度或数值超过允许值。

(2)喷射混凝土产生纵横向的裂纹或龟裂。

(3)在坑顶或坑壁发现不断掉下土块、小石块或构件支撑间隙不断漏出砂、石屑。

(4)岩层的层理、节理缝或裂隙变大、张开。

(5)支撑梁、柱变形或折断,楔子压扁压劈,填塞木弯曲折断,扒钉受力变形,木支撑发出"噼啪"破裂声。

(6)坑道内渗水、滴水突然加剧或变浑。

2. 预防塌方的施工措施

隧洞施工时,预防塌方首先做好地质预报,选择相应的安全合理的施工方法和措施。在施工中注意掌握下述要点:

(1)先排水。在施工前和施工中均应采取相应的防排水措施,尽可能将坑外的水截于坑道之外。

(2)短开挖。各部开挖工序间的距离要尽量缩短,以减少围岩暴露时间。

(3)弱爆破。在爆破时,要用浅眼、密眼,并严格控制用药量或用微差毫秒爆破。

(4)强支护。针对地压情况,确保支护结构有足够的强度。

(5)快衬砌。衬砌工作须紧跟开挖工作面进行,力求衬砌尽快成环。

(6)勤检查、勤量测。发现围岩有变形或异状,要立即采取有效措施及时处理隐患。

塌方是隧洞施工中的头号大敌,尤其是重大塌方,常常会造成人员伤亡、设备损坏、工期受阻,隐患难以彻底消除,给施工队伍和企业信誉带来不利影响和损失。因此,防坍、治坍是隧洞施工中病害防治的首要问题,特别是在雨季和雪期更应高度重视,严防坍塌。

防坍是确保隧洞工程质量的头等大事,雨季更是当务之急,开挖、支护、衬砌等工序的施工都必须以"防坍"为核心,认真对待。首先应做到严格执行设计标准,规范施工,根据地质变化因地制宜制定施工方案。在不同类别围岩中,开挖和衬砌的间隔一般规定为:Ⅱ类围岩小于 50 m;Ⅲ类围岩小于 100 m;Ⅳ类围岩小于 150 m。

开挖后要做到快找顶、早锚喷、强支护,宁早勿迟,宁强勿弱。衬砌要合理紧跟,确保断面,抓紧成环。

1.2.4.3　隧洞塌方的处理措施

1. 塌方量较小时的处理方法

(1)对塌方相邻地段作强支护,以控制塌方的发展和蔓延。

(2)待相邻段稳定后,以短进尺清渣。

(3)清除危石后立即施喷混凝土。

(4)打锚杆或超前注浆管棚。

(5)挂钢筋网复喷混凝土至设计厚度(15~20 cm)。

(6)进行监控量测。

(7)循序渐进,往前施工。

(8)衬砌加强(钢拱加径向型钢支撑)。

2. 塌方量很大或通顶时的处理方法

(1)对塌方相邻段作强支护,以控制塌方的发展和蔓延。

(2)对塌体从地表(浅埋时)或隧洞内沿开挖线以外打孔注浆或超前管棚注浆,胶结松散塌体。

(3)待稳固后,小段清渣。

(4)及时挂网、喷混凝土。

(5)安设钢支撑,并纵向连接,上下与锚杆、管棚焊接形成初期支护的完整受力体。

(6)进行监控量测。

(7)循序渐进,往前施工。

(8)衬砌加强(护拱腹部留空)。

3. 地表有沉陷时的处理方法

(1)地表处理。地表及时回填并夯实(或喷混凝土封闭),可预埋注浆管,搭防雨棚(或植草皮),挖排水沟。

(2)对塌方相邻段作强支护,以控制塌方的发展和蔓延。

(3)塌方体处理。洞内塌体用钢轨或小钢管棚超前支护;立钢拱架,在排与排之间施焊钢筋连接,使之成为整体。

(4)塌渣处理。随挖随撑;超挖部分用同级混凝土回填(或用浆砌片石回填)。

(5)进行监控量测。

(6)循序渐进,往前施工。

(7)衬砌按钢筋混凝土结构进行特殊设计。

4. 膨胀岩塌方的处理方法

排除膨胀岩形成的塌方,常常是一项艰难的任务,当在膨胀带发生递增性很大的塌方时,会在未预计的区间发生各种不同尺寸的单个岩块坍落。当塌方空洞被落下的岩土覆盖时,常常不可能了解塌方是怎样发展的,试图用灌浆和锚杆来稳定这类松散岩土,很难获得成功。用冻结法稳定必须是含饱和水的密度堆积的塌落岩土,而且地下水流动很慢。若使用前部支撑(矢板)法,则要求坍落岩体中大块岩石含量低并有合理的摩擦角。否则,这些方法不会奏效。

排除膨胀岩形成的塌方的最好办法可能是逐步开挖和支护法,另需开挖一旁通道,如果该地区的地层材料固接性很低,在旁通隧洞掘进进入该地区前,为了减小孔隙压力,必须在顶板上方高处钻一些长的排水孔。

5. 洞内有大量涌水时塌方的处理方法

(1)由主洞迂回进入涌水区。

(2)挡墙构筑。

(3)排水钻孔。

(4)向塌方空洞内充填水泥浆、水玻璃。

(5)向坍体部位周围山体注入水玻璃加固。

(6)钻孔检查,确认加固效果。

(7)拆除挡墙。

(8)清除隧洞内的土、砂及塌方体。

(9)恢复掘进。

6. 洞内溶洞的处理方法

(1)加固已开挖段的支护,在距洞内泥屑流段稍远处对正洞进行铺底和拱墙衬砌;对靠近洞内泥屑流段的正洞进行压浆和初期支护,布置纵、环向钢筋网喷混凝土,并设置量测点,加强变形监测。

(2)排水降压,开挖平导进行排水,由平导向正洞方向打放水孔,加速排水。

(3)注浆加固。为了防止开挖时洞内再次涌出泥屑流,对正洞掌子面前方进行注浆加固。

(4)先进行超前钻探,查明情况,再决定是否开挖。开挖时采用环状开挖法配合留核心、短进尺、强支护、紧封闭的施工方法,尤其特别注重坚持快挖、快支、快喷的施工原则,循序渐进。

对于大型溶洞，可能要采取梁跨的措施，采取横梁和支墩支托纵梁，纵梁上再作隧洞边墙，纵梁采用钢筋混凝土板梁以支撑边墙，板梁分别置于悬臂横梁上，悬壁的固定端埋入钢筋，增加稳定。

对于中小型溶洞应清除溶洞内充填物和悬吊钟乳；沿洞周打锚杆，布设钢筋网，喷混凝土；施作二次混凝土衬砌；溶洞空穴回填密实。

1.3 TBM掘进常规施工技术

1.3.1 TBM的施工原理及施工工艺

1.3.1.1 TBM施工法的优点

(1)条件合适的情况下，掘进速度很快。如果岩石不是十分坚硬，岩爆现象不严重，地质构造不太复杂，围岩基本稳定，则采用掘进机开挖隧洞的速度可比钻爆法快50%。同时掘进机对通风要求低于钻爆法，因此可以单头掘进10~12 km，这就省去了一些支洞及通向支洞的道路，节省工程量，缩短工期。但在岩石条件不好时，TBM不一定比钻爆法快。

(2)使用掘进机开挖的洞壁比较光滑，在水头损失一样的情况下，隧洞断面可以大大减少，从而减少工程造价。掘进机开挖的隧洞，其曼宁糙率系数为0.015 4~0.01 6，只有钻爆法糙率系数的一半。因此，过水断面可减少到用钻爆法所需断面的55%~60%。隧洞直径愈小，减少得愈多，岩石愈是均匀完整，减少得也愈多。

(3)减少支护及衬砌工程量。由于掘进机开挖断面较小且为圆形，有利于围岩稳定。加上掘进机对围岩的破坏远小于钻爆法，因此使用掘进机开挖的隧洞，其支护工作量可比钻爆法减少50%~75%。假如隧洞需要进行衬砌，由于掘进机造成的超挖远小于钻爆法，因而混凝土衬砌的工程量也将大为减少。

(4)掘进机对通风的要求较低。因掘进机是由电力驱动，无爆炸后排烟尘废气的问题，且多数用电瓶车出渣，故不存在内燃机废气的问题，因此对通风的要求远低于钻爆法，这也是掘进机可以由一个工作面掘进很长距离的原因。

(5)掘进机对周围建筑的影响较小。由于使用掘进机开挖不会像钻爆法那样产生爆破振动，因此可以在离其他建筑物很近处施工，而不致造成有害的破坏，这对在城市中开挖隧洞是非常重要的。对于在隧洞旁边有地下厂房或其他洞室的情况下，使用掘进机开挖隧洞也是有利的。

1.3.1.2 TBM施工法存在的问题

(1)掘进机设备比较复杂，安装费时。掘进机的安装时间常需几个星期，甚至几个月，设备运输有时也困难。因此，在隧洞较短时，使用掘进机是不经济的，在挪威，若洞径为3~4 m，则使用掘进机的洞长不宜短于2~3 km；若洞径为4~7 m，使用掘进机的洞长则不宜短于4~5 km。

(2)采用掘进机施工，洞径变化不能太大，掘进机的直径可以为1.8~12 m。但对于一定的掘进机设备，其洞径变化不能大于±10%，具体视机器直径及型式而定。

(3)掘进机要求较大的曲率半径。使用掘进机开挖隧洞，弯道半径不能太小，这决定于机器后部的辅助设备，一般来讲弯道半径不能小于150~450 m。

(4)岩石条件要合适。坚硬多节理的岩体对掘进机施工不利，将使速度减慢。完整且硬度不太大的岩体最适宜使用掘进机。

(5)设备运输条件。掘进机设备较大，有很重且很长的部件，因此要考虑通往工地的道路、桥梁是否能满足设备运输的要求。

1.3.1.3 TBM施工的基本特征

TBM是集成机械原理、电子学原理、机器人原理和土工学原理的一套系统化设备，施工工艺主要围绕TBM掘进、出渣及初期支护3个施工工序(混凝土衬砌、灌浆等同钻爆法)来进行，TBM的施工原理及施工工艺如图6-24和6-25所示。

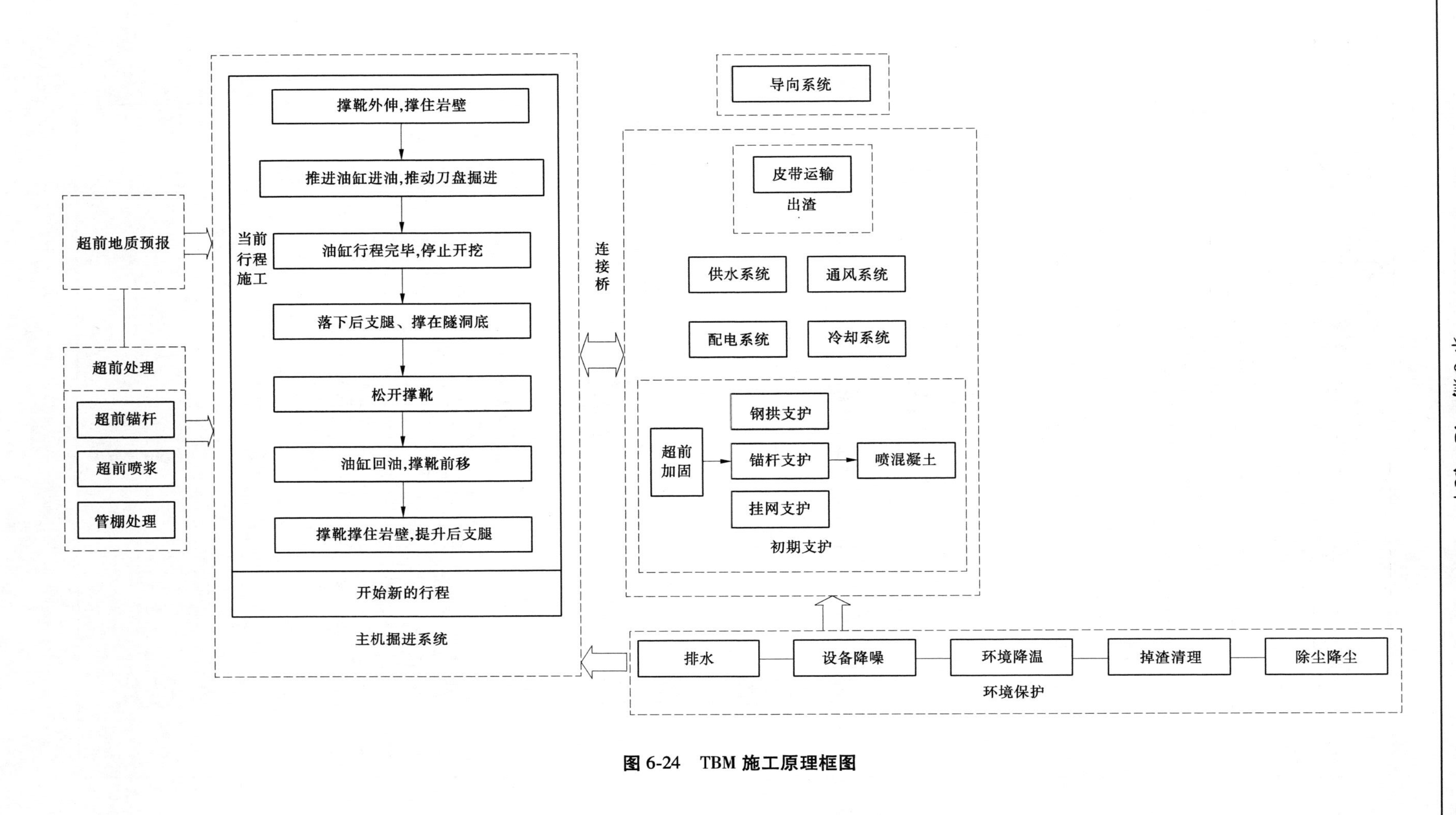

图 6-24 TBM 施工原理框图

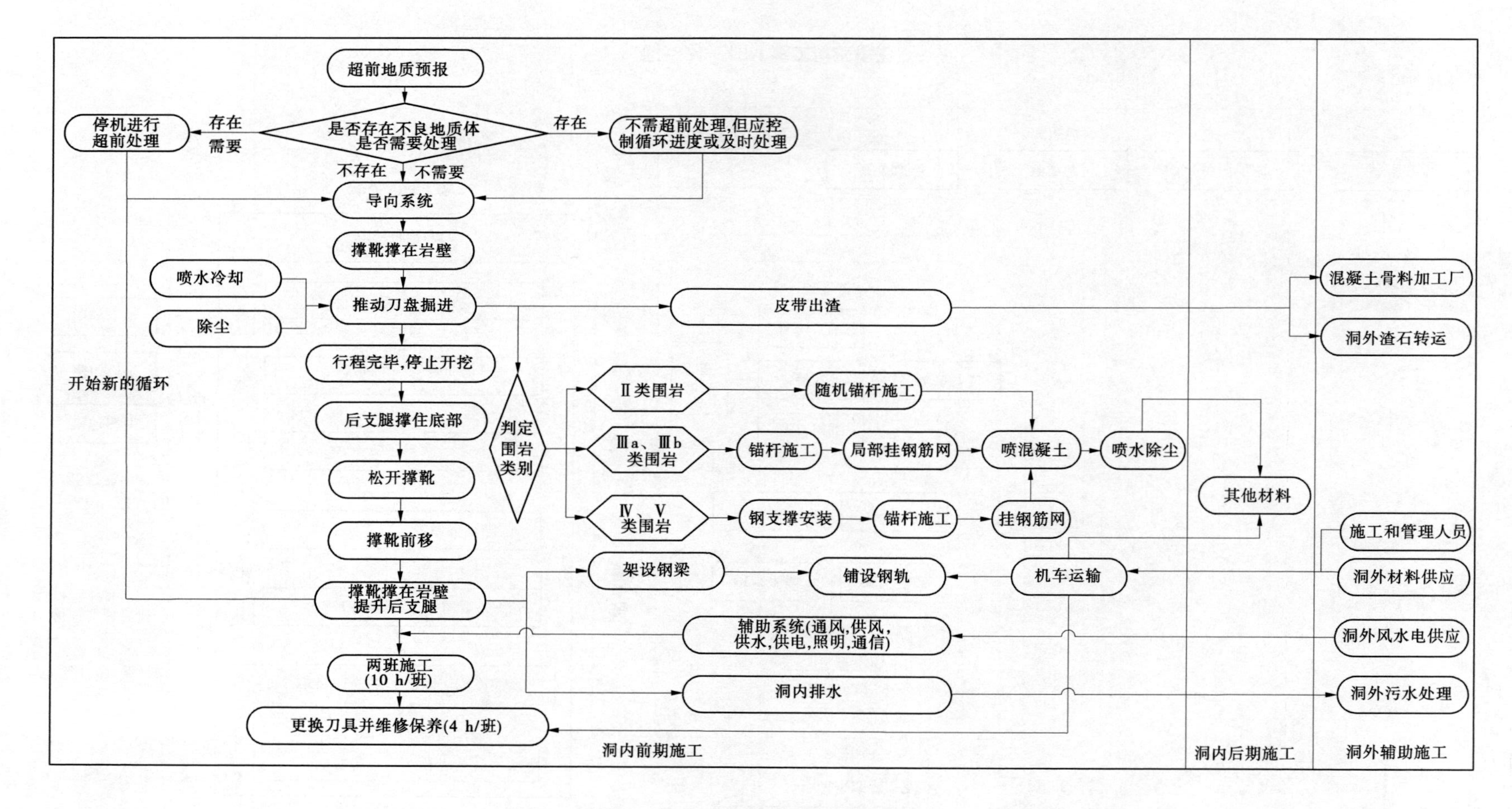

图 6-25 TBM 正常掘进施工工艺框图

隧洞施工是以掘进、支护、排运等3项工作为基础进行的。TBM施工与钻爆法施工相比在作业序列上有着很大的不同。TBM作为联合掘进机的施工，称为工厂化施工。工厂化施工有两层意义：①形式上的类似，主要有定量和定位的流水线式的施工方式，以及预制件的生产等；②运作组织管理技术的融入，表现在时间、产量、进度、消耗的生产及保障系统的精密关系和组织。因此，TBM施工有3个基本的特点：协调性、连续性和密集性，这3个特点决定了其施工组织的原则。

1. 协调性

作为工厂化的施工系统，其各个工作单元都是相关的，而且是有序的。任何不协调的工作环节都将对掘进机的施工效率产生很大的影响。量化的工作单元能力匹配和作业组织，以及各工序作业时间的有序排列，是协调性要求的主要内容。

2. 连续性

掘进机施工的各个单项作业都是连续循环交替进行的。而不像钻爆法施工，各个单项作业在工序上是间断循环进行的。这是TBM连续破岩的机制所决定的。

在掘进机施工中，任何一道工序和单项作业的故障，都将可能导致整个机械施工系统的生产停顿。因此，工序间连续动作的时间性要求，是施工组织连续性要求的主要内容。

3. 密集性

作为工厂化系统施工连续掘进的破岩方式，要求掘进机根据掘进、支护、排运等3项基础工作，集中所有的隧洞施工功能。因此，TBM施工单项作业的密集性是它的一个重要的特点。

从以上3个特点可以看出，TBM的生产系统不但对其硬件配置及方式提出了严格要求，也对施工组织管理上的软件配置提出了更高的要求。

1.3.1.4 TBM施工作业系统

隧洞施工管理的基本目标是以合适的费用获得最好的进度和工期。这是投资商和承包商的共同目标。

1. 单项作业工序及其之间的关系

TBM的推进过程，也就是施工的掘进过程。“掘进—排运—运输”“运输—支护—掘进”两个过程是隧洞施工的基本作业。掘进施工作业的保障系统包括直接的和间接的两大部分，即由物料的组织与运输和TBM的维护保养等构成。

客观上，TBM施工相对于钻爆法来说是将掘进的过程集成简单化了。其基础是掘进机对其过程进行了高度综合，并通过掘进机产品的性能和质量得以保证。人更多的是直接同机器打交道，间接地同岩石打交道。

从方式上讲，由于掘进机的自动化程度高，掘进机的施工与钻爆法相比具有完全不同的概念。因此，单项作业不同于传统的钻爆施工，对工序的组织和管理，在时序上更加严格紧凑。所以，从微观上看，系统的复杂性大大增加了，并增加了机器的维护工作。

由于破岩机理的不同，TBM的掘进与运渣是同步的。敞开式TBM只有在支护的时候，人们才会像钻爆法一样同岩石打交道，但是其机械化的程度更高了。隧洞施工是以掘进、支护、排运等3项工作为基础进行的，并有供电、风水等系统支持。环保系统目的是满足施工所必需的基本环境要求，以及解决由于施工所带来的污染和其他环境问题，并维护自然生态环境。监控系统用来保证自动化(生产)施工。

1) 掘进与弃渣排运

TBM掘进是刀盘旋转—推进—切削的过程。切削下来的岩石通过刀盘上的铲斗和刮板进入刀盘的空腔内，再由此通过皮带机倒运出去。这一工作过程是掘进机的核心作业过程，它决定着工程施工的掘进速度，以及与之相应的各个配套工序工作的衔接和工作质量。由此，提出TBM系统的纯掘进速度、单掘进行程的掘进时间，并提出物料运输组织的基本要求。

2)隧洞支护及施工安全

地质情况千变万化,因此在隧洞的施工过程中,必然会遇到各种地层稳定的问题需要解决。围岩的稳定与否不但会危及人身和设备的安全,亦关系到工程的成败。安全既包括设备使用对人体及生命的安全,也包括施工环境对设备等使用的安全。支护方式是根据工程水文地质状况来决定的,其方法与措施、材料等也是由地质情况决定的。支护除应满足工程质量要求外,还应满足设备及个人作业要求。这对于避免和减少工作干扰及等待支护的时间,以提高纯掘进时间的比率和工程速度是非常重要的。

3)运输

运输主要是弃渣转载与材料的运输。材料部分主要包括支护及设备维护用材料。运输系统将隧洞施工的基本过程封闭形成了一个大循环。运输系统是通过转运弃渣、运输支护和设备维护材料等同掘进作业相关的。在不间断的掘进循环过程中,它是掘进工作与洞外工作相联系的纽带,是不可轻视的一个重要环节。

4)能源供应与劳动环境

电力是掘进机的初级能源,因此供电质量的好坏与配电系统的优劣直接关系到掘进系统能否正常运转。必须根据用电设备的配电标准,以及掘进系统的各种工况要求进行配电设置。风水电等是进行隧洞施工须消耗的基本能源,采用TBM施工亦如此。因此,保证风水电的供应,是正常有效施工的基本条件。

在隧洞施工的过程中,会伴随有粉尘、有害气体、噪声及潮湿等对人体、设备及周边环境的危害。因此,保护劳动环境,对于防止职业病和避免设备故障及对人身的伤害,从人道上和遵守劳动法规上都是必需的。

2. 系统作业管理

TBM工厂化施工生产的管理,表现在对宏观大系统的作业序列协调组织和对微观单项作业的时间、质量等的控制。系统作业及工序管理包括对硬件系统的监控、生产系统的施工组织、保障系统的运作组织、异常状态下的故障处理等。

TBM施工与传统钻爆法不同的是,它的工效由机器的工作时间来决定,钻爆法的工效由全工序的循环时间来决定。

1)主要施工影响因素

从工程施工的角度讲,影响掘进机施工的主要因素存在于客观和人为两大因素之中。

(1)客观因素。包括工程水文地质状态、机器系统状态。地质条件影响掘进施工进度的主要因素包括岩石硬度、节理裂隙发育程度、层面纹理与隧洞轴线夹角、岩石的磨蚀性等。机器状态包括刀具能力与寿命、推力扭矩控制的敏感性、与掘进同步工作设备的可靠性及匹配程度等。

(2)人为因素。包括机器系统使用维护状态、生产组织对作业的控制管理。对于客观条件,我们不能选择和改变。但其对施工过程的影响与发展,是可以采取各种技术措施加以控制和约束的。在施工的人与自然的较量过程中,系统作业工序控制的目的在于控制、改善和利用客观或自然因素的自身变化和发展,避免和减少由于人为因素造成客观或自然条件的失控和恶性发展。因此,TBM的任何局部作业工序的失效,将可能导致整个系统的停滞。

2)系统控制管理的主要内容

系统工作的不确定性,主要受地质条件的变化,人和机器系统的稳定性、可靠性的影响。对于既有的机器系统,其状态须依靠人来操作和维护。因此,TBM施工的(单项)作业控制,主要是根据客观状态考虑人的作用因素。它有下列几个方面:

(1)掘进作业与操作。从前述的TBM各工序作业关系看,掘进操作是系统工作的起点。针对地质条件的不可选择性,从而要求掘进状态和参数的可选适应性。它根据刀盘工作的轴向推进和横向振动两个方向,控制机器刀盘刀具的宏观和微观工作状态。

转速(n)随岩石状态的不同,在掘进前应强制选择。在掘进过程中,扭矩(T)、推力(P)、掘进速度(v)处于一种动态的平衡过程。在进入正常掘进状态前,必须有一个足够长的过渡阶段,以保证刀具在掘进的任何时候,都不会由于超载而故障或损坏失效。掘进操作需考查研究的是不同岩层的 $P—T$ 关系,并在不同曲线点的相关掘进状态。对机器的操作,其作用关系过程为 $v—P—T$。通过调节推进速度,使刀盘扭矩、推力、岩石破碎程度和掘进速度之间具有一个合适的状态关系,并在较长的时期来考查机械的能耗与隧洞掘进速度的关系。

(2)隧洞支护。支护的目的是防止隧洞塌方和控制断面收敛。它应满足支护的及时性和时效性。敞开式 TBM 尽管是主要考虑岩石较为稳定的条件而选择的,但不可避免地会遇到断层等挤压破碎带。因此,对各种不稳定岩层的支护,必须组织设计充分的作业支护方式,以保证施工安全顺利进行。敞开式掘进机主要为钢拱、挂网和锚喷支护,特别情况需进行隧洞(预)注浆;闭式掘进机为拼装预制环、挤压混凝土支护等。

(3)施工道床安装与轨道延伸。它与掘进同步,主要是为 TBM 后配套和施工运输车辆提供走行轨道。轨道的铺设应满足平顺要求,减少掉道的可能因素。施工道床根据隧洞的用途和设计,可成为永久结构的一部分,或为临时性结构。

(4)物料的组织准备。为保证施工的连续性,必须协调好各种施工物料的组织。应有序、及时与适量,并确定其量化控制标准。物料包括正常结构施工用、支护和维护保养用等材料。大都随着掘进过程同步计划进行。

(5)运输。与掘进同步,主要是转载弃渣和运输按计划或临时组织好的各种不同物料等。它对系统运作的协调连续性具有重要影响。

(6)设备维护与保养。它是工程保障系统的一个重要部分。组成 TBM 的各种不同类型的设备,是工厂化施工生产的基础。设备的完好率和故障率,影响和制约着 TBM 的施工效益水平。系统有序地和计划性地对设备维护保养,是保障正常施工的一个基本条件。

(7)技术保障等。它包括系统管理技术、施工技术、故障诊断和设备维护与保养技术等。TBM 是综合技术产品,是系统的有机组合。系统管理技术是以系统工程的思想确立全过程、全设备和全工程的技术总纲,根据它制定和建立系统的包括日常的协调原则。施工技术、故障诊断和设备维护与保养技术是系统管理技术在不同技术领域的具体体现和实施的方式方法。

3)量化指标的关系

时间就是进度。保证机器的纯掘进时间利用率和一定地质条件下的掘进速度,是整个系统管理的量化基础目标。根据 TBM 掘进系统的作业关系,进行生产量化指标的分析和与保障系统关系的分析。出渣量在 TBM 系统配置设置中已确定,在此仅介绍与施工时间有关的部分内容。

(1)纯掘进时间利用率。它是指在一定的工程施工时段内,掘进时间所占的时间比率。通过缩短不必要的停机时间,而增加掘进时间是提高有效时间利用率唯一的途径和必须的要求。

(2)与掘进速度相适应的量化指标。

①排运系统的能力应满足掘进机的掘进速度要求。它根据掘进速度、列车运量和列车周转时间等条件进行规划。根据实际情况,列车运量基本不变。因此,要求列车周转时间与掘进速度相适应是主要目的。

②支护系统一般包括环梁(拱架)安装系统、锚杆钻机系统、超前钻机系统、管片衬砌安装系统、挤压混凝土衬砌系统。支护速度与掘进速度的关系主要受混凝土、锚杆及钢拱等材料的需用量影响。

3. 生产(系统)保障与技术支持

作为工厂化隧洞施工系统,必须有一定的保障系统(包括技术支持和生产保障),才能使整个工作系统正常运转。这些作为系统的一个组成部分,影响着工程施工的效能。

1)保障系统的主要内容与目标

TBM 施工系统,包括物料、配件等的物资硬件保障。同时,还相应包括系统管理保障,施工技术、设备维护保养、故障检测诊断等技术支持保障机制。这些以软件的形式组成该系统的一部分。

根据不同的保障性质,可将其划分为:施工生产保障;设备维护保障;环境及安全保障;技术保障。

物料的流量可以根据施工作业的需要,以进度和工作时间为参照进行量化管理。对于不能直接参照进度进行量化的项目,是量化分析的主要内容。但其评价的主要边界原则,仍是以保证实现合理的进度和工作时间比率来确定的。量化的主要内容是物料流量、作业时间,以及各种状态量的量化评价指标。

(1)施工生产保障。该保障直接作用于生产过程。它同样包括软、硬件两部分,其硬件保障主要是:风水电、拱架锚杆等支护材料、砂石料,以及相关的其他消耗材料。

硬件等物资保障,根据不同的施工技术措施的要求进行确定。而软件部分,它包括对不稳定地层的改良与施工技术及措施和根据 TBM 施工特点进行物料组织管理、配给、组织运输及流量规划等。

(2)设备维护保障。TBM 施工,设备作为主要的工程工具,其维护保养就成为保障施工生产运作的重要系统组成部分。油水、配件和工具等组成了该系统的硬件保障部分,对它们的管理和配置就构成了配件材料保障管理系统。

维护保养量化分析的项目应包括:设备无故障率,严重(停机)故障、干扰(掘进)故障、一般性故障等比率;故障论断、修理时间、强制维护保养时间、配件准备供给时间等;设备状态检查保养周期,状态分析周期等。

(3)环境及安全保障。环境状况主要包括空气中氧气含量与有害气体浓度、施工的环境温度与湿度、环境噪声、粉尘含量、工作场地与空间等。还应控制对自然环境的排污污染。

(4)技术保障。作为高度机械化和自动化生产施工手段,TBM 施工是一种技术密集型生产施工。各种技术作为信息能量渗透于系统的各个方面。在 TBM 施工运行过程中,技术保障将这种能量不断提供给系统本身及其硬件维护和软件支持,同时它又是系统各层次部件间的润滑剂。

TBM 施工是一种集约化大生产的方式。整体及各个局部作业的管理和组织,都不能以个人的意志或一种想当然的认识来操作,否则必须影响整个系统的协调性,进而影响机器和工程施工的效能、效益和效率,甚至会对机器系统本身造成潜在和直接的损害。

2)技术支持

技术支持的主体是人。技术支持的内容包括系统技术管理、维护技术、系统培训以及岗位培训等。同时,它还包括机器使用、状态记录,以及故障分析处理资料等数据信息的统计与管理。应当指出的是,非直接参照进度的项目和指标,其量化分析的基础依赖于对系统的认知联系深度、整体技术素质和结构层次构成的合理程度,以及管理的科学水平。

为形成合理的系统管理方式,具有工厂化生产(施工)的管理意识,协调协作生产的组织观念,是各级管理者应当首先确立的大系统观念的基础。用系统工程的思想指导工厂生产的理念和模式,进而完成系统管理技术——从钻爆法向 TBM 法的转变。

(1)施工技术支持。作为机械化土木工程施工,其对象是多变的地质条件。为保证 TBM 正常连续作业,必须进行各种常规和非常规的技术准备。主要内容应包括:掘进操作的参数规范措施;

施工导向测量技术；不稳定及塌方地层的病害处理；涌水处理；岩崩的安全防护；预制块拼装定位技术；喷混凝土技术；钢拱、挂网施工操作技术；局部控爆技术；岩石蠕变收敛控制的机器防护技术；失效支护处理补救措施；地质分析预测预报技术。

(2)设备维护技术。机械设备是TBM施工必须的工具和手段。对于一个大型机械系统的应用，重要的是机械系统的管理与维护。在某种意义上，TBM是工程的基础。保持该基础的完备良好的状态，就意味着工程成功的一半。设备维护技术应包括：保养技术；设备状态检测评价技术；故障诊断技术；设备系统修理技术；刀具状态判定技术；刀具更换调整布置技术；刀具修理技术；系统状态评价分析技术；设备部件代用互换技术。

(3)资料信息管理。在保障系统的运作过程中，对各种信息的采集和积累，如地质、时间、物料与能量消耗、设备状态数据等，应用数据统计和系统优化技术进行处理，是指导和提高TBM应用和管理技术水平以至开发技术的重要手段之一。

管理实施的技术操作，要建立不同类型的管理手册和规范，制定强制有效的执行机制和措施。并配有以下数据信息管理内容：地质资料、机器状态及刀具损耗综合数据库；材料、配件管理数据库；设备状态检查与保养、故障诊断处理信息库；各种不良地层的支护稳定处理档案库；隧洞、设备等档案资料库。

1.3.2　TBM掘进施工方案

TBM施工中的掘进作业是TBM施工的核心。TBM的掘进速度、掘进作业时间有效利用率及设备的完好率是衡量施工技术水平的三大指标，应保证TBM掘进作业安全、快速、高效。而掘进技术的关键主要是不同围岩条件下TBM掘进参数如何合理匹配、支护等辅助作业是否及时跟进，确保在围岩状况好的情况下快速掘进，在不良地质时能安全顺利通过。

1.3.2.1　TBM开挖施工技术保证措施

(1)施工进度控制措施：将TBM正常掘进施工作为关键施工工序，其他工序围绕此关键工序展开；严格控制里程碑工序的竣工时间，保证总工期目标的实现。

(2)制定掘进方向监测保证措施，在隧洞施工中，严格控制掘进方向，由专门的测量人员对激光导向站点进行校核，将隧洞方向偏差控制在允许范围。

(3)充分利用超前地质预报、超前钻孔(必要时)成果，作出准确的预报，并及时进行超前支护，以保证TBM设备掘进的顺利进行。

(4)加强刀具、机器设备的维护与保养，提高TBM设备掘进的实际利用率。

(5)充分保障对采取应急处理措施所需的机器设备、材料，并设立专门的保障体系和专用仓库，对项目部的所有人员进行培训，做到人人负责。

(6)集中优秀人才，保障人力资源供应，以老带新，培训TBM主要机械操作手、机电液工程师及管理工程师等多方面的技术人员。

(7)合理地进行零配件、易损机件和施工原材料储备，保证零配件和材料的及时供应。

(8)信息管理措施：建立并健全施工信息网络化管理体系，加强施工过程中的信息收集及处理，并将处理后的结果直接用于工程的施工管理。

1.3.2.2　TBM开挖施工技术方案

1.开挖及支护施工方案

主洞TBM开挖为单向独头顺坡掘进，以中间检修洞室为界，分为两段，两段一次开挖成型。TBM施工初期支护分两个区域进行，前部支护系统紧邻护盾后方布置，利用TBM主机上配备的锚杆钻机、拱架安装器进行锚杆、钢筋排、钢拱架的初期支护。遇断层破碎带，利用TBM上配备的应急喷混系统对围岩进行初步封闭或立模灌注混凝土。前方遇不良地质需要超前处理时，利用TBM配备的超前钻机和注浆系统完成。后部初期支护由后配套布置的锚杆钻机和混凝土喷射系统来完成。

2. 施工出渣与运输方案

1) 出渣方案

TBM 主洞掘进施工采用皮带机出渣方案。出渣系统由 2 条皮带组成,即支洞固定皮带+主洞连续皮带。主支洞交叉段钻爆扩挖完成后,将支洞口连续皮带仓移设至主支洞交叉段,同时在主支洞交叉段增设支洞固定皮带机机尾和转渣料斗及主洞连续皮带机驱动等设施,形成支洞固定皮带机+主洞连续皮带机出渣系统。当 TBM 掘进至主洞较长距离后,在合适位置增加 1 套连续皮带机辅助驱动站,共同牵引主洞连续皮带机出渣。

主洞 TBM 开挖渣料具体出渣路径为:TBM 开挖渣料→TBM 主机皮带机→后配套皮带机→主洞连续皮带机→支洞固定皮带机→洞外转渣皮带机→分渣楼→自卸汽车运至永久弃渣场。

2) 物料运输方案

关于 TBM 主洞掘进施工期间延伸材料、支护材料和施工人员的运输,支洞段拟采用常规轮式车辆运输,主洞段拟采用内燃机车有轨运输。TBM 主洞掘进施工所需各种材料和人员在主支洞交叉段进行中转。

主支洞交叉段设置有拌和站和其他掘进延伸材料的临时存放区,材料存放区位于 25 t 门式起重机辐射范围内,在服务洞内布设双线四轨内燃机车轨道,作为机车的调度编组区。为了加强主洞的交通运输能力,TBM 主洞掘进期间,拟在 TBM 尾部,即主洞已开挖洞段布设浮动错车平台,来改善主洞的运输条件。

3. 施工供、排水方案

TBM 施工用水:TBM 支洞段施工期间从洞外至主支洞交叉段供水系统已形成,即在支洞口附近的河谷内修建 1 座贮水井,将贮水井内的水先供至洞口右侧的水箱内,再采用 DN150 mm 的供水管路供至主支洞交叉口,并在支洞适当位置设中转水箱。TBM 主洞掘进时,拟在支洞避险洞内再增设 1 处中转水箱,主洞段拟采用 DN300 mm 的供水管路(与应急排水共用 1 根管路),DN300 mm 的供水管延伸至 TBM 尾部后,与 TBM 上配置的供水卷盘连接,为 TBM 设备冷却和施工消耗供水。

TBM 施工排水:根据 TBM 主洞施工特点和招标技术文件等要求,在 TBM 主洞掘进施工期间,布置好排水泵站和排水管路。主洞沿程稳定渗水,根据渗水量设置集水坑和水泵,主洞沿程和 TBM 后配置配套水泵,总的排水能力不小于理论计算数值,同时在支洞适当位置布设正常排水中转接力泵站。

4. 施工供电方案

TBM 施工用电取自洞外 35 kV 施工变电站。变电站上侧供电为双回路供电,变电站内共设有 2 台变压器,分别为专供 TBM 生产用的主变 1 和 TBM 施工辅助系统、生活区、办公区用电的主变 2。支洞洞口布置有 2 台应急发电机,供隧洞排水、通风、照明等一类负荷在变电所双回路同时断电时供电。

TBM 主洞掘进生产用电分为 20 kV 和 10 kV 电压等级。其中 20 kV 专供给 TBM 使用,10 kV 经各部位布置的变压器降压至 400 V 后,供给皮带(专线)、照明、排水、龙门吊、拌和站等使用。

在主洞段约 7 km 处设置一台容量为 1 250 kVA 的变压器,为皮带接力驱动及水泵接力供电。整条隧洞拟每隔 3 000 m 放置一台容量为 250 kVA 的变压器,供隧洞内照明、排水及其他临时设施用电。

5. 施工通风与除尘方案

TBM 主洞掘进采用轴流风机独头压入式通风方案。风管采用直径 2 200 mm、每节 300 m 长的低泄漏、无缝、拉链式软风管。主风机规格型号选用 T2. 160 3×250。TBM 上配备有 1 台二次增压风机，规格型号选用 T2. 90 2×75。

主风机安装在距支洞口约 30 m 位置处，通过风管将新鲜风压入到 TBM 后配套尾部，与风管储存筒相连，再通过后配套上的二次风机继续将风前压。同时利用后配套上的除尘风机，经 TBM 主梁和管路，将掌子面的浊风经除尘器过滤后向后排放，保障 TBM 区域的空气质量。

1.3.3　TBM 中间检修及刀盘边块更换方案

根据发包人提供的资料，暂定 TBM 掘进至适当位置处（动态控制），进行 TBM 检修。本标段 TBM 检修洞室主要考虑到 TBM 大修，以此设计 TBM 的检修洞室。在 TBM 掘进施工中有可能会造成部分主要部件损坏，如果发生主要部件损坏情况，需要进行 TBM 停机检修。

1.3.3.1　检修总体方案

TBM 检修方案主要包括刀盘、主机部分的检修和进行 TBM 辅助设备维护，拟在主洞的侧壁开挖出一个侧壁洞，将检修用的材料、设备及工器具放在侧壁洞中，进行 TBM 设备的检修。

1. 检修洞室布设

TBM 掘进到某个位置，如果主机的主要部件损坏，需要进行主要部件的修理。在此位置进行检修洞的开挖。

1）侧壁洞的布设

在 TBM 最后一节台车的尾部，沿洞轴线（皮带支架的另一侧）钻爆开挖一个长 40 m、宽 6 m、高 2 m 的侧壁洞。

2）起吊洞室的布设

在侧壁洞向后约 8 m 的位置，在洞顶上方开挖高 3 m、长 6 m 的吊装洞室，如图 6-26 所示。

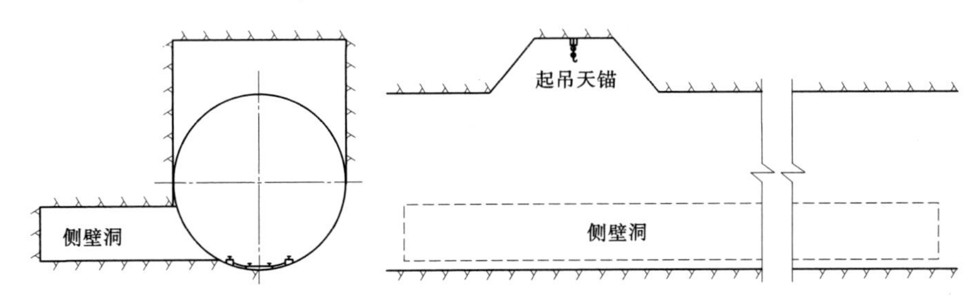

图 6-26　检修洞室开挖示意

2. 检修的主要内容

（1）对 TBM 主机及后配套进行必要的清洗。

（2）检修刀盘，检查和补焊刀盘可能出现的裂纹；更换已严重磨损的刀盘耐磨防护板；修整刀盘上的滚刀座；对刀盘铲斗齿进行检修和更换；检查刀具的磨损及损坏情况，进行更换和紧固；检修刀盘上的喷水嘴，必要时更换；检查和紧固刀盘上的所有连接件。

（3）根据掘进的实际运转情况，利用主轴承内窥镜检查、润滑油油样分析、振动分析等手段综合判断主轴承状态和进行寿命预测，根据状态评估结论提出维护或更换预案。如需要更换，将重新布设更换洞室，在侧壁开挖导洞，并扩挖洞顶，通过在洞顶安装滑道和电动葫芦实施拆换。

（4）对主轴承内、外密封及其耐磨带进行检查，如密封状态良好，不进行更换；如有严重磨损或损坏将考虑更换。更换内密封无需拆除刀盘，更换外密封需要拆除刀盘，将刀盘锚固在洞壁和掌子面上，再进行更换。

（5）通过检查孔检查小齿轮和大齿圈的磨损和损伤情况，一般无需更换，根据其状态提出下一阶段掘进的维护方案。

（6）对主驱动电机进行全面检修，并对主驱动电机轴承进行润滑。

(7)对推进油缸、撑靴油缸、扭矩油缸的密封进行泄漏检查,如有泄漏及时进行更换。

(8)对撑靴鞍架滑道的耐磨板进行检查更换。

(9)检查护盾、主梁、后支撑等结构件有无裂纹和损伤,必要时进行焊修。

(10)彻底检查 TBM、后配套所有结构件有无裂纹、连接销轴运动和磨损情况,紧固件拧紧校核。

(11)对主机及后配套的附属设备进行大修检查和处理,如钢拱架安装器、锚杆钻机、混凝土喷射装置、供水系统、供电系统、通风设备、除尘系统等。

(12)对液压系统和润滑系统进行全面清理,更换部分滤芯和阀件,清理管路和检查泄漏,对液压动力站进行检修,更换液压油、润滑油。

(13)对电气系统元件进行除尘清洁,更换老化和烧结元件,对所有电气线路进行清理和磨损检查。

(14)对除尘系统通道进行焊补和清理。

(15)检查更换连续皮带机刮渣板;检查与润滑皮带滚筒轴承;检查与润滑驱动减速箱齿轮、轴承状态;联轴器拆开检查并涂满油脂。

(16)完成洞内运输设备及相关辅助设备的检修和调试。

(17)重新安装后进行单机调试、系统联机调试以及试掘进调试和调整。

(18)劳动力配置。

TBM 中间检修分两班作业,每班分成机械组、液压组、电气组。每班作业人员见表 6-17。

表 6-17 **TBM 检修劳动力配置(每班)**

序号	工作岗位	人数/人
1	队长	2
2	TBM 操作手	2
3	机械工程师	2
4	液压工程师	2
5	电气工程师	2
6	起重工	4
7	调度员	1
8	库房值班员	1
9	安全员	1
10	机械及液压工	18
11	电工	10
12	电焊工	2
13	综合保障人员	18
合计		65

1.3.3.2 刀盘边块更换

若存在开挖直径变化的情况,考虑更换刀盘边块。更换边块时,刀盘需要全部拆除后方可进行。

1. 洞径改装的总体方案

在 TBM 最后一节台车的尾部,开挖出一个侧壁洞,将更换的边块摆放在侧壁洞中,将 TBM 后退至侧壁洞区域,进行 TBM 刀盘边块的更换。

2. 刀盘边块更换的作业流程

TBM 刀盘边块更换流程如图 6-27 所示。

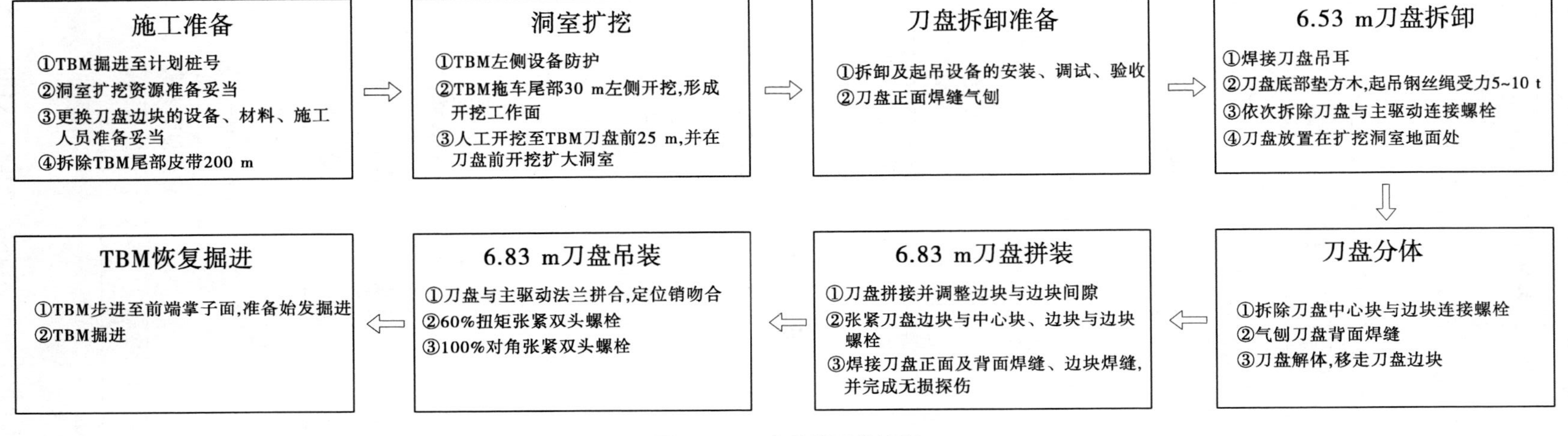

图6-27　刀盘边块更换流程

3. 刀盘边块更换洞室布设

刀盘边块更换时需开挖刀盘边块更换洞室,进行4个边块的更换。

1)侧壁洞的布设

在TBM最后一节台车的尾部,沿洞轴线(皮带支架的另一侧)钻爆开挖一个长40 m、宽3.5 m、高2 m的侧壁洞。

2)扩挖环的布设

沿开挖洞的环向在更换边刀处挖长4 m、深20 cm的扩挖环。

3)安拆边块地槽的布设

在安拆刀盘边块处,从底护盾前沿洞轴方向向前开挖长10 m、沿底部环向60°开挖深1 m的地槽。

侧壁洞室的开挖见刀盘边块更换洞室开挖示意如图6-28所示。

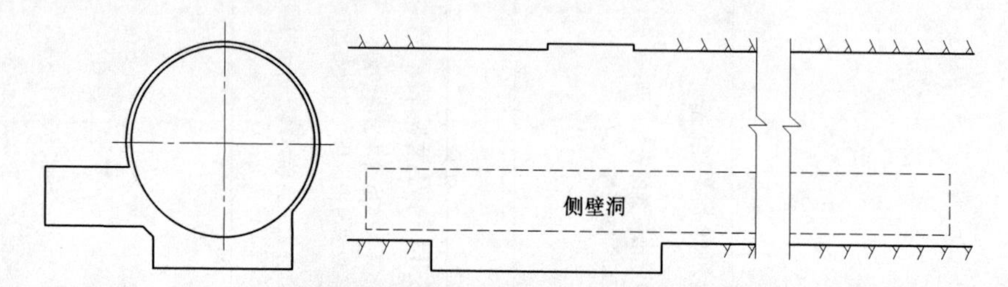

图6-28 刀盘边块更换洞室开挖示意

4. 劳动力配置

TBM边块更换分两班作业,每班作业人员见表6-18。

表6-18 TBM边块更换劳动力配置(每班)

序号	工作岗位	人数/人
1	班长	2
2	TBM操作手	1
3	机械工程师	2
4	起重工	6
5	调度员	1
6	库房值班员	1
7	安全员	1
8	机械工	12
9	电焊工	5
10	综合保障人员	15
合计		46

5. 设备、机具和材料的准备

专用液压拉伸工具:液压扭矩扳手、液压辅助泵站、气体保护焊电焊机。

常用工具:吊链、吊带、扳手、千斤顶、升降作业平台、水平尺、空压机、角磨机等。

所需材料:清洗油、木箱、塑料布、干燥剂、氧气、乙炔、电焊条、镀锌铁线、砂布、方木、胶管等。

6. 施工的注意事项

(1)起吊边块时,必须缓慢进行,注意与顶护盾的间隙。

(2)焊接边块连接焊缝需4人同时对称施焊。

(3)螺栓预紧时,注意均匀对称拧紧,拧紧扭矩按照60%、100%进行控制,分块连接处焊接合格后必须再按100%扭矩紧固1次分块连接螺栓。

1.3.4 TBM掘进施工资源配置

1.3.4.1 TBM施工人员配置

TBM施工组织按掘进、维护、运输、综合保障四部分进行设置。考虑设置两个掘进队、一个设备维护队、一个运输队、一个综合保障队。TBM掘进一段时间后,人员配置可根据现场具体情况进行相应调整。

掘进队负责洞内的掘进作业和设备清理;维护队负责设备的维护保养;运输队负责进料和运输人员;综合保障队负责皮带系统巡检维护、材料加工准备、洞外风水电设施保障等任务。

每个掘进队工作10 h,其中前后各0.5 h进行设备清理和交接准备。掘进队中设有电气及液压工程师跟班巡查处理故障。维护队进行洞内4 h维护保养,与掘进队交接重叠时间0.5 h,同时有一班跟班作业进行刀具检查、更换及维护,其他工作时间为洞外维修、查阅操作维修手册、备品备件的准备、制定部分维修计划和方案等。两个运输班分别跟随掘进队进料运输,一个运输班负责在维护作业期间运输人员、材料,一个运输班负责加工车间材料准备及保障供给。一个综合保障班跟随掘进队倒班作业进行皮带的巡检、维护及皮带硫化,一个综合保障班进行出渣料的运输,一个综合保障班倒班作业进行混凝土拌和。

各队人员配置见表6-19~表6-22。

表6-19 掘进队人员配置(每队)

序号	工种	人数/人	工作内容	说明
1	队长	1	组织掘进作业	
2	TBM司机	2	TBM操作	
3	电气、液压工程师	2	设备巡检和故障处理	
4	地质工程师	1	地质勘查和分析	
5	测量员	1	导向系统	
6	锚杆支护组	6	锚杆、挂网、钢拱架支护作业	
7	混凝土喷射组	6	混凝土喷射作业	
8	清渣、轨道铺设、抽排水组	8	洞底清渣、延伸轨道铺设、抽排水	
9	皮带架延伸组	3	延伸安装连续皮带机支架	
10	风、水、电组	2	风、水、电延伸作业	
合计		32		2班共64人

表 6-20 维护队人员配置

序号	工种	人数/人	工作内容	说明
1	队长	1	组织维修保养	
2	TBM 司机	1	TBM 操作	
3	机械工程师	2	维修方案及维修作业	
4	液压工程师	1	维修方案及维修作业	
5	油样监测工程师	1	取样、分析	实验室
6	电气工程师	2	维修方案及维修作业	
7	测量工程师及测量员	3	测量及激光导向倒点	
8	润滑工	3	润滑油、脂加注	
9	电焊工	2	焊接	
10	电气检修工	5	电气故障排障、检修维护	
11	液压检修工	5	液压检查、排障、维护清扫	
12	机修工	5	机械维护、改造， 皮带维护、检修	
13	刀具组	10	刀具检查、更换、维修	
14	风、水、电组	4	风、水、电延伸	
合计		45		

表 6-21 运输队人员配置

序号	工种	人数	工作内容	说明
1	队长	1	组织协调人员、进料运输	
2	机电工程师或技师	1	机电设备检修	
3	调度员	4	运输调度	分两班
4	机车司机	12	机车驾驶	分三班，视运距定
5	扳道工、信号工	6	扳道、信号控制	视运距定
6	轨道工	4	轨道检查维护	
7	起重工	8	起重机操作	
8	综合加工车间工	14	钢拱架、锚杆制作， 小型金结制作	
合计		50		

表 6-22　**综合保障队人员配置**

序号	工种	人数	工作内容	说明
1	队长	1	组织协调人员、综合保障	
2	皮带工	8	皮带检修、维护及硫化	
3	皮带运行人员	20	跟班进行皮带运行、检修	分两班、考虑最远运距
4	润滑工	2	负责皮带系统的打黄油	
5	运输人员	12	负责渣料的运输	分两班
6	拌和人员	12	拌和	分两班
合计		55		

1.3.4.2　TBM 施工开挖设备配置

1. 运输设备

(1)根据洞室设计和 TBM 特点,主洞施工人员与物料全部采用有轨运输。由于支洞的坡度较大,采用板式货车及轻型卡车进行施工材料、人员及设备的运输。到主洞后,利用 25 t 龙门吊进行装车,采用内燃机车进行运输。主洞施工所需施工材料(如喷射混凝土、锚杆、钢轨、钢支撑、钢筋网、备件、刀具、液压油、润滑油等材料)需要运进洞内,各工班施工作业人员需要进出隧洞。所有这些材料、人员及设备,采取高效的有轨运输系统来完成。

(2)洞内采用双轨单线运输,若主洞内运输路线较长,在 TBM 尾部 200~1 000 m 处安装 1 组浮动道岔"单双单",以便错车,浮动道岔可利用内燃机车进行跟进移动。

(3)掘进作业时的运输编组。TBM 掘进作业时,主要考虑到初期支护的用量比较大,运输量要满足每个掘进循环所需要的喷射混凝土量,其他的锚杆、钢拱架、钢筋排及网片等材料可以在台车上储存一部分,以满足应急使用。

每列车一次运输循环用时按最远运输距离约 14 km 计算,列车运行速度为 15 km/h,则来回运行时间大约为 120 min;洞内卸料和空车编组时间按 20 min 考虑;装车及重车编组按 20 min 考虑,则单列车运输循环时间总共为 160 min。综合考虑上述不同围岩类别的掘进速度和各类围岩支护量,每列车配备 2 节 5 m^3 混凝土罐车。这样,每列车可满足 2 个掘进循环的混凝土料。因此,喷混凝土所需混凝土料需 2 列车运输,每列 2 台罐车,支护可及时跟进。

考虑洞内锚杆、钢筋网等其他支护材料运输,每列车配备一节平板车用于运输其他施工物料。另外考虑施工人员出入,在 TBM 掘进作业时,根据需要编组中可随时编入一节人车。

TBM 掘进作业时,运输列车编组如图 6-29 所示。

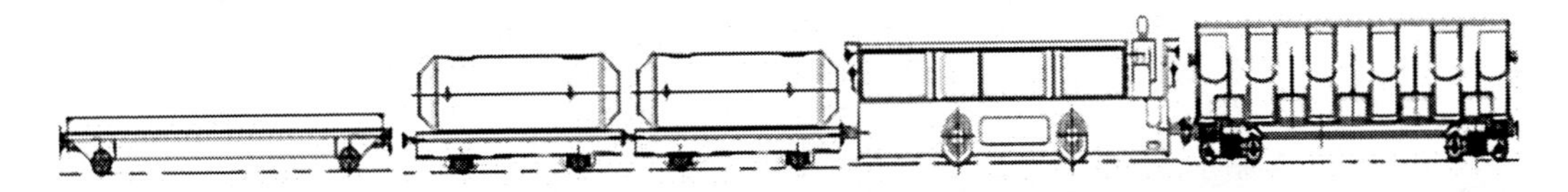

图 6-29　TBM 掘进作业时运输列车编组示意

列车编组方式和列数可以灵活安排,根据具体的掘进速度和围岩支护要求,以及具体是掘进作业还是维护作业,可以做出人车、平板材料车等配套设施的不同编排。

2. 混凝土拌和生产系统

根据工程的施工特点和施工总体安排,拟在主支交叉洞段内布置 1 套强制式拌和系统。

洞内拌和站粗骨料拟采用 15 t 自卸车从洞外运输至洞内骨料储存仓,再由 40 型装载机进行堆存;细骨料采用40 t罐式运输车从洞外运输至洞内后,输入细骨料储存仓内。主洞初期支护和衬砌混凝土均采用此拌和站生产,主洞内混凝土采用内燃机车直接从拌和站接料,运输至主洞内各施工区域。

3. TBM施工主要设备配置

TBM施工主要设备配置见表6-23。

表6-23 TBM施工主要设备配置

序号	设备名称	型号/规格	单位	数量	说明
1	TBM及后配套	敞开式 $D=6.53$	台	1	
2	风机	T2.160 3×250	台	1	主风机
3		T2.90 2×75	台	1	二次增压风机
4	连续皮带机		套	1	
5	固定皮带机		套	1	
6	轨行式牵引车		台	3	
7	轨行式混凝土罐车	5 m^3	台	2	
8	轨行式板车		台	4	
9	轨行式人车		台	2	
10	龙门吊	2×100 t	台	1	
11		25 t	台	1	
12	汽车吊	25 t	台	1	
13	叉车	5 t	台	1	
14		3 t	台	2	
15	拌和站	HZS90	台	1	
16		HZS30-1Q750	台	2	
17	自卸汽车	15 t	台	4	
18	载重汽车	15 t	台	1	
19	双排座车		台	1	
20	皮卡车		辆	2	
21	中巴车	28座	辆	1	
22	依维柯	9座	辆	1	
23	地磅	100 t	台	1	
24		120 t	台	1	
25	挖掘机	日立240	台	1	
26	装载机	ZLC50	台	2	
27	10 kV高压矿用耐磨泵	$Q=660\ m^3/h, H=300\ m$	台	1	
28	400 V矿用耐磨泵	$Q=250\ m^3/h, H=320\ m$	台	2	

续表 6-23

序号	设备名称	型号规格	单位	数量	说明
29	排沙泵	$Q=400\ m^3/h, H=27\ m$	台	2	
30		$Q=30\ m^3/h, H=27\ m$	台	3	
31		$Q=162\ m^3/h, H=66\ m$	台	2	
32	矿用耐磨泵	$Q=220\ m^3/h, H=140\ m$	台	1	
33		$Q=250\ m^3/h, H=240\ m$	台	2	
34		$Q=110\ m^3/h, H=102\ m$	台	6	
35		$Q=110\ m^3/h, H=130\ m$	台	2	
36	沃曼渣浆泵	$Q=360\ m^3/h, H=60\ m$	台	2	

1.3.4.3　物资材料、备品备件组织管理

1. 常规物资材料

经对所在地区市场调研后，与物资材料供应商签订设备物资供应协议。用于主体工程的材料，试验合格后报备工程监理方、业主方，批复后进场。

2. TBM 备品备件

在主洞开挖前，对 TBM 备品备件进行了招标采购。建立了常用 TBM 备品备件库存量报警制度，保持常用易损件的合理储备，保障 TBM 的正常运行。同时加强对备品备件的管理，周密计划、合理储备、严把进货关、管理有序，库房必须账物相符。项目专门成立了管理领导小组，由主管领导及有关技术、内业、财务、采购、库管人员组成，定期召开例会，研究解决存在的问题，制定并完善管理与保障措施，做好备品备件的供应工作。

3. 冬季施工组织

《水工混凝土施工规范》(SL 677—2014)规定：日平均气温连续 5 d 稳定在 5 ℃以下或最低气温连续 5 d 稳定在-3 ℃以下时，应按低温季节施工。

根据冬季施工计划，准备好足够的保温物资、供热能源，及时做好机械设备的换季保养。洞外拌和站采用厚 10 cm 的彩钢板搭设彩钢板房，配备 1 台 2 t 立式锅炉作为冬季骨料预热、施工用水加热与拌和站保温热源；洞外骨料仓、维修间、刀具车间、综合加工厂全部采用厚 10 cm 的彩钢板搭设彩钢板房，配备 1 台 2 t 卧式锅炉(CDZH1.4-95/70-AII)作为冬季取暖热源，室内按照供热面积、供热能力设置适量 8050 型暖气片(每组 20 片)，并在各门口挂设保温棉帘。洞外存放的 TBM 延伸材料全部存放在彩钢瓦棚内。

露天管道全部采用保温岩棉包裹，洞口 300 m 范围内的供排水管全部缠绕电阻加热丝。室外埋地管道埋深 1.5 m。

1.3.5　TBM 主洞掘进施工质量保证措施

首先，应做好 TBM 施工过程中的工序控制工作：做好掘进、出渣、运输、支护和衬砌等工序的合理安排，使其符合施工现场的地形、地质，以及机械设备和工班组织情况。避免盲目掘进，造成质量隐患。

1.3.5.1　主洞段 TBM 开挖施工质量目标

隧洞洞轴线的水平和竖向误差控制要符合设计和相关规范要求。

1.3.5.2　TBM 导向控制

TBM 设备掘进方向的控制极为重要，方向控制不当或调整过快，将造成盘型滚刀受力不均，致

使刀具提前损坏，增加换刀的次数和配件成本，影响施工进度，还会使得隧洞出现超、欠挖过大，影响工程质量。因此，需严格按相关规范要求进行施工测量，建立与地面控制网统一的平面坐标和高程控制系统，在工程开工前报送监理审批。采用测量仪器放出设计隧洞中心线和高程线，校正TBM激光导向器，并调整TBM水平和垂直位置及姿态，经复核无误后，才能进行TBM施工。在TBM掘进的全过程，随时检查、监视和控制TBM姿态和方向，并做好掘进记录。洞室开挖完毕后，复测洞室中心线和开挖断面，并将测量结果报送监理审核。

掘进中导向控制原则如下：

(1)确定合理的方向参数。

(2)控制掘进轴线与设计中心线的偏差。

(3)做到掘进前准确定位，掘进中严格操作，掘进后适时调整。

1.3.5.3 TBM掘进准备、掘进操作控制

(1)采用先进的地质预测预报仪器对地质情况进行超前预测预报，获得大量翔实可靠的、能反映掘进地质状况的数据资料，并根据预测结果及时调整TBM掘进参数和支护方案。

(2)提高掘进机操作人员及施工人员的素质和技术水平，保证隧洞施工的质量。

(3)加强TBM开挖刀具的检修和维护，保证隧洞的开挖洞径。边刀达到其磨损极限时，及时更换新刀具。

(4)在软弱围岩或掌子面左右岩石软硬不均段掘进时，机器容易跑偏和机头下沉，操作手应密切监视电脑屏幕，及时调整撑靴油缸压力和撑靴位置，必要时可在撑靴下垫钢板/枕木。

1.3.5.4 TBM初期支护质量控制

1. 锚杆的安装

(1)锚杆钻机安装在刀盘护盾后的环形齿圈上，可覆盖洞顶约180°区域，可纵向移动1.8 m的距离；钻机环向移动距离可根据设计的锚杆间距事先设置，以保证孔位偏差不大于100 mm。

(2)砂浆锚杆钻孔直径满足“先注浆后安装锚杆”的孔径要求。

2. 钢拱架的安装

钢支撑在洞外加工厂制作，利用拱架安装器安装，钢支撑紧贴岩壁，如有空隙，采用钢管或钢楔充填；所有附件均采用钢板或型钢制成。

钢拱架安装器布置在主驱动后面，安装在主梁上，纵向可沿主梁上的导轨移动一定距离，主要由拼装环梁、旋转驱动机构、液压油缸等构成。钢拱架分片运输到位后，由旋转驱动机构逐节牵引旋转并用螺栓连接；再用顶部和侧部液压油缸将拱架从拼装梁中顶出，贴紧到洞壁上；然后底部开口处用专用张紧工具将整个拱架张紧到洞壁上，并用连接板将开口连接固定，形成整环钢支撑。根据设计要求，钢拱架周向打锚杆固定，纵向各拱架之间用钢筋连接。

3. 钢筋网片的安装

钢筋须经试验合格后使用，使用前除锈去污，在洞外分片制作，安装时搭接长度不小于1个网格尺寸。

钢筋网一般根据围岩揭露情况在主梁及桥架平台区域内进行安装。材料吊运装置将钢筋网自后配套吊运至1#连接桥平台上，临时存放，根据护盾揭露出的围岩情况和设计图纸要求，人工安装网片，原则上钢筋网片尽量紧贴岩壁，钢筋网片通过网片连接钢筋和附近的锚杆或锚筋固定。

4. 钢筋排的安装

在顶护盾及搭接护盾内侧设有钢筋排快速支护系统，钢筋排在洞外加工车间按图纸要求制作好后，运至安装位置，将钢筋排插入顶护盾内侧预留的孔内，遇到不良地质段时，将钢筋排抽出，钢筋排应按设计要求均匀分布，并紧贴岩壁，采用钢拱架将其压紧，并搭接焊在安装好的钢拱架上。

随着 TBM 的向前掘进，钢筋排慢慢抽出，根据设计要求的钢拱架间距，及时进行钢拱架的安装，每榀钢拱架与钢筋排焊接连接。在一节钢筋排尾段出露护盾之前，插入下一节钢筋排，钢筋排加工长度一般为 4 m，根据现场围岩揭露情况，适当进行长度和间距的调整。

5. 喷射混凝土

喷射混凝土施工工艺流程与钻爆法基本相同，混凝土由 TBM 自带的喷射系统完成，混凝土采取有轨混凝土运输罐车进行运送。

(1)喷射混凝土的拌和及运输。TBM 主洞掘进施工期间，主支洞交叉段集中布设有强制式拌和系统，喷射混凝土在主支洞交叉段拌制后，卸入由内燃机车牵引的轨行式混凝土罐车内，运输到 TBM 后配套后，采用后配套布设的混凝土罐吊机将混凝土罐转放到后配套的混凝土罐存放平台上，罐车出料口直接对准输送泵受料斗供料。为保证混凝土的坍落度满足喷射工艺要求，必须考虑由运距和运输时间过长而造成的坍落度经时损失问题。为了保证喷混凝土的质量要求，如 1 h 之内能够及时喷射时，可采用萘系高效减水剂(减水率不低于 18%)；当运输时间加等候时间超过 1 h 时，应采用具有良好保塑性能的聚羧酸高效减水剂(减水率大于 30%)。

(2)喷射作业。操作输送泵控制面板，由输送泵通过管路将混凝土料送至连接桥上的喷射机械手的喷嘴处，与此同时，速凝剂和高压风分别由速凝剂泵和空压机送至喷嘴处与混凝土料混合；通过遥控机械手将混凝土喷射到洞壁上。喷混桥上共布设有 2 套喷混系统，喷射机械手可在环向 300°、隧洞轴向 6 m 范围内作业。

(3)在喷射混凝土作业前，清洗洞壁，将底拱部位的浮渣清理干净，积水排尽；埋设控制喷射混凝土厚度的标志。

(4)同时在 L1 区也配置有应急喷混设备，在不良洞段施工时，如Ⅳ、Ⅴ类围岩拱顶部位，可利用应急喷混设备作为应急措施，可以提前喷混支护，减少围岩暴露时间。

1.3.6　主洞段 TBM 开挖施工安全保证措施

1.3.6.1　施工安全风险源

主洞掘进施工安全风险源详见表 6-24。

1.3.6.2　安全保证措施

1. TBM 现场施工作业时的安全保证措施

(1)参加施工作业的全体人员，作业前必须熟悉有关的安全条例及安全说明，方能上机作业。上班时按要求穿戴劳保鞋、手套、安全帽、工作服及其他劳动保护用品；根据不同的作业性质，穿戴相应的服饰、防护用具。

(2)进入刀盘作业前必须首先将点动控制盒按入，切断司机室对刀盘的控制。前部一号皮带机的移动操作要指定专人负责，并对其操纵手柄进行锁定或挂“勿动”指示牌，防止他人扳动。在刀盘区或进入掌子面作业时应经负责人同意，并应有两人进入相互配合；进入掌子面后，首先检查掌子面是否有脱松的危石，并及时处理。点动刀盘由专人操作指挥，施工人员首先撤离刀盘，刀盘上的工具应搬走；不能及时撤离的作业人员，必须能与操作人员保持联络。刀盘前进行电、气焊作业时，必须有专人看管电焊机及气焊。经常移动的电缆需定期进行检查，防止漏电。进入刀盘人员应携带可靠的备用灯具，若遇到洞内停电，刀盘作业人员及其他施工人员应有组织撤离。

(3)司机室为 TBM 中枢系统，其内要保持清洁、安静，严禁非司机人员进入。如工作需要经允许进入后，严禁触摸司机室内任何部件。在换步和掘进期间严格按规定步骤动作，严禁违规操作和过载运转。TBM 司机在换步、掘进期间要时刻警惕，操作机器的同时观察各项数据显示和监视器状况，如发现主机附近工作人员处于危险地段要及时通知其离开。

表 6-24　　施工安全风险源辨识表

序号	作业活动	危险源名称	所在部位	可能导致的后果	作业条件危险性评价				风险等级	是否重要危险源	现有控制措施
					L	E	C	D			
1	施工现场	无关人员进入作业区	施工现场	其他伤害	1	0.5	1	0.5	V	否	现场检查、门卫值班
2		酒后、无证、超速、疲劳、不遵守交通规则等驾车	施工现场	车辆伤害	1	1	3	3	V	否	现场检查、交规学习
3		车辆带病运行	施工现场	车辆伤害	1	1	3	3	V	否	安排培训、定期检查
4		在施工过程中违章指挥、违章作业和违反操作规程	施工现场	其他伤害	1	1	3	3	V	否	安全培训、操作规程、现场监督
5		进入施工现场未戴安全帽	施工现场	物体打击	1	1	3	3	V	否	培训教育、现场检查
6		高空坠物	施工现场	物体打击	1	2	3	6	V	否	教育培训、现场检查、技术交底
7		钉、渣扎脚，绊倒	施工现场	其他伤害	1	1	1	1	V	否	教育培训、现场检查
8		车辆轮胎爆炸	施工现场	爆炸伤害	1	1	3	3	V	否	定期检修、现场检查
9		人员疲劳作业	施工现场	其他作业	1	1	3	3	V	否	安全教育培训、现场检查
10		物体意外倒塌	施工现场	坍塌	1	1	3	3	V	否	安全教育培训、检查验收、技术交底
11		施工便道不平整	施工现场	车辆伤害	1	1	3	3	V	否	专项方案、技术交底、检查验收
12		检修作业	拌和站	物体打击	1	1	3	3	V	否	安全培训、进行交底、现场检查
13		混凝土运输车辆	拌和站	车辆伤害	1	1	3	3	V	否	培训教育、技术交底
14		操作人员无证上岗	拌和站	其他伤害	1	1	3	3	V	否	培训取证
15		混凝土料生产	拌和站	粉尘	6	6	1	36	V	否	控制措施、配备防护用品、处罚

续表 6-24

序号	作业活动	危险源名称	所在部位	可能导致的后果	作业条件危险性评价				风险等级	是否重要危险源	现有控制措施
					L	E	C	D			
16	施工现场	检修作业	拌和站	高处坠落	1	1	3	3	Ⅴ	否	安全教育、整改、交底
17		保护接地、保护零线混乱，重复接地或电阻值大于 10 Ω	拌和站	触电	3	2	3	18	Ⅴ	否	整改
18		在潮湿场所不使用安全电压或安全电压线路混乱，接头未用绝缘胶布包扎	拌和站	触电	3	2	3	18	Ⅴ	否	检查、整改
19		漏电保护器失灵或不匹配	拌和站	触电	6	2	3	36	Ⅳ	否	整改
20		地埋线缆无标志、架设线路不规范	拌和站	触电	6	2	3	36	Ⅳ	否	整改
21		配电箱未上锁	拌和站	触电	1	1	1	1	Ⅴ	否	设备物质部提供锁具上锁，检查整改
22		材料加工	预制厂	机械伤害、物体打击	1	1	3	3	Ⅴ	否	安全培训、操作规程、防护措施
23		电焊作业	拌和站	触电、火灾	1	6	3	18	Ⅴ	否	安全培训、持证上岗、操作规程
24		配电箱进、出线混乱误操作	拌和站	短路、触电	1	6	7	42	Ⅳ	否	检查、整改
25		带电作业	拌和站	触电	6	1	7	42	Ⅳ	否	安全培训、禁止、处罚

续表 6-24

序号	作业活动	危险源名称	所在部位	可能导致的后果	作业条件危险性评价				风险等级	是否重要危险源	现有控制措施
					L	E	C	D			
26	现场防火	易燃物混放、泄漏	施工现场	火灾、爆炸	1	3	15	45	Ⅳ	否	技术交底、现场检查
27		防火区、密闭场所附近动火作业	施工现场	火灾、爆炸	3	2	7	42	Ⅳ	否	技术交底、现场检查、操作规程
28		因管理不善引起火灾	施工现场	火灾	3	2	7	42	Ⅳ	否	技术交底、现场检查、操作规程
29		危险品、化学品堆放无隔离措施	物资库房	火灾、爆炸	0.5	6	15	45	Ⅳ	否	采取隔离措施
30	电气焊接	明火、曝晒	施工现场	火灾、爆炸	1	6	7	42	Ⅳ	否	安全教育、操作规程、现场检查、防护措施
31		电焊烟尘	施工现场	其他伤害	1	6	3	18	Ⅴ	否	配备个人防护用品、安全教育
32		弧光	施工现场	其他伤害	3	6	3	54	Ⅳ	否	配备个人防护用品、安全教育
33		冬季露天作业	施工现场	其他伤害	3	6	1	18	Ⅴ	否	配备个人防护用品、保暖措施
34		违章作业	施工现场	火灾、爆炸	1	6	7	42	Ⅳ	否	安全操作规程、教育培训
35		防护不当	施工现场	灼伤	1	6	3	18	Ⅴ	否	控制运行、培训教育、操作规程
36	TBM 掘进	机械故障、操作不当	洞内	机械伤害	1	6	7	42	Ⅳ	否	操作规程、现场检查
37		防护不当	洞内	其他伤害	3	6	3	54	Ⅳ	否	操作规程、防护措施、个人防护
38		粉尘	洞内	其他伤害	6	6	1	36	Ⅳ	否	配备个人防护用品
39		噪声	洞内	其他伤害	6	6	1	36	Ⅳ	否	配备个人防护用品、控制措施
40		材料搬运	洞内	其他伤害	6	6	1	36	Ⅳ	否	加强防护
41		掘进作业	洞内	其他伤害	1	6	7	42	Ⅳ	否	安全教育、专项措施

续表 6-24

序号	作业活动	危险源名称	所在部位	可能导致的后果	作业条件危险性评价				风险等级	是否重要危险源	现有控制措施
					L	E	C	D			
42	TBM 掘进	电气作业	洞内	火灾、触电	1	6	3	18	Ⅴ	否	安全教育、配备劳动防护用品
43		皮带架架设	洞内	机械伤害	1	6	3	18	Ⅴ	否	安全教育、配备劳动防护用品
44		皮带运行维护	洞内	挤压	1	6	3	18	Ⅴ	否	安全教育、现场监控
45		小火车运行	洞内	机械伤害	6	6	1	36	Ⅳ	否	安全技术交底、安全教育
46		电焊作业	洞内	触电	3	6	3	54	Ⅳ	否	安全教育、配备劳动防护用品
47		支护	洞内	挤压、机械伤害	3	6	3	54	Ⅳ	否	安全技术交底、安全教育
48	装渣	机械故障	施工现场	机械伤害	3	6	3	54	Ⅳ	否	机械操作规程
49		油	施工现场	火灾	1	1	40	40	Ⅳ	否	机械操作规程
50		操作不当	施工现场	机械伤害	3	6	3	54	Ⅳ	否	机械操作规程
51		不合格产品	施工现场	机械伤害	3	6	3	54	Ⅳ	否	机械操作规程
52		无证上岗	施工现场	机械伤害	1	6	3	18	Ⅴ	否	持证上岗
53		违章操作	施工现场	机械伤害	3	6	3	54	Ⅳ	否	安全培训、操作规程
54	运渣	机械故障	施工现场	机械伤害	3	6	6	54	Ⅳ	否	检查制度、维检制度
55		油	施工现场	火灾	1	2	7	14	Ⅴ	否	控制运行
56		噪声	施工现场	其他伤害	6	6	1	36	Ⅳ	否	配备个人防护用品
57		粉尘	施工现场	其他伤害	6	6	1	36	Ⅳ	否	配备个人防护用品
58	打锚杆、超前小导管、超前锚杆、超前管棚、挂网、安设钢拱架	材料搬运	施工现场	其他伤害	1	6	7	42	Ⅳ	否	加强防护
59		机械故障	施工现场	机械伤害	1	6	7	42	Ⅳ	否	机械操作规程
60		机械操作不当	施工现场	机械伤害	3	6	3	54	Ⅳ	否	机械操作规程、教育培训
61		混凝土、外加剂	施工现场	其他伤害	3	3	1	9	Ⅴ	否	个人防护
62		粉尘	施工现场	其他伤害	3	3	1	9	Ⅴ	否	加强个人防护
63		防护不当	施工现场	其他伤害	3	3	1	9	Ⅴ	否	专项方案

续表 6-24

序号	作业活动	危险源名称	所在部位	可能导致的后果	作业条件危险性评价				风险等级	是否重要危险源	现有控制措施
					L	E	C	D			
64	钢筋运输	机械故障	施工现场	机械伤害	3	3	7	63	Ⅳ	否	定期检查维护
65		无证驾驶	施工现场	机械伤害	3	6	3	54	Ⅳ	否	现场检查
66		违章驾驶	施工现场	机械伤害	3	6	3	54	Ⅳ	否	安全培训、交规学习
67		噪声	施工现场	其他伤害	1	6	3	18	Ⅴ	否	配备个人防护用品
68		扬尘	施工现场	其他伤害	1	6	3	18	Ⅴ	否	配备个人防护用品
69	车辆运行	道路不平整	场内施工道路	交通事故	1	3	7	21	Ⅳ	否	维护、警示
70		安全防护标志牌设置有误	场内施工道路	车辆伤害	1	6	3	18	Ⅴ	否	整改
71		司机未持驾驶证、上岗证上岗	场内施工道路	交通事故	1	2	7	27	Ⅳ	否	培训取证
72		超载、违章驾驶	场内施工道路	交通事故	3	3	3	27	Ⅳ	否	宣传、教育、强化巡查管理
73		酒驾	场内施工道路	交通事故	0.5	1	15	7.5	Ⅴ	否	禁止、安全教育
74		施工车辆人货混装	场内施工道路	车辆伤害	1	3	15	45	Ⅳ	否	禁止、处罚、安全教育
75		超速行驶	场内施工道路	车辆伤害	3	3	3	27	Ⅳ	否	禁止、处罚、安全教育
76	起重作业	吊装设备、构件距高压线距离太近	施工区域	触电	1	6	7	42	Ⅳ	否	设置警示牌、加大管理力度
77		大风中吊装	施工区域	起重伤害	1	6	7	42	Ⅳ	否	禁止、处罚、安全教育
78		施工措施不当	施工区域	起重伤害	1	6	7	42	Ⅳ	否	整改
79		雪天吊装	施工区域	其他伤害	1	6	7	42	Ⅳ	否	禁止
80	油罐运行作业	静电	临时加油点	爆炸、火灾	1	1	15	45	Ⅳ	否	防静电措施
81		运输、加油碰撞、明火	临时加油点	爆炸、火灾	0.5	6	15	45	Ⅳ	否	加强管理、教育培训、防护措施
82		误操作	临时加油点	爆炸、火灾、污染	1	6	3	18	Ⅴ	否	教育培训、技术交底

(4)TBM在掘进期间,主机下作业人员时刻注意洞壁围岩变化,防止落石伤人。及时进行岩石的支护处理,在特殊地段掘进时,支护区域内应配有经验丰富的施工安全员。主机前部支护人员在外机架复位期间严禁在其上停留;调向期间,主机前部支护人员必须站到安全区域,严禁脚踏防护栏工作;撑靴撑紧期间,严禁撑靴附近站人,以防误伤或因撑靴撑紧导致岩石脱落伤人。无紧急情况严禁拽拉输送带两边紧急制动线;无紧急情况严禁关闭主机上任何紧急制动开关。严禁跨越和在输送带上行走,建立健全生产安全员制度。

(5)TBM在维修期间,机器必须处于关机状态,并要进行安全保护,在未经核实的情况下不得任意启动主机以及各种单项设备。维修时,机器零部件要置于平整稳固的支撑面上,防止滑落伤人或毁坏;在对高压气路或液压油管进行维修前,应确保整个系统的泄压,严防高压油气飞溅伤人;高空维修要利用安装好的平台或爬升装置,禁止使用机器零部件作为爬升装置进行维修工作,同时作业时作业人员要系好安全带和安全绳索,在作业位置作防滑处理;用高压水清洗设备之前,要盖住或用胶皮封住所有开口,防止水或清洗剂浸入开口,特别是不能危及电动机、电器开关和控制柜;清洗设备时,确保灭火系统上的温度传感器未接触热的清洗物质,否则灭火装置可能会被启动。如果因维修工作需要而拆除部分安全保护装置,完成维修工作后要立即重新恢复。

(6)对于TBM掘进机上的吊机、吊具、升降平台等吊升机构,在使用前必须检查有无故障,防护措施是否有效。严禁超载使用吊机;严禁使用材料升降平台运人;严禁在升降平台下停留。要定期检查吊机、吊具制动是否完好,吊绳是否损伤,及时更换损坏部件。吊机只能在竖直方向起吊重物。禁止使用吊机沿轨道方向拖拉重物。

(7)制定1套人员疏散方案;隧洞中随时可能发生工作面坍塌、涌水、火灾、有害气体超标、岩爆、岩石坠落等意外情况,应提高警惕,发生险情或出现报警信号时按照规定迅速组织疏散撤离。

(8)在一些特殊区域应挂有相应的警示标志。运转时的高温设备、带电设备应有带电物体的警示牌,易产生落物区域也应悬挂小心落物砸伤的警示标牌。

2. 保障人员、设备安全的监测系统和保护措施

掘进机监测系统是TBM快速掘进、人员安全施工的基本保证。

(1)在TBM关键部位和关键部件处建立联锁机构;一旦出现问题机器将做出相关反应,最大程度保证机器关键部件的完好率。

(2)建立隧洞连续皮带机监测系统,保证皮带运输机长距离的安全运输。主要监测项目有:皮带输送机电机载荷监测;电机冷却水流量监测;关键部位(倒渣槽等)电视监控;皮带转速监测;张紧机构张紧力监测;变速箱、联轴器监测;变速箱润滑油监测。

关键系统的故障形式和相应后果及应对措施见表6-25。

表6-25　关键系统的故障形式和相应后果及应对措施

关键系统名称	故障形式	相应后果及应对措施
主轴承脂润滑	由于漏脂或气压不足等原因造成主轴承脂润滑压力不足	导致主轴承密封效果不好,轴承内部进入杂质;安装有相应监测系统报警,并在设置时间内(数秒)停机
主轴承油润滑	油位超过最高允许值或低于最低油位,无法达到最佳润滑效果	导致油温升高过快,油质发生变质,影响润滑效果;加装温度传感器,温度超过最高值自动报警、停机
电机水冷却	水压不足或水垢过多等方面原因,造成冷却水流量无法达到设计标准	电机在运转过程中温度迅速升高,长期工作将使电机性能严重受损;在冷却水出口装有温度传感器,定期清理冷却隔栅

续表 6-25

关键系统名称	故障形式	相应后果及应对措施
电机运转载荷	电机运转载荷过高，电压变化幅度较大	电机在运转过程中温度迅速升高，长期工作将使电机性能严重受损；根据电机的性能参数，设有一定范围值，当超过允许范围时自动停机
皮带运输机	皮带机运转时不平稳，或压力居高不下，皮带卡渣或已被卡死	不及时停机将导致皮带大范围划伤；在操作室设有压力表监测皮带压力，并在关键部位装有摄像头，便于司机观察、及时处理
支撑撑靴压力监测	压力忽然大幅度降低，撑靴打滑或下陷	机架无法提供掘进所需要的支撑扭矩，导致机架产生形变；加装压力传感设备，设定允许最小值，低于最小值时自动停止掘进
刀盘扭矩推力监测	相邻循环刀盘推力不变而扭矩大幅增加	刀具产生偏磨现象或到盘前部卡有异物；停机检查
油箱油位监测	由于管路漏油或管子爆裂等使油箱油量大量减少	导致油温迅速升高，油液变质严重；油箱下部装有油位传感器，做到油位每班检查
油箱油温监测	油温迅速升高	导致油液变质严重，性能上无法满足掘进需求；利用可编程控制，设定其最高安全值，定期检查油液质量，按时、按需换油
锚杆钻机位置监测	钻机与相应部件发生干涉	导致油缸变形或相邻部件挤压变形；前后加装位置传感器，与推进系统互锁

（3）瓦斯监测系统。可设立数个瓦斯监测传感器用于监测隧洞中瓦斯浓度，如果超过临界瓦斯浓度，瓦斯检测器就会发出报警或使机器停机（拟设定值：体积浓度达 0.5%时检测器发出报警，达到 0.7%时，除应急照明灯、风压机外，掘进机系统停止工作）。护盾后部、除尘风道各设立 1 个传感器，其他位置可视情况而定。

3. 洞内通风与防尘安全保证措施

（1）隧洞施工的通风设专人管理。

（2）通风机运转时，严禁人员在风管的进出口附近停留。

（3）通风管与掌子面距离不得大于 30 m，以保证良好排除污染空气。出渣时，对渣堆连续洒水以消除粉尘。

（4）保证给洞内 TBM 主机范围内的每人最少提供 3 m^3/min 新鲜空气，保持空气流动速度不小于 15 m/min，二氧化硅粉尘浓度小于 1 mg/m^3，主机作业空间的空气中烟雾的亚硝酸、一氧化碳和二氧化碳的浓度不超过有关劳动法规要求的标准。

（5）喷射混凝土采用湿喷，严格按照湿喷工艺流程作业。

4. 洞内防火安全保证措施

(1)TBM施工区域设置足够的消防器材,放在易取的位置并设立明显标志。各种器材做到定期检查、补充和更换,不得挪用。

(2)洞内严禁明火作业与取暖。

5. 应急电源保障措施

为了防止35 kV输电系统意外停电造成洞内照明、排水系统、TBM设备等无法正常工作造成损失,在隧洞进口处配备2台柴油发电机,作为应急备用电源,正常电源一旦断电后,立即启动应急备用电源,供给隧洞排水、照明及TBM使用。

6. 有毒有害气体检测

根据有毒有害气体检测管理制度的有关规定,结合项目实际情况,配置了4台便携式检测仪(分别为:有毒有害气体检测仪、可燃气体检测仪、UT353噪声检测仪及LD-5/5J粉尘检测仪),根据洞内施工情况,对洞内有毒有害气体进行不定时检测,每天检测次数不少于1次,并对数据进行统计分析。在洞内安装了温、湿度计,对洞内温、湿度进行检测,保护作业人员健康。洞口设置了职业健康危害告知牌,告知洞内职业危害因素和防范措施建议。洞内作业人员按照作业工种的不同,配置相关的劳动防护用品。

1.3.6.3　洞内作业安全

1. 交通运输安全

(1)考虑洞长、纵坡等因素,布设避险洞。避险洞内设减速砂坑,减速砂坑的深度不小于最大轮胎半径的1.2倍,长度不小于3 m,避险洞洞壁面设置防撞装置(悬挂轮胎),并在避险洞前设置提示标志。

(2)若隧洞开挖断面较小,沿途只能布设单车道,TBM主洞掘进施工时,拟在TBM尾部布设1套浮动道岔,便于内燃机车的安全错车。

(3)考虑到支洞重车运行风险较大,尤其大型车辆重车下坡风险较为突出,根据运输车辆的性能,在现有刹车系统的基础上,咨询相关专业技术人员,研制增加1套紧急制动系统,在紧急情况下启用,避免交通事故的发生。

(4)考虑到支洞运输通道狭窄,坡度较陡,上下车辆避让困难,车辆运行期间,拟在支洞口和主支洞交叉口设置升降杆、摄像头及红绿灯等设施,并由洞口调度室统一指挥安排车辆进出洞顺序,避免形成交通堵塞。

(5)设置交通标志。道路交通标志是用文字和图形符号对车辆、行人传递指示、指路、警告、禁令等信号的标志。在隧洞进口、支洞避险洞、车辆掉头洞、主支洞交叉口等路口、弯道设置车辆出入标志;弯道、路口是交通事故的多发地段,为减少交通事故的发生,根据道路情况,安装限速牌、反光通行标志等标识,提醒司机谨慎驾驶。

(6)加强洞内照明。为改善驾驶员的视力疲劳、辨认车距,改善交通条件,提高道路通行能力和保证交通安全,应在隧洞内沿线设置照明灯,方便洞内行车。调头洞、避险洞及主支洞交叉口必须加强照明设置。

(7)设置反光条及霓虹灯。为使交通标志在夜间灯光照射下能反射出明亮清晰的光线,使驾驶员或其他人员能看清安全警告或禁令标志,采用逆反射系数高、反光亮度强的反光条。在皮带支架外边缘离地1.2 m处设置反光条,以利于辨认车距及路况减少安全事故的发生。

洞内所有运输、装载车辆,在其外边缘四周醒目位置必须张贴反光条,车身反光标识均应粘贴在无遮挡、易见、平整、连续,且无灰尘、无水渍、无油渍、无锈迹、无漆层起翘的车身表面。粘贴前应将待粘贴表面灰尘擦净。有油渍、污渍的部位,应用软布蘸脱脂类溶剂或清洗剂进行清除,干燥后进行粘贴。对于油漆已经松软、粉化、锈蚀或起翘的部位，应除去这部分油漆，用砂纸对该部位进行打磨并做防锈处理，然后再粘贴车身反光标识。

冬季施工期间，支洞口 200 m 范围内有大量的雾气，影响进出洞司机和施工人员视线，在此段范围内每隔 5 m 设置 1 处霓虹灯，提高冬季人员、车辆出入安全保障。

(8)车辆在洞内倒车和装车时，指派专人指挥，起吊设备装卸料时，以鸣笛或吹哨提示运输到位状况。运输车辆就位后，应拉紧手刹车。在装运设备回转范围内不得有人通过。

(9)洞内皮带机周边设置高 0.8~1 m 的防护板，并张贴反光贴，在皮带机启动时，通过 TBM 配置的喇叭进行鸣笛警告，确保皮带危险区域人员撤离干净。

(10)常规运输车辆在坡道上被迫熄火停车，应拉紧手制动器，下坡挂倒挡，上坡挂前进挡，并将前后轮楔牢，打开双闪，并尽快拖出洞外修理，严禁车辆在洞内修理。

(11)制定具有可操作性的车辆管理办法和检查制度。

(12)做好操作人员的岗前培训和安全技术交底工作，并定期进行安全检查和教育培训。

(13)进洞人员必须统一穿戴有反光条的工作服或反光背心，同时穿戴好其他劳动防护用品。

(14)向所有驾驶员贯彻《中华人民共和国道路交通安全法》，加强驾驶员操作技能、职业道德、安全意识教育和运输法规等知识的培训及考核，确保驾驶员素质能够适应职业要求，实行持证上岗制度。

(15)加强日常安全检查和安全管理，健全安全规章制度和操作规程，加大通行车辆维护保养和更新改造力度，消除安全隐患。严禁疲劳驾驶，严禁酒后驾车，严禁超载、超速、超限行为。

(16)加强对道路的维护和清理，维护交通秩序，保证道路安全和畅通；危险地带，设置防撞墙及指示、警告牌等。

(17)车辆运输坚持“3 个合理安排”“五定”的方法。“3 个合理安排”即合理安排运输计划、合理安排车辆、合理安排装卸。“五定”即定人、定车、定任务、定行车路线、定物资类别。做好各种工程车辆的检修与维护，消除事故隐患，不使用带病设备。

2. 机械操作安全

(1)控制机械设备的危险和有害因素，以人为目标，对危险部位给予文字、声音、颜色、光等信息，提醒接近人员注意安全。

(2)施工机械操作人员和车辆驾驶人员做到持证上岗，并严格遵守国家和地方主管部门制定的交通法规。施工机械设专人管理，严格执行值班及交接班制度，保证机械正常运转。每台机械固定负责司机，严禁他人开动。

(3)作业前对各种机械设备详细检查，严禁机械带病作业。严禁机械超荷、超载作业，严禁随意扩大机械使用范围。

(4)机械操作人员必须严格执行安全操作规程，佩戴劳动防护用品，每天填写机械运转记录和例行保养记录。

1.3.7 主洞施工进度保证措施

为了确保工期目标的实现，依据管理制度，明确各职能、层次的职责，制定完善的保证措施并指派专人负责计划统计工作。

(1)从思想上重视，提高对于施工计划的认识，合理倒排工期，发挥优势，保证节点工期目标的按时完成，从而保证总体进度目标。

(2)从施工方案上严格技术标准、工艺措施，严明施工纪律，严格按业主、监理下发的施工要求施工。在施工过程中不断优化施工方案，合理分配资源，善于总结施工经验，提出加快施工进度的措施。

(3)从行动上优化资源配置,加大人力、物力、财力的投入,具体为:

①每日早会制度及时解决施工现场存在的各种问题,确保施工的顺利进行。

②提高设备完好率和利用率,确保快速施工。合理使用和保养设备,迅速判明或预见故障的发展趋势及部位,及时采取应对措施,避免更大事故和损失。

③做好排水、通风措施准备。

④做好应对地质风险措施准备,加强地质预报工作。

⑤做好对计量资料的及时上报,保证每月计量款及时到位。

⑥做好冬季施工人员的稳定,确保施工一线人员工作积极、思想稳定。

⑦做好施工材料的储备和零星材料的提前计划工作。

(4)实行激励机制,把工期效率和施工队伍的施工进度、职工个人的经济利益挂钩,兑现奖罚,充分调动全体施工人员的生产积极性。

1.3.8　文明施工保证措施

文明施工是展现施工队伍形象、体现施工队伍素质和施工管理水平的重要手段。在工程的建设过程中,应严格按照国家的相关规定组织工程施工,争创文明施工工地。

1.3.8.1　文明施工管理制度及办法

(1)成立文明施工领导小组,全面开展文明施工工作。

(2)做到"两通三无五必须",即:施工现场人行道畅通,施工现场排水畅通;施工中无管线高放,施工现场无积水,施工道路平整无坑塘;施工区域与非施工区域必须严格分离,施工现场必须挂牌施工,现场材料必须堆放整齐,工地生活设施必须文明整洁。

(3)编制实施文明施工方案,落实文明施工责任制,实行文明施工目标管理。

(4)加强宣传教育,提高全体员工的文明施工意识,使文明施工逐步成为全体员工的自觉行为。

(5)注重施工现场的整体形象,科学组织施工。对现场的各种生产要素进行及时整理、清理和保养,保证现场施工的规范化、秩序化。

(6)施工现场作业人员,应遵守以下基本要求:

①进入施工现场,应按规定穿戴安全帽、工作服、工作鞋等防护用品,正确使用安全绳、安全带等安全防护用具及工具,严禁穿拖鞋、高跟鞋或赤脚进入施工现场,由安全部门指派现场专职安全员进行巡查,如发现不正确佩戴劳动防护用品的,应立即制止,责令正确穿戴。

②严禁酒后作业。

③严禁在洞口及洞内坍塌地段、设备运行通道等危险地带停留和休息。

④在TBM设备及其他高处作业时,不得向外、下抛掷物件。

⑤不得随意移动、拆除、损坏安全卫生及环境保护的设施和警示标志。

1.3.8.2　水处理措施

(1)设置污水处理系统,生活区设置化粪池,并备有临时的生活污水汇集设施,生活污水经处理后才能排出施工场地。防止污水直接排入河流造成污染。

(2)在隧洞口附近设置四级沉淀池,对从隧洞内排出的生产污水进行沉淀净化,处理后经检验符合污水排放标准,才能排放。

(3)优先安排电动机械施工,对柴油机安装防漏油设施,对机壳进行覆盖围护,避免漏油污染;禁止机械在运转中产生的油污水未经处理直接排放,禁止维修机械时油污水直接排放。

(4)针对施工机械保养、检修和清洗所产生的含油废水,选用成套油水分离设备进行油水分离,回收水水质满足二次冲洗等要求。

1.3.8.3 弃渣处理及渣场防护

(1)在发包人指定的弃渣场集中弃渣,弃渣堆放点远离河道,尽量不要压盖植被。

(2)弃渣场设置挡墙等适宜的防护工程,防止雨水冲刷给当地环境造成影响。

(3)弃土运输采取防泄漏措施,运渣过程中散落在路面的渣土承包人应及时清理。

(4)施工期间应始终保持工地的良好排水状态,做好场地的排水工作,防止降雨对施工场地地表的冲刷。

1.3.8.4 成品、半成品及原材料的堆放

(1)严格按照施工现场平面布置图划定的位置堆放成品、半成品及原材料,做到图物相符。

(2)所有材料堆放整齐,并悬挂名称、品种、规格等标牌。

(3)对成品进行严格保护措施,严禁污染、损坏成品。

(4)水泥按品种、标号堆码成方,底层离开地面20 cm,堆高不超过2 m,离墙保持20~30 cm的距离。保证水泥库的干燥,做好防潮处理,满足防潮要求。

1.3.8.5 现场道路

(1)在施工现场和生活区内的道路口,不得随意堆放施工弃料、随意停放施工机械设备,以免堵塞交通。施工道路安装限速牌,确保安全。

(2)在负责维护的道路危险路段设置安全防护设施、明显的安全警告标志和清晰的责任标志。

(3)若因工程施工而需临时中断道路交通时,须经监理批准后方可实行。

1.3.8.6 现场卫生

(1)施工现场划分卫生区域,各区域明确卫生负责人。

(2)食堂符合卫生防疫标准,并申领卫生防疫许可证。食堂操作人员持有效健康证明上岗,并按卫生防疫要求进行食堂操作。食堂内消毒、灭蝇、防火、防腐措施齐全。

(3)施工现场按照标准设置厕所,并有水源供冲洗,同时设置化粪池,加盖并定期喷药。每日有专职清洁工负责打扫。

(4)设置足够的垃圾池和垃圾桶,定期清理垃圾、搞好环境卫生,施药除“四害”。生活区、办公区由专人定时清扫,排水沟由专人负责定时清理。

(5)设置洗浴设施,供施工人员洗浴,使施工人员保持良好的精神风貌。

(6)施工操作地点和周围环境清洁整齐,做到活完脚下清,工完场地清,丢撒的砂浆、混凝土应及时清除。砂浆、混凝土在拌和、运输、使用过程中,做到不撒、不漏、不剩。

(7)施工现场严禁乱堆垃圾及杂物。在适当的地点设置临时垃圾堆放点,并定期外运至当地环保部门指定的地点。同时采取遮盖防漏措施,运送途中不得遗撒。

(8)严格按设计要求弃土、弃渣,并进行防护。

(9)剩余配件、边角料和水泥袋、包装纸箱等及时收集清运,保持现场卫生状况良好,做到场容整洁、美观。

(10)生活区、办公区及施工现场有充足的饮用开水供应,确保员工喝上开水。

1.3.8.7 临时用电、用水

(1)现场临时用电、用水派专人管理,确保无长流水、长明灯现象。

(2)施工现场的用电线路、设施的安装和使用必须符合电力安装规范和安全操作规程;并按施工组织设计进行架设,严禁任意拉线接电。施工现场内必须设有保证施工安全要求的电压和工地照明,确保工地照明亮度符合要求。

1.3.9 TBM掘进工程实例

引黄入晋工程隧洞总干线的6#、7#、8#洞全长21 km,于1993年3月由意大利的CMC-SELI集

团公司中标承建，使用双护盾全断面隧洞掘进机（TBM）施工；1994 年 8 月至 1997 年 9 月历时 3 年胜利贯通，并且开挖、衬砌一次完成，创造日最高进尺 65.6 m、月最高进尺 1 080.6 m 的较好成绩。

1.3.9.1　工程概况

万家寨引黄工程是山西省从黄河中游晋蒙边界的万家寨水利枢纽引水向太原、朔州和大同供水的一项规模宏大的跨世纪工程。该工程全线长 451.8 km（其中天然河道 81.2 km），引水流量 48 m^3/s，分总干线、南干线、南干连接段和北干线。其中总干线有隧洞 11 条，长 4.5 km；南干线有隧洞 7 条，长 98 km；北干线有隧洞 6 条，长 52 km，隧洞全长合计 192.5 km。隧洞经过的地质条件大部分为石灰岩地层，局部夹有 N_2 红土层，隧洞进出口部位大都覆盖着 Q_2、Q_3 黄土层，埋深 300 m 以下，地下水不发育，未遇到较大的地质构造。

1.3.9.2　TBM 施工

1. 构造及工作原理

1）构造

TBM 包括机头及后配套设备，由机头拖着前进，全长约 160 m。

机头长约 12 m，全部包在护盾壳内，护盾壳的直径就是隧洞的直径。整个机头由三部分组成，前段叫前盾，包括主轴承的刀头及其驱动系统（电机、离合器、变速器、主齿轮等）。中段叫连接盾，分别通过液压连杆将掘进机的前、后盾相连接，可起伸缩作用。后段亦叫后盾，它带有抓紧装置并通过护盾里面的固定孔进行操作。机头前面的刀头上装有直径 17 ft 的圆盘切削器（亦叫滚刀）共 43 个，这些滚刀按不同受力的轨迹线进行排列，刀具可从刀头后面进行更换。

后配套设备有：150 m 长的固定轨道及平台，掘进机及辅助设备的液压和电动装置，变压器及电缆、电缆盘、机械传动装置带动的料斗、起吊设备、装卸轨道、集尘器、通风系统、排气设备，压缩空气及供水带盘，豆砾石注浆系统等。

2）工作原理

TBM 的运转由两个阶段组成。第一阶段刀头及前护盾在推进油缸作用下，由中间连接段向前掘进一个行程 0.8 m，而后护盾由抓紧装置系统稳固在洞壁岩石上，并将推进反作用力传给洞壁，这时传送机将挖掘的石渣连续不断地装在已经停在那里的矿车上。第二阶段随着第一阶段的结束马上开始，此时刀头已停止运转，前护盾由辅助抓着器支托着，后护盾由反掘进油缸作用向前拖动 0.8 m，该阶段结束时，后配套设备相应地被连接在刀头支撑上的 1 套特殊牵引设备向前引进。这时再开始第二个周期的掘进，如此往复掘进连续不断前进。在第一阶段中下列操作也同时进行，如预制管片安装、豆砾石灌装，在第二阶段中当后配套设备向前运行时，其他几种服务如通风除尘、电缆、水、气管道及轨道等均由相应装置自动延伸。中间护盾的伸缩特点，保证了在整个运转周期内，所掘进的隧洞断面被临时支撑着。当抓着系统不能为刀头掘进提供足够的反作用力即遇到松软岩石时，该力由后护盾内的 1 套辅助推力连杆装置自动将其移到已安装好的衬砌管片上。

掘进机向前掘进时方向由推进油缸的油流量所控制，每组油缸的启动程度对抓着器的前进、护盾的姿势产生不同的影响和方向变化。而掘进方向的掌握是依靠安装在机头上的 ZD 激光导向系统产生的微机制激光束反映到光目标上，再反映到测斜仪上，为操作人员提供刀头和前护盾的位置信息，该信息与理论轴线的差异可以精确到毫米。激光机的安装、检查和调整均由测量人员进行。测量人员根据设计数据对掘进的实际情况，在每日上午停机期间进行检查和调整，随时保证隧洞掘进的精确性。同时，根据掘进速度及进尺每隔 100 m 左右向前移动一次激光机。

2. 准备工作

1）洞口处理

为给 TBM 进洞掘进创造有利条件，保证施工和运行期洞口安全，与钻爆法相同，进洞前应先对洞口部位进行安全处理,清除其覆盖层,进行洞脸削坡。这一地区洞口山坡大都覆盖着较厚的黄土层,经试验研究确定1:1.25的坡比为稳定坡度,并每隔10 m高程设置一条2 m宽的马道,坡面做浆砌石护坡和排水,洞口两侧坡脚砌筑挡土墙。

2)人工挖土洞

由于该地区洞口山坡均为黄土覆盖层,该土质具有湿陷性和承载能力低的特点。为防止TBM机头下沉和受温度变化影响引起衬砌管片变形,造成漏水软化土质,因此在TBM未正式进洞掘进前,须先用人工挖掘一段土洞,初步定为50 m以内或与岩石接触处,若超过50 m,则应做土工试验,根据其物理力学性质再定是否适合TBM掘进。不过这里一般都在该范围就遇到了岩石。

常规法即人工施工的土洞为门洞型,边挖边支钢支撑,一般情况下挖1 m支1架,个别土质较松软地段为0.5 m 1架,钢支撑由16#槽钢2根合并成工字形,其间挂钢丝网,喷混凝土约15 cm厚,这样形成的支撑为一次支护。TBM掘进结束后,还要对该地段进行现浇混凝土二次支护并和前面TBM掘进的管片衬砌相连接。

3)浇筑滑板和组装平台

滑板在土洞内,与土洞同样长,组装平台是在洞口外面和滑板连接。TBM机头在该平台上组装好后通过滑板进入洞内进行掘进,待掘进完成后同样也要经过出口处的土洞段底部滑板开出洞外或开到另一条隧洞。这实际上就是为TBM机头铺筑一条坚固的路基(因为机头很重,这里用的直径为6.125 m,重约500 t之多)。滑板由钢筋混凝土筑成,表面为圆弧形;一般最薄处为30 cm,机头在上面滑动时边滑行边安装预制管片(土洞段的预制管片只为掘进提供反作用力的后支座用,以后还要拆除,因该洞口土洞段属现浇混凝土)。

组装平台和滑板一样亦为钢筋混凝土结构,只不过因洞外土质更疏松,因此视地基的承载力情况适当加强。这里的8#洞出口在混凝土中预埋了钢枕,间距为50 cm。

4)修建出渣线及卸渣设施

在洞口外接组装平台铺设出渣线路及错车道,并在轨道上继续安装TBM的配套设施,全长约150 m。这些配套设施分别安装在数辆平台车上,和机头成一列车。在出渣线的末端安装一台为卸渣车用的翻渣车机。

3.掘进

TBM的刀头在强大转矩和推进力作用下,向掌子面的岩石掘进,刀头上的每一个滚刀可产生200~300 kN的推动力,这个力可使强度为100 MPa的掌子面围岩破裂成直径10 cm左右的碎片。刀头每旋转一圈滚刀可切入岩石12 mm左右,每分钟刀头可旋转5圈,掘进速度的快慢主要取决于围岩的强度以及其他地质情况的变化。当然,由于洞子开挖后围岩应力变化,造成岩体变形,给掘进机护盾壳表面增加了较大的荷载,这可能使机头在原有设计推进力条件下无法前进,影响其掘进速度。

TBM掘进分两班制作业,每班12 h,每日上午为机械检修、保养、清理工作面及测量放线、检查等辅助工作时间,其他时间正式掘进生产,每班有50人左右,正常日进尺40 m左右,月进尺1 000 m左右。

4.衬砌

双护盾TBM的特点是开挖、衬砌一次完成,边开挖、边衬砌。引黄隧洞衬砌由混凝土预制管片组装而成,每圆环分4片,每片宽1.6 m、厚度25 cm,制作成六边形蜂窝状。安装程序为:将预制管片由专门运输车运到距开挖工作面约40 m处,再改由专门起吊装卸设备转运到距开挖工作面8~10 m的后护盾内,先装底拱片,再装边拱片,最后装顶拱片。由于形状为六边形,所以每环的底片和两侧边拱片相差半片宽度,边片和顶片也相差半片宽度,这就使得每环的环缝均不在同一断面上，各片各环间形成相互约束。

衬砌中值得注意的问题是要随时掌握掘进的地质情况，根据地质变化迅速确定其围岩类别，并根据不同的围岩类别改变衬砌所用的管片型号，因为管片设计时就根据围岩分别设计成A、B、C三种型号，Ⅰ、Ⅱ类围岩安装A型片，Ⅲ、Ⅳ类围岩安装B型片，Ⅴ类围岩安装C型片。由于TBM掘进中围岩均被机头护盾所封闭，不可能用眼睛直接观察岩石的情况，所以必须借助于其他间接方法，如通过对掘出石渣的观察，对刀头推力的大小和对掘进速度的快慢等进行综合分析和判断来确定围岩的类别，而且在掘进过程中不能间断，否则就会出现所安装的管片与实际地质情况不符的现象，或者影响掘进速度，必须引起高度重视。

5. 回填豆砾石及灌浆

衬砌管片安装后和TBM掘进的洞径之间存在着5 cm左右的空隙，这也就是TBM护盾壳的厚度及其对围岩的磨损形成的，必须用混凝土填充，使其密实。因此采用先回填豆砾石(5~10 mm)再用水泥浆灌注，使其成为预压骨料混凝土，既保证了施工期间管片的稳定，又能使管片和围岩接触紧密，形成整体共同承受外力的作用。回填程序为：先填底拱片，再填两侧边拱片，最后填顶拱片。豆砾石也是由专门罐车运入洞内距开挖工作面50 m处，由泵通过软管及管片上的预留孔打入空隙，灌注水泥浆时压力不超过0.2 MPa。该工程由于合同不够明确，造成掘进期间只回填了下半圆，掘进完成后再继续填上半圆的工况，使工期延长1年左右。

6. 出渣

石渣通过刀头上的漏渣斗由皮带输送器运到距开挖工作面约60 m处的装渣溜槽装入特制矿车。每掘进1环(1.6 m)正好装满1列车(8节车厢)，装车时间和掘进时间相同，由180马力柴油机车牵引。为使掘进不受出渣的影响，在洞内每隔4 km左右安设一错车道岔，可停放一列车组及相应的管片车等。石渣运到洞外的卸渣场，再通过安设在那里的翻渣车机将矿车整车倾翻，然后再由装载机和15 t自卸汽车二次运到较远的永久弃渣场。

1.3.9.3　混凝土预制管片

1. 管片设计

根据隧洞的使用条件、受力情况及施工方法，尤其是TBM施工的特殊性，确定了洞内衬砌为洞口土洞段实行现浇混凝土形式，其他用TBM掘进的隧洞一律采用混凝土预制管片进行安装衬砌的形式。由于该隧洞为无压隧洞，所以只考虑山岩压力、水重、自重及施工荷载，尤其是该管片还要兼作软弱围岩段掘进推进力的支座，使管片受到较大的局部压力。为了便于施工，所有管片均设计为同一规格，为使安装的管片能够结合牢固，管片纵向接缝做成凹凸形(类似肘关节)，加强其自锁能力，而且所有接缝均不在同一断面上。管片为双层配筋，不同围岩类别将管片主筋分为3种不同规格，相应管片也分为3种型号。混凝土标号设计为300#，对C型管片周边还增设了安装BW-2型防渗条的预留槽。

2. 管片生产

混凝土管片在预制厂进行加工生产，根据掘进速度及进度要求，确定预制厂的生产规模及作业班次。采用蒸汽养护快速生产的工艺流程，厂房面积约2 600 m^2，包括钢筋加工、混凝土浇筑、养护。混凝土入仓后通过液压振动台及人工插入振捣联合作业振捣，浇注好1台后推入预热窑，经过0.5 h 50 ℃的预热后马上转入高温窑进行蒸养，温度为80 ℃，养护时间为2~3 h，出窑脱模后，吊运到厂房内部的预冷场预冷一昼夜，并用棚布遮盖以防止由于温度骤降产生表面裂缝，然后再转移到露天存放或使用。同时，在预冷期要对每个管片进行外观检查，如发现有蜂窝、麻面、掉边角等质量问题，则马上进行修补，对不能修补或修补后仍有损强度或其他质量问题的，则运到废品处放置或作他用。

该生产工艺生产的管片，蒸养后的抗压强度达到设计强度的70%以上，3 d即可达到设计强度，28 d均超过40 MPa。全部程序班需劳力40人左右，每日两班制生产，每班12 h，班产管片60余片。

1.3.9.4　掘进中遇到的问题

1. 溶洞

在石灰岩地层中经常遇到溶洞，该工程在TBM掘进到6#洞时曾经遇到两处较大的溶洞，其体积为30~50 m^3。采用以下方法处理：先停机，然后通过机头上的人孔对溶洞的情况进行观察，再根据对溶洞的检查情况，首先对底部进行豆砾石或混凝土回填并使其密实，当底部全部填到隧洞开挖直径的高程时，则开动机器，边前进、边安装管片，对两边管片可用外支撑支着，对管片节点用钢板和螺栓加固，使管片保持稳定。当整个溶洞段通过后，再在侧面管片上开凿人孔对两侧及顶拱溶洞的其他部位进行填筑骨料灌浆或填筑混凝土，使溶洞部分都用混凝土填密实和安装的管片结合成整体，同样起到完整围岩的作用。

对溶洞问题，最主要的是加强预测工作，要求TBM操作人员经常保持高度的警觉性和熟练的技术，随时观察TBM掘进过程中的各种变化，像溶洞的发现最主要的是根据推力缸的推力大小，如发现压力突然下降并降幅很大，说明机头前部掌子面失去阻力、前面是空的，这时应立即停机。当然也可根据掘进石渣的变化情况分析，如有溶洞迹象出现，则石渣中可能有溶岩，将提示TBM操作人员严密监视推力缸压力变化。这是一项非常重要的工作，如遇到大的溶洞正值洞轴线上，若发现不及时将会造成大的事故（如机头可能掉入洞中），因此必须认真对待。

2. 土层

掘进中的第二个问题是在6#洞遇到较长一段红土层，而且含水量较大，形成塑性从而造成粘刀头的现象，使切削下来的黏泥不能较顺利地从出渣漏斗流出，使机器不能前进。采取人工从出渣漏斗一点一点往外掏的办法将其排除，进度非常缓慢。当然，如果所掘进的地质条件全部属于这种地层，则可另选用其他型式的TBM，如上海黄浦江底隧洞的地质条件就是属于冲淤积层，选取的TBM为液压阀门控制的挤压式出渣形式，使掘进的黏泥能顺利地排出。

在该地层中还遇到了已安装好管片的长不到20 m的一段隧洞，边拱部位的腰线产生了一些细小的裂缝，深度为管片厚度的1/3左右，裂缝开展1~2月后，趋于稳定。根据混凝土强度的测试，管片抗压强度均在40 MPa以上，搬运吊装均很小心，经分析认为不是混凝土强度问题，而是由于该土层产生流变，对管片造成较大的压力而致。这是一种未预见到的地质现象，详细计算分析还有待进一步进行。

土层中遇到的第三个问题是机头下沉，在7#洞的Q_2、Q_3黄土层内出现过，其中有1处最大值达30~50 cm，使洞底在此处形成低洼段，这种问题很不好处理。主要是TBM操作者没有提前将机头上抬、使其逐步爬坡以抵消其下沉。其原因是对此类地层承载能力能否满足TBM机头这样大的压力估计不足造成的。

TBM掘进中遇到软弱地层或破碎带等地质条件差的情况时，还有一个值得注意的问题是隧洞开挖使围岩应力发生变化，从而造成岩石变形。这种变形会对TBM护盾产生相当大的压力，尤其对埋深较大的隧洞，为克服此力对护盾产生的摩阻所需推力远远超过切削岩石所需的推力，一般相当于切削岩石所需推力的4倍左右。这种力还可能使机头卡转而突然停机，造成再启动困难的局面。护盾TBM的设计与操作都要考虑这个问题，这也是护盾TBM不同于敞开式TBM之处。

3. 错台

错台是管片安装中普遍存在的一个问题，隧洞衬砌的每一圆环由4片组成，块与块间，环与环间都应严格按照设计要求组装。但由于管片和围岩有5 cm左右的间隙,要求安装管片时一是要精心对缝,二是要立即回填豆砾石和灌浆,将管片和围岩间空隙填死,使管片稳固和不产生变位。但施工中往往忽视这一点造成不应产生的错台现象。合同要求接缝平整度不超过5 mm,实际有些竟达到20 mm之多。这一方面增大隧洞糙率,使结合面挤压应力增大。这些虽通过回填豆砾石和灌浆可以得到弥补,但往往也会因其效果不佳形成渗漏通道或造成局部接缝受损。错台表面准备用膨胀水泥掺乳胶进行勾缝抹成斜坡形以减少其粗糙程度。

4. 密封问题

TBM的大密封损坏是一件大事,大密封是用于封闭旋转刀盘和TBM护盾之间的间隙,避免灰尘杂物进入驱动缸体或护盾壳内,要求密封条应耐磨有弹性,能适应由于弹性变形引起的密封间隙加宽现象。这要求密封材料具有最大的适应变形的能力,在温度不超过100 ℃的情况下,材料特性保持不变。TBM开挖室的温度一般在40 ℃以上,加上电动机散热,使密封唇摩擦生热很快超过允许温度。因此,需用多排密封并列放置,形成环形室,再通过向环形室注油来控制密封升温,同时加强监测工作,保证TBM正常运转。当然,有时由于护盾刀口变形超过密封允许变形值,使开挖石渣进入刀头与护盾壳间,加上刀盘旋转产生的抽吸作用使密封损坏;有时由于支撑力从刀头传递到主轴承发生偏心,使刀盘损坏变形超过密封条允许变形极限,也会导致密封损坏。必须努力防止此类事故,保证机器正常运转。

1.3.9.5 工程技术人员的看法

1. 地质方面

TBM对地质的要求是很广泛的,各种不同硬度的岩石基本都能适应。该工程使用的双护盾TBM,对抗压强度在5~250 MPa范围内的围岩都能应用,而且对于低于5 MPa的地层亦可通过衬砌管片提供推力缸的反作用力而使用本机。当然,遇软弱岩层时有时会出现一些麻烦,如石渣黏刀头、刀头下沉卡钻等,但本工程使用的TBM对这些问题均能克服,并已完成引黄工程主干线6#、7#、8#洞的掘进任务。对于硬岩,尤其是非常坚硬的岩石也无非是增大滚刀磨损,增加刀片更换的次数,影响掘进速度,加大掘进成本而已。

TBM掘进中如遇地下水时还需考虑排水问题。一般是利用隧洞的纵坡自然排除,这就要求TBM掘进时尽量从下游向上游方向施工,否则还需设置专门的排水设备。

2. 隧洞本身

护盾式TBM由于是边掘进边衬砌,采用混凝土预制管片安装的衬砌形式,这就限制TBM施工只适合于无压隧洞。若有压隧洞使用TBM施工,则必须采取其他措施,如对隧洞围岩进行固结灌浆和在管片内表面镶护钢板等,以提高围岩的弹性抗力和防渗能力。当然,这还需根据具体地质情况、内水压力大小等因素核算是否能满足受力要求。因此,不一定比钻爆法经济。应通过综合技术经济比较来确定施工方案。

对于长距离输水工程,尤其是跨流域引水工程,隧洞均属无压隧洞而且一般均较长,特别是对埋深较大的长隧洞,即使多开工作面也不一定经济或使工期提前,这种情况最适合用TBM施工。我国甘肃省的引大入秦引水工程近1/3的最困难的隧洞工程采用TBM施工,取得了很好的效果,而且造价并不比钻爆法高。

1.4 TBM掘进方式在高地应力洞段的技术措施

1.4.1 岩爆洞段施工技术

1.4.1.1 岩爆处理技术措施

(1)在施工前,针对已有勘测资料,首先进行概念模型建模及数学模型建模工作,通过三维有限元数值运算、反演分析以及对隧洞开挖工序的模拟，初步确定施工区域地应力的数量级以及施工过程中哪些部位及里程容易出现岩爆现象，优化施工开挖和支护顺序，为施工中岩爆的防治提供初步的理论依据。

(2)在施工过程中，实时进行岩爆监测：在高地应力、干燥脆性围岩段，观察岩爆发生的可能性。查看地形地貌图，对该区的地形情况有一个总体认识，在高山峡谷地区，谷地为应力高度集中区。充分利用TBM设备自带的超前钻机，对岩爆进行监测，结合超前地质预报成果，预报岩爆发生的可能性及地应力的大小，同时利用隧洞内地质编录观察岩石特性，将几种方法综合运用判断可能发生岩爆的高地应力范围。施工时严格按照探测成果，结合TBM超前钻孔情况，组织交底，向作业人员及时告知相应的支护方法和安全注意事项，将复杂的问题程序化。

(3)在施工中加强监测工作，通过对围岩和支护结构的现场观察，对施工洞拱顶下沉、两维收敛以及锚杆测力计、多点位移计读数变化的分析，定量化地预测滞后发生的深部冲击型岩爆，用于指导开挖和支护的施工，确保安全。

(4)在可能发生岩爆的部位，利用TBM上配置的超前钻机、锚杆钻机、手风钻钻孔，释放岩体中的高构造应力，使应力重新分布，最大切向应力向深部转移；若预测到的地应力较高，在超前探孔内压水，以避免应力集中现象的出现。利用刀盘上的喷水嘴对掌子面的全周高压喷水以及在干燥的围岩表面上利用高压喷雾或高压水冲洗隧洞拱顶、工作面和侧壁，增强岩石湿度，在一定程度上降低围岩表面的强度，松弛岩体累积的高构造应力。

(5)在TBM开挖过程中采用“短进尺、紧支护”，尽可能缩短岩石裸露时间，减少应力集中发生的可能性。

(6)配置钢筋快速支护系统，使TBM能够实现边掘进边进行支护的功能，减少岩石暴露时间，降低岩爆风险。

(7)超前开挖先导洞，使开挖扰动应力集中在先导洞的两端，有效避免了高应力洞段发生剧烈岩爆的趋向。

(8)遇到岩爆的支护类型。TBM掘进通过后，及时进行支护，防止岩爆的发生。

强岩爆洞段，在TBM刀盘护盾后及时喷射厚度为3~5 cm的C30纳米合成粗纤维混凝土封闭岩面，尽可能减少岩层暴露时间。必要时，在顶拱120°~150°范围内设Φ20钢筋排(间距8~10 cm)与HW150(榀距90 cm)钢拱架支护，全断面喷20 cm厚C30纳米粗纤维混凝土；在顶拱270°范围内设置设Φ25涨壳式预应力中空注浆锚杆，L=3.5 m，间排距1.5 m，梅花形布置。

中等强度岩爆洞段，除及时进行喷射3~5 cm的C30合成纤维混凝土封闭岩面外，在顶拱180°范围内采用Φ25涨壳式预应力中空注浆锚杆(L=2.5 m，间排距1.0 m，梅花形布置)进行支护；必要时，全断面安装HW125钢拱架(榀距1.8 m)，喷射15 cm厚C30合成粗纤维混凝土与钢筋排(Φ20，局部)相结合方式进行支护。

轻微岩爆洞段，除及时进行喷射3~5 cm的C30合成纤维混凝土封闭岩面外，在顶拱180°范围内设Φ25涨壳式预应力中空注浆锚杆(L=2.5 m，间排距1.0 m，梅花形布置)进行支护；必要时，全断面安装HW125钢拱架(榀距1.8 m)，喷射10 cm厚C30合成粗纤维混凝土与钢筋排(Φ16，局部)相结合方式进行支护。

岩爆处理的关键是将支护作业的各个支护程序按时实施，并加强超前预报预测工作，保证TBM安全顺利通过岩爆洞段。

1.4.1.2　发生岩爆后，具体施工流程

发生岩爆后，具体施工流程如图6-30所示。

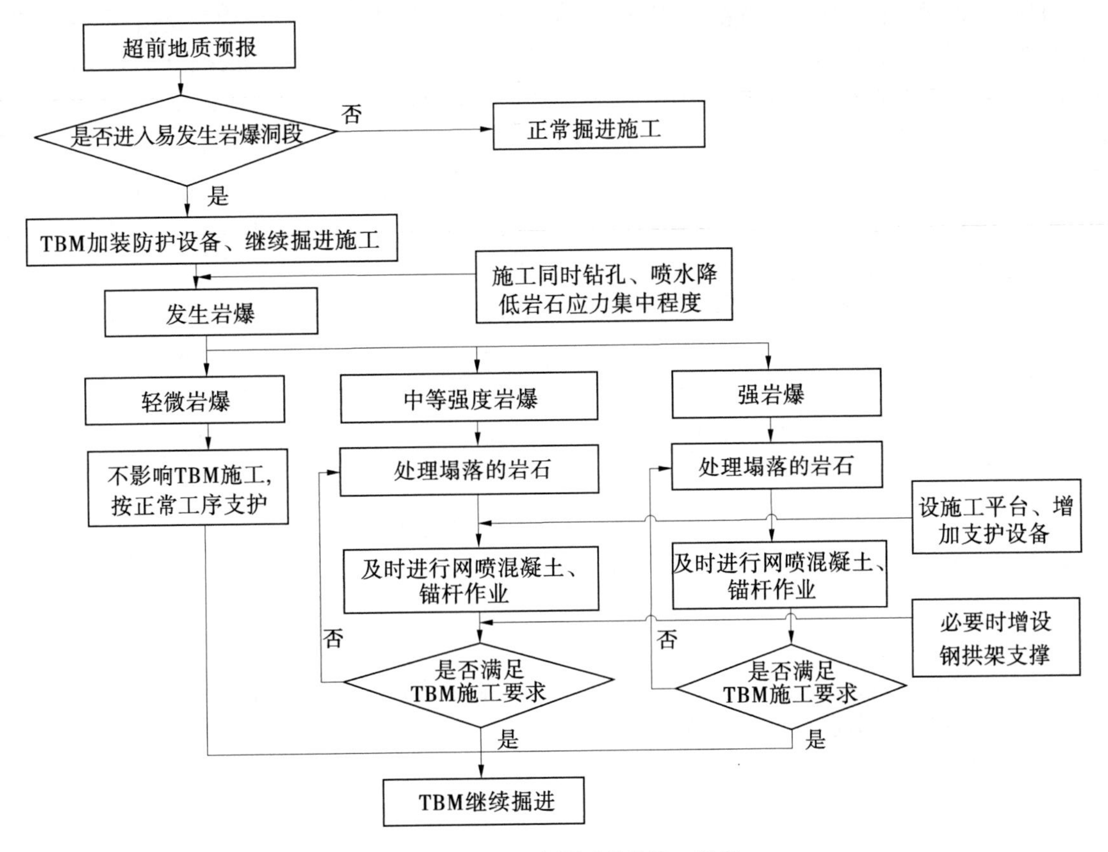

图 6-30　发生岩爆后具体施工流程

1.4.1.3　高地应力硬岩 TBM 掘进岩爆监测预警与控制技术

1. 岩爆危险区域控制技术研究与方案设计

针对不同等级的岩爆，研究钻孔卸压技术、水力压裂技术对岩爆孕育发生的控制作用及各技术的应用条件和参数取值。针对本工程隧洞岩爆风险区域，借鉴出现岩爆灾害的在建隧洞和施工案例，特别是 TBM 掘进隧洞案例，研究钻孔卸压技术、水力压裂技术对岩爆控制的应用，实现围岩高应力、高能量岩爆危险区域的有效卸压解危。具体方案如下。

钻孔卸压技术：对岩爆危险区域施工卸压钻孔，上下双排布置，排间距 500 mm，每排孔间距 600 mm，孔径 100 mm，孔深 15 m。在钻孔卸压过程中，要注意观察打钻情况，遇到顶钻、卡钻、岩粉颗粒异常时要认真做好记录。

水力压裂技术：对围岩偏顶方向每隔 30 m 施工一个 35 m 深孔，进行水力压裂。为便于操作和控制，压力管道安装有压力表、水表及卸压阀门等附件，供水高压管路选用 Φ50 高压胶管。钻孔内采用 Φ25 无缝钢管，采用快速接头与 Φ25 无缝钢管相连接。上述控制技术的参数可根据现场情况和监测反馈优化调整。

2. 岩爆安全防护措施

围岩的坍塌、岩爆直接影响着 TBM 施工安全。TBM 在高地应力区域掘进时，常在护盾上方或刀盘前方发生大规模的坍塌，坍塌的石块可能砸伤施工人员和主机设备，并且此类坍塌往往具有塌方深度高、塌方量大、难以处理等特点，甚至会将 TBM 刀盘掩埋，使刀盘旋转困难，即发生卡机事故，严重影响工程施工进度。此外，掘进需要的推力由撑靴来提供，当撑靴处围岩坍塌破碎，不能满足撑靴压力时，也就无法提供掘进所需的足够的支反力。虽然塌方、岩爆势必对 TBM 施工造成巨大的损坏，但只要加强管理，采取有效的安全防护措施，可以很好地减轻岩爆对施工的影响。

(1)施工前,做好工作人员的安全、技术等方面的培训工作,增强其安全防范意识,使其了解高地应力地质条件可能对TBM施工造成的不利影响和可能的突发事故,着重掌握必要的应对措施。

(2)一线施工人员全部配发钢盔等劳动保护用品。在可能发生岩爆的地区施工时,工人要头戴钢盔,特别是掌子面施工人员和支护设备操作人员。

(3)应力坍塌不会凭空发生,一定有其诱因,即使是处在不良地质段,通过人为努力也可以在很大程度上降低事故发生率。这就要求在高地应力洞段施工时,必须及时支护到位,因任何留存的安全隐患都有可能造成围岩在一段时间的松弛变形后引发坍塌。

(4)在施工中杜绝侥幸心理,按相关规范进行操作,对可能发生塌方的洞段重点监测,勤观察、勤量测,有变形、开裂等异常现象时及早加固,防患于未然。

(5)但凡隧洞塌方,都会经历一个从变形到发生再到稳定的过程,因而掌子面后方发生塌方后不宜盲目地进行处理,避免因塌方范围扩大而造成不必要的人员伤亡,应在安全地带进行观察记录,待掉石现象减弱后继续观察一段时间(一般从塌方发生到趋于稳定大概要2~3 h的时间),确认塌方处于稳定状态后,再安排人员靠近,塌方处理时必须安排有安全员旁站,观察围岩变化情况。

(6)一旦发生岩爆,工作面的所有施工暂停,所有人员、设备全部撤离该地区,到紧急避险场所或其他安全地区躲避,等待围岩应力释放至岩爆平静之后,再恢复作业,同时应加强巡回撬顶,及时清除爆裂的危石。

(7)在塌方处理过程中,必须安排专人进行密切的变形观测记录,发现异常时立即安排人员撤离,并通知现场调度人员和技术人员,利用既定的支护方案贯彻实施,可根据现场塌方情况,调整上述既定的支护方案,保证施工安全。

(8)增设临时防护设施,对TBM上主要施工设备加装防护网或防护顶棚,防止塌方落石砸坏设备。

1.4.1.4 岩爆处理工程实例

秦岭隧道位于陕西省柞水县—长安县境内,全长18.5 km,为两条单线并线的铁路隧道。其中,Ⅱ线用钻爆法施工(Ⅱ线平导已于1998年3月贯通),Ⅰ线引进德国生产的全断面开胸式掘进机施工(于1998年2月开工),Ⅱ线平导作为Ⅰ线隧道TBM施工的地质勘测导洞。在平导施工中进、出口两端都发生了较为强烈的岩爆,一度给施工造成很大的困难。

1. 秦岭隧道地质概况

1)隧道通过区段的主要岩性及分布特征

秦岭隧道通过北秦岭地区,岩体由一系列经历了多期变质作用、岩浆活动和混合岩化作用的复杂岩石组成,隧道通过区段出露的主要岩层有:含绿色矿物的混合花岗岩、混合片麻岩、花岗伟晶岩、条带状混合片麻岩、眼球状混合花岗岩、长英质闪长片麻岩、蚀变闪长玢岩、变安山岩、霏细岩、细碧岩、断层角砾岩、构造片岩等。其中花岗伟晶岩、蚀变闪长玢岩、变安山岩、霏细岩、细碧岩属于脉岩类,断层角砾岩、构造片岩为动力变质岩。岩爆区主要岩性为混合片麻岩、条带状混合片麻岩、眼球状混合花岗岩、花岗伟晶岩岩脉。主要岩性分布段见表6-26。

表6-26 秦岭隧道通过区段岩性及分布情况

分段	岩性	Ⅰ线里程范围	Ⅱ线里程范围	说明
第一段	混合片麻岩	DK64+370—DK68+670	DK64+375—DK68+670	
第二段	混合花岗岩	DK68+670—DK70+800	DK68+670—DK70+780	
第三段	混合片麻岩	DK70+800—DK79+580	DK70+780—DK79+590	部分地段为眼球状混合片麻岩和条带变质岩
第四段	含绿色矿物的混合花岗岩	DK79+580—DK82+813.6	DK79+590—DK82+821	

2）隧道通过区段的区域性地质构造和构造应力场特征

秦岭隧道位于我国华北古陆与扬子古陆两大陆台的结合带，穿越秦岭背斜褶皱带。经历多期构造运动以及长期的发展演化，其内部组成与构造变形十分复杂。隧道所通过区段断裂构造发育，其中区域性断裂构造有 5 条，Ⅰ级大断层 16 条，Ⅱ级断层 47 条。主要断裂构造，可分为近东西向、北西向、北东向和南北向四级，其中近东西向的 F2、F4、F5 断裂带为控制区内构造格架的主要断裂带。

根据 MSS、TM 卫星图像和断裂构造的实测资料，可发现本区燕山期的南北挤压向的古构造应力场形成了本区的构造格架。燕山期南北挤压向之后，该区又经历了三期构造应力场：扩张期应力场；以 NW 向挤压为主的应力场；NE-SW 向挤压、NW-SE 向拉伸的应力场。

2. 秦岭隧道Ⅰ线 TBM 施工中岩爆预测及处理措施

1）岩爆的预测

（1）岩爆可能发生的区段。秦岭隧道是两条平行的单线铁路隧道，由于秦岭隧道Ⅱ线平导施工中有些地段发生强烈的岩爆，当时预计Ⅰ线施工相对应的区域地段仍将发生强烈的岩爆，Ⅰ线 TBM 施工中可能发生岩爆的区段详见表 6-27。

表 6-27　**秦岭隧道Ⅰ线 TBM 施工中可能发生岩爆的区段**

岩爆区段里程	岩爆剧烈程度	岩爆区段岩性
DK64+500—DK65+198	轻微	混合片麻岩，局部贯入长英质伟晶岩
DK66+725—DK66+750	轻微	混合片麻岩，局部贯入长英质伟晶岩
DK69+080—DK69+100	中等	混合片麻岩，局部夹有片麻岩残留体
DK71+600—DK72+660	轻微-中等-强烈	混合片麻岩为主，条带和片麻状构造，局部夹花岗质伟晶岩脉
DK73+062—DK73+380	轻微-中等-强烈	混合片麻岩为主，条带和片麻状构造，局部夹花岗质伟晶岩脉
DK73+780—DK73~+860	中等	混合片麻岩为主，条带和片麻状构造，局部夹花岗质伟晶岩脉
DK74+298—DK74+870	轻微-中等-强烈	混合片麻岩为主，条带和片麻状构造，局部夹花岗质伟晶岩脉和黑云母片麻岩残留体
DK75+400—DK75+580	轻微-中等	混合片麻岩为主，条带和片麻状构造，局部夹花岗质伟晶岩脉
DK75+780—DK76+940	轻微-中等-强烈	混合片麻岩为主，条带和片麻状构造，局部夹花岗质伟晶岩脉
DK77+130—DK77+860	轻微-中等-强烈	混合片麻岩为主，条带和片麻状构造，局部夹花岗质伟晶岩脉

（2）Ⅰ线 TBM 施工中岩爆预测。由于Ⅱ线平导的开挖改变了洞室周围的应力状况，在一定程度上降低了Ⅰ线洞室周围最大主应力值；同时，Ⅰ线采用圆形洞室断面，改善了洞室的应力分布；由于 TBM 施工质量的大大提高，减少了应力的局部集中。因而Ⅰ线施工中岩爆强度应相应有所降低。

Ⅰ线施工中岩爆发生的部位和Ⅱ线平导施工中岩爆发生部位应基本对应。

Ⅰ线施工中岩爆一般发生在刀盘后 20~300 m 范围内，但随洞室开挖速度的变化，岩爆范围也将随之发生变化。

2）秦岭隧道Ⅰ线 TBM 施工中岩爆灾害处理建议

（1）刚开挖后的洞室应及时多次喷洒高压水，直至锚、挂、喷工序结束。

（2）由于Ⅰ线施工中岩爆一般在刀盘后 20~300 m 范围内发生，这样就给打锚挂网提供了时间，因而采用锚、挂、喷相结合来控制岩爆，将是Ⅰ线掘进机械中处理岩爆的最佳措施。对岩爆区段，适当加长锚杆的长度，减小锚杆的间距，减小挂网的钢筋网距，缩短挂喷的间隔。如有可能可采用钢纤维混凝土喷护。

(3)增设临时防护设施,给主要的施工设备安装防护网和防护棚架,给施工人员配发防护装具等。

1.4.2 围岩大变形处理技术措施

为防止 TBM 掘进通过变质泥岩段时,隧洞发生严重挤压变形情况,采用刀盘变径方案,将刀盘开挖直径适当加大,留出隧洞变形余量。

随时观察 TBM 皮带出渣情况,初步分析石渣成分、粒径大小、形状,通过掘进参数变化,估算掌子面岩石强度,并利用换刀时间观察掌子面围岩状况,及时调整 TBM 掘进参数,降低 TBM 掘进速度,控制皮带出渣量,贯入度控制在 12 mm/击以内,刀盘转速控制在 3 r/min 以下,避免 TBM 掘进过程中对围岩扰动较大,造成大面积围岩塌落。

因变质泥岩段岩石较软,TBM 掘进过程中极易造成掘进方向偏差,主司机操作 TBM 掘进施工期间,需严格控制掘进方向,保证掘进方向在隧洞设计轴线允许偏差范围内,一旦掘进方向偏差较大,按照调向规则及时进行调向。

检查 TBM 边刀的磨损程度,在进入上述洞段时,更换全新的边刀,使开挖的洞径达到最大,可能的情况下安装扩挖刀具,适当扩大洞径,减小因围岩收缩卡住刀盘的可能。

TBM 开挖通过后,在出露的岩石洞段及时进行初期支护作业,保证支护的质量,特别是锚杆和喷射混凝土的质量。并在隧洞洞壁施工应力释放孔,减少隧洞中应力集中,减小收缩变形量。

连续安装全圆钢拱架(HW125 型钢,榀距 0.5 m),拱部利用 TBM 拱架安装器安装 Φ20 的钢筋排,间距 8 cm,防止围岩收敛加剧。拱架安装前先在撑靴以上部位挂钢筋网(Φ8@ 20 cm×20 cm),防止坍塌,利用刀盘后面的应急混喷机械向洞壁上喷射 C30 混凝土,及时封闭围岩,减少岩石暴露时间。

严重变形洞段采用 Ω 形可伸缩特殊拱架进行支护。

如果撑靴处围岩较软,可在 TBM 操作室电脑程序上,适当减小撑靴设定压力值(正常情况下为 300 bar,重新设定值不小于 200 bar),待撑靴彻底通过此区域后恢复原设置。

如果后支腿处围岩较软,后支腿踩压洞底后下陷,可在后支腿踩压处增垫渣袋,增大后支腿接地比压。

1.4.3 突涌水处理技术措施

采用地质雷达与 TRT 预报系统进行超前探测,与各参建单位一起会商分析前方围岩情况、富水带大小等。对于前方探测到的较大的富水带,采取超前注浆进行提前处理。

根据地质预报和招标地质资料,在断层破碎带、断层影响带及富水洞段充分利用 TBM 设备上配备的超前钻机进行超前地质钻探,钻孔最大深度可达 50 m,可预测前方围岩的大概情况,TBM 掘进时时刻注意掘进参数,尽量掌握掌子面围岩情况,谨慎掘进,且可通过超前钻孔,对富水提前释放。

对于出露的较大的集中涌水点,采取“堵排结合、以堵为主”的方式处理。

现场地质工程师根据物探资料和招标地质资料,对前方围岩状况及时作出判断,对作业人员进行告知,采取合理的掘进与支护参数,并做好各项应急准备工作。

根据现场实际情况和招标投标文件要求做好突涌水专项施工方案并照实实施,特别是排水泵站的布置。

采用超前地质预报、超前钻探、超前注浆堵水和正确的施工方法,充分利用 TBM 主洞施工排水系统,对隧洞突涌水进行抽排,确保洞内施工人员和设备安全。

通过探测得知要穿过富水带时,采用超前钻孔探水,统计出钻孔内水的流速、水压等,为防治涌水提供依据;并立即采取慢掘进、勤观察、勤预报的掘进方式进行掘进,同时确保所有排水管路一直处于连接畅通状态。

设置专人负责观察水位情况,发现水量增大,及时通知班长,第一时间启动相应排水设施。若发生突涌水时,由班长立即通知项目生产经理,并第一时间启动应急排水系统,同时通知现场所有人员进行撤离。

在施工时设置警戒流量,当突水流量达到警戒流量时,施工人员应强制撤离。施工过程中应加强对出水点的观测,当发生流量增大现象时,要及时预警。

突然遇到大面积渗漏水时,应立即令工人停止工作,撤至安全地点。同时应对出水部位、水量大小、变化规律、水的浑浊程度等进行观测记录,采取必要的防护措施,并利用 TBM 设备配置的应急排水系统进行抽排。

在开挖作业过程中发生特大突涌水时,开挖工作面人员应立即沿逃生路线迅速向洞外或避难所撤离,同时启动报警系统,发出警报信号,迅速切断电源,启动应急排水设施和应急照明。在 TBM 后配套上配置"应急避险室",并存放一定数量的救生衣(圈),人员可利用事先准备的救生衣(圈)等进行逃生。

为严防突涌水对人、机造成伤害,最大限度地保障人、机安全,掘进前应进行地下水超前预报,在富水区,先打设超前孔对压力水进行释放或进行灌浆处理,待突涌水得到妥善控制后才能开始掘进作业。

为预防异常突涌水对人员的危害,在 TBM 后配套及已施工洞体布设救生衣,施工期间,按照突涌水排水应急预案定期进行演练。

在支洞口处配备柴油发电机作为应急备用电源,正常电源一旦断电后,立即启动应急备用电源,供给隧洞排水、照明使用。

也可以采用压气法进行突涌水处理。压气法是利用压气来保持开挖面的稳定,它的作用是阻止涌水,防止开挖面崩坍,此外,因压气使土质脱水,从而提高地层的强度。

1.4.3.1 压气压力

对于中小断面,压力等于离盾构上端约 $D/2$、大断面为 $2D/3$ 处的地下水压。对于黏性土等透气性小的地层采用比上值小的压力;对于透水性大的地层,如海底、河底的断层带,地下水压高,而覆盖层又小,此时压气压力应尽量小,宜与井点、深井、注浆、冻结等法并用。

1.4.3.2 压气消耗量

压气消耗量应考虑以下几方面的因素:从开挖面通过地层的漏气;盾构和管片处的漏气;闸门开闭和压气排水的消耗。

1.4.4 塌方处理措施

隧洞塌方主要发生在断层破碎带及其影响带、不整合接触带、侵入接触带、岩体蚀变破碎带、节理裂隙密集带以及完整岩体的不利结合面处。通过对设备推力、扭矩、贯入度参数变化及围岩揭露情况来识别塌方发生的规模,有针对性地采取相应的支护措施。

1.4.4.1 小规模塌方

当出现作业面顶部和面部发生小范围坍塌或小范围的剥离,但不扩大;刀盘护盾与岩壁间有小块石头掉下,拱部或侧壁发生小坍塌,但没有继续发展扩大的迹象;掘进正常,推力、扭矩、贯入度变化不大,机械(尤其主机区域)没有异常的振动和声响,石渣均匀集中,偶尔混有大块岩渣的情况时,拟采用以下支护措施:局部单层钢筋网 $\Phi8$@ 20 cm×20 cm,随机增设 2.5 m 长 $\Phi22$ 水泥砂浆锚杆,喷射 C30 混凝土,厚度为 10 cm。

1.4.4.2 中等规模塌方

当出现作业面剥落严重,拱顶严重坍塌或局部剥落,但刀具还可运转;撑靴部位塌落严重,垫衬、倒换困难;护盾与岩壁间落下大量石块;掘进时机械振动较大,有异常的噪声,推力有减弱的倾向,扭矩增大,并有上下变动的倾向;皮带输送机上大块增多,伴有少量细渣,渣堆忽多忽少,出现不均匀的情况时,拟采用以下支护措施:尽早对坍塌部位挂 Φ8@20 cm×20 cm 钢筋网,喷射 C30 混凝土,厚度为 10 cm,及时封闭围岩,减少岩石暴露时间。局部增设钢拱架+钢筋排,并随机增设 2.5 m 长 Φ22 水泥砂浆锚杆。钢拱架采用全断面拱架(HW125 型钢),间距 90 cm,安装 Φ16 钢筋排,间距 5~10 cm,间距和布设范围可视现场具体情况调整。

1.4.4.3 大规模塌方

当出现拱顶及洞壁发生大面积坍塌时,从护盾边缘观察拱顶坍塌很深,大量石块从护盾与岩壁之间落下,坍塌向后部区域扩大,撑靴撑着的洞壁部位大量塌落,无法撑紧洞壁;掘进时机械振动特别大,在主控室即能听到掌子面发出的巨大声响;推进时,扭矩变得很大,刀具旋转困难,岩渣大量产生,以大块为主,几乎没有细渣时,拟采用以下支护措施:TBM 停止掘进,首先对塌腔部位采用应急喷混系统进行封闭,喷射 C30 混凝土,厚度为 5~8 cm,暂时阻止顶拱继续坍塌。并对局部塌腔部位采用 HW125 型钢进行竖向支撑,型钢与环向钢拱架(HW150 型钢)焊接,顶部顶在塌腔岩壁上,塌腔内挂设 Φ8@20 cm×20 cm 钢筋网(根据实际情况确定),并分层喷射 C30 混凝土回填。

在撑靴部位出现较大的塌方和掉块时,采用多层网片与喷射 C30 混凝土回填,挂设钢筋网 Φ8@20 cm×20 cm,层数根据现场实际确定;当塌腔深度较深时,可采用模筑混凝土的方式处理。

加强超前地质预报:根据地质勘察资料及掘进围岩变化趋势,及时采用 TBM 上配备的超前探测钻机和地质预报成果,做好超前准备工作,建立“短、中、长”距离相结合的地质预报体系。

利用 TBM 设备上配置超前钻机,对出现的不良地质地段进行超前预注浆处理。

发生大规模塌方时,停止施工,人员立即撤离至安全地带。同时通知洞外值班人员塌方情况,以利洞外人员启用应急救援预案,及时组织进行抢险救援工作。贵重机械设备能撤离的应紧急撤离,防止设备损坏。

注意避让掉落的石块,避免砸伤人员和损害设备。

对已塌方和可能发生塌方洞段进行警戒,维持现场秩序,组织应急抢险,调集应急物资和设备。

小范围塌方应立即进行临时支护处理,防止塌方进一步扩大。大范围塌方,分析塌方的原因,待塌方相对稳定后再采取处理措施。

塌方支护处理前,应先进行排险,危石彻底清理后,再进行支护作业,支护作业时需有专职/兼职安全员在场。

2　高地温段施工技术

针对高地温的规定方面,我国各个行业均做了规定:①《中华人民共和国矿山安全法实施条例》第22条规定:井下作业地点的空气温度不得超过28 ℃;超过时,应当采取降温或其他防护措施。②《水利水电工程施工组织设计规范》(SL 303—2017)规定,洞室内温度超过28 ℃时,风速应进行专门研究。③交通部门规定隧道内气温不宜高于30 ℃。表6-28为部分国家及地区对高地温的规定。

表6-28　部分国家或地区高地温的规定

国家或地区	空气温度最高值/℃	国家或地区	空气温度最高值/℃
美国	34~37	日本	37
比利时	31	新西兰	26.7
法国	31	西德	28
荷兰	30	东德	28
苏联	26	南非	33
波兰	28		

据上所述,将地下工程施工过程中空气温度超过28 ℃的洞段确定为高地温洞段。高地温会对隧洞的施工造成严重影响,不仅会显著降低劳动生产率,而且会危害作业人员的健康安全,导致施工无法正常进行。另外,洞内高温高湿也容易引起机械设备故障增多,使其效率降低,造成施工进度滞后。高地温也会使普通的硝铵炸药产生膨胀甚至包装纸破裂,导爆管发生软化失去弹性,挤压后无法恢复原状,事故发生的风险大增。因此,在高地温洞段施工,必须采取相应的降温技术措施。

2.1　钻爆开挖模式下高地温处理技术措施

2.1.1　通风降温系统

通过加大或增加通风机数量、在支洞内及主洞向下游方向采用更大直径的通风筒和在支洞与主洞交叉口处及主洞向下游方向每间隔150 m增设1台射流风机等办法来通风和降温。

2.1.2　喷雾降温系统

为形成交叉立体式降温效果,在进入主洞后,每隔10 m左右安装1道喷雾器,通过向洞内喷射雾状冷水可以有效地降低洞内温度。具体做法为:在主洞与支洞交叉口处,从高压进水管主管道上分离出1条钢管,下穿隧洞底板连接到隧洞右侧边墙。在边墙上距离隧洞底板约1 m高处布置输水管道,在管道上安装加压泵和闸阀,每隔10 m设置1道喷雾器,每个喷雾器上安装1个球阀控制,需要喷雾时打开主管道上的控制闸阀,然后再打开分控制球阀,以便控制喷雾的范围。

2.1.3　炮孔冷却系统

依靠风筒内风流很难降低炮孔内温度,必须向每个炮孔内注入冷水来降低炮孔内温度,并通过集中快速装药,在温度回升到临界温度前完成爆破作业,以达到火工品的使用安全。但是随着地热的不断升高,孔内冷却时间越来越长,孔内温度回升越来越快,安全系数越来越低,在特别高地温或遇热泉涌出地带，采用孔内注入冷水降温也将很难达到效果，必须采用其他方式保证作业安全。炮孔冷却循环系统可以达到较好的降温效果，它由抽水输送系统、分散制冷系统、抽水输出系统三部分组成。

2.1.3.1　抽水输送系统

在支洞口靠近河边处建造1个泵房，抽取河内的冷水。泵房内安装2台20 kW的离心水泵。从泵房到主洞下游掌子面铺设$\Phi150(\delta=4.5\ mm)$的钢管，钢管长度依据地热段长度不断向前延伸，距离掌子面不超过30 m，在输水管端部焊接出4个分水闸阀，通过橡胶软管分别连接到钻孔台车上，分水闸阀采用$\Phi50$钢管，橡胶软管采用$\Phi60$的喷浆胶管。

2.1.3.2　分散制冷系统

在钻孔台车上安装4个分水器，分水器长度为0.8 m，采用$\Phi150$钢管加工而成，两端用钢板密封。在每个分水器上焊接22个分水闸阀，闸阀采用$\Phi20$球阀。然后通过$\Phi30$的橡胶软管连接$\Phi20$的镀锌钢管通入每个炮孔内，每根橡胶软管长度为10 m，每根镀锌钢管长度为3 m。在通水冷却过程中，随时对孔内温度进行检测，当温度降到25 ℃以下时进行装药，在孔内温度回升至35 ℃以前完成爆破作业。

2.1.3.3　抽水输出系统

在距离掌子面25~40 m处开挖一集水坑，通过15 kW的污水水泵(备用1台)将集水坑中的循环水通过排水管道排出洞外。排水管采用$\Phi150$钢管，连接到主洞与支洞三岔口位置，通过支洞内水沟自然流出。

2.1.4　超前预报系统

采用超前预测预报系统，可以有效探明前方地质及热泉情况，防止在掌子面钻爆过程中，突然有热水热气喷溅烫伤作业人员，并可以直接有效地掌握掌子面前方地热的规模及程度，以确定合适的施工方案。

预测预报系统可以分为钻孔式和探测式，钻孔式预报系统采用地质钻机钻芯取样，每10 m钻1排，每排孔深20 m，并取芯岩石进行分析，在掌子面不同部位布置5~10个钻孔。

2.2　TBM掘进模式下高地温处理技术措施

2.2.1　设备配置和冷却方式

根据招标文件和实际施工特点，考虑到高地温问题，在洞外布置通风机和空气制冷系统，洞内采用高性能通风软管将新鲜空气源源不断传送到TBM尾部，TBM工作面回风风速不小于0.7 m/s。充分利用TBM良好的施工通风系统和已有的从洞外接入TBM上的供水系统，采取“风冷、水冷、冰冷”联合降温方式来保证高地温段作业环境温度符合地下隧洞施工规范要求。

风冷方案：根据国内外高地温地下洞室的施工经验，加强通风可有效降低空气温度，通风是地下洞室降温的最基础的方法。采用低泄漏、高风速、大风量的洞外TBM压入式通风系统，尽可能加大风机的供风量和风速，将风送到后配套尾部后，再利用后配套上配置的二次通风系统，将风进一步向主机前部吹送；若洞外气温高时，通风系统送到TBM后配套尾部后，通过加设的“空冷设备”对送进来的风进一步冷却，以使送到TBM前面的风有更低的温度。

水冷方案：利用TBM本身需要洞外供水和工程区水温低的有利条件，从洞外储水箱通过供水管道将水供到TBM后配套水箱，通过TBM上配置的供水冷却系统对部分设备进行冷却，同时，主机后配套至主机长度范围内，布置喷水头，可向岩壁实施喷水。

冰冷方案：如果风冷和水冷不能达到降温要求，可在洞外制冰房内用制冰机进行制冰，然后将冰运送到TBM主机及后配套区域进行降温。

为了满足TBM后配套配置的制冷机用水温度不高于25 ℃的要求，主洞内高地温段供水管路采用岩棉隔热，确保水供至制冷机时温度低于25 ℃。

重点冷却区域：根据TBM施工特点，高地温段施工时，重点冷却区域是TBM及其后配套系统区域，该区域重点部位、重点设备还可再采取重点措施。可将二次风机沿程的送风向局部区域和部分设备重点引风；TBM操控室和休息间都设置空调；主、支洞交叉口等人员集中区域可增设射流风机以及喷水雾装置。

作业人员保护：在TBM后配套上设置降温救援仓，以防止紧急情况下因高温对人体的伤害；在牵引机车驾驶室和人车车厢配置降温设备，减小穿越高温洞段人体的不适感。在分散的高温作业地点，不便采取集中降温措施时，可采用个体防护措施，个体防护的主要措施是工人穿冷却服，从冷却服的工作介质来看，有干冰、压缩空气、冷水及自冷却作用的冷却服。用冰作介质的冷却服质量最为可靠，效果也最好，本工程个体防护的冷却服采用冰服，冰块从洞外送取。

2.2.2　高温水处理

排水系统配置：TBM主机区域配置有大排量排水系统，并装有水位传感器。排污管路一直从主机区域延伸至后配套拖车污水箱，主机前方的污水排放至污水箱内，通过暂时沉淀分离，再通过大排水量多级离心潜水泵排送至洞外。

处理措施：充分利用超前地质预报成果，如前方渗水较大或有涌水的现象，采取降低掘进速度的方法，提前进行超前钻孔集中汇流释放引排、“超前预注浆”，必要时可采取“机械+灌浆”的方法进行封堵。逐步将涌水释放出来，从而缓解排水强度。洞内腰线以上部位有渗漏水情况时，采取“化灌”“注浆”或安装排水槽引排至洞底。在热涌量较大时加大排水能力，通过增加冷水的掺入量来冷却排放出的热水，降低热水排放出的热量。施工中安排专人负责进行各处集水坑内沉积物的清理和排除。

2.2.3　加强设备防护

高地温地段，温度的升高可造成设备性能降低和橡胶部件的提前老化。施工中应加强设备自身的排热性能，提前配备或更换易老化的部件，防止因高温造成设备损坏，影响施工的正常进行。

组建一支由安装到观测、管理的专业队伍，保证综合降温工作正常有序地进行，不断对综合降温系统的运行情况进行总结，并及时加以改进。配备1~2名专业技术人员，负责综合降温系统日常管理；配备4~5名运行维修人员，负责综合降温系统安装、维护及运行等工作。

及时进行地质超前预报工作，提前做好应对措施。定期测试通风量、风速、风压和风机处噪声，并做好记录；经常检查和维修通风机具，包括通风设备的供风能力、动力消耗、风管有无损伤等；为确保通风效果，须及时做好风带的储存和更换工作，保证通风顺畅。

定期检测掘进工作面风温，总结分析综合降温效果，研究和改进技术方案。

定期检测粉尘和有害气体浓度，并做好记录，发现超标及时处理。

风机安装必须牢固，周围5 m内不得堆放杂物。风机应配有保险装置，发生故障时，能自动停机；通风司机要遵守操作规程，防止发生机械事故，做好防火、防触电工作；风机不运转时，务必切断电源；不允许把重物加在通风软管上，通风管周围不得安放尖锐物件，动力线、照明线尽量不要与风筒安装在同一侧。

2.3　高地温处理工程实例

国内外地下洞室施工中处理高地温的方法主要有以下几种：通风降温是最常用的方法；如有高温涌水或有害气体应先排除；在地温超过60 ℃以上时，应选用耐热炸药和耐热雷管；衬砌时选用低水化热水泥；作好地质预报，特别是开挖面前方的高温情况的预报；采取制冷降温措施。

2.3.1 我国西部某工程引水隧洞

本工程引水隧洞埋深大,高地温洞段的起止桩号为 Y6+900—Y10+450,隧洞段长 3 550 m(依据隧洞开挖贯通时测量的洞内温度)。

2.3.1.1 高地温洞段工程地质条件

岩体主要物理力学参数见表 6-29。

表 6-29 岩体主要物理力学参数值

围岩类别	密度/(g/cm^3)	饱和抗压强度/MPa	饱和抗拉强度/MPa	弹性模量/GPa	泊松比	单位弹性抗力系数/(MPa/cm)	抗剪强度	
							C'/MPa	φ/(°)
Ⅱ	2.6~2.7	90~100	4.0~4.5	22.0	0.20~0.23	70~80	2.0~2.5	50~55
Ⅲ	2.5~2.6	80~90	3.2~3.8	18.0	0.23~0.26	40~50	1.5~2.0	42~45

岩体主要热力学参数见表 6-30。

表 6-30 岩体主要热力学参数值

围岩	导热系数/[W/(m^2·℃)]	线膨胀系数/($\times10^{-5}$/℃)	比热/[J/(kg·℃)]	与空气放热系数/[W/(m^2·℃)]	与水放热系数/[W/(m^2·℃)]
片麻状花岗岩	2.53	1~6	898.88	15.0	1 000

高地温洞段围岩类别统计见表 6-31。从表 6-31 中可以看出,在所测量的桩号 Y7+035—Y10+355 范围内,岩壁温度在 27~119 ℃,空气温度在 27~61 ℃,必须采取降温措施才能使施工顺利进行。

2.3.1.2 高地温洞段温度量测成果及分析

根据 2013 年对高地温洞段进行的观测,认为引水隧洞的高地温因地球深部热循环产生的地幔对流而引起,由于地球深部的热循环导致地下水受热,使得地下水处于沸腾状态;另外由于岩体的整体块状特性,不利于地下温度的消散,而又无地表水补给,使得深部热循环加热后的地下水无法排放,而压力又不足以达到隧洞高程,在开挖过程中揭露了导热构造(包括断层或裂隙),使得地下水沿断层或裂隙以水蒸气的形式喷出,在岩体完整洞段,以干热的形式表现出来。总之,本工程高地温的类型属于"构造导热型"地热。

为进一步查清高地温沿洞段的分布特征,分别在施工开挖过程中、施工结束后、隧洞贯通后 3 个时段对典型洞段的洞内温度进行了测量,并且在隧洞贯通后还进行了一处风机关闭状态下的洞内及洞壁 5 m 深度范围内的温度测量,具体量测成果描述如下。

1. 随施工开挖的实时量测成果

2013 年 11 月 12 日,高地温洞段贯通,贯通部位桩号为 Y8+669。自 2012 年 6 月开始高地温洞段开挖以来,在 3#施工支洞下游工作面和 4#施工支洞上游工作面进行了实时的温度量测工作,包括不同桩号的岩壁温度与空气温度的测量,测量方法是采用温度计对不同桩号的空气温度和岩壁表面温度进行测量,其中空气温度是在持续通风的条件下所测量的。不同桩号上覆岩体厚度与温度测量结果如图 6-31 所示。

表 6-31 高地温洞段围岩类别与温度统计

桩号		总评分/分	围岩类别	强度应力比	调整后围岩类别	空气温度/℃		岩壁温度/℃	
起	止					最低	最高	最低	最高
Y7+035	Y7+220	77	Ⅱ	2.66	Ⅲ	27	38	27	64
Y7+220	Y7+485	78	Ⅱ	2.29	Ⅲ	30	41	38	57
Y7+485	Y7+660	80	Ⅱ	2.1	Ⅲ	29	48	40	68
Y7+660	Y7+780	68	Ⅱ	1.98	Ⅲ	30	39	57	69
Y7+780	Y8+030	80	Ⅱ	2.17	Ⅲ	33	41	55	82
Y8+030	Y8+065	70	Ⅱ	2.34	Ⅲ	45	45	80	97
Y8+065	Y8+525	75	Ⅱ	2.49	Ⅲ	31	61	60	119
Y8+525	Y8+695	58	Ⅲ	2.7	Ⅲ	46	58	88	109
Y8+695	Y8+710	59	Ⅲ	2.21	Ⅲ	51	51	88	109
Y8+710	Y8+947	79	Ⅱ	3.29	Ⅲ	46	54	76	108
Y8+947	Y9+140	80	Ⅱ	4.25	Ⅱ	40	53	71	98
Y9+140	Y9+367	77	Ⅱ	3.49	Ⅲ	37	47	66	72
Y9+367	Y9+560	76	Ⅱ	3.37	Ⅲ	35	39	64	69
Y9+560	Y9+735	76	Ⅱ	3.1	Ⅲ	32	40	63	69
Y9+735	Y9+765	76	Ⅱ	2.54	Ⅲ	34	38	59	64
Y9+765	Y9+820	79	Ⅱ	2.6	Ⅲ	34	38	59	65
Y9+820	Y9+935	76	Ⅱ	2.29	Ⅲ	32	40	55	70
Y9+935	Y9+997	80	Ⅱ	2.49	Ⅲ	36	42	65	70
Y9+997	Y10+355	76	Ⅱ	2.42	Ⅲ	30	44	37	70

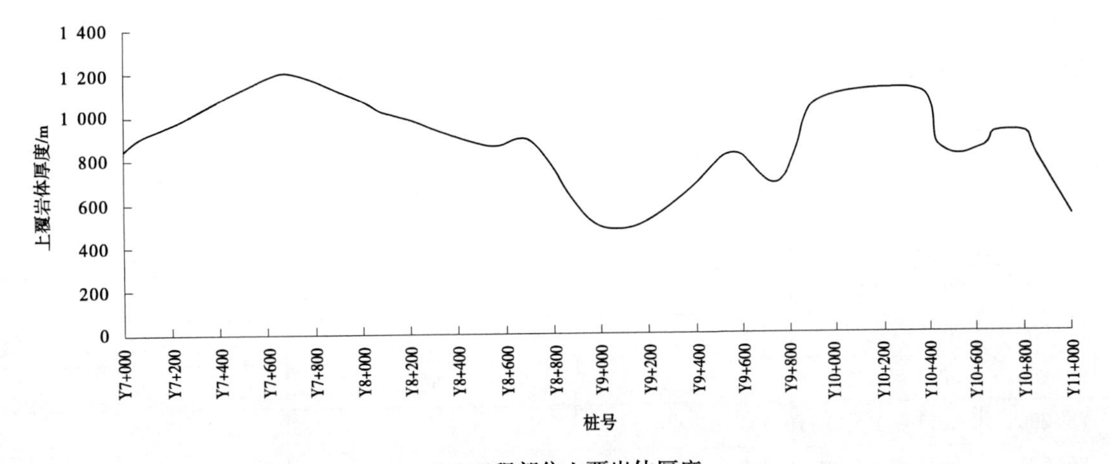

(a)工程部位上覆岩体厚度

图 6-31 高地温洞段不同桩号上覆岩体厚度与温度测量结果

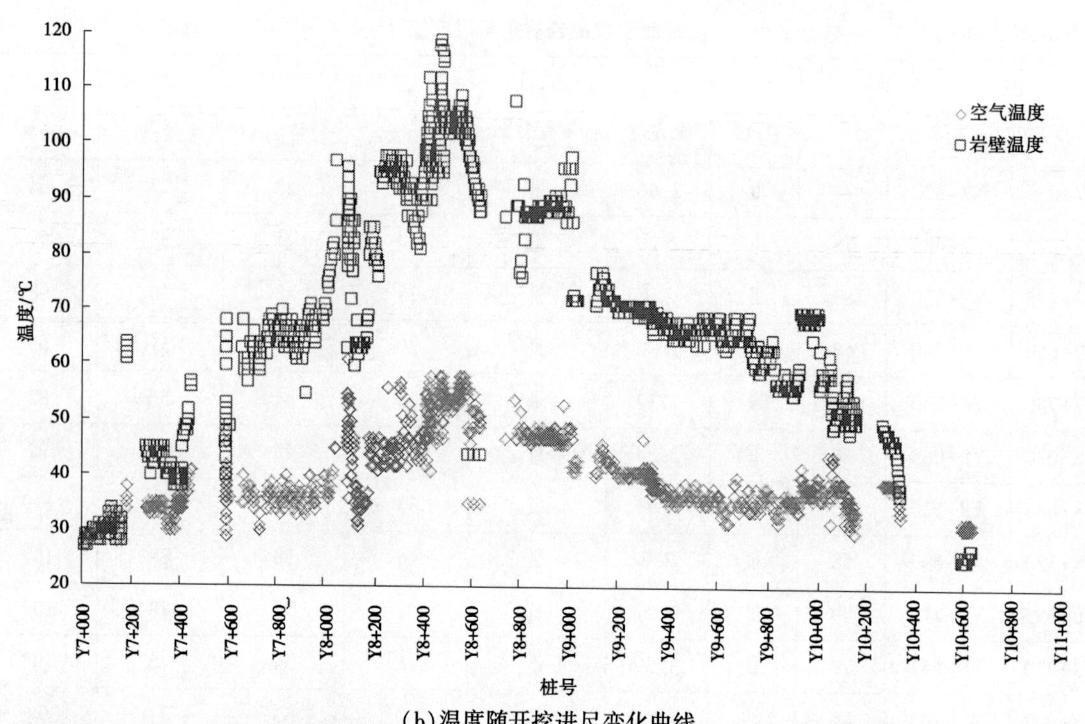

(b)温度随开挖进尺变化曲线

续图 6-31

从图 6-31 中可以看出,岩壁温度高于空气温度,随岩壁温度的升高,空气温度升高,但空气温度变化幅度较岩壁温度变化幅度较小。在上覆岩体厚度为 800 m 处,岩壁温度达到最高值 119 ℃,对应桩号 Y8+470.1 处,此时在不间断通风条件下的空气温度为 55 ℃。

2. 施工结束后不定时量测

对高地温洞段开挖完成后的不同时间进行了岩壁温度量测,结果见表 6-32 和表 6-33。

表 6-32 桩号 Y7+000—Y8+400 不同桩号岩壁温度测量记录 单位:℃

桩号	开挖日期	开挖后岩壁温度	2013 年 2 月 20 日岩壁温度	2013 年 6 月 19 日岩壁温度
Y7+000	2011 年 9 月 1 日	27	30	32
Y7+100	2011 年 9 月 30 日	30	31.5	33
Y7+200	2011 年 10 月 22 日	64	32.5	34.5
Y7+300	2011 年 12 月 16 日	44	34	35.5
Y7+400	2012 年 2 月 15 日	39	35	38
Y7+500	2012 年 5 月 1 日	57	37	40
Y7+600	2012 年 7 月 21 日	49	39	41.5
Y7+700	2012 年 8 月 22 日	66	43.5	43
Y7+800	2012 年 9 月 15 日	64	45	46
Y7+900	2012 年 10 月 9 日	61	45	47
Y8+000	2012 年 10 月 30 日	75	46.5	51
Y8+100	2013 年 2 月 13 日	86	52	54
Y8+200	2013 年 3 月 31 日	90		56
Y8+300	2013 年 4 月 30 日	97		56
Y8+400	2013 年 5 月 27 日	94		56

表 6-33　**桩号 Y9+100—Y10+500 不同桩号岩壁温度测量记录**　单位:℃

桩号	开挖日期	开挖后岩壁温度	2013年2月25日岩壁温度	2013年5月19日岩壁温度	2013年6月19日岩壁温度
Y9+100					44
Y9+200	2013年5月17日	71		46	45
Y9+300	2013年4月22日	70		44	44.5
Y9+400	2013年2月6日	68		43.5	42
Y9+500	2013年1月15日	67	44	42	43.5
Y9+600	2012年12月25日	69	43.5	40.5	41
Y9+700	2012年12月1日	65	41.5	39	40
Y9+800	2012年11月10日	63	41	39	38
Y9+900	2012年10月16日	55	38.5	37	36.5
Y10+000	2012年9月5日	70	36	36	37
Y10+100	2012年8月3日	51	35	34	35.5
Y10+200	2012年5月1日	50	33	33	34
Y10+300	2012年4月1日	46	32	31	33
Y10+400	2012年3月1日	37	29.5	28.5	33
Y10+500	2012年1月1日	26	28.5	27	

温度变化曲线如图 6-32 和图 6-33 所示。

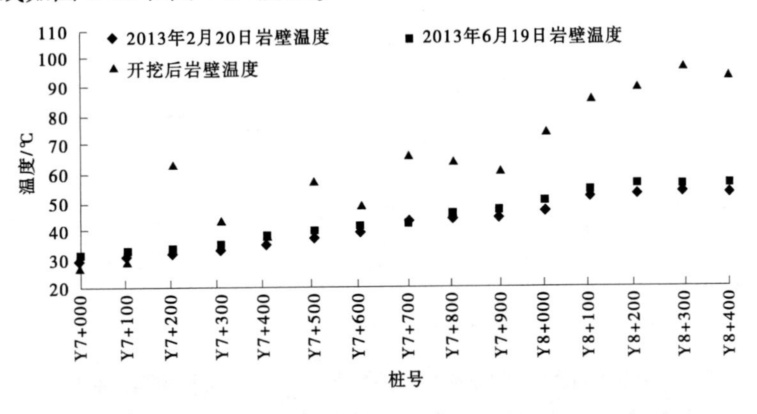

图 6-32　桩号 Y7+000—Y8+400 洞段岩壁温度测量记录散点图

由表 6-33 和图 6-32、图 6-33 可以看出,在测量范围内,隧洞开挖完成后较短时间岩壁温度基本能保持在一个恒定的水平,且随开挖揭露岩壁初始温度的升高,不同时间段测量的岩壁温度也保持持续升高,但在采用持续通风的降温措施作用下能使洞壁温度不高于 50 ℃。

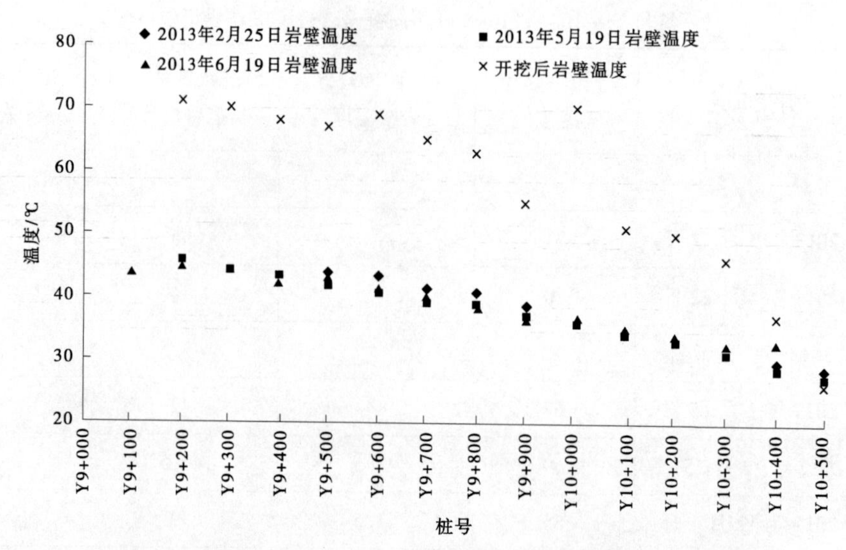

图 6-33　桩号 Y9+000—Y10+500 洞段岩壁温度测量记录散点图

3. 高温段隧洞贯通后的量测

隧洞开挖完成后，选择不同的断面进行了岩壁温度和空气温度的测量，局部有地下水出露的地方进行了水温量测。具体数值见表 6-34 和表 6-35。

表 6-34　　**洞壁不同深度温度量测**　　单位：℃

桩号	岩壁温度	空气温度	距洞壁一定深度范围内岩体温度					孔口温度	水温
			5 m	4 m	3 m	2 m	1 m		
Y8+475	58	50							
Y8+560	51	50							
Y8+680	52	42	91.9	90.6	86.4	82.7	68.4	53.2	38
Y8+903	45	39							
Y8+950	43	37				63.8	52	43.7	34
Y9+000	36	36							
Y9+020	36	35							32
Y10+290	27	26							46

由表 6-34 和表 6-35 可以看出，在距洞壁深度约 2 m 之后，岩体温度基本保持不变。因此，可以确定在通风降温条件下对岩体温度的影响仅在沿洞壁垂直深度 2 m 范围内。

4. 风机关闭状态下温度量测

隧洞贯通后，于 2014 年 1 月对 4#施工支洞上游主洞的 4 个部位进行了风机关闭条件下的洞壁岩体 5 m 深度范围内温度测量，测量结果见表 6-36。

测量结果表明，风机关闭后空气温度与岩壁温度接近，且在洞壁 2 m 深度之后岩体温度出现明显升高，可见通风降温对洞壁岩体的温度影响仅局限在洞壁 2 m 深度范围内。

表 6-35　洞壁不同深度岩体温度测量　单位:℃

桩号	钻孔位置	距洞壁一定深度范围内岩体温度				说明
		0 m	1 m	2 m	3 m	
Y8+980	左壁	45	89	91	92	高地温洞段,使用水银温度计测量
	右壁	47	87	90	92	
Y8+990	左壁	46	86	89	92	
	右壁	46	88	90	91	
Y9+000	左壁	47	89	90	92	
	右壁	47	87	92	93	
Y9+010	左壁	46	89	90	91	
	右壁	45	88	91	92	
Y9+020	左壁	45	90	92	92	
	右壁	46	89	90	91	
Y9+030	左壁	43	87	89	90	
	右壁	45	86	90	89	
Y9+040	左壁	44	87	89	87	
	右壁	47	88	89	87	
Y9+050	左壁	45	87	87	89	
	右壁	44	86	89	90	
Y9+060	左壁	42	87	88	90	
	右壁	44	89	90	89	
Y9+070	左壁	42	88	89	91	
	右壁	43	89	89	89	
Y9+080	左壁	45	87	88	91	
	右壁	45	86	89	89	
Y9+090	左壁	47	85	90	89	
	右壁	48	84	89	91	
Y10+730	左壁	32	35	37	35	非高地温洞段,使用水银温度计测量
	右壁	31	34	37	37	
Y10+890	左壁	27	23	32	34	
	右壁	27	24	32	33	
Y12+350	左壁	17	30	32	35	
	右壁	18	33	35	37	

表 6-36　　风机关闭条件下的洞壁不同深度温度测量　　单位:℃

桩号	距洞壁一定深度范围内岩体温度					孔口温度	空气温度	岩壁温度
	5 m	4 m	3 m	2 m	1 m			
Y8+680	91.7	89.7	86.1	81.6	66.2	53.1	51	53
Y8+903						45	52	52
Y8+950				63	53.5	45.3		
Y9+900				58.1	47.8	45.5		

2.3.1.3　高地温洞段爆破作业要求

由炸药的性能可知,炸药的热分解是一种缓慢的化学变化,其特点是化学变化的反应速度与环境温度有关,当通风散热条件不好时,分解热不易散失,很容易使炸药温度自动升高,进而促成炸药热分解加剧而导致炸药热分解反应转变为燃烧或爆炸。值得注意的是:炸药在不同的反应形式下,其能量的释放速度和释放形式不同,一旦炸药由热分解意外地转化为燃烧甚至爆炸,极易造成重大事故。因此,在高地温洞段进行爆破施工时,为确保隧洞内施工人员的安全,炮孔装药时应严格遵守下列规定。

(1)高地温洞段的爆破是危险作业,要制定特殊的管理制度、操作规程和事故应急救援预案等制度,并对爆破人员进行严格培训。在装药前,要根据现场情况制定完善的爆破方案和事故应急救援预案,指定专人现场负责指挥。

(2)装药前应及时清场,把场内与装药和放炮无关的其他施工人员清退离场后再进行装药作业。

(3)炸药、雷管、起爆体应在清场完成后及时送到装药现场,以减少高温对炸药、雷管、起爆体的影响。

(4)装药前应测定工作面与炮孔内的温度,炮孔内的温度不应高于炸药安全使用温度,装药前应加强通风,用低温水冲洗炮孔,采取齐头喷雾水降温。

(5)装药时,应多派熟练的炮工进行装药。根据掌子面大小、炮孔的多少,安排 4~7 人同时装药,每位炮工应分片装药,应按照从易装炮孔到难装炮孔的顺序进行,并先装低温孔,再装高温孔。

(6)全部炮孔装药完成后,应用最短的时间堵塞炮孔,堵塞材料用泥土加沙做成泥条堵塞炮孔,严禁使用含硫化物的岩粉作炮孔堵塞材料。

(7)当炮孔内温度为 60~80 ℃时,应对炸药进行保护,用石棉织物将炸药包裹完好,使炸药不与炮孔岩壁接触,从向炮孔内装药至起爆的时间不应超过 1 h。

(8)在装药过程中,应安排专人全程监护,发现炮孔内逸出棕色浓烟等异常现象时,应立即报告爆破现场指挥人员,并迅速组织现场施工人员撤离。

(9)当炮孔内的温度为 80~140 ℃ 时,应采用石棉织物或其他绝热材料把炸药条严密包装好,这时,炮孔内起爆体不准装雷管,可采用防热处理的黑索金导爆索起爆,装药至起爆的时间应经过模拟试验确定。

(10)孔内温度超过 140 ℃ 时,所有爆破器材应采用耐高温爆破器材。

2.3.1.4　高地温洞段综合降温措施

在本隧洞施工中,采用了多种综合技术措施进行降温,如加强通冷风、增加冷水掺入量、加强抽排水和冷水喷雾等综合措施。

(1)加强洞内抽排水：为减弱热水蒸发面积、使洞内气温和蒸气饱和度充分减小，缩短热水在洞内与空气中进行热交换的时间，有利于降低洞内环境温度。应根据洞内渗水量的大小配备抽水设备，把洞内热水及时有效地抽到洞外，并应配备备用抽水泵。

(2)加强通风：通风是降低洞内环境温度、抽出洞内有害烟尘、改善洞内作业环境最重要的方法。在隧洞高地温环境下，采用常规的压入式通风难以达到降低洞内环境温度的作用，采用混合通风方式，1台风机压入、1台风机抽出，可以有效加强洞内空气对流，抽出风机的出口应离压入风机入口30 m，避免风机把排出的热空气再次压入洞内。采用混合通风方式，加快洞内空气循环，减少洞内热气散发和蒸气浓度。如果洞内环境温度较高，输入空气经降温后再压入隧洞中才能达到降温的目的。

(3)注入冷水降温：在洞内高温热水出露点开挖集水坑，让高温热水集中在坑内进行抽排，同时，从洞外抽冷水掺入到高温热水池中进行降温，以达到洞内热水的部分热量被冷水吸收的目的，减少热水散发在洞内空气中的热量，有利于降低洞内环境温度，水泵抽水容量应根据洞内高温热水的涌出量大小进行及时调整。

(4)喷雾降温：把洞外冷水管接入洞内后，对高温热水流量较集中的洞段，从冷水管上接支管和喷雾喷头向洞内喷射冷水雾幕，通过水雾冷却洞内岩面，冷水雾和洞内热空气混合，也同样可以较好地降低洞内温度，同时达到降低粉尘浓度、改善施工作业环境的作用。

(5)冷冻设备降温：在高温洞内施工，有条件的业主和施工单位可以采用机械降温的方式。冷冻设备能使水结冰，温度降到-10 ℃ 以下。

(6)合理安排高温作业时间：由于高地温、高温热水的特点而使施工人员体力消耗大、劳动效率低，施工中采取2 h换班1次的工作制度，每天6个班交替循环作业，以降低施工人员的劳动强度。

(7)炸药保护方法：爆破采用定型隔热药卷，把炸药装入特制的聚乙烯管内，药管孔底用潮湿黏土封堵10 cm，药包装置到聚乙烯管后，再用潮湿黏土封堵35 cm，然后在聚乙烯管外包裹一层隔热层。药包加工制作应由专职熟练的炮工在安全地点进行。

(8)当隧洞掌子面全部钻孔成孔后继续用水进行循环降温，并测试岩体钻孔孔内温度是否在35 ℃以内。当满足雷管安全存放的温度条件时，装药准备工作就绪后，由熟练的炮工快速进行炮孔装药，总装药时间原则上不宜太长。

(9)在高地温洞段施工时需安排专人对洞内的环境温度和岩体表面温度及钻孔后的孔内温度进行测定，并分析原始的温度变化情况，技术人员应根据温度变化及时采取相应的降温措施。

(10)混凝土衬砌时对混凝土掺加了高温稳定剂，在标准养护条件下能够大幅度提高其各项性能指标；在高温养护条件下，混凝土的物理力学和耐久性能劣化趋势得到有效抑制，其各项性能指标有较大提高，能够满足设计要求。

本工程引水隧洞在高地温条件下施工时，采用综合降温措施是有效、切实可行的，保证了隧洞的顺利贯通。

2.3.2　中国秦岭隧道Ⅱ线平导施工降温措施

秦岭隧道Ⅱ线长18 456 m，最大埋深达1 600 m，预测最大埋深处原始岩温将达40 ℃以上，加之掌子面的机械散热和爆破时炸药散热，掌子面会出现较大的热害。因此，必须采取相应的降温措施以使隧道施工顺利进行。

2.3.2.1　工程概况

秦岭隧道Ⅱ线平导全长18.456 km，实际开挖断面面积达26~30 m^2，岩性以混合片麻岩和混合花岗岩为主，岩体坚硬完整，围岩类别以Ⅳ～Ⅵ类为主；地下水以基岩裂隙水为主，水量不大，出水点不均一。平导采用全断面深孔光面爆破的方法施工，施工设备前期采用 TH178 轮式三臂液压台车打眼、ZL-120 立爪装渣、8 t 电瓶车牵引、8 m^3 梭矿运输出渣；后期采用 TH568-10 型门架式台车打眼、ITC312H4 型挖掘式装岩机装渣、国产 SD14 型梭式矿车配备进口电瓶车及内燃机车运渣；采用 PF110-SW55 型轴流式风机，配直径 1.3 m 柔性风管压入式通风。

2.3.2.2　现场测试资料的分析

1. 量测工具及方式

从 1995 年底到 1998 年 2 月底，利用棒式温度计（15 个）量测洞室温度，进行现场监测，共取得 300 多个数据。

2. 资料的整理

根据所测数据，整理绘制了"秦岭隧道Ⅱ线平导洞内实测气温曲线图"，通过分析，得出下述关系。

1）洞室温度与洞外温度的关系

当洞外气温大于 13 ℃时，从洞口（DYK64+370）到斜井下口（DYK68+730）段，洞室温度下降；斜井下口到齐头，洞室温度上升。当洞外气温小于 13 ℃时，从洞口到齐头持续上升。当洞外气温与 13 ℃差值越大（即温度越高或越低）时，从洞口到斜井段温度增减值越大。平导内气温受外界温度影响和持续上升变化的位置，随着平导不断向前延伸（直到斜井下口处）也向前推移。

2）洞外温度与斜井下口处、齐头风管口下、齐头洞室气温的关系

斜井下口处、齐头风管口下、齐头洞室的气温变化幅度没有洞外的大。每年的 6 月、7 月、8 月三个月和 12 月、翌年 1 月、2 月三个月，斜井下口处、齐头风管口下、齐头的洞室温度随着洞外气温的变化而上升到最高或下降到最低。在采取第一个通风方案期间，齐头和斜井下口的洞室气温随着外界气温的变化，与平导延伸长度的关系不大；在采取第二个通风方案期间（1997 年 3 月至 1998 年 2 月），虽然也受到外界气温的影响，但主要是随着平导的延伸，洞室温度呈上升趋势。在采取第二个通风方案期间，斜井下口处、齐头风管口下与齐头洞室的温度关系密切，几乎是同步变化。

3）在一个循环作业时间内齐头洞室温度的变化规律

平导内主要作业工序有通风、打眼、装药放炮、出渣、钉道。在通风正常的情况下，台车打眼时，齐头温度逐步上升，到达一定值后稳定；装药时（台车停止打眼）温度逐步下降；引线放炮后温度迅速上升又下降；出渣开始，温度上升，中期稳定；出渣完钉道时温度又下降，直到下一个循环打眼时温度又上升。如果由于补挂风管或风机故障等原因而停止通风，无论是哪个工序作业，齐头温度都会比正常通风时有所上升，根据资料统计，上升幅度为 2～3 ℃。

2.3.2.3　降温措施的研究

1. 秦岭隧道Ⅱ线平导热害类型

根据科研技术人员的研究分析，秦岭隧道热害类型为岩热型。同时由于隧道较长，在洞内通风距离不断加大的情况下，由全断面机械化施工造成的机电设备放热、开挖时的炸药爆破热、空气压缩热、作业人员人体散热等引起的热害，也会不断加剧。

2. 热害的预测

根据隧道通过地区的地质情况、埋深、岩温、洞室前期气温动态监测资料和平导施工现状，科研人员认为在埋深较大的 DYK72+200—DYK76+700 地段将会存在热害问题。

3. 降温措施的研究

根据秦岭隧道区热害类型，结合工程实际、施工方式和前期的施工降温经验等，总结出如下

要点：

(1)从热源角度来看，降温工作的重点应以岩热、机械设备放热、爆破热为主。

(2)从施工季节的角度来看，应以夏季的降温为主，即6月、7月、8月三个月，因为此时斜井下口处风机口的气温受外界气温影响大。

(3)从循环作业各个工序的角度来分析，在打眼、放炮至出渣前、补挂风管的时间内要加强降温措施，因为在这几个工序作业时，洞室气温会超过28 ℃。

(4)从作业人员的角度分析，应加强对齐头作业人员的热害防治，特别是钻爆人员和装岩机的操作人员。

(5)从平导里程的角度分析，应以DYK72+200—DYK76+700段为重点，因为此段，一是围岩干燥无水；二是埋深大；三是通风距离加大。

(6)从降温措施上分析，应以通风、洒水为主，因为它既经济、简便，又效果明显。

4. 降温措施的实施与效果

1) Ⅱ线平导通风和施工用水方式

(1)通风方式。前期(1995年1月18日至1992年2月28日，里程：DYK64+370—DYK70+420，长度6 050 m)，在进口左侧距洞口25.5 m处安装轴流式PF110-SW55×2型风机，沿平导拱部中线位置悬挂PVCΦ130型柔性风管，采用压入式独头通风。此时，洞外空气通过风机、风管约在10 min内到达齐头，所以此段洞外温度与齐头温度的关系比较密切。

后期(1997年2月28日至1998年1月18日，里程：DYK70+420—DYK73+875，长度3 455 m)，在DYK68+660处安装一台PF110-SW55×2型风机，配合PVCΦ130型柔性风管向齐头作压入式通风，在斜井下口安装同型号的风机，将空气从斜井内压向斜井外，加快空气的流动速度。斜井下口处的洞室空气，通过风机、风管约在6 min内到达齐头，此时风机口的空气温度对齐头温度的影响相对比较大。

(2)施工用水方式。前期的6 050 m段利用小马村沟蓄水池的地表水；后期的3 455 m，当斜井打通后，通过斜井，利用石砭峪河上游的水。此区地表水的温度变化范围在5~24 ℃。

2)加强洞室温度的监测

在施工过程中，加强洞室温度的监测，掌握温度变化规律，采取降温措施并及时进行调整，使之更加有效地达到降温的目的。

3)加强齐头的通风工作

为了加速齐头热空气与外界冷空气的交换，达到降温的目的，根据齐头温度的变化规律，制定合理的通风和停风时机与时间，并成立了专门的通风班组，进行风管的挂设和修补及风机的维修保养，尽量减少它们对通风时间的影响。

4)齐头经常洒水，保持湿式作业

经过量测，秦岭隧道区的地表水的温度比齐头洞室的气温低，所以通过在齐头利用高压水龙头洒水，既能除尘，冷水又能够带走一部分热量，从而达到降温的作用。当装药完毕，引线爆破后，由于大量的爆破热，使齐头气温迅速上升到29.5 ℃，通过在齐头快速大量地洒水，使温度降到了26 ℃。

5)不同的工序，降温方式的重点不同

齐头打眼时的机械散热，应以通风为主，同时尽量缩短因补挂风管所用的停风时间。放炮后，刚开始出渣时，由于爆破产生热量，所以炮响后立即通风，并组织人力快速对齐头围岩岩面和渣堆大量洒水。

6)加强局部降温

在平导施工过程中,关键部位的作业人员,如装岩机司机、凿岩台车司钻工等,在他们的作业范围内温度超过 30 ℃时,可通过安装小风扇来达到局部降温的目的,以便提高工作效率。

2.3.2.4　体会与建议

(1)Ⅱ线平导能快速掘进,提前完成施工任务,这与在既经济又简便的条件下采取合理的降温措施是分不开的,总结好这个经验,对以后长大隧道的修建具有借鉴意义。

(2)Ⅱ线平导后期的 3 500 m 利用 DYK68+720 处的斜井通风供水,无疑对降温起到了很大作用;但是如果由于其他因素制约不能打这个斜井,还是从平导的洞口独头通风,那么后期齐头的温度会达到多高,采用什么降温措施比较有效而且经济,还需要进一步探讨。

(3)平导施工降温问题的成功解决,主要归功于秦岭隧道的通风,所以在今后长大隧道的施工降温中,通风效果的好坏是关键一步,主要取决于风机及风管的选型、通风方式的选择、施工过程中通风工作的管理、合理的通风时机和时间等。

2.3.3　日本安房隧道在高热地层掘进的措施

2.3.3.1　工程概况

安房隧道是日本福井市至松本市公路上修建的长 4 350 m 的隧道。线路通过活火山和旧火山口附近,在沿线各处有温泉自发喷出,经钻探调查是喷出火山瓦斯及温泉的高热地带。为对高热地层采取措施,开挖了调查坑。据探测,在距洞口 200 m 处岩温超过 50 ℃,距洞口 500 m 处岩温超过 70 ℃,最高岩温发生在距洞口 652 m 处,达 75.2 ℃,而在 900 m 处已下降为 66 ℃。

2.3.3.2　地形

安房隧道位于火山连绵的北木曾山地的南部。目前仍在冒水蒸气的烧岳,距中汤侧洞口(长野县侧)仅约 3 km。

隧道上方的安房岭,是由火山口喷出的熔岩及火山砂等火山喷出物和由中、古生层组成的安房山的边界形成的。在中、古生层和火山喷出物边界附近,是由旧山谷遗迹的凹部因火山喷出物堵塞而形成的湿润草原。

2.3.3.3　地质

隧道周围的地质,由古生代二叠纪—中生代侏罗纪的页岩、砂岩、燧石、石灰岩等沉积岩类,"中、古生层"和贯穿中生代到新生代第三纪的侵入岩构成,并广泛覆盖着新生代第四纪的火山喷出物、冲积扇沉积物、岩堆等。从平汤侧洞口(岐阜县侧)到距洞口 120 m 附近分布着岩堆、火山喷出物等。距洞口 120~850 m 附近的中、古生层由页岩和燧岩组成,其中,450~580 m 附近的 130 m 区间是调查坑道,有最高温度为 73 ℃的热水涌出,成为"热水带",但正洞却几乎没有热水涌出。距洞口 850~1 450 m 附近由火山砂和火山砂砾构成,从工作面挖出的木片的年代测定来看,是约在 11 500 年前的沉积物。此地层为中、古生层的旧山谷地形,深度达 300~500 m。由地表的弹性波速度来看,前后的中、古生层的速度为 4.2~5.5 km/s,而该段则为 2.5~2.9 km/s,所以称为"平汤低速带"。地下水最初位于隧道上面 220 m,由于施工排水钻孔和调查坑道、排水导洞,正洞开挖时地下水位已降低到了隧道底板面附近。距洞口 1 450~4 350 m 是由燧石、砂岩、页岩、石灰岩组成的中、古生层,其中,3 100~4 000 m 附近为岩体温度超过 50 ℃的"高温带",侵入岩多,沿裂缝而发生变质。

2.3.3.4　施工难题

如上地形、地质所述,安房隧道附近的地质以火山带特有的脆弱地质和高温区间居多,因此预料工程难以进展。在平汤侧的"热水带""平汤低速带"和中汤侧的"高温带"施工时,必须研究采取相应的措施。安房隧道施工的难题见表 6-37。

表6-37　安房隧道施工的难题

平汤侧(岐阜县)	中汤侧(长野县)
“热水带”	“高温带”
(1)确保作业环境的可能性	(1)确保作业环境的可能性
(2)灌注化学药液截水的可能性	(2)材料的温度应力和耐久性
(3)灌注材料的耐久性	(3)热水喷出的可能性和处理措施
“平汤低速带”(火山喷出物层)	(4)突发火山性气体的可能性
(1)掌握和评价地质状态	(5)炸药等的耐热措施
(2)处理涌水的对策和降低对水文环境的影响	(6)新奥法的适应性
(3)工作面的自稳性和施工方法	(7)施工机械的窗玻璃变模糊
	(8)通车后的玻璃变模糊

对平汤侧的“热水带”,研究的是用注浆进行热水截留、注浆材料的耐久性及确保作业环境;对“平汤低速带”,研究的是用排水法处理涌水和未固结砂质围岩的工作面的自稳及对附近草原和平汤温泉的环境问题。对中汤侧“高温带”,研究的是当发生高热岩体、火山性气体(硫化氢、二氧化硫、氯化氢、二氧化碳、甲烷)时如何保证洞内的作业环境,在高温下的喷混凝土、衬砌混凝土的耐久性。

2.3.3.5　热水带的施工

“热水带”由调查坑道开挖确认约120 m,涌水的温度最高达73 ℃。它是从中、古生层页岩的破碎处涌出的,因此研究了能确保作业环境和改良围岩高可靠性的化学药液灌注施工法。

从对高温温泉水的灌注效果来看,在水泥浆系的灌注材料中LW(水玻璃-水泥系药液)效果最好。为了进一步提高截水效果,LW和硅溶胶混合灌注就很必要。并且,从耐久性来看,水泥浆系的灌注材料比其他材料的效果好,LW的耐久性也能充分发挥截水及改良围岩的作用。此外,水泥中的高炉矿渣水泥B种也比较适宜。在高温温泉水地带的二次混凝土衬砌,用了普通水泥、高炉矿渣水泥B种(混合粉碎和分离粉碎)、中热水泥、中热水泥+粉煤灰水泥等种类,用温泉水和自来水进行养护,研究结果表明,高炉矿渣水泥B种(分离粉碎)几乎不受侵蚀,对温泉水的耐久性明显优越。

“热水带”的作业环境,在灌注时用洒水、通风就能够充分保证。但在开挖作业中洒水效果不大、情况颇为严峻。正洞施工中,在“热水带”区间(距洞口460~560 m附近),对上部半断面的外周2 m进行以截水为目的的化学药液灌注。在预先进行的调查钻孔中,热水量少了,温度最高为54 ℃,比预想的低,隧道拱顶无热水涌出,所以就没再进行灌注施工,在开挖阶段视热水的涌水情况而定。开挖时,在距洞口300m附近的下半断面开始出现35 ℃左右的热水,在距洞口400 m附近从上半部断面涌出热水。之后,在断层破碎带区间不连续地涌出了热水,在距洞口550 m附近有最高温度为72 ℃的记录。在此区间,开挖时没有灌注化学药液,因此热水造成了作业环境恶化和工作面缺乏自稳性,但由于采用了大型通风设备和辅助施工法,仍然平安过了“热水带”。

2.3.3.6　高温带施工

在调查坑道的开挖中,岩体温度从中汤侧洞口附近的100 m处急剧上升,在650 m处达到75 ℃。因此,在洞口设置了通风量为2 400 m^3/min的通风设备,用3根风管(直径1 100 mm的1根,直径800 mm的2根)向工作面送风,这样就能把洞内作业时的温度保持在30 ℃以下。正洞的通风设备是对调查坑道中的情况研究后提出的,工作面最大的散热量是在爆破后出渣时,达到571

Mcal/h,要把洞内作业时的温度保持在30 ℃以下,就要向工作面以3 000 m^3/min的风量送20 ℃的冷风,向工作面后方以4 000 m^3/min的风量送20 ℃的冷风,并在工作面附近设置局部冷气设备。然而,要确保这些冷气设备需要的冷却水,是困难的,并且费用巨大,因此决定配合通风再采用以下措施。

(1)在散热量最多的地方,即在反铲、破碎机、装运卸联合出渣车的驾驶室内设置冷气设备。

(2)变更工作日程,在冬季开挖岩体温度最高的区段。

(3)为了确保工作面常有3 000 m^3/min的通风量,采用了如下通风方式:

①最接近正洞工作面的横通道,要用来出渣,因此在它前面的横通道处设置通风设备。横通道间距为375 m,因此根据工作面推进相应移置通风设备,这样工作面与通风设备的最大距离为750 m。

②从中汤侧调查坑道的洞口到横通道用坑道供气。

③在调查坑道设置风门,防止平汤侧的横通道在出渣作业时进入粉尘。

④在中汤侧正洞口设置风门和4 000 m^3/min的排风设备。

2.3.3.7　高温带的衬砌混凝土

当混凝土厚度薄时,水化热易向外部逸散,不会变成高温,温度应力不会成为问题。但是,在70 ℃高温的岩体及喷混凝土上浇筑二次衬砌混凝土时,即使厚度再薄,水化热也不易逸出。由于混凝土里面和表面的温差,在早龄期有可能存在裂缝。因此,对二次混凝土衬砌研究了各种防止裂隙措施后进行施工。

(1)为了防止高温时的强度降低,采用的水灰比在55%以下,考虑到对温泉水的耐久性采用高炉矿渣水泥B种(分离粉碎)。

(2)在防水板和混凝土衬砌之间设置隔热材料,因此隔断了从岩体传播来的热量,使混凝土内的温度应力降低。

(3)把一般衬砌混凝土的浇筑长度从10.5 m缩短到6.0 m。

(4)用防水板和无纺布组合成缓冲材料,由于与喷混凝土隔离,因此混凝土衬砌的收缩未受到约束。由于采用了以上措施,浇筑后很久都没有发生裂缝。

2.3.4　秦岭隧道人工制冷施工降温措施

2.3.4.1　工程概况

秦岭隧道全长18 km,按9 km独头压入式通风计算,设计进风量30 m^3/s。在3月以前掌子面风温较低,满足要求。而在3月以后掌子面风温较高,将超过30 ℃。8月洞外气温为32.4 ℃,最大埋深掌子面风温为37.8 ℃,大大超过了允许的28 ℃。最不利情况为在夏季最高外界气温时到达最大埋深掌子面,即在8月月平均气温为32.4 ℃时到达最大埋深1 600 m处。此处相应的原始岩温为40.2 ℃,计算出的掌子面风温为37.8 ℃,此时已出现严重热害,若采取人工制冷措施冷却风流,可以消除隧道热害。

2.3.4.2　利用制冷站作冷源的施工降温措施方案设计

人工制冷是采用制冷设备对洞内空气进行冷却的,制冷站是其核心部分。用制冷站作冷源的洞内空调系统一般由以下几个基本部分构成:制冷站、空气冷却器、冷却水的冷却装置、载冷剂管道、冷却水管道和高低压换热器。下面将针对秦岭隧道的具体情况,选择适用于该隧道的装置,以组成完整的秦岭隧道的施工降温系统。

1. 制冷站的位置、制冷机组的选择及负荷确定

制冷站的位置是决定洞内空调系统的基本因素。按制冷站的位置,可将空调系统分为以下3种类型:制冷站设在洞外的空调系统;制冷站设在洞内的空调系统;洞内外同时设制冷站的联合空调系统。3种空调系统的技术比较见表6-38。

表 6-38　3种空调系统的技术比较

制冷站位置	优点	缺点
洞外	1. 设备安装、管理、操作方便 2. 可采用一般型制冷设备,安全可靠 3. 排热方便 4. 无需在洞内开凿大断面机电洞室 5. 冬季可利用地面天然冷源 6. 冷量便于调节	1. 高压冷水处理困难 2. 供冷管道长、冷损大 3. 需在洞内安装大直径管道 4. 一次载冷剂需用盐水,对管道有腐蚀作用 5. 空调系统复杂
洞内	1. 供冷管道短、冷损小 2. 无高压冷水系统 3. 可利用洞内水及回风排热 4. 供冷系统简单,冷量调节方便	1. 洞内要开凿大断面机电洞室 2. 对制冷设备有特殊要求 3. 设备安装、管理、操作不方便 4. 安装性差
联合	1. 可提高一次载冷剂的回水温度,减少冷损 2. 可利用一次载冷剂排出洞内制冷机的冷凝热 3. 可减少一次载冷剂的循环量	1. 系统复杂 2. 制冷设备分散,不易管理

由表 6-38 可以看出,对秦岭隧道来讲,在洞内设置制冷站较为合理,其具体位置可根据实际施工情况,结合错车道的扩大断面来布置,要求尽量与需冷却的掌子面接近,与最大埋深处最大距离宜控制在 2 km 以内,以缩短载冷剂管道。制冷站负荷由载冷剂从风流中吸收的热量(即掌子面所需的制冷量)、供给管道(载冷剂管道)的冷损量及供冷水泵对载冷剂的加热量三部分构成。掌子面所需的制冷量与掌子面初始温度呈正相关关系。将掌子面温度从最高温 37.8 ℃降到 28 ℃所需制冷量为 270 kW,即为掌子面所需制冷量。但这仅是掌子面空间实际所需制冷量,而不是制冷站的总负荷量。

由于隧道内环境的特殊性,在洞内使用的制冷设备必须具备:电机及电控装置必须符合矿用防爆规程要求;所用制冷剂应是无毒、不可燃及无爆炸危险;蒸发冷凝水侧工作压力应大于 3 MPa;体积小,结构紧凑,搬运方便。对于大中型机组,在订货时,应按矿用要求对现有设备进行改进。在洞外使用时,选用一般型设备即可。

2. 空冷器安装位置及其选择

对于隧道内的空冷器,其作用是冷却掌子面附近的风流,可将其安装在离掌子面适当距离的风筒出口(或与风筒连接),随着工作面的推移,空冷器也随之前移。隧道内使用的空冷器,应采用表面式而不能采用喷雾式。表面式空冷器,目前我国主要生产套片式和绕片式两种。从各种表面式空冷器中,可根据所需的制冷量选择与制冷机负荷相匹配的空冷器。另外,隧道中的冷却器系统宜采用隧道回风排热,其中喷雾室最适合于隧道中。喷雾室可靠近制冷站设置,以减少冷却水管道长度。

洞内供水系统包括载冷剂的循环系统及冷却水的循环系统两部分。其中载冷剂管道的长度根据制冷站与需冷位置的变化可达 1~5 km。但在秦岭隧道内只在小范围内出现热害,故可将制冷站设在离最大埋深处 2 km 的范围内,这样可减小管道冷损及水泵的扬程。载冷剂及冷却水水泵的扬程可根据管道阻力损失、蒸发器阻力损失、调节阀门控制阻力及水泵吸水管的阻力损失、冷凝器的阻力损失、喷嘴的喷射压力、水泵的排水阻力、水泵的吸水阻力等参数来求得。

制冷系统应放置于专门的机电洞室中,洞室的空间要符合设备的搬运安装、维修、操作以及通风安全的要求，应有独立的通风系统，风量每小时交换次数不少于 5 次。在事故时，载冷剂要能直接排到回风道中。载冷剂将蒸发器中的冷量沿管道输送到空冷器，以冷却风流再回流到蒸发器中（表面式空冷器）。空冷器位于风筒出口掌子面附近，与制冷站之间靠载冷剂管道连接，空冷器将随掌子面的推进而不断向前移动。冷却水系统设置于制冷站附近，采用喷雾室来冷却从冷凝器来的热水，喷雾室应紧靠隧道边墙设置，以充分利用隧道回风带走冷凝水的热量。

2.3.4.3　利用冰块作为冷源的降温系统

从前面介绍的设置在洞内集中制冷站的降温系统中可看出，在隧道中有限的空间内要设置制冷站及冷却水循环系统是比较困难的。由于制冷站及冷却系统一次投入费用很大且运行中机械的保养、维修比较复杂且费用很高，对于秦岭隧道小范围短时间的降温需求而言是很不经济的。因此，提出采用冰块作为冷源的降温措施，在隧道内用冰来制取低温水输入到空冷器，以达到冷却风流的目的。虽然冰块制冷的能量消耗比蒸汽压缩制冷的能耗高，但由于减少了制冷机组及冷却水循环系统的投资及运行费用，综合经济指标更优于设置制冷站的降温系统。

由冰水池制取的低温水通过水泵送到空冷器冷却风流后将被加热，再回流到冰水池中，将此温水喷淋在冰水池的冰块上，冰则飘浮在水上不断融化，维持冰水池出水温度在 1~2 ℃，再用泵送至空冷器。如此循环，以对风流进行冷却。此系统机械设备少、构造简单，只要能不断对冰水池加冰制取低温水，系统就能正常循环工作。对隧道降温来说，是一种最经济可行的降温方案。

对于冰块的取得，可采用两种方法。其一是在附近直接购买成冰，进行加工破碎后用于冰水池；二是在洞内设置制冰厂，将冰制成 10 mm 厚的小碎片及 32 mm×45 mm（直径×高）短柱状或 20 mm×20 mm×3 mm（长×宽×高）板状。此外，采用洞内冰块制冷的优点还在于可以将冰水池制取的低温水用于打炮眼，对掌子面围岩进行预冷却，以利于围岩散热，减轻热害程度。

3　压力钢管斜管段施工技术

3.1　压力钢管常规施工技术

压力钢管是水利工程输水建筑物的重要组成部分,压力钢管的施工主要由土方开挖、石方开挖、土石方回填、混凝土浇筑和压力钢管制作与安装等项目组成。

3.1.1　土方开挖施工程序及方法

3.1.1.1　施工程序

各部位开挖施工时,按自上而下、由外向内的原则进行,各层均先进行覆盖层的开挖,使用机械开挖土方时,边坡预留 20~30 cm 厚保护层,再用人工修整。

土方开挖施工程序如图 6-34 所示。

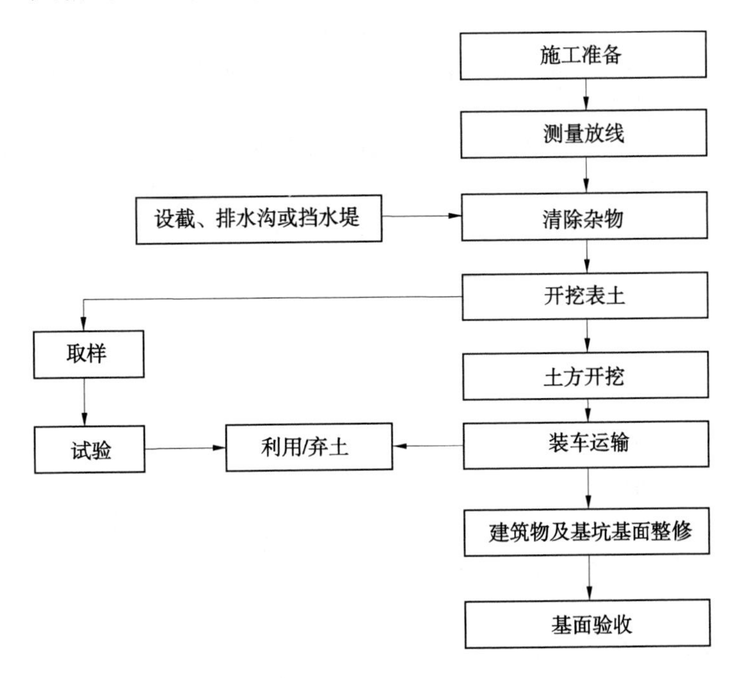

图 6-34　土方开挖施工程序

3.1.1.2　施工方法

1. 植被清理

(1)在场地开挖前,清理开挖区域内的树根、杂草、垃圾、废渣及其他有碍物,主体工程植被清理的挖除树根范围延伸到离施工图纸所示最大开挖边线、填筑线或建筑物基础外侧 3 m 距离。

(2)主体工程施工场地地表的植被清理,必须延伸至离施工图纸所示最大开挖边线或建筑物基础边线(或填筑坡脚线)外侧至少 5 m 距离。

(3)注意保护清理区域附近的天然植被,避免因施工不当造成清理区域附近林业和天然植被资源的毁坏,以及对环境保护工作造成的不良后果。

(4)场地清理范围内,砍伐的成材或清理获得的具有商业价值的材料归业主所有,并按监理工程师指示将其运到指定地点。

(5)凡属无价值的可燃物,按要求将其焚毁,并按合同技术条款确保其周边地区的安全。按指定的地点掩埋废弃物,掩埋物不得妨碍自然排水或污染河水。

2.表土清挖、堆放和有机土壤使用

含细根须、草本植物及覆盖草等植物的表层有机土壤,按监理工程师指示和合同规定合理使用有机土壤,并运到指定地点堆放集中保存,不任意处置。

3.土方开挖方法

(1)施工方法。土方开挖采用自上而下、分层开挖的方式,分层高度为3.0 m。

挖掘机经施工临时道路进入工作面,直接挖装,自卸汽车运至弃渣场或监理工程师指定的位置。机械无法施工的部位采用人工开挖。基础和边坡容易风化崩解的土层,开挖后及时进行保护。

土方边坡采用挖掘机按设计边坡开挖,实际施工的边坡坡度适当留有20~30 cm厚修坡余量,再由人工配合修坡。

(2)施工期临时排水。在场地开挖过程中,保持必要的地面排水坡度、设置临时排水坑槽及排水沟,将水流集中汇总后,采用水泵将水流排至工作面以外。

在建筑物周边及边坡附近设置排水沟,将水流集中汇总后,采用水泵将水流排出,避免已开挖的永久边坡面和附近建筑物及其基础受冲刷或侵蚀破坏。

在平地或凹地进行开挖作业时,设置临时挡水围岩和开挖周边排水沟,以及采取集水井抽水等措施,阻止场外水流进入场地,并采用水泵将集水井中的水及时排出。

(3)雨季施工。雨季施工时在开挖范围内设置排水沟,将水流集中汇总排至施工工作面以外,保证主体工程建筑物的基础开挖在干地进行,雨水较大时根据天气情况进行施工。

(4)临时边坡的稳定。主体工程的临时边坡开挖,按施工图纸所示或监理指示采用反铲配合人工进行开挖,并根据施工图纸及时进行边坡防护施工。

(5)基础和边坡开挖。土方开挖从上至下分层、分段依次进行,严禁自下而上或采取倒悬的开挖方法,施工中根据现场情况设置截水沟,将水流集中汇总排至工作面以外,以避免在边坡范围内形成积水。

基础和边坡容易风化崩解的土层,开挖后及时进行保护。

边坡的风化岩块、坡积物、残积物和滑坡体按施工图纸要求进行开挖清理,并在支护、填筑或浇筑混凝土前完成。禁止边开挖边做其他作业。清理出的废料运至弃渣场。

(6)校核测量。开挖过程中测量队全程监控,及时复测开挖面,保证开挖满足要求。

3.1.1.3 进度保证措施

(1)由生产管理办公室统一调配施工机械和人员。

(2)将生产任务安排至班组,按周进行进度奖罚,超前奖励,拖后处罚。

(3)对关键部位或环节设专职领导,跟踪督促检查。

(4)技术人员现场值班,及时解决施工难题,根据实际情况,优化施工方案。

(5)及时联系监理工程师组织验收。

(6)配备的机械设备能满足施工强度要求,加强对车辆进行检修及维护、保养,设专人对出渣道路进行维护,充分发挥机械效率。

(7)对各时段施工道路设专人进行交通指挥(重要路口进行交通管制),以保证高强度运输道路的畅通。

3.1.1.4 质量保证措施

(1)实行质量岗位责任制,建立质量奖罚制度并严格执行。

(2)加强职工的质量意识,做到质检人员和特殊工种人员持证上岗。

(3)质检人员在现场倒班盯面,监督工程施工质量的全过程,并对施工质量进行统计分析,找出质量缺陷原因,及时提出整改措施。

(4)每次开挖施工前,按设计图纸测量放线,达到设计和相关规范要求,开挖后及时对开挖边坡面进行超欠挖检查,防止偏离设计开挖线。

3.1.1.5　安全保证措施

(1)建立、健全安全检查监督机构网络,配备专职安全员全程进行安全监控。

(2)施工设备操作人员持证上岗,杜绝"三违"。

(3)注意行车安全,夜间施工时,施工现场照明必须充足,倒车时安排专人负责指挥。

(4)经常检查边坡稳定情况,如出现裂缝和滑动迹象时立即暂停施工,人机撤离。

3.1.1.6　主要资源配置

1. 主要机械设备配置

主要施工机械设备配置见表6-39。

表6-39　土方开挖主要施工机械设备配置

序号	设备名称	型号及规格	单位	数量
1	液压反铲	CAT320	台	3
2	装载机	ZL50	台	2
3	推土机	TY220	台	1
4	自卸汽车	20 t	辆	9
5	洒水车	10 t	辆	1

2. 主要劳动力配置

主要劳动力配置计划见表6-40。

表6-40　土方开挖主要劳动力配置计划

序号	工种	人数	说明
1	管理	2	
2	技术员	2	
3	质检员	2	
4	安全员	2	
5	测量员	4	
6	汽车司机	16	含重机司机
7	普工	15	
合计		43	

3.1.2　石方开挖施工技术

3.1.2.1　施工程序

1. 石方开挖施工程序

开挖采取自上而下、分层施工的原则。

边坡采用预裂爆破成型,JK590D型钻机钻造,梯段爆破,梯段高度依据马道高度设置,局部大型机械无法到位的部位采用手风钻进行钻爆。马道及建基面预留保护层用手风钻钻孔,液压反铲或装载机装渣，自卸汽车运输出渣。

2. 石方明挖施工工艺

(1)首先平整作业平台面，由测量人员放出开挖边线，核实开挖断面。

(2)预裂爆破。设计边坡面的预裂孔采用 JK590D 型钻机钻孔，超前于主爆区进行预裂爆破。与预裂面相邻的松动爆破孔，严格控制其爆破参数，避免对保留岩体造成破坏，或使其间留下不应有的岩体而造成施工困难。

(3)完成一个台阶的开挖后，再用反铲平整工作面，测量放样定出孔位，然后再进行钻孔爆破。

石方明挖施工工艺流程如图 6-35 所示。

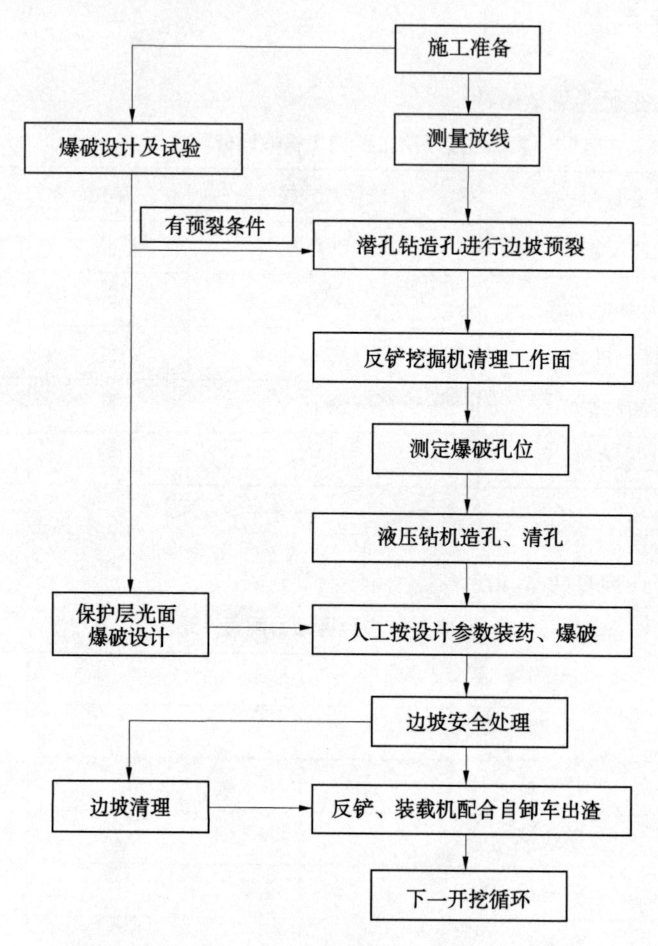

图 6-35　石方明挖施工工艺流程

(4)保护层开挖：对边坡较缓或岩石条件复杂不宜预裂的坡面，采取预留保护层，保护层开挖用手风钻造孔，光面爆破。对接近设计马道高程的岩面和底台建基面也采用预留水平保护层。

(5)采用反铲、装载机挖装，自卸汽车运至指定渣料场。

梯段开挖：石方开挖主要采用 JK590D 型钻机钻孔，钻孔直径 90 mm，爆破孔间距 3 m，排距 2.5 m，采用直径 70 mm 药卷装药，预裂孔间距 1 m，采用导爆索串联直径 32 mm 乳化药卷间隔装药，线装药密度为 350 g/m。爆破采用非电毫秒延期微差起爆网路。炮孔角度与坡面坡度相同，炮孔采用梅花形布置。

保护层开挖：建基面保护层厚度暂定为 2 m，采用垂直爆破法施工。采用手风钻钻孔，孔径为 42 mm，孔深 2 m，药卷直径为 32 mm，爆破单耗 0.42 kg/m^3。保护层开挖时要严格控制边线，在施工前由测量人员将设计开挖边线放出，由技术人员按照设计间排距布置孔位，并对施工人员进行交底。

3. 石方开挖施工方法

石方开挖施工工艺如图6-36所示。

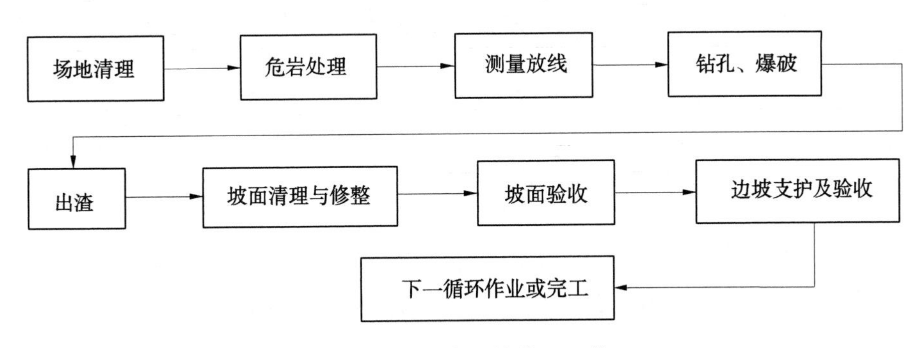

图6-36　石方开挖施工工艺

出渣采用ZL50装载机、CAT320反铲挖装、20 t自卸汽车运输，装渣设备与出渣车辆配套。部分反铲用于清底和修坡。爆破后和出渣过程中安全人员要处理边坡的危石；出渣后利用反铲再次进行安全检查处理，为下一次爆破作业做好准备。

4. 开挖工序控制措施

(1)爆破设计：开挖施工作业前，技术人员根据现场岩石和地质情况借鉴同类工程的爆破参数和现场爆破试验选择合理的爆破参数，确定科学可行的爆破设计方案提交技术负责人批准，报送监理工程师审批后实施；并根据爆破效果不断优化设计方案。

(2)测量放线：测量人员根据监理提供的控制点和施工图控制坐标，定期进行导线校准，本工程开挖每循环进行一次测量放线，画出断面设计线，并提交成果，每5 m测一断面图，导线控制测量及循环施工测量均采用高精度的全站仪。

(3)布孔：现场技术人员根据爆破设计方案及测量放线成果严格布孔，作好布孔记录。

(4)钻孔：钻孔作业人员根据现场技术人员布置在掌子面的孔位进行钻孔，钻孔严格按钻孔要求控制好孔向、孔深等参数，钻孔完成后技术人员按“平、直、齐”的要求进行爆破装药前的钻孔检查，检查无误记录后进行爆破作业。

(5)爆破作业：严格按爆破设计参数及起爆网路在技术人员的监督下，进行装药作业。装药完成后由技术员和专业炮工分区分片检查，连接爆破网路，采用非电毫秒导爆管微差延时网路，撤退设备、材料、人员至安全位置，电起爆，周边光面爆破。

(6)安全处理、清底：爆破后安全人员组织有经验的钻工处理边坡的危石；出渣后利用反铲再次进行安全检查及处理，并利用设备扒除掌子面的积渣，为下一层钻爆作业作好准备，安全检查后需进行随机支护的立即组织支护施工。

(7)爆后检查：爆破出渣后技术人员督促测量队进行断面检查，并记录超欠挖数据，提出整改措施。

5. 石方开挖边坡保护及加固措施

为保证石方开挖边坡的质量，确保施工过程中施工人员及机械设备的安全，开挖过程中须采取相应的边坡保护及加固措施。

(1)边坡开挖前，详细调查边坡岩石的稳定性，对设计开挖线以内有不安全因素的边坡，进行处理和采取相应的防护措施，山坡上所有危石及不稳定岩体均撬挖排除。

(2)随着开挖高程下降，及时对坡面进行测量检查以防止偏离设计开挖线，避免在形成高边坡后再进行处理。

(3)对于边坡开挖出露的软弱岩层和构造破碎带区域,严格按施工图纸和监理工程师的指示进行处理,并采取排水或堵水等措施。

(4)采用预裂爆破施工技术,控制爆破药量以保护边坡。

(5)在开挖施工期间,定期对边坡的稳定进行监测,若出现不稳定迹象时,及时通知监理工程师,并立即采取有效措施确保边坡的稳定。

6. 岩面保护和超欠挖控制措施

(1)每层开挖出渣后,及时对欠挖的边坡进行修整,对于土质边坡,开挖完成后迅速对坡面处理,并做好截、排水沟施工,防止雨水浸蚀,损坏坡面。

(2)选用经验丰富、技术熟练的操作手进行边坡预裂孔钻孔,严格控制钻孔质量。

(3)采用预裂爆破和光面爆破技术,对马道、水平建基面采用预留保护层。

(4)开挖前认真做好爆破方案设计,做好光面和预裂爆破参数设计,并先进行爆破试验,以选择和确定合理的爆破参数,获得平整的开挖面。

(5)采用先进的测量仪器和先进的测量控制手段,提高观测效率、观测质量。所有测量设备检验合格才能使用,控制测量和施工测量采用全站仪进行。测量作业由富有经验的专业人员进行测量放线、复测。

(6)除经监理专门批准的特殊部位开挖外,永久建筑物的基础开挖均在干地中施工。

(7)采取措施避免基础岩石面出现爆破裂隙,或使原有构造裂隙和岩体在自然状态下产生不该有的恶化。

(8)临近建基面,预留岩体保护层,保护层厚度按图纸要求。

(9)紧邻水平建基面的保护层开挖采用沿建基面进行水平光面爆破,上部采用浅孔台阶爆破。

(10)基础开挖后表面因爆破振松(裂)的岩石、表面呈薄片状和尖角状突出的岩石,以及裂隙发育或具有水平裂隙的岩石均需采用人工清理,如单块过大,可用单孔小炮爆破。

(11)开挖后的岩石表面干净、粗糙,岩石表面无积水或流水,所有松散岩石均予清除。

(12)基础开挖后,如基岩表面发现基础缺陷,则按监理的指示进行处理,包括(但不限于)增加开挖、回填混凝土等,根据监理要求进行基础的补充勘探工作。

(13)建基面上无反坡、倒悬坡、陡坎尖角。结构面上的泥土、锈斑、钙膜、破碎和松动岩块以及不符合质量要求的岩体等均采用人工清除或处理。

(14)建基面无欠挖,开挖面严格控制平整度,欠挖部分按监理指示予以清除。

(15)在工程实施过程中,依据基础石方开挖揭示的地质特性,需要对施工图纸作必要的修改时,按监理签发的设计修改图执行。

3.1.2.2 开挖爆破专项安全措施

1. 爆破前的准备工作

(1)在爆破作业前,按照业主及监理的相关规定,严格执行相关手续的办理,禁止擅自进行爆破作业。

(2)爆破工作开始前,必须确定爆破影响区域,设置安全警戒人员。

(3)爆破作业必须有爆破设计方案,严格按照爆破设方案计进行爆破作业。

(4)火工材料拉运至爆破现场,堆放在安全、可靠的地方,避免靠近道路及作业机械附近,并有专人看管。

(5)接到业主、监理、生产管理办公室取消爆破作业指令时,必须严格执行。

(6)装药联网区域或出现盲炮时封闭爆破现场,安排专人看守,进行安全警戒。

(7)爆破安全警戒严格按照"谁爆破、谁警戒,谁施工、谁警戒"的原则设置爆破安全警戒人员、爆破警戒线和警示标识。

(8)爆破作业人员、安全员、警戒人员按要求着装(穿反光马甲或佩戴袖标)。

(9)火工材料发放人员、爆破作业人员、爆破作业安全员持证上岗。

(10)爆破作业前上报监理爆破部位、区、层,一次爆破量、时间,避炮区域,批准后按回执意见执行;同时通知相邻有关单位做好避炮工作。

2.爆破后的安全检查

(1)爆破作业后,经过5~15 min(根据钻孔、装药情况而定)后才允许爆破员进入爆破作业地点进行检查。

(2)进入作业地点进行必要的检查,检查内容:①盲炮;②作业面是否稳定。

(3)检查认为爆破作业面安全后,经爆破施工负责人同意,方可重新开始作业。

(4)对检查发现的不安全因素进行处理;发现盲炮或怀疑有盲炮,立即报告,并采取必要的安全措施。

处理盲炮时,无关人员不得在场,并在危险区边界设警戒,危险区内禁止进行其他作业。

禁止直接拉出未起爆的火工材料(雷管、炸药卷等)。

电力起爆网路发生盲炮时,须立即切断电源,并及时将爆破网路短路。

盲炮处理后,仔细检查爆破作业面,收集残余的火工品(收集的残余火工品可直接销毁或采取其他有效措施)。

未判明爆破作业面有无残留的火工品前,应采取防范措施。

每次处理盲炮,必须由处理者填写登记卡片,说明产生的原因、处理的方法和结果、预防措施。

3.爆破振动控制措施

(1)通过现场爆破试验,优化爆破设计,严格控制最大一段装药量,确保爆破质点振动速度不超标。

(2)根据被保护对象的允许质点振动速度、距被保护对象的距离、岩土性质和爆破条件等,确定最大一段装药量。

(3)爆破施工中,采用预裂爆破、微差爆破等爆破技术。

(4)采用爆破振动监测仪,对质点振动速度进行监测。

(5)爆破振动控制。根据爆破试验结果严格控制爆破单响。

执行严格的施工工艺。临近边坡时,加强对前排临空面的清理,保证前排抵抗线不大于设计值,保证前排在爆破时能及时推出,减少爆破后冲。

保证炮孔的钻孔质量。在炮孔深度、倾角和方位角方面严格控制精度,避免因抵抗线不一致而导致爆破振动增大的情况发生。

在起爆网路设计上,尽量错开炮孔之间的起爆时差,同时,起爆网路的正后冲方向避开保护物。

4.爆破飞石控制及防止坍塌事故措施

(1)采用控制爆破技术,选择与保护对象呈尽可能大的角度作为主爆破方向,采用缓冲爆破,多钻孔、少装药、孔内不偶合装药,达到弱松动的效果。

(2)要求严格控制飞石方向及距离的特殊部位,在爆破区表面加炮被,控制飞石。

(3)按设计装药量、装药结构进行装药,堵塞要密实,堵塞长度要够。

(4)采用宽孔距、小抵抗线深孔梯段微差挤压爆破,减少飞石。

(5)在开挖后的边坡上设置观测点,并由专人按时监测。

(6)在明挖作业开工前,对坡顶设计线上面的高边坡进行检查,如发现不安全因素,要提前处理,并将坡顶设计线外的浮石、杂物清除干净。

(7)施工机械设备颜色鲜明,灯光、制动、作业信号、警示装置齐全可靠。

(8)爆破作业工区内,工程爆破作业周围300 m区域,不设置非施工生产设施。对危险区域内的生产设施和设备采取有效的防护措施。

(9)爆破危险区域边界的所有通道设置明显的提示标志或标牌,标明规定的爆破时间和危险区域的范围。

3.1.2.3　质量保证措施

1. 预裂孔钻孔质量保证措施

(1)为了保证边坡预裂取得良好的质量,首先保证预裂孔钻孔质量,施工时采取以下措施。

孔位:由于边坡坡面有一定的坡度且爆破后的岩面高低不平,由测量逐孔施放开孔孔位。

倾角:钻孔的倾角用特制量角器校正。

倾向:在测量放孔位的同时对应放出各孔的方位点。

钻机:采用导向性好的 JK590D 型钻机,支钻牢靠、稳定。

校正:在方位点吊垂线使钻杆的方向在孔位与方位的垂面内。

钻孔过程中的校正:当孔深钻至 0.2~0.3 m 时,须校正 1 次,防止因振动滑移;当钻孔至 1~3 m 须再次校正,在整个钻孔过程中勤校正,确保钻孔质量。

孔深调整:钻孔终孔时,吹孔,逐孔检测深度,并予以调整,确保底面平整;用钻孔侧斜仪进行抽查,作好施工记录;对不合格的孔重新钻孔。

钻孔孔径;台阶爆破不大于 150 mm;紧邻保护层的台阶爆破及预裂爆破、光面爆破不大于 110 mm;保护层爆破不大于 50 mm。

(2)预裂孔造孔严格执行“三定(定人、定机、定位)”原则,每台钻机必须编号,根据每次爆破区域预裂孔数分区段固定钻机、钻工、质检人员。每次上钻前由施工队进行责任分区(根据每次爆破设计中预裂孔数量及资源设备配置情况进行合理分区),并将分区表上报质量部门,三检人员及监理签发《石方明挖准钻孔证》后方可开钻造孔。

(3)造孔过程当中,由现场二、三检人员按照分区表进行检查落实。一、二检人员必须认真如实填写《预裂孔造孔作业工序过程控制质量检查表》及《岩粉记录表》,并由三检人员检查填写情况。三检人员对造孔过程进行巡视检查,并单独填写《预裂孔造孔作业工序过程控制质量检查表》,质检人员及现场监理工程师随机检查填写情况。

(4)以分区表中的预裂孔孔号段为考核单位,二、三检人员根据爆破区域进行考核。

(5)每次开挖面揭露后由质量部门组织现场三级质检人员及相应的钻工根据实物质量进行检查统计,对考核结果进行通报。

2. 石方开挖技术保证措施

(1)施工前、施工过程中根据招标文件提供的地质资料等结合现场实际情况,及时制订施工计划、实施方法和措施,配备人员、机械等,理清施工中每道工序的先后顺序及实际所需时间,绘制出形象直观的循环作业图表,向各工序作业人员交底,并印发至每个作业人员手中,便于作业人员掌握,做到心中有数。

(2)为避免对边坡的破坏,保证开挖边坡稳定和平整,对于满足深孔梯段爆破条件所有边坡及结构面均沿设计线进行预裂,采用 JK590D 型钻机钻孔以保证精度,预裂孔孔径 90 mm,采用低爆速炸药,药卷直径 32 mm;在预裂孔前排钻设缓冲孔,预裂孔及缓冲孔爆破装药结构作专门设计。主爆区采用 JK590D 型钻机钻孔,孔径为 90 mm,药卷直径 70 mm,延长药包毫秒微差、梯段爆破;根据现场岩石状况及时调整爆破参数,保证石渣的块度满足挖装要求。

(3)对于不具备深孔梯段爆破条件的部位采用手风钻进行开挖。

无论采用何种开挖爆破方式,钻孔均不得钻入建基面。

(4)预裂爆破、梯段爆破和特殊部位的爆破,其参数和装药量应遵守相关规范的要求,并通过专项爆破试验,提交监理批准。

(5)对爆破空气冲击波和飞石应做好控制防护措施,以免危及机械设备和人身安全。

3. 工艺及外观质量管理

(1)必须重视工程的施工工艺及外观质量,加强对技术革新、新工艺推广等方面的力度,提高工程的整体水平。

(2)技术部门对合同文件中规定的重要部位的工艺及外观质量制定施工措施,经质量部门及相关部门审议通过,上报监理单位批准后方可进行现场施工。新工艺的采用必须经过相关工艺试验达到设计要求并经过业主、设计、监理等单位多方认可后,方可在现场施工中应用和推广。

(3)在施工项目外观质量检查方面,如外观质量不能达到设计要求,必须进行消缺处理,直至满足设计要求;质量等级评定中外观质量达不到合同要求的工程,质量等级不得评为优良工程。

3.1.2.4　进度保证措施

(1)统一调配施工机械和人员。

(2)将生产任务安排至班组,按周进行进度奖罚,超前奖励,拖后处罚。

(3)对关键部位或环节设专职领导,跟踪督促检查。

(4)工程技术人员现场值班,及时解决施工难题,根据实际情况,优化施工方案。

(5)及时联系监理工程师组织验收。

(6)多与其他标施工单位协商,将施工干扰减小到最少。

(7)所配备机械设备已能满足施工强度要求,加强对车辆进行检修及维护、保养,设专人对出渣道路进行维护,充分发挥机械效率。

(8)对各时段施工道路设专人进行交通指挥(重要路口进行交通管制),以保证高强度运输道路的畅通。

3.1.2.5　降排水措施

1. 雨季施工措施

(1)雨季到来之前修好施工便道并保证畅通。

(2)雨季施工前,对施工场地原有排水系统进行检查,必要时增设排水设施,保证水流畅通。在施工场地周围结合永久结构物加设截水沟,防止地表水流入场内。

(3)及时了解天气预报,观察天气变化情况,合理规划作业区间及机动工程。

(4)雨季施工时,特别是雷暴天气,加强对供、配电设施及用电器材等的维护管理,防止因雷击、漏电等发生人员伤亡或设备损坏等事故。

(5)边坡按设计坡度自上而下开挖,雨期开挖注意边坡稳定,加强对边坡的监测,并随时核对其坡度是否合乎设计要求,做好防护,使边坡在雨水冲刷时,能保持稳定。

(6)采用防水爆破材料,雷暴天气不进行大爆破施工,中小型爆破采用非电起爆方式。

2. 施工期临时排水措施

在需要排水的开挖区和堆渣、弃渣区设置临时性的地面排水设施,以排除流水和积水,并做好基坑和边坡的排水。施工区排水遵循“高水高排”的原则,高处水不应排入基坑内。

3. 永久性山坡截水沟排水

在建筑物永久边坡开挖前,按施工图纸和监理的指示,在永久边坡大规模开挖前先开挖好永久边坡上部的山坡截水沟,以防止雨水漫流冲刷边坡。

4. 坡面、坡脚排水

永久边坡面的坡脚以及施工场地周边及道路的坡脚,均开挖排水沟槽和设置必要的排水设施,及时排除坡底积水,保护边坡的稳定。

5. 集水坑(槽)排水

对可能影响施工及危害永久建筑物安全的渗漏水、地下水或泉水,就近开挖集水坑和排水沟槽,并设置足够的排水设备,将水排至不会回流到原处的适当地点。不将施工水池设置在开挖边坡上部,以防由于渗漏水引起边坡滑动或坍塌。

3.1.2.6　文明施工措施

(1)在工程施工期间,项目部将做到全员持证上岗,服装整洁统一。

(2)施工现场整洁明亮,标志齐全美观,晴天不扬尘,雨后不积水,材料堆放整齐有序,设备停放整齐划一,施工工艺科学合理。

(3)每个施工面施工结束后及时清理现场,并做到工完、料尽、场地清,各种垃圾及时清理和运出。

(4)各部位值班室、施工通道、爬梯、防护栏杆等设施严格按照安全环保办规定的尺寸结构进行装设。

(5)修建临时性厕所,定人、定时清扫。

(6)施工区、生活区张挂安全警示与文明施工的标牌。

(7)在施工过程中采取有效措施进行钻孔降尘。

①钻孔过程中对钻孔的降尘措施如下:自带和可安装吸尘装置的钻孔设备,钻孔时采用吸尘装置进行除尘,施工时,加强设备保养,确保吸尘装置完好,以减少施工中的粉尘污染。

不能安装吸尘装置的设备,钻孔时采用湿式钻孔,或在孔口部位喷水雾进行降尘。

②工作面上的降尘处理。开挖工作面上的施工作业主要有液压钻钻孔、高风压钻机钻孔、装药爆破、推渣、挖装等,是扬尘产生的主要来源。液压钻配置有自动捕尘装置,工作面上的降尘主要为处理爆破、挖装及推渣施工过程中产生的粉尘。

钻机自带吸尘装置和不自带吸尘装置,采用湿式钻孔控制粉尘,采用人工喷雾幕法或工作面喷雾器法进行降尘。

③坡面上的扬尘处理。采用从高位水池供水,接水管安装水枪,配专人喷洒水降尘,达到降尘效果。在爆破后的爆渣上安排专职洒水人员进行洒水,使爆渣在翻渣前湿度增大,降低扬尘。

④道路上的扬尘处理。道路上的扬尘主要由于场内施工道路干燥,针对施工设备在行驶中产生的扬尘,处理方式为定时对场内施工道路洒水湿润,减少粉尘。

3.1.2.7　主要资源配置

1. 主要机械设备配置

开挖主要机械设备配置见表 6-41。

表 6-41　　主要施工机械设备配置

序号	设备名称	型号	单位	数量	说明
1	履带式潜孔钻	JK590D	台	1	
2	手风钻	YT-28	台	12	
3	反铲挖掘机	CAT320	台	3	与土方开挖共用
4	装载机	ZL50	台	2	与土方开挖共用
5	自卸汽车	20 t	台	9	与土方开挖共用
6	油动空压机	21 m^3/min	台	3	
7	洒水车	8 t	台	1	与土方开挖共用

2. 主要劳动力配置计划

主要劳动力配置计划详见表 6-42。

表6-42　主要劳动力配置计划

序号	工种	人数
1	管理人员	3
2	技术员	2
3	质检员	3
4	安全员	2
5	测量员	4
6	爆破员	2
7	钻工	14
8	电工	2
9	司机	15
10	空压机工	3
11	普工	15
合计		65

3.1.3　土石方填筑施工技术

3.1.3.1　施工程序

土石方填筑施工工艺流程如图6-37所示。

3.1.3.2　现场生产性试验

回填料填筑工程开工前，按照相关规范要求进行碾压试验，验证回填料的压实能否达到设计要求的最低干密度和设计相对密度。

1. 碾压试验的目的

确定施工压实参数，包括铺料厚度、碾压机械类型、压实遍数、压实方法等。

2. 碾压试验内容

(1)进行土料摊铺方式和碾压试验，并进行含水量调整试验。

(2)按设计图纸规定的碾压机械类型、重量和行车速度，进行铺料厚度、碾压遍数和填筑含水量的比较试验。检测各种参数下压实土的干密度和含水量。

(3)土料碾压试验后，检查压实土层之间以及土层本身的结构状况。如发现疏松土层、结合不良或发生剪切破坏等情况时，分析原因，提出改善措施。

3. 碾压试验的准备工作

(1)熟悉填筑料的要求和压实标准。

(2)制定碾压试验大纲，确定试验要求和内容。

(3)选定试验场地。

(4)根据施工使用的机具类型，备齐试验所用的设备、工具、器材，并逐一详细检查。

4. 试验步骤

(1)平整压实场地：对试验场地进行平整处理，另外对试验场地的基面进行振动压实处理，基层的密度至少要与待测试铺层的密度相同，以减少基层对碾压试验的影响。

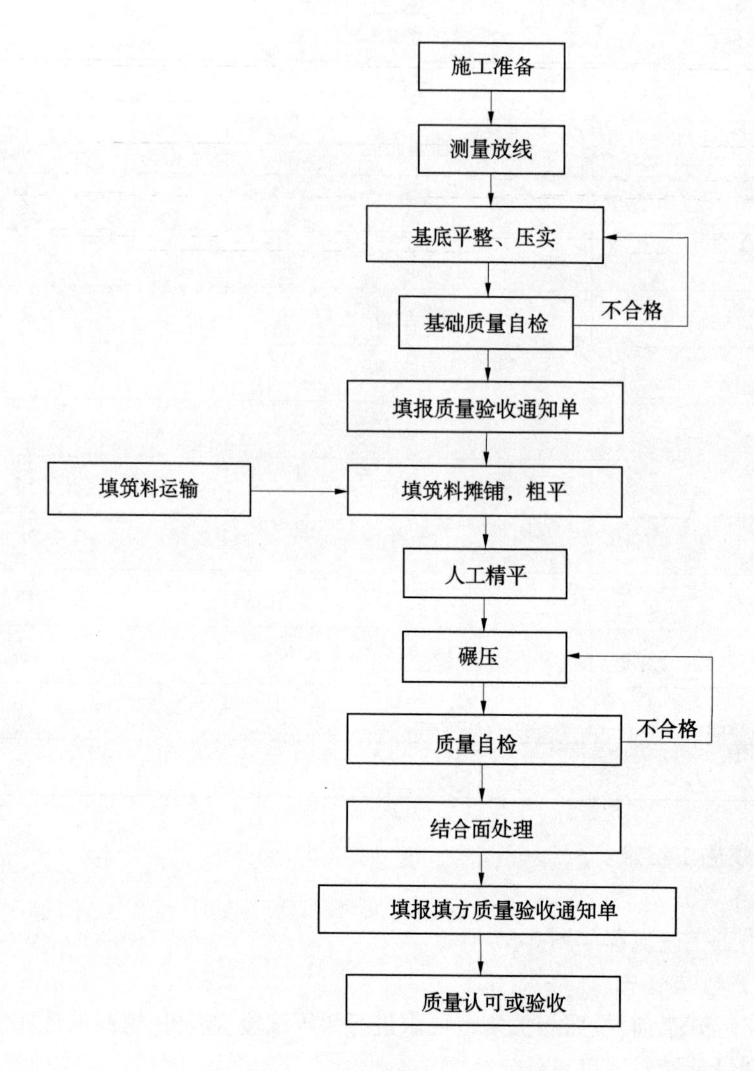

图 6-37　土石方填筑施工工艺流程

(2)检测振动碾工作特性参数(碾重、振动频率、振幅等),并作好详细记录。

(3)填筑铺料:按计划的铺层厚度,进占法铺料,推土机平整。

(4)布置方格网点:在各试验区布置 1.5 m×2.0 m 的网格,以测量压实沉降量,并在填筑区外设置控制基桩。在各单元的网格测点上以颜色标记并编号,用水准仪测量其初始厚度和相对高程。

(5)碾压:分别按核定的碾压行车速度、碾压遍数、含水量或加水量进行试验。

(6)取样检查:取样测定压实密度,各试验单元压实密度均以 2 个试样的平均值为试验值。

5. 试验结果整理

(1)以铺层厚度 H_1 为参量,绘制压实沉降值 h 与碾压遍数 N_i 的关系曲线。

(2)以铺层厚度 H_1 为参量,绘制干密度 γ_d 与碾压遍数 N_i 的关系曲线。

(3)经过计算,绘制孔隙率 n 与碾压遍数 N_i 的关系曲线。

(4)绘制各试验单元的填筑石料碾压前后的级配曲线。

(5)在最优参数组合条件下,绘制压实密度与加水量的关系曲线。

6. 碾压参数的选定

根据碾压试验结果,结合工程具体条件,确定碾压参数及压实方法,并编制试验报告报监理工程师审批。

3.1.3.3　施工方法

(1)土石方填筑施工结合土方开挖进行。填筑作业包括挖运、卸料摊铺、洒水、碾压、质检等主要工序,为提高施工效率,避免各工序相互干扰,采用流水作业法组织施工;在填筑段达200 m后,把填筑面按基础轴线方向适当划分出多个作业区段,依次完成填筑的各道工序,使填筑面上所有工序能够连续进行,以实现高强度填筑施工。施工时,在各作业区之间画线作为标志,并保持平起上升,避免产生超压或漏压等情况。

(2)填筑工程施工前进行碾压试验,验证回填料的压实能否达到设计要求最低干密度和设计相对密度。根据试验结果与监理共同研究确定施工压实参数,包括铺土厚度、碾压机械类型、压实遍数、压实方法等。如试验时质量达不到设计要求,会同监理和设计共同商议解决办法。

(3)填筑施工分段长度200 m,填筑施工采用分层填筑、碾压的方式进行。填筑前按设计要求清除表层土,采用碾压设备进行碾压并进行基础面压实度检测,经监理工程师验收合格后进行填筑。填筑过程中,分段碾压时,相邻两段交接带碾迹彼此搭接,碾压方向搭接长度不小于1.5 m,垂直碾压方向搭接宽度为0.5 m;具体填筑厚度根据现场填筑工艺试验确定。每层回填完成后,进行压实度检测,检测结果符合要求并经监理工程师签证后进入下一道工序。

(4)作业面分层统一铺盖,统一碾压,严禁出现界沟。

(5)相邻作业面碾迹搭接宽度:平行轴线方向不小于0.5 m,垂直轴线方向不小于1 m。机械碾压不到的部位辅以夯具(人工或机械),采用连环套打法夯实,夯迹双向套压,夯迹搭压宽度不小于1/3夯径。

(6)每一层按规定的施工压实参数施工完毕后,经监理检查合格后才能继续铺填。

(7)压实体不出现松土、光面等不良现象。监理检查不合格时,返工处理,经检验合格后方可铺新料。

(8)相邻作业面宜均衡上升,以减少施工接缝。

(9)斜坡结合面上,随填筑面上升进行削坡直至合格层。压实时跨缝搭接碾压,搭压宽度不小于1 m。

(10)边角部位及无法采用振动碾施工的部位,采用蛙式打夯机夯实。

(11)建筑物周边回填。建筑物周边采用小型压路机和蛙式打夯机压实。填筑过程中尽量使各填筑段平起上升,避免形成高差,以便于机械化快速施工,因填筑施工分期计划需要形成台阶时,在填筑前先进行分缝处削坡处理,挖除松散填筑料,并与填筑层同层碾压,使新旧料结合密实。

(12)填筑碾压单元分界处理。填筑过程中存在填筑结合部位,若形成一定的高差,在这些部位施工时,首先要求预留坡的坡比符合相关规范要求,在此基础上进行削坡处理,利用反铲将松料挖下铺平,然后碾压,或填筑新料时,靠近先填筑坡脚处留一沟槽,边修坡边填至预先留下的沟槽中,同时采用台阶收坡法,填筑新料时用碾压机具进行骑缝碾压。

(13)压力管道周边填筑两侧均匀上升,压力管道两侧及管顶0.7 m范围内石渣填筑采用小型压路机和蛙式打夯机进行压实处理,管顶0.7 m以上采用12 t无振动压路机平碾。

3.1.3.4　特殊天气条件下填筑施工

特殊情况施工是指冬季和雨期施工。土石方填筑受气候影响较大,冬季和雨期一般不进行填筑施工。

根据填筑料含水量随时调整加水量,同时做好填筑面的防护工作。

负温下填筑时,铺筑厚度减半,碾压遍数增加,采用不加水的方法进行施工,下雪时,填筑立即停工,复工时须将填筑面积雪、冻块清理干净,为防止土料在负温时出现冻块,影响填筑质量,铺料、碾压等作业安排紧凑,尽可能在白天气温较高时进行。

干旱天气对土料填筑的直接影响就是土料含水率损失较快、土料干松难以压实。在干旱天气保证满足土料的压实干密度和最优含水率,采用土料堆存场进行洒水调整,改变土料含水量,并用塑料帆布覆盖,保持土料含水率。

3.1.3.5 粗砂回填

粗砂回填主要是指压力钢管四周的粗砂保护层回填,粗砂由20 t自卸车运输至现场,反铲配合人工摊铺,采用平板振捣器和人工夯打相结合的方式。

施工工艺流程:基底清理→检验填料质量→分层摊铺→洒水、压实→验收。

(1)回填前将基底杂物清理干净。

(2)回填砂分层摊铺,一般情况下平板振捣器每层摊铺厚度为200~250 mm,人工打夯不大于200 mm。每层摊铺后及时进行平整。

(3)回填砂每层夯打3~4遍,夯夯相连,在夯实前进行洒水湿润,以增强夯实效果。

(4)压力钢管两侧回填砂与石渣同步填筑,且钢管两侧同时回填,砂的高程不大于一层填筑高度。

(5)每层回填完成后,按相关规范规定及时进行取样,达到要求后再进行下一层的回填。

3.1.3.6 回填质量检查保证措施

根据本工程地形条件及土石方填筑工程施工特点,为确保填筑施工质量,特制定以下质量保证措施:

(1)严格按照设计图纸、修改通知、监理工程师指示及有关技术规范进行施工。

(2)采用先进的激光测量仪测点放线,严格控制填筑边线轮廓尺寸。

(3)填筑施工前,精心进行填筑施工组织设计的编制和填筑碾压参数的设计,以确定合理的含水率、铺料厚度和碾压遍数等参数并报经监理工程师审查批准,具体的实施过程中再通过和现场碾压试验不断优化调整,使其尽量达到最优。

(4)配备足够的专业人员和先进的设备,严格控制各种填料的级配并检测分层铺料厚度、含水率、碾压遍数及干容重等碾压参数,保证在填筑过程中严格按照制定的碾压参数和施工程序进行施工。

(5)碾压施工过程中要严格按照相关规范规定或监理工程师的指示,进行分组取样试验分析,施工未达到技术质量要求不得进行上面一层料物的施工。

(6)雨天施工还要做好防雨措施,确保填筑施工质量。

(7)各个备料场及装载不同种类料物的车辆均挂设醒目的标牌,并由专人指挥,防止不同种类的物料相互混杂和污染。

(8)对填筑的全过程实行全面质量管理,杜绝质量事故发生,确保施工质量。各填筑材料在填筑施工时,每层压实经取样检查合格后,方可继续铺土填筑。填筑以控制压实参数为主,并进行取样试验,每层按规定参数压实后,即可继续铺料填筑。

3.1.3.7 施工安全保证措施

根据本工程实际情况及土石方填筑工程施工特点,为保证填筑施工安全顺利进行,特制定以下安全保证措施:

(1)严格按照有关安全操作规程、技术规范、修改通知及监理工程师指示精心组织施工。

(2)填筑施工自下而上分层进行,严禁使用自上而下或其他违反常规施工程序的施工方法。

(3)填筑施工前必须在边坡的顶部及开挖范围线以外挖设边坡截水沟,有效拦截排除边坡范围以外的地表水、渗水、积水等,防止水流冲刷造成边坡垮塌或坍滑。

(4)在填筑边线以外部位设置安全可靠的防护栏杆和挡石栅等,防止落石伤人或坠落事故的发生。

(5)对从事机械驾驶的操作工人必须进行严格培训,经考核合格后方可持证上岗。

(6)在施工过程中,随时对边坡等部位出露的渗水、软弱夹层、剪切破碎带等地质缺陷部位进行稳定性监测,一旦出现裂缝或滑动迹象,立即暂停施工,会同地质及监理工程师等进行检查研究处理。

(7)所有工序的施工严格遵守有关安全操作规程和技术规范,严禁违章违规施工。

(8)在整个施工过程中,必须由经验丰富的安全检查人员随时对各施工机械、车辆的状况等进行检查监督,严禁施工机械带病施工,同时对各种事故隐患提前进行检查清除,防患于未然,将各种事故隐患消灭在萌芽状态之中。

(9)加强水文气象预报,储备足够的度汛抢险物资材料,一旦发生超标洪水,确保所有施工机械设备及人员安全快速地撤退转移。

(10)对施工全过程进行严格的安全管理,杜绝安全事故的发生,确保施工安全。按期完成建设任务。

3.1.3.8　进度保证措施

(1)建立健全组织机构,配备足够的技术、生产、管理人员,严格实行激励奖励机制。

(2)配备足够数量性能好、容量大、效率高的机械设备,并加强对这些设备的管理、维护和保养,确保其保持良好的状态投入运行。

(3)精心制订施工组织设计,并在实践过程中对施工方案不断地进行优化调整,使实施的施工方案安全可靠、切实可行、经济合理且快速高效。

(4)对施工场地、附属设施及施工道路等进行合理的规划和布置,为大型机械设备的运行和高强度的施工创造有利条件。

(5)加强与业主、监理及设计单位的配合,充分领会业主、监理和设计的要求和设计意图,根据施工实际情况,提出优化施工或设计的合理化建议。

3.1.3.9　主要的施工机械和劳动力计划

1. 主要施工机械设备配置

主要施工机械设备配置见表6-43。

表6-43　土石方填筑主要施工机械设备配置

序号	设备名称	型号及规格	数量/台	说明
1	振动碾	12/20 t	2	
2	手扶式振动碾	CB-700	2	
3	装载机	ZL50	2	与开挖共用
4	反铲挖掘机	CAT320	3	与开挖共用
5	推土机	TY220	1	与开挖共用
6	自卸汽车	20 t	9	与开挖共用
7	洒水车	10 t	2	与开挖共用
8	蛙式打夯机	HW-70	5	
9	平板振捣器		8	

2. 施工人员配置计划

拟投入本工程的主要施工人员见表6-44。

表 6-44 土石方填筑劳动力计划

序号	工种	人数/人	说明
1	管理人员	2	
2	技术员	2	
3	质检员	3	
4	安全员	2	
5	试验员	4	
6	测量员	4	
7	汽车司机	20	含重机司机
8	普工	25	
合计		62	

3.1.4 混凝土工程施工技术

3.1.4.1 施工程序

混凝土浇筑施工工艺流程如图 6-38 所示。

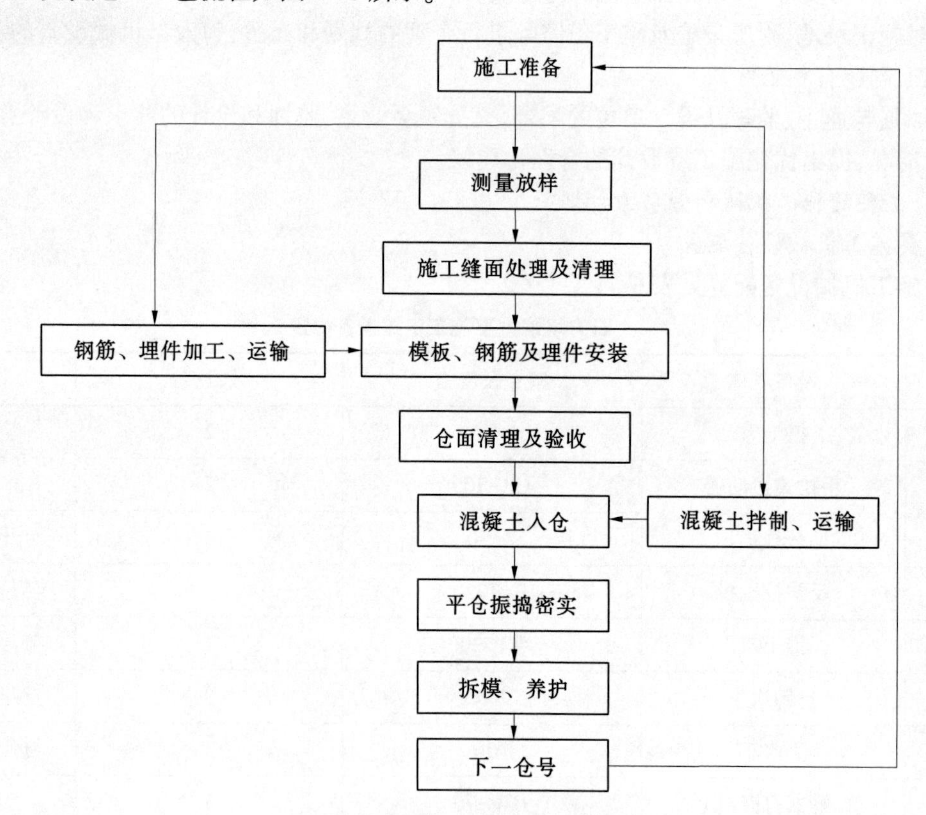

图 6-38 混凝土浇筑施工工艺流程

3.1.4.2 混凝土配合比设计及优化

对各种不同类型结构物的混凝土配合比通过试验选定,试验遵循《水工混凝土施工规范》(DL/T 5144—2015)有关规定进行。同时使混凝土具有足够的和易性,并满足所要求的强度及其他耐久性指标,提高混凝土抗裂能力,降低水化热温升。为保证混凝土施工质量,降低工程造价,根据招标文件要求,严格进行配合比设计、优化等相关工作,从而提出满足本标段工程混凝土主要设计指标及施工工艺要求的施工配合比。

1. 混凝土配合比试验项目

根据本标段主机间、安装间、副厂房、压力前池、溢流堰、进水口闸、压力钢管、尾水池、退水渠、退水闸、消力池及厂坪等部位的混凝土设计要求，将在室内进行大体积混凝土、结构混凝土、回填混凝土、预制混凝土、泵送混凝土及喷射混凝土等混凝土配合比的设计及相关试验，并不断对各品种配合比进行优化。

2. 混凝土施工配合比的选定

1)混凝土施工配合比选定原则

常态混凝土、特种混凝土配合比设计方法均采用绝对体积法。混凝土配合比在满足混凝土有关抗压、抗渗、抗冻和抗裂等主要设计指标、强度保证率、均质性指标和施工和易性的同时，采取相应措施，使混凝土用水量最小，合理降低水泥用量，以利于温控防裂。

在试验前28 d书面通知监理工程师，待取得28、90、180 d试验成果，各项技术指标满足设计要求，递交符合要求的书面报告，报请监理工程师审批后，作为施工用混凝土配合比用于现场混凝土浇筑。

2)混凝土配合比设计用原材料检验

混凝土配合比设计用原材料中的水泥、粉煤灰、细骨料、粗骨料、水及外加剂检验按国家有关标准及规定进行，同时满足招标文件有关要求。在混凝土配合比试验前进行水泥、粉煤灰、细骨料、粗骨料、水及外加剂等用于混凝土的原材料的全面检验，待检验符合有关要求后进行混凝土配合比设计。配合比设计中所用原材料的来源保证事先得到监理工程师的认可。

3)混凝土配合比设计步骤

根据设计要求的混凝土强度、耐久性等指标，通过水胶比与抗压强度的关系试验，粉煤灰不同掺量试验及混凝土拌和物性能试验等选定粉煤灰掺量，选择混凝土的水胶比，根据设计坍落度、粗骨料最大粒径，选择混凝土所需单位用水量，并计算胶凝材料用量，采用绝对体积法计算各类骨料用量，同时确定其他外掺料用量，通过试拌和调整确定施工用混凝土配合比。

4)常规混凝土施工配合比选定

常规混凝土施工配合比根据混凝土设计主要技术指标，同时结合施工图纸要求和监理单位指示，通过室内试验进行设计，待试验成果出具时及时报送监理单位审批，以确定常规混凝土施工配合比。

试验遵循混凝土配制强度$f_{cu,0}$大于设计强度$f_{cu,k}$的原则，按下列公式计算混凝土配制强度。

$$F_{cu,0}=f_{cu,k}+t\times\sigma$$

式中　$f_{cu,0}$——混凝土配制强度；

$F_{cu,k}$——混凝土设计强度；

t——概率度系数(大体积混凝土：保证率90%，$t=1.282$；构件混凝土：保证率95%，$t=1.645$)；

σ——混凝土强度标准差(C18030、C18035的$\sigma\leqslant4.5$ MPa，C18040、C18045的$\sigma\leqslant5.0$ MPa)。

常规混凝土施工配合比参照类似工程的配合比并结合混凝土设计技术指标进行，或按监理单位指示进行选择。

根据混凝土试验成果向监理单位提交选用材料及其产品质量证明书，试件的配料、拌和、外形尺寸，试件的制作和养护说明，试验成果及其说明，不同水胶比与不同龄期的混凝土强度曲线及数据，不同掺合料掺量与强度关系曲线及数据，各种龄期混凝土的重度、抗压强度、抗拉强度、抗渗等级、抗冻等级、绝热温升、比热、导热系数、极限拉伸值、弹性模量、泊松比、坍落度和初凝及终凝时间等试验资料。

根据混凝土设计指标及设计参数等，结合类似工程中使用的混凝土配合比，拟定提出满足设计技术指标要求的几种主要的常规混凝土施工配合比，对施工过程中所需的砂浆和富浆混凝土配合比结合常规混凝土设计指标及常规混凝土施工配合比进行设计。在具体配合比试验中,结合标书设计指标要求进一步优化初步提交的混凝土配合比。

5)特种混凝土配合比设计选定

特种混凝土配合比设计,除满足本节混凝土施工配合比选定中混凝土施工配合比选定原则及有关审批、混凝土配合比设计用原材料检验和混凝土配合比设计步骤要求外,对于不同类型的特种混凝土还要满足各自的特殊要求。根据混凝土设计指标及设计参数等,结合常规混凝土推荐配合比,拟定提出满足设计技术指标要求的几种主要特种混凝土施工配合比,在具体配合比试验中,进行进一步优化。

(1)泵送混凝土配合比。泵送混凝土在配合比设计时要选用减水及保坍等性能优良的泵送剂,以提高混凝土的和易性和流动性,通过试验选取最佳砂率,砂率在40%~45%选用,最大骨料粒径不大于导管管径的1/3,采用二级配骨料,最大粒径为40 mm,并防止超径骨料进入混凝土泵,配合比设计及按规定必须进行的预备试验均在泵浇混凝土前报监理工程师批准,在泵送混凝土配合比选定后不能为提高混凝土的流动性而在泵的受料斗处加水拌和,严格按配合比设定用水量进行拌和。

(2)喷射混凝土配合比。喷射混凝土配合比的设计遵循《喷射混凝土施工技术规程》(YBJ 226—1991)和《水电水利工程锚喷支护施工规范》(SL 377—2007)的要求进行。

水泥品种为普通硅酸盐水泥,掺高效速凝剂,通过试验确定合理砂率,最大骨料粒径20 mm,水泥的掺量根据相关标准及招标文件每立方米喷混凝土掺量在规定范围内根据试验选定。拌和采用先干拌后加水的方式,在试验时提交黏聚性、保水性等资料。

3. 凝土施工配合比的优化

常规混凝土及特种混凝土施工配合比在选定后,在施工过程中根据施工情况及试验成果,尽可能地不断对各类混凝土配合比进行优化,以更好地满足混凝土设计指标,方便现场浇筑施工,提高混凝土抗裂能力,降低水化热温升,使各类施工配合比做到经济合理。

通过混凝土配合比的不断优化,使混凝土中使用水泥用量最小,同时又能满足所要求的强度、抗裂性、耐久性、温控与施工和易性及其他要求。为此混凝土配合比设计优化技术方案为:选用大水胶比,掺较多的粉煤灰,掺用最优的缓凝高效减水剂、引气剂,尽可能降低砂率,调整大骨料比例,采用指定的符合相关规范质量要求的水泥和优质粉煤灰及外加剂。通过这些优化措施的实行从而有效地降低混凝土单位用水量,达到节约胶凝材料用量、节约施工成本的目的。

在进行混凝土配合比优化时,在满足施工图纸要求的混凝土强度、耐久性与和易性的前提下,经监理单位批准,尽可能改善混凝土骨料级配。在混凝土配合比优化过程中,除满足混凝土强度等级、抗冻、抗渗等主要指标外,还需提高施工工艺,不断改善混凝土性能,以提高混凝土抗裂能力。

3.1.4.3　混凝土浇筑

压力钢管底座板按照10 m为一段,一层浇筑完成;1#镇墩按照三层浇筑完成,每层按照2.0~3.5 m分层,其余镇墩分为两层,管底部一层,上部按照一层浇筑完成。下斜段外包按照10 m一段,一层浇筑完成。仓号准备工作完成,保证所有钢筋、预留孔洞、止水材料、埋件及模板的安装符合设计图纸要求,用压力水将仓号冲洗干净后,进行详细的仓面浇筑工艺设计,并填写混凝土仓面浇筑工艺设计图表典型仓面浇筑工艺设计图表报监理工程师验收批准后进行混凝土浇筑。

1. 混凝土运输

混凝土水平运输采用9 m^3混凝土搅拌运输车及15 t自卸汽车,入仓浇筑采用塔机吊3 m^3混凝土卧罐或混凝土泵。混凝土连续、均衡、快速、及时地从拌和站运到浇筑地点,运输过程中混凝土不允许有骨料分离、漏浆、严重泌水、干燥以及坍落度产生过大变化,并尽量缩短运输时间,减少转运次数,减少温度回升。因故停歇过久,已经初凝的混凝土作废料处理。在任何情况下严禁混凝土在运输途中加水后运入仓内。选用的混凝土运输设备和运输能力,与拌和、浇筑能力相适应,确保混凝土入仓的连续性,不合格的混凝土料杜绝入仓。为了防止混凝土离析,混凝土的垂直落距控制在 2.0 m 以内,混凝土料不得冲击模板、模板拉杆、钢筋及仓内其他预埋件等。运输工具投入运行前及使用后须经全面检修及清洗。

2. 混凝土铺料方法

根据仓号的特性,混凝土浇筑仓面采用平铺法或台阶法浇筑,在倾斜面上浇筑混凝土时,从低处开始浇筑,浇筑面保持水平。混凝土坯层厚度依据来料强度、仓面大小、气温及振捣器具的性能,按 30~50 cm 控制。基岩面上浇筑第一层混凝土前,铺设同等级一级配混凝土,水平施工缝面上的第一坯混凝土浇筑,采用一级配相同等级的混凝土,厚度不小于 20 cm,或采用铺砂浆,其厚度不超过 2 cm。铺设工艺必须保证新浇混凝土能与基岩或老混凝土结合良好。

3. 混凝土平仓振捣

混凝土平仓采用振捣棒配合人工铁锹平仓方式,混凝土的振捣采用手持式振捣棒和软轴振导棒结合振捣。塔机吊罐卸料后,先进行平仓,再用振捣设备振捣密实,对面积较小的仓位、模板周边、钢筋密集的部位采用手持式软轴振捣棒振捣。止水片、止浆片部位采用人工辅助平仓,无论采用何种方式均必须先平仓后振捣,严禁以平仓代替振捣。振捣时振捣棒离模板的距离不小于 0.5 倍有效半径,两振捣点的距离不大于振捣器有效半径的 1.5 倍,下料点接茬处和下料接头处适当延长振捣时间加强振捣,以保证此处混凝土振捣密实,接茬处结合良好。浇入仓内的混凝土应及时平仓振捣,不得堆积,仓内若有粗骨料堆积时,将堆积的骨料均匀散铺至富浆处,但不得用水泥砂浆覆盖,以免造成内部蜂窝。

在止水(浆)片和埋件周围施工时,人工将大粒径骨料剔除,人工辅助平仓后用手持式振捣棒振捣密实,模板、止水(浆)片和埋件周围要适当延长振捣时间,加强振捣。

4. 混凝土浇筑收面

混凝土浇筑前,仓内四周每隔 3 m 标识仓面收仓线,上下游面模板加收仓高程压条,严格控制收面高程。同一仓号有不同标号的混凝土时,标出混凝土分区线,并挂牌示意。收面时仓内脚印、棒坑及时用木制抹具抹平,并根据下一层仓号需要埋设锚钩、插筋等,为下一层混凝土浇筑创造条件。

5. 拆模养护

仓号混凝土浇筑完成 12~18 h 后进行洒水养护,高温季节可提前洒水养护,养护期间保持仓面湿润。混凝土达到强度要求时开始拆模,并开始下一仓号的准备,拆模时注意保护好混凝土边角,以免影响混凝土外观质量。

3.1.4.4　模板工程

1. 模板施工

施工程序:模板设计、制作→测量放线→运输→安装→模板校正及复测→涂刷脱模剂→混凝土浇筑→拆模及维护→下一循环。

1)各种定型钢模板制作和运输

模板结构由工程部设计,金属结构厂加工。模板完成后在金属结构厂进行整体组装,将组装好的模板利用装载机挑运至现场,运输过程中采取措施防止模板变形。

2)模板安装和拆除

模板安装时(特别是对不装修混凝土表面),第一层模板采用测点放线控制统一的起始高程线,模板下口及模板间使用高压缩橡胶带,以保证缝面严密,浇筑不漏浆。拆模时利用塔机配合起吊进行拆模。每次拆模后用电动软钢刷清理模板面,并及时涂刷脱模剂,木模板面烤涂石蜡,以使拆模后模板内表面光滑无损伤。

不承重侧面模板在混凝土强度达到其表面及棱角不会因拆模而造成损伤时,方可拆除,墩、墙和柱部位在其强度不低于3.5 MPa时方可拆除。承重模板的拆除时间必须满足相关规范要求,板、梁的承重模板和其支撑系统根据板、梁的跨度大小,待混凝土具有相关规范要求的相应强度之后,方可拆除。

2. 模板工程质量保证措施

(1)模板和支架材料的设计制作优先选用钢模板及钢支撑,使其刚度、表面平整度及密封性满足要求,制作时为保证精度,较精密的部件委托专业生产厂家加工。

(2)模板安装时,第一层模板采用测点放线控制统一的起始高程线,模板下口及模板间使用高压缩橡胶带,以保证缝面严密,浇筑不漏浆,每块模板之间接缝,平整严密不漏浆。立模时要逐层校正上下层偏差,以免产生错台。预埋在下层混凝土中的定位锥、预埋环等锚固件位置准确,锚固可靠。

(3)混凝土浇筑过程中,设置专人负责检查盯仓,紧固拉杆螺栓,防止模板跑模及监控承重支架稳定性。

(4)模板根据不同部位,在混凝土达到规定的强度后才能拆除,拆模时要采用措施,不损伤混凝土及模板。

(5)拆模时要爱护面板,严禁野蛮拆卸,防止硬物打击和划伤面板。

(6)模板拆立后要用电动钢刷或小铲对面板进行认真清理,并涂刷好脱模剂。

3.1.4.5　钢筋工程

钢筋原材料的采购必须是合格产品,要有出厂材质检验单。根据有关规定,钢筋按要求进行进厂材质检验和验点入库,禁止不合格钢筋进入工地。

1. 钢筋加工

钢筋加工在钢筋加工厂进行,严格按照设计图纸及遵循DL/T 5169—2013下料加工,钢筋加工采用钢筋剪切机和钢筋弯曲机进行,钢筋的连接采用手工电弧焊或剥肋直螺纹套筒连接。钢筋加工完毕经检查验收合格后,根据其使用部位的不同,分别进行编号、分类,并挂牌堆置在仓库(棚)内,露天堆放垫高遮盖,做好防雨、防潮、除锈等工作。

2. 钢筋运输

加工成形的钢筋采用厂内汽车吊配合8 t汽车运输。在运输过程中采用钢支架加固,防止钢筋变形。钢筋运至现场由塔机吊运入仓。

3. 钢筋安装

为了节省工期,保证工作效率,需加强钢筋安装工艺控制和采用新技术钢筋连接。

钢筋安装顺序:测量放点→制作架立筋→钢筋绑扎焊接→依据图纸检查钢筋根数、间距、型号→验收。

钢筋安装前经测量放点制作架立筋以控制高程和安装位置,根据间距在架立筋上画好线,将加工好的钢筋按所画线位进行人工绑扎。钢筋的弯折、端头和接头连接的加工遵守《水工混凝土钢筋施工规范》(DL/T 5169—2013)的规定。钢筋安装的位置、间距、保护层及各部分尺寸,严格按施工详图和有关设计文件进行,其安装偏差遵守《水工混凝土施工规范》(SL 677—2014)的有关规定。除非得到监理工程师的批准,钢筋的安装不得与混凝土浇筑同时进行。现场焊接或绑扎的钢筋网,其钢筋交叉点的连接按50%的间隔绑扎。安装钢筋时,两根钢筋之间的局部缝隙不得大于3 mm。为保证保护层的厚度,可在非过流面部位钢筋和模板之间设置强度不低于设计强度的预埋有铁丝的混凝土垫块,并与钢筋扎紧。垫块相互错开,分散布置。过流面部位采取其他必要措施保证混凝土保护层厚度。安装后的钢筋加固牢靠,在混凝土浇筑过程中安排专人看护经常检查,防止钢筋移位和变形。

4. 钢筋接头连接

现场钢筋的连接采用手工电弧焊焊接和机械连接，对于能够采用机械连接的部位，优先考虑机械连接。

（1）剥肋直螺纹套筒连接与传统的焊接方式相比，具有接头强度高、连接速度快、应用范围广、适应性强、性能稳定、经济成本低、提高现场文明施工等优点。在沙坡头水电站工程和三峡厂坝工程中，为提高施工工艺和施工质量，经过反复比较、筛选和认真研究，最终大量采用剥肋直螺纹套筒连接法。采用机械连接时将所使用的连接材料、工艺、规格及连接方法等报经监理工程师审批，并进行接头工艺试验，合格后才能用于现场施工。

（2）现场钢筋的连接若采用手工电弧焊焊接，满足以下条件，钢筋直径<28 mm时，采用搭接焊焊接，单面焊一条焊缝，焊缝长度不小于钢筋直径的10倍，双面焊两条缝，焊缝长度不小于钢筋直径的5倍。钢筋直径≥28 mm时，采用绑条焊接，单面焊两条焊缝，焊缝长度不小于钢筋直径的10倍，双面焊四条缝，焊缝长度不小于钢筋直径的5倍，焊缝总长度：搭接焊为10d，绑条焊为20d。焊缝高度为被焊钢筋直径的0.3倍但不小于4 mm。焊缝宽度为被焊钢筋直径的0.7倍但不小于10 mm。钢筋与钢板连接时，焊缝高度为被焊钢筋直径的0.35倍，但不小于6 mm，焊缝宽度为被焊钢筋直径的0.5倍，但不小于8 mm。钢筋焊接电焊条均采用J506。钢筋直径<25 mm时，可视不同部位采用绑扎接头。

（3）钢筋接头分散布置，配置在同一断面内的受力钢筋，其接头截面面积占受力钢筋总截面面积的百分率：电弧焊和机械连接接头在受弯构件的受拉区不超过50%，在受压区不受限制；绑扎接头在构件的受拉区不超过25%，在受压区中不超过50%。焊接与绑扎接头距钢筋弯起点不小于10倍钢筋直径，也不位于最大弯矩处。电焊工均持有相应电焊合格证件。

5. 质量保证措施

（1）钢筋在储存及运输过程中避免锈蚀和污染，钢筋堆置在仓库内，露天堆置时，要垫高并加遮盖。

（2）钢筋的代用必须经监理工程师批准，并遵守技术规范规定。

（3）钢筋加工首先对钢筋调直和清除污染，切割和打弯可在加工厂或现场进行。采用弯曲机打弯，不允许加热打弯。

（4）钢筋的安装，一般采用现场人工绑扎，绑扎前要放点划线，以保证安装位置准确；并采用架立筋固定，在混凝土浇筑过程中及时检查防止变动。

（5）钢筋接头，组织技术工人持证上岗，按不同部位、钢号选用焊条、焊机及焊接工艺，保证焊接质量。

3.1.4.6　预埋管件施工

预埋管件的规格、类型、布置以及止水材料埋设等严格按施工详图执行，并分别进行编号、分类、挂牌。安装后的管路、埋件、止水等加固牢靠。

（1）各种管路和部件的加工和安装按施工图纸或监理工程师指示进行，加工完成后，逐件清点检查，合格后方可运送现场安装。

（2）预埋钢管时，管路转弯处使用弯管机加工或用弯管接头连接，在弯管与直管段接头处进行仓面固定，并对管口妥善保护，防止堵塞。

（3）为防止浇筑中由于混凝土的挤压致使管路变形，将管路整体加固连接。伸出混凝土的管头必须加帽覆盖或用其他方法加以保护或以监理工程师满意的方法予以保护。在混凝土浇筑过程中，安排专人看护，并对管口进行可靠的封闭和标记。

（4）为方便后期金属结构和设备等的安装，在前期混凝土中预埋一期埋件。各种埋件及插筋在埋设前，将其表面的浮锈、油渍、浮皮等污物清除干净。埋件的规格、数量、位置、总长和出露部分的长度以及安装的误差符合设计文件的规定,并加固牢靠,以防止混凝土浇筑过程中发生移位及偏斜。

(5)铜止水在现场焊接成整体,接头处用煤油做渗漏检查后,凹槽内镶嵌氯丁橡胶棒,依据测量放点定位,用钢筋架立固定。

3.1.4.7 施工缝面处理

在分层的上层混凝土浇筑前,对下层混凝土的施工缝面,按监理工程师批准的方法进行冲毛或凿毛处理。

1. 水平施工缝面处理

(1)水平施工缝主要是用人工凿毛的方式进行处理。

(2)表面处理要做到表面无松动、无灰浆浮渣、无乳皮及污染,以露出粗砂粒或小石为准,但不需挖除表面粗骨料,然后用水清洗。在混凝土浇筑前,清洗过的混凝土表面或其他待浇混凝土的表面,若已被灰尘及其他垃圾污染,在浇筑前重新清洗。

2. 垂直施工缝面处理

垂直施工缝面主要包括二期混凝土外露面和各仓号的施工横缝缝面等,垂直施工缝面在清理之前采用人工进行凿毛,并对过缝拉杆割除,然后人工或压力水清除表面附着的灰浆和其他杂物,洗净缝面。

3. 清除废物的弃置

在施工缝面处理中产生的废水、废渣,其处理时要不污染建筑物表面,不影响暴露的建筑物表面的美观性。废水、废渣不得进入预埋的管路内。

3.1.4.8 建基面处理

在进行混凝土浇筑前,及时组织人力、机械、工器具,对建基面进行如下处理:

(1)清理虚渣、撬挖松动岩石。

(2)清除岩石表面钙质、绿苔。

(3)对于建基面出现的与设计不符的地质状况,必须经四方联合确定处理方式并立即处理。

(4)建基面具备验收条件时,申请现场监理工程师,由现场监理工程师组织设计、业主、监理等单位相关人员,对建基面进行联合验收。联合验收合格后,可进行下道工序。

3.1.4.9 止水施工

1. 止水材料

1)止水铜片

止水铜片是由符合设计要求的铜片加工而成的。止水铜片表面光滑平整,并有光泽,表面的浮皮、锈污、油漆、油渍均清除干净。如有砂眼、钉孔予焊补,如有撕裂,采用与翼缘等宽的母体材料进行单面搭接焊(如有条件时进行双面搭接焊),搭接长度不小于 100 mm,四周接触面均须满焊。止水铜片的厚度、宽度及形状满足设计要求,止水铜片凹鼻内要填满泡沫板条及氯丁橡胶棒,按照《水工混凝土施工规范》(DL/T 5144—2015)的有关规定执行。

2)橡胶止水带

橡胶止水带是由符合设计要求的复合材料与普通橡胶止水带复合而成的,其断面符合施工图要求,尺寸允许偏差:宽度为 2 mm,厚度为 1 mm。橡胶止水带符合《水工建筑物止水带技术规范》(DL/T 5215—2005)所要求的性能。每一批止水带均有分析检测报告。橡胶止水带的物理性能指标参照《高分子防水材料 第 2 部分:止水带》(GB 18173.2—2014)。

2. 铜止水加工

依据施工详图的规格在加工厂采用特制专用模具一次压制成形。不同厚度的止水铜片加工后,进行挂牌标记,以示区别和便于安装。止水铜片牛鼻子的凸出部位,不刷油漆。

3. 止水安装

橡胶止水片、塑料止水片及铜止水按设计位置跨缝对中进行安装，并用拖架、卡具定位，确保在混凝土浇筑过程中不产生移位和变形。拉筋、钢筋或其他钢结构与止水不相互碰接。

(1)在施工过程中采取适当的支撑和防护措施，防止止水片损伤和位移。止水片破损后按监理工程师的指示予以修补或更换。

(2)橡胶止水连接采用硫化热粘接(搭接长度不小于10 cm)，并按照制造商的说明书进行加热拼接。接头逐个进行检查，不得有气泡、夹渣或假焊。

(3)止水铜片按其厚度分别采用咬接或搭接连接，搭接长度不得小于20 mm。咬接或搭接必须双面焊接(包括"鼻子"部分)。不得铆接，也不得采用手工电弧焊。焊接接头表面光滑、无砂眼或裂纹，不渗水。在工厂加工的接头抽查，抽查数量不少于接头总数的20%，在现场焊接的接头，逐个进行外观和渗透检查合格。止水铜片安装准确、牢固，其鼻子中心线与接缝中心线的允许偏差为±5 mm，定位后在鼻子空腔内填满泡沫板条及氯丁橡胶棒。

(4)竖直止水铜片与水平塑料止浆片连接时，先用一段水平铜片与竖直止水铜片形成丁字接头，再用水平铜片与塑料止水带连接，紫铜与塑料连接接头形式采用双搭接(俗称塑料包紫铜)，连接方法为热粘铆接，搭接长度不小于35 cm。

(5)十字、丁字接头需按施工图纸规定在工厂加工制作，确需在现场加工时，严格控制焊接质量。

(6)水平止水片(带)上或下50 cm范围内不设置水平施工缝。如无法避免，应采取措施把止水片埋入。

(7)必要时对止水片(带)接头进行强度检查，接头处的抗拉强度不低于母材强度的75%。

(8)在混凝土浇筑前将止水片上所有的油迹、灰浆和其他影响混凝土黏结的有害物质清除。止水周围的混凝土应加强振捣，使混凝土和止水结合完好，避免留下孔隙等渗水通道。

4. 质量控制措施

(1)止水(浆)片两侧的模板采用定型模板并加固牢固，避免模板变形导致错台和漏浆。

(2)浇筑过程中，禁止混凝土下料直接冲击止水(浆)片，导致止水(浆)片移位、变形。

(3)浇筑过程中，禁止踩踏水平止水(浆)片，及时清除其上部的杂物。

(4)浇筑过程中，人工剔除止水(浆)片周围混凝土料中的大粒径骨料，并采用小型振捣器振捣密实，振捣过程中防止振捣器直接触及止水(浆)片，导致止水(浆)片移位。

(5)浇筑过程中设专人巡视检查，如发现问题及时进行处理。

(6)对混凝土块暂不上升的竖向铜止水，采用木板夹护，避免意外折断。

3.1.4.10　预制混凝土

1. 施工布置

预制混凝土在预制厂进行预制生产，混凝土由9 m³混凝土搅拌车运至预制厂，25 t汽车吊配混凝土吊罐入仓或搅拌车直接入模浇筑，各种预制件按照不同区域预制生产，制作预制混凝土构件的场地平整坚实，并设置预制台座，场地设置排水设施，保证制作构件时不因混凝土浇筑振捣而引起场地的沉陷变形。

2. 预制混凝土施工

(1)施工工序：场地清理→钢筋制安→立模→混凝土浇筑→厂内堆放、混凝土养护→出厂验收。

(2)仓号准备工作完成后，检查所有钢筋、埋件及模板的安装均符合设计图纸，构件浇筑完成后，标明构件型号、制作日期、名称、安装位置等。每块预制件的浇筑都必须一次完成，不允许间断。

(3)预制混凝土构件的模板采用组装式定型钢模，模板的材料及其制作、安装、拆除等工艺符合质量规定，模板有足够的承载力、刚度和稳定性，构造简单、支撑拆除方便，模板接缝不漏浆，与混凝土接触面平整光洁。

(4)预制混凝土浇筑采用分层浇筑法,每层控制在40~50 cm,施工时采用附着式振动器和振捣棒(D35和D50),插点为阵列式均匀进行,D50振捣棒插点间距为50 cm内,D35振捣棒插点间距控制在30 cm内,附着振动器振动时间为1~2 min,振捣棒的移动距离一般为50 cm,振捣棒振动时间为20~30 s。

3. 运输、堆放及吊运

运输:预制混凝土构件的强度达到《混凝土结构工程施工质量验收规范》(GB 50204—2015)规范要求以上,方可对构件进行装运。卸车时注意轻放,防止碰撞。

堆放:堆放场地平整坚实,堆放不得造成混凝土构件损坏,堆垛高度考虑构件强度、地面耐压力、垫体强度及稳定性。

吊运:吊运构件时,其混凝土强度不低于施工图纸规定的吊运强度要求,吊点按施工图纸的规定设置,起吊绳索与构件水平面夹角不得小于45°,运输及吊装设备满足荷载要求,预制构件采用汽车吊配合塔机吊装,预制梁根据自重、吊装距离及高度选择相符合的汽车吊或履带吊吊装,起吊大型构件和薄壁构件时,注意构件变形,防止发生裂缝和损坏,起吊重大件的吊运安全措施,提交监理工程师批准。

3.1.4.11　混凝土养护

1. 养护方法

混凝土养护主要采用洒水的方法,使混凝土表面在满足相关规范要求的时间内保持长时间湿润。

(1)人工洒水:机动灵活,可以用于所有混凝土施工部位,也便于控制洒水量。

(2)表面覆盖:为减轻人工洒水劳动强度和减少养护用水量,采用表面覆盖保湿的方法进行养护,覆盖材料可采用市场上常用的养护毯,洒水量以保持养护毯湿润为准。

2. 养护时间

混凝土连续养护时间不少于28 d,或养护到新混凝土浇筑的时候。设计有特殊要求的部位延长养护时间。混凝土在浇筑完毕后6~18 h开始洒水养护,使混凝土表面经常保持湿润状态。对于顶部表面混凝土,在混凝土能抵抗水的破坏之后,立即覆盖持水材料使表面保持潮润状态,侧表面在模板拆除之前及拆除期间都尽可能保持潮湿状态,其方法是让养护水流从混凝土顶面向模板与混凝土之间的缝渗流,以保持表面湿润,直到模板拆除,并转入正常养护状态。

3. 养护其他要求

养护用水使用水质应满足相关规范要求,水中不含污染混凝土表面的任何杂质,养护弃水妥善引排至集水坑集中排除。用于养护的设备应处于常备状态,以便在实际需要时可立即使用。混凝土养护由专人负责,并作好养护记录。

3.1.4.12　混凝土雨季施工措施

混凝土在雨季施工时,采取以下有效措施进行防护工作,尽量避免或减小降雨对工程质量、进度和安全方面造成的影响。

(1)正在浇筑的仓号若遇小雨时,用不透水的彩条布或防雨布覆盖,继续进行混凝土入仓和平仓振捣工作,实验室人员要加强仓面混凝土取样检测,并及时联系调整混凝土坍落度,保证浇筑质量。

(2)浇筑过程中的仓号遇中雨时,立即用防雨布覆盖,防雨布接头搭接严密、不透水,必要时采用粘结或缝合的方法将各仓面防雨布连接成整体。中雨浇筑时,实验室人员同样要加强现场监测,及时联系拌和楼对混凝土出机口坍落度进行调整。此外,浇筑过程中派专人用小型真空泵将防雨布顶面的降雨积水排出仓外,条件允许时,也可在模板的特殊部位留排水孔进行积水排除。

(3)中雨以上的天气不新开混凝土浇筑仓号,有抹面要求的混凝土不在雨天施工。正在浇筑的仓号遇大雨时停止浇筑,并及时平整仓面,将已入仓的混凝土振捣密实,然后全仓面覆盖,并随时将积水采用人工或真空泵排出仓外。停浇后的混凝土缝面,视降雨时间长短和混凝土面初凝情况,按监理要求进行处理,采取雨后继续浇筑或停浇按工作缝处理。

(4)混凝土运输车辆设帆布防雨棚,防止雨水灌入,运输路段的陡坡、急弯处除限速慢行外,还必须有防滑措施。

(5)现场堆放的钢筋、钢管或其他金属埋件提前覆盖,防止雨淋生锈。

(6)基础部位正在准备的仓面若遇降雨天气,设临时土石围堰防止周围雨水流入基础面,并用防护材料对已清理的基础面进行必要的覆盖,避免雨水浸泡基础面后二次清理工作对施工进度的影响以及工程量的增加。

(7)现场施工供电设施要防护完好,照明灯具、配电盘等设专门的防雨罩,防止雨淋后发生漏电、短路、损坏等现象。

(8)所有部位降雨积水妥善引排至集水坑,用水泵集中抽排,防止四处漫流。

(9)边坡设钢丝防护网,防止坡面流水将松动石块、石渣等冲入仓内。

(10)及时了解天气预报,合理安排施工,减少降雨对施工进度、质量及安全方面的影响。

3.1.4.13　混凝土高温期施工措施

(1)要求拌和楼提供满足设计要求的混凝土。

(2)对吊罐、搅拌运输车和自卸车等混凝土容器进行遮阳隔热,有效控制混凝土在运输途中的温度回升,浇筑过程中在混凝土振捣密实后立即覆盖养护毯养护。

(3)加强管理,加快施工速度,最大限度地缩短高温季节混凝土浇筑覆盖间歇时间。

(4)避开高温时段浇筑。

(5)保持符合设计要求的合理的层间间歇时间,利用较多的散热面进行自然散热,进一步降低混凝土水化热温,从而有效降低混凝土最高温度。

(6)专人负责测温,加强温度监测,并做好测温记录。

3.1.4.14　混凝土低温期施工措施

1. 覆盖保温

冬季尽量不进行混凝土施工,对入冬之前浇筑的混凝土,如龄期尚未满足过冬的要求,采用模板外侧覆盖一层保温被或聚氯乙烯卷材进行保温。模板外侧的保温材料要紧贴模板,不留空隙。通过覆盖保温措施可以使混凝土缓慢冷却,在受低温冲击之前达到相关规范所要求的混凝土强度。

边角部位的保温层厚度为其他部位厚度的2~3倍,混凝土结构有孔洞的部位用棚布封堵进行挡风保温,防止冷空气对流。

覆盖保温的材料在低温或寒潮期不得拆除或移走,脱落、翻卷张开以及损坏的保温材料要及时予以恢复和更换。侧面保温材料的拆除时间要满足《水工混凝土施工规范》(SL 677—2015)的有关要求。

2. 拆模时间控制

低温期浇筑的混凝土适当推迟拆模时间5~7 d,同时遵循下列规定:

(1)非承重模板拆除时,混凝土强度必须大于允许受冻的临界强度或成熟度:对于大体积混凝土,不低于10.0 MPa(或成熟度不低于1 800 ℃·h);对于非大体积混凝土和钢筋混凝土,不低于设计强度的85%。

(2)承重模板拆除经过计算确定。

(3)气温骤降期间禁止拆模。

(4)模板拆除后立即进行混凝土表面保护,防止产生裂缝。

3.1.4.15　混凝土表面工艺

1. 常见混凝土表面处理

(1)为确保混凝土外观质量,对混凝土外露面的拉杆头、错台、挂帘、蜂窝、麻面、气泡密集区、小孔洞、单个气泡以及混凝土表面残留木块、砂浆块、布条等进行处理。

(2)外露表面缺损、表面裂缝等缺陷,均修补和处理以免影响外观。

(3)混凝土外露面残留钢筋头、管件头根据现场施工情况割除。

2. 混凝土表面缺陷处理方法及要求

1)混凝土表面缺陷处理

对混凝土表面的所有缺陷进行修补。修补材料具有抗裂缝性能,能与原混凝土结合良好。修补材料的配比及施工方法须经试验确定。

立模浇筑的混凝土缺陷在拆模后 24 h 内完成修补。任何蜂窝、凹陷或其他损坏的混凝土,缺陷按监理工程师指示进行修补,直到监理工程师满意,并须有详细记录。

修补前必须用钢丝刷或加压水冲刷清除缺陷部分,凿去薄弱的混凝土层面,用水冲洗干净,采用比原混凝土强度等级高一级的砂浆、混凝土或其他填料填补缺陷处,并予抹平,修整部位要加强养护,确保修补材料牢固黏结,色泽一致,无明显痕迹。

混凝土浇筑成形之后,若发现有影响结构性能的缺陷,要及时报告监理工程师,并按照监理工程师的指令进行处理或返工重浇。

2)非模板混凝土结构表面的修整

根据无模板混凝土表面结构特性和不平整度要求,采用整平板修整、木模刀修整、钢制修平刀修整等进行表面修整。

为避免新浇混凝土出现表面干缩裂缝,及时采取混凝土表面喷雾,或加盖聚乙烯薄膜,以保持混凝土表面湿润和降低水分蒸发损失。保湿工作要连续进行。

3)预留孔混凝土

为施工方便或安装作业所需预留的孔穴,在完成预埋件和安装作业后,采用混凝土或砂浆予以回填密实。

回填预留孔用的混凝土或砂浆,要与周围建筑物的材质相一致。

预留孔在回填混凝土或砂浆之前,要先将预留孔壁凿毛,并清洗干净和保持湿润,以保证新老混凝土接合良好。

回填混凝土或砂浆过程中要仔细捣实,以保证埋件黏结牢固,以及新老混凝土或砂浆充分黏结,外露的回填混凝土或砂浆表面必须抹平,并进行养护和保护。

3.1.4.16　质量保证措施

针对本工程外露面多、结构复杂、质量要求高的特点,拟采取以下专项措施进行施工质量控制。

(1)建立完善的质量控制体系,加强职工质量教育、持证上岗及在岗专业技能培训。

(2)加大模板等资源投入,从以下几方面做好模板工程:

①提高定型模板和专用模板的使用率,尽可能不用散模。

②严格进行模板本体的质量控制与检查,对品质不佳的模板应及时撤换。

③模板尽可能采用钢面板,使混凝土平整度得到有效的控制。

④推广采用对拉螺栓等模板附件,减少后期表面处理工作。

(3)细化工艺,对各单元、各工序均制定详细的施工工艺,如仓面工艺设计和模板安装、维护、保管工艺规程等,严格操作执行,并在实践中不断改进。

(4)对浇筑仓面实行严格的盯仓检查,模板、埋件必须由专人看守,模板在浇筑过程中必须挂线检查,严格按仓面工艺设计组织施工。

(5)不断研究开发新技术、新工艺并在施工中推广使用,以期技术进步保证质量。

3.1.4.17　安全保证措施

在混凝土工程施工中,专门成立安全管理办公室,检查督促安全措施的落实,加强现场巡视、监督、检查。对各类人员进行培训,坚持持证上岗。抓好塔机等大型机械安全运行,杜绝高空坠落、电击事件和其他事故。具体措施如下：

(1)进入施工工作面的人员，必须配戴好安全防护用具。

(2)配备专职安检人员，全程监控，及时纠正“三违”作业。

(3)每仓混凝土部位开工前对施工环境条件及安全施工注意事项进行交底。

(4)加强电源及线路的专职管理，保证工作面有充足的照明，上下层作业相互配合，防止坠物伤人，施工脚手架及工作平台要搭设牢固。

(5)配电盘、照明设施等必须安装安全保护装置，在雾季施工时，尤其要加强用电安全管理，保证工作面照明满足安全施工要求。

(6)使用的绳梯、吊索等要有足够的强度，施工人员必须系安全带。加强文明施工，供电、输水管线的布置要整齐有序。

(7)高空作业人员必须佩戴安全绳。

(8)施工平台经常检修，以防止松架倒塌事故。

(9)支、拆模时禁止在同一垂直面内操作，上、下传送模板及工器具时，用绳子系牢后升降，不得乱扔，并设专人指挥。

3.1.4.18　资源配置

1.施工劳动力配置

根据施工总进度计划和施工部位，混凝土主要劳动力配置计划见表6-45。

表6-45　**混凝土施工年度劳动力配置计划**　单位：人

序号	工种	人数			
		2018年	2019年	2020年	2021年
1	技管人员	16	26	26	26
2	钢筋工	10	25	20	10
3	混凝土工	15	36	40	20
4	模板工	10	40	35	30
5	电焊工	5	15	15	10
6	塔机工	0	4	8	4
7	混凝土泵工	0	8	8	4
8	起重机工	2	4	8	8
9	驾驶员	8	20	20	10
10	架子工	4	20	25	10
11	预埋工	0	6	6	3
12	电工	4	4	6	4
13	测量工	6	8	8	5
14	试验工	6	6	6	4
15	修理工	5	5	5	4
16	空压机工	2	4	4	2
17	水泵工	4	8	8	4
18	其他	10	11	11	10
19	普工	15	30	20	20
合计		122	280	274	169

2. 施工机械配置

根据施工总进度计划,混凝土施工主要机械设备配置计划见表6-46。

表6-46 混凝土施工主要机械配置计划表

序号	名称	型号/规格	单位	数量	说明
1	塔机	C7022	台	1	
2		C5015	台	1	
3	混凝土拖泵	HBT60	台	1	
4	汽车泵	SY5310THB40R 490C-8S	台	1	
5	混凝土搅拌运输汽车	9 m^3	台	6	
6	台车	9 m	台	1	泄水槽
7	自卸汽车	15 t	辆	2	
8	洒水车	10 m^3	辆	1	
9	装载机	ZL-50	辆	2	
10	拌和站	HZS75	套	1	
11	手动卧式混凝土吊罐	3 m^3	个	2	
12	手动立式混凝土吊罐	2 m^3	个	2	
13		1 m^3	个	2	
14	插入式振捣器	100型	套	6	
15		80型	套	10	
16	软轴式振捣器	50型	支	20	
17		30型	支	8	
18	平板振捣器	4 kW	个	4	
19	混凝土振捣梁	长6 m	个	1	
20	冲毛机	GCHJ70/70	台	1	
21	轮胎式起重吊车	QY25K5-1	台	1	
22	交流电焊机	BX3-500	台	10	
23		BX6-400A	台	1 023	
24	钢筋切断机	GQ40	台	2	
25	钢筋弯曲机	GW40	台	2	
26	钢筋调直机	GQ6-400	台	1	
27	砂轮切割机	J3GB-400	台	4	
28	钢筋套丝机	TS-40	台	2	

3.1.5 压力钢管施工技术

3.1.5.1 压力钢管制作

1. 压力钢管制造场

压力钢管制造场主要设置有制作下料区、卷制区、纵缝焊接区、加劲环装配区、加劲环焊接区、防腐工作区及成品钢管存放区等,承担全部压力钢管的制作、焊接、防腐及其他小型金属结构制作任务。根据钢管制作工程量和施工进度安排进行电动葫芦门式起重机与卷板机的布置。

2. 钢管制作工艺流程

钢管制作包括直管、弯管、岔管及其加劲环等附件的制作、焊接和防腐等工作。钢管制作工艺流程见图6-39。

3. 原材料

(1)钢板原材料存放于场区钢板存放区,钢板存放时底部浇筑混凝土存放台。钢板按厚度分类存放,设置标识牌,并采取防雨措施,防止钢板锈蚀和变形,材料进场后必须按钢板外形尺寸、厚

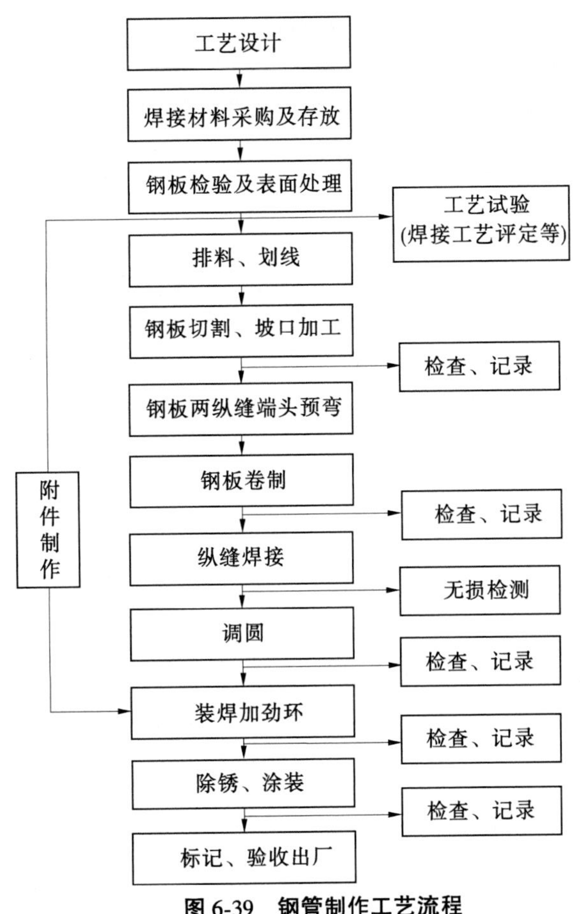

图6-39　钢管制作工艺流程

度、材质整齐堆放,并做好标记、标识,专用专取,严禁乱堆乱放及不按计划随意用料。

(2)焊接材料设专库存放,焊接材料放在货架上,离地、离墙的间距必须在300 mm以上,便于通风,防止吸潮。焊接材料设专人保管、烘烤和发放,并做好实测温度和焊材发放记录。按焊材说明书上的要求严格进行烘烤,烘烤后的焊条、焊剂保存在100~150 ℃的恒温箱内,焊条药皮无脱落和明显的裂纹。

(3)焊接材料都必须具有产品质量合格证。

4. 直管、弯管、岔管主要制作工序说明

1)工艺设计

根据设计文件及施工图纸,按主要施工工序如钢管卷制、焊接、防腐等编制工艺流程及工艺设计,并依此设计钢管加工图,组织相关人员会审后,报送监理人审批。

2)下料及坡口加工

直钢管下料画线时,按图示方向画线取直角下料,以钢板较直的一个长边为基准画两端修边切割线,其放样详图如图6-40所示。

弯管下料放样前先根据设计图纸进行弯管管节的放样展开,待模拟正确后,在图中提取相关弧线的坐标,按坐标放样,弯管展开放样详图如图6-41所示。

岔管放样方法同弯管放样方法,同样是按设计图纸进行岔管管节的放样展开,待模拟正确后,在图中提取相关弧线的坐标,此处不再图示说明。

下料采用半自动切割机进行下料,切割面的熔渣、毛刺用凿子、砂轮机清理干净。所有板材加工后的边缘无裂纹、夹层和夹渣等缺陷。

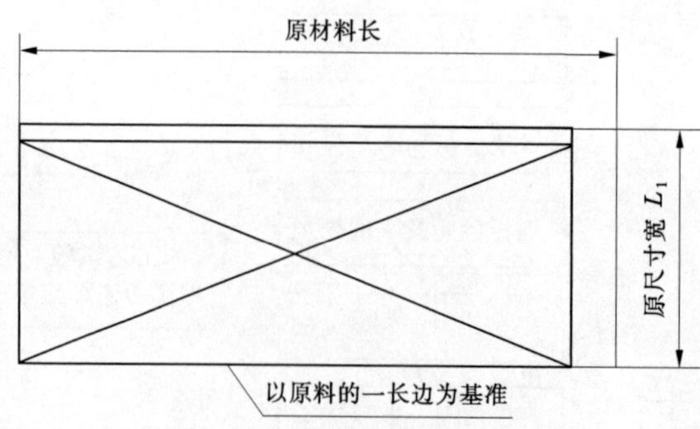

图 6-40　直管放样图示

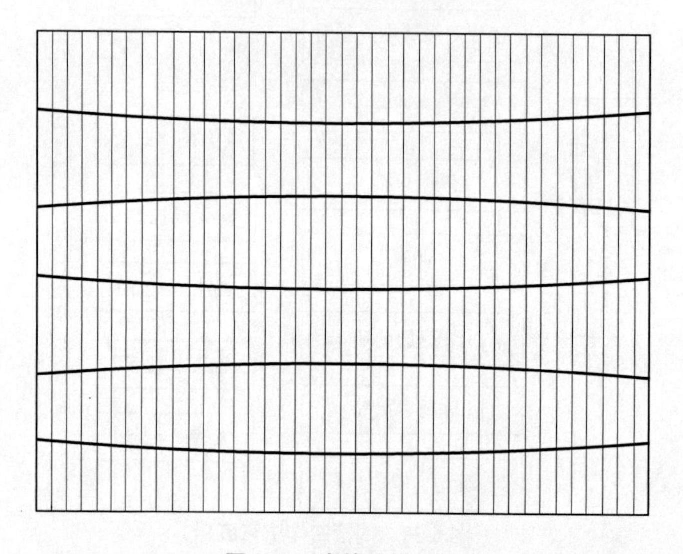

图 6-41　弯管放样图示

焊接坡口严格按设计图纸要求和施工工艺要求加工,加工后坡口尺寸极限偏差符合施工图纸的要求,或符合《气焊、焊条电弧焊、气体保护焊和高能束焊的推荐坡口》(GB/T 985.1—2008)、《埋弧焊的推荐坡口》(GB/T 985.2—2008)的规定。

环向焊缝坡口形式为"V"形坡口,坡口角度为50°,钝边为2 mm;纵缝采用"V"形坡口及"X"形坡口,厚度为14~16 mm的钢板采用"V"形坡口,坡口角度为50°,钝边为4 mm(钢板厚度为14~16 mm),厚度为18~24 mm的钢板采用"X"形坡口,坡口角度为55°±5°,钝边为4 mm。

根据设计图纸要求,按最终确定的排管图,在每一块板上作编号、水流向、水平轴、垂直轴,用钢印、油漆、样冲做标记并在周边坡口处涂刷不影响焊接的车间底漆。

3)钢管卷制

卷制前熟悉有关图样、标准和工艺文件。

卷制前了解有关要求,并对钢板进行检查。

管节卷制前开动卷板机进行空车运转检查,各转动部分运转声音正常,电器开关动作灵敏,润滑好,运转正常后方可进行管节卷制。

卷板时钢板逐渐弯曲卷制成形。

被卷钢板应放在卷板机轴辊长度方向的中间位置,钢板的对接口边缘必须与轴辊中心线平行,锥管、岔管卷制时钢板的素线必须与轴辊方向一致。

卷制时,多次调整上辊向下移动,使钢板弯曲,卷制成筒体。上辊每下降1次需开动卷板机,使工件在卷板机上返卷1~2次。

在每一次调整三辊卷板机上轴辊下移后卷弯时,都需要用样板检查圆弧曲率的大小,以防过量，直至符合样板与瓦片间隙要求。

在卷制过程中，使钢板两侧边缘与轴辊中心线垂直，并经常检查以防跑偏造成端面错口。调整卷板机的轴辊相互保持平行，以避免卷制出的管节出现锥形。

在卷制过程中，钢板必须随着卷板机轴辊同时滚动，不能有滑动现象，如出现滑动立即排除。

钢板卷板控制要求如下：

(1)卷板方向和钢板的压延方向一致。

(2)卷板前或卷制过程中，将钢板表面已剥离的氧化皮和其他杂物清除干净。

(3)卷板后，将瓦片以自由状态立于平台上，用样板检查弧度，其主管间隙不得大于 2 mm；支管间隙不得大于 1.5 mm，主管样板弦长不得小于 1 m，支管样板弦长不得小于 0.5 倍支管直径。

样板与瓦片的极限间隙如表 6-47 所示。

表 6-47　**样板与瓦片的极限间隙**

钢管内径 D/m	样板弦长/m	样板与瓦片的极限间隙/mm
$D\leqslant 2$	0.5D(且不小于 500 mm)	1.5
$2<D\leqslant 5$	1.0	2.0
$5<D\leqslant 8$	1.5	2.5
$D>8$	2.0	3.0

卷板时，不得用金属直接锤击钢板。

瓦片卷制前，用模板预弯端部圆弧。

钢管卷制详图如图 6-42 所示。

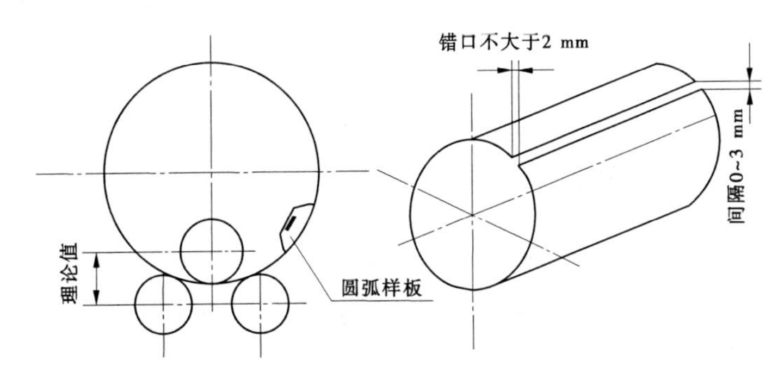

图 6-42　钢管卷制图示

4)纵缝焊接

钢管纵缝在埋弧焊接工位的托辊平台上采用埋弧自动焊机进行焊接。纵缝焊接时，设置引弧和断弧用的助焊板(严禁在母材上引弧和断弧)，定位焊的引弧和断弧应在坡口内进行。纵缝探伤按照相关规范要求选用超声波检测。

5)调圆

纵缝焊接完成后，管件吊到调圆平台，使用米字撑与千斤顶配合调圆。钢管调圆后，各项指标应符合表 6-48 的要求。

6)装焊加劲环

加劲环由 4 片组成，下料用半自动切割机切割，加劲环的内圈弧度用样板抽查，间隙符合《水电水利工程压力钢管制造安装及验收规范》(DL/T 5017—2007)的规定，与钢管外壁的局部间隙应严格控制(不大于 3 mm)，以免焊接引起管壁局部变形。直管段的加劲环组装的极限偏差符合表 6-49 的要求。加劲环与管壁角焊缝的焊接采用手工焊，加劲环的对接焊缝与钢管纵缝应错开 200 mm 以上。

表 6-48 压力钢管制作允许偏差

序号	项目	极限偏差/mm	说明
1	管口平面度	2	
2	相邻管节周长差	10	
3	纵缝对口错边量	10%δ且不大于 2	任意厚度
4	纵缝处弧度	4	样板弦长 500 mm
5	钢管圆度	$3D/1\ 000$	每端管口至少测两对

注:D为钢筋内径,余同。

表 6-49 加劲环组装允许偏差

序号	项目	极限偏差
1	加劲环与管壁垂直度	≤0.02H且不大于 5 mm
2	加劲环组成平面与管轴线垂直度	≤4D/1 000 且不大于 12 mm
3	相邻两环的间距偏差	±30 mm

注:H为钢管长度。

5. 钢管运输

钢管在制造厂内加工完成后存放在钢管成品存放区,待钢管安装时采用运输车运至安装现场指定位置。

(1)支管采用 20 t 运输车运输至支管安装沟底卸料平台处,利用 25 t 或 50 t 汽车吊卸车,吊至管沟底台车上,然后用卷扬机牵引至安装位置,进行安装,支管最大吊重 2.989 t,25 t 汽车吊满足起吊要求。

(2)岔管采用 20 t 超低平板运输车运输至岔管安装位置附近,利用 25 t 或 50 t 汽车吊卸车,然后利用台车、卷扬机将钢管运输至安装位置进行安装。岔管最大吊重 16.068 t,50 t 汽车吊满足卸车要求。

(3)主管采用 20 t 运输车运输至镇墩附近卸料平台处,利用 25 t 或 50 t 汽车吊卸车,同样利用卷扬机和台车将钢管运输至安装位置。

(4)钢管运输装运。钢管运输采用立式运输,立式钢管运输装运托架详图如图 6-43 所示,按图示方法放置于车上后用倒链锁定刹车。

(5)钢管运输安全技术要求:参与施工的吊车司机、起重指挥、起重机械、运输机械操作司机属特种作业人员,必须持有政府主管机构颁发的技能证书和安全操作证书才能上岗操作。

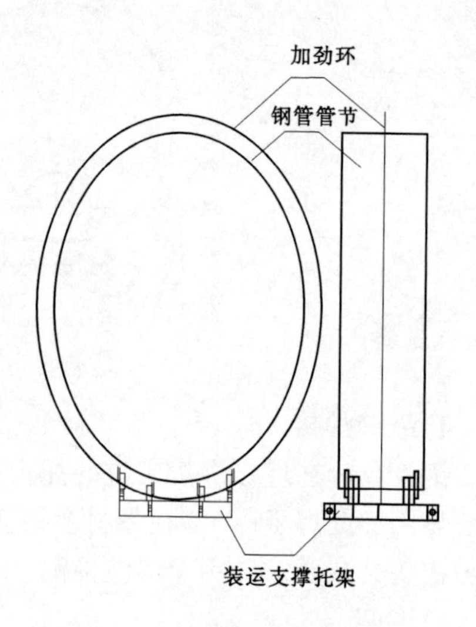

图 6-43 钢管运输装运托架图示

凡用于起重运输作业的车辆、机具、绳索器材、吊具等,在投入使用前应详细检查及检验,并应由责任工程师和专职安全员共同鉴定,确认合格,方可投入使用。

装卸作业时,现场负责人应事先了解设备的形状、重心位置、运输重量、特殊防护要求等参数,使用专用吊具,布设位置应正确,并根据设备运输的特殊要求,结合现场的具体情况,采用正确装卸措施。

钢管在运输台车上搁置时,应尽量保证钢管重心对准车辆承压中心,运输车与钢管之间应有运输托架支撑,同时采用捆绑方式固定,以防滑移。

为确定管道的平面坐标位置及高程,在管道安装前,重新复核管道的中心线及沟底四周的高程、里程及中心,并作好检测记录,对于影响钢管运输进洞部位,与项目部提前做好沟通,确保钢管顺利运输,保证钢管安装按照计划安装完成。

用于测量高程、里程和安装轴线的基准点,均应明显、牢固和便于使用。

安装和验收所用的测量器具遵守 DL/T 5017—2007 的规定。

3.1.5.2　压力钢管安装

1. 钢管安装工艺流程

钢管安装工艺流程如图 6-44 所示。

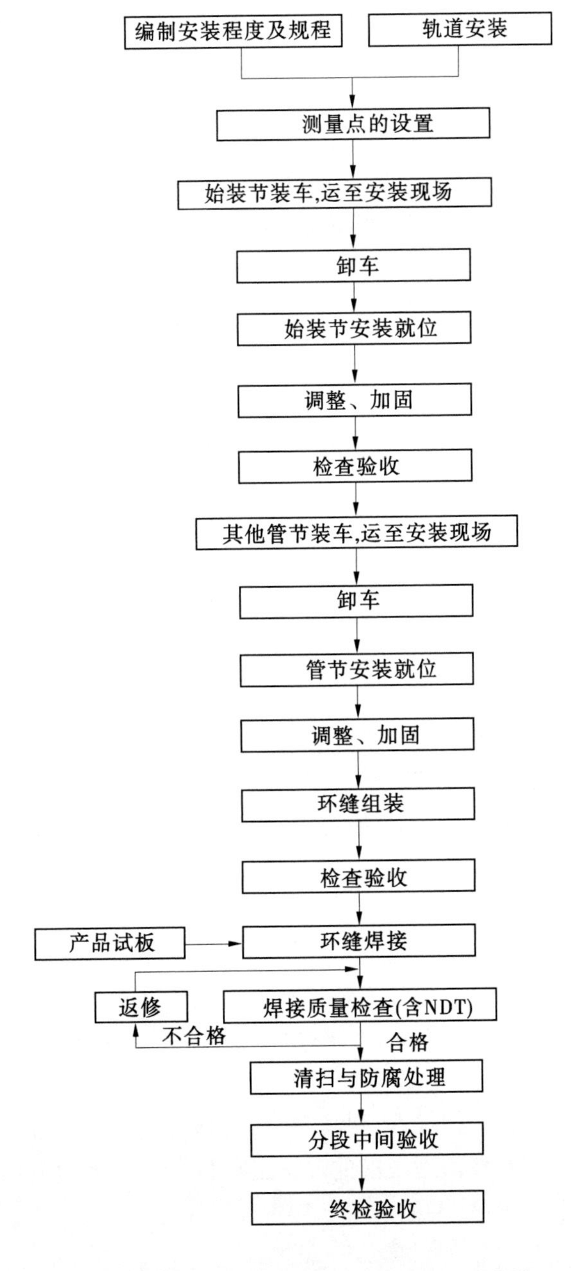

注:中间分段验收长度根据实际安装情况确定。技术要求:钢管安装施工要遵循 DL/T 5017—2007 的规定。

图 6-44　钢管安装工艺流程

2. 钢管安装顺序

钢管安装以镇墩位置管节为定位始装节，待镇墩位置钢管安装完成后，主管从始装节位置依次向上、下游安装，直至主管安装完成。主管安装完成后安装岔管，支管安装从岔管的两个分岔口下口依次向下游安装，直至安装结束。

3. 钢管主要安装工序说明

压力钢管安装严格按设计图纸、有关技术文件及《水电水利工程压力钢管制造安装及验收规范》(DL/T 5017—2007)执行。

4. 安装施工准备

1)运输轨道铺设

钢管安装前在钢管中心线两侧打孔插入 Φ20 锚筋，然后进行轨道铺设，轨道铺设并调平后进行轨道加固。

2)测量控制点设置

根据监理人提供的测量基准点、基准线和水准点，进行钢管安装的控制测量放点工作，在钢管安装部位测放出钢管安装中心线和各管段测量控制基准高程点。

控制点预埋于两侧左右中心高程和管轴线底部的混凝土中用膨胀螺栓及混凝土固结的小铁板或平整的混凝土面上。

控制点线精度是保证安装精度的基础，严格控制在 1 mm 以内；施工期间应注意控制点线的保护，严禁破坏。

5. 安装方法

钢管均为沟底安装，安装前先在沟底铺设轨道，由运输台车将钢管运输至安装位置进行钢管就位。

钢管运输到位后用 4 个 5 t 千斤顶将钢管顶起，退出运输台车，并使用千斤顶调整以进行钢管的安装。

使用千斤顶调整钢管空间位置，符合要求后进行管节的定位加固，然后在管体内使用活动定杆、管外使用千斤顶配合进行环缝的错边量的调整，同时使用千斤顶或手拉葫芦调整环缝间隙，合格后对称进行环缝点固焊接。

始装单元安装后，其里程、高程、中心位置偏差不超过±5 mm。弯管起点的里程偏差不超过±10 mm，钢管的直管、弯管和岔管与设计轴线平行度误差应不大于 0.2%。

始装节安装检查合格后加固复测，确认后方可进行其余管节的安装和加固。钢管安装定位时，不得在钢管本体上焊接脚手架、脚踏板等。

6. 环缝的组装和焊接

与环缝相临的单元调整加固并经检查合格后方可进行环缝的组装。环缝组装前根据制造时所测的管口周长值确定环缝错牙值，并尽量将错牙平均分配在整个环缝周长内。

环缝焊接时采用 4~6 人对称焊接；钢管调整合格后，进行对称加固。

7. 环缝焊接

环缝除图样有规定外，应逐条焊接，不得跳越，不得强行组装。管壁上不得随意焊接临时支撑或脚踏板等构件；环缝焊接严格按监理批准的焊接工艺执行。环缝焊完后进行无损检测及缺陷处理等。

8. 附件拆除

安装完毕，拆除钢管上的工卡具、内支撑和其他临时构件，钢管内壁上残留的痕迹和焊疤应再用砂轮磨平，并认真检查有无微裂纹，发现裂纹应用砂轮磨去，并复验确认裂纹已消除。

9. 环缝及涂层损坏部位补涂

在安装环缝两侧各200 mm范围内以及涂层损坏处，内外表面按规定进行除锈及涂料的涂装。

10. 安装质量要求

(1)钢管的直管、弯管与设计轴线的平行度误差不大于0.2%。

(2)钢管安装中心的偏差和管口圆度遵照《水电水利工程压力钢管制造安装及验收规范》(DL/T 5017—2007)的规定。

(3)钢管始装节管口中心允许偏差5 mm，里程偏差不大于±5 mm，两端管口垂直度偏差不大于±3 mm。

(4)弯管起点的里程偏差不大于±10 mm。

3.1.5.3　焊接及焊缝检验、缺陷处理

1. 焊工和无损检验人员资格

(1)凡从事一、二类焊缝焊接的焊工，应按《焊工技术考核》(DL/T 679—2012)或《锅炉压力容器压力钢管焊工考试与管理规则》规定，考试合格并具有相应主管部门签发的焊工合格证。

(2)焊工焊接的钢材种类、焊接方法和焊接位置等，均应与焊工本人考试合格的项目相符。

(3)无损检测人员必须持有国家专业部门签发的资格证书。评定焊缝质量应由Ⅱ级或Ⅱ级以上的检测人员担任。

2. 焊缝分类

(1)一类焊缝：包括所有主要受力焊缝，例如：管壁纵缝；主厂房内明管环缝；凑合节合拢环缝；闷头与管壁的连接焊缝；岔管纵缝、环缝。

(2)二类焊缝：包括较次要的受力焊缝，例如：不属于一类焊缝的管壁环缝；加劲环、止推环和截水环的对接焊缝及其与管壁间的组合焊缝。

(3)三类焊缝：包括受力很小，不属于一类、二类焊缝的其他焊缝。

3. 焊接工艺评定

焊接工艺评定根据《水电水利工程压力钢管制造安装及验收规范》(DL/T 5017—2007)的相关规定进行。

4. 生产性施焊

1)压力钢管焊接工艺规程

(1)焊前清理。所有施焊面及坡口两侧各10~20 mm范围内的氧化皮、铁锈、油污及其他杂物应清除干净，每一道焊完后应及时清理，检查合格后再焊。

(2)定位焊。定位焊的质量要求及工艺措施与正式焊缝相同。

定位焊位置应距焊缝端部30 mm以上，其长度应在50 mm以上，间距为100~400 mm，厚度不宜超过正式焊缝高度的1/2，最厚不宜超过8 mm；不允许在焊缝以外的钢板或其他位置随便引弧，定位焊的引弧和熄弧应在坡口内进行。

定位焊焊接在背缝侧，刨背缝时刨除。施焊前应检查定位焊质量，如有裂纹、气孔、夹渣等缺陷均应清除。

(3)预热。当环境温度低于-5 ℃时，应当预热到20 ℃以上再开始焊接。

(4)焊接。焊接环境出现下列情况时，应采取有效的防护措施，无防护措施时，应停止焊接工作。风速：气体保护焊大于2 m/s，其他焊接方法大于8 m/s；相对湿度大于90%；环境温度低于-10 ℃；雨天和雪天的露天施焊。

焊缝装配完成检查合格后，方准施焊。坡口尺寸及对接对口错位应符合相关规范要求，施焊前应将坡口及坡口两侧各10~20 mm范围内的毛刺、铁锈、油污、氧化皮等清除干净。每一层焊道焊完后也应及时清理，检查合格后再焊。

各种焊接材料应按《水电水利工程压力钢管制造安装及验收规范》(DL/T 5017—2007)的规定进行烘焙和保管。焊接时,应将焊条放置在专用的保温筒内,随用随取。

为尽量减少变形和收缩应力,在施焊前选定定位焊焊点和焊接顺序,应从构件受周围约束较大的部位开始焊接,向约束较小的部位推进。

双面焊接时(设有垫板者例外),在其单侧焊接后应进行清理并打磨干净,再继续焊另一面。对需预热后焊接的钢板,在清根前预热。若采用单面焊缝双面成型,应提出相应的焊接措施,并经监理人批准。

在制造车间施焊的纵缝和环缝,尽可能采用埋弧焊。

纵缝焊接应设引弧和断弧用的助焊板;严禁在母材上引弧和断弧。定位焊的引弧和断弧应在坡口内进行。

多层焊的层间接头应错开。

每条焊缝一次连续焊完,当因故中断焊接时,应采取防裂措施。在重新焊接前,将表面清理干净,确认无裂纹后,方可按原工艺继续施焊。

拆除引、断弧助焊板时应不伤及母材,拆除后将残留焊疤打磨修整至与母材表面齐平。

焊接完毕,焊工应进行自检。一、二类焊缝自检合格后在焊缝附近打上工号,并作好记录。

2)焊接材料及焊接设备的使用和管理

焊材入库后须按相应的标准检查牌号及外观质量状况,每批应抽检复验合格后才可使用。

焊接材料仓库管理严格按照有关规定和厂家使用说明书要求执行,焊接材料应放置于通风、干燥的专设库房内,库房内室温不低于5 ℃,相对湿度不高于70%,设专人负责保管、烘焙、发放、回收,并应及时作好实测温度和焊条发放记录。

烘焙后的焊条应保存在100~150 ℃的恒温箱内,药皮应无脱落和明显的裂纹。

现场使用的焊条应装入保温筒,焊条在保温筒内的时间不宜超过4 h,超过后,应重新烘焙,重复烘焙次数不宜超过2次。

焊条使用前,检查批号及外观质量状况;自动焊焊丝在使用前应确保表面无油污、铁锈等杂质,否则应予清除;埋弧焊焊剂中如有杂物混入,应对焊剂进行清理,或全部更换。

焊接设备及有关设施应由专人负责管理,并由专业人员定期进行维护、保养及检修。

自动焊操作人员应了解设备性能及其特性,开焊前应确保参数调节正确,才可进行自动焊焊接程序。

5. 焊缝检验

1)外观检查

所有焊缝均进行外观检查,外观质量符合《水电水利工程压力钢管制造安装及验收规范》(DL/T 5017—2007)的有关规定,并严格按图纸及设计文件规定执行。

2)无损探伤检测

超声波探伤按《焊缝无损检测 超声检测 技术、检测等级和评定》(GB/T 11345—2013)标准评定,一类焊缝BⅠ级为合格,二类焊缝BⅡ级为合格。

焊缝无损检测抽查率:一类焊缝超声波抽查率为100%,二类焊缝超声波抽查率为50%。

无损检测部位包括全部T形接头及每位焊工所焊焊缝的一部分。

在焊缝局部探伤时,如发现有不允许缺陷,在缺陷方向或在可疑部位作补充探伤,如经补充探伤仍发现有不允许缺陷,则应对该焊工在该条焊缝上所施焊的焊接部位或整条焊缝进行探伤。

探伤比例:焊缝无损探伤的抽查率按施工图纸、设计文件的规定抽查。若施工图纸未规定时,按《水电水利工程压力钢管制造安装及验收规范》(DL/T 5017—2007)执行。

6. 缺陷的处理和补焊

1)焊缝缺陷处理和补焊

焊缝内部或表面发现有裂纹及母材出现缺陷时,应进行分析,找出原因,制定措施后,方可焊补。

焊缝内部缺陷应用碳弧气刨或砂轮将缺陷清除并用砂轮修磨成便于焊接的凹槽,焊补前要认真检查。如缺陷为裂纹,则应用磁粉或渗透探伤,确认裂纹已经消除,方可焊补。

当焊补的焊缝需要预热、后热时,焊补前应按与正式焊缝焊接相同的规定进行预热,焊补后按工艺评定后热温度进行后热。

返修后的焊缝,用超声波探伤进行复查,同一部位允许返修两次。若超过上述规定,找出原因,由技术部门制定可靠的技术措施,经监理人批准,方可焊补,并作出记录。

2)管壁表面缺陷处理

管壁内面的突起处,打磨清除。

管壁表面的局部凹坑,若其深度不超过板厚的10%,且不超过2 mm时使用砂轮打磨,使钢板厚度渐变过渡,剩余钢板厚度不得小于原厚度的90%;超过上述深度的凹坑,按经监理人批准的措施进行焊补,焊补后应用砂轮将焊补处磨平,并认真检查,有无微裂纹。

在母材上严禁有电弧擦伤,如有擦伤应用砂轮将擦伤处作打磨处理,并认真检查有无微裂纹。

3.1.5.4　钢管防腐

1. 防腐蚀工艺流程

压力钢管防腐蚀工艺流程如图6-45所示。

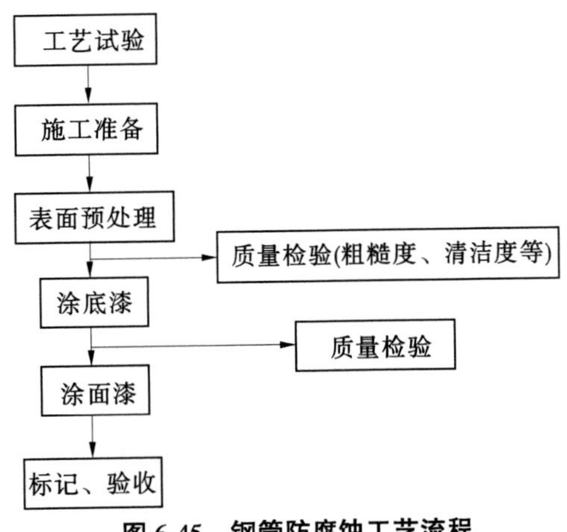

图6-45　钢管防腐蚀工艺流程

2. 表面预处理

(1)钢材表面涂装前,必须进行表面预处理。在预处理前,钢材表面的焊渣、毛刺、油脂等污物应清理干净。

(2)表面预处理质量应符合施工图纸的规定。钢管内、外壁表面先进行喷砂除锈处理,除锈等级达到图纸要求的Sa2.5级后进行喷涂;钢管外壁(回填段)达到Sa2.5级后,涂刷改性水泥砂浆。

(3)使用无尘、洁净、干燥、有棱角的铁砂喷射处理钢板表面。喷射用的压缩空气应经过过滤,除去油水。

(4)当钢材表面温度低于露点以上3 ℃、相对湿度高于85%或环境温度低于5 ℃时,不得进行除锈。

(5)喷刷后的表面不应再与人手等物体接触,防止再度污染。施喷涂料前,使用钢刷和真空吸尘器清除残留砂粒等杂物。作业人员戴纤维手套。若不慎用手触及已清理好的表面,立即用溶剂清洗钢管表面。

3. 涂料涂装

1)一般要求

具备国家颁布的相应金属结构涂装资质证书。

施涂前,根据施工图纸要求和涂料生产厂的规定进行工艺试验,试验过程中由生产制造厂的人员负责指导,试验成果报送监理人。

组焊后的管节(除安装焊缝外),在钢管制造厂内完成涂装;现场安装焊缝及表面涂装损坏部位在现场进行涂装。

清理后的钢材表面在潮湿气候条件下,涂料在 4 h 内涂装完成;在晴天和正常大气条件下,涂料涂装时间最长不超过 12 h。

涂装材料的使用按施工图纸及制造厂的说明书进行。涂装材料品种以及层数、厚度、间隔时间、调配方法等均严格按相关规范执行。

当空气中相对湿度超过85%、钢材表面温度低于大气露点以上 3 ℃或高于 60 ℃以及环境温度低于 10 ℃时,均不得进行涂装。

2)涂料涂装要求

安装环缝两侧各 200 mm 范围内,在表面预处理后,涂刷不会影响焊接质量的底漆。环缝焊接后,进行二次除锈,再用人工涂刷或小型高压喷漆机械施喷涂料。

施涂过程中,要特别注意防火、通风、保护工人健康。

施涂后的钢管小心存放,保护涂层免受损伤,并防止高温、灼热及不利气候条件的有害影响。

3)喷涂

喷涂用的压缩空气应清洁、干燥,压力不得小于 0.4 MPa。

喷涂距离 100~200 mm,喷枪尽可能与基体表面成直角,不得小于 45°。

控制喷枪移动速度,使一次喷涂厚度为 25~80 μm,厚度均匀,各喷涂带之间有 1/3 的宽度重叠。

各喷涂层间的喷枪走向相互垂直,交叉覆盖。

上一层涂层表面温度降到 70 ℃后,再进行下一层喷涂。

4. 涂装检验

1)涂料涂层质量检验

涂料涂层质量检验应遵守《水工金属结构防腐蚀规范》(SL 105—2007)的规定。

在不适于施涂和养护的环境条件下所作的涂装,监理人有权指示承包人清除后重新刷涂。

涂层漏涂者予修补。若检查发现流挂、皱纹、针孔、裂纹、鼓泡等现象时,应及时进行处理,直至合格。

涂层内部质量检验符合施工图纸要求和《水工金属结构防腐蚀规范》(SL 105—2007)的规定。

2)金属喷涂质量检验

外观检查金属喷涂层均匀,无杂物、起皮、鼓泡、粗颗粒、裂纹、孔洞、掉块等缺陷。

涂层厚度及结合性能按施工图纸要求和 SL 105—2007 的规定进行质量检查。

涂装结束后,对钢管的全部涂装面进行质量检查和验收,钢管涂装的质量检验成果应报送监理人。

5. 涂层修补

(1)对安装环缝两侧和运输、安装中不慎损坏的部位,按要求用电动钢丝轮手工除锈后补喷漆。

(2)拆除脚手架时,轻拆轻放,不要碰撞防腐面,如有碰损,按要求补涂。

3.1.5.5 伸缩节安装

伸缩节是一种不锈钢金属弹性补偿装置,主要补偿管道或设备因温度影响而引起的热胀冷缩位移。伸缩节的补偿元件是不锈钢金属波纹管,在操作过程中,不锈钢金属波纹管除产生位移外,还要承受工作压力,因此伸缩节也是一种承压的弹性补偿装置。伸缩节安装注意事项如下:

(1)安装前先检查伸缩节的型号、规格。

(2)伸缩节不能承重,应单独吊装,不允许伸缩节与管道焊接后一起吊装。

(3)注意水流方向,不得装反方向。

(4)严禁采用调整伸缩节长短变形的方法来补充管道安装时由温差引起的安装偏差,以免影响伸缩节的正常功能。

(5)安装过程中,不允许焊渣飞溅到不锈钢金属波纹钢表面及其他损伤。

(6)根据厂家的指导,伸缩节在出厂时已经将限位装置调整至规定位置,伸缩节两端头焊接完成后应立即拆除伸缩节上作为安装运输保护的辅助定位螺栓。

(7)伸缩节的所有活动元件不得被外部构件卡死或限制其活动部位正常工作。

(8)伸缩节安装完成后,注意伸缩节的变化情况。

(9)伸缩节上游端与压力钢管焊接后,另一端与凑合节焊接时,焊接时间选择在当天9:00左右并保证施工质量。

(10)伸缩节在运输过程中采用吊车轻装轻卸,严禁野蛮装卸安装,造成伸缩节在没有使用前已经发生变形。

3.1.5.6 质量保证措施

1.基本规定

(1)工程技术人员必须认真熟悉和阅读图纸,理解设计意图,优化施工方案,切实起到指导生产的作用,其中焊接工艺及规范必须经焊接工艺试验评定。

(2)认真做好技术交底,使每个职工都做到心中有数,明确任务和内容、技术要求、技术关键、技术难度、质量要求。施工人员必须接受技术交底工作,并严格按图纸、工艺等技术文件施工,未经监理单位批准不得进行更改。

(3)在施工中,严格质量管理和完善施工记录,随时向监理提供竣工资料,以备查阅。建立可靠的检验和试验程序,并将其活动形成文件和(或)以质量记录的形式予以保留,对从进货到交货的全过程(内容包括进货检验、过程检验、最终检验、包装运输检验、人员和仪器设备控制及分包、外协件检验)严格控制。

(4)项目经理是质量管理工作的第一责任人,总工程师专管技术、质量工作,工程办公室承担终检工作,施工队设专职二检人员,各班组负责一检工作。

2.质量检查制度

(1)强化质量意识,严格执行“三检制”,对每道工序进行质量验收,上道工序没有合格证不得转入下道工序,实行质量否决制。

(2)对造成的质量事故,严格执行“三不放过” 原则。

(3)所有测量控制点,均由施工测量队提供数据,并在施工现场设置。

(4)施工过程中,接受监理工程师的指导和监督检查,对监理工作积极配合。如必须更改设计时,需经监理工程师同意并签字或有修改通知书后方能更改。

(5)施工中必须作好施工记录和阶段性验收资料,并随时向监理工程师提交阶段性竣工资料。

钢管制安工程质量检查内容见表6-50。

表 6-50 钢管制安工程质量检查内容

工作名称	检查内容	资料名称	资料分配
钢板	—	生产厂家材质证明	
	外形尺寸及表面质量	检查记录	
	钢板化学成份抽验	试验报告	
	钢板机械性能抽验	试验报告	
	超声波探伤检测	探伤报告	
焊接材料	—	生产厂家试验报告和材质证明	
	焊材烘烤	烘烤记录	
	熔敷金属复验	试验报告	
焊接工艺评定试验	焊缝外观检查	检查记录	
	无损检测	探伤报告	
	焊接接头的机械试验	试验报告	
钢管制作	焊接工艺试验评定	试验报告	
	划线、下料尺寸检查	检查记录	
	组圆尺寸检查	检查记录	
	拼节尺寸检查	检查记录	
	加劲环等附件尺寸检查	检查记录	
	焊接尺寸检查	检查记录	
焊接检验	焊接参数	检查记录	
	焊接自检	检查记录	
	焊接接头表面质量	检查记录	
	超声波探伤	探伤记录、报告	
	X 射线探伤	评定记录、报告	
	焊缝返修	记录及检验报告	
	表面磁粉或渗透检查	探伤报告	
	涂料材质及说明	检验报告	
防腐	除锈质量检查	检查记录、报告	
	喷锌(干膜)检查	检查记录、报告	
	水泥浆检查	检查记录、报告	
	表面质量检验	检查记录、报告	
	钢管安装尺寸检查	检查记录、报告	
钢管安装	钢管安装测量成果	成果单	
	技能考试	成绩登记表	
焊工管理	合格证书及花名册	复印件	
	重大事故记录	—	
其他资料	设计变更和修改通知以及有关会议内容等		

3.1.5.7　压力钢管制作及安装安全保证措施

1. 用电安全防护

(1)压力钢管制作及安装使用电缆必须按照使用设备要求规格配备电源线,严禁以小代大。

(2)设备线路检修时应拉闸检修并在配电箱上挂“正在检修,严禁合闸”标识,并派专人看护,设备检修过程中严禁启动设备。

(3)制作及安装现场电缆时,走线应整体美观,严禁私拉乱接,施工中出现设备故障,应由专业人员处理。

(4)沟底施工的照明灯具应有安全防护套,或使用专业灯具,沟底电缆勤检查,对裸露地方进行包扎,以防漏电伤人。

2. 施工工序安全措施

(1)热切割时,氧气、乙炔两瓶间距不得小于5 m,距离明火不得小于10 m,使用时勤检查气管是否漏气。

(2)热切割作业时注意防烫伤,防挤压手指,严格按照要求佩戴劳保用品。

(3)钢板吊装时使用专用吊具,吊装卡具在使用前检查是否完好,吊装卡吊装钢板时卡具应对称布置,防止钢板起吊倾斜掉落伤人。

(4)卷板机坑周边用钢板焊接防护平台,防止踩空伤人。

(5)开机前必须进行空机运行,检查电器部分是否完好,包括上升、下降、前后运转方向等。

(6)严格按照操作规程进行卷板机操作,特别提醒当主传动停机后,方可进行上辊的升降、翻转轴承的倾倒和上辊的翘起。

(7)卷板开始后,当上滚压紧钢板时,两端丝杆松紧必须一致,卷板过程应边卷边压,每次压下量应符合说明书的要求,不得超载。

(8)钢管制造焊节主要为埋弧自动焊,焊接时注意佩戴安全防护用品,高空作业必须系好安全带,高空作业平台焊接防护栏杆;安装焊接时焊接平台必须加固牢固,焊接平台的固定采用两倍安全牵引(管壁吊耳固定、牵引卷扬机固定),焊接时在管口设专职安全人员巡视,卷扬机必须由专人操作。

(9)防腐作业人员必须佩戴防毒面具、防护头套进行作业,高空作业时必须佩戴安全带。

(10)探伤作业为超声波探伤,安全防护重点为探伤平台的固定。

3. 沟底安全通道、通信措施

沟底安全通道位于钢管中心线两侧,安全通道内严禁放置电焊机、空压机及堆存其他杂物,保证安全通道的畅通无阻,为出现紧急情况时人员撤离提供安全保障。

沟底施工通信采用对讲机4台,并设置专用频道。

4. 环境保护措施

(1)制作及安装产生的垃圾严禁乱投乱倒,钢板料头、钢筋等可回收的材料分类存放并回收利用,对固体废弃物,根据需要增设固体废弃物的放置场地与设施,加强管理、实现固体废弃物的分类管理;将生产及生活垃圾运到业主指定地点处理。

(2)制定切实可行的节水、节电措施,如随手关灯,下班时随口关掉使用的机械设备等,以尽可能节约水电消耗。

(3)施工现场严禁生明火,严禁吸烟,下班时关闭所有设备的电源。

3.1.5.8 资源配置

（1）钢管制作安装所需主要设备及机具见表6-51。

表6-51 钢管制安所需主要设备及机具

序号	设备名称	型号/规格	单位	数量	说明
1	龙门式起重机	10 t	台	1	
2	载重汽车	10 t、20 t	辆	2	各1辆
3	汽车起重机	25 t	辆	1	根据施工需要选用规格
4	卷扬机	5 t	台	1	
5	卷板机	50×3 000	台	1	
6	氧-乙炔半自动切割机	G1-100A	台	4	
7	埋弧自动焊机	MZ-1000	台	2	
8	逆变焊机	ZX7-400、500	台	16	
9	手提钻机		台	1	
10	焊条烘干箱	ZYCH-100	台	1	
11	焊剂烘干箱	XZYH-80	台	1	
12	焊条保温筒	5W	个	30	
13	数字式超声波探伤仪	汉威 HS-600	台	1	
14	移动式空气压缩机		台	4	
15	水准仪	S3	台	1	
16	高压无气喷漆机		台	1	
17	气喷枪		台	2	
18	除锈除尘装置		套	1	
19	台式砂轮机	电动直径 300 mm	台	1	
20	角磨机	电动直径 150 mm	台	10	
21	链式起重机	5 t、10 t	台	10	
22	千斤顶	5 t、8 t	台	12	
23	防腐检测仪器		套	1	

（2）钢管制作安装劳动力组合见表6-52。

3.2 压力钢管斜管段施工技术措施

压力钢管斜管段与平直段相比坡度较大，为保证施工安全和质量，在钢管安装和外包混凝土施工方面要采取一些特殊的技术措施。

表6-52　钢管制安劳动力组合

序号	工种	数量/人	说明
1	管理人员	3	
2	起重工	2	
3	电焊工	6	
4	冷作工	4	
5	安装工	4	
6	电工	2	
7	龙门式起重机操作工	1	
8	安全员	1	
9	探伤员	2	1人配合
10	技术、质检人员	1	
11	司机	2	
12	其他人员	2	

3.2.1　混凝土施工技术措施(以某工程为例)

根据设计施工图纸及结合现场施工条件,斜管段压力钢管外包混凝土主要采用汽车泵入仓。

铺料方法:斜坡段压力钢管外包混凝土浇筑主要采用平铺法进行施工。

模板主要采用P6015、P3015、P1015普通钢模板及木模板进行组合拼装。浇筑时采用软轴振捣器进行振捣。模板支撑及加固围檩采用48 mm×3.5 mm(直径×长)钢管,钢筋拉条采用直径12 mm圆钢,模板加固时钢筋拉条严禁与压力钢管连接。围檩之间采用M12钩头螺栓和蝴蝶卡连接加固。同时,为保证斜面受压模板在浇筑过程中不发生位移,采用HPB300级12 mm钢筋制作拉杆,拉杆与斜坡面基础岩石上布置的直径25 mm锚杆焊接牢固,拉杆尽量与压模斜面垂直布置。

3.2.2　压力钢管安装技术措施(以某工程为例)

斜管段施工道路坡度较陡,大部分路段无法满足汽车吊站位要求,须铺设轨道,卷扬机辅助轨道台车运输,汽车吊吊运安装。7#~9#镇墩主要施工方法见表6-53。

表6-53　7#~9#镇墩主要施工方法

序号	施工管线路段	施工道路状态	最大吊重量	施工方法
1	7#~8#镇墩上部	施工道路坡度陡峭,无法满足25 t汽车吊站位要求	压力钢管双节7.4 t	25 t汽车吊吊运+10 t卷扬机辅助轨道台车运输
	7#~8#镇墩中下部	施工道路坡度缓和,满足25 t汽车吊站位要求	压力钢管双节7.4 t	25 t汽车吊直接吊装
2	8#~9#镇墩	无施工道路,25 t汽车吊无法站位	压力钢管5.369 t	25 t汽车吊吊运+10 t卷扬机辅助轨道台车运输

3.2.2.1　安装工艺流程

压力钢管安装工艺流程见图6-46。

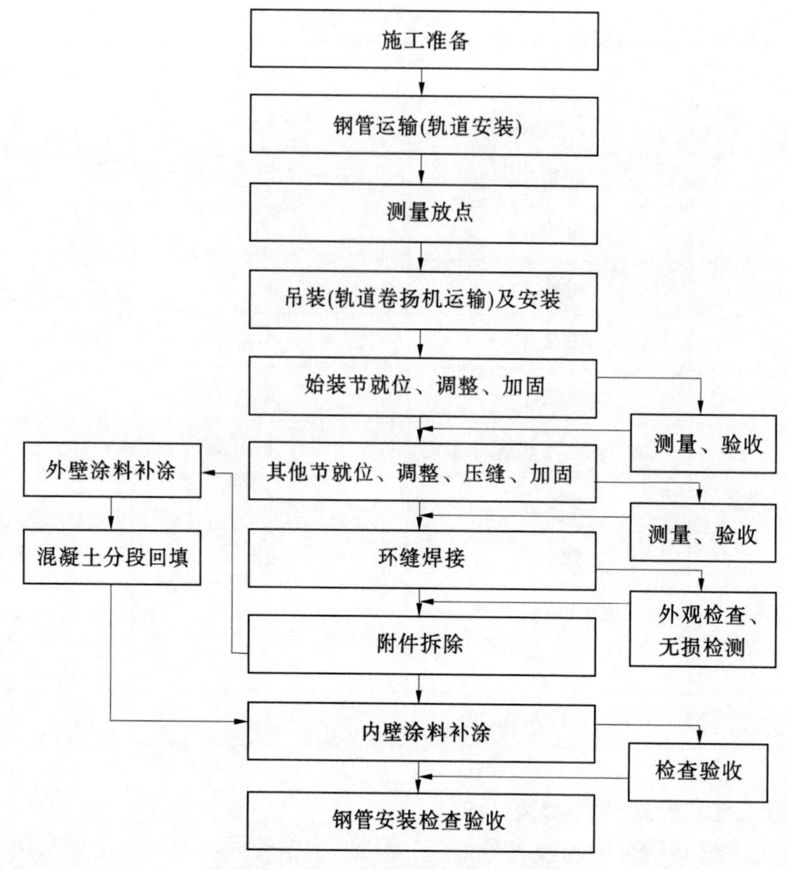

图 6-46　压力钢管安装工艺流程

3.2.2.2　施工准备

(1)安装使用的各种计量器具和检测仪表均应具有产品质量证书,并经具备校验资质的专业检测单位检定,保证全部计量器具和检测仪表在其有效期内的检测精度等级不低于被测对象要求的精度等级。

(2)焊工持有上岗合格证,合格证应注明证件有效期和焊工施焊范围。

(3)三级安全施工技术交底工作到位,特种作业人员持证上岗。

(4)在作业前必须对工作环境、行驶道路、架空电线、建筑物进行全面了解;经现场调查,安装区域无干扰安装施工的高压线和管道。

(5)压力钢管安装前对其型号、外观等进行 2 次校核,确认无误后进行安装。

(6)对汽车吊、卷扬机进行全面检查,所有的安全装置必须齐全可靠,不允许使用带病设备。

(7)根据单件重量或组合重量选择合适的起重设备和索具,并对安装使用的钢丝绳、卡环、滑轮进行检查,检查无误后方可使用。

(8)作业中使用的安全带、保险绳必须检验合格,杜绝一切安全防护设施存在安全隐患。

(9)运输轨道铺设、卷扬机地锚、锁定地锚、辅助地锚埋设、钢丝绳托辊安装牢固。

(10)测量放样控制点设置及观测设备满足压力钢管安装精度控制要求。

3.2.2.3　压力钢管运输

(1)压力钢管从钢管厂或成品存放区到安装部位均采用平板拖车运输,采用 25 t 汽车吊装运。配置 1 台 15 t 平板拖车、1 台 25 t 汽车吊满足现场运输、装卸要求。钢管顺向运输(钢管中心线与平板拖车平行)。钢管运输加固示意如图 6-47 所示。

(2)压力钢管运输时,将钢管安放在鞍形支座或加垫木梁上,以保护管节及坡口免遭破坏。

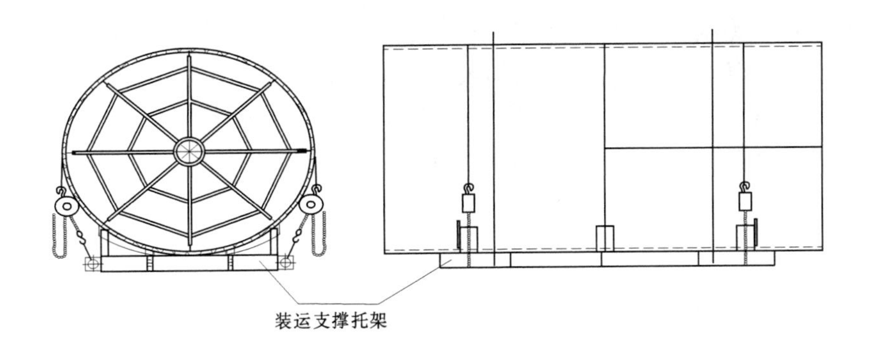

图6-47　钢管运输加固示意

(3)钢索捆扎吊运钢管或瓦片时,将钢索与钢管或瓦片接触部位加设软垫,避免在吊运和运输过程中损坏涂层。

3.2.2.4　测量放点

(1)根据监理人提供的测量基准点、基准线和水准点,进行压力钢管安装的控制测量放点工作,在钢管安装部位测放出钢管安装中心线、各管段测量控制基准高程点及里程桩号。

(2)控制点根据每节钢管的里程桩号,设置在管轴线上、下游管端。

(3)控制点线精度是保证安装精度的基础,严格控制在2 mm以内;施工期间注意控制点线的保护,严禁破坏。

3.2.2.5　轨道铺设

轨道采用[10槽钢,间距1.4 m,轨道地锚Φ25螺纹钢入岩0.5 m,每根间隔1.5 m。2根轨道之间利用δ14 mm钢板条牢固地连接起来,形成一个整体。7#~8#镇墩段上部铺设轨道96 m,中下部铺设轨道44 m,8#~9#镇墩斜坡段铺设轨道29 m,共计169 m。轨道铺设如图6-48所示。

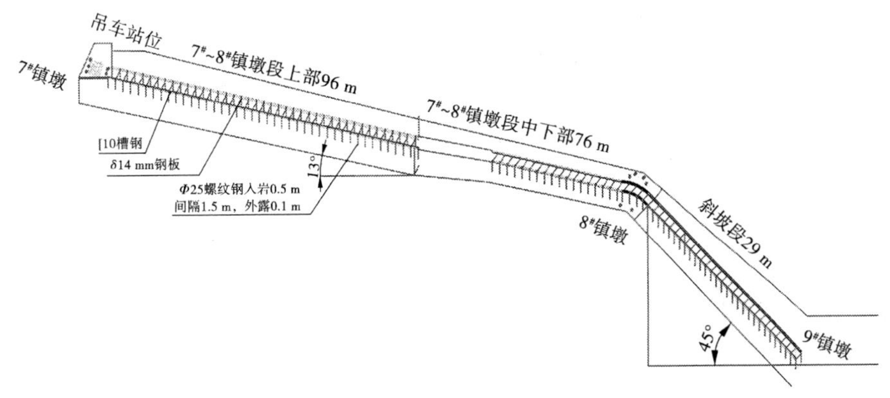

图6-48　7#~9#镇墩轨道布置

3.2.2.6　卷扬机地锚、辅助地锚等的埋设

(1)7#镇墩上布置4组卷扬机地锚,卷扬机前方布置2组锁定地锚,6组地锚型式为预埋钢板切孔与镇墩底板钢筋相连。预埋地锚采用Q345R钢板厚δ=20 mm、宽150 mm,孔距板边缘最小距离为40 mm。

(2)7#~8#镇墩中下部平整段布置4组卷扬机地锚,2组锁定地锚。6组地锚由4根Φ25螺纹钢(屈服强度400 MPa)组成,Φ25螺纹钢入岩2.5 m,间距300 m,采用水泥浆灌注密实。

(3)8#镇墩轴线左侧均匀布置4组地锚,轴线右侧对称布置2组地锚,6组地锚型式为预埋钢板切孔与镇墩底板钢筋相连。预埋地锚采用Q345R钢板厚δ=20 mm、宽150 mm,孔距板边缘最小距离为40 mm。

(4)7#~9#镇墩压力钢管埋设2处始装节固定地锚,始装节地锚由12根Φ25螺纹钢(屈服强度400 MPa)组成,Φ25螺纹钢入岩2.5 m,采用水泥浆灌浆密实。

(5)7#~9#镇墩斜坡段每节压力钢管下方预埋一组地锚,地锚由4根Φ25螺纹钢(屈服强度400 MPa)组成,Φ25螺纹钢入岩1 m,采用水泥浆灌注密实。卷扬机等地锚布置如图6-49所示。

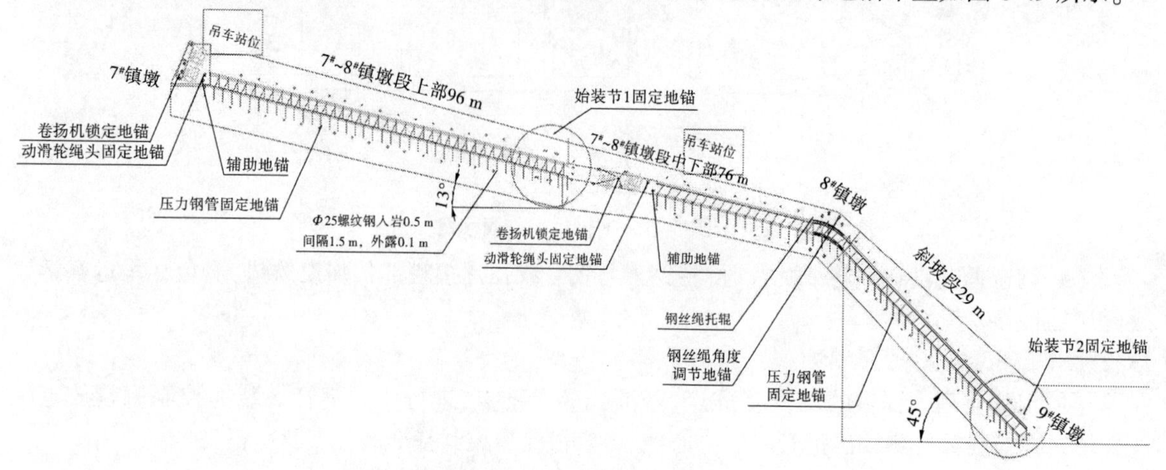

图6-49 卷扬机等地锚布置

3.2.2.7 压力钢管安装

1.7#~8#镇墩上部压力钢管安装

(1)始装节安装。将240 m Φ16钢丝绳绕进10 t卷扬机,100 m Φ16钢丝绳绕进5 t卷扬机。用25 t汽车吊将1台10 t卷扬机、1台5 t卷扬机放至7#镇墩平台上,其中5 t卷扬机为保险卷扬机。用Φ16绳卡将2台卷扬机与地锚相连接(注意:绳卡数量不少于3个)。10 t卷扬机绳头穿入10 t导向滑轮绳头锁定在卷扬机右侧的地锚上,形成2倍的动滑轮组。将台车放置在轨道端部与5 t卷扬机绳头锁定。

对于符合相关标准规定的适用场合,每一连接处所需钢丝绳夹的最少数量,推荐如表6-54所示。

表6-54 钢线绳夹

绳夹规格(钢丝绳公称直径)d_t/mm	钢丝绳夹的最少数量/组
≤18	3
>18~26	4
>26~36	5
>36~44	6
>44~60	7

25 t汽车吊站位7#镇墩附近将始装节吊运至台车上,用2台5 t倒链将钢管和台车固定成为一个整体,用2对Φ22起吊绳与始装节加紧环4个吊装孔用8 t卡环连接,起吊绳另一端与10 t动滑轮相连,启动10 t卷扬机收绳,动滑轮受力后,将吊车大钩摘除。

再次检查台车轨道、卷扬机地锚绳头锁定无问题后,启动2台卷扬机慢慢放绳,保持2台卷扬机步调一致,台车沿着轨道慢慢向下移动,到达始装节测量位置。若需向上微调始装节位置,不能使用10 t卷扬机直接向上牵引,应使用10 t倒链与始装节连接,慢慢向上牵引始装节微调位置,上下位置调整合适,利用台车滚轮调整始装节空间位置,使用4台5 t千斤顶放至台车上,将始装节顶起,达到高程点。

始装节复核合格后,利用[10 槽钢与 12 根地锚牢固焊接在一起再与加劲环连接进行钢管加固。加固完成后退出运输台车,12 根地锚锚固力为 117.6 t。

(2)按照同样的方法,将第二节标准节放至测量位置,使用倒链、千斤顶配合进行环缝的错边量、焊缝的调整,合格后进行环缝焊接,标准节加固,加固完成后退出运输台车。采用相同的方法将剩余压力钢管安装完成。始装节安装如图 6-50 所示。

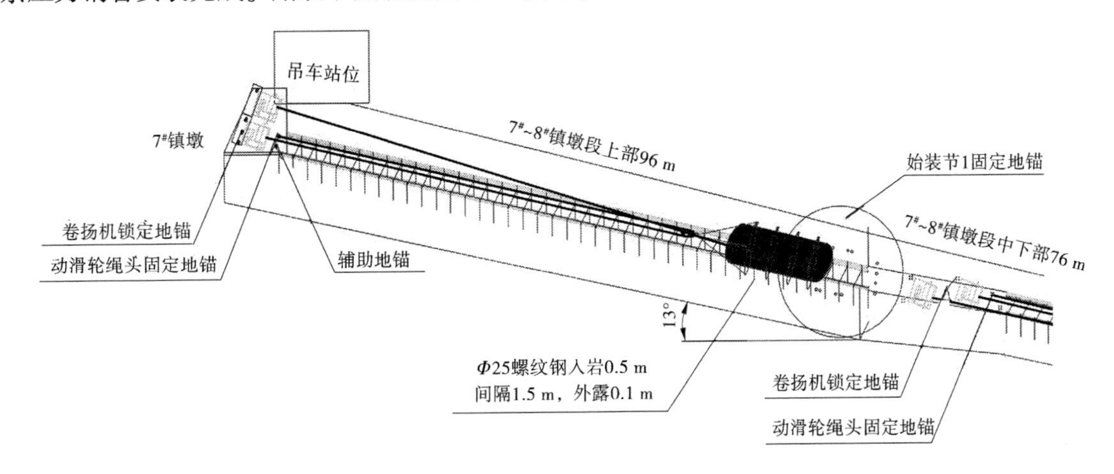

图 6-50　7# ~ 8#镇墩始装节安装

2. 8# ~ 9#镇墩斜坡段压力钢管安装

(1)始装节安装。用 25 t 汽车吊将 2 台卷扬机从 7#镇墩平台转移至 7# ~ 8#镇墩中下部平台上,5 t 卷扬机布置在 10 t 卷扬机上方,其中 5 t 卷扬机为保险卷扬机。用 Φ16 绳卡将 2 台卷扬机与地锚相连接(注意:绳卡数量不少于 3 个)。10 t 卷扬机绳头穿入 10 t 导向滑轮绳头锁定在卷扬机右侧的地锚上,形成 2 倍的动滑轮组。将台车放置在轨道端部,与 5 t 卷扬机绳头锁定。

25 t 汽车吊站位 7# ~ 8#镇墩中下部施工道路,将始装节吊运至台车上,用 2 台 5 t 倒链将钢管和台车固定成为一个整体,用 2 对 Φ22 起吊绳与始装节加紧环 4 个吊装孔用 8 t 卡环连接,起吊绳另一端与 10 t 动滑轮相连,启动 10 t 卷扬机收绳,动滑轮受力后,将吊车大钩摘除。

再次检查台车轨道、卷扬机地锚绳头锁定无问题后,启动 2 台卷扬机慢慢放绳,保持 2 台卷扬机步调一致,台车沿着轨道慢慢向下滚动。经过 8#镇墩时,钢丝绳的空间位置会发生变化,安装托辊、调节钢丝绳角度的滑轮、倒链。当通过 8#镇墩向下运动时,随时调节钢丝绳的角度,保证台车运动平滑到达始装节测量位置。若需向上微调始装节位置,不能使用 10 t 卷扬机直接向上牵引,应使用 10 t 倒链与始装节连接,慢慢向上牵引始装节微调位置,上下位置调整合适,利用台车滚轮调整始装节空间位置,使用 4 台 5 t 千斤顶放至台车上,将始装节顶起,达到高程点。

始装节复核合格后利用[10 槽钢与 12 根地锚牢固焊接在一起再与加劲环连接进行钢管加固。加固完成后退出运输台车,12 根地锚锚固力为 117.6 t。

(2)按照同样的方法,将第二节标准节放至测量位置,使用倒链、千斤顶配合进行环缝的错边量、焊缝的调整,合格后进行环缝焊接,标准节与轨道地锚焊接加固,加固完成后退出运输台车。采用相同的方法将剩余压力钢管、空间弯管安装完成。始装节 2 安装如图 6-51 所示。

3. 7# ~ 8#镇墩中下部段压力钢管

利用 25 t 吊车将始装节钢管吊至安装位置,坐落于已复核调整后的支撑上,并使用千斤顶调整钢管空间位置,始装节复核合格后利用[10 槽钢与 4 根地锚牢固焊接在一起再与加劲环连接进行钢管加固。7# ~ 8#镇墩中下部压力钢管安装如图 6-52 所示。

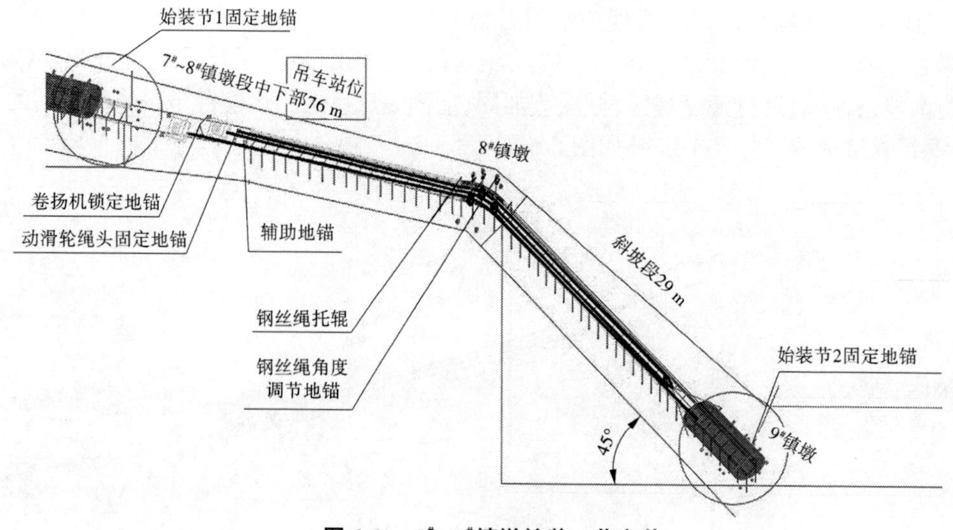

图 6-51 8#~9#镇墩始装 2 节安装

3.2.2.8 施工安全保障措施

1. 现场施工安全措施

(1)个人防护安全检查。正确佩戴和使用安全防护用品,日常加强对个人防护用品使用的检查,使个人防护用品的发放、使用得当齐全。

(2)习惯性违章纠正(个人的不安全行为纠正)。坚决纠正长期以来形成的一些不良的习惯性违章。杜绝个人的不安全行为导致的不安全事件的发生。

(3)加强设备安全管理(设备的不安全状态纠正)。设备的不安全状态是安全管理的另一个重点。压力钢管安装施工过程中加强对起重设备的安全检查以及设备操作人员的安全学习考核等,防止设备的不安全状态出现。

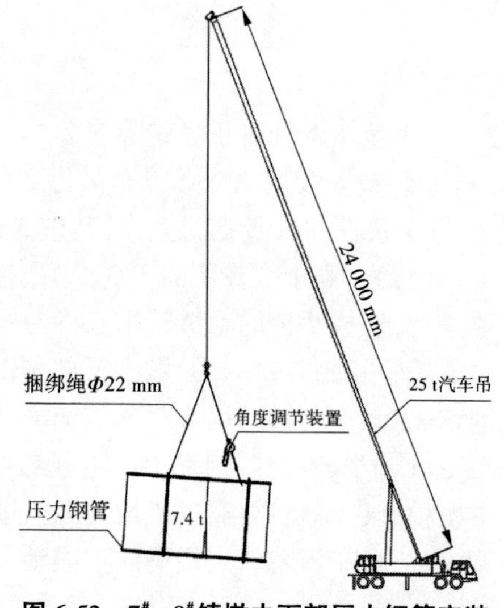

图 6-52 7#~8#镇墩中下部压力钢管安装

(4)出现紧急情况时,做好现场救护工作。

(5)遵章守纪,严惩违章指挥、违章作业、违反劳动纪律。

2. 施工用电安全措施

(1)对用电、管电人员要定期进行培训,电工要持有效合格证上岗,电工等级与难易程度和技术复杂性相适应,无证人员不得从事电力作业。

(2)对现场用电设备采用一机、一闸、一保护,每个用电设备必须有漏电保护装置,保证操作者安全。安装、维修或拆除用电设施必须由电工完成。

(3)配电箱要具备防火、控制(计量)使用功能。做到维修者与使用者责任分开,任何人不得加大负荷,凡增大容量必须由安全用电管理人员批准。

(4)当施工现场与外电线路共用同一供电系统时,电气设备应做保护接零或接地。但不得一部分设备做保护接零,另一部分设备做保护接地,保护方式要求一致。

(5)有现场配电室的,必须做到“四防一通”(即防火、防风雨雪、防潮汛、防小动物和保持通风良好)。应配齐电气灭火器、绝缘靴和手套、各种测试仪表。

(6)电工作业时必须做到一人施工,一人监控。

3. 焊接作业安全措施

(1)进入施工现场的人员必须正确佩戴劳动防护用品,需要系挂安全绳、安全带的必须系挂,使用的劳动防护用品必须确保是合格产品。

(2)焊工必须经安全技术培训,考核合格后,持证上岗。作业时应穿戴工作服、绝缘鞋、电焊手套、防护面罩、护目镜等防护用品,高处作业时系安全带。

(3)作业前应检查焊机、线路、焊机外壳保护接零等,确认安全后方可作业。

(4)作业前必须检查工作环境、照明设施等,并试运行符合安全要求后方可作业。

(5)焊钳与把线必须绝缘良好,连接牢固,更换焊条应戴手套。

(6)把线、地线不得与钢丝绳等接触,更不得用钢丝绳或机电设备代替零线,所有地线接头必须连接牢固。

(7)焊接时临时接地线头严禁浮搭,必须固定、压紧,用胶布包严。

(8)电焊机设专用开关箱,不准将焊机放在手推车上使用。

(9)电焊机应放在干燥绝缘好的地方。在使用前检查一次、二次线绝缘是否良好,接线处是否有防护罩;焊钳是否完好,外壳是否有接零保护。确认无问题后方可使用。

(10)焊接时,操作人员必须戴绝缘手套,穿绝缘鞋,焊接时必须双线到位,不准利用架子、管道、钢筋和其他导电物作联接地线,更不准使用裸导线,应用多铜芯电缆线。

(11)焊接作业现场周围10 m范围内不得堆放易燃易爆物品。

(12)必须在有易燃物的地方施工时,配备消防器材,并设专人看护,清除附近易燃物,防止焊花四溅,引燃物料,发生火灾。

(13)更换场地移动焊把时,应切断电源,不得手持把线爬梯登高。

(14)工作结束,切断电源,检查操作地点,确认无引起火灾危险,方可离开。

(15)施工作业结束后要及时清理作业现场,做到工完、料尽、场地清。

4. 起重、吊装作业安全措施

(1)所有施工人员要严格培训,考核合格后方可上岗,特种作业必须由相应工种的特种作业人员进行施工,特种作业人员持证上岗,严禁无资质人员进行特种作业。

(2)施工人员必须遵守劳动纪律,严格执行现场安全管理制度及安全工作规程,自觉接受安全管理人员的监督。所有作业人员均应正确佩戴安全防护用品并自觉维护安全设施,保证安全设施的可靠性,作业期间安全员必须现场跟班监督盯控。

(3)在施工区域拉好警示带,专人看管,严禁非施工人员进入。吊装作业时,严禁施工人员在起重臂、构件下或受力索具附近停留,任何人不得随构件升降。

(4)吊车作业区域必须夯实坚固满足承载要求,防止使用过程中地基下沉。

(5)施工前对所有的钢丝绳、倒链、卡环等起重用具仔细检查记录。所使用的钢丝绳必须合格,无断丝,磨损不超标,所使用的卸扣应无扭曲、变形。使用过程中要经常对钢丝绳和卸扣进行检查。施工过程中使用倒链应经过拉力试验合格后方可使用。所用起重索具要有6倍以上的安全系数。整体提升前,对吊车等施工设施、起重机结构等进行全面检查,并经有关单位和人员确认。

(6)恶劣天气严禁起重吊装作业,做好防范措施,六级及以上大风、大雾、雨天禁止起重、吊装作业。

5. 斜坡段临边作业安全措施

(1)临边作业人员对施工中遇到的危险应做好安全防护工作,对较易发生事故的薄弱环节,应进行专门的安全教育,队里由队长负责,班组由班长负责,杜绝违章作业、违章指挥。

(2)工作前应仔细检查并佩戴安全防护用品,悬空作业应加双保险。员工工作前必须有良好的工作状态,禁止连续加班加点工作,禁止酒后工作。

(3)施工过程中临边爬梯必须固定牢靠,禁止 2 人同时在一梯档上作业。

(4)临边作业必须悬挂安全带。安全带正确使用,悬挂安全带的位置必须牢固,并有足够的安全保障,确认安全带挂好后方可进行高空作业,不能挂到起升钢丝绳、脚手架、铁丝上。

(5)脚手架搭设要安全牢固,符合安全规程要求。使用的所有工器具都要绑上防坠绳,配备工具包,不用时将工器具系到平台栏杆上。

(6)临边作业料具应放置平稳,严禁乱堆、乱放和从高处抛掷材料、工具、物件,以防坠物伤人。

(7)施工作业人员在上下攀爬过程中必须注意力集中,防止抓脱、踩空。

6. 防止压力钢管自重下滑安全措施

(1)始装节处埋设 12 根地锚:位置调整合适后与 12 根地锚牢固地焊接在一起,地锚的承载力为 117.6 t。

(2)始装节安装完成后,底部仓号混凝土浇筑完成。

(3)其他管节处埋设 4 根地锚:管节位置调整后,与地锚牢固地焊接在一起,地锚的承载力为 39.2 t。管节固定地锚的承载力远大于管节自身重力的下滑力。

(4)管节安装 3~5 节时,环缝焊接完成,使其成为一个整体,必要时浇筑压力钢管底部仓号混凝土。

7. 卷扬机抱闸失灵安全措施

(1)10 t 卷扬机工作工程中,抱闸突然失灵时,5 t 保险卷扬机立即启动工作,防止卷扬机下滑,带来安全事故。

(2)压力钢管监护人员迅速将压力钢管锁定,检查、维修卷扬机故障。

3.2.2.9 人员设备投入计划

为满足压力钢管安装强度和质量要求,应配置足够的机械设备、工器具和具有相关操作技能的施工人员,详见表 6-55、表 6-56。

表 6-55 拟投入现场的人员

序号	工种	人数/人
1	管理人员	6
2	技术质检人员	3
3	安装工	11
4	电焊工	3
5	起重工	4
6	电工	2
7	测量人员	2
8	安全人员	2
合计		33

表 6-56　**拟投入现场的设备及工器具**

序号	名称	型号/规格	单位	数量	说明
1	汽车吊	25 t	台	1	
2		50 t	台	1	备用
3	拖车	15 t	台	1	
4	卷扬机	10 t	台	1	
5		5 t	台	1	
6	皮卡车		台	1	
7	双排车		辆	1	
8	电焊机	ZX7-500B	台	4	
9	角磨机	Φ100	台	4	
10	千斤顶	5 t	台	6	
11	倒链	10 t	台	2	
12		5 t	台	4	
13		3 t	台	2	
14	卡环	8 t	个	8	
15		6 t	个	6	
16		12 t	个	3	
17	水准仪	S3	台	1	
18	对讲机		部	4	

4 调压井施工技术

调压井是引水工程的特殊建筑物,一般是竖井式的,其作用是通过将管道中水流的惯性动能转化为调压井中水的势能(井中水位升高)来吸收和调节管内压力,减缓水击影响。调压井施工主要包括井身的开挖支护和混凝土衬砌施工。

4.1 调压井开挖支护施工

首先进行调压井井口锁口施工,然后采用"反井钻导井扩挖法"进行导井开挖,再采用"钻爆法"扩挖支护至设计断面,最后实施混凝土衬砌。

4.1.1 调压井锁口施工

覆盖层按设计图纸明挖支护完成后,首先进行竖井井挖的锁口。锁口为混凝土结构,顶部高出周边地面 30 cm,衬砌厚 1 m。施工时采用外撑内拉,人工组合钢模板的施工方法。完成锁口混凝土浇筑后再进行竖井开挖作业。

4.1.2 反井钻导井施工

竖井反井钻先导孔钻进过程中,对导井范围内的不良地质段进行固结灌浆预处理,确保导井一次扩挖的安全,以及避免反井钻机卡钻,加快导孔钻进速度。施工工艺流程如图 6-53 所示。

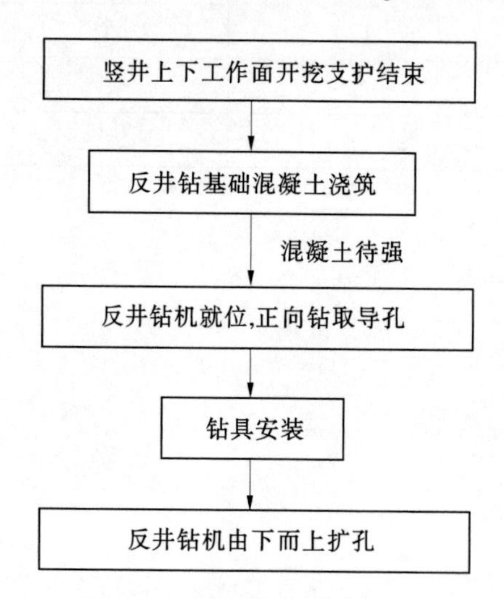

图 6-53 反井钻导井施工工艺流程

4.1.3 调压井扩挖施工

调压井扩挖的主要工序有测量放样、钻孔、装药爆破、通风、安全检查、清除浮石、导井口覆盖、马道板铺设、锚杆施工、喷射混凝土等工作。竖井扩挖延伸采用水平工作面自上而下全断面的施工方法,开挖过程中及时喷混凝土封闭岩面以防新鲜岩层风化崩解并跟进其他临时支护。

4.1.3.1 测量放线

扩挖之前或每一循环作业之前,都要进行测量放样,要求至少标出中心和周边不少于 22 个的开挖轮廓点,以保证开挖轮廓的准确性。在施工放样之前,对设计图纸和设计文件中的有关数据和几何尺寸进行验算,确认无误后,方可作为放样的依据。必须按正式设计图纸和文件(包括修改通知)进行施工放样。测量放样须严格按有关技术标准和技术措施进行。

采用全站仪精确测量,在掌子面岩壁上用红漆标识出开挖边线,同时做好开挖轴线钻孔方向的标识。

4.1.3.2　钻爆施工

扩挖时主要采用小型挖机对风化软岩、破碎部位进行开挖,遇到孤石或弱风化部位需要解除的进行爆破处理。开挖循环控制在0.5~1.5 m,在进行扩挖施工时,由人工手持YT-28型手风钻自上而下钻孔,施工过程中采取“短进尺、弱爆破、勤支护、多循环”的施工方式,控制循环进尺为1~1.5 m。爆破采用光面爆破,周边孔间距不大于50 cm。采用手风钻钻孔爆破开挖岩体,人工辅助撬挖,以减小爆破振动对松散体的影响。扩挖之前可提前在导井内预先布设两根钢丝绳,以备扩挖时出现堵塞溜渣通道时进行处理。

1. 布孔

根据调压井岩石特性、钻孔类型、孔径,施工中初步选取爆破设计,可根据实际情况进行优化调整。施工中,现场技术人员根据测量放线,严格按照事先编制的爆破设计进行现场布孔,用红漆标出主要钻孔的孔位,以便钻孔施工。

2. 钻孔

钻工进入工作面后,首先检查导井是否封堵好,如已封堵好,检查马道板铺设是否牢靠、安全。确认安全后,再按照钻孔区域进行钻机的安装定位,所有钻孔角度均按照爆破设计图中所示角度施工。

为了获得较好的爆破效果,同时避免爆破石渣堵塞导井,主爆孔距离导井边线50 cm,因此要求在钻孔时严格控制角度。

钻孔工作完成后,要将炮孔清洗干净,并将孔内积水吹出,然后将钻机、风水管等器具用龙门吊提升至调压井平台上,下一循环使用时再吊运至工作面。钻孔时应遵循以下原则:

(1)钻孔孔位应根据测量定出的中线、孔位轮廓线确定,并用红油漆标示在岩面上。

(2)周边孔根据围岩类别在轮廓线上或者以内开孔,沿轮廓线调整的范围偏差不宜大于5 cm,其他炮孔的炮位偏差不得大于10 cm。

(3)炮孔的孔底应落在爆破图所规定的平面上。

(4)炮孔方向应一致,角度应设置参照物,钻孔过程中,应经常进行检查,对周边孔应特别控制好钻孔角度。

(5)相邻两炮孔间岩面的不平整度不应大于15 cm,炮孔壁不应有明显的爆破裂隙。

(6)钻孔角度应一致,保持平行,误差不宜过大,角度不得超过爆破设计的规定,否则会造成开挖轮廓面不平整。

(7)在开挖轮廓面上,残留炮孔痕迹应均匀分布,残留炮孔痕迹保存率应满足以下要求:完整岩石大于或等于80%;较完整和完整性差的岩石不小于50%;较破碎和破碎岩石不小于20%。

3. 爆破

采用非电毫秒导爆管微差延时网路,周边光爆成型方式。严格按爆破设计参数及起爆网路进行装药作业,装药量应根据围岩类别确定。周边孔应最后响炮,其迟发时间应在100 ms以上。炮孔堵塞应密实,应用木质或竹质炮棍(严禁使用钻杆、钢钎或其他铁质物件当炮棍使用)轻轻将药卷捣实。炮孔的装药、堵塞和引爆线路的连接,必须由取得“爆破员”资格证的炮工按爆破图进行。装药完成后,由技术员和专业炮工检查连接爆破网路,并在爆后对爆破效果及时进行描述。施工过程中如地质情况发生变化,应及时调整爆破参数。

4. 安全处理

爆破完毕、通风排烟后,对爆破面上残留的松动岩块进行彻底的检查清除,清理危石应由有施工经验的专职人员负责实施。上一工序完成并确认松动岩块全部清除后,下一工序的施工人员才能进入工作面从事出渣或其他作业。

5. 出渣

竖井扩挖爆渣通过导井自然落至已开挖平洞内(局部用人工辅助),在平段洞内由 ZL-50 侧卸装载机装车,20 t 自卸汽车运输至指定渣场,或者利用钢架结构配合卷扬机进行垂直出渣。

4.1.4 调压井综合支护施工

调压井临时支护主要工艺流程为:挂网作业→初喷混凝土封闭开挖揭露面→超前小导管→锚杆→型钢支撑安装→喷 C25 聚丙烯纤维混凝土覆盖钢支撑→进入下一开挖支护循环。

4.1.4.1 超前小导管施工

超前小导管采用直径 42 mm 无缝焊接钢管,壁厚 3.5 mm,超前小导管外插角为 20°~30°,环向间距为 50 cm。

1. 小导管的加工制作

小导管采用直径 2 mm 无缝焊接钢管加工,导管前端 1 m 范围不钻出浆孔,其余部分每隔 15 cm 在环向钻 4 个孔,孔径为 10 mm。相邻两道孔口方向交错 45°,管尖长 20 cm,先用氧焊切除缺口,再加工成尖端,并进行焊接。

2. 钻孔与顶进

开挖前沿拱部开挖轮廓线外 10 mm 标出孔位,采用风钻将小导管穿过钢架顶入孔中,锚杆的外露端支撑在安装的钢拱架上,与钢架共同组成预支护体,并将钢管与孔口缝隙进行封闭。

3. 小导管注浆

钻孔完成后安装小导管,然后采用注浆机进行注浆,采用纯水泥浆,注浆压力为 0.5~2.0 MPa。若围岩裂隙不发育,整体性好,估计灌浆效果较好时,可改为水泥砂浆,以充填导管孔。

4.1.4.2 钢拱架施工

钢拱架采用工字钢进行制作,榀距为 0.5~1 m,结合现场实际情况可对榀距进行适当调整,之间采用直径 28 mm 钢筋进行竖向连接,环向间距为 0.5 m,钢支撑固定充分利用系统锚杆;若锚杆布置不能满足榀距要求,则沿拱架环向布置加固自进式锚杆,锚杆间距为 1 m。

1. 钢筋格构架及钢支撑施工方法

软弱围岩地段、断层破碎带地段采用钢支撑支护。钢支撑在井外按设计加工成型,井内安装在初喷混凝土之后进行,与定位钢筋焊接。钢支撑之间设纵向连接筋,以喷混凝土填平。钢支撑架立时与水平面平行。当钢支撑和围岩之间间隙过大时,设置混凝土垫块,用喷混凝土喷填。

2. 钢支撑加工

(1)钢支撑按设计要求预先在井外结构件厂加工成型。

(2)钢支撑加工后进行试拼,允许误差:沿井周边轮廓误差不大于 3 cm。

钢支撑由 8 个单元钢构件拼装而成。各单元用螺栓连接。螺栓孔眼中心间误差不超过±0.5 cm。钢支撑平放时,平面翘曲不大于±2 cm。

3. 钢支撑架设工艺

(1)为保证钢支撑置于稳固的地基上,施工中在钢支撑部位进行平整。

(2)钢支撑平面与洞中线垂直,其倾斜不大于 2°。钢支撑的任何部位偏离垂面不大于 5 cm。

(3)钢支撑按设计位置安设,在安设过程中,当钢支撑和初喷层之间有较大间隙时,应设骑马垫块,钢支撑与围岩(或垫块)接触间距不大于 50 mm。

(4)为增强钢支撑的整体稳定性,将钢支撑与锚杆焊接在一起。沿钢支撑设直径为 28 mm 的纵向连接钢筋,并按环向间距 0.5 m 设置。

(5)钢支撑架立后尽快喷混凝土作业,并将钢支撑全部覆盖,使钢支撑与喷混凝土共同受力,喷射混凝土分层进行,每层厚度 5~6 cm,从底部开始自下而上进行喷射混凝土施工。

4.1.4.3　自进式中空注浆锚杆施工

若遇软岩破碎带常规锚杆钻孔无法成型,系统锚固支护采用自进式锚杆代替。自进式锚杆是一种能将钻井、注浆、锚固功能合而为一的锚杆,能够保证在软岩、断层、土层等复杂地层条件下的锚固效果,具有可靠、高效、简便的特点。自进式注浆锚杆 Φ 32 mm,L=4 m,间排距 1.5 m×1.5 m,沿井壁梅花形布置;挂钢筋网直径 8 mm,间排距 10 cm×10 cm。

1. 锚杆的安装

(1)按照洞室系统间距进行布孔。

(2)连接锚杆,做法是:先检查钻头,锚杆中空有无异物堵塞,如有则清理干净,然后将钻头安装在锚杆的一端,再将 TY-28 风枪以套筒的方式连接在另一端。

(3)将锚杆的钻头对准洞壁面上标出的钻位,对钻机进行供水、供风,开始钻进,钻进应以多回转、少冲击的原则进行,以免钻渣堵塞风枪的水孔。

(4)钻进设计深度后,用水或高压风清孔,确认畅通后卸下钻杆连接套,保持锚杆的外露长度为 10~15 cm。

(5)用孔帽装配套将孔口帽通过锚杆外露端打入孔口 30 cm 左右。

2. 注浆

为了保证注浆不停顿地进行,注浆前应认真检查注浆泵的状态是否良好,配件是否齐全;检查制浆的原材料是否齐备,质量是否合格。注浆采用 42.5 级普通硅酸盐水泥,水灰比为 1∶1,注浆压力 0.5~2 MPa,一般情况下浆液扩散半径为 0.6~1 m。

(1)迅速将锚杆、注浆管及注浆泵用快速接头接好。

(2)开动注浆泵注浆,直至浆液从孔口周边溢出或压力表达到设计压力值,每根锚杆必须一气呵成。

(3)一根锚杆完成后,迅速卸下注浆软管和锚杆接头,清洗后移至下一根锚杆使用。若停泵时间较长,则在下根锚杆注浆前要放掉注浆管内残留的灰浆。

4.1.4.4　钢筋网施工

钢筋网片采用直径 8 mm 的盘条钢筋,间排距 10 cm×10 cm。按照网格尺寸预先在洞外钢筋厂加工成片,洞内焊接形成整体。钢筋网在钢架安装后进行铺设,钢筋网按照被支护岩面的实际起伏铺设,并在初喷混凝土后进行,与受喷面间隙为 3 cm,钢筋网与钢筋网、锚杆、钢架连接筋点焊在一起,使钢筋网在喷射时不晃动。钢筋网安设时应注意:施做前,初喷 3 cm 厚混凝土形成钢筋保护层,制作前进行校直、除锈及油污等,确保施工质量。

4.1.4.5　喷混凝土施工

调压室竖井井壁喷射混凝土厚度调整为 30 cm,混凝土标号为 C25,并掺加聚丙烯纤维以增加混凝土的完整性及抗拉强度,喷射混凝土施工顺序自下而上进行。

1. 主要材料

(1)水泥:拟选用水泥标号 P. O 42.5 的水泥。进场水泥应有生产厂家的出厂检验报告和水泥出厂合格证。

(2)骨料:细骨料采用坚硬耐久的粗、中砂,细度模数宜大于 2.5,含水率控制在 5%~7%;粗骨料应采用耐久的卵石或碎石,粒径不大于 15 mm。喷混凝土的骨料级配应满足表 6-57 的规定。

表 6-57　**喷混凝土用骨料级配**

项目	通过各筛径的累计重量百分比/%					
筛径	0.6 mm	1.2 mm	2.5 mm	5.0 mm	10 mm	15 mm
优	17~22	23~31	35~43	50~60	73~82	100
良	13~31	18~41	26~54	40~70	62~90	100

(3)外加剂:速凝剂的质量应符合《水工建筑物水泥灌浆施工技术规范》(DL/T 5148—2021)的有关规定及施工图要求并有生产厂的质量证明书,初凝时间不应大于 5 min,终凝时间不应大于 10 min。选用外加剂应经监理人批准。

(4)水:附近河水即可满足施工要求。

2. 配合比

喷混凝土配合比采用符合设计要求、经试验选定并经过监理工程师批准的施工配合比。速凝剂的掺量应通过现场试验确定,喷混凝土的强度及初凝和终凝时间,须满足施工图纸及现场喷射工艺的要求。

3. 施工程序

岩面清理→验收→拌和→喷射→养护。

4. 施工方法

(1)施喷前先清洗岩石表面,清除受喷面上的松动岩石,清除喷射作业面的各种障碍物,特别是岩面台阶处的砂石与泥土,必须清除,再用高压风水冲洗干净。采用分区分层、自下而上螺旋式喷射。喷射混凝土施工工艺如图 6-54 所示。

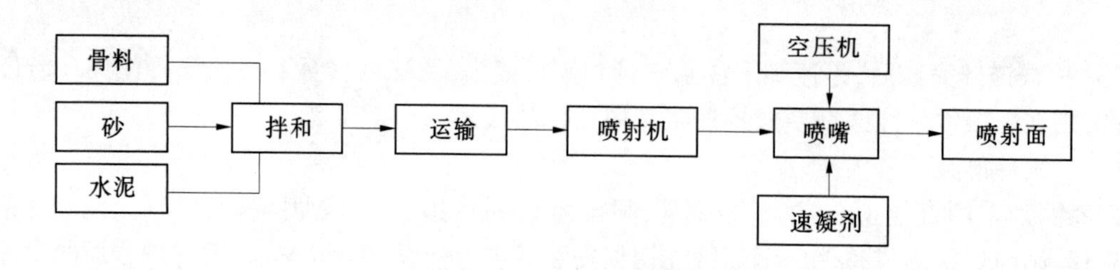

图 6-54　**喷射混凝土施工工艺**

(2)喷射采用分段分片依次进行,喷射顺序自下而上。分层喷射时,后一层在前一层混凝土终凝后进行,当终凝 1 h 后喷射时,先用风水清洗喷层面;喷射作业紧跟开挖工作面,混凝土终凝至下一循环放炮时间不少于 4 h。

(3)风压:应取喷射机正常工作时的风压。风压过大,喷射速度过高,混凝土回弹量大,水泥耗量大;风压过小,则混凝土不密实。

(4)喷射方向和喷射距离:喷头与受喷面应尽量垂直,偏角宜控制在 20°以内。喷头与喷面的距离应控制在 0.6~1.0 m。

(5)喷射作业,应分区进行,长度一般不超过6 m,喷射顺序应自下而上。喷射厚度必须遵循施工图纸规定实施,当单层喷注有可能使喷混凝土下垂脱落时,应分层喷注;后一次喷射,应在前一次喷射混凝土终凝后进行,若终凝后1 h以上再次喷射,需用风水清洗混凝土表面。

(6)挂网喷混凝土地段,先喷3~5 cm厚混凝土,再挂铺钢筋网,并与锚杆和附加插筋连接牢固,再分次施喷达到设计厚度。在钢筋网喷射混凝土施工中,如发现脱落的喷层或大量回弹物被钢筋"架住",必须及时清出,不得包裹在喷层内。

(7)喷射混凝土终凝2 h后及时养护,养护时间不少于7昼夜。

(8)喷混凝土的质量,应按下列标准控制:

喷混凝土表面平整,不应出现干斑、疏松、脱空、裂隙、露筋等现象。如出现上述情况,须采取补救措施。

取样要求:每单元喷涂混凝土,应取一组试件(3个试块)。当材料或配合比改变时,应增取一组试件。

(9)在喷混凝土工程检验后,必须割除露出喷混凝土表面的预埋的检验钢筋条残余段。残余钢筋条的切割面应保持与混凝土表面平整,且不得损伤混凝土表面。

(10)为检验喷混凝土质量,必须按监理工程师的要求在已喷注的混凝土上钻进检查孔,其孔位及数量均由监理工程师确定。

4.1.5　质量保证措施

工程施工过程中必须对每道工序按"三检制"的程序进行检查,上一道工序未经检查合格,不得进行下一道工序的施工。

质检员在检查中发现问题时应及时向施工人员提出,并要求其改正,如认为有严重问题可造成质量事故时有权通知现场施工负责人暂停施工,并立即报告项目领导,确定解决办法。

布孔:精心控制光爆孔孔位、孔向、孔深,使光爆孔均匀分布在井壁上。现场技术人员根据爆破设计及测量放线成果严格布孔,作好布孔记录。

钻孔:钻孔作业人员根据现场技术人员布置在掌子面的孔位进行钻孔,钻孔严格按钻孔要求控制好孔向、孔深等参数,钻孔完成后技术人员按"平、直、齐"的要求进行爆破装药前的钻孔检查,检查无误记录后进行爆破作业。

爆破作业:严格按爆破设计参数及起爆网路在技术人员的监督下,进行装药作业。装药完成后由技术员和专业炮工分区分片检查,连接爆破网路,网路采用非电毫秒导爆管微差延时网路,撤退设备、材料、人员至安全位置,非电管方式起爆,周边光面爆破。

爆后检查:爆破出渣后技术人员督促测量队进行断面检查,并记录超欠挖数据,对欠挖部位及时处理。

锚杆、水泥、外加剂等产品必须有生产厂家的质量证明书,并按照设计图纸和监理的要求进行原材料试验;锚杆锚固剂、喷混凝土配合比必须经监理工程师批准执行。

对断层破碎带、节理裂隙发育带及影响带,采用超前锚杆、超前注浆小导管及超前灌浆、随机锚杆加强支护,必要时增设环形钢支撑。

4.1.6　安全保证措施

建立安全检查监督机构,配备专职和兼职安全人员负责现场安全监督检查。施工现场设置安全标志,施工平台等边缘设安全护栏,场地狭小、行人和运输繁忙地段设专人指挥交通。

施工人员进入施工区域必须配戴安全帽,严禁穿拖鞋等进入施工现场。

竖井上下应设置专用电话进行通信联络。

在容易引起火灾的危险区内,设置明显的标志,并配备足够的消防器材及设施,加强施工过程中消防检查，切实做好防火防爆工作。危险品存放场所符合设计要求。

施工区域内设置足够的照明系统，凡可能漏电伤人或易受雷击的电器设备及建筑物均设置接地装置或避雷装置，并定期派专业人员进行检查。

进行安全宣传教育，对高、难、险的施工环节，配设醒目的安全标志和防护设施。

在施工过程中，安全生产措施不落实不准动工，实行安全生产一票否决制，并实行严格的安全奖惩制度。

从事爆破的所有人员持证上岗。每次爆破作业，必须经专职安全员检查合格警戒完全到位后，方可通知爆破单位起爆。爆破时，施工人员应撤至飞石、有害气体和冲击波的影响范围之外。

工作面爆破散烟后，应先进行爆破面的安全检查，撬、挖、敲除松动石块；上一工序完成并确认松动岩块全部清除后，下一工序的施工人员才能进入作业面从事出渣或其他作业。

定期检查提升设备的井架、钢丝绳、钢丝绳接头、滑轮、滑轮轴、吊篮、卷扬机的制动、限位等构件和部位，以保证起吊设备始终处于安全工作状态。

提升设备设置防止断绳、过卷、过电流和失电压等保险装置及可靠的制动系统，并控制升降速度，使用过程中加强维护检查工作。

竖井扩挖时导井洞口必须设置防护盖，防护盖采用钢筋制作，并在防护盖上铺设马道板。井内进行施工时，井口安排专职安全人员值守。

竖井内人工进行扒渣作业时，作业人员佩戴安全绳，安全绳挂在井壁锚杆上，防止发生人员坠落事故。

喷射机等设备在使用前应进行全面检查。喷混凝土堵管时采用敲击法进行疏通，如果采用高压风疏通时，喷头不得正对有人的方向。

喷射混凝土作业过程中，应经常查看出料喷头、出料管和管路接头有无破损和松脱现象，发现异常应及时处理。

喷射机、水箱、风包、注浆器、注浆泵等密封及压力容器应定期进行耐压检查，合格后方可使用。压力容器应安装安全阀，使用过程中发现失灵时应立即更换。

非操作人员不应进入作业区，喷头、注浆管前方不应站人。

检验锚杆锚固力，拉力计应安装牢固。锚杆张拉时，前方或下方不允许布置设备或停留操作人员。

4.1.7 开挖支护施工资源配置计划

4.1.7.1 设备配置计划

根据总进度计划，开挖支护主要设备配置见表 6-58。

4.1.7.2 开挖支护人员配置

开挖支护施工为机械化施工，人员主要为设备操作人员及管理人员，劳动力组合见表 6-59。

4.2 调压井衬砌施工

调压井混凝土衬砌先浇底板，在底板上安装滑模，底板以上竖井段采用滑模浇筑成型。渐变段采用钢模和木模结合模板及支撑结构，自下而上浇筑。

4.2.1 混凝土施工流程

混凝土浇筑施工程序包括测量放线、基础清理及验收、钢筋制安、模板组立、止水埋件安装及验收、混凝土浇筑及养护等。

4.2.2 测量放线

基面处理合格后，用全站仪、水准仪进行测量放线，模板、钢筋安装和混凝土浇筑严格按照测量点线控制。

表 6-58　**开挖支护主要设备配置**

序号	设备名称	设备型号/规格	单位	数量
1	反井钻机	LM200	台	1
2	钻架台车	自制	台	12
3	手风钻	YT28	台	40
4	潜孔钻	YQ-80	台	20
5	管棚钻机	YG50	台	2
6	扒渣机	ZWY-80	台	10
7	自卸汽车	5 t	辆	30
8		15 t	辆	6
9	挖掘机	2 m^3	台	6
10		0.5~1 m^3	台	2
11	装载机	2 m^3	台	6
12	混凝土湿喷机	TK500	台	10
13	砂浆搅拌机	HJ-200	台	10
14	锚杆注浆机	GS20E	台	20
15	型钢弯曲机		台	2
16	汽车吊	8 t	台	6
17	绞车	10 t	台	12
18	平板车		台	3
19	混凝土罐车	3 m^3	辆	10

表 6-59　**开挖支护作业劳动力组合**

序号	工种	人数/人
1	管理及技术人员	15
2	钻工	80
3	测量工	12
4	机械操作工	60
5	驾驶员	60
6	炮工	30
7	支护工	60
8	电工	10
9	普工	30
合计		357

4.2.3 仓面清理

建筑物建基面验收合格后,才能进行混凝土浇筑工作。

混凝土浇筑前,先清除岩基上的杂物、泥土及松动岩石,冲洗干净并排干积水,如遇有承压水,制定引排措施和方法报监理人批准,处理完毕,并经监理人认可后,才浇筑混凝土,清洗后的基础岩面在混凝土浇筑前要保持洁净和湿润。

易风化的岩石基础及软基,在立模扎筋前应处理好地基临时混凝土保护层,在软基上进行操作时,避免破坏或扰动原状土壤。

基岩面浇筑仓,在浇筑第一层混凝土前,必须先铺一层2~3 cm厚的水泥砂浆或富胶凝材料的二级配混凝土,砂浆水灰比与混凝土的浇筑强度相适应,铺设施工工艺应保证混凝土与基岩结合良好。

4.2.4 钢筋制安

钢筋在加工厂按施工图纸和相关规范的有关规定人工进行制作。钢筋的最小混凝土保护层按相关规范要求执行。

按照安装需要,先安好架立筋,架立筋的直径和间排距满足承重钢筋网的受力要求。把钢筋的位置在架立筋上进行标示,并严格按标示的位置进行安装。

现场焊接或绑扎的钢筋网,其钢筋交叉的连接,应按设计文件的规定进行。如设计文件未作规定,且钢筋直径在25 mm以下时,则除楼板和墙内靠近外围两行钢筋的相交点应逐点扎牢外,其余按50%的交叉点进行绑扎。

为确保混凝土保护层的厚度,在钢筋和模板之间设置支承钢筋的混凝土垫块,其强度不低于同部位混凝土的设计强度,用垫块中埋设的钢丝与钢筋扎紧,垫块要互相错开,分散布置;在多排钢筋之间,采用短钢筋支撑以保证位置准确。

绑扎钢筋的钢丝结要呈梅花形布置,间隔绑扎。绑扎钢丝不要弯向模板侧。

在钢筋架设完毕,未浇混凝土之前,按照设计图纸和规范标准进行详细检查,并作好检查记录。检查合格的钢筋,若长期暴露,则在混凝土浇筑之前,重新检查,合格后方能浇筑混凝土。钢筋的安装不得与混凝土浇筑同时进行。

在混凝土浇筑过程中,应安排值班人员经常检查钢筋架立位置,如发现变动应及时矫正。严禁为方便混凝土浇筑擅自移动或割除钢筋。

根据现有成熟的技术条件,施工现场钢筋连接主要采用手工电弧焊接和机械连接(挤压套筒连接、滚轧直螺纹套筒连接等)。

焊接钢筋直径在28 mm以下时,采用手工电弧焊(搭接);直径在28 mm以上时,采用挤压套筒或滚轧直螺纹套筒连接;在加工厂,钢筋接头主要采用闪光对头焊接。当不能进行闪光对焊时,则采用电弧焊或机械连接。钢筋接头按《水工混凝土施工规范》(SL 677—2014)中有关要求执行,其材料及工艺措施报送监理人审批后执行,并进行接头工艺试验。

直径在25 mm以下的钢筋接头,施工中也可采用绑扎。但在轴心受拉、小偏心受拉构件和承受震动荷载的构件中,钢筋接头不得采用绑扎。

钢筋接头位置做到分散布置,配置在同一截面内的下述受力钢筋,其接头的截面面积占受力钢筋总截面面积的百分率,应符合下列规定:

(1)闪光对焊、熔槽焊、接触电渣焊及机械连接接头在受弯构件的受拉区不超过50%,在受压区不受限制。

(2)绑扎接头,在构件的受拉区不超过25%,在受压区不超过50%。

(3)焊接与绑扎接头距钢筋弯起点不小于10倍钢筋直径,也不应位于最大弯矩处。

在施工中如分辨不清受拉区或受压区时,其接头的设置应按受拉区的规定办理。

如两根相邻的钢筋接头中距在500 mm以内或两绑扎接头的中距在绑扎搭接长度以内,均作为同一截面处理。

钢筋采用绑扎搭接接头时,受拉钢筋的搭接长度按受拉钢筋最小锚固长度控制。

4.2.5　滑模施工

竖井标准衬砌采用滑模施工,设计为直墙空心圆筒结构。钢模台车由滑模操作盘、辅助盘、提升架和液压系统、辅助系统组成。滑模由专业生产厂家按要求定制。

4.2.5.1　滑模的构造

1. 滑模操作盘

操作盘是滑模的主要受力构件,也是施工中的操作平台,在滑模操作盘设计中,在保证其强度、刚度和稳定性前提下,尽可能减轻其重量。因此,采取用轻型桁架梁,辐射布置。为了保证桁架梁的稳定性,设上下2层围圈,围圈采用[12槽钢制作组成。滑模模板采用6 mm的钢板加工成型,钢板内侧与围圈间采用∠50×5角钢螺栓连接。盘面采用马道板铺设密实。

2. 辅助盘

辅助盘位于操作盘下1.5 m。主要便于抹面、检查混凝土壁质量、处理局部缺陷、洒水养护等工作。为减少其重量,采用1.0 m宽悬挂式p25钢筋圆环,铺设木踩板,其内外侧挂安全网,用直径18 mm圆钢悬吊于辐射桁架下部。

3. 提升架、液压系统、支撑杆

提升架采用[16槽钢制作的成“F”形提升架。浇注过程中,千斤顶、支撑杆、“F”形提升架三个结构共同作用,以提升滑模结构。

提升千斤顶选用HM-100型液压千斤顶,共计24个,设计承载能力100 kN,行程30 mm,计算承载能力46.38 kN计。

液压控制台为ZYXT-36型自动调平液压控制台。

高压油管:主管选用16 mm;支管选用8 mm,利用直管接头和六通接头同控制台和千斤顶分组相连形成液压系统。

支撑杆采用48 mm×5.0 mm无缝钢管。

4. 辅助系统

辅助系统主要包括洒水养护、中心测量、水平控制测量等装置。

洒水养护是混凝土施工中的一个重要环节,井筒稳车悬吊48 mm×4.0 mm水管接至工作盘,在工作仓面设安全阀控制并释压。洒水管用25 mm PVC管,井下分两个支管,在井内沿混凝土表面布置一周,在PVC管上钻孔,对混凝土表面进行洒水养护。

中心测量:在已固定牢固的井口盘上,利用全站仪定出井筒中心线后,再利用激光指向仪进行中线测量控制,激光指向仪单独固定于井口盘下方井壁上,控制点按相关规范进行校核。

水平测量利用连通器原理,在模体上布置透明胶管,充水固定在模体上进行水平度观测。

4.2.5.2　滑模施工工艺

1. 滑升准备

在滑模混凝土浇筑施工前,工地实验室做好混凝土从拌和机机口到模体脱模所用时间的配合比试验设计,并进行滑升试验,通过对拌和系统、实验室、混凝土运输、入仓、浇筑、模板滑升等环节的控制协调,对模板系统、液压系统等进行一次全面检验,得出确保施工质量及进度的各种参数。

2. 滑升施工

处理好滑模和两盘的关联,滑模操作盘、辅助盘连接必须牢固可靠,除了必要的操作空间,临空面必须采取坚固可靠的围闭。滑模模板高度为 1 m,施工采用分层浇筑、分层滑升的方法,分层厚度以 25~30 cm 为宜;永久人行扶梯插筋采用预埋木盒或埋设钢板,以利滑模滑升;混凝土入仓后,人工平仓,插入式振捣器振捣;混凝土面距模板上口约 10 cm 时,开始滑升模板;滑升时间间隔为 1.0~1.5 h,最大不超过 2 h;混凝土脱模强度控制在 0.2~0.4 MPa;脱模后的混凝土通过吊架对其表面进行抹面及养护;随时对模体滑升偏移进行监测,及时进行纠偏。

4.2.6 止水、预埋件安装

4.2.6.1 止水基座施工

先测量放线,确定止水安装位置;然后打插筋,安装止水片并采用钢筋固定,钢筋架焊接在止水槽钢筋上;最后浇筑基座混凝土。

4.2.6.2 止水接头施工

橡胶止水接头在现场粘接,采用搭接热焊方式,先将搭接的一面削平,然后用电吹风或其他加热器加热,最后加压搭接,搭接长度 10 cm。“十”字形、“T”字形接头采用对接热焊方式,采用专用设备加热,挤压对接成型。

4.2.6.3 混凝土浇筑过程中的止水保护

浇筑混凝土时,安排专人看护止水片,防止人为践踏、下料或振捣等原因导致止水片折扭、偏移,如发现折扭、偏移,及时纠正。

混凝土下料时远离止水片 30 cm 以上,防止下料碰撞。采用振捣器或铲、锹等平仓,对竖向止水片两侧同时进行,防止两侧高差过大;对水平止水平仓时先保证止水下面混凝土密实,再浇止水片上面的混凝土,防止止水片下部脱空。

采用直径 100 mm 振捣器在 50 cm 以外振捣后,再采用直径 50 mm 软轴振捣器在止水周围振捣,确保混凝土密实。

4.2.7 清仓验收

清理仓号内的杂物、排除积水,将待浇面洒水湿润,同时提交有关验收资料进行仓位验收。混凝土浇筑前,检查脚手架、安全护栏等。

4.2.8 混凝土拌制

混凝土采用场内现有的混凝土拌和系统拌制。按现场实验室提供并经监理工程师批准的程序和混凝土配料单进行统一拌制,并在出机口和浇筑现场进行混凝土取样试验;各种不同类型结构物的混凝土配合比通过试验选定,并根据建筑物的性质、浇筑部位、钢筋含量、混凝土运输、浇筑方法和气候条件等,选用不同的混凝土坍落度。

4.2.9 混凝土运输及入仓

滑模施工用混凝土由现有拌和站集中拌制,骨料最大粒径控制在 40 mm,混凝土塌落度控制范围 8~12 cm,外加剂(早强减水剂)根据试验参数进行控制。混凝土拌和完后通过 8 m^3 混凝土罐车运输至竖井口,然后直接卸料经下料管输送(200 mm 钢管,6.0 m/根)至仓面,在每根管的一端,采用直径 12 mm 螺纹钢按 4.0 cm/根焊接牢固(净管径≥骨料粒径×4),保证两根管螺丝连接时不受影响,下料至操作盘上方的分料器,再经移动式溜槽送入仓号内。

4.2.10 混凝土浇筑

浇筑仓号首先由作业班组进行初检,提供原始资料,由作业队班组先进行初检和复检,质安部门进行终检。监理人对仓面进行验收合格后,方可进行混凝土浇筑。基岩面浇筑仓,在浇筑第一层混凝土前,先均匀铺设一层 2~3 cm 水泥砂浆,砂浆标号比同部位混凝土标号高一级,保证混凝土与基岩面结合良好。

仓号内注意薄层平铺,认真平仓,防止骨料分离;加强振捣,注意层间结合,确保连续浇筑,防止出现施工冷缝,振捣时间以混凝土不再显著下沉、不出现气泡并开始泛浆时为准;浇筑过程中注意观察,巡视模板、支撑排架的变形情况,发现异常,及时处理。

4.2.11　混凝土养护

混凝土浇筑结束后12 h开始养护。洞外露天部分采用覆盖草袋洒水养护,井室采用洒水湿润养护,特殊部位和特殊施工时段需采用特殊的方法养护。养护时间一般为14 d,在干燥、炎热的气候条件下,适当延长养护时间。

4.2.12　质量保证措施

在混凝土施工过程中,严格按相关规范及设计要求对混凝土生产的原材料、配合比及仓面等进行全方位、全过程的质量控制。

4.2.12.1　混凝土拌和质量控制

(1)严格控制拌和站的称量,对水泥、水、外加剂等按要求经常性校秤,对各种称量装置进行检查、校秤,保证衡量精度。

(2)严格配合比审批与管理。试验人员根据开仓证要求的混凝土标号、级配和经过监理人审批的配合比开具配料单。除试验人员外任何人不得随意调整配合比。

4.2.12.2　混凝土浇筑仓面准备作业质量控制

1. 测量

采用先进的测量方法和测量仪器,减少系统误差和出错的机会。所有测量数据必须通过室内作业和现场计算互相校核。

2. 钢筋加工

钢筋必须严格按照设计图纸和放样单进行加工,加工过的钢筋应做好标记,并堆放整齐,防止混杂。钢筋的现场绑扎焊接必须按设计图纸进行。所有操作工人进行技术培训,持证上岗。

3. 模板施工

做好模板设计,结合施工条件和结构特性,采用牢固可靠、施工快速、成型质量好的模板。

严格控制各种模板的尺寸、表面平整度、表面光洁度等。模板安装时,测放足够精度的控制点,以控制模板安装质量。

4. 预埋件施工

仔细检查和核定,并做好标记和记录。预埋件埋设时加固牢靠,并加以保护。

混凝土浇筑过程中,防止移动和损坏预埋件。

5. 仓面清理

混凝土浇筑前,保证缝面干净,清除缝面上的浮浆、污染物,不得对混凝土内部造成损伤,不具备冲毛条件的采用人工凿毛,并掌握好作业时间和工艺,防止对先浇混凝土造成不利影响。

4.2.12.3　混凝土浇筑过程中的质量控制

(1)混凝土运输。做好车辆保养,禁止因车况不良导致混凝土长时间搁置。

(2)混凝土入仓、振捣。混凝土应均匀上升浇筑,根据混凝土级配、构件部位并结合本项目特性,配手持式软轴振捣棒、附着式振捣棒以确保混凝土振捣密实。

(3)严格控制施工过程中的模板变形,保证立模的准确度和稳定性,确保混凝土外形轮廓线和表面平整度满足要求。

4.2.12.4　混凝土硬化后的质量控制

混凝土浇筑完毕后,及时进行保温养护。一般情况下,使用洒水养护,以保持混凝土表面水分,养护时间不少于 28 d。

4.2.13 安全保证措施

4.2.13.1 混凝土施工

1. 模板

支拆模板应防止上下在同一垂直面操作。必须上下同时作业时,一定要有隔离措施,方可作业。对于较复杂结构模板的支立与拆除,应事先制定切实可行的安全措施,并结合图纸进行施工。设在施工通道中间的斜撑、拉杆等,必须高出路面 1.8 m 以上,模板支撑不准撑在脚手架上。支模过程中,如需停歇应先将支撑、搭头、柱头钉牢。拆模间歇时,须将已活动的模板支撑等拆除运走,并妥善堆放,防止扶空、踏空而坠落。支模采用钢模板时,对拉螺栓应将螺帽拧到足够长度丝扣内,对拉螺栓孔要相对平直。穿插螺栓时,不准斜拉硬顶。钢模板周边也应平直,找正时不准用铁锤、钢筋等物猛力敲打或用撬棍硬撬。高处支模作业人员使用的工具扳手、别棍、手锤等工具,要装在工具袋内,禁止放在模板上,以免碰落伤人。支立模板时,不准挤压照明、电焊作业用电缆线,以免破皮漏电。

对于使用各种类型的大模板,放置时,下面不准压有电线,若放置时间较长,用拉杆连接牢固。大模板立存放时,须将地角螺栓带上,使模板自稳成 70°~80°,下部用通长木方垫稳。未加支撑的大模板,不准竖靠在其他模板构件上,必须采取平放方式。

2. 钢筋运输绑扎及焊接

倒运钢筋时,要注意前后左右是否有人或其他对象。以免碰伤人和碰坏物件。从低处向高处传送钢筋时,每次只准传一根,多根一起传送时,需用铁线拴牢,并用绳子捆绑结实再行传送,传送时钢筋下方不准站人。施工现场的行车道口,不准堆放钢筋,在脚手架或平台上存放钢筋时,不准堆放过多。绑扎钢筋前,必须仔细检查作业面上有无照明、动力用线和电气设备,如发现,通知电工来处理。防止电线漏电造成触电事故。绑扎钢筋的铁线头,要弯向模板面,以免扎伤人。在绑扎和焊接后的钢筋网上行走要铺脚手板,防止因未绑或未焊牢而发生坠落事故。焊接人员在操作时,必须按规定穿戴防护用品,焊接时禁止将电缆线搭在身上,必须站在所焊物件两侧,防止火花飞溅伤人。焊接前必须做好防火准备工作,清理周围易燃物,必要时要进行遮挡。所用的焊机必须是一机一个开关,禁止一个开关压多条线。配合焊工作业人员,必须戴防护镜和防护手套。施焊时不准用手直接接触钢筋。

3. 混凝土运输浇筑

用混凝土罐车运送混凝土时,驾驶员必须严格遵守交通规则和厂内运输各项规定,听从现场指挥人员的指挥。运送混凝土时,通往作业现场的道路必须平整、无积水,道路要经常维护和清理。夜间行车时,必须限速行驶,不准开快车,防止车产生惯性影响制动。

混凝土仓内排架、支撑、拉筋、模板、平台、漏斗溜筒是否牢固可靠。仓内支撑、拉筋预埋件等不准随意拆割,如需移动时,要经施工负责人同意后方可移动。平台上所留下料孔不用时应加封盖,平台的出入口四周应设护栏。平仓振捣过程中,要经常观察模板、支撑、拉筋是否有变形现象,如发现变形严重有倒塌危险时,应立即停止作业,及时报告领导。使用大型振捣器和平仓时,不准触及和碰撞模板、拉筋、预埋件,防止变形。不准将运行中的振捣器放在模板上口使用。振捣器应有触电保护器,搬移振捣器时,必须先切断电源,湿手不准接触振捣器开关,振捣人员要经常检查振捣器的电缆线有无破皮漏电现象。

4.2.13.2 高空作业安全措施

凡在距坠落高度基准面 2 m 和 2 m 以上有可能坠落的高处进行的作业,称为高处作业。高度在 2~5 m 时,称为一级高处作业;在 5~15 m 时,称为二级高处作业;在 15~30 m 时,称为三级高处作业;在30m以上时,称为特级高处作业。

施工现场容易发生高处坠落事故的环节大致有以下几个方面:坝顶陡边坡、建筑物、悬崖、杆、塔、吊笼、脚手架、孔洞口,爬梯等处。造成高处坠落事故的主要原因有:作业时精力不集中;未按规定穿戴劳动防护用具;登高作业不系安全带;不按规定挂安全网;作业现场孔洞未封闭或封闭不严;图省事违章作业等。为了把高处坠落事故减少到最低限度,项目经理部将采取如下措施:

(1)安全生产"三件宝"(安全帽、安全带、安全网)。

安全帽:必须符合国家标准和规定,施工作业员佩戴安全帽时,必须系牢下颌带,以防高处坠落或物体打伤头部。所有进入施工现场的人员必须佩戴安全帽。

安全带:安全带是用于防止作业人员在高处作业时坠落的有效办法之一。在使用安全带前,必须认真检查卡扣、安全绳和防套是否有缺陷,使用后必须妥善保管,防止损坏。

安全网:用来防止人、物坠落,或用来避免减轻坠落及物体打击伤害的网具。在采购安全网时,一定严格按照国家规定标准质量采购。检查安全网绳有无损坏或腐朽,网结有无松动现象,使用安全网时要按规定系牢网口下端,经常清理安全网上杂物,随施工高度升高及时移设安全网,确保正确使用安全网,防止坠落和物体打击。

(2)对从事高处作业人员进行严格的身体检查,经医生诊断有妨碍登高作业疾病和不适应高处作业的病症,一经发现一律不安排从事高处作业工作;高处作业下方,应设数人进行警戒,严禁其他人员通行或作业,以免落物伤人。

(3)加强对高处作业现场的安全监察与检查、督促,强令作业人员按规定配戴安全帽、系好安全带、穿软底鞋,临空面必须设置安全网。

(4)在带电体附近进行高处作业时,与电体必须保持足够的安全距离。遇有特殊情况,必须采取可靠的安全措施。

(5)高处作业人员使用的工具、材料等,严禁使用抛掷方法传递,应装在工具袋或工具箱内吊放;高处作业面或附近若有烟尘及其他有害气体,必须设置隔离措施,否则不得进行施工作业。

(6)在电线杆上或3 m以下高度使用梯子登高作业时,应带脚扣和系安全带,严禁用麻绳代替安全带登杆作业,地面应有监护、联络。

(7)遇有六级以上风力的天气,需进行作业时,必须有特别可靠的安全措施;否则,禁止从事高处作业。

(8)孔洞口:对于尺寸为150 cm×150 cm以下的预留孔,应预留结构通筋,或加工盖孔洞口的铁,并封盖板。孔径超过150 cm的大洞口,四周应加支两道防护栏,中间应平支安全网。

(9)上下混凝土仓面,爬梯两侧要绑扎扶手,2 m以上高度的爬梯应视其情况挂网。

4.2.14　混凝土施工资源配置计划

4.2.14.1　施工人员配置计划

根据工期要求、施工进度、施工程序安排及设备配置,混凝土工程施工人员配置计划见表6-60。

表6-60　混凝土施工人员配置计划

工种	管理人员	技术人员	测量工	混凝土工	钢筋工	模板工	电焊工	驾驶员	电工	普工	小计
人数	6	16	8	40	40	32	16	30	10	40	238

注:两班制施工。

4.2.14.2　施工设备配置计划

根据施工总进度计划和程序要求,混凝土施工主要设备配置计划见表6-61。

表 6-61 混凝土施工主要设备配置计划

序号	设备名称	型号/规格	单位	数量
1	反铲挖掘机	0.12 m^3	台	3
2	滑模系统	2.8 m×3.56 m, L=9 m	套	1
3	钢筋台车	L=6.0 m	套	6
4	灌浆台车	L=6.0 m	套	6
5	混凝土输送泵	HBT30A	台	8
6	混凝土搅拌运输车	2 m^3	辆	16
		6 m^3	辆	4
7	载重汽车	5 t	辆	6
8	汽车吊	25 t	台	1
9	软式插入振捣器	直径 70、50、30 mm	台	80
10	附着式振捣器		台	16
11	平板振捣器	ZW-5	台	16